전수기 · 임한규 · 정종연 지음

BM (주)도서출판 성안당

■ 도서 A/S 안내

성안당에서 발행하는 모든 도서는 저자와 출판사, 그리고 독자가 함께 만들어 나갑니다.

좋은 책을 펴내기 위해 많은 노력을 기울이고 있습니다. 혹시라도 내용상의 오류나 오탈자 등이 발견되면 **"좋은 책은 나라의 보배"**로서 우리 모두가 함께 만들어 간다는 마음으로 연락주시기 바랍니다. 수정 보완하여 더 나은 책이 되도록 최선을 다하겠습니다.

성안당은 늘 독자 여러분들의 소중한 의견을 기다리고 있습니다. 좋은 의견을 보내주시는 분께는 성안당 쇼핑몰의 포인트(3,000포인트)를 적립해 드립니다.

잘못 만들어진 책이나 부록 등이 파손된 경우에는 교환해 드립니다.

저자 문의 : jeon6363@hanmail.net(전수기)

본서 기획자 e-mail : coh@cyber.co.kr(최옥현)

홈페이지 : http://www.cyber.co.kr 전화 : 031) 950-6300

이 책을 펴내면서…

전기수험생 여러분!

합격하기도, 학습하기도 어려운 전기자격증시험 어떻게 하면 합격할 수 있을까요? 이것은 과거부터 현재까지 끊임없이 제기되고 있는 전기수험생들의 고민이며 가장 큰 바람입니다.

필자가 강단에서 30여 년 강의를 하면서 안타깝게도 전기수험생들이 열심히 준비하지만 합격하지 못한 채 중도에 포기하는 경우를 많이 보았습니다. 전기자격증시험이 너무 어려워서?, 머리가 나빠서?, 수학실력이 없어서?, 그렇지 않습니다. 그것은 전기자격증 시험대비 학습방법이 잘못되었기 때문입니다.

전기산업기사 시험문제는 출제될 수 있는 문제가 모두 출제된 상태로 현재는 문제은행 방식으로 기출문제를 그대로 출제하고 있습니다.

따라서 이 책은 기출개념원리에 의한 독특한 교수법으로 시험에 강해질 수 있는 사고력을 기르고 이를 바탕으로 기출문제 해결능력을 키울 수 있도록 다음과 같이 구성하였습니다.

이 책의 특징

❶ 기출핵심개념과 기출문제를 동시에 학습

중요한 기출문제를 기출핵심이론의 하단에서 바로 학습할 수 있도록 구성하였습니다. 따라서 기출개념과 기출문제풀이가 동시에 학습이 가능하여 어떠한 형태로 문제가 출제되는지 출제감각을 익힐 수 있게 구성하였습니다.

❷ 전기자격증시험에 필요한 내용만 서술

기출문제를 토대로 방대한 양의 이론을 모두 서술하지 않고 시험에 필요 없는 부분은 과감히 삭제, 시험에 나오는 내용만 담아 수험생의 학습시간을 단축시킬 수 있도록 교재를 구성하였습니다.

이 책으로 인내심을 가지고 꾸준히 시험대비를 한다면 학습하기도, 합격하기도 어렵다는 전기자격증시험에 반드시 좋은 결실을 거둘 수 있으리라 확신합니다.

전수기 씀

"

기출개념과 문제를 한번에 잡는 합격 구성

"

기출개념

기출문제에 꼭 나오는 핵심개념을 관련 기출문제와 구성하여 한 번에 쉽게 이해

단원 빈출문제

단원별로 자주 출제되는 기출문제를 엄선하여 출제 가능성이 높은 필수 빈출문제 공략

실전 기출문제

최근 출제되었던 기출문제를 풀면서 실전시험 최종 마무리

이 책의 구성과 특징

01 기출개념

시험에 출제되는 중요한 핵심개념을 체계적으로 정리해 먼저 제시하고 그 개념과 관련된 기출문제를 동시에 학습할 수 있도록 구성하였다.

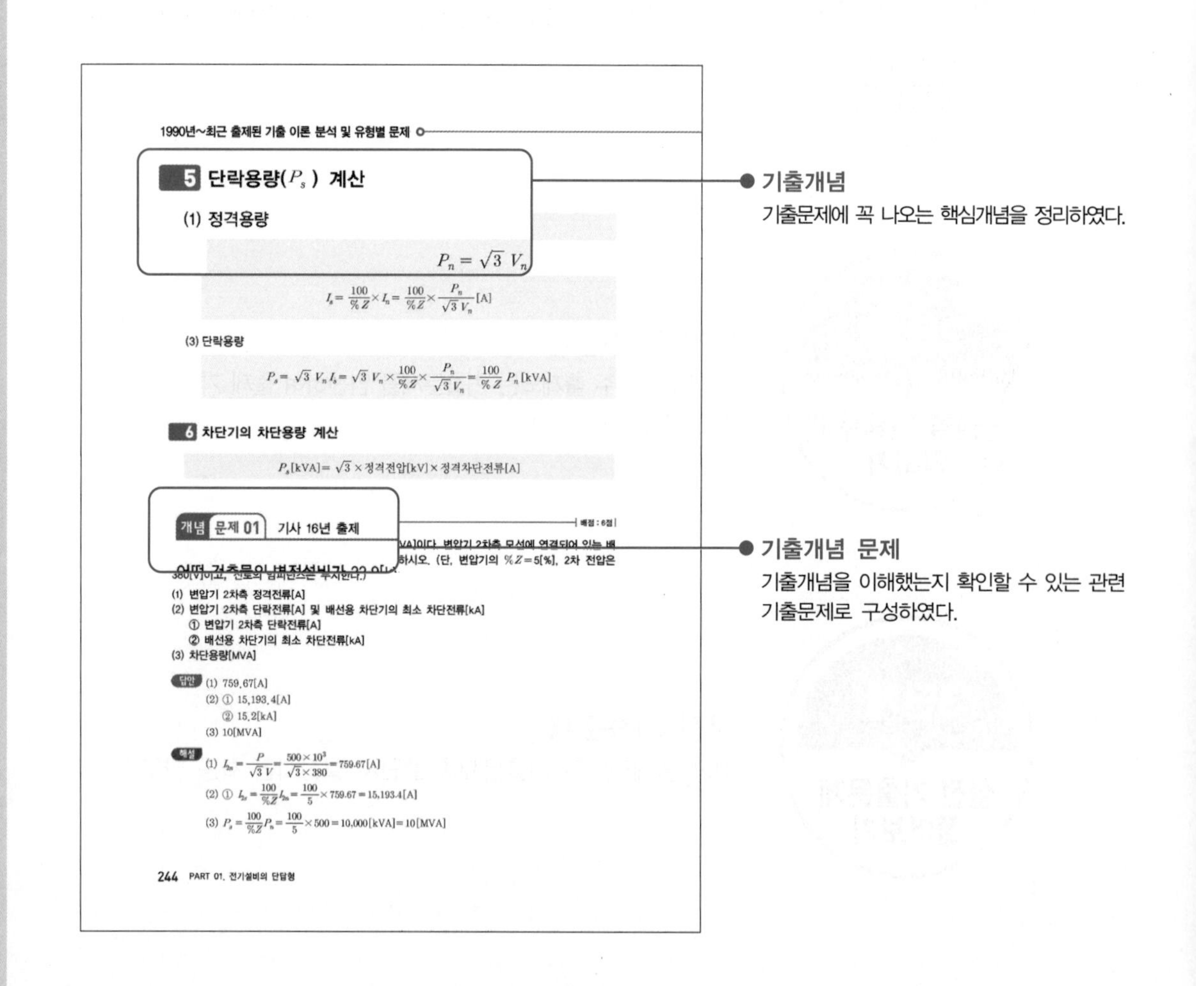

1990년~최근 출제된 기출 이론 분석 및 유형별 문제

5 단락용량(P_s) 계산

(1) 정격용량

$$P_n = \sqrt{3}\ V_n$$

$$I_s = \frac{100}{\%Z} \times I_n = \frac{100}{\%Z} \times \frac{P_n}{\sqrt{3}\ V_n} [A]$$

(3) 단락용량

$$P_s = \sqrt{3}\ V_n I_s = \sqrt{3}\ V_n \times \frac{100}{\%Z} \times \frac{P_n}{\sqrt{3}\ V_n} = \frac{100}{\%Z} P_n [kVA]$$

6 차단기의 차단용량 계산

$$P_s[kVA] = \sqrt{3} \times 정격전압[kV] \times 정격차단전류[A]$$

개념 문제 01 기사 16년 출제 | 배점 : 6점 |

어떤 건축물의 변전설비가 22.9[k... VA]이다. 변압기 2차측 모선에 연결되어 있는 배 ... 하시오. (단, 변압기의 $\%Z$=5[%], 2차 전압은 380[V]이고, 선로의 임피던스는 무시한다.)

(1) 변압기 2차측 정격전류[A]
(2) 변압기 2차측 단락전류[A] 및 배선용 차단기의 최소 차단전류[kA]
① 변압기 2차측 단락전류[A]
② 배선용 차단기의 최소 차단전류[kA]
(3) 차단용량[MVA]

답안 (1) 759.67[A]
(2) ① 15,193.4[A]
② 15.2[kA]
(3) 10[MVA]

해설 (1) $I_{2n} = \frac{P}{\sqrt{3}\ V} = \frac{500 \times 10^3}{\sqrt{3} \times 380} = 759.67[A]$

(2) ① $I_{2s} = \frac{100}{\%Z} I_{2n} = \frac{100}{5} \times 759.67 = 15,193.4[A]$

(3) $P_s = \frac{100}{\%Z} P_n = \frac{100}{5} \times 500 = 10,000[kVA] = 10[MVA]$

244 PART 01. 전기설비의 단답형

02 단원 빈출문제

자주 출제되는 기출문제를 엄선하여 단원별로 학습할 수 있도록 빈출문제로 구성하였다.

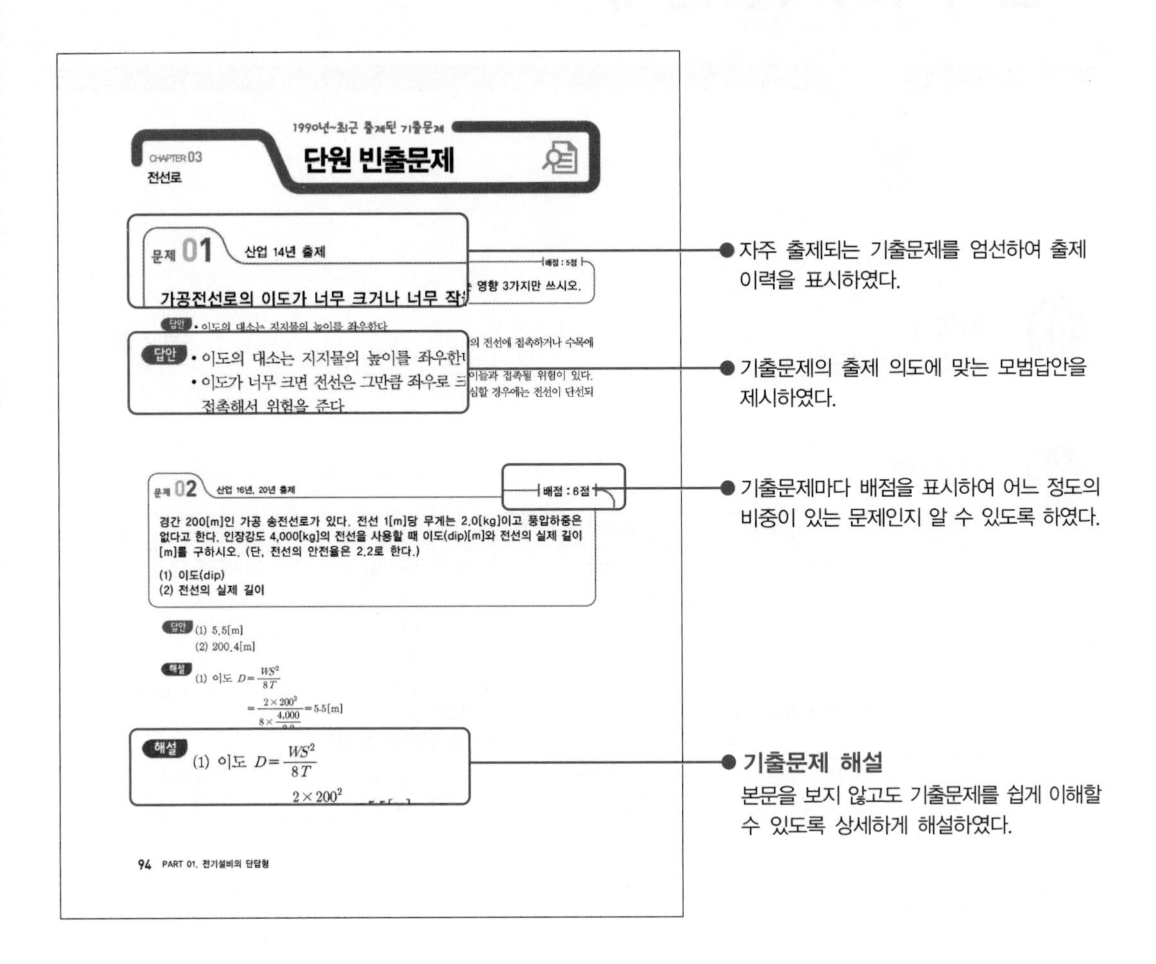

● 자주 출제되는 기출문제를 엄선하여 출제 이력을 표시하였다.

● 기출문제의 출제 의도에 맞는 모범답안을 제시하였다.

● 기출문제마다 배점을 표시하여 어느 정도의 비중이 있는 문제인지 알 수 있도록 하였다.

● **기출문제 해설**

본문을 보지 않고도 기출문제를 쉽게 이해할 수 있도록 상세하게 해설하였다.

03 최근 과년도 출제문제

실전시험에 대비할 수 있도록 최근 기출문제를 수록하여 시험에 대한 감각을 기를 수 있도록 구성하였다.

전기자격시험안내

01 시행처

한국산업인력공단

02 시험과목

구분	전기기사	전기산업기사	전기공사기사	전기공사산업기사
필기	1. 전기자기학 2. 전력공학 3. 전기기기 4. 회로이론 및 제어공학 5. 전기설비기술기준	1. 전기자기학 2. 전력공학 3. 전기기기 4. 회로이론 5. 전기설비기술기준	1. 전기응용 및 공사재료 2. 전력공학 3. 전기기기 4. 회로이론 및 제어공학 5. 전기설비기술기준	1. 전기응용 2. 전력공학 3. 전기기기 4. 회로이론 5. 전기설비기술기준
실기	전기설비 설계 및 관리	전기설비 설계 및 관리	전기설비 견적 및 시공	전기설비 견적 및 시공

03 검정방법

[기사]

- **필기** : 객관식 4지 택일형, 과목당 20문항(과목당 30분)
- **실기** : 필답형(2시간 30분)

[산업기사]

- **필기** : 객관식 4지 택일형, 과목당 20문항(과목당 30분)
- **실기** : 필답형(2시간)

04 합격기준

- **필기** : 100점을 만점으로 하여 과목당 40점 이상, 전과목 평균 60점 이상
- **실기** : 100점을 만점으로 하여 60점 이상

05 출제기준

주요항목	세부항목
1. 전기계획	(1) 현장조사 및 분석하기 (2) 부하용량 산정하기 (3) 전기실 크기 산정하기 (4) 비상전원 및 무정전 전원 산정하기 (5) 에너지이용기술 계획하기
2. 전기설계	(1) 부하설비 설계하기 (2) 수변전 설비 설계하기 (3) 실용도별 설비 기준 적용하기 (4) 설계도서 작성하기 (5) 원가계산하기 (6) 에너지 절약 설계하기
3. 자동제어 운용	(1) 시퀀스제어 설계하기 (2) 논리회로 작성하기 (3) PLC프로그램 작성하기 (4) 제어시스템 설계 운용하기
4. 전기설비 운용	(1) 수・변전설비 운용하기 (2) 예비전원설비 운용하기 (3) 전동력설비 운용하기 (4) 부하설비 운용하기
5. 전기설비 유지관리	(1) 계측기 사용법 파악하기 (2) 수・변전기기 시험, 검사하기 (3) 조도, 휘도 측정하기 (4) 유지관리 및 계획수립하기
6. 감리업무 수행계획	(1) 인허가업무 검토하기
7. 감리 여건제반조사	(1) 설계도서 검토하기
8. 감리행정업무	(1) 착공신고서 검토하기
9. 전기설비감리 안전관리	(1) 안전관리계획서 검토하기 (2) 안전관리 지도하기
10. 전기설비감리 기성준공관리	(1) 기성 검사하기 (2) 예비준공검사하기 (3) 시설물 시운전하기 (4) 준공검사하기
11. 전기설비 설계감리업무	(1) 설계감리계획서 작성하기

이 책의 차례

PART 01 전기설비의 단답형

Ⅰ. 전기설비 시설계획

Ⅱ. 전기설비 유지관리

PART 03 시퀀스제어

PART 04 전기설비설계

부 록

P·A·R·T

01 전기설비의 단답형

Ⅰ. 전기설비 시설계획

Ⅱ. 전기설비 유지관리

Ⅲ. 전기설비 시설관리

"할 수 있다고 믿는 사람은 그렇게 되고,
할 수 없다고 믿는 사람 역시 그렇게 된다."

– 샤를 드골 –

Ⅰ. 전기설비 시설계획

1990년~최근 출제된 기출 이론 분석 및 유형별 문제

01 CHAPTER 용어 및 기호

기출개념 01 용어해설

(1) 전기사용장소

① 전기를 사용하기 위하여 전기설비를 시설한 장소이다.
② 발전소, 변전소, 개폐소, 수전소(실) 또는 배전반 등은 포함하지 아니한다.
③ 옥외에 하나의 작업장으로 통일되어 있는 것은 하나의 전기사용장소이다.

(2) 수용장소

전기사용장소를 포함하여 전기를 사용하는 구내 전체이다.

(3) 조영물

건축물, 광고탑 등 토지에 정착하는 시설물 중 지붕 및 기둥 또는 벽을 가지는 시설물이다.

(4) 조영재

조영물을 구성하는 부분을 말한다.

(5) 건조물

사람이 거주하거나 근무하거나, 빈번히 출입하거나 또는 사람이 모이는 건축물 등이다.

(6) 우선 내

옥측의 처마 또는 이와 유사한 것의 선단에서 연직선에 대하여 45° 각도로 그은 선 내의 옥측 부분으로서, 통상의 강우 상태에서 비를 맞지 아니하는 부분이다.

(7) 점검 가능한 은폐장소

점검구가 있는 천장 안이나 벽장 또는 다락같은 장소이다.

(8) 점검할 수 없는 은폐장소

점검구가 없는 천장 안, 마루 밑, 벽 내, 콘크리트 바닥 내, 지중 등과 같은 장소이다.

(9) 사람이 쉽게 접촉될 우려가 있는 장소

옥내에서는 바닥에서 1.8[m] 이하, 옥외에서는 지표상 2[m] 이하인 장소를 말하고, 그 밖에 계단의 중간, 창 등에서 손을 뻗어서 쉽게 닿을 수 있는 범위를 말한다.

(10) 사람이 접촉될 우려가 있는 장소

옥내에서는 바닥에서 저압인 경우는 1.8[m] 이상 2.3[m] 이하(고압인 경우는 1.8[m] 이상 2.5[m] 이하), 옥외에서는 지표면에서 2[m] 이상 2.5[m] 이하의 장소를 말하고, 그 밖에 계단의 중간, 창 등에서 손을 뻗어서 닿을 수 있는 범위를 말한다.

(11) 전선로

① 발전소, 변전소, 개폐소 이와 유사한 장소 및 전기사용장소 상호 간의 전선 및 이를 지지하거나 보장하는 시설물을 말한다.

② 보장하는 시설물이라 함은 지중전선로에 대하여 케이블을 넣는 암거, 관, 지중관 등을 말한다.

(12) 전구선(조명용 전원코드)

전기사용장소에 시설하는 전선 가운데에서 조영물에 고정하지 아니하고 백열전등에 이르는 것으로서 조영물에 시설하지 아니하는 코드 등을 말한다. 전기사용 기계기구 내의 전선은 포함하지 아니한다.

(13) 이동전선

전기사용장소에 시설하는 전선 가운데서 조영재에 고정하여 시설하지 아니하는 것을 말한다. 전구선, 전기사용 기계기구 내의 전선, 케이블의 포설 등은 포함하지 아니한다.

(14) 제어회로 등

자동제어회로, 원방조작회로, 원방감시조작의 신호회로 등 이와 유사한 전기회로이다.

(15) 신호회로

벨, 버저, 신호등 등의 신호를 발생하는 장치에 전기를 공급하는 회로이다.

(16) 관등회로

방전등용 안정기(네온 변압기를 포함한다)와 점등관등의 점등에 필요한 부속품과 방전관을 연결하는 회로를 말한다.

(17) 대지전압

접지식 전로에서는 전선과 대지 사이의 전압을 말하고 또 비접지식 전로에서는 전선과 그 전로 중의 임의의 다른 전선 사이의 전압을 말한다.

(18) 접촉전압

지락이 발생된 전기기계기구의 금속제 외함 등에 인축이 닿을 때 생체에 가하여지는 전압을 말한다.

(19) 인입구

옥외 또는 옥측에서의 전로가 가옥의 외벽을 관통하는 부분을 말한다.

(20) 인입선

가공 인입선, 지중 인입선 및 연접 인입선의 총칭을 말한다.

(21) 가공 인입선

가공전선로의 지지물에서 다른 지지물을 거치지 아니하고 수용장소의 인입선 접속점에 이르는 가공전선을 말한다.

(22) 연접 인입선

하나의 수용장소의 인입선 접속점에서 분기하여 지지물을 거치지 아니하고 다른 수용장소의 인입선 접속점에 이르는 전선을 말한다.

(23) 간선

① 인입구에서 분기 과전류차단기에 이르는 배선으로서 분기회로의 분기점에서 전원측의 부분을 말한다.

② 고압 수전의 경우는 저압의 주배전반(수전실 등에 시설되고 공급 변압기에서 보아 최초의 배전반)에서부터로 한다.

(24) 분기회로

간선에서 분기하여 분기 과전류차단기를 거쳐서 부하에 이르는 사이의 배선이다.

(25) 인입구장치

① 인입구 이후의 전로에 설치하는 전원측으로부터 최초의 개폐기 및 과전류차단기를 합하여 말한다.

② 인입구장치로서는 일반적으로 배선용 차단기, 퓨즈를 붙인 나이프 스위치 또는 컷아웃 스위치가 사용된다. 이것을 단순히 인입 개폐기라 부르는 경우도 있다.

③ 분기회로 수가 적을 경우에는 인입구장치의 개폐기가 주개폐기, 분기 개폐기 또는 조작 개폐기를 겸하는 것도 있다.

(26) 주개폐기

① 간선에 설치하는 개폐기(개폐기를 하는 배선용 차단기를 포함한다) 중에서 인입구장치 이외의 것이다.

② 주개폐기는 인입구장치 이외의 것을 말하지만 시설장소에 따라서는 인입구장치를 겸하는 것도 있다.

(27) 분기 개폐기

① 간선과 분기회로와의 분기점에서 부하측에 설치하는 전원측으로부터 최초의 개폐기를 말한다.

② 분기 개폐기는 분기 과전류 차단기와 조합하여 사용하는 것이 보통이다.

③ 분기 개폐기는 분기회로의 절연저항 측정 등의 경우에 해당 회로를 개로하기 위하여 시설되고 또 전등회로에서는 분기회로 전체를 점멸하는 데 이용되는 수도 있다. 또 전동기회로에서는 조작 개폐기를 겸할 때도 있다.

(28) 조작 개폐기

전동기, 가열장치, 전력장치 등의 기동이나 정지를 위하여 사용하는 개폐기(배선용 차단기를 포함한다)를 말한다.

(29) 점멸기

전등 등의 점멸에 사용하는 개폐기(텀블러 스위치 등)를 말한다.

(30) 수전반

특고압 또는 고압 수용가의 수전용 배전반을 말한다.

(31) 배전반

① 대리석판, 강판, 목판 등에 개폐기, 과전류차단기, 계기(전류계, 전압계, 전력계, 전력량계 등) 등을 장비한 집합체를 말한다.
② 수전용, 전동기의 제어용 등을 목적으로 하는 것은 포함되나 분전반은 포함되지 아니한다.

(32) 제어반

전동기, 가열장치, 조명 등의 제어를 목적으로 개폐기, 과전류차단기, 전자개폐기, 제어용 기구 등을 집합하여 설치한 것을 말한다.

(33) 분전반

분기 과전류차단기 및 분기 개폐기를 집합하여 설치한 것(주개폐기나 인입구장치를 설치하는 경우도 포함한다)을 말한다.

(34) 수구

소켓, 리셉터클, 콘센트 등의 총칭을 말한다.

(35) 전압측 전선

저압 전로에서 접지측 전선 이외의 전선을 말한다.

(36) 접지측 전선

저압 전로에서 기술상의 필요에 따라 접지한 중성선 또는 접지된 전선을 말한다.

(37) 중성선

다선식 전로에서 전원의 중성극에 접속된 전원을 말한다.

(38) 뱅크(BANK)

전로에 접속된 변압기 또는 콘덴서의 결선상 단위를 말한다.

(39) 전기기계기구

배선기구, 가정용 전기기계기구, 업무용 전기기계기구, 백열전등 및 방전등(관등회로의 배선은 제외한다)을 말한다.

(40) 배선기구

개폐기, 과전류차단기, 접속기 및 기타 이와 유사한 기구를 말한다.

(41) 이동 전기기계기구

탁상용 선풍기, 전기다리미, 텔레비젼, 전기세탁기, 가방전기드릴 등과 같이 손으로 운반하기 쉽고 수시로 옥내 배선에 접속하거나 또는 옥내 배선에서 분리할 수 있도록 꽂음 플러그가 달린 코드 등이 부속되어 있는 것을 말한다.

(42) 고정 전기기계기구

나사못 등으로 조영물에 붙이는 전기기계기구 또는 전기냉장고, 캐비닛형 난방기, 조리용 전기기구 등과 같이 형태 및 중량이 크고 일정한 위치에서 사용하는 성질의 전기기계기구를 말한다.

(43) 방수형

옥측의 우선외, 옥외에서 비와 이슬을 맞는 장소, 상시 또는 장시간 습기가 100[%]에 가깝고 물방울이 떨어지거나 또는 이슬이 맺혀 전기용품이 젖어 있는 장소(영안실, 지하도 등)에서 사용에 적합한 형의 것으로, 다음에 해당하는 것을 말한다.

① 적당한 외함을 구비하고 내부에 물기가 스며드는 것을 방지하는 것
② 외함 등은 구비하지 아니하였으나, 그것 자체가 습기 및 물방울에 견디고 사용상 지장이 없는 것

(44) 옥내형

습기 또는 수분이 많지 않은 보통의 옥내 장소에서 사용에 적합한 성능을 가지는 것을 말한다. 특히 옥외형이라 표기하지 아니하는 경우에는 옥내형을 말하고, 이 경우에 일반적으로 옥내형이라고는 표기하지 아니한다.

(45) 옥외형

① 바람, 비 및 눈과 직사광선을 받는 장소에서 사용하는데 적합한 성능을 가지는 것을 말한다.
② 옥외형의 것을 옥내에 사용하는 것은 지장이 없다.
③ 옥내형의 것을 옥외형의 성능을 가지는 함 속에 넣으면 옥외에서 사용할 수 있다.

(46) 애관류

전선의 조영재 관통장소 등에 사용하는 애관, 두께 1.2[mm] 이상의 합성수지관 등이다.

(47) 내화성

사용 중 닿게 될지도 모르는 불꽃, 아크 또는 고열에 의하여 연소되는 일이 없고 또한 실용상 지장을 주는 변형 또는 변질을 초래하지 아니하는 성질이다.

(48) 불연성

사용 중 닿게 될지도 모르는 불꽃, 아크 또는 고열에 의하여 연소되지 아니하는 성질이다.

(49) 난연성

불꽃, 아크 또는 고열에 의하여 착화하지 아니하거나 또는 착화하여도 잘 연소하지 아니하는 성질이다.

(50) 과전류

과부하전류 및 단락전류이다.

(51) 과부하전류

기기에 대하여는 그 정격전류, 전선에 대하여는 그 허용전류를 어느 정도 초과하여 그 계속되는 시간을 합하여 생각하였을 때 기기 또는 전선의 부하 방지상 자동 차단을 필요로 하는 전류로, 기동전류는 포함하지 아니한다.

(52) 단락전류

전로의 선간 임피던스가 적은 상태로 접속되었을 경우에 그 부분을 통하여 흐르는 큰 전류이다.

(53) 지락전류

지락에 의하여 전로의 외부로 유출되어 화재, 인축의 감전 또는 전로나 기기의 상해 등 사고를 일으킬 우려가 있는 전류이다.

(54) 누설전류

① 전로 이외를 흐르는 전류로서 전로의 절연체(전선의 피복절연체, 단자, 부싱, 스페이서 및 기타 기기의 부분으로 사용하는 절연체 등)의 내부 및 표면과 공간을 통하여 선간 또는 대지 사이를 흐르는 전류이다.
② 누설전류가 생기는 것은 절연체의 절연저항이 무한대가 아니며 전로 각부 상호 간 또는 대지 간에 정전용량이 존재하기 때문이다.

(55) 과전류차단기

① 배선차단기, 퓨즈, 기중차단기(ACB)와 같이 과부하전류 및 단락전류를 자동 차단하는 기능을 가지는 기구이다.
② 배선차단기 및 퓨즈는 일반적으로 단락전류 및 과부하전류에 대하여 보호기능을 갖는다. 단락전류 전용의 것도 있으나, 이것은 과전류차단기로는 인정하지 아니한다. 또 열동계전기가 붙은 전자개폐기는 일반적으로 과부하전류 보호전용으로서 단락전류에 대한 차단 능력은 없다.
③ 전류제한기는 전력수급거래상 필요에 따라 설치하는 것으로서 과전류차단기가 아니다.

(56) 분기 과전류차단기

① 분기회로마다 시설하는 것으로서 그 분기회로의 배선을 보호하는 과전류차단기이다.
② 분기 과전류차단기로는 일반적으로 배선용 차단기 또는 퓨즈가 사용된다.

③ 열동계전기가 붙은 전자개폐기 또는 로제트 혹은 전등점멸용의 점멸기 내부에 시설하는 퓨즈는 분기 과전류차단기라고는 보지 아니한다.

(57) 지락차단장치

전로에 지락이 생겼을 경우에 부하기기, 금속제 외함 등에 발생하는 고장전압 또는 지락전류를 검출하는 부분과 차단기 부분을 조합하여 자동적으로 전로를 차단하는 장치이다.

(58) 누전차단기

누전차단장치를 일체로 하여 용기 속에 넣어서 제작한 것으로서 용기 밖에서 수동으로 전로의 개폐 및 자동 차단 후에 복귀가 가능한 것이다.

(59) 배선차단기

전자 작용 또는 바이메탈의 작용에 의하여 과전류를 검출하고 자동으로 차단하는 과전류 차단기로서 그 최소 동작전류(동작하고 아니하는 한계전류)가 정격전류의 100[%]와 125[%] 사이에 있고 또 외부에서 수동, 전자적 또는 전동적으로 조작할 수 있는 것이다.

(60) 정격차단용량

과전류차단기가 어떤 정해진 조건에서 차단할 수 있는 차단용량의 한계이다.

(61) 포장 퓨즈

가용체를 절연물 또는 금속으로 충분히 포장한 구조의 통형 퓨즈 또는 플러그 퓨즈로서 정격차단용량 이내의 전류를 용융금속 또는 아크를 방출하지 아니하고 안전하게 차단할 수 있는 것이다.

(62) 비포장 퓨즈

포장 퓨즈 이외의 퓨즈를 말하고 방출형 퓨즈를 포함한다.

(63) 한류 퓨즈

단락전류를 신속히 차단하며 또한 흐르는 단락전류의 값을 제한하는 성질을 가지는 퓨즈로서 이 성질에 관하여 일정한 규격에 적합한 것을 말한다.

(64) 조상설비

무효전력을 조정하여 전송 효율을 증가시키고, 전압을 조정하여 계통의 안정도를 증진시키기 위한 전기기계기구이다.

(65) 액세스플로어(Movable Floor 또는 OA Floor)

주로 컴퓨터실, 통신기계실, 사무실 등에서 배선, 기타의 용도를 위한 2중 구조의 바닥을 말한다.

(66) 전기기계기구의 방폭구조

가스증기위험장소의 사용에 적합하도록 특별히 고려한 구조를 말하며, 내압방폭구조(耐壓防爆構造), 내압방폭구조(內壓防爆構造), 유입(油入)방폭구조, 안전증방폭구조, 본질(本質)방폭구조 및 특수방폭구조와 분진위험장소에서 사용에 적합하도록 고려한 분진방폭방진구조로 구별한다.

(67) 스트레스 전압

지락고장 중에 접지부분 또는 기기나 장치의 외함과 기기나 장치의 다른 부분 사이에 나타나는 전압을 말한다.

(68) 임펄스 내전압

지정된 조건 하에서 절연파괴를 일으키지 않는 규정된 파형 및 극성의 임펄스전압의 최대 피크값 또는 충격내전압을 말한다.

(69) 뇌전자기 임펄스(LEMP)

서지 및 방사상 전자계를 발생시키는 저항성, 유도성 및 용량성 결합을 통한 뇌전류에 의한 모든 전자기 영향을 말한다.

(70) 서지보호장치(SPD)

과도 과전압을 제한하고 서지전류를 분류시키기 위한 장치를 말한다.

(71) 접지 전위 상승(EPR)

접지계통과 기준 대지 사이의 전위차를 말한다.

(72) 리플프리 직류

교류를 직류로 변환할 때 리플 성분의 실효값이 10[%] 이하로 포함된 직류를 말한다.

(73) 기본보호

정상운전 시 기기의 충전부에 직접 접촉함으로써 발생할 수 있는 위험으로부터 인축의 보호를 말한다.

(74) 고장보호

고장 시 기기의 노출도전부에 간접 접촉함으로써 발생할 수 있는 위험으로부터 인축을 보호하는 것을 말한다.

(75) 보호접지

고장 시 감전에 대한 보호를 목적으로 기기의 한 점 또는 여러 점을 접지하는 것을 말한다.

(76) 계통접지

전력계통에서 돌발적으로 발생하는 이상 현상에 대비하여 대지와 계통을 연결하는 것으로, 중성점을 대지에 접속하는 것을 말한다.

(77) 보호도체

감전에 대한 보호 등 안전을 위해 제공되는 도체를 말한다.

(78) 접지도체

계통, 설비 또는 기기의 한 점과 접지극 사이의 도전성 경로 또는 그 경로의 일부가 되는 도체를 말한다.

(79) 등전위 본딩

등전위를 형성하기 위해 도전부 상호 간을 전기적으로 연결하는 것을 말한다.

(80) 보호등전위 본딩

감전에 대한 보호 등과 같은 안전을 목적으로 하는 등전위 본딩을 말한다.

(81) 등전위 본딩망

구조물의 모든 도전부와 충전도체를 제외한 내부설비를 접지극에 상호 접속하는 망을 말한다.

(82) 특별저압(ELV)

인체에 위험을 초래하지 않을 정도의 저압으로 직류 120[A], 교류 50[A] 이하를 말한다. 여기서 SELV는 비접지회로에 해당되며, PELV는 접지회로에 해당된다.

(83) 전압의 구분

① 저압 : 교류는 1[kV] 이하, 직류는 1.5[kV] 이하인 것
② 고압 : 교류는 1[kV]를, 직류는 1.5[kV]를 초과하고 7[kV] 이하인 것
③ 특고압 : 7[kV]를 초과하는 것

개념 문제 01 기사 98년, 01년 출제 | 배점 : 5점 |

다음에 주어진 전기 용어를 간단히 설명하시오.

(1) 뱅크(BANK)
(2) 수구
(3) 한류 퓨즈(FUSE)
(4) 접촉전압

답안 (1) 변압기, 콘덴서 등에서 결선상의 용량 단위
(2) 소켓, 리셉터클, 콘센트의 총칭
(3) 단락전류를 차단할 때 또는 단락전류 크기를 제한하는 퓨즈
(4) 금속제 외함을 갖는 기기에서 지기가 발생할 때 충전부와 대지 사이에 인축이 접촉할 경우 생체에 걸리는 전압

개념 문제 02 산업 96년, 04년, 05년, 11년 출제

| 배점 : 5점 |

대지전압이란 무엇과 무엇 사이의 전압을 말하는지 접지식 전로와 비접지식 전로를 구분하여 설명하시오.

(1) 접지식 전로

(2) 비접지식 전로

답안 (1) 전선과 대지 사이의 전압

(2) 전선과 다른 전선 사이의 전압

개념 문제 03 산업 95년, 02년, 05년 출제

| 배점 : 5점 |

전압의 종별을 구분하고 그 전압의 범위를 쓰시오.

답안
- 저압 : 직류 1.5[kV] 이하, 교류 1[kV] 이하인 것
- 고압 : 직류 1.5[kV], 교류 1[kV]를 초과하고 7[kV] 이하인 것
- 특고압 : 7[kV] 초과한 것

기출개념 02 옥내 배선의 그림 기호

1 적용 범위(KS C 0301-1990)

이 규격은 일반 옥내 배선에서 전등 · 전력 · 통신 · 신호 · 재해방지 · 피뢰설비 등의 배선, 기기 및 부착 위치, 부착 방법을 표시하는 도면에 사용하는 그림 기호에 대하여 규정한다.

2 배선

(1) 일반 배선(배관 · 덕트 · 금속선 홈통 등을 포함)

명 칭	그림 기호	적 용
천장 은폐 배선	————	(1) 천장 은폐 배선 중 천장 속의 배선을 구별하는 경우는 천장 속의 배선에 —·——·—를 사용하여도 좋다. (2) 노출 배선 중 바닥면 노출 배선을 구별하는 경우는 바닥면 노출배선에 —··——··—를 사용하여도 좋다. (3) 전선의 종류를 표시할 필요가 있는 경우는 기호를 기입한다. [보기] • 600[V] 비닐 절연전선 IV • 600[V] 2종 비닐 절연전선 HIV • 가교 폴리에틸렌 절연 비닐 시스 케이블 CV • 600[V] 비닐 절연 비닐 시스 케이블(평형) VVF • 내화 케이블 FP • 내열 전선 HP • 통신용 PVC 옥내선 TIV
바닥 은폐 배선	— — —	
노출 배선	- - - - - -	

명 칭	그림 기호	적 용
천장 은폐 배선 바닥 은폐 배선 노출 배선	──── — — — - - - - - -	(4) 절연전선의 굵기 및 전선수는 다음과 같이 기입한다. 단위가 명백한 경우는 단위를 생략하여도 좋다. [보기] ///1.6 //2 //2[mm²] ///8 • 숫자 표기 1.6×5 5.5×1 다만, 시방서 등에 전선의 굵기 및 심선수가 명백한 경우는 기입하지 않아도 좋다. (5) 케이블의 굵기 및 심선수(또는 쌍수)는 다음과 같이 기입하고 필요에 따라 전압을 기입한다. [보기] • 1.6[mm] 3심인 경우 1.6-3C • 0.5[mm] 100쌍인 경우 0.5~100P 다만, 시방서 등에 케이블의 굵기 및 심선수가 명백한 경우는 기입하지 않아도 좋다. (6) 전선의 접속점은 다음에 따른다. (7) 배관은 다음과 같이 표시한다. • //1.6(19) 강제 전선관인 경우 • //1.6(VE16) 경질 비닐 전선관인 경우 • //1.6($F_2$17) 2종 금속제 가요전선관인 경우 • //1.6(PF16) 합성수지제 가요관인 경우 • C(19) 전선이 들어 있지 않은 경우 다만, 시방서 등에 명백한 경우는 기입하지 않아도 좋다. (8) 플로어덕트의 표시는 다음과 같다. [보기] (F7) (FC6) 정크션 박스를 표시하는 경우는 다음과 같다. (9) 금속덕트의 표시는 다음과 같다. MD (10) 금속선 홈통의 표시는 다음과 같다. 1종 MM_1 2종 MM_2 (11) 라이팅덕트의 표시는 다음과 같다. □LD LD □는 피드인 박스를 표시한다. 필요에 따라 저압, 극수, 용량을 기입한다. [보기] □ LD 125V 2P 15A (12) 접지선의 표시는 다음과 같다. [보기] E2.0 (13) 접지선과 배선을 동일관 내에 넣는 경우는 다음과 같다. [보기] ///2.0(25) /E2.0 다만, 접지선의 표시 E가 명백한 경우는 기입하지 않아도 좋다. (14) 정원등 등에 사용하는 지중매설 배선은 다음과 같다. —·—·—

명 칭	그림 기호	적 용
풀 박스 및 접속 상자	⊠	(1) 재료의 종류, 치수를 표시한다. (2) 박스의 대소 및 모양에 따라 표시한다.
VVF용 조인트 박스	⊘	단자붙이임을 표시하는 경우는 t를 표시한다. ⊘t
접지단자	⏚	의료용인 것은 H를 표기한다.
접지센터	EC	의료용인 것은 H를 표기한다.
접지극	⏚	필요에 따라 재료의 종류, 크기, 필요한 접지저항치 등을 표기한다.
수전점	⚡	인입구에 이것을 적용하여도 좋다.
점검구	◎	–

(2) 버스덕트

명 칭	그림 기호	적 용
버스덕트	▬	필요에 따라 다음 사항을 표시한다. (1) 피드 버스덕트 FBD 플러그인 버스덕트 PBD 트롤리 버스덕트 TBD (2) 방수형인 경우는 WP (3) 전기방식, 정격전압, 정격전류 [보기] FBD3ϕ 3[W] 300[V] 600[A]

(3) 증설

동일 도면에서 증설 · 기설을 표시하는 경우 증설은 굵은 선, 기설은 가는 선 또는 점선으로 한다. 또한, 증설은 적색, 기설은 흑색 또는 청색으로 하여도 좋다.

(4) 철거 : 철거인 경우는 ×를 붙인다.

[보기] ×××⊗×××

3 기기

명 칭	그림 기호	적 용
전동기	Ⓜ	필요에 따라 전기방식, 전압, 용량을 표기한다. [보기] Ⓜ 3ϕ 200[V] 3.7[kW]
콘덴서	⊣⊢	전동기의 적요를 준용한다.
전열기	Ⓗ	전동기의 적요를 준용한다.
환기 팬 (선풍기를 포함)	∞	필요에 따라 종류 및 크기를 표기한다.

명 칭	그림 기호	적 용
룸 에어컨	RC	(1) 옥외 유닛에는 0을, 옥내 유닛에는 1을 표기한다. RC 0　　RC 1 (2) 필요에 따라 전동기, 전열기의 전기방식, 전압, 용량 등을 표기한다.
소형 변압기	Ⓣ	(1) 필요에 따라 용량, 2차 전압을 표기한다. (2) 필요에 따라 벨 변압기는 B, 리모컨 변압기는 R, 네온 변압기는 N, 형광등용 안정기는 F, HID등(고효율 방전등)용 안정기는 H를 표기한다. ⓉB　ⓉR　ⓉN　ⓉF　ⓉH (3) 형광등용 안정기 및 HID등용 안정기로서 기구에 넣는 것은 표시하지 않는다.
정류 장치		필요에 따라 종류, 용량, 전압 등을 표기한다.
축전지		필요에 따라 종류, 용량, 전압 등을 표기한다.
발전기	Ⓖ	전동기의 적요를 준용한다.

4 전등 · 전력

(1) 조명기구

명 칭	그림 기호	적 용
일반용 조명 백열등 HID등	○	(1) 벽붙이는 벽 옆을 칠한다. ◐ (2) 기구 종류를 표시하는 경우는 ○ 안이나 또는 표기로 글자명, 숫자 등의 문자 기호를 기입하고 도면의 비고 등에 표시한다. [보기] ㉯ ○나 ① ○1 Ⓐ ○A 등 같은 방에 기구를 여러 개 시설하는 경우는 통합하여 문자 기호와 기구수를 기입하여도 좋다. (3) (2)에 따르기 어려운 경우는 다음에 따른다. • 걸림 로우젯만 • 펜던트 ⊖ • 실링 · 직접 부착 ⒸL • 샹들리에 ⒸH • 매입 기구 ⒹL ◎로 하여도 좋다. (4) 용량을 표시하는 경우는 와트수(W)×램프수로 표시한다. [보기] 100　200×3 (5) 옥외등은 ◎로 하여도 좋다. (6) HID등의 종류를 표시하는 경우는 용량 앞에 다음 기호를 붙인다. • 수은등 H • 메탈핼라이드등 M • 나트륨등 N [보기] H400

명 칭		그림 기호	적 용
형광등		⊏○⊐	(1) 그림 기호 ⊏○⊐는 ⊏⊖⊐로 표시하여도 좋다. (2) 벽붙이는 벽 옆을 칠한다. • 가로붙이인 경우 • 세로붙이인 경우 (3) 기구 종류를 표시하는 경우는 ○ 안이나 또는 표기로 글자명, 숫자 등의 문자 기호를 기입하고 도면의 비고 등에 표시한다. [보기] ㉯ ○나 ① ○1 Ⓐ ○A 등 같은 방에 기구를 여러 개 시설하는 경우는 통합하여 문자 기호와 기구수를 기입하여도 좋다. 또한, 여기에 따르기 어려운 경우는 일반용 조명 백열등, HID등의 적용(3)을 준용한다. (4) 용량을 표시하는 경우는 램프의 크기(형)×램프수로 표시한다. 또 용량 앞에 F를 붙인다. [보기] F40 F40×2 (5) 용량 외에 기구수를 표시하는 경우는 램프의 크기(형)×램프수－기구수로 표시한다. [보기] F40－2 F40×2－3 (6) 기구 내 배선의 연결 방법을 표시하는 경우는 다음과 같다. [보기] F40－2 F40－3 (7) 기구의 대소 및 모양에 따라 표시하여도 좋다. [보기]
비상용 조명 (건축 기준법에 따르는 것)	백열등	●	(1) 일반용 조명 백열등의 적요를 준용한다. 다만, 기구의 종류를 표시하는 경우는 표기한다. (2) 일반용 조명 형광등에 조립하는 경우는 다음과 같다.
	형광등	■○■	(1) 일반용 조명 백열등의 적요를 준용한다. 다만, 기구의 종류를 표시하는 경우는 표기한다. (2) 계단에 설치하는 통로 유도등과 겸용인 것은 로 한다.
유도등 (소방법에 따르는 것)	백열등	⊗	(1) 일반용 조명 백열등의 적요를 준용한다. (2) 객석 유도등인 경우는 필요에 따라 S를 표기한다. ⊗ S
	형광등	⊏⊗⊐	(1) 일반용 조명 백열등의 적요를 준용한다. (2) 기구의 종류를 표시하는 경우는 표기한다. [보기] ⊏⊗⊐ 중 (3) 통로 유도등인 경우는 필요에 따라 화살표를 기입한다. [보기] (4) 계단에 설치하는 비상용 조명과 겸용인 것은 로 한다.

(2) 콘센트

명 칭	그림 기호	적 용
콘센트		(1) 그림 기호는 벽붙이는 표시하고 옆 벽을 칠한다. (2) 그림 기호 는 로 표시하여도 좋다. (3) 천장에 부착하는 경우는 다음과 같다. (4) 바닥에 부착하는 경우는 다음과 같다. (5) 용량의 표시방법은 다음과 같다. • 15[A]는 표기하지 않는다. • 20[A] 이상은 암페어수를 표기한다. [보기] 20[A] (6) 2구 이상인 경우는 구수를 표기한다. [보기] 2 (7) 3극 이상인 것은 극수를 표기한다. [보기] 3P (8) 종류를 표시하는 경우는 다음과 같다. • 빠짐 방지형 LK • 걸림형 T • 접지극붙이 E • 접지단자붙이 ET • 누전차단기붙이 EL (9) 방수형은 WP를 표기한다. WP (10) 방폭형은 EX를 표기한다. EX (11) 타이머붙이, 덮개붙이 등 특수한 것은 표기한다. (12) 의료용은 H를 표기한다. H (13) 전원종별을 명확히 하고 싶은 경우는 그 뜻을 표기한다.
비상 콘센트 (소방법에 따르는 것)		–
점멸기	●	(1) 용량의 표시방법은 다음과 같다. • 10[A]는 표기하지 않는다. • 15[A] 이상은 전류치를 표기한다. [보기] ●15[A] (2) 극수의 표시방법은 다음과 같다. • 단극은 표기하지 않는다. • 2극 또는 3으로, 4로는 각각 2P 또는 3, 4의 숫자를 표기한다. [보기] ●2P ●3 (3) 플라스틱은 P를 표기한다. [보기] ●P (4) 파일럿 램프를 내장하는 것은 L을 표기한다. [보기] ●L (5) 따로 놓여진 파일럿 램프는 ○로 표시한다. [보기] ○● (6) 방수형은 WP를 표기한다. [보기] ●WP

명 칭	그림 기호	적 용
점멸기	●	(7) 방폭형은 EX를 표기한다. [보기] ●EX (8) 타이머붙이는 T를 표기한다. [보기] ●T (9) 지동형, 덮개붙이 등 특수한 것은 표기한다. (10) 옥외등 등에 사용하는 자동 점멸기는 A 및 용량을 표기한다. [보기] ●A(3A)
조광기	●↗	용량을 표시하는 경우는 표기한다. [보기] ●↗15[A]
리모컨 스위치	●R	(1) 파일럿 램프붙이는 ○을 병기한다. [보기] ○●R (2) 리모컨 스위치임이 명백한 경우는 R을 생략하여도 좋다.
실렉터 스위치	⊗	(1) 점멸 회로수를 표기한다. [보기] ⊗9 (2) 파일럿 램프붙이는 L을 표기한다. [보기] ⊗9L
리모컨 릴레이	▲	리모컨 릴레이를 집합하여 부착하는 경우는 [▲▲▲]를 사용하고 릴레이수를 표기한다. [보기] [▲▲▲]10
개폐기	[S]	(1) 상자인 경우는 상자의 재질 등을 표기한다. (2) 극수, 정격전류, 퓨즈 정격전류 등을 표기한다. [보기] [S] 2P 30[A] f 15[A] (3) 전류계 붙이는 [Ⓢ]를 사용하고 전류계의 정격전류를 표기한다. [보기] [Ⓢ] 2P 30[A] f 15[A] A 5
배선용 차단기	[B]	(1) 상자인 경우는 상자의 재질 등을 표기한다. (2) 극수, 프레임의 크기, 정격전류 등을 표기한다. [보기] [B] 3P 225 AF 150[A] (3) 모터브레이커를 표시하는 경우는 [B]를 사용한다. (4) [B]를 [S]MCB로서 표시하여도 좋다.
누전차단기	[E]	(1) 상자인 경우는 상자의 재질 등을 표기한다. (2) 과전류 소자붙이는 극수, 프레임의 크기, 정격전류, 정격감도전류 등 과전류 소자 없음은 극수, 정격전류, 정격감도전류 등을 표기한다. • 과전류 소자 있음의 보기 [E] 2P 30 AF 15[A] 30[mA] • 과전류 소자 없음의 보기 [E] 3P 15[A] 30[mA] (3) 과전류 소자 있음은 [BE]를 사용하여도 좋다. (4) [E]를 [S]ELB로 표시하여도 좋다.

명 칭	그림 기호	적 용
전력량계	WH	(1) 필요에 따라 전기 방식, 전압, 전류 등을 표기한다. (2) 그림 기호 Wh는 WH로 표시하여도 좋다.
전력량계 (상자들이 또는 후드붙이)	Wh	(1) 전력량계의 적요를 준용한다. (2) 집합계기 상자에 넣는 경우는 전력량계의 수를 표기한다. [보기] Wh 12
변류기(상자)	CT	필요에 따라 전류를 표기한다.
전류 제한기	L	(1) 필요에 따라 전류를 표기한다. (2) 상자인 경우는 그 뜻을 표기한다.
누전 경보기	G	필요에 따라 종류를 표기한다.
누전 화재 경보기(소방법에 따르는 것)	F	필요에 따라 급별을 표기한다.
지진 감지기	EQ	필요에 따라 동작 특성을 표기한다. [보기] EQ 100 170[cm/s²] EQ 100~170[Gal]

(3) 배전반 · 분전반 · 제어반

명 칭	그림 기호	적 용
배전반, 분전반 및 제어반		(1) 종류를 구별하는 경우는 다음과 같다. • 배전반 • 분전반 • 제어반 (2) 직류용은 그 뜻을 표기한다. (3) 재해방지 전원회로용 배전반 등인 경우는 2중 틀로 하고 필요에 따라 종별을 표기한다. [보기] 1종 2종

(4) 확성장치 및 인터폰

명 칭	그림 기호	적 용
스피커		(1) 벽붙이는 벽 옆을 칠한다. (2) 모양, 종류를 표시하는 경우는 그 뜻을 표기한다. (3) 소방용 설비 등에 사용하는 것은 필요에 따라 F를 표기한다. (4) 아웃트렛만 있는 경우는 다음과 같다.

5 경보 · 호출 · 표시장치

명 칭	그림 기호	적 용
누름 버튼	⊡	(1) 벽붙이는 벽 옆을 칠한다. (2) 2개 이상인 경우는 버튼수를 표기한다. [보기] ⊡ $_3$ (3) 간호부 호출용은 ⊡ $_N$ 또는 [N]으로 한다. (4) 복귀용은 다음에 따른다. [보기] ●
손잡이 누름 버튼	⊙	간호부 호출용은 ⊙N 또는 Ⓝ으로 한다.
벨		경보용, 시보용을 구별하는 경우는 다음과 같다. 경보용 [A] 시보용 [T]
버저		경보용, 시보용을 구별하는 경우는 다음과 같다. 경보용 [A] 시보용 [T]
차임		–
경보 수신반		–
간호부 호출용 수신반	NC	창 수를 표기한다. [보기] NC $_{10}$

6 방화 : 자동화재감지설비

명 칭	그림 기호	적 용
차동식 스폿형 감지기		필요에 따라 종별을 표기한다.
보상식 스폿형 감지기		필요에 따라 종별을 표기한다.
정온식 스폿형 감지기		(1) 필요에 따라 종별을 표기한다. (2) 방수인 것은 로 한다. (3) 내산인 것은 로 한다. (4) 내알칼리인 것은 로 한다. (5) 방폭인 것은 EX를 표기한다.
연기 감지기	S	(1) 필요에 따라 종별을 표기한다. (2) 점검 박스붙이인 경우는 [S]로 한다. (3) 매입인 것은 [S]로 한다.

개념 문제 01 기사 95년, 98년, 02년 출제 | 배점 : 8점 |

일반용 조명에서 백열등 또는 HID등의 KS심벌에 대한 다음 각 물음에 답하시오.

(1) ⊗로 표시되는 등의 명칭은?

(2) 다음 심벌로 구분되는 HID등의 종류를 구분하시오.

① ○H400

② ○M400

③ ○N400

(3) 콘센트의 그림 기호는 ◐이다.

① 천장에 부착하는 경우의 그림 기호는?

② 바닥에 부착하는 경우의 그림 기호는?

(4) 다음 그림 기호를 구분하여 설명하시오.

① ◐2

② ◐3P

답안 (1) 옥외등

(2) ① 400[W] 수은등, ② 400[W] 메탈핼라이드등, ③ 400[W] 나트륨등

(3) ①

②

(4) ① 2구 콘센트

② 3극 콘센트

개념 문제 02 기사 02년, 05년 출제 | 배점 : 5점 |

그림은 콘센트의 종류를 표시한 옥내 배선용 그림 기호이다. 각 그림 기호는 어떤 의미를 가지고 있는지 설명하시오.

(1) ◐LK

(2) ◐ET

(3) ◐EL

(4) ◐E

(5) ◐T

답안 (1) 빠짐 방지형 콘센트

(2) 접지단자붙이 콘센트

(3) 누전차단기붙이 콘센트

(4) 접지극붙이 콘센트

(5) 걸림형 콘센트

기출 개념 03

전선 및 케이블 종류별 약호

1 정격전압 450/750[V] 이하 염화비닐 절연 케이블

(1) 배선용 비닐 절연전선

① NR : 450/750[V] 일반용 단심 비닐 절연전선
② NF : 450/750[V] 일반용 유연성 단심 비닐 절연전선
③ NFI(70) : 300/500[V] 기기 배선용 유연성 단심 비닐 절연전선(70[℃])
④ NFI(90) : 300/500[V] 기기 배선용 유연성 단심 절연전선(90[℃])
⑤ NRI(70) : 300/500[V] 기기 배선용 단심 비닐 절연전선(70[℃])
⑥ NRI(90) : 300/500[V] 기기 배선용 단심 비닐 절연전선(90[℃])

(2) 배선용 비닐 시스 케이블

LPS : 300/500[V] 연질 비닐 시스 케이블

(3) 유연성 비닐 케이블(코드)

① FTC : 300/300[V] 평형 금사 코드
② FSC : 300/300[V] 평형 비닐 코드
③ CIC : 300/300[V] 실내 장식 전등 기구용 코드
④ LPC : 300/500[V] 연질 비닐 시스 코드
⑤ OPC : 300/500[V] 범용 비닐 시스 코드
⑥ HLPC : 300/300[V] 내열성 연질 비닐 시스 코드(90[℃])
⑦ HOPC : 300/500[V] 내열성 범용 비닐 시스 코드(90[℃])

(4) 비닐 리프트 케이블

① FSL : 평형 비닐 시스 리프트 케이블
② CSL : 원형 비닐 시스 리프트 케이블

(5) 비닐 절연 비닐 시스 차폐 및 비차폐 유연성 케이블

① ORPSF : 300/500[V] 오일내성 비닐 절연 비닐 시스 차폐 유연성 케이블
② ORPUF : 300/500[V] 오일내성 비닐 절연 비닐 시스 비차폐 유연성 케이블

2 정격전압 450/750[V] 이하 고무 절연 케이블

(1) 내열 실리콘 고무 절연전선

HRS : 300/500[V] 내열 실리콘 고무 절연전선(180[℃])

(2) 고무 코드, 유연성 케이블

① BRC : 300/500[V] 편조 고무 코드
② ORSC : 300/500[V] 범용 고무 시스 코드
③ OPSC : 300/500[V] 범용 클로로프렌, 합성고무 시스 코드

④ HPSC : 450/750[V] 경질 클로로프랜, 합성고무 시스 유연성 케이블
⑤ PCSC : 300/500[V] 장식 전등 지구용 클로로프렌, 합성고무 시스 케이블(원형)
⑥ PCSCF : 300/500[V] 장식 전등 지구용 클로로프렌, 합성고무 시스 케이블(평면)

(3) 고무 리프트 케이블

① BL : 300/500[V] 편조 리프트 케이블
② RL : 300/300[V] 고무 시스 리프트 케이블
③ PL : 300/500[V] 폴리클로로프렌, 합성고무 시스 리프트 케이블

(4) 아크 용접용 케이블

① AWP : 클로로프렌, 천연합성고무 시스 용접용 케이블
② AWR : 고무 시스 용접용 케이블

(5) 내열성 에틸렌아세테이트 고무 절연전선

① HR(0.5) : 500[V] 내열성 고무 절연전선(110[℃])
② HRF(0.5) : 500[V] 내열성 유연성 고무 절연전선(110[℃])
③ HR(0.75) : 750[V] 내열성 고무 절연전선(110[℃])
④ HRF(0.75) : 750[V] 내열성 유연성 고무 절연전선(110[℃])

(6) 전기기용 고유연성 고무 코드

① RIF : 300/300[V] 유연성 고무 절연 고무 시스 코드
② RICLF : 300/300[V] 유연성 고무 절연 가교 폴리에틸렌 비닐 시스 코드
③ CLF : 300/300[V] 유연성 가교 비닐 절연 가교 비닐 시스 코드

3 정격전압 1~3[kV] 압출 성형 절연 전력 케이블

(1) 케이블(1[kV] 및 3[kV])

① VV : 0.6/1[kV] 비닐 절연 비닐 시스 케이블
② CVV : 0.6/1[kV] 비닐 절연 비닐 시스 제어 케이블
③ VCT : 0.6/1[kV] 비닐 절연 비닐 캡타이어 케이블
④ CV1 : 0.6/1[kV] 가교 폴리에틸렌 절연 비닐 시스 케이블
⑤ CE : 0.6/1[kV] 가교 폴리에틸렌 절연 폴리에틸렌 시스 케이블
⑥ HFCO : 0.6/1[kV] 가교 폴리에틸렌 절연 저독성 난연 폴리올레핀 시스 전력 케이블
⑦ HFCCO : 0.6/1[kV] 가교 폴리에틸렌 절연 저독성 난연 폴리올레핀 시스 제어 케이블
⑧ CCV : 0.6/1[kV] 제어용 가교 폴리에틸렌 절연 비닐 시스 케이블
⑨ CCE : 0.6/1[kV] 제어용 가교 폴리에틸렌 절연 폴리에틸렌 시스 케이블
⑩ PV : 0.6/1[kV] EP 고무 절연 비닐 시스 케이블
⑪ PN : 0.6/1[kV] EP 고무 절연 클로로프렌 시스 케이블
⑫ PNCT : 0.6/1[kV] EP 고무 절연 클로로프렌 캡타이어 케이블

(2) 케이블(6[kV] 및 30[kV])

① CV10 : 6/10[kV] 가교 폴리에틸렌 절연 비닐 시스 케이블
② CE10 : 6/10[kV] 가교 폴리에틸렌 절연 폴리에틸렌 시스 케이블
③ CVT : 6/10[kV] 트리플렉스형 가교 폴리에틸렌 절연 비닐 시스 케이블
④ CET : 6/10[kV] 트리플렉스형 가교 폴리에틸렌 시스 케이블
⑤ PDC : 6/10[kV] 고압 인하용 가교 폴리에틸렌 절연전선
⑥ PDP : 6/10[kV] 고압 인하용 가교 EP고무 절연전선

4 기타

(1) 옥외용 전선

① OC : 옥외용 가교 폴리에틸렌 절연전선
② OE : 옥외용 폴리에틸렌 절연전선
③ OW : 옥외용 비닐 절연전선
④ ACSR-OC : 옥외용 강심 알루미늄도체 가교 폴리에틸렌 절연전선
⑤ ACSR-OE : 옥외용 강심 알루미늄도체 폴리에틸렌 절연전선
⑥ Al-OC : 옥외용 알루미늄도체 가교 폴리에틸렌 절연전선
⑦ Al-OE : 옥외용 알루미늄도체 폴리에틸렌 절연전선
⑧ Al-OW : 옥외용 알루미늄도체 비닐 절연전선

(2) 인입용 전선

① DV : 인입용 비닐 절연전선
② ACSR-DV : 인입용 강심 알루미늄도체 비닐 절연전선

(3) 알루미늄선

① A-Al : 연알루미늄선
② H-Al : 경알루미늄선
③ ACSR : 강심 알루미늄 연선
④ IACSR : 강심 알루미늄 합금 연선
⑤ CA : 강복 알루미늄선

(4) 네온관용 전선

① NEV : 폴리에틸렌 절연 비닐 시스 네온전선
② NRC : 고무 절연 클로로프렌 시스 네온전선
③ NRV : 고무 절연 비닐 시스 네온전선
④ NV : 비닐 절연 네온전선

(5) 기타

① A : 연동선
② H : 경동선

③ HA : 반경동선
④ ABC-W : 특고압 수밀형 가공 케이블
⑤ CN-CV-W : 동심 중성선 수밀형 전력 케이블
⑥ FR-CNCO-W : 동심 중성선 수밀형 저독성 난연 전력 케이블
⑦ CB-EV : 콘크리트 직매용 폴리에틸렌 절연 비닐 시스 케이블(환형)
⑧ CB-EVF : 콘크리트 직매용 폴리에틸렌 절연 비닐 시스 케이블(평형)
⑨ CD-C : 가교 폴리에틸렌 절연 CD케이블
⑩ CN-CV : 동심 중성선 차수형 전력 케이블
⑪ EE : 폴리에틸렌 절연 폴리에틸렌 시스 케이블
⑫ EV : 폴리에틸렌 절연 비닐 시스 케이블
⑬ FL : 형광방전등용 비닐전선
⑭ MI : 미네랄 인슈레이션 케이블

개념 문제 기사 95년, 96년, 97년, 99년 / 산업 96년, 98년, 00년, 04년 출제 | 배점 : 4점 |

다음 전선의 약호이다. 각각 어떤 전선의 약호인지 우리말 명칭을 쓰시오.

(1) NR
(2) NF
(3) FR-CNCO-W
(4) CCV

답안 (1) 450/750[V] 일반용 단심 비닐 절연전선
(2) 450/750[V] 일반용 유연성 단심 비닐 절연전선
(3) 동심 중성선 수밀형 저독성 난연 전력 케이블
(4) 0.6/1[kV] 제어용 가교 폴리에틸렌 절연 비닐 시스 케이블

1990년~최근 출제된 기출문제

CHAPTER 01
용어 및 기호

단원 빈출문제

문제 01 산업 98년, 01년, 05년 출제

배점 : 6점

점멸기의 그림 기호에 대하여 다음 각 물음에 답하시오.

(1) ●은 몇 [A]용 점멸기인가?
(2) 방수형 점멸기의 그림 기호를 그리시오.
(3) 점멸기의 그림 기호 $●_4$의 의미는 무엇인가?

답안 (1) 10[A]
(2) $●_{WP}$
(3) 4로 스위치

문제 02 산업 95년, 99년, 00년, 01년, 02년, 03년, 07년 출제

배점 : 10점

그림은 점멸기의 심벌이다. 각 심벌의 용도, 명칭 등을 구분하여 설명하시오.

(1) $●_L$
(2) $●_{WP}$
(3) $●_4$
(4) ○●
(5) ●

답안 (1) 파일럿 램프붙이 스위치
(2) 방수형 스위치
(3) 4로 스위치
(4) 따로 놓여진 파일럿 램프붙이 스위치
(5) 단극 스위치

문제 03 산업 97년, 02년 출제

배점 : 10점

옥내 배선용 그림 기호에 대한 다음 각 물음에 답하시오.

(1) 일반적인 콘센트의 그림 기호는 (:)이다. (··)은 어떤 경우에 사용되는가?
(2) 점멸기의 그림 기호로 ●, $●_{2P}$, $●_{3}$의 의미는 어떤 의미인가?
① ●
② $●_{2P}$
③ $●_{3}$
(3) 개폐기, 배선용 차단기, 누전차단기의 그림 기호를 그리시오.
① 개폐기
② 배선용 차단기
③ 누전차단기
(4) HID등으로서 H400, M400, N400의 의미는 무엇인가?
① H400
② M400
③ N400

답안 (1) 천장에 부착하는 경우
(2) ① 단극 스위치, ② 2극 스위치, ③ 3로 스위치
(3) ① [S], ② [B], ③ [E]
(4) ① 수은등 400[W]
② 메탈핼라이드등 400[W]
③ 나트륨등 400[W]

문제 04 산업 98년, 03년 출제

배점 : 9점

일반용 조명에서 백열등 또는 HID등의 KS심벌에 대한 다음 각 물음에 답하시오.

(1) ◎로 표시되는 등의 명칭은?
(2) 다음 심벌로 구분되는 HID등의 종류를 구분하시오.
① $○_{H}$
② $○_{M}$
③ $○_{N}$
(3) 콘센트의 그림 기호는 (:)이다.
① 천장에 부착하는 경우의 그림 기호는?
② 바닥에 부착하는 경우의 그림 기호는?
(4) 다음 그림 기호를 구분하여 설명하시오.
① $(:)_{2}$
② $(:)_{3P}$

답안 (1) 옥외등
(2) ① 수은등
② 메탈핼라이드등
③ 나트륨등
(3) ① (••)
② (••)
(4) ① 2구 콘센트
② 3극 콘센트

문제 05 산업 99년, 04년, 06년 출제 | 배점 : 5점 |

일반용 조명에 관한 다음 각 물음에 답하시오.

(1) 백열등의 그림 기호는 ○이다. 벽붙이의 그림 기호를 그리시오.
(2) HID등의 종류를 표시하는 경우 용량 앞에 문자 기호를 붙이도록 되어 있다. 수은등, 메탈핼라이드등, 나트륨등은 어떤 기호를 붙이는가?
(3) 그림 기호가 ◎로 표시되어 있다. 어떤 용도의 조명등인가?
(4) 조명등으로서의 일반 백열등을 형광등과 비교할 때 그 기능상의 장점을 3가지만 쓰시오.

답안 (1) ◐
(2) • 수은등 : H
• 메탈핼라이드등 : M
• 나트륨등 : N
(3) 옥외등
(4) • 역률이 좋다.
• 연색성이 우수하다.
• 안정기가 불필요하며 기동시간이 짧다.
• 램프의 점등 방식이 간단하다.
• 가격이 저렴하다.

문제 06 산업 96년, 01년, 12년 출제

배점 : 5점

일반용 조명기구의 그림 기호에 문자와 숫자가 다음과 같이 병기되어 있다. 그 의미를 쓰시오.

(1) H500
(2) N200
(3) F40
(4) X200
(5) M200

답안 (1) 수은등 500[W]
(2) 나트륨등 200[W]
(3) 형광등 40[W]
(4) 크세논등 200[W]
(5) 메탈핼라이드등 200[W]

문제 07 산업 03년, 10년 출제

배점 : 5점

다음은 콘센트의 그림 기호이다. 각 콘센트의 종류 또는 형별 명칭을 쓰시오.

(1) ◐$_{LK}$
(2) ◐$_{ET}$
(3) ◐$_{EX}$
(4) ◐$_{H}$
(5) ◐$_{EL}$

답안 (1) 빠짐 방지형 콘센트
(2) 접지단자붙이 콘센트
(3) 방폭형 콘센트
(4) 의료용 콘센트
(5) 누전차단기붙이 콘센트

문제 08 산업 95년, 99년, 00년, 01년, 03년, 07년 출제

배점 : 5점

그림과 같은 콘센트 심벌을 구분하여 설명하시오.

(1)

(2)  2

(3)  3P

(4)  WP

(5) E

답안
(1) 천장붙이 콘센트
(2) 2구 콘센트
(3) 3극 콘센트
(4) 방수형 콘센트
(5) 접지극붙이 콘센트

문제 09 산업 96년, 98년, 04년, 17년, 22년 출제

배점 : 5점

다음 조건에 맞는 콘센트의 그림 기호를 그리시오.

벽붙이용	천장에 부착하는 경우	바닥에 부착하는 경우
방수형	2구용	

답안

벽붙이용	천장에 부착하는 경우	바닥에 부착하는 경우

방수형	2구용	
WP	2	

문제 10 산업 22년 출제

배점 : 8점

다음의 전기배선용 도식 기호에 대한 명칭을 쓰시오.

 WP	 T	 2	 3P	 E
①	②	③	④	⑤

답안 ① 방수형 점멸기
② 타이머붙이 점멸기
③ 2구 콘센트
④ 3극 콘센트
⑤ 접지극붙이 콘센트

문제 11 산업 95년, 99년, 00년, 01년, 02년, 03년, 07년, 12년, 15년 출제

배점 : 5점

그림과 같은 심벌의 명칭을 구체적으로 쓰시오.

(1) 
(2) 
(3) 
(4) 
(5)

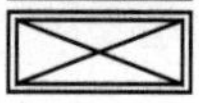

답안 (1) 분전반
(2) 제어반
(3) 배전반
(4) 재해방지 전원회로용 분전반
(5) 재해방지 전원회로용 배전반

문제 12

산업 95년, 99년, 00년, 01년, 02년, 03년, 07년 출제

| 배점 : 5점 |

그림과 같은 심벌의 명칭을 쓰시오.

(1) ⊗

(2)  ◐ WP

(3)  ● T

(4) ⊲

(5)  ◪

답안
(1) 유도등(백열등)
(2) 방수형 콘센트
(3) 타이머붙이 점멸기
(4) 스피커
(5) 분전반

문제 13

산업 97년, 02년 출제

| 배점 : 5점 |

그림과 같은 심벌의 명칭을 쓰시오.

(1) 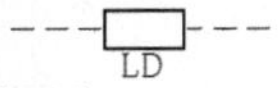 ---▭--- LD

(2)  ⊠

(3)  ● R

(4)  ◐ EX

(5)  ◪

답안
(1) 라이팅덕트 배선
(2) 풀 박스 및 접속 상자
(3) 리모컨 스위치
(4) 방폭형 콘센트
(5) 분전반

문제 14 산업 97년, 02년, 11년 출제

배점 : 7점

그림과 같은 심벌의 명칭을 쓰시오.

(1) 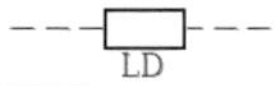 ---[ ]--- LD
(2)  ⊠
(3)  ● R
(4)  EX
(5)  ◢
(6) MDF
(7) 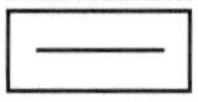 ▭

답안 (1) 라이팅덕트 배선
(2) 풀 박스 및 접속 상자
(3) 리모컨 스위치
(4) 방폭형 콘센트
(5) 분전반
(6) 주 배선반
(7) 단자반

문제 15 산업 16년 출제

배점 : 5점

다음 그림 기호의 정확한 명칭을 쓰시오.

그림 기호	명칭(구체적으로 기록)
CT	
TS	
 ⊤	
 ⊣⊢	
Wh	

답안

그림 기호	명 칭
CT	변류기(상자)
TS	타임 스위치
(콘덴서 기호)	콘덴서
(축전지 기호)	축전지
Wh	전력량계(상자들이 또는 후드붙이)

문제 16 산업 95년, 99년, 00년, 01년, 02년, 03년, 07년, 08년 출제

배점 : 5점

다음은 계전기의 그림 기호이다. 각각의 명칭을 우리말로 쓰시오.

(1) OC
(2) OL
(3) UV
(4) GR
(5) OV
(6) P

답안 (1) 과전류계전기
(2) 과부하계전기
(3) 부족전압계전기
(4) 지락계전기
(5) 과전압계전기
(6) 전력계전기

문제 17 산업 96년, 98년, 00년, 04년 출제

배점 : 3점

다음 계전기 약호의 우리말 명칭을 쓰시오.

(1) OVR
(2) UVR
(3) OVGR

답안 (1) 과전압계전기
(2) 부족전압계전기
(3) 지락 과전압계전기

문제 **18** 산업 07년 출제 | 배점 : 5점 |

다음 심벌(계전기)의 명칭을 쓰시오.

(1) Po
(2) SP
(3) T
(4) Pr

답안 (1) 위치계전기
(2) 속도계전기
(3) 온도계전기
(4) 압력계전기

문제 **19** 산업 94년, 96년, 98년, 00년, 04년 출제 | 배점 : 4점 |

다음 전선 표시 약호의 명칭을 우리말로 쓰시오.

(1) VV
(2) NR
(3) DV
(4) OW
(5) CV1 케이블
(6) EV 케이블

답안 (1) 0.6/1[kV] 비닐 절연 비닐 시스 케이블
(2) 450/750[V] 일반용 단심 비닐 절연전선
(3) 인입용 비닐 절연전선
(4) 옥외용 비닐 절연전선
(5) 0.6/1[kV] 가교 폴리에틸렌 절연 비닐 시스 케이블
(6) 폴리에틸렌 절연 비닐 시스 케이블

문제 20 산업 06년 출제 ┤배점 : 8점├

절연전선의 피복에 다음과 같은 표시가 되어 있다. 이 표시에 대한 의미를 상세하게 쓰시오.

(1) N-RC
(2) N-EV
(3) N-V
(4) N-RV

답안 (1) 고무 절연 클로로프렌 시스 네온전선
(2) 폴리에틸렌 절연 비닐 시스 네온전선
(3) 비닐 절연 네온전선
(4) 고무 절연 비닐 시스 네온전선

문제 21 산업 22년 출제 ┤배점 : 4점├

다음 전선 약호에 대한 전선 종류의 명칭을 정확히 쓰시오.

(1) 450/750[V] HFIO
(2) 0.6/1[kV] PNCT

답안 (1) 450/750[V] 저독성 난연 폴리올레핀 절연전선
(2) 0.6/1[kV] 고무 절연 클로로프렌 캡타이어 케이블

문제 22 산업 96년, 98년, 00년, 04년 출제 ┤배점 : 6점├

다음 전선 표시 약호에 대한 우리말 명칭을 쓰시오.

(1) ACSR
(2) CV10
(3) MI
(4) NV

답안 (1) 강심 알루미늄 연선
(2) 6/10[kV] 가교 폴리에틸렌 절연 비닐 시스 케이블
(3) 미네랄 인슈레이션 케이블
(4) 비닐 절연 네온전선

문제 23

산업 13년 출제

배점 : 4점

다음 전선의 약호에 대한 명칭을 쓰시오.

(1) NRI(70)
(2) NFI(70)

답안 (1) 300/500[V] 기기 배선용 단심 비닐 절연전선(70[℃])
(2) 300/500[V] 기기 배선용 유연성 단심 비닐 절연전선(70[℃])

문제 24

산업 08년 출제

배점 : 5점

절연전선(絕緣電線)의 종류에 대하여 5가지만 쓰시오.

답안
- 450/750[V] 일반용 단심 비닐 절연전선(NR)
- 450/750[V] 일반용 유연성 단심 비닐 절연전선(NF)
- 인입용 비닐 절연전선(DV)
- 옥외용 비닐 절연전선(OW)
- 옥외용 가교 폴리에틸렌 절연전선(OC)
- 비닐 절연 네온전선(NV)

문제 25

산업 16년 출제

배점 : 5점

다음 전선 약호의 품명을 쓰시오.

약 호	품 명
ACSR	
CN-CV-W	
FR-CNCO-W	
LPS	
VCT	

답안

약 호	품 명
ACSR	강심 알루미늄 연선
CN-CV-W	동심 중성선 수밀형 전력 케이블
FR-CNCO-W	동심 중성선 수밀형 저독성 난연 전력 케이블
LPS	300/500[V] 연질 비닐 시스 케이블
VCT	0.6/1[kV] 비닐 절연 비닐 캡타이어 케이블

문제 26 산업 99년 출제

배점 : 6점

다음 심벌에 대한 배선 명칭을 구분하여 쓰시오.

(1) ———————

(2) - - - - - -

(3) — — —

답안 (1) 천장 은폐 배선

(2) 노출 배선

(3) 바닥 은폐 배선

문제 27 산업 99년 출제

배점 : 5점

다음 그림의 배선 표시가 의미하는 것은?

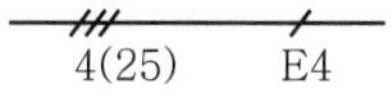

—///——/—

4(25) E4

답안 박강전선관 25[mm]에 4[mm^2] 전선 3가닥과 4[mm^2] 접지선을 천장 은폐 배선한 경우

문제 28 산업 97년 출제 | 배점 : 8점 |

다음 물음에 답하시오.

(1) 천장 은폐 배선, 바닥 은폐 배선, 노출 배선의 그림 기호를 그리시오.
① 천장 은폐 배선
② 바닥 은폐 배선
③ 노출 배선

(2) 전선의 종류를 기호로 표기할 때 450/750[V] 일반용 단심 비닐 절연전선과 0.6/1[kV] 가교 폴리에틸렌 절연 비닐 시스 케이블의 기호는?

답안 (1) ① ————
② — — —
③ - - - - - -

(2) NR, CV1

문제 29 산업 17년 출제 | 배점 : 6점 |

다음 용어에 대하여 서술하시오.

(1) 변전소
(2) 개폐소
(3) 급전소

답안 (1) 변전소의 밖으로부터 전송받은 전기를 변전소 안에 시설한 변압기 · 전동발전기 · 회전변류기 · 정류기 그 밖의 기계기구에 의하여 변성하는 곳으로서 변성한 전기를 변전소 밖으로 전송하는 곳을 말한다.

(2) 개폐소 안에 시설한 개폐기 및 기타 장치에 의하여 전로를 개폐하는 곳으로서 발전소 · 변전소 및 수용장소 이외의 곳을 말한다.

(3) 전력계통의 운용에 관한 지시 및 급전조작을 하는 곳을 말한다.

문제 30 산업 96년, 04년, 05년, 11년 출제

배점 : 5점

전압이란 무엇과 무엇 사이의 전압을 말하는지 접지식 전로와 비접지식 전로를 구분하여 설명하시오.

(1) 접지식 전로
(2) 비접지식 전로

답안 (1) 전선과 대지 사이의 전압
(2) 전선과 다른 전선 사이의 전압

문제 31 산업 12년 출제

배점 : 8점

전기설비에서 사용되는 다음 용어의 정의를 정확하게 설명하시오.

(1) 간선(幹線)
(2) 단락전류(短絡電流)
(3) 사용전압(使用電壓)
(4) 분기회로(分岐回路)

답안 (1) 인입구에서 분기 과전류차단기에 이르는 배선으로서 분기회로의 분기점에서 전원측 부분을 말한다.
(2) 전로의 선간 임피던스가 적은 상태로 접속되었을 경우 그 부분을 통하여 흐르는 큰 전류를 말한다.
(3) 보통의 사용상태에서 그 회로에 가하여지는 선간전압을 말한다.
(4) 간선에서 분기하여 분기 과전류차단기를 거쳐 부하에 이르는 사이의 배선을 말한다.

문제 32 산업 15년 출제

배점 : 5점

소세력 회로의 정의와 최대사용전압과 최대사용전류를 구분하여 쓰시오.

(1) 정의
(2) 최대사용전압
(3) 최대사용전류

답안 (1) 전자개폐기의 조작회로 또는 초인벨, 경보벨 등에 접속하는 전로로서 최대사용전압이 60[V] 이하인 것. 또한 대지전압이 300[V] 이하인 강전류 전기의 전로에 사용하는 전로와 절연변압기로 결합되는 것을 말한다.
(2) 60[V]
(3) 5[A]

문제 33 산업 95년, 02년, 05년 출제

배점 : 5점

전압의 종별을 구분하고 그 전압의 범위를 쓰시오.

(1) 저압
(2) 고압
(3) 특고압

답안 (1) 직류 1.5[kV] 이하, 교류 1[kV] 이하
(2) 직류 1.5[kV], 교류 1[kV]를 초과하고 7[kV] 이하
(3) 7[kV]를 초과한 것

문제 34 산업 19년 출제

배점 : 5점

한국전기설비규정(KEC)에서 규정하는 저압 케이블의 종류를 3가지만 쓰시오.

답안
- 클로로프렌 외장 케이블
- 비닐 외장 케이블
- 폴리에틸렌 외장 케이블

해설 **저압케이블(KEC 122.4)**

사용전압이 저압인 전로(전기기계 안의 전로를 제외한다)의 전선으로 사용하는 케이블
- 0.6/1[kV] 연피 케이블
- 클로로프렌 외장 케이블
- 비닐 외장 케이블
- 폴리에틸렌 외장 케이블
- 무기물 절연 케이블
- 금속 외장 케이블
- 저독성 난연 폴리올레핀 외장 케이블
- 300/500[V] 연질 비닐 시스 케이블

문제 **35** 산업 08년 출제

배점 : 12점

일반용 및 자가용 전기설비에 사용되는 용어에 관한 사항이다. (   ) 안에 알맞은 내용으로 채우시오.

(1) "과전류차단기"라 함은 배선용 차단기, 퓨즈, 기중차단기와 같이 (①) 및 (②)를 자동 차단하는 기능을 가진 기구를 말한다.
(2) "누전차단장치"라 함은 전로에 지락이 생겼을 경우에 부하기기, 금속제 외함 등에 발생하는 (③) 또는 (④)를 검출하는 부분과 차단기 부분을 조합하여 자동적으로 전로를 차단하는 장치를 말한다.
(3) "배선차단기"라 함은 전자 작용 또는 바이메탈의 작용에 의하여 (⑤)를 검출하고 자동으로 차단하는 (⑥) 차단기로서 동작전류는 산업용은 105[%]에서 130[%], 주택용은 113[%]에서 (⑦)[%] 사이에 있고, 외부에서 수동, 전자적 또는 전동적으로 조작할 수 있는 것을 말한다.
(4) "과전류"라 함은 과부하전류 및 (⑧)를 말한다.
(5) "중성선"이라 함은 (⑨) 전로에서 전원의 (⑩)에 접속된 전선을 말한다.
(6) "조상설비"라 함은 (⑪)을 조정하는 전기기계기구를 말한다.
(7) "이격거리"라 함은 떨어져야 할 물체의 표면 간의 (⑫)를 말한다.

답안 (1) ① 과부하전류, ② 단락전류
(2) ③ 고장전압, ④ 지락전류
(3) ⑤ 과전류, ⑥ 과전류, ⑦ 145
(4) ⑧ 단락전류
(5) ⑨ 다선식, ⑩ 중성극(점)
(6) ⑪ 무효전력
(7) ⑫ 최단거리

문제 **36** 산업 95년, 98년, 06년 출제

배점 : 8점

다음 용어를 간단히 설명하시오.

(1) BIL
(2) INVERTER
(3) CONVERTER
(4) CVCF 전원 방식

답안 (1) 기준충격절연강도
(2) 역변환 장치로 직류를 교류로 변환
(3) 순변환 장치로 교류를 직류로 변환
(4) 정전압 정주파수 전원공급장치

문제 37

산업 01년, 07년, 09년, 15년, 17년 출제

배점 : 6점

전력계통에 이용되는 리액터의 분류에 따른 설치 목적을 적으시오.

구 분	설치 목적
분로(병렬) 리액터	(①)
직렬 리액터	(②)
소호 리액터	(③)
한류 리액터	(④)

답안 ① 페란티 현상 방지
② 제5고조파 제거하여 파형 개선
③ 지락 아크 소멸
④ 단락전류 제한

문제 38

산업 02년 출제

배점 : 4점

배선차단기의 표면에 다음과 같이 표시되어 있다. 75[A]와 100[AF]를 각각 설명하시오.

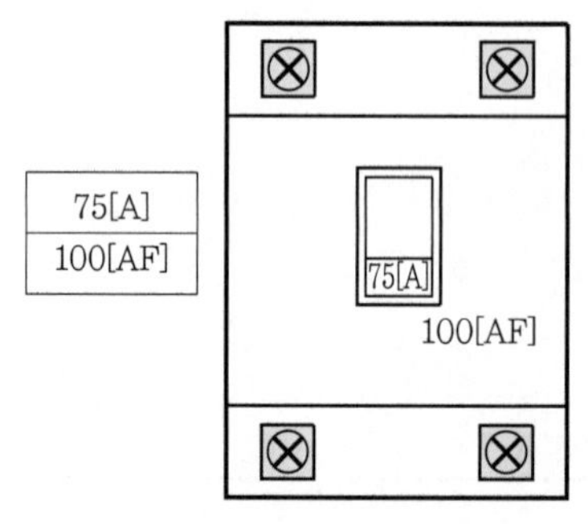

(1) 75[A]
(2) 100[AF]

답안 (1) 정격전류
(2) 프레임 용량

문제 39 산업 96년, 06년 출제 | 배점 : 8점 |

도면과 같은 동력 및 옥외용 배선도를 보고 다음 각 물음에 답하시오.

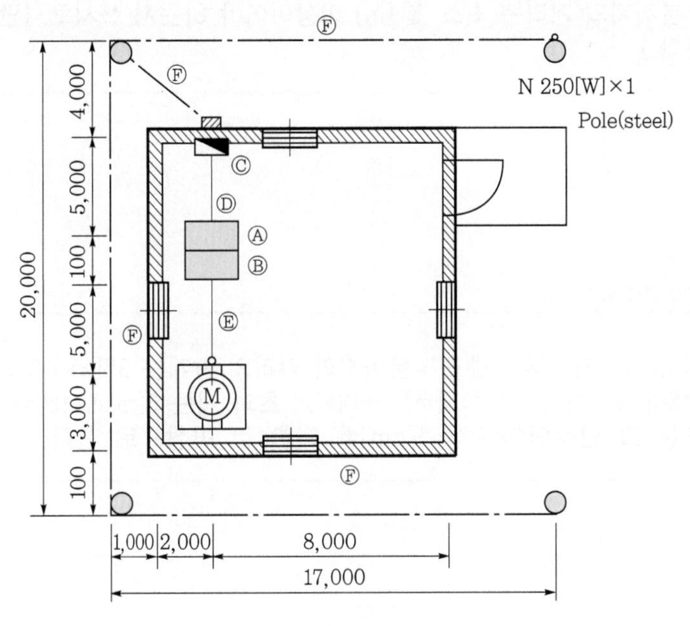

- 저압 큐비클(750[kg]), 600(W)×1,700(D)×2,300(H)
- 3.3[kV] 고압 모터 기동반(500[kg]), 1,000(W)×2,300(D)×2,300(H)

(1) 도면에서 Ⓒ는 무엇을 나타내는가?
(2) 도면에서 Ⓓ와 Ⓔ는 어떤 배선을 나타내는가?
(3) 도면에서 Ⓕ는 어떤 배선을 나타내는가?
(4) 본 설비에 사용된 옥외용 등은 어떤 종류의 HID등인가?

답안 (1) 분전반
(2) 바닥 은폐 배선
(3) 지중 매설 배선
(4) 나트륨등

문제 40 산업 11년 출제

배점 : 5점

154[kV] 변압기가 설치된 옥외변전소 주변에 울타리를 설치하려고 할 때 울타리로부터 변압기 충전부분까지의 거리는 최소 몇 [m] 이상이어야 하는지 쓰시오. (단, 울타리 높이는 2[m]로 한다.)

답안 4[m]

문제 41 산업 11년 출제

배점 : 6점

울타리의 높이와 울타리로부터 충전부분까지의 거리의 합계는 35[kV] 이하는 (①)[m], 35[kV] 초과 160[kV] 이하는 (②)[m], 160[kV] 초과 시는 6[m]에 160[kV]를 초과하는 (③)[kV] 또는 그 단수마다 (④)[cm]를 더한 값 이상으로 한다.

답안 ① 5
② 6
③ 10
④ 12

문제 42 산업 17년 출제

배점 : 5점

다음 표 안의 시설 조건에 맞는 고압 가공인입선의 높이를 적으시오. (단, 내선규정을 따른다.)

시설 조건	전선의 높이[m]
도로(농로 기타 교통이 복잡하지 않은 도로 및 횡단보도교는 제외)의 지표상	(①) 이상
철도 또는 레일면상	(②) 이상
횡단보도교의 노면상	(③) 이상
상기 이외의 지표상	(④) 이상
공장 구내 등에서 해당 전선(가공케이블은 제외)의 아래쪽에 위험하다는 표시를 할 때의 지표상	(⑤) 이상

답안 ① 6
② 6.5
③ 3.5
④ 5
⑤ 3.5

1990년~최근 출제된 기출 이론 분석 및 유형별 문제

02 CHAPTER 전로의 절연과 접지시스템

기출개념 01 전로의 절연

1 전로의 절연 원칙

(1) 전로

대지로부터 절연한다.

(2) 절연하지 않아도 되는 경우

접지공사를 하는 경우의 접지점

(3) 절연할 수 없는 부분

① 시험용 변압기, 전력선 반송용 결합 리액터, 전기울타리용 전원장치, 엑스선발생장치, 전기부식방지용 양극, 단선식 전기철도의 귀선 등 전로의 일부를 대지로부터 절연하지 아니하고 전기를 사용하는 것이 부득이한 것

② 전기욕기 · 전기로 · 전기보일러 · 전해조 등 대지로부터 절연하는 것이 기술상 곤란한 것

2 전로의 절연저항 및 절연내력

(1) 누설전류

① 저압인 전로에서 정전이 어려운 경우 등 절연저항 측정이 곤란한 경우 누설전류를 1[mA] 이하로 유지한다.

② 누설전류가 최대공급전류의 $\frac{1}{2,000}$을 넘지 아니하도록 한다.

㉠ 누설전류 $I_g \leq$ 최대공급전류(I_m)의 $\frac{1}{2,000}$[A]

㉡ 절연저항 $R \geq \frac{V}{I_g} \times 10^{-6} = [\text{M}\Omega]$

(2) 저압 전로의 절연성능

① 개폐기 또는 과전류차단기로 구분할 수 있는 전로마다 다음 표에서 정한 값 이상이어야 한다.

② 측정 시 영향을 주거나 손상을 받을 수 있는 SPD 또는 기타 기기 등은 측정 전에 분리시켜야 하고, 부득이하게 분리가 어려운 경우에는 시험전압을 250[V] DC로 낮추어 측정할 수 있지만 절연저항값은 1[MΩ] 이상이어야 한다.

전로의 사용전압[V]	DC시험전압[V]	절연저항[MΩ]
SELV 및 PELV	250	0.5
FELV, 500[V] 이하	500	1.0
500[V] 초과	1,000	1.0

[주] 특별저압(extra low voltage : 2차 전압이 AC 50[V], DC 120[V] 이하)으로 SELV(비접지회로 구성) 및 PELV(접지회로 구성)은 1차와 2차가 전기적으로 절연된 회로, FELV는 1차와 2차가 전기적으로 절연되지 않은 회로

(3) 절연내력

정한 시험전압을 전로와 대지 사이에 연속하여 10분간 가하여 절연내력을 시험, 케이블을 사용하는 교류 전로로서 정한 시험전압의 2배의 직류전압을 전로와 대지 사이에 연속하여 10분간 가하여 절연내력을 시험

▌전로의 종류 및 시험전압▐

<table>
<tr><th colspan="2">전로의 종류(최대사용전압)</th><th>시험전압</th></tr>
<tr><td colspan="2">7[kV] 이하</td><td>1.5배(최저 500[V])</td></tr>
<tr><td colspan="2">중성선 다중 접지하는 것</td><td>0.92배</td></tr>
<tr><td colspan="2">7[kV] 초과 60[kV] 이하</td><td>1.25배(최저 10,500[V])</td></tr>
<tr><td rowspan="3">60[kV] 초과</td><td>중성점 비접지식</td><td>1.25배</td></tr>
<tr><td>중성점 접지식</td><td>1.1배(최저 75[kV])</td></tr>
<tr><td>중성점 직접 접지식</td><td>0.72배</td></tr>
<tr><td colspan="2">170[kV] 초과 중성점 직접 접지</td><td>0.64배</td></tr>
</table>

3 회전기 및 정류기의 절연내력

<table>
<tr><th colspan="3">종 류</th><th>시험전압</th><th>시험방법</th></tr>
<tr><td rowspan="3">회전기</td><td rowspan="2">발전기
전동기
조상기</td><td>7[kV] 이하</td><td>1.5배(최저 500[V])</td><td rowspan="3">권선과 대지 간에 연속하여 10분간</td></tr>
<tr><td>7[kV] 초과</td><td>1.25배(최저 10,500[V])</td></tr>
<tr><td colspan="2">회전변류기</td><td>직류측의 최대사용전압의 1배의 교류전압(최저 500[V])</td></tr>
<tr><td rowspan="2">정류기</td><td colspan="2">60[kV] 이하</td><td>직류측의 최대사용전압의 1배의 교류전압(최저 500[V])</td><td>충전부분과 외함 간에 연속하여 10분간</td></tr>
<tr><td colspan="2">60[kV] 초과</td><td>•교류측의 최대사용전압의 1.1배의 교류전압
•직류측의 최대사용전압의 1.1배의 직류전압</td><td>교류측 및 직류 고전압측 단자와 대지 간에 연속하여 10분간</td></tr>
</table>

4 연료전지 및 태양전지 모듈의 절연내력

연료전지 및 태양전지 모듈은 최대사용전압의 1.5배의 직류전압 또는 1배의 교류전압(최저 500[V])을 충전부분과 대지 사이에 연속하여 10분간

개념 문제 01 산업 04년 출제 | 배점 : 6점 |

다음 (　　) 안에 알맞은 말이나 숫자를 써 넣으시오.

(1) 6,600[V] 전로에 사용하는 다심 케이블은 최대사용전압의 (①)배의 시험전압을 심선 상호 및 심선과 (②) 사이의 연속해서 (③)분간 가하여 절연내력을 시험했을 때 이에 견디어야 한다.

(2) 비방향성의 고압 지락 계전장치는 전류에 의하여 동작한다. 따라서 수용가 구내에 선로의 길이가 긴 고압 케이블을 사용하고 대지와의 사이에 (①)이 크면 (②)측 지락사고에 의해 불필요한 동작을 하는 경우가 있다.

답안 (1) ① 1.5배, ② 대지, ③ 10

(2) ① 정전용량, ② 저압

개념 문제 02 기사 14년, 16년, 21년 / 산업 13년 출제 | 배점 : 5점 |

한국전기설비규정에 따라 계통의 공칭전압이 154[kV]인 중성점 직접 접지식 전로의 절연내력시험을 하고자 한다. 시험전압[V]과 시험방법에 대한 다음 각 물음에 답하시오.

(1) 절연내력 시험전압[V]을 구하시오. (단, 최대사용전압은 정격전압으로 한다.)

(2) 절연내력 시험방법을 설명하시오.

답안 (1) 110,880[V]

(2) 전로와 대지 사이에 정한 시험전압 110,880[V]를 계속하여 10분간 가하여 견디어야 한다.

해설 (1) $V = 154 \times 10^3 \times 0.72 = 110{,}880$[V]

기출개념 02 접지시스템

1 접지시스템의 구성

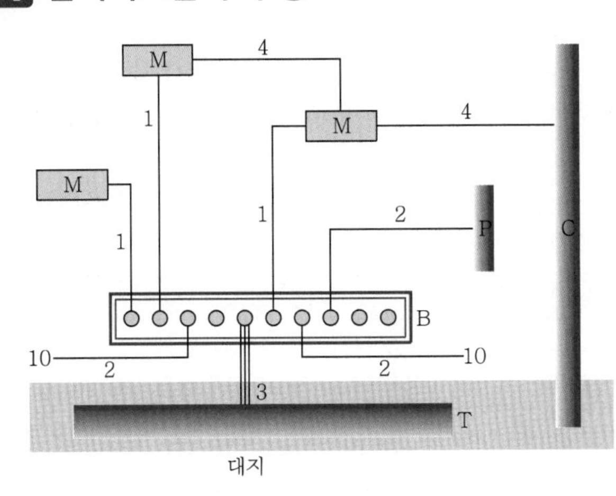

1 : 보호도체(PE)
2 : 보호등전위 본딩
3 : 접지도체
4 : 보조 보호등전위 본딩
10 : 기타 기기(예 통신기기)
B : 주접지단자
M : 전기기구의 노출 도전성 부분
C : 철골, 금속 덕트 계통의 도전성 부분
P : 수도관, 가스관 등 금속배관
T : 접지극

▌접지극, 접지도체 및 주접지단자의 구성 예▐

2 접지시스템의 구분 및 종류

(1) 계통접지(System Earthing)

전력계통에서 돌발적으로 발생하는 이상현상에 대비하여 대지와 계통을 연결하는 것으로, 중성점을 대지에 접속하는 것을 말한다.

(2) 보호접지(Protective Earthing)

고장 시 감전에 대한 보호를 목적으로 기기의 한 점 또는 여러 점을 접지하는 것을 말한다.

(3) 피뢰시스템(LPS : lightning protection system)

구조물 뇌격으로 인한 물리적 손상을 줄이기 위해 사용되는 전체 시스템을 말하며, 외부피뢰시스템과 내부피뢰시스템으로 구성된다.

3 계통접지의 방식

(1) 계통접지 구성

① 저압 전로의 보호도체 및 중성선의 접속방식에 따른 접지계통
- ㉠ TN 계통
- ㉡ TT 계통
- ㉢ IT 계통

② 계통접지에서 사용되는 문자의 정의
- ㉠ 제1문자 – 전원계통과 대지의 관계
  - T(Terra) : 한 점을 대지에 직접 접속
  - I(Insulation) : 모든 충전부를 대지와 절연시키거나 높은 임피던스를 통하여 한 점을 대지에 직접 접속
- ㉡ 제2문자 – 전기설비의 노출도전부와 대지의 관계
  - T(Terra) : 노출도전부를 대지로 직접 접속, 전원계통의 접지와는 무관
  - N(Neutral) : 노출도전부를 전원계통의 접지점(교류계통에서는 통상적으로 중성점, 중성점이 없을 경우는 선도체)에 직접 접속
- ㉢ 그 다음 문자(문자가 있을 경우) – 중성선과 보호도체의 배치
  - S(Separated 분리) : 중성선 또는 접지된 선도체 외에 별도의 도체에 의해 제공되는 보호기능
  - C(Combined 결합) : 중성선과 보호기능을 한 개의 도체로 겸용(PEN 도체)

③ 각 계통에서 나타내는 그림의 기호

구 분	기호 설명
(기호)	중성선(N), 중간도체(M)
(기호)	보호도체(PE : Protective Earthing)
(기호)	중성선과 보호도체 겸용(PEN)

(2) TN 계통

전원측의 한 점을 직접 접지하고 설비의 노출도전부를 보호도체로 접속시키는 방식으로 중성선 및 보호도체(PE 도체)의 배치 및 접속방식에 따라 다음과 같이 분류한다.

① TN-S 계통은 계통 전체에 대해 별도의 중성선 또는 PE 도체를 사용한다. 배전계통에서 PE 도체를 추가로 접지할 수 있다.

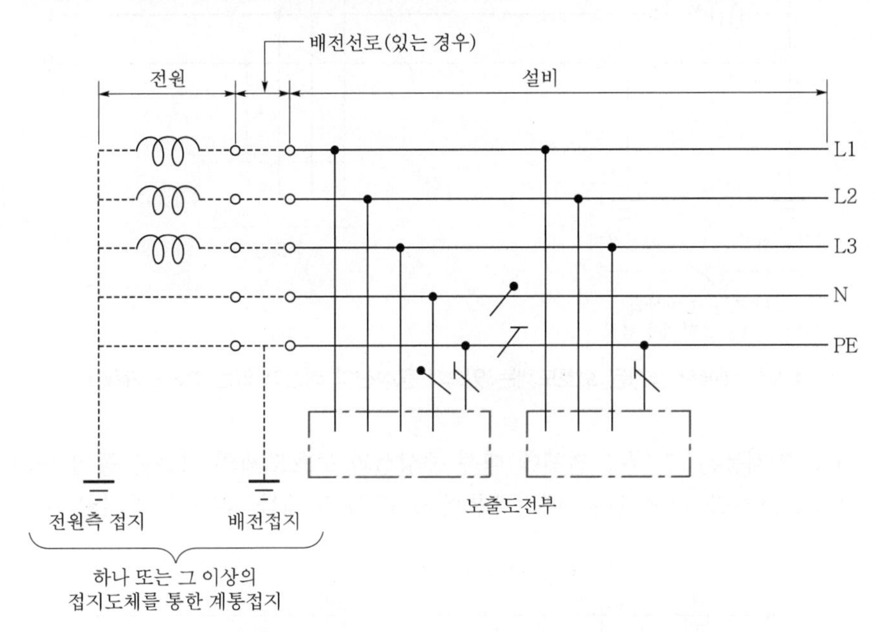

▌계통 내에서 별도의 중성선과 보호도체가 있는 TN-S 계통▐

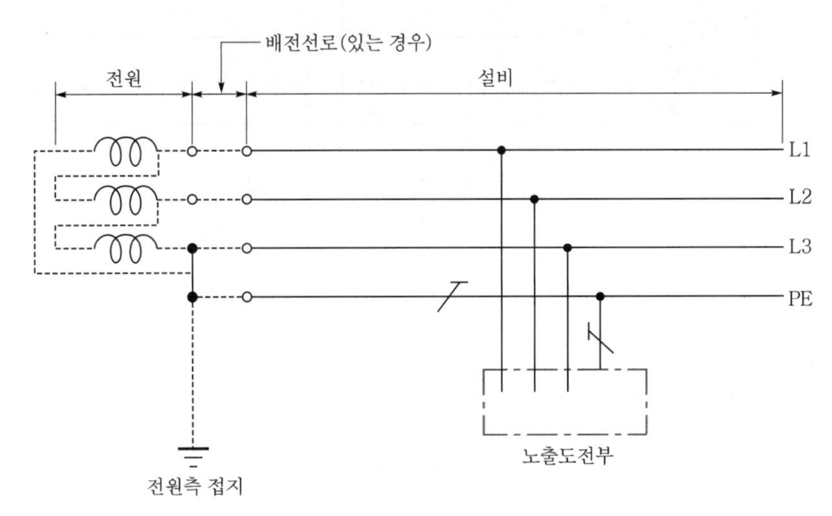

▌계통 내에서 별도의 접지된 선도체와 보호도체가 있는 TN-S 계통▐

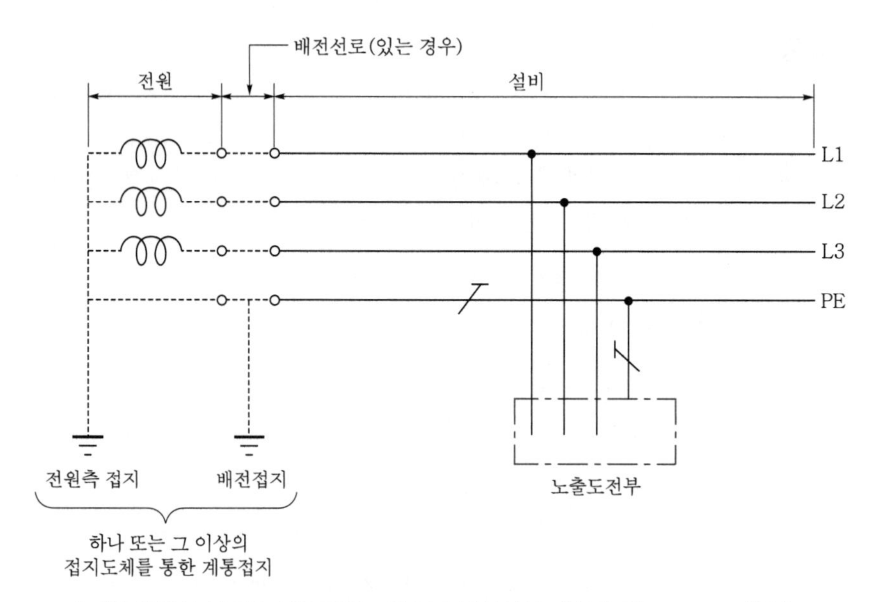

▌계통 내에서 접지된 보호도체는 있으나 중성선의 배선이 없는 TN-S 계통▐

② TN-C 계통은 그 계통 전체에 대해 중성선과 보호도체의 기능을 동일 도체로 겸용한 PEN 도체를 사용한다. 배전계통에서 PEN 도체를 추가로 접지할 수 있다.

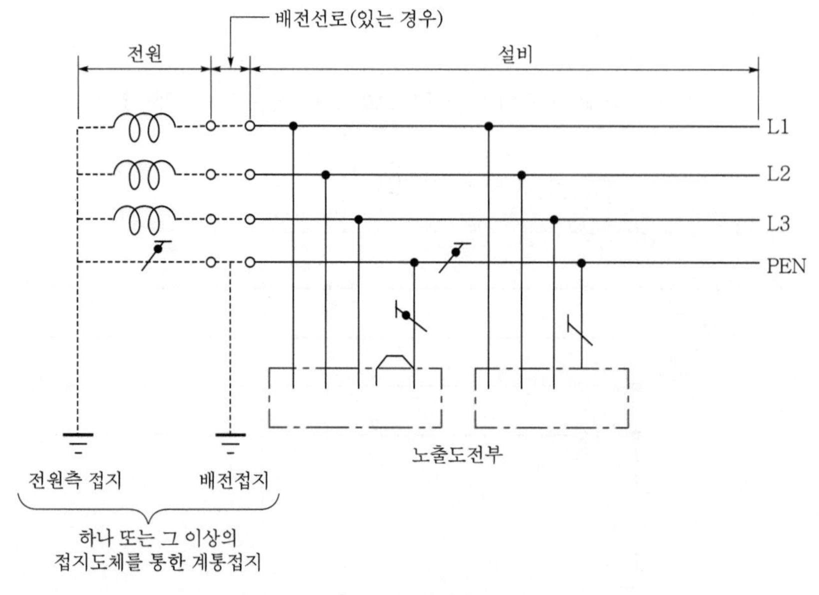

▌TN-C 계통▐

③ TN-C-S 계통은 계통의 일부분에서 PEN 도체를 사용하거나, 중성선과 별도의 PE 도체를 사용하는 방식이 있다. 배전계통에서 PEN 도체와 PE 도체를 추가로 접지할 수 있다.

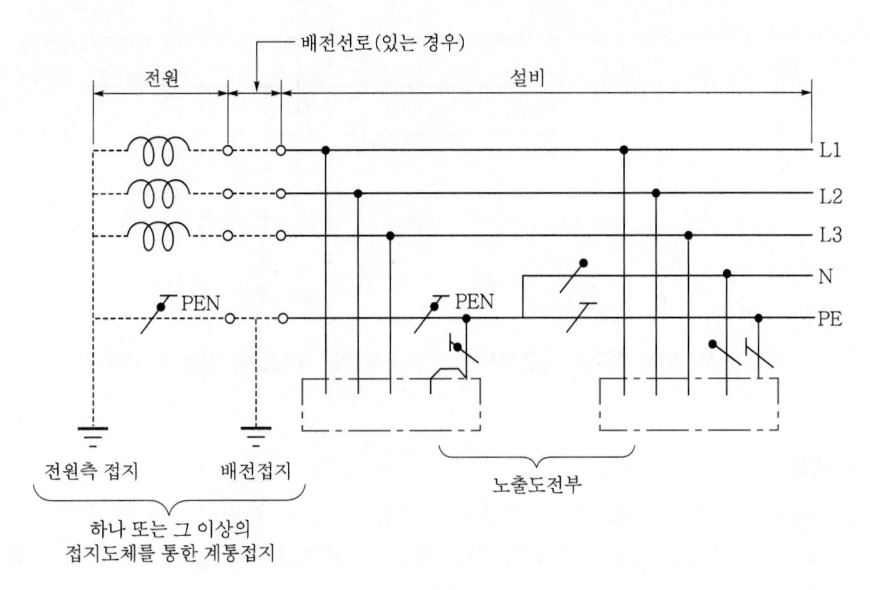

▌설비의 어느 곳에서 PEN이 PE와 N으로 분리된 3상 4선식 TN-C-S 계통▐

(3) TT 계통

전원의 한 점을 직접 접지하고 설비의 노출도전부는 전원의 접지전극과 전기적으로 독립적인 접지극에 접속시킨다. 배전계통에서 PE 도체를 추가로 접지할 수 있다.

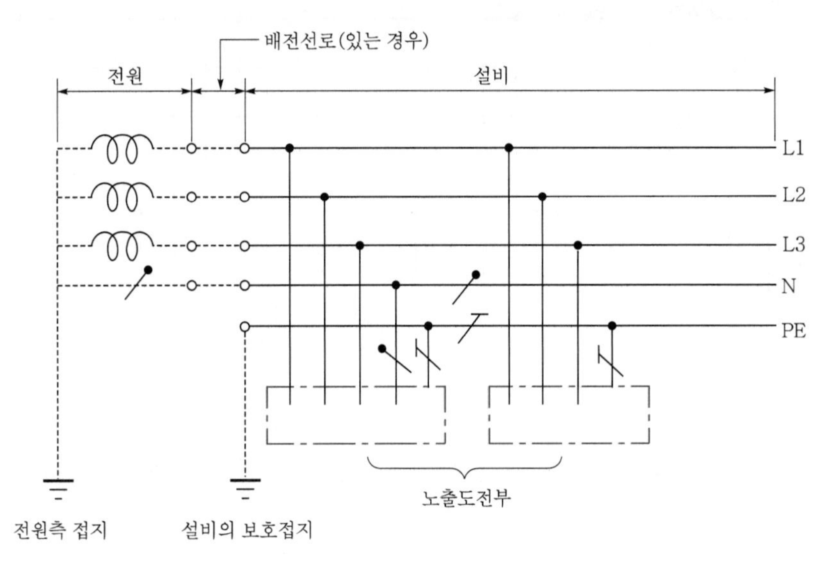

▌설비 전체에서 별도의 중성선과 보호도체가 있는 TT 계통▐

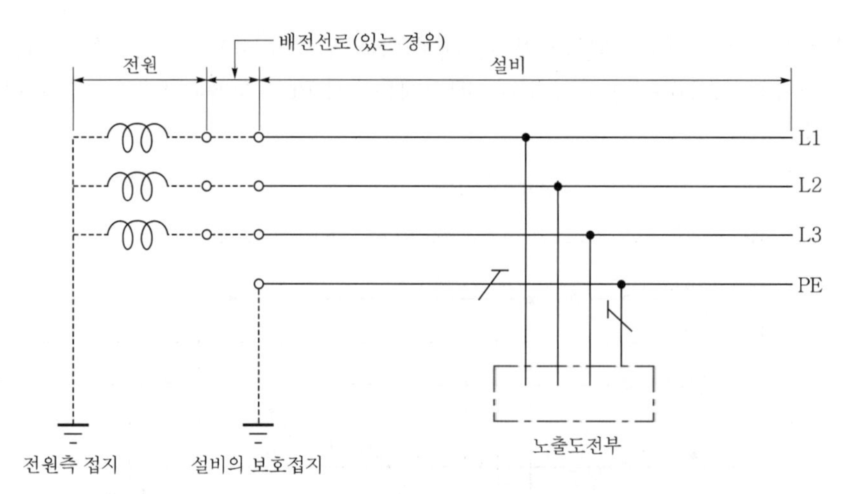

▌설비 전체에서 접지된 보호도체가 있으나 배전용 중성선이 없는 TT 계통▌

(4) IT 계통

① 충전부 전체를 대지로부터 절연시키거나, 한 점을 임피던스를 통해 대지에 접속시킨다. 전기설비의 노출도전부를 단독 또는 일괄적으로 계통의 PE 도체에 접속시킨다. 배전계통에서 추가접지가 가능하다.

② 계통은 충분히 높은 임피던스를 통하여 접지할 수 있다.

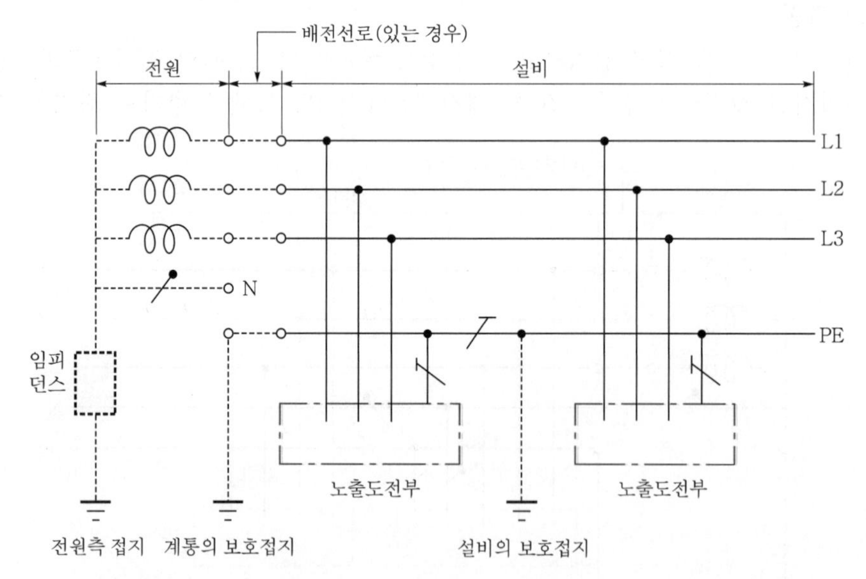

▌계통 내의 모든 노출도전부가 보호도체에 의해 접속되어 일괄 접지된 IT 계통▌

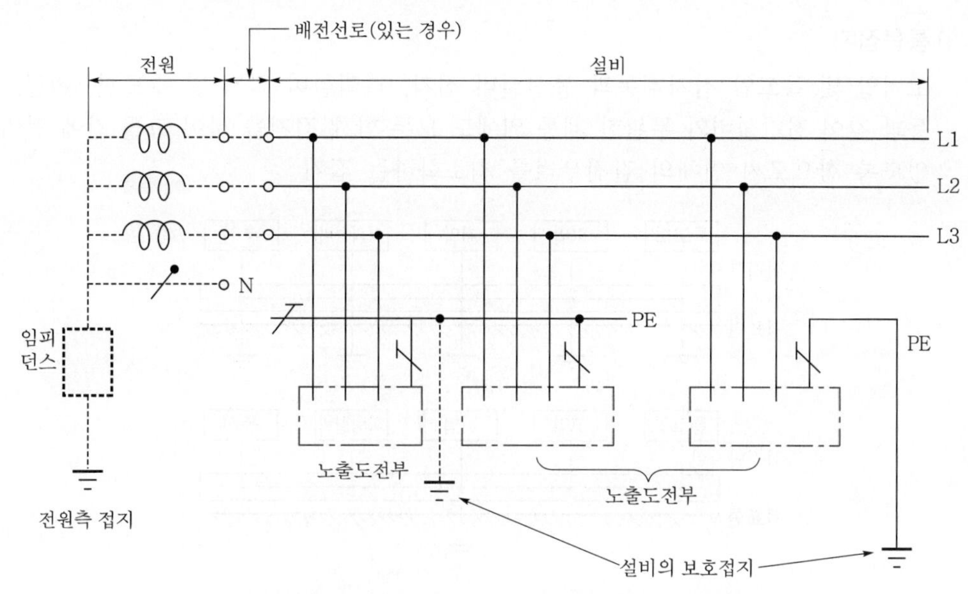

▌노출도전부가 조합으로 또는 개별로 접지된 IT 계통▐

4 접지시스템의 시설의 종류

(1) 단독접지

고압, 특고압 계통 접지극과 저압 접지계통 접지극을 독립적으로 시설하는 접지

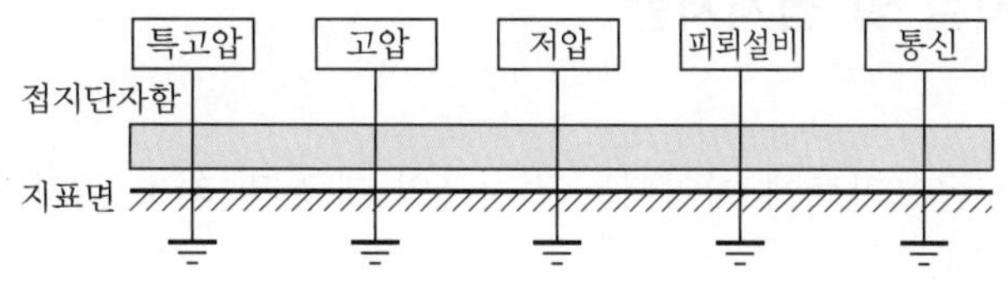

(2) 공통접지

고압, 특고압 접지계통과 저압 접지계통이 등전위가 되도록 공통으로 시설하는 접지

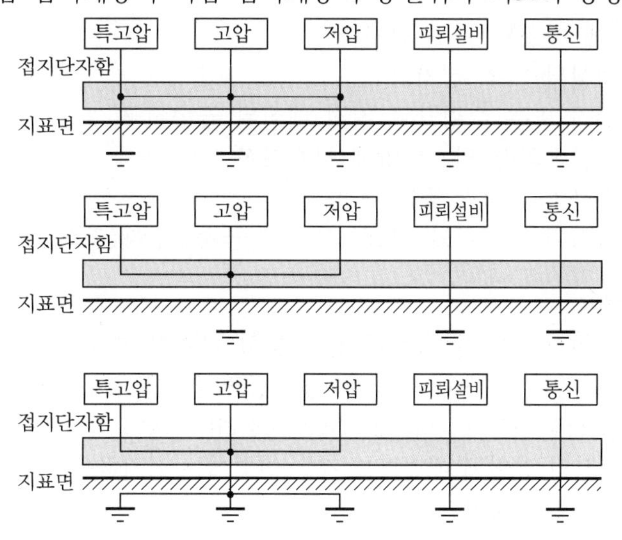

(3) 통합접지

고저압 및 특고압 접지계통과 통신설비 접지, 피뢰설비 접지 및 수도관, 철근, 철골 등과 같이 전기설비와 무관한 계통 외에도 모두 함께 접지를 하여 그들 간에 전위차가 없도록 함으로써 인체의 감전우려를 최소화하는 접지

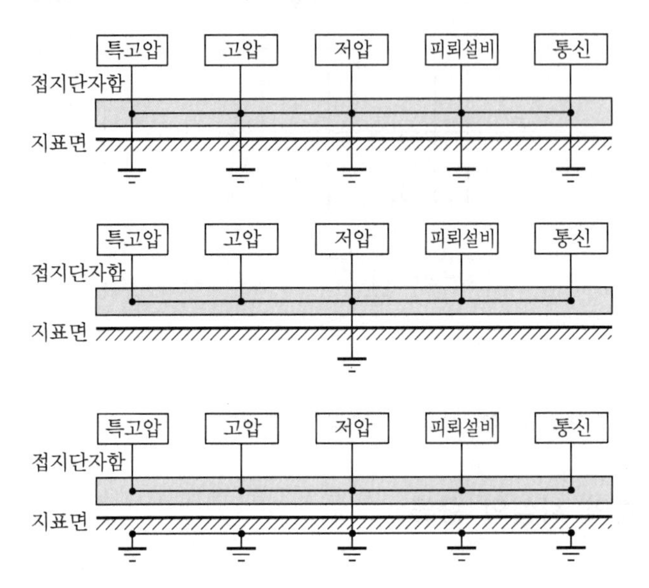

5 접지극의 시설 및 접지저항

(1) 접지극 시설

① 토양 또는 콘크리트에 매입되는 접지극의 재료 및 최소 굵기 등은 저압 전기설비에 따라야 한다.

② 피뢰시스템의 접지는 접지시스템을 우선 적용한다.

(2) 접지극은 다음의 방법 중 하나 또는 복합하여 시설

① 콘크리트에 매입된 기초 접지극

② 토양에 매설된 기초 접지극

③ 토양에 수직 또는 수평으로 직접 매설된 금속전극

④ 케이블의 금속외장 및 그 밖에 금속피복

⑤ 지중 금속구조물(배관 등)

⑥ 대지에 매설된 철근콘크리트의 용접된 금속보강재(강화 콘크리트 제외)

(3) 접지극의 매설

① 토양을 오염시키지 않아야 하며, 가능한 다습한 부분에 설치

② 지표면으로부터 지하 0.75[m] 이상, 동결깊이를 감안하여 매설

③ **접지도체를 철주 기타의 금속체를 따라서 시설하는 경우** : 접지극을 철주의 밑면으로부터 0.3[m] 이상의 깊이에 매설하는 경우 이외에는 접지극을 지중에서 그 금속체로부터 1[m] 이상 떼어 매설한다.

(4) 부식에 대한 고려

① 접지극에 부식을 일으킬 수 있는 폐기물 집하장 및 번화한 장소에 접지극 설치는 피해야 한다.
② 서로 다른 재질의 접지극을 연결할 경우 전식을 고려하여야 한다.
③ 콘크리트 기초 접지극에 접속하는 접지도체가 용융 아연도금 강제인 경우 접속부를 토양에 직접 매설해서는 안 된다.

(5) 접지극을 접속하는 경우

발열성 용접, 압착접속, 클램프 또는 그 밖의 적절한 기계적 접속장치로 접속하여야 한다.

(6) 접지극으로 사용할 수 없는 배관

가연성 액체, 가스를 운반하는 금속제 배관

(7) 수도관 등을 접지극으로 사용하는 경우

① 지중에 매설되어 있고 대지와의 전기저항값이 3[Ω] 이하의 값을 유지하고 있는 금속제 수도관로가 다음에 따르는 경우 접지극으로 사용이 가능하다.
내경 75[mm] 이상인 수도관에서 내경 75[mm] 미만인 수도관이 분기한 경우
㉠ 5[m] 이하 : 3[Ω] 이하
㉡ 5[m] 초과 : 2[Ω] 이하
② 건축물·구조물의 철골 기타의 금속제는 이를 비접지식 고압 전로에 시설하는 기계기구의 철대 또는 금속제 외함의 접지공사 또는 비접지식 고압 전로와 저압 전로를 결합하는 변압기의 저압 전로의 접지공사의 접지극은 대지와의 사이에 전기저항값 2[Ω] 이하

(8) 접지저항 결정 요소

① 접지도체와 접지전극의 자체 저항
② 접지전극의 표면과 접하는 토양 사이의 접촉저항
③ 접지전극 주위의 토양이 나타내는 저항

6 접지도체·보호도체

(1) 접지도체

① 접지도체의 선정
㉠ 보호도체의 최소 단면적에 의한다.
㉡ 큰 고장전류가 접지도체를 통하여 흐르지 않는 경우
- 구리 : 6[mm^2] 이상
- 철제 : 50[mm^2] 이상

㉢ 접지도체에 피뢰시스템이 접속되는 경우
- 구리 : 16[mm^2] 이상
- 철제 : 50[mm^2] 이상

② 접지도체와 접지극의 접속

㉠ 접속은 견고하고 전기적인 연속성이 보장되도록 접속부는 발열성 용접, 압착접속, 클램프 또는 그 밖에 적절한 기계적 접속장치에 의해야 한다.

㉡ 클램프를 사용하는 경우, 접지극 또는 접지도체를 손상시키지 않아야 한다.

③ 접지도체를 접지극이나 접지의 다른 수단과 연결하는 것은 견고하게 접속하고, 전기적·기계적으로 적합하여야 하며, 부식에 대해 적절하게 보호되어야 한다.

㉠ 접지극의 모든 접지도체 연결 지점

㉡ 외부 도전성 부분의 모든 본딩도체 연결 지점

㉢ 주개폐기에서 분리된 주접지단자

④ 접지도체는 지하 0.75[m]부터 지표상 2[m]까지 부분은 합성수지관(두께 2[mm] 미만 제외) 또는 몰드로 덮어야 한다.

⑤ 접지도체는 절연전선(옥외용 제외) 또는 케이블(통신용 케이블 제외)을 사용하여야 한다. 금속체를 따라서 시설하는 경우 이외에는 접지도체의 지표상 0.6[m]를 초과하는 부분에 대하여는 절연전선을 사용하지 않을 수 있다.

⑥ (접지도체의 선정) 이외의 접지도체의 굵기

㉠ 특고압·고압 전기설비용 접지도체 : 단면적 6[mm^2] 이상

㉡ 중성점 접지용 접지도체 : 단면적 16[mm^2] 이상
다만, 다음의 경우에는 공칭단면적 6[mm^2] 이상

- 7[kV] 이하의 전로
- 22.9[kV] 중성선 다중 접지 전로

㉢ 이동하여 사용하는 전기기계기구의 금속제 외함 등의 접지

- 특고압·고압용 접지도체 및 중성점 접지용 접지도체
  - 캡타이어 케이블(3종 및 4종)
  - 다심 캡타이어 케이블 : 단면적 10[mm^2] 이상
- 저압용 접지도체
  - 다심 코드 또는 캡타이어 케이블의 1개 도체의 단면적이 0.75[mm^2] 이상
  - 연동연선은 1개 도체의 단면적이 1.5[mm^2] 이상

(2) 보호도체

① 보호도체의 최소 단면적

선도체의 단면적 S ([mm^2], 구리)	보호도체의 최소 단면적([mm^2], 구리)	
	보호도체의 재질	
	선도체와 같은 경우	선도체와 다른 경우
$S \le 16$	S	$\left(\frac{k_1}{k_2}\right) \times S$
$16 < S \le 35$	16	$\left(\frac{k_1}{k_2}\right) \times 16$
$S > 35$	$\frac{S}{2}$	$\left(\frac{k_1}{k_2}\right) \times \left(\frac{S}{2}\right)$

보호도체의 단면적(차단시간이 5초 이하) : $S=\frac{\sqrt{I^2 t}}{k}$ [mm²]

여기서, I : 보호장치를 통해 흐를 수 있는 예상 고장전류 실효값[A]
t : 자동차단을 위한 보호장치의 동작시간[s]
k : 보호도체, 절연, 기타 부위의 재질 및 초기온도와 최종온도에 따라 정해지는 계수

㉠ 기계적 손상에 대해 보호가 되는 경우 : 구리 2.5[mm^2], 알루미늄 16[mm^2] 이상
㉡ 기계적 손상에 대해 보호가 되지 않는 경우 : 구리 4[mm^2], 알루미늄 16[mm^2] 이상

② 보호도체의 종류
㉠ 보호도체
- 다심케이블의 도체
- 충전도체와 같은 트렁킹에 수납된 절연도체 또는 나도체
- 고정된 절연도체 또는 나도체
- 금속케이블 외장, 케이블 차폐, 케이블 외장, 전선묶음(편조전선), 동심도체, 금속관

㉡ 다음과 같은 금속부분은 보호도체 또는 보호본딩도체로 사용해서는 안 된다.
- 금속 수도관
- 가스 · 액체 · 분말과 같은 잠재적인 인화성 물질을 포함하는 금속관
- 상시 기계적 응력을 받는 지지구조물 일부
- 가요성 금속배관
- 가요성 금속전선관
- 지지선, 케이블트레이

③ 보호도체의 단면적 보강
보호도체에 10[mA]를 초과하는 전류가 흐르는 경우 구리 10[mm^2], 알루미늄 16[mm^2] 이상

(3) 보호도체와 계통도체 겸용

① 보호도체와 계통도체를 겸용하는 겸용도체(중성선과 겸용, 선도체와 겸용, 중간도체와 겸용 등)는 해당하는 계통의 기능에 대한 조건을 만족하여야 한다.
② 겸용도체는 고정된 전기설비에서만 사용할 수 있으며 다음에 의한다.
㉠ 단면적 : 구리 10[mm^2] 또는 알루미늄 16[mm^2] 이상
㉡ 중성선과 보호도체의 겸용도체는 전기설비의 부하측으로 시설하면 안 된다.
㉢ 폭발성 분위기 장소는 보호도체를 전용으로 한다.

7 전기수용가 접지

(1) 저압수용가 인입구 접지(142.4.1)

① 저압 전선로의 중성선 또는 접지측 전선에 추가로 접지공사를 할 수 있다.

㉠ 지중에 매설되고 대지와의 전기저항값이 3[Ω] 이하 금속제 수도관로
㉡ 대지 사이의 전기저항값이 3[Ω] 이하인 값을 유지하는 건물의 철골

② 접지도체는 공칭단면적 6[mm^2] 이상의 연동선

(2) 주택 등 저압수용장소 접지

① 저압수용장소에서 계통접지가 TN-C-S 방식인 경우 보호도체
㉠ 보호도체의 최소 단면적 이상으로 한다.
㉡ 중성선 겸용 보호도체(PEN)는 고정 전기설비에만 사용할 수 있고, 그 도체의 단면적이 구리는 10[mm^2] 이상, 알루미늄은 16[mm^2] 이상

② 감전보호용 등전위 본딩을 하여야 한다.

8 변압기 중성점 접지

(1) 접지저항값

① 고압·특고압측 전로 1선 지락전류로 150을 나눈 값과 같은 저항값 이하

② 고압·특고압측 전로 또는 사용전압이 35[kV] 이하의 특고압 전로가 저압측 전로와 혼촉하고 저압 전로의 대지전압이 150[V]를 초과하는 경우
㉠ 1초 초과 2초 이내에 고압·특고압 전로를 자동으로 차단하는 장치를 설치할 때는 300을 나눈 값 이하
㉡ 1초 이내에 고압·특고압 전로를 자동으로 차단하는 장치를 설치할 때는 600을 나눈 값 이하

(2) 전로의 1선 지락전류

실측값, 실측이 곤란한 경우에는 선로정수 등으로 계산

(3) 고압측 전로의 1선 지락전류 계산식

① 중성점 비접지식 고압 전로

㉠ 전선에 케이블 이외의 것을 사용하는 전로 : $I_1 = 1 + \dfrac{\frac{V}{3}L - 100}{150}$

㉡ 케이블을 사용하는 전로 : $I_1 = 1 + \dfrac{\frac{V}{3}L' - 1}{2}$

㉢ 전선에 케이블 이외의 것을 사용하는 전로와 전선에 케이블을 사용하는 전로로 되어 있는 전로 : $I_1 = 1 + \dfrac{\frac{V}{3}L - 100}{150} + \dfrac{\frac{V}{3}L' - 1}{2}$

우변의 각각의 값이 마이너스로 되는 경우에는 0으로 한다.
I_1의 값은 소수점 이하는 절상한다. I_1이 2 미만으로 되는 경우에는 2로 한다.
I_1 : 일선지락전류([A]를 단위로 한다)
V : 전로의 공칭전압을 1.1로 나눈 전압([kV]를 단위로 한다)

L : 동일모선에 접속되는 고압 전로(전선에 케이블을 사용하는 것을 제외한다)의 전선연장([km]를 단위로 한다)

L' : 동일모선에 접속되는 고압 전로(전선에 케이블을 사용하는 것에 한한다)의 선로연장([km]를 단위로 한다)

9 공통접지 및 통합접지

(1) 공통접지시스템

① 저압 전기설비의 접지극이 고압 및 특고압 접지극의 접지저항 형성영역에 완전히 포함되어 있다면 위험전압이 발생하지 않도록 이들 접지극을 상호 접속하여야 한다.

② 저압계통에 가해지는 상용주파 과전압

고압계통에서 지락고장시간[초]	저압설비 허용상용주파 과전압[V]	비 고
>5	U_0+250	중성선 도체가 없는 계통에서 U_0는 선간전압을 말한다.
≤5	U_0+1,200	

[비고] 1. 순시 상용주파 과전압에 대한 저압기기의 절연 설계기준과 관련된다.
2. 중성선이 변전소 변압기의 접지계통에 접속된 계통에서 건축물 외부에 설치한 외함이 접지되지 않은 기기의 절연에는 일시적 상용주파 과전압이 나타날 수 있다.

(2) 통합접지시스템

낙뢰에 의한 과전압 등으로부터 전기전자기기 등을 보호하기 위해 서지보호장치를 설치하여야 한다.

10 기계기구의 철대 및 외함의 접지

① 전로에 시설하는 기계기구의 철대 및 금속제 외함에는 접지공사를 한다.

② 접지공사를 하지 아니해도 되는 경우

㉠ 사용전압이 직류 300[V] 또는 교류 대지전압이 150[V] 이하인 기계기구를 건조한 곳에 시설하는 경우

㉡ 저압용의 기계기구를 건조한 목재의 마루 기타 이와 유사한 절연성 물건 위에서 취급하도록 시설하는 경우

㉢ 기계기구를 사람이 쉽게 접촉할 우려가 없도록 목주 기타 이와 유사한 것의 위에 시설하는 경우

㉣ 철대 또는 외함의 주위에 적당한 절연대를 설치하는 경우

㉤ 외함이 없는 계기용 변성기가 고무·합성수지 기타의 절연물로 피복한 것일 경우

㉥ 2중 절연구조로 되어 있는 기계기구를 시설하는 경우

㉦ 저압용 기계기구에 전기를 공급하는 전로의 전원측에 절연변압기(2차 전압이 300[V] 이하이며, 정격용량이 3[kVA] 이하)를 시설하고 또한 그 절연변압기의 부하측 전로를 접지하지 않은 경우

ⓞ 물기 있는 장소 이외의 장소에 시설하는 저압용의 개별 기계기구에 인체감전보호용 누전차단기(정격감도전류가 30[mA] 이하, 동작시간이 0.03초 이하의 전류동작형에 한함)를 시설하는 경우

ⓩ 외함을 충전하여 사용하는 기계기구에 사람이 접촉할 우려가 없도록 시설하거나 절연대를 시설하는 경우

11 접지저항 저감법 및 저감재

(1) 물리적 접지 저감 공법

① 접지극의 병렬 접속
② 접지극의 치수 확대
③ 매설지선 및 평판 접지극
④ mesh공법
⑤ 심타공법 등으로 시공
⑥ 접지봉 깊이 박기

(2) 접지 저감재료

① 저감 효과가 크고 안전할 것
② 토양을 오염시켜 생명체에 유해한 것을 사용하면 안 됨
③ 전기적으로 양도체일 것. 즉, 주위의 토양에 비해 도전도가 좋아야 함
④ 저감 효과의 지속성이 있을 것
⑤ 접지극을 부식시키지 않을 것
⑥ 공해가 없고, 공법이 용이할 것

(3) 접지저항의 측정

접지저항은 전해액 저항과 같은 성질을 가지고 있으므로, 직류로써 측정하면 성극 작용이 생겨서 오차가 발생하므로 교류전원으로 측정한다. 접지저항 측정법에는 여러 가지 방법이 있다.

① 콜라우시 브리지법

접지저항의 측정 그림과 같이 저항을 측정할 접지전극판 G_1 외에 2개의 보조접지봉 G_2, G_3를 정삼각형으로 설치하고, 이 콜라우시 브리지로 $G_1 - G_2$, $G_2 - G_3$, $G_3 - G_1$ 사이의 저항을 측정한다.

지금, G_1, G_2, G_3을 각각 접지전극판 및 접지봉의 접지저항이라 하고, 각 단자 사이의 측정값을 R_1, R_2, R_3 이라 하면,

$$\left.\begin{aligned} R_1 &= G_1 + G_2 \\ R_2 &= G_2 + G_3 \\ R_3 &= G_3 + G_1 \end{aligned}\right\} \cdots\cdots\cdots\cdots\cdots\cdots\cdots\cdots \text{ⓐ}$$

식 ⓐ에서,

$$\frac{1}{2}(R_1 + R_2 + R_3) = G_1 + G_2 + G_3$$

$\therefore\ G_1 = \frac{1}{2}(R_1 + R_3 - R_2)[\Omega]$이다.

이때 각 접지전극 사이의 간격을 10[m] 이상으로 설치한다.

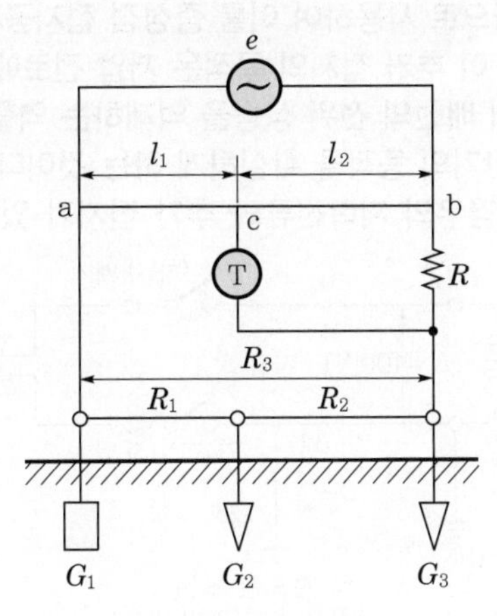

▌접지저항의 측정▌

② 접지저항계(earth tester)

아래 그림은 지멘스(Siemens) 접지저항계이다. 이것은 변류기(CT)를 사용하고, 전원으로는 1[kHz]의 부저(buzzer) 또는 핸들(handle)이 달린 자석식 발전기를 사용한다.

여기서, 슬라이드 접촉점 c를 이동하여 평형을 취하면 다음의 관계가 성립한다.

$I_1 R_1 = I_2 r$

$\therefore\ R_1 = \frac{I_2}{I_1} r\ [\Omega]$

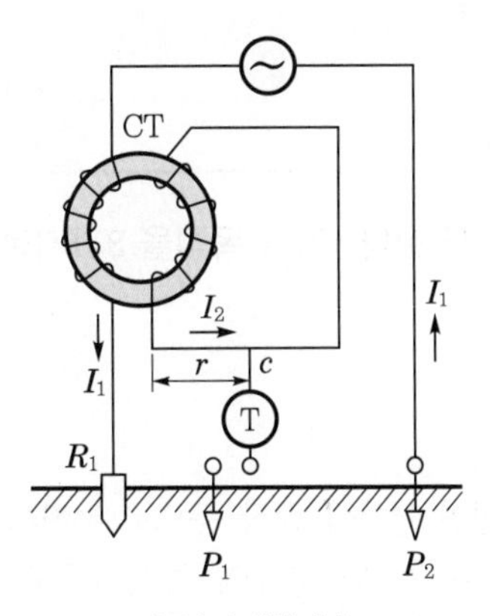

▌접지저항계▌

여기서 CT의 변류비, 즉 $I_1 : I_2 = 1 : 1$이면 $R_1 = r$로서 c점의 눈금으로 직접 접지저항 R_1의 값을 구할 수 있다. 또 $\frac{I_2}{I_1}$을 바꾸어서 10배, 100배의 측정범위를 확대할 수도 있다.

개념 문제 01 기사 96년, 99년, 20년 / 산업 91년, 96년 출제

| 배점 : 6점 |

옥내 배선의 시설에 있어서 인입구 부근에 전기저항치가 3[Ω] 이하의 값을 유지하는 수도관 또는 철골이 있는 경우에는 이것을 접지극으로 사용하여 이를 중성점 접지공사한 저압 전로의 중성선 또는 접지측 전선에 추가 접지할 수 있다. 이 추가 접지의 목적은 저압 전로에 침입하는 뇌격이나 고 · 저압 혼촉으로 인한 이상전압에 의한 옥내 배선의 전위 상승을 억제하는 역할을 한다. 또 지락사고 시에 단락전류를 증가시킴으로써 과전류차단기의 동작을 확실하게 하는 것이다. 그림에 있어서 (나)점에서 지락이 발생한 경우 추가 접지가 없는 경우의 지락전류와 추가 접지가 있는 경우의 지락전류값을 구하시오.

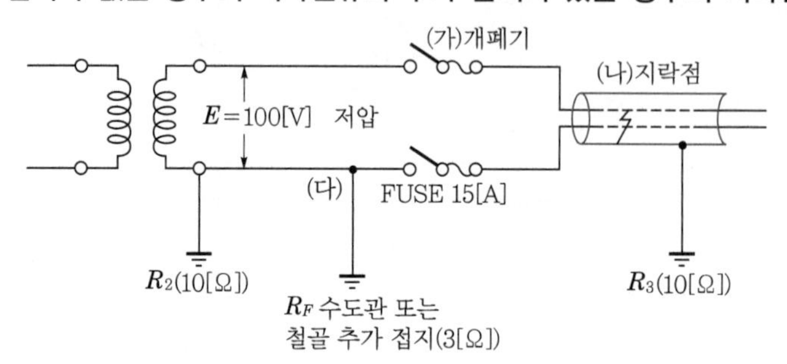

(1) 추가 접지가 없는 경우 지락전류[A]
(2) 추가 접지가 있는 경우 지락전류[A]

답안 (1) 5[A]
(2) 8.13[A]

해설
(1) $I_s = \dfrac{E}{R_2 + R_3} = \dfrac{100}{10+10} = 5[A]$

(2) $I_g = \dfrac{100}{10 + \dfrac{3 \times 10}{3+10}} = 8.13[A]$

개념 문제 02 산업 93년, 97년 출제

| 배점 : 8점 |

배전용 변전소에 접지공사를 하고자 한다. 접지 목적을 3가지로 요약 설명하고, 중요한 접지 개소를 5개소만 쓰도록 하시오.

(1) 접지 목적
(2) 중요 접지 개소

답안 (1) • 감전 방지 : 기기의 절연 열화나 손상 등으로 누전이 생기면, 사고전류가 접지선을 통하여 대지로 흘러 기기의 대지전위 상승이 억제되므로 인체의 감전 위험이 줄어들게 된다.
• 기기의 손상 방지 : 뇌전류 또는 고 · 저압 혼촉 등에 의하여 침입하는 고전압을 접지선을 통해 대지로 흘러 기기의 손상을 방지한다.
• 보호계전기의 동작 : 계통에 사고가 생기면 사고 정도를 파악하여 보호계전기를 작동시킨다.

(2) • 피뢰기 및 피뢰침 접지
• 변압기 및 변성기 등의 2차측 중성점 또는 1단자 접지
• 일반 기기 및 제어반 외함 접지
• 옥외 철구 및 경계책 접지
• 케이블 등의 실드선 접지

개념 문제 03 기사 05년, 19년 출제 | 배점 : 6점 |

접지저항을 측정하고자 한다. 다음 각 물음에 답하시오.

(1) 접지저항을 측정하기 위하여 사용되는 계기나 측정방법을 2가지 쓰시오.

(2) 그림과 같이 본 접지 E에 제1보조접지 P, 제2보조접지 C를 설치하여 본 접지 E의 접지저항값을 측정하려고 한다. 본 접지 E의 접지저항은 몇 [Ω]인가? (단, 본 접지와 P 사이의 접지저항값은 86[Ω], 본 접지와 C 사이의 접지저항값은 92[Ω], P와 C 사이의 접지저항값은 160[Ω]이다.)

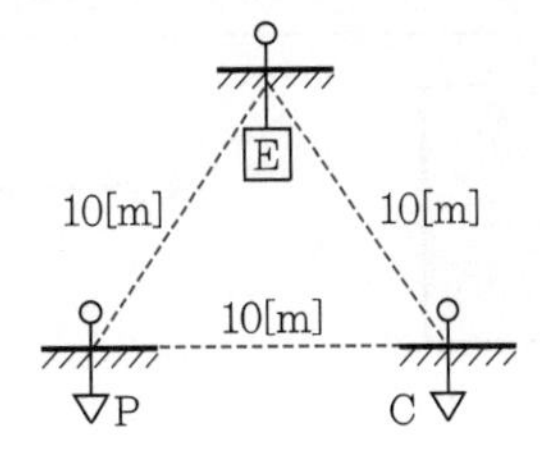

 (1) • 콜라우시 브리지에 의한 3극 접지저항 측정법
• 어스테스터에 의한 접지저항 측정법

(2) 9[Ω]

해설

(2) $R_E = \frac{1}{2}(R_{EP} + R_{EC} - R_{PC}) = \frac{1}{2}(86 + 92 - 160) = 9[\Omega]$

개념 문제 04 기사 10년, 15년 출제 | 배점 : 5점 |

어떤 변전소로부터 3상 3선식 비접지 배전선이 8회선 나와 있다. 이 배전선에 접속된 주상변압기의 중성점 접지저항값의 허용값[Ω]을 구하시오. (단, 전선로의 공칭전압은 3.3[kV], 배전선의 긍장은 모두 20[km/회선]인 가공선이며, 접지점의 수는 1로 한다.)

답안 37.5[Ω]

해설

1선 지락전류 $I_1 = 1 + \dfrac{\frac{3.3}{1.1} \times \frac{1}{3} \times 20 \times 3 \times 8 - 100}{150} = 3.53 ≒ 4[A]$

∴ 접지저항 $R = \frac{150}{4} = 37.5[\Omega]$

개념 문제 05 산업 08년, 10년 출제

배점 : 5점

다음 그림은 사용이 편리하고 일반적인 접지저항을 측정하고자 할 때 널리 사용되는 전위차계법의 미완성 접속도이다. 다음 각 물음에 답하시오.

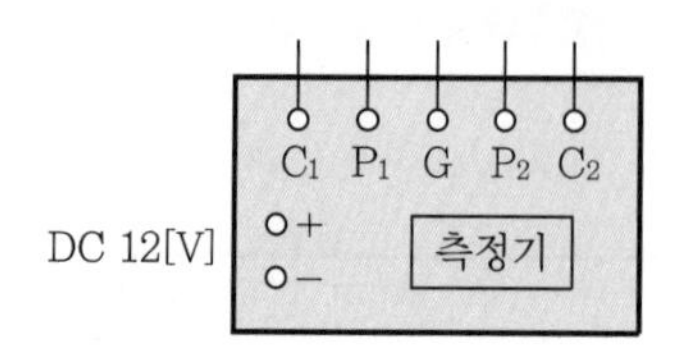

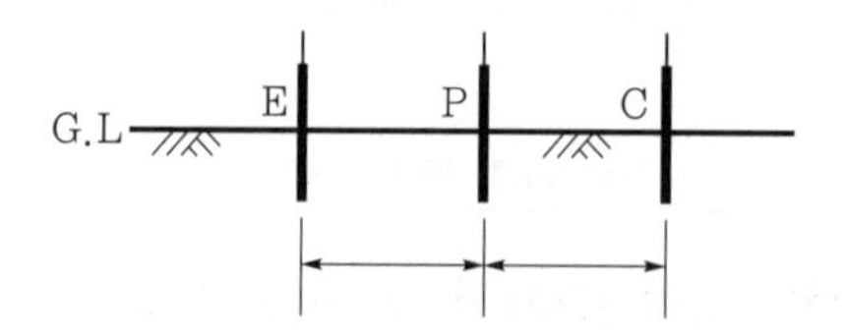

(1) 미완성 접속도를 완성하시오.
(2) 전극 간 거리는 몇 [m] 이상으로 하는가?
(3) 전극 매설 깊이는 몇 [cm] 이상으로 하는가?

답안 (1)

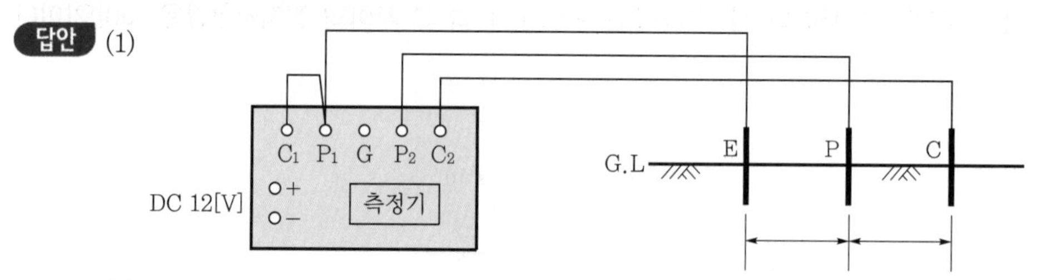

(2) 10[m]

(3) 20[cm]

CHAPTER 02
전로의 절연과 접지시스템

단원 빈출문제

문제 01 산업 05년, 15년 출제

| 배점 : 9점 |

전로의 절연저항에 대한 내용이다. 빈칸에 들어갈 내용을 넣으시오.

저압 전로의 절연성능은 측정 시 영향을 주거나 손상을 받을 수 있는 SPD 또는 기타 기기 등은 측정 전에 분리시켜야 하고, 부득이하게 분리가 어려운 경우에는 시험전압을 (①)[V] (②)로 낮추어 측정할 수 있지만 절연저항값은 (③)[MΩ] 이상이어야 한다.

답안 ① 250, ② DC, ③ 1.0

▌저압전로의 절연성능▐

전로의 사용전압[V]	DC 시험전압[V]	절연저항[MΩ]
SELV 및 PELV	250	0.5
FELV, 500[V] 이하	500	1.0
500[V] 초과	1,000	1.0

문제 02 산업 21년 출제

| 배점 : 6점 |

전로의 사용전압에 대한 시험전압과 절연저항에 대하여 다음 각 물음에 답하시오.

(1) 통상적으로 저압전로의 배선이나 기기에 대한 절연저항 측정을 하는 절연저항계의 전압은?

(2) 저압전로의 절연저항 값을 기록하시오.

전로의 사용전압[V]	DC 시험전압[V]	절연저항[MΩ]
SELV 및 PELV	(①)	(②)
FELV, 500[V] 이하	(③)	(④)
500[V] 초과	(⑤)	(⑥)

[주] 특별저압(extra low voltage : 2차 전압이 AC 50[V], DC 120[V] 이하)으로 SELV(비접지회로 구성) 및 PELV(접지회로 구성)은 1차와 2차가 전기적으로 절연된 회로, FELV는 1차와 2차가 전기적으로 절연되지 않은 회로

답안 (1) 500[V]

(2) ① 250

② 0.5

③ 500
④ 1.0
⑤ 1,000
⑥ 1.0

문제 03 산업 05년, 15년 출제

배점 : 9점

전로의 절연저항에 대하여 다음 각 물음에 답하시오.

(1) 다음 표의 전로의 사용전압 구분에 따른 절연저항값은 몇 [MΩ] 이상이어야 하는지 그 값을 표에 써 넣으시오.

전로의 사용전압[V]	DC 시험전압[V]	절연저항[MΩ]
SELV 및 PELV	①	②
FELV, 500[V] 이하	③	④
500[V] 초과	⑤	⑥

[주] 특별저압(extra low voltage : 2차 전압이 AC 50[V], DC 120[V] 이하)으로 SELV(비접지회로 구성) 및 PELV(접지회로 구성)은 1차와 2차가 전기적으로 절연된 회로, FELV는 1차와 2차가 전기적으로 절연되지 않은 회로

(2) "(1)"에서 표에 기록되어 있는 대지전압은 접지식 전로와 비접지식 전로에서 어떤 전압(어느 개소 간의 전압)인지를 쓰시오.
① 접지식 전로
② 비접지식 전로

(3) 사용전압이 200[V]이고 최대공급전류가 30[A]인 단상 2선식 가공전선로에 2선을 총괄한 것과 대지 간의 절연저항은 몇 [Ω] 이상이어야 하는가?

답안 (1) ① 250
② 0.5
③ 500
④ 1.0
⑤ 1,000
⑥ 1.0

(2) ① 전선과 대지 사이의 전압
② 전선과 그 전로 중의 임의의 다른 전선 사이의 전압

(3) 6,666.67[Ω]

해설 (3) 누설전류 $I_g = 30 \times \frac{1}{2,000} \times 2 = 0.03[\mathrm{A}]$

절연저항 $R = \frac{200}{0.03} = 6,666.67[\Omega]$

PART 1

문제 04 산업 20년 출제

| 배점 : 5점 |

22,900/380-220[V], 30[kVA] 변압기에서 공급되는 전선로가 있다. 다음 각 물음에 답하시오.

(1) 1선당 허용 누설전류의 최대값[A]을 구하시오.
(2) 이때의 절연저항의 최소값[Ω]을 구하시오.

답안 (1) 0.02[A]
(2) 19,000[Ω]

해설 (1) $I = \dfrac{30 \times 10^3}{\sqrt{3} \times 380} = 45.58[\text{A}]$

누설전류 $I_g = 45.58 \times \dfrac{1}{2,000} = 0.02[\text{A}]$

(2) 절연저항 $R = \dfrac{380}{0.02} = 19,000[\Omega]$

문제 05 산업 13년 출제

| 배점 : 5점 |

사용전압이 500[V] 이하인 경우의 절연저항값은 몇 [MΩ] 이상이어야 하는가?

답안 1.0[MΩ]

문제 06 산업 95년 출제

| 배점 : 10점 |

절연저항 측정에 관한 다음 물음에 답하시오.

(1) 고압 및 저압 전로의 배선이나 기기에 대한 절연 측정을 하기 위한 절연저항 측정기(메거)는 각각 몇 [V]급을 사용하여야 하는가?
(2) 전로의 사용전압이 FELV, 500[V] 이하인 경우 절연저항은 몇 [MΩ] 이상이어야 하는가?
(3) 전로의 사용전압이 SELV 및 PELV인 경우 DC 시험전압[V]과 절연저항[MΩ]은 얼마로 하여야 하는가?

답안 (1) 고압 1,000[V]급, 저압 500[V]급
(2) 1.0[MΩ]
(3) 250[V], 0.5[MΩ]

문제 07 산업 04년, 09년 출제 배점 : 5점

다음 (　　) 안에 알맞은 말이나 숫자를 써 넣으시오.

- 6,600[V] 전로에 사용하는 다심케이블은 최대사용전압의 (①)배의 시험전압을 심선 상호 및 심선과 (②) 사이에 연속해서 (③)분간 가하여 절연내력을 시험했을 때 이에 견디어야 한다.
- 비방향성의 고압지락 계전장치는 전류에 의하여 동작한다. 따라서 수용가 구내에 선로의 길이가 긴 고압 케이블을 사용하고 대지와의 사이의 (④)이 크면 (⑤)측 지락사고에 의해 불필요한 동작을 하는 경우가 있다.

답안 ① 1.5배
② 대지
③ 10
④ 정전용량
⑤ 저압

문제 08 산업 13년, 19년 출제 배점 : 5점

최대사용전압이 22.9[kV]인 중성선 다중 접지방식의 절연내력시험전압은 몇 [V]이며, 이 시험시간은 몇 분간 가하여 이에 견디어야 하는가?

(1) 절연내력시험전압
(2) 시험시간

답안 (1) 21,068[V]
(2) 10분

해설 (1) $22,900 \times 0.92 = 21,068$[V]

문제 **09** 산업 22년 출제

배점 : 6점

다음은 절연내력시험의 예이다. 각 물음에 대하여 답하시오.

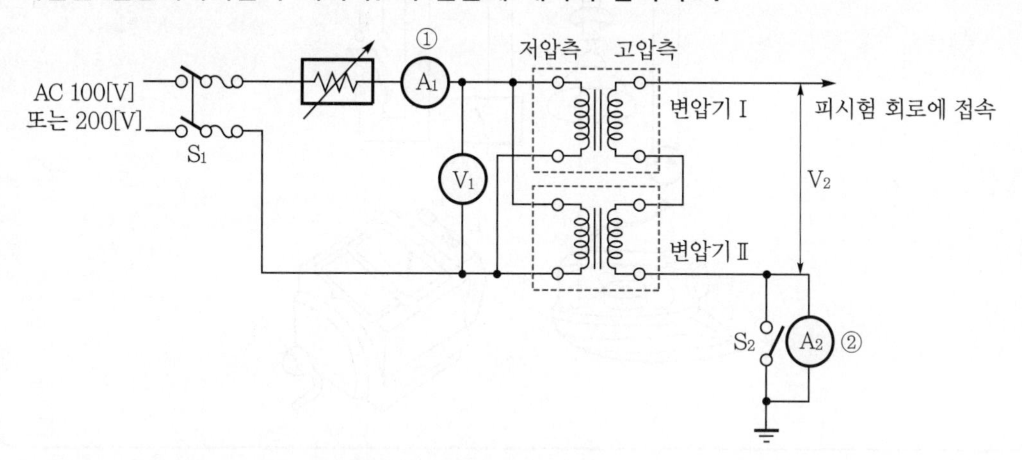

(1) ①의 전류계는 어떤 전류를 측정하는지 쓰시오.
(2) ②의 전류계는 어떤 전류를 측정하는지 쓰시오.
(3) 최대사용전압 6[kV]용 피시험기를 절연내력시험을 하고자 할 때 시험전압을 구하시오.

답안 (1) 시험용 변압기 단락시험전류
(2) 피시험기기의 누설전류
(3) 9[kV]

해설 (3) $V_2 = 6 \times 1.5 = 9[\mathrm{kV}]$

문제 **10** 산업 99년, 05년 출제

배점 : 7점

그림과 같은 설비에 대하여 절연저항계(메거)로 직접 선간 절연저항을 측정하고자 한다. 부하의 접속여부, 스위치의 ON, OFF 상태, 분기개폐기의 ON, OFF 상태를 어떻게 하여야 하며 L과 E단자는 어느 개소에 연결하여 어떤 방법으로 측정하여야 하는지를 상세하게 설명하시오. (단, L, E와 연결되는 선은 도면에 알맞는 개소에 직접 연결하도록 한다.)

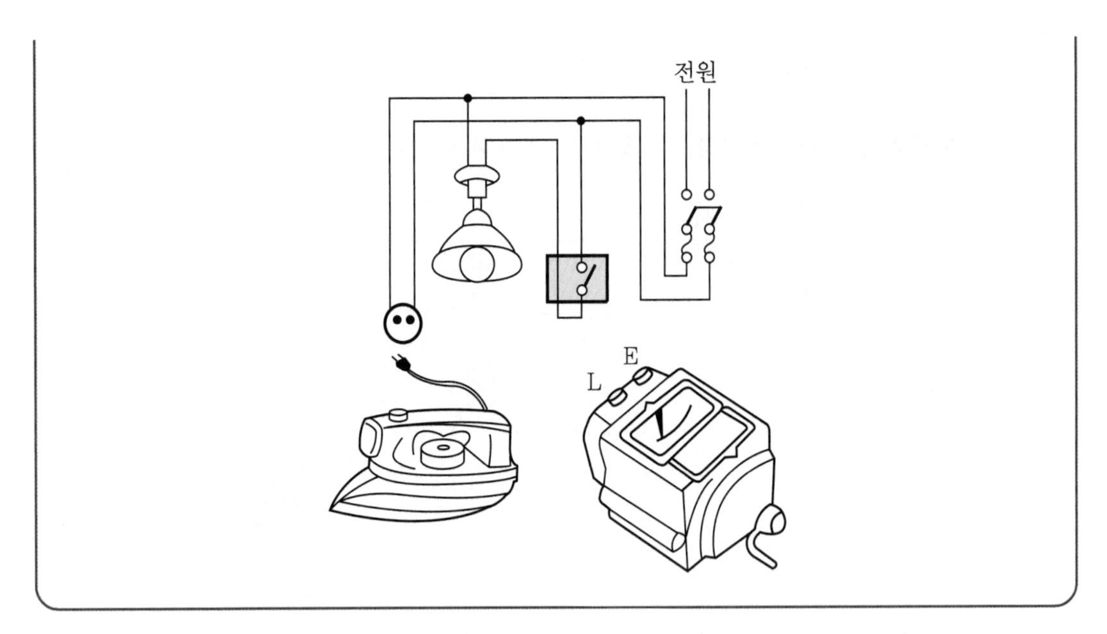

답안
- 다리미 등 콘센트에 연결된 부하를 전원으로부터 분리한다.
- 분기개폐기와 스위치는 OFF(개방)시킨다.
- 전등용 스위치는 OFF시킨다.
- 절연저항계의 L단자는 전압측 전선에, E단자는 접지측 전선에 연결한다.
- 절연저항계의 핸들을 약 30초 정도 돌린 후 눈금을 읽는다.

문제 11 산업 01년, 04년, 06년 출제

배점 : 12점

그림은 자가용 수변전설비 주회로의 절연저항 측정시험에 대한 배치도이다. 다음 각 물음에 답하시오.

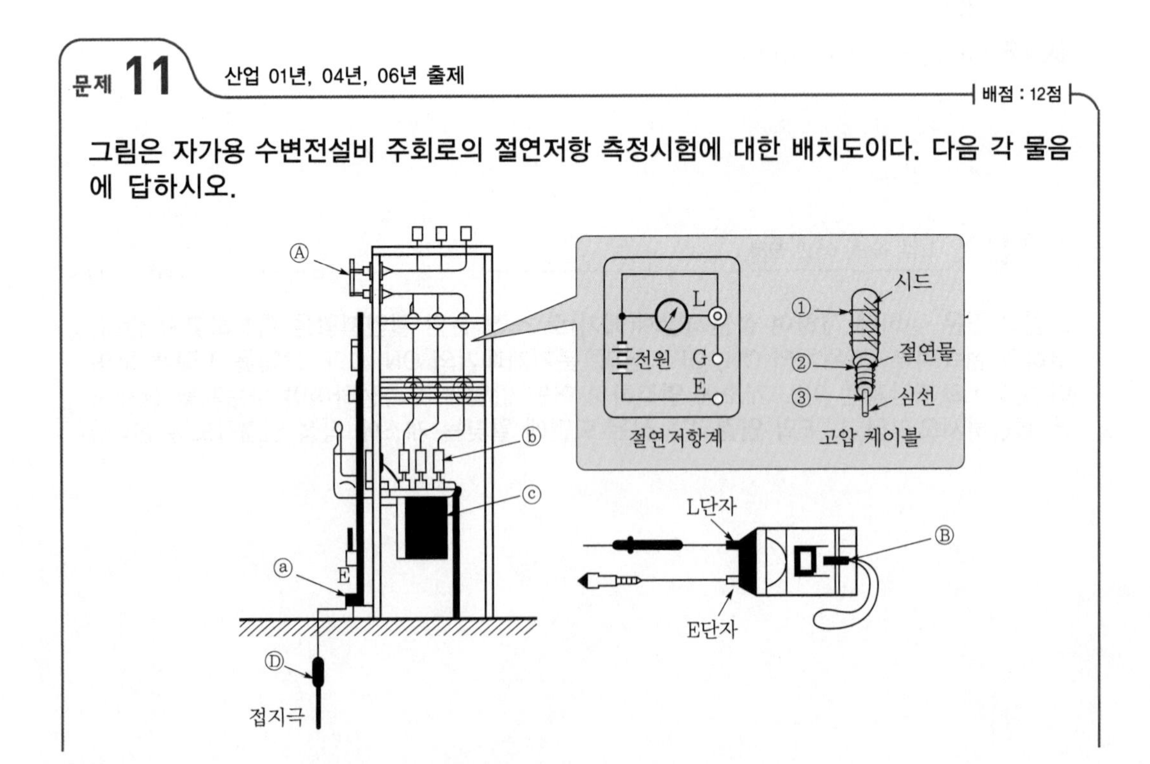

(1) 절연저항측정에서 기기 Ⓐ의 명칭을 쓰고 개폐상태를 밝히시오.
① 명칭
② 개폐상태
(2) 기기 Ⓑ의 명칭은 무엇인가?
(3) 절연저항계의 L단자와 E단자의 접속은 어느 개소에 하여야 하는가?
① L단자
② E단자
(4) 절연저항계의 지시가 잘 안정되지 않을 때에는 통상 어떻게 하여야 하는가?
(5) Ⓒ의 고압케이블과 절연저항계의 단자 L, G, E와의 접속은 어떻게 하여야 하는가?

답안 (1) ① 단로기
② 개방
(2) 절연저항계
(3) ① L단자 : 충전부 ⓑ
② E단자 : 접지 ⓐ
(4) 1분 후 재측정
(5) L-③, G-②, E-①

문제 12 산업 90년, 97년, 08년, 16년, 20년 출제 배점 : 7점

배전용 변전소에 있어서 접지 목적 2가지와 접지가 필요한 곳을 3개소만 쓰시오.
(1) 접지 목적
(2) 접지가 필요한 곳

답안 (1) • 감전 사고 방지
• 기기의 손상 방지
• 보호계전기의 확실한 동작 확보
(2) • 각 기기의 외함 및 철대
• 피뢰기 및 피뢰침
• 케이블 실드 및 변성기 2차측

문제 13 산업 13년 출제

배점 : 5점

목적에 따른 접지의 분류에서 계통접지와 기기접지에 대한 접지 목적을 쓰시오.

(1) 계통접지
(2) 기기접지

답안 (1) 고압과 저압의 혼촉에 의해 발생하는 2차측 전로의 재해를 방지하기 위하여
(2) 전기기기의 절연이 파괴되어 내부의 충전부로부터 외부의 노출 비충전 금속부분에 이상전압이 발생하여 감전사고가 발생할 수 있는 위험을 방지하기 위하여

문제 14 산업 14년 출제

배점 : 4점

400[V] 초과 저압용 기계기구의 철대 또는 금속제 외함의 접지시스템 종류를 쓰시오.

답안 보호접지

문제 15 산업 11년 출제

배점 : 5점

다음 접지시설 개소에 대한 접지시스템 종류를 답란에 쓰시오.

구 분	접지시설	종 류
가	고압계기용 변성기의 2차측 전로	①
나	22.9[kV] 배전선로 아래의 보호망	②
다	고압 개폐기 외함 및 고압 콘덴서 외함	③
라	옥내 설치된 400[V] 이하의 전동기 외함	④
마	고압에서 저압으로 변성한 변압기 2차 저압측 단자	⑤

답안

구 분	접지시설	종 류
가	고압계기용 변성기의 2차측 전로	① 보호접지
나	22.9[kV] 배전선로 아래의 보호망	② 보호접지
다	고압 개폐기 외함 및 고압 콘덴서 외함	③ 보호접지
라	옥내 설치된 400[V] 이하의 전동기 외함	④ 보호접지
마	고압에서 저압으로 변성한 변압기 2차 저압측 단자	⑤ 계통접지

문제 16 산업 15년, 20년 출제

배점 : 5점

대형 건축물 내에 설치된 여러 설비의 접지를 공통으로 묶어서 사용하는 통합접지의 장점 5가지를 쓰시오.

답안
- 합성저항의 저감효과가 있다.
- 접지 신뢰도가 향상된다.
- 접지극의 수량이 감소된다.
- 계통접지를 단순화할 수 있다.
- 철근, 구조물 등을 연접하면 거대한 접지전극의 효과를 얻을 수 있다.

해설 **통합접지의 단점**
- 계통의 이상전압 발생 시 유기전압이 상승한다.
- 다른 설비 및 계통으로부터 사고가 파급될 수 있다.
- 피뢰침용과 공용하므로 뇌서지에 대한 영향을 받을 수 있다.

문제 17 산업 16년, 21년 출제

배점 : 5점

다음 그림은 TN계통의 TN-C방식 저압배전선로 접지계통이다. 중성선(N), 보호선(PE) 등의 범례 기호를 활용하여 노출도전성 부분의 접지계통 결선도를 완성하시오

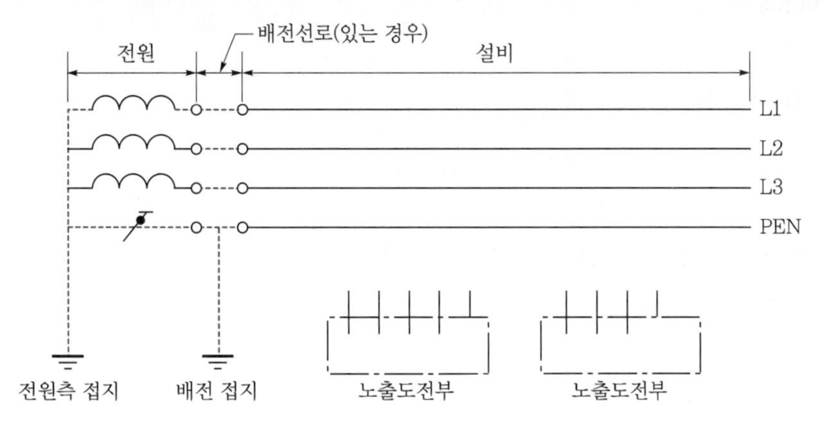

기호설명	
	중성선(N)
	보호선(PE)
	보호선과 중성선 결합(PEN)

답안

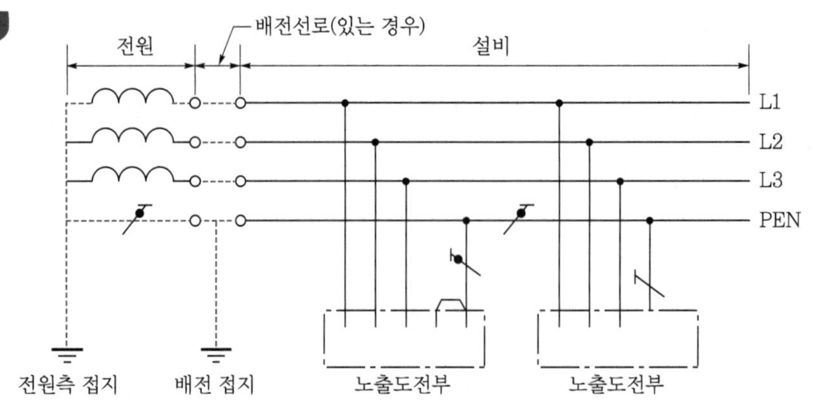

문제 18 산업 96년, 97년, 03년, 11년 출제

배점 : 5점

3상 3선식 중성점 비접지식 공칭전압 6,600[V] 가공전선로의 전선(전선에 케이블 이외의 것을 사용하는 전로) 연장이 350[km]이다. 이 전로에 접속된 주상변압기의 100[V]측 1단자에 접지공사를 하고자 설계할 경우 접지저항값은 몇 [Ω] 이하로 설계유지하여야 하는지 계산하시오. (단, 이 전선로에는 고 · 저압 혼촉 시 2초 이내에 자동 차단되는 장치가 있다.)

답안 60[Ω]

해설

1선 지락전류 $I_g = 1 + \dfrac{\dfrac{V}{3}L - 100}{150}$

$= 1 + \dfrac{\dfrac{6.6/1.1}{3} \times 350 - 100}{150} = 5[\text{A}]$

2초 이내 자동 차단하는 장치가 있으므로

$\therefore R_2 = \dfrac{300}{5} = 60[\Omega]$

문제 **19** 산업 09년 출제

배점 : 5점

다음 그림을 참고하여 철주에 접지공사를 시공하려고 한다. 다음 각 물음에 답하시오.

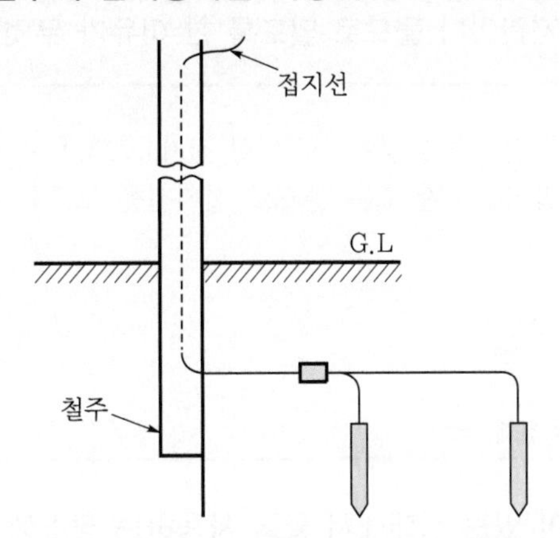

(1) 접지극은 지표면 아래 몇 [cm] 이상 깊이에 매설하여야 하는가?
(2) 접지선을 철주 등 금속체에 연하여 시설하는 경우에 접지극을 그 금속체로부터 몇 [m] 이상 이격시켜 매설하여야 하는가?
(3) 토지의 상황 등에 따라 접지극을 2개 이상 병렬로 매설할 때에는 상호 간격을 몇 [m] 이상 이격하여야 하는가?

답안 (1) 75[cm]
(2) 1[m]
(3) 2[m]

문제 **20** 산업 13년 출제

배점 : 5점

허용 가능한 독립접지의 이격거리를 결정하게 되는 세 가지 요인은 무엇인지 쓰시오.

답안
- 발생하는 접지전류의 최대값
- 전위상승의 허용값
- 그 지점의 대지저항률

문제 21 산업 11년 출제

배점 : 4점

접지극을 지하에 매설할 경우 지하 75[cm] 이상의 깊이에 매설하고 지상 2[m] 부분까지는 절연효과가 있는 합성수지관이나 몰드로 덮도록 한 이유가 무엇인지 간단히 설명하시오.

답안 접지전류가 흐를 때 전자적 불평형으로 인한 전자유도작용에 의한 감전 등 사고방지를 위해 전자유도가 없는 합성수지관 또는 몰드로 접지선을 보호한다.

문제 22 산업 08년, 15년 출제

배점 : 4점

욕실 등 인체가 물에 젖어 있는 상태에서 물을 사용하는 장소에 콘센트를 시설하는 경우에 설치해야 하는 인체감전보호용 누전차단기의 정격감도전류와 동작시간은 얼마 이하를 사용하여야 하는지 쓰시오.

(1) 정격감도전류
(2) 동작시간

답안 (1) 15[mA]
(2) 0.03초

문제 23 산업 98년, 01년, 12년 출제

배점 : 4점

감전사고는 작업자 또는 일반인의 과실 등과 기계기구류 내의 전로의 절연불량 등에 의하여 발생되는 경우가 많이 있다. 저압에 사용되는 기계기구류 내의 전로의 절연불량 등으로 발생되는 감전사고를 방지하기 위한 기술적인 대책을 4가지만 설명하시오.

답안
- 외함 접지공사를 철저히 한다.
- 절연대, 절연변압기, 2중 절연구조의 기기 등을 선정한다.
- 접지저항값을 규정값 이하로 낮춘다.
- 정기적으로 선로와 기기의 절연저항과 절연내력을 측정하여 기준값 이상으로 유지한다.
- 고감도의 누전차단기를 시설하여 감전사고를 방지한다.
- 과전압, 과전류 등 보호장치를 시설한다.
- 기계기구의 충전부에 방호장치를 한다.

문제 24 산업 21년 출제

배점 : 5점

대지저항률 500[Ω · m], 반경 0.01[m], 길이 2[m]인 접지봉을 전부 매입하는 경우 접지 저항값[Ω]을 구하시오. (단, Tagg식으로 구한다.)

답안 238.39[Ω]

해설 **접지봉의 접지저항 계산식(Tagg식)**

$$R = \frac{\rho}{2\pi l} \ln \frac{2l}{r} [\Omega]$$

(여기서, ρ : 대지저항률[Ω·m], r : 전극 반경[m], l : 전극 길이[m])

$$R = \frac{\rho}{2\pi l} \ln \frac{2l}{r}$$

$$= \frac{500}{2\pi \times 2} \times \ln \frac{2 \times 2}{0.01}$$

$$= 238.39 [\Omega]$$

문제 25 산업 15년, 22년 출제

배점 : 5점

콜라우시 브리지에 의해 접지저항을 측정한 경우 접지판 상호 간의 저항이 그림과 같다면 G_3의 접지저항값은 몇 [Ω]인지 계산하시오.

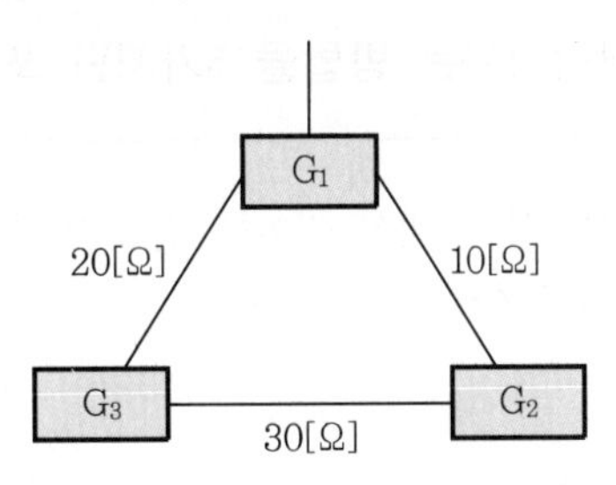

답안 20[Ω]

해설 $R_3 = \frac{1}{2}(20 + 30 - 10) = 20 [\Omega]$

문제 **26** 산업 15년 출제

배점 : 6점

접지저항을 측정하기 위하여 보조접지극 A, B와 접지극 E 상호 간에 접지저항을 측정한 결과 그림과 같은 저항값을 얻었다. E의 접지저항은 몇 [Ω]인지 구하시오.

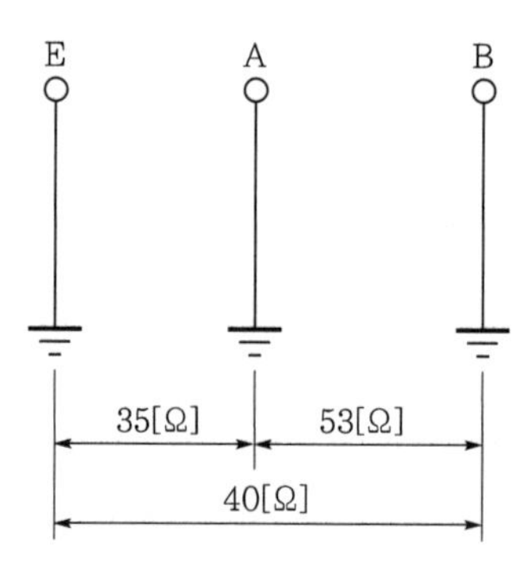

답안 11[Ω]

해설

$$R = \frac{1}{2}(35 + 40 - 53) = 11\,[\Omega]$$

문제 **27** 산업 07년, 12년 출제

배점 : 5점

접지공사에서 접지저항을 저감시키는 방법을 5가지만 쓰시오.

답안
- 접지극의 치수 확대(접지봉의 매설 깊이를 깊게 한다.)
- 매설지선 및 평판 접지극 사용
- 접지극의 병렬접속
- mesh공법
- 보링 공법 및 주입 공법
- 접지봉 깊이 박기(심타 공법)
- 접지극 주변의 토양 개량
- 접지저항 저감재[화이트 아스론, 티코겔(규산화이트) 등] 사용

문제 28 산업 11년 출제

배점 : 6점

접지저항 저감방법의 하나로 화학적 저감법이 있다. 접지저감재의 구비조건 4가지를 쓰시오.

답안
- 안전성이 있을 것
- 전기적으로 양도체일 것
- 지속성이 있을 것
- 전극을 부식하지 않을 것

03 CHAPTER 전선로

기출개념 01 전선

1 가공전선의 구비조건

① 도전율, 가요성 및 기계적 강도가 클 것
② 저항률이 적고, 내구성이 있을 것
③ 중량이 적고, 가선 작업이 용이할 것
④ 가격이 저렴할 것

2 전선의 구성

(1) 단선 : 단면이 원형인 1본의 도체로 직경[mm]으로 나타낸다.

(2) 연선 : 1본의 중심선 위에 6의 층수 배수만큼 증가하는 구조이다.

① 소선의 총수 : $N=3n(1+n)+1$
② 연선의 바깥지름 : $D=(2n+1)d$ [mm]
③ 연선의 단면적 : $A=aN=\frac{\pi d^2}{4}N=\frac{\pi}{4}D^2[\text{mm}^2]$

(3) 강심 알루미늄 연선(ACSR)

▌강심 알루미늄 연선과 경동연선의 비교▐

구 분	직 경	비 중	기계적 강도	도전율
경동선	1	1	1	97[%]
ACSR	1.4~1.6	0.8	1.5~2.0	61[%]

3 전선 굵기의 선정

(1) 송전계통에서 전선의 굵기 선정 시 고려 사항

① 허용전류
② 전압강하
③ 기계적 강도
④ 코로나
⑤ 전력손실
⑥ 경제성

(2) 경제적인 전선의 굵기 선정 – 켈빈의 법칙

$$전류밀도\ \sigma = \sqrt{\frac{WMP}{\rho N}} = \sqrt{\frac{8.89 \times 55MP}{N}}\ [\text{A/mm}^2]$$

여기서, W : 전선 중량[$\text{kg/mm}^2 \cdot \text{m}$]
N : 전력량의 가격[원/kW/년]
M : 전선 가격[원/kg]
P : 전선비에 대한 연경비 비율
ρ : 저항율[$\Omega/\text{mm}^2 \cdot \text{m}$]

(3) 이도(dip)의 계산

① 이도 : $D = \dfrac{WS^2}{8T_o}$ [m]

② 실제의 전선 길이 : $L = S + \dfrac{8D^2}{3S}$ [m]

4 전선의 하중

(1) 수직하중(W_0)

① 전선의 자중 : W_c[kg/m]
② 빙설의 하중 : $W_i = 0.017(d+6)$[kg/m]

(2) 수평하중(W_w : 풍압하중)

① 빙설이 많은 지역 : $W_w = Pk(d+12) \times 10^{-3}$[kg/m]
② 빙설이 적은 지역 : $W_w = Pkd \times 10^{-3}$[kg/m]
여기서, P : 전선이 받는 압력[kg/m^2]
d : 전선의 직경[mm]
k : 전선 표면계수

(3) 합성하중

$$W = \sqrt{{W_0}^2 + {W_w}^2} = \sqrt{(W_c + W_i)^2 + {W_w}^2}$$

(4) 부하계수

$$부하계수 = \frac{합성하중}{전선의\ 자중} = \frac{\sqrt{{W_0}^2 + {W_w}^2}}{W_c}$$

5 전선의 진동과 도약

(1) 전선의 진동발생

진동 방지대책으로 댐퍼(damper), 아머로드(armour rod)를 사용한다.

(2) 전선의 도약

전선 주위의 빙설이나 물이 떨어지면서 반동 또는 사고 차단 등으로 전선이 도약하여 상하 전선 간 혼촉에 의한 단락사고 우려가 있다. 방지책으로는 오프셋(off set)을 한다.

6 지선

(1) 설치 목적

불평균 수평 장력을 분담하여 지지물 강도를 보강하고 전선로의 평형 유지

(2) 지선의 구성

① 지선밴드, 아연도금철선, 지선애자, 지선로드, 지선근가
② 지름 2.6[mm] 아연도금철선 3가닥 이상
③ 지선의 안전율 2.5 이상
④ 최소 인장하중 4.31[kN]

(3) 지선의 종류

① 보통(인류)지선 : 일반적으로 사용
② 수평지선 : 도로나 하천을 지나는 경우
③ 공동지선 : 지지물의 상호거리가 비교적 접근해 있을 경우
④ Y지선 : 다수의 완금이 있는 지지물 또는 장력이 큰 경우
⑤ 궁지선 : 비교적 장력이 적고 설치장소가 협소한 경우(A형, B형)
⑥ 지주 : 지선을 설치할 수 없는 경우

7 지선의 장력

(1) 지선의 장력

$$T_0 = \frac{T}{\cos\theta}[\text{kg}]$$

(2) 지선의 소선 수

$$n \geq \frac{kT_0}{t} = \frac{k}{t} \times \frac{T}{\cos\theta}$$

여기서, T : 전선의 불평균 수평 분력[kg]
θ : 지선과 지면과의 각

n : 소선의 가닥수

t : 소선 1가닥의 인장하중[kg]

k : 지선의 안전율 $\left(k=\dfrac{nt}{T_0}\right)$

개념 문제 01 기사 20년 출제 | 배점 : 5점 |

소선의 직경이 3.2[mm]인 37가닥 연선의 외경은 몇 [mm]인지 구하시오.

답안 22.4[mm]

해설 연선 구조는 1본의 중심선 위에 층수 배수이므로 37가닥은 중심선을 뺀 층수가 3층이다.
그러므로 외경 $D=(2n+1)d=(2\times3+1)\times3.2=22.4$[mm]

개념 문제 02 기사 07년, 14년 출제 | 배점 : 6점 |

그림과 같은 송전 철탑에서 등가 선간거리[cm]는?

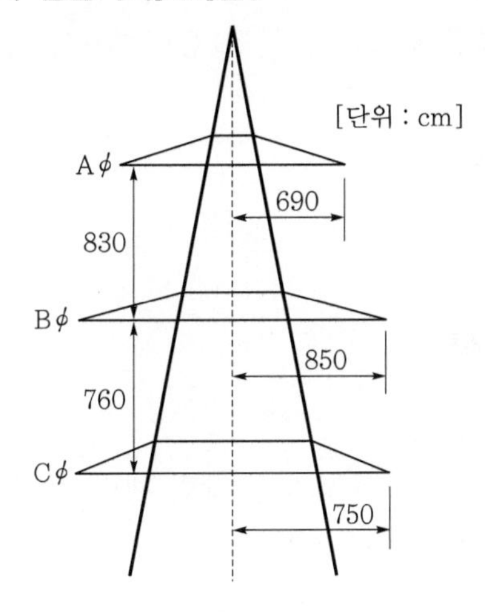

답안 1,010.22[cm]

해설 $D_{AB}=\sqrt{830^2+(850-690)^2}=845.28$[cm]

$D_{BC}=\sqrt{760^2+(850-750)^2}=766.55$[cm]

$D_{CA}=\sqrt{(830+760)^2+(750-690)^2}=1{,}591.13$[cm]

등가 선간거리 $D_e=\sqrt[3]{D_{AB}\cdot D_{BC}\cdot D_{CA}}=\sqrt[3]{845.28\times766.55\times1{,}591.13}=1{,}010.22$[cm]

기출개념 02 지중전선로

1 지중전선로의 장 · 단점

(1) 장점

① 미관이 좋다.
② 화재 및 폭풍우 등 기상 영향이 적고, 지역 환경과 조화를 이룰 수 있다.
③ 통신선에 대한 유도장해가 적다.
④ 인축에 대한 안전성이 높다.
⑤ 다회선 설치와 시설 보안이 유리하다.

(2) 단점

① 건설비, 시설비, 유지보수비 등이 많이 든다.
② 고장 검출이 쉽지 않고, 복구 시 장시간이 소요된다.
③ 송전용량이 제한적이다.
④ 건설작업 시 교통장애, 소음, 분진 등이 있다.

2 케이블의 전력손실

저항손, 유전체손, 연피손

3 전력 케이블의 고장

(1) 고장의 추정

① 유전체의 역률($\tan\delta$)을 측정하는 방법(셰링 브리지)
② 직류의 누설전류를 측정하는 방법

(2) 고장점 수색

① 머레이 루프법(Murray loop method) : 1선 지락고장, 선간 단락고장, 1선 지락 및 선간 지락고장 등을 측정한다.
② 정전용량의 측정에 의한 방법 : 단선 고장점을 구한다.
③ 수색 코일에 의한 방법
④ 펄스에 의한 측정법

개념 문제 01 기사 99년, 00년, 03년, 04년, 05년 출제

| 배점 : 7점 |

지중전선로의 시설에 관한 다음 각 물음에 답하시오.

(1) 지중전선로는 어떤 방식에 의하여 시설하여야 하는지 그 3가지만 쓰시오.
(2) 방식 조치를 하지 않은 지중전선의 피복금속체의 접지는 어떤 접지시스템인가?
(3) 지중전선로의 전선으로는 어떤 것을 사용하는가?

답안 (1) 직접 매설식, 관로식, 암거식
(2) 보호접지
(3) 케이블

개념 문제 02 기사 15년, 19년 출제

| 배점 : 6점 |

가공전선로와 비교한 지중전선로의 장점과 단점을 각각 3가지씩 쓰시오.

(1) 장점
(2) 단점

답안 (1) • 다수 회선을 같은 루트에 시설할 수 있다.
• 지하시설로 설비 보안의 유지가 용이하다.
• 비바람이나 뇌 등 기상 조건에 영향을 받지 않는다.
(2) • 같은 굵기의 도체로는 송전용량이 작다.
• 건설비가 아주 비싸다.
• 고장점 발견이 어렵고 복구가 어렵다.

기출개념 03 선로정수

1 선로의 저항

(1) 전선의 길이가 l[m], 단면적 A[mm^2]일 때의 전선의 저항

$$R=\rho\frac{l}{A}=\frac{1}{58}\times\frac{100}{C}\times\frac{l}{A}[\Omega]$$

(2) 기준온도 t_0[℃]에서 t[℃] 상승할 때의 저항

$$R_t=R_{t0}\{1+\alpha_{t0}(t-t_0)\}[\Omega]$$

여기서, R_t : 온도가 t[℃] 상승하였을 경우에 있어서 전선의 저항[Ω]
R_{t0} : 기준온도 t_0[℃]의 전선저항[Ω]
α_{t0} : 기준온도 t_0[℃]에 있어서의 저항의 온도계수

2 선로의 인덕턴스 L[mH/km]

(1) 단도체

$$L = 0.05 + 0.4605 \log_{10} \frac{D}{r} \, [\text{mH/km}]$$

(2) 다도체

$$L = \frac{0.05}{n} + 0.4605 \log_{10} \frac{D}{r'} \, [\text{mH/km}]$$

여기서, n : 소도체의 수
r' : 등가 반지름 $\left(r' = r^{\frac{1}{n}} \cdot s^{\frac{n-1}{n}} = \sqrt[n]{r \cdot s^{n-1}}\right)$
s : 소도체 간의 등가 선간거리

(3) 등가 선간거리(기하학적 평균거리)

$$D' = \sqrt[n]{D_1 \times D_2 \times D_3 \times \cdots \times D_n}$$

3 선로의 작용 정전용량

(1) 단도체

$$C = \frac{0.02413}{\log_{10} \frac{D}{r}} \, [\mu\text{F/km}]$$

(2) 다도체

$$C = \frac{0.02413}{\log_{10} \frac{D}{r'}} = \frac{0.02413}{\log_{10} \frac{D}{\sqrt[n]{r\, s^{n-1}}}} \, [\mu\text{F/km}]$$

(3) 1상당 작용 정전용량

① 단상 2선식 : $C_2 = C_s + 2C_m$

② 3상 1회선 : $C_3 = C_s + 3C_m$

4 누설 컨덕턴스

$$\text{저항의 역수 } G = \frac{1}{R} \, [\mho]$$

여기서, R : 애자의 절연저항

5 복도체 및 다도체의 특징

① 같은 도체 단면적의 단도체보다 인덕턴스와 리액턴스가 감소하고, 정전용량이 증가하여 송전용량을 크게 할 수 있다.
② 전선 표면의 전위경도를 저감시켜 코로나 임계전압을 높게 하므로 코로나손을 줄일 수 있다.
③ 전력계통의 안정도를 증대시킨다.
④ 초고압 송전선로에 채용한다.
⑤ 페란티 효과에 의한 수전단 전압 상승의 우려가 있다.
⑥ 단락사고 시 소도체와 충돌할 수 있다.

6 연가

(1) 전선로 각 상의 선로정수를 평형이 되도록 선로 전체의 길이를 3의 배수 등분하여 각 상에 속하는 전선이 전 구간을 통하여 각 위치를 일순하도록 도중의 개폐소나 연가철탑에서 바꾸어 주는 것이다.

(2) 연가의 효과

선로정수의 평형으로 통신선에 대한 유도장해 방지 및 전선로의 직렬공진을 방지한다.

개념 문제 01 기사 08년 출제 | 배점 : 5점 |

연동선을 사용한 코일의 저항이 0[℃]에서 4,000[Ω]이었다. 이 코일에 전류를 흘렸더니 그 온도가 상승하여 코일의 저항이 4,500[Ω]으로 되었다고 한다. 이 때 연동선의 온도를 구하시오.

답안 29.31[℃]

해설 0[℃]에서 연동선의 온도계수 $\alpha_0 = \frac{1}{234.5}$

$R_t = R_0\{1+\alpha_0(t_2 - t_0)\}$에서

$4{,}500 = 4{,}000\left\{1+\frac{1}{234.5}(t_2 - 0)\right\}$

$\therefore\ t_2 = \left(\frac{4{,}500}{4{,}000} - 1\right)\times 234.5 = 29.31[℃]$

개념 문제 02 기사 99년 출제 | 배점 : 6점 |

연가의 주목적은 선로정수의 평형이다. 연가의 효과를 2가지만 쓰시오.

답안
- 통신선에 대한 유도장해 경감
- 소호 리액터 접지 시 직렬공진에 의한 이상전압 상승 방지

기출개념 04 코로나

1 공기의 전위경도(절연내력)

① 직류 : 30[kV/cm]
② 교류 : 21.1[kV/cm]

2 임계전압

$$E_0 = 24.3\, m_0 m_1 \delta\, d \log_{10}\frac{D}{r}\,[\text{kV}]$$

여기서, m_0 : 표면계수
m_1 : 날씨계수
δ : 상대공기밀도
d : 전선의 직경[cm]
D : 선간거리[cm]

3 영향

(1) 코로나 손실(peek식)

$$P_d = \frac{241}{\delta}(f+25)\sqrt{\frac{d}{2D}}\,(E-E_0)^2 \times 10^{-5}\,[\text{kW/km/선}]$$

여기서, E : 대지전압[kV]
E_0 : 임계전압[kV]
f : 주파수[Hz]
δ : 상대공기밀도
D : 선간거리[cm]
d : 전선의 직경[cm]

(2) 코로나 잡음

(3) 통신선에서의 유도장해

(4) 소호 리액터의 소호능력 저하

(5) 화학작용

코로나 방전으로 공기 중에 오존(O_3) 및 산화질소(NO)가 생기고 여기에 물이 첨가되면 질산(초산 : NHO_3)이 되어 전선을 부식시킨다.

(6) 코로나 발생의 이점

송전선에 낙뢰 등으로 이상전압이 들어올 때 이상전압 진행파의 파고값을 코로나의 저항 작용으로 빨리 감쇠시킨다.

4 방지대책

① 전선의 직경을 크게 하여 전선 표면의 전위경도를 줄여 임계전압을 크게 한다.
② 단도체(경동선)를 다도체 및 복도체 또는 ACSR, 중공연선으로 한다.

개념 문제 01 기사 99년, 08년 출제 | 배점 : 8점 |

전선로 부근이나 애자 부근(애자와 전선의 접속 부근)에 임계전압 이상이 가해지면 전선로나 애자 부근에 발생하는 코로나 현상에 대하여 다음 각 물음에 답하시오.

(1) 코로나 현상이란 무엇인지 쓰시오.
(2) 코로나 현상이 미치는 영향에 대하여 4가지만 쓰시오.
(3) 코로나 방지대책 중 2가지만 쓰시오.

답안 (1) 임계전압 이상의 전압이 전선로 부근이나 애자 부근에 가해지면 주위의 공기 절연이 부분적으로 파괴되는 현상
(2) • 코로나 손실
• 전선의 부식 촉진
• 통신선 유도장해
• 코로나 잡음
(3) • 다도체 방식을 채용한다.
• 굵은 도체를 사용한다.

개념 문제 02 기사 99년 출제 | 배점 : 8점 |

송전선로에 코로나가 발생할 경우 나쁜 영향들을 4가지만 설명하고 또한 코로나 발생 방지대책과 방지대책에 대한 그 이유를 설명하시오.

(1) 코로나 현상에 의한 나쁜 영향
(2) 방지대책과 그 이유

답안 (1) • 통신선에 유도장해를 일으킨다.
• 코로나 손실이 발생하여 송전효율을 저하시킨다.
• 소호 리액터의 소호능력을 저하시킨다.
• 전선의 부식이 발생한다.
(2) ① 대책 : 굵은 전선 및 복도체 등을 사용한다.
② 이유 : 전선 주위의 전위경도를 낮춤으로써 코로나 임계전압을 상승시켜 코로나 발생을 방지한다.

기출개념 05 배선과 분기회로

1 도체와 과부하 보호장치 사이의 협조

$$I_B \leq I_n \leq I_Z$$
$$I_2 \leq 1.45 \times I_Z$$

여기서, I_B : 회로의 설계전류
I_Z : 케이블의 허용전류
I_n : 보호장치의 정격전류
I_2 : 보호장치가 규약시간 이내에 유효하게 동작하는 것을 보장하는 전류

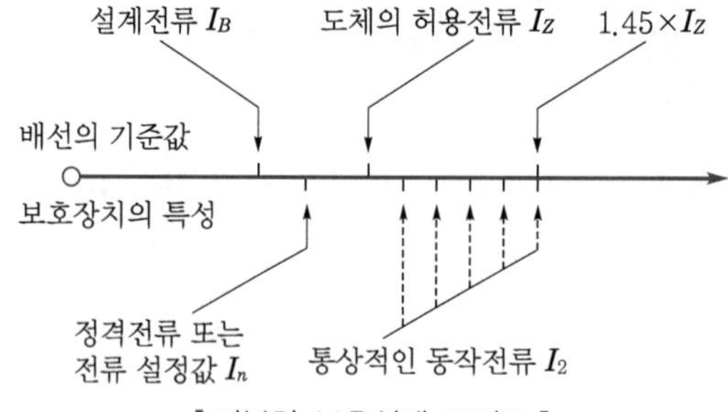

▌과부하 보호설계 조건도▐

2 과부하 보호장치의 설치위치

(1) 설치위치

과부하 보호장치는 전로 중 도체의 단면적, 특성, 설치방법, 구성의 변경으로 도체의 허용전류값이 줄어드는 곳(분기점, O점)에 설치해야 한다.

(2) 설치위치의 예외

① 분기회로(S_2)의 과부하 보호장치(P_2)의 전원측에 다른 분기회로 또는 콘센트의 접속이 없고 분기회로에 대한 단락보호가 이루어지고 있는 경우 : P_2는 분기회로의 분기점(O)으로부터 부하측으로 거리에 구애받지 않고 이동하여 설치할 수 있다.

② 분기회로(S_2)의 보호장치(P_2)는 (P_2)의 전원측에서 분기점(O) 사이에 다른 분기회로 또는 콘센트의 접속이 없고, 단락의 위험과 화재 및 인체에 대한 위험성이 최소화되도록 시설된 경우 : P_2는 분기회로의 분기점(O)으로부터 3[m]까지 이동하여 설치할 수 있다.

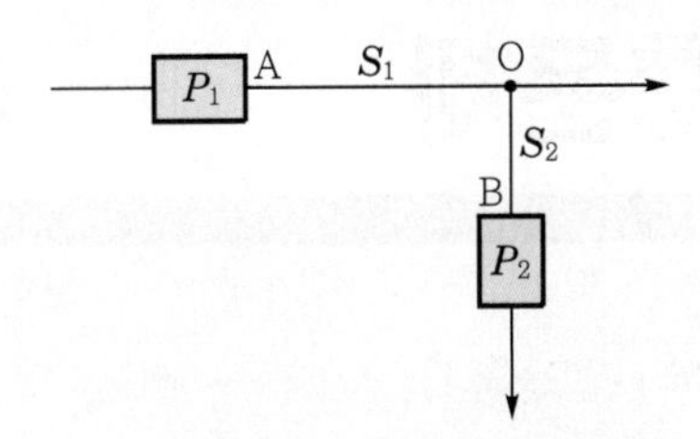

▌분기회로(S_2)의 분기점(O)에 설치되지 않은 분기회로 과부하 보호장치(P_2)▐

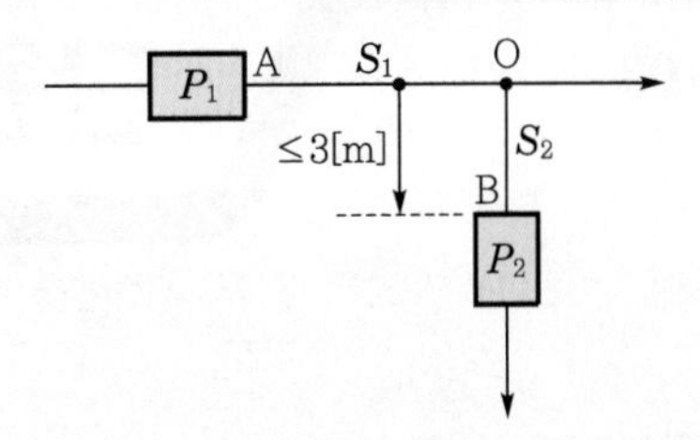

▌분기회로(S_2)의 분기점(O)에 3[m] 이내에 설치된 과부하 보호장치(P_2)▐

개념 문제 01 기사 86년, 97년 출제

| 배점 : 4점 |

사용전압 200[V]에 40[W]×2의 형광등 기구를 70개 시설하려고 하는 경우 분기회로 수는 최소 몇 회로가 필요한가? (단, 분기회로는 20[A] 분기회로로 하고, 형광등 역률은 70[%]이고, 안정기 손실은 없는 것으로 하며, 1회로의 부하전류는 분기회로 용량의 80[%]로 한다.)

답안 20[A] 분기 3회로

해설
- 전류 $I = \dfrac{P}{V\cos\theta} = \dfrac{40\times2\times70}{200\times0.7} = 40[\text{A}]$
- 분기회로 수 $n = \dfrac{40}{20\times0.8} = 2.5$ 회로

개념 문제 02 기사 85년, 96년 출제

| 배점 : 4점 |

그림과 같은 전동기 Ⓜ과 전열기 Ⓗ에 공급하는 저압 옥내 간선을 보호하는 과전류차단기의 정격전류 최대값은 몇 [A]인가? (단, 간선의 허용전류는 49[A], 수용률은 100[%]이며 기동 계급은 표시가 없다고 본다.)

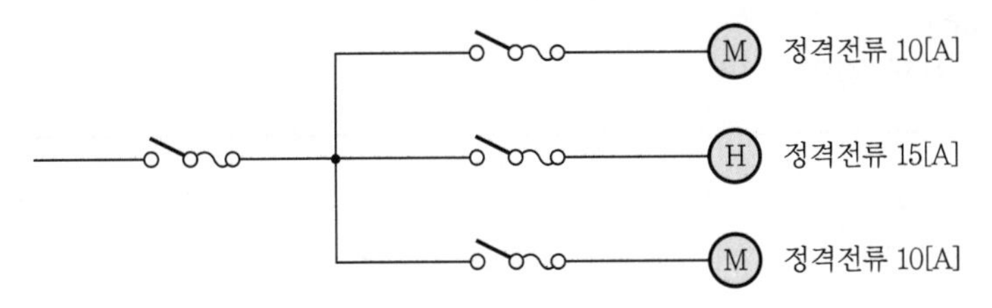

답안 49[A]

해설
- 설계전류 $I_B = 10+15+10 = 35[\text{A}]$
- 케이블의 허용전류 $I_Z = 49[\text{A}]$
- $I_B \le I_n \le I_Z$에서 $35 \le I_n \le 49[\text{A}]$이어야 하므로 과전류차단기의 정격전류 최대값은 49[A]이다.

CHAPTER 03
전선로

단원 빈출문제

문제 01 산업 14년 출제

배점 : 5점

가공전선로의 이도가 너무 크거나 너무 작을 시 전선로에 미치는 영향 3가지만 쓰시오.

답안
- 이도의 대소는 지지물의 높이를 좌우한다.
- 이도가 너무 크면 전선은 그만큼 좌우로 크게 진동해서 다른 상의 전선에 접촉하거나 수목에 접촉해서 위험을 준다.
- 이도가 너무 크면 도로, 철도, 통신선 등의 횡단 장소에서 이들과 접촉될 위험이 있다.
- 이도가 너무 작으면 그와 반비례해서 전선의 장력이 증가하여 심할 경우에는 전선이 단선되기도 한다.

문제 02 산업 16년, 20년 출제

배점 : 6점

경간 200[m]인 가공 송전선로가 있다. 전선 1[m]당 무게는 2.0[kg]이고 풍압하중은 없다고 한다. 인장강도 4,000[kg]의 전선을 사용할 때 이도(dip)[m]와 전선의 실제 길이[m]를 구하시오. (단, 전선의 안전율은 2.2로 한다.)

(1) 이도(dip)
(2) 전선의 실제 길이

답안 (1) 5.5[m]
(2) 200.4[m]

해설
(1) 이도 $D=\dfrac{WS^2}{8T}$

$$=\frac{2\times 200^2}{8\times \dfrac{4{,}000}{2.2}}=5.5[\text{m}]$$

(2) 전선의 실제 길이 $L=S+\dfrac{8D^2}{3S}$

$$=200+\frac{8\times 5.5^2}{3\times 200}=200.4[\text{m}]$$

문제 03 산업 21년 출제

배점 : 5점

평탄지에서 전선의 지지점의 높이가 같도록 가선한 경간이 100[m]인 가공전선로가 있다. 사용전선으로 인장하중이 1,480[kg], 중량 0.334[kg/m]인 7/2.6[mm](38[mm^2])의 경동선을 사용하고, 수평 풍압하중이 0.608[kg/m], 전선의 안전율이 2.2인 경우 이도(Dip)를 구하시오.

답안 1.28[m]

해설 하중 $W=\sqrt{0.334^2+0.608^2}$

$=0.69[\text{kg/m}]$

이도 $D=\dfrac{WS^2}{8T}$

$=\dfrac{0.69\times 100^2}{8\times\left(\dfrac{1{,}480}{2.2}\right)}$

$=1.28[\text{m}]$

문제 04 산업 12년, 17년, 18년 출제

배점 : 4점

그림과 같이 고저차가 없고 같은 경간에 전선이 가설되어 있다. 지금 가운데 지지점 B에서 전선이 지지점으로부터 떨어졌다고 하면 전선의 딥(Dip)은 전선이 떨어지기 전의 몇 배로 되는지 구하시오.

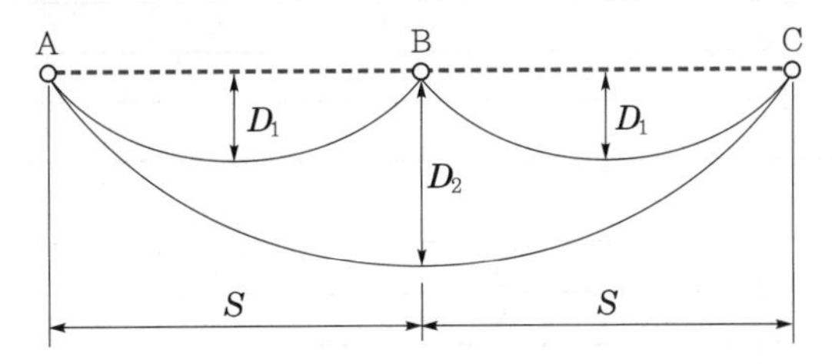

답안 2배

해설 전선 실제 길이는 불변이므로

$L=\left[\left(S+\dfrac{8{D_1}^2}{3S}\right)\times 2\right]=\left(2S+\dfrac{8{D_2}^2}{3\times 2S}\right)$

$2S+\dfrac{16{D_1}^2}{3S}=2S+\dfrac{8{D_2}^2}{2\times 3S}$ 에서

$4{D_1}^2={D_2}^2$

$2D_1=D_2$

$\therefore$ D_2는 D_1의 2배이다.

문제 05 산업 17년 출제

배점 : 5점

특고압 가공전선과 저고압 가공전선 등이 접근 또는 교차할 경우에 대한 다음 각 질문에 답하시오. (단, 아래 (1), (2)의 사항은 한국전기설비규정에 따른다.)

(1) 특고압 가공전선로는 제(①)종 특고압 보안공사에 의할 것
(2) 특고압 가공전선과 저고압 가공전선 등 또는 이들의 지지물이나 지주 사이의 이격거리는 60,000[V] 이하의 것은 (②)[m] 이상, 60,000[V]를 초과하는 것은 (②)[m]에 60,000[V]를 초과하는 10,000[V] 또는 그 단수마다 (③)[cm]를 더한 값 이상일 것

답안 (1) ① 3
(2) ② 2
③ 12

문제 06 산업 96년 출제

배점 : 4점

3상 송전선의 전선 배치는 대부분 비대칭이므로 각 전선의 선로정수는 불평형이 되어 중성점의 전위가 영전위가 되지 않고 어떤 잔류전압이 생긴다. 이것을 방지하기 위하여 전선로를 연가시키는 데 전선로를 연가시킨 그림을 그리도록 하시오.

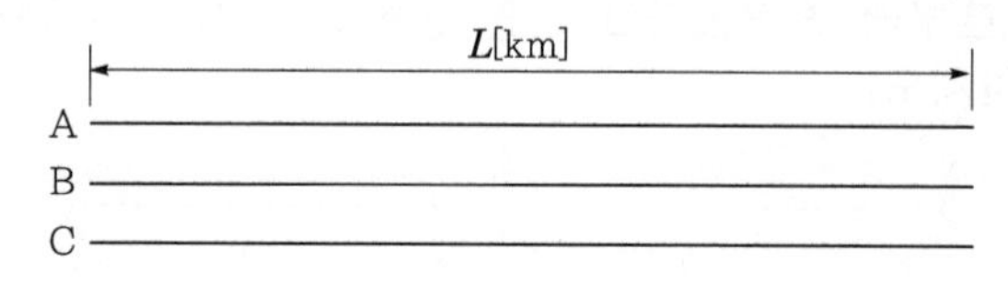

답안

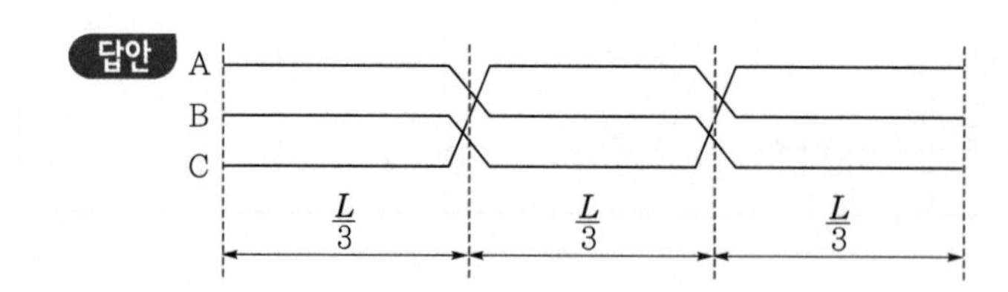

문제 07 산업 07년, 14년 출제

배점 : 5점

다음 물음에 답하시오

(1) 그림과 같은 송전철탑에서의 등가 선간거리[m]를 구하시오.

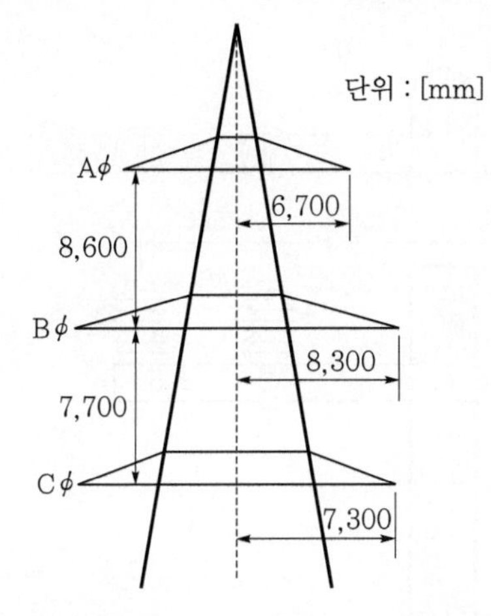

(2) 간격 400[mm]인 정사각형 배치의 4도체에서 소선 상호 간의 기하학적 평균거리[m]를 구하시오.

답안 (1) 10.35[m]

(2) 0.45[m]

해설 (1) $D_{AB} = \sqrt{8.6^2 + (8.3 - 6.7)^2}$

$= 8.75[\text{m}]$

$D_{BC} = \sqrt{7.7^2 + (8.3 - 7.3)^2}$

$= 7.76[\text{m}]$

$D_{CA} = \sqrt{(8.6 + 7.7)^2 + (7.3 - 6.7)^2}$

$= 16.31[\text{m}]$

등가 선간거리 $D_e = \sqrt[3]{8.75 \times 7.76 \times 16.31}$

$= 10.35[\text{m}]$

(2) $D = \sqrt[6]{2}\, S$

$= \sqrt[6]{2} \times 400 \times 10^{-3}$

$= 0.45[\text{m}]$

문제 08 산업 07년 출제

배점 : 10점

다음은 22.9[kV] 선로의 기본 장주도 중 3상 4선식 선로의 직선주 그림이다. 다음 표의 빈칸에 들어갈 자재의 명칭을 쓰시오. [단, 장주에 경완금(□75×75×3.2×2,400)을 사용하고 취부에 완금밴드를 사용한 경우이다.]

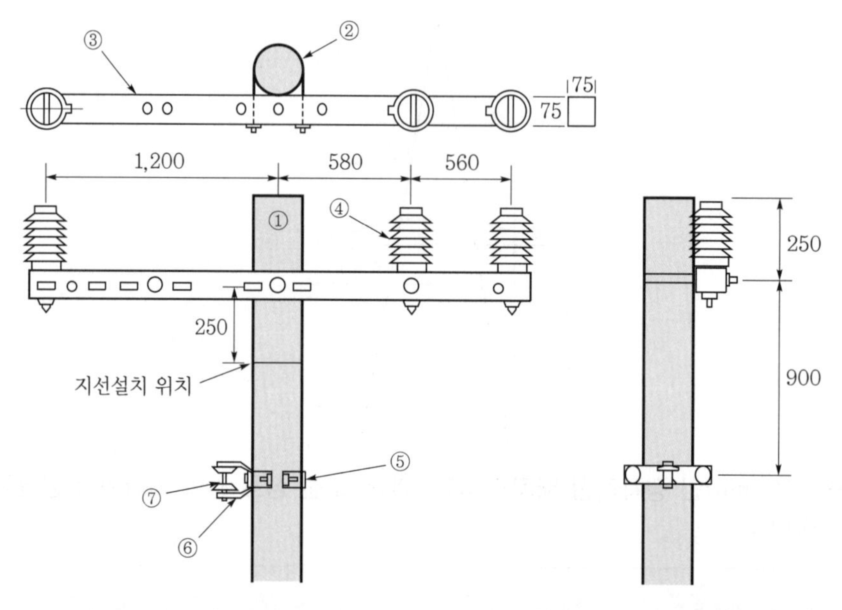

항목 번호	자재명	규 격	수량 [개]	품목단위부품 및 수량[개]
①		10[m] 이상	1	
②		1방 2호	1	U금구 1, M좌 1, 와셔 4, 너트 4
③		75×75×3.2×2,400	1	
④		152×304(경완금용)	3	와셔 1, 육각 너트 1, 록크 너트 1
⑤		100×230 1방(2호)	1	(M16×60) 2, (M16×35) 1, 너트 3
⑥		4.5×100×100	1	
⑦		110×95(녹색)	1	

답안

항목번호	자재명	규격	수량[개]	품목단위부품 및 수량[개]
①	콘크리트 전주	10[m] 이상	1	
②	완금밴드	1방 2호	1	U금구 1, M좌 1, 와셔 4, 너트 4
③	경완금	75×75×3.2×2,400	1	
④	라인포스트 애자	152×304(경완금용)	3	와셔 1, 육각 너트 1, 록크 너트 1
⑤	랙크밴드	100×230 1방(2호)	1	(M16×60) 2, (M16×35) 1, 너트 3
⑥	랙크	4.5×100×100	1	
⑦	저압인류애자	110×95(녹색)	1	

문제 **09** 산업 20년 출제

배점 : 4점

정전기 대전의 종류 3가지와 정전기 방지대책 2가지를 쓰시오.

(1) 정전기 대전의 종류 3가지

(2) 정전기 방지대책 2가지

답안 (1) 마찰대전, 유동대전, 충돌대전

(2) 접지, 제전기 사용

해설 (1) 정전기 대전의 종류

- 마찰대전
- 박리대전
- 충돌대전
- 분출대전
- 유동대전
- 파괴대전
- 교반대전
- 적하대전
- 유도대전

(2) 정전기 방지대책

- 대전되는 물체를 전기적으로 접지한다.
- 대전물체가 부도체일 경우 도전율을 크게 한다.
- 대전물체 주변의 습도를 높여준다.
- 대전물체를 차폐한다.
- 제전기를 사용한다.

문제 **10** 산업 14년, 21년 출제

배점 : 5점

통신선과 평행된 주파수 60[Hz]의 3상 1회선 송전선이 있다. 1선 지락 때문에 영상전류 50[A]가 흐르고 있을 때 통신선에 유기되는 전자유도전압[V]의 크기를 구하시오. (단, 영상전류는 각 상에 걸쳐 있으며, 송전선과 통신선과의 상호 인덕턴스는 0.06[mH/km], 그 평행길이는 30[km]이다.)

답안 101.79[V]

해설 $E_m = -j\omega Ml(3I_0) = -j \times 2\pi \times 60 \times 0.06 \times 10^{-3} \times 30 \times 3 \times 50$

$= 101.79[\text{V}]$

문제 **11** 산업 14년 출제

| 배점 : 5점 |

3상 송전선의 각 선의 전류가 $I_a = 220 + j50$[A], $I_b = 150 - j300$[A], $I_c = -50 + j150$[A]일 때 이것과 병행으로 가설된 통신선에 유기되는 전자유도전압의 크기는 약 몇 [V]인가? (단 송전선과 통신선 사이의 상호 임피던스는 15[Ω]이다.)

답안 1,529.71[V]

해설 $E_m = jM(I_a + I_b + I_c) = j15 \times (220 + j50 - 150 - j300 - 50 + j150)$

$= j15 \times (20 - j100) = j300 + 1{,}500 = \sqrt{300^2 + 1{,}500^2} = 1{,}529.71$[V]

문제 **12** 산업 14년 출제

| 배점 : 5점 |

154[kV]의 송전선이 그림과 같이 연가되어 있을 경우 중성점과 대지 간에 나타나는 잔류전압을 구하시오. (단, 전선 1[km]당의 대지정전용량은 맨 윗선 0.004[μF], 가운데선 0.0045[μF], 맨 아래선 0.005[μF]라 하고 다른 선로정수는 무시한다.)

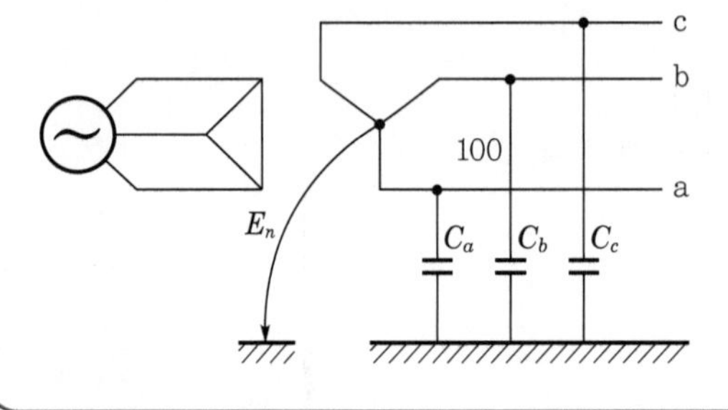

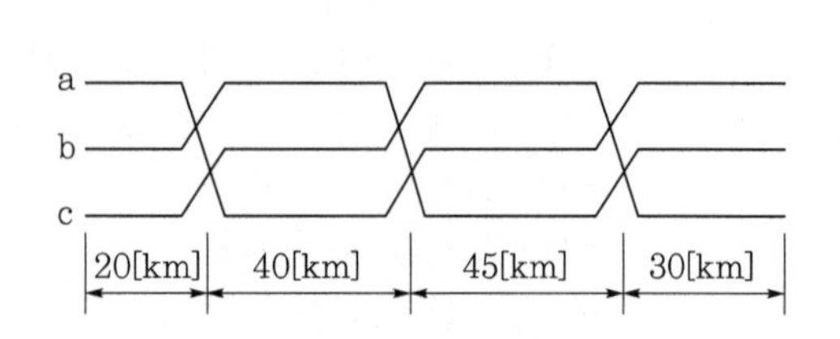

답안 365.89[V]

해설 a선의 정전용량 $= 0.004 \times 20 + 0.005 \times 40 + 0.0045 \times 45 + 0.004 \times 30 = 0.6025[\mu F]$

b선의 정전용량 $= 0.0045 \times 20 + 0.004 \times 40 + 0.005 \times 45 + 0.0045 \times 30 = 0.61[\mu F]$

c선의 정전용량 $= 0.005 \times 20 + 0.0045 \times 40 + 0.004 \times 45 + 0.005 \times 30 = 0.61[\mu F]$

잔류전압 $E_n = \dfrac{\sqrt{C_a(C_a - C_b) + C_b(C_b - C_c) + C_c(C_c - C_a)}}{C_a + C_b + C_c} \times \dfrac{V}{\sqrt{3}}$

$= \dfrac{\sqrt{0.6025(0.6025 - 0.61) + 0.61(0.61 - 0.61) + 0.61(0.61 - 0.6025)}}{0.6025 + 0.61 + 0.61} \times \dfrac{154{,}000}{\sqrt{3}}$

$= 365.89$[V]

문제 **13** 산업 21년 출제

배점 : 5점

선간전압 22.9[kV], 작용 정전용량 0.03[μF/km], 주파수 60[Hz], 유전체 역률 0.003인 3심 케이블의 유전체 손실[W/km]을 구하시오.

답안 17.79[W/km]

해설 $W = \omega CV^2 \tan\delta = 2\pi f CV^2 \tan\delta$

$= 2\pi \times 60 \times 0.03 \times 22.9^2 \times 0.003$

$= 17.79$[W/km]

문제 **14** 산업 96년, 97년, 18년, 21년 출제

배점 : 6점

송전계통의 변압기 중성점 접지방식에 대하여 다음 사항에 답하시오.

(1) 중성점 접지방식의 종류를 4가지만 쓰시오.
(2) 우리나라의 154[kV], 345[kV] 송전계통에 적용하는 중성점 접지방식을 쓰시오.
(3) 유효접지란 1선 지락 고장 시 건전상 전압이 상규 대지전압의 몇 배를 넘지 않도록 중성점 임피던스를 조절해서 접지하는지 쓰시오.

답안 (1) • 비접지방식
• 직접 접지방식
• 저항 접지방식
• 소호 리액터 접지방식

(2) 직접 접지방식

(3) 1.3배

문제 **15** 산업 04년, 12년, 19년 출제

배점 : 4점

송전계통의 중성점 접지방식에서 어떻게 접지하는 것을 유효접지(effective grounding)라 하는지를 설명하고, 유효접지의 가장 대표적인 접지방식 한 가지만 쓰시오.

(1) 유효접지
(2) 대표적인 접지방식

답안 (1) 1선 지락사고 시 건전상의 전압상승이 상규 대지전압의 1.3배를 넘지 않도록 접지 임피던스를 조절해서 접지하는 것
(2) 중성점 직접 접지방식

문제 16 산업 09년 출제

배점 : 6점

페란티 현상에 대해서 다음 각 물음에 답하시오.

(1) 페란티 현상이란 무엇인지 쓰시오.
(2) 발생원인은 무엇인지 쓰시오.
(3) 발생 억제 대책에 대하여 쓰시오.

답안 (1) 수전단 전압이 송전단 전압보다 높아지는 현상
(2) 장거리 송전선로에서 무부하 시 흐르는 충전전류에 의해 발생
(3) 분로 리액터를 설치

문제 17 산업 03년, 14년 출제

배점 : 6점

송전선로의 거리가 길어지면서 송전선로의 전압이 대단히 높아지고 있다. 이에 따라 단도체 대신 복도체 또는 다도체 방식이 채용되고 있는데 복도체(또는 다도체) 방식을 단도체 방식과 비교할 때 그 장점과 단점을 쓰시오.

(1) 장점 (4가지)
(2) 단점 (2가지)

답안 (1) • 송전용량 증대
• 코로나 손실 감소
• 안정도 증대
• 선로의 인덕턴스 감소 및 정전용량 증가
(2) • 페란티 효과에 의한 수전단 전압 상승
• 단락 시 대전류 등이 흐를 때 소도체 사이에 흡인력 발생

문제 18 산업 15년 출제

배점 : 5점

지중전선로의 지중함 설치 시 지중함의 시설기준을 3가지만 쓰시오.

답안
- 지중함은 견고하고 차량 기타 중량물의 압력에 견디는 구조일 것
- 지중함은 그 안의 고인 물을 제거할 수 있는 구조로 되어 있을 것
- 폭발성 또는 연소성의 가스가 침입할 우려가 있는 것에 시설하는 지중함으로서 그 크기가 $1[m^3]$ 이상인 것에는 통풍장치 기타 가스를 방산시키기 위한 적당한 장치를 시설할 것
- 지중함의 뚜껑은 시설자 이외의 자가 쉽게 열 수 없도록 시설할 것

문제 19 산업 18년, 21년 출제

배점 : 4점

지중전선로를 시설할 때 다음 각 항의 매설 깊이에 대하여 쓰시오.

(1) 관로식에 의하여 시설하는 경우 최소 매설 깊이(중량물의 압력을 받을 우려가 있는 장소)

(2) 직접 매설식에 의하여 시설하는 경우 최소 매설 깊이(중량물의 압력을 받을 우려가 있는 장소)

답안 (1) 1[m]

(2) 1[m]

문제 20 산업 99년, 00년, 03년, 04년, 05년, 13년 출제

배점 : 6점

지중전선로의 시설에 관한 다음 각 물음에 답하시오.

(1) 지중전선로는 어떤 방식에 의하여 시설하여야 하는지 3가지만 쓰시오.

(2) 특고압용 지중선로에 사용하는 케이블 종류를 2가지만 쓰시오.

답안 (1) 직접 매설식, 관로식, 암거식

(2) 알루미늄피 케이블, 가교 폴리에틸렌 절연 비닐 시스 케이블(CV)

문제 21 산업 91년, 92년, 93년, 94년, 00년, 01년 출제

배점 : 5점

전선의 굵기를 결정할 때 고려하여야 할 주요 요소 3가지를 쓰시오.

답안
- 허용전류
- 전압강하
- 기계적 강도

문제 22 산업 15년, 19년 출제

배점 : 5점

3상 3선식 380[V] 회로에 그림과 같이 부하가 연결되어 있다. 간선의 허용전류를 구하시오. (단, 전동기의 평균역률은 75[%]이다.)

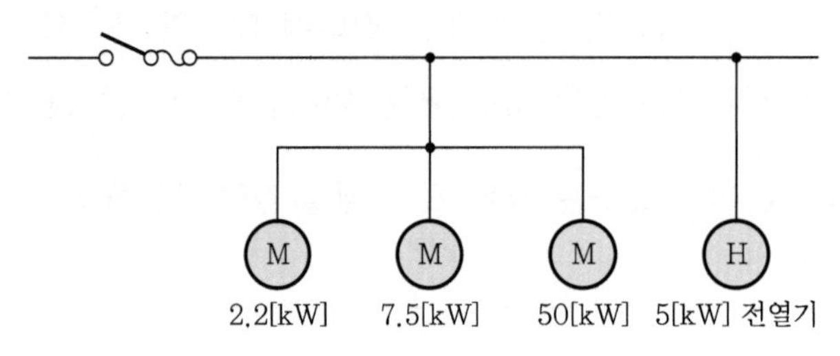

답안 126.74[A]

해설
- 전동기 정격전류의 합 $\Sigma I_M = \dfrac{(2.2+7.5+50)\times 10^3}{\sqrt{3}\times 380\times 0.75} = 120.94[A]$
- 전동기의 유효전류 $I_r = 120.94\times 0.75 = 90.71[A]$
- 전동기의 무효전류 $I_q = 120.94\times \sqrt{1-0.75^2} = 79.99[A]$
- 전열기 정격전류의 합 $I_H = \dfrac{5\times 10^3}{\sqrt{3}\times 380\times 1.0} = 7.6[A]$

따라서, 설계전류 $I_B = \sqrt{(90.71+7.6)^2+79.99^2} = 126.74[A]$

$I_B \le I_n \le I_Z$ 의 조건을 만족하는 간선의 허용전류 $I_Z \ge I_B$(여기서, $I_B = 126.74[A]$)가 되어야 한다.

문제 23 산업 09년 출제

배점 : 5점

정격전류 15[A]인 유도전동기 1대와 정격전류 3[A]인 전열기 4대에 공급하는 저압 옥내 간선을 보호할 과전류차단기의 정격전류 최대값[A]을 구하시오.

답안 57[A]

해설 $I = 3I_M + I_H = 3 \times 15 + 3 \times 4 = 57[\mathrm{A}]$

문제 24 산업 11년 출제

배점 : 5점

다음 [보기]의 수용률이 60[%]일 때 부하에 대한 간선의 허용전류를 결정하시오.

[보기]
- 전동기 : 40[A] 이하 1대, 20[A] 1대
- 히터 : 20[A]

답안 48[A]

해설 $I_0 = (40 + 20 + 20) \times 0.6 = 48[\mathrm{A}]$

문제 25 산업 14년 출제

배점 : 5점

분전반에서 20[m]의 거리에 있는 단상 2선식, 부하전류 5[A]인 부하에 배선설계의 전압강하를 0.5[V] 이하로 하고자 할 경우 필요한 전선의 굵기를 구하시오. (단, 전선의 도체는 구리이다.)

답안 $10[\mathrm{mm}^2]$

해설 전선의 굵기 $A = \dfrac{35.6LI}{1{,}000e} = \dfrac{35.6 \times 20 \times 5}{1{,}000 \times 0.5} = 7.12[\mathrm{mm}^2]$

문제 26 산업 96년, 04년 출제

배점 : 5점

분전반에서 25[m]의 거리에 2[kW]의 교류 단상 200[V] 전열기용 아우트렛(outlet)을 설치하여 전압강하를 2[%] 이내가 되도록 하기 위한 전선의 굵기를 산정하시오. (단, 전선은 450/750[V] 일반용 단심 비닐 절연전선으로 하고, 배선방법은 금속관공사로 한다.)

답안 2.5[mm^2]

해설

$$I=\frac{P}{V}$$

$$=\frac{2\times10^3}{200}=10[A]$$

$$e=200\times0.02=4[V]$$

$$A=\frac{35.6LI}{1{,}000\cdot e}$$

$$=\frac{35.6\times25\times10}{1{,}000\times4}=2.23[mm^2]$$

∴ 공칭 단면적 2.5[mm^2] 선정

문제 27 산업 99년, 03년, 11년, 12년, 17년, 18년 출제

배점 : 5점

분전반에서 25[m]의 거리에 4[kW]의 교류 단상 2선식 200[V] 전열기를 설치하였다. 배선방법은 금속관공사로 하고 전압강하를 1[%] 이하로 하기 위한 전선의 공칭단면적 [mm^2]을 선정하시오. (단, 전선의 공칭단면적은 1.5, 2.5, 4.0, 6.0, 10, 16, 25[mm^2]이다.)

답안 10[mm^2]

해설

$$I=\frac{4\times10^3}{200}=20[A]$$

전선의 굵기 $A=\frac{35.6LI}{1{,}000e}$

$$=\frac{35.6\times25\times20}{1{,}000\times(200\times0.01)}=8.9[mm^2]$$

문제 28 산업 99년, 03년, 12년 출제 | 배점 : 6점 |

분전반에서 30[m]의 거리에 2.5[kW]의 교류 단상 220[V] 전열용 아우트렛을 설치하여 전압강하를 2[%] 이내가 되도록 하고자 한다. 이곳의 배선방법은 금속관공사로 한다고 할 때, 다음 각 물음에 답하시오.

(1) 전선의 굵기를 선정하고자 할 때 고려하여야 할 사항을 3가지만 쓰시오.
(2) 전선은 450/750[V] 일반용 단심 비닐 절연전선을 사용한다고 할 때 전선의 굵기를 계산하고, 규격품의 굵기로 답하시오.

답안 (1) • 허용전류
• 전압강하
• 기계적 강도
(2) $4[\mathrm{mm}^2]$

해설 (2) $I = \dfrac{2.5 \times 10^3}{220} = 11.36[\mathrm{A}]$

전선의 굵기 $A = \dfrac{35.6LI}{1{,}000e}$

$= \dfrac{35.6 \times 30 \times 11.36}{1{,}000 \times (220 \times 0.02)} = 2.76[\mathrm{mm}^2]$

문제 29 산업 96년, 04년, 11년, 17년 출제 | 배점 : 5점 |

분전반에서 30[m]인 거리에 5[kW]의 단상 교류 200[V]의 전열기용 아웃트렛을 설치하여, 그 전압강하를 4[V] 이하가 되도록 하려고 한다. 배선방법을 금속관공사로 한다고 할 때 여기에 필요한 전선의 굵기를 계산하고, 실제 사용되는 전선의 굵기를 정하시오.

답안 $10[\mathrm{mm}^2]$

해설 $A = \dfrac{35.6LI}{1{,}000e}$

$= \dfrac{35.6 \times 30 \times \dfrac{5 \times 10^3}{200}}{1{,}000 \times 4}$

$= 6.68[\mathrm{mm}^2]$

문제 **30** 산업 06년, 11년, 21년 출제

배점 : 5점

그림과 같은 교류 100[V] 단상 2선식 분기회로의 전선 굵기를 결정하되 표준규격으로 결정하시오. (단, 전압강하는 2[V] 이하, 배선은 600[V] 고무 절연전선을 사용하는 애자공사로 한다.)

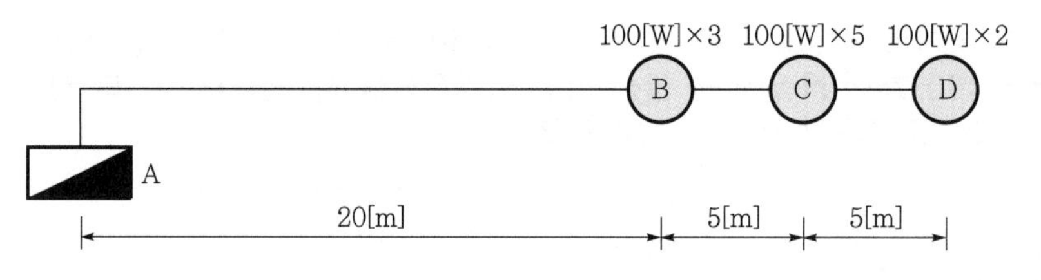

답안 $6[\text{mm}^2]$

해설

부하중심까지의 거리 $L=\dfrac{\Sigma l\times i}{\Sigma i}=\dfrac{20\times\dfrac{100\times3}{100}+25\times\dfrac{100\times5}{100}+30\times\dfrac{100\times2}{100}}{\dfrac{100\times3}{100}+\dfrac{100\times5}{100}+\dfrac{100\times2}{100}}=24.5[\text{m}]$

전부하전류 $I=\Sigma i=\dfrac{100\times3}{100}+\dfrac{100\times5}{100}+\dfrac{100\times2}{100}=10[\text{A}]$

전선의 굵기 $A=\dfrac{35.6LI}{1{,}000e}=\dfrac{35.6\times24.5\times10}{1{,}000\times2}=4.36[\text{mm}^2]$

문제 **31** 산업 85년, 98년, 02년, 11년 출제

배점 : 5점

전원측 전압이 380[V]인 3상 3선식 옥내 배선이 있다. 그림과 같이 250[m] 떨어진 곳에서부터 10[m] 간격으로 용량 5[kVA]의 3상 동력을 5대 설치하려고 한다. 부하 말단까지의 전압강하를 5[%] 이하로 유지하려면 동력선의 굵기를 얼마로 선정하면 좋은지 표에서 산정하시오. (단, 전선으로는 도전율이 97[%]인 비닐 절연 동선을 사용하여 금속관 내에 설치하여 부하 말단까지 동일한 굵기의 전선을 사용한다.)

[도면]

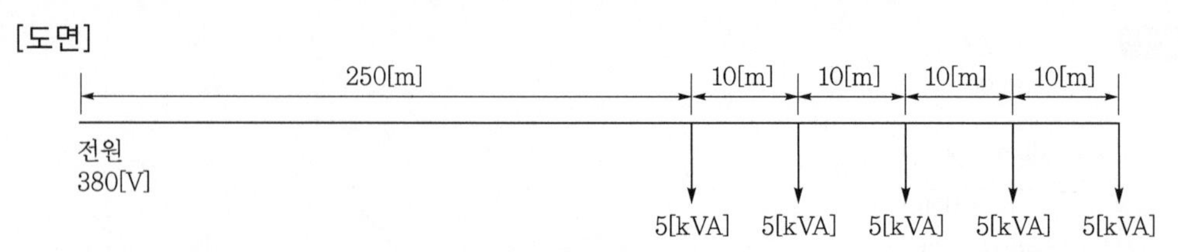

▌표▌전선의 굵기 및 허용전류

전선의 굵기[mm²]	10	16	25	35	50
전선의 허용전류[A]	43	62	82	97	133

답안 $25[mm^2]$

해설 부하의 중심거리 $L = \dfrac{5\times250+5\times260+5\times270+5\times280+5\times290}{5+5+5+5+5} = 270[m]$

전선의 굵기 $A = \dfrac{30.8LI}{1{,}000e}$

$$= \dfrac{30.8\times270\times\dfrac{5\times10^3\times5}{\sqrt{3}\times380}}{1{,}000\times380\times0.05} = 16.62[mm^2]$$이므로

표에 의하여 $25[mm^2]$가 된다.

문제 **32** 산업 13년 출제

배점 : 5점

그림과 같은 분기회로 전선의 단면적을 산출하여 적당한 굵기를 선정하시오. (단, ① 배전방식은 단상 2선식 교류 200[V]로 한다. ② 사용전선은 450/750[V] 일반용 단심 비닐 절연전선이다. ③ 사용전선관은 후강전선관으로 하며, 전압강하는 최원단에서 2[%]로 보고 계산한다.)

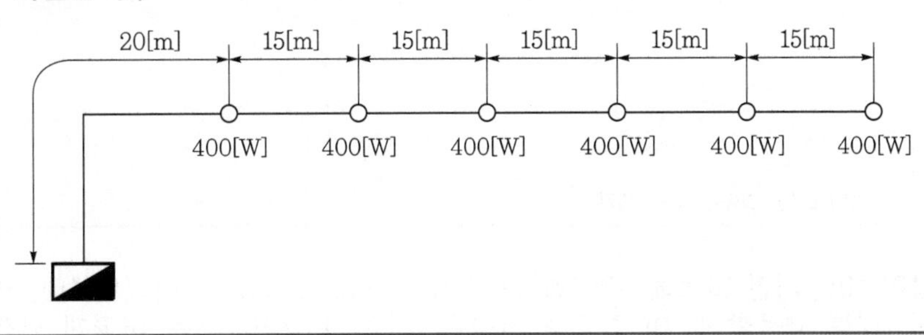

답안 $10[mm^2]$

해설 부하 중심점 $L = \dfrac{2\times20+2\times35+2\times50+2\times65+2\times80+2\times95}{2+2+2+2+2+2} = 57.5[m]$

부하전류 $I = \dfrac{400\times6}{200} = 12[A]$

∴ 전선의 굵기 $A = \dfrac{35.6LI}{1{,}000e}$

$$= \dfrac{35.6\times57.5\times12}{1{,}000\times4} = 6.14[mm^2]$$

그러므로, 공칭단면적 $10[mm^2]$로 결정

문제 33 산업 16년, 19년 출제

배점 : 6점

그림과 같은 분기회로의 전선 굵기를 표준 공칭단면적으로 산정하여 쓰시오. (단, 전압강하는 2[V] 이하이고, 배선방식은 교류 220[V], 단상 2선식이며, 후강전선관공사로 한다.)

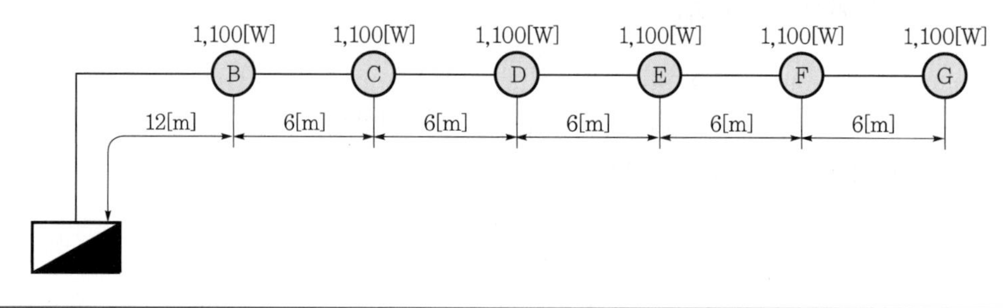

답안 16[mm²]

해설 부하의 중심거리 $L=\dfrac{1{,}100\times(12+18+24+30+36+42)}{1{,}100\times6}=27[\text{m}]$

전선의 굵기 $A=\dfrac{35.6LI}{1{,}000e}=\dfrac{35.6\times27\times\dfrac{1{,}100\times6}{220}}{1{,}000\times2}=14.41[\text{mm}^2]$이므로 $16[\text{mm}^2]$가 된다.

문제 34 산업 91년, 98년, 20년 출제

배점 : 5점

전원전압이 100[V]인 회로에 600[W]의 전기솥 1대, 350[W]의 다리미 1대, 150[W]의 텔레비전 1대를 사용할 때 이 회로에 연결된 10[A]의 고리퓨즈는 어떻게 되겠는지 그 상태와 그 이유를 설명하시오.

(1) 상태
(2) 이유

답안 (1) 부하전류 $I=\dfrac{600+350+150}{100}=11[\text{A}]$

용단되지 않는다.

(2) 4[A] 초과 16[A] 미만의 저압용 범용 퓨즈는 정격전류의 1.5배의 전류에는 용단되어서는 안 된다.

해설 **보호장치의 특성(KEC 212.3.4)**

과전류차단기로 저압 전로에 사용하는 범용의 퓨즈(「전기용품 및 생활용품 안전관리법」에서 규정하는 것을 제외한다)는 다음 표에 적합한 것이어야 한다.

▌표▌ 퓨즈(gG)의 용단특성

정격전류의 구분	시 간	정격전류의 배수	
		불용단전류	용단전류
4[A] 이하	60	1.5	2.1
4[A] 초과 16[A] 미만	60	1.5	1.9
16[A] 이상 63[A] 이하	60	1.25	1.6
63[A] 초과 160[A] 이하	120	1.25	1.6
160[A] 초과 400[A] 이하	180	1.25	1.6
400[A] 초과	240	1.25	1.6

문제 35 산업 95년 출제

배점 : 8점

저압 전로 중에 개폐기를 시설하는 경우에는 부하용량에 적합한 크기의 개폐기를 각 극에 설치하여야 한다. 그러나, 분기회로에서의 일부 분기개폐기는 생략이 가능하다. 아래 도면의 개폐기에서 생략 가능한 부분을 [ ]로 표시하시오.

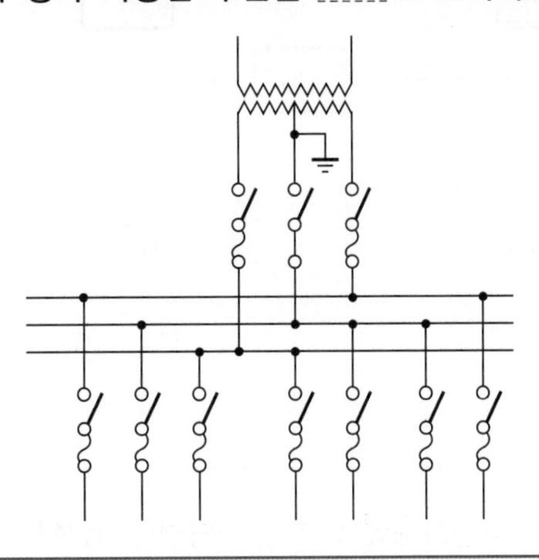

답안

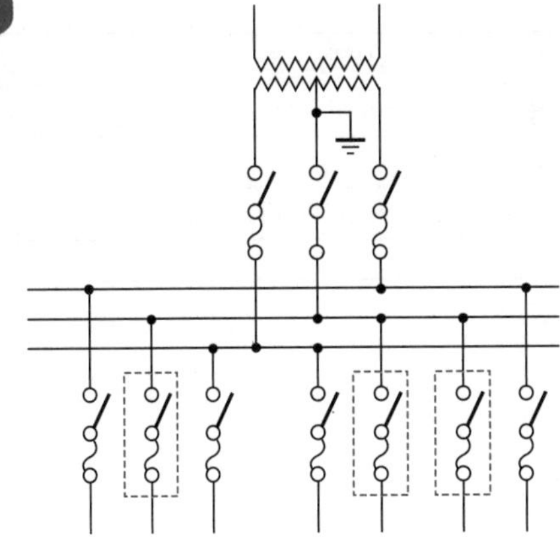

문제 36 산업 97년, 99년 출제

배점 : 7점

전류 제한기는 일반 전기사업자가 공급하는 전기를 사용하는 전기설비에 설치하여 계약 산정 등의 거래에 사용하는 기기로서 복귀조작, 교환, 점검 및 시험이 용이한 장소에 시설한다. 여기에 관련된 다음 그림을 보고 각 물음에 답하시오.

(1) 도면의 적당한 곳에 전류 제한기(CL)를 설치하는 그림을 그리시오.

(2) 도면에서 ELB 와 C 의 명칭은 무엇인가?

답안 (1)

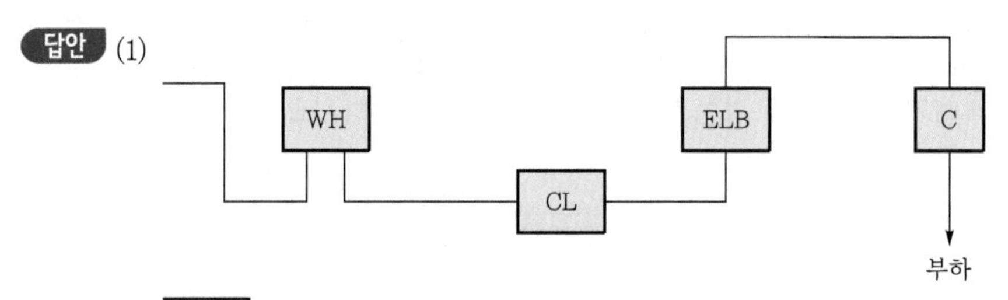

(2) ELB : 누전차단기

C : 인입개폐기

문제 37 산업 22년 출제

배점 : 4점

한국전기설비규정에 따라 사용자재에 의한 공사방법을 배선시스템에 따른 배선공사방법으로 분류한 표이다. 빈칸에 알맞은 내용으로 쓰시오.

종 류	공사방법
전선관시스템	합성수지관공사, 금속관공사, 휨(가요)전선관공사
케이블트렁킹시스템	(①), (②), 금속트렁킹공사
케이블덕팅시스템	플로어덕트공사, 셀룰러덕트공사, 금속덕트공사

답안 ① 합성수지몰드공사
② 금속몰드공사

해설 **배선설비공사의 종류(KEC 232.2)**

종 류	공사방법
전선관시스템	• 합성수지관공사 • 금속관공사 • 휨(가요)전선관공사
케이블트렁킹시스템	• 합성수지몰드공사 • 금속몰드공사 • 금속트렁킹공사[a]
케이블덕팅시스템	• 플로어덕트공사 • 셀룰러덕트공사 • 금속덕트공사[b]
애자공사	애자공사
케이블트레이시스템 (래더, 브래킷 포함)	케이블트레이공사
케이블공사	• 고정하지 않는 방법 • 직접 고정하는 방법 • 지지선 방법

a. 금속본체와 커버가 별도로 구성되어 커버를 개폐할 수 있는 금속덕트공사를 말한다.
b. 본체와 커버 구분 없이 하나로 구성된 금속덕트공사를 말한다.

문제 38 산업 15년 출제

배점 : 4점

옥내 저압배선을 설계하고자 한다. 이 때 시설장소의 조건에 관계없이 한 가지 배선방법으로 배선하고자 할 때 옥내에는 건조한 장소, 습기 진 장소, 노출배선 장소, 은폐배선을 하여야 할 장소, 점검이 불가능한 장소 등으로 되어 있다고 한다면 적용가능한 배선방법은 어떤 방법이 있는지 그 방법을 4가지만 쓰시오.

답안 • 금속관공사
• 합성수지관공사
• 제2종 가요전선관공사
• 제3종 및 제4종 클로로프렌 절연 비닐 시스 케이블공사

문제 39 산업 21년 출제

배점 : 5점

합성수지관공사 시설 장소에 대한 표이다. 다음 표에 시설가능 여부를 "O" "X"를 사용하여 완성하시오.

▌합성수지관공사 시설 장소▐

옥 내						옥측/옥외	
노출 장소		은폐 장소					
		점검 가능		점검 불가능			
건조한 장소	습기가 많은 장소 또는 물기가 있는 장소	건조한 장소	습기가 많은 장소 또는 물기가 있는 장소	건조한 장소	습기가 많은 장소 또는 물기가 있는 장소	우선 내	우선 외
○		○				○	

○ : 시설할 수 있다.
× : 시설할 수 없다.
[비고] 1. 점검 가능 장소(예시 : 건물의 빈 공간 등)
2. 점검 불가능 장소(예시 : 구조체 매입, 케이블채널, 지중 매설, 창틀 및 처마도리 등)

답안

옥 내						옥측/옥외	
노출 장소		은폐 장소					
		점검 가능		점검 불가능			
건조한 장소	습기가 많은 장소 또는 물기가 있는 장소	건조한 장소	습기가 많은 장소 또는 물기가 있는 장소	건조한 장소	습기가 많은 장소 또는 물기가 있는 장소	우선 내	우선 외
○	○	○	○	○	○	○	○

해설 **시설 장소와 배선방법**

배선방법		옥 내						옥측/옥외	
		노출 장소		은폐 장소					
				점검 가능		점검 불가능			
		건조한 장소	습기가 많은 장소 또는 물기가 있는 장소	건조한 장소	습기가 많은 장소 또는 물기가 있는 장소	건조한 장소	습기가 많은 장소 또는 물기가 있는 장소	우선 내	우선 외
애자공사		○	○	○	○	×	×	①	①
금속관공사		○	○	○	○	○	○	○	○
합성수지관공사	합성수지관(CD관 제외)	○	○	○	○	○	○	○	○
	CD관	②	②	②	②	②	②	②	②
가요전선관공사	1종 가요전선관	○	×	○	×	×	×	×	×
	비닐피복 1종 가요전선관	○	○	○	○	×	×	×	×
	2종 가요전선관	○	×	○	×	○	×	○	○
	비닐피복 2종 가요전선관	○	○	○	○	○	○	○	○

배선방법	옥 내						옥측/옥외	
	노출 장소		은폐 장소					
			점검 가능		점검 불가능			
	건조한 장소	습기가 많은 장소 또는 물기가 있는 장소	건조한 장소	습기가 많은 장소 또는 물기가 있는 장소	건조한 장소	습기가 많은 장소 또는 물기가 있는 장소	우선 내	우선 외
금속몰드공사	○	×	○	×	×	×	×	×
합성수지몰드공사	○	×	○	×	×	×	×	×
플로어덕트공사	×	×	×	×	③	×	×	×
셀룰러덕트공사	×	×	○	×	③	×	×	×
금속덕트공사	○	×	○	×	×	×	×	×
라이팅덕트공사	○	×	○	×	×	×	×	×
버스덕트공사	○	×	○	×	×	×	④	④
케이블공사	○	○	○	○	○	○	○	○
케이블트레이공사	○	○	○	○	○	○	○	○

[비고] 기호의 뜻은 다음과 같다. (○ : 시설할 수 있다. × : 시설할 수 없다.)

- CD관 : 내연성이 없는 것을 말한다.

① : 노출장소 및 점검할 수 있는 은폐장소에 한하여 시설할 수 있다.
② : 직접 콘크리트에 매설하는 경우를 제외하고 전용의 불연성 또는 자소성이 있는 난연성의 관 또는 덕트에 넣는 경우에 한하여 시설할 수 있다.
③ : 콘크리트 등의 바닥 내에 한한다.
④ : 옥외용 덕트를 사용하는 경우에 한하여(점검할 수 없는 은폐장소는 제외한다) 시설할 수 있다.

문제 40 산업 11년 출제

배점 : 5점

금속덕트에 넣는 저압 전선의 단면적(전선의 피복 절연물을 포함)은 금속덕트 내부 단면적의 몇 [%] 이하가 되도록 해야 하는가?

답안 20[%]

문제 41 산업 14년 출제

배점 : 4점

금속관 배선의 교류회로에서 1회로의 전선 전부를 동일 관 내에 넣는 것을 원칙으로 하는데 그 이유는 무엇인가?

답안 전자적 불평형을 방지하기 위해

문제 42 산업 09년 출제

배점 : 5점

버스덕트 배선은 옥내의 노출장소 또는 점검 가능한 은폐장소의 건조한 장소에 한하여 시설할 수 있다. 버스덕트의 종류 5가지를 쓰시오.

답안
- 피더 버스덕트
- 익스펜션 버스덕트
- 탭붙이 버스덕트
- 트랜스포지션 버스덕트
- 플러그인 버스덕트

문제 43 산업 11년 출제

배점 : 5점

다음 빈칸에 들어갈 말을 쓰시오.

(1) 풀용 수중조명등에 전기를 공급하기 위해서는 1차측 전로의 사용전압 및 2차측 전로의 사용전압이 각각 (①) 이하 및 (②) 이하인 절연변압기를 사용할 것
(2) 풀용 수중조명등용 절연변압기는 그 2차측 전로의 사용전압이 (③) 이하인 경우에는 1차 권선과 2차 권선 사이에 금속제의 혼촉방지판을 설치할 것
(3) 풀용 수중조명등용 절연변압기의 2차측 전로의 사용전압이 (④)를 초과하는 경우에는 그 전로에 지락이 생겼을 때에 자동적으로 전로를 차단하는 장치를 할 것

답안 (1) ① 400[V]
② 150[V]
(2) ③ 30[V]
(3) ④ 30[V]

문제 44 산업 96년 출제

배점 : 6점

역률 80[%]인 40[W] 형광등 4개, 역률 60[%]인 30[W] 형광등 15개, 역률 100[%]인 200[W] 백열전등 2개를 사용한 분기회로의 입력은 몇 [kVA]인가?

답안 1.24[kVA]

해설
- 40[W] 형광등
  유효전력 $P_1 = 40 \times 4 = 160[W]$
  무효전력 $Q_1 = \frac{40}{0.8} \times 0.6 \times 4 = 120[Var]$
- 30[W] 형광등
  유효전력 $P_2 = 30 \times 15 = 450[W]$
  무효전력 $Q_2 = \frac{30}{0.6} \times 0.8 \times 15 = 600[Var]$
- 200[W] 백열전등
  유효전력 $P_3 = 200 \times 2 = 400[W]$
  무효전력 $Q_3 = 0[Var]$
- 입력
  $P_a = \sqrt{\text{유효 전력}^2 + \text{무효 전력}^2} \times 10^{-3}$
  $= \sqrt{(160+450+400)^2 + (120+600)^2} \times 10^{-3}$
  $= 1.24[kVA]$

문제 45

산업 96년, 99년 출제

배점 : 5점

사용전압이 220[V]인 옥내 배선에서 소비전력 40[W], 역률 60[%]인 형광등 30개와 소비전력 100[W]인 백열등 50개를 설치한다고 할 때 최소 분기회로 수는 몇 회로인가? (단, 15[A] 분기회로로 하며, 수용률은 100[%]로 한다.)

답안 15[A] 분기 2회로

해설
- 유효전력 $P = 40 \times 30 + 100 \times 50 = 6{,}200[W]$
- 무효전력 $Q = \frac{40}{0.6} \times 0.8 \times 30 = 1{,}600[Var]$
- 피상전력 $P_a = \sqrt{6{,}200^2 + 1{,}600^2} = 6{,}403.12[VA]$
- 분기회로 수 $N = \frac{6{,}403.12}{220 \times 15} = 1.94$회로

$\therefore$ 15[A] 분기 2회로

문제 46 산업 95년, 04년, 06년, 14년 출제

배점 : 5점

단상 2선식 220[V] 옥내 배선에서 용량 100[VA], 역률 80[%]의 형광등 50개와 소비전력 60[W]인 백열등 50개를 설치할 때 최소 분기회로 수는 몇 회로인가? (단, 15[A] 분기회로로 하며, 수용률은 80[%]로 한다.)

답안 15[A] 분기 2회로

해설
- 40[W] 형광등
  유효전력 $P_1 = 100 \times 50 \times 0.8 = 4{,}000[\text{W}]$
  무효전력 $Q_1 = 100 \times 50 \times 0.6 = 3{,}000[\text{Var}]$
- 100[W] 백열등
  유효전력 $P_2 = 60 \times 50 = 3{,}000[\text{W}]$
  무효전력 $Q_2 = 0[\text{Var}]$
- 피상 전력
  $$P_a = \sqrt{(P_1 + P_2)^2 + Q_1^2}$$
  $$= \sqrt{(4{,}000 + 3{,}000)^2 + 3{,}000^2}$$
  $$= 7{,}615.77[\text{VA}]$$
- $\text{분기회로} = \dfrac{7{,}615.77 \times 0.8}{220 \times 15}$
  $= 1.85$ 회로

∴ 분기 2회로

문제 47 산업 12년, 14년 출제

배점 : 5점

전등, 콘센트만 사용하는 220[V], 총 부하산정용량 12,000[VA]의 부하가 있다. 이 부하의 분기회로 수를 구하시오. (단, 15[A] 분기회로로 한다.)

답안 15[A] 분기 4회로

해설
$$\text{분기회로 수} = \frac{\text{상정부하설비의 합[VA]}}{\text{전압} \times \text{분기회로전류}}$$
$$= \frac{12{,}000}{220 \times 15}$$
$= 3.64$ 회로

∴ 분기 4회로

문제 48 산업 95년, 11년, 16년, 17년, 18년, 21년 출제

배점 : 5점

단상 2선식 220[V] 배전선로에 소비전력 40[W], 역률 80[%]인 형광등 180개를 16[A] 분기회로로 설치했을 때 최소 분기회로의 회선수를 구하시오. (단, 한 회로의 부하전류는 분기회로의 80[%]로 한다.)

답안 16[A] 분기 4회로

해설

$$\text{최소 회선수 } N = \frac{\frac{40}{0.8} \times 180}{220 \times 16 \times 0.8} = 3.2 \rightarrow 4\text{회로}$$

문제 49 산업 95년, 00년, 11년, 19년 출제

배점 : 5점

단상 2선식 100[V] 옥내 배선에서 소비전력 40[W], 역률 75[%]의 형광등 100등을 설치하고자 한다. 이때의 분기회로를 15[A] 분기회로로 할 때 분기회로 최소수는 몇 회로인가? (단, 1개 회로의 부하전류는 분기회로 용량의 90[%]로 하고 수용률은 100[%]로 한다.)

답안 15[A] 분기 4회로

해설

$$\text{분기회로 수} = \frac{40 \times 100 \times \frac{1}{0.75}}{100 \times 15 \times 0.9} = 3.95\text{회로}$$

문제 50 산업 09년 출제

배점 : 5점

3상 4선식 옥내 배선으로 전등, 동력공용방식에 의하여 전원을 공급하고자 한다. 이 경우 상별 부하전류가 평형으로 유지되도록 용이하게 결선하기 위하여 전압측 전선을 상별로 구분할 수 있도록 색별전선을 사용하거나 색 테이프를 감아 표시하고자 한다. 이 때 각 상 및 중성선의 색별 표시색은 무엇인가?

답안
- L1 : 갈색
- L2 : 흑색
- L3 : 회색
- 중성선(N) : 청색

문제 51 산업 11년 출제

배점 : 4점

동작 시에 아크가 생기는 것은 목재의 벽 또는 천장 기타의 가연성 물체로부터 얼마 이상 떼어놓아야 하는가?

(1) 고압용의 것 : 이상
(2) 특고압용의 것 : 이상

답안 (1) 1[m] 이상
(2) 2[m] 이상

문제 52 산업 19년 출제

배점 : 5점

한국전기설비규정에서 정의하는 전기방식에 대한 설명이다. 다음 ( )에 들어갈 내용을 답란에 쓰시오.

> 전기방식용 전원장치는 (①), (②), (③), (④)로 구성되며, 전기방식회로의 최대 사용전압은 직류 (⑤)[V] 이하이다.

답안 ① 절연변압기
② 정류기
③ 개폐기
④ 과전류차단기
⑤ 60

문제 53 산업 20년 출제

배점 : 4점

관등회로를 배선할 때 전압별 전선과 조영재의 이격거리를 쓰시오. (단, 노출장소이다.)

전압 구분	이격거리
6,000[V] 이하	( )[cm] 이상
6,000[V] 초과 9,000[V] 이하	( )[cm] 이상
9,000[V] 초과	( )[cm] 이상

답안

전압 구분	이격거리
6,000[V] 이하	2[cm] 이상
6,000[V] 초과 9,000[V] 이하	3[cm] 이상
9,000[V] 초과	4[cm] 이상

문제 54 산업 96년, 00년 출제

배점 : 8점

그림은 목조 주택의 평면도이다. 이 그림을 보고 각 물음에 답하시오. (단, 옥내 배선은 비닐 외장 케이블(동선)로 하고 전선의 굵기, 가닥수는 생략한다.)

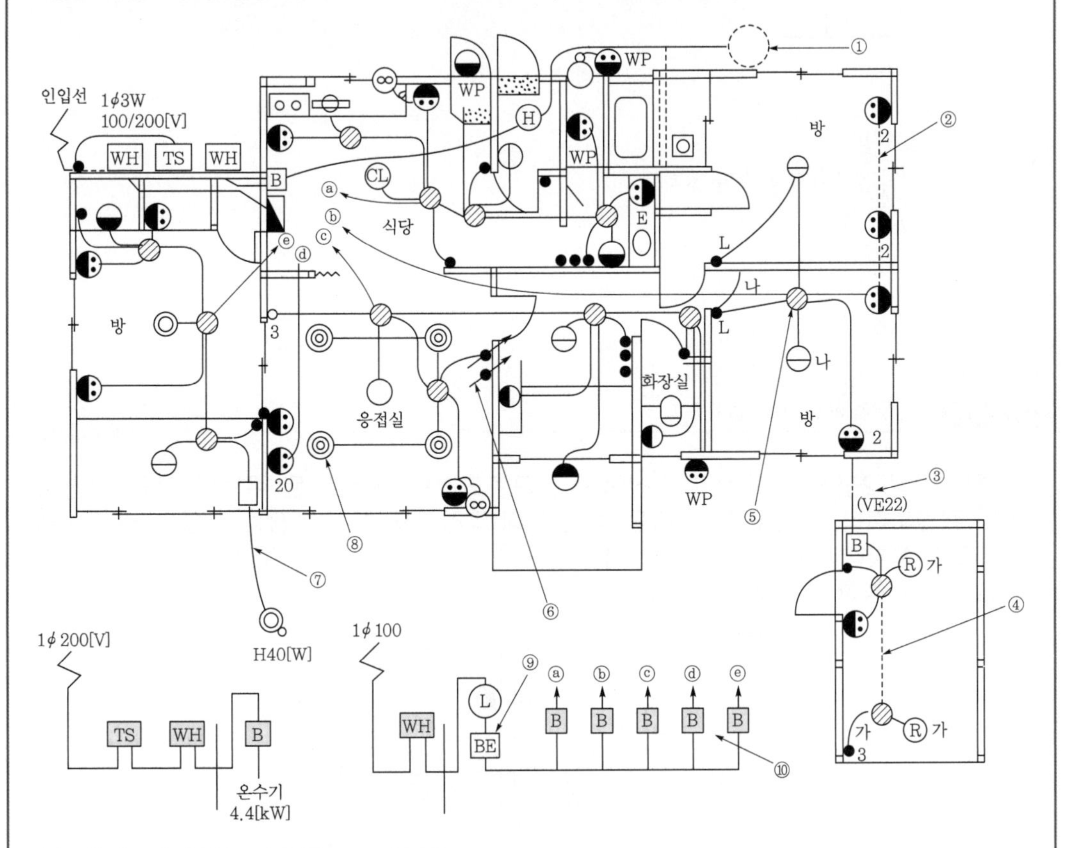

(1) ①에 해당하는 심벌을 그리시오.
(2) ②의 명칭을 쓰시오.
(3) ③의 ( ) 안의 숫자가 의미하는 것은 무엇인지 쓰시오.
(4) ④의 최소 전선 가닥수는 얼마인지 쓰시오.
(5) ⑤의 접속도를 그리시오.
(6) ⑥의 심벌은 무엇을 의미하는지 쓰시오.

(7) ⑦ 부분의 배선을 직접 매설식으로 시설하는 경우의 심벌을 표시하시오.
(8) ⑧의 명칭은 무엇인지 쓰시오.
(9) ⑨의 명칭은 무엇인지 쓰시오.
(10) ⑩의 분기회로 배선용 차단기의 정격전류는 몇 [A]인가?

답안

(1) ⏚
(2) 노출배선
(3) 경질 비닐 전선관 내경 22[mm]
(4) 4가닥
(5)
(6) 조광기
(7) –·–·–·–·–·–
(8) 매입기구
(9) 과전류소자붙이 누전차단기
(10) 20[A]

문제 55 산업 96년, 11년 출제 배점 : 10점

도면은 단상 2선식 100[V]로 수전하는 철근콘크리트 구조로 된 주택의 전등, 콘센트 설비 평면도이다. 도면을 보고 다음 각 물음에 답하시오. (단, 형광등 시설은 원형 노출 콘센트를 설치하여 사용할 수 있게 하고 분기회로 보호는 배선용 차단기를, 간선은 누전 차단기를 사용하는 것으로 한다.)

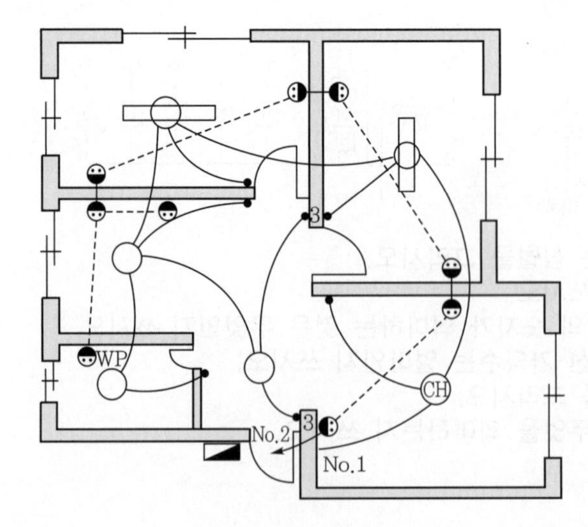

(1) 도면은 실선과 파선으로 배선 표시가 되어 있는데 이들은 무슨 공사를 의미하는가?
(2) 분전반 내의 단선 결선도를 그리시오.
(3) 심벌이 ◐$_3$ 으로 되어 있다. 이 심벌의 의미는 무엇인가?
(4) ◐$_{wp}$ 로 표시된 콘센트의 설치 장소가 화장실인 경우 바닥면상 몇 [cm] 이상으로 설치하여야 하는가?
(5) 도면에 표시된 전기 자재의 명칭과 수량을 기재하시오. (단, 전선, 전선관, 나사못은 제외하고 등기구 속의 등은 등기구에 포함되어 있는 것으로 하여 등은 별도로 기록하지 않도록 한다.)

답안 (1) • 실선 : 천장 은폐 배선
• 파선 : 바닥 은폐 배선

(2)

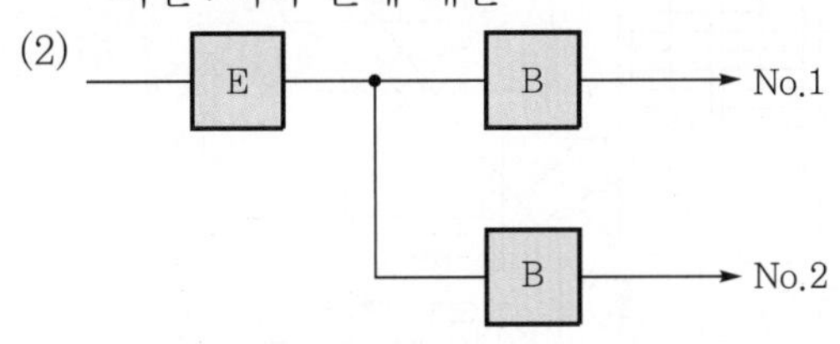

(3) 2구용 콘센트

(4) 80[cm]

(5)

기구명	수 량
매입 콘센트	7
방수형 콘센트	1
원형 노출 콘센트	2
단극 스위치	5
3로 스위치	2
샹들리에	1
형광등	2
백열등	3
박스류	21
분전반	1세트

문제 56 산업 98년, 00년, 03년 출제

배점 : 17점

도면은 어느 사무실의 전등설비 평면도이다. 주어진 [조건]과 도면을 이용하여 다음의 물음에 답하시오.

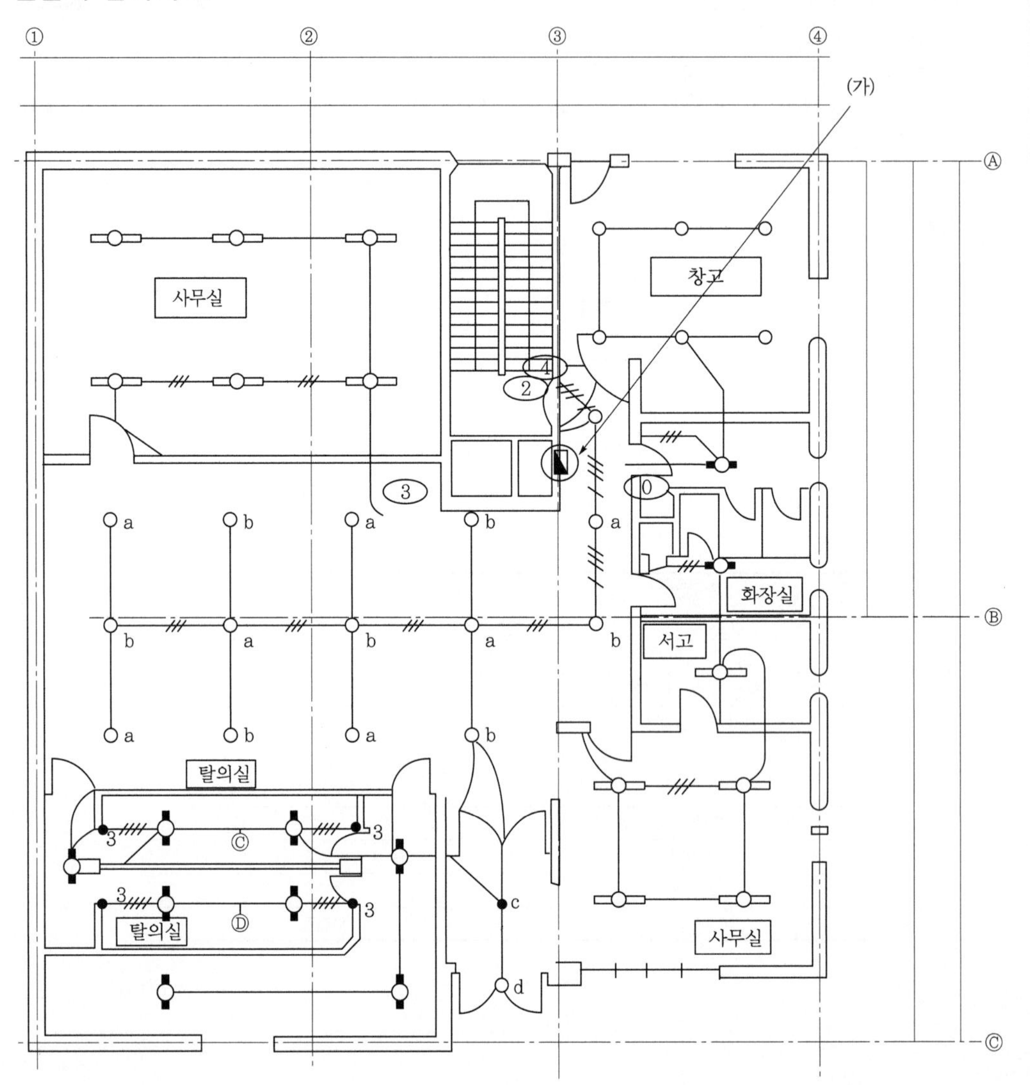

[조건]
- 사무실의 층고는 3[m]이고 이중 천장은 천장면에서 0.5[m]에 설치된다.
- 전선관은 후강전선관이며 천장 슬라브 및 벽체 매입배관으로 한다.
- 창고 부분은 이중 천장이 없다.
- 전등회로의 사용전압은 $1\phi 3W$ 110/220[V]에서 1ϕ 220[V]를 적용한다.
- 콘크리트 BOX는 3방출 이상 4각 BOX를 사용한다.
- 사무실과 창고에 사용하는 형광등은 F40×2이고 기타 장소의 형광등은 F20×2이다.

• 모든 배관배선은 후강전선관과 NR 2.5[m²]를 사용하며 관의 굵기, 배선 가닥수, 배선 굵기는 다음과 같이 표기하도록 한다.

——— 16C(2−2.5[mm²]) ——/// 16C(3−2.5[mm²])

——//// 22C(4−2.5[mm²]) ——/// // 22C(5−2.5[mm²])

——/// /// 22C(6−2.5[mm²]) ——/// /// / 28C(7−2.5[mm²])

(1) 도면에 표시한 Ⓐ, Ⓑ, Ⓒ, Ⓓ의 전선수는 몇 가닥인가?
(2) 백열등을 벽에 붙이는 경우의 그림 기호는 어떻게 표시하는가?
(3) (가)의 명칭은 무엇인가?
(4) 회로 번호 ①에 대한 설계를 하려고 한다. 답안지 표에 대한 물량을 산출하시오.

번 호	구 분	수 량
1	전선관 16[mm]	28개
2	전선 2.0[mm]	84개
3	형광등 40×2	①
4	형광등 20×2	②
5	백열등	③
6	8각 복스	④
7	스위치	⑤
8	3로 스위치	⑥

답안 (1) Ⓐ : 5가닥, Ⓑ : 6가닥, Ⓒ : 5가닥, Ⓓ : 4가닥

(2) ◐

(3) 분전반

(4) ① 5개, ② 2개, ③ 6개, ④ 13개, ⑤ 3개, ⑥ 2개

문제 57 산업 20년 출제

배점 : 10점

도면은 사무실 일부의 조명 및 전열도면이다. 주어진 [조건]을 이용하여 다음 각 물음에 답하시오.

[조건]
• 층고 : 3.6[m], 2중 천장
• 2중 천장과 천장 사이 : 1[m]
• 조명기구 : FL32×2 매입형
• 전선관 : 금속전선관
• 콘크리트 슬라브 및 미장 마감

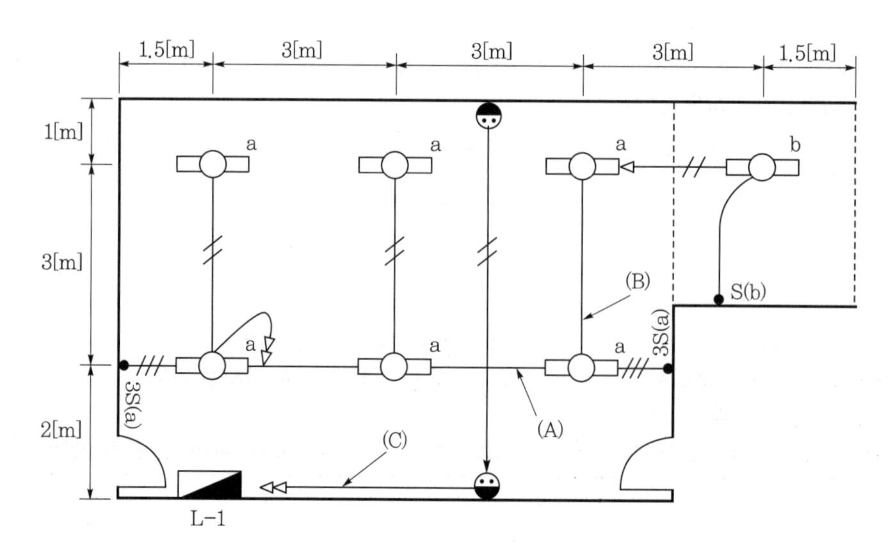

(1) 전등과 전열에 사용할 수 있는 전선의 최소 굵기는 얼마인지 쓰시오. (단, 접지도체는 제외한다.)
- 전등 : $[mm^2]$
- 전열 : $[mm^2]$

(2) (A)과 (B)에 배선되는 전선 수는 최소 몇 가닥이 필요한지 쓰시오. (단, 접지도체는 제외한다.)

(3) (C)에 사용될 전선의 종류와 전선의 최소 굵기 및 최소 가닥수를 쓰시오. (단, 접지도체는 제외한다.)
- 전선의 종류 :
- 전선의 최소 굵기 : $[mm^2]$
- 전선의 최소 가닥수 :

(4) 도면에서 박스(4각 박스 + 8각 박스 + 스위치 박스)는 몇 개가 필요한지 쓰시오. (단, 분전반 제외한다.)

(5) 30AF/20AT에서 AF와 AT의 의미는 무엇인지 쓰시오.
- AF :
- AT :

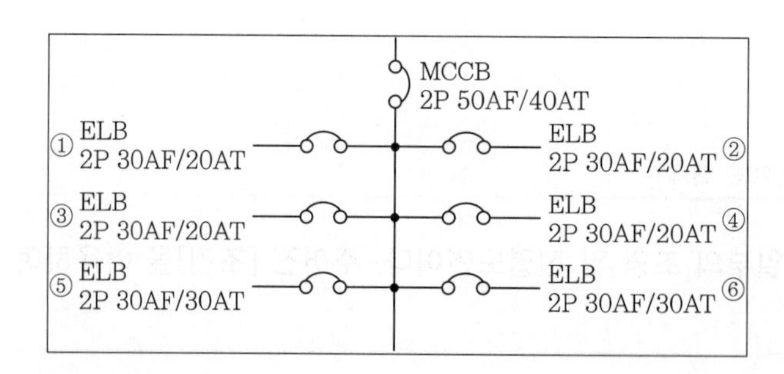

답안 (1) • 전등 : 2.5$[mm^2]$
• 전열 : 2.5$[mm^2]$

(2) (A) 6가닥
(B) 4가닥

(3) • 전선의 종류 : 450/750[V] 일반용 단심 비닐 절연전선
• 전선의 최소 굵기 : 2.5[mm^2]
• 전선의 최소 가닥수 : 4가닥

(4) 12개

(5) • AF : 차단기 프레임 전류
• AT : 차단기 트립 전류

문제 **58** 산업 04년 출제 배점 : 18점

도면은 옥내의 전등 및 콘센트 설비에 대한 평면 배선이다. 주어진 [조건]을 이용하여 각 물음에 답하시오.

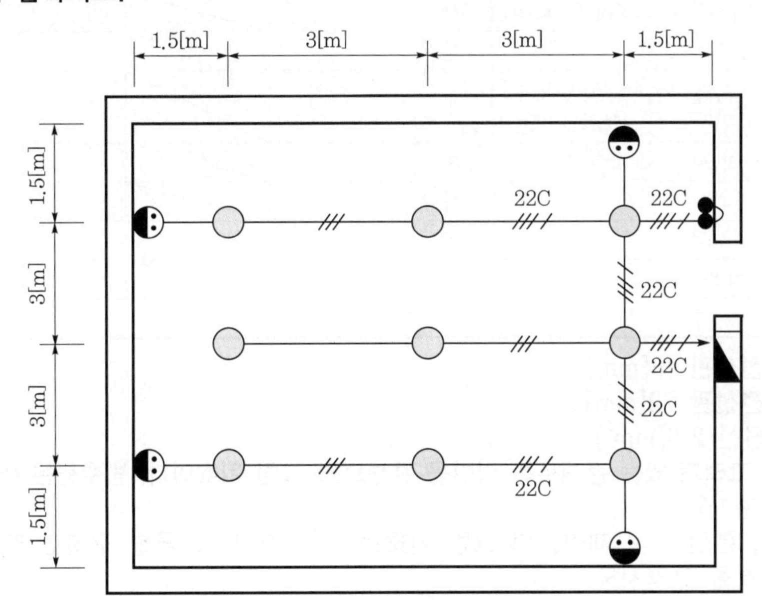

[조건]
• 바닥에서 천장 슬라브까지의 높이는 3[m]이다.
• 전선은 450/750[V] 일반용 단심 비닐 절연전선 2.5[mm^2]를 사용한다.
• 전선관은 후강전선관을 사용하고 도면에 표현이 없는 것은 16[mm]를 사용하는 것으로 한다.
• 4조 이상의 배관과 접속되는 박스는 4각 박스를 사용한다.
• 분전반의 설치 높이는 1.8[m](바닥에서 상단까지)이고, 바닥에서 하단까지는 0.5[m]로 한다.
• 콘센트 설치 높이는 0.3[m](바닥에서 중심까지)로 한다.
• 스위치 설치 높이는 1.2[m](바닥에서 중심까지)로 한다.
• 자재 산출 시 산출수량과 할증수량은 소수점 이하도 모두 기재하고, 자재별 총 수량(산출수량 + 할증수량)을 산정할 때 소수점 이하의 수는 올려서 계산하도록 한다.
• 배관, 배선의 할증은 10[%]로 하고, 배관, 배선 이외의 자재는 할증이 없는 것으로 한다.
• 배관, 배선의 자재산출은 기구 중심에서 중심까지로 하되 벽면에 있는 기구는 그 끝까지(즉, 도면의 치수표시 숫자인 1.5[m]) 산정한다.

- 콘센트용 박스는 4각 박스로 한다.
- 도면에 전선 가닥수의 표식 없는 것은 최소 전선수를 적용하도록 한다.
- 분전반 내부에서의 배선 여유는 전선 1본당 0.5[m]로 한다.
- 천장 슬라브에서 천장 슬라브 내의 배관 및 배선의 설치높이는 자재 산출에 포함시키지 않는다.

(1) 주어진 도면에서 산출할 수 있는 다음 재료표의 빈칸을 채우시오. (단, 전선관 및 절연전선은 산출수량의 근거식을 반드시 쓰도록 한다.)

자재명	규 격	단 위	산출수량	할증수량	총 수량 (산출수량 + 할증수량)
후강전선관	16[mm]	[m]			
후강전선관	22[mm]	[m]			
NR전선	2.5[mm^2]	[m]			
스위치	300[V], 10[A]	개			
스위치 플레이트	2개용	개			
매입 콘센트	300[V], 15[A] 2개용	개			
4각 박스		개			
8각 박스		개			
스위치 박스	2개용	개			
콘센트 플레이트	2구용	개			
이하 생략					

- **후강전선관 16[mm] :**
- **후강전선관 22[mm] :**
- **NR 전선 2.5[mm^2] :**

(2) 도면에 그려져 있는 콘센트는 일반용 콘센트의 그림 기호이다. 방수형은 어떤 문자를 기입하는가?

(3) 배전반, 분전반 및 제어반의 그림 기호는 ▭이며, 종류를 구별할 때 배전반의 그림기호를 그리시오.

답안 (1)

자재명	규 격	단 위	산출수량	할증수량	총 수량 (산출수량 + 할증수량)
후강전선관	16[mm]	[m]	28.8	2.88	32
후강전선관	22[mm]	[m]	18	1.8	20
NR전선	2.5[mm^2]	[m]	140.6	14.06	155
스위치	300[V], 10[A]	개			2
스위치 플레이트	2개용	개			1
매입 콘센트	300[V], 15[A] 2개용	개			4
4각 박스		개			6
8각 박스		개			7
스위치 박스	2개용	개			1
콘센트 플레이트	2구용	개			4
이하 생략					

- 후강전선관 16[mm] : $1.5\times4+3\times4+2.7\times4=28.8$[m]
- 후강전선관 22[mm] : $1.5\times2+3\times4+1.2+1.8=18$[m]
- NR전선 2.5[mm^2] : $1.5\times16+3\times27+1.8\times4+1.2\times4+0.5\times4+2.7\times8=140.6$[m]

(2) wp

(3) ⊠

문제 59 산업 21년 출제

배점 : 5점

전열기를 사용하여 5[℃]의 순수한 물 15[l]를 60[℃]로 상승시키는 데 1시간이 소요되었다. 이때 필요한 전열기의 용량[kW]을 구하시오. (단, 전열기의 효율은 76[%]로 한다.)

답안 1.26[kW]

해설

$$P=\frac{mCT}{860\cdot t\cdot\eta}\text{[kW]}$$

m : 질량[kg], C : 비열[kcal/kg·C], T : 온도차[℃]

t : 시간[hour], η : 전압기의 효율[%]

$$P=\frac{mC(T_2-T_1)}{860\eta t}=\frac{15\times1\times(60-5)}{860\times0.76\times1}=1.26\text{[kW]}$$

문제 60 산업 02년 출제

배점 : 8점

LPG를 주유하는 주유소의 전기설비에 대한 전기설계를 하고자 한다. 다음 사항에 답하시오.

(1) 재해방지를 위해 이와 같은 곳의 전기설비는 어떤 설비로 설계되어야 하는가?
(2) 동력전원 공급배관은 노출공사나, 배관으로 인한 가스 유입을 막기 위해 어떤 구조 배관 부속품을 사용하여야 하는가?
(3) 전기기기류는 어떤 구조를 선택하여야 하는가?
(4) 정전기에 의한 피해를 막기 위해 어떤 공사를 하여야 하는가?

답안 (1) 방폭 전기설비

(2) 내압방폭구조

(3) 내압방폭구조, 압력방폭구조, 유입방폭구조

(4) 제전기 설치 및 접지공사

문제 61 산업 09년 출제

배점 : 5점

가스 또는 분진폭발위험장소에서 전기기계 및 기구를 사용하는 경우에는 그 증기 및 가스 또는 분진에 대하여 적합한 방폭 성능을 가진 방폭구조 전기기계 및 기구를 선정하여야 한다. 주어진 예를 참조하여 다음 각 방폭구조에 대하여 설명하시오.

[예]
내압방폭구조 : 전폐 구조로 용기 내부에서 폭발이 생겨도 용기가 압력에 견디고 외부의 폭발성 가스에 인화될 우려가 없는 구조

(1) 압력방폭구조
(2) 유입방폭구조
(3) 안전증방폭구조
(4) 본질안전방폭구조

답안 (1) 용기 내부에 보호가스(신선한 공기 또는 불연성 가스)를 압입하여 내부 압력을 유지함으로써 폭발성 가스 또는 증기가 용기 내부로 유입되지 않도록 된 구조를 말한다.
(2) 전기불꽃, 아크 또는 고온이 발생하는 부분을 기름 속에 넣고, 기름면 위에 존재하는 폭발성 가스 또는 증기에 인화되지 않도록 한 구조를 말한다.
(3) 정상운전 중에 폭발성 가스 또는 증기에 점화원이 될 전기불꽃, 아크 또는 고온 부분 등의 발생을 방지하기 위하여 기계적, 전기적 구조상 또는 온도상승에 대해서 특히 안전도를 증가시킨 구조를 말한다.
(4) 정상 시 및 사고 시(단선, 단락, 지락 등)에 발생하는 전기불꽃, 아크 또는 고온에 의하여 폭발성 가스 또는 증기에 점화되지 않는 것이 점화시험, 기타에 의하여 확인된 구조를 말한다.

04 CHAPTER 시험 및 측정

▌전기 계기의 동작 원리▐

종 류	기 호	사용 회로	주요 용도	동작 원리의 개요
가동 코일형		직류	전압계 전류계 저항계	영구자석에 의한 자계와 가동 코일에 흐르는 전류와의 사이에 전자력을 이용한다.
가동 철편형		교류 (직류)	전압계 전류계	고정 코일 속의 고정 철편과 가동 철편과의 사이에 움직이는 전자력을 이용한다.
전류력계형		교류 직류	전압계 전류계 전력계	고정 코일과 가동 코일에 전류를 흘려 양 코일 사이에 움직이는 전자력을 이용한다.
정류형		교류	전압계 전류계 저항계	교류를 정류기로 직류로 변환하여 가동 코일형 계기로 측정한다.
열전형		교류 직류	전압계 전류계 전력계	열선과 열전대의 접점에 생긴 열기전력을 가동 코일형 계기로 측정한다.
정전형		교류 직류	전압계 저항계	2개의 전극 간에 작용 정전력을 이용한다.
유도형		교류	전압계 전류계 전력량계	고정 코일의 교번 자계로 가동부에 와전류를 발생시켜 이것과 전계와의 사이의 전자력을 이용한다.
진동편형		교류	주파수계 회전계	진동편의 기계적 공진 작용을 이용한다.

1 전기 계기의 구비조건

① 확도가 높고 오차가 적을 것
② 눈금이 균등하든가 대수눈금일 것
③ 응답도가 좋을 것
④ 튼튼하고 취급이 편리할 것
⑤ 절연 및 내구력이 높을 것

2 구성요소

① **구동장치** : 가동 코일형, 가동 철편형, 전류력계형, 열전형, 유도형, 정전형, 진동편형
② **제어장치** : 스프링 제어, 중력 제어, 전자 제어
③ **제동장치** : 공기 제동, 와류 제동, 액체 제동

3 선로 고장 지점의 측정 : 머레이 루프법

그림은 머레이 루프법(Murray's loop method)을 표시한 것인데, 여기서 선로 c, d상의 g지점이 접지되었을 경우 g점까지의 거리를 찾기 위해서 선 c, d와 길이가 같고 저항이 같은 선 a, b를 b, d점에서 단락하고, a, c점을 휘트스톤 브리지에 접속하고 Q를 가감하여 평형점을 구한다. 이때 a, b, d, c선 전체의 저항을 R_0이라 하고, c, g 사이의 저항을 x라 하면,

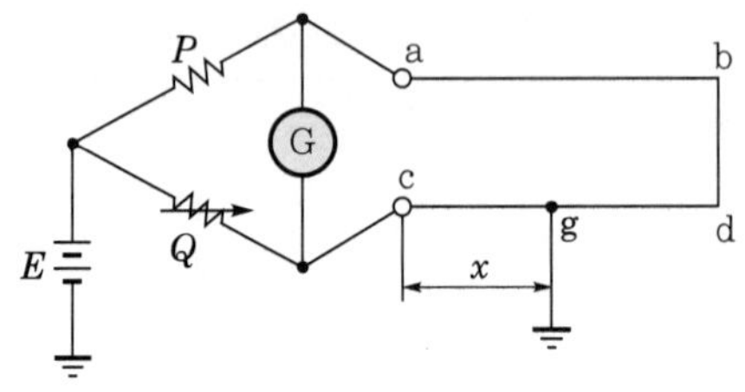

$Px = (R_0 - x)Q$

$\therefore \dfrac{x}{R_0} = \dfrac{Q}{P+Q}$, $\therefore x = \dfrac{Q}{P+Q} \cdot 2l$로 된다.

따라서 접지점까지의 거리를 구할 수 있다.

4 전력의 측정

(1) 전류계 및 전압계에 의한 측정

①

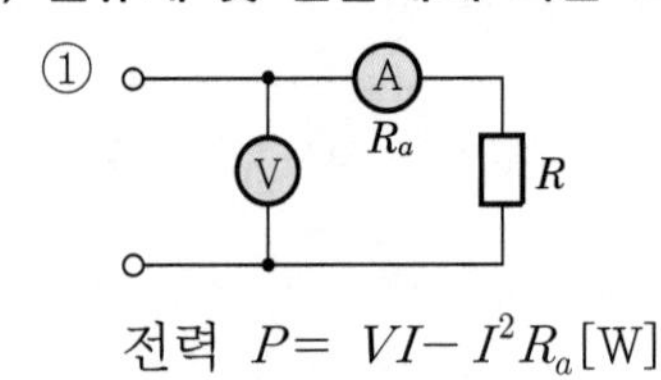

여기서, R : 부하저항
R_a : 전류계 내부저항

전력 $P = VI - I^2R_a$[W]

②

여기서, R : 부하저항
R_v : 전압계 내부저항

전력 $P = VI - \dfrac{V^2}{R_v} = V\left(1 - \dfrac{V}{R_v}\right)$

(2) 3전류계법에 의한 측정

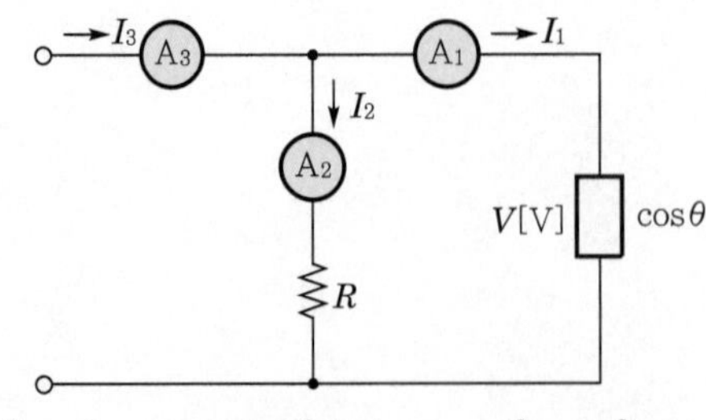

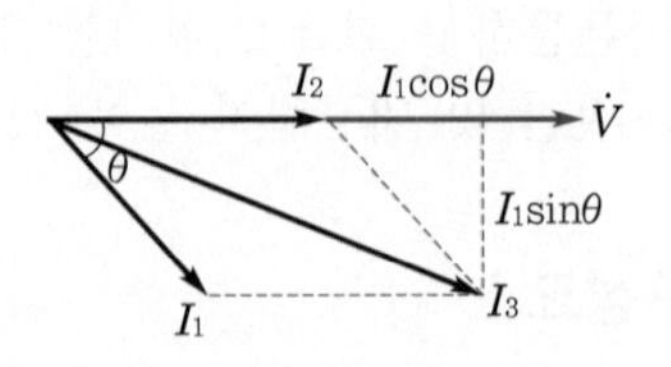

$I_3^{\ 2} = (I_2 + I_1\cos\theta)^2 + (I_1\sin\theta)^2 = I_1^{\ 2} + I_2^{\ 2} + 2I_1I_2\cos\theta$

$\therefore \cos\theta = \dfrac{I_3^{\ 2} - I_1^{\ 2} - I_2^{\ 2}}{2I_1I_2}$, $V = I_2R$

전력 $P = VI_1\cos\theta = I_2R \cdot I_1 \cdot \dfrac{I_3^{\,2} - I_1^{\,2} - I_2^{\,2}}{2I_1I_2} = \dfrac{R}{2}(I_3^{\,2} - I_1^{\,2} - I_2^{\,2})$[W]

(3) 3전압계법에 의한 측정

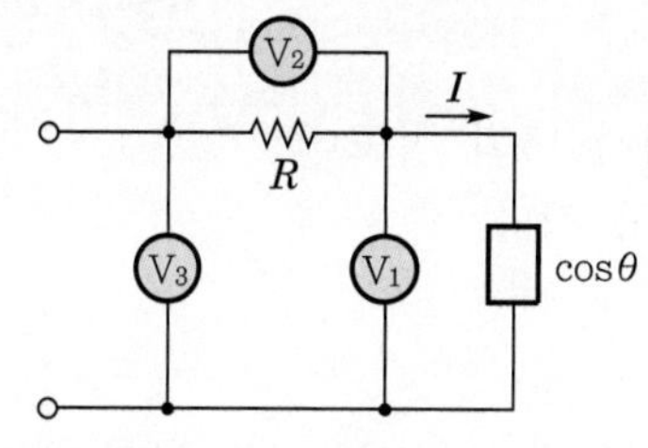

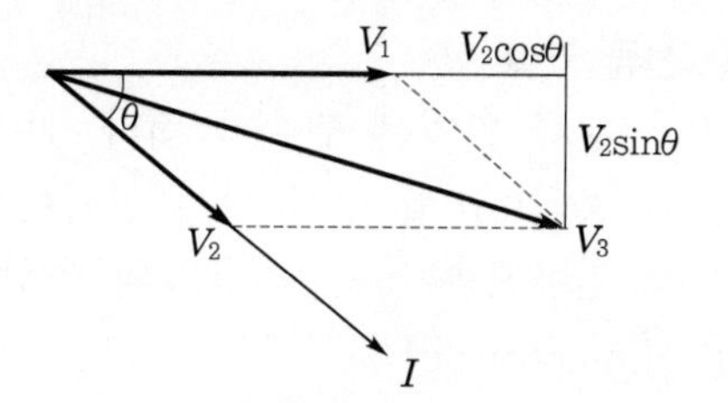

$V_2 = IR$

$V_3^{\,2} = (V_1 + V_2\cos\theta)^2 + (V_2\sin\theta)^2 = V_1^{\,2} + V_2^{\,2} + 2V_1V_2\cos\theta$

$\therefore\ \cos\theta = \dfrac{V_3^{\,2} - V_1^{\,2} - V_2^{\,2}}{2V_1V_2}$

전력 $P = V_1I\cos\theta = V_1 \cdot \dfrac{V_2}{R} \cdot \dfrac{V_3^{\,2} - V_1^{\,2} - V_2^{\,2}}{2V_1V_2} = \dfrac{1}{2R}(V_3^{\,2} - V_1^{\,2} - V_2^{\,2})$[W]

5 전력량계

(1) 전력량계 원리

- 원판의 구동은 원판을 통과하는 이동자계와 와류의 상호 작용에 의한다.
- 원판은 이동자계의 방향으로 회전한다.
- 원판의 제동은 영구자석에 의한다.
- 원판이 일정한 회전을 하려면 구동 토크와 제어 토크는 같아야 한다.

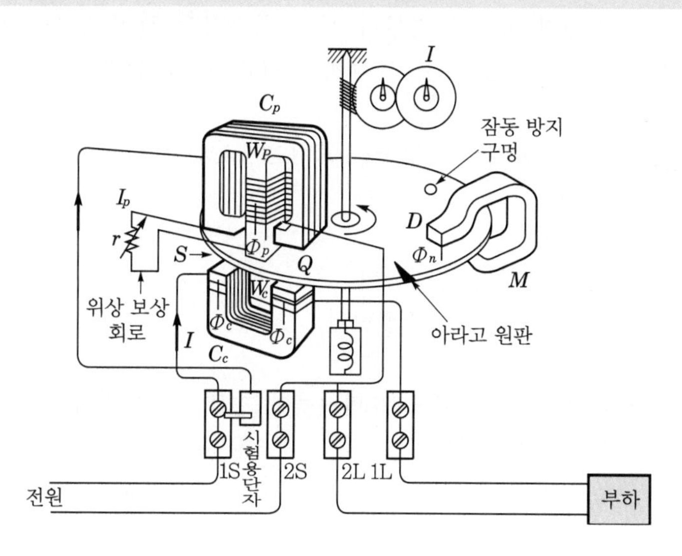

① 전압 코일

㉠ 전압 코일은 권수가 많다. (110[V]급 5,000회 정도)

㉡ 공극(air gap)이 적어서 인덕턴스가 대단히 크다.

㉢ 전압자속 ϕ_p는 전압 E보다 90° 가까이 늦다.

② 전류 코일

㉠ 전류 코일은 권수가 적다. (10[A]급에서 15회 정도)

㉡ 공극(air gap)이 커서 인덕턴스가 극히 적다.

㉢ 전류자속 ϕ_c는 전류 I와 동상이다.

③ 잠동(creeping)

㉠ 무부하 상태에서 정격주파수 및 정격전압의 110[%]를 인가하여 계기의 원판이 1회전 이상하는 것이다.

㉡ 원인

- 경부하 조정이 과도한 경우
- 전원전압이 높은 경우

㉢ 방지 장치

- 원판상에 작은 구멍을 뚫어 놓는다.
- 원판측에 소철편을 붙인다.

④ 위상 조정장치

㉠ 전압자속 ϕ_p의 위상을 전압 E보다 90° 정확히 늦도록 하기 위한 것이다.

㉡ shading coil을 전압 철심에 감고 가감 저항을 직렬로 연결하여 조정한다.

⑤ 제어 자석

㉠ 원판의 회전 속도에 비례하는 토크를 발생한다.

㉡ 구동 토크 = 제어 토크

⑥ 경부하 조정장치

㉠ 계기의 기계적 마찰로 경부하 시에 회전력이 적어 오차가 많이 발생한다.

㉡ 방지 : 원판과 전압 코일 사이에 단락환 Q를 원판 회전 방향 쪽에 약간 옆으로 놓는다.

㉢ 효과 : 5[%] 부하에서 조정하는 효과는 10[%] 부하에서 조정하는 효과보다 2배 크다.

⑦ 중부하 조정장치

㉠ 중부하 시에 오차가 발생한다.

㉡ 제어자속 M의 위치를 조절한다.

⑧ 계량장치

㉠ 전력량을 계량할 수 있도록 회전축에 여러 개의 치차를 조합한 장치이다.

㉡ 지침형과 숫자형이 있다.

(2) 전력량 측정

① 단상 전력계

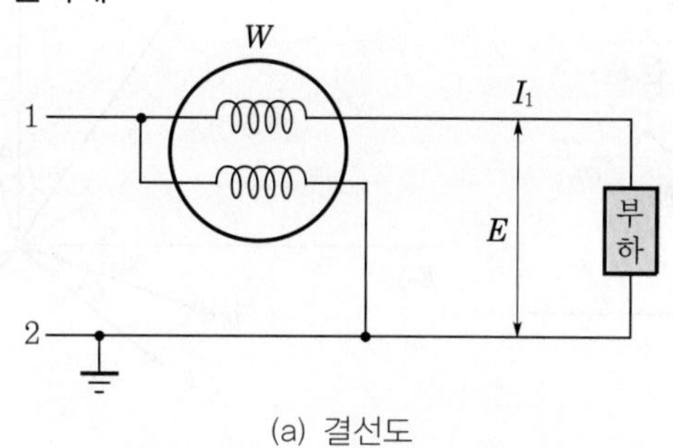

(a) 결선도

E θ β I ϕ_p

(b) Vector도

▌단상 전력계 결선도▐

㉠ 원판에 생기는 구동 토크(T_D)

$$\begin{aligned} T_D &= K_1 \phi_p \phi_c \sin\beta \\ &= K_1 \phi_p \phi_c \sin(90° - \theta) \\ &= K_2 EI \sin(90° - \theta) \\ &= K_2 EI \cos\theta \end{aligned}$$

즉, T_D는 부하전력에 비례한다.

㉡ 원판의 회전 속도에 비례하는 제어 토크(T_C)

$$T_C = K_3 \phi_m^2 n$$

㉢ 토크 평형

원판이 일정한 속도로 회전하기 위해서는 구동 토크와 제어 토크는 같아야 한다.

$$T_D = T_C$$

$$K_2 EI \cos\theta = K_3 \phi_m^2 n$$

$$\therefore\ n = \frac{K_2 EI \cos\theta}{K_3 \phi_m^2} = KEI\cos\theta$$

원판의 회전 속도 $n = KEI\cos\theta = \text{kW[kWh]}$

② 3상 3선식 전력량계

$$\begin{aligned} W &= W_1 + W_2 \\ &= E_{12} I_1 \cos(30° + \theta) + E_{32} I_3 (\cos 30° - \theta) \\ &= VI[\cos(30° + \theta) + \cos(30° - \theta)] \\ &= VI\left[\frac{\sqrt{3}}{2}\cos\theta - \frac{1}{2}\sin\theta + \frac{\sqrt{3}}{2}\cos\theta + \frac{1}{2}\sin\theta\right] \end{aligned}$$

$$W = \sqrt{3}\, VI\cos\theta$$

즉, 2개의 전력계 $W_1 + W_2$의 합이 3상 전력이 된다.

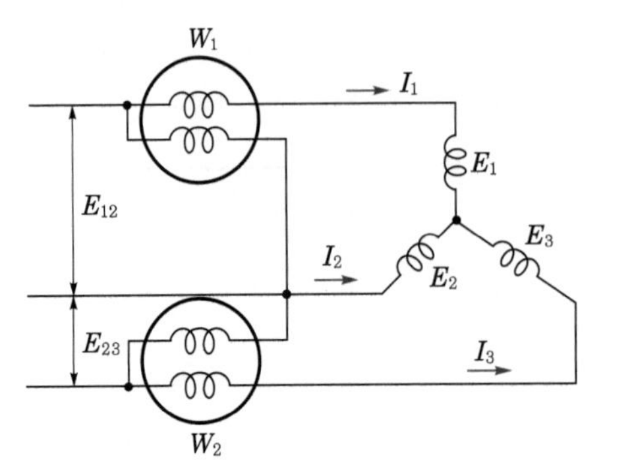

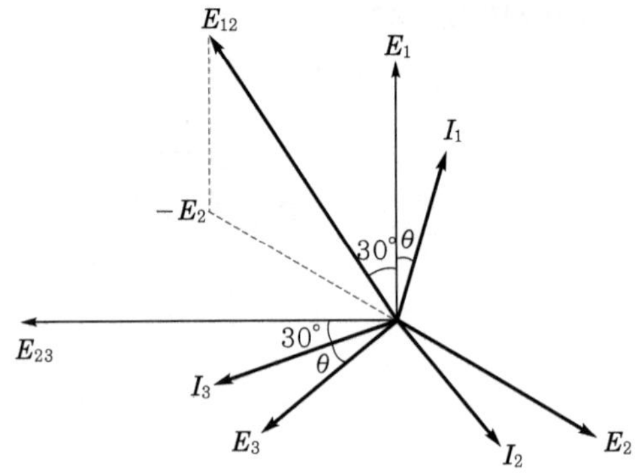

③ 계기정수

㉠ 계기정수의 표시방법

- Rev/kWh
- Wh/Rev
- Rev/min at FL
- Rev/Puls

㉡ 계기정수의 환산법

- $[\text{Rev/kWh}]=\dfrac{1,000}{[\text{Wh/Rev}]}$
- $[\text{Wh/Rev}]=\dfrac{1,000}{[\text{Rev/kWh}]}$
- $[\text{Rev/kWh}]=\dfrac{1,000\times60\times[\text{R.P.M at FL}]}{\text{계기용량[또는 지정전력]}}$

㉢ 변성기 1차측으로 환산한 계기정수

- [Rev/kWh]÷변성비
- [kW/Rev]×변성비

㉣ 계기승률

승률 = K × C.T비 × P.T비

$K(\text{상수})=\dfrac{\text{치차비}}{\text{계기정수}\times\text{최소 지시치}}$

6 계기 오차

(1) **오차** $= M - T$

$$\text{오차율 } \%\varepsilon=\frac{M-T}{T}\times100$$

여기서, M : 계기의 측정값, T : 참값

(2) 보정률

$$\%\delta = \frac{T-M}{M} \times 100$$

(3) 오차

- 계통적 오차
  - ① 이론적 오차
  - ② 기기적 오차
  - ③ 개인적 오차
- 우발적 오차
  - ① 과실적 오차
  - ② 우발적 오차

개념 문제 01 기사 15년 출제 | 배점 : 4점 |

측정범위 1[mA], 내부저항 20[kΩ]의 전류계에 분류기를 붙여서 5[mA]까지 측정하고자 한다. 몇 [Ω]의 분류기를 사용하여야 하는지 계산하시오.

답안 5,000[Ω]

해설 $R_s = \dfrac{r_a}{m-1} = \dfrac{20}{\dfrac{5}{1}-1} = 5{,}000\,[\Omega]$

개념 문제 02 기사 97년, 00년 / 산업 95년, 97년, 00년 출제 | 배점 : 5점 |

50[mm^2](0.3195[Ω/km]), 전체의 길이가 3.6[km]인 3심 전력 케이블의 어떤 중간지점에서 1선 지락사고가 발생하여 전기적 사고점 탐지법의 하나인 머레이 루프법으로 측정한 결과 그림과 같은 상태에서 평형이 되었다고 한다. 측정점에서 사고지점까지의 거리를 구하시오.

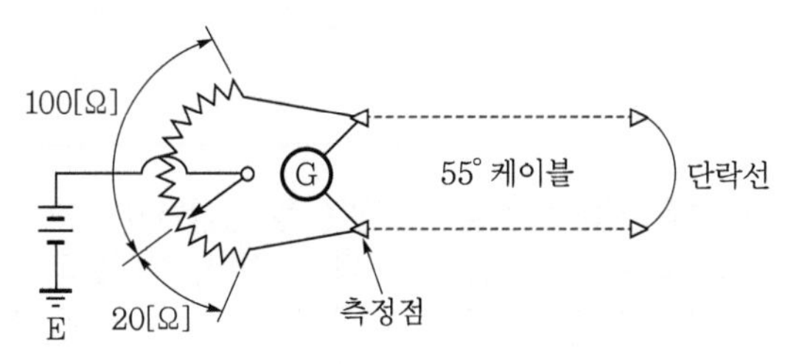

답안 1.2[km]

해설 고장점까지의 거리를 x, 전체의 길이를 L[km]라 하고 휘트스톤 브리지의 원리를 이용하면

$20 \times (2L - x) = 100 \times x$

$\therefore\ x = \dfrac{40L}{120} = \dfrac{40 \times 3.6}{120} = 1.2\,[\text{km}]$

개념 문제 03 기사 99년, 02년, 03년 출제 | 배점 : 8점 |

그림은 최대사용전압 6,900[V] 변압기의 절연내력을 시험하기 위한 회로도이다. 그림을 보고 다음 각 물음에 답하시오. (단, 시험전압은 10,350[V]이다.)

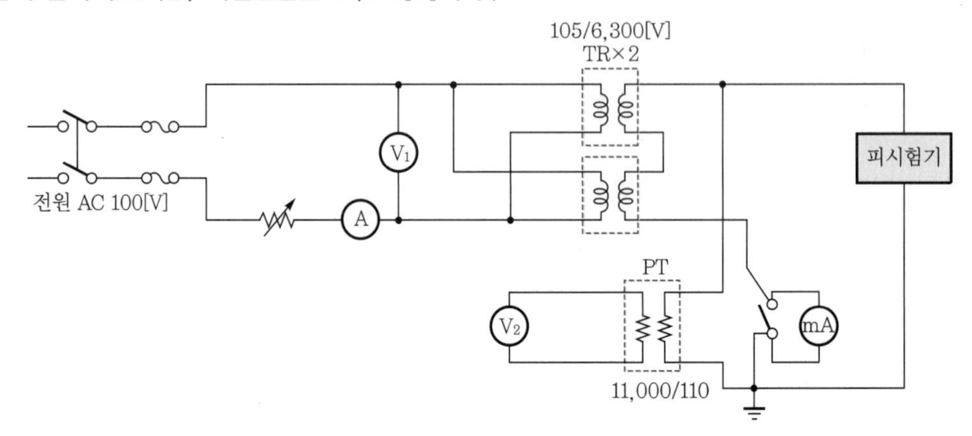

(1) 시험 시 전압계 V_1으로 측정되는 전압은 몇 [V]인가?
(2) 시험 시 전압계 V_2로 측정되는 전압은 몇 [V]인가?
(3) PT의 설치 목적은 무엇인가?
(4) 전류계[mA]의 설치 목적은 어떤 전류를 측정하기 위함인가?

답안 (1) 86[V]
(2) 103.5[V]
(3) 피시험기기의 절연내력시험전압의 측정
(4) 누설전류의 측정

해설 (1) $V_1 = 10{,}350 \times \frac{1}{2} \times \frac{105}{6{,}300} = 86[V]$

(2) $V_2 = 10{,}350 \times \frac{110}{11{,}000} = 103.5[V]$

개념 문제 04 산업 12년 출제 | 배점 : 5점 |

고압회로 케이블의 지락보호를 위하여 검출기로 관통형 영상변류기를 설치하고 원칙적으로는 케이블 1회선에 대하여 실드 접지의 접지점은 1개소로 한다. 그러나, 케이블의 길이가 길게 되어 케이블 양단에 실드 접지를 하게 되는 경우 양 끝의 접지는 다른 접지선과 접속하면 안 된다. 그 이유는 무엇인가?

답안 지락사고 시 지락전류의 일부분이 다른 접지선의 접지점을 통하여 흐르게 된다.
그 결과 지락전류의 검출이 제대로 되지 않아 지락 계전기가 동작하지 않을 수 있기 때문이다.

개념 문제 05 기사 95년, 99년, 20년 출제

| 배점 : 9점 |

그림과 같은 평형 3상 회로를 운전하는 유도전동기가 있다. 이 회로에 그림과 같이 2개의 전력계 W_1, W_2, 전압계 Ⓥ, 전류계 Ⓐ를 접속한 후 지시값은 $W_1 = 6.4$[kW], $W_2 = 2.5$[kW], $V = 200$[V], $I = 30$[A]이었다. 다음 물음에 답하시오.

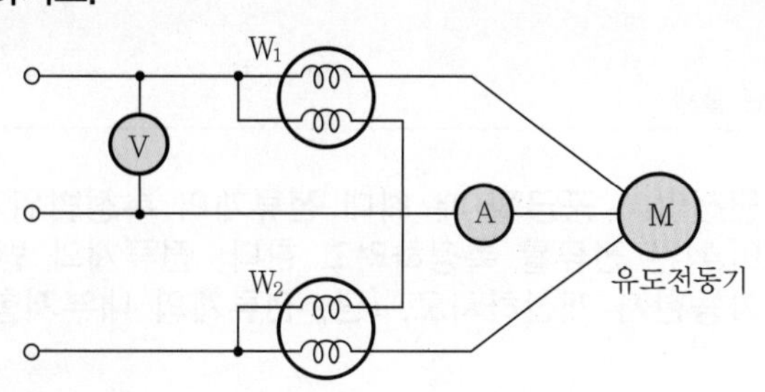

(1) 이 유도전동기의 역률은 몇 [%]인가?

(2) 역률을 90[%]로 개선시키려면 콘덴서는 몇 [kVA]가 필요한가?

(3) 이 전동기로 만일 매분 20[m]의 속도로 물체를 권상한다면 몇 [ton]까지 가능한가? (단, 종합 효율은 80[%]로 한다.)

답안 (1) 85.64[%]

(2) 1.2[kVA]

(3) 2.18[ton]

해설 (1) $\cos\theta = \dfrac{6.4+2.5}{\sqrt{3}\times 200\times 30\times 10^{-3}}\times 100 = 85.64[\%]$

(2) $Q = (6.4+2.5)(\tan\cos^{-1}0.85 - \tan\cos^{-1}0.9) = 1.2[\text{kVA}]$

(3) 권상기 $P = \dfrac{WV}{6.12\eta}[\text{kW}]$에서 권상하중 $W = \dfrac{6.12\times 8.9\times 0.8}{20} = 2.18[\text{ton}]$

1990년~최근 출제된 기출문제

CHAPTER 04

시험 및 측정

단원 빈출문제

문제 01 산업 14년 출제

배점 : 5점

다음 회로에서 전원전압이 공급될 때 최대 전류계의 측정범위가 500[A]인 전류계로 전 전류값이 1,500[A]인 전류를 측정하려고 한다. 전류계와 병렬로 몇 [Ω]의 저항을 연결하면 측정이 가능한지 계산하시오. (단, 전류계의 내부저항은 100[Ω]이다.)

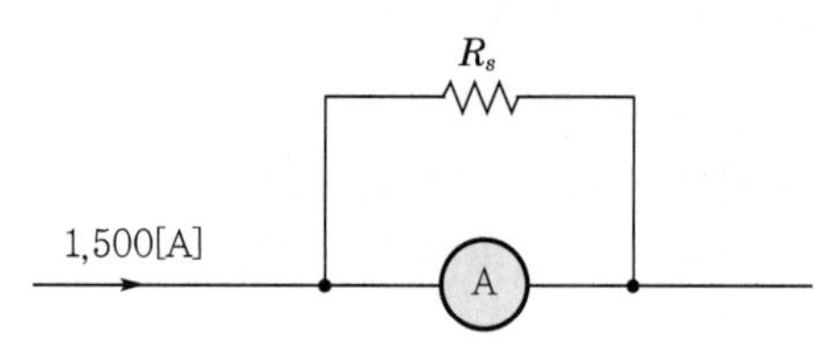

답안 50[Ω]

해설

$$R_s = \frac{r_a}{m-1} = \frac{100}{\frac{1,500}{500}-1} = 50[\Omega]$$

문제 02 산업 14년, 19년 출제

배점 : 5점

최대 눈금 250[V]인 전압계 V_1, V_2를 직렬로 접속하여 측정하면 몇 [V]까지 측정할 수 있는가? (단, 전압계 내부저항 V_1은 15[kΩ], V_2는 18[kΩ]으로 한다.)

답안 458.33[V]

해설 측정전압을 E, 회로의 최대전압을 V라 하면,

전압 분배 법칙에 따라 $E = \frac{18}{18+15} V \leq 250$의 조건을 만족해야 한다.

$$\therefore \ V \leq \frac{250}{\frac{18}{18+15}} = 458.33[V]$$

문제 03 산업 93년, 09년, 10년 출제

배점 : 5점

%오차가 −4[%]인 전압계로 측정한 값이 100[V]라면 그 참값은 얼마인지 계산하시오.

답안 104.17[V]

해설 $\varepsilon = \dfrac{M-T}{T} \times 100[\%]$에서

$$T = \frac{M}{1+\dfrac{\varepsilon}{100}} = \frac{100}{1-\dfrac{4}{100}} = 104.17[\text{V}]$$

문제 04 산업 96년, 99년, 00년, 01년, 05년, 13년 출제

배점 : 6점

평형 3상 회로에 그림과 같은 유도전동기가 있다. 이 회로에 2개의 전력계와 전압계 및 전류계를 접속하였더니 그 지시값은 $W_1 = 6.24$[kW], $W_2 = 3.77$[kW], 전압계의 지시는 200[V], 전류계의 지시는 34[A]이다. 이 때 다음 각 물음에 답하시오.

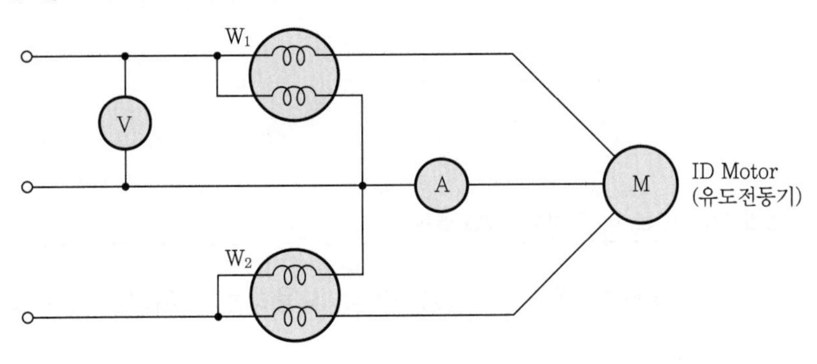

(1) 부하에 소비되는 전력을 구하시오.
(2) 피상전력을 구하시오.
(3) 이 유도전동기의 역률은 몇 [%]인가?

답안 (1) 10.01[kW]
(2) 11.78[kVA]
(3) 84.97[%]

해설 (1) $P = W_1 + W_2 = 6.24 + 3.77 = 10.01[\text{kW}]$

(2) $P_a = \sqrt{3}\,VI = \sqrt{3} \times 200 \times 34 \times 10^{-3} = 11.78[\text{kVA}]$

(3) $\cos\theta = \dfrac{P}{P_a} \times 100 = \dfrac{10.01}{11.78} \times 100 = 84.97[\%]$

문제 05

산업 22년 출제

배점 : 5점

평형 3상 회로에서 운전하는 유도전동기가 있다. 이 회로에 그림과 같이 2개의 전력계 W_1 및 W_2, 전압계 V, 전류계 A를 접속하니 각 계기의 지시가 $W_1 = 5.96$[kW], $W_2 = 2.36$[kW], $V = 200$[V], $A = 30$[A]와 같을 때 유도전동기의 역률[%]을 구하시오.

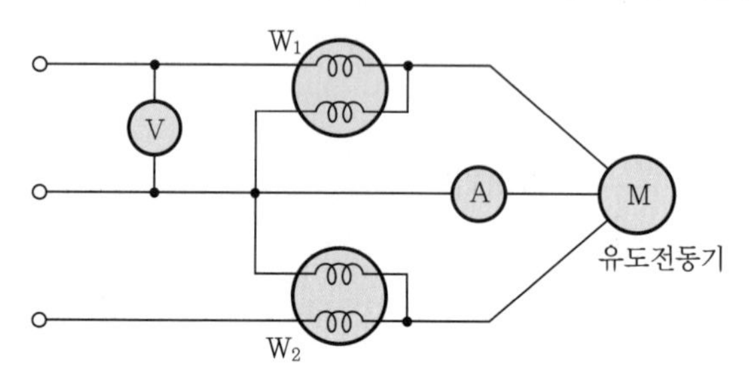

답안 80.06[%]

해설

$$\cos\theta = \frac{P}{P_a} = \frac{W_1 + W_2}{\sqrt{3}\,VI}$$

$$= \frac{(5.96 + 2.36) \times 10^3}{\sqrt{3} \times 200 \times 30} \times 100$$

$$= 80.06[\%]$$

문제 06

산업 97년, 03년, 05년, 15년, 20년 출제

배점 : 5점

다음과 같은 값을 측정하는 데 어떤 측정기기를 사용하는 것이 적합한지 쓰시오.

(1) 단선인 전선의 굵기
(2) 옥내 전등선의 절연저항
(3) 접지저항(브리지로 답할 것)

답안 (1) 와이어 게이지
(2) 메거
(3) 콜라우시 브리지

문제 07 산업 98년 출제

배점 : 6점

지중케이블의 사고점 측정방법과 절연 감시방법을 2가지만 쓰시오.

(1) 사고점 측정법
(2) 절연 감시법

답안 (1) • Murray Loop법
• Capacity Bridge법
(2) • Megger법
• $\tan\delta$ 측정법

문제 08 산업 91년, 99년, 03년 출제

배점 : 8점

다음의 항목을 측정하는 데 가장 적당한 방법을 쓰시오.

(1) 황산구리 용액
(2) 길이 1[m]의 연동선
(3) 백열 상태에 있는 백열전구의 필라멘트
(4) 검류계의 내부저항

답안 (1) 콜라우시 브리지법
(2) 캘빈 더블 브리지법
(3) 전압강하법
(4) 휘트스톤 브리지법

문제 09 산업 98년, 08년, 18년 출제

배점 : 5점

다음 각 항목을 측정하는 데 가장 알맞은 계측기 또는 측정방법을 쓰시오.

(1) 변압기의 절연저항
(2) 검류계의 내부저항
(3) 전해액의 저항
(4) 배전선의 전류
(5) 절연재료의 고유저항

답안 (1) 절연저항계(Megger)
(2) 휘트스톤 브리지
(3) 콜라우시 브리지
(4) 후크온 메타
(5) 절연저항계(Megger)

문제 **10** 산업 14년 출제

배점 : 3점

전기설비의 보수점검작업의 점검 후에 실시하여야 하는 유의사항을 3가지만 쓰시오.

답안
- 접지선의 제거
- 임시 설치한 가설물 등의 철거와 공구 및 작업장 안의 사람 존재 등 최종 확인
- 점검의 기록

문제 **11** 산업 07년, 14년 출제

배점 : 5점

전원전압이 220[V]인 회로에서 700[W]의 전기솥 2대, 600[W]의 다리미 1대, 150[W]의 텔레비전 2대를 사용할 때 10[A]의 고리퓨즈의 상태(용단 여부)와 그 이유를 쓰시오.

(1) 고리퓨즈의 상태
(2) 이유

답안 (1) 고리퓨즈는 용단되지 않는다.

(2) 부하전류 $I = \dfrac{700 \times 2 + 600 + 150 \times 2}{220} = 10.45$[A]이다.

저압용 고리퓨즈는 정격전류가 4[A]~16[A] 미만인 경우 불용단 1.5배이므로 용단되지 않는다.

문제 12 산업 96년, 07년, 10년 출제

배점 : 4점

권수비가 33인 PT와 20인 CT를 그림과 같이 단상 고압회로에 접속했을 때 전압계 Ⓥ와 전류계 Ⓐ 및 전력계 Ⓦ의 지시가 95[V], 4.5[A], 360[W]이었다면 고압 부하의 역률은 몇 [%]가 되겠는가? (단, PT의 2차 전압은 110[V], CT의 2차 전류는 5[A]이다.)

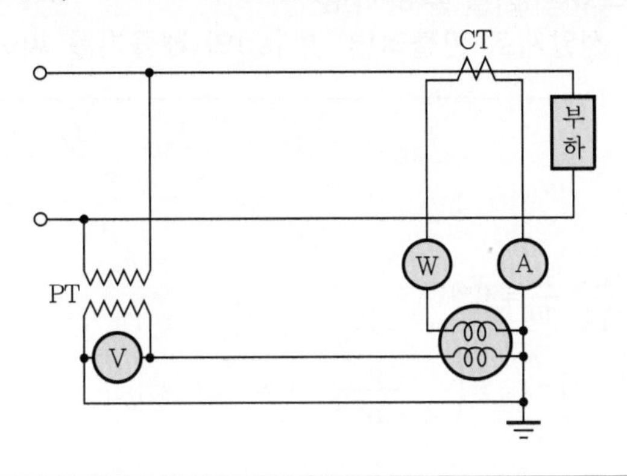

답안 84.21[%]

해설 역률 $\cos\theta = \frac{P[\text{W}]}{VI[\text{VA}]} = \frac{360}{95 \times 4.5} \times 100 = 84.21[\%]$

문제 13 산업 07년, 21년 출제

배점 : 4점

그림과 같은 회로에서 단자전압이 V_0일 때 전압계의 눈금 V로 측정하기 위한 배율기의 저항 R_m을 구하는 관계식의 유도과정과 관계식을 쓰시오. (단, 전압계의 내부저항은 R_v로 한다.)

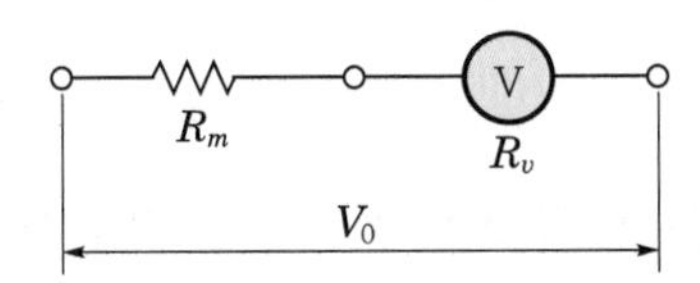

(1) 관계식의 유도과정
(2) 관계식

답안

(1) $V = IR_v$, $I = \frac{V_0}{R_m + R_v}$ 이므로 $V = \frac{R_v}{R_m + R_v} V_0$ $\quad \therefore R_m = R_v\left(\frac{V_0}{V} - 1\right)$

(2) $R_m = R_v\left(\frac{V_0}{V} - 1\right)$

문제 14 산업 21년 출제

배점 : 5점

가동 코일형의 밀리볼트계가 있다. 이것에 45[mV]의 전압을 가할 때 30[mA]가 흘러 최대값을 지시했다. 다음 각 물음에 답하시오.

(1) 밀리볼트계의 내부저항[Ω]을 구하시오.
(2) 이것을 100[V]의 전압계로 만들려면 몇 [Ω]의 배율기를 써야 하는지 구하시오.

답안 (1) 1.5[Ω]
(2) 3,331.83[Ω]

해설
(1) 저항 $R_v = \dfrac{E_d}{I_d} = \dfrac{45}{30} = 1.5[\Omega]$

(2) $R_m = R_v\left(\dfrac{V_0}{V} - 1\right) = 1.5 \times \left(\dfrac{100}{45 \times 10^{-3}} - 1\right) = 3{,}331.83[\Omega]$

문제 15 산업 89년, 02년, 06년, 12년 출제

배점 : 6점

계기용 변압기(PT)와 전압 절환 개폐기(VS 혹은 VCS)로 모선 전압을 측정하고자 한다. 다음 각 물음에 답하시오.

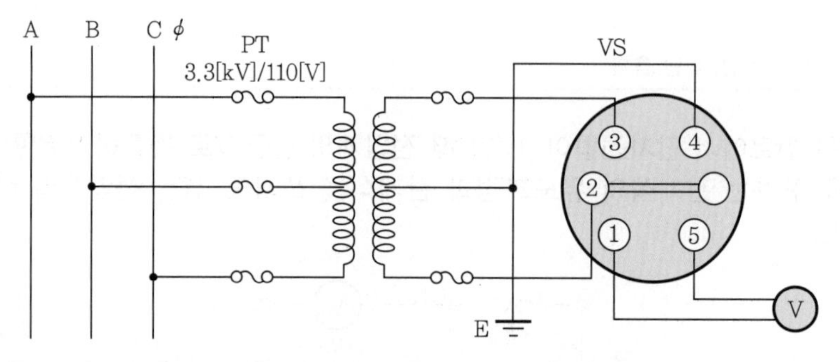

(1) V_{AB} 측정 시 VS 단자 중 단락되는 접점을 2가지 쓰시오.
(2) V_{BC} 측정 시 VS 단자 중 단락되는 접점을 2가지 쓰시오.
(3) PT 2차측을 접지하는 이유와 접지 종류를 기술하시오.

답안 (1) ① − ③, ④ − ⑤
(2) ① − ②, ④ − ⑤
(3) • 이유 : PT의 절연파괴 시 고저압 혼촉사고로 인한 2차측의 전위 상승을 방지하기 위하여
• 접지 종류 : 계통접지

문제 16 산업 12년 출제

배점 : 4점

2전력계법에 의해 3상 부하의 전력을 측정한 결과 지시값이 $W_1 = 200$[kW], $W_2 = 800$[kW]이다. 이 부하의 역률은 몇 [%]인가?

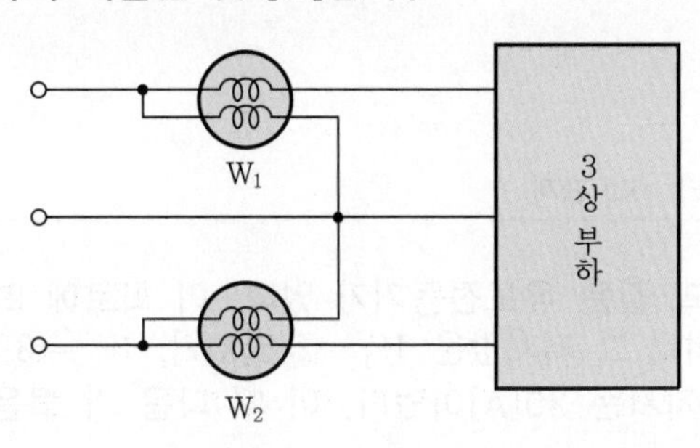

답안 69.34[%]

해설

$$\cos\theta = \frac{W_1 + W_2}{2\sqrt{W_1^2 + W_2^2 - W_1 W_2}} \times 100 = \frac{200 + 800}{2\sqrt{200^2 + 800^2 - 200 \times 800}} \times 100 = 69.34[\%]$$

문제 17 산업 07년, 08년 출제

배점 : 6점

어떤 부하에 그림과 같이 접속된 전압계, 전류계 및 전력계의 지시가 각각 $V = 200$[V], $I = 34$[A], $W_1 = 6.24$[kW], $W_2 = 3.77$[kW]이다. 이 부하에 대하여 다음 각 물음에 답하시오.

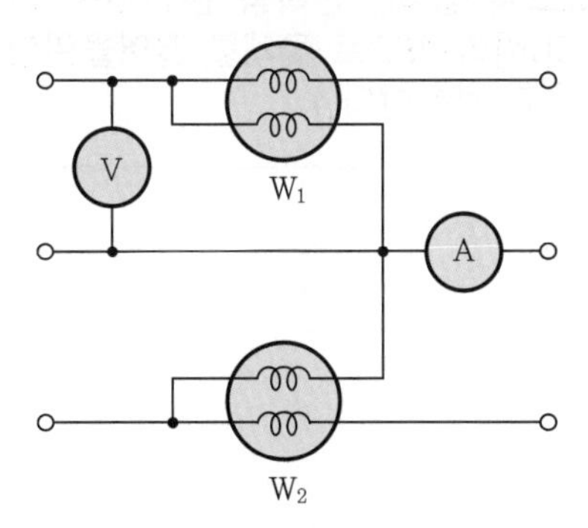

(1) 소비전력은 몇 [kW]인가?
(2) 피상전력은 몇 [kVA]인가?
(3) 부하역률은 몇 [%]인가?

답안 (1) 10.01[kW]
(2) 11.78[kW]
(3) 84.97[%]

해설 (1) $P = W_1 + W_2 = 6.24 + 3.77 = 10.01[\text{kW}]$

(2) $P_a = \sqrt{3} \times VI = \sqrt{3} \times 200 \times 34 \times 10^{-3} = 11.78[\text{kVA}]$

(3) $\cos\theta = \dfrac{P}{P_a} = \dfrac{10.01}{11.78} \times 100 = 84.97[\%]$

문제 18 산업 01년, 05년, 15년 출제

배점 : 9점

평형 3상 회로에 그림과 같은 유도전동기가 있다. 이 회로에 2개의 전력계와 전압계 및 전류계를 접속하였더니 그 지시값은 $W_1 = 5.5[\text{kW}]$, $W_2 = 3.2[\text{kW}]$, 전압계의 지시는 200[V], 전류계의 지시는 30[A]이었다. 이 때 다음 각 물음에 답하시오.

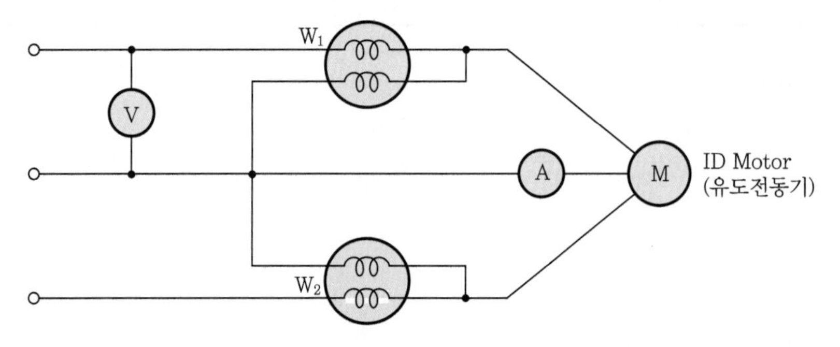

(1) 부하에 소비되는 전력과 피상전력을 구하시오.
① 전력
② 피상전력
(2) 이 유도전동기의 역률은 몇 [%]인가?
(3) 역률을 95[%]로 개선하고자 할 때 전력용 콘덴서는 몇 [kVA]가 필요한가?
(4) 이 유도전동기로 매분 25[m]의 속도로 물체를 끌어올린다면 몇 [ton]까지 가능한가?
(단, 종합 효율은 80[%]로 계산한다.)

답안 (1) ① 8.7[kW]
② 10.39[kVA]
(2) 83.73[%]
(3) 2.82[kVA]
(4) 1.7[ton]

해설 (1) ① $P = W_1 + W_2 = 5.5 + 3.2 = 8.7[\text{kW}]$
② $P_a = \sqrt{3}\, VI = \sqrt{3} \times 200 \times 30 \times 10^{-3} = 10.39[\text{kVA}]$

(2) $\cos\theta = \dfrac{W_1 + W_2}{\sqrt{3}\, VI} = \dfrac{8.7}{10.39} \times 100 = 83.73[\%]$

(3) $Q = P\left(\dfrac{\sin\theta_1}{\cos\theta_1} - \dfrac{\sin\theta_2}{\cos\theta_2}\right) = 8.7\left(\dfrac{\sqrt{1-0.8373^2}}{0.8373} - \dfrac{\sqrt{1-0.95^2}}{0.95}\right) = 2.82[\text{kVA}]$

(4) 권상용 전동기의 용량 $W = \dfrac{6.12P\eta}{V} = \dfrac{6.12 \times 8.7 \times 0.8}{25} = 1.7[\text{ton}]$

문제 19 산업 06년 출제

배점 : 12점

그림과 같은 평형 3상 회로에서 운전되는 유도전동기에 전력계, 전압계, 전류계를 접속하고, 각 계기의 지시를 측정하니 전력계 $W_1 = 6.27$[kW], $W_2 = 5.38$[kW], 전압계 $V=200$[V], 전류계 $I=40$[A]이었을 때, 다음 각 물음에 답하시오. (단, 전압계와 전류계는 정상 상태로 연결되어 있다고 한다.)

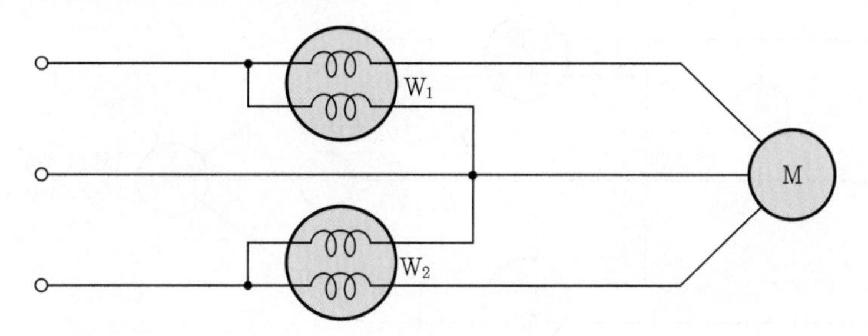

(1) 전압계와 전류계를 적당한 위치에 부착하여 도면을 작성하시오.
(2) 유효전력은 몇 [kW]인가?
(3) 피상전력은 몇 [kVA]인가?
(4) 이 유도전동기로 30[m/min]의 속도로 물체를 권상한다면 몇 [kg]까지 가능하겠는가? (단, 종합 효율은 85[%]이다.

답안 (1)

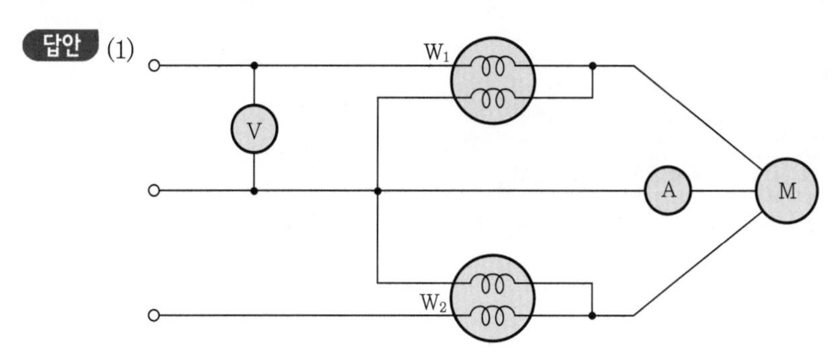

(2) 11.65[kW]
(3) 13.86[kVA]
(4) 2,020.11[kg]

해설 (2) 유효전력 $P = W_1 + W_2 = 6.27 + 5.38 = 11.65$[kW]

(3) 피상전력 $P_a = \sqrt{3}\,VI = \sqrt{3} \times 200 \times 40 \times 10^{-3} = 13.86$[kVA]

(4) 권상기 용량

$$\therefore M = \frac{6.12\eta P}{V} \times 1{,}000$$

$$= \frac{6.12 \times 0.85 \times 11.65}{30} \times 1{,}000$$

$$= 2{,}020.11[\text{kg}]$$

문제 20 산업 12년 출제

배점 : 6점

그림과 같은 평형 3상 회로로 운전하는 유도전동기가 있다. 이 회로에 그림과 같이 2개의 전력계 W_1, W_2, 전압계 ⓥ, 전류계 Ⓐ를 접속한 후 지시값은 $W_1 = 5.8$[kW], $W_2 = 3.5$[kW], $V=220$[V], $I=30$[A]이었다.

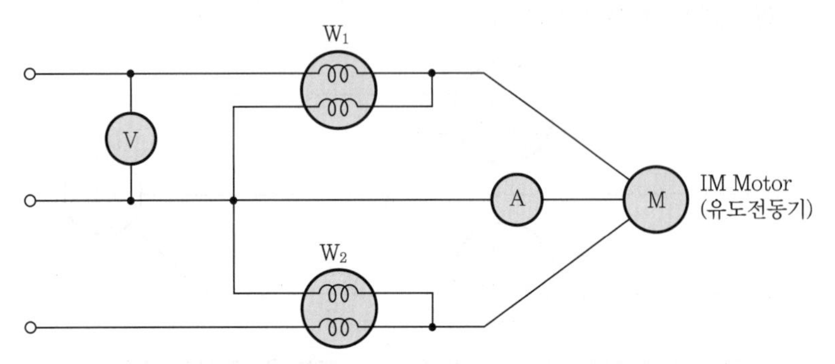

(1) 이 유도전동기의 역률은 몇 [%]인가?
(2) 역률을 90[%]로 개선시키려면 몇 [kVA] 용량의 콘덴서가 필요한가?
(3) 이 전동기로 만일 매분 20[m]의 속도로 물체를 권상한다면 몇 [ton]까지 가능한가? (단, 종합 효율은 80[%]로 한다.)

답안 (1) 81.36[%]
(2) 2.14[kVA]
(3) 2.28[ton]

해설 (1) 전력 $P = W_1 + W_2 = 5.8 + 3.5 = 9.3$[kW]

피상전력 $P_a = \sqrt{3}\,VI = \sqrt{3} \times 220 \times 30 \times 10^{-3} = 11.43$[kVA]

역률 $\cos\theta = \dfrac{9.3}{11.43} \times 100 = 81.36$[%]

(2) $Q_c = P(\tan\theta_1 - \tan\theta_2)$

$$= 9.3 \times \left(\frac{\sqrt{1-0.8136^2}}{0.8136} - \frac{\sqrt{1-0.9^2}}{0.9} \right)$$

$= 2.14$[kVA]

(3) 권상용 전동기의 용량 $P = \dfrac{W \cdot V}{6.12\eta}$[kW]

∴ 물체의 중량 $W = \dfrac{6.12\eta P}{V}$

$$= \frac{6.12 \times 0.8 \times 9.3}{20}$$

$= 2.28$[ton]

문제 21 산업 96년, 99년, 00년 출제

배점 : 6점

평형 3상 회로에 운전되는 유도전동기에 전력계, 전압계, 전류계를 그림과 같이 접속하고 각 계기의 지시를 측정하니 전력계 $W_1 = 5.43$[kW], $W_2 = 3.86$[kW]이고 전압계 $V=$ 200[V], 전류계 $I=28$[A]이었다. 다음 각 물음에 답하시오. (단, 전압계와 전류계는 정상으로 연결하였다고 한다.)

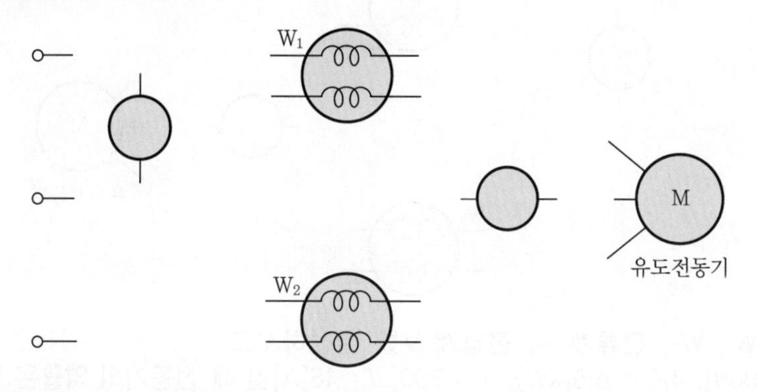

(1) 유효전력은 몇 [kW]인가?
(2) 피상전력은 몇 [kVA]인가?
(3) 전압계와 전류계의 표시 Ⓥ와 Ⓐ를 써서 도면을 완성하시오.

답안 (1) 9.29[kW]
(2) 9.7[kVA]
(3)

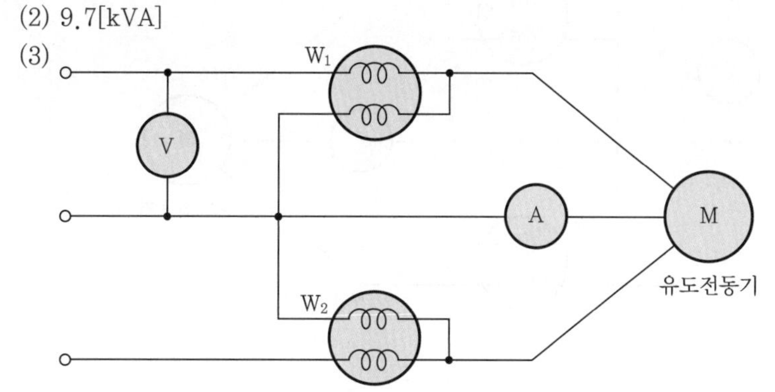

해설 (1) 유효전력

$P = W_1 + W_2$

$= 5.43 + 3.86 = 9.29$[kW]

(2) 피상전력

$P_a = \sqrt{3}\, VI$

$= \sqrt{3} \times 200 \times 28 \times 10^{-3} = 9.7$[kVA]

문제 22 산업 02년 출제

배점 : 9점

평형 3상 회로로 운전하는 유도전동기의 회로를 2전력계법에 의하여 측정하고자 한다. 다음 물음에 답하시오.

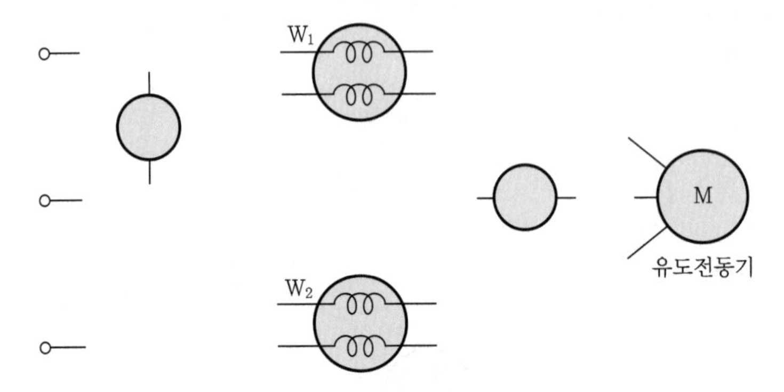

(1) 전력계 W_1, W_2, 전류계 A, 전압계 V를 결선하시오.
(2) $W_1 = 5$[kW], $W_2 = 4.5$[kW], $V = 380$, $I = 18$[A]일 때 전동기의 역률은 몇 [%]인가?
(3) 유도전동기를 직입 기동방식에서 Y-△ 기동방식으로 변경할 때 기동전류는 어떻게 변화하는가?
(4) 유도전동기의 주파수가 60[Hz]이고 4극이라면 회전수는 몇 [rpm]인가?

답안 (1)

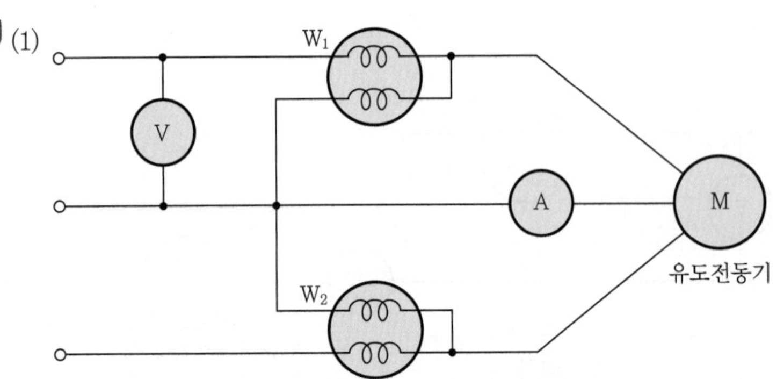

(2) 99.58[%]

(3) △기동 시의 $\frac{1}{3}$배

(4) 1,800[rpm]

해설 (2) 유효전력 $P = W_1 + W_2 = 5 + 4.5 = 9.5$[kW]

피상전력 $P_a = 2\sqrt{W_1^2 + W_2^2 - W_1 W_2} = 2\sqrt{5^2 + 4.5^2 - 5 \times 4.5} = 9.54$[kVA]

역률 $\cos\theta = \frac{P}{P_a} = \frac{9.5}{9.54} \times 100 = 99.58$[%]

(4) $N = \frac{120f}{P}$ 에서 $N = \frac{120 \times 60}{4} = 1,800$[rpm]

문제 **23** 산업 01년, 05년 출제

배점 : 6점

평형 3상 회로에 그림과 같은 유도전동기가 있다. 이 회로에 2개의 전력계 W_1과 W_2, 전압계, 전류계를 접속하니 각 계기의 지시가 다음과 같다. 물음에 답하시오.

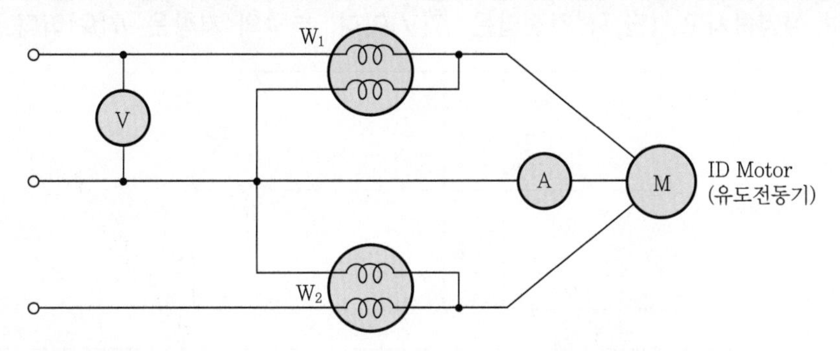

[계기의 지시값]
- 전력계 W_1 : 5.8[kW]
- 전력계 W_2 : 2.2[kW]
- 전압계 V : 210[V]
- 전류계 I : 30[A]

(1) 이 유도전동기의 역률은 얼마인가?
(2) 역률을 85[%]로 개선하고자 할 때 전력용 콘덴서는 몇 [kVA]가 필요한가?

답안 (1) 73.31[%]
(2) 2.46[kVA]

해설
(1) $$\cos\theta = \frac{W_1 + W_2}{\sqrt{3}\,VI} = \frac{5.8+2.2}{\sqrt{3}\times 210\times 30\times 10^{-3}}\times 100 = 73.31[\%]$$

(2) $$Q_c = P\left(\frac{\sin\theta_1}{\cos\theta_1} - \frac{\sin\theta_2}{\cos\theta_2}\right) = (5.8+2.2)\left(\frac{\sqrt{1-0.7331^2}}{0.7331} - \frac{\sqrt{1-0.85^2}}{0.85}\right) = 2.46[\text{kVA}]$$

문제 24 산업 15년, 19년, 22년 출제

배점 : 5점

그림과 같은 교류 3상 3선식 전로에 연결된 3상 평형 부하가 있다. 이 때 c상의 P점이 단선된 경우, 이 부하의 소비전력은 단선 전 소비전력에 비하여 어떻게 되는지 계산식을 이용하여 설명하시오. (단, 선간전압은 E[V]이며, 부하의 저항은 R[Ω]이다.)

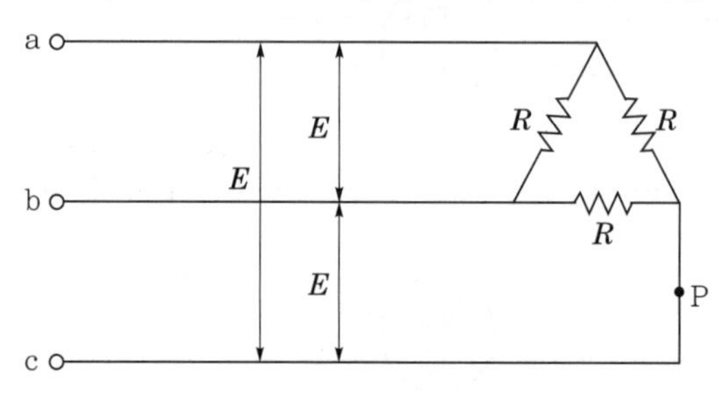

답안 단선 전 소비전력의 $\frac{1}{2}$로 감소한다.

해설 (1) P점이 단선되면 단상부하가 된다.

• 단상인 경우의 부하 R_L

$$R_L = \frac{R \cdot 2R}{R+2R} = \frac{2}{3}R$$

• P점이 단선되었을 경우 단상의 소비전력 P_1

$$P_1 = \frac{E^2}{R_L} = \frac{E^2}{\frac{2}{3}R} = \frac{3}{2}\frac{E^3}{R}$$

(2) 단선 전 3상의 소비전력 $P_3 = 3\frac{E^2}{R}$

소비전력비는 $\frac{P_1}{P_3} = \frac{\frac{3}{2}\frac{E^2}{R}}{3\frac{E^2}{R}} = \frac{1}{2}$

$P_1 = \frac{1}{2}P_3$이므로,

따라서 이 부하의 소비전력은 단선 전 소비전력에 비하여 $\frac{1}{2}$배가 된다.

1990년~최근 출제된 기출 이론 분석 및 유형별 문제

05 CHAPTER 변성기와 보호계전기

기출개념 01 변성기

계기용 변성기란 고전압, 대전류를 계측하는 장치 또는 보호용 계전기의 전원공급을 위해 저전압, 소전류로 변환하는 소형 변압기를 말하며 다음과 같이 분류된다.

1 계기용 변압기(PT : Potential Transformer)

고전압을 저전압으로 변환하여 계측기 및 계전기의 전원공급용 변압기이다.

(1) 정격전압

계기용 변압기의 1차 정격전압은 표의 값을 기준으로 하며 2차 정격전압은 110[V]이다.

▌계기용 변압기의 정격전압▐

(단위 : [V])

정격 1차 전압				정격 2차 전압
–	1,100	11,000	110,000	110
–	–	–	154,000	
220	2,200	22,000	–	
–	3,300	33,000	–	
440	–	–	–	
–	6,600	66,000	–	

※ PT비는 $\frac{V_1}{V_2}$ 이며, 표의 값으로 선정한다.

(2) PT의 보호장치와 정격부담

계기용 변압기의 1차측에는 PF 또는 COS를 설치하며 부담(burden)은 PT의 정격용량 [VA]를 말한다.

부담 : $P_a = \frac{{V_2}^2}{Z_2}$ [VA]

2 변류기(CT : Current Transformer)

대전류를 소전류로 변환하여 계측기 및 계전기에 전원을 공급하는 변압기이다.

(1) 정격전류

변류기의 1차 정격전류는 문제에서 주어진 표의 값에서 선정하며 2차 정격전류는 5[A]이다.

※ CT비는 $\frac{I_1}{I_2}$ 이며 I_1[A]는 선로 전부하전류의 25~50[%]의 여유를 주어 문제에서 주어진 표의 값에서 선정한다.

(2) CT의 보호장치와 정격부담

변류기의 1차측에는 보호장치를 설치하지 않는 것을 원칙으로 하며 정격부담은 CT의 용량을 말한다.

$$\text{부담} : P_a = I_2^{\,2} \cdot Z_2\,[\text{VA}]$$

(3) 계기용 변압 변류기(PCT, MOF)

고전압, 대전류를 저전압, 소전류로 변환하여 전력량계에 전원공급을 하기 위해 변압, 변류기가 함께 내장된 장치이다.

$$\text{MOF비} = \text{PT비} \times \text{CT비}$$

(4) 접지형 계기용 변압기(GPT : Grounded Potential Transformer)

지락사고 시 영상전압을 검출하여 계측기 및 계전기에 전원공급을 위한 변압기로 3권선 PT를 사용하여 1, 2차는 Y결선을 하고 3차는 오픈 델타(open delta)로 결선한다.

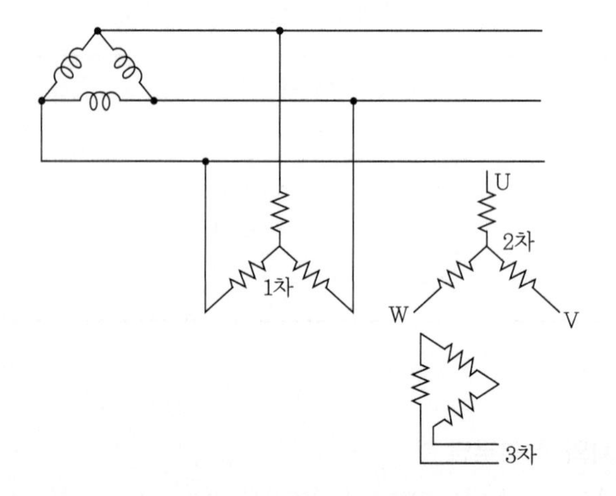

(5) 영상변류기(ZCT : Zero phase Current Transformer)

지락사고 시 영상전류를 검출하여 계전기에 전원공급을 위한 변류기이다.

▌ZCT 그림 기호▐

	단선도용	복선도용
영상변류기	ZCT	ZCT

개념 문제 01 기사 99년, 02년 출제

배점 : 6점

변압비 30인 계기용 변압기를 그림과 같이 잘못 접속하였다. 각 전압계 V_1, V_2, V_3에 나타나는 단자 전압은 몇 [V]인가?

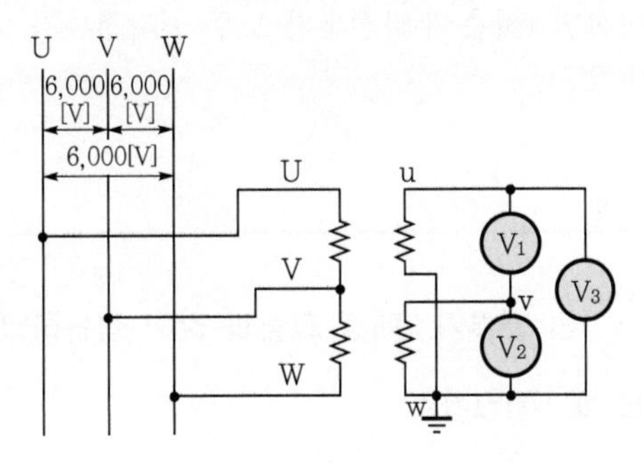

답안 (1) $V_1 = 346.4$[V]

(2) $V_2 = 200$[V]

(3) $V_3 = 200$[V]

해설

권수비 : $a = \dfrac{E_1}{E_2}$

전압계 V_1은 오결선되어 E_2의 $\sqrt{3}$ 배가 된다.

- $V_1 = \sqrt{3} \times \dfrac{E_1}{a} = \sqrt{3} \times \dfrac{6,000}{30} = 346.40$[V]
- $V_2 = \dfrac{6,000}{30} = 200$[V]
- $V_3 = \dfrac{6,000}{30} = 200$[V]

개념 문제 02 기사 97년 출제

배점 : 4점

변류비 $\dfrac{50}{5}$[A]인 CT 2개를 그림과 같이 접속하였을 때 전류계에 2[A]가 흐른다고 하면, CT 1차측에 흐르는 전류는 몇 [A]인지 계산하시오.

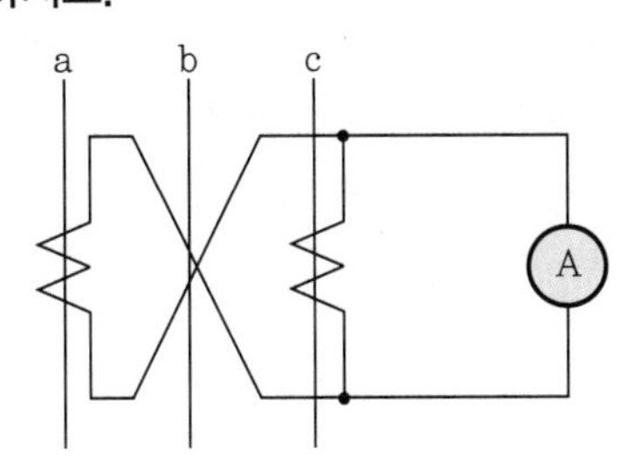

답안 $I_1 = \dfrac{2}{\sqrt{3}} \times \dfrac{50}{5} = 11.55$[A]

개념 문제 03 산업 97년, 00년, 03년 출제

| 배점 : 4점 |

사용 중의 변류기 2차측을 개로하면 변류기에는 어떤 현상이 발생하는지 원인과 결과를 간단하게 쓰시오.

답안 CT의 2차측을 개방하면 1차측 부하전류가 모두 여자전류가 되어 2차측에 고전압이 유기되어 절연파괴의 우려가 있다.

개념 문제 04 기사 07년 출제

| 배점 : 5점 |

평형 3상 회로에 변류비 $\frac{100}{5}$인 변류기 2대를 그림과 같이 접속하였을 때, 전류계에 3[A]의 전류가 흘렀다. 1차 전류의 크기는 몇 [A]인가?

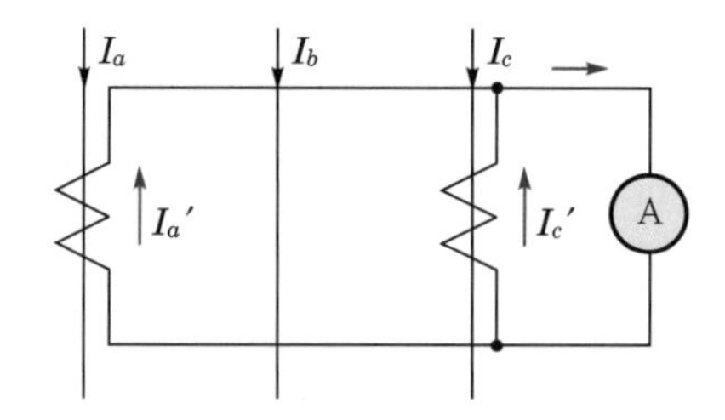

답안 60[A]

해설 가동접속이므로 $I_a' = I_c' = 3$[A]이므로 1차 전류 $I_a = \frac{100}{5} \times 3 = 60$[A]

기출개념 02 보호계전기

1 보호계전기의 구비조건

① 고장 상태를 식별하여 그 정도를 파악할 수 있을 것
② 고장 개소를 정확하게 선택할 수 있을 것
③ 동작이 신속하고 오동작이 없을 것
④ 적절한 후비보호능력이 있을 것
⑤ 경제적일 것

2 보호계전기의 시한 특성

① 순한시 계전기 : 정정치 이상의 전류가 유입하는 순간 동작하는 계전기
② 정한시 계전기 : 정정치 한도를 넘으면 넘는 양의 크기에 관계없이 일정 시한으로 동작하는 계전기

③ 반한시 계전기 : 동작전류와 동작시한이 반비례하는 계전기

④ 반한시성 정한시 계전기 : 특정 전류까지는 반한시성 특성을 나타내고 그 이상이 되면 정한시성 특성을 나타내는 계전기

3 보호계전기의 기능 및 종류

▌보호계전기의 사용 개소▐

사고별 \ 설비별	수전단	주변압기	배전선	전력 콘덴서
과전류(과부하 또는 단락)	OCR	OCR	OCR	OCR
과전압			OVR	OVR
저전압			UVR	UVR
접지			GR(SGR, DGR)	
변압기 내부 고장		RDF		

(1) 과전류계전기(Over Current Relay : OCR)

① 가장 많이 채용하는 계전기로 계기용 변류기(CT)에서 검출된 과전류에 의해 동작하고 경보 및 차단기 등을 작동시킨다.

② 과전류계전기의 탭 설정

과전류계전기는 전류가 예정값 이상이 되었을 때 동작하도록 계전기를 정정한다. 그림과 같이 부하전류 60[A]가 흐를 때 계기용 변류기의 정격은 전부하전류의 1.25~1.5배이므로 100/5[A]를 사용한다.

그러므로 CT 2차 전류는 $60 \times \dfrac{5}{100} = 3$[A]이며, 과전류계전기 정격은 보통 CT 2차 5[A]의 사용 탭은 4, 5, 6, 7, 8, 10, 12 등이 있는데 부하전류 3[A]의 약 160[%]보다 약간 높이에 있는 5[A]를 사용하는 것이 바람직하다.

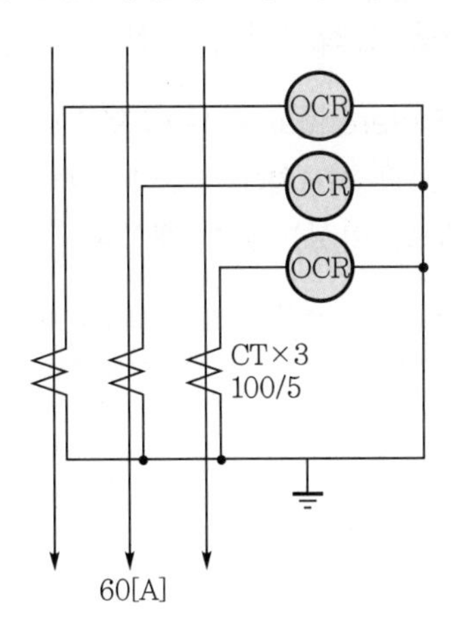

(2) 과전압계전기(Over Voltage Relay : OVR)

수전 배전선로에 이상전압이나 과전압이 내습할 경우 PT에서 과전압을 검출하여 경보 및 주차단기 등을 차단시키는 작동을 한다.
과전압계전기는 정격전압(PT 2차 전압)의 130[%]에서 정정한다. 따라서 일반적으로 PT 2차 전압을 110[V]로 보고 계전기의 전압 탭을 AC 135~150[V] 범위 내의 전압을 조정할 수 있는 전압 탭 하나는 반드시 구비하도록 하고 있다. 이 범위 밖의 전압 조정 탭은 몇 개가 있어도 관계없도록 하고 있다.

(3) 부족전압계전기(Under Voltage Relay : UVR)

수전 배전선로에 순간 정전이나 단락사고 등에 의한 전압강하 시 PT에서 이상 저전압을 검출하여 경보 및 주차단기 등을 차단시키고 비상발전기 계통에 자동 기동 등의 작동을 한다.

(4) 과전압 지락계전기(Over Voltage Ground Relay : OVGR)

GPT를 이용하여 지락고장을 검출하여 영상전압으로 작동한다.

(5) 지락계전기(Ground Relay : GR)

배전선로에서 접지 고장에 대한 보호동작을 하는 것으로 영상전압과 대지 충전전류에 대하여 동작한다. 즉, 영상전류만으로 동작하는 비방향성 지락 계전기(GR)와 영상전류와 영상전압과 그 상호 간의 위상으로 동작이 결정되는 방향성 지락 계전기(SGR, DGR)로 나눌 수 있다.

(6) 방향성 지락계전기(Directional Ground Relay : DGR)

방향성 지락 계전기는 비접지방식 선로에서 과전류 지락 계전기(OCGR)와 조합하여 지락에 의한 고장전류를 접지계기용 변성기(Ground PT)와 영상계기용 변성기(Zero CT) 등을 이용해 검출된 이상접지전류를 한 방향으로만(선로에서 대지쪽으로 흐르는 전류 방향) 동작하도록 한 지락 계전기를 말하며, 방향성 지락 계전기는 여러 선로의 배전선이 시설되어 있을 경우 어느 한 선로에서 지락사고가 발생하면 그 사고 발생 선로에 접속된 계전기만을 동작시키기 위한 선택성 지락 계전기도 있다.

(7) 비율 차동 계전기(Ratio Differential Relay : RDF)

변압기나 조상기의 내부 고장 시 1차와 2차의 전류비 차이로 동작하는 릴레이로 대용량 변압기 등에서(5,000[kVA] 이상) 많이 채용되고 있다.

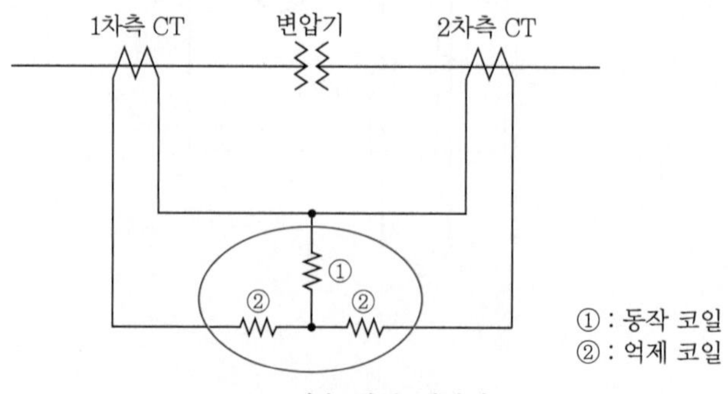

87 : 비율 차동 계전기

개념 문제 01 기사 03년 출제 | 배점 : 3점 |

다음 계전기 약호의 우리말 명칭을 쓰시오.

(1) OC
(2) OL
(3) UV
(4) GR

답안 (1) 과전류계전기
(2) 과부하계전기
(3) 부족전압계전기
(4) 지락계전기

개념 문제 02 기사 95년, 05년 출제 | 배점 : 4점 |

수전전압 22.9[kV], 설비용량 2,000[kW]인 수용가의 수전단에 설치한 CT의 변류비는 60/5이다. 이때 CT에서 검출된 2차 전류가 과부하 계전기로 흐르도록 하였다. 120[%] 부하에서 차단기를 동작시키고자 할 때 과부하 TRIP 전류값은 얼마로 선정해야 하는지 산정하시오.

답안 5[A]

해설 $I_t = \frac{2,000}{\sqrt{3} \times 22.9} \times \frac{5}{60} \times 1.2 = 5.04[\text{A}]$

개념 문제 03 기사 14년 출제 | 배점 : 4점 |

영상변류기(ZCT)에 대하여 정상상태에서와 지락발생 시 전류 검출에 대하여 쓰시오.

답안
- 정상상태 : 지락전류가 없으므로 영상전류가 검출되지 않는다.
- 지락발생 시 : 영상전류가 검출되어 지락계전기를 작동시킨다.

1990년~최근 출제된 기출문제

CHAPTER 05
변성기와 보호계전기

단원 빈출문제

문제 01 산업 13년, 18년 출제 | 배점 : 6점 |

다음 그림은 배전반에서 계측을 하기 위한 계기용 변성기이다. 아래 그림을 보고 명칭, 약호 등의 알맞은 내용을 답란에 쓰시오.

구 분		
명 칭		
약 호		
그림 기호 (단선도)		
사용목적		

답안

구 분		
명 칭	변류기	계기용 변압기
약 호	CT	PT
그림 기호 (단선도)		
사용목적	대전류를 소전류로 변성하여 계기 및 계전기를 작동시킨다.	고전압을 저전압으로 변성하여 계기 및 계전기를 작동시킨다.

문제 02 산업 19년, 22년 출제

배점 : 5점

계기용 변류기(CT, Current Transformer)를 사용하는 목적과 정격부담에 대하여 설명하시오.

(1) 계기용 변류기의 사용목적
(2) 정격부담

답안 (1) 회로의 대전류를 소전류로 변성하여 계기나 계전기에 공급
(2) 변류기의 2차측 단자 간에 접속되는 부하의 한도를 말하며 [VA]로 표시한다.

해설 **변류기(CT ; Current Transformer)**

- 목적 : 회로의 대전류를 소전류로 변성하여 계기나 계전기에 공급하기 위한 목적으로 사용한다.
- 용도 : 배전반의 전류계, 전력계, 역률계, 보호계전기 및 차단기 트립코일의 전원으로 사용한다.
- 정격부담 : 변류기의 2차측 단자 간에 접속되는 부하의 한도를 말하며 [VA]로 표시한다.
- 2차측 개방 불가 : 변류기 2차측을 개방하면 1차 전류가 모두 여자전류가 되어 2차측에 과전압 유기 및 절연이 파괴되어 소손될 우려가 있으므로 CT 2차측 기기를 교체하고자 하는 경우에는 반드시 CT 2차측을 단락시켜야 한다.

문제 03 산업 99년 출제

배점 : 5점

그림은 동력 결선도에 표현되어 있는 도면의 일부분을 나타낸 것이다. 이 그림을 보고 다음 각 물음에 답하시오.

(1) 그림 기호가 표현하고 있는 의미를 설명하시오.

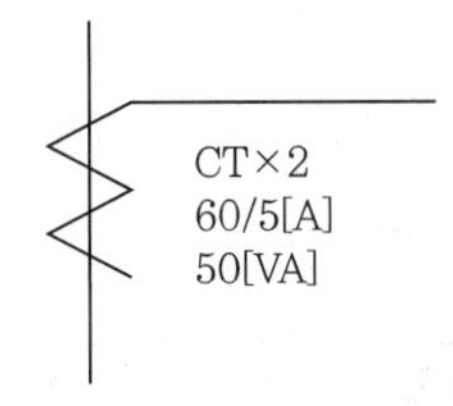

(2) 1차 전류가 45[A]이면 2차 전류는 몇 [A]가 되는가?

답안 (1) 변류비가 60/5[A]이고, 부담이 50[VA]인 변류기 2대
(2) 3.75[A]

해설 (2) $I_2 = 45 \times \frac{5}{60} = 3.75[A]$

문제 04 산업 97년, 00년, 03년 출제

배점 : 4점

사용 중의 변류기 2차측을 개로하면 변류기에는 어떤 현상이 발생하는지 원인과 결과를 쓰시오.

답안 개로하면 변류기 1차 부하전류(대전류)가 여자전류로 되어 변류기 2차측에 고전압이 발생되어 절연파괴로 변류기가 소손된다.

문제 05 산업 16년 출제

배점 : 5점

변류기의 1차측에 전류가 흐르는 상태에서 2차측을 개방하면 어떤 문제점이 있는지 2가지를 쓰시오.

답안
- 2차측 단자에 고전압 발생
- 절연파괴로 인한 변류기 손상

문제 06 산업 16년 출제

배점 : 5점

부하용량이 900[kW]이고 전압이 3상 380[V]인 수용가 전기설비의 계기용 변류기를 결정하고자 한다. 다음 [조건]에 알맞은 변류기를 주어진 표에서 찾아 선정하시오.

[조건]
- 수용가의 인입 회로에 설치하는 것으로 한다.
- 부하 역률은 0.9로 계산한다.
- 실제 사용하는 정도의 1차 전류용량으로 하며 여유율은 1.25배로 한다.

▌변류기의 정격▐

1차 정격전류[A]	400	500	600	750	1,000	1,500	2,000	2,500
2차 정격전류[A]	5							

답안 2,000[A]

해설

$$1차\ 정격전류 = \frac{900 \times 10^3}{\sqrt{3} \times 380 \times 0.9} \times 1.25 = 1,899.18[A]$$

$\therefore$ 2,000[A]

문제 07 산업 17년 출제

배점 : 4점

부하용량이 300[kW]이고 전압이 3상 380[V]인 전기설비의 계기용 변류기의 1차 전류를 계산하고 그 값을 기준으로 변류기의 1차 전류를 다음 규격에서 선정하시오.

[조건]
- 수용가의 인입 회로나 전력용 변압기의 1차측에 설치
- 실제 사용하는 정도의 1차 전류용량을 산정
- 부하 역률은 1로 계산
- 계기용 변류기 1차 전류[A] 규격은 300, 400, 600, 800, 1,000 중에서 선정

답안 600[A]

해설

$$1차\ 전류 = \frac{300 \times 10^3}{\sqrt{3} \times 380 \times 1} \times (1.25 \sim 1.5)$$
$$= 569.75 \sim 683.70[A]$$

$\therefore$ 600[A]

문제 08 산업 07년, 20년 출제

배점 : 5점

그림과 같이 CT가 결선되어 있을 때 전류계 A_3의 지시는 얼마인가? (단, 부하전류 $I_1 = I_2 = I_3 = I$ 로 한다.)

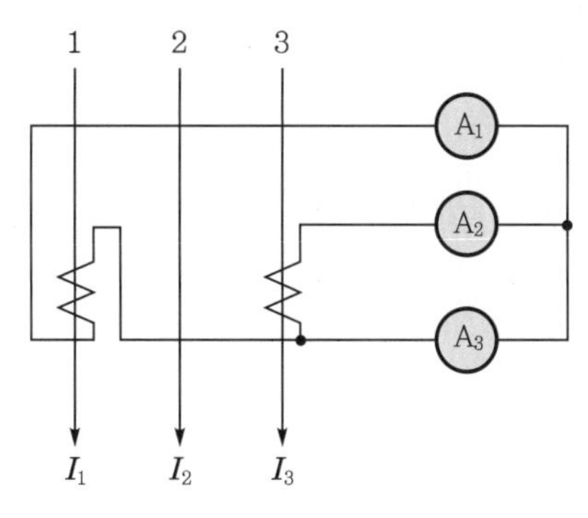

답안 $A_3 = I_1 - I_3 = \sqrt{3}\, I$

문제 09 산업 97년, 98년, 00년, 03년, 05년, 06년, 07년, 15년 출제

배점 : 10점

변류기(CT) 2대를 V결선하여 OCR 3대를 그림과 같이 연결하였다. 그림을 보고 다음 각 물음에 답하시오.

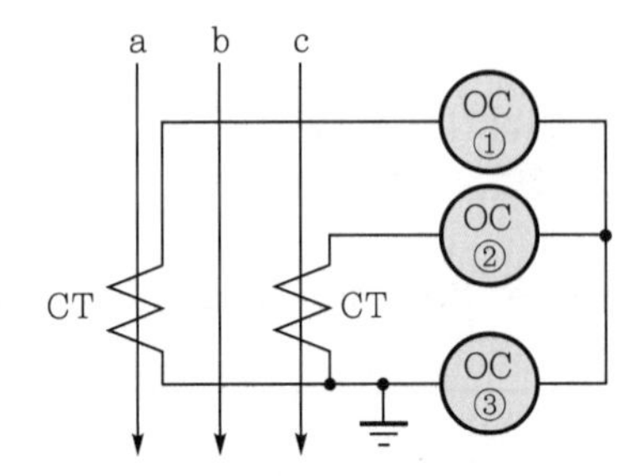

(1) 우리나라에서 사용하는 CT는 일반적으로 어떤 극성을 사용하는지 쓰시오.
(2) 변류기 2차측에 접속하는 외부 부하 임피던스를 무엇이라고 하는지 쓰시오.
(3) ③번 OCR에 흐르는 전류는 어떤 상의 전류인지 쓰시오.
(4) OCR은 주로 어떤 사고가 발생하였을 때 작동하는지 쓰시오.
(5) 이 전로는 어떤 배전방식을 취하고 있는지 쓰시오.
(6) 그림에서 CT의 변류비가 30/5이고, 변류기 2차측 전류를 측정하였더니 3[A]이였다면 수전전력은 약 몇 [kW]인지 계산하시오. (단, 수전전압은 22,900[V]이고, 역률은 90[%]이다.)

답안
(1) 감극성
(2) 부담
(3) b상 전류
(4) 단락사고
(5) 3상 3선식
(6) 642.56[kW]

해설
(6) $P = \sqrt{3} \times 22{,}900 \times 3 \times \dfrac{30}{5} \times 0.9 \times 10^{-3}$

$= 642.56\,[\mathrm{kW}]$

문제 10 산업 07년, 21년 출제

배점 : 8점

CT 2대를 V결선하여 OCR 3대를 그림과 같이 연결하였다. 그림을 보고 다음 각 물음에 답하시오.

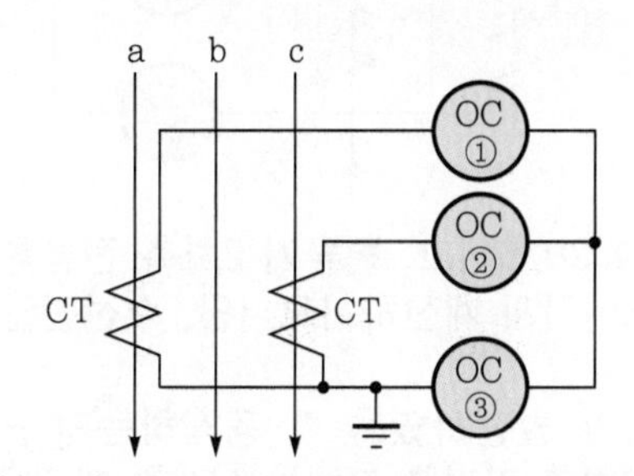

(1) 우리나라에서 사용하는 CT는 일반적으로 어떤 극성을 사용하는지 쓰시오.
(2) 도면에서 CT의 변류비가 40 : 5이고, 변류기 2차측 전류를 측정하였더니 3[A]이였다면 수전전력은 약 몇 [kW]인지 계산하시오. (단, 수전전압은 22,900[V]이고, 역률은 90[%]이다.)
(3) ③번 OCR에 흐르는 전류는 어떤 상의 전류인가?
(4) OCR은 주로 어떤 사고가 발생하였을 때 동작하는가?
(5) 통전 중에 있는 변류기 2차측 기기를 교체하고자 할 때 가장 먼저 취하여야 할 조치는 무엇인지를 설명하시오.

답안
(1) 감극성
(2) 856.74[kW]
(3) b상 전류
(4) 단락사고
(5) 2차측을 단락시킨다.

해설
(2) $P = \sqrt{3} \times 22{,}900 \times 3 \times \frac{40}{5} \times 0.9 \times 10^{-3}$

$= 856.74[\text{kW}]$

문제 11 산업 09년 출제

배점 : 6점

다음은 CT 2대를 V결선하여 OCR 3대를 그림과 같이 연결하였다. 그림을 보고 다음 각 물음에 답하시오.

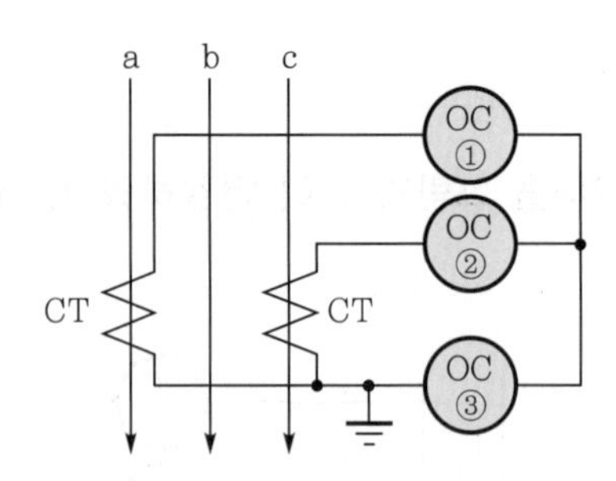

(1) 그림에서 CT의 변류비가 30/5이고, 변류기 2차측 전류를 측정하였더니 3[A]이였다면 수전전력은 약 몇 [kW]인지 계산하시오. (단, 수전전압은 22,900[V]이고, 역률은 90[%]이다.)
(2) OCR은 주로 어떤 사고가 발생하였을 때 동작하는지 쓰시오.
(3) 통전 중에 있는 변류기 2차측 기기를 교체하고자 할 때 가장 먼저 취하여야 할 조치는 무엇인지를 설명하시오.

답안 (1) 642.56[kW]
(2) 단락사고
(5) 2차측을 단락시킨다.

해설 (1) $P = \sqrt{3} \times 22{,}900 \times 3 \times \frac{30}{5} \times 0.9 \times 10^{-3}$

$= 642.56[\text{kW}]$

문제 12 산업 13년 출제

배점 : 5점

변류비 30/5[A]인 CT 2개를 그림과 같이 접속하였을 때 전류계에 2[A]가 흐른다고 하면, CT 1차측에 흐르는 전류는 몇 [A]인지 계산하시오.

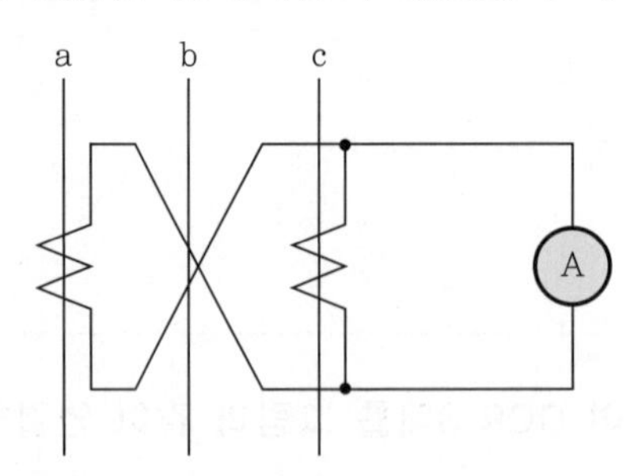

답안 6.93[A]

해설 $I_1 = \frac{2}{\sqrt{3}} \times \frac{30}{5} = 6.928 ≒ 6.93[\text{A}]$

문제 13 산업 11년, 14년 출제

| 배점 : 5점 |

변류비 40/5[A]인 CT 2개를 그림과 같이 접속하였을 때 전류계에 2[A]가 흐른다고 하면, CT 1차측에 흐르는 전류는 몇 [A]인지 계산하시오.

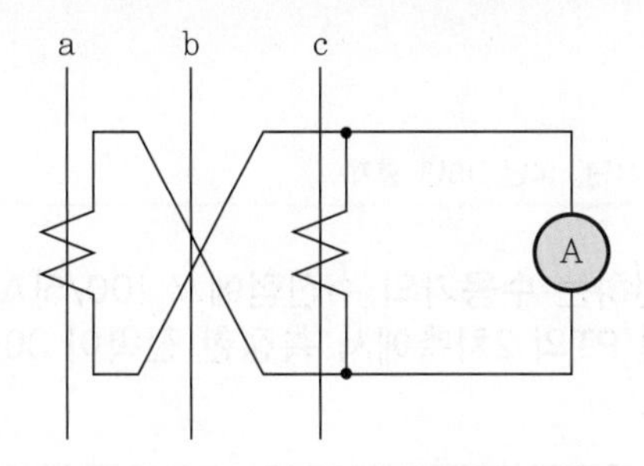

답안 9.24[A]

해설 $I_1 = \frac{2}{\sqrt{3}} \times \frac{40}{5} = 9.24[A]$

문제 14 산업 13년, 20년 출제

| 배점 : 4점 |

22.9[kV] 수전설비의 부하전류가 30[A]이고, CT는 60/5[A]의 변류기를 통하여 과전류계전기를 시설하였다. 120[%]의 과부하에서 차단시키려면 과전류계전기의 과부하 트립 전류값은 몇 [A]로 설정하여야 하는지 계산하시오.

답안 3[A]

해설 $I_t = 30 \times \frac{5}{60} \times 1.2 = 3[A]$

문제 15 산업 85년, 98년, 02년 출제

| 배점 : 3점 |

3상 3선식 6[kV] 수전점에서 60/5[A] CT 2대, 6,600/110[V] PT 2대를 정확히 결선하여 CT 및 PT의 2차측에서 측정한 전력이 500[W]라면 수전전력은 얼마이겠는가?

답안 360[kW]

해설 수전전력 = 측정전력(전력계의 지시값)×CT비×PT비

$\therefore\ P = 500 \times \frac{60}{5} \times \frac{6,600}{110} \times 10^{-3} = 360[\text{kW}]$

문제 16 산업 98년, 02년, 11년, 14년, 18년 출제

배점 : 5점

3상 3선식 6.6[kV]로 수전하는 수용가의 수전점에서 100/5[A] CT 2대와 6,600/110[V] PT 2대를 사용하여 CT 및 PT의 2차측에서 측정한 전력이 300[W]이었다면 수전전력은 몇 [kW]인지 계산하시오.

답안 360[kW]

해설 수전전력 = 측정전력(전력계의 지시값)×CT비×PT비

$\therefore\ P = 300 \times \frac{100}{5} \times \frac{6,600}{110} \times 10^{-3} = 360[\text{kW}]$

문제 17 산업 12년 출제

배점 : 4점

보호계전기에 필요한 특성 4가지를 쓰시오.

답안
- 선택성
- 신뢰성
- 신속성
- 감도성

문제 18 산업 08년 출제

배점 : 8점

변전설비의 과전류계전기가 동작하는 단락사고의 원인 4가지만 쓰시오.

답안
- 모선에서의 선간 및 3상 단락
- 전기기기(변압기 등) 내부에서의 절연불량에 의한 단락
- 인축의 접촉에 의한 단락
- 케이블의 절연파괴에 의한 단락

문제 19 산업 21년 출제

배점 : 5점

특고압용 변압기의 내부고장 검출방법을 3가지만 쓰시오.

답안
- 비율 차동 계전기
- 충격 압력 계전기
- 부흐홀츠 계전기

해설 (1) 변압기 내부고장 검출용 보호계전기
- 과전류계전기 : 5,000[kVA] 미만 소용량 변압기 내부보호용
- 비율 차동 계전기 : 통상 10,000[kVA] 이상의 특고압 변압기 내부고장보호에 사용
- 충격 압력계전기 : 변압기 내부사고 시 발생하는 분해가스 압력을 검출하여 차단
- 부흐홀츠 계전기 : 변압기 본체 탱크 내에 발생한 가스 또는 이에 따른 유류를 검출하여 변압기 내부고장을 검출
- 방출 안전장치 : 변압기 내부압력이 일정 이상이 되면 방압변이 동작하여 변압기의 폭발을 방지

(2) 외부 고장에 대한 보호
- 피뢰기, SA : 낙뢰 및 surge로부터 보호
- 파워퓨즈 : 단락사고로부터 보호
- 과전류계전기 : 과부하 또는 단락사고로부터 보호
- 지락 과전류계전기, 지락 과전압계전기 : 지락사고로부터 보호

문제 20 산업 97년, 04년, 11년 출제

배점 : 5점

그림은 발전기의 상간 단락보호 계전방식을 도면화한 것이다. 이 도면을 보고 다음 각 물음에 답하시오.

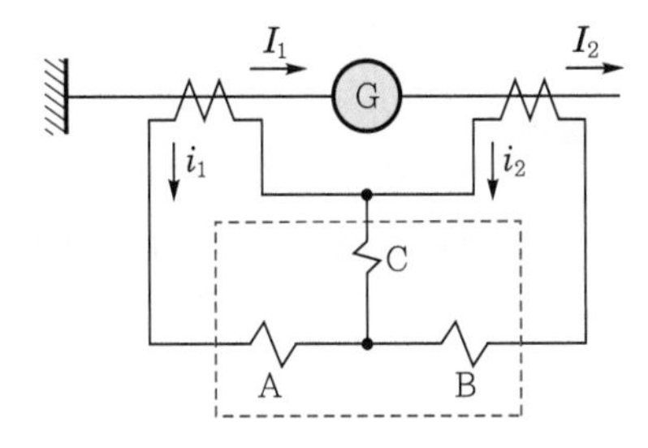

(1) 점선 안의 계전기 명칭은 무엇인가?
(2) 동작 코일은 A, B, C 코일 중 어느 것인가?
(3) 발전기에 상간 단락이 발생했을 때 코일 C의 전류(i_d)는 어떻게 표현되는가?
(4) 동기발전기를 병렬운전시키기 위한 조건을 2가지(4가지)만 쓰시오.

답안 (1) 비율 차동 계전기

(2) C

(3) $i_d = i_1 - i_2$

(4) • 기전력의 크기가 같을 것
• 기전력의 위상이 같을 것
• 기전력의 주파수가 같을 것
• 기전력의 파형이 같을 것
• 기전력의 상회전 방향이 같을 것

문제 21 산업 07년 출제

배점 : 5점

거리계전기의 설치점에서 고장점까지의 임피던스가 50[Ω]이라면 계전기측에서 보는 임피던스는 얼마인가? (단, PT의 비는 154,000/110이고, CT의 비는 400/5[A]이다.)

답안 2.86[Ω]

해설

$$Z_{Ry} = \frac{V_2}{I_2} = \frac{V_1 \times \frac{1}{\text{PT 비}}}{I_1 \times \frac{1}{\text{CT 비}}}$$

$$= Z_1 \times \frac{\text{CT 비}}{\text{PT 비}} = 50 \times \frac{\frac{400}{5}}{\frac{154{,}000}{110}}$$

$$= 2.86[\Omega]$$

문제 22 산업 03년, 19년, 21년 출제

배점 : 5점

거리계전기의 설치점에서 고장점까지의 임피던스가 70[Ω]일 때 계전기측에서 본 임피던스는 얼마인가? (단, PT의 비는 154,000/110이고, CT의 비는 500/5[A]이다.)

답안 5[Ω]

해설

$$Z_{Ry} = \frac{V_2}{I_2} = \frac{V_1 \times \frac{1}{\text{PT 비}}}{I_1 \times \frac{1}{\text{CT 비}}} = Z_1 \times \frac{\text{CT 비}}{\text{PT 비}} = 70 \times \frac{\frac{500}{5}}{\frac{154{,}000}{110}} = 5[\Omega]$$

PART 1

문제 23 산업 12년 출제

배점 : 5점

수전전압 6,600[V], 수전전력 450[kW](역률 0.8)인 고압 수용가의 수전용 차단기에 사용하는 과전류계전기의 사용 탭[A]을 선정하시오. (단, CT의 변류비는 75/5[A]로 하고, 탭 설정값은 부하전류의 150[%]로 한다.)

답안 5[A]

해설

$$I_t = \frac{450}{\sqrt{3}\times 6.6\times 0.8}\times\frac{5}{75}\times 1.5 = 4.92[\text{A}]$$

문제 24 산업 96년, 99년, 04년, 07년 출제

배점 : 5점

CT의 변류비가 400/5[A]이고, 고장전류가 4,000[A]이다. 과전류계전기의 동작시간은 몇 [sec]로 결정되는가? (단, 전류는 125[%]에 정정되어 있고, 시간 표시판 정정은 5이며, 계전기의 동작 특성은 그림과 같다.)

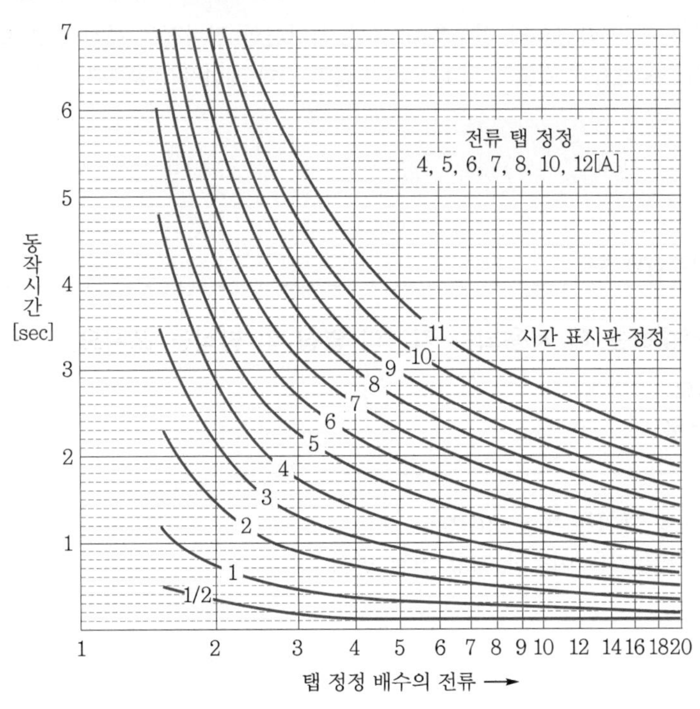

▌전형적 과전류계전기의 동작시간 특성▐

답안 1.4[sec]

해설

정정목표치는 $400 \times \frac{5}{400} \times 1.25 = 6.25$ 이므로

7[A]탭으로 정정한다.

탭 정정 배수는 $\frac{4000 \times \frac{5}{400}}{7} = 7.14$ 이므로

동작시간은 탭정정 배수 7.14와 시간 표시판 정정 5와 만나는 1.4[sec]에 동작한다.

문제 25 산업 12년 출제

배점 : 5점

고압회로 케이블의 지락보호를 위하여 검출기로 관통형 영상변류기를 설치하고 원칙적으로는 케이블 1회선에 대하여 실드접지의 접지점은 1개소로 한다. 그러나, 케이블의 길이가 길게 되어 케이블 양단에 실드 접지를 하게 되는 경우 양끝의 접지는 다른 접지선과 접속하면 안 된다. 그 이유는 무엇인가?

답안 지락사고 시 지락전류의 일부분이 다른 접지선의 접지점을 통하여 흐르게 된다.
그 결과 지락전류의 검출이 제대로 되지 않아 지락 계전기가 동작하지 않을 수 있기 때문이다.

문제 26 산업 97년 출제

배점 : 4점

영상전압을 검출하는 데 사용되는 기기의 명칭 및 방식을 쓰시오.

(1) 3상인 경우
(2) 단상인 경우

답안 (1) 접지형 계기용 변압기(GPT)
(2) 영상변류기를 이용한 저항 연결 방식

문제 27 산업 09년, 20년 출제

배점 : 5점

주변압기가 3상 △결선(6.6[kV] 계통)일 때 지락사고 시 지락보호에 대하여 답하시오.

(1) 지락보호에 사용하는 변성기 및 계전기의 명칭을 쓰시오.
① 변성기
② 계전기

(2) 영상전압을 얻기 위하여 단상 PT 3대를 사용하는 경우 접속방법을 간단히 설명하시오.

답안 (1) ① 접지형 계기용 변압기(GPT), 영상변류기(ZCT)
② 지락 방향계전기(DGR)

(2) 3대의 단상 계기용 변압기(PT)를 사용하여 1차측을 Y결선하여 중성점을 직접 접지하고, 2차측은 개방 △결선한다.

문제 28 산업 17년 출제

배점 : 4점

계전기에 최소 동작값을 넘는 전류를 인가하였을 때부터 그 접점을 닫을 때까지 요하는 시간, 즉 동작시간을 한시 또는 시한이라고 한다. 다음 그림은 계전기를 한시 특성으로 분류하여 그린 것이다. 특성에 맞는 곡선에 해당하는 계전기의 명칭을 적으시오.

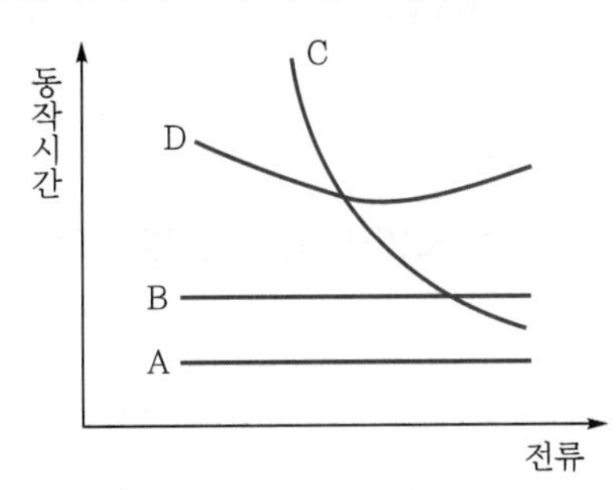

특성 곡선	계전기 명칭
A	
B	
C	
D	

답안

특성 곡선	계전기 명칭
A	순한시 계전기
B	정한시 계전기
C	반한시 계전기
D	반한시성·정한시 계전기

문제 29 산업 19년 출제

배점 : 4점

한시(Time Delay) 보호계전기의 종류를 4가지만 쓰시오.

답안
- 정한시 계전기
- 반한시 계전기
- 반한시성 정한시 계전기
- 단한시 계전기

문제 30 산업 09년 출제

배점 : 5점

차단기 트립회로 전원방식의 일종으로서 AC 전원을 정류해서 콘덴서에 충전시켜 두었다가 AC 전원 정전 시 차단기의 트립전원으로 사용하는 방식을 무엇이라 하는가?

답안 CTD 방식(콘덴서 트립방식)

문제 31 산업 07년 출제

배점 : 6점

그림은 차단기 트립방식을 나타낸 도면이다. 트립방식의 명칭을 쓰시오.

(1)

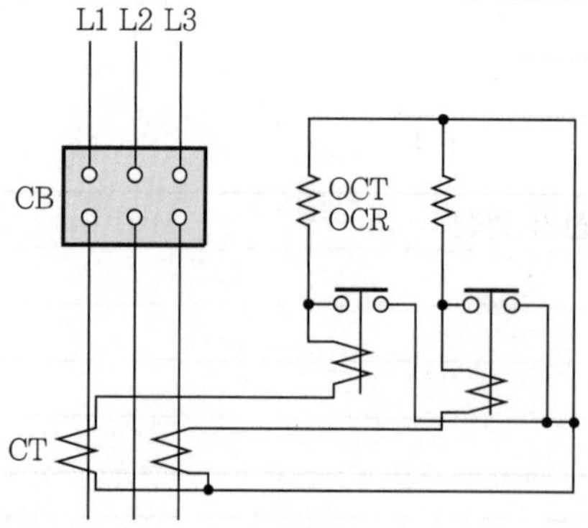

L1 L2 L3
CB
OCT
OCR
CT

(2)

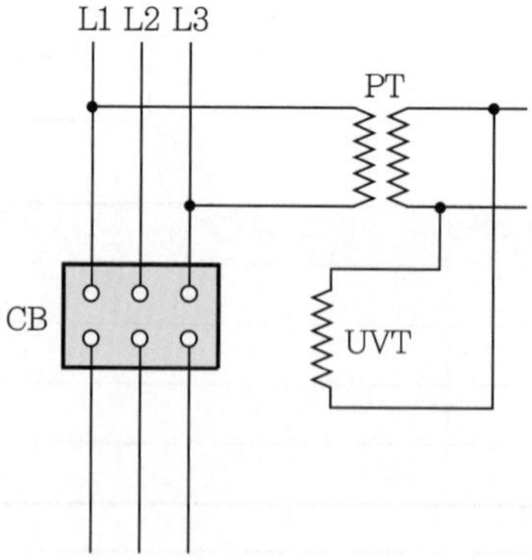

L1 L2 L3
PT
CB
UVT

답안 (1) 과전류 트립방식
(2) 부족전압 트립방식

06 CHAPTER 개폐장치

기출개념 01 개폐장치의 종류

1 차단기(CB)

통전 중의 정상적인 부하전류 개폐는 물론이고, 고장 발생으로 인한 전류도 개폐할 수 있는 개폐기를 말한다.

2 단로기(DS)

전류가 흐르지 않은 상태에서 회로를 개폐할 수 있는 장치로, 기기의 점검 수리를 위해서 이를 전원으로부터 분리할 경우라든지 회로의 접속을 변경할 때 사용된다.

3 부하개폐기(LBS)

통상적인 부하전류 개폐

기출개념 02 차단기 및 전력퓨즈

1 차단기의 정격과 동작 책무

(1) 정격전압 및 정격전류

① 정격전압 : 공칭전압의 $\frac{1.2}{1.1}$

공칭전압	3.3[kV]	6.6[kV]	22.9[kV]	66[kV]	154[kV]	345[kV]
정격전압	3.6[kV]	7.2[kV]	25.8[kV]	72.5[kV]	170[kV]	362[kV]

② 정격전류 : 정격전압, 주파수에서 연속적으로 흘릴 수 있는 전류의 한도[A]

(2) 정격차단전류

모든 정격 및 규정의 회로 조건하에서 규정된 표준 동작 책무와 동작 상태에 따라서 차단할 수 있는 최대의 차단전류 한도(실효값)

(3) 정격차단용량

차단용량[MVA] = $\sqrt{3}$ × 정격전압[kV] × 정격차단전류[kA]

(4) 정격차단시간

트립 코일 여자부터 소호까지의 시간으로 약 3, 5, 8[Hz]

(5) 표준 동작 책무

① 일반용

㉠ 갑호(A) : O – 1분 – CO – 3분 – CO

㉡ 을호(B) : O – 15초 – CO

② 고속도 재투입용 : O – θ – CO – 1분 – CO

여기서 O는 차단, C는 투입, θ는 무전압 시간으로 표준은 0.35초

2 차단기의 종류

(1) 소호 방식

① 자력 소호 : 팽창 차단, 유입차단기

② 타력 소호 : 임펄스 차단, 공기차단기

(2) 소호 매질과 각 차단기 특성

① 유입차단기(Oil Circuit Breaker : OCB)

㉠ 절연유를 사용하며 아크에 의해 기름이 분해되어 발생된 가스가 아크를 냉각하며 가스의 압력과 기름이 아크를 불어내는 방식이다.

㉡ 보수가 번거롭다.

㉢ 소음과 가격이 적다.

㉣ 넓은 전압범위를 적용하고, 100[MVA] 정도의 중용량 또는 소용량이다.

㉤ 기름이 기화할 때 수소를 발생하여 아크냉각이 빠르다.

㉥ 화재의 위험과 중량이 크다.

㉦ 기름 대신 물을 이용할 수 있다.

② 진공차단기(Vacuum Circuit Breaker : VCB)

㉠ 10^{-4}[mmHg] 정도의 고진공 상태에서 차단하는 방식이다.

㉡ 소형 경량, 조작 용이, 화재의 우려가 없고, 소음이 없다.

㉢ 소호실 보수가 필요 없다.

㉣ 다빈도 개폐에 유리하다.

㉤ 10[kV] 정도에 적합하다.

㉥ 동작 시 높은 서지전압을 발생시킨다.

③ 공기차단기(Air Blast Circuit Breaker : ABB)

㉠ 수십 기압의 압축공기(10~30[kg/cm^2 · g])를 불어 소호하는 방식이다.

㉡ 30~70[kV] 정도에 사용한다.

㉢ 소음은 크지만 유지보수가 용이하다.

㉣ 화재의 위험이 없고, 차단 능력이 뛰어나다.
㉤ 대용량이고 개폐빈도가 심한 장소에 많이 쓰인다.

④ 자기차단기(Magnetic Blast Circuit Breaker : MBB)
㉠ 아크와 직각으로 자계를 주어 소호실 내에 아크를 밀어 넣고 아크전압을 증대시키며 또한 냉각하여 소호한다.
㉡ 소전류에서는 아크에 의한 자계가 약하여 소호능력이 저하할 수 있으므로 3.3~6.6[kV] 정도의 비교적 낮은 전압에서 사용한다.
㉢ 화재의 우려가 없고, 보수 점검이 간단하다.

⑤ 가스차단기(Gas Circuit Breaker : GCB)
㉠ SF_6(육불화황) 가스를 소호매체로 이용하는 방식이다.
㉡ 초고압 계통에서 사용한다.
㉢ 소음이 적고, 설치면적이 크다.
㉣ 보수점검 횟수가 감소한다.
㉤ 전류 절단에 의한 이상전압이 발생하지 않는다.
㉥ 높은 재기전압을 갖고 있고, 근거리 선로고장을 차단할 수 있다.

개념 문제 01 기사 10년, 19년 출제

| 배점 : 6점 |

가스절연개폐장치(GIS)에 대한 다음 각 물음에 답하시오.

(1) 가스절연개폐장치(GIS)의 장점 4가지를 쓰시오.
(2) 가스절연개폐장치(GIS)에 사용되는 가스는 어떤 가스인가?

답안 (1) • 소형화 할 수 있다.(옥외 철구형 변전소의 1/10~1/15)
• 충전부가 완전히 밀폐되어 안정성이 높다.
• 소음이 적고 환경 조화를 기할 수 있다.
• 대기 중의 오염물의 영향을 받지 않으므로 신뢰도가 높다.

(2) SF_6(육불화황) 가스

개념 문제 02 기사 06년 출제

| 배점 : 5점 |

수전설비에 있어서 계통의 각 점에 사고 시 흐르는 단락전류의 값을 정확하게 파악하는 것이 수전설비의 보호방식을 검토하는 데 아주 중요하다. 단락전류를 계산하는 것은 주로 어떤 요소에 적용하고자 하는 것인지 그 적용요소에 대하여 3가지만 설명하시오.

답안 • 차단기의 차단용량 결정
• 보호계전기의 정정
• 기기에 가해지는 전자력의 추정

개념 문제 03 기사 12년 출제

| 배점 : 4점 |

전동기, 가열장치 또는 전력장치의 배선에는 이것에 공급하는 부하회로의 배선에서 기계기구 또는 장치를 분리할 수 있도록 단로용 기구로 각개에 개폐기 또는 콘센트를 시설하여야 한다. 그렇지 않아도 되는 경우 2가지를 쓰시오.

답안
- 배선 중에 시설하는 현장조작개폐기가 전로의 각 극을 개폐할 수 있을 경우
- 전용분기회로에서 공급될 경우

3 전력퓨즈(Power fwse)

(1) 전력퓨즈는 단락보호와 변압기, 전동기, PT 및 배전선로 등 차단기의 대용으로 이용한다.

(2) 동작 원리에 따른 구분

① 한류형 : 전류가 흐르면 퓨즈 소자는 용단하여 아크를 발생하고 주위의 규사를 용해시켜 저항체를 만들어 전류를 제한하고, 전차단시간 후 차단을 완료한다.

② 방출형 : 퓨즈 소자가 용단한 뒤 발생하는 아크에 의해 절연성 물질에서 가스를 분출시켜, 전극 간 절연내력을 높이는 퓨즈이다.

(3) 특징

① 장점

㉠ 소형 경량, 경제적으로 유리하다.

㉡ 동작특성이 양호하다.

㉢ 변성기, 계전기 등 별도의 설비가 불필요하다.

② 단점

㉠ 재투입, 재사용 할 수 없다.

㉡ 여자전류, 기동전류 등 과도전류에 동작될 우려가 있다.

㉢ 각 상을 동시 차단할 수 없으므로 결상되기 쉽다.

㉣ 부하전류 개폐용으로 사용할 수 없다.

㉤ 임의의 특성을 얻을 수 없다.

개념 문제 01 기사 18년 출제

| 배점 : 4점 |

전력퓨즈의 역할을 쓰시오.

답안 통상의 부하전류는 안전하게 통전시키고, 단락전류는 차단하여 기기 및 전로를 보호한다.

개념 문제 02 기사 00년, 02년, 06년 출제

| 배점 : 8점 |

수변전설비에 설치하고자 하는 전력퓨즈(Power fuse)에 대해서 다음 각 물음에 답하시오.

(1) 전력퓨즈의 가장 큰 단점은 무엇인지를 설명하시오.
(2) 전력퓨즈를 구입하고자 한다. 기능상 고려해야 할 주요 요소 3가지를 쓰시오.
(3) 전력퓨즈의 성능(특성) 3가지를 쓰시오.
(4) PF-S형 큐비클은 큐비클의 주차단장치로서 어떤 종류의 전력퓨즈와 무엇을 조합한 것인가?
① 전력퓨즈의 종류
② 조합하여 설치하는 것

답안 (1) 재투입이 불가능하다.
(2) • 정격전압
• 정격전류
• 정격차단전류
(3) • 용단 특성
• 전차단 특성
• 단시간 허용 특성
(4) ① 한류형 퓨즈
② 고압개폐기

단원 빈출문제

문제 01 산업 13년 출제

배점 : 5점

다음은 개폐기의 종류를 나열한 것이다. 기기의 특징에 알맞은 명칭을 빈칸에 쓰시오.

구 분	명 칭	특 징
①		• 전로의 접속을 바꾸거나 끊는 목적으로 사용 • 전류의 차단능력은 없음 • 무전류 상태에서 전로 개폐 • 변압기, 차단기 등의 보수점검을 위한 회로 분리용 및 전력계통 변환을 위한 회로 분리용으로 사용
②		• 평상시 부하전류의 개폐는 가능하나 이상 시(과부하, 단락) 보호기능은 없음 • 개폐 빈도가 적은 부하의 개폐용 스위치로 사용 • 전력 Fuse와 사용 시 결상방지 목적으로 사용
③		• 평상시 부하전류 혹은 과부하전류까지 안전하게 개폐 • 부하의 개폐·제어가 주목적이고, 개폐 빈도가 많음 • 부하의 조작, 제어용 스위치로 이용 • 전력 Fuse와의 조합에 의해 Combination Switch로 널리 사용
④		• 평상시 전류 및 사고 시 대전류를 지장 없이 개폐 • 회로 보호가 주목적이며 기구, 제어회로가 Tripping 우선으로 되어 있음 • 주회로 보호용 사용
⑤		• 일정치 이상의 과부하전류에서 단락전류까지 대전류 차단 • 전로의 개폐능력은 없음 • 고압개폐기와 조합하여 사용

답안 ① 단로기
② 부하개폐기
③ 전자접촉기
④ 차단기
⑤ 전력퓨즈

문제 02 산업 13년 출제

배점 : 6점

다음 기기의 사용용도에 대하여 설명하시오.

(1) 점멸기
(2) 단로기
(3) 차단기
(4) 전자접촉기

답안 (1) 전등 등의 점멸에 사용
(2) 고압기기 1차측에 설치하여 고압기기를 점검, 수리할 때 회로를 분리하기 위하여 사용
(3) 부하전류 개폐 및 고장전류를 차단하기 위하여 사용
(4) 부하의 개폐 빈도가 높은 곳에 사용

문제 03 산업 93년, 01년, 13년, 14년 출제

배점 : 5점

Circuit Breaker(차단기)와 Disconnecting Switch(단로기)의 차이점을 설명하시오.

(1) 차단기(CB)
(2) 단로기(DS)

답안 (1) 정상적인 부하전류를 개폐하거나 또는 기기나 계통에서 발생한 고장전류를 차단하여 고장 개소를 제거할 목적으로 사용된다.
(2) 전선로나 전기기기의 수리, 점검을 하는 경우 차단기로 차단된 무부하 상태의 전로를 확실하게 열기 위하여 사용되는 개폐기로서 부하전류 및 고장전류를 차단하는 기능은 없다.

문제 04 산업 15년 출제

배점 : 4점

LS, DS, CB가 그림과 같이 설치되었을 때의 조작 순서를 차례로 쓰시오.

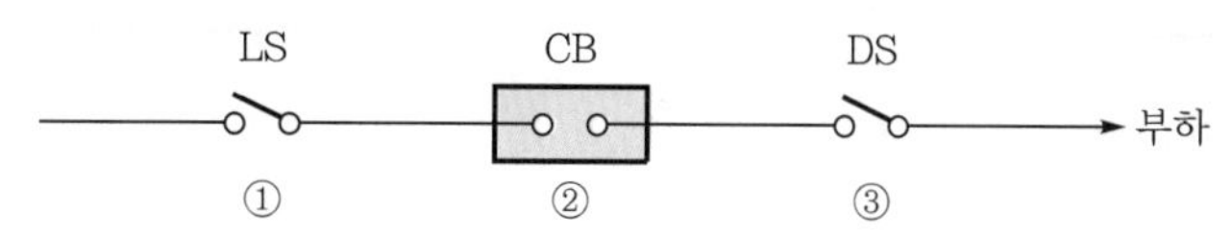

(1) 투입(ON) 시의 조작 순서
(2) 차단(OFF) 시의 조작 순서

답안 (1) ③ - ① - ②
(2) ② - ③ - ①

문제 05 산업 21년 출제 | 배점 : 3점 |

그림과 같은 수전설비에서 변압기의 내부 고장이 발생하였을 때 가장 먼저 개방되어야 하는 기기의 명칭을 쓰시오.

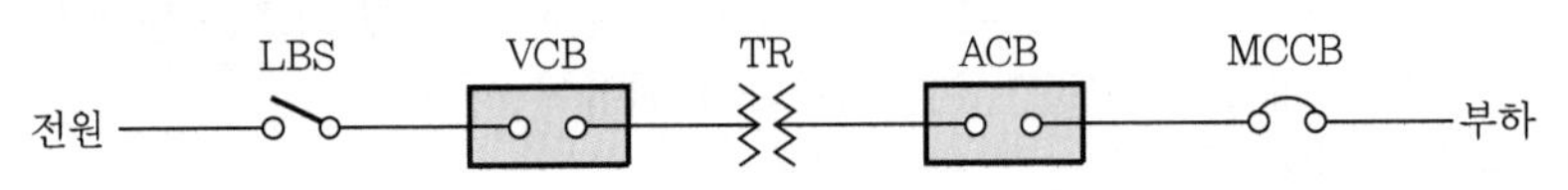

답안 VCB(진공차단기)

문제 06 산업 16년 출제 | 배점 : 3점 |

그림과 같은 수전설비에서 변압기나 부하설비에서 사고가 발생하였을 때 가장 먼저 개로하여야 하는 기기의 명칭을 쓰시오.

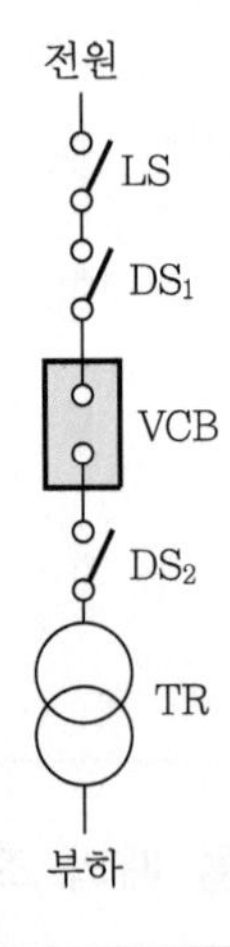

답안 진공차단기(VCB)

문제 07 산업 97년, 00년, 04년, 06년, 11년 출제

배점 : 6점

그림과 같은 계통에서 측로 단로기 DS_3을 통하여 부하에 공급하고 차단기 CB를 점검하고자 할 때 다음 각 물음에 답하시오. (단, 평상시에 DS_3는 열려 있는 상태임)

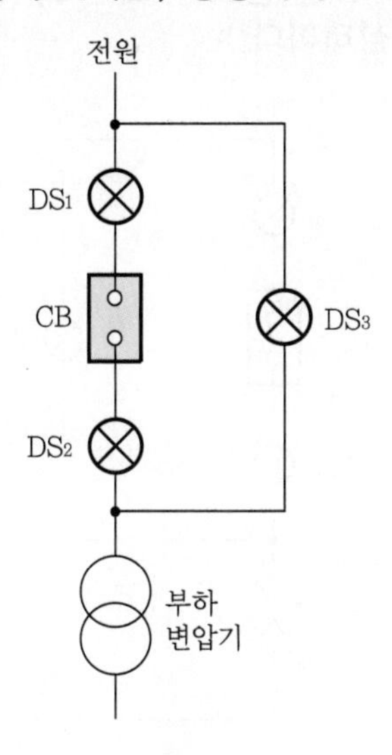

(1) 차단기 점검을 하기 위한 조작 순서를 쓰시오.
(2) CB의 점검이 완료된 후 정상 상태로 전환 시의 조작 순서를 쓰시오.
(3) 도면과 같은 설비에서 차단기 CB의 점검작업 중 발생할 수 있는 문제점을 설명하고 이러한 문제점을 해소하기 위한 방안을 설명하시오.
① 발생될 수 있는 문제점
② 해소 방안

답안 (1) DS_3(ON) → CB(OFF) → DS_2(OFF) → DS_1(OFF)

(2) DS_2(ON) → DS_1(ON) → CB(ON) → DS_3(OFF)

(3) ① 차단기(CB)가 투입(ON)된 상태에서 단로기(DS_1, DS_2)를 투입(ON)하거나 개방(OFF)하면 위험(감전 및 전기화상)하다.

② • 인터록 장치를 한다.
- 부하전류가 통전 중 회로의 개폐가 되지 않도록 시설한다.

• 단로기에 잠금장치를 한다.
- 사용 중 단로기를 개방상태와 투입상태 그대로 유지하기 위하여 자물쇠 장치를 한다.

문제 08 산업 97년, 00년, 04년, 06년, 20년 출제

배점 : 4점

그림과 같은 변전설비에서 무정전 상태로 차단기를 점검하기 위한 조작 순서를 기구기호를 이용하여 설명하시오. (단, S_1, R_1은 단로기, T_1은 By-pass 단로기, TR은 변압기이며, T_1은 평상시에 개방되어 있는 상태이다.)

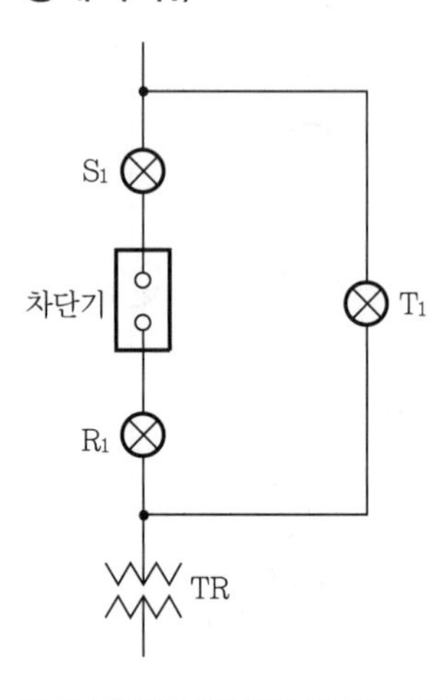

답안 T_1(ON) → 차단기(OFF) → R_2(OFF) → S_1(OFF)

문제 09 산업 93년, 00년 출제

배점 : 6점

절환모선에 대한 물음에 답하시오.

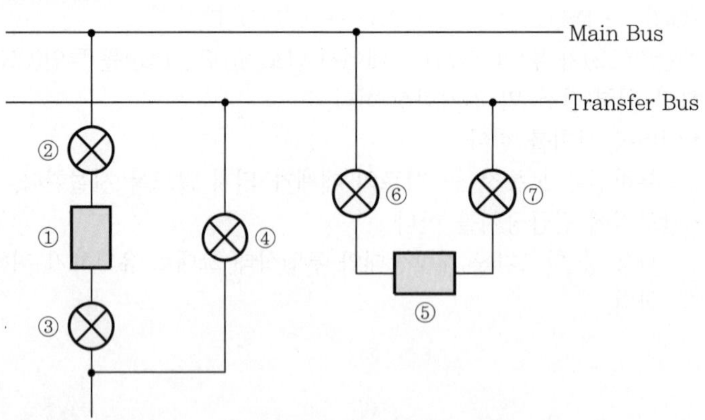

(1) 평상시에 절환모선이 가압되어 있는지의 여부를 밝히시오.
(2) 절환모선을 설치한 이유는?
(3) ①번 OCB를 점검하기 위한 조작 순서는? (단, 기기의 번호를 이용하여 ON, OFF로 표시)

(4) ①번 OCB 점검 후 복귀 순서는? (단, 기기의 번호를 이용하여 ON, OFF로 표시)
(5) 도면의 ②, ③, ④, ⑥, ⑦의 명칭은?

답안 (1) 가압되어 있지 않다.
(2) 메인 모선을 점검하거나, 고장 시 절환모선을 통해 무정전으로 전력을 공급하기 위함
(3) ⑦ ON – ⑥ ON – ⑤ ON – ④ ON – ① OFF – ③ OFF – ② OFF
(4) ③ ON – ② ON – ① ON – ④ OFF – ⑤ OFF – ⑦ OFF – ⑥ OFF
(5) 단로기

문제 10 산업 16년 출제

배점 : 5점

부하개폐기(LBS : Load Breaker Switch)의 기능을 설명하시오.

답안 변압기 등의 운전·정지 또는 전력계통의 운전·정지 등 부하전류가 흐르고 있는 회로의 개폐를 목적으로 사용한다.

해설 **부하개폐기(LBS : Load Breaking Switch)**

(1) 부하개폐기의 기능

정상상태에서 소정의 전로를 개폐 및 통전, 그 전로의 단락상태에 있어서 이상전류를 소정의 시간 통전할 수 있는 성능을 갖는 개폐기로, 변압기 등의 운전·정지 또는 전력계통의 운전·정지 등 부하전류가 흐르고 있는 회로의 개폐를 목적으로 사용한다.

- 부하전류의 개폐 및 통전
- 루프(loop)전류의 개폐 및 통전
- 여자전류의 개폐 및 통전
- 충전전류의 개폐 및 통전
- 콘덴서전류의 개폐 및 통전

(2) 부하개폐기의 종류와 용도

① 용도 : 수전설비에는 다음과 같은 여러 가지 용도로 사용된다.

- 옥내
  - 주차단장치(한류형 전력퓨즈붙이)
  - 안전관리상의 책임분계점에 설치하는 구분개폐기
  - 변압기 콘덴서의 개폐기
- 옥외
  - 안전관리상의 책임분계점에 설치하는 구분개폐기
  - 고압 구내배전선의 선로개폐기
  - 고압 구내배전선의 분기개폐기

② 종류 : 소호매체에 의한 분류

종 류	소호매체
기중부하개폐기	대기(大氣)
유(油)부하개폐기	절연유
진공부하개폐기	진공(10^{-4}[mmHg] 이하)
가스부하개폐기	SF_6가스
공기부하개폐기	압축공기

문제 11 산업 18년 출제 배점 : 4점

고압 이상에만 사용되는 차단기의 종류를 3가지만 쓰시오.

답안
- 유입차단기
- 공기차단기
- 가스차단기

문제 12 산업 15년, 20년 출제 배점 : 5점

차단기의 종류를 5가지만 쓰고 각각의 소호매체(매질)를 답란에 쓰시오.

차단기 종류	매체(매질)

답안

차단기 종류	매체(매질)
공기차단기	압축된 공기
유입차단기	절연유
가스차단기	SF_6가스
진공차단기	고진공
자기차단기	전자력

문제 13 산업 10년 출제

배점 : 10점

다음의 교류 차단기의 약어와 소호원리에 대해 쓰시오.

명 칭	약 어	소호원리
가스차단기		
공기차단기		
유입차단기		
진공차단기		
자기차단기		
기중차단기		

답안

명 칭	약 어	소호원리
가스차단기	GCB	SF_6(육불화유황)가스를 흡수해서 차단
공기차단기	ABB	압축공기를 아크에 불어넣어서 차단
유입차단기	OCB	아크에 의한 절연유 분해가스의 흡부력을 이용하여 차단
진공차단기	VCB	고진공 속에서 전자의 고속도 확산을 이용하여 차단
자기차단기	MBB	전자력을 이용하여 아크를 소호실 내로 유도하여 냉각차단
기중차단기	ACB	대기 중에서 아크를 길게 하여 소호실에서 냉각차단

문제 14 산업 19년 출제

배점 : 4점

다음 ( )에 가장 알맞은 내용을 답란에 쓰시오.

교류변전소용 자동제어기구 번호에서 52C는 (①)이고, 52T는 (②)이다.

답안 ① 차단기 투입코일
② 차단기 트립코일

해설

기구번호	명 칭	설 명
52	교류 차단기	교류회로를 차단하는 것
52C	차단기 투입코일	
52T	차단기 트립코일	
52H	소내용 차단기	
52P	MTr 1차 차단기	
52S	MTr 2차 차단기	
52K	MTr 3차 차단기	

문제 15 산업 08년 출제

배점 : 5점

수변전계통에서 주변압기의 1차/2차 전압은 22.9[kV]/6.6[kV]이고, 주변압기 용량은 1,500[kVA]이다. 주변압기의 2차측에 설치되는 진공차단기의 정격전압은?

답안 7.2[kV]

해설 $V_n = 6.6 \times \frac{1.2}{1.1} = 7.2[\mathrm{kV}]$

문제 16 산업 20년 출제

배점 : 4점

다음 표에 우리나라에서 통용되고 있는 계통의 공칭전압에 따른 정격전압을 쓰시오.

계통의 공칭전압[kV]	정격전압[kV]
22.9	
154	
345	
765	

답안

계통의 공칭전압[kV]	정격전압[kV]
22.9	25.8
154	170
345	362
765	800

문제 17 산업 06년 출제

배점 : 5점

교류 차단기의 동작 책무란 무엇인지 간단히 설명하시오.

답안 차단기가 계통에 사용될 때 차단-투입-차단의 동작을 반복하게 되는데 그 시간 간격을 나타낸 일련의 동작을 규정한 것

문제 **18** 산업 97년, 08년 출제

배점 : 5점

최근 차단기의 절연 및 소호용으로 많이 이용되고 있는 SF_6 Gas의 특성 4가지만 쓰시오.

답안
- 절연 성능과 안전성이 우수한 불활성기체(SF_6)이다.
- 소호능력이 뛰어나다(공기의 약 100배).
- 절연내력은 공기의 2~3배 정도이다.
- 무독, 무취, 불연기체로서 유독가스를 발생하지 않는다.

문제 **19** 산업 06년 출제

배점 : 4점

가스절연개폐설비(GIS)의 장점을 4가지만 설명하시오.

답안
- 소형화할 수 있다(옥외 철구형 변전소의 1/10~1/15).
- 충전부가 완전히 밀폐되어 안정성이 높다.
- 소음이 적고 환경 조화를 기할 수 있다.
- 대기 중의 오염물의 영향을 받지 않으므로 신뢰도가 높다.

문제 **20** 산업 93년, 97년, 99년, 02년, 10년 출제

배점 : 7점

차단기 명판에 BIL 150[kV], 정격차단전류 20[kA], 차단시간 3[Hz], 솔레노이드형이라고 기재되어 있다. 이것을 보고 다음 각 물음에 답하시오.

(1) BIL이란 무엇인가?
(2) 이 차단기(CB)의 정격전압은?
(3) 이 차단기(CB)의 정격용량은?
(4) 차단시간이란 개극시간과 어떤 시간을 가리키는 것인가?
(5) 조작 전원으로 사용되는 전기는 어떤 종류의 전기가 사용되는가?

답안
(1) 기준충격절연강도
(2) 24[kV]
(3) 831.38[MVA]
(4) 아크 소호 시간
(5) 직류(DC)

해설
(3) $P_s = \sqrt{3}\, V_n I_s = \sqrt{3} \times 24 \times 10^3 \times 20 \times 10^3 \times 10^{-6} = 831.38[\text{MVA}]$

문제 21 산업 93년, 97년, 99년, 02년, 20년

배점 : 7점

차단기 명판에 BIL 150[kV], 정격차단전류 20[kA], 차단시간 5[Hz], 솔레노이드형이라고 기재되어 있다. 이것을 보고 다음 각 물음에 답하시오.

(1) BIL이란 무엇인가?
(2) 이 차단기의 정격전압이 25.8[kV]라면 정격용량은 몇 [MVA]가 되겠는가?
(3) 차단기를 트립(Trip)시키는 방식을 3가지만 쓰시오.

답안 (1) 기준충격절연강도
(2) 893.74[MVA]
(3) • 직류전압 트립방식
• 과전류 트립방식
• 콘덴서 트립방식

해설 (2) $P_s = \sqrt{3}\, V_n I_s$
$= \sqrt{3} \times 25.8 \times 20$
$= 893.74[\text{MVA}]$

문제 22 산업 93년, 99년 출제

배점 : 5점

차단기에는 보조 SW접점 및 a, b접점, 이외 aa, bb접점이 있다. 이 aa 및 bb접점의 특성에 대하여 (　) 안을 채우시오.

차단기가 (①)된 상태에서 (①)되어 있는 것은 a접점과 같으나 (②)될 때는 a접점보다 시간적으로 (③) 닫히고 열릴 때는 (④) 열리는 접점을 aa접점이라 하고 반대의 동작 상태를 나타내는 것을 bb접점이라 한다.

답안 ① 개방
② 투입
③ 늦게
④ 빨리

문제 23 산업 21년

배점 : 6점

다음 [조건]의 차단기에 대한 각 물음에 답하시오. (단, 한국전기설비규정에 따른다.)

[조건]
- 전압 : 3상 380[V]
- 부하의 종류 : 전동기(효율과 역률은 고려하지 않는다)
- 부하용량 : 30[kW]
- 전동기 기동시간에 따른 차단기의 규약동작배율 : 5
- 전동기 기동전류 : 8배
- 전동기 기동방법 : 직입기동

차단기의 정격전류[A]													
32	40	50	63	80	100	125	150	175	200	225	250	300	400

(1) 부하의 정격전류[A]를 구하시오.
(2) 차단기의 정격전류[A]를 선정하시오.

답안 (1) 45.58[A]
(2) 80[A]

해설 (1) 효율과 역률은 고려하지 않으므로

$$I_m = \frac{P}{\sqrt{3}\,V} = \frac{30 \times 10^3}{\sqrt{3} \times 380} = 45.58[\text{A}]$$

(2) $I_n = \frac{I_m \beta}{\delta} = \frac{45.58 \times 8}{5} = 72.93[\text{A}]$

따라서, 차단기 정격전류 80[A]를 선정

문제 24 산업 89년, 95년, 07년 출제

배점 : 9점

다음과 같은 상황의 전자개폐기의 고장에서 주요 원인과 그 보수방법을 2가지씩 써 넣으시오.

(1) 철심이 운다.
  ① 원인
  ② 보수방법
(2) 동작하지 않는다.
  ① 원인
  ② 보수방법
(3) 서멀 릴레이가 떨어진다.
  ① 원인
  ② 보수방법

답안 (1) ① • 가동철심과 고정철심 접촉 부위에 녹 발생
• 철심 전원단자 나사 부분의 이완
② • 샌드 페이퍼로 녹을 제거한다.
• 나사의 이완 부분을 조인다.
(2) ① • 여자 코일이 단선 또는 소손되었을 때
• 전원이 결상되었을 때
② • 여자 코일을 교체한다.
• 전원 결상 부분을 찾아 연결한다.
(3) ① • 과부하 발생 시
• 서멀 릴레이 설정값이 낮을 때
② • 부하를 정격값으로 조정한다.
• 서멀 릴레이 설정값을 상위값으로 조정한다.

문제 25 산업 98년, 00년 출제

배점 : 6점

전력개폐장치의 기본적인 것을 개폐능력에 따라 대별하여 차단기, 개폐기, 단로기, 퓨즈 등으로 분류한다면 아래 기능에 대한 개폐장치의 명칭을 기입하시오. (단, ○ : 가능, △ : 때에 따라 가능, × : 불가능)

기구 명칭	정상 전류			이상 전류		
	통전	개	폐	통전	투입	차단
①	○	○	○	○	○	○
②	○	×	×	×	×	○
③	○	△	×	○	×	×
④	○	○	○	○	△	×

답안 ① 차단기
② 퓨즈
③ 단로기
④ 개폐기

문제 26 산업 13년 출제 | 배점 : 6점 |

다음 물음에 답하시오

(1) 전력퓨즈는 과전류 중 주로 어떤 전류의 차단을 목적으로 하는가?
(2) 전력퓨즈의 단점을 보완하기 위한 대책을 3가지만 쓰시오.

답안 (1) 단락전류
(2) • 결상 계전기를 사용한다.
• 사용목적에 적합한 전용의 전력퓨즈를 사용한다.
• 계통의 절연강도를 전력퓨즈 용단 시 발생하는 과전압보다 높게 한다.

문제 27 산업 12년 출제 | 배점 : 4점 |

차단기에 비하여 전력용 퓨즈의 장점 4가지를 쓰시오.

답안 • 소형으로 큰 차단용량을 갖는다.
• 보수가 용이하다.
• 릴레이나 변성기가 필요 없다.
• 고속도 차단한다.

문제 28 산업 96년, 13년 출제 | 배점 : 5점 |

수변전설비에 설치하고자 하는 파워 퓨즈(전력용 퓨즈)는 사용장소, 정격전압, 정격전류 등을 고려하여 구입하여야 하는데, 이외에 고려하여야 할 주요 특성을 3가지만 쓰시오.

답안 • 정격차단용량
• 최소 차단전류
• 전류 – 시간 특성

문제 29 산업 09년, 18년 출제

배점 : 6점

전력퓨즈(Power Fuse)는 고압, 특고압 기기의 단락전류의 차단을 목적으로 사용되며, 소호방식에 따라 한류형(PF)과 비한류형(COS)이 있다. 다른 개폐기와 비교한 퓨즈의 장점과 단점을 각각 3가지씩만 쓰시오. (단, 가격, 크기, 무게 등 기술 외적인 사항은 제외한다.)

(1) 장점
(2) 단점

답안 (1) • 고속도 차단이 가능하다.
• 소형으로 큰 차단용량을 갖는다.
• 릴레이나 변성기가 필요 없다.

(2) • 동작 후 재투입이 불가능하다.
• 차단전류 – 동작시간특성의 조정이 불가능하다.
• 비보호영역이 존재한다.

문제 30 산업 94년, 98년, 00년, 02년, 06년, 19년 출제

배점 : 8점

전력퓨즈에서 퓨즈에 대한 그 역할과 기능에 대해서 다음 각 물음에 답하시오.

(1) 퓨즈의 역할을 크게 2가지로 대별하여 간단하게 설명하시오.
(2) 퓨즈의 가장 큰 단점은 무엇인가?
(3) 주어진 표는 개폐장치(기구)의 동작 가능한 곳에 ○표를 한 것이다. ①~③은 어떤 개폐장치이겠는가?

능력 / 기능	회로 분리		사고 차단	
	무부하	부하	과부하	단락
퓨즈	○			○
①	○	○	○	○
②	○	○	○	
③	○			

(4) 큐비클의 종류 중 PF · S형 큐비클은 주차단장치로서 어떤 것들을 조합하여 사용하는 것을 말하는가?

답안 (1) • 부하전류는 안전하게 통전한다.
　• 어떤 일정값 이상의 과전류는 차단하여 전로나 기기를 보호한다.

(2) 재투입할 수 없다.

(3) ① 차단기
　② 개폐기
　③ 단로기

(4) 전력퓨즈와 개폐기

MEMO

Ⅱ. 전기설비 유지관리

01 CHAPTER 역률 개선

기출개념 01 역률 개선의 효과 및 원리

1 역률 개선의 효과

(1) 변압기, 배전선의 손실 저감
(2) 설비용량의 여유 증가
(3) 전압강하의 저감
(4) 전기요금의 저감

2 역률 개선의 원리

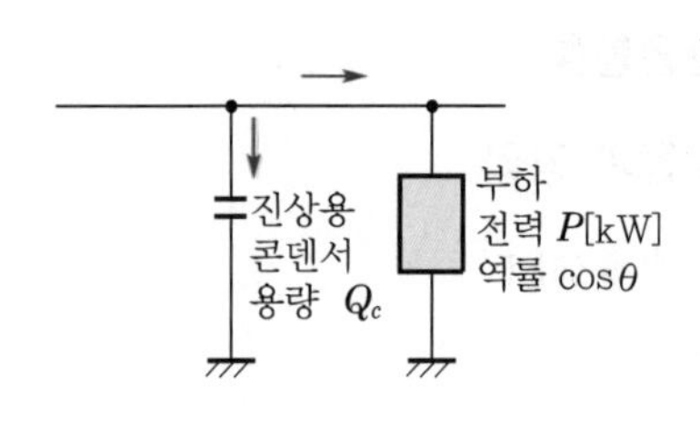

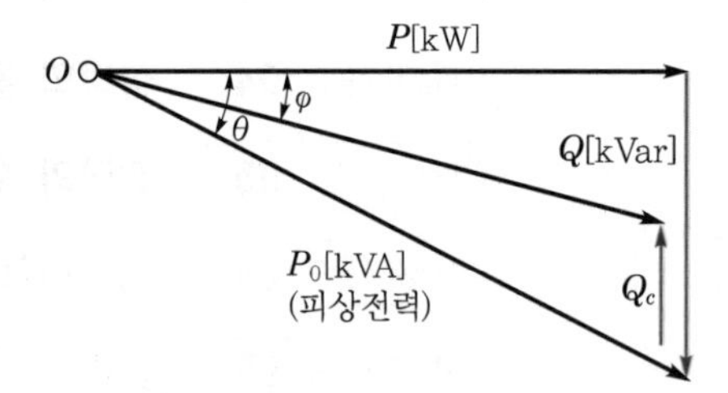

(1) 진상용량

$$Q_c = P(\tan\theta_1 - \tan\theta_2)[\text{kVA}]$$

(2) 개선 후 피상전력

$$P_a{}' = \sqrt{P^2 + (P\tan\theta_1 - Q_c)^2}\,[\text{kVA}]$$

(3) 개선 후 증가전력

$$P' = P_a(\cos\theta_2 - \cos\theta_1)[\text{kW}]$$

3 콘덴서의 용량

역률 개선용 콘덴서의 단위는 저압용[μF], 고압용[kVA]을 사용한다.

기출개념 02 전력용 콘덴서 부속설비

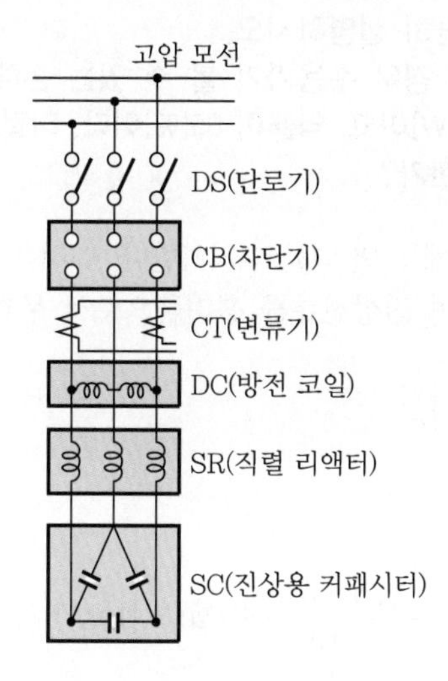

1 직렬 리액터

(1) 제5고조파 제거

(2) 직렬 리액터 용량

$$2\pi(5f)L = \frac{1}{2\pi(5f)C}$$

$$\therefore \ \omega L = \frac{1}{25} \times \frac{1}{\omega C} = 0.04 \times \frac{1}{\omega C}$$

용량 리액턴스의 4[%]이지만 주파수의 변동과 대지정전용량을 고려하여 일반적으로 5~6[%] 정도의 직렬 리액터를 설치한다.

2 방전 코일

전력용 콘덴서와 병렬로 접속한 권선 또는 저항으로 콘덴서를 모선에서 분리하였을 때 콘덴서에 잔류하는 전하를 방전시켜 인축에 대한 감전사고 방지와 재투입 시 모선의 전압이 과상승하는 것을 방지한다.

3 전력용 콘덴서의 △결선 이유

(1) 제3고조파 제거

(2) 정전용량[μF]을 $\frac{1}{3}$로 줄일 수 있다.

개념 문제 01 기사 01년, 02년, 19년 출제 | 배점 : 6점 |

부하의 역률 개선에 대한 다음 각 물음에 답하시오.

(1) 역률을 개선하는 원리를 간단히 설명하시오.

(2) 부하설비의 역률이 저하하는 경우 수용가가 볼 수 있는 손해를 2가지만 쓰시오.

(3) 어느 공장의 3상 부하가 30[kW]이고, 역률이 65[%]이다. 이것의 역률을 90[%]로 개선하려면 전력용 콘덴서 몇 [kVA]가 필요한가?

답안 (1) 유도성 부하를 사용하게 되면 역률이 저하한다. 이것을 개선하기 위하여 부하에 병렬로 콘덴서(용량성)를 설치하여 진상전류를 흘려줌으로서 무효전력을 감소시켜 역률을 개선한다.

(2) • 전력손실이 커진다.

• 전기요금이 증가한다.

(3) 20.54[kVA]

해설 (3) $Q_c = P(\tan\theta_1 - \tan\theta_2)$

$$= 30 \times \left(\frac{\sqrt{1-0.65^2}}{0.65} - \frac{\sqrt{1-0.9^2}}{0.9}\right) = 20.54[\text{kVA}]$$

개념 문제 02 기사 10년 출제 | 배점 : 5점 |

어느 수용가가 당초 역률(지상) 80[%]로 150[kW]의 부하를 사용하고 있었는데, 새로 역률(지상) 60[%], 100[kW]의 부하를 증가하여 사용하게 되었다. 이 때 콘덴서로 합성 역률을 90[%]로 개선하는 데 필요한 용량은 몇 [kVA]인가?

답안 124.77[kVA]

해설

무효전력 $Q = \frac{150}{0.8} \times 0.6 + \frac{100}{0.6} \times 0.8 = 245.83[\text{kVar}]$

유효전력 $P = 150 + 100 = 250[\text{kW}]$

합성 전력 $\cos\theta = \frac{P}{\sqrt{P^2 + Q^2}} = \frac{250}{\sqrt{250^2 + 245.83^2}} = 0.713$

$$\therefore\ Q_c = P(\tan\theta_1 - \tan\theta_2) = 250\left(\frac{\sqrt{1-0.713^2}}{0.713} - \frac{\sqrt{1-0.9^2}}{0.9}\right) = 124.769[\text{kVA}]$$

PART 1

개념 문제 03 기사 17년 출제 | 배점 : 4점 |

고조파 전류는 각종 선로나 간선에 에너지 절약 기기나 무정전 전원장치 등이 증가되면서 선로에 발생하여 전원의 질을 떨어뜨리고 과열 및 이상 상태를 발생시키는 원인이 되고 있다. 고조파 전류를 방지하기 위한 대책을 3가지만 적으시오.

답안
- 고조파 필터를 사용한다.
- 전력용 커패시터에 직렬 리액터를 설치한다.
- 변압기 결선을 △결선으로 한다.

개념 문제 04 기사 03년, 15년 출제 | 배점 : 4점 |

역률 과보상시 발생하는 현상에 대하여 3가지만 쓰시오.

답안
- 역률 저하 및 손실 증가
- 단자전압 상승
- 계전기 오동작

개념 문제 05 기사 03년, 09년 출제 | 배점 : 8점 |

그림과 같은 계통도에서 (1), (2), (3), (4)의 명칭을 쓰고 그 역할을 간단히 설명하시오.

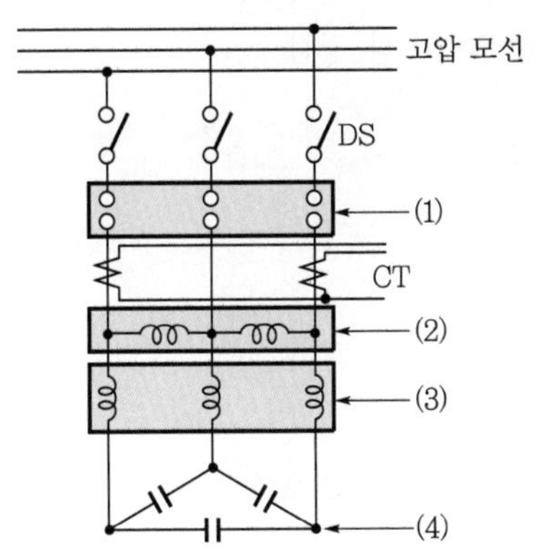

답안 (1) 교류 차단기 : 단락사고 등 사고전류와 부하전류 차단
(2) 방전 코일 : 콘덴서에 축적된 잔류 전하 방전
(3) 직렬 리액터 : 제5고조파를 제거하여 파형을 개선
(4) 전력용 커패시터 : 부하의 역률을 개선

CHAPTER 01
역률 개선

단원 빈출문제

문제 01 산업 14년 출제 배점 : 5점

부하의 역률을 개선하는 원리를 간단히 쓰시오.

답안 부하와 병렬로 콘덴서를 설치하여 진상의 무효전력 Q_C를 공급하여 부하의 지상 무효전력 Q_L을 감소시키는 것을 말하며 이때 부하의 유효전력 P는 변함이 없다.

문제 02 산업 14년, 15년 출제 배점 : 5점

전력용 콘덴서의 설치 목적(역률 개선 효과) 4가지를 쓰시오.

답안
- 변압기와 배전선의 전력손실 경감
- 전압강하의 감소
- 설비용량의 여유 증가
- 전기요금의 감소

문제 03 산업 99년, 04년, 12년, 14년, 17년 출제 배점 : 4점

역률을 개선하면 전기요금의 저감과 배전선의 손실 경감, 전압강하 감소, 설비 여력의 증가 등을 기할 수 있으나, 너무 과보상하면 역효과가 나타난다. 즉, 경부하 시에 콘덴서가 과대 삽입되는 경우의 결점을 2가지 쓰시오.

답안
- 앞선 역률에 의한 전력손실이 생긴다.
- 모선 전압의 과상승이 발생한다.

문제 04 산업 10년 출제

배점 : 5점

역률이 나쁘면 기기의 효율이 떨어지므로 역률 개선용 콘덴서를 설치한다. 어느 기기의 역률이 0.9이었다면 이 기기의 무효율은 얼마나 되는지 구하시오.

답안 0.44

해설 무효율 $\sin\theta = \sqrt{1-\cos\theta^2} = \sqrt{1-0.9^2} = 0.44$

문제 05 산업 13년 출제

배점 : 5점

다음 물음에 답하시오.

(1) 역률을 개선하기 위한 전력용 콘덴서 용량은 최대 무슨 전력 이하로 설정하여야 하는지 쓰시오.
(2) 고조파를 제거하기 위해 콘덴서에 무엇을 설치해야 하는지 쓰시오.
(3) 역률 개선 시 나타나는 효과 3가지를 쓰시오.

답안 (1) 부하의 지상 무효전력
(2) 직렬 리액터
(3) • 전력손실 경감
• 전압강하의 감소
• 설비용량의 여유 증가

문제 06 산업 09년 출제

배점 : 5점

집합형으로 콘덴서를 설치할 경우와 비교하여, 전동기 단자에 개별로 콘덴서를 설치할 경우 예상되는 장점 및 단점을 각 1가지씩만 쓰시오.

(1) 장점
(2) 단점

답안 (1) 전력손실 경감효과가 크다.
(2) 설치 및 유지보수 비용이 증가한다.

문제 07 산업 92년, 99년, 02년 출제

배점 : 9점

다음 계통도의 가, 나, 다의 명칭과 역할을 간단히 설명하시오.

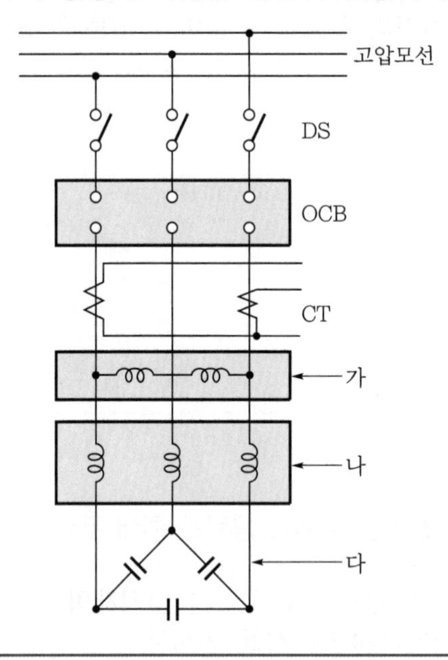

답안

번 호	명 칭	역 할
가	방전 코일	콘덴서에 축적된 잔류전하를 방전한다.
나	직렬 리액터	제5고조파를 제거하여 파형을 개선한다.
다	전력용 콘덴서	역률을 개선한다.

문제 08 산업 96년, 00년, 13년 출제

배점 : 4점

전력용 콘덴서와 함께 설치되는 방전 코일과 직렬 리액터의 용도를 간단히 설명하시오.

(1) 방전 코일
(2) 직렬 리액터

답안 (1) 콘덴서에 축적된 잔류전하 방전
(2) 제5고조파 제거

문제 09 산업 16년 출제

배점 : 4점

콘덴서 회로에 직렬 리액터를 반드시 넣어야 하는 경우를 2가지 쓰고, 그 이유를 설명하시오.

직렬 리액터를 설치하여야 하는 경우	이 유

답안

직렬 리액터를 설치하여야 하는 경우	이 유
부하설비로 인한 고조파가 존재하는 경우	제5고조파를 제거하여 파형을 개선
콘덴서 투입 시 생기는 큰 돌입전류에 의한 전원계통 및 부하설비에 악영향을 미칠 우려가 있는 경우	콘덴서 투입 돌입전류 억제

문제 10 산업 20년 출제

배점 : 5점

역률 개선용 커패시터와 직렬로 연결하여 사용하는 직렬 리액터의 사용 목적을 3가지만 쓰시오.

답안
- 콘덴서 사용 시 고조파에 의한 전압파형의 왜곡방지
- 콘덴서 투입 시 돌입전류 억제
- 콘덴서 개방 시 재점호한 경우 모선의 과전압 억제
- 고조파 발생원에 의한 고조파전류의 유입억제와 계전기 오동작 방지

문제 11 산업 01년 출제

배점 : 6점

콘덴서 회로의 제5고조파를 유도성으로 하기 위해 직렬 리액터를 삽입한다. 이때 다음 각 물음에 답하시오.

(1) 리액터 용량은 콘덴서 용량의 몇 [%] 이상으로 하는가? (단, 근거식을 써서 설명하시오.)
(2) 실제로 주파수 변동이나 경제성을 고려하여 일반적으로 콘덴서 용량의 몇 [%]로 하는가?

답안 (1) 4[%]

(2) 6[%]

해설 (1) 제5고조파에 대하여 유도성으로 하기 위해서는 $5\omega L > \frac{1}{5\omega C}$

$\therefore \ \omega L > \frac{1}{5^2 \cdot \omega C} = 0.04\frac{1}{\omega C}$

즉, 콘덴서 용량의 4[%] 이상이 되는 용량의 직렬 리액터가 필요하다.

문제 12

산업 08년, 10년, 18년, 21년 출제

배점 : 6점

제5고조파 전류의 확대 방지 및 스위치 투입 시 돌입전류 억제를 목적으로 역률 개선용 콘덴서에 직렬 리액터를 설치하고자 한다. 콘덴서의 용량이 500[kVA]라고 할 때 다음 각 물음에 답하시오.

(1) 이론상 필요한 직렬 리액터의 용량[kVA]을 구하시오.
(2) 실제적으로 설치하는 직렬 리액터의 용량[kVA]을 구하시오.
  ① 리액터의 용량
  ② 사유

답안 (1) 20[kVA]

(2) ① 30[kVA]

② 계통의 주파수 변동을 고려한 여유

해설 (1) 리액터 용량 $= 500 \times 0.04 = 20$[kVA]

(2) ① $500 \times 0.06 = 30$[kVA]

문제 13

산업 96년, 07년 출제

배점 : 9점

60[kW], 역률 80[%](지상)인 부하 회로에 전력용 콘덴서를 설치하려고 할 때 다음 각 물음에 답하시오.

(1) 전력용 콘덴서에 직렬 리액터를 함께 설치하는 이유는 무엇인가?
(2) 전력용 콘덴서에 사용하는 직렬 리액터의 용량은 전력용 콘덴서 용량의 약 몇 [%]인가?
(3) 역률을 95[%]로 개선하는 데 필요한 전력용 콘덴서의 용량은 몇 [kVA]인가?

답안 (1) 제5고조파의 제거

(2) • 이론적 : 4[%]

• 실제적 : 6[%]

(3) 25.28[kVA]

해설

(3) $Q_c = 60\left(\frac{0.6}{0.8} - \frac{\sqrt{1-0.95^2}}{0.95}\right) = 25.28[\text{kVA}]$

문제 14

산업 97년, 00년, 02년, 03년, 12년, 15년 출제

| 배점 : 6점 |

어떤 공장의 전기설비로 역률 0.8, 용량 200[kVA]인 3상 유도부하가 사용되고 있다. 이 부하에 병렬로 전력용 콘덴서를 설치하여 합성 역률을 0.95로 개선할 경우 다음 각 물음에 답하시오.

(1) 전력용 콘덴서의 용량은 몇 [kVA]가 필요한가?

(2) 전력용 콘덴서에 직렬 리액터를 설치할 때 설치하는 이유와 용량은 이론상 몇 [kVA]를 설치하여야 하는지를 쓰시오.

① 이유

② 용량

답안 (1) 67.41[kVA]

(2) ① 제5고조파의 제거

② 2.7[kVA]

해설 (1) 콘덴서 용량

$$Q_c = P(\tan\theta_1 - \tan\theta_2)$$

$$= 200 \times 0.8\left(\frac{0.6}{0.8} - \frac{\sqrt{1-0.95^2}}{0.95}\right) = 67.41[\text{kVA}]$$

(2) ② 이론상 콘덴서 용량의 4[%]이므로 $67.41 \times 0.04 = 2.7[\text{kVA}]$

문제 15

산업 97년, 00년, 02년, 03년, 18년 출제

| 배점 : 9점 |

어떤 공장에서 역률 0.6, 용량 300[kVA]인 3상 평형 유도 부하가 사용되고 있다고 한다. 이 부하에 병렬로 전력용 콘덴서를 설치하여 합성 역률을 95[%]로 개선한다고 할 때 다음 각 물음에 답하시오.

(1) 전력용 콘덴서의 용량은 몇 [kVA]가 필요하겠는가?
(2) 잔류 전하를 방전시키기 위해서 전력용 콘덴서에는 무엇이 있어야 하는가?
(3) 전력용 콘덴서에 직렬 리액터를 설치하는 이유는 무엇인지를 설명하고 합성 역률을 95[%]로 개선할 때 직렬 리액터는 이론상 몇 [kVA]가 필요하며, 실제로는 몇 [kVA]를 사용하는지 설명하시오.
① 설치 이유
② 이론상 용량
③ 실제의 용량

답안 (1) 180.84[kVA]
(2) 방전 코일
(3) ① 제5고조파의 제거
② 7.23[kVA]
③ 10.85[kVA]

해설 (1) 콘덴서 용량

$$Q_c = P_a \cos\theta_1 \left(\frac{\sin\theta_1}{\cos\theta_1} - \frac{\sin\theta_2}{\cos\theta_2} \right) = 300 \times 0.6 \left(\frac{\sqrt{1-0.6^2}}{0.6} - \frac{\sqrt{1-0.95^2}}{0.95} \right) = 180.84[\text{kVA}]$$

(3) ② $180.84 \times 0.04 = 7.23[\text{kVA}]$
③ $180.84 \times 0.06 = 10.85[\text{kVA}]$

문제 16

산업 96년, 04년, 10년 출제

배점 : 5점

전력용 콘덴서의 개폐 제어는 크게 나누어 수동조작과 자동조작이 있다. 자동조작방식을 제어요소에 따라 분류할 때 그 제어요소에는 어떤 것이 있는지 5가지만 쓰시오.

답안
- 무효전력에 의한 제어
- 전압에 의한 제어
- 역률에 의한 제어
- 전류에 의한 제어
- 시간에 의한 제어

문제 **17** 산업 95년 출제

배점 : 5점

어떤 공장의 소비전력이 120[kW]이다. 부하 역률이 0.7일 때 역률을 0.9로 개선하기 위해서 전력용 콘덴서는 몇 [kVA]를 설치해야 하는가?

답안 64.3[kVA]

해설

$$Q_c = P(\tan\theta_1 - \tan\theta_2) = 120\left(\frac{\sqrt{1-0.7^2}}{0.7} - \frac{\sqrt{1-0.9^2}}{0.9}\right) = 64.3[\text{kVA}]$$

문제 **18** 산업 11년 출제

배점 : 5점

부하 전력이 480[kW], 역률 80[%]인 부하에 전력용 콘덴서 220[kVA]를 설치하면 역률은 몇 [%]가 되는가?

답안 96[%]

해설

부하의 무효전력 $Q = \frac{P}{\cos\theta} \times \sin\theta = \frac{480}{0.8} \times 0.6 = 360[\text{kVar}]$

콘덴서 설치 후 역률 $\cos\theta' = \frac{P}{\sqrt{P^2 + (Q - Q_c)^2}} \times 100 = \frac{480}{\sqrt{480^2 + (360-220)^2}} \times 100 = 96[\%]$

문제 **19** 산업 99년, 01년, 02년 출제

배점 : 6점

전동기를 제작하는 어떤 공장에 700[kVA]의 변압기가 설치되어 있다. 이 변압기에 역률 65[%]의 부하 700[kVA]가 접속되어 있다고 할 때, 이 부하와 병렬로 전력용 콘덴서를 접속하여 합성 역률을 90[%]로 유지하려고 한다. 다음 각 물음에 답하시오.

(1) 전력용 콘덴서의 용량은 몇 [kVA]가 필요한가?
(2) 이 변압기에 부하는 몇 [kW] 증가시켜 접속할 수 있는가?

답안 (1) 311.59[kVA]
(2) 175[kW]

해설

(1) $Q_c = 700 \times 0.65\left(\frac{\sqrt{1-0.65^2}}{0.65} - \frac{\sqrt{1-0.9^2}}{0.9}\right) = 311.59[\text{kVA}]$

(2) 증가 부하 $\Delta P = P_a(\cos\theta_2 - \cos\theta_1) = 700(0.9 - 0.65) = 175[\text{kW}]$

문제 20 산업 93년, 14년 출제

배점 : 5점

500[kVA]의 변압기에 역률 60[%]의 부하 500[kVA]가 접속되어 있다. 이 부하와 병렬로 콘덴서를 접속해서 합성 역률을 90[%]로 개선하면 부하는 몇 [kW] 증가시킬 수 있는가?

답안 150[kW]

해설 500[kVA] 역률 60[%]의 유효전력 $P_1 = 500 \times 0.6 = 300[\text{kW}]$
500[kVA] 역률 90[%]의 유효전력 $P_2 = 500 \times 0.9 = 450[\text{kW}]$
따라서, 증가시킬 수 있는 유효전력 $P = P_2 - P_1 = 450 - 300 = 150[\text{kW}]$

문제 21 산업 10년, 20년 출제

배점 : 5점

송전용량 5,000[kVA]인 설비가 있을 때 공급 가능한 용량은 부하 역률 80[%]에서 4,000[kW]까지이다. 여기서, 부하 역률을 95[%]로 개선하는 경우 역률 개선 전(80[%])에 비하여 추가 공급 가능한 용량[kW]을 구하시오.

답안 750[kW]

해설 역률 개선 후 공급전력 $P' = P_a \cos\theta = 5{,}000 \times 0.95 = 4{,}750[\text{kW}]$
증가용량 $\Delta P = P' - P = 4{,}750 - 4{,}000 = 750[\text{kW}]$

문제 22 산업 90년, 99년 출제

배점 : 10점

어느 신설 공장에서 자가용 전기설비를 시운전하여 표와 같은 값을 얻었다. 부하 전력을 500[kW]로 하고 역률을 85[%]로 개선하기 위하여 이 공장의 수전실에 전력용 고압콘덴서를 설치하고자 한다. 다음 각 물음에 답하시오.

▌수전일지의 일부▐

시 각	전력량계의 지시 [kWh]	전압[kV]			전류[A]		
		V_{12}	V_{23}	V_{31}	I_1	I_2	I_3
14 : 00	39,700	6.5	6.5	6.5	70	70	70
15 : 00	40,200	6.5	6.5	6.5	70	70	70
16 : 00	40,700	6.5	6.5	6.5	70	70	70
17 : 00	40,900	6.5	6.5	6.5	70	70	70

(1) 전력용 고압콘덴서를 설치하기 전 3상 부하의 무효전력은 몇 [kVar]인가?
(2) 설치할 전력용 고압콘덴서의 용량은 몇 [kVA]인가?

답안 (1) 608.08[kVar]
(2) 299.2[kVA]

해설 (1) 개선 전의 역률 $\cos\theta = \dfrac{P}{\sqrt{3}\,VI}$

$$= \frac{500}{\sqrt{3}\times 6.5\times 70}\times 100 = 63.45[\%]$$

$\therefore$ 무효전력 $Q = P\times\dfrac{\sin\theta}{\cos\theta}$

$$= 500\times\frac{\sqrt{1-0.6345^2}}{0.6345} = 609.08[\text{kVar}]$$

(2) $Q_c = P(\tan\theta_1 - \tan\theta_2)$

$$= P\left(\frac{\sqrt{1-\cos\theta_1{}^2}}{\cos\theta_1} - \frac{\sqrt{1-\cos\theta_2{}^2}}{\cos\theta_2}\right)$$

$$= 500\left(\frac{\sqrt{1-0.6345^2}}{0.6345} - \frac{\sqrt{1-0.85^2}}{0.85}\right)$$

$$= 299.2[\text{kVA}]$$

문제 23

산업 08년, 13년 출제

배점 : 5점

정격용량 100[kVA]인 변압기에서 지상 역률 60[%]의 부하에 100[kVA]를 공급하고 있다. 역률 90[%]로 개선하여 변압기의 전용량까지 부하에 공급하고자 한다. 다음 각 물음에 답하시오.

(1) 소요되는 전력용 콘덴서의 용량은 몇 [kVA]인가?
(2) 역률 개선에 따른 유효전력의 증가분은 몇 [kW]인가?

답안 (1) 36.41[kVA]
(2) 30[kW]

해설 (1) 역률 개선 전 무효전력 $Q_1 = P_a\times\sin\theta_1 = 100\times\sqrt{1-0.6^2} = 80[\text{kVar}]$

역률 개선 전 무효전력 $Q_2 = P_a\times\sin\theta_2 = 100\times\sqrt{1-0.9^2} = 43.59[\text{kVar}]$

필요한 콘덴서의 용량 $Q = Q_1 - Q_2 = 80 - 43.59 = 36.41[\text{kVA}]$

(2) 역률 개선에 따른 유효전력 증가분

$\triangle P = P_a(\cos\theta_2 - \cos\theta_1)[\text{kW}] = 100(0.9-0.6) = 30[\text{kW}]$

문제 24 산업 13년, 22년 출제

배점 : 5점

정격용량 700[kVA]인 변압기에서 지상 역률 65[%]의 부하에 700[kVA]를 공급하고 있다. 역률 90[%]로 개선하여 변압기의 전용량까지 부하에 공급하고자 한다. 다음 각 물음에 답하시오.

(1) 소요되는 전력용 콘덴서의 용량은 몇 [kVA]인가?
(2) 역률 개선에 따른 유효전력의 증가분은 몇 [kW]인가?

답안 (1) 226.83[kVA]
(2) 175[kW]

해설 (1) 역률 개선 전 무효전력 $Q_1 = P_a \sin\theta_1 = 700 \times \sqrt{1-0.65^2} = 531.95[\text{kVar}]$

역률 개선 후 무효전력 $Q_2 = P_a \sin\theta_2 = 700 \times \sqrt{1-0.9^2} = 305.12[\text{kVar}]$

필요한 콘덴서의 용량 $Q = Q_1 - Q_2 = 531.95 - 305.12 = 226.83[\text{kVA}]$

(2) 역률개선에 따른 유효전력 증가분

$\triangle P = P_a(\cos\theta_2 - \cos\theta_1)[\text{kW}] = 700(0.9-0.65) = 175[\text{kW}]$

문제 25 산업 03년, 08년 출제

배점 : 6점

어느 변전소에서 뒤진 역률 80[%]의 부하 6,000[kW]가 있다. 여기에 뒤진 역률 60[%], 1,200[kW] 부하가 증가하였을 경우 다음 각 물음에 답하시오.

(1) 부하 증가 후 역률을 90[%]로 유지할 경우 전력용 콘덴서의 용량은 몇 [kVA]인가?
(2) 부하 증가 후 변전소의 피상전력을 동일하게 유지할 경우 전력용 콘덴서의 용량은 몇 [kVA]인가?

답안 (1) 2,612.88[kVA]
(2) 4,000[kVA]

해설 (1) 유효전력 $P = 6,000 + 1,200 = 7,200[\text{kW}]$

무효전력 $Q = \dfrac{6,000}{0.8} \times 0.6 + \dfrac{1,200}{0.6} \times 0.8 = 6,100[\text{kVar}]$

$Q_c = P(\tan\theta_1 - \tan\theta_2) = P\left(\dfrac{Q}{P} - \dfrac{\sqrt{1-\cos\theta_2{}^2}}{\cos\theta_2}\right)$에서

$Q_c = 7,200\left(\dfrac{6,100}{7,200} - \dfrac{\sqrt{1-0.9^2}}{0.9}\right) = 2,612.88[\text{kVA}]$

(2) 부하 증가 전 피상전력 $=\dfrac{6,000}{0.8}=7,500[\text{kVA}]$

부하 증가 후 무효전력 $=\dfrac{6,000}{0.8}\times0.6+\dfrac{1,200}{0.6}\times0.8=6,100[\text{kVar}]$

부하 증가 후 유효전력 $=6,000+1,200=7,200[\text{kW}]$

$P_a=\sqrt{P^2+Q^2}=\sqrt{7,200^2+(6,100-Q_c)^2}=7,500$

$Q_c=4,000[\text{kVA}]$

문제 26 산업 17년, 18년, 20년 출제

배점 : 5점

어느 수용가가 당초 역률(지상) 80[%]로 100[kW]의 부하를 사용하고 있었는데 새로 역률(지상) 60[%], 70[kW]의 부하를 증가하여 사용하게 되었다. 이 때 커패시터로 합성 역률을 90[%]로 개선하는 데 필요한 용량은 몇 [kVA]인지 구하시오.

답안 86.28[kVA]

해설

무효전력 $Q=\dfrac{100}{0.8}\times0.6+\dfrac{70}{0.6}\times0.8=168.33[\text{kVar}]$

유효전력 $P=100+70=170[\text{kW}]$

합성 역률 $\cos\theta=\dfrac{P}{\sqrt{P^2+Q^2}}=\dfrac{170}{\sqrt{170^2+168.33^2}}=0.71$

$\therefore\ Q_c=P(\tan\theta_1-\tan\theta_2)=170\left(\dfrac{\sqrt{1-0.71^2}}{0.71}-\dfrac{\sqrt{1-0.9^2}}{0.9}\right)=86.28[\text{kVA}]$

문제 27 산업 14년 출제

배점 : 6점

전압 220[V], 1시간 사용 전력량 40[kWh], 역률 80[%]인 3상 부하가 있다. 이 부하의 역률을 개선하기 위하여 용량 30[kVA]의 진상 콘덴서를 설치하는 경우, 개선 후의 무효전력과 전류는 몇 [A] 감소하였는지 계산하시오.

(1) 개선 후의 무효전력
(2) 감소된 전류

답안 (1) 0[kVar]
(2) 26.24[A]

해설 (1) 개선 후의 무효전력 = 개선 전의 무효전력 − 진상 콘덴서 용량

$$= \frac{40}{0.8} \times \sqrt{1-0.8^2} - 30 = 0[\text{kVar}]$$

(2) 감소된 전류 = 개선 전의 전류 − 개선 후의 전류

$$= \frac{40 \times 10^3}{\sqrt{3} \times 220 \times 0.8} - \frac{40 \times 10^3}{\sqrt{3} \times 220 \times 1} = \frac{40 \times 10^3}{\sqrt{3} \times 220} \times \left(\frac{1}{0.8} - 1\right)$$

$$= 26.24[\text{A}]$$

문제 28

산업 07년, 08년, 11년, 15년, 21년 출제

배점 : 6점

정격용량 500[kVA]의 변압기에서 배전선의 전력손실을 40[kW]로 유지하면서 부하 L_1, L_2에 전력을 공급하고 있다. 그림과 같이 전력용 콘덴서를 기존 부하와 병렬로 연결하여 합성 역률을 90[%]로 개선하려고 할 때 다음 각 물음에 답하시오. (단, 여기서 부하 L_1은 역률 60[%], 180[kW]이고, 부하 L_2의 전력은 120[kW], 160[kVar]이다.)

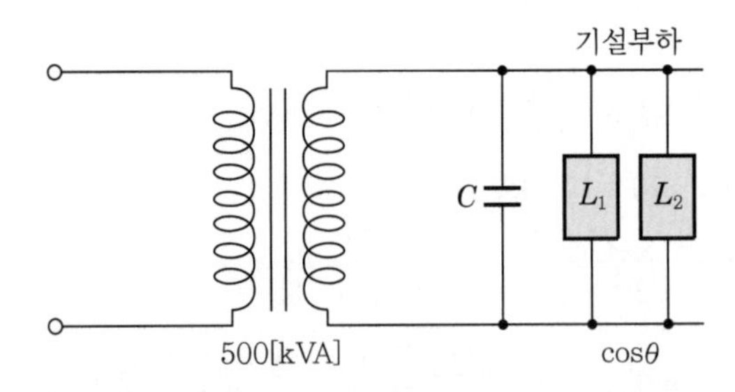

(1) 부하 L_1과 L_2의 합성 용량[kVA]을 구하시오.
(2) 부하 L_1과 L_2의 합성 역률을 구하시오.
(3) 합성 역률을 90[%]로 개선하는데 필요한 콘덴서 용량(Q_C)[kVar]을 구하시오.
(4) 역률 개선 시 배전선의 전력손실은 몇 [kW]인가?

답안 (1) 500[kVA]
(2) 60[%]
(3) 254.7[kVA]
(4) 17.78[kW]

해설 (1) 유효전력 $P = P_1 + P_2 = 180 + 120 = 300[\text{kW}]$

무효전력 $Q = Q_1 + Q_2 = \frac{P_1}{\cos\theta_1} \times \sin\theta_1 + Q_2 = \frac{180}{0.6} \times 0.8 + 160 = 400[\text{kVar}]$

합성 용량 $P_a = \sqrt{P^2 + Q^2} = \sqrt{300^2 + 400^2} = 500[\text{kVA}]$

(2) $\cos\theta = \dfrac{P}{P_a} = \dfrac{300}{500} \times 100 = 60[\%]$

(3) $Q_c = P(\tan\theta_1 - \tan\theta_2) = 300 \times \left(\dfrac{0.8}{0.6} - \dfrac{\sqrt{1-0.9^2}}{0.9}\right) = 254.7[\text{kVA}]$

(4) $P_l = \dfrac{RP^2}{V^2\cos^2\theta} \propto \dfrac{1}{\cos^2\theta}$ 이므로 $40 : P_l' = \dfrac{1}{0.6^2} : \dfrac{1}{0.9^2}$

$P_l' = \left(\dfrac{0.6}{0.9}\right)^2 \times 40 = 17.78[\text{kW}]$

문제 29

산업 07년, 11년, 13년 출제

배점 : 6점

부하에 병렬로 콘덴서를 설치하고자 한다. 다음 [조건]을 참고하여 각 물음에 답하시오.

[조건]
부하 1은 역률이 60[%]이고, 유효전력은 180[kW], 부하 2는 유효전력 120[kW]이고, 무효전력이 160[kVar]이며, 배전 전력손실은 40[kW]이다.

(1) 부하 1과 부하 2의 합성 용량은 몇 [kVA]인가?
(2) 부하 1과 부하 2의 합성 역률은 얼마인가?
(3) 합성 역률을 90[%]로 개선하는 데 필요한 콘덴서 용량은 몇 [kVA]인가?
(4) 역률 개선 시 배전의 전력손실은 몇 [kW]인가?

답안 (1) 500[kVA]

(2) 60[%]

(3) 254.7[kVA]

(4) 17.78[kW]

해설 (1) 유효전력 $P = P_1 + P_2 = 180 + 120 = 300[[\text{kW}]$

무효전력 $Q = Q_1 + Q_2 = \dfrac{P_1}{\cos\theta_1} \times \sin\theta_1 + Q_2 = \dfrac{180}{0.6} \times 0.8 + 160 = 400[\text{kVar}]$

합성 용량 $P_a = \sqrt{P^2 + Q^2} = \sqrt{300^2 + 400^2} = 500[\text{kVA}]$

(2) $\cos\theta = \dfrac{P}{P_a} \times 100 = \dfrac{300}{500} \times 100 = 60[\%]$

(3) $Q_c = P(\tan\theta_1 - \tan\theta_2) = (180+120)\left(\dfrac{0.8}{0.6} - \dfrac{\sqrt{1-0.9^2}}{0.9}\right) = 254.7[\text{kVA}]$

(4) 전력손실 $P_l \propto \dfrac{1}{\cos\theta^2}$ 이므로

전력손실 $P_l' = \left(\dfrac{0.6}{0.9}\right)^2 P_l = \left(\dfrac{0.6}{0.9}\right)^2 \times 40 = 17.78[\text{kW}]$

문제 30 산업 16년 출제

배점 : 5점

수전단 전압이 3,000[V]인 3상 3선식 배전선로의 수전단에 역률 0.8(지상)인 520[kW]의 부하가 접속되어 있다. 이 부하에 동일 역률의 부하 80[kW]를 추가하여 600[kW]로 증가시키되 부하와 병렬로 전력용 콘덴서를 설치하여 수전단 전압 및 선로 전류를 일정하게 불변으로 유지하고자 할 때, 이 경우에 필요한 전력용 콘덴서 용량[kVar]을 구하시오.

답안 200[kVar]

해설

부하 증가하기 전 피상전력 : $520\times\dfrac{1}{0.8}=650[\text{kVar}]$

부하 증가하기 전 무효전력 : $520\times\dfrac{0.6}{0.8}=390[\text{kVar}]$

부하 증가 후 합성 유효전력 : $600[\text{kW}]$

부하 증가 후 합성 무효전력 : $600\times\dfrac{0.6}{0.8}=450[\text{kVar}]$

부하 증가 후 합성 피상전력 : $600\times\dfrac{1}{0.8}=750[\text{kVA}]$

그러므로 $650^2=600^2+(450-Q_c)^2$에서

$Q_c=450-\sqrt{650^2-600^2}=200[\text{kVar}]$

문제 31 산업 10년 출제

배점 : 5점

역률을 0.7에서 0.9로 개선하면 전력손실은 개선 전의 몇 [%]가 되겠는가?

답안 60.49[%]

해설

$P_l\propto\dfrac{1}{\cos\theta^2}$이므로

$P_l : P_l'=\dfrac{1}{0.7^2} : \dfrac{1}{0.9^2}$

$P_l'=\dfrac{0.7^2}{0.9^2}P_l=0.6049P_l$

문제 32 산업 16년 출제 배점 : 5점

3상 전원에 접속된 △결선의 콘덴서를 성형(Y)결선으로 바꾸면 진상용량은 어떻게 되는지 관계식을 나타내어 설명하시오.

답안
$Q_d = 3\times Q_1$
$= 3\times \omega C{E_p}^2 = 3\times \omega CV^2\times 10^{-3}[\text{kVA}]$
$Q_y = 3\times Q_1 = 3\times \omega C{E_p}^2$
$= 3\times \omega C\left(\dfrac{V}{\sqrt{3}}\right)^2 = \omega CV^2\times 10^{-3}[\text{kVA}]$

그러므로 △결선의 진상용량은 Y결선의 진상용량보다 3배의 충전용량을 얻을 수 있다.

문제 33 산업 17년, 21년 출제 배점 : 6점

40[kVA], 3상 380[V], 60[Hz]용 전력용 콘덴서의 결선방식에 따른 용량을 [μF]으로 구하시오.

(1) △결선인 경우 $C_1[\mu\text{F}]$
(2) Y결선인 경우 $C_2[\mu\text{F}]$

답안 (1) 244.93[μF]
(2) 734.79[μF]

해설 (1) △결선인 경우 $C_1[\mu\text{F}]$

$Q = 3EI_c = 3\times 2\pi fC_1E^2$에서

$$C_1 = \frac{Q}{6\pi fE^2}\times 10^6 = \frac{Q}{6\pi fV^2}\times 10^6 = \frac{40{,}000}{6\times\pi\times 60\times 380^2}\times 10^6 = 244.93[\mu\text{F}]$$

(2) Y결선인 경우 $C_2[\mu\text{F}]$

$Q = 3EI_c = 3\times 2\pi fC_2E^2$에서

$$C_2 = \frac{Q}{6\pi fE^2}\times 10^6 = \frac{Q}{6\pi f\left(\dfrac{V}{\sqrt{3}}\right)^2}\times 10^6 = \frac{Q}{2\pi fV^2}\times 10^6[\mu\text{F}]$$

$$C_2 = \frac{40{,}000}{2\times\pi\times 60\times 380^2}\times 10^6 = 734.79[\mu\text{F}]$$

문제 34 산업 14년, 20년 출제 배점 : 5점

단상 커패시터 3개를 선간전압 3,300[V], 주파수 60[Hz]의 선로에 △로 접속하여 60[kVA]가 되도록 하려면 콘덴서 1개의 정전용량[μF]은 약 얼마로 하여야 하는가?

답안 4.87[μF]

해설 $Q = 3VI_c = 3 \times 2\pi fCV^2$이므로,

콘덴서 1개의 정전용량 $C = \dfrac{Q}{6\pi fV^2} = \dfrac{60 \times 10^3}{6\pi \times 60 \times 3{,}300^2} \times 10^6 = 4.87[\mu\text{F}]$

문제 35 산업 19년 출제 배점 : 5점

3상 380[V], 60[Hz]에 사용되는 역률 개선용 진상 콘덴서 1[kVA]에 적합한 표준규격[μF]의 3상 콘덴서를 선정하시오. (단, 3상 콘덴서 표준규격[μF]은 10, 15, 20, 30, 40, 50, 75이다.)

답안 20[μF] 선정

해설 Y결선 시 콘덴서의 정전용량

$$C_s = \frac{Q}{2\pi fV^2} = \frac{1 \times 10^3}{2\pi \times 60 \times 380} \times 10^6 = 18.37[\mu\text{F}]$$

문제 36 산업 17년 출제 배점 : 4점

역률 개선용 콘덴서의 주파수를 50[Hz]에서 60[Hz]로 변경하였을 때 콘덴서에 흐르는 전류비를 계산하시오. (단, 인가전압 변동은 없다.)

답안 1.2배

해설 충전전류 $I_c = j\omega CE = j2\pi fCE$이므로

$$I_{60} = \frac{60}{50} \times I_{50} = 1.2 I_{50}$$

∴ 1.2배

문제 37 산업 14년 출제

배점 : 4점

정격출력 1,500[kVA], 역률 65[%]인 전동기 회로에 역률 개선용 콘덴서를 설치하여 역률을 96[%]로 개선하기 위하여 다음 표를 이용하여 콘덴서 용량을 구하시오.

		개선 후의 역률														
		1.0	0.99	0.98	0.97	0.96	0.95	0.94	0.93	0.92	0.91	0.9	0.875	0.85	0.825	0.8
개선 전의 역률	0.4	230	216	210	205	201	197	194	190	187	184	182	175	168	161	155
	0.425	213	198	192	188	184	180	176	173	170	167	164	157	151	144	138
	0.45	198	183	177	173	168	165	161	158	155	152	149	143	136	129	123
	0.475	185	171	165	161	156	153	149	146	143	140	137	130	123	116	110
	0.5	173	159	153	148	144	140	137	134	130	128	125	118	111	104	93
	0.525	162	148	142	137	133	129	126	122	119	117	114	107	100	93	87
	0.55	152	138	132	127	123	119	116	112	109	106	104	97	90	83	77
	0.575	142	128	122	117	114	110	106	103	99	96	94	87	80	73	67
	0.6	133	119	113	108	104	101	97	94	91	88	85	78	71	65	58
	0.625	125	111	105	100	96	92	89	85	82	79	77	70	63	56	50
	0.65	116	103	97	92	88	84	81	77	74	71	69	62	55	48	42
	0.675	109	95	89	84	80	76	73	70	66	64	61	54	47	40	34
	0.7	102	88	81	77	73	69	66	62	59	56	54	46	40	33	27
	0.725	95	81	75	70	66	62	59	55	52	49	46	39	33	26	20
	0.75	88	74	67	63	58	55	52	49	45	43	40	33	26	19	13
	0.775	81	67	61	57	52	49	45	42	39	36	33	26	19	12	6.5
	0.8	75	61	54	50	46	42	39	35	32	29	27	19	13	6	
	0.825	69	54	48	44	40	36	32	29	26	23	21	14	7		
	0.85	62	48	42	37	33	29	26	22	19	16	14	7			
	0.875	55	41	35	30	26	23	19	16	13	10	7				
	0.9	48	34	28	23	19	16	12	9	6	2.8					

답안 88[kVA]

해설 표에서 개선 전 역률 0.65와 개선 후 역률 0.96의 교차점인 88[kVA]이다.

문제 38 산업 14년 출제 배점 : 4점

직렬 콘덴서를 사용하는 목적에 대하여 쓰시오.

답안
- 선로의 전압강하 감소
- 계통의 안정도 증대

문제 39 산업 14년 출제 배점 : 5점

정지형 무효전력보상장치(SVC)에 대하여 간단히 설명하시오.

답안 정지형 무효전력보상장치란 사이리스터를 이용하여 병렬 콘덴서와 분로 리액터에 흐르는 무효전력을 신속하게 제어하는 장치로서 TCR방식과 TSC방식이 있다.

1990년~최근 출제된 기출 이론 분석 및 유형별 문제

02 CHAPTER 전압강하와 전압조정

기출개념 01 배전선로의 특성값

1 전압강하와 전압강하율

(1) 전압강하

$$e = E_S - E_R = \sqrt{3}\,I(R\cos\theta + X\sin\theta),\ I = \frac{P}{\sqrt{3}\,V\cos\theta} \text{ 이므로}$$

$$= \frac{P}{V}(R + X\tan\theta)[\mathrm{V}]$$

(2) 전압강하율

$$G = \frac{e}{V} \times 100[\%] = \frac{1}{V} \cdot \frac{P}{V}(R + X\tan\theta) \text{ 이므로}$$

전압강하 $e \propto \frac{1}{V}$, 전압강하율 $\%e \propto \frac{1}{V^2}$

2 전력손실

(1) 단상 2선식

$$P_c = 2I^2R = \frac{{P_r}^2 \cdot R}{V^2\cos^2\theta}$$

(2) 3상

$$P_c = 3I^2R = \frac{{P_r}^2 \cdot R}{V^2\cos^2\theta} = \frac{\rho l \cdot {P_r}^2}{A \cdot V^2 \cdot \cos^2\theta}$$

(3) 손실계수

$$H = \frac{\text{평균 손실전력}}{\text{최대 손실전력}} \times 100[\%]$$

(4) 손실계수(H)와 부하율(F)과의 관계

$$H = \alpha F + (1-\alpha)F^2$$

여기서 α : 부하 모양에 따른 정수(0.1~0.4 정도)

기출개념 02 전압강하와 전선 굵기

전선 굵기의 선정은 허용전류, 전압강하, 전력손실, 기계적 강도를 고려하여야 한다.

▌전압강하 및 그 전선 굵기▐

전기방식	전압강하	전선단면적	비 고
단선 2선식 및 직류 2선식	$e = \dfrac{35.6LI}{1,000A}$	$A = \dfrac{35.6LI}{1,000e}$	여기서, e : 각 선간의 전압강하[V] e' : 외측선 또는 각 상의 1선과 중성선 사이의 전압강하[V] L : 전선 1본의 길이[m] A : 전선의 단면적[mm²] I : 전류
3상 3선식	$e = \dfrac{30.8LI}{1,000A}$	$A = \dfrac{30.8LI}{1,000e}$	
단상 3선식 · 직류 3선식 3상 4선식	$e' = \dfrac{17.8LI}{1,000A}$	$A = \dfrac{17.8LI}{1,000e'}$	

기출개념 03 수용가 설비에서의 전압강하

(1) 다른 조건을 고려하지 않는다면 수용가 설비의 인입구로부터 기기까지의 전압강하는 다음 표의 값 이하이어야 한다.

설비의 유형	조명[%]	기타[%]
A - 저압으로 수전하는 경우	3	5
B - 고압 이상으로 수전하는 경우*	6	8

* 가능한 한 최종 회로 내의 전압강하가 A 유형의 값을 넘지 않도록 하는 것이 바람직하다.
사용자의 배선설비가 100[m]를 넘는 부분의 전압강하는 미터당 0.005[%] 증가할 수 있으나 이러한 증가분은 0.5[%]를 넘지 않아야 한다.

(2) 다음의 경우에는 표보다 더 큰 전압강하를 허용할 수 있다.

① 기동시간 중의 전동기
② 돌입전류가 큰 기타 기기

(3) 다음과 같은 일시적인 조건은 고려하지 않는다.

① 과도 과전압
② 비정상적인 사용으로 인한 전압변동

개념 문제 01 기사 17년 / 산업 09년 출제

| 배점 : 4점 |

그림과 같은 단상 2선식 회로에서 공급점 A의 전압이 220[V]이고, A-B 사이의 1선마다의 저항이 0.02[Ω], B-C 사이의 1선마다의 저항이 0.04[Ω]이라 하면 40[A]를 소비하는 B점의 전압 V_B와 20[A]를 소비하는 C점의 전압 V_C를 구하시오. (단, 부하의 역률은 1이다.)

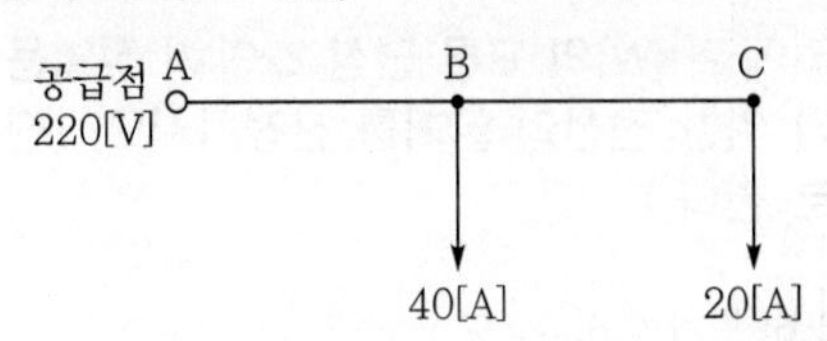

(1) B점의 전압 V_B
(2) C점의 전압 V_C

답안 (1) 217.6[V]
(2) 216[V]

해설 (1) $V_B = 220 - 0.02 \times 2 \times (40+20) = 217.6$[V]
(2) $V_C = 217.6 - 0.04 \times 2 \times 20 = 216$[V]

개념 문제 02 기사 97년 출제

| 배점 : 6점 |

그림에서 각 지점 간의 저항을 동일하다고 가정하고 간선 AD 사이에 전원을 공급하려고 한다. 전력손실을 최소로 하려면 간선 AD 사이의 어느 지점에 전원을 공급하는 것이 가장 좋은가?

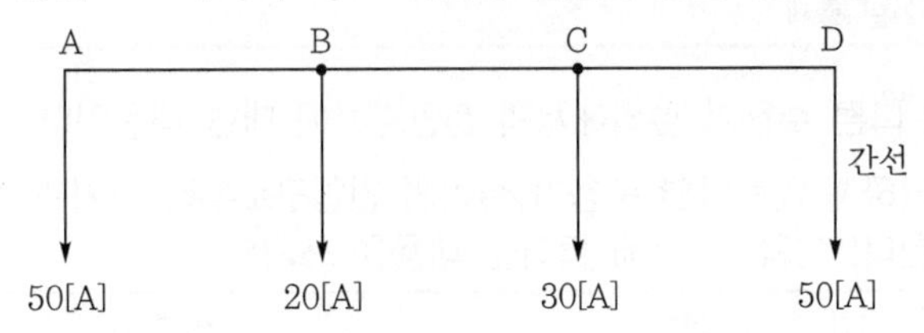

답안 C점에서 전력공급 시 전력손실이 최소가 된다.

해설 각 구간의 저항을 R이라 하면 전력손실 $P_L = I^2R$[W]에서

- A점을 급전점으로 하였을 경우의 전력손실
  $P_A = (20+30+50)^2R + (30+50)^2R + 50^2R = 18{,}900R$[W]
- B점을 급전점으로 하였을 경우의 전력손실
  $P_B = 50^2R + (30+50)^2R + 50^2R = 11{,}400R$[W]
- C점을 급전점으로 하였을 경우의 전력손실
  $P_C = 50^2R + (20+50)^2R + 50^2R = 9{,}900R$[W]
- D점을 급전점으로 하였을 경우의 전력손실
  $P_D = (50+20+30)^2R + (50+20)^2R + 50^2R = 17{,}400R$[W]

개념 문제 03 기사 93년, 94년, 97년, 00년, 01년, 03년 출제

| 배점 : 7점 |

다음 물음에 답하시오.

(1) 전선의 굵기를 결정하는 요소 3가지를 기술하시오. (단, 부하가 결정되어 있고, 다른 부하는 없는 것으로 보는 경우이다.)

(2) 분전반에서 30[m]의 거리에 2[kW]의 교류 단상 220[V] 전열용 아우트렛을 설치하여 전압강하를 2[%] 이내가 되도록 하기 위한 전선의 굵기를 산정하시오. (단, 전선은 비닐 절연전선으로 하고 배선방법은 금속관공사로 한다.)

답안 (1) 허용전류, 전압강하, 기계적 강도

(2) 2.5[mm^2]

해설

- 부하전류 $I = \frac{P}{V}$[A]
- 전압강하 $e = V \cdot \varepsilon$[V]
- 전선의 굵기 $A = \frac{35.6LI}{1,000 \cdot e}$[mm^2]

(2) $I = \frac{2 \times 10^3}{220} = 9.09$[A]

$e = 220 \times 0.02 = 4.4$[V]

$A = \frac{35.6 \times 30 \times 9.09}{1,000 \times 4.4} = 2.206$[mm^2]

개념 문제 04 기사 21년 출제

| 배점 : 6점 |

한국전기설비규정에 따른 수용가 설비에서의 전압강하에 대한 내용이다. 다음 각 물음에 답하시오.

(1) 다른 조건을 고려하지 않는다면 수용가 설비의 인입구로부터 기기까지의 전압강하는 다음 표의 값 이하이어야 한다. 다음 ( )에 들어갈 내용을 쓰시오.

설비의 유형	조명[%]	기타[%]
A – 저압으로 수전하는 경우	(①)	(②)
B – 고압 이상으로 수전하는 경우*	(③)	(④)

* 가능한 한 최종 회로 내의 전압강하가 A 유형의 값을 넘지 않도록 하는 것이 바람직하다.
사용자의 배선설비가 100[m]를 넘는 부분의 전압강하는 미터당 0.005[%] 증가할 수 있으나 이러한 증가분은 0.5[%]를 넘지 않아야 한다.

(2) (1)항의 조건보다 더 큰 전압강하를 허용할 수 있는 경우를 2가지만 쓰시오.

답안 (1) ① 3, ② 5, ③ 6, ④ 8

(2) • 기동시간 중의 전동기
• 돌입전류가 큰 기타 기기

개념 문제 05 기사 07년 출제

| 배점 : 8점 |

송전단 전압이 3,300[V]인 변전소로부터 6[km] 떨어진 곳까지 지중으로 역률 0.9(지상), 600[kW]의 3상 동력부하에 전력을 공급할 때 케이블의 허용전류(또는 안전전류) 범위 내에서 전압강하가 10[%]를 초과하지 않는 케이블을 다음 표에서 선정하시오. [단, 도체(동선)의 고유저항은 $\frac{1}{55}$[Ω · mm^2/m]로 하고 케이블의 정전용량 및 리액턴스 등은 무시한다.]

▌심선의 굵기와 허용전류▐

심선의 굵기[mm^2]	35	50	95	150	185
허용전류[A]	175	230	300	410	465

답안 95[mm^2] 선정

해설

전압강하율 $\varepsilon = \dfrac{V_s - V_r}{V_r} \times 100 = 10[\%]$이므로

수전단 전압 $V_r = \dfrac{V_s}{1+\varepsilon} = \dfrac{3{,}300}{1+0.1} = 3{,}000[\text{V}]$

전압강하 $e = \dfrac{P}{V_r}(R + X\tan\theta)$에서 리액턴스는 무시하므로

$e = \dfrac{P}{V_r}R = \dfrac{P}{V_r} \times \rho \dfrac{l}{A}$로 되어 전선 굵기 $A = \dfrac{P}{V_r} \times \rho \dfrac{l}{e}$가 된다.

$$\therefore\ A = \frac{P}{V_r} \times \rho \frac{l}{e}$$

$$= \frac{600 \times 10^3}{3{,}000} \times \frac{1}{55} \times \frac{6{,}000}{3{,}300 - 3{,}000}$$

$$= 72.727[\text{mm}^2]$$

1990년~최근 출제된 기출문제

CHAPTER 02

전압강하와 전압조정

단원 빈출문제

문제 01

산업 08년, 16년, 22년 출제

배점 : 5점

전기사업자는 그가 공급하는 전기의 품질(표준전압, 표준주파수)을 허용오차 범위 안에서 유지하도록 전기사업법에 규정되어 있다. 다음 표의 빈칸 ①~④에 표준전압 · 표준주파수에 대한 허용오차를 정확하게 쓰시오.

표준전압 · 표준주파수	허용오차
110볼트	(①)
220볼트	(②)
380볼트	(③)
60헤르츠	(④)

답안 ① 110볼트의 상하로 6볼트 이내
② 220볼트의 상하로 13볼트 이내
③ 380볼트의 상하로 38볼트 이내
④ 60헤르츠 상하로 0.2헤르츠 이내

문제 02

산업 21년 출제

배점 : 4점

한국전기설비규정에 따라 수용가 설비의 인입구로부터 기기까지의 전압강하는 다음 표의 값 이하이어야 한다. 다음 (　　)에 들어갈 내용을 답란에 쓰시오. (단, 한국전기설비규정에 따른 다른 조건을 고려하지 않는 경우이다.)

설비의 유형	조명[%]	기타[%]
A - 저압으로 수전하는 경우	(①)	(②)
B - 고압 이상으로 수전하는 경우*	(③)	(④)

* 가능한 한 최종회로 내의 전압강하가 A 유형의 값을 넘지 않도록 하는 것이 바람직하다.
사용자의 배선설비가 100[m]를 넘는 부분의 전압강하는 미터당 0.005[%] 증가할 수 있으나 이러한 증가분은 0.5[%]를 넘지 않아야 한다.

답안 ① 3
② 5
③ 6
④ 8

문제 03 산업 12년, 14년, 20년 출제

배점 : 5점

380[V], 10[kW](3상 4선식)의 3상 전열기가 수 · 변전실 배전반에서 50[m] 떨어져 설치되어 있다. 이 경우 배전용 케이블의 최소 규격을 선정하시오.

케이블 규격[mm²]							
1.5	2.5	4	6	10	16	25	35

답안 $1.5[mm^2]$ 선정

해설 $I = \frac{P}{\sqrt{3}\,V} = \frac{10 \times 10^3}{\sqrt{3} \times 380} = 15.19[A]$

전압강하는 5[%] 이내로 하여야 하므로

전선의 굵기 $A = \frac{17.8LI}{1,000e} = \frac{17.8 \times 50 \times 15.19}{1,000 \times 220 \times 0.05} = 1.23[mm^2]$

∴ $1.5[mm^2]$ 선정

※ 수용가 설비에서의 전압강하(KEC 232.3.9)

다른 조건을 고려하지 않는다면 수용가 설비의 인입구로부터 기기까지의 전압강하는 다음 표의 값 이하이어야 한다.

▌수용가 설비의 전압강하 ▌

설비의 유형	조명[%]	기타[%]
A – 저압으로 수전하는 경우	3	5
B – 고압 이상으로 수전하는 경우*	6	8

* 가능한 한 최종회로 내의 전압강하가 A 유형의 값을 넘지 않도록 하는 것이 바람직하다.
사용자의 배선설비가 100[m]를 넘는 부분의 전압강하는 미터당 0.005[%] 증가할 수 있으나 이러한 증가분은 0.5[%]를 넘지 않아야 한다.

문제 04 산업 96년, 99년, 03년, 04년, 12년, 21년 출제

배점 : 5점

어느 수용가의 3상 3선식 저압전로에 10[kW], 380[V]인 전열기를 부하로 사용하고 있다. 이때 수용가 설비의 인입구로부터 분전반까지 전압강하가 3[%]이고, 분전반에서 전열기까지 거리가 10[m]인 경우 분전반에서 전열기까지의 전선의 최소 단면적은 몇 [mm²]인지 선정하시오.

전선규격[mm²]											
2.5	4	6	10	16	25	35	50	70	95	120	150

답안 2.5[mm²]

해설

- 부하전류 $I=\dfrac{P}{\sqrt{3}\,V}=\dfrac{10\times10^3}{\sqrt{3}\times380}=15.19[\mathrm{A}]$
- 분전반에서 전열기까지의 전압강하 $=5[\%]-3[\%]=2[\%]$

  전압강하 $e=380\times0.02=7.6[\mathrm{V}]$

$\therefore$ 단면적 $A=\dfrac{30.8LI}{1{,}000e}=\dfrac{30.8\times10\times15.19}{1{,}000\times7.6}=0.62[\mathrm{mm}^2]$

공칭단면적 2.5[mm²] 선정

※ 수용가 설비에서의 전압강하(KEC 232.3.9)

다른 조건을 고려하지 않는다면 수용가 설비의 인입구로부터 기기까지의 전압강하는 다음 표의 값 이하이어야 한다.

▌수용가 설비의 전압강하▐

설비의 유형	조명[%]	기타[%]
A – 저압으로 수전하는 경우	3	5
B – 고압 이상으로 수전하는 경우*	6	8

* 가능한 한 최종회로 내의 전압강하가 A 유형의 값을 넘지 않도록 하는 것이 바람직하다.
사용자의 배선설비가 100[m]를 넘는 부분의 전압강하는 미터당 0.005[%] 증가할 수 있으나 이러한 증가분은 0.5[%]를 넘지 않아야 한다.

저압으로 수전하는 경우, 수용가 설비의 인입구로부터 기기까지의 전압강하는 조명부하가 아니라면 5[%] 이하가 되어야 한다.
수용가 설비의 인입구로부터 분전반까지의 전압강하가 3[%]이므로, 분전반에서 전열기까지의 전압강하는 $5[\%]-3[\%]=2[\%]$이다.

문제 05 산업 19년 출제 — 배점 : 5점

단상 2선식의 교류 배전선이 있다. 전선 1선의 저항은 0.03[Ω], 리액턴스는 0.05[Ω]이고, 부하는 무유도성으로 220[V], 3[kW]일 때 급전점의 전압은 몇 [V]인가?

답안 220.82[V]

해설

부하전류 $I=\dfrac{P}{V}=\dfrac{3\times10^3}{220}[\mathrm{A}]$

따라서 급전점의 전압 $V_s=V_r+2IR=220+2\times\dfrac{3{,}000}{220}\times0.03=220.82[\mathrm{V}]$

문제 06 산업 09년 출제

배점 : 5점

다음과 같은 단상 2선식 회로가 있다. AB 사이의 한 선의 저항을 0.02[Ω], BC 사이의 한 선의 저항을 0.04[Ω]이라 할 때 B지점의 전압 V_B 및 C지점의 전압 V_C를 구하시오.

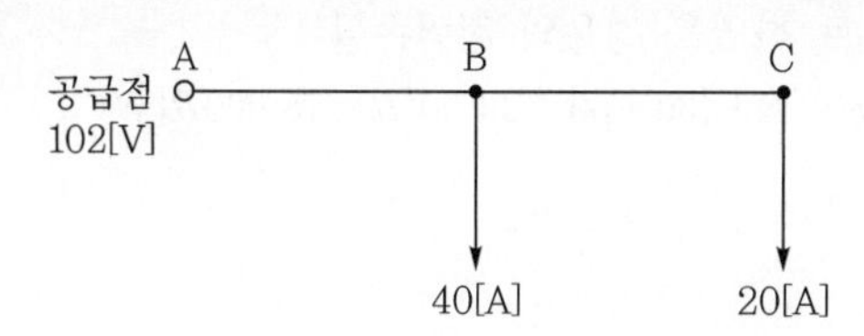

(1) B지점의 전압 V_B
(2) C지점의 전압 V_C

답안 (1) 99.6[V]
(2) 98[V]

해설 (1) $V_B = V_A - 2IR = 102 - 2(40+20) \times 0.02 = 99.6$[V]
(2) $V_C = V_B - 2IR = 99.6 - 2 \times 20 \times 0.04 = 98$[V]

문제 07 산업 11년 출제

배점 : 4점

그림에서 각 지점 간의 저항을 동일하다고 가정하고 간선 AD 사이에 전원을 공급하려고 한다. 전력손실이 최대가 되는 지점과 최소가 되는 지점을 구하시오.

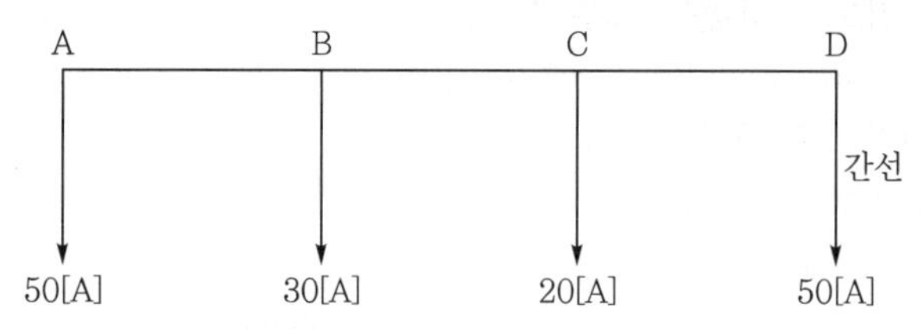

(1) 전력손실이 최대가 되는 공급점
(2) 전력손실이 최소가 되는 공급점

답안 (1) D점
(2) B점

해설 각 구간의 저항을 R이라 하면 전력손실 $P_L = I^2R$[W]에서

- A점을 급전점으로 하였을 경우의 전력손실
  $P_A = (30+20+50)^2R + (20+50)^2R + 50^2R = 17,400R$[W]

• B점을 급전점으로 하였을 경우의 전력손실

$P_B = 50^2R + (20+50)^2R + 50^2R = 9{,}900R$[W]

• C점을 급전점으로 하였을 경우의 전력손실

$P_C = (50+30)^2R + 50^2R + 50^2R = 11{,}400R$[W]

• D점을 급전점으로 하였을 경우의 전력손실

$P_D = (20+30+50)^2R + (30+50)^2R + 50^2R = 18{,}900R$[W]

문제 08 산업 16년 출제

배점 : 5점

그림에서 AD는 간선이다. A, B, C, D 중에서 어느 점에 전원을 공급하면 간선의 전력손실이 최소가 될 수 있는지 계산하여 공급점을 선정하시오. (단, 각 점 간의 저항은 각각 r[Ω]으로 한다.)

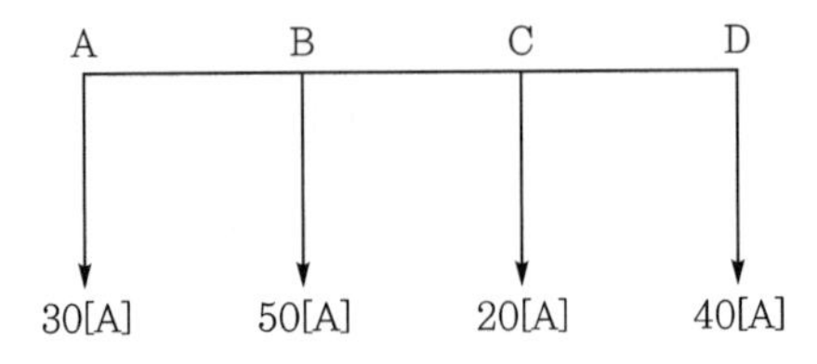

답안 B점

해설 • A점을 급전점으로 하였을 경우 전력손실

$(50+20+40)^2 \cdot r + (20+40)^2 \cdot r + 40^2 \cdot r = 17{,}300r$[W]

• B점을 급전점으로 하였을 경우 전력손실

$30^2 \cdot r + (20+40)^2 \cdot r + 40^2 \cdot r = 6{,}100r$[W]

• C점을 급전점으로 하였을 경우 전력손실

$30^2 \cdot r + (30+50)^2 \cdot r + 40^2 \cdot r = 8{,}900r$[W]

• D점을 급전점으로 하였을 경우 전력손실

$30^2 \cdot r + (30+50)^2 \cdot r + (30+50+20)^2 \cdot r = 17{,}300r$[W]

∴ B점을 급전점으로 하였을 경우 전력손실이 최소이다.

문제 **09** 산업 89년, 04년 출제

배점 : 6점

선로의 길이가 30[km]인 3상 3선식 2회선 송전선로가 있다. 수전단에 30[kV], 6,000[kW], 역률 0.8의 3상 부하에 공급할 경우 송전 손실을 10[%] 이하로 하기 위해서는 전선의 굵기를 얼마로 하여야 하는가? (단, 사용전선의 고유저항은 1/55[Ω/mm² · m]이다.)

▌심선의 굵기와 허용전류▐

심선의 굵기[mm²]	25	35	50	70	95	120	150
허용전류[A]	50	90	100	140	150	180	200

답안 35[mm²]

해설
- 1회선당 흐르는 부하전류

$$I=\frac{6,000}{\sqrt{3}\times 30\times 0.8}\times\frac{1}{2}=72.17[\text{A}]$$

허용전류 고려 시 전선의 굵기는 35[mm²]

- 송전손실을 10[%] 이하로 하기 위한 전선의 굵기

$$P_l=0.1\times 6,000\times\frac{1}{2}=300[\text{kW}]$$

$$P_l=3I^2R=3I^2\times\frac{1}{55}\times\frac{l}{A}$$ 에서

$$A=\frac{3\times I^2\times l}{55\times P_l}=\frac{3\times(72.17)^2\times 30,000}{55\times 300\times 1,000}=28.41[\text{mm}^2]$$

∴ 전선의 허용전류 및 전력손실을 감안하여 ①, ② 계산 결과 중 큰 값인 35[mm²] 선정

문제 **10** 산업 89년, 93년, 95년, 02년, 06년, 13년, 22년 출제

배점 : 6점

공급전압을 220[V]에서 380[V]로 승압할 경우 저압간선에 나타나는 효과로서 다음 각 물음에 답하시오.

(1) 공급능력 증대는 몇 배인가?
(2) 전력손실의 감소는 몇 [%]인가?
(3) 전압강하율의 감소는 몇 [%]인가?

답안 (1) 1.73배
(2) 66.48[%]
(3) 66.48[%]

해설 (1) 공급능력 $P \propto V$이므로 $P' = \frac{380}{220} \times P = 1.73P$

(2) $P_L \propto \frac{1}{V^2}$이므로 $P_L' = \left(\frac{220}{380}\right)^2 P_L = 0.3352P_L$

∴ 감소는 $1 - 0.3352 = 0.6648$

(3) $\varepsilon \propto \frac{1}{V^2}$이므로 $\varepsilon' = \left(\frac{220}{380}\right)^2 \varepsilon = 0.3352\varepsilon$

∴ 감소는 $1 - 0.3352 = 0.6648$

문제 11 산업 93년, 95년, 02년, 06년, 13년, 20년 출제

배점 : 9점

가정용 110[V] 전압을 220[V]로 승압할 경우 저압간선에 나타나는 효과로서 다음 각 물음에 답하시오. (단, 부하가 일정한 경우이다.)

(1) 공급 능력 증대는 몇 배인지 구하시오. (단, 선로의 손실은 무시한다.)
(2) 전력손실의 감소는 몇 [%]인지 구하시오.
(3) 전압강하율의 감소는 몇 [%]인지 구하시오.

답안 (1) 2배
(2) 75[%]
(3) 75[%]

해설 (1) 공급능력 $P = VI$에서 $P \propto V$이므로

$P : P' = 110 : 220$

∴ $P' = \frac{220}{110} \times P = 2P$

(2) $P_L \propto \frac{1}{V^2}$이므로

$P_L' = \left(\frac{110}{220}\right)^2 P_L = 0.25P_L$

∴ 감소는 $1 - 0.25 = 0.75$

(3) $\varepsilon \propto \frac{1}{V^2}$이므로

$\varepsilon' = \left(\frac{110}{220}\right)^2 \varepsilon = 0.25\varepsilon$

∴ 감소는 $1 - 0.25 = 0.75$

문제 12 산업 07년, 09년, 18년 출제

배점 : 6점

송전선로 전압을 154[kV]에서 345[kV]로 승압할 경우 송전선로에 나타나는 효과에 대하여 다음 물음에 답하시오.

(1) 전력손실이 동일한 경우 공급능력의 증대는 몇 배인지 구하시오.
(2) 전력손실의 감소는 몇 [%]인지 구하시오.
(3) 전압강하율의 감소는 몇 [%]인지 구하시오.

답안 (1) 2.24배
(2) 80.07[%]
(3) 80.07[%]

해설 (1) $P \propto V$이므로

$$P_2 = \frac{V_2}{V_1} \times P_1 = \frac{345}{154} \times P_1 = 2.24P_1$$

(2) $P_L \propto \frac{1}{V^2}$ 이므로

$$P_{L2} = \left(\frac{V_1}{V_2}\right)^2 P_{L1} = \left(\frac{154}{345}\right)^2 P_{L1} = 0.1993P_{L1}$$

전력손실 감소분 $= 1 - 0.1993 = 0.8007 = 80.07[\%]$

(3) $\varepsilon \propto \frac{1}{V^2}$ 이므로

$$\varepsilon_2 = \left(\frac{V_1}{V_2}\right)^2 \varepsilon_1 = \left(\frac{154}{345}\right)^2 \varepsilon_1 = 0.1993\varepsilon_1$$

전압강하율 감소분 $= 1 - 0.1993 = 0.8007 = 80.07[\%]$

문제 13 산업 89년, 93년, 95년, 02년, 06년 출제

배점 : 9점

가정용 100[V] 전압을 220[V]로 승압할 경우 저압간선에 나타나는 효과로서 다음 각 물음에 답하시오.

(1) 공급능력 증대는 몇 배인가?
(2) 전력손실의 감소는 몇 [%]인가?
(3) 전압강하율의 감소는 몇 [%]인가?

답안 (1) 2.2배
(2) 79.34[%]
(3) 79.34[%]

해설

(1) $P_2 = \frac{V_2}{V_1} \times P_1 = \frac{220}{100} \times P_1 = 2.2P_1$

(2) $P_L \propto \frac{1}{V^2}$ 이므로 $P_L{}' = \left(\frac{100}{220}\right)^2 P_L = 0.2066P_L$

$\therefore$ 감소는 $1 - 0.2066 = 0.7934$

(3) $\varepsilon \propto \frac{1}{V^2}$ 이므로 $\varepsilon' = \left(\frac{100}{220}\right)^2 \varepsilon = 0.2066\varepsilon$

$\therefore$ 감소는 $1 - 0.2066 = 0.7934$

문제 14

산업 91년, 94년, 05년, 11년 출제 | 배점 : 6점

배전선로에 있어서 전압을 3[kV]에서 6[kV]로 상승시켰을 경우, 승압 전과 승압 후의 장점과 단점을 비교하여 설명하시오. (단, 수치 비교가 가능한 부분은 수치를 적용시켜 비교 설명하시오.)

(1) 장점
(2) 단점

답안

(1) • 전력손실이 75[%] 경감된다.
• 전압강하율 및 전압변동률이 75[%] 경감된다.
• 공급전력이 4배 증대된다.

(2) • 변압기, 차단기 등의 절연레벨이 높아지므로 기기가 비싸진다.
• 전선로, 애자 등의 절연레벨이 높아지므로 건설비가 많이 든다.

문제 15

산업 09년, 20년 출제 | 배점 : 5점

3상 3선식 6,600[V]인 변전소에서 저항 6[Ω], 리액턴스 8[Ω]의 송전선을 통하여 역률 0.8의 부하에 전력을 공급할 때 수전단 전압을 6,000[V] 이상으로 유지하기 위해서 걸 수 있는 부하는 최대 몇 [kW]까지 가능한지 구하시오.

답안 300[kW]

해설

전압강하 $e = \frac{P}{V}(R + X\tan\theta)$ 에서

$$P = \frac{e \times V}{R + X\tan\theta} \times 10^{-3} = \frac{(6{,}600 - 6{,}000) \times 6{,}000}{6 + 8 \times \frac{0.6}{0.8}} \times 10^{-3} = 300[\text{kW}]$$

문제 16 산업 10년, 21년 출제

배점 : 5점

3상 3선식 송전계통에서 한 선의 저항이 2.5[Ω], 리액턴스가 5[Ω]이고, 수전단의 선간전압은 3[kV], 부하역률이 0.8인 경우, 전압강하율을 10[%]라 하면 이 송전선로는 몇 [kW]까지 수전할 수 있는가?

답안 144[kW]

해설 전압강하율 $\delta = \dfrac{P}{V^2}(R + X\tan\theta)$ 에서

$$P = \frac{\delta V^2}{R + X\tan\theta} \times 10^{-3} = \frac{0.1 \times (3 \times 10^3)^2}{\left(2.5 + 5 \times \dfrac{0.6}{0.8}\right)} \times 10^{-3} = 144[\text{kW}]$$

문제 17 산업 06년 출제

배점 : 4점

3상 3선식 송전단 전압이 6.6[kV]인 전선로의 전압강하율이 10[%] 이하라고 할 때, 수전전력의 크기[kW]는 얼마인가? (단, 저항 1.19[Ω], 리액턴스 1.8[Ω], 역률 80[%]이다.)

답안 1,417.34[kW]

해설

$$V_r = \frac{V_s}{1+\varepsilon} = \frac{6{,}600}{1+0.1} = 6{,}000[\text{V}]$$

$$I = \frac{e}{\sqrt{3}(R\cos\theta + X\sin\theta)} = \frac{6{,}600 - 6{,}000}{\sqrt{3}(1.19 \times 0.8 + 1.8 \times 0.6)} = 170.48[\text{A}]$$

$$P = \sqrt{3} \times V_r I\cos\theta = \sqrt{3} \times 6{,}000 \times 170.48 \times 0.8 \times 10^{-3} = 1{,}417.34[\text{kW}]$$

문제 18 산업 07년, 11년, 14년, 17년 출제

배점 : 6점

3상 4선식 송전선에서 한 선의 저항이 10[Ω], 리액턴스가 20[Ω]이고, 송전단 전압이 6,600[V], 수전단 전압이 6,100[V]이었다. 수전단의 부하를 끊은 경우 수전단 전압이 6,300[V], 부하 역률이 0.8일 때 다음 각 물음에 답하시오.

(1) 전압강하율을 구하시오.
(2) 전압변동률을 구하시오.
(3) 이 송전선로의 수전 가능한 전력[kW]를 구하시오.

답안 (1) 8.2[%]

(2) 3.28[%]

(3) 122[kW]

해설

(1) 전압강하율 $\varepsilon = \dfrac{V_s - V_r}{V_r} \times 100 = \dfrac{6{,}600 - 6{,}100}{6{,}100} \times 100 = 8.2[\%]$

(2) 전압변동률 $\varepsilon = \dfrac{V_{r0} - V_r}{V_r} \times 100 = \dfrac{6{,}300 - 6{,}100}{6{,}100} \times 100 = 3.28[\%]$

(3) 전압강하 $e = V_s - V_r = 6{,}600 - 6{,}100 = 500$

전력 $P = \dfrac{e V_r}{R + X\tan\theta} = \dfrac{500 \times 6{,}100}{10 + 20 \times \dfrac{0.6}{0.8}} \times 10^{-3} = 122[\text{kW}]$

문제 19 산업 22년 출제 배점 : 5점

송전거리 40[km], 송전전력 10,000[kW]일 때의 경제적 송전전압[kV]을 구하시오. (단, still식에 의거 구하시오.)

답안 61.25[kV]

해설

$$V = 5.5\sqrt{0.6l + \frac{P}{100}}$$

$$= 5.5\sqrt{0.6 \times 40 + \frac{10{,}000}{100}}$$

$$= 61.25[\text{kV}]$$

문제 20 산업 09년, 19년 출제 배점 : 6점

3상 3선식 배전선로의 1선당 저항이 3[Ω], 리액턴스가 2[Ω]이고 수전단 전압이 6,000[V], 수전단에 용량 480[kW], 역률 0.8(지상)의 3상 평형 부하가 접속되어 있을 경우 송전단 전압 V_s, 송전단 전력 P_s 및 송전단 역률 $\cos\theta_s$를 구하시오.

(1) 송전단 전압[V]

(2) 송전단 전력[kW]

(3) 송전단 역률[%]

답안 (1) 6,360[V]

(2) 510[kW]

(3) 80.18[%]

해설 (1) $V_s = V_r + \dfrac{P_r}{V_r}(R + X\tan\theta)$

$$= 6{,}000 + \frac{480 \times 10^3}{6{,}000}\left(3 + 2 \times \frac{0.6}{0.8}\right) = 6{,}360[\text{V}]$$

(2) $I = \dfrac{P_r}{\sqrt{3}\, V_r \cos\theta_r}$

$$= \frac{480{,}000}{\sqrt{3} \times 6{,}000 \times 0.8} = 57.74[\text{A}]$$

$P_s = P_r + 3I^2 R$

$$= 480 + 3 \times 57.74^2 \times 3 \times 10^{-3} = 510[\text{kW}]$$

(3) $\cos\theta_s = \dfrac{P_s}{P_a} = \dfrac{P_s}{\sqrt{3}\, V_s I}$에서

$$\cos\theta_s = \frac{510 \times 10^3}{\sqrt{3} \times 6{,}360 \times 57.74} = 0.8018 = 80.18[\%]$$

문제 21 산업 20년 출제

배점 : 5점

그림과 같은 직렬 커패시터를 연결한 교류 배전선에서 부하전류가 15[A], 부하역률이 0.6(뒤짐), 1선당 선로저항 $R=$ 3[Ω], 용량 리액턴스 $X_c=$ 4[Ω]인 경우, 부하의 단자전압을 220[V]로 하기 위해 전원단 ab에 가해지는 전압 E_s는 몇 [V]인지 구하시오. (단, 선로의 유도 리액턴스는 무시한다.)

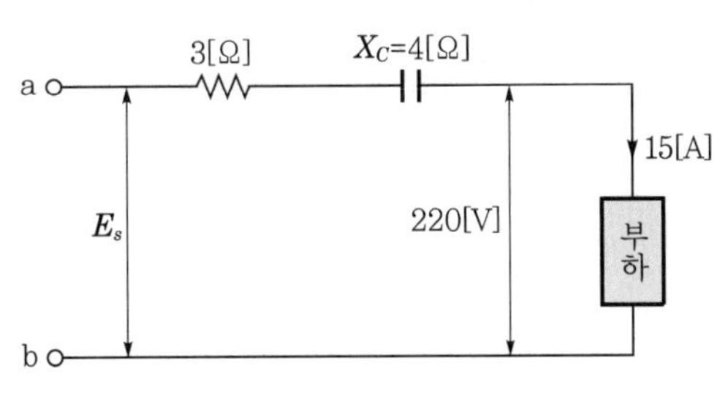

답안 178[V]

해설 단상 2선식 $E_s = E_r + 2I(R\cos\theta - X\sin\theta)$

$$= 220 + 2 \times 15 \times (3 \times 0.6 - 4 \times 0.8)$$

$$= 178[\text{V}]$$

문제 22 산업 19년 출제

배점 : 4점

단상 2선식 선로에서 3[kW]의 부하에 전력을 공급하는데 정확히 부하측에 220[V]를 인가해주기 위해 전원측에서 공급하여야 할 전압은 몇 [V]인가? (단, 1선의 저항은 0.3[Ω]이다.)

답안 228.18[V]

해설 $V_s = V_r + e$

$$= 220 + \frac{3 \times 10^3}{220} \times 0.3 \times 2$$

$$= 228.18[V]$$

문제 23 산업 11년 출제

배점 : 6점

송전단 전압 66[kV], 수전단 전압 61[kV]인 송전선로에서 수전단의 부하를 끊은 경우의 수전단 전압이 63[kV]라 할 때 다음 각 물음에 답하시오.

(1) 전압강하율을 구하시오.
(2) 전압변동률을 구하시오.

답안 (1) 8.2[%]
(2) 3.28[%]

해설

(1) $\varepsilon = \frac{V_s - V_r}{V_r} \times 100 = \frac{66-61}{61} \times 100 = 8.2[\%]$

(2) $\varepsilon = \frac{V_{r0} - V_r}{V_r} \times 100 = \frac{63-61}{61} \times 100 = 3.28[\%]$

문제 24 산업 14년 출제

배점 : 5점

수전단 상전압 22,000[V], 전류 400[A], 선로의 저항 $R=3$[Ω], 리액턴스 $X=5$[Ω]일 때, 전압강하율은 몇 [%]인가? (단, 수전단 역률은 0.8이라 한다.)

답안 9.82[%]

해설 전압강하율 $\varepsilon = \dfrac{E_s - E_r}{E_r} \times 100 = \dfrac{I(R\cos\theta + X\sin\theta)}{E_r} \times 100 = \dfrac{400 \times (3 \times 0.8 + 5 \times 0.6)}{22{,}000} \times 100$

$= 9.82[\%]$

문제 25 산업 90년, 14년 출제 ┤ 배점 : 5점 ├

길이 2[km]인 3상 배전선에서 전선의 저항이 0.3[Ω/km], 리액턴스 0.4[Ω/km]라 한다. 지금 송전단 전압 V_s를 3,450[V]로 하고 송전단에서 거리 1[km]인 점에 $I_1 = 100$[A], 역률 0.8(지상), 1.5[km]인 지점에 $I_2 = 100$[A], 역률 0.6(지상), 종단점에 $I_3 = 100$[A], 역률 0(진상)인 3개의 부하가 있다면 종단에서의 선간전압은 몇 [V]가 되는가?

답안 3,375.52[V]

해설

$$V_R = V_S - \sqrt{3}\,\{(I_1\cos\theta_1 + I_2\cos\theta_2 + I_3\cos\theta_3)r_1 + (I_1\sin\theta_1 + I_2\sin\theta_2 + I_3\sin\theta_3)x_1$$
$$+ (I_2\cos\theta_2 + I_3\cos\theta_3)r_2 + (I_2\sin\theta_2 + I_3\sin\theta_3)x_2 + I_3\cos\theta_3 r_3 + I_3\sin\theta_3 x_3\}$$ 이므로

$$V_R = 3{,}450 - \sqrt{3}\,\{\{[100 \times 0.8 + 100 \times 0.6 + 100 \times 0] \times 0.3$$
$$+ [100 \times 0.6 + 100 \times 0.8 + 100 \times (-1)] \times 0.4$$
$$+ [100 \times 0.6 + 100 \times 0] \times 0.15 + [100 \times 0.8 + 100 \times (-1)] \times 0.2$$
$$+ 100 \times 0 \times 0.15 + [100 \times (-1) \times 0.2]\} = 3{,}375.52[\text{V}]$$

문제 26 산업 92년 출제 ┤ 배점 : 4점 ├

3상 3선식 송전선로가 있다. 수전단 전압이 60[kV], 역률 80[%], 전력손실률이 10[%]이고 저항은 0.3[Ω/km], 리액턴스는 0.4[Ω/km], 전선의 길이는 20[km]일 때 이 송전선로의 송전단 전압은 몇 [kV]인가?

답안 67.68[V]

해설 전력손실 $P_l = 0.1P = 0.1 \times \sqrt{3}\,V_r I\cos\theta$

전력손실 $P_l = 3I^2R$

따라서, $3I^2R = 0.1 \times \sqrt{3}\,V_r I\cos\theta$

전류 $I = \dfrac{0.1 \times \sqrt{3}\,V_r\cos\theta}{3R} = \dfrac{0.1 \times \sqrt{3} \times 60{,}000 \times 0.8}{3 \times 0.3 \times 20} = 461.88[\text{A}]$

송전단 전압 $V_s = V_r + \sqrt{3}\,I(R\cos\theta + X\sin\theta) \times 10^{-3}[\text{kV}]$에서

$V_s = 60 + \sqrt{3} \times 461.88(0.3 \times 20 \times 0.8 + 0.4 \times 20 \times 0.6) \times 10^{-3} = 67.68[\text{kV}]$

문제 27 산업 07년, 22년 출제

배점 : 12점

그림과 같은 3상 배전선이 있다. 변전소(A점)의 전압은 3,300[V], 중간(B점) 지점의 부하는 60[A], 역률 0.8(지상), 말단(C점)의 부하는 40[A], 역률 0.8이다. AB 사이의 길이는 3[km], BC 사이의 길이는 2[km]이고, 선로의 [km]당 임피던스는 저항 0.9[Ω], 리액턴스 0.4[Ω]이다. 다음 물음에 답하시오.

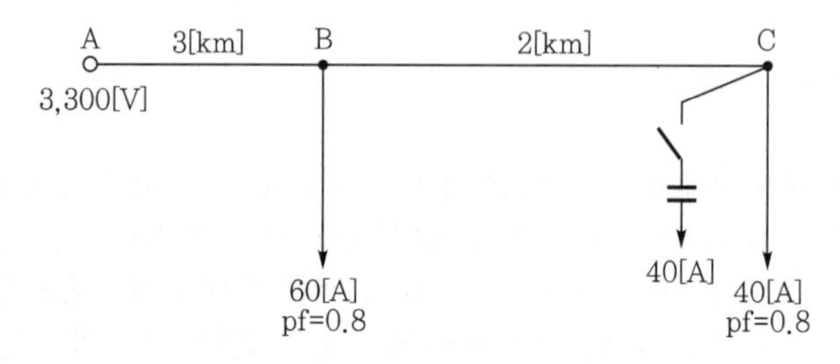

(1) C점에 전력용 콘덴서가 없는 경우 B점, C점의 전압은?
① B점의 전압
② C점의 전압

(2) C점에 전력용 콘덴서를 설치하여 진상전류 40[A]를 흘릴 때 B점, C점의 전압은?
① B점의 전압
② C점의 전압

답안 (1) ① 2,801.17[V]
② 2,668.15[V]
(2) ① 2,884.31[V]
② 2,806.71[V]

해설 (1) ① $V_B = V_A - \sqrt{3}\,I(R_1\cos\theta - X_1\sin\theta)$

$= V_A - \sqrt{3}\,(I\cos\theta \times R_1 + I\sin\theta \times X_1)$

$= 3{,}300 - \sqrt{3}\,(100 \times 0.8 \times 3 \times 0.9 + 100 \times 0.6 \times 3 \times 0.4) = 2{,}801.17$[V]

② $V_C = V_B - \sqrt{3}\,I_2(R_2\cos\theta + X_2\sin\theta)$

$= 2{,}801.17 - \sqrt{3} \times 40(2 \times 0.9 \times 0.8 + 2 \times 0.4 \times 0.6) = 2{,}668.15$[V]

(2) ① $V_B = V_A - \sqrt{3} \times \{I\cos\theta \cdot R_1 + (I\sin\theta + I_C) \cdot X_1\}$

$= 3{,}300 - \sqrt{3} \times \{100 \times 0.8 \times 3 \times 0.9 + (100 \times 0.6 - 40) \times 3 \times 0.4\} = 2{,}884.31$[V]

② $V_C = V_B - \sqrt{3} \times \{I_2\cos\theta \cdot R_1 + (I_2\sin\theta - I_C) \cdot X_2\}$

$= 2{,}884.31 - \sqrt{3} \times \{40 \times 0.8 \times 2 \times 0.9 + (40 \times 0.6 - 40) \times 2 \times 0.4\} = 2{,}806.71$[V]

03 CHAPTER 고장계산

기출개념 01 고장계산 중요 공식

1 옴법

$$I_s = \frac{E}{Z} = \frac{E}{\sqrt{R^2 + X^2}} [\text{A}]$$

여기서, I_s : 단락전류[A]
Z : 단락점에서 전원측을 본 계통 임피던스[Ω]
E : 단락점의 전압[kV]

2 퍼센트(%Z)법

$$\%Z = \frac{ZI_n}{V} \times 100[\%]$$

$$\%Z = \frac{P \cdot Z}{10 V_n^2} [\%]$$

여기서, I_n : 정격전류[A]
V : 고장상의 정격전압[V]
P : 정격용량[kVA]
V_n : 정격전압[kV]

3 단위법 Z[pu]

$$Z = \frac{ZI_n}{V_n} = \frac{P \cdot Z}{10 V_n^2} \times 10^{-2} [\text{pu}]$$

4 단락전류(차단전류) 계산

$\%Z = \frac{I_n Z}{E_n} \times 100[\%]$에서 $Z = \frac{\%ZE_n}{100 I_n}$ 이므로 단락전류 $I_s = \frac{E_n}{\frac{\%ZE_n}{100I_n}} = \frac{100}{\%Z} \times I_n$으로 된다.

5 단락용량(P_s) 계산

(1) 정격용량

$$P_n = \sqrt{3}\, V_n I_n [\mathrm{kVA}]$$

(2) 단락전류

$$I_s = \frac{100}{\%Z} \times I_n = \frac{100}{\%Z} \times \frac{P_n}{\sqrt{3}\, V_n} [\mathrm{A}]$$

(3) 단락용량

$$P_s = \sqrt{3}\, V_n I_s = \sqrt{3}\, V_n \times \frac{100}{\%Z} \times \frac{P_n}{\sqrt{3}\, V_n} = \frac{100}{\%Z} P_n [\mathrm{kVA}]$$

6 차단기의 차단용량 계산

$$P_s[\mathrm{kVA}] = \sqrt{3} \times \text{정격전압}[\mathrm{kV}] \times \text{정격차단전류}[\mathrm{A}]$$

개념 문제 01 기사 16년 출제 | 배점 : 6점 |

어떤 건축물의 변전설비가 22.9[kV-Y], 용량 500[kVA]이다. 변압기 2차측 모선에 연결되어 있는 배선용 차단기(MCCB)에 대하여 다음 각 물음에 답하시오. (단, 변압기의 $\%Z=5$[%], 2차 전압은 380[V]이고, 선로의 임피던스는 무시한다.)

(1) 변압기 2차측 정격전류[A]
(2) 변압기 2차측 단락전류[A] 및 배선용 차단기의 최소 차단전류[kA]
  ① 변압기 2차측 단락전류[A]
  ② 배선용 차단기의 최소 차단전류[kA]
(3) 차단용량[MVA]

답안 (1) 759.67[A]
(2) ① 15,193.4[A]
  ② 15.2[kA]
(3) 10[MVA]

해설
(1) $I_{2n} = \dfrac{P}{\sqrt{3}\, V} = \dfrac{500 \times 10^3}{\sqrt{3} \times 380} = 759.67[\mathrm{A}]$

(2) ① $I_{2s} = \dfrac{100}{\%Z} I_{2n} = \dfrac{100}{5} \times 759.67 = 15{,}193.4[\mathrm{A}]$

(3) $P_s = \dfrac{100}{\%Z} P_n = \dfrac{100}{5} \times 500 = 10{,}000[\mathrm{kVA}] = 10[\mathrm{MVA}]$

개념 문제 02 기사 08년 출제

| 배점 : 9점 |

그림과 같이 수용가 인입구의 전압이 22.9[kV], 주차단기의 차단용량이 250[MVA]이며, 10[MVA], 22.9/3.3[kV] 변압기의 임피던스가 5.5[%]일 때 다음 각 물음에 답하시오.

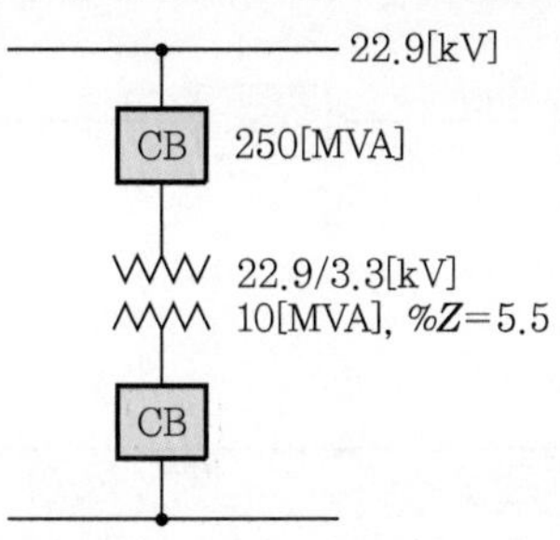

(1) 기준용량은 10[MVA]로 정하고 임피던스 맵(Impedance Map)을 그리시오.

(2) 합성 %임피던스를 구하시오.

(3) 변압기 2차측에 필요한 차단기 용량을 구하여 제시된 표(차단기의 정격차단용량표)를 참조하여 차단기 용량을 선정하시오.

차단기의 정격용량[MVA]										
10	20	30	50	75	100	150	250	300	400	500

답안 (1)

전원측 $\%Z_s = 4[\%]$

변압기 $\%Z_{TR} = 5.5[\%]$

단락점

(2) 9.5[%]

(3) 150[MVA]

해설

(1) 전원측 %임피던스 $\%Z_s = \dfrac{P_n}{P_s} \times 100 = \dfrac{10}{250} \times 100 = 4[\%]$

(2) 합성 $\%Z = \%Z_s + \%Z_{TR} = 4 + 5.5 = 9.5[\%]$

(3) $P_s = \dfrac{100}{9.5} \times 10 = 105.26[\text{MVA}]$

∵ 차단용량은 단락용량보다 커야 하므로 표에서 150[MVA] 선정

개념 문제 03 기사 94년, 03년, 05년, 07년, 13년 출제

배점 : 14점

그림과 같은 송전계통 S점에서 3상 단락사고가 발생하였다. 주어진 도면과 조건을 참고하여 다음 각 물음에 답하시오.

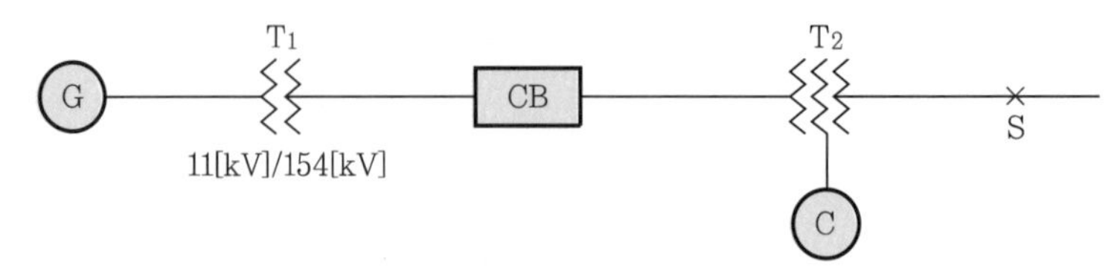

[조건]

번 호	기기명	용 량	전 압	%X
1	발전기(G)	50,000[kVA]	11[kV]	30
2	변압기(T_1)	50,000[kVA]	11/154[kV]	12
3	송전선		154[kV]	10(10,000[kVA] 기준)
4	변압기(T_2)	1차 25,000[kVA]	154[kV]	12(25,000[kVA], 1차~2차)
		2차 30,000[kVA]	77[kV]	15(25,000[kVA], 2차~3차)
		3차 10,000[kVA]	11[kV]	10.8(10,000[kVA], 3차~1차)
5	조상기(C)	10,000[kVA]	11[kV]	20

(1) 발전기, 변압기(T_1), 송전선 및 조상기의 %리액턴스를 기준출력 100[MVA]로 환산하시오.
① 발전기
② 변압기(T_1)
③ 송전선
④ 조상기

(2) 변압기(T_2)의 각각의 %리액턴스를 100[MVA] 출력으로 환산하고, 1차(P), 2차(T), 3차(S)의 %리액턴스를 구하시오.

(3) 고장점과 차단기를 통과하는 각각의 단락전류를 구하시오.
① 고장점의 단락전류
② 차단기의 단락전류

(4) 차단기의 차단용량은 몇 [MVA]인가?

답안 (1) ① 60[%]
② 24[%]
③ 100[%]
④ 200[%]

(2) • 1차~2차간 : 48[%]
• 2차~3차간 : 60[%]
• 3차~1차간 : 108[%]
• 1차 : 48[%]
• 2차 : 0[%]
• 3차 : 60[%]

(3) ① 323.2[A]
② 161.6[A]

(4) 47.58[MVA]

해설

(1) ① 발전기 $\%X_G = \frac{100}{50} \times 30 = 60[\%]$

② 변압기 $\%X_T = \frac{100}{50} \times 12 = 24[\%]$

③ 송전선 $\%X_l = \frac{100}{10} \times 10 = 100[\%]$

④ 조상기 $\%X_C = \frac{100}{10} \times 20 = 200[\%]$

(2) • 1차~2차간 $X_{12} = \frac{100}{25} \times 12 = 48[\%]$

• 2차~3차간 $X_{23} = \frac{100}{25} \times 15 = 60[\%]$

• 3차~1차간 $X_{31} = \frac{100}{10} \times 10.8 = 108[\%]$

• 1차 $X_1 = \frac{48 + 108 - 60}{2} = 48[\%]$

• 2차 $X_2 = \frac{48 + 60 - 108}{2} = 0[\%]$

• 3차 $X_3 = \frac{60 + 108 - 48}{2} = 60[\%]$

(3) 발전기에서 T_2 변압기 1차까지 $\%X_1 = 60 + 24 + 100 + 48 = 232[\%]$
조상기에서 T_2 변압기 3차까지 $\%X_2 = 200 + 60 = 260[\%]$

합성 $\%Z = \frac{\%X_1 \times \%X_2}{\%X_1 + \%X_2} + X_T = \frac{232 \times 260}{232 + 260} + 0 = 122.6[\%]$

• 단락전류 $I_s = \frac{100}{\%Z} \times I_n = \frac{100}{122.6} \times \frac{100,000}{\sqrt{3} \times 77} = 611.59[A]$

① 고장점의 단락전류 $I_{s1} = I_s \times \frac{\%X_2}{\%X_1 + \%X_2} = 611.59 \times \frac{260}{232 + 260} = 323.2[A]$

② 차단기의 단락전류 : 고장점의 단락전류를 154[kV]로 환산하면

$I_{s10} = 323.2 \times \frac{77}{154} = 161.6[A]$

(4) $P_s = \sqrt{3}\, VI_{s10} = \sqrt{3} \times 170 \times 161.6 \times 10^{-3} = 47.58[MVA]$

개념 문제 04 기사 18년 출제 | 배점 : 6점 |

상전압이 불평형으로 되어 각각 $\dot{V}_a = 7.3\angle 12.5°$, $\dot{V}_b = 0.4\angle -100°$, $\dot{V}_c = 4.4\angle 154°$로 주어져 있다고 가정할 경우 이들의 대칭 성분 $\dot{V}_0$, $\dot{V}_1$, $\dot{V}_2$를 구하시오.

(1) 대칭 성분 $\dot{V}_0$

(2) 대칭 성분 $\dot{V}_1$

(3) 대칭 성분 $\dot{V}_2$

답안 (1) $1.034+j1.038$[V]

(2) $3.717+j1.392$[V]

(3) $2.376-j0.851$[V]

해설 (1) $\dot{V}_0 = \frac{1}{3}[(7.3\angle 12.5°)+(0.4\angle -100°)+(4.4\angle 154°)]$

$= \frac{1}{3}(7.126+j1.58-0.069-j0.394-3.955+j1.929)$

$=1.034+j1.038$[V]

(2) $\dot{V}_1 = \frac{1}{3}[(7.3\angle 12.5°)+(1\angle 120° \times 0.4\angle -100°)+(1\angle 240° \times 4.4\angle 154°)]$

$= \frac{1}{3}(7.126+j1.58+0.376+j0.137+3.648+j2.46)$

$=3.717+j1.392$[V]

(3) $\dot{V}_2 = \frac{1}{3}[(7.3\angle 12.5°)+(1\angle 240° \times 0.4\angle -100°)+(1\angle 120° \times 4.4\angle 154°)]$

$= \frac{1}{3}(7.126+j1.58-0.306+j0.257+0.307-j4.389)$

$=2.376-j0.851$[V]

1990년~최근 출제된 기출문제

CHAPTER 03
고장계산

단원 빈출문제

문제 01 산업 15년, 19년 출제 | 배점 : 5점 |

그림과 같은 교류 3상 3선식 전로에 연결된 3상 평형부하가 있다. 이 때 c상의 P점이 단선된 경우, 이 부하의 소비전력은 단선 전 소비전력에 비하여 어떻게 되는지 계산식을 이용하여 설명하시오. (단, 선간전압은 E[V]이며, 부하의 저항은 R[Ω]이다.)

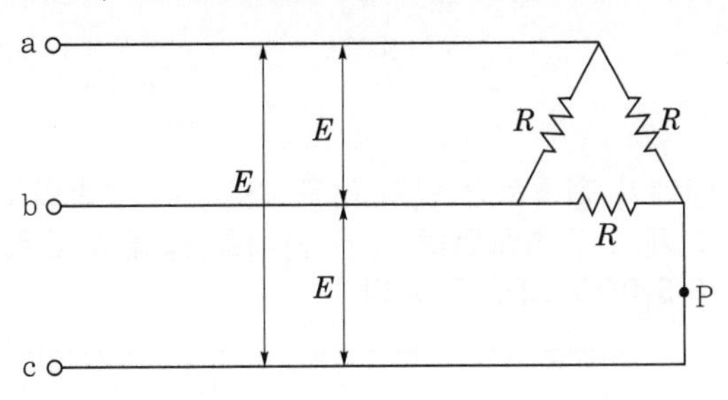

답안

단선 전 소비전력 $P_3 = \frac{E^2}{R} \times 3$

단선 후 소비전력 $P_1 = \frac{E^2}{\frac{R \times 2R}{R+2R}} = \frac{E^2}{\frac{2R^2}{3R}} = \frac{E^2}{R} \times \frac{3}{2}$

단선 후 소비전력은 단선 전 소비전력의 $\frac{1}{2}$이다.

문제 02 산업 04년, 06년, 12년 출제 | 배점 : 5점 |

단상 2선식 220[V]로 공급되는 전동기가 절연 열화로 인하여 외함에 전압이 인가될 때 사람이 접촉하였다. 이때의 접촉전압은 몇 [V]인가? (단, 변압기 2차측 접지저항은 9[Ω], 전로의 저항은 1[Ω], 전동기 외함의 접지저항은 100[Ω]이다.)

답안 200[V]

해설 $V_g = I_g \cdot R$

$= \frac{220}{9+1+100} \times 100 = 200[\text{V}]$

문제 03 산업 97년, 99년, 03년, 07년, 14년 출제

배점 : 6점

그림과 같은 계통의 기기의 A점에서 완전 지락이 발생하였다. 그림을 이용하여 다음 각 물음에 답하시오.

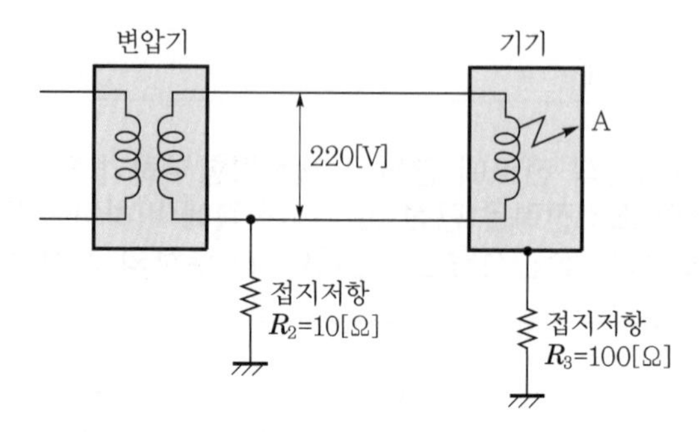

(1) 이 기기의 외함에 인체가 접촉하고 있지 않을 경우, 이 외함의 대지전압을 구하시오.

(2) 이 기기의 외함에 인체가 접촉하였을 경우 인체를 통해서 흐르는 전류를 구하시오.
(단, 인체의 저항은 3,000[Ω]으로 한다.)

답안 (1) 200[V]

(2) 66.47[mA]

해설

(1) 대지전압 $e=\dfrac{R_3}{R_2+R_3}\times V=\dfrac{100}{10+100}\times 220=200[\text{V}]$

(2) 인체에 흐르는 전류

$$I=\frac{V}{R_2+\dfrac{R_3\cdot R}{R_3+R}}\times\frac{R_3}{R_3+R}=\frac{220}{10+\dfrac{100\times 3{,}000}{100+3{,}000}}\times\frac{100}{100+3{,}000}\times 10^3=66.47[\text{mA}]$$

문제 04 산업 20년 출제

배점 : 5점

저압 케이블회로의 누전점을 HOOK-ON 미터로 탐지하려고 한다. 다음 각 물음에 답하시오.

(1) 저압 3상 4선식 선로의 합성전류를 HOOK-ON 미터로 아래 그림과 같이 측정하였다. 부하측에서 누전이 없는 경우 HOOK-ON 미터 지시값은 몇 [A]를 지시하는지 쓰시오.

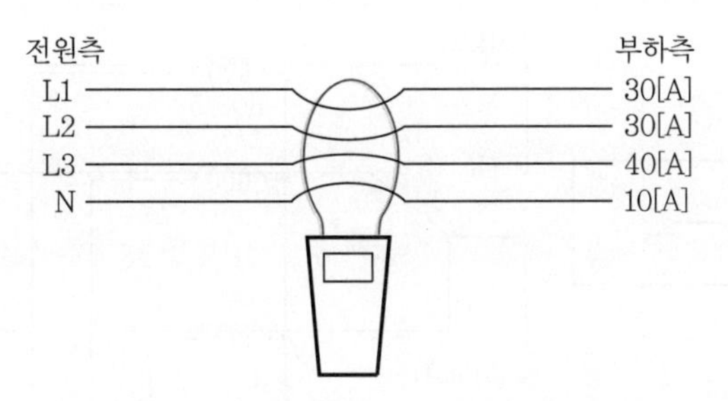

(2) 다른 곳에는 누전이 없고, "G"지점에서 3[A]가 누전되면 "S"지점에서 HOOK-ON 미터 검출전류는 몇 [A]가 검출되고, "K"지점에서 HOOK-ON 미터 검출전류는 몇 [A]가 검출되는지 쓰시오.

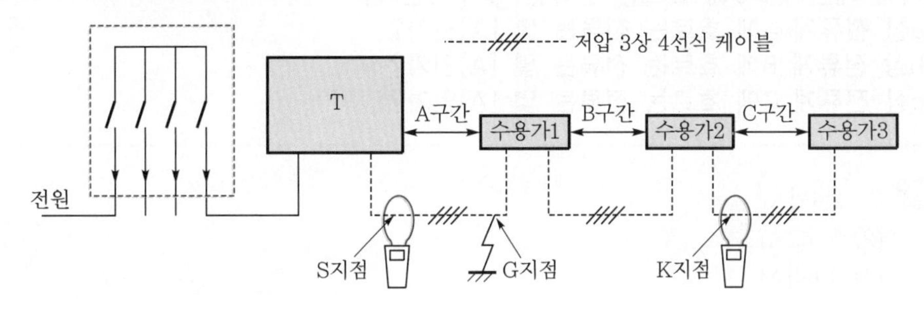

① "S"지점에서의 검출전류
② "K"지점에서의 검출전류

답안 (1) "0"을 지시한다.
(2) ① 3[A]
② 0[A]

해설 "K"지점은 누전이 되는 G지점보다 부하측이 되므로 G지점의 누전과 관계없이 "0"을 지시한다.

문제 05 산업 99년, 04년, 05년, 13년 출제 | 배점 : 8점 |

다음 그림은 변류기를 영상 접속시켜 그 잔류 회로에 지락 계전기 DG를 삽입시킨 것이다. 선로전압은 66[kV], 중성점에 300[Ω]의 저항접지로 하였고, 변류기의 변류비는 300/5이다. 송전전력 20,000[kW], 역률 0.8(지상)이고, a상에 완전 지락사고가 발생하였다고 할 때 다음 각 물음에 답하시오.

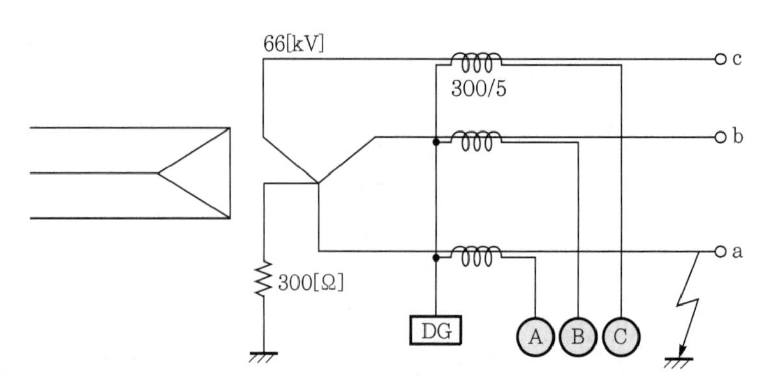

(1) 지락 계전기 DG에 흐르는 전류는 몇 [A]인가?
(2) a상 전류계 A에 흐르는 전류는 몇 [A]인가?
(3) b상 전류계 B에 흐르는 전류는 몇 [A]인가?
(4) c상 전류계 C에 흐르는 전류는 몇 [A]인가?

답안 (1) 2.12[A]
(2) 5.49[A]
(3) 3.64[A]
(4) 3.64[A]

해설
(1) $I_g = \dfrac{V/\sqrt{3}}{R} = \dfrac{66{,}000}{\sqrt{3}\times 300} = 127.02[\text{A}]$

$\therefore\ I_{DG} = 127.02 \times \dfrac{5}{300} = 2.12[\text{A}]$

(2) 전류계 A에는 부하전류와 지락전류의 합이 흐르므로

$I_a = \dfrac{20{,}000}{\sqrt{3}\times 66 \times 0.8} \times (0.8 - j0.6) + \dfrac{66\times 10^3/\sqrt{3}}{300} = 329.24[\text{A}]$

$\therefore\ A = 329.24 \times \dfrac{5}{300} = 5.49[\text{A}]$

(3) 전류계 B에는 부하전류가 흐르므로

$I_b = \dfrac{20{,}000}{\sqrt{3}\times 66\times 0.8} = 218.69[\text{A}]$

$\therefore\ B = 218.69 \times \dfrac{5}{300} = 3.64[\text{A}]$

(4) 전류계 C에도 부하전류가 흐르므로

$\therefore\ A_c = A_b = 3.64[\text{A}]$

문제 06 산업 89년, 08년 출제

배점 : 5점

단상 100[kVA], 22,900/210[V], %임피던스 5[%]인 배전용 변압기의 2차측의 단락전류는 몇 [A]인가?

답안 9,523.81[A]

해설

$$I_s = \frac{100}{\%Z} I_n = \frac{100}{5} \times \frac{100 \times 10^3}{210} = 9{,}523.81[\text{A}]$$

문제 07 산업 08년, 14년, 20년 출제

배점 : 4점

주변압기 단상 22,900/380[V], 500[kVA] 3대를 Y-Y결선으로 하여 사용하고자 하는 경우 2차측에 설치해야 할 차단기 용량은 몇 [MVA]로 하면 되는가? (단, 변압기의 $\%Z$는 3[%]로 계산하며, 그 외 임피던스는 고려하지 않는다.)

답안 50[MVA]

해설

$$P_s = \frac{100}{3} \times 500 \times 3 \times 10^{-3} = 50[\text{MVA}]$$

문제 08 산업 89년, 08년, 14년 출제

배점 : 5점

150[kVA], 22.9[kV]/380-220[V], %저항 3[%], %리액턴스 4[%]인 변압기의 정격전압에서 변압기 2차측 단락전류는 정격전류의 몇 배인가? (단, 전원측의 임피던스는 무시한다.)

답안 20배

해설

단락전류 $I_s = \frac{100}{\%Z} I_n$

$$= \frac{100}{\sqrt{3^2 + 4^2}} I_n = 20 I_n [\text{A}]$$

문제 09 산업 22년 출제

배점 : 5점

22.9[kV]/380[V], 500[kVA] 규격의 배전용 변압기가 있다. 이 변압기의 %저항이 1.05, %리액턴스는 4.92일 때 2차측 회로의 최대 단락전류는 정격전류의 몇 배가 되는지 구하시오. (단, 전원 및 선로의 임피던스는 무시한다.)

답안 19.88배

해설 단락전류 $I_s = \dfrac{100}{\%Z} I_n = \dfrac{100}{\sqrt{1.05^2 + 4.92^2}} I_n = 19.88 I_n$[A]

문제 10 산업 13년 출제

배점 : 5점

차단기의 정격전압이 7.2[kV]이고 3상 정격차단전류가 20[kA]인 수용가의 수전용 차단기의 차단용량은 몇 [MVA]인가? (단, 여유율은 고려하지 않는다.)

답안 249.42[MVA]

해설 $P_s = \sqrt{3} \times 7.2 \times 20 = 249.42$[MVA]

문제 11 산업 11년, 14년 출제

배점 : 6점

수전전압 6,600[V], 가공전선로의 %임피던스가 60.5[%]일 때, 수전점의 3상 단락전류가 7,000[A]인 경우 기준용량을 구하고, 수전용 차단기의 차단용량을 선정하시오.

차단기의 정격용량[MVA]										
10	20	30	50	75	100	150	250	300	400	500

(1) 기준용량
(2) 차단용량

답안 (1) 48.41[MVA]
(2) 100[MVA]

해설 (1) $I_s = \frac{100}{\%Z}I_n$에서 $I_n = \frac{\%Z}{100}I_s = \frac{60.5}{100} \times 7{,}000 = 4{,}235[A]$

$\therefore$ 기준용량 $P_n = \sqrt{3} \times 6{,}600 \times 4{,}235 \times 10^{-6} = 48.41[MVA]$

(2) $P_s = \sqrt{3} \times 6{,}600 \times \frac{1.2}{1.1} \times 7{,}000 \times 10^{-6} = 87.3[MVA]$

문제 12 산업 15년 출제

배점 : 6점

그림과 같은 22[kV], 3상 1회선 선로의 F점에서 3상 단락고장이 발생하였다면 고장전류[A]는 얼마인지 계산하시오.

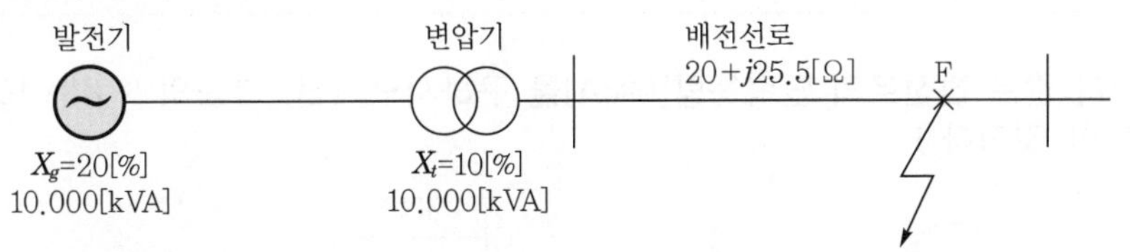

답안 283.9[A]

해설 $\%Z = \frac{PZ}{10V^2}[\%]$이므로

$\%R = \frac{10{,}000 \times 20}{10 \times 22^2} = 41.32[\%]$

$\%X = \frac{10{,}000 \times 25.5}{10 \times 22^2} = 52.69[\%]$

$\%Z = 41.32 + j(10 + 20 + 52.69) = 92.43$

$\therefore\ I_s = \frac{100}{92.43} \times \frac{10{,}000}{\sqrt{3} \times 22} = 283.9[A]$

문제 13 산업 91년, 95년, 08년, 21년 출제

배점 : 4점

수용가 인입구의 전압이 22.9[kV], 주차단기의 차단용량이 250[MVA]이다. 10[MVA], 22.9/3.3[kV] 변압기의 임피던스가 5.5[%]일 때 변압기 2차측에 필요한 차단기 용량을 다음 표에서 선정하시오.

차단기의 정격용량[MVA]										
10	20	30	50	75	100	150	250	300	400	500

답안 150[MVA]

해설 기준 용량을 10[MVA]로 할 때

전원측 임피던스 $\%Z_s = \frac{100}{250} \times 10 = 4[\%]$

단락용량 $P_s = \frac{100}{4+5.5} \times 10$

$= 105.26[\text{MVA}]$

∴ 차단용량은 단락용량보다 커야하므로 표에서 150[MVA] 선정

문제 14 산업 20년 출제 | 배점 : 5점 |

아래 그림과 같은 전선로의 단락용량[MVA]을 구하시오. (단, 그림의 $\%Z$는 10[MVA]를 기준으로 한 것이다.)

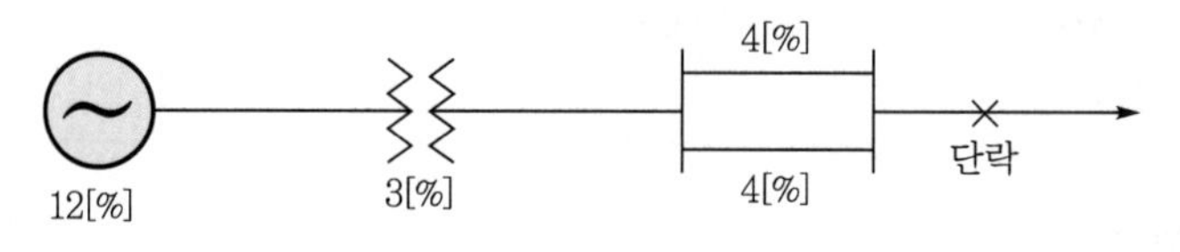

답안 58.82[MVA]

해설 4[%] 병렬회로의 합성 임피던스 $= \frac{4 \times 4}{4+4} = 2[\%]$

합성 %임피던스 $\%Z_s = 12 + 3 + 2 = 17[\%]$

∴ $P = \frac{100}{\%Z} \times P_n$

$= \frac{100}{17} \times 10$

$= 58.82\text{MVA}]$

문제 15 산업 10년, 18년 출제

배점 : 9점

3상 154[kV] 시스템의 회로도와 조건을 이용하여 점 F에서 3상 단락고장이 발행하였을 때 단락전류 등을 154[kV], 100[MVA] 기준으로 계산하는 과정에 대한 다음 각 물음에 답하시오.

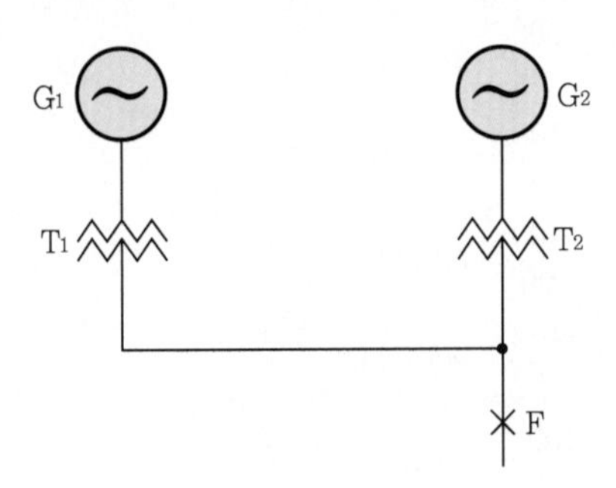

[조건]
- 발전기 G_1 : $S_{G1} = 20$[MVA], $\%Z_{G1} = 30$[%]
  G_2 : $S_{G2} = 5$[MVA], $\%Z_{G2} = 30$[%]
- 변압기 T_1 : 전압 11/154[kV], 용량 : 20[MVA], $\%Z_{T1} = 10$[%]
  T_2 : 전압 6.6/154[kV], 용량 : 5[MVA], $\%Z_{T2} = 10$[%]
- 송전선로 : 전압 154[kV], 용량 : 20[MVA], $\%Z_{TL} = 5$[%]

(1) 정격전압과 정격용량을 각각 154[kV], 100[MVA]로 할 때 정격전류(I_n)를 구하시오.
(2) 발전기(G_1, G_2), 변압기(T_1, T_2) 및 송전선로의 %임피던스 $\%Z_{G1}$, $\%Z_{G2}$, $\%Z_{T1}$, $\%Z_{T2}$, $\%Z_{TL}$을 각각 구하시오.
① $\%Z_{G1}$
② $\%Z_{G2}$
③ $\%Z_{T1}$
④ $\%Z_{T2}$
⑤ $\%Z_{TL}$
(3) 점 F에서의 합성 %임피던스를 구하시오.
(4) 점 F에서의 3상 단락전류 I_s를 구하시오.
(5) 점 F에 설치할 차단기의 용량을 구하시오.

답안 (1) 374.9[A]
(2) ① 150[%]
② 600[%]
③ 50[%]
④ 200[%]
⑤ 25[%]

(3) 185[%]

(4) 202.65[A]

(5) 58.97[MVA]

해설

(1) $I_n = \dfrac{100 \times 10^6}{\sqrt{3} \times 154 \times 10^3} = 374.9[A]$

(2) ① $\%Z_{G1} = 30[\%] \times \dfrac{100}{20} = 150[\%]$

② $\%Z_{G2} = 30[\%] \times \dfrac{100}{5} = 600[\%]$

③ $\%Z_{T1} = 10[\%] \times \dfrac{100}{20} = 50[\%]$

④ $\%Z_{T2} = 10[\%] \times \dfrac{100}{5} = 200[\%]$

⑤ $\%Z_{TL} = 5[\%] \times \dfrac{100}{20} = 25[\%]$

(3) $\%Z = \%Z_{TL} + \dfrac{(\%Z_{G1} + \%Z_{T1}) \times (\%Z_{G2} + \%Z_{T2})}{(\%Z_{G1} + \%Z_{T1}) + (\%Z_{G2} + \%Z_{T2})} = 25 + \dfrac{(150+50) \times (600+200)}{(150+50)+(600+200)} = 185[\%]$

(4) $I_s = I_n \times \dfrac{100}{\%Z} = 374.9 \times \dfrac{100}{185} = 202.65[A]$

(5) $P_n = \sqrt{3} \times 154 \times 10^3 \times \dfrac{1.2}{1.1} \times 202.65 \times 10^{-6} = 58.97[MVA]$

문제 16 산업 22년 출제

배점 : 5점

그림과 같은 계통에서 단락점에 흐르는 단락전류를 구하시오. (단, 선로의 전압은 154[kV], 기준용량은 10[MVA]으로 한다.)

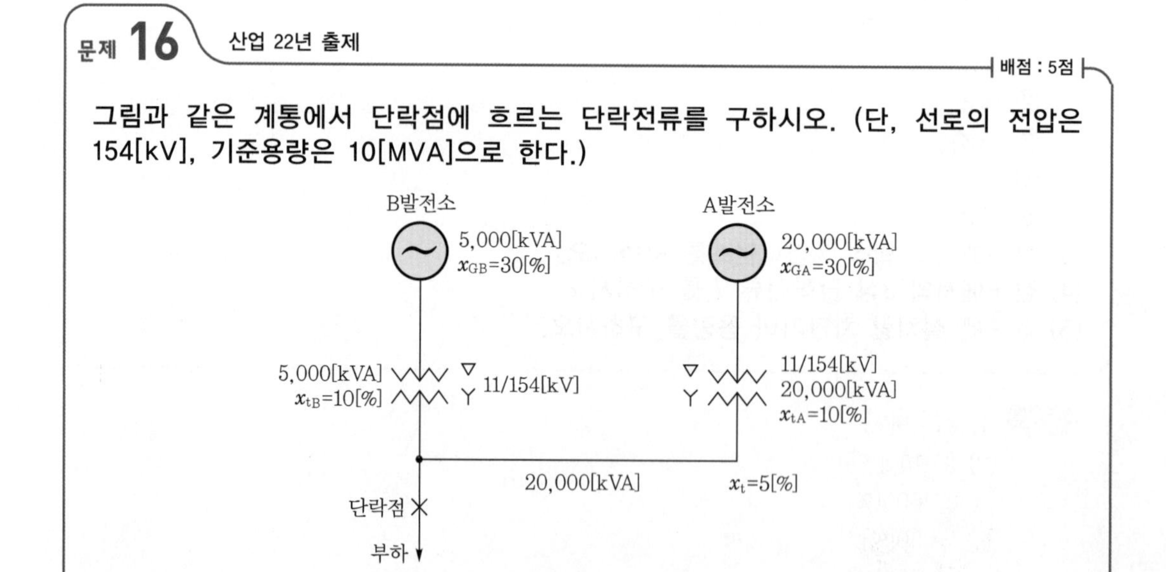

답안 213.5[A]

해설 10[MVA]를 기준으로 %X를 구하면

$$X_{GA} = \frac{10}{20} \times 30 = 15[\%]$$

$$X_{GB} = \frac{10}{5} \times 30 = 60[\%]$$

$$X_{tA} = \frac{10}{20} \times 10 = 5[\%]$$

$$X_{tB} = \frac{10}{5} \times 10 = 20[\%]$$

$$X_{t} = \frac{10}{20} \times 5 = 2.5[\%]$$

$$\text{합성 } \%X = \frac{(X_{GB} + X_{tB}) \times (X_{GA} + X_{tA} + X_t)}{(X_{GB} + X_{tB}) + (X_{GA} + X_{tA} + X_t)}$$

$$= \frac{(60+20) \times (15+5+2.5)}{(60+20) + (15+5+2.5)}$$

$$= 17.56[\%]$$

$$\text{단락전류 } I_s = \frac{100}{\%Z} \cdot I_n$$

$$= \frac{10 \times 10^6}{\sqrt{3} \times 154 \times 10^3} = 213.5[\text{A}]$$

문제 17 산업 04년 출제

배점 : 3점

그림에서 B점의 차단기 용량을 100[MVA]로 제한하기 위한 한류 리액터의 리액턴스는 몇 [%]인가? (단, 20[MVA]를 기준으로 한다.)

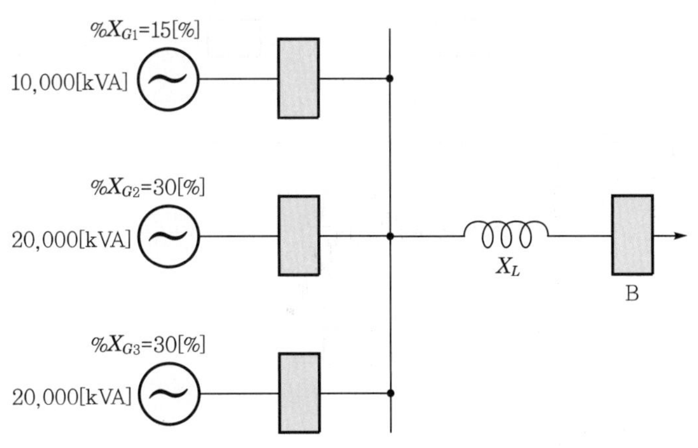

답안 10[%]

해설 20[MVA]로 환산한 합성 $\%Z$

$\%X_{G1} = \frac{20}{10} \times 15 = 30[\%]$

$\%X_{G2} = \frac{20}{20} \times 30 = 30[\%]$

$\%X_{G3} = \frac{20}{20} \times 30 = 30[\%]$

합성 리액턴스 $\%X_G = \frac{1}{\frac{1}{30} + \frac{1}{30} + \frac{1}{30}} = 10[\%]$

$\%X_L = \frac{100 \times 20}{100} - 10 = 10[\%]$

문제 18

산업 16년 출제

배점 : 7점

아래 그림과 같은 3상 교류회로에서 차단기 a, b, c의 차단용량을 각각 구하시오.

[조건]
- %리액턴스 : 발전기 10[%], 변압기 7[%]
- 발전기 용량 : G_1 – 18,000[kVA], G_2 – 30,000[kVA]
- 변압기 T는 40,000[kVA]

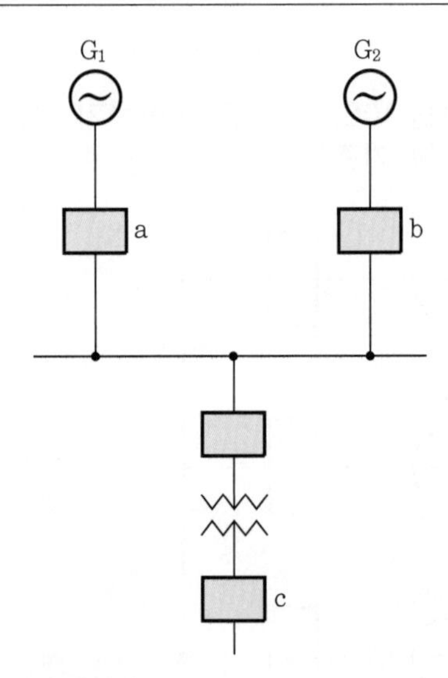

(1) 차단기 a의 차단용량을 구하시오.
(2) 차단기 b의 차단용량을 구하시오.
(3) 차단기 c의 차단용량을 구하시오.

 (1) 180[MVA]

(2) 300[MVA]

(3) 260.87[MVA]

해설

(1) $P_a = \frac{100}{\%Z} P_n = \frac{100}{10} \times 18 = 180[\text{MVA}]$

(2) $P_b = \frac{100}{10} \times 30 = 300[\text{MVA}]$

(3) 기준 용량을 18[MVA]로 환산하면

$\%X_{G2} = \frac{18}{30} \times 10 = 6[\%]$

$\%X_{T} = \frac{18}{40} \times 7 = 3.15[\%]$

합성 리액턴스 $\%X = \frac{\%X_{G1} \times \%X_{G2}}{\%X_{G1} + \%X_{G2}} + \%X_T$

$= \frac{10 \times 6}{10+6} + 3.15 = 6.9[\%]$

따라서 c차단기의 차단용량 P_c는

$P_c = \frac{100}{6.9} \times 18 = 260.87[\text{MVA}]$

04 CHAPTER 설비의 불평형률

기출개념 01 단상 3선식

(1) 설비 불평형률

$$\frac{\text{중성선과 각 전압측 전선 간에 접속되는 부하설비용량의 차}}{\text{총부하설비용량의 } \frac{1}{2}} \times 100$$

(2) 설비 불평형률은 40[%] 이하를 원칙으로 한다.

기출개념 02 3상 3선식 및 3상 4선식

(1) 설비 불평형률

$$\frac{\text{각 간선에 접속되는 단상 부하 총설비용량의 최대와 최소의 차}}{\text{총부하설비용량의 } \frac{1}{3}} \times 100$$

(2) 3상 3선식 또는 3상 4선식에서 불평형 부하의 한도는 30[%] 이하를 원칙으로 한다. 다만, 다음에는 이 제한을 따르지 아니할 수 있다.

① 저압 수전에서 전용 변압기 등으로 수전하는 경우
② 고압 및 특고압 수전에서 100[kVA]([kW]) 이하의 단상 부하인 경우
③ 고압 및 특고압 수전에서 단상 부하용량의 최대와 최소의 차가 100[kVA]([kW]) 이하인 경우
④ 특고압 수전에서 100[kVA]([kW]) 이하의 단상 변압기 2대로 역 V결선하는 경우

개념 문제 01 기사 01년 출제

배점 : 4점

그림과 같은 단상 3선식 수전인 경우 2차측이 폐로되어 있다고 할 때 설비 불평형률은 몇 [%]인가?

100[A]
A
100[V]
L_1
N
100[V]
L_2
B
150[A]

답안 40[%]

해설

$P_A = 100 \times 100 \times 10^{-3} = 10[\text{kVA}]$

$P_B = 100 \times 150 \times 10^{-3} = 15[\text{kVA}]$

$$\text{설비 불평형률} = \frac{15-10}{\frac{1}{2} \times (10+15)} \times 100 = 40[\%]$$

개념 문제 02 기사 98년, 99년, 00년, 04년, 05년 출제

배점 : 7점

불평형 부하의 제한에 관련된 다음 물음에 답하시오.

(1) 저압 수전의 단상 3선식에서 중성선과 각 전압측 전선 간의 부하는 불평형 부하를 제한할 때 몇 [%]의 한도를 초과하지 않아야 하는가?

(2) 저압, 고압 및 특고압 수전 3상 3선식 또는 3상 4선식에서 불평형률의 한도는 단상 접속부하로 계산하여 설비 불평형률을 몇 [%] 이하로 하는 것을 원칙으로 하는가?

(3) 그림과 같은 3상 3선식 380[V] 수전인 경우의 설비 불평형률은 몇 [%]인가? (단, Ⓗ는 전열부하이고, Ⓜ는 동력부하이다.)

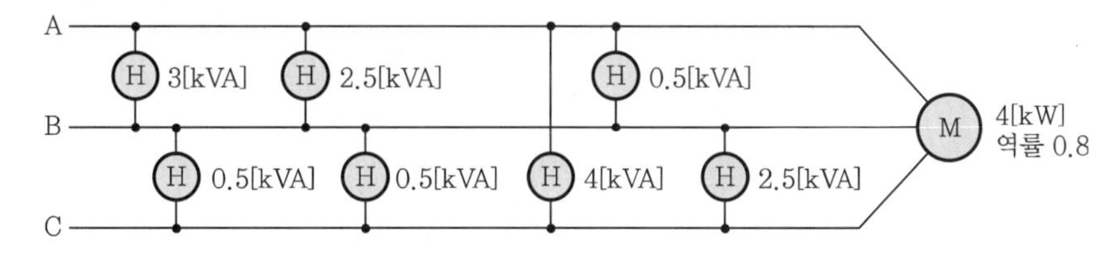

답안 (1) 40[%]

(2) 30[%]

(3) 40.54[%]

해설 (3) $P_{AB} = 3 + 2.5 + 0.5 = 6[\text{kVA}]$

$P_{BC} = 0.5 + 0.5 + 2.5 = 3.5[\text{kVA}]$

$P_{AC} = 4[\text{kVA}]$

$$P_{ABC}=\frac{4}{0.8}=5[\text{kVA}]$$

$$\text{불평형률}=\frac{6-3.5}{\frac{1}{3}(6+3.5+4+5)}\times 100=40.54[\%]$$

개념 문제 03 기사 99년 출제

| 배점 : 10점 |

저압, 고압 및 특고압 수전의 3상 3선식 또는 3상 4선식에서 불평형 부하의 한도는 단상 접속부하로 계산하여 설비 불평형률을 30[%] 이하로 하는 것을 원칙으로 한다. 그러나 이 원칙에 따르지 않아도 되는 경우를 설명할 때 (　) 안에 알맞은 답을 넣으시오.

(1) 저압 수전에서 (　) 등으로 수전하는 경우이다.
(2) 고압 및 특고압 수전에서 (　)[kVA] 이하의 단상 부하인 경우이다.
(3) 고압 및 특고압 수전에서 단상 부하용량의 최대와 최소의 차가(　)[kVA] 이하인 경우이다.
(4) 특고압 수전에서 (　)[kVA] 이하의 단상 변압기 2대로 (　)결선하는 경우이다.

답안 (1) 전용 변압기
(2) 100
(3) 100
(4) 100, 역 V

CHAPTER 04
설비의 불평형률

단원 빈출문제

문제 01 산업 07년, 12년 출제 | 배점 : 4점 |

그림과 같은 3상 3선식 배전선로에서 불평형률을 구하시오.

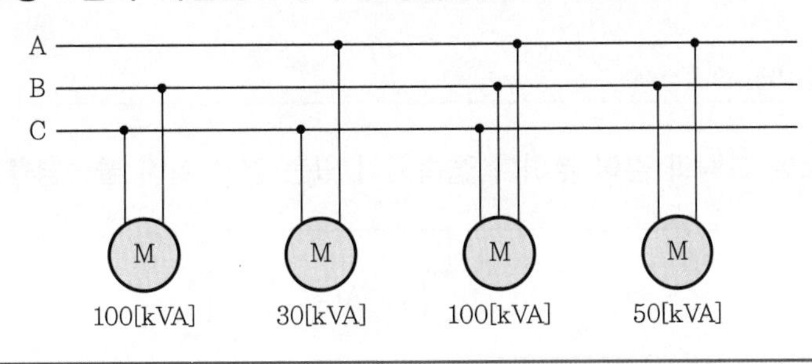

답안 75[%]

해설

$$\text{불평형률} = \frac{100-30}{\frac{1}{3}(100+30+100+50)} \times 100 = 75[\%]$$

문제 02 산업 96년, 22년 출제 | 배점 : 5점 |

그림과 같은 100/200[V] 단상 3선식 회로에서 중성선이 P점에서 단선되었다면 부하 A와 부하 B의 단자전압은 약 몇 [V]인지 구하시오.

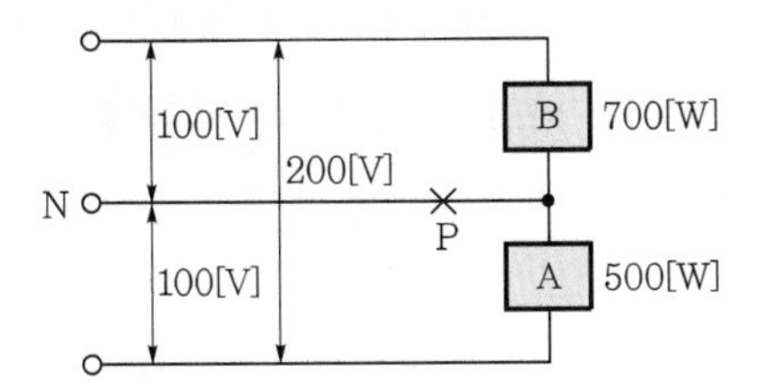

(1) 부하 A의 단자전압
(2) 부하 B의 단자전압

답안 (1) 83.33[V]
(2) 116.67[V]

해설

(1) $P=\dfrac{V^2}{R}$ 이므로 $R \propto \dfrac{1}{P}$ 이다.

$\therefore\ V_A = \dfrac{500}{700+500} \times 200 = 83.33[\mathrm{V}]$

(2) $V_B = \dfrac{700}{700+500} \times 200 = 116.67[\mathrm{V}]$

문제 03 산업 11년, 19년 출제

배점 : 5점

단상 3선식 선로에 그림과 같이 부하가 접속되어 있는 경우 설비 불평형률을 계산하시오.

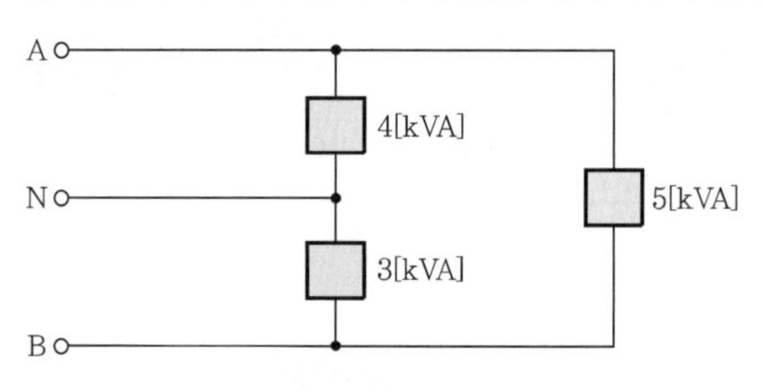

답안 16.67[%]

해설

$$불평형률 = \frac{4-3}{\frac{1}{2}(4+3+5)} \times 100 = 16.67[\%]$$

문제 04 산업 98년, 02년 출제

배점 : 5점

그림과 같은 단상 3선식 선로를 보고 다음의 각 물음에 답하시오.

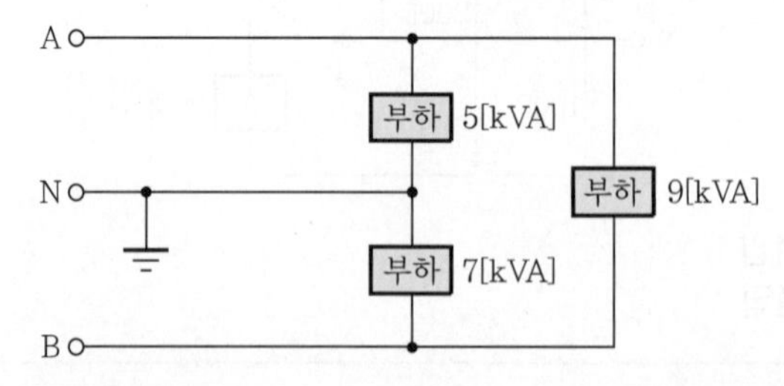

(1) 중성선 전류와 대지전압을 측정하고자 한다. 회로의 적당한 위치에 전압계와 전류계를 설치하여 도면을 완성하시오.
(2) 설비 불평형률은 몇 [%]인가?

답안 (1)

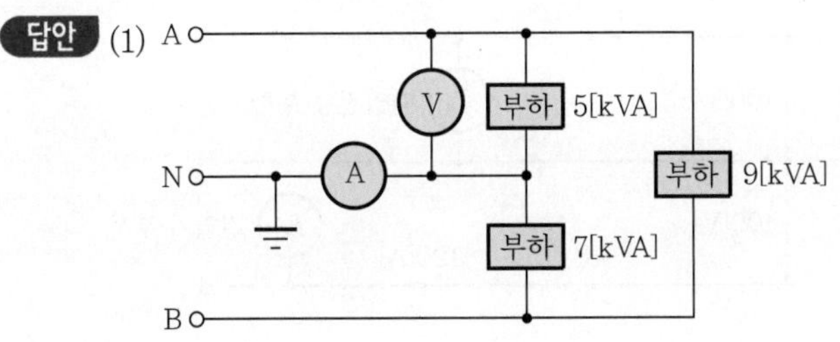

(2) 19.05[%]

해설

(2) 설비 불평형률 $\%U = \dfrac{7-5}{\dfrac{1}{2}\times(5+7+9)} \times 100 = 19.05[\%]$

문제 05

산업 96년, 99년, 00년, 04년, 07년, 13년 출제

배점 : 8점

그림과 같은 단상 3선식 수전인 경우 다음 각 물음에 답하시오.

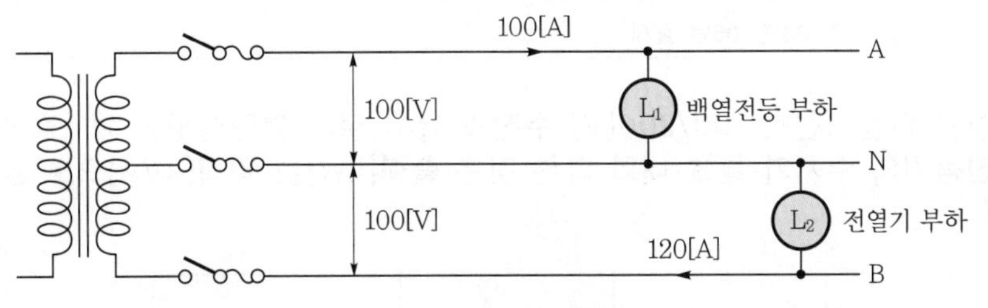

(1) 2차측이 폐로되어 있다고 할 때 설비 불평형률은 몇 [%]인가?

(2) 변압기 2차측에서 부하 전단까지 누락되거나 잘못된 부분이 3가지 있다. 이것을 지적하고 옳은 방법을 설명하시오. (누락은 접지에 대한 것임)

답안 (1) 18.18[%]

(2)
- 변압기 2차측 중성점 접지공사 누락
  이유 : 고저압 혼촉에 의한 위험방지
- 개폐기의 동시개폐
  이유 : 개폐기 개별 개폐인 경우 불평형 부하일 때 중성극 개방으로 부하에 이상전압 발생
- 중성선 퓨즈 제거하고 직결
  이유 : 퓨즈 사용으로 중성선에 불평형 과전류가 흘러서 용단되면 부하에 이상전압 발생

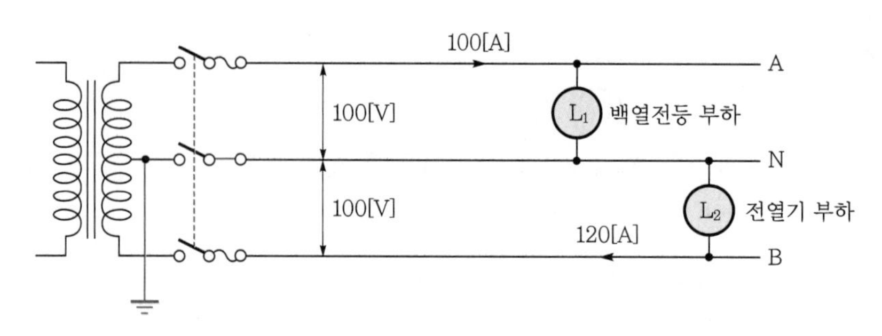

해설 (1) 불평형률

$$= \frac{\text{중성선과 각 전압측 전선 간 접속되는 부하설비용량의 차}}{\text{총부하설비용량} \times \frac{1}{2}} \times 100$$

$$= \frac{120-100}{\frac{1}{2}(100+120)} \times 100 = 18.18[\%]$$

문제 06 산업 95년, 03년, 06년 출제

배점 : 5점

그림과 같은 단상 3선식 100/200[V] 수전의 경우 설비 불평형률은 몇 [%]인가? (단, 여기서 전동기의 수치가 괄호 내와 다른 것은 출력[kW]을 입력[kVA]으로 환산하였기 때문이다.)

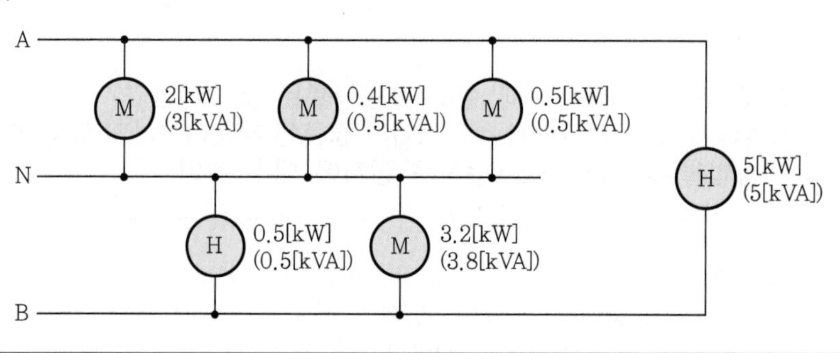

답안 4.51[%]

해설 $P_A = 3+0.5+0.5 = 4[\text{kVA}]$

$P_B = 0.5+3.8 = 4.3[\text{kVA}]$

$$\text{설비 불평형률} = \frac{\text{중성선과 각 전압측 전선 간 접속되는 부하설비용량의 차}}{\text{총부하설비용량} \times \frac{1}{2}} \times 100$$

$$= \frac{4.3-4}{(4.3+4+5) \times \frac{1}{2}} \times 100 = 4.51[\%]$$

문제 07 산업 00년, 05년 출제

배점 : 5점

다음 물음에 답하시오.

(1) 저압 수전의 단상 3선식에서 중성선과 각 전압측 전선 간의 부하는 평형이 되게 하는 것을 원칙으로 한다. 다만, 부득이한 경우는 몇 [%]까지로 할 수 있는가?
(2) 다음 그림과 같은 단상 3선식 100[V]/200[V] 수전의 경우 설비 불평형률[%]을 구하시오.

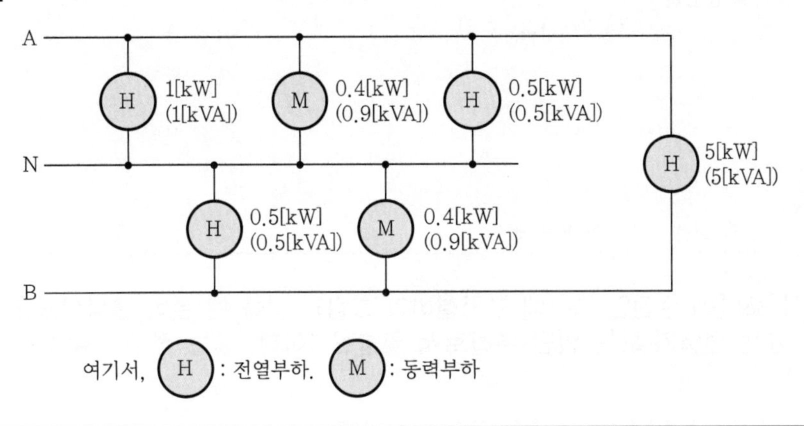

여기서, (H) : 전열부하, (M) : 동력부하

답안 (1) 40[%]
(2) 22.73[%]

해설 (2) $P_A = 1 + 0.9 + 0.5 = 2.4$[kVA]

$P_B = 0.5 + 0.9 = 1.4$[kVA]

$$\text{설비 불평형률} = \frac{2.4 - 1.4}{(2.4 + 1.4 + 5) \times \frac{1}{2}} \times 100 = 22.73[\%]$$

문제 08 산업 11년 출제

배점 : 5점

그림과 같은 단상 3선식 100/200[V] 수전의 경우 설비 불평형률을 구하고 그림과 같은 설비가 양호하게 되었는지의 여부를 판단하시오. (단, H는 전열기 부하이고, M은 전동기 부하임)

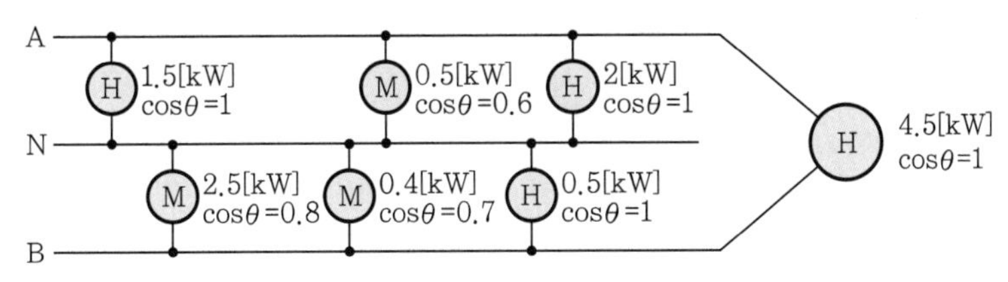

답안 40[%] 이하이므로 양호하다.

해설

$$P_A = 1.5 + \frac{0.5}{0.6} + 2 = 4.33[\text{kVA}]$$

$$P_B = \frac{2.5}{0.8} + \frac{0.4}{0.7} + 0.5 = 4.2[\text{kVA}]$$

$$P_{AB} = 4.5[\text{kVA}]$$

$$\text{설비 불평형률} = \frac{4.33 - 4.2}{(4.33 + 4.2 + 4.5) \times \frac{1}{2}} \times 100 = 2[\%]$$

문제 09 산업 97년, 00년, 05년 출제

배점 : 4점

3상 3선식 380[V] 수전인 경우에 부하설비가 그림과 같을 때 설비 불평형률은 몇 [%]인가? (단, Ⓗ는 전열기 또는 일반 부하로서 역률은 1이며, Ⓜ는 전동기 부하로서 역률은 0.8이다.)

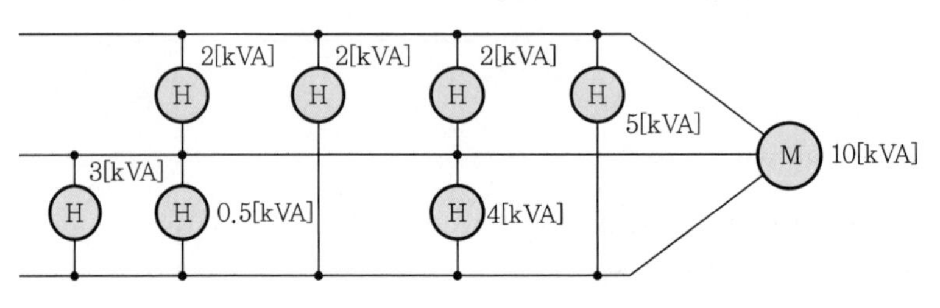

답안 36.84[%]

해설

$$\text{불평형률} = \frac{7.5 - 4}{\frac{1}{3}(4 + 7.5 + 7 + 10)} \times 100 = 36.84[\%]$$

1990년~최근 출제된 기출 이론 분석 및 유형별 문제

05 CHAPTER 전력의 수용과 공급

기출개념 01 수용률과 부등률, 부하율의 개념

1 수용률

수용가의 최대수용전력[kW]은 부하설비의 정격용량의 합계[kW]보다 작은 것이 보통이다. 이들의 관계는 어디까지나 부하의 종류라든가 지역별, 기간별에 따라 일정하지는 않겠지만 대략 어느 일정한 비율 관계를 나타내고 있다고 본다.

$$수용률 = \frac{최대수용전력[kW]}{부하설비용량[kW]} \times 100[\%]$$

2 부등률

수용가 상호 간, 배전 변압기 상호 간, 급전선 상호 간 또는 변전소 상호 간에서 각개의 최대부하는 같은 시각에 일어나는 것이 아니고, 그 발생 시각에 약간씩 시각차가 있기 마련이다. 따라서, 각개의 최대수용전력의 합계는 그 군의 종합 최대수용전력(=합성 최대전력)보다도 큰 것이 보통이다. 이 최대전력 발생시각 또는 발생시기의 분산을 나타내는 지표가 부등률이다.

$$부등률 = \frac{각\ 부하의\ 최대수용전력의\ 합[kW]}{각\ 부하를\ 종합하였을\ 때의\ 최대수용전력(합성\ 최대전력)[kW]}$$

3 부하율

전력의 사용은 시각 및 계절에 따라 다른데 어느 기간 중의 평균전력과 그 기간 중에서의 최대전력과의 비를 백분율로 나타낸 것을 부하율이라 한다.

$$부하율 = \frac{평균부하전력[kW]}{최대부하전력[kW]} \times 100[\%] = \frac{사용전력량/사용시간}{최대부하} \times 100[\%]$$

부하율은 기간을 얼마로 잡느냐에 따라 일부하율, 월부하율, 연부하율 등으로 나누어지는데, 기간을 길게 잡을수록 부하율의 값은 작아지는 경향이 있다.

기출개념 02 수용률, 부등률 및 부하율의 관계

1 합성 최대전력과 부하율

(1) 합성 최대전력

$$\frac{\text{최대전력의 합계}}{\text{부등률}} = \frac{\text{설비용량의 합계} \times \text{수용률}}{\text{부등률}}$$

(2) 부하율

$$\frac{\text{평균전력}}{\text{설비용량의 합계}} \times \frac{\text{부등률}}{\text{수용률}}$$

2 변압기와 부하

(1) 변압기의 뱅크 용량

$$\text{합성 최대부하} = \frac{\text{설비용량} \times \text{수용률}}{\text{부등률}}$$

$$P_t = \frac{\sum(\text{설비용량[kW]} \times \text{수용률})}{\text{부등률}} \times \frac{1}{\text{부하역률}} \text{[kVA]}$$

개념 문제 01 기사 06년, 10년, 18년 출제

| 배점 : 5점 |

어느 건물의 부하는 하루에 240[kW]로 5시간, 100[kW]로 8시간, 75[kW]로 나머지 시간을 사용한다. 이의 수전설비를 450[kVA]로 하였을 때에 부하의 평균 역률이 0.8인 경우 다음 물음에 답하시오.

(1) 이 건물의 수용률[%]을 구하시오.
(2) 이 건물의 1일 부하율을 구하시오.

답안 (1) 66.67[%]
(2) 49.05[%]

해설

(1) $\text{수용률} = \frac{240}{450 \times 0.8} \times 100 = 66.67[\%]$

(2) $\text{부하율} = \frac{(240 \times 5 + 100 \times 8 + 75 \times 11) \times \frac{1}{24}}{240} \times 100 = 49.05[\%]$

개념 문제 02 기사 15년 출제

| 배점 : 5점 |

200세대 아파트의 전등, 전열설비 부하가 600[kW], 동력설비 부하가 350[kW]이다. 이 아파트의 변압기 용량을 500[kVA], 1 뱅크로 산정하였다면 전부하에 대한 수용률을 구하시오. (단, 전등, 전열설비 부하의 역률은 1.0, 동력설비 부하의 역률은 0.7이고, 효율은 무시한다.)

답안 45.45[%]

해설

$$\text{수용률} = \frac{500}{600+\frac{350}{0.7}} = 45.45[\%]$$

개념 문제 03 기사 96년, 14년 출제

| 배점 : 6점 |

어떤 공장의 어느 날 부하실적이 1일 사용전력량 192[kWh]이고, 1일의 최대전력이 12[kW]이고, 최대전력일 때의 전류값이 34[A]이었을 경우 다음 각 물음에 답하시오. (단, 220[V], 11[kVA]인 3상 유도전동기를 부하로 사용한다고 한다.)

(1) 1일 부하율은 몇 [%]인가?
(2) 최대공급전력일 때의 역률은 몇 [%]인가?

답안 (1) 66.67[%]
(2) 92.62[%]

해설

(1) $\text{부하율} = \frac{192/24}{12} \times 100 = 66.67[\%]$

(2) 역률 $\cos\theta = \frac{12 \times 10^3}{\sqrt{3} \times 220 \times 34} \times 100 = 92.62[\%]$

개념 문제 04 기사 97년 출제

| 배점 : 4점 |

어느 수용가의 일부하곡선이 그림과 같을 때 이 수용가의 일부하율은 몇 [%]인가?

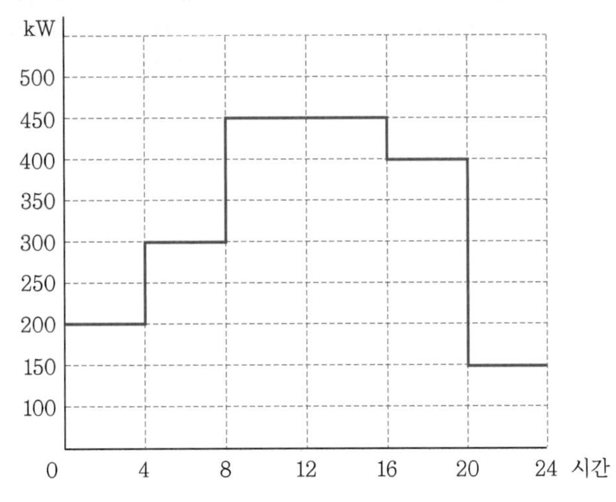

답안 72.2[%]

해설

$$\text{부하율} = \frac{(200\times4+300\times4+450\times8+400\times4+150\times4)}{450\times24}\times100 = 72.2[\%]$$

개념 문제 05 기사 13년 출제

| 배점 : 5점 |

그림과 같이 80[kW], 70[kW], 60[kW]의 부하설비의 수용률이 50[%], 60[%], 80[%]로 되어 있을 경우에 이것에 사용될 변압기의 용량을 계산하여 변압기 표준정격용량을 결정하시오. (단, 부등률은 1.1, 종합부하역률은 85[%]로 하며, 다른 요인은 무시한다.)

변압기 표준정격용량[kVA]							
50	70	100	150	200	300	400	500

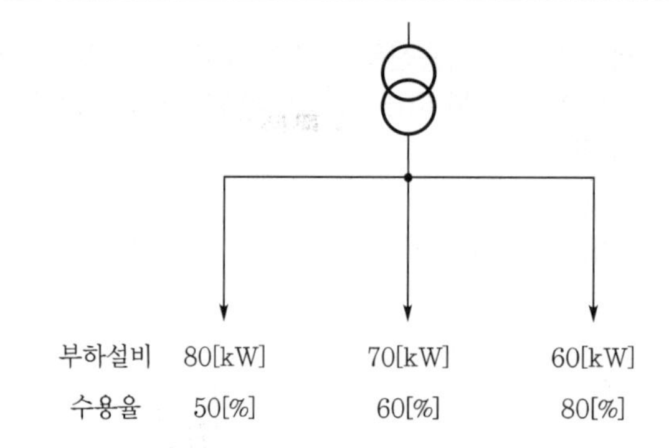

답안 150[kVA]

해설

$$P_t = \frac{80\times0.5+70\times0.6+60\times0.8}{1.1\times0.85} = 139.04[\text{kVA}]$$

개념 문제 06 기사 96년, 11년 출제

| 배점 : 5점 |

어느 수용가의 총 부하설비용량은 전등부하의 합 600[kW], 동력부하의 합 1,000[kW]라고 한다. 각 수용가의 수용률은 50[%]이고, 각 수용가 간의 부등률은 전등부하 1.2, 동력부하 1.5, 전등과 동력 상호 간은 1.2라고 하면 여기에 공급되는 변전시설용량[kVA]을 계산하시오. (단, 부하전력 손실은 5[%]로 하며 역률은 1로 계산한다.)

답안 510.42[kVA]

해설

$$P_m = \frac{\dfrac{600\times0.5}{1.2}+\dfrac{1,000\times0.5}{1.5}}{1.2}\times(1+0.05) = 510.42[\text{kVA}]$$

1990년~최근 출제된 기출문제

CHAPTER 05
전력의 수용과 공급

단원 빈출문제

문제 01 산업 12년, 14년 출제

배점 : 4점

수용률(Damand Factor)의 정의와 수용률의 의미를 간단히 설명하시오.

(1) 정의
(2) 의미

답안

(1) $\text{수용률} = \dfrac{\text{최대수용전력[kW]}}{\text{부하 수용설비용량[kW]}} \times 100[\%]$

(2) 어느 기간 중 수용가의 최대수용전력[kW]과 그 수용가가 설치하고 있는 설비용량의 합계[kW]의 비를 말하는 것으로 수용설비가 동시에 사용되는 정도를 나타낸다.

문제 02 산업 08년, 13년, 17년, 22년 출제

배점 : 4점

부하율을 식으로 표현하고 부하율이 높다는 의미에 대해 설명하시오.

(1) 부하율
(2) 부하율이 높다는 의미

답안

(1) $\text{부하율} = \dfrac{\text{평균수용전력[kW]}}{\text{최대수용전력[kW]}} \times 100[\%]$

(2) 전력변동이 적고, 공급설비(변압기 등)가 유효하게 사용되고 있는 것을 말한다.

문제 03 산업 98년, 02년 출제

배점 : 4점

부하율을 간단히 설명하고, 부하율의 크기와 전력변동 및 설비 이용률의 관계를 비교 설명하시오.

(1) 정의
(2) 식
(3) 부하율이 적다는 의미

답안 (1) 어느 기간 중의 평균전력과 그 기간 중에서의 최대전력과의 비를 백분율로 나타낸 것

(2) $부하율 = \frac{평균수용전력[kW]}{최대수용전력[kW]} \times 100[\%]$

(3) • 전력변동이 크다.
• 변압기 등 공급설비의 이용률이 떨어진다.
• 부하율이 큰 부하일수록 공급설비가 유효하게 사용되고 있는 것을 말하고, 반대로 부하율이 적으면 부하전력의 변동이 심하고, 공급설비의 이용률이 저하한다.

문제 04 산업 19년 출제

배점 : 7점

수용률, 부하율, 부등률의 관계식을 정확하게 쓰고 부하율이 수용률 및 부등률과 일반적으로 어떤 관계인지 비례, 반비례 등으로 설명하시오.

(1) 수용률, 부하율, 부등률의 관계식을 쓰시오.
① 수용률
② 부하율
③ 부등률
(2) 부하율이 수용률 및 부등률과 일반적으로 어떤 관계인지 비례, 반비례 등으로 설명하시오.

답안 (1) ① $수용률 = \frac{최대수용전력}{부하설비\ 정격용량의\ 합계} \times 100[\%]$

② $부하율 = \frac{평균수용전력}{최대수용전력} \times 100[\%]$

③ $부등률 = \frac{각각\ 최대수용전력의\ 합계}{합성\ 최대수용전력}$

(2) 부하율은 수용률과 반비례하고, 부등률과 비례한다.

문제 05 산업 16년 출제

배점 : 5점

다음은 수용률, 부등률 및 부하율을 나타낸 것이다. ( ) 안의 알맞은 내용을 쓰시오.

(1) 수용률 = $\frac{\text{최대수용전력}}{(\ ①\ )} \times 100[\%]$

(2) 부등률 = $\frac{(\ ②\ )}{\text{합성 최대수용전력}}$

(3) 부하율 = $\frac{(\ ③\ )}{\text{부하의 최대수용전력}} \times 100[\%]$

답안 ① 수용설비용량
② 개개의 최대수용전력의 합
③ 평균수용전력

문제 06 산업 13년 출제

배점 : 5점

최대사용전력이 625[kW]인 공장의 시설용량은 800[kW]이다. 이 공장의 수용률을 계산하시오.

답안 78.13[%]

해설 $\frac{625}{800} \times 100 = 78.125 = 78.13[\%]$

문제 07 산업 96년, 01년, 03년, 20년 출제

배점 : 5점

200[V], 15[kVA] 3상 유도전동기를 부하로 사용하는 공장이 있다. 이 공장의 어느 날 1일 사용 전력량이 90[kWh]이고, 1일 중 최대전력이 10[kW]일 경우 다음 각 물음에 답하시오. (단, 최대전력일 때의 전류값은 43.3[A]라고 한다.)

(1) 1일 부하율은 몇 [%]인가?
(2) 최대전력일 때의 역률은 몇 [%]인가?

답안 (1) 37.5[%]
(2) 66.67[%]

해설
(1) 부하율 $= \dfrac{90/24}{10} \times 100 = 37.5[\%]$

(2) 역률 $\cos\theta = \dfrac{10 \times 10^3}{\sqrt{3} \times 200 \times 43.3} \times 100 = 66.67[\%]$

문제 08 산업 22년 출제 | 배점 : 5점

어느 건물의 부하는 하루에 240[kW]로 5시간, 100[kW]로 8시간, 75[kW]로 나머지 시간을 사용한다. 이에 따른 수전설비를 450[kW]로 하였을 때, 이 건물의 일부하율[%]을 구하시오.

답안 49.05[%]

해설 $\dfrac{240 \times 5 + 100 \times 8 + 75 \times 11}{240 \times 24} \times 100 = 49.05[\%]$

문제 09 산업 96년, 04년, 19년, 20년 출제 | 배점 : 5점

220[V], 10[kVA]인 3상 유도전동기를 부하로 사용하는 공장이 있다. 이 공장의 어느날 1일 사용전력량이 60[kWh]이고, 1일 최대전력이 8[kW]일 경우 다음 각 물음에 답하시오. (단, 최대전력일 때의 전류값은 30[A]라고 한다.)

(1) 일부하율은 몇 [%]인가?
(2) 최대전력일 때의 역률은 몇 [%]인가?

답안 (1) 31.25[%]
(2) 76.98[%]

해설
(1) 부하율 $= \dfrac{60/24}{8} \times 100 = 31.25[\%]$

(2) 역률 $\cos\theta = \dfrac{8 \times 10^3}{\sqrt{3} \times 200 \times 30} \times 100 = 76.98[\%]$

문제 **10** 산업 17년 출제

배점 : 5점

200[kW] 설비용량 수용가의 부하율 70[%], 수용률 80[%]라면 1개월(30일) 동안의 사용 전력량[kWh]을 계산하시오.

답안 3,360[kWh]

해설 $W = 200 \times 0.7 \times 0.8 \times 30 = 3{,}360$[kWh]

문제 **11** 산업 95년 출제

배점 : 4점

한 변압기로부터 1호 간선과 2호 간선의 3상 배전선로를 통하여 어느 구역의 전등 및 동력부하의 전력을 공급하는 배전용 변전소가 있다. 이 구역 내의 각 간선에 접속된 부하의 설비용량 및 수용률은 각각 1호선의 경우 150[kW], 0.9, 2호선의 경우 200[kW], 0.8이라고 한다. 공급되는 최대 부하는 몇 [kVA]인가? (단, 각 배전 간선의 전력손실은 1호선, 2호선 모두 10[%]이고, 부하의 합성 역률은 변전소에서 1호선 0.95, 2호선 0.85 라고 한다.)

답안 354.83[kVA]

해설 (1) 1호 간선의 최대전력

유효전력 $P_1 = 150 \times 0.9 \times (1 \times 1.1) = 148.5$[kW]

무효전력 $Q_1 = 150 \times \dfrac{0.9}{0.95} \times \sqrt{1-0.95^2} = 44.37$[kar]

(2) 2호 간선의 최대전력

유효전력 $P_2 = 200 \times 0.8 \times (1 \times 1.1) = 176$[kW]

무효전력 $Q_1 = 200 \times \dfrac{0.8}{0.85} \times \sqrt{1-0.85^2} = 99.16$[kar]

(3) 최대 공급전력

$$P = \sqrt{(P_1+P_2)^2 + (Q_1+Q_2)^2}$$

$$= \sqrt{(148.5+176)^2 + (44.37+99.16)^2} = 354.83[\text{kVA}]$$

문제 **12** 산업 95년, 00년, 05년, 11년 출제 | 배점 : 6점 |

그림과 같은 부하 곡선을 보고 다음 각 물음에 답하시오.

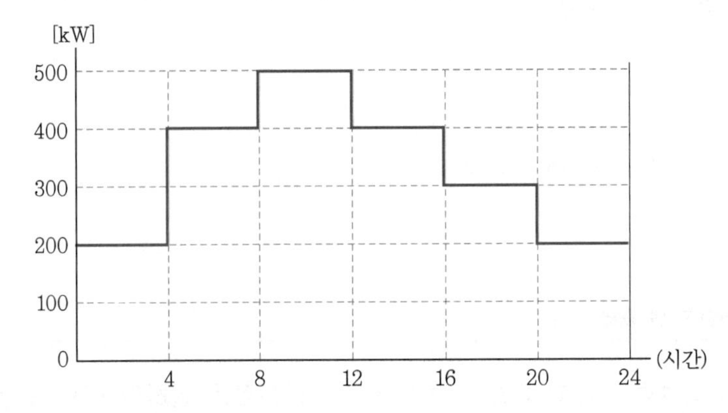

(1) 첨두부하는 몇 [kW]인가?
(2) 첨두부하가 지속되는 시간은 몇 시부터 몇 시까지인가?
(3) 일 공급 전력량은 몇 [kWh]인가?
(4) 하루의 일 부하율은 몇 [%]인가?

답안 (1) 500[kW]
(2) 08 : 00부터 12 : 00까지
(3) 8,000[kWh]
(4) 66.67[%]

해설 (3) $W=(200+300+500+450+400+150)\times 4=8{,}000$[kWh]

(4) 부하율 $=\dfrac{8{,}000/24}{500}\times 100=66.67$[%]

문제 **13** 산업 01년, 03년, 06년, 18년 출제 | 배점 : 4점 |

그림은 어느 공장의 일부하 곡선이다. 이 공장에서의 일부하율은 몇 [%]인가?

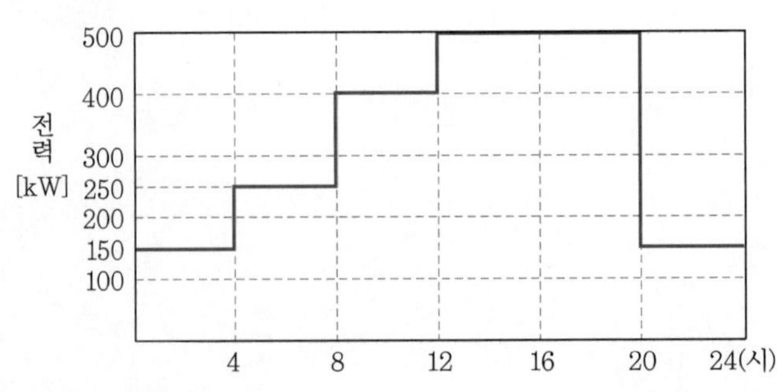

답안 65[%]

해설 $\text{부하율} = \dfrac{150\times4+250\times4+400\times4+500\times8+150\times4}{500\times24}\times100 = 65[\%]$

문제 14 산업 02년, 06년, 15년 출제 | 배점 : 6점

그림은 어느 공장의 하루의 전력부하곡선이다. 이 그림을 보고 다음 각 물음에 답하시오. (단, 이 공장의 부하설비용량은 80[kW]라고 한다.)

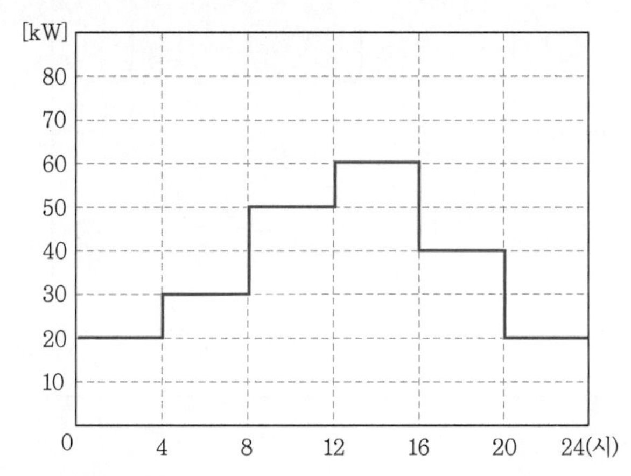

(1) 이 공장의 부하 평균전력은?
(2) 이 공장의 일부하율은?
(3) 이 공장의 수용률은?

답안 (1) 36.67[kW]
(2) 61.12[%]
(3) 75[%]

해설
(1) $P = \dfrac{20\times4+30\times4+50\times4+60\times4+40\times4+20\times4}{24} = 36.67[\text{kW}]$

(2) $\text{부하율} = \dfrac{36.67}{60}\times100 = 61.12[\%]$

(3) $\text{수용률} = \dfrac{60}{80}\times100 = 75[\%]$

문제 **15** 산업 95년, 00년, 05년, 17년 출제

배점 : 10점

그림과 같은 부하곡선을 보고 다음 각 물음에 답하시오.

(1) 첨두부하는 몇 [kW]인가?
(2) 첨두부하가 지속되는 시간은 몇 시부터 몇 시까지인가?
(3) 일 공급전력량은 몇 [kWh]인가?
(4) 일부하율은 몇 [%]인가?

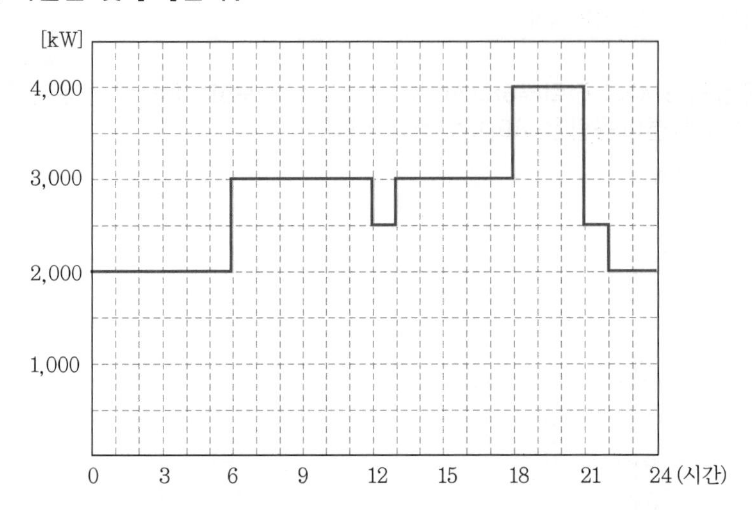

답안 (1) 4,000[kW]
(2) 18시~21시
(3) 66,000[kWh]
(4) 68.75[%]

해설 (3) $W = 2{,}000 \times (6+2) + 3{,}000 \times (6+5) + 4{,}000 \times 3 + 2{,}500 \times 2$
$= 66{,}000$[kWh]

(4) 부하율
$= \dfrac{66{,}000}{4{,}000 \times 24} \times 100$
$= 68.75$[%]

문제 16 산업 11년 출제

배점 : 10점

어느 회사 제1공장과 제2공장의 전력부하곡선이 그림과 같을 때 다음 각 물음에 답하시오. (단, 제1공장과 제2공장의 각 수용설비용량은 80[kW]이다.)

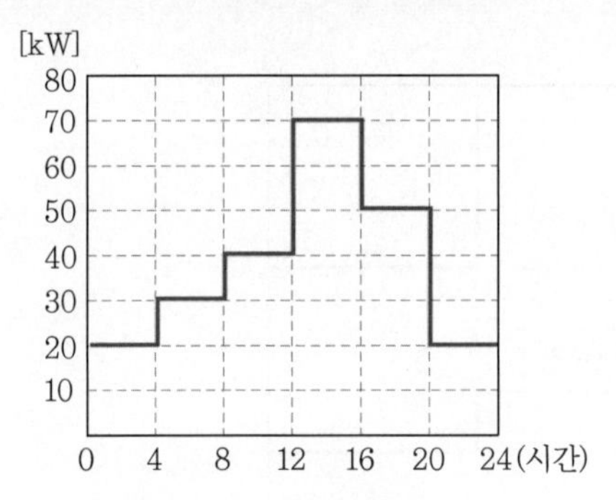

▌제1공장의 전력부하곡선▐

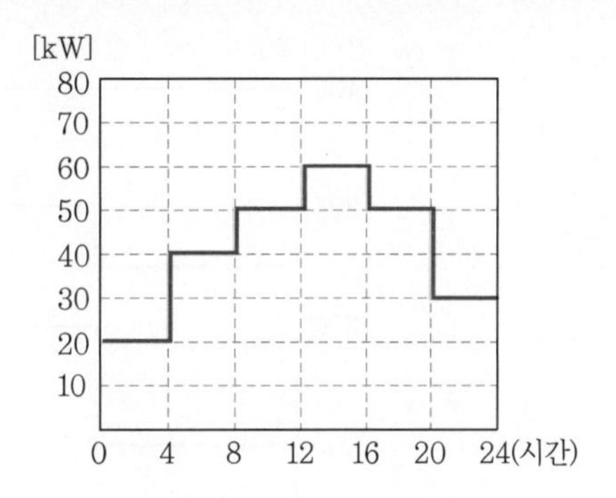

▌제2공장의 전력부하곡선▐

(1) 제1공장의 부하 평균전력은 몇 [kW]인가?
(2) 제1공장에서 첨두부하가 지속되는 시간은 몇 시부터 몇 시까지인가?
(3) 제1공장과 제2공장의 일부하율은 얼마인가?
(4) 제1공장과 제2공장의 수용률은 얼마인가?
(5) "부등률"에 대하여 설명하고 그 최소값은 얼마 이상인지 쓰시오.

답안 (1) 38.33[kW]

(2) 12시부터 16시

(3) ① 54.76[%]

② 69.45[%]

(4) ① 87.5[%]

② 75[%]

(5) "개개의 부하 최대수용전력의 합계"와 "각 부하를 종합한 때의 합성 최대수용전력"의 비로서 나타내고, 최대전력의 발생시각 또는 발생시기의 분산을 나타내는 지표를 말한다. 최소값은 1 이상이 된다.

해설 (1) $P_{av} = \dfrac{20\times8+30\times4+40\times4+50\times4+70\times4}{24} = 38.33[\text{kW}]$

(3) ① 제1공장의 일부하율 $= \dfrac{38.33}{70}\times100 = 54.757 = 54.76[\%]$

② 평균전력 $P_{av} = \dfrac{20\times4+30\times4+40\times4+50\times8+60\times4}{24} = 41.67[\text{kW}]$

제2공장의 일부하율 $= \dfrac{41.67}{60}\times100 = 69.45[\%]$

(4) ① 제1공장의 수용률 $= \dfrac{70}{80}\times100 = 87.5[\%]$

② 제2공장의 수용률 $= \dfrac{60}{80}\times100 = 75[\%]$

문제 17 산업 95년 출제

배점 : 5점

그림은 완공된 A, B 2개의 공장에 있어서 어느 날의 전력부하곡선이다. A, B 공장 상호간의 부등률은 얼마인가? (단, 소수점 셋째 자리에서 반올림하여 계산할 것)

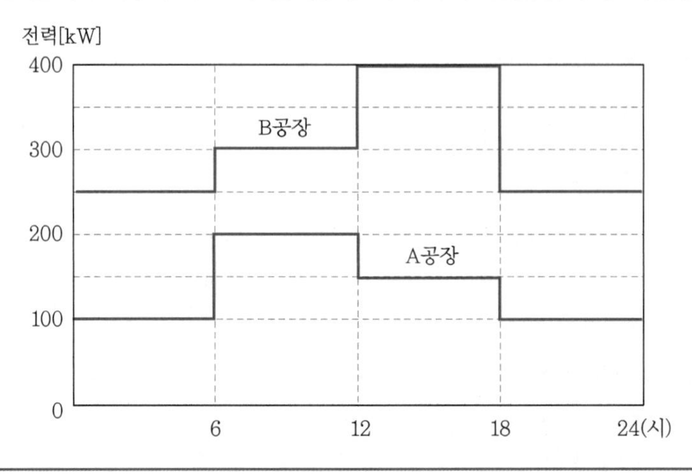

답안 1.09

해설 A공장 최대전력 : 200[kW]

B공장 최대전력 : 400[kW]

A, B공장의 합성 최대전력(12~18시) : 150＋400＝550[kW]

$\therefore$ 부등률 $= \dfrac{200+400}{550} = 1.09$

문제 18 산업 98년, 00년, 10년, 11년, 13년, 20년 출제

배점 : 10점

어떤 변전실에서 그림과 같은 일부하곡선 A, B, C인 부하에 전기를 공급하고 있다. 이 변전실의 총 부하에 대한 다음 각 물음에 답하시오. (단, A, B, C의 역률은 시간에 관계없이 각각 80[%], 100[%] 및 60[%]이며, 그림에서 부하전력은 부하곡선의 수치에 10^3을 곱한다는 것으로서 수직축의 5는 5×10^3[kW]라는 의미임)

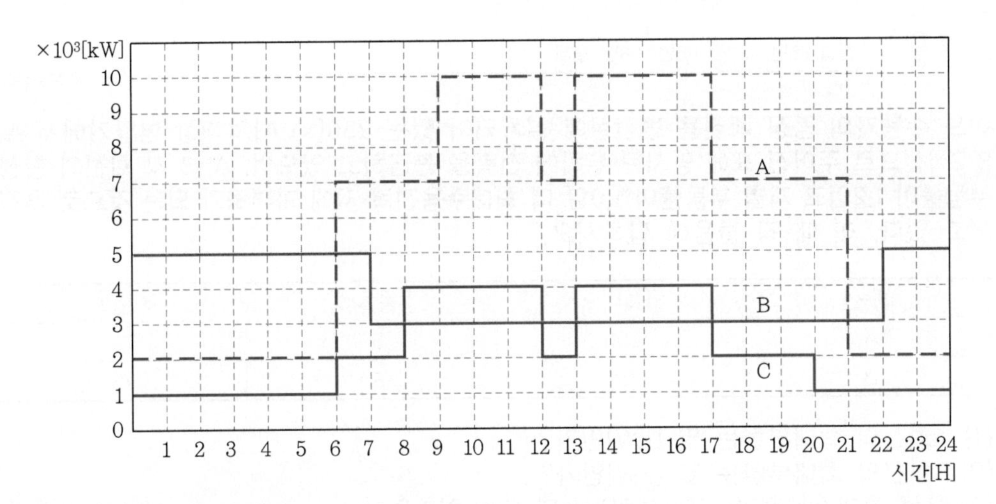

(1) 합성 최대전력[kW]을 구하시오.
(2) A, B, C 각 부하에 대한 평균전력[kW]을 구하시오.
(3) 총 부하율[%]을 구하시오.
(4) 부등률을 구하시오.
(5) 최대 부하일 때의 총 합성 역률[%]을 구하시오.

답안 (1) 17,000[kW]

(2) • A : 6,000[kW]

• B : 3,750[kW]

• C : 2,250[kW]

(3) 70.95[%]

(4) 1.12

(5) 79.81[%]

해설 (1) $P_m = (10+4+3)\times 10^3 = 17{,}000[\text{kW}]$

(2) • $P_A = \dfrac{2\times 9+7\times 8+10\times 7}{24}\times 10^3 = 6{,}000[\text{kW}]$

• $P_B = \dfrac{5\times 9+3\times 15}{24}\times 10^3 = 3{,}750[\text{kW}]$

• $P_C = \dfrac{1\times 10+2\times 6+4\times 8}{24}\times 10^3 = 2{,}250[\text{kW}]$

(3) $P_a = \dfrac{6{,}000+3{,}750+2{,}250}{17{,}000}\times 100[\%] = 70.588 = 70.59[\%]$

(4) $\text{부등률} = \dfrac{(10+5+4)\times 10^3}{17\times 10^3} = 1.117 = 1.12$

(5) 합성 유효전력 = 17,000[kW]

$\text{합성 무효전력} = \left(10\times\dfrac{0.6}{0.8}+3\times\dfrac{0}{1}+4\times\dfrac{0.8}{0.6}\right)\times 10^3 = 12{,}833.33[\text{kVar}]$

$\text{합성 역률 } pf = \dfrac{17{,}000}{\sqrt{17{,}000^2+12{,}833.33^2}}\times 100 = 79.81[\%]$

문제 19 산업 98년, 02년, 05년, 08년 출제

배점 : 5점

어느 수용가의 공장 배전용 변전실에 설치되어 있는 250[kVA]의 3상 변압기에서 A, B 2회선으로 주어진 표에 명시된 부하에 전력을 공급하고 있으며, A, B 각 회선의 합성 부등률이 1.2이고 개별 부등률이 1.0일 때 최대수용전력 시에 과부하가 되는 것으로 추정되고 있다. 이 때 각 물음에 답하시오.

회 선	부하설비[kW]	수용률[%]	역률[%]
A	250	60	75
B	150	80	75

(1) A회선의 최대부하는 몇 [kW]인가?
(2) B회선의 최대부하는 몇 [kW]인가?
(3) 합성 최대수용전력(최대 부하)은 몇 [kW]인가?
(4) 전력용 콘덴서를 병렬로 설치하여 과부하가 되는 것을 방지하고자 한다. 이론상 필요한 전력용 콘덴서의 용량은 몇 [kVA]인가?

답안
(1) 150[kW]
(2) 120[kW]
(3) 225[kW]
(4) 89.46[kVA]

해설
(1) $P_A = \dfrac{250 \times 0.6}{1.0} = 150[\text{kW}]$

(2) $P_B = \dfrac{150 \times 0.8}{1.0} = 120[\text{kW}]$

(3) $P = \dfrac{150 + 120}{1.2} = 225[\text{kW}]$

(4) 개선 후 역률

$\cos\theta_2 = \dfrac{225}{250} = 0.9$가 되어야 하므로

전력용 콘덴서 용량

$$Q_c = 225\left(\frac{\sqrt{1-0.75^2}}{0.75} - \frac{\sqrt{1-0.9^2}}{0.9}\right) = 89.46[\text{kVA}]$$

문제 20 산업 98년, 00년, 03년, 04년, 09년, 16년, 17년, 18년 출제

배점 : 5점

다음의 표와 같이 어느 수용가 A, B, C에 공급하는 배전선로의 최대전력이 600[kW]이다. 이때 수용가의 부등률은 얼마인가?

수용가	설비용량[kW]	수용률[%]
A	400	70
B	400	60
C	500	60

답안 1.37

해설 $\text{부등률} = \dfrac{400 \times 0.7 + 400 \times 0.6 + 500 \times 0.6}{600} = 1.37$

문제 21 산업 98년, 00년, 03년, 04년, 09년, 10년, 17년, 18년, 21년 출제

배점 : 5점

표와 같은 수용가 A, B, C, D에 공급하는 배전선로의 최대전력이 700[kW]이다. 다음 물음에 답하시오.

수용가	설비용량(kW)	수용률(%)
A	300	70
B	300	50
C	400	60
D	500	80

(1) 부등률은 얼마인가?
(2) 부등률이 크다는 것은 어떤 것을 의미하는가?
(3) 수용률의 의미를 간단히 설명하시오.

답안 (1) 1.43
(2) 개개의 최대전력 소비시간대가 서로 달라 전력분산율이 좋은 것을 나타낸다.
(3) 전기설비의 최대전력과 설비용량의 비로서 전기설비의 이용률을 나타낸다.

해설 (1) $\dfrac{300 \times 0.7 + 300 \times 0.5 + 400 \times 0.6 + 500 \times 0.8}{700} = 1.43$

문제 22 산업 13년, 16년, 19년 출제

배점 : 5점

총 설비부하가 350[kW], 수용률 60[%], 부하 역률 70[%]인 수용가에 전력을 공급하기 위한 변압기용량[kVA]을 계산하고 규격용량으로 답하시오.

답안 300[kVA] 선정

해설

$$P_a = \frac{350 \times 0.6}{0.7} = 300[\text{kVA}]$$

문제 23 산업 22년 출제

배점 : 5점

역률(지상)이 0.8인 유도부하 30[kW]와 역률이 1인 전열기 부하 25[kW]가 있다. 이들 부하에 사용할 변압기의 표준용량[kVA]을 구하시오. (단, 변압기의 표준용량[kVA]은 5, 10, 15, 20, 25, 50, 75, 100이다.)

답안 75[kVA]

해설

- 유효전력 : $30 + 25 = 55[\text{kW}]$
- 무효전력 : $30 \times \dfrac{0.6}{0.8} = 22.5[\text{kVar}]$

∴ 변압기 용량(피상전력) $P_t = \sqrt{55^2 + 22.5^2} = 59.42[\text{kVA}]$

그러므로 75[kVA]를 선정한다.

문제 24 산업 14년 출제

배점 : 5점

부하설비가 각각 A−30[kW], B−25[kW], C−50[kW], D−40[kW]되는 수용가가 있다. 이 수용장소의 수용률이 A와 B는 각각 80[%], C와 D는 각각 60[%]이고 이 수용장소의 부등률은 1.3이다. 이 수용장소의 종합최대전력은 몇 [kW]인가?

답안 75.38[kW]

해설

$$\text{종합최대전력} = \frac{(30+25) \times 0.8 + (50+40) \times 0.6}{1.3} = 75.38[\text{kW}]$$

문제 25 산업 19년, 20년 출제

배점 : 5점

전등 수용가의 최대전력이 각각 200[W], 300[W], 800[W], 1,200[W], 2,500[W]이면 주상변압기의 용량은 몇 [kVA]인지 선정하시오. (단, 역률은 1, 부등률은 1.14이며, 변압기의 표준용량(kVA)은 5, 7.5, 10, 15, 20으로 한다.)

답안 5[kVA]

해설

$$T_r = \frac{200+300+800+1,200+2,500}{1.14\times 1}\times 10^{-3} = 4.39$$

∴ 5[kVA] 선정

문제 26 산업 99년, 06년, 15년, 19년 출제

배점 : 6점

어떤 변전소의 공급구역 내의 총 부하용량은 전등 600[kW], 동력 800[kW]이다. 각 수용가의 수용률은 전등 60[%], 동력 80[%]이고, 각 수용가의 부등률은 전등 1.2, 동력 1.6이며, 또한 변전소에서 전등부하와 동력부하 간의 부등률을 1.4라 하고, 배전선(주상변압기 포함)의 전력손실은 전등부하, 동력부하가 각각 10[%]라 할 때 다음 각 물음에 답하시오.

(1) 전등의 종합 최대수용전력은 몇 [kW]인지 구하시오.
(2) 동력의 종합 최대수용전력은 몇 [kW]인지 구하시오.
(3) 변전소에 공급하는 최대전력은 몇 [kW]인지 구하시오.

답안 (1) 300[kW]

(2) 400[kW]

(3) 550[kW]

해설

(1) $\frac{600\times 0.6}{1.2} = 300[\text{kW}]$

(2) $\frac{800\times 0.8}{1.6} = 400[\text{kW}]$

(3) $\frac{300+400}{1.4}\times 1.1 = 550[\text{kW}]$

문제 27 산업 99년, 03년, 09년 출제

배점 : 5점

전등만의 수용가를 두 군으로 나누어 각 군에 변압기 1대씩을 설치하여 각 군의 수용가의 총 설비용량은 각각 30[kW] 및 40[kW]라고 한다. 각 수용가의 수용률을 0.6, 수용가 간의 부등률을 1.2, 변압기군의 부등률을 1.4라 하면 고압간선에 대한 최대부하[kW]는?

답안 25[kW]

해설

$$P_m = \frac{\dfrac{30\times 0.6}{1.2} + \dfrac{40\times 0.6}{1.2}}{1.4} = 25[\text{kW}]$$

문제 28 산업 09년 출제

배점 : 5점

어떤 상가건물에서 6.6[kV]의 고압을 수전하여 220[V]의 저압으로 감압하여 옥내 배전을 하고 있다. 설비부하는 역률 0.8인 동력부하가 160[kW], 역률 1인 전등이 40[kW], 역률 1인 전열기가 60[kW]이다. 부하의 수용률을 80[%]로 계산한다면, 변압기 용량은 최소 몇 [kVA] 이상이어야 하는지 계산하시오.

답안 229.09[kVA]

해설
- 전등, 전열기의 유효전력 : $40+60=100[\text{kW}]$
- 동력부하 유효전력 : $160[\text{kW}]$
- 동력부하 무효전력 : $160\times\dfrac{0.6}{0.8}=120[\text{kVar}]$

$\therefore\ P_t = \sqrt{(100+160)^2+120^2}\times 0.8 = 229.09[\text{kVA}]$

문제 29 산업 15년 출제

배점 : 5점

어느 수용가의 변압기 용량의 조합 전등 800[kW], 동력 1,200[kW]라고 한다. 수용률은 60[%]이고, 부등률은 전등 1.2, 동력 1.5, 전등과 동력 상호 간은 1.4이다. 여기에 공급되는 변전시설용량[kVA]을 구하시오. (단, 부하 전력손실은 5[%]로 하며, 역률은 1로 계산한다.)

답안 660[kVA]

해설

$$P_m = \frac{\frac{800 \times 0.6}{1.2} + \frac{1,200 \times 0.6}{1.5}}{1.4 \times 1} \times (1+0.05) = 660[\text{kVA}]$$

문제 30 산업 96년, 99년, 07년 출제

배점 : 5점

어떤 부하설비가 100[kW], 30[kW], 60[kW], 50[kW]이고, 수용률이 각각 60[%], 75[%], 85[%], 70[%]라 할 경우에 변압기 용량을 결정하시오. (단, 부등률은 1.4, 종합 부하역률은 85[%]로 한다.)

변압기 표준용량[kVA]						
20	25	30	50	75	100	150

답안 150[kVA]

해설

$$P_t = \frac{100 \times 0.6 + 30 \times 0.75 + 60 \times 0.85 + 50 \times 0.7}{1.4 \times 0.85} = 141.6[\text{kVA}]$$

문제 31 산업 11년 출제

배점 : 5점

다음 표와 같은 부하설비가 있다. 여기에 공급할 변압기 용량을 선정하시오. (단. 부등률은 1.2, 부하의 종합역률은 80[%]이다.)

수용가	설비용량[kW]	수용률[%]
A	60	60
B	40	50
C	20	70
D	30	65

답안 100[kVA]

해설

$$P_t = \frac{60 \times 0.6 + 40 \times 0.5 + 20 \times 0.7 + 30 \times 0.65}{1.2 \times 0.8} = 93.23 = 100[\text{kVA}]$$

문제 **32** 산업 97년 출제

배점 : 4점

다음과 같은 부하에 대한 수용률을 갖는 전등 수용가군에 공급할 변압기의 용량은 몇 [kVA]인가? (단, 수용가 상호 간의 부등률은 1.3으로 한다.)

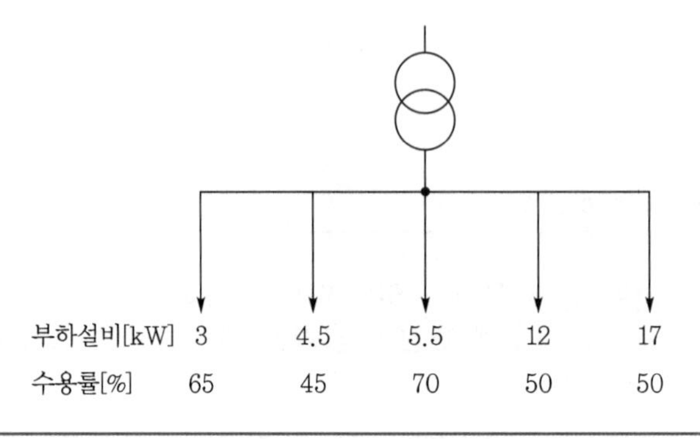

답안 17.17[kVA]

해설 $P_t = \dfrac{3\times0.65+4.5\times0.45+5.5\times0.7+12\times0.5+17\times0.5}{1.3} = 17.17[\text{kVA}]$

문제 **33** 산업 14년 출제

배점 : 6점

그림과 같이 전등만의 2군 수용가가 각각 1대씩의 변압기를 통해서 전력을 공급받고 있다. 각 군 수용가의 총 설비용량은 각각 50[kW] 및 30[kW]라고 한다. 각 군 수용가의 최대부하를 구하시오. 또한 고압간선에 걸리는 최대부하는 얼마로 하면 되겠는가? (단, 변압기 상호 간의 부등률은 1.2라고 한다.)

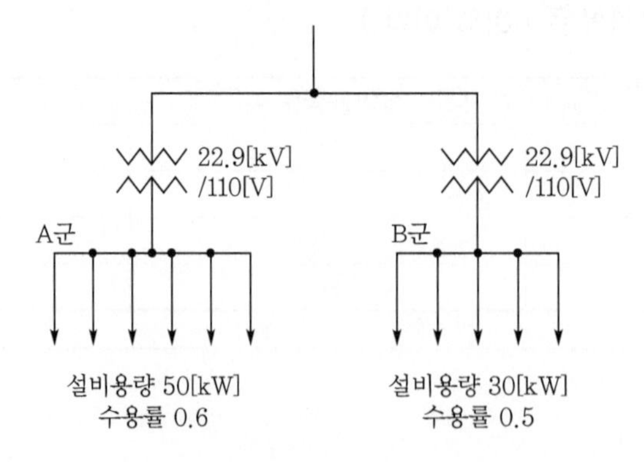

(1) A군의 최대부하
(2) B군의 최대부하
(3) 간선의 최대부하

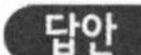 답안

(1) 30[kW]
(2) 15[kW]
(3) 37.5[kW]

 해설

(1) $P_A = 50 \times 0.6 = 30[\mathrm{kW}]$
(2) $P_B = 30 \times 0.5 = 15[\mathrm{kW}]$
(3) $P_m = \dfrac{30+15}{1.2} = 37.5[\mathrm{kW}]$

문제 **34** 산업 22년 출제 | 배점 : 4점 |

그림은 어느 수용가의 배전계통도이다. 각 변압기 상호 간의 부등률을 1.2라고 할 때 다음 각 물음에 답하시오.

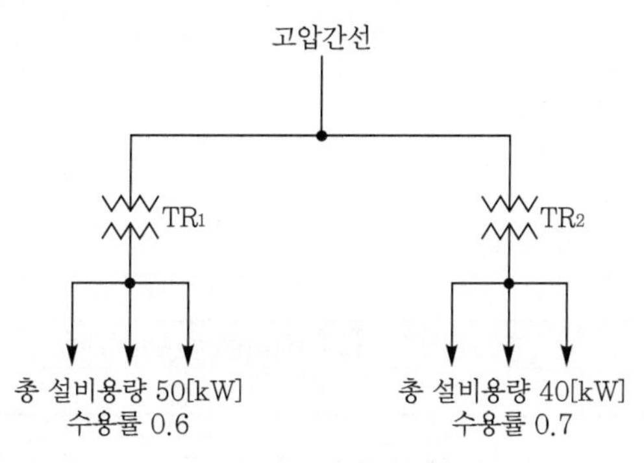

(1) TR_1 변압기의 최대부하는 몇 [kW]인지 구하시오.
(2) TR_2 변압기의 최대부하는 몇 [kW]인지 구하시오.
(3) 고압간선의 합성최대수용전력은 몇 [kW]인지 구하시오.

답안

(1) 30[kW]
(2) 28[kW]
(3) 48.33[kW]

해설

(1) $P_1 = 50 \times 0.6 = 30[\mathrm{kW}]$
(2) $P_2 = 40 \times 0.7 = 28[\mathrm{kW}]$
(3) $P_m = \dfrac{30+28}{1.2} = 48.33[\mathrm{kW}]$

문제 **35** 산업 99년 출제

배점 : 12점

그림과 같이 변압기가 설치되어 있다. 도면과 [조건]을 이용하여 다음 각 물음에 답하시오.

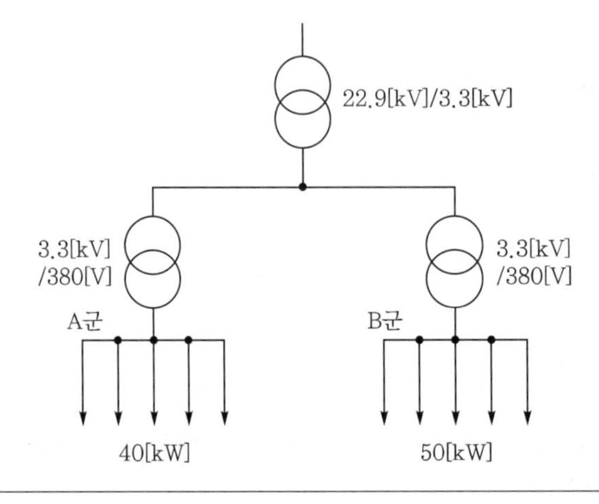

[조건]
- 각 수용가의 수용률 : 0.6
- 수용가 상호 간의 부등률 : 1.2
- 변압기 상호 간의 부등률 : 1.2
- 부하의 역률은 1로 한다.
- 변압기 표준용량은 아래 표와 같다.

변압기 표준용량[kVA]								
5	10	15	20	25	30	50	75	100

(1) A군에 필요한 변압기 용량을 계산하여 구하시오.
(2) B군에 필요한 변압기 용량을 계산하여 구하시오.
(3) 고압간선에 걸리는 최대부하를 변압기 표준용량을 이용하여 구하시오.

답안 (1) 20[kVA]
(2) 25[kVA]
(3) 50[kVA]

해설 (1) $TR_A = \dfrac{40 \times 0.6}{1.2 \times 1} = 20[kVA]$

∴ 20[kVA] 선정

(2) $TR_B = \dfrac{50 \times 0.6}{1.2 \times 1} = 25[kVA]$

∴ 25[kVA] 선정

(3) $TR_S = \dfrac{20 + 25}{1.2} = 37.5[kVA]$

∴ 50[kVA] 선정

문제 36 산업 16년 출제

배점 : 6점

다음과 같은 전등부하 계통에 전력을 공급하고 있다. 다음 각 물음에 답하시오.

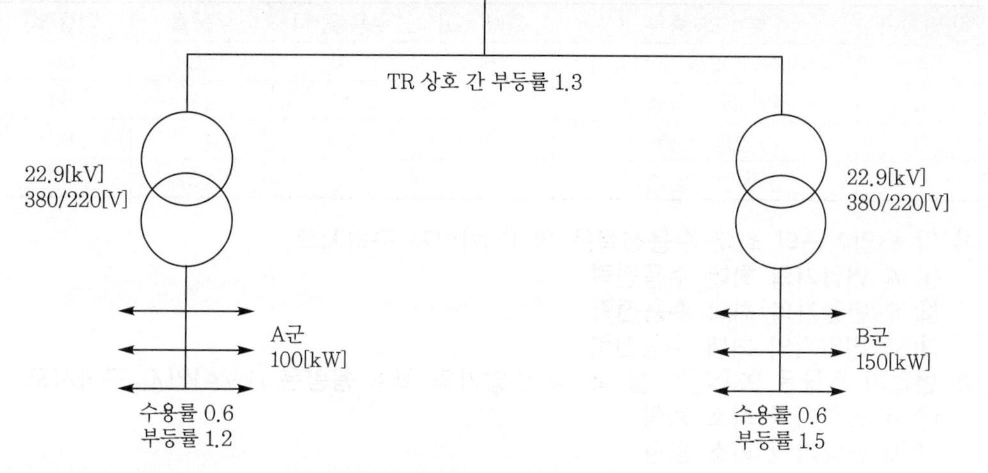

(1) 수용가의 변압기 용량을 각각 구하시오.
  ① A군 수용가
  ② B군 수용가

(2) 고압간선에 걸리는 최대부하[kW]를 구하시오.

답안

(1) ① 50[kW]
  ② 60[kW]

(2) 84.62[kW]

해설

(1) ① $T_A = \frac{100 \times 0.6}{1.2} = 50[\text{kW}]$

  ② $T_B = \frac{150 \times 0.6}{1.5} = 60[\text{kW}]$

(2) $P_m = \frac{50 + 60}{1.3} = 84.62[\text{kW}]$

문제 37

산업 97년, 04년, 19년 출제

배점 : 6점

어느 신설공장의 부하설비가 표와 같을 때 다음 각 물음에 답하시오.

변압기군	부하의 종류	출력[kW]	수용률[%]	부등률	역률[%]
A	플라스틱 압출기(전동기)	50	60	1.3	80
A	일반 동력 전동기	85	40	1.3	80
B	전등 조명	60	80	1.1	90
C	플라스틱 압출기	100	60	1.3	80

(1) 각 변압기군의 최대 수용전력은 몇 [kW]인지 구하시오.
  ① A 변압기의 최대 수용전력
  ② B 변압기의 최대 수용전력
  ③ C 변압기의 최대 수용전력
(2) 변압기 효율은 98[%]로 할 때 각 변압기의 최소 용량은 [kVA]인지 구하시오.
  ① A 변압기의 최소 용량
  ② B 변압기의 최소 용량
  ③ C 변압기의 최소 용량

답안 (1) ① 49.23[kW]
  ② 43.64[kW]
  ③ 46.15[kW]
(2) ① 62.79[kVA]
  ② 49.74[kVA]
  ③ 58.87[kVA]

해설 (1) ① $P_A = \dfrac{50 \times 0.6 + 85 \times 0.4}{1.3} = 49.23[\text{kW}]$

② $P_B = \dfrac{60 \times 0.8}{1.1} = 43.64[\text{kW}]$

③ $P_C = \dfrac{100 \times 0.6}{1.3} = 46.15[\text{kW}]$

(2) ① $P_t = \dfrac{50 \times 0.6 + 85 \times 0.4}{1.3 \times 0.8 \times 0.98} = 62.79[\text{kVA}]$

② $P_t = \dfrac{60 \times 0.8}{1.1 \times 0.9 \times 0.98} = 49.47[\text{kVA}]$

③ $P_t = \dfrac{100 \times 0.6}{1.3 \times 0.8 \times 0.98} = 58.87[\text{kVA}]$

문제 38 산업 96년, 99년, 07년, 22년 출제

배점 : 5점

어느 수용가의 부하설비가 그림과 같이 30[kW], 20[kW], 30[kW]로 배치되어 있다. 이들의 수용률이 각각 50[%], 60[%], 70[%]로 되어있는 경우 여기에 전력을 공급할 변압기의 용량을 계산하시오. (단, 부등률은 1.1, 종합부하의 역률은 80[%]이다.)

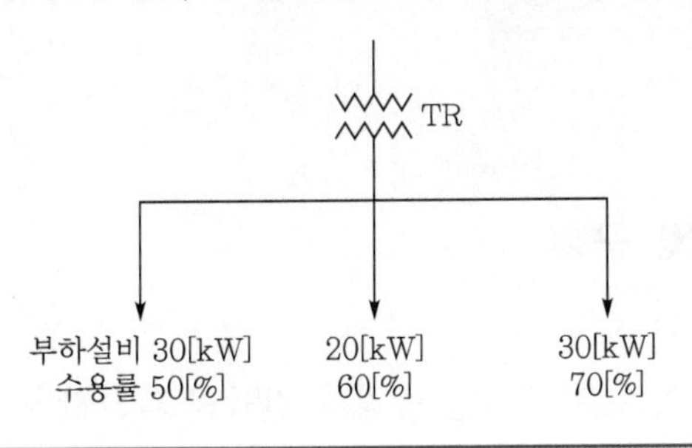

답안 54.55[kVA]

해설
$$P_t = \frac{30 \times 0.5 + 20 \times 0.6 + 30 \times 0.7}{1.1 \times 0.8} = 54.55[\text{kVA}]$$

문제 39 산업 13년 출제

배점 : 5점

그림과 같이 80[kW], 70[kW], 50[kW]의 부하설비 수용률이 각각 60[%], 70[%], 80[%]로 되어있는 경우 이것에 사용될 변압기 용량을 계산하여 변압기 표준 정격용량을 결정하시오. (단, 부등률은 1.1, 부하의 종합 역률은 90[%]로 하며 다른 요인은 무시한다.)

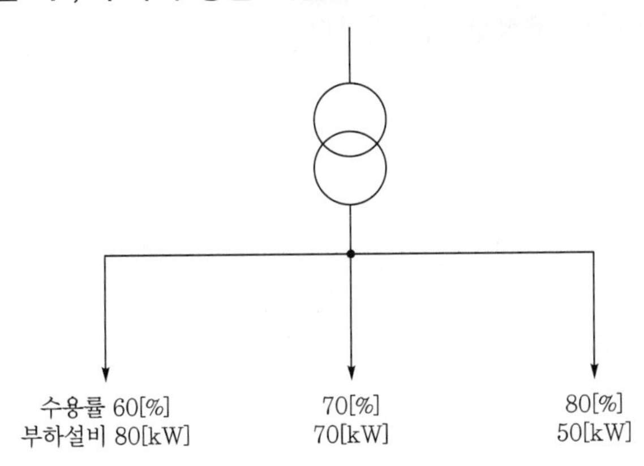

변압기 표준용량[kVA]						
50	75	100	150	200	300	400

답안 150[kVA]

해설
$$P_t = \frac{80 \times 0.6 + 70 \times 0.7 + 50 \times 0.8}{1.1 \times 0.9} = 138.383[\text{kVA}]$$

1990년~최근 출제된 기출 이론 분석 및 유형별 문제

06 CHAPTER 이상전압 방호설비

기출개념 01 피뢰기

1 피뢰기의 기능 및 구성

(1) 피뢰기의 역할

뇌 및 회로의 개폐 등으로 생기는 충격 과전압의 파고값에 수반하는 전류를 제한하여, 전기시설의 절연을 보호하고, 또한 속류를 단시간에 차단해서 계통의 정상 상태를 벗어나는 일이 없도록 자동 복귀하는 기능을 가진 장치이다.

(2) 피뢰기의 구성

① 직렬 갭(series gap) : 방습 애관 내에 밀봉된 평면 또는 구면 전극을 계통전압에 따라 다수 직렬로 접속한 다극 구조이고, 계통전압에 의한 속류(follow current)를 차단하고 소호의 역할을 함과 동시에 충격파에 대하여는 방전시키도록 한다.

② 특성 요소(characteristic element) : 탄화규소(SiC), 산화아연 등을 주성분으로 한 소송물의 저항판을 여러 개로 합친 구조이며, 직렬 갭과 더불어 자기 애관에 밀봉시킨다. 비직선 전압, 전류 특성에 따라 방전할 때는 대전류를 통과시키고 단자전압을 제한하며, 방전 후에는 속류를 실질적으로 저지 또는 직렬 갭으로 차단할 수 있는 정도로 제한하는 구성성분을 말한다.

2 피뢰기의 종류

(1) 명칭별 종류

① 갭 저항형 피뢰기 : 각형, 자기 취소형, 다극형, 벤디맨
② 밸브형 피뢰기 : 알루미늄 셀, 산화 필름, 펠릿, 자동 밸브
③ 밸브 저항형 피뢰기 : 저항 밸브, 건식 밸브, 자동 밸브
④ 갭 레스형 피뢰기

(2) 성능별 종류

밸브형, 밸브 저항형, 방출형, 자기 소호형, 전류 제한형

(3) 사용장소

선로용, 직렬기기용, 발·변전소용, 전철용, 정류기용, 저압용, 케이블 보호용

(4) 정격전류

2,500[A], 5,000[A], 10,000[A]

3 피뢰기의 사용전압 및 구비조건

(1) 피뢰기의 정격전압과 제한전압

① 충격방전 개시전압

㉠ 피뢰기의 단자 간에 충격전압을 인가하였을 경우 방전을 개시하는 전압(impulse spark over voltage)

$$\text{충격비} = \frac{\text{충격방전 개시전압}}{\text{상용주파 방전 개시전압의 파고값}}$$

㉡ 진행파가 피뢰기의 설치점에 도달하여 충격방전 개시전압을 받으면 직렬 갭이 먼저 방전하게 되는데, 이 결과 피뢰기의 특성 요소가 선로에 이어져서 뇌전류를 방류하여 원래의 전압을 제한전압까지 내린다.

② 정격전압

㉠ 속류를 끊을 수 있는 최고의 교류 실효값 전압으로, 계통 최고전압에 유도계수와 접지계수를 적용하여 결정한다.

㉡ 직접 접지(유효접지)계통 : 계통 최고 상전압에 접지계수와 상용주파 이상전압 배수를 한 값. 즉 선로 공칭전압의 0.8배~1.0배

예 345[kV] 계통의 피뢰기 정격전압 : $\frac{362}{\sqrt{3}} \times 1.2 \times 1.15 = 288[\text{kV}]$

154[kV] 계통의 피뢰기 정격전압 : $\frac{169}{\sqrt{3}} \times 1.3 \times 1.15 = 144[\text{kV}]$

피뢰기의 정격전압은 6으로 나누어지는 값으로 한다.

㉢ 저항 혹은 소호 리액터 접지계통 : 선로 공칭전압의 1.4배~1.6배

예 66[kV] 계통의 피뢰기 정격전압 : $\frac{72}{\sqrt{3}} \times 1.73 \times 1.15 = 84[\text{kV}]$

③ 제한전압 : 방전으로 저하되어 피뢰기의 단자 간에 나타나게 되는 충격전압, 피뢰기가 동작 중일 때 단자 간의 전압(residual voltage)이라 할 수 있다.

(2) 피뢰기의 구비조건

① 충격방전 개시전압이 낮을 것
② 상용주파 방전 개시전압이 높을 것
③ 방전 내량이 크면서 제한전압은 낮을 것
④ 속류 차단 능력이 충분할 것

개념 문제 01 기사 16년 출제 | 배점 : 3점 |

피뢰기에 대한 다음 각 물음에 답하시오.

(1) 현재 사용되고 있는 교류용 피뢰기의 구조는 무엇과 무엇을 구성되어 있는지 쓰시오.
(2) 피뢰기의 정격전압은 어떤 전압인지 설명하시오.
(3) 피뢰기의 제한전압은 어떤 전압인지 설명하시오.

답안 (1) 직렬 갭과 특성 요소
(2) 속류를 차단하는 최대의 전압
(3) 피뢰기가 방전을 개시하여 동작 중 피뢰기 단자에 허용하는 전압의 파고치

개념 문제 02 기사 14년 출제 | 배점 : 6점 |

피뢰기에 대한 다음 각 물음에 답하시오.

(1) 피뢰기의 구비조건 4가지만 쓰시오.
(2) 피뢰기의 설치 장소 4개소를 쓰시오.

답안 (1) • 충격방전 개시전압이 낮을 것
• 상용주파 방전 개시전압이 높을 것
• 방전 내량이 크면서 제한전압이 낮을 것
• 속류 차단 능력이 클 것

(2) • 발·변전소 혹은 이것에 준하는 장소의 가공전선의 인입구 및 인출구
• 가공전선로에 접속하는 배전용 변압기의 고압측 및 특고압측
• 고압 및 특고압 가공전선로에서 공급을 받는 수용장소의 인입구
• 가공전선로와 지중전선로가 접속되는 곳

개념 문제 03 기사 09년, 17년, 22년 출제 | 배점 : 5점 |

154[kV] 중성점 직접 접지계통의 피뢰기 정격전압은 어떤 것을 선택해야 하는가? (단, 접지계수는 0.75이고, 유도계수는 1.1이다.)

피뢰기의 정격전압(표준값[kV])					
126	144	154	168	182	196

답안 144[kV]

해설 $V_n = V_m \cdot \alpha \cdot \beta = 170 \times 0.75 \times 1.1 = 140.25[\text{kV}]$

개념 문제 04 기사 03년 출제 | 배점 : 3점 |

피뢰기와 같은 구조로 되어 있으나 적용 전압 범위만을 조정하여 적용시키는 일종의 옥내 피뢰기로서 선로에서 발생할 수 있는 개폐서지, 순간 과도전압 등의 이상전압이 2차 기기에 악영향을 주는 것을 막기 위해 설치하는 것으로 대부분 큐비클에 내장 설치되어 건식류의 변압기나 기기 계통을 보호하는 것은 어떤 것인가?

답안 서지흡수기

개념 문제 05 기사 98년, 00년 출제 | 배점 : 4점 |

동일 개소에 2종류 이상의 접지공사를 할 때 접지저항이 적은 것을 공용으로 할 수 있다. 다만, 피뢰기, 피뢰침 접지는 타 접지와 공용이 안 된다. 그 이유를 설명하시오.

답안 낙뢰에 의한 이상전압 침입 시 피뢰기의 접지선을 통해 다른 기기 및 기구에 침입하여 계통의 사고가 확대되는 것을 방지한다.

기출개념 02 가공지선, 절연협조

1 가공지선에 의한 뇌 차폐

(1) 유도뢰에 대한 차폐

유도되는 전하는 50[%] 정도 이하로 줄어든다.

(2) 직격뢰에 대한 차폐각(shielding angle)

① 단독 가공지선 보호각(차폐각) : 35~40°

② 2중 가공지선 보호각(차폐각) : 10° 이하

③ 가공지선의 이도는 전선 이도보다 크면 안 된다.

(3) 역섬락

뇌전류가 철탑으로부터 대지로 흐를 경우, 철탑 전위의 파고값이 전선을 절연하고 있는 애자련이 절연파괴전압 이상으로 될 경우 철탑으로부터 전선을 향해서 거꾸로 철탑측으로부터 도체를 향해서 일어나게 되는데, 이것을 역섬락(reverse flashover phenomenon)이라 하고 이것을 방지하기 위해서 될 수 있는 대로 탑각 접지저항을 작게 해줄 필요가 있다. 보통 이를 위해서 아연도금의 절연선을 지면 약 30[cm] 밑에 30~50[m]의 길이의 것을 방사상으로 몇 가닥 매설하는 데 이것을 매설지선(counter poise)이라 한다.

2 절연협조

(1) 정의

① 계통 내의 각 기계기구 및 애자 등의 상호 간에 적정한 절연강도를 지니게 함으로써 계통 설계를 합리적, 경제적으로 할 수 있게 한 것을 말한다.

② 계통기기 채용상 경제성을 유지하고 운용에 지장이 없도록 기준충격절연강도(Basic-impulse Insulation Level, BIL)를 만들어 기기 절연을 표준화하고 통일된 절연체계를 구성할 목적으로 절연계급을 설정한 것이다.

(2) 절연계급체계

선로애자 – 변성기, 차단기 등 – 변압기 – 피뢰기

(3) 피뢰기의 제1보호대상

변압기

(4) 변압기 절연강도 ≥ 피뢰기의 제한전압 + 피뢰기의 접지저항 전압강하

(5) 절연계급 = 공칭전압 ÷ 1.1

(6) 피뢰기 설치

발전소, 변전소에 침입하는 이상전압에 대해서는 피뢰기를 설치하여 이상전압을 제한전압까지 저하시키며, 피뢰기는 보호대상(변압기) 가까운 곳에 설치한다.

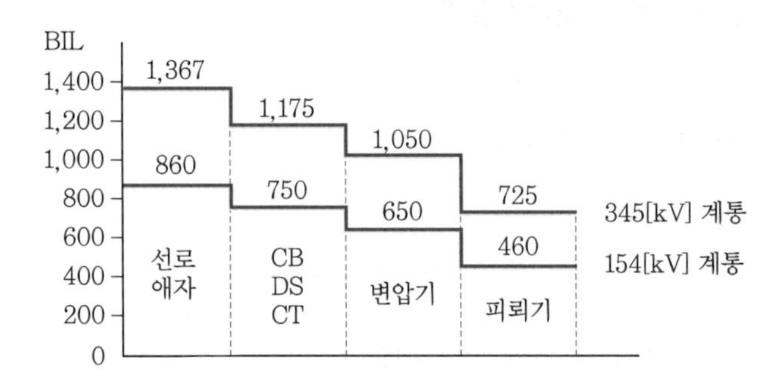

개념 문제 기사 99년, 03년, 07년 출제 | 배점 : 5점 |

전력계통의 절연협조에 대하여 그 의미를 상세히 설명하고 관련 기기에 대한 기준충격절연강도를 비교하여 절연협조가 어떻게 되어야 하는지를 설명하시오. (단, 관련 기기는 선로애자, 결합 콘덴서, 피뢰기, 변압기에 대하여 비교하도록 한다.)

(1) 절연협조의 의미

(2) 절연강도 비교

답안 (1) 계통 내의 각 기기, 기구 및 애자 등의 상호 간에 적정한 절연강도를 지니게 함으로써 계통 설계를 합리적, 경제적으로 할 수 있게 한 것을 말한다.

(2) 선로애자 > 결합 콘덴서 > 변압기 > 피뢰기

CHAPTER 06
이상전압 방호설비

단원 빈출문제

문제 01 산업 21년 출제 배점 : 6점

피뢰시스템의 수뢰부시스템에 대한 다음 각 물음에 답하시오.

(1) 수뢰부시스템의 구성요소 3가지를 쓰시오.
(2) 수뢰부시스템의 배치방법 3가지를 쓰시오.

답안 (1) 돌침, 수평도체, 메시도체
(2) 보호각법, 회전구체법, 메시법

문제 02 산업 11년 출제 배점 : 6점

전등전력용, 소세력회로용 및 출퇴표시등 회로용의 접지극 또는 접지선은 피뢰침용의 접지극 및 접지선으로부터 얼마 이상 이격하여 설치하여야 하는지 쓰시오. (단, 건축물의 철골 등을 각각의 접지극 또는 접지선에 사용하지 않는 경우이다.)

답안 2[m]

문제 03 산업 14년 출제 배점 : 5점

피뢰기와 피뢰침의 차이를 간단히 쓰시오.

항 목	피뢰기(lightning arrester)	피뢰침(lightning rod)
사용목적		
취부위치		

답안

항 목	피뢰기(lightning arrester)	피뢰침(lightning rod)
사용목적	이상전압(낙뢰 또는 개폐 시 발생하는 전압)으로 부터 전력설비의 기기를 보호	건축물과 내부의 사람이나 물체를 뇌해로부터 보호
취부위치	• 발전소·변전소 또는 이에 준하는 장소의 가공전선 인입구 및 인출구 • 가공전선로에 접속하는 배전용 변압기의 고압측 및 특고압측 • 고압 및 특고압 가공전선로로부터 공급을 받는 수용장소의 인입구 • 가공전선로와 지중전선로가 접속되는 곳	• 지면상 20[m]를 초과하는 건축물이나 공작물 • 소방법에서 정한 위험물, 화약류 저장소, 옥외탱크 저장소 등

문제 04

산업 04년, 08년, 15년, 19년 출제

배점 : 8점

피뢰기는 이상전압이 기기에 침입했을 때 그 파고값을 저감시키기 위하여 뇌전류를 대지로 방전시켜 절연파괴를 방지하며, 방전에 의하여 생기는 속류를 차단하여 원래의 상태로 회복시키는 장치이다. 다음 각 물음에 답하시오.

(1) 갭(gap)형 피뢰기의 구성요소를 쓰시오.
(2) 피뢰기의 구비조건을 4가지만 쓰시오.
(3) 피뢰기의 제한전압이란 무엇인지 쓰시오.
(4) 피뢰기의 정격전압이란 무엇인지 쓰시오.
(5) 충격방전개시전압이란 무엇인지 쓰시오.

답안 (1) 직렬 갭과 특성요소
(2) • 충격방전개시전압이 낮을 것
• 상용주파 방전개시전압이 높을 것
• 방전내량이 크면서 제한전압이 낮을 것
• 속류차단능력이 클 것
(3) 피뢰기 동작 중 단자 간에 걸리는 충격전압
(4) 속류를 차단할 수 있는 최대전압
(5) 피뢰기 단자 간에 충격파전압이 인가하였을 경우 방전을 개시하는 전압

문제 05

산업 04년, 08년, 15년 출제

배점 : 4점

피뢰기의 속류와 제한전압에 대하여 답하시오.

(1) 속류
(2) 제한전압

답안 (1) 방전 후에도 전원으로부터 공급되는 상용 주파수의 전류가 직렬 갭을 통하여 대지로 흐르는 전류
(2) 피뢰기 동작 중 단자 간에 걸리는 충격전압

문제 06 산업 96년, 22년 출제 | 배점 : 4점 |

피뢰기의 종류 4가지만 쓰시오.

답안
- 갭 저항형
- 갭 레스형
- 밸브 저항형
- 밸브형

문제 07 산업 13년, 17년 출제 | 배점 : 6점 |

피뢰기 설치 시 점검(정기점검 포함) 사항 4가지를 쓰시오.

답안
- 피뢰기 애자 부분 손상여부 점검
- 피뢰기 1, 2차측 단자 및 단자 볼트 이상유무 점검
- 피뢰기 절연저항 측정(누설전류 측정)
- 피뢰기 접지저항 측정

문제 08 산업 99년 출제 | 배점 : 6점 |

자체 변전소의 출입구에 설치하기 위한 피뢰기를 구매하고자 한다. 피뢰기에 요구되는 피뢰기 특성 중 기술적인 조건 4가지만 쓰시오.

답안
- 제한전압 또는 충격방전개시전압이 충분히 낮고 보호능력이 있어야 한다.
- 속류를 완전히 차단하고, 동작 책무 특성이 충분해야 한다.
- 대전류 방전, 속류 차단의 반복 동작에 대해 장시간 사용에도 충분히 견디어야 한다.
- 상용주파 방전개시전압은 회로전압보다 충분히 높아서 상용주파수에서 방전하지 않도록 한다.

문제 09 산업 03년, 05년, 12년 출제

배점 : 4점

수전전압 22.9[kV], 변압기 용량 3,000[kVA]의 수전설비를 계획할 때 외부와 내부의 이상전압으로부터 계통의 기기를 보호하기 위해 설치해야 할 기기의 명칭과 그 설치위치를 설명하시오. (단, 변압기는 몰드형으로서 변압기 1차의 주차단기는 진공차단기를 사용하고자 한다.)

(1) 낙뢰 등 외부 이상전압
① 기기명
② 설치위치
(2) 개폐 이상전압 등 내부 이상전압
① 기기명
② 설치위치

답안 (1) ① 피뢰기
② 진공차단기 1차측
(2) ① 서지흡수기
② 진공차단기 2차측과 변압기 1차측 사이

문제 10 산업 15년 출제

배점 : 5점

그림은 갭형 피뢰기와 갭 레스형 피뢰기의 구조를 나타낸 것이다. 화살표로 표시된 각 부분의 명칭을 쓰시오.

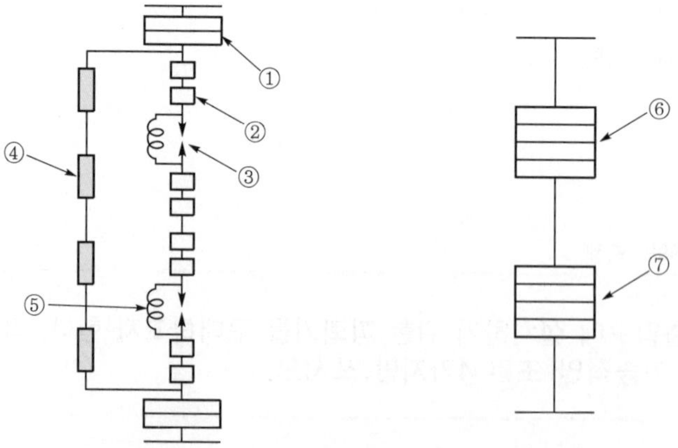

▌갭형 피뢰기▐ ▌갭 레스형 피뢰기▐

답안 ① 특성요소
② 주갭
③ 측로갭
④ 분로저항
⑤ 소호코일
⑥ 특성요소
⑦ 특성요소

문제 11 산업 95년, 00년 출제

| 배점 : 10점 |

154[kV] 중성점 직접 접지 계통의 피뢰기 등에 대한 다음 각 물음에 답하시오.

(1) 피뢰기의 정격전압은 어떤 것을 선택해야 하는가? (단, 접지계수는 0.75이고, 유도계수는 1.1이다.)

피뢰기의 정격전압(표준값[kV])					
126	144	154	168	182	196

(2) 피뢰기의 구성요소 2가지를 쓰시오.
(3) 피뢰기 방전 후 피뢰기의 단자 간에 잔류하는 전압을 무슨 전압이라 하는가?
(4) 피뢰기에서 상용주파 허용단자전압은 보통 공칭전압의 몇 배 이상을 표준으로 하는가?
(5) 지락사고를 검출하기 위해 사용되는 것은?

답안 (1) 144[kV]
(2) 직렬 갭, 특성요소
(3) 제한전압
(4) 0.8~1.0배
(5) 영상변류기(ZCT) 및 접지형 계기용 변압기(GPT)로 영상전류 및 영상전압을 검출하여 지락계전기를 작동시킨다.

해설 (1) 154[kV] 계통 최고전압은 170[kV]이므로

$V_n = V_m \cdot \alpha \cdot \beta$

$= 170 \times 0.75 \times 1.1$

$= 140.25[\text{kV}]$

$\therefore$ 144[kV]

문제 **12** 산업 14년 출제

배점 : 4점

22.9[kV]인 3상 4선식의 다중 접지 방식에서 다음 각 장소에 시설되는 피뢰기의 정격전압은 몇 [kV]이어야 하는가?

(1) 배전선로
(2) 변전소

답안 (1) 18[kV]
(2) 21[kV]

문제 **13** 산업 09년 출제

배점 : 4점

그림에서 피뢰기 시설이 의무화되어 있는 장소를 도면에 직접 ⊗로 표시하시오.

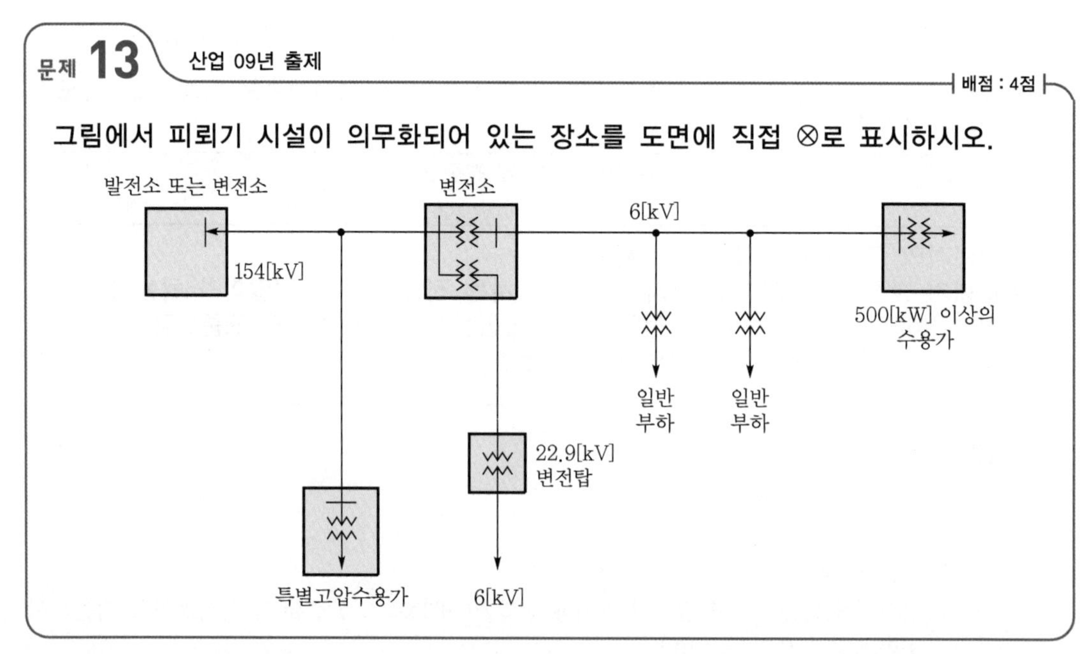

답안

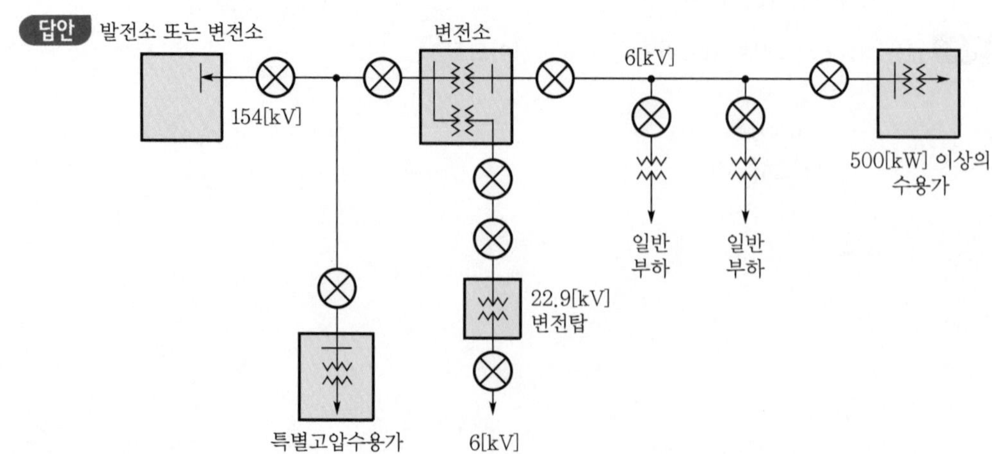

문제 14 산업 12년, 19년 출제

배점 : 5점

서지흡수기(Surge Absorbor)의 기능 및 설치위치에 대해 간단히 기술하시오.

답안 (1) 서지흡수기는 구내선로에서 발생하는 개폐서지나 순간과도전압 등 이상전압으로부터 2차 기기를 보호한다.
(2) 개폐서지를 발생하는 차단기(VCB) 후단(2차측)과 보호 대상기기 전단 사이에 설치한다.

문제 15 산업 11년, 12년 출제

배점 : 4점

이상전압이 2차 기기에 악영향을 주는 것을 막기 위해 선로에 보호장치를 설치하는 회로이다. 그림에서 ①의 명칭을 쓰시오.

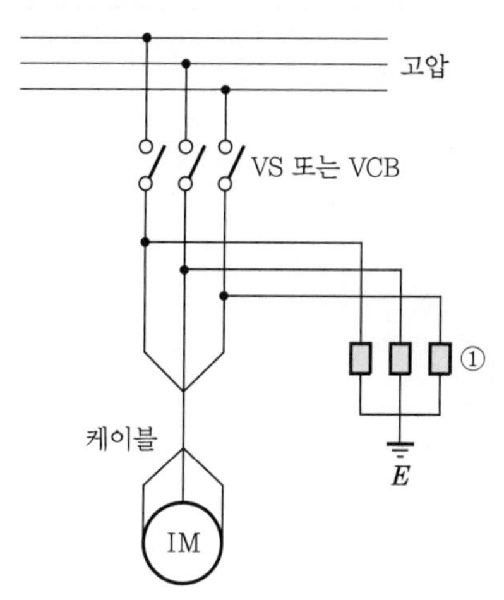

답안 서지흡수기

문제 16 산업 16년 출제

배점 : 3점

전기설비로 유입되는 뇌서지를 피보호물의 절연내력 이하로 제한함으로써 기기를 안전하게 보호하기 위해서 전기기기 전단에 설치되며, 과도적인 과전압을 제한하고 서지전류를 분류하는 것을 목적으로 설치하는 장치가 무엇인지 쓰시오.

답안 서지흡수기

문제 17 산업 08년, 19년 출제

배점 : 5점

변압기와 고압 모터에 서지흡수기를 설치하고자 한다. 각각의 경우에 대하여 서지흡수기를 그려 넣고 각각의 공칭전압에 따른 서지흡수기의 정격(정격전압 및 공칭 방전전류)도 함께 쓰시오.

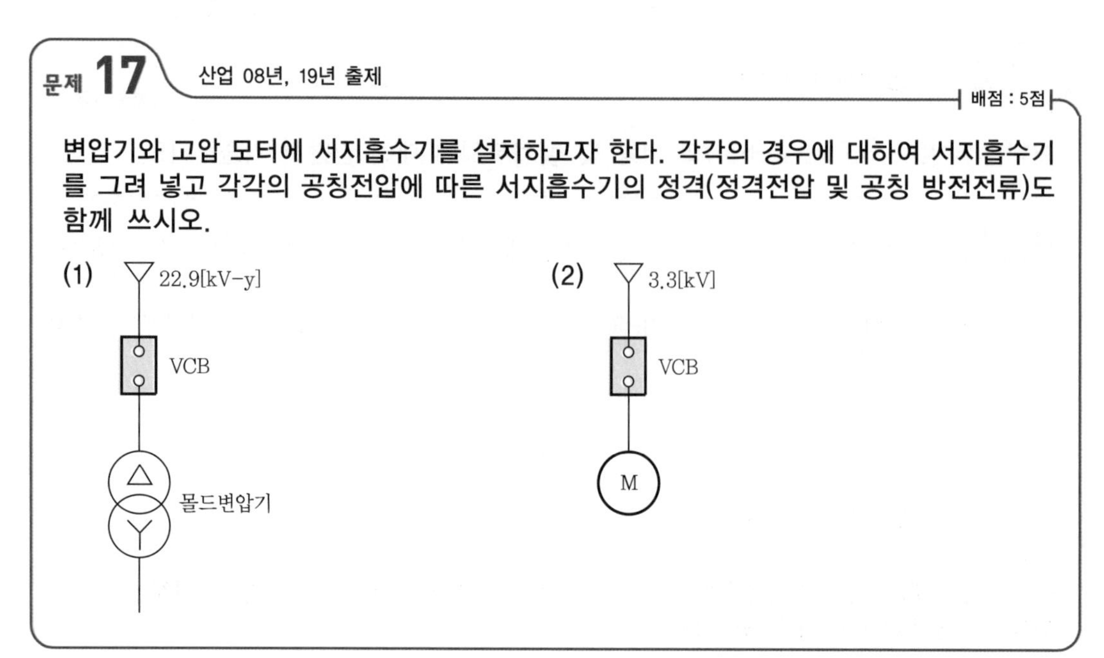

답안

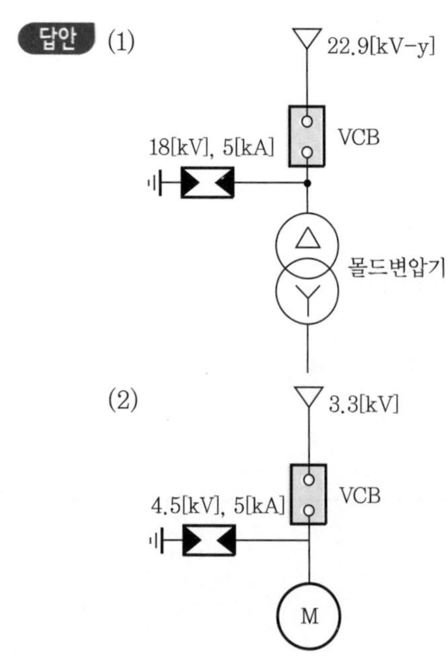

문제 18 산업 09년 출제

배점 : 5점

과도적인 과전압을 제한하고 서지(Surge)전류를 분류하는 목적으로 사용되는 서지보호장치(SPD : Surge Protective Device)를 기능에 따라 3가지로 분류하여 쓰시오.

답안
- 전압스위칭형 SPD
- 전압제한형 SPD
- 복합형 SPD

문제 19 산업 16년, 18년 출제

배점 : 5점

서지보호장치(SPD : Surge Protective Device)에 대하여 기능에 따른 분류 3가지와 구조에 따른 분류 2가지를 쓰시오.

(1) 기능에 따른 분류
(2) 구조에 따른 분류

답안
(1) • 전압스위칭형 SPD
• 전압제한형 SPD
• 복합형 SPD

(2) • 1포트 SPD
• 2포트 SPD

해설 (1) SPD 기능에 따른 종류

종 류	기 능	소 자
전압스위칭형 SPD	서지가 없을 때는 임피던스가 높은 상태이고, 전압서지가 있을 때는 임피던스가 급격히 낮아지는 기능을 가진 서지보호장치이다.	에어갭, 가스방전관, 사이리스터, 트라이액
전압제한형 SPD	서지가 없을 때는 임피던스가 높은 상태이고, 서지전류와 전압이 상승하면 임피던스가 연속적으로 감소하는 기능을 가진 서지보호장치이다.	배리스터, 억제다이오드
복합형 SPD	'전압제한형 소자와 전압스위치형 소자를 모두 갖는 서지보호장치이다.	가스방전관과 배리스터를 조합한 SPD

(2) SPD에는 회로의 접속단자 형태로 1포트 SPD와 2포트 SPD가 있다.

① SPD의 구성

구조 구분	특 징	표시 예
1포트 SPD	1단자 또는 2단자를 갖는 SPD로 보호하는 기기에 대하여 서지를 분류하도록 접속한다.	SPD
2포트 SPD	2단자 또는 4단자를 갖는 SPD로 입력단자와 출력단자 사이에 직렬 임피던스가 삽입되어 있다.	SPD

② 1포트 SPD는 전압 스위치형, 전압제한형 또는 복합형의 기능을 갖는 SPD이고, 2포트 SPD는 복합형의 기능을 가지고 있다.

문제 20 산업 03년, 09년 출제 | 배점 : 5점

그림은 154[kV] 계통의 절연협조를 위한 각 기기의 절연강도에 대한 비교 그림이다. 변압기, 선로애자, 개폐기 지지애자, 피뢰기 제한전압에 속해있는 부분은 어느 곳인지 그림의 번호에 맞게 쓰시오.

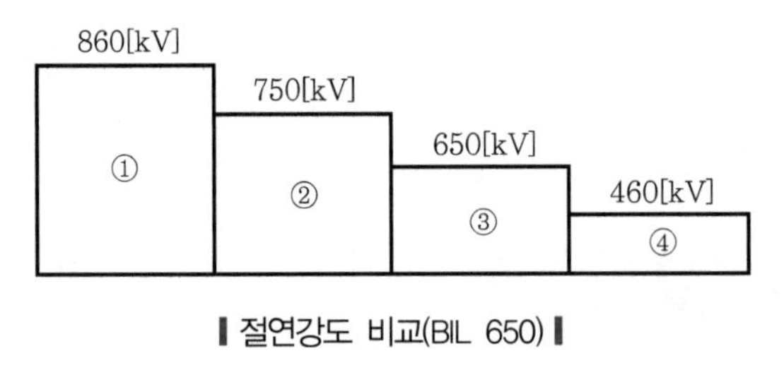

▌절연강도 비교(BIL 650)▐

답안 ① 선로애자
② 개폐기 지지애자
③ 변압기
④ 피뢰기 제한전압

문제 21 산업 20년 출제 | 배점 : 7점

차단기 명판(Name Plate)에 BIL 150[kV], 정격차단전류 20[kA], 차단시간 8[Hz], Solenoid형이라고 기재되어 있다. 다음 물음에 답하시오. (단, BIL은 절연계급 20호 이상이고 비유효접지 계통이다.)

(1) BIL이란 무엇인가?
(2) 이 차단기의 정격전압이 25.8[kV]라면 정격차단용량은 몇 [MVA]가 되는가?
(3) 차단기를 트립(Trip)시키는 방식을 3가지만 쓰시오.

답안 (1) 기준충격절연강도
(2) 893.74[MVA]
(3) • 직류전압트립방식
• 과전류트립방식
• 콘덴서트립방식

해설 (2) $P_s = \sqrt{3} \times 25.8 \times 20 = 893.74$[MVA]

문제 **22** 산업 99년, 10년 출제

| 배점 : 5점 |

차단기 명판(name plate)에 BIL 150[kV], 정격차단전류 20[kV]라고 기재되어 있다. 이 차단기의 정격전압[kV]을 구하시오.

답안 24[kV]

해설 BIL $= 5E + 50$[kV]에서

$150 = 5E + 50$

$\therefore\ E = 20$[kV]

공칭전압 $= 1.1E = 1.1 \times 20 = 22$[kV]

차단기의 정격전압 $=$ 공칭전압 $\times \dfrac{1.2}{1.1} = 22 \times \dfrac{1.2}{1.1} = 24$[kV]

문제 **23** 산업 93년, 97년, 99년, 02년 출제

| 배점 : 10점 |

차단기 명판에 BIL 150[kV], 정격차단전류 20[kA], 차단시간 3[Hz], 솔레노이드형이라고 기재되어 있다. 이것을 보고 다음 각 물음에 답하시오.

(1) BIL이란 무엇인가?

(2) 이 차단기(CB)의 정격전압은?

(3) 이 차단기(CB)의 정격용량은?

(4) 차단시간이란 개극시간과 어떤 시간을 가리키는 것인가?

(5) 조작 전원으로 사용되는 전기는 어떤 종류의 전기가 사용되는가?

답안 (1) 기준충격절연강도

(2) 24[kV]

(3) 831.38[MVA]

(4) 아크소호시간

(5) DC

해설 (2) 차단기 BIL $= E + 50$이므로

$150 = 5E + 50$ 에서

$E = \dfrac{150 - 50}{5} = 20$호이다.

$\therefore$ 차단기 정격전압 $V_n = 20 \times 1.2 = 24$[kV]

(3) $P_s = \sqrt{3}\, V_n I_s = \sqrt{3} \times 24 \times 10^3 \times 20 \times 10^3 \times 10^{-6} = 831.38$[MVA]

1990년~최근 출제된 기출 이론 분석 및 유형별 문제

07 CHAPTER 감리

기출개념 01 전력시설물 공사감리업무 수행지침

1 용어 정의

(1) 공사감리

발주자의 위탁을 받은 감리업자가 설계도서, 그 밖의 관계 서류의 내용대로 시공되는지 여부를 확인하고, 품질관리·공사관리 및 안전관리 등에 대한 기술지도를 하며, 관계 법령에 따라 발주자의 권한을 대행하는 것을 말한다.

(2) 감리원

감리업체에 종사하면서 감리업무를 수행하는 사람으로서 상주감리원과 비상주감리원을 말한다.

(3) 책임감리원

감리업자를 대표하여 현장에 상주하면서 해당 공사 전반에 관하여 책임감리 등의 업무를 총괄하는 사람을 말한다.

(4) 보조감리원

책임감리원을 보좌하는 사람으로서 담당 감리업무를 책임감리원과 연대하여 책임지는 사람을 말한다.

(5) 상주감리원

현장에 상주하면서 감리업무를 수행하는 사람으로서 책임감리원와 보조감리원을 말한다.

(6) 비상주감리원

감리업체에 근무하면서 상주감리원의 업무를 기술적·행정적으로 지원하는 사람을 말한다.

(7) 감리용역 계약문서

계약서, 기술용역입찰유의서, 기술용역계약 일반조건, 감리용역계약 특수조건, 과업지시서, 감리비 산출내역서 등으로 구성되며 상호 보완의 효력을 가진 문서를 말한다.

(8) 검토확인

공사의 품질을 확보하기 위하여 기술적인 검토 뿐만 아니라 그 실행결과를 확인하는 일련의 과정을 말하며 검토확인이라는 검토확인사항에 대하여 책임을 진다.

2 감리원의 근무수칙

(1) 감리원은 감리업무를 수행함에 있어 발주자와의 계약에 따라 발주자의 권한을 대행한다.

(2) 발주자와 감리업자 간에 체결된 감리용역 계약의 내용에 따라 감리원은 해당 공사가 설계도서 및 그 밖에 관계 서류의 내용대로 시공되는지 여부를 확인하고 품질관리, 공사관리 및 안전관리 등에 대한 기술지도를 하며, 전력기술관리법령에 따라 감리업자를 대표하고 발주자의 감독 권한을 대행한다.

(3) 감리업무를 수행하는 감리원은 그 업무를 성실히 수행하고 공사의 품질 확보와 향상에 노력하며, 다음의 사항을 실천하여 감리원으로서의 품위를 유지하여야 한다.

① 감리원은 공사의 품질확보 및 질적 향상을 위하여 기술지도와 지원 및 기술개발·보급에 노력하여야 한다.

② 감리원은 감리업무를 수행함에 있어 발주자의 감독 권한을 대행하는 사람으로서 공정하고, 청렴결백하게 업무를 수행하여야 한다.

③ 감리원은 감리업무를 수행함에 있어 해당 공사의 공사계약문서, 감리과업지시서, 그 밖에 관련 법령 등의 내용을 숙지하고 해당 공사의 특수성을 파악한 후 감리업무를 수행하여야 한다.

④ 감리원은 해당 공사가 공사계약문서, 예정공정표, 발주자의 지시사항, 그 밖에 관련 법령의 내용대로 시공되는가를 공사 시행시 수시로 확인하여 품질관리에 임하여야 하고, 공사업자에게 품질·시공·안전·공정관리 등에 대한 기술지도와 지원을 하여야 한다.

⑤ 감리원은 공사업자의 의무와 책임을 면제시킬 수 없으며, 임의로 설계를 변경하거나, 기일연장 등 공사계약조건과 다른 지시나 조치 또는 결정을 하여서는 아니 된다.

⑥ 감리원은 공사현장에서 문제점이 발생되거나 시공에 관련한 중요한 변경 및 예산과 관련되는 사항에 대하여는 수시로 발주자(지원업무담당자)에게 보고하고 지시를 받아 업무를 수행하여야 한다. 다만, 인명손실이나 시설물의 안전에 위험이 예상되는 사태가 발생할 때에는 우선 적절한 조치를 취한 후 즉시 발주자에게 보고하여야 한다.

(4) 상주감리원은 다음에 따라 현장 근무를 하여야 한다.

① 상주감리원은 공사현장(공사와 관련한 외부 현장점검, 확인 등 포함)에서 운영요령에 따라 배치된 일수를 상주하여야 하며, 다른 업무 또는 부득이한 사유로 1일 이상 현장을 이탈하는 경우에는 반드시 감리업무일지에 기록하고, 발주자(지원업무담당자)의 승인(부재시 유선보고)을 받아야 한다.

② 상주감리원은 감리사무실 출입구 부근에 부착한 근무상황판에 현장 근무위치 및 업무내용 등을 기록하여야 한다.

③ 상주감리원은 발주자의 요청이 있는 경우에는 초과근무를 하여야 하며, 공사업자의 요청이 있을 경우에는 발주자의 승인을 받아 초과근무를 하여야 한다.

(5) 비상주감리원은 다음에 따라 업무를 수행하여야 한다.

① 설계도서 등의 검토
② 상주감리원이 수행하지 못하는 현장 조사분석 및 시공상의 문제점에 대한 기술검토와 민원사항에 대한 현지조사 및 해결방안 검토
③ 중요한 설계변경에 대한 기술검토
④ 설계변경 및 계약금액 조정의 심사
⑤ 기성 및 준공검사
⑥ 정기적(분기 또는 월별)으로 현장 시공상태를 종합적으로 점검·확인·평가하고 기술지도
⑦ 공사와 관련하여 발주자(지원업무수행자 포함)가 요구한 기술적 사항 등에 대한 검토
⑧ 그 밖에 감리업무 추진에 필요한 기술지원 업무

기출개념 02 공사착공 단계 감리업무

1 설계도서 등의 검토

(1) 감리원은 설계도면, 설계설명서, 공사비 산출내역서, 기술계산서, 공사계약서의 계약내용과 해당 공사의 조사 설계보고서 등의 내용을 완전히 숙지하여 새로운 방향의 공법개선 및 예산절감을 도모하도록 노력하여야 한다.

(2) 감리원은 설계도서 등에 대하여 공사계약문서 상호 간의 모순되는 사항, 현장 실정과의 부합여부 등 현장 시공을 주안으로 하여 해당 공사 시작 전에 검토하여야 하며 검토내용에는 다음의 사항 등이 포함되어야 한다.

① 현장조건에 부합 여부
② 시공의 실제가능 여부
③ 다른 사업 또는 다른 공정과의 상호부합 여부
④ 설계도면, 설계설명서, 기술계산서, 산출내역서 등의 내용에 대한 상호일치 여부
⑤ 설계도서의 누락, 오류 등 불명확한 부분의 존재 여부
⑥ 발주자가 제공한 물량내역서와 공사업자가 제출한 산출내역서의 수량일치 여부
⑦ 시공상의 예상 문제점 및 대책 등

(3) 감리원은 검토결과 불합리한 부분, 착오, 불명확하거나 의문사항이 있을 때는 그 내용과 의견을 발주자에게 보고하여야 한다.

2 착공신고서 검토 및 보고

(1) 감리원은 공사가 시작된 경우에는 공사업자로부터 다음의 서류가 포함된 착공신고서를 제출받아 적정성 여부를 검토하여 7일 이내에 발주자에게 보고하여야 한다.

① 시공관리책임자 지정통지서(현장관리조직, 안전관리자)
② 공사 예정공정표
③ 품질관리계획서
④ 공사도급 계약서 사본 및 산출내역서
⑤ 공사 시작 전 사진
⑥ 현장기술자 경력사항 확인서 및 자격증 사본
⑦ 안전관리계획서
⑧ 작업인원 및 장비투입 계획서
⑨ 그 밖에 발주자가 지정한 사항

(2) 감리원은 다음을 참고하여 착공신고서의 적정여부를 검토하여야 한다.

① 계약내용의 확인
　㉠ 공사기간(착공~준공)
　㉡ 공사비 지급조건 및 방법(선급금, 기성부분 지급, 준공금 등)
　㉢ 그 밖에 공사계약문서에 정한 사항

② 현장기술자의 적격여부
　㉠ 시공관리책임자 :「전기공사업법」 제17조
　㉡ 안전관리자 :「산업안전보건법」 제15조

③ 공사 예정공정표
작업 간 선행·동시 및 완료 등 공사 전·후의 연관성이 명시되어 작성되고, 예정공정률이 적정하게 작성되었는지 확인

④ 품질관리계획
공사 예정공정표에 따라 공사용 자재의 투입시기와 시험방법, 빈도 등이 적정하게 반영되었는지 확인

⑤ 공사 시작 전 사진
전경이 잘 나타나도록 촬영되었는지 확인

⑥ 안전관리계획
산업안전보건법령에 따른 해당 규정 반영여부

⑦ 작업인원 및 장비투입 계획
공사의 규모 및 성격, 특성에 맞는 장비형식이나 수량의 적정여부 등

개념 문제 01 기사 17년, 19년 출제

| 배점 : 5점 |

전력시설물 공사감리업무 수행지침에 의해 감리원은 설계도서 등에 대하여 공사계약문서 상호 간의 모순되는 사항, 현장 실정과의 부합여부 등 현장 시공을 주안으로 하여 해당 공사 시작 전에 검토하여야 한다. 이때 검토내용에 포함되어야 하는 사항을 3가지만 쓰시오.

답안
- 현장조건에 부합 여부
- 시공의 실제가능 여부
- 다른 사업 또는 다른 공정과의 상호부합 여부

해설 감리원은 설계도서 등에 대하여 공사계약문서 상호 간의 모순되는 사항, 현장 실정과의 부합여부 등 현장시공을 주안으로 하여 해당 공사 시작 전에 검토하여야 하며 검토내용에는 다음의 사항 등이 포함되어야 한다.
- 현장조건에 부합 여부
- 시공의 실제가능 여부
- 다른 사업 또는 다른 공정과의 상호부합 여부
- 설계도면, 설계설명서, 기술계산서, 산출내역서 등의 내용에 대한 상호일치 여부
- 설계도서의 누락, 오류 등 불명확한 부분의 존재 여부
- 발주자가 제공한 물량내역서와 공사업자가 제출한 산출내역서의 수량일치 여부
- 시공상의 예상 문제점 및 대책 등

개념 문제 02 산업 16년 출제

| 배점 : 5점 |

감리원은 공사시작 전에 설계도서의 적정여부를 검토하여야 한다. 설계도서 검토 시 포함하여야 하는 주요 검토내용을 5가지만 쓰시오.

답안
- 현장조건에 부합 여부
- 시공의 실제가능 여부
- 다른 사업 또는 다른 공정과의 상호부합 여부
- 설계도서의 누락, 오류 등 불명확한 부분의 존재 여부
- 시공상의 예상 문제점 및 대책 등

해설 감리원은 설계도서 등에 대하여 공사계약문서 상호 간의 모순되는 사항, 현장 실정과의 부합여부 등 현장시공을 주안으로 하여 해당 공사 시작 전에 검토하여야 하며 검토내용에는 다음의 사항 등이 포함되어야 한다.
- 현장조건에 부합 여부
- 시공의 실제가능 여부
- 다른 사업 또는 다른 공정과의 상호부합 여부
- 설계도면, 설계설명서, 기술계산서, 산출내역서 등의 내용에 대한 상호일치 여부
- 설계도서의 누락, 오류 등 불명확한 부분의 존재 여부
- 발주자가 제공한 물량내역서와 공사업자가 제출한 산출내역서의 수량일치 여부
- 시공상의 예상 문제점 및 대책 등

기출개념 03 공사시행 단계 감리업무

1 일반 행정업무

(1) 감리원은 감리업무 착수 후 빠른 시일 내에 해당 공사의 내용, 규모, 감리원 배치인원수 등을 감안하여 각종 행정업무 중에서 최소한의 필요한 행정업무 사항을 발주자와 협의하여 결정하고, 이를 공사업자에게 통보하여야 한다.

(2) 감리원은 다음의 서식 중 해당 감리현장에서 감리업무 수행상 필요한 서식을 비치하고 기록·보관하여야 한다.

① 감리업무일지
② 근무상황판
③ 지원업무수행 기록부
④ 착수 신고서
⑤ 회의 및 협의내용 관리대장
⑥ 문서접수대장
⑦ 문서발송대장
⑧ 교육실적 기록부
⑨ 민원처리부
⑩ 지시부
⑪ 발주자 지시사항 처리부
⑫ 품질관리검사·확인대장
⑬ 설계변경 현황
⑭ 검사 요청서
⑮ 검사 체크리스트
⑯ 시공기술자 실명부
⑰ 검사결과 통보서
⑱ 기술검토 의견서
⑲ 주요기자재 검수 및 수불부
⑳ 기성부분 감리조서
㉑ 발생품(잉여자재) 정리부
㉒ 기성부분 검사조서
㉓ 기성부분 검사원
㉔ 준공 검사원
㉕ 기성공정 내역서
㉖ 기성부분 내역서
㉗ 준공검사조서
㉘ 준공감리조서
㉙ 안전관리 점검표
㉚ 사고 보고서
㉛ 재해발생 관리부
㉜ 사후환경영향조사 결과보고서

(3) 감리원은 다음에 따른 문서의 기록관리 및 문서수발에 관한 업무를 하여야 한다.

① 감리업무일지는 감리원별 분담업무에 따라 항목별(품질관리, 시공관리, 안전관리, 공정관리, 행정 및 민원 등)로 수행업무의 내용을 육하원칙에 따라 기록하며 공사업자가 작성한 공사일지를 매일 제출받아 확인한 후 보관한다.

② 주요한 현장은 공사 시작 전, 시공 중, 준공 등 공사과정을 알 수 있도록 동일 장소에서 사진을 촬영하여 보관한다.

2 감리보고 등

(1) 책임감리원은 다음의 사항이 포함된 분기보고서를 작성하여 발주자에게 제출하여야 한다. 보고서는 매 분기말 다음 달 7일 이내로 제출한다.

① 공사추진 현황(공사계획의 개요와 공사추진계획 및 실적, 공정현황, 감리용역현황, 감리조직, 감리원 조치내역 등)
② 감리원 업무일지
③ 품질검사 및 관리현황
④ 검사요청 및 결과통보내용
⑤ 주요기자재 검사 및 수불내용(주요기자재 검사 및 입·출고가 명시된 수불현황)
⑥ 설계변경 현황
⑦ 그 밖에 책임감리원이 감리에 관하여 중요하다고 인정하는 사항

(2) 책임감리원은 다음의 사항이 포함된 최종감리보고서를 감리기간 종료 후 14일 이내에 발주자에게 제출하여야 한다.

① 공사 및 감리용역 개요 등(사업목적, 공사개요, 감리용역 개요, 설계용역 개요)
② 공사추진 실적현황(기성 및 준공검사 현황, 공종별 추진실적, 설계변경 현황, 공사현장 실정보고 및 처리현황, 지시사항 처리, 주요인력 및 장비투입현황, 하도급 현황, 감리원 투입현황)
③ 품질관리 실적(검사요청 및 결과통보현황, 각종 측정기록 및 조사표, 시험장비 사용현황, 품질관리 및 측정자 현황, 기술검토실적 현황 등)
④ 주요기자재 사용실적(기자재 공급원 승인현황, 주요기자재 투입현황, 사용자재 투입현황)
⑤ 안전관리 실적(안전관리조직, 교육실적, 안전점검실적, 안전관리비 사용실적)
⑥ 환경관리 실적(폐기물발생 및 처리실적)
⑦ 종합분석

(3) 분기 및 최종감리보고서는 전산프로그램(CD-ROM)으로 제출할 수 있다.

3 현장 정기교육

감리원은 공사업자에게 현장에 종사하는 시공기술자의 양질시공 의식고취를 위한 다음과 같은 내용의 현장 정기교육을 해당 현장의 특성에 적합하게 실시하도록 하게 하고, 그 내용을 교육실적 기록부에 기록·비치하여야 한다.

(1) 관련 법령·전기설비기준, 지침 등의 내용과 공사현황 숙지에 관한 사항

(2) 감리원과 현장에 종사하는 기술자들의 화합과 협조 및 양질시공을 위한 의식교육

(3) 시공결과·분석 및 평가

(4) 작업시 유의사항 등

4 감리원의 의견제시 등

감리원은 해당 공사와 관련하여 공사업자의 공법 변경요구 등 중요한 기술적인 사항에 대하여 요구한 날로부터 7일 이내에 이를 검토하고 의견서를 첨부하여 발주자에게 보고하여야 하며, 전문성이 요구되는 경우에는 요구가 있는 날부터 14일 이내에 비상주감리의 검토의견서를 첨부하여 발주자에 보고하여야 한다. 이 경우 발주자는 그가 필요하다고 인정하는 때에는 제3자에게 자문을 의뢰할 수 있다.

5 시공기술자 등의 교체

감리원은 공사업자의 시공기술자 등이 해당 공사현장에 적합하지 않다고 인정되는 경우에는 공사업자 및 시공기술자에게 문서로 시정을 요구하고, 이에 불응하는 때에는 발주자에게 그 실정을 보고하여야 한다.

개념 문제 산업 18년 출제 | 배점 : 6점 |

책임감리원은 감리업무 수행 중 긴급하게 발생되는 사항 또는 불특정하게 발생하는 중요사항에 대하여 발주자에게 수시로 보고하여야 하며, 감리기간 종료 후 최종감리보고서를 발주자에게 제출하여야 한다. 최종감리보고서에 포함될 서류 중 안전관리 실적 3가지를 쓰시오.

답안 안전관리조직, 교육실적, 안전점검실적

해설 책임감리원은 다음의 사항이 포함된 최종감리보고서를 감리기간 종료 후 14일 이내에 발주자에게 제출하여야 한다.

- 공사 및 감리용역 개요 등(사업목적, 공사개요, 감리용역 개요, 설계용역 개요)
- 공사추진 실적현황(기성 및 준공검사 현황, 공종별 추진실적, 설계변경 현황, 공사현장 실정보고 및 처리현황, 지시사항 처리, 주요인력 및 장비투입현황, 하도급 현황, 감리원 투입현황)
- 품질관리 실적(검사요청 및 결과통보현황, 각종 측정기록 및 조사표, 시험장비 사용현황, 품질관리 및 측정자 현황, 기술검토실적 현황 등)
- 주요기자재 사용실적(기자재 공급원 승인현황, 주요기자재 투입현황, 사용자재 투입현황)
- 안전관리 실적(안전관리조직, 교육실적, 안전점검실적, 안전관리비 사용실적)
- 환경관리 실적
- 종합분석

기출개념 04 감리 배치

(1) 공사감리 배치

공사별 \ 감리자별		전기안전관리 담당자	감리업체	비 고
자가용 수용설비 설치공사		×	○	신규 설치공사
전기수용 설비 변경	총공사비 5천만 원 미만	○	○	용량증설·감소, 수전전압 변경, 이설공사, 변압기·차단기·전선로 변경공사, 일반용에서 자가용으로 변경
	총공사비 5천만 원 이상	×	○	
비상용 발전설비 설치 또는 변경	총공사비 1억 원 미만	○	○	
	총공사비 1억 원 이상	×	○	

(2) 공사감리 제외 대상

감리업의 등록을 한 자에게 공사감리를 발주하지 않아도 되는 대상

① 전기사업법에 의한 일반용 전기설비의 전력시설물 공사
② 임시 전력을 공급받기 위한 전력시설물 공사
③ 보안을 요구하는 군 특수 전력시설물 공사
④ 소방시설공사업법에 의한 비상전원·비상조명등 및 비상콘센트 공사
⑤ 전기사업용 전기설비 중 인입선 및 저압배전설비 공사
⑥ 다음의 기관 및 단체가 시행하는 전기공사로서 그 소속직원 중 감리원 수첩을 교부 받은 자로 하여금 감리원 인원 배치기준에 따라 감리업무를 수행하는 전기공사
  : 국가 및 지방자치단체, 정부투자기관, 공기업·공사, 전기사업자
⑦ 전력시설물 중 토목·건축 및 기계 부문의 설비 공사
⑧ 총 공사비가 5천만 원 미만인 전력시설물 공사
  ㉠ 자가용 전기설비 : 전기안전관리자 자체 감리
  ㉡ 사업용 전기설비 : 소속 전기기술인으로 하여금 감리업무를 수행하게 하는 공사

기출개념 05 설계 시공 관리

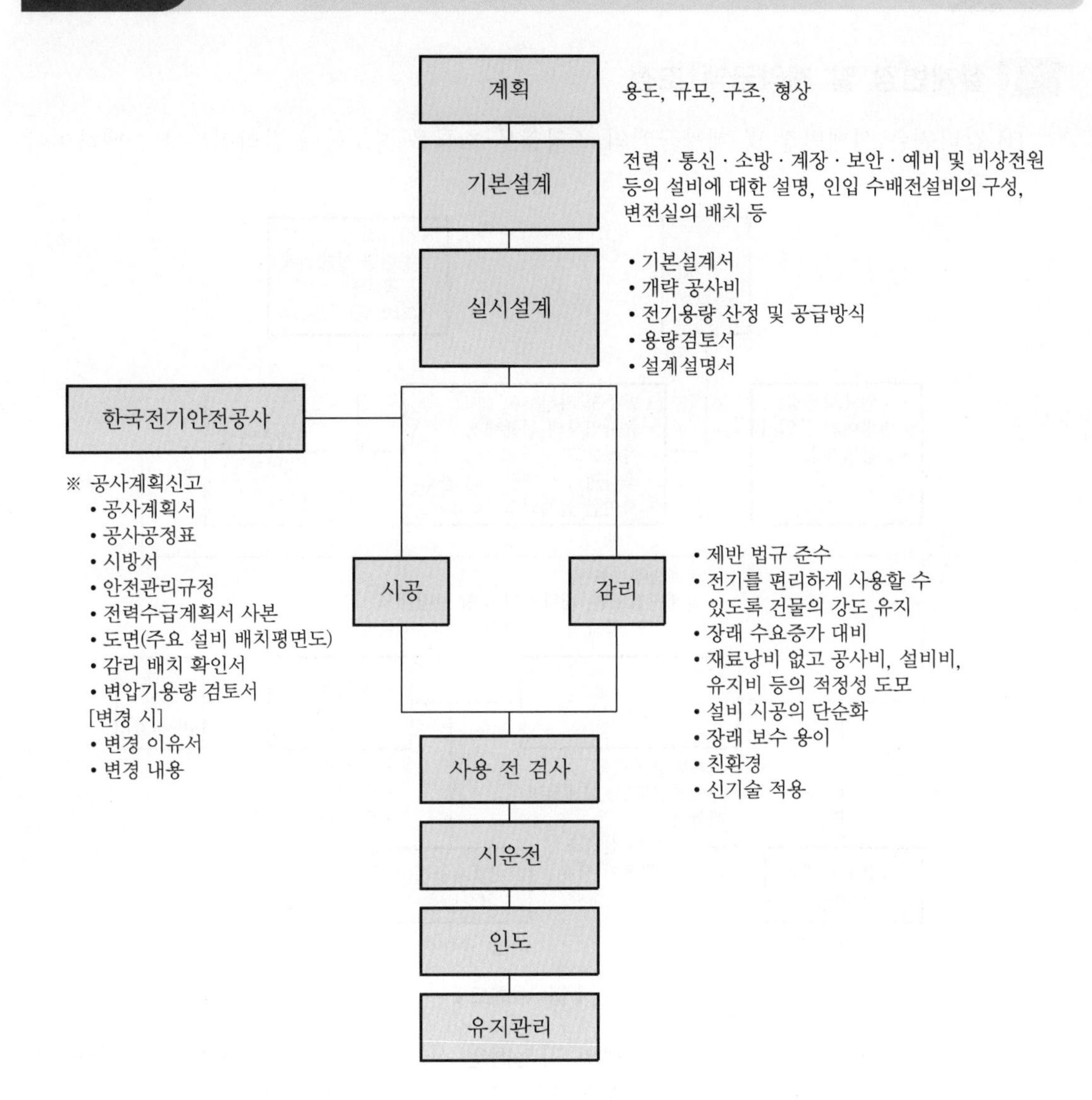

기출개념 06 설계변경 및 계약금액의 조정 관련 감리업무

1 설계변경 및 계약금액 조정

(1) 감리원은 설계변경 및 계약금액의 조정업무 흐름을 참조하여 감리업무를 수행하여야 한다.

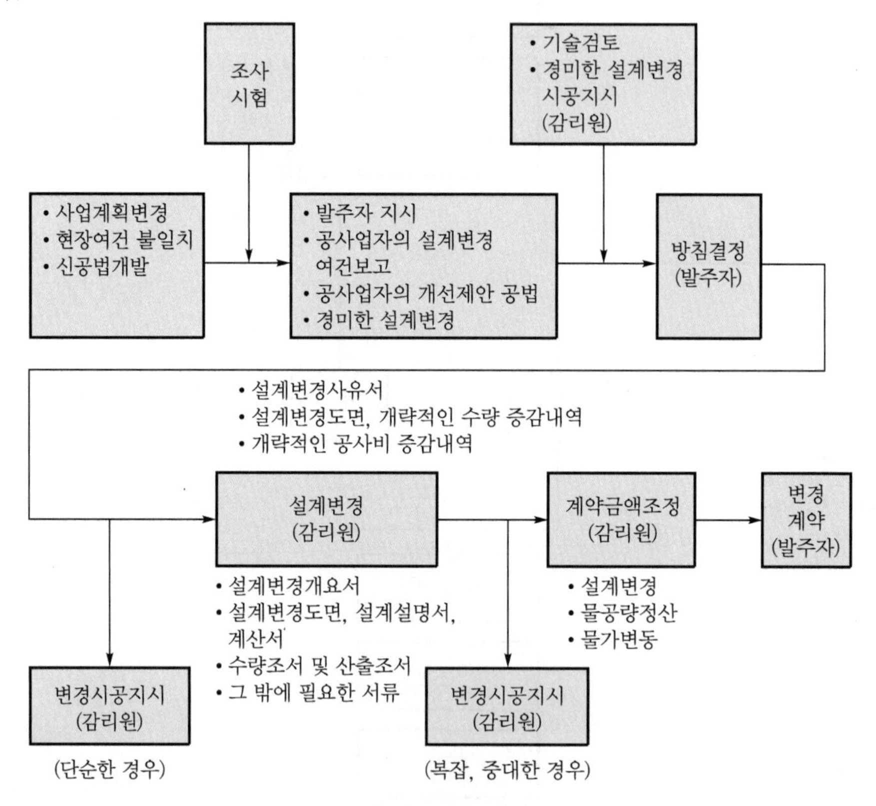

▌업무흐름도▐

(2) 감리원은 시공과정에서 당초 설계의 기본적인 사항인 전압, 변압기 용량, 공급방식, 접지방식, 계통보호, 간선규격, 시설물의 구조, 평면 및 공법 등의 변경없이 현지 여건에 따른 위치변경과 연장증감 등으로 인한 수량증감이나 단순 시설물의 추가 또는 삭제 등의 경미한 설계변경 사항이 발생한 경우에는 설계변경도면, 수량증감 및 증감공사 내역을 공사업자로부터 제출받아 검토·확인하고 우선 변경 시공하도록 지시할 수 있으며 사후에 발주자에게 서면으로 보고하여야 한다. 이 경우 경미한 설계변경의 구체적 범위는 발주자가 정한다.

(3) 발주자는 외부적 사업환경의 변동, 사업추진 기본계획의 조정, 민원에 따른 노선변경, 공법변경, 그 밖의 시설물 추가 등으로 설계변경이 필요한 경우에는 다음의 서류를 첨부하여 반드시 서면으로 책임감리원에게 설계변경을 하도록 지시하여야 한다. 다만, 발주자가 설계변경 도서를 작성할 수 없을 경우에는 설계변경개요서만 첨부하여 설계변경 지시를 할 수 있다.

① 설계변경개요서
② 설계변경도면, 설계설명서, 계산서 등
③ 수량산출조서
④ 그 밖에 필요한 서류

(4) 감리원은 공사업자가 현지여건과 설계도서가 부합되지 않거나 공사비의 절감 및 공사의 품질향상을 위한 개선사항 등 설계변경이 필요하다고 설계변경사유서, 설계변경도면, 개략적인 수량증감내역 및 공사비 증감내역 등의 서류를 첨부하여 제출하면 이를 검토·확인하고 필요시 기술검토 의견서를 첨부하여 발주자에게 실정을 보고하고, 발주자의 방침을 받은 후 시공하도록 조치하여야 한다. 감리원은 공사업자로부터 현장실정보고를 접수 후 기술검토 등을 요하지 않는 단순한 사항은 7일 이내, 그 외의 사항은 14일 이내에 검토처리하여야 하며, 만일 기일 내 처리가 곤란하거나 기술적 검토가 미비한 경우에는 그 사유와 처리계획을 발주자에게 보고하고 공사업자에게도 통보하여야 한다.

(5) 감리원은 설계변경 등으로 인한 계약금액 조정 업무처리를 지체함으로써 공사업자가 지급자재 수급 및 기성부분을 인정받지 못하여 공사추진에 지장을 초래하지 않도록 적기에 계약변경이 이루어질 수 있도록 조치하여야 한다. 최종 계약금액의 조정은 예비 준공검사기간 등을 고려하여 늦어도 준공예정일 45일 전까지 발주자에 제출되어야 한다.

2 물가변동으로 인한 계약금액의 조정

(1) 감리원은 공사업자로부터 물가변동에 따른 계약금액 조정요청을 받은 경우에는 다음의 서류를 작성·제출하도록 하고 공사업자는 이에 응하여야 한다.
① 물가변동조정 요청서
② 계약금액조정 요청서
③ 품목조정율 또는 지수조정율의 산출근거
④ 계약금액 조정 산출근거
⑤ 그 밖에 설계변경에 필요한 서류

(2) 감리원은 제출된 서류를 검토·확인하여 조정요청을 받은 날로부터 14일 이내에 검토의견을 첨부하여 발주자에게 보고하여야 한다.

개념 문제 산업 16년 출제 | 배점 : 4점 |

설계감리업무 수행지침의 용어 정의 중 전력시설물의 현장적용 적합성 및 생애주기비용 등을 검토하는 것을 무엇이라 하는지 쓰시오.

답안 설계의 경제성 검토

기출개념 07 기성 및 준공검사 관련 감리업무

1 기성 및 준공검사

(1) 검사자는 해당 공사 검사시에 상주감리원 및 공사업자 또는 시공관리책임자 등을 입회하게 하여 계약서, 설계설명서, 설계도서, 그 밖의 관계 서류에 따라 다음의 사항을 검사하여야 한다. 다만, 「국가를 당사자로 하는 계약에 관한 법률 시행령」에 따른 약식 기성검사의 경우에는 책임감리원의 감리조사와 기성부분 내역서에 대한 확인으로 갈음할 수 있다.

① 기성검사

㉠ 기성부분 내역이 설계도서대로 시공되었는지 여부
㉡ 사용된 기자재의 규격 및 품질에 대한 실험의 실시여부
㉢ 시험기구의 비치와 그 활용도의 판단
㉣ 지급기자재의 수불 실태
㉤ 주요 시공과정을 촬영한 사진의 확인
㉥ 감리원의 기성검사원에 대한 사전검토 의견서
㉦ 품질시험·검사성과 총괄표 내용
㉧ 그 밖에 검사자가 필요하다고 인정하는 사항

② 준공검사

㉠ 완공된 시설물이 설계도서대로 시공되었는지의 여부
㉡ 시공시 현장 상주감리원이 작성 비치한 제 기록에 대한 검토
㉢ 폐품 또는 발생물의 유무 및 처리의 적정여부
㉣ 지급 기자재의 사용적부와 잉여자재의 유무 및 그 처리의 적정여부
㉤ 제반 가설시설물의 제거와 원상복구 정리 상황
㉥ 감리원의 준공 검사원에 대한 검토의견서
㉦ 그 밖에 검사자가 필요하다고 인정하는 사항

(2) 검사자는 시공된 부분이 수중 또는 지하에 매몰되어 사후검사가 곤란한 부분과 주요 시설물에 중대한 영향을 주거나 대량의 파손 및 재시공 행위를 요하는 검사는 검사조서와 사전검사 등을 근거로 하여 검사를 시행할 수 있다.

2 준공검사 등의 절차

(1) 감리원은 해당 공사 완료 후 준공검사 전에 사전 시운전 등이 필요한 부분에 대하여는 공사업자에게 다음의 사항이 포함된 시운전을 위한 계획을 수립하여 시운전 30일 이내에 제출하도록 하고, 이를 검토하여 발주자에게 제출하여야 한다.

① 시운전 일정
② 시운전 항목 및 종류

③ 시운전 절차
④ 시험장비 확보 및 보정
⑤ 기계 · 기구 사용계획
⑥ 운전요원 및 검사요원 선임계획

(2) 감리원은 공사업자로부터 시운전 계획서를 제출받아 검토, 확정하여 시운전 20일 이내에 발주자 및 공사업자에게 통보하여야 한다.

(3) 감리원은 공사업자에게 다음과 같이 시운전 절차를 준비하도록 하여야 하며 시운전에 입회하여야 한다.

① 기기점검
② 예비운전
③ 시운전
④ 성능보장운전
⑤ 검수
⑥ 운전인도

(4) 감리원은 시운전 완료 후에 다음의 성과품을 공사업자로부터 제출받아 검토 후 발주자에게 인계하여야 한다.

① 운전개시, 가동절차 및 방법
② 점검항목 점검표
③ 운전지침
④ 기기류 단독 시운전 방법 검토 및 계획서
⑤ 실가동 Diagram
⑥ 시험구분, 방법, 사용매체 검토 및 계획서
⑦ 시험성적서
⑧ 성능시험 성적서(성능시험 보고서)

개념 문제 01 기사 20년 출제 | 배점 : 5점 |

전력시설물 공사감리업무 수행지침에서 정하는 감리원은 해당 공사 완료 후 준공검사 전에 사전 시운전 등이 필요한 부분에 대하여는 공사업자에게 시운전을 위한 계획을 수립하여 시운전 30일 이내에 제출하도록 하고, 이를 검토하여 발주자에게 제출하여야 한다. 시운전을 위한 계획 수립 시 포함되어야 하는 사항을 3가지만 쓰시오. (단, 반드시 전력시설물 공사감리업무 수행지침에 표현된 문구를 활용하여 쓰시오.)

답안
- 시운전 일정
- 시운전 항목 및 종류
- 시운전 절차

해설 그 외에 포함되어야 할 사항
- 시험장비 확보 및 보정
- 기계·기구 사용계획
- 운전요원 및 검사요원 선임계획

개념 문제 02 기사 16년 출제 | 배점 : 5점 |

감리원은 해당 공사 완료 후 준공검사 전에 공사업자로부터 시운전 절차를 준비하도록 하여 시운전에 입회할 수 있다. 이에 따른 시운전 완료 후 성과품을 공사업자로부터 제출받아 검토한 후 발주자에게 인계하여야 할 사항(서류 등)을 5가지만 쓰시오.

답안
- 운전개시, 가동절차 및 방법
- 점검항목 점검표
- 운전지침
- 시험성적서
- 성능시험 성적서(성능시험 보고서)

해설 감리원은 시운전 완료 후에 다음의 성과품을 공사업자로부터 제출받아 검토 후 발주자에게 인계하여야 한다.
- 운전개시, 가동절차 및 방법
- 점검항목 점검표
- 운전지침
- 기기류 단독 시운전 방법 검토 및 계획서
- 실가동 Diagram
- 시험구분, 방법, 사용매체 검토 및 계획서
- 시험성적서
- 성능시험 성적서(성능시험 보고서)

기출개념 08 시설물의 인수·인계 관련 감리업무

1 시설물 인수·인계

(1) 감리원은 공사업자에게 해당 공사의 예비준공검사(부분 준공, 발주자의 필요에 따른 기성부분 포함) 완료 후 30일 이내에 다음의 사항이 포함된 시설물의 인수·인계를 위한 계획을 수립하도록 하고 이를 검토하여야 한다.

① 일반사항(공사개요 등)

② 운영지침서(필요한 경우)

㉠ 시설물의 규격 및 기능점검 항목

ⓛ 기능점검 절차
ⓒ Test 장비 확보 및 보정
ⓡ 기자재 운전지침서
ⓜ 제작도면 · 절차서 등 관련 자료
③ 시운전 결과 보고서(시운전 실적이 있는 경우)
④ 예비 준공검사결과
⑤ 특기사항

(2) 감리원은 공사업자로부터 시설물 인수 · 인계 계획서를 제출받아 7일 이내에 검토, 확정하여 발주자 및 공사업자에게 통보하여 인수 · 인계에 차질이 없도록 하여야 한다.

(3) 감리원은 발주자와 공사업자 간 시설물 인수 · 인계의 입회자가 된다.

(4) 감리원은 시설물 인수 · 인계에 대한 발주자 등 이견이 있는 경우, 이에 대한 현상파악 및 필요대책 등의 의견을 제시하여 공사업자가 이를 수행하도록 조치한다.

(5) 인수 · 인계서는 준공검사 결과를 포함하는 내용으로 한다.

(6) 시설물의 인수 · 인계는 준공검사시 지적사항에 대한 시정완료일로부터 14일 이내에 실시하여야 한다.

2 현장문서 인수 · 인계

(1) 감리원은 해당 공사와 관련한 감리기록서류 중 다음의 서류를 포함하여 발주자에게 인계할 문서의 목록을 발주자와 협의하여 작성하여야 한다.
① 준공사진첩
② 준공도면
③ 품질시험 및 검사성과 총괄표
④ 기자재 구매서류
⑤ 시설물 인수 · 인계서
⑥ 그 밖에 발주자가 필요하다고 인정하는 서류

(2) 감리업자는 해당 감리용역이 완료된 때에는 30일 이내에 공사감리 완료보고서를 협회에 제출하여야 한다.

3 유지관리 및 하자보수

감리원은 발주자(설계자) 또는 공사업자(주요설비 납품자) 등이 제출한 시설물의 유지관리 지침 자료를 검토하여 다음의 내용이 포함된 유지관리지침서를 작성, 공사 준공 후 14일 이내에 발주자에게 제출하여야 한다.

(1) 시설물의 규격 및 기능설명서

(2) 시설물 유지관리기구에 대한 의견서

(3) 시설물 유지관리방법

(4) 특기사항

개념 문제 01 기사 20년 / 산업 17년 출제 | 배점 : 5점 |

설계감리업무 수행지침에 따른 설계감리의 기성 및 준공에 대한 내용이다. 다음 (   )에 들어갈 내용을 답란에 쓰시오. (단, 순서에 관계없이 ①~⑤를 작성하되, 동 지침에서 표현하는 단어로 쓰시오.)

> 책임 설계감리원이 설계감리의 기성 및 준공을 처리한 때에는 다음 각 호의 준공서류를 구비하여 발주자에게 제출하여야 한다.
> 1. 설계용역 기성부분 검사원 또는 설계용역 준공검사원
> 2. 설계용역 기성부분 내역서
> 3. 설계감리 결과보고서
> 4. 감리기록서류
>   가. (①)   나. (②)
>   다. (③)   라. (④)
>   마. (⑤)
> 5. 그 밖에 발주자가 과업지시서상에서 요구한 사항

답안
① 설계감리 일지
② 설계감리 지시부
③ 설계감리 기록부
④ 설계감리 요청서
⑤ 설계자와 협의사항 기록부

개념 문제 02 기사 16년 출제 | 배점 : 5점 |

감리원은 매 분기마다 공사업자로부터 안전관리 결과보고서를 제출받아 이를 검토하고 미비한 사항이 있을 때에는 시정조치하여야 한다. 안전관리 결과보고서에 포함되어야 하는 서류 5가지를 쓰시오.

답안
- 안전관리 조직표
- 안전보건 관리체계
- 재해발생 현황
- 산재요양신청서 사본
- 안전교육 실적표

기출개념 09 전기사업법에 의한 전기설비

1 전기사업용 전기설비

전기사업자가 전기사업에 사용하는 전기설비(발·변전소, 송·배전선로 등)를 말한다.

2 자가용 전기설비

(1) 고압 및 특고압 수전

(2) 저압 수전(1[kV] 이하)

① 75[kW] 이상
② 20[kW] 이상으로 다음의 장소

㉠ 소방기본법에 의한 위험물 제조소
㉡ 총포·도검·화약류 등의 안전관리에 관한 법에서 규정하는 화약류를 제조하는 사업장
㉢ 광산안전법에 의한 갑종탄광
㉣ 전기안전관리법에 의한 위험물의 제조, 저장장소에 설치하는 전기설비
㉤ 불특정 다수가 모이는 장소
- 극장, 영화관, 관람장 및 공연장, 집회장, 공공회의장
- 카바레, 나이트 클럽, 댄스 홀, 헬스클럽, 체육관 등
- 시장, 대규모 소매점, 도매센터, 상점가, 예식장, 병원, 호텔 등 숙박업소

(3) 특징

① 전력회사 사이에 책임분계점을 둔다.
② 책임분계점 이후에는 전기설비 수용가 자신이 전기안전관리자를 선임하여야 한다.
③ 공사 또는 변경 시 감리 배치를 해야 한다.

3 일반용 전기설비

사업용 및 자가용을 제외한 전기설비

(1) 제조업, 심야전력을 이용하는 전기설비
용량 100[kW] 미만

(2) 용량 10[kW] 이하 발전설비

1990년~최근 출제된 기출문제

CHAPTER 07
감리

단원 빈출문제

문제 01 산업 16년 출제

배점 : 5점

감리원은 공사 시작 전에 설계도서의 적정여부를 검토하여야 한다. 설계도서 검토 시 포함하여야 하는 주요 검토 내용을 5가지만 쓰시오.

답안
- 현장조건에 부합 여부
- 시고의 실제 가능성
- 타 공정과의 협조성
- 설계도면, 설계설명서, 시방서, 기술계산서, 산출내역서의 상호일치 여부
- 설계 누락, 오류
- 예상되는 시공상 문제점
- 관련 법규 준수 여부

문제 02 산업 16년 출제

배점 : 4점

설계감리업무 수행지침의 용어 정의 중 전력시설물의 현장적용 적합성 및 생애주기비용 등을 검토하는 것을 무엇이라 하는지 쓰시오.

답안 VE(Value Engineering)

문제 03 산업 18년 출제

배점 : 6점

전력시설물 공사감리업무 수행지침 상에서 책임감리원이 최종감리보고서를 감리기간 종료 후 발주자에게 제출할 때 최종감리보고서에 포함되는 사항 중 안전관리 실적의 종류를 3가지만 쓰시오.

답안
- 안전관리조직
- 교육실적
- 안전점검실적

해설 책임감리원은 다음의 사항이 포함된 최종감리보고서를 감리기간 종료 후 14일 이내에 발주자에게 제출하여야 한다.

① 공사 및 감리용역 개요 등(사업목적, 공사개요, 감리용역 개요, 설계용역 개요)
② 공사추진 실적현황(기성 및 준공검사 현황, 공종별 추진실적, 설계변경현황, 공사현장 실정보고 및 처리현황, 지시사항 처리, 주요 인력 및 장비투입현황, 하도급 현황, 감리원 투입현황)
③ 품질관리 실적(검사요청 및 결과통보현황, 각종 측정기록 및 조사표, 시험장비 사용현황, 품질관리 및 측정자현황, 기술검토실적현황 등)
④ 주요기자재 사용실적(기자재 공급원 승인현황, 주요기자재 투입현황, 사용자재 투입현황)
⑤ 안전관리 실적(안전관리조직, 교육실적, 안전점검실적, 안전관리비 사용실적)
⑥ 환경관리 실적(폐기물발생 및 처리실적)
⑦ 종합분석

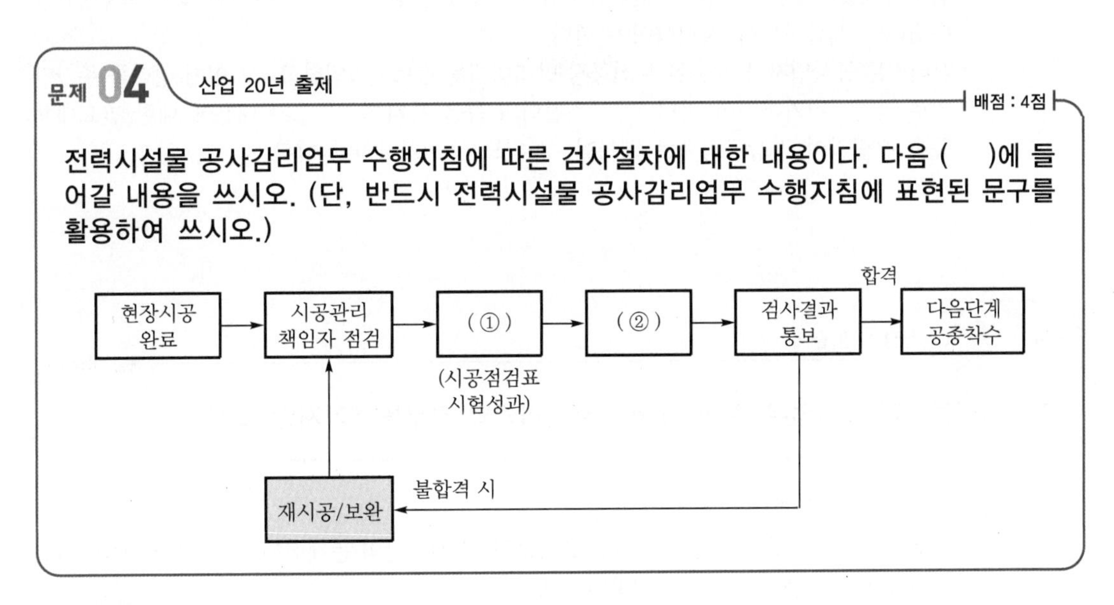

답안 ① 검사요청서 제출
② 감리원 현장검사

문제 05 산업 21년 출제

배점 : 4점

전력시설물 공사감리업무 수행지침에 따른 부진공정 만회대책에 대한 내용이다. 다음 ( )에 들어갈 내용을 쓰시오.

감리원은 공사 진도율이 계획공정 대비 월간 공정실적이 (①)[%] 이상 지연되거나, 누계공정 실적이 (②)[%] 이상 지연될 때에는 공사업자에게 부진사유 분석, 만회대책 및 만회공정표를 수립하여 제출하도록 지시하여야 한다.

답안 ① 10

② 5

해설 **부진공정 만회대책**

- 감리원은 공사 진도율이 계획공정 대비 월간 공정실적이 10[%] 이상 지연되거나 누계공정 실적이 5[%] 이상 지연될 때에는 공사업자에게 부진사유 분석, 만회대책 및 만회공정표를 수립하여 제출하도록 지시하여야 한다.
- 감리원은 공사업자가 제출한 부진공정 만회대책을 검토·확인하고, 그 이행 상태를 주간단위로 점검·평가하여야 하며, 공사추진회의 등을 통하여 미 조치 내용에 대한 필요대책 등을 수립하여 정상공정으로 회복할 수 있도록 조치하여야 한다.

문제 06 산업 17년 출제

배점 : 6점

전력시설물 공사감리업무 수행 시 비상주감리원의 업무를 5가지만 쓰시오.

답안

- 설계도서 등의 검토
- 상주감리원이 수행하지 못하는 현장 조사분석 및 시공상의 문제점에 대한 기술검토와 민원사항에 대한 현지조사 및 해결방안 검토
- 중요한 설계변경에 대한 기술검토
- 설계변경 및 계약금액 조정의 심사
- 기성 및 준공검사
- 정기적(분기 또는 월별)으로 현장 시공상태를 종합적으로 점검·확인·평가하고 기술지도
- 공사와 관련하여 발주자(지원업무수행자 포함)가 요구한 기술적 사항 등에 대한 검토
- 그 밖에 감리업무 추진에 필요한 기술지원 업무

문제 07 산업 17년 출제 | 배점 : 5점

책임 설계감리원이 설계감리의 기성 및 준공을 처리한 때에 발주자에게 제출하는 준공서류 중 감리기록서류 5가지를 적으시오. (단, 설계감리업무 수행지침을 따른다.)

답안
- 설계감리 일지
- 설계감리 지시부
- 설계감리 기록부
- 설계감리 요청서
- 설계자와 협의사항 기록부

해설 **설계감리의 기성 및 준공**

책임 설계감리원이 설계감리의 기성 및 준공을 처리한 때에는 다음의 준공서류를 구비하여 발주자에게 제출하여야 한다.

(1) 설계용역 기성부분 검사원 또는 설계용역 준공검사원
(2) 설계용역 기성부분 내역서
(3) 설계감리 결과보고서
(4) 감리기록서류
- 설계감리 일지
- 설계감리 지시부
- 설계감리 기록부
- 설계감리 요청서
- 설계자와 협의사항 기록부

(5) 그 밖에 발주자가 과업지시서상에서 요구한 사항

문제 08 산업 16년 출제 | 배점 : 4점

다음 (　) 안에 들어갈 내용을 답란에 쓰시오.

- 감리원은 공사업자로부터 (①)을(를) 사전에 제출받아 다음의 사항을 고려하여 공사업자가 제출한 날부터 7일 이내에 검토, 확인하여 승인한 후 시공할 수 있도록 하여야 한다. 다만, 7일 이내에 검토. 확인이 불가능한 때에는 사유 등을 명시하여 통보하고, 통보사항이 없는 때에는 승인한 것으로 본다.
  1. 설계도면, 설계설명서 또는 관계 규정에 일치하는지 여부
  2. 현장의 시공기술자가 명확하게 이해할 수 있는지 여부
  3. 실제시공 가능 여부
  4. 안정성의 확보 여부
  5. 계산의 정확성

6. 제도의 품질 및 선명성, 도면작성 표준에 일치 여부
7. 도면으로 표시 곤란한 내용은 시공 시 유의사항으로 작성되었는지 등의 검토

• (②)은(는) 설계도면 및 설계설명서 등에 불명확한 부분을 명확하게 해줌으로써 시공상의 착오방지 및 공사의 품질을 확보하기 위한 수단으로 사용한다.

답안 ① 착공신고서
② 시방서

문제 09 산업 17년 출제

배점 : 4점

전기안전관리자에게 감리업무를 수행하게 하는 공사를 2가지 적으시오. (단, 관계 법령은 전기안전관리법 및 전력기술관리법을 따른다.)

답안
- 비상용 예비발전설비의 설치·변경공사로서 총공사비가 1억원 미만인 공사
- 전기수용설비의 증설 또는 변경공사로서 총공사비가 5천만원 미만인 공사

해설 **전기안전관리자의 자격 및 직무(전기안전관리법 시행규칙 제30조)**

전기안전관리자의 직무 범위

① 전기설비의 공사·유지 및 운용에 관한 업무 및 이에 종사하는 사람에 대한 안전교육
② 전기설비의 안전관리를 위한 확인·점검 및 이에 대한 업무의 감독
③ 전기설비의 운전·조작 또는 이에 대한 업무의 감독
④ 전기안전관리에 관한 기록의 작성·보존
⑤ 공사계획의 인가신청 또는 신고에 필요한 서류의 검토
⑥ 다음 어느 하나에 해당하는 공사의 감리 업무
- 비상용 예비발전설비의 설치·변경공사로서 총공사비가 1억원 미만인 공사
- 전기수용설비의 증설 또는 변경공사로서 총공사비가 5천만원 미만인 공사
- 「신에너지 및 재생에너지 개발·이용·보급 촉진법」에 따른 신에너지 및 재생에너지 설비의 증설 또는 변경 공사로서 총공사비가 5천만원 미만인 공사

⑦ 전기설비의 일상점검·정기점검·정밀점검의 절차, 방법 및 기준에 대한 안전관리규정의 작성
⑧ 전기재해의 발생을 예방하거나 그 피해를 줄이기 위하여 필요한 응급조치

문제 10 산업 21년 출제

배점 : 5점

전기안전관리자의 직무에 관한 고시에 따라 전기안전관리자는 전기설비의 유지 · 운용업무를 위해 국가표준기본법 제14조 및 교정대상 및 주기설정을 위한 지침 제4조에 따라 다음의 계측장비를 주기적으로 교정하여야 한다. 다음 계측장비의 권장 교정 주기를 쓰시오.

구 분		권장 교정 주기(년)
계측장비교정	절연저항 측정기(1,000[V], 2,000[MΩ])	(①)
	접지저항 측정기	(②)
	클램프미터	(③)
	회로시험기	(④)
	계전기 시험기	(⑤)

답안 ① 1
② 1
③ 1
④ 1
⑤ 1

해설 **계측장비 교정 등(전기안전관리자의 직무에 관한 고시 제9조)**

계측장비 등 권장 교정 및 시험주기

구 분		권장 교정 및 시험주기(년)
계측장비교정	계전기 시험기	1
	절연내력 시험기	1
	절연유 내압 시험기	1
	적외선 열화상 카메라	1
	전원품질분석기	1
	절연저항 측정기(1,000[V], 2,000[MΩ])	1
	절연저항 측정기(500[V], 100[MΩ])	1
	회로시험기	1
	접지저항 측정기	1
	클램프미터	1
안전장구시험	특고압 COS 조작봉	1
	저압검전기	1
	고압 · 특고압 검전기	1
	고압절연장갑	1
	절연장화	1
	절연안전모	1

문제 11 산업 20년 출제 배점 : 5점

전력기술관리법에 따른 종합설계업의 기술인력 등록 기준을 3가지 쓰시오.

답안
- 전기분야 기술사 2명
- 설계사 2명
- 설계보조자 2명

해설 **전력기술관리법 시행령 [별표 4]**

설계업의 종류, 종류별 등록 기준 및 영업 범위

<table>
<tr><th colspan="2" rowspan="2">종 류</th><th colspan="2">등록 기준</th><th rowspan="2">영업 범위</th></tr>
<tr><th>기술인력</th><th>자본금</th></tr>
<tr><td colspan="2">종합설계업</td><td>• 전기분야 기술사 2명
• 설계사 2명
• 설계보조자 2명</td><td>1억원 이상</td><td>전력시설물의 설계도서 작성</td></tr>
<tr><td rowspan="2">전문 설계업</td><td>1종</td><td>• 전기분야 기술사 1명
• 설계사 1명
• 설계보조자 1명</td><td>3천만원 이상</td><td>전력시설물의 설계도서 작성</td></tr>
<tr><td>2종</td><td>• 설계사 1명
• 설계보조자 1명</td><td>1천만원 이상</td><td>일반용 전기설비의 설계도서 작성</td></tr>
</table>

Ⅲ 전기설비 시설관리

CHAPTER **01** 예비전원설비

CHAPTER **02** 전동기설비

CHAPTER **03** 변압기설비

CHAPTER **04** 조명설비

1990년~최근 출제된 기출 이론 분석 및 유형별 문제

01 CHAPTER 예비전원설비

기출개념 01 축전지 설비

1 축전지의 종류와 특성

(1) 연축전지

① 형식명과 부동 충전 전압
   - ㉠ CS형(크래드식) : 완방전형 → 2.15[V]
   - ㉡ HS형(페이스트식) : 급방전형 → 2.18[V]

② 공칭전압 : 2.0[V/cell]

③ 공칭용량 : 10시간율[Ah]

④ 화학반응식

$$\underset{\text{양극}}{PbO_2} + \underset{\text{전해액}}{2H_2SO_4} + \underset{\text{음극}}{Pb} \underset{\text{충전}}{\overset{\text{방전}}{\rightleftarrows}} \underset{\text{양극}}{PbSO_4} + \underset{\text{전해액}}{2H_2O} + \underset{\text{음극}}{PbSO_4}$$

(2) 알칼리 축전지

① 형식명
   - ㉠ 포켓식 : AL형(완방전형)
   - ㉡ 소결식 : AH-S형(초급방전형)

② 공칭전압 : 1.2[V/cell]

③ 공칭용량 : 5시간율[Ah]

④ 화학반응식

$$2Ni(OH)_2 + Cd(OH)_2 \underset{\text{충전}}{\overset{\text{방전}}{\rightleftarrows}} 2NiOOH + 2H_2O + Cd$$

⑤ 알칼리 축전지의 특성
   - ㉠ 장점
     - 수명이 길다.
     - 충·방전 특성이 양호하다.
     - 기계적 충격에 강하다.
     - 방전 시 전압변동이 작다.
   - ㉡ 단점
     - 공칭전압이 낮다.
     - 가격이 비싸다.

2 축전지 용량의 산출

(1) 허용최저전압 : V_b

$$V_b = \frac{V_L + e}{n} \text{[V/cell]}$$

여기서, V_L : 부하의 허용최저전압[V]

e : 축전지와 부하 사이의 전압강하[V]

n : 축전지 셀[cell] 수

※ 축전지 셀 수 : n

$$n = \frac{V_L + e}{V_b}\left(= \frac{\text{부하 정격전압}}{\text{공칭전압}}\right)\text{[cell]}$$

(2) 축전지 용량 : C

$$C = \frac{1}{L}\left[K_1 I_1 + K_2(I_2 - I_1) + K_3(I_3 - I_2) + K_4(I_4 - I_3)\right] \text{[Ah]}$$

여기서, L : 보수율

(사용연수경과 또는 사용조건의 변동 등에 의한 용량 변화의 보정값)

K : 용량환산시간[h]

I : 방전전류[A]

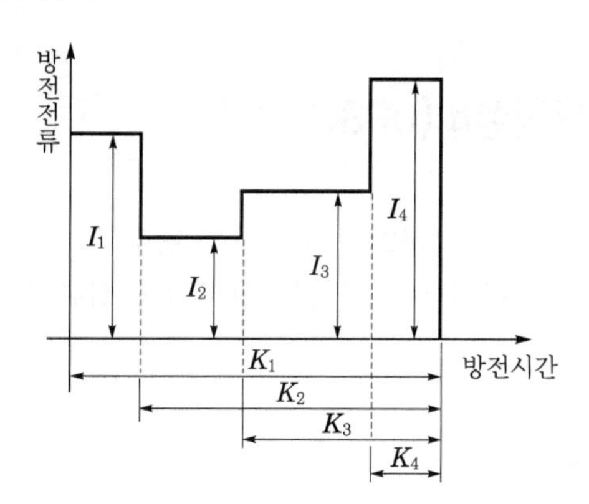

▌방전전류 – 시간 특성 곡선▐

3 충전방식

(1) 초기충전

축전지에 전해액을 주입하고 처음으로 시행하는 충전

(2) 사용 중 충전

① 보통충전 : 필요할 때마다 표준 시간율로 소정의 충전을 하는 방식

② **부동충전** : 축전지의 자기 방전을 보충함과 동시에 상용부하에 대한 전력공급은 충전기가 부담하고 충전기가 부담하기 어려운 일시적인 대전류 부하는 축전지로 하여금 부담하게 하는 충전방식

③ **균등충전** : 부동충전방식 등의 사용 시 각 전해조에서 발생하는 전위차의 보정을 위해 1~3개월마다 1회씩 정전압으로 10~12시간 충전하여 각 전해조의 용량을 균일화하기 위한 충전방식

④ **급속충전** : 단시간에 보통 충전전류의 2~3배의 전류로 충전하는 방식

⑤ **세류충전(트리클충전)** : 자기 방전량만을 항상 충전하는 방식으로 부동충전방식의 일종이다.

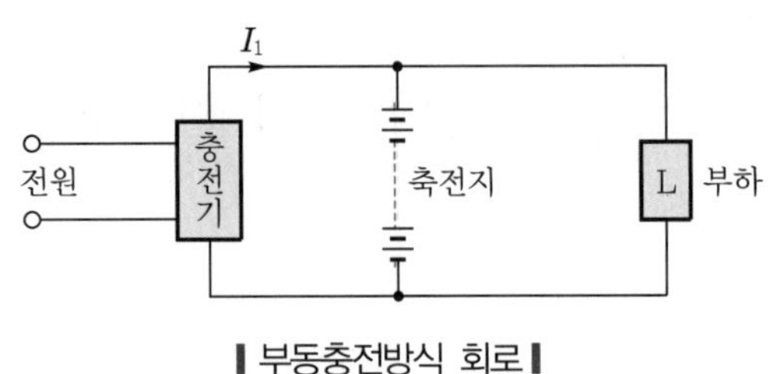

▌부동충전방식 회로▌

※ 충전기 2차 전류 : I_o

$$I_o = \frac{\text{축전지 정격용량[Ah]}}{\text{정격방전율[h]}} + \frac{\text{상시 부하용량[W]}}{\text{정격전압[V]}} \text{[A]}$$

기출개념 02 무정전 전원설비(UPS)

UPS는 상시 전원의 정전 및 이상전압이 발생하는 경우 무정전 상태에서 정전압, 정주파수(CVCF)의 전원을 정상적으로 부하에 공급하는 설비이며 정류장치, 역변환장치, 축전설비로 구성되어 있다.

1 UPS의 기본 회로

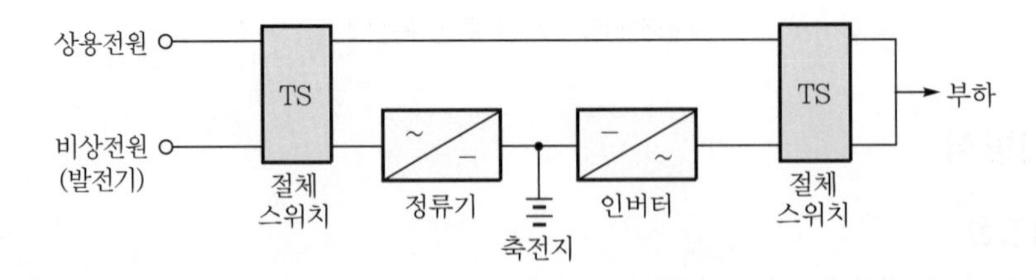

(1) 절체 스위치

상시 전원 정전 및 이상 시 예비전원으로 절체하는 스위치

(2) **정류기(converter)**

교류전원을 직류전원으로 정류하는 장치

(3) **축전지**

정전 시 인버터에 직류전원을 공급하는 설비

(4) **역변환기(inverter)**

직류전원을 교류전원으로 역변환하는 장치

2 CVCF(Constant Voltage Constant Frequency)의 기본 회로

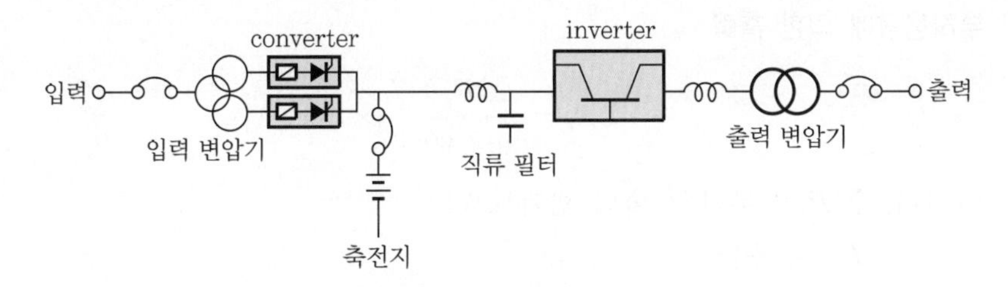

3 UPS의 블록 다이어그램

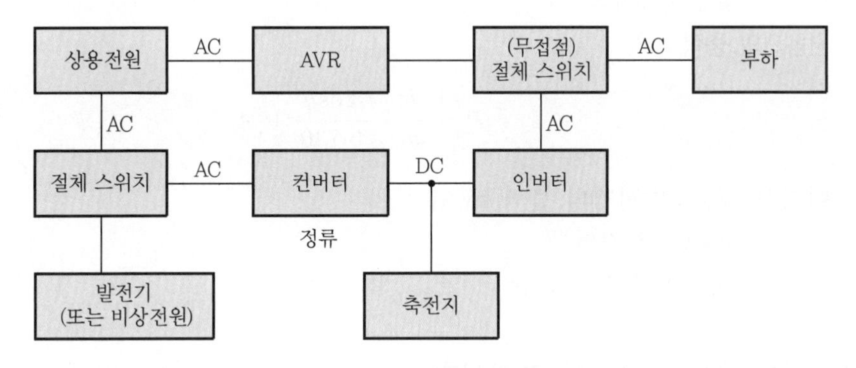

기출개념 03 발전설비

1 자가용 발전설비

(1) 자가용 발전설비의 경우 상용전원이 정전되었을 때 10[sec] 이내에 정격전압을 확립하여 30[분] 이상 안정적으로 전원공급을 할 수 있어야 한다.

(2) 자가 발전기의 용량

① 시동용량에 의한 출력

$$P_G = \left(\frac{1}{\Delta E} - 1\right) \cdot X' \cdot Q_S[\text{kVA}]$$

여기서, ΔE : 허용전압강하
X' : 발전기의 과도 리액턴스
Q_S : 전동기의 시동용량[kVA]

※ 전동기의 시동용량 : Q_S[kVA]

$Q_S = \sqrt{3} \times$정격전압$\times$시동전류$\times 10^{-3}$[kVA]

② 부하용량에 의한 출력

$$P_G = \frac{\Sigma P_L \times L}{\eta \times \cos\theta} \times k[\text{kVA}]$$

여기서, ΣP_L : 부하의 출력 합계[kW]
L : 수용률
η : 부하의 효율
$\cos\theta$: 부하의 역률
k : 여유계수

③ 원동기의 출력 : P

$$P = \frac{P_G \times \cos\theta}{\eta_G \times 0.736}[\text{P.S}]$$

여기서, P_G : 발전기의 출력[kVA]
$\cos\theta$: 정격역률
η_G : 발전기의 효율

2 발전기실 위치 선정 시 고려사항

(1) 엔진기초는 건물기초와 관계없는 장소로 할 것
(2) 발전기의 보수·점검 등이 용이하도록 충분한 면적 및 층고를 확보할 것
(3) 급·배기(환기)가 잘 되는 장소일 것
(4) 급·배수가 용이할 것
(5) 엔진 및 배기관의 소음, 진동이 주위에 영향을 미치지 않는 장소일 것
(6) 부하의 중심이 되며 전기실에 가까울 것
(7) 고온 및 습도가 높은 곳은 피할 것
(8) 기기의 반입 및 반출, 운전·보수가 편리할 것
(9) 연료의 보급이 간단할 것
(10) 건축물의 옥상은 피할 것

3 풍차의 풍력 에너지

$$P = \frac{1}{2}\rho A V^3 \times 10^{-3}[\text{kW}]$$

여기서, ρ : 공기밀도[kg/m^3]
A : 날개의 회전 면적[m^2]
V : 풍속[m/s]

4 태양전지 모듈

(1) 태양전지 모듈 표준 시험조건(STC : Standard Test Conditions)

① 모듈 표면온도 : 25[℃]
② 대기질량지수 : 1.5
③ 일사강도(방사조도) : 1,000[W/m^2]

(2) 태양전지 모듈의 변환 효율

$$\eta = \frac{P_{\text{Mpp}}}{A \times S} \times 100[\%] = \frac{V_{\text{Mpp}} \times I_{\text{Mpp}}}{A \times S} \times 100[\%]$$

여기서, P_{Mpp} : 최대출력[W]
V_{Mpp} : 최대출력 동작전압[V]
I_{Mpp} : 최대출력 동작전류[A]
A : 설치면적[m^2](모듈 크기×모듈 수)
S : 일사강도(1,000[W/m^2])

개념 문제 01 기사 09년 출제 | 배점 : 5점 |

다음과 같은 충전방식에 대해 간단히 설명하시오.

(1) 보통충전
(2) 세류충전
(3) 균등충전
(4) 부동충전
(5) 급속충전

답안 (1) 보통충전 : 필요한 때마다 표준 시간율로 소정의 충전을 하는 방식
(2) 세류충전 : 축전지의 자기 방전을 보충하기 위하여 부하를 off한 상태에서 미소전류로 항상 충전하는 방식
(3) 균등충전 : 축전지의 각 전해조에서 일어나는 전위차를 보정하기 위하여 1~3개월마다, 정전압 충전을 하여 각 전해조의 용량을 균일화하기 위한 충전
(4) 부동충전 : 축전지의 자기 방전으로 보충함과 동시에 상용부하에 대한 전력공급은 충전기가 부담하도록 하고, 충전기가 부담하기 어려운 일시적인 대전류 부하는 축전지가 부담하도록 하는 방식
(5) 급속충전 : 짧은 시간에 보통 충전전류의 2~3배의 전류로 충전하는 방식

개념 문제 02 산업 93년 출제 | 배점 : 4점 |

다음의 연축전지 화학변화를 완성하시오.

$$\underset{\text{양극}}{PbO_2} + \underset{\text{전해액}}{2H_2SO_4} + \underset{\text{음극}}{Pb} \underset{\text{충전}}{\overset{\text{방전}}{\rightleftarrows}} \underset{\text{양극}}{(\ ①\ )} + \underset{\text{전해액}}{(\ ②\ )} + \underset{\text{음극}}{(\ ③\ )}$$

답안 ① $PbSO_4$
② $2H_2O$
③ $PbSO_4$

해설 방전 시 화학반응식 : $PbSO_4 + 2H_2O + PbSO_4$

개념 문제 03 기사 97년, 99년, 14년 / 산업 03년 출제 | 배점 : 8점 |

축전지 설비에 대한 다음 각 물음에 답하시오.

(1) 연축전지 설비의 초기에 단전지 전압의 비중이 저하되고, 전압계가 역전하였다. 어떤 원인으로 추정할 수 있는가?
(2) 충전장치의 고장, 과충전, 액면 저하로 인한 극판 노출, 교류분 전류의 유입 과대 등의 원인에 의하여 발생될 수 있는 현상은?
(3) 축전지와 부하를 충전기에 병렬로 접속하여 사용하는 충전방식은 어떤 충전방식인가?
(4) 축전지 용량은 $C = \frac{1}{L}KI$[Ah]로 계산한다. 공식에서 문자 L, K, I는 무엇을 의미하는지 쓰시오.

답안 (1) 초기 고장으로 축전지의 역 접속
(2) 사용 중 고장으로 축전지의 현저한 온도상승 또는 소손
(3) 부동충전방식
(4) • L : 보수율
• K : 용량환산시간
• I : 방전전류

개념 문제 04 기사 96년, 98년 / 산업 95년, 01년 출제

| 배점 : 10점 |

변전소에 200[Ah]의 연축전지가 55개 설치되어 있다. 다음 각 물음에 답하시오.

(1) 묽은 황산의 농도는 표준이고, 액면이 저하하여 극판이 노출되어 있다. 어떤 조치를 하여야 하는가?

(2) 부동충전 시에 알맞은 전압은?

(3) 충전 시에 발생하는 가스의 종류는?

(4) 가스 발생 시의 주의사항을 쓰시오.

(5) 충전이 부족할 때 극판에 발생하는 현상을 무엇이라고 하는가?

답안 (1) 증류수를 보충한다.

(2) 부동충전전압은 2.15[V]이므로 $V=2.15\times55=118.25$[V]이다.

(3) 수소

(4) 환기에 주의하고 화기에 조심할 것

(5) 설페이션(Sulfation) 현상

개념 문제 05 기사 11년 / 산업 98년, 00년, 03년 출제

| 배점 : 5점 |

그림과 같은 부하 특성일 때 소결식 알칼리 축전지 용량 저하율 $L=0.8$, 최저 축전지 온도 5[℃], 허용 최저 전압 1.06[V/cell]일 때 축전지의 용량[Ah]을 계산하시오. (단, 여기서 용량환산시간 $k_1=1.45$, $k_2=0.69$, $k_3=0.25$이다.)

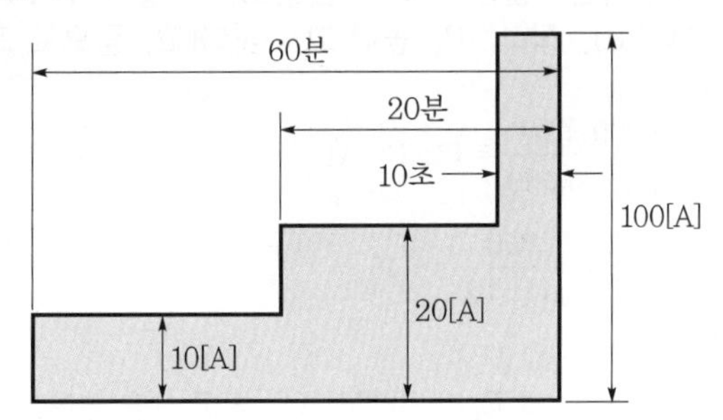

답안

$$C=\frac{1}{L}[k_1I_1+k_2(I_2-I_1)+k_3(I_3-I_2)]$$

$$=\frac{1}{0.8}[1.45\times10+0.69(20-10)+0.25(100-20)]$$

$$=51.75[\text{Ah}]$$

개념 문제 06 기사 93년, 13년, 16년 / 산업 92년, 93년, 96년 출제 | 배점 : 5점 |

부하가 유도전동기이며, 기동용량이 1,000[kVA]이고, 기동 시 전압강하는 20[%]까지 허용되며, 발전기의 과도 리액턴스가 25[%]이다. 이 전동기를 운전할 수 있는 자가 발전기의 최소 용량은 몇 [kVA]인지 계산하시오.

답안

$$P_g = \left(\frac{1}{e} - 1\right) \times x_d \times \text{기동용량}$$
$$= \left(\frac{1}{0.2} - 1\right) \times 0.25 \times 1{,}000$$
$$= 1{,}000[\text{kVA}]$$

개념 문제 07 기사 96년, 00년, 04년, 05년, 15년 출제 | 배점 : 7점 |

교류발전기에 대한 다음 각 물음에 답하시오.

(1) 정격전압 6,000[V], 정격출력 5,000[kVA]인 3상 교류발전기에서 계자전류가 300[A], 그 무부하 단자전압이 6,000[V]이고, 이 계자전류에 있어서의 3상 단락전류가 700[A]라고 한다. 이 발전기의 단락비를 구하시오.
(2) 단락비는 수차 발전기와 터빈 발전기 중 일반적으로 어느 쪽이 더 큰가?
(3) "단락비가 큰 교류발전기는 일반적으로 기계의 치수가 (①), 가격이 (②), 풍손, 마찰손, 철손이 (③), 효율은 (④), 전압변동률은 (⑤), 안정도는 (⑥)"에서 ( ) 안의 알맞은 말을 쓰되, ( ) 안의 내용은 크다(고), 적다(고), 높다(고), 낮다(고) 등으로 표현한다.

답안

(1) $I_n = \dfrac{P_n}{\sqrt{3}\,V_n} = \dfrac{5{,}000 \times 10^3}{\sqrt{3} \times 6{,}000} = 481.13[\text{A}]$

$\therefore$ 단락비$(K_3) = \dfrac{I_s}{I_n} = \dfrac{700}{481.13} = 1.45$

(2) 수차 발전기

(3) ① 크고, ② 높고, ③ 크고, ④ 낮고, ⑤ 적고, ⑥ 높다.

단원 빈출문제

문제 01 산업 16년, 17년 출제

배점 : 4점

축전지를 충전하는 방식을 3가지만 적고 충전방식에 대하여 설명하시오.

답안
- 보통충전 : 필요할 때마다 표준 시간율로 소정의 충전을 하는 방식
- 부동충전 : 축전지의 자기 방전을 보충함과 동시에 상용부하에 대한 전력공급은 충전기가 부담하고 충전기가 부담하기 어려운 일시적인 대전류 부하는 축전지로 하여금 부담케 하는 충전방식
- 균등충전 : 부동충전방식 등의 사용 시 각 전해조에서 발생하는 전위차와 보정을 위해 1~3개월마다 1회씩 정전압으로 10~12시간 충전하여 충전 상태를 균일화하기 위한 충전

해설 **충전방식**

(1) 초기 충전
 축전지에 전해액을 주입하고 처음으로 시행하는 충전

(2) 사용 중 충전
- 보통충전 : 필요할 때마다 표준 시간율로 소정의 충전을 하는 방식
- 부동충전 : 축전지의 자기 방전을 보충함과 동시에 상용부하에 대한 전력공급은 충전기가 부담하고 충전기가 부담하기 어려운 일시적인 대전류 부하는 축전지로 하여금 부담케 하는 충전방식
- 균등충전 : 부동충전방식 등의 사용 시 각 전해조에서 발생하는 전위차와 보정을 위해 1~3개월마다 1회씩 정전압으로 10~12시간 충전하여 충전 상태를 균일화하기 위한 충전
- 급속충전 : 단시간에 보통 충전전류의 2~3배의 전류로 충전하는 방식
- 세류충전(트리클 충전) : 자기 방전량만을 항상 충전하는 방식으로 부동충전방식의 일종

문제 02 산업 15년 출제

배점 : 5점

일정 기간 사용한 연축전지를 점검하였더니 전 셀의 전압이 불균일하게 나타났다면, 어느 방식으로 충전하여야 하는지 충전방식의 명칭과 그 충전방식에 대하여 설명하시오.

(1) 충전방식의 명칭
(2) 충전방식 설명

답안
(1) 균등충전
(2) 각 전해조에서 일어나는 전위차를 보정하기 위하여 1~3개월마다 1회씩 정전압으로 10~12시간 충전하는 방식

문제 03 산업 97년, 99년, 03년, 14년 출제

배점 : 6점

축전지에 대한 다음 각 물음에 답하시오.

(1) 연축전지의 고장으로 전 셀의 전압이 불균형이 크고 비중이 낮았을 때 추정할 수 있는 원인은?
(2) 연축전지와 알칼리 축전지의 1셀당 기전력은 약 몇 [V]인가?
(3) 알칼리 축전지에 불순물이 혼입되었다면 어떤 현상이 나타나는가?

답안 (1) 방전 상태로 방치, 충전 부족으로 장기간 사용, 불순물의 혼입

(2) • 연축전지 : 2.05~2.08[V]
 • 알칼리 축전지 : 1.32[V]

(3) 전해액의 착색 및 용량의 감소

문제 04 산업 98년, 04년, 06년 출제

배점 : 6점

예비전원설비로 축전지 설비를 하고자 한다. 축전지 설비에 대한 다음 각 물음에 답하시오.

(1) 축전지 설비를 하려고 한다. 그 구성을 크게 4가지로 구분하시오.
(2) 축전지의 충전방식 중 부동 충전방식에 대한 개략도를 그리시오.
(3) 축전지의 과방전 및 방치상태, 가벼운 설페이션(sulfation) 현상 등이 생겼을 때 기능 회복을 위하여 실시하는 충전방식은 무엇인가?

답안 (1) • 축전지
 • 충전장치
 • 보호장치
 • 제어장치

(2)

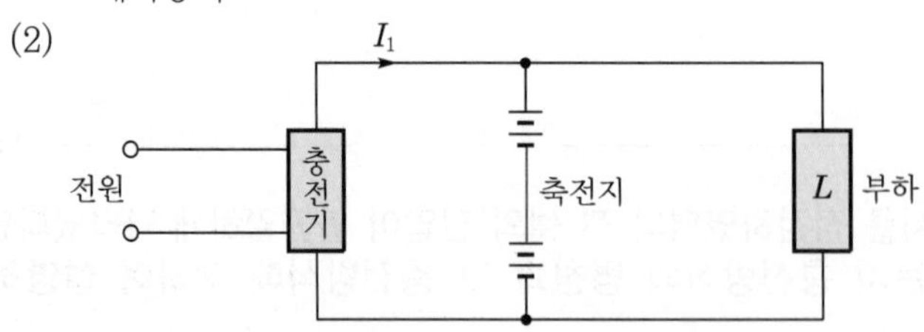

(3) 회복충전

문제 05 산업 97년, 02년 출제

배점 : 5점

전기설비의 보호장치 운전을 위해 축전지는 대단히 중요하다. 연축전지에 비해 알칼리 축전지의 장점 2가지와 단점 1가지를 쓰시오.

(1) 장점
(2) 단점

답안 (1) • 과충전 및 과전압에 강하다.
• 방전 시 전압변동이 적다.
(2) 전압이 낮다.

문제 06 산업 99년, 02년, 09년, 18년, 21년 출제

배점 : 8점

예비전원설비에 이용되는 연축전지와 알칼리 축전지에 대하여 다음 각 물음에 답하시오.

(1) 연축전지와 비교할 때 알칼리 축전지의 장점과 단점 1가지씩만 쓰시오.
① 장점
② 단점
(2) 연축전지와 알칼리 축전지의 공칭전압은 각각 몇 [V]인지 쓰시오.
① 연축전지
② 알칼리 축전지
(3) 축전지의 일상적인 충전방식 중 부동충전방식에 대하여 설명하시오.
(4) 연축전지의 정격용량이 200[Ah]이고, 상시부하가 15[kW]이며, 표준전압이 100[V]인 부동충전방식 충전기의 2차 전류는 몇 [A]인지 구하시오. (단, 상시부하의 역률은 1로 간주한다.)

답안 (1) ① 수명이 길다.
② 전압이 낮다.
(2) ① 2[V]
② 1.2[V]
(3) 축전지와 부하를 충전기에 병렬로 접속하는 방식으로 축전지의 자기 방전으로 보충함과 동시에 사용부하에 대한 전력공급은 충전기가 부담하도록 하고, 충전기가 부담하기 어려운 일시적인 대전류 부하는 축전지가 부담하도록 하는 방식
(4) 170[A]

해설
(4) $I = \frac{200}{10} + \frac{15 \times 10^3}{100} = 170[A]$

문제 07 산업 03년 출제

배점 : 8점

축전지 설비에 대한 다음 각 물음에 답하시오.

(1) 연축전지 설비의 초기에 단전지 전압의 비중이 저하되고, 전압계가 역전하였다. 어떤 원인으로 추정할 수 있는가?
(2) 충전장치의 고장, 과충전, 액면 저하로 인한 극판 노출, 교류분 전류의 유입 과대 등의 원인에 의하여 발생될 수 있는 현상은?
(3) 축전지와 부하를 충전기에 병렬로 접속하여 사용하는 충전방식은 어떤 충전방식인가?
(4) 축전지 용량은 $C = \frac{1}{L}KI$[Ah]로 계산한다. 공식에서 문자 L, K, I는 무엇을 의미하는지 쓰시오.

답안 (1) 초기 고장으로 축전지의 역접속
(2) 사용 중 고장으로 축전지의 현저한 온도상승 또는 소손
(3) 부동충전방식
(4) • L : 보수율
• K : 용량환산시간
• I : 방전전류

문제 08 산업 96년, 08년, 19년 출제

배점 : 5점

축전지 설비에 대한 다음 각 물음에 답하시오.

(1) 연축전지의 전해액이 변색되며, 충전하지 않고 방치된 상태에서도 다량으로 가스가 발생되고 있다. 어떤 원인의 고장으로 추정되는가?
(2) 거치용 축전설비에서 가장 많이 사용되는 충전방식으로 자기 방전을 보충함과 동시에 상용부하에 대한 전력공급은 충전기가 부담하도록 하되 충전기가 부담하기 어려운 일시적인 대전류 부하는 축전지로 하여금 부담하게 하는 충전방식은?
(3) 연축전지와 알칼리 축전지의 공칭전압은 각각 몇 [V/셀]인가?
① 연축전지
② 알칼리 축전지
(4) 축전지 용량을 구하는 식
$C_B = \frac{1}{L}[K_1I_1 + K_2(I_2 - I_1) + K_3(I_3 - I_2) + \cdots + K_n(I_n - I_{n-1})]$[Ah]에서
L은 무엇을 나타내는가?

답안 (1) 전해액의 불순물 혼입
(2) 부동충전방식
(3) ① 2[V/셀]
② 1.2[V/셀]
(4) 보수율

문제 09 산업 95년, 01년, 17년 출제 | 배점 : 10점 |

변전소에 200[Ah]의 연축전지가 55개 설치되어 있다. 다음 각 물음에 답하시오.

(1) 묽은 황산의 농도는 표준이고, 액면이 저하하여 극판이 노출되어 었다. 어떤 조치를 하여야 하는가?
(2) 부동충전 시에 알맞은 전압은?
(3) 충전 시에 발생하는 가스의 종류는?
(4) 가스 발생 시의 주의사항을 쓰시오.
(5) 충전이 부족할 때 극판에 발생하는 현상을 무엇이라고 하는가?

답안 (1) 증류수를 보충한다.
(2) 118.25[V]
(3) 수소
(4) 환기에 주의하고 화기를 조심할 것
(5) 설페이션 현상

해설 (2) 부동충전전압은 2.15[V]이므로
$V = 2.15 \times 55 = 118.25$[V]이다.

문제 10 산업 96년 출제 | 배점 : 12점 |

연축전지의 액면이 저하하여 증류수나 묽은 황산액으로 보충하려고 한다. 이 때 다음 각 물음에 답하시오.

(1) 보충시기는 어느 때가 적당하며, 그 이유는 무엇 때문인지를 설명하시오.
① 시기
② 이유
(2) 액면은 어느 정도가 적당한지를 설명하시오.

(3) 충전중기에 연축전지 내부로부터 발생하는 가스의 종류를 쓰고, 이에 대한 주의사항을 설명하시오.
① 발생가스
② 주의사항
(4) 황산액 비중을 비중계로 측정한다고 할 때 지시값은 그림에서 어느 위치를 읽어야 하는가?

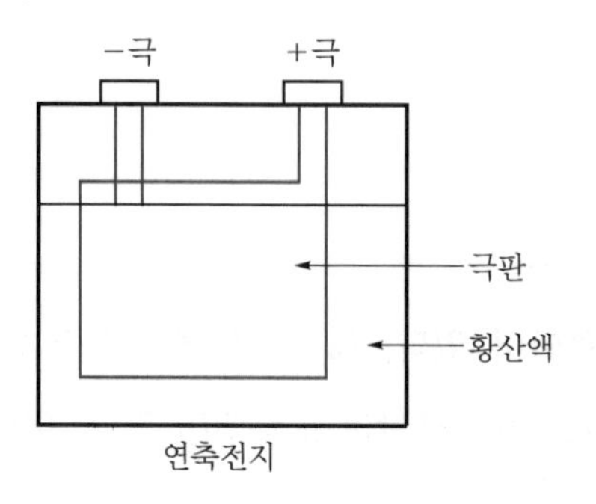

연축전지

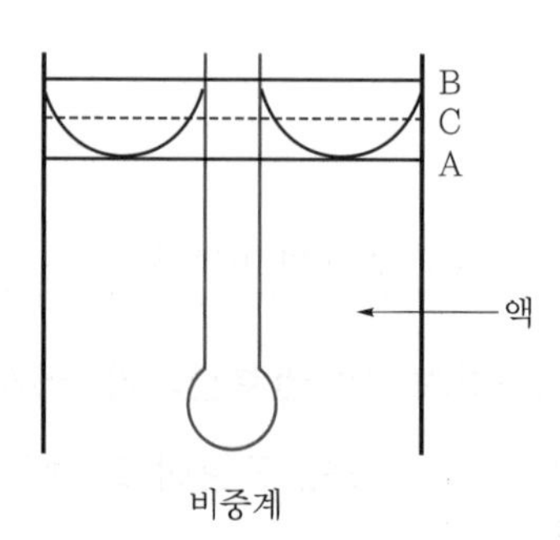

비중계

답안 (1) ① 시기 : 액면이 저하되어 극판이 노출되었을 때
② 이유 : 충방전 시 수소가스가 발생하였기 때문
(2) 극판 위 1~2[cm] 정도
(3) ① 발생가스 : 수소
② 주의사항 : 환기에 유의하고, 화기를 조심할 것
(4) B

문제 11

산업 97년 출제

배점 : 4점

납축전지의 정격용량이 100[Ah]이고, 정상부하 5[kW]이며, 표준전압이 100[V]이다. 부동충전방식인 경우 충전기의 2차 전류를 구하시오. (단, 납축전지의 방전율은 10시간으로 한다.)

답안 60[A]

해설
$$I = \frac{100}{10} + \frac{5 \times 10^3}{100}$$
$$= 60[A]$$

PART 1

문제 12 산업 22년 출제

배점 : 5점

연축전지의 정격용량 200[Ah], 상시부하 22[kW], 표준전압 220[V]인 부동충전방식 충전기의 2차 전류(충전전류)값을 구하시오. (단, 연축전지의 정격방전율은 10[Ah]이며, 상시부하의 역률은 100[%]로 한다.)

답안 120[A]

해설

$$I = \frac{200}{10} + \frac{22 \times 10^3}{220} = 120[\mathrm{A}]$$

문제 13 산업 13년, 17년 출제

배점 : 5점

비상용 조명부하 110[V]용 100[W] 58등, 60[W] 50등이 있다. 방전시간 30분, 축전지 HS형 54[cell], 허용최저전압 100[V], 최저 축전지 온도 5[℃]일 때 축전지 용량은 몇 [Ah]인지 계산하시오. (단, 경년용량 저하율 0.8, 용량환산시간 $K = 1.2$이다.)

답안 120[Ah]

해설

$$C = \frac{1}{L}KI = \frac{1}{0.8} \times 1.2 \times \frac{100 \times 58 + 60 \times 50}{110} = 120[\mathrm{Ah}]$$

문제 **14** 산업 94년, 98년 출제

배점 : 6점

직류 전원설비에 대한 다음 각 물음에 답하시오.

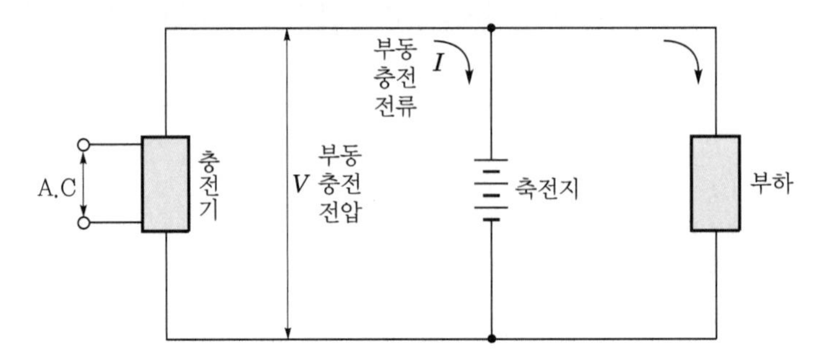

(1) 축전지에 수명이 있고 또한 그 말기에 있어서도 부하를 만족하는 용량을 결정하기 위한 계수로서 보통 0.8로 하는 것을 무엇이라 하는가?
(2) 전지 개수를 결정할 때 셀 수를 N, 1셀당 축전지의 공칭전압을 V_B[V], 부하의 정격전압을 V[V], 축전지 용량을 [Ah]라 하면 셀 수 N은 어떻게 표현되는가?
(3) 그림과 같이 구성되는 충전방식은 무슨 충전방식인가?

답안 (1) 보수율

(2) $N = \dfrac{V}{V_B}$

(3) 부동충전방식

문제 **15** 산업 16년 출제

배점 : 5점

부하의 허용최저전압이 DC 115[V]이고, 축전지와 부하 간의 전선에 의한 전압강하가 5[V]이다. 직렬로 접속한 축전지가 55셀일 때 축전지 셀당 허용최저전압을 구하시오.

답안 2.18[V/cell]

해설

$$V_b = \frac{V_L + e}{n}$$

$$= \frac{115+5}{55}$$

$$= 2.18[\text{V/cell}]$$

문제 **16** 산업 14년 출제

배점 : 5점

그림과 같은 부하 특성의 소결식 알칼리 축전지 용량 저하율 L은 0.85이고, 최저 축전지 온도 5[℃], 허용최저전압 1.06[V/cell]일 때 축전지의 용량[Ah]을 계산하시오. (단, 여기서 용량환산시간 $K_1 = 1.22$, $K_2 = 0.98$, $K_3 = 0.52$이다.)

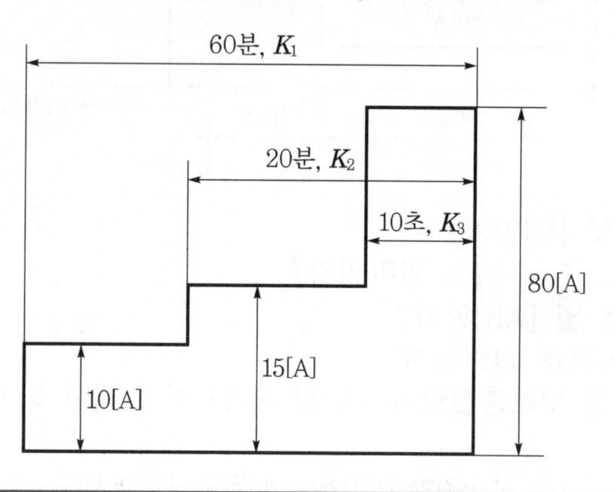

답안 59.88[Ah]

해설

$$C = \frac{1}{L}[k_1 I_1 + k_2(I_2 - I_1) + k_3(I_3 - I_2)]$$

$$= \frac{1}{0.85}[1.22 \times 10 + 0.98(15 - 10) + 0.52(80 - 15)]$$

$$= 59.88[\text{Ah}]$$

문제 **17** 산업 97년, 99년 출제

배점 : 6점

축전지 설비에 대한 다음 조건과 표를 이용하여 다음 각 물음에 답하시오.

[조건]
- 축전지 형식은 AH를 사용하고 셀 수는 80으로 한다.
- 축전지 설비의 허용최고전압은 120[V], 허용최저전압은 88[V], 부하 정격전압은 100[V]이다.
- 최저 축전지온도는 5[℃]이고, 보수율은 0.8이다.
- 방전전류-시간 특성 곡선은 다음과 같다.

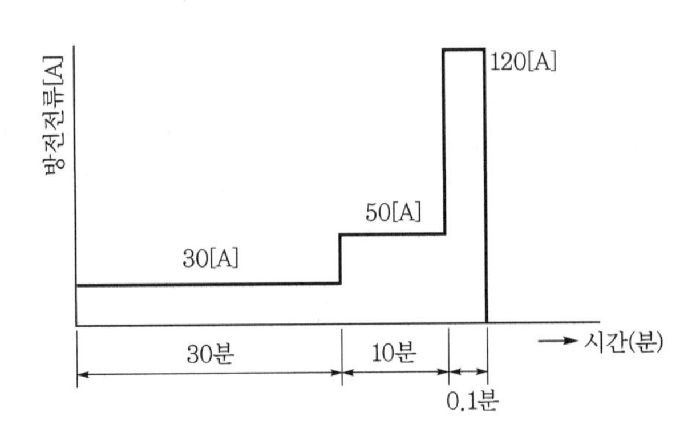

(1) 방전종지전압은 몇 [V]인가?
(2) 용량환산시간 K_1, K_2, K_3는 얼마인가?
(3) 축전지 용량 C는 몇 [Ah]인가?
(4) 보수율에 대한 의미를 설명하시오.
(5) 축전지 충전방식 중 부동충전방식에 대한 개략도를 그리고 이 방식의 원리를 간단히 설명하시오.

▌용량환산시간계수 K(온도 5[℃]에서)▐

형 식	최저허용전압 [V/cell]	0.1분	1분	5분	10분	20분	30분	60분	120분	비 고
AH	1.10	0.30	0.46	0.56	0.66	0.87	1.04	1.56	2.80	
	1.06	0.24	0.33	0.45	0.53	0.70	0.85	1.40	2.45	
	1.00	0.20	0.27	0.37	0.45	0.60	0.77	1.30	2.30	
AM	1.10	0.97	0.23	1.52	1.70	1.92	2.10	2.75	3.80	
	1.06	0.75	0.92	1.15	1.28	1.50	1.65	2.23	3.30	
	1.00	0.63	0.76	0.95	1.05	1.26	1.43	1.90	2.90	
CS	1.80	0.65	1.50	1.60	1.75	2.05	2.40	3.10	4.40	
	1.70	0.70	1.00	1.12	1.25	1.50	1.85	2.60	3.95	
	1.60	0.80	0.75	0.92	1.11	1.44	1.70	2.40	3.70	
HS	1.80	0.85	0.88	0.95	1.05	1.30	1.55	2.20	3.40	
	1.70	0.56	0.58	0.65	0.75	1.00	1.24	1.90	3.05	
	1.60	0.44	0.47	0.53	0.63	0.87	1.10	1.76	3.00	

답안 (1) 1.1[V]

(2) $K_1 = 1.04$, $K_2 = 0.66$, $K_3 = 0.3$

(3) 81.75[Ah]

(4) 사용연수의 경과나 사용조건의 변동 등에 의한 축전지 용량 변화의 보정값

(5)

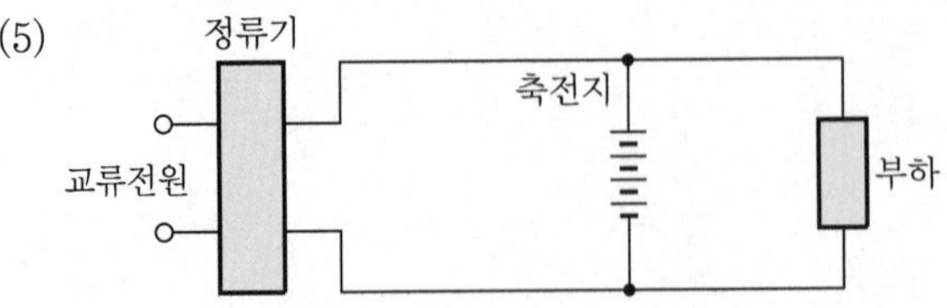

• 원리 : 축전지의 자기 방전을 보충함과 동시에 상용부하에 대한 전력공급은 충전기가 부담하도록 하되 충전기가 부담하기 어려운 일시적인 대전류 부하는 축전지로 부담하게 하는 충전방식

해설 (3) $C=\frac{1}{L}[K_1I_1+K_2(I_2-I_1)+K_3(I_3-I_2)]$

$=\frac{1}{0.8}[1.04\times30+0.66(50-30)+0.30(120-50)]$

$=81.75[\text{Ah}]$

문제 18 산업 12년 출제

배점 : 6점

그림과 같은 부하 특성을 갖는 축전지를 사용할 때 보수율이 0.8, 최저 축전지 온도 5[℃], 허용최저전압 90[V]일 때 몇 [Ah] 이상인 축전지를 선정하여야 하는가? (단, $K_1=1.15$, $K_2=0.95$이고 셀당 전압은 1.06[V]이다.)

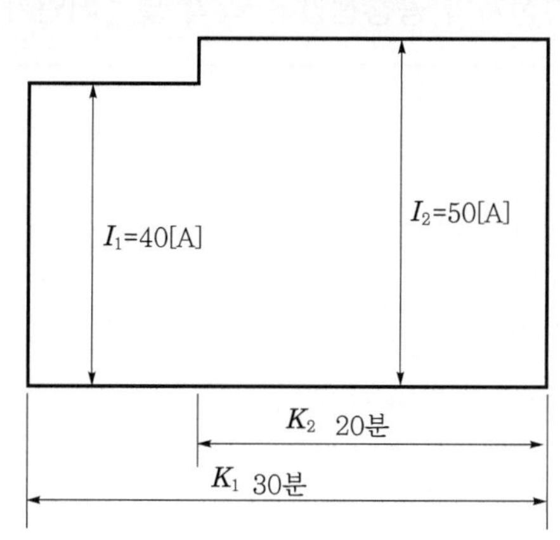

답안 69.38[Ah]

해설 $C=\frac{1}{L}[K_1I_1+K_2(I_2-I_1)]$

$=\frac{1}{0.8}[1.15\times40+0.95(50-40)]$

$=69.38[\text{Ah}]$

문제 19 산업 12년, 21년 출제 | 배점 : 6점

예비전원으로 이용되는 축전지에 대한 다음 각 물음에 답하시오.

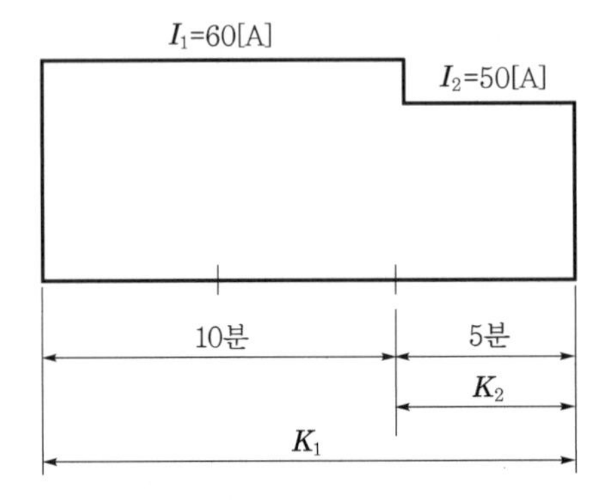

(1) 그림과 같은 부하 특성을 갖는 축전지를 사용할 때 보수율은 0.8, 최저 축전지 온도 5[℃], 허용최저전압 90[V]일 때 몇 [Ah] 이상인 축전지를 선정하여 하는가? (단, $I_1 = 60$[A], $I_2 = 50$[A], $K_1 = 1.15$, $K_2 = 0.91$, 셀(cell)당 전압은 1.06[V/cell]이다.)

(2) 연축전지와 알칼리 축전지의 공칭전압은 각각 몇 [V]인가?

답안 (1) 74.88[Ah]

(2) • 연축전지 : 2[V]

• 알칼리 축전지 : 1.2[V]

해설 (1) $C = \frac{1}{L}[K_1 I_1 + K_2(I_2 - I_1)]$

$= \frac{1}{0.8}[1.15 \times 60 + 0.91(50 - 60)]$

$= 74.88$[Ah]

문제 20 산업 99년, 01년 출제 | 배점 : 5점

그림과 같은 방전특성을 갖는 부하에 사용되는 축전지의 보수율 $L = 0.8$, 방전전류 $I_1 = 250$[A], $I_2 = 150$[A], $I_3 = 50$[A], $I_4 = 100$[A], 방전시간 $T_1 = 120$분, $T_2 = 119$분, $T_3 = 60$분, $T_4 = 1$분, 용량환산시간 $K_1 = 1.245$, $K_2 = 1.245$, $K_3 = 0.73$, $K_4 = 0.235$일 때 축전지의 용량 C는 몇 [Ah]인가?

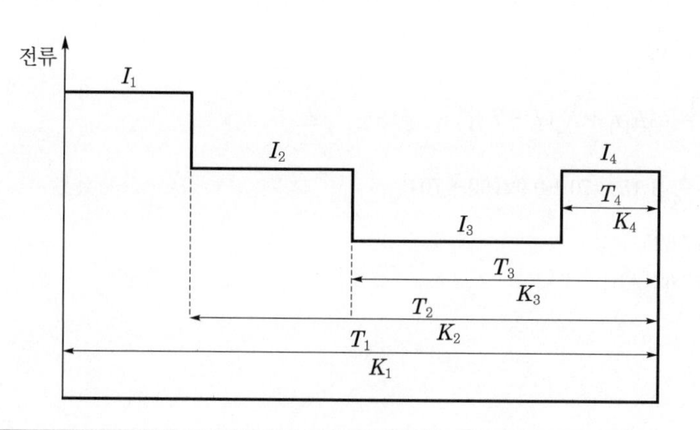

답안 156.88[Ah]

해설

$$C=\frac{1}{L}[K_1I_1+K_2(I_2-I_1)+K_3(I_3-I_2)+K_4(I_4-I_3)]$$

$$=\frac{1}{0.8}[1.245\times250+1.245(150-250)+0.73(50-150)+0.235(100-50)]$$

$$=156.88[\text{Ah}]$$

문제 21 산업 16년, 20년 출제

배점 : 5점

다음과 같은 특성의 축전지 용량 C를 구하시오. (단, 축전지 사용 시의 보수율은 0.8, 축전지 온도 5[℃], 허용최저전압은 90[V], 셀당 전압 1.06[V/cell], $K_1=1.15$, $K_2=0.92$이다.)

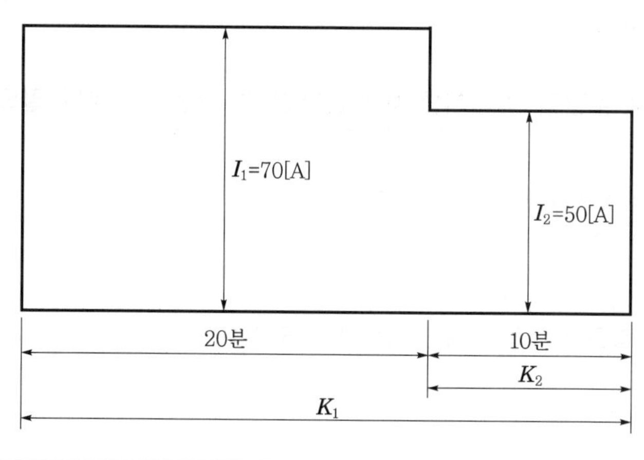

답안 77.63[Ah]

해설

$$C = \frac{1}{L} \cdot [K_1 I_1 + K_2(I_2 - I_1)]$$

$$= \frac{1}{0.8}[1.15 \times 70 + 0.92(50 - 70)]$$

$$= 77.625$$

$$= 77.63[\text{Ah}]$$

문제 22 산업 98년, 00년, 03년 출제

배점 : 9점

축전지 설비의 부하 특성 곡선이 그림과 같을 때 주어진 [조건]을 이용하여 필요한 축전지의 용량을 산정하고 축전지 설비에 관련된 다음 각 물음에 답하시오.

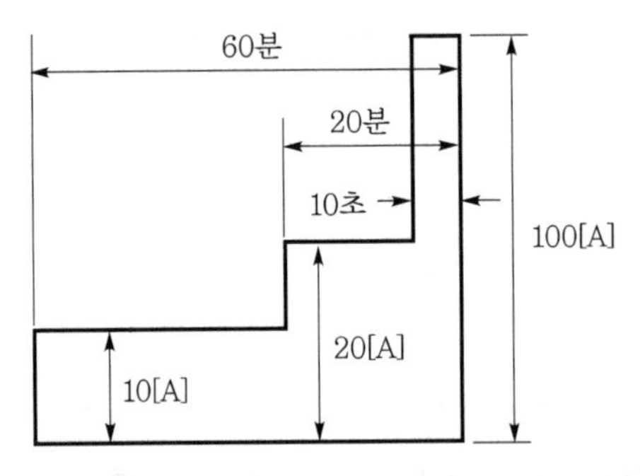

(1) 주어진 조건과 도면을 이용하여 축전지 용량을 산정하시오.
(2) 축전지 충전방식 중 균등충전방식과 부동충전방식에 대하여 충전방식의 이용목적을 설명하시오.
　① 균등충전방식
　② 부동충전방식
(3) 전압 24[V]에 알칼리 축전지를 이용한다면 셀 수는 몇 개가 필요한가?

[조건]
- 사용 축전지 : 보통형 소결식 알칼리 축전지
- 경년용량 저하율 : 0.8
- 최저 축전지 온도 : 5[℃]
- 허용최저전압 : 1.06[V/cell]
- 소결식 알칼리 축전지의 표준 특성(표준형 5HR 환산)

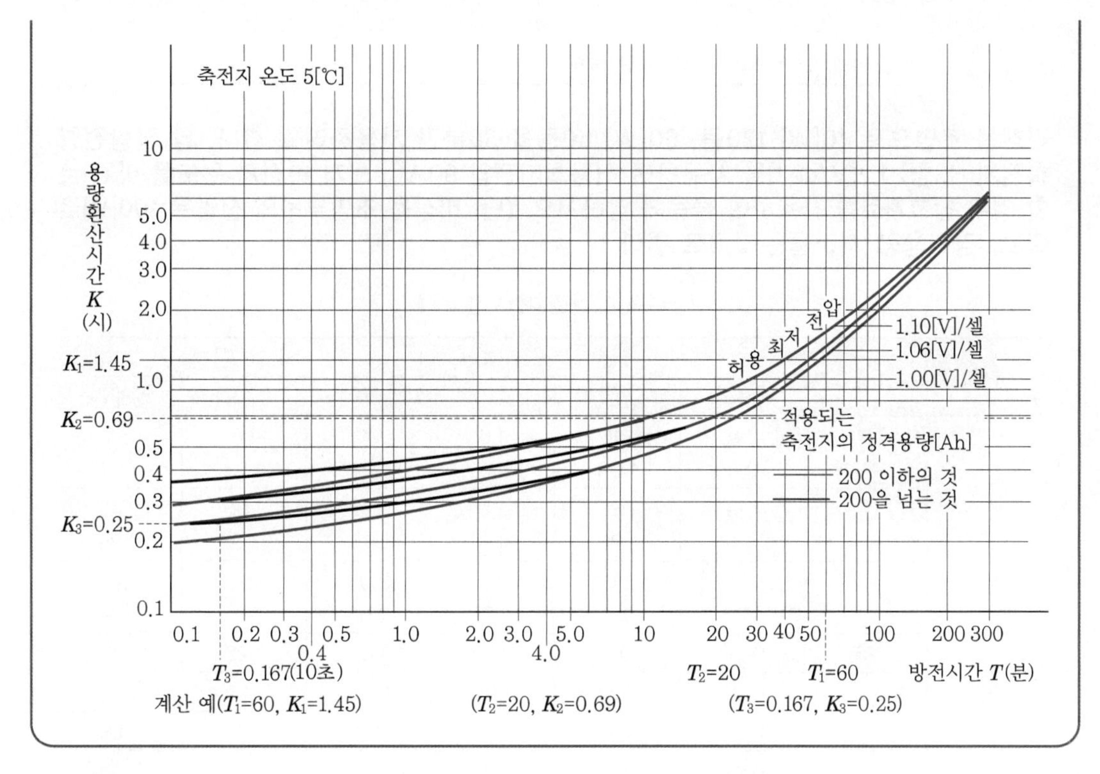

답안 (1) 51.75[Ah]

(2) ① 축전지의 각 전해조에서 일어나는 전위차를 보정하기 위하여 1~3개월마다, 정전압 충전하여 각 전해조의 용량을 균일화하기 위한 충전

② 축전지의 자기 방전을 보충함과 동시에 상용부하에 대한 전력공급은 충전기가 부담하도록 하되 충전기가 부담하기 어려운 일시적인 대전류 부하는 축전지로 부담하게 하는 충전방식

(3) 24[cell]

해설

(1) $C = \frac{1}{L}[K_1 I_1 + K_2(I_2 - I_1) + K_3(I_3 - I_2)]$

$= \frac{1}{0.8}[1.45 \times 10 + 0.69(20 - 10) + 0.25(100 - 20)]$

$= 51.75[\text{Ah}]$

(3) $N = \frac{24}{1.06} = 22.6$

그러므로 여유 1개를 가산하여 24[cell]

문제 23 산업 91년, 96년, 02년, 11년, 19년 출제

배점 : 6점

비상용 조명으로 40[W] 120등, 60[W] 50등을 30분간 사용하려고 한다. 납 급방전형 축전지(HS형) 1.7[V/cell]을 사용하여 허용최저전압 90[V], 최저 축전지 온도를 5[℃]로 할 경우 참고자료를 사용하여 물음에 답하시오. (단, 비상용 조명부하의 전압은 100[V]로 하고, 경년용량 저하율은 0.8로 한다.)

▌납축전지 용량환산시간[K]▌

형 식	온도[℃]	10분			30분		
		1.6[V]	1.7[V]	1.8[V]	1.6[V]	1.7[V]	1.8[V]
CS	25	0.9 0.8	1.15 1.06	1.6 1.42	1.41 1.34	1.6 1.55	2.0 1.88
	5	1.15 1.1	1.35 1.25	2.0 1.8	1.75 1.75	1.85 1.8	2.45 2.35
	−5	1.35 1.25	1.6 1.5	2.65 2.25	2.05 2.05	2.2 2.2	3.1 3.0
HS	25	0.58	0.7	0.93	1.03	1.22	1.38
	5	0.62	0.74	1.05	1.11	1.22	1.54
	−5	0.68	0.82	1.15	1.2	1.35	1.68

상단은 900[Ah]를 넘는 것(2,000[Ah])까지, 하단은 900[Ah] 이하인 것

(1) 비상용 조명부하의 전류는 몇 [A]인지 구하시오.
(2) HS형 납축전지는 몇 셀(cell)이 필요한지 구하시오. (단, 1셀의 여유를 더 주도록 한다.)
(3) HS형 납축전지의 용량은 몇 [Ah]인지 구하시오.

답안 (1) 78[A]
(2) 54[개]
(3) 118.95[Ah]

해설 (1) $I = \dfrac{40\times120+60\times50}{100} = 78[\text{A}]$

(2) $n = \dfrac{90}{1.7} + 1 = 53.9 = 54[\text{개}]$

(3) 표에서 용량환산시간 1.22를 선정한다.

∴ 축전지 용량 $C = \dfrac{1}{L}KI$

$= \dfrac{1}{0.8}\times1.22\times78$

$= 118.95[\text{Ah}]$

문제 24 산업 06년 출제

배점 : 7점

그림은 무정전 전원설비(UPS)의 기본 구성도이다. 이 그림을 보고 다음 각 물음에 답하시오.

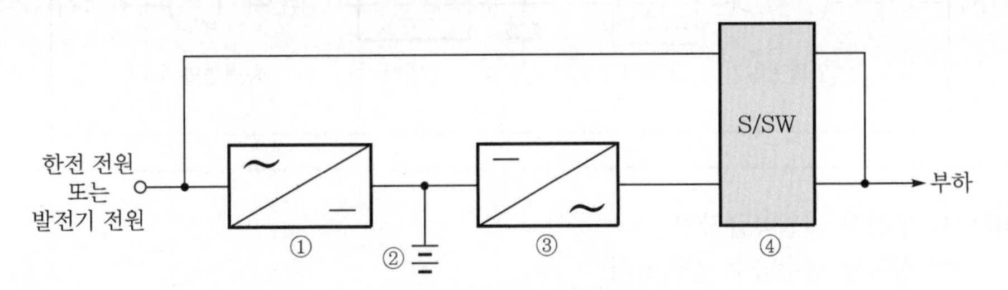

(1) 무정전 전원설비(UPS)의 사용 목적을 간단히 설명하시오.
(2) 그림의 ①, ②, ③, ④에 대한 기기 명칭과 그 주요 기능을 쓰시오.

구 분	기기 명칭	주요 기능
①		
②		
③		
④		

답안 (1) 입력 전원의 정전 시에도 부하 전력 공급의 연속성을 확보하고, 출력의 전압, 주파수 등을 안정시킴으로써 전력의 질을 개선한다.

(2)

구 분	기기 명칭	주요 기능
①	컨버터	AC를 DC로 변환
②	축전지	컨버터로 변환된 직류 전력을 저장
③	인버터	DC를 AC로 변환
④	절체 스위치	상용전원과 UPS 전원을 절체하는 개폐기

문제 25 산업 97년, 99년, 00년, 06년 출제

배점 : 7점

UPS장치에 대한 다음 각 물음에 답하시오.

(1) 이 장치는 어떤 장치인지를 설명하시오.
(2) 이 장치의 중심부분을 구성하는 것이 CVCF이다. 이것의 의미를 설명하시오.
(3) 그림은 CVCF의 기본회로이다. 축전지는 A~H 중 어디에 설치되어야 하는가?

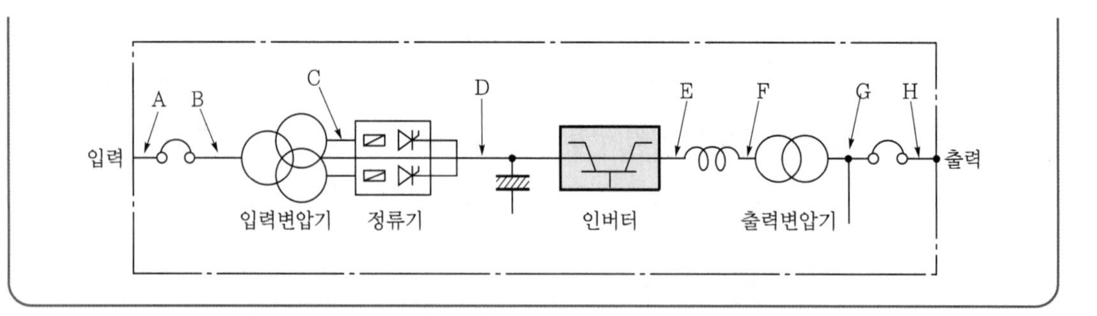

답안 (1) 무정전 전원공급장치
(2) 정전압 정주파수 공급장치
(3) D

문제 26 산업 97년, 01년, 05년 출제

배점 : 8점

다음은 UPS 설비의 블록다이어그램이다. 도면을 보고 물음에 답하시오.

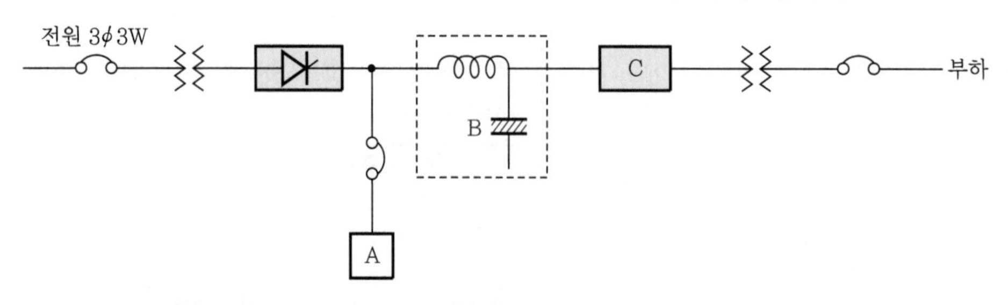

(1) UPS의 기능을 2가지로 요약하여 설명하시오.
(2) A는 무슨 부분인가?
(3) B는 무슨 역할을 하는 회로인가?
(4) C부분은 무슨 회로 부분이며, 그 역할은 무엇인가?

답안 (1) 무정전 전원공급, 정전압 정주파수 공급장치
(2) 축전지
(3) DC 필터로 Ripple 전압을 제거한다.
(4) • 인버터회로
• 역할 : 직류를 교류로 변환

문제 **27** 산업 18년, 20년 출제 | 배점 : 5점 |

기동용량이 2,000[kVA]인 3상 유도전동기를 기동할 때 허용전압강하 20[%], 발전기의 과도 리액턴스가 25[%]일 때 자가 발전기의 정격출력[kVA]을 구하시오.

답안 2,000[kVA]

해설 $\left(\frac{1}{e}-1\right)\times x_d \times \text{기동용량}=\left(\frac{1}{0.2}-1\right)\times 0.25\times 2{,}000=2{,}000[\text{kVA}]$

문제 **28** 산업 09년 출제 | 배점 : 5점 |

부하가 유도전동기이며, 기동용량이 150[kVA]이고, 기동 시 전압강하는 20[%]까지 허용되며, 발전기의 과도 리액턴스가 25[%]이다. 이 전동기를 운전할 수 있는 자가 발전기의 최소용량은 몇 [kVA]인지 계산하시오.

답안 150[kVA]

해설 $P=\left(\frac{1}{e}-1\right)\times x_d \times \text{기동용량}=\left(\frac{1}{0.2}-1\right)\times 0.25\times 150=150[\text{kVA}]$

문제 **29** 산업 13년, 18년, 21년 출제 | 배점 : 4점 |

어느 발전소의 발전기 전압이 13.2[kV], 용량이 93,000[kVA]이고, %동기 임피던스 ($\%Z_s$)는 95[%]이다. 이 발전기의 Z_s는 몇 [Ω]인지 구하시오.

답안 1.78[Ω]

해설 %동기 임피던스 $\%Z_s=\frac{PZ_s}{10V^2}$ 이므로

$$\therefore\ Z_s=\frac{\%Z_s\cdot 10V^2}{P}=\frac{95\times 10\times 13.2^2}{93{,}000}=1.78[\Omega]$$

문제 30 산업 18년 출제

배점 : 5점

태양광모듈 1장의 출력이 300[W], 변환효율이 20[%]일 때, 발전용량 12[kW]인 태양광 발전소의 최소 설치 필요 면적은 몇 [m^2]인지 구하시오. (단, 일사량은 1,000[W/m^2], 이격거리는 고려하지 않는다고 한다.)

답안 60[m^2]

해설

- 태양전지모듈 변환효율 $\eta = \dfrac{P_{mpp}}{A \times S} \times 100[\%]$이므로

  모듈면적 $A = \dfrac{P_{mpp}}{\eta \times S} \times 100 = \dfrac{300}{20 \times 1{,}000} \times 100 = 1.5[m^2]$
- 발전용량 12[kW], 모듈 1장의 출력은 300[W]이므로

  태양전지모듈 수 $N = \dfrac{12{,}000}{300} = 40[EA]$

따라서 태양광발전소의 최소 설치 필요 면적 $= 40 \times 1.5 = 60[m^2]$

※ 모듈변환효율 $= \dfrac{\text{모듈출력}[W]}{1[m^2]\text{에 입사된 에너지량}[W]} \times 100[\%]$

일사량을 1,000[W/m^2]이라고 하면,

1[m^2]에 입사된 에너지량[W] = 모듈면적[m^2] × 1,000[W/m^2]

모듈출력 P_{mpp}[W], 모듈면적 A[m^2]이라고 하면,

모듈변환효율 $= \dfrac{P_{mpp}[W]}{A[m^2] \times 1{,}000[W/m^2]} \times 100[\%]$

문제 31 산업 08년, 11년 출제

배점 : 5점

디젤 발전기를 5시간 전부하로 운전할 때 중유의 소비량이 300[kg]이였다. 이 발전기의 정격출력[kVA]은 얼마인가? (단, 중유의 열량은 10,000[kcal/kg], 기관효율 40[%], 발전기효율 85[%], 전부하 시 발전기 역률 80[%]이다.)

답안 296.51[kVA]

해설

$$P = \frac{BH\eta_t\eta_g}{860\,T\cos\theta} = \frac{300 \times 10{,}000 \times 0.4 \times 0.85}{860 \times 5 \times 0.8} = 296.51[kVA]$$

문제 32 산업 11년 출제

배점 : 4점

정격전압 6,000[V], 정격출력 6,000[kVA]인 3상 교류 발전기에서 계자전류가 300[A], 그 무부하 단자전압이 6,000[V]이고, 이 계자전류에 있어서의 3상 단락전류가 800[A]라고 한다. 이 발전기의 단락비는 얼마인가?

답안 1.39

해설

$$I_n = \frac{P_n}{\sqrt{3}\times 6{,}000} = \frac{6{,}000\times 10^3}{\sqrt{3}\times 6{,}000} = 577.35[\text{A}]$$

$$\therefore \text{ 단락비}(K_3) = \frac{I_s}{I_n} = \frac{800}{577.35} = 1.39$$

문제 33 산업 06년, 10년 출제

배점 : 8점

발전기에 대한 다음 각 물음에 답하시오.

(1) 발전기의 출력이 500[kVA]일 때 발전기용 차단기의 차단용량을 산정하시오. (단, 변전소 회로측의 차단용량은 30[MVA]이며, 발전기 과도 리액턴스는 0.25로 한다.)
(2) 동기발전기의 병렬운전조건 4가지만 쓰시오.

답안 (1) 30[MVA]

(2)
- 기전력의 크기가 같을 것
- 기전력의 위상이 같을 것
- 기전력의 주파수가 같을 것
- 기전력의 파형이 같을 것

해설 (1) ① 기준 용량 $P_n = 30[\text{MVA}]$로 하면

- 변전소측 $\%Z_s$

$$P_s = \frac{100}{\%Z_s}\times P_n \text{ 에서 } \%Z_s = \frac{P_n}{P_s}\times 100 = \frac{30}{30}\times 100 = 100[\%]$$

- 발전기 $\%Z_g$

$$\%Z_g = \frac{30{,}000}{500}\times 25 = 1{,}500[\%]$$

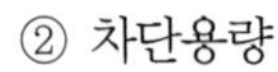

② 차단용량

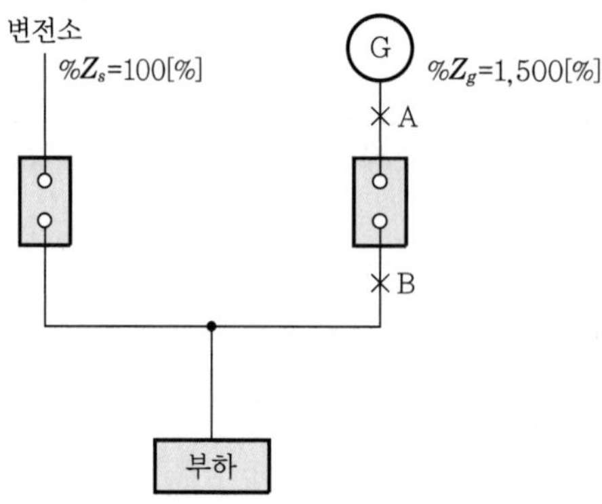

- A점에서 단락 시 단락용량 P_{sA}

$$P_{sA} = \frac{100}{\%Z_s} \times P_n = \frac{100}{100} \times 30 = 30[\text{MVA}]$$

- B점에서 단락 시 단락용량 P_{sB}

$$P_{sB} = \frac{100}{\%Z_g} \times P_n = \frac{100}{1,500} \times 30 = 2[\text{MVA}]$$

차단기 용량은 P_{sA}와 P_{sB} 중에서 큰 값을 기준으로 선정하므로 30[MVA] 선정

문제 34 산업 05년, 11년 출제 | 배점 : 4점

교류발전기를 병렬운전시키기 위한 조건 4가지만 쓰시오.

답안
- 기전력의 크기가 같을 것
- 기전력의 위상이 같을 것
- 기전력의 주파수가 같을 것
- 기전력의 파형이 같을 것

문제 35 산업 09년 출제 | 배점 : 5점

풍력발전 시스템의 특징을 4가지만 쓰시오.

답안
- 무공해 청정에너지이다.
- 운전 및 유지비용이 절감된다.
- 풍력발전소 부지를 효율적으로 이용할 수 있다.
- 화석연료를 대신하여 에너지원의 고갈에 대비할 수 있다.

문제 36 산업 16년 출제

배점 : 5점

발전기실 위치선정 시 고려하여야 하는 사항을 5가지만 쓰시오.

답안
- 엔진기초는 건물기초와 관계없는 장소로 할 것
- 보수·점검 등 용이하도록 충분한 면적와 층고를 확보할 것
- 급기 및 배기 등 환기가 잘 되는 장소일 것
- 발전기 엔진 및 배기관의 소음과 진동이 주위에 미치는 영향이 적은 장소일 것
- 기기의 반입 및 반출, 운전·보수가 편리할 것

해설 발전기실의 높이는 발전기 높이의 약 2배 정도로 확보하도록 한다.
발전기실 필요 면적 $S \geq 1.7\sqrt{P}\,[\text{m}^2]$
(3배 이상으로 하는 것을 권장함 $S \geq 3\sqrt{P}$)
여기서, P는 발전기 출력[PS]

1990년~최근 출제된 기출 이론 분석 및 유형별 문제

02 CHAPTER 전동기설비

기출개념 01 전동기 및 전열기의 용량

1 펌프용 전동기

$$P = \frac{QHK}{6.12\eta}[\mathrm{kW}]$$

여기서, P : 전동기의 용량[kW]

Q : 양수량[$\mathrm{m^3/min}$]

H : 양정(낙차)[m]

K : 여유계수

η : 펌프의 효율

2 권상용 전동기

$$P = \frac{WV}{6.12\eta}[\mathrm{kW}]$$

여기서, W : 권상하중[ton]

V : 권상속도[m/min]

η : 권상기효율

3 전열기 용량 산정

$$P = \frac{m \cdot C \cdot T}{860 \cdot \eta \cdot t}[\mathrm{kW}]$$

여기서, m : 질량[kg]

C : 비열[kcal/kg · ℃]

T : 온도차[℃]

η : 전열기효율[%]

t : 시간[hour]

4 유도전동기의 기동법

기동전류를 제한(기동 시 정격전류의 5~7배 정도 증가)하여 기동하는 방법

(1) 권선형 유도전동기

① 2차 저항 기동법 : 기동전류는 감소하고, 기동토크는 증가한다.
② 게르게스 기동법

(2) 농형 유도전동기

① 직입 기동법(전전압 기동) : 출력 $P=5$[HP] 이하(소형)
② Y-△ 기동법 : 출력 $P=5\sim15$[kW](중형)
　㉠ 기동전류 $\frac{1}{3}$로 감소
　㉡ 기동토크 $\frac{1}{3}$로 감소
③ 리액터 기동법 : 리액터에 의해 전압강하를 일으켜 기동전류를 제한하여 기동하는 방법
④ 기동 보상기법
　㉠ 출력 $P=20$[kW] 이상(대형)
　㉡ 강압용 단권 변압기에 의해 인가전압을 감소시켜 공급하므로 기동전류를 제한하여 기동하는 방법
⑤ 콘돌퍼(Korndorfer) 기동법 : 기동 보상기법과 리액터 기동을 병행(대형)

5 단상 유도전동기

▌기동방법에 따른 분류(기동토크가 큰 순서로 나열)▐

① 반발기동형(반발유도형)
② 콘덴서기동형(콘덴서형)
③ 분상기동형
④ 셰이딩(Shading) 코일형

개념 문제 01 기사 10년 출제　　　　▌배점 : 5점▐

전동기에는 소손을 방지하기 위하여 전동기용 과부하 보호장치를 설치하여야 하나 설치하지 아니하여도 되는 경우가 있다. 설치하지 아니하여도 되는 경우의 예를 5가지만 쓰시오.

답안
- 전동기 자체에 유효한 과부하 소손방지장치가 있는 경우
- 전동기의 출력이 0.2[kW] 이하인 경우
- 부하의 성질상 전동기가 과부하될 우려가 없을 경우
- 공작기계용 전동기 또는 호이스트 등과 같이 취급자가 상주하여 운전할 경우
- 단상 전동기로 16[A] 분기회로(배선차단기는 20[A])에서 사용할 경우

개념 문제 02 기사 17년 출제

| 배점 : 4점 |

3상 농형 유도전동기의 기동방식 중 리액터 기동방식에 대하여 설명하시오.

답안 전동기와 직렬로 연결된 리액터에 의해 전압강하를 일으켜 기동전류를 제한하여 기동하는 방법

개념 문제 03 기사 00년, 02년, 04년 출제

| 배점 : 7점 |

단상 유도전동기에 대한 다음 각 물음에 답하시오.

(1) 기동방식 4가지만 쓰시오.
(2) 분상 기동형 단상 유도전동기의 회전 방향을 바꾸려면 어떻게 하면 되는가?
(3) 단상 유도전동기의 절연을 E종 절연물로 하였을 경우 허용최고온도는 몇 [℃]인가?

답안 (1) • 반발기동형
• 셰이딩 코일형
• 콘덴서기동형
• 분상기동형

(2) 기동 권선의 접속을 반대로 바꾸어 준다.

(3) 120[℃]

개념 문제 04 기사 15년 출제

| 배점 : 5점 |

어느 공장에서 기중기의 권상하중 50[t], 12[m] 높이를 4분에 권상하려고 한다. 이것에 필요한 전동기의 출력을 구하여라. (단, 권상기의 효율은 75[%]이다.)

답안 32.68[kW]

해설
$$P=\frac{M\cdot V}{6.12\eta}$$
$$=\frac{50\times\frac{12}{4}}{6.12\times0.75}$$
$$=32.68[\text{kW}]$$

개념 문제 05 기사 94년, 08년, 10년, 12년 출제

| 배점 : 5점 |

매분 12[m^3]의 물을 높이 15[m]인 탱크에 양수하는 데 필요한 전력을 V결선한 변압기로 공급하는 경우 여기에 필요한 단상 변압기 1대의 용량[kVA]을 구하시오. (단, 펌프와 전동기의 합성효율은 65[%]이고, 전동기의 전부하 역률은 80[%]이며, 펌프의 축동력은 15[%]의 여유를 둔다.)

답안 37.55[kVA]

해설

$$P=\frac{9.8HQK}{\eta}=\frac{9.8\times 15\times \frac{1}{60}\times 12\times 1.15}{0.65}=52.02[\text{kW}]$$

[kVA]로 환산하면 $\frac{52.02}{0.8}=65.03[\text{kVA}]$

V결선 시 용량 $P_V=\sqrt{3}P_1$에서

단상 변압기 1대의 용량 $P_1=\frac{P_V}{\sqrt{3}}=\frac{65.03}{\sqrt{3}}=37.55[\text{kVA}]$

개념 문제 06 기사 09년 출제

| 배점 : 5점 |

에스컬레이터용 전동기의 용량[kW]을 계산하시오. (단, 에스컬레이터 속도 : 30[m/s], 경사각 : 30°, 에스컬레이터 적재하중 : 1,200[kgf], 에스컬레이터 총 효율 : 0.6, 승객 승입률 : 0.85이다.)

답안 250[kW]

해설

$$P=\frac{G\times V\times \sin\theta\times \beta}{6{,}120\times \eta}$$

$$=\frac{1{,}200\times 30\times 60\times 0.5\times 0.85}{6{,}120\times 0.6}$$

$$=250[\text{kW}]$$

단원 빈출문제

문제 01 산업 20년 출제 | 배점 : 5점

단상 유도전동기의 기동방식을 3가지만 쓰시오.

답안
- 반발기동형
- 콘덴서 기동형
- 분상기동형

해설 **단상 유도전동기의 기동법**

반발기동형, 반발유도형, 콘덴서 기동형, 분상기동형, 셰이딩 코일형, 모노사이클릭형

문제 02 산업 22년 출제 | 배점 : 4점

3상 농형 유도전동기의 기동방법 중 기동전류가 가장 큰 기동방법과 기동토크가 가장 큰 기동방법을 다음 [보기]에서 골라 쓰시오.

[보기]
직입기동, Y-△기동, 리액터기동, 콘돌퍼기동

(1) 기동전류가 가장 큰 기동방법
(2) 기동토크가 가장 큰 기동방법

답안 (1) 직입기동
(2) 직입기동

해설 **농형 유도전동기의 기동법**

농형 유도전동기의 단자전압을 감소시키면 전류는 감소하고 기동토크도 감소하게 된다.
($\because \tau \propto V^2$)

(1) 직입기동법(전전압기동법)
전동기에 별도의 기동장치를 사용하지 않고 직접 정격전압을 인가하여 기동하는 방법

(2) Y-△기동방법
기동 시 고정자 권선을 Y로 접속하여 기동함으로써 기동전류를 감소시키고 운전속도에 가까워지면 권선을 △로 변경하여 운전하는 방식(△기동 시에 비해 기동전류는 1/3, 기동토크도 1/3로 감소한다.)

(3) 리액터기동방법
전동기의 1차측에 직렬로 철심이 든 리액터를 설치하고 그 리액턴스의 값을 조정하여 전동기에 인가되는 전압을 제어함으로써 기동전류 및 토크를 제어하는 방식

(4) 기동보상기법
3상 단권변압기를 이용하여 전동기에 인가되는 기동전압을 감소시킴으로써 기동전류를 감소시키고 기동완료 시 기동보상기가 회로에서 분리되어 전전압 운전하는 방식[3개의 탭(50, 65, 80[%])을 용도에 따라 선택한다.]

(5) 콘돌퍼기동법
기동보상기법과 리액터기동방법을 혼합한 방식으로 기동 시에는 단권변압기를 이용하여 기동한 후 단권변압기의 감전압탭으로부터 전원으로 접속을 바꿀 때 큰 과도전류가 생기는 경우가 있는데 이 전류를 억제하기 위하여 기동된 후에 리액터를 통하여 운전한 후 일정한 시간 후 리액터를 단락하여 전원으로 접속을 바꾸는 기동방식으로 원활한 기동이 가능하지만 가격이 비싸다는 단점이 있다.

문제 03 산업 19년 출제

배점 : 6점

다음 전동기의 회전 방향 변경방법에 대해 설명하시오.

(1) 3상 농형 유도전동기
(2) 단상 유도전동기(분상기동형)
(3) 직류 직권전동기

답안 (1) 3상 유도전동기 3선 중 임의의 2선의 접속을 바꾸어 연결한다.
(2) 주권선과 기동권선 중 어느 한 권선의 단자의 접속을 반대로 한다.
(3) 계자회로와 전기자회로 중 어느 한쪽의 접속을 반대로 한다.

문제 04 산업 15년 출제

배점 : 6점

농형 유도전동기의 일반적인 속도제어 방법 3가지를 쓰시오.

답안
- 극수 변환법
- 주파수 변환법
- 전원전압 제어법

문제 05 산업 00년, 05년, 09년 출제

배점 : 6점

60[Hz]로 설계된 3상 유도전동기를 동일 전압으로 50[Hz]에 사용할 경우 다음 요소는 어떻게 변화하는지를 수치를 이용하여 설명하시오.

(1) 무부하전류
(2) 온도 상승
(3) 속도

답안 (1) 6/5으로 증가
(2) 6/5으로 증가
(3) 5/6로 감소

문제 06 산업 05년, 18년, 20년 출제

배점 : 6점

50[Hz]로 설계된 3상 유도전동기를 동일 전압으로 60[Hz]에 사용할 경우 다음 항목이 어떻게 변화하는지를 수치로 제시하여 쓰시오.

(1) 무부하전류
(2) 온도 상승
(3) 속도

답안 (1) 5/6로 감소
(2) 5/6로 감소
(3) 6/5으로 증가

문제 07 산업 22년 출제

배점 : 6점

한국전기설비규정에 따라 저압전로 중의 전동기 보호용 과전류보호장치의 시설에 관한 설명 중 일부이다. 빈칸에 알맞은 내용을 쓰시오.

옥내에 시설하는 전동기(정격출력이 0.2[kW] 이하인 것을 제외한다. 이하 여기에서 같다)에는 전동기가 손상될 우려가 있는 과전류가 생겼을 때에 자동적으로 이를 저지하거나 이를 경보하는 장치를 하여야 한다.

다만, 다음의 어느 하나에 해당하는 경우에는 그러하지 아니하다.
가. 전동기를 운전 중 상시 취급자가 감시할 수 있는 위치에 시설하는 경우
나. 전동기의 구조나 부하의 성질로 보아 전동기가 손상될 수 있는 과전류가 생길 우려가 없는 경우
다. 단상전동기[KS C 4204(2013)의 표준정격의 것을 말한다]로써 그 전원측 전로에 시설하는 과전류차단기의 정격전류가 (①)[A](배선차단기는 (②)[A]) 이하인 경우

답안 ① 16
② 20

문제 08 산업 16년 출제

배점 : 4점

4극 60[Hz] 펌프 전동기를 회전계로 측정한 결과 1,710[rpm]이었다. 이 전동기의 슬립은 몇 [%]인지 구하시오.

답안 5[%]

해설

$$N_s = \frac{120f}{p} = \frac{120 \times 60}{4} = 1{,}800[\text{rpm}]$$

$$\therefore\ s = \frac{N_s - N}{N_s} = \frac{1{,}800 - 1{,}710}{1{,}800} = 0.05 = 5[\%]$$

문제 09 산업 15년 출제

배점 : 5점

무게 2.5톤의 물체를 매분 25[m]의 속도로 권상하는 권상용 전동기의 출력은 몇 [kW]로 하면 되는지 계산하시오. (단, 권상기 효율은 80[%]로 하고 여유계수는 1.1이다.)

답안 14.04[kW]

해설

$$P = \frac{MV}{6.12\eta} \times k = \frac{2.5 \times 25}{6.12 \times 0.8} \times 1.1 = 14.04[\text{kW}]$$

문제 10 산업 10년 출제 배점 : 5점

권상하중이 18톤이며, 매분 6.5[m]의 속도로 끌어 올리는 권상용 전동기의 용량[kW]을 구하시오. (단, 전동기를 포함한 기중기의 효율은 73[%]이다.)

답안 26.19[kW]

해설
$$P = \frac{W \cdot V}{6.12\eta} = \frac{18 \times 6.5}{6.12 \times 0.73} = 26.19[\mathrm{kW}]$$

문제 11 산업 11년 출제 배점 : 5점

어느 철강 회사에서 천장 크레인의 권상용 전동기에 의하여 권상하중 100[ton]을 권상속도 3[m/min]으로 권상하려 한다. 권상용 전동기의 소요 출력은 몇 [kW] 정도이어야 하는가? (단, 권상기의 기계효율은 80[%]이다.)

답안 61.27[kW]

해설
$$P = \frac{100 \times 3}{6.12 \times 0.8} = 61.274 = 61.27[\mathrm{kW}]$$

문제 12 산업 22년 출제 배점 : 5점

천장 크레인의 권상용 전동기에 의하여 권상중량 90톤을 권상속도 3[m/min]으로 권상하려고 한다. 권상용 전동기의 소요 출력[kW]을 구하시오. (단, 권상기의 기계효율은 70[%]이다.)

답안 63.03[kW]

해설
$$P = \frac{90 \times 3}{6.12 \times 0.7} = 63.03[\mathrm{kW}]$$

문제 13 산업 14년 출제

배점 : 5점

어떤 건물 옥상의 수조에 분당 1,500[l]씩 물을 올리려 한다. 지하수조에서 옥상수조까지의 양정이 50[m]일 경우 전동기 용량은 몇 [kW] 이상으로 하여야 하는지 계산하시오. (단, 배관의 손실은 양정의 30[%]로 하며, 펌프 및 전동기 종합 효율은 80[%], 여유계수는 1.1로 한다.)

답안 21.91[kW]

해설 1,000[l]=1[m^3]이므로

$$P = \frac{KQH}{6.12\eta}$$

$$= \frac{1.1 \times 1.5 \times 50 \times 1.3}{6.12 \times 0.8} = 21.91[\text{kW}]$$

문제 14 산업 17년, 20년 출제

배점 : 5점

지상 10[m]에 있는 300[m^3]의 저수조에 양수하는 데 45[kW]의 전동기를 사용할 경우 저수조에 물을 가득 채우는 데 소요되는 시간(분)을 구하시오. (단, 펌프의 효율은 80[%], $K=1.2$이다.)

답안 15.38[분]

해설

$$t = \frac{KHV}{P \times 6.12\eta}$$

$$= \frac{1.2 \times 10 \times 300}{45 \times 6.12 \times 0.85} = 15.38[\text{분}]$$

문제 15 산업 12년, 18년 출제

배점 : 5점

지표면상 15[m] 높이의 수조가 있다. 이 수조에 시간당 5,000[m^3] 물을 양수하는 데 필요한 펌프용 전동기의 소요 동력은 몇 [kW]인가? (단, 펌프의 효율은 55[%]로 하고, 여유계수는 1.1이다.)

답안 408.5[kW]

해설

$$P = \frac{KOH}{6.12\eta}$$

$$= \frac{1.1 \times \frac{5,000}{60} \times 15}{6.12 \times 0.55} = 408.5[\text{kW}]$$

여기서, K : 손실계수(여유계수), Q : 양수량[m^3/min], H : 총양정[m], η : 효율

문제 16

산업 16년 출제

배점 : 6점

지표면상 5[m] 높이에 수조가 있다. 이 수조에 초당 1[m^3]의 물을 양수하는 데 펌프 효율이 70[%]이고, 펌프 축동력에 20[%]의 여유를 줄 경우 펌프용 전동기의 용량[kW]을 구하시오. (단, 펌프용 3상 농형 유도전동기의 역률을 100[%]로 한다.)

답안 84[kW]

해설

$$P = \frac{9.8QHK}{\eta}$$

$$= \frac{9.8 \times 1 \times 5 \times 1.2}{0.7} = 84[\text{kW}]$$

문제 17

산업 11년, 12년, 20년, 21년 출제

배점 : 5점

10[m] 높이에 있는 수조에 초당 1[m^3]의 물을 양수하는 데 사용하는 펌프용 전동기의 펌프 효율이 70[%]이고, 펌프 축동력에 25[%]의 여유를 줄 경우 펌프용 전동기의 용량[kW]을 구하시오. (단, 펌프용 3상 농형 유도전동기의 역률을 100[%]로 한다.)

답안 175[kW]

해설

(1) $P = \frac{9.8qHK}{\eta}$

$$= \frac{9.8 \times 1 \times 10 \times 1.25}{0.7} = 175[\text{kW}]$$

문제 18 산업 16년 출제

배점 : 5점

10[kW] 전동기를 사용하여 지상 5[m], 용량 500[m^3]의 저수조에 물을 가득 채우려면, 시간은 몇 분이 소요되는지 구하시오. (단, 펌프의 효율은 70[%], 여유계수 $K=1.2$이다.)

답안 70.03[분]

해설

양수량 $Q=\dfrac{6.12P}{HK}\eta$

$=\dfrac{6.12\times 10}{5\times 1.2}\times 0.7=7.14[\text{m}^3/\text{min}]$이므로

소요시간은 $\dfrac{500}{7.14}=70.028=70.03$[분]

문제 19 산업 09년 출제

배점 : 5점

5[HP]의 전동기를 사용하여 지상 5[m], 용량 400[m^3]의 저수조에 물을 채우려 한다. 펌프의 효율 70[%], 여유계수 $K=1.2$라면 몇 분 후에 물이 가득 차겠는가?

답안 150.19[분]

해설

$P=\dfrac{KQH}{6.12\eta}=\dfrac{KH\frac{V}{t}}{6.12\eta}$ 에서

$t=\dfrac{KVH}{P\times 6.12\eta}$

$=\dfrac{1.2\times 5\times 400}{5\times 0.746\times 6.12\times 0.7}=150.19$[분]

문제 20 산업 11년, 12년, 20년, 21년 출제

배점 : 5점

양수량 18[m^3/min], 전양정 20[m]의 펌프를 구동하는 전동기의 소요 출력[kW]을 구하시오. (단, 펌프의 효율은 70[%]로 하고, 여유계수는 10[%]를 준다고 한다.)

답안 92.44[kW]

해설

$P=\dfrac{KQH}{6.12\eta}$

$=\dfrac{1.1\times 18\times 20}{6.12\times 0.7}=92.44[\text{kW}]$

문제 21 산업 03년 출제

배점 : 6점

그림과 같이 고층 아파트에 급수설비가 시설되어 있다. 급수관의 마찰 손실이 흡입관과 토출관을 합하여 0.3[kg/cm^2], 펌프의 효율이 75[%]일 때, 다음 각 물음에 답하시오.

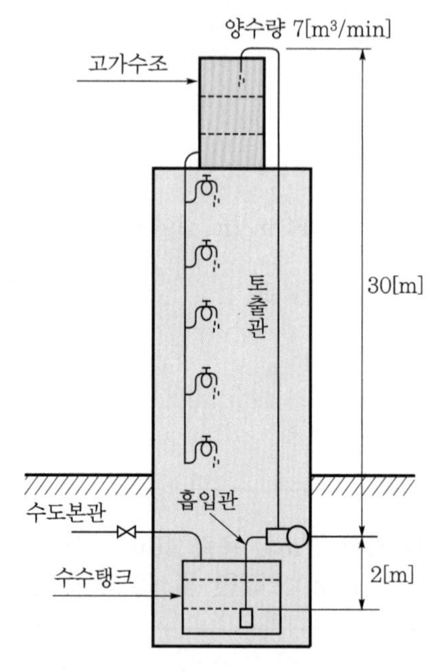

(1) 옥상의 고가수조와 지하층의 수수탱크에 수위를 전기적으로 자동으로 조절하기 위하여 시설하는 것은 무엇인가?
(2) 펌프의 총 양정은 몇 [m]인가?
(3) 급수 펌프용 전동기의 축동력은 몇 [HP](마력)이 필요한가?

답안 (1) 액면 조정용 플로트 스위치 또는 전극봉 스위치
(2) 35[m]
(3) 71.52[HP]

해설 (2) 압력에 의한 손실수두 $H_P = \frac{P}{W}$[m]

여기서, P : 수압[kg/m^2] = 10^4[kg/cm^2]

W : 물의 단위질량 1,000[kg/m^3]

$$H_P = \frac{P}{W} = \frac{P[\text{kg/m}^2]}{1,000} = \frac{P[\text{kg/cm}^2] \times 10^4}{1,000} = 10P[\text{m}]$$

∴ 양정 $H = (30+2) + 10 \times 0.3 = 35$[m]

(3) $$P = \frac{9.8QHK}{\eta} = \frac{9.8 \times \frac{7}{60} \times 35}{0.75 \times 0.746} = 71.52[\text{HP}]$$

문제 22 산업 16년 출제

배점 : 7점

그림과 같은 직류 분권전동기가 있다. 단자전압 220[V], 보극을 포함한 전기자회로 저항이 0.06[Ω], 계자회로 저항이 180[Ω], 무부하 공급전류가 4[A], 전부하 시 공급전류가 40[A], 무부하 시 회전속도가 1,800[rpm]이라고 한다. 이 전동기에 대하여 다음 각 물음에 답하시오.

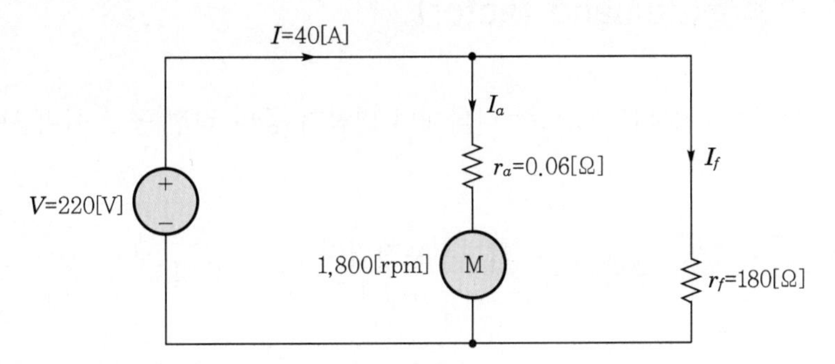

(1) 전부하 시의 출력은 몇 [kW]인지 구하시오.
(2) 전부하 시 효율[%]을 구하시오.
(3) 전부하 시 회전속도[rpm]를 구하시오.
(4) 전부하 시 토크[N · m]를 구하시오.

답안 (1) 8.44[kW]

(2) 95.91[%]

(3) 1,782.31[rpm]

(4) 42.25[N · m]

해설 (1) 계자전류 $I_f = \frac{V}{r_f} = \frac{220}{180} = 1.22[A]$

전기자전류 $I_a = I - I_f = 40 - 1.22 = 38.78[A]$

역기전력 $E_c = V - I_a r_a = 220 - 38.78 \times 0.06 = 217.67[V]$

따라서 전부하 시의 출력 $P = E_c I_a = 217.67 \times 38.78 \times 10^{-3} = 8.44[kW]$

(2) $\eta = \frac{출력}{입력} \times 100 = \frac{8.44 \times 10^3}{220 \times 40} \times 100 = 95.91[\%]$

(3) • 무부하 시 전기자전류 $I_a' = I_0 - I_f = 4 - 1.22 = 2.78[A]$

무부하 시 역기전력 $E_0 = V - I_a' r_a = 220 - 2.78 \times 0.06 = 219.83[V]$

• 무부하 시의 회전속도를 N_0, 부하 시의 회전속도를 N이라고 하면, 회전속도(N)는 역기전력(E_c)에 비례하므로

$\therefore\ N = \frac{E_c}{E_0} N_0 = \frac{217.67}{219.83} \times 1,800 = 1,782.31[rpm]$

(4) $\tau = 0.975 \frac{P}{N} \times 9.8 = 0.975 \times \frac{8.44 \times 10^3}{1,782.31} \times 9.8 = 45.25[N \cdot m]$

03 CHAPTER 변압기설비

기출개념 01 수용률(demand factor)

수용설비가 동시에 사용되는 정도를 나타내며 변압기 등의 적정 공급 설비용량을 파악하기 위해서 사용한다.

$$수용률 = \frac{최대수용전력[kW]}{총\ 부하설비용량[kW]} \times 100[\%]$$

기출개념 02 부등률(diversity factor)

수용가에서 개개의 최대전력의 합과 합성 최대전력의 비를 나타내며 항상 1보다 크다.

$$부등률 = \frac{개개의\ 최대수용전력의\ 합계[kW]}{합성\ 최대수용전력[kW]} > 1$$

기출개념 03 부하율(load factor)

부하설비가 어느 정도 유효하게 사용되는가를 나타내는 것이다.

$$부하율 = \frac{평균수용전력[kW]}{최대수용전력[kW]} \times 100[\%]$$

PART 1

기출개념 04 변압기의 결선법

1 Δ-Δ결선(delta-delta connection)

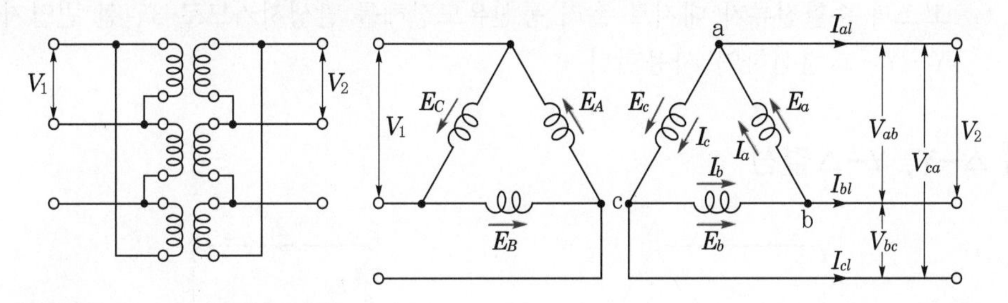

(1) **선간전압**(V_l) = **상전압**(E_p)

(2) **선전류**(I_l) = $\sqrt{3}$ ×**상전류**(I_p) $\angle -30°$

(3) **3상 출력** : P_3[W]

$$P_1 = E_p I_p \cos\theta$$

$$P_3 = 3P_1 = 3E_p I_p \cos\theta = 3 \cdot V_l \cdot \frac{I_l}{\sqrt{3}} \cdot \cos\theta = \sqrt{3} \cdot V_l I_l \cdot \cos\theta \text{ [W]}$$

(4) **Δ-Δ결선의 특성**

① 운전 중 1대 고장 시 V-V결선으로 송전을 계속할 수 있다.
② 상에는 제3고조파 전류를 순환하여 정현파 기전력을 유도하고, 외부에는 나타나지 않아 통신장해가 없다.
③ 중성점 비접지방식이다.
④ 30[kV] 이하의 배전선로에 유효하다.

2 Y-Y결선(Star-Star connection)

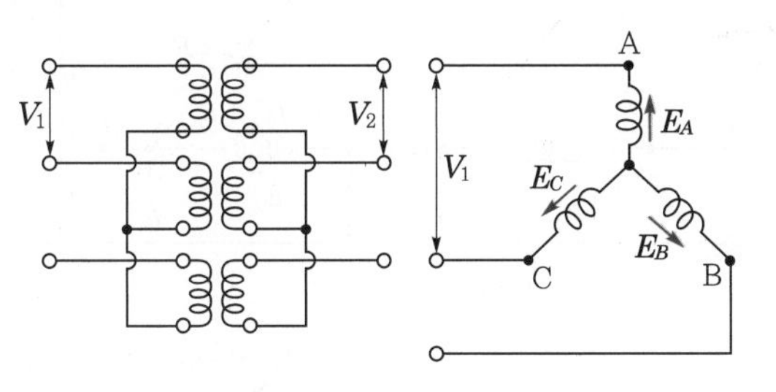

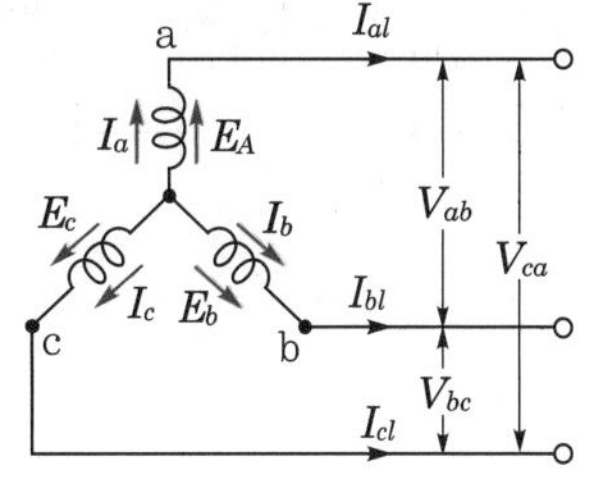

(1) **선간전압**(V_l) = $\sqrt{3}$ × **상전압**(E_p) $\angle 30°$

(2) **선전류**(I_l) = **상전류**(I_p)

(3) **출력** : P_3

$$P_1 = E_p I_p \cos\theta$$

$$P_3 = 3P_1 = 3E_p I_p \cos\theta = 3 \cdot \frac{V_l}{\sqrt{3}} \cdot I_l \cdot \cos\theta = \sqrt{3} \cdot V_l I_l \cdot \cos\theta \text{ [W]}$$

(4) Y－Y결선의 특성
① 고전압 계통의 송전선로에 유효하다.
② 중성점을 접지할 수 있어 계전기 동작이 확실하고, 이상전압 발생이 없다.
③ 상전류에 고조파(제3고조파)가 순환할 수 없어 기전력이 왜형파로 된다.
④ 고조파 순환전류가 대지로 흘러 통신유도장해를 발생시키므로 3권선 변압기로 하여 Y－Y－△결선하여 사용한다.

3 △－Y, Y－△결선

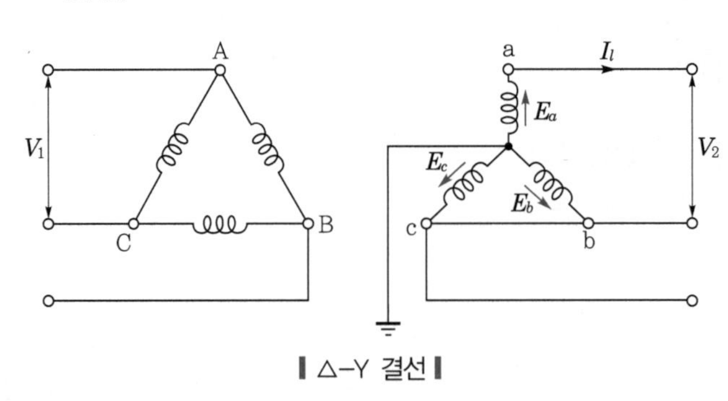

▎△－Y 결선▎

(1) 1차, 2차 전압, 전류에 30°의 위상차가 발생된다.

(2) △－Y결선은 2차 중성점을 접지할 수 있고, 선간전압이 상전압보다 $\sqrt{3}$배 증가하므로 승압용 변압기 결선에 유효하다.

(3) Y－△결선은 2차측 상전류에 고조파를 순환할 수 있어 기전력 정현파로 되며, 강압용 변압기 결선에 유효하다.

4 V－V결선

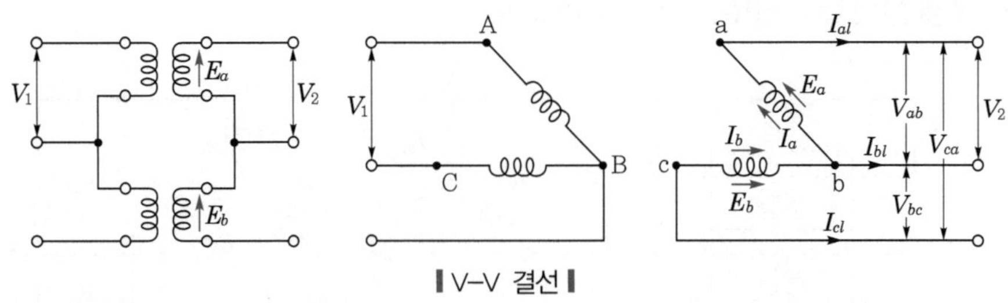

▎V－V 결선▎

(1) 선간전압(V_l)＝상전압(V_p)

(2) 선전류(I_l)＝상전류(I_p)

(3) 출력 : P_V

$P_1 = E_p I_p \cos\theta$ 에서

$P_V = \sqrt{3}\, V_l I_l \cos\theta = \sqrt{3}\, E_p\, I_p \cos\theta = \sqrt{3}\, P_1$ [W]

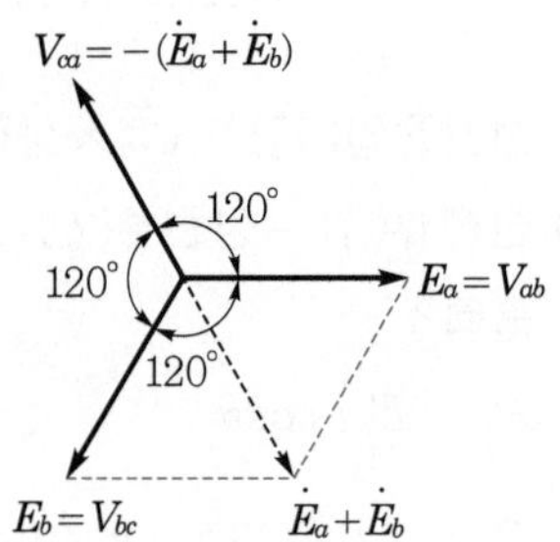

(4) V－V결선의 특성

① 2대 단상 변압기로 3상 부하에 전원공급이 가능하다.

② 부하 증설 예정 시, △－△결선 운전 중 1대 고장 시 사용한다.

③ 이용률 : $\dfrac{\sqrt{3}\,P_1}{2P_1} = \dfrac{\sqrt{3}}{2} = 0.866 \rightarrow 86.6[\%]$

④ 출력비 : $\dfrac{P_V}{P_\triangle} = \dfrac{\sqrt{3}\,P_1}{3P_1} = \dfrac{1}{\sqrt{3}} = 0.577 \rightarrow 57.7[\%]$

개념 문제 01 기사 92년, 94년, 00년, 17년 출제 | 배점 : 4점 |

22.9[kV]/380－220[V] 변압기 결선은 보통 Δ－Y결선방식을 사용하고 있다. 이 결선방식에 대한 장점과 단점을 각각 2가지씩 쓰시오.

(1) 장점

(2) 단점

답안 (1) • 한 쪽 Y결선의 중성점을 접지할 수 있다

• Y결선의 상전압은 선간전압의 $\dfrac{1}{\sqrt{3}}$ 이므로 절연이 용이하다.

(2) • 1상에 고장이 생기면 전원공급이 불가능해진다.

• 중성점 접지로 인한 유도장해를 초래한다.

해설 **변압기 결선은 보통 Δ－Y결선방식 장 · 단점**

(1) 장점

• 한 쪽 Y결선의 중성점을 접지할 수 있다

• Y결선의 상전압은 선간전압의 $\dfrac{1}{\sqrt{3}}$ 이므로 절연이 용이하다.

• 1, 2차 중에 △결선이 있어 제3고조파의 장해가 적고, 기전력의 파형이 왜곡되지 않는다.

• Y－△결선은 강압용으로 △－Y결선은 승압용으로 사용할 수 있어서 송전계통에 융통성있게 사용된다.

(2) 단점

• 1, 2차 선간전압 사이에 30°의 위상차가 있다.

• 1상에 고장이 생기면 전원공급이 불가능해진다.

• 중성점 접지로 인한 유도장해를 초래한다.

개념 문제 02 기사 14년 출제 | 배점 : 6점 |

정격전압 1차 6,600[V], 2차 210[V], 10[kVA]의 단상 변압기 2대를 승압기로 V결선하여 6,300[V]의 3상 전원에 접속하였다. 다음 물음에 답하시오.

(1) 승압된 전압은 몇 [V]인지 계산하시오.

(2) 3상 V결선 승압기의 결선도를 완성하시오.

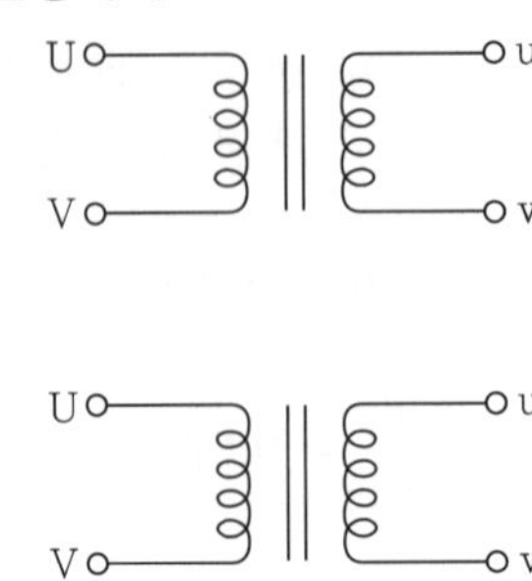

답안 (1) 6,500.45[V]

(2)

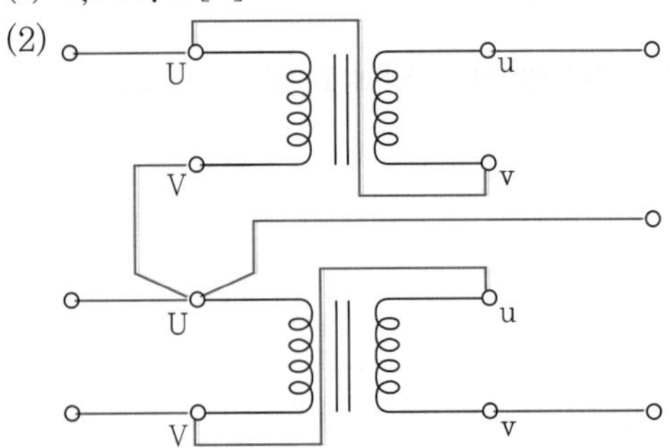

해설

(1) $V = 6{,}300 \times \left(1 + \frac{210}{6{,}600}\right) = 6{,}500.454 = 6{,}500.45[\text{V}]$

개념 문제 03 기사 14년 출제 | 배점 : 6점 |

22.9[kV–Y] 중성선 다중 접지 전선로에 정격전압 13.2[kV], 정격용량 250[kVA]의 단상 변압기 2부싱 변압기 3대를 이용하여 아래 그림과 같이 Y–△결선하고자 한다. 다음 물음에 답하시오.

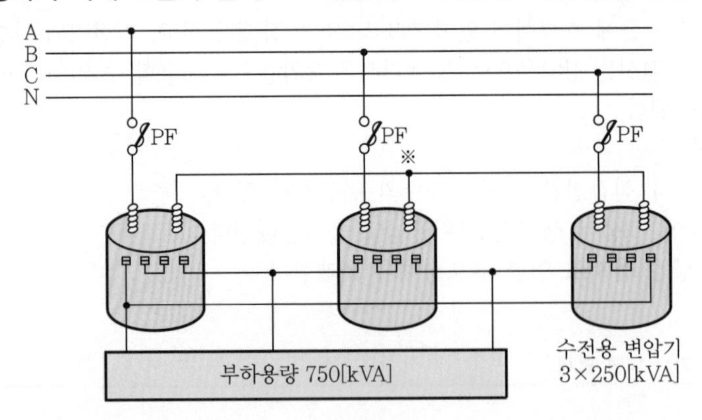

(1) 변압기 1차측 Y결선의 중성점(※표 부분)을 전선로 N선에 연결하여야 하는지, 연결하여서는 안 되는지를 결정하시오.

(2) 연결하여야 하면 연결하여야 하는 이유, 연결하여서는 안 되면 안 되는 이유를 설명하시오.

(3) PF에 끼워 넣을 퓨즈 링크는 몇 [A]의 것을 선정하는 것이 좋은지, 계산과정을 쓰고 아래 예시에서 퓨즈 용량을 선정하시오. (예시 : 10, 15, 20, 25, 30, 40, 50, 65, 80, 100, 125[A])

답안 (1) 연결하여서는 안 된다.
(2) 연결하여 운전 중 1상이 결상되면 역 V결선으로 되어 변압기 소손의 위험이 있다.
(3) 30[A]

해설 (3) $I_f = \frac{250 \times 3}{\sqrt{3} \times 22.9} \times 1.5 = 28.36[A]$

PF의 퓨즈 링크 전류는 정격전류 1.5배의 상위값을 선정한다.

개념 문제 04 기사 04년, 09년 출제

| 배점 : 5점 |

500[kVA]의 단상 변압기 상용 3대로 △-△결선의 1뱅크로 하여 사용하고 있는 변전소가 있다. 지금 부하의 증가로 1대의 단상 변압기를 증가하여 2뱅크로 하였을 때 최대 몇 [kVA]의 3상 부하에 대응할 수 있겠는가?

답안 1,732.05[kVA]

해설 $P = 2P_1 = 2 \times \sqrt{3} \times 500 = 1{,}732.05[kVA]$

개념 문제 05 기사 18년 출제

| 배점 : 4점 |

단상 변압기 200[kVA] 두 대를 V결선해서 3상 전원으로 사용할 경우 공급규정상의 계약수전전력에 의한 계약최대전력[kVA]을 구하시오. (단, 소수점 첫째자리에서 반올림하시오.)

답안 346[kVA]

해설 $P_m = 200 \times \sqrt{3} = 346.41[kVA]$

개념 문제 06 기사 18년 출제

| 배점 : 6점 |

고압 자가용 수용가가 있다. 이 수용가의 부하는 역률 1.0의 부하 50[kW]와 역률 0.8(지상)의 부하 100[kW]이다. 이 부하에 공급하는 변압기에 대해서 다음 물음에 답하시오.

(1) △결선하였을 경우 1대당 최저 용량[kVA]을 구하시오.

(2) 1대 고장으로 V결선하였을 경우 과부하율[%]을 구하시오.

(3) △결선 시의 변압기 동손($W_\triangle$)과 V결선 시의 변압기 동손(W_V)의 비율$\left(\frac{W_\triangle}{W_V}\right)$을 구하시오. (단, 변압기는 단상 변압기를 사용하고 평상시는 과부하시키지 않는 것으로 한다.)

답안 (1) 75[kVA]
(2) 129.1[%]
(3) 0.5

해설
(1) $P_m = \sqrt{(50+100)^2 + \left(100 \times \frac{0.6}{0.8}\right)^2} = 167.705[kVA]$, $P_1 = \frac{167.705}{3} = 55.9[kVA]$

(2) 과부하율 : $\dfrac{167.705}{\sqrt{3}\times 75}\times 100 = 129.099 = 129.10[\%]$

(3) $\dfrac{W_{\triangle}}{W_V} = \dfrac{\left(\dfrac{I}{\sqrt{3}}\right)^2 \cdot r\times 3}{I^2 \cdot r\times 2} = \dfrac{I^2 r}{2I^2 r} = 0.5$

기출개념 05 변압기의 병렬운전

1 병렬운전조건

① 극성이 같을 것
② 1차, 2차 정격전압 및 권수비가 같을 것
③ 퍼센트 임피던스 강하가 같을 것
④ 변압기의 저항과 리액턴스비가 같을 것
⑤ 상회전 방향 및 각 변위가 같을 것(3상)

2 부하 분담비

$$\frac{P_a}{P_b} = \frac{\%Z_b}{\%Z_a}\cdot\frac{P_A}{P_B}$$

여기서, P_a, P_b : 부하 분담용량
$\%Z_b$, $\%Z_a$: 퍼센트 임피던스 강하
P_A, P_B : 변압기 정격용량

부하 분담비는 누설 임피던스에 역비례하고, 정격용량에 비례한다.

3 상(相, Phase) 수 변환

(1) 3상 → 2상 변환

대용량 단상 부하 전원공급 시

(2) 결선법의 종류

① 스코트(Scott) 결선(T결선)
② 메이어(Meyer) 결선
③ 우드 브리지(Wood bridge) 결선

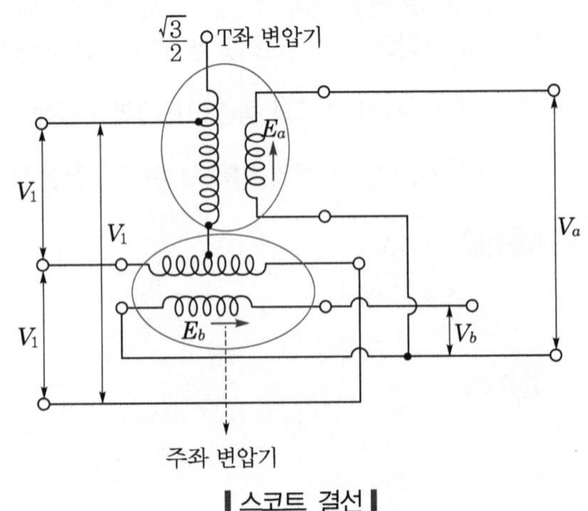

▌스코트 결선▐

(3) T좌 변압기 권수비

$$a_T = \frac{\sqrt{3}}{2} a_{주} \text{(주좌 변압기 권수비)}$$

개념 문제 01 기사 14년 출제 | 배점 : 5점 |

3,150/210[V]인 변압기의 용량이 각각 250[kVA], 200[kVA]이고 %임피던스 강하가 각각 2.5[%]와 3[%]일 때 그 병렬 합성 용량[kVA]은 얼마인가?

답안 416.67[kVA]

해설 $m = \frac{250}{200}$, $P_s \propto \frac{1}{\%Z}$ 이므로

$$\frac{P_a}{P_b} = m \times \frac{\%I_b Z_b}{\%I_a Z_a} = \frac{250}{200} \times \frac{3}{2.5} = \frac{3}{2}$$

$$\therefore\ P_b = P_a \times \frac{2}{3} = 250 \times \frac{2}{3} = 166.67[\text{kVA}]$$

따라서 합성 용량은 $250 + 166.67 = 416.67[\text{kVA}]$

개념 문제 02 기사 14년 출제 | 배점 : 5점 |

두 대의 변압기를 병렬운전하고 있다. 다른 정격은 모두 같고 1차 환산 누설 임피던스만이 $2+j3[\Omega]$과 $3+j2[\Omega]$이다. 이 경우 변압기에 흐르는 부하전류가 50[A]이면 순환전류는 몇 [A]인지 계산하시오.

답안 5[A]

해설

$$\begin{aligned} V_{ab} &= V_a - V_b \\ &= 25\{(2+j3)-(3+j2)\} \\ &= 25(-1+j) \end{aligned}$$

$$\begin{aligned} Z_{ab} &= Z_a + Z_b \\ &= 5 + j5 = 5(1+j) \end{aligned}$$

$$\begin{aligned} I &= \frac{V_{ab}}{Z_{ab}} \\ &= \frac{25(-1+j)}{5(1+j)} = 5j = 5[\text{A}] \end{aligned}$$

개념 문제 03 기사 95년 출제 | 배점 : 6점 |

변압기의 병렬운전조건을 3가지만 쓰시오.

답안
- 변압기의 극성이 같을 것
- 각 변압기의 1차, 2차 정격전압 및 권수비가 같을 것
- 각 변압기의 %임피던스 강하가 같을 것

기출개념 06 변압기의 특성

1 전압변동률 : ε

$$\varepsilon = \frac{V_{2o} - V_{2n}}{V_{2n}} \times 100\,[\%]$$

여기서, V_{2o} : 2차 무부하 전압
V_{2n} : 2차 전부하 전압

(1) 백분율 강하의 전압변동률

$$\varepsilon = p\cos\theta \pm q\sin\theta\ [\%]\ (+ : \text{지역률},\ - : \text{진역률})$$

① 퍼센트 저항 강하

$$p = \frac{I \cdot r}{V} \times 100\,[\%]$$

② 퍼센트 리액턴스 강하

$$q = \frac{I \cdot x}{V} \times 100\,[\%]$$

③ 퍼센트 임피던스 강하

$$\%Z = \frac{I \cdot Z}{V} \times 100 = \frac{I_n}{I_s} \times 100 = \frac{V_s}{V_n} \times 100 = \sqrt{p^2 + q^2}\ [\%]$$

(2) 최대 전압변동률과 조건

$$\varepsilon = p\cos\theta + q\sin\theta = \sqrt{p^2 + q^2}\cos(\alpha - \theta)$$

① $\alpha = \theta$일 때 전압변동률은 최대가 된다.

② $\varepsilon_{max} = \sqrt{p^2 + q^2}\ [\%]$

(3) 임피던스 전압과 임피던스 와트

① 임피던스 전압 V_s[V] : 단락전류가 정격전류와 같은 값을 가질 때 1차 인가전압 즉, 정격전류에 의한 변압기 내 전압강하

$$V_s = I_n \cdot Z\,[\text{V}]$$

② 임피던스 와트 W_s[W] : 임피던스 전압 인가 시 입력

$$W_s = I^2 \cdot r = P_c \text{(임피던트 와트=동손)}$$

2 손실과 효율

(1) 손실(loss) : P_l[W]

① 무부하손(고정손) : 철손 $P_i = P_h + P_e$

② 히스테리시스손 : $P_h = \sigma_h \cdot f \cdot B_m^{1.6}$[W/m³]

③ 와류손 : $P_e = \sigma_e k(tfB_m)^2$[W/m³]

④ 부하손(가변손)

㉠ 동손 $P_c = I^2 \cdot r$[W]

㉡ 표유부하손(stray load loss)

(2) 효율(efficiency)

$$\eta = \frac{\text{출력}}{\text{입력}} \times 100 = \frac{\text{출력}}{\text{출력} + \text{손실}} \times 100\,[\%]$$

① 전부하 효율

$$\eta = \frac{VI \cdot \cos\theta}{VI\cos\theta + P_i + P_c(I^2 r)} \times 100[\%]$$

※ 최대 효율 조건 : $P_i = P_c(I^2 r)$

② $\frac{1}{m}$ 부하 시 효율

$$\eta_{\frac{1}{m}} = \frac{\frac{1}{m} \cdot VI \cdot \cos\theta}{\frac{1}{m} \cdot VI \cdot \cos\theta + P_i + \left(\frac{1}{m}\right)^2 \cdot P_c} \times 100[\%]$$

※ 최대 효율 조건 : $P_i = \left(\frac{1}{m}\right)^2 \cdot P_c$

③ 전일효율 : η_d(1일 동안 효율)

$$\eta_d = \frac{\Sigma h \cdot VI \cdot \cos\theta}{\Sigma h \cdot VI \cdot \cos\theta + 24 \cdot P_i + \Sigma h \cdot I^2 \cdot r} \times 100[\%]$$

여기서, Σh : 1일 동안 총 부하시간

※ 최대 효율 조건 : $24P_i = \Sigma h \cdot I^2 r$

개념 문제 01 기사 08년 출제 | 배점 : 5점 |

50,000[kVA]의 변압기가 있다. 이 변압기의 손실은 80[%] 부하율일 때 53.4[kW]이고, 60[%] 부하율일 때 36.6[kW]이다. 다음 각 물음에 답하시오.

(1) 이 변압기가 40[%] 부하율일 때 손실을 구하시오.
(2) 최고 효율은 몇 [%] 부하율일 때인가?

답안 (1) 24.6[kW]
(2) 50[%]

해설 (1) $P_{80} = P_i + 0.8^2 P_c = 53.4[\text{kW}]$

$P_{60} = P_i + 0.6^2 P_c = 36.6[\text{kW}]$

$53.4 - 0.8^2 P_c = 36.6 - 0.6^2 P_c$에서 $P_c = \dfrac{53.4 - 36.6}{0.8^2 - 0.6^2} = 60[\text{kW}]$

철손 $P_i = 53.4 - 0.8^2 \times 60 = 15[\text{kW}]$

$\therefore\ P_{40} = 15 + 0.4^2 \times 60 = 24.6[\text{kW}]$

(2) $m = \sqrt{\dfrac{P_i}{P_c}} \times 100 = \sqrt{\dfrac{15}{60}} \times 100 = 50[\%]$

개념 문제 02 기사 08년 출제 | 배점 : 5점 |

20[kVA] 단상 변압기가 있다. 역률이 1일 때 전부하 효율은 97[%]이고, 75[%] 부하에서 최고 효율이 되었다. 전부하 시에 철손은 몇 [W]인가?

답안 222.68[kW]

해설 $\eta = \dfrac{P_a \cos\theta}{P_a \cos\theta + P_i + P_c}$에서

전체 손실 $P_\ell = P_i + P_c = \dfrac{P_a \cos\theta}{\eta} - P_a \cos\theta = \dfrac{20{,}000 \times 1}{0.97} - 20{,}000 \times 1 = 618.56[\text{W}]$

$\therefore\ P_c = 618.56 - P_i$

최대효율은 동손=철손일 때 발생하므로 $m^2 P_c = P_i$이다.

$\therefore\ 0.75^2(618.56 - P_i) = P_i$에서 $P_i = 222.68[\text{W}]$

개념 문제 03 기사 18년 출제 | 배점 : 6점 |

권수비 30인 변압기의 1차에 6.6[kV]를 가할 때 다음 각 물음에 답하시오. (단, 변압기의 손실은 무시한다.)

(1) 2차 전압[V]을 구하시오.
(2) 2차에 50[kW], 뒤진 역률 80[%]의 부하를 걸었을 때 2차 및 1차 전류[A]를 구하시오.
(3) 1차 입력[kVA]이 얼마인지 구하시오.

답안 (1) 220[V]

(2) • 1차 전류 : 9.47[A]

• 2차 전류 : 284.09[A]

(3) 62.5[kVA]

해설

(1) $V_2 = \dfrac{6.6 \times 10^3}{30} = 220[\text{V}]$

(2) • 1차 전류 $I_1 = \dfrac{50 \times 10^3}{6{,}600 \times 0.8} = 9.469[\text{A}]$

• 2차 전류 $I_2 = \dfrac{50 \times 10^3}{220 \times 0.8} = 284.091[\text{A}]$

(3) $P = 6{,}600 \times 9.47 \times 10^{-3} = 62.502[\text{kVA}]$

개념 문제 04 기사 95년 출제 | 배점 : 4점 |

용량 100[kVA], 3,300/115[V]인 3상 변압기의 철손은 1[kW], 전부하 동손은 1.25[kW]이다. 매일 무부하로 18시간, 역률 100[%]의 1/2부하로 4시간, 역률 80[%]의 전부하로 2시간 운전할 때 전일효율은 몇 [%]가 되는가?

답안 92.84[%]

해설

전력량 $P = \left(100 \times 1 \times \dfrac{1}{2} \times 4\right) + (100 \times 0.8 \times 2) = 360[\text{kWh}]$

동손량 $P_c = 1.25 \times \left\{\left(\dfrac{1}{2}\right)^2 \times 4 + 2\right\} = 3.75[\text{kWh}]$

철손량 $P_i = 1 \times 24 = 24[\text{kWh}]$

$\therefore\ \eta = \dfrac{360}{360 + 3.75 + 24} \times 100 = 92.84[\%]$

1990년~최근 출제된 기출문제

CHAPTER 03

변압기설비

단원 빈출문제

문제 01

산업 08년, 17년, 18년, 20년 출제

배점 : 4점

변압기의 병렬운전조건을 4가지 적으시오.

답안
- 극성이 일치할 것
- 정격전압(권수비)이 같을 것
- %임피던스 강하(임피던스 전압)가 같을 것
- 내부 저항과 누설 리액턴스의 비(즉 $r_a/x_a = r_b/x_b$)가 같을 것

해설 (1) 단상 변압기의 병렬운전조건

병렬운전조건	조건이 맞지 않는 경우
① 극성이 일치할 것	큰 순환전류가 흘러 권선이 소손
② 정격전압(권수비)이 같을 것	순환전류가 흘러 권선이 과열
③ %임피던스 강하(임피던스 전압)가 같을 것	부하의 분담이 용량의 비가 되지 않아 부하의 분담이 균형을 이룰 수 없다.
④ 내부 저항과 누설 리액턴스의 비 (즉 $r_a/x_a = r_b/x_b$)가 같을 것	각 변압기의 전류 간에 위상차가 생겨 동손이 증가

(2) 3상 변압기에서는 위의 조건 외에 각 변압기의 상회전 방향 및 각 변위가 같아야 한다.

문제 02

산업 09년, 10년 출제

배점 : 5점

2차 정격전압이 105[V], 1차측은 6,750[V], 6,600[V], 6,450[V], 6,300[V], 6,150[V]의 탭이 있는 변압기가 있으며, 6,600[V]의 탭을 사용했을 때 무부하의 2차 전압이 97[V]이였다. 여기에서 탭을 6,150[V]로 변경하면 2차측 전압은 몇 [V]이겠는가?

답안 104.1[V]

해설

$$V' = 97 \times \frac{6,600}{6,150} = 104.1\,[\mathrm{V}]$$

PART 1

문제 03 산업 10년 출제

배점 : 5점

주상 변압기의 고압측의 사용탭이 6,600[V]인 때에 저압측의 전압이 190[V]였다. 저압측의 저압을 약 200[V]로 유지하기 위해서는 고압측의 사용탭은 얼마로 하여야 하는가? (단, 변압기의 정격전압은 6,600/210[V]이다.)

답안 6,270[V]

해설 $V_t = 6{,}600 \times \dfrac{190}{200} = 6{,}270\,[\mathrm{V}]$

문제 04 산업 09년 출제

배점 : 5점

그림과 같은 회로에서 최대전력이 전달되기 위한 권수비($N_1 : N_2$)는?

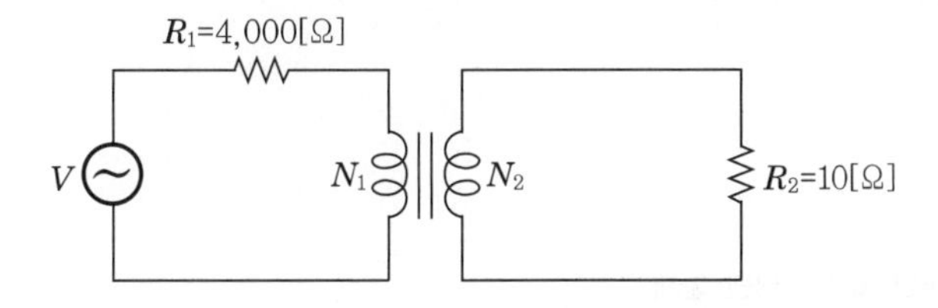

답안 20 : 1

해설 2차측 저항을 1차측으로 환산하면 $R_{21} = a^2 R_2 = 10a^2$

최대전력 전달조건 $R_1 = R_{21}$이므로

$4{,}000 = 10a^2$, 권수비 $a = 20$이다.

$\therefore\ N_1 : N_2 = 20 : 1$

문제 05 산업 90년, 09년, 21년 출제

배점 : 4점

3상 변압기 1차 전압 22,900[V], 2차 전압이 380[V]/220[V]일 때 2차 전압이 370[V]로 측정되어 전압을 높이고자 할 때 탭을 22,900[V]에서 21,900[V]로 변경하면 2차 전압은 몇 [V]인지 구하시오.

답안 386.89[V]

해설 $V_2' = \dfrac{N_1}{N_1'} V_2 = \dfrac{22{,}900}{21{,}900} \times 370 = 386.89\,[\mathrm{V}]$

문제 06 산업 20년 출제

배점 : 5점

단상 변압기의 2차측 탭 전압 105[V] 단자에 1[Ω]의 저항을 접속하고 1차측에 1[A]의 전류를 흘렸을 때 1차측의 단자전압이 900[V]이었다면 다음 각 물음에 답하시오.

(1) 1차측 탭 전압 V_1을 구하시오.
(2) 2차 전류 I_2을 구하시오.

답안 (1) 3,150[V]
(2) 30[A]

해설
(1) $R_1 = \dfrac{V_1}{I_1} = \dfrac{900}{1} = 900[\Omega]$

권수비 $a = \dfrac{V_1}{V_2} = \dfrac{I_2}{I_1} = \sqrt{\dfrac{R_1}{R_2}} = \sqrt{\dfrac{900}{1}} = 30$

따라서 $V_1 = aV_2 = 30 \times 105 = 3{,}150[V]$

(2) 2차 전류 $I_2 = aI_1 = 30 \times 1 = 30[A]$

문제 07 산업 96년, 07년, 13년 출제

배점 : 5점

다음 미완성 도면의 Y-Y 변압기 결선도와 △-△ 변압기 결선도를 완성하시오. (단, 필요한 곳에는 접지를 포함하여 완성시키도록 한다.)

(1) Y-Y

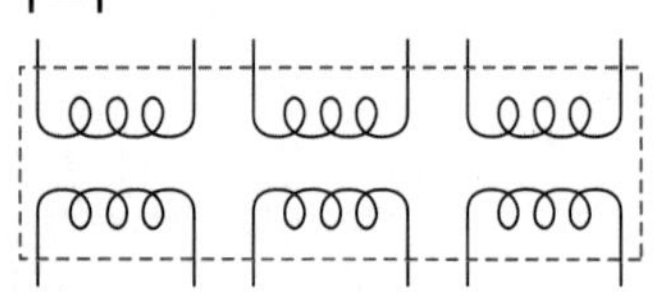

(2) △-△

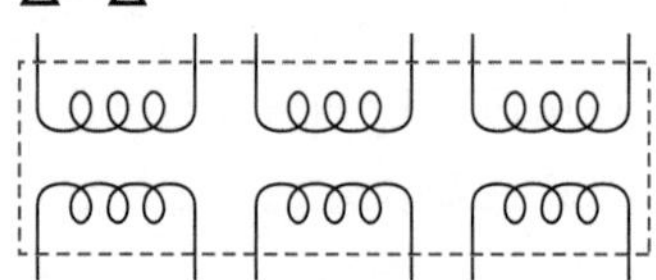

답안 (1)

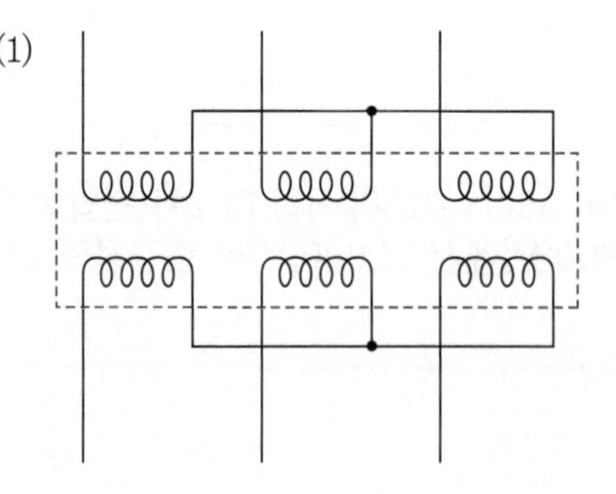

(2)

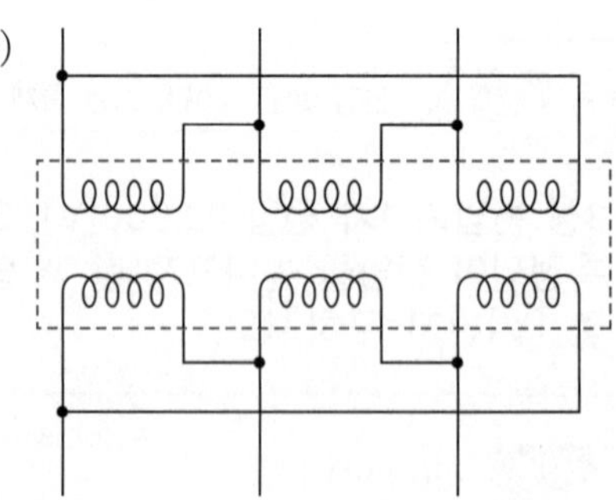

문제 08 산업 95년, 96년, 98년, 22년 출제

배점 : 5점

단상 변압기 3대가 있는 미완성 회로도가 있다. 이것을 1차 Y, 2차 △로 결선하시오.

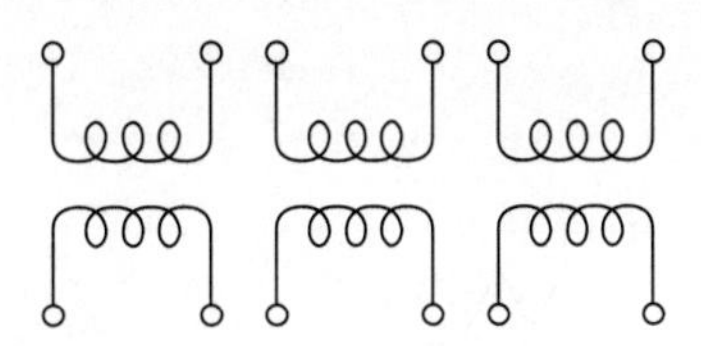

답안

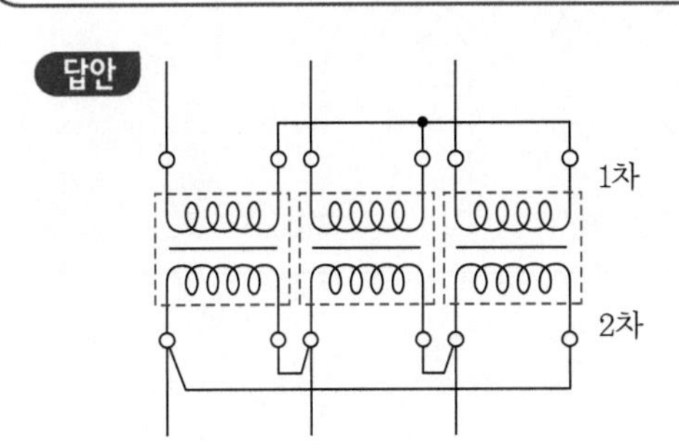

문제 09 산업 18년 출제

배점 : 4점

미완성 부분인 단상 변압기 3대를 △-Y결선하시오.

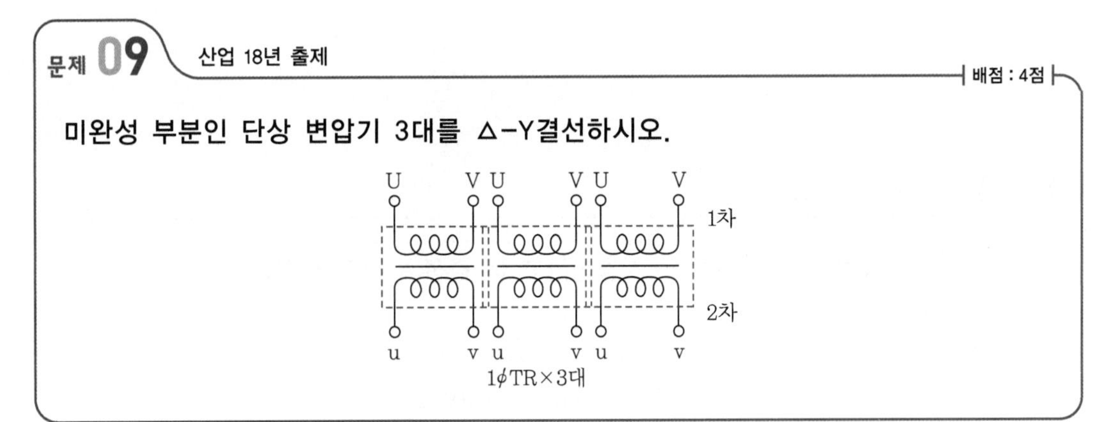

답안

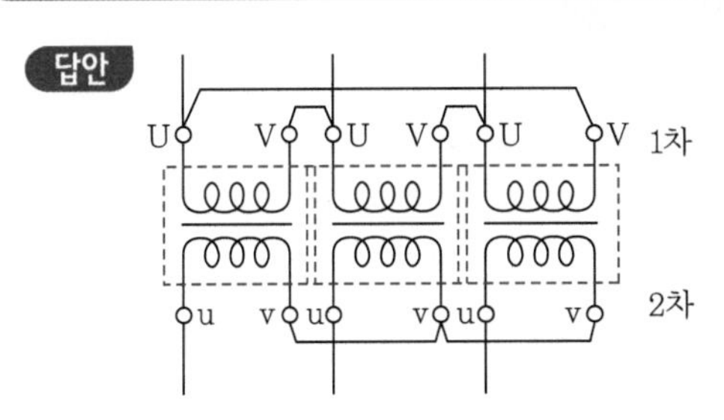

문제 **10** 산업 18년 출제

배점 :

다음 단선도용 심벌을 보고 복선도를 그리시오.

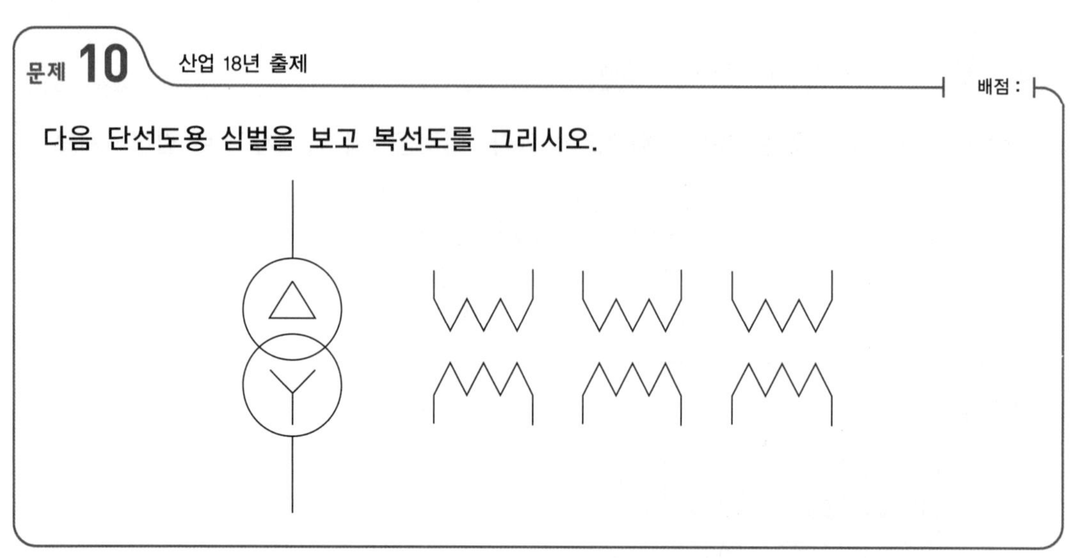

답안

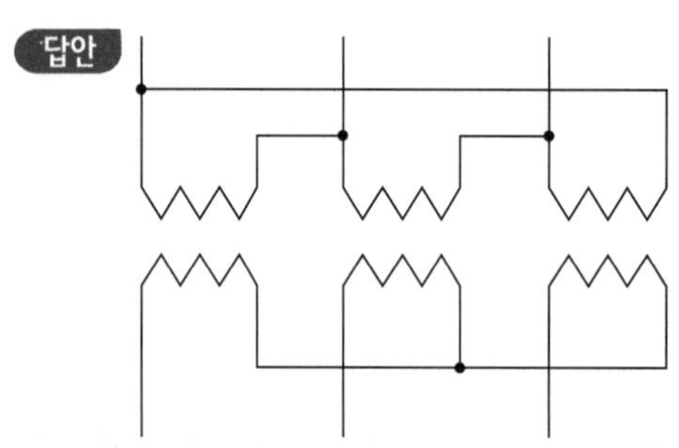

문제 **11** 산업 03년, 14년 출제

배점 : 9점

그림과 같은 단상 변압기 3대를 △-△결선하고 이 결선 방식의 장점과 단점을 3가지씩 설명하시오.

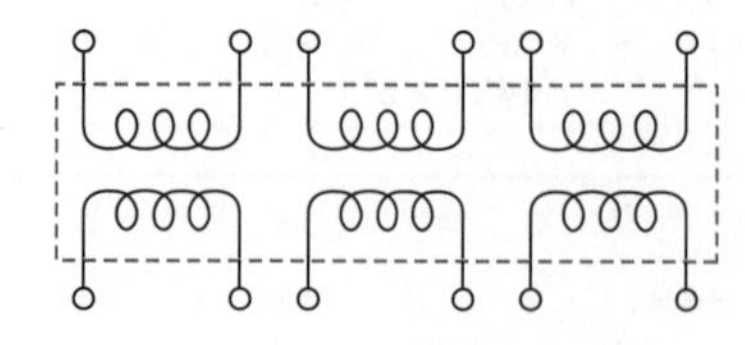

답안

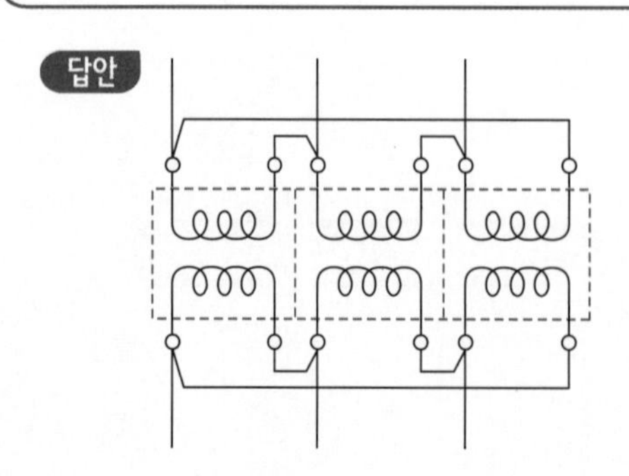

- 장점
  - 제3고조파 전류가 △결선 내를 순환하므로 정현파 교류전압을 유기하여 기전력의 파형이 왜곡되지 않는다.
  - 1대가 고장이 나더라도 나머지 2대로 V결선하여 사용할 수 있다.
  - 각 변압기의 상전류가 선전류의 $\frac{1}{\sqrt{3}}$ 이 되어 대전류에 적합하다.
- 단점
  - 중성점을 접지할 수 없으므로 지락사고의 검출이 곤란하다.
  - 권수비가 다른 변압기를 결선하면 순환전류가 흐른다.
  - 각 상의 임피던스가 다를 경우 3상 부하가 평형이 되어도 변압기의 부하전류는 불평형이 된다.

문제 12 산업 97년, 02년, 07년, 08년, 11년, 12년, 16년 출제

배점 : 10점

그림과 같은 단상 변압기 3대가 있다. 다음 각 물음에 답하시오.

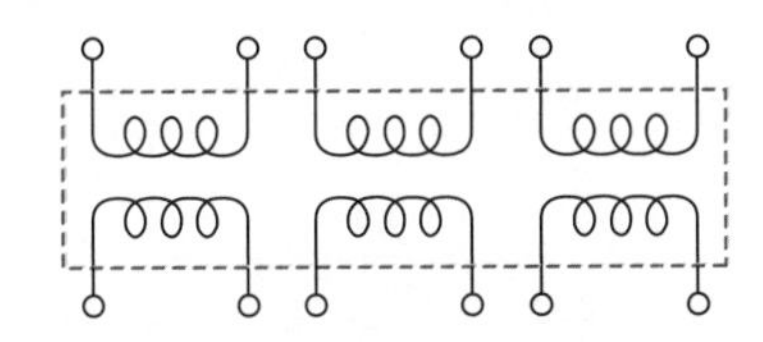

(1) 이 변압기를 주어진 그림에 △-△결선을 하시오.
(2) △-△결선으로 운전하던 중 S상 변압기에 고장이 생겨 이것을 분리하고 나머지 2대로 3상 전력을 공급하고자 한다. 이때의 결선도를 그리고, 이 결선의 명칭을 쓰시오.
 ① 결선도
 ② 명칭
(3) "(2)"에서 변압기 1대의 이용률은 몇 [%]인가?
(4) "(2)"에서와 같이 결선한 변압기 2대의 3상 출력은 △-△결선 시의 변압기 3대의 3상 출력과 비교할 때 몇 [%] 정도 되는가?
(5) △-△결선 시의 장점 2가지만 쓰시오.

답안 (1)

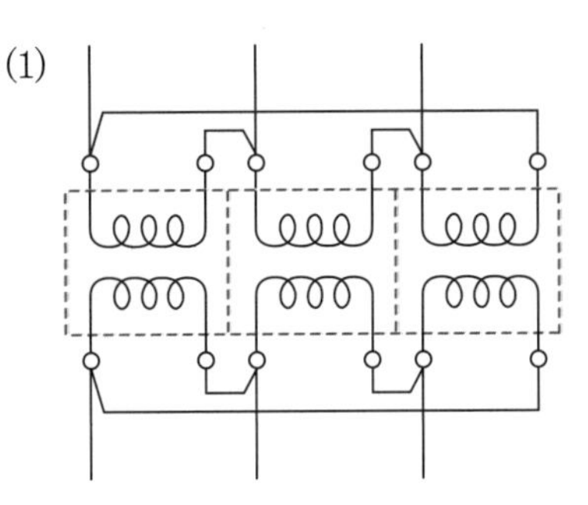

(2) ①

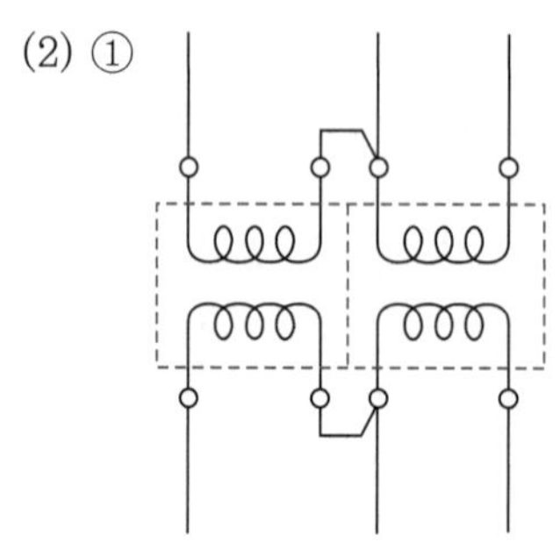

② V-V결선

(3) 86.6[%]

(4) 57.7[%]

(5) • 제3고조파 전류가 △결선 내를 순환하므로 정현파 교류전압을 유기하여 기전력의 파형이 왜곡되지 않는다.
• 1대가 고장이 나더라도 나머지 2대로 V결선하여 사용할 수 있다.
• 각 변압기의 상전류가 선전류의 $\frac{1}{\sqrt{3}}$이 되어 대전류에 적합하다.

해설

(3) $\frac{\sqrt{3}P_1}{2P_1} \times 100 = 86.6[\%]$

(4) $\frac{\sqrt{3}P_1}{3P_1} \times 100 = 57.7[\%]$

문제 13 산업 16년, 19년 출제

배점 : 6점

어느 공장의 수전설비에서 100[kVA] 단상 변압기 3대를 △결선하여 273[kW] 부하에 전력을 공급하고 있다. 단상 변압기 1대가 고장이 발생하여 단상 변압기 2대로 V결선하여 전력을 공급할 경우 다음 물음에 답하시오. (단, 부하역률은 1로 계산한다.)

(1) V결선으로 하여 공급할 수 있는 최대전력[kW]을 구하시오.
(2) V결선된 상태에서 273[kW] 부하 전체를 연결할 경우 과부하율[%]을 구하시오.

답안 (1) 173.21[kVA]
(2) 157.62[%]

해설 (1) $P_v = \sqrt{3}P_1 = \sqrt{3} \times 100 = 173.21[\text{kVA}]$

(2) 과부하율$= \frac{273}{100\sqrt{3}} \times 100 = 157.62[\%]$

문제 14 산업 13년, 22년 출제

배점 : 5점

어느 3상 동력부하를 단상 변압기 3대를 이용하여 Δ-Δ결선으로 전원을 공급하고 있다. 단상 변압기 1대의 용량은 150[kVA]이며 운전 중 1대가 고장이 발생하였다. 다음 물음에 답하시오.

(1) 변압기 2대로 3상 전력을 공급하기 위하여 변압기는 어떤 결선을 하는가?
(2) 변압기 2대로 3상 전력을 공급할 때 변압기의 이용률은 몇 [%]인가?
(3) 변압기 2대를 이용한 3상 출력을 Δ-Δ결선한 변압기 3대의 3상 출력과 비교할 때 출력비[%]를 구하시오.

답안 (1) V-V결선
(2) 86.6[%]
(3) 57.7[%]

해설
(2) $\frac{\sqrt{3}P_1}{2P_1} = 0.866 \quad \therefore \ 86.6[\%]$

(3) $\frac{P_V}{P_{DEL}} = \frac{\sqrt{3}P_1}{3P_1} = 0.577 \quad \therefore \ 57.7[\%]$

문제 15 산업 13년 출제

배점 : 3점

용량이 5[kVA]인 변압기 2대를 가지고 V결선하여 3상 평형부하에 몇 [kVA]의 전력을 공급할 수 있는지 구하시오.

답안 8.66[kVA]

해설 $P = \sqrt{3} \times 5 = 8.66[\text{kVA}]$

문제 16 산업 94년, 04년, 13년 출제

배점 : 5점

500[kVA] 단상 변압기 3대로 Δ-Δ결선의 1뱅크로 하여 사용하고 있는 변전소가 있다. 지금 부하의 증가로 동일한 용량의 단상 변압기를 추가하여 운전하려고 할 때, 다음 물음에 답하시오.

(1) 3상의 최대부하에 대응할 수 있는 결선법은 무엇인가?
(2) 최대 몇 [kVA]의 3상 부하에 대응할 수 있겠는가?

답안 (1) V-V결선 2뱅크

(2) 1,732.05[kVA]

해설 (2) $P=2P_1=2\times\sqrt{3}\times 500=1,732.05[\text{kVA}]$

문제 17 산업 00년, 03년 출제

배점 : 5점

그림과 같이 3상 3선식 6,600[V] 비접지 고압선로로부터 전등, 전열 등 단상 부하와 3상 부하를 함께 공급하기 위한 동력과 전등 공용 변압기 결선을 20[kVA] 단상 변압기 2대로 V결선하고 이 때 필요한 보호설비와 접지를 그리시오. (단, 기기의 규격은 생략한다.)

6,600[V]

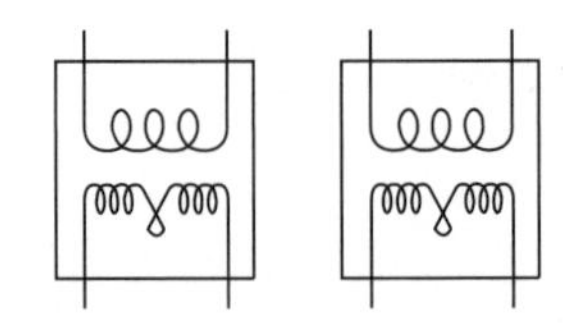

답안

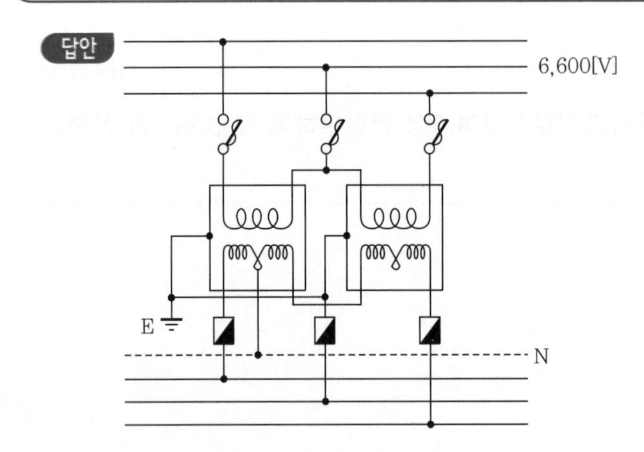

문제 18 산업 20년 출제

배점 : 5점

100[kVA]의 단상 변압기 3대를 Y-△로 접속하고 2차 △의 1상에만 전등부하를 접속하여 사용할 때 몇 [kVA]까지 부하를 걸 수 있는지 구하시오.

답안 150[kVA]

해설 3상 변압기에 단상 부하를 걸면 단상 변압기 1대 용량의 $\frac{3}{2}$배까지 걸 수 있다.

$$P = \frac{3}{2} \times P_1 = \frac{3}{2} \times 100 = 150[\text{kVA}]$$

문제 19 산업 94년, 02년, 21년 출제

배점 : 5점

부하집계 결과 A상 부하 25[kVA], B상 부하 33[kVA], C상 부하 19[kVA]로 나타났다. 여기에 3상 부하 20[kVA]를 연결하여 사용할 경우, 3상 변압기 표준용량을 선정하시오.

3상 변압기 표준용량[kVA]							
50	75	100	150	200	300	400	500

답안 150[kVA] 선정

해설 1상당 최대 부하 $P_1 = 33 + \frac{20}{3} = 39.67[\text{kVA}]$

3상 변압기는 각 상이 모두 같은 용량이 되어야 하므로

$\therefore\ P_3 = 39.67 \times 3 = 119.01[\text{kVA}]$

문제 20 산업 15년 출제

배점 : 5점

정격출력 37[kW], 역률 0.8, 효율 0.82로 운전되는 3상 유도전동기가 있다. 여기에 V결선의 변압기로 전원을 공급하고자 할 때 변압기 1대의 최소 용량은 몇 [kVA]인지 구하시오.

답안 32.56[kVA]

해설 변압기 1대 용량

$$P_1 = \frac{P_v[\text{kVA}]}{\sqrt{3}} = \frac{P[\text{kW}]}{\sqrt{3} \times \cos\theta \times \eta}$$

$$= \frac{37}{\sqrt{3} \times 0.8 \times 0.82} = 32.56[\text{kVA}]$$

문제 21 산업 19년 출제 | 배점 : 5점

주파수 60[Hz], 정격용량 50[kVA], 권수비가 6,600/210[V]인 변압기에서 임피던스 전압 170[V]를 인가할 때 임피던스 와트는 700[W]이다. 이 변압기에 역률 0.8(뒤진)의 정격 부하를 걸었을 때 전압변동률은 몇 [%]인가?

답안 2.42[%]

해설

%임피던스 강하 $z=\dfrac{V_s}{V_{1n}}\times 100=\dfrac{170}{6{,}600}\times 100=2.58[\%]$

%저항 강하 $p=\dfrac{P_s}{P_n}\times 100=\dfrac{700}{50\times 10^3}\times 100=1.4[\%]$

%리액턴스 강하 $q=\sqrt{z^2-p^2}=\sqrt{2.58^2-1.4^2}=2.17[\%]$

따라서 전압변동률 $\varepsilon=p\cos\phi+q\sin\phi=1.4\times 0.8+2.17\times 0.6=2.42[\%]$

문제 22 산업 08년, 14년, 15년 출제 | 배점 : 5점

200[kVA]의 단상 변압기가 있다. 철손은 1.6[kW]이고, 전부하 동손은 2.4[kW]이다. 역률 80[%]에서의 최대 효율을 계산하시오.

답안 97.61[%]

해설

최대 효율 시 부하 $m=\sqrt{\dfrac{P_i}{P_c}}=\sqrt{\dfrac{1.6}{2.4}}=0.8165$

따라서 최대 효율 $\eta_m=\dfrac{200\times 0.8\times 0.8165}{200\times 0.8\times 0.8165+1.6\times 2}\times 100=97.61[\%]$

최대 효율 조건 $P_i=m^2P_c$에서

최대 효율이 나타나는 부하 $m=\sqrt{\dfrac{P_i}{P_c}}$

효율 $\eta=\dfrac{m\,VI\cos\theta}{m\,VI\cos\theta+P_i+m^2P_i}\times 100$

문제 23 산업 08년, 13년 출제

배점 : 5점

전부하에서 동손 100[W], 철손 50[W]인 변압기에서 최대 효율을 나타내는 부하는 몇 [%]인가?

답안 70.71[%]

해설

$$m = \sqrt{\frac{P_i}{P_c}} \times 100 = \sqrt{\frac{50}{100}} \times 100 = 70.71[\%]$$

문제 24 산업 08년, 14년 출제

배점 : 5점

철손과 동손이 같을 때 변압기 효율은 최고로 된다. 단상 220[V], 50[kVA]의 변압기의 정격전압이 철손은 10[W], 전부하에서 동손 160[W]이면 효율이 가장 크게 되는 것은 몇 [%] 부하일 때인가?

답안 25[%]

해설

$$m = \sqrt{\frac{P_i}{P_c}} \times 100 = \sqrt{\frac{10}{160}} \times 100 = 25[\%]$$

문제 25 산업 14년, 19년 출제

배점 : 6점

용량 30[kVA]의 단상 주상 변압기가 있다. 이 변압기의 어느 날 부하가 30[kW]로 4시간, 24[kW]로 8시간 및 8[kW]로 10시간이었다고 할 경우, 이 변압기의 일부하율 및 전일효율을 구하시오. (단, 부하의 역률은 1, 변압기의 전부하 동손은 500[W], 철손은 200[W]이다.)

(1) 일부하율
(2) 전일효율

답안 (1) 54.44[%]
(2) 97.58[%]

해설 (1) 일부하율$=\dfrac{(30\times4+24\times8+8\times10)/24}{30}\times100=54.44[\%]$

(2) 출력 $P=30\times4+24\times8+8\times10=392[\text{kWh}]$

철손 $P_i=0.2\times24=4.8[\text{kWh}]$

동손 $P_c=0.5\times\left\{\left(\dfrac{30}{30}\right)^2\times4+\left(\dfrac{24}{30}\right)^2\times8+\left(\dfrac{8}{30}\right)^2\times10\right\}=4.92[\text{kWh}]$

전일효율 $\eta=\dfrac{392}{392+4.8+4.92}\times100=97.58[\%]$

문제 26

산업 17년 출제

배점 : 6점

어느 단상 변압기의 2차 정격전압은 2,300[V], 2차 정격전류는 43.5[A], 2차측으로부터 본 합성저항이 0.66[Ω], 무부하손이 1,000[W]이다. 전부하 시 역률이 100[%] 및 80[%]일 때의 효율을 각각 계산하시오.

(1) 전부하 시 역률 100[%]일 때의 효율[%]
(2) 전부하 시 역률 80[%]일 때의 효율[%]

답안 (1) 97.8[%]

(2) 97.27[%]

해설 (1) 역률 100[%]일 때의 효율

$$\eta_{100}=\frac{2,300\times43.5\times1}{2,300\times43.5\times1+1,000+43.5^2\times0.66}\times100=97.8[\%]$$

(2) 역률 80[%]일 때의 효율

$$\eta_{80}=\frac{2,300\times43.5\times0.8}{2,300\times43.5\times0.8+1,000+43.5^2\times0.66}\times100=97.27[\%]$$

전부하 시 효율 $\eta=\dfrac{VI\cos\theta}{VI\cos\theta+P_i+P_c}\times100[\%]$

동손 $P_c=I^2R[\text{W}]$

문제 27 산업 04년, 12년, 17년, 20년 출제

배점 : 5점

50[kVA]의 변압기가 그림과 같은 부하로 운전되고 있다. 오전에는 역률 85[%]로, 오후에는 100[%]로 운전된다고 하면 전일효율은 몇 [%]가 되겠는가? (단, 이 변압기의 철손은 6[kW], 전부하 시 동손은 10[kW]라 한다.)

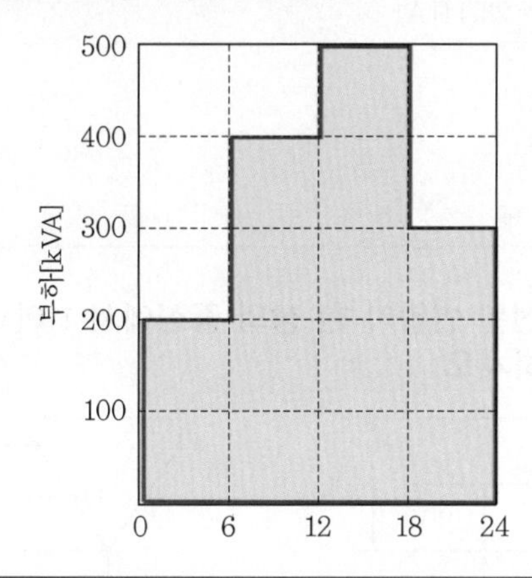

답안 96.64[%]

해설 출력 $P = (200\times 6\times 0.85) + (400\times 6\times 0.85) + (500\times 6\times 1) + (300\times 6\times 1) = 7{,}860[\text{kWh}]$

철손 $P_i = 6\times 24 = 144[\text{kWh}]$

동손 $P_c = \left\{\left(\frac{200}{500}\right)^2 + \left(\frac{400}{500}\right)^2 + \left(\frac{500}{500}\right)^2 + \left(\frac{300}{500}\right)^2\right\}\times 6\times 10 = 129.6[\text{kWh}]$

전일효율 $\eta = \frac{7{,}860}{7{,}860 + 144 + 129.6}\times 100 = 96.64[\%]$

문제 28 산업 04년, 15년 출제

배점 : 6점

그림과 같은 탭(tap) 전압 1차측이 3,150[V], 2차측이 210[V]인 단상 변압기에서 전압 V_1을 V_2로 승압하고자 한다. 이 때 다음 각 물음에 답하시오.

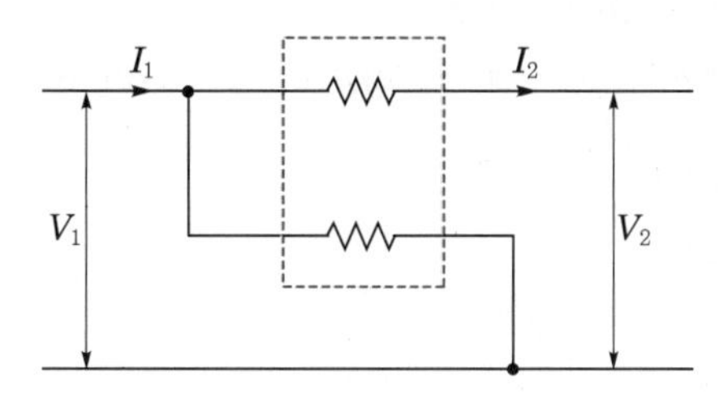

(1) V_1이 3,000[V]인 경우, V_2는 몇 [V]가 되는가?

(2) I_1이 25[A]인 경우 I_2는 몇 [A]가 되는가? (단, 변압기의 임피던스, 여자전류 및 손실은 무시한다.)

답안 (1) 3,200[V]
(2) 23.44[A]

해설 (1) $V_2 = 3{,}000 \times \left(1 + \frac{210}{3{,}150}\right) = 3{,}200[\text{V}]$

(2) $V_2 = \frac{3{,}000 \times 25}{3{,}200} = 23.44[\text{A}]$

문제 29 산업 09년, 21년 출제 배점 : 6점

그림과 같이 V결선과 Y결선된 변압기 한 상의 중심에서 110[V]를 인출하여 사용하고자 한다. 다음 각 물음에 답하시오.

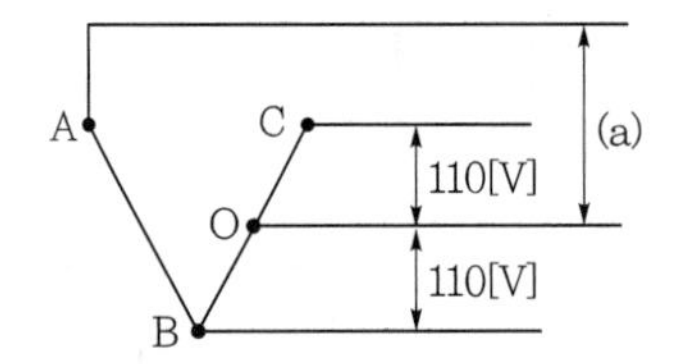

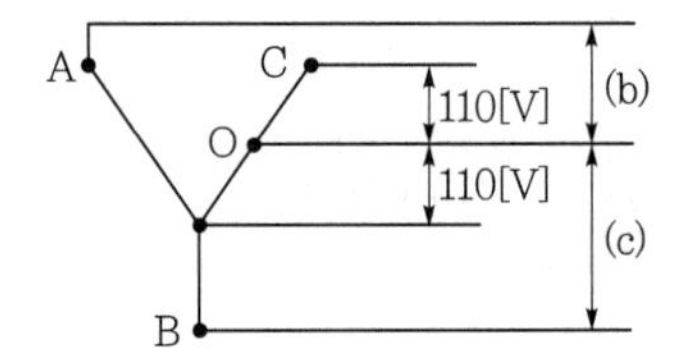

(1) 그림에서 (a)의 전압을 구하시오.
(2) 그림에서 (b)의 전압을 구하시오.
(3) 그림에서 (c)의 전압을 구하시오.

답안 (1) 190.53[V]
(2) 291.03[V]
(3) 291.03[V]

해설 (1) $V_{AO} = 220\angle 0° + 110\angle -120°$

$= 220(\cos 0° + j\sin 0°) + 110\left\{\cos\left(1 - \frac{2\pi}{3}\right) + j\sin\left(-\frac{2\pi}{3}\right)\right\}$

$= 220 + (-55 - j55\sqrt{3})$

$= 190.53[\text{V}]$

(2) $V_{AO} = 110\angle 120° - 220\angle 0°$

$= 110(\cos 120° + j\sin 120°) - 220(\cos\angle 0° + j\sin\angle 0°)$

$= 110\left(-\frac{1}{2} + j\frac{\sqrt{3}}{2}\right) - 220$

$= 291.03[\text{V}]$

(3) $V_{BO} = 110\angle 120° - 220\angle -120°$

$= 110(\cos 120° + j\sin 120°) - 220(\cos\angle -120° + j\sin\angle -120°)$

$= 110\left(-\frac{1}{2} + j\frac{\sqrt{3}}{2}\right) - 220\left(-\frac{1}{2} - j\frac{\sqrt{3}}{2}\right)$

$= 55 + j165\sqrt{3}$

$= 291.03[\text{V}]$

문제 30 산업 13년 출제 | 배점 : 5점 |

전압비가 3,300/220[V]인 단권 변압기 2대를 V결선으로 해서 부하에 전력을 공급하고자 한다. 공급할 수 있는 최대용량은 자기용량의 몇 배인가?

답안 13.86배

해설
$$자기용량 = 부하용량 \times \frac{2}{\sqrt{3}} \times \frac{e_2}{E_2}$$
$$부하용량 = 자기용량 \times \frac{\sqrt{3}}{2} \times \frac{E_2}{e_2}$$
$$= 자기용량 \times \frac{\sqrt{3}}{2} \times \frac{3,300+220}{220}$$
$$= 자기용량 \times 13.86$$
※ $\frac{자기용량}{부하용량} = \frac{1}{0.866} \times \frac{V_h - V_l}{V_h}$
$$부하용량 = 자기용량 \times 0.866 \times \frac{V_h}{V_h - V_l} = 자기용량 \times 0.866 \times \frac{3,520}{3,520-3,300}$$
$$= 자기용량 \times 13.86$$

문제 31 산업 16년 출제 | 배점 : 5점 |

변압기 2차측 단락전류 억제대책을 고압회로와 저압회로로 나누어서 간략하게 쓰시오.

(1) 고압회로의 억제대책(2가지)
(2) 저압회로의 억제대책(3가지)

답안 (1) 계통분할방식, 계통전압 격상
(2) 고임피던스 기기 사용, 한류 리액터 설치, 계통연계

해설 **단락전류 억제대책**
(1) 고임피던스 기기의 채용
변압기, 발전기 등의 임피던스를 현재 사용 중인 10[%]에서 13~17[%]로 높인다.
(2) 한류 리액터의 채용
한류 리액터를 적용 시에는 무효전력손실, 전압조정문제, 안정도 및 계통의 보호방식 등 문제를 충분히 고려할 것

(3) 계통분할방식
단락전류의 증대를 피하기 위해서 변전소 모선을 분할하여 계통을 분리하고 송전선 루프 회선수를 줄이는 방법
(4) 계통전압의 격상
- 가장 합리적이고 현실적인 방법
- $P=VI\cos\theta$ 에서 V가 높아지면 I가 작아져 I_s가 작아진다.
  $\left(I_s=\frac{100}{\%Z}I\right)$
- 승압에 따른 기간계통의 건설비 증대(관련 전력설비의 절연내력 향상이 요구됨)

문제 32 산업 05년, 09년 출제 | 배점 : 7점 |

변압기 설비에 대한 다음 각 물음에 답하시오.

(1) 22.9[kV-Y] 배전용 주상 변압기의 1차측이 22.9[kV]인 경우 2차측은 220[V]이다. 저압측을 20[V]로 하려면 1차측은 어느 탭 전압에 접속하는 것이 가장 적당한가? (단, 탭 전압은 20,000[V], 21,000[V], 22,000[V], 23,000[V], 24,000[V]이다.)
(2) H종 절연 건식 변압기는 백화점, 병원, 극장, 지하상가 등 화재가 발생했을 때 더 큰 사고로의 진전을 방지하기 위하여 주로 많이 사용되고 있다. 이 변압기의 주요 특성으로 장점 3가지만 쓰시오.
(3) H종 절연 건식 변압기를 설치하면 이 변압기는 유입식 변압기에 비하여 충격파 내전압이 작기 때문에, 계통에 서지가 발생될 경우를 예상하여 어떤 것을 설치할 필요가 있는가?

답안 (1) 탭 전압은 24,000[V]가 적당하다.
(2) • 소형, 경량화 할 수 있다.
• 절연 신뢰도가 높다.
• 난연성, 자기소화성으로 화재의 발생이나 연소의 우려가 적어 안정성이 높다.
(3) 서지흡수기

해설 (1) • 변압기 권수비
$$a=\frac{22,900}{220}$$
• 2차측 전압을 210[V]로 하기 위한 권수비
$$a'=\frac{22,900}{210}$$
• 변압기 1차측 탭 전압
$$V_1'=a'N_2=\frac{22,900}{210}\times 220=23,990.47[\text{V}]$$

문제 **33** 산업 98년, 06년 출제

배점 : 6점

변압기에 사용되는 절연유의 구비조건 4가지만 쓰시오.

답안
- 점도가 낮고 비열이 커서 냉각효과가 클 것
- 절연내력이 클 것
- 인화점이 높고 응고점이 낮을 것
- 절연물과 화학작용이 없어야 하며, 고온에서 불용성 침전물이 생기지 않을 것

문제 **34** 산업 12년, 15년 출제

배점 : 3점

다음은 변압기 절연유의 열화방지를 위한 습기제거장치로서 실리카 겔(흡습제)과 절연유가 주입되는 2개의 용기로 이루어져 있고, 변압기 절연유 탱크에 연결되어 있다. 하부에 부착된 용기는 외부공기와 직접적인 접촉을 막아주기 위한 용기로 표시된 눈금(용기의 2/3 정도)까지 절연유를 채워 관리하는 아래 그림과 같은 변압기 부착물의 명칭을 쓰시오.

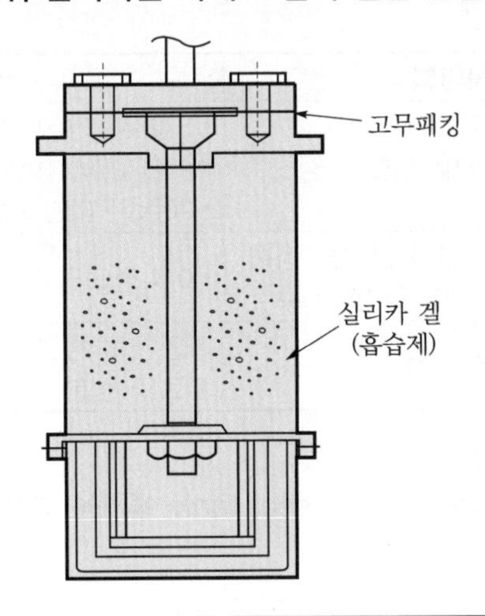

답안 흡습호흡기

문제 **35** 산업 97년, 01년 출제

배점 : 5점

최근에는 건식 변압기가 많이 사용되고 있지만 아직도 유입 변압기가 일반적으로 사용되고 있는데 유입 변압기에는 흡습제가 있어 습기의 유입을 방지하고 있다. 다음 각 물음에 답하시오.

(1) 흡습제로 사용되는 재료명은 무엇인가?
(2) 흡습제의 원색은 어떤 색인가?

답안 (1) 실리카 겔(silica gel)
(2) 청백색(흡습을 하게 되면 분홍색으로 변한다.)

문제 **36** 산업 96년, 99년 출제

배점 : 9점

다음은 유입 변압기의 절연유 열화에 관한 표와 변압기 그림의 일부분이다. 다음 각 물음에 답하시오.

검사항목	검사방법	판정법	조 치
절연유 파괴 전압측정	(①)[mm] 갭에 의한 측정	• (②)[kV] 이상 – 양호 • (②)[kV] 미만~20[kV] – 보통 • 20[kV] 미만 – 불량	절연유 교체 혹은 여과
(③)	절연유 1[g] 중의 산성 물질을 정화하는데 필요한 KOH의 [mg] 수	• 0.5 정도의 Sludge 석출	
(④)	성분 분석	가연가스 총량치 혹은 기설 분석 자료와 성분 패턴의 급격 변화	

(1) 표의 ①~④를 채우시오.
(2) 그림은 절연유 열화방지를 위한 oil seal tank 설치용 변압기이다. 각 부위(①~④)에 채워져 있는 물질명을 쓰시오.

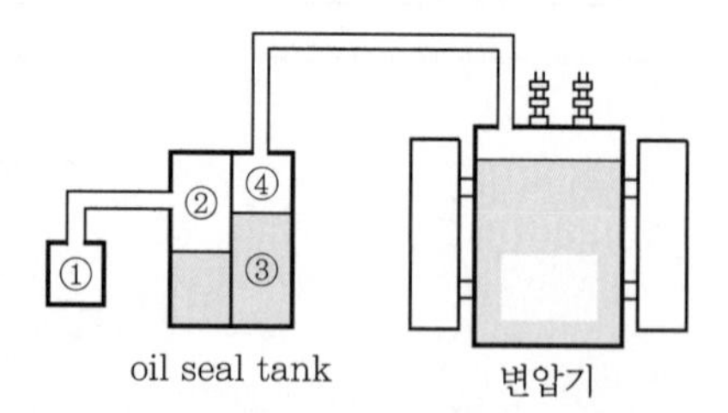

(3) 그림에서 ③, ④를 넣는 이유에 대하여 간단히 설명하시오.

답안 (1) ① 2.5[mm]
② 30[kV]
③ 산가측정
④ 절연유 가스 분석

(2) ① 여과지 및 흡습제(실리카 겔)
② 공기
③ 절연유
④ 질소

(3) ③ 절연유 : 질소와 공기의 접촉을 차단하고 질소가 대기 중으로 방출되는 것을 방지하기 위하여
④ 질소 : 절연유와 공기와의 접촉을 차단하여 흡습 및 산화에 의한 절연유의 열화를 방지하기 위하여

문제 37 산업 15년 출제

배점 : 5점

다음에서 ①~③에 알맞은 내용을 답란에 쓰시오.

> 회로의 전압은 주로 변압기의 자기포화에 의하여 변형이 일어나는데 (①)을(를) 접속함으로서 이 변형이 확대되는 경우가 있어 전동기, 변압기 등의 소음증대, 계전기의 오동작 또는 기기의 손실이 증대되는 등의 장해를 일으키는 경우가 있다. 그러기 때문에 이러한 장해의 발생 원인이 되는 전압파형의 찌그러짐을 개선할 목적으로 (①)와(과) (②)로(으로) (③)을(를) 설치한다.

답안 ① 진상콘덴서
② 직렬
③ 리액터

문제 38 산업 06년 출제

배점 : 5점

변압기를 과부하로 운전할 수 있는 조건을 5가지만 요약하여 쓰시오.

답안
- 주위 온도가 저하되었을 때
- 온도 상승 시험 기록에 의해 미달되었을 경우
- 단시간 사용하는 경우
- 부하율이 저하되었을 경우
- 여러 가지 조건이 중복되었을 경우

문제 39

산업 08년, 10년, 15년 출제

배점 : 5점

변압기의 고장(소손) 원인 5가지만 쓰시오.

답안
- 변압기의 고·저압 권선의 혼촉
- 권선의 층간 및 상간 단락
- 이상전압 내습 시에 의한 절연파괴
- 변압기의 과부하전류
- 지락 및 단락사고에 의한 과전류
- 절연물 및 절연유의 열화에 의한 절연내력 저하
- 부싱의 파손 및 염해 등

문제 40

산업 10년, 12년, 18년 출제

배점 : 5점

유입 변압기와 비교한 몰드 변압기의 장점 5가지를 쓰시오.

답안
- 자기 소화성이 우수하므로 화재의 염려가 없다.
- 소형 경량화 할 수 있다.
- 전력손실이 감소한다.
- 코로나 특성 및 임펄스 강도가 높다.
- 습기, 가스, 염분 및 소손 등에 대해 안전하다.
- 보수 및 점검이 용이하다.
- 저진동 및 저소음 기기이다.
- 단시간 과부하 내량이 크다.

문제 41

산업 10년, 12년, 13년, 18년, 19년 출제

배점 : 6점

유입 변압기와 비교하였을 때 몰드 변압기의 장·단점 3가지씩 적으시오.

(1) 장점
(2) 단점

답안 (1) • 자기 소화성이 우수하므로 화재의 염려가 없다.
• 소형 경량화 할 수 있다.
• 보수 및 점검이 용이하다.
(2) • 가격이 비싸다.
• 충격파 내전압이 낮다.
• 수지층에 차폐물이 없으므로 운전 중 코일 표면과 접촉하면 위험하다.

해설 몰드 변압기는 종래의 유입식 및 건식 변압기의 문제점을 해결하기 위해 코일을 에폭시 수지로 Mold한 고체절연방식의 변압기를 말한다.
(1) 외의 장점으로는 다음과 같다.
• 코로나 특성 및 임펄스 강도가 높다.
• 습기, 가스, 염분 및 소손 등에 대해 안정하다.
• 저진동 및 저소음이다.
• 단시간 과부하 내량이 크다.
• 전력손실이 적다.

문제 42 산업 17년 출제

배점 : 4점

전력용 몰드 변압기의 이상현상 중 열화 원인 4가지만 적으시오.

답안 • 열적 열화
• 전계 열화
• 응력 열화
• 환경 열화

문제 43 산업 13년 출제

배점 : 5점

다중 접지계통에서 수전 변압기를 단상 2부싱 변압기로 Y-Δ 결선하는 경우에는 1차측 중성점은 접지하지 않고 부동(Floating)시켜야 하는 데 그 이유에 대하여 설명하시오.

답안 지락 또는 단락 등에 의해서 결상이 발생하는 경우 건전상의 전위상승이 평상시보다 $\sqrt{3}$ 배가 증대하여 기기가 소손될 가능성이 있기 때문이다.

문제 44 산업 15년 출제

배점 : 5점

변압기의 임피던스 전압에 대하여 설명하시오.

답안 정격전류가 흐를 때 변압기 내의 전압강하이다.

해설 **임피던스 전압**

변압기 2차를 단락하고 1차에 저전압을 가하여 1차 단락전류를 측정한다. 이때 1차 단락전류가 1차 정격전류와 같게 될 때 1차에 가한 전압을 임피던스 전압이라고 한다.

문제 45 산업 15년 출제

배점 : 5점

조명용 변압기의 주요 사양이 다음과 같을 때, 변압기 2차측의 단락전류[kA]를 구하시오. (단, 전원측 %임피던스는 무시한다.)

[조건]
- 상수 : 단상
- 용량 : 50[kVA]
- 전압 : 3.3[kV]/220[V]
- %임피던스 : 3[%]

답안 7.58[kA]

해설

$$I_s = \frac{100}{3} \times \frac{50 \times 10^3}{220} \times 10^{-3} = 7.58[\text{kA}]$$

문제 46 산업 13년 출제

배점 : 5점

일단접지 변압기를 22.9[kV] 선로에 Y-Δ결선으로 사용하는 경우, 1차측의 중성점을 접지하지 않은 이유에 대하여 설명하시오.

답안 중성점 접지하여 운전 중 1상 결상이 발생할 경우 역 V결선으로 되어 변압기 소손의 위험이 있다.

04 CHAPTER 조명설비

기출개념 01 조명의 기초

(1) 복사

전자파로서 공간에 전파되는 현상 또는 그 에너지를 복사라 하며, 단위시간당 복사되는 에너지를 복사속이라 한다.

(2) 시감도

전자파가 빛으로 느껴지는 정도를 시감도라 하며, 파장의 범위는 380~760[nm]이고 최대 시감도는 680[lm/W], 파장은 555[nm](5,550[Å])이다.

기출개념 02 측광량의 정의

(1) 광속 : F[lm](lumen)

복사에너지를 시감도에 따라 측정한 값, 즉 광원으로부터 발산되는 빛의 양이다.

(2) 광도 : I[cd](candela)

광원에서 어떤 방향에 대한 단위입체각당 발산 광속이다.

$$I = \frac{dF}{d\omega}\,[\mathrm{cd}]$$

여기서, ω : 입체각(sterad)

(3) 조도 : E[lx](lux)

어떤 면의 단위면적에 대한 입사광속, 즉 피조면의 밝기를 말한다.

$$E = \frac{dF}{dA}\,[\mathrm{lx}]$$

(4) 휘도 : B[nt, sb](nit, stilb)

광원의 임의의 방향에서 바라본 단위투영면적당의 광도, 즉 눈부심의 정도이다.

$$B = \frac{dI}{dA\cos\theta}\,[\text{cd/m}^2 = \text{nt}]$$

※ 보조단위는 $[\text{cd/cm}^2 = \text{sb}]$

(5) 광속발산도 : R[rlx](radlux)

발광면의 단위면적당 발산광속이다.

$$R = \frac{dF}{dA}\,[\text{rlx}]$$

(6) 전등효율 : η[lm/W]

전등의 소비전력에 대한 발산광속의 비를 전등의 효율이라 한다.

$$\eta = \frac{F}{P}\,[\text{lm/W}]$$

기출개념 03 조도와 광도

1 거리 역제곱의 법칙

조도는 광도에 비례하고, 거리의 제곱에 반비례한다.

$$E = \frac{I}{l^2}\,[\text{lx}]$$

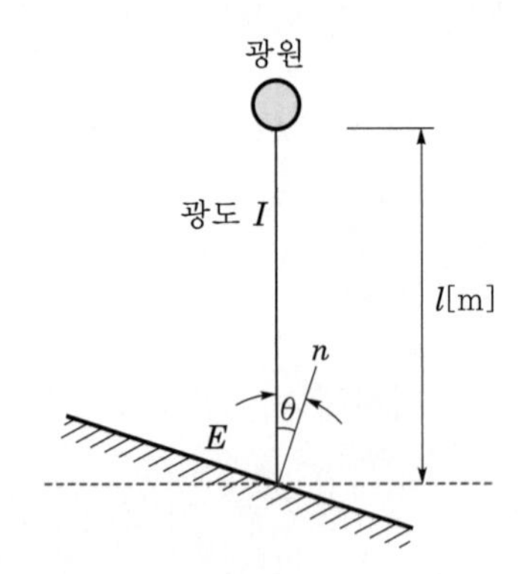

2 입사각 코사인(cosin)의 법칙

$$E= \frac{I}{l^2}\cos\theta\,[\text{lx}]$$

3 조도의 분류

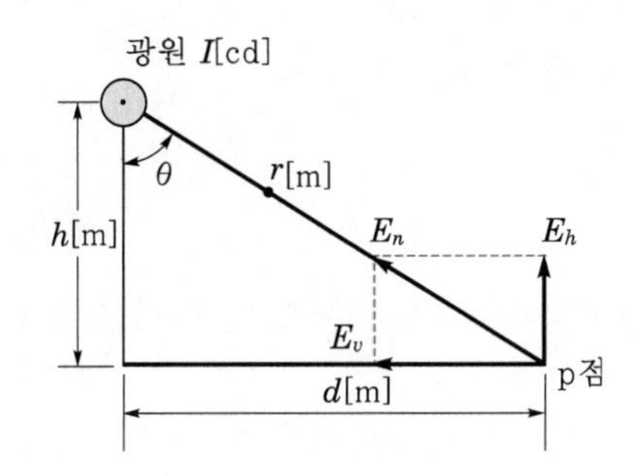

(1) **법선 조도** : E_n

$$E_n= \frac{I}{r^2}\,[\text{lx}]$$

(2) **수평면 조도** : E_h

$$E_h= E_n\cos\theta= \frac{I}{r^2}\cos\theta= \frac{I}{h^2+d^2}\cos\theta\,[\text{lx}]$$

(3) **수직면 조도** : E_v

$$E_v= E_n\sin\theta= \frac{I}{r^2}\sin\theta= \frac{I}{h^2+d^2}\sin\theta\,[\text{lx}]$$

4 광도와 광속

(1) **구 광원** : $F=4\pi I\,[\text{lm}]$

(2) **원통 광원** : $F=\pi^2 I\,[\text{lm}]$

(3) **면 광원** : $F=\pi I\,[\text{lm}]$

5 휘도와 광속발산도

완전 확산면에서 휘도 $B\,[\text{cd/m}^2]$와 광속발산도 $R\,[\text{rlx}]$ 사이에는 다음의 관계식이 성립한다.

$$R= \pi B\,[\text{rlx}]$$

6 조명률 : U

광원에서 발산되는 총 광속에 대한 작업면의 입사광속의 비로써 실지수와 천장, 벽, 바닥의 반사율에 의해 결정된다.

$$U = \frac{F}{F_o} \times 100\,[\%]$$

여기서, F : 작업면의 입사광속[lm]
F_o : 광원의 총광속[lm]

7 감광보상률 : D

① 조명시설의 사용연수경과에 따른 광속 및 반사율의 감소에 여유를 준 값이며, 감광보상률의 역수를 보수율(M) 또는 유지율이라 한다.
② 감광보상률은 전등기구의 보수상태에 따라 1.3~1.8 정도이다.

8 총소요광속 : F_o

$$F_o = NF = \frac{EAD}{U}\,[\mathrm{lm}]$$

9 광원의 크기 : P

광원 1등당 소요광속을 구하고 등기구의 특성(표)에서 광원의 크기를 정한다.

$$F = \frac{F_o}{N} = \frac{EAD}{NU} = \frac{EA}{NUM}\,[\mathrm{lm}]$$

여기서, F_o : 총광속
F : 등당 광속
N : 광원(등)의 수
E : 수평면의 평균 조도
A : 방의 면적
U : 조명률
D : 감광보상률
M : 보수율(유지율)

10 도로조명설계

도로의 번화한 정도(상업, 교통량, 주택가)에 따라 조도를 정하여 광원의 종별 및 조명기구의 배치방법을 결정한다.

(1) 조명기구의 배치방법

① 도로 양쪽의 대칭배열

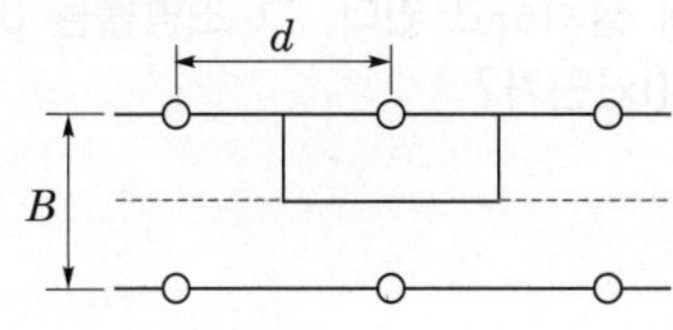

② 지그재그배열

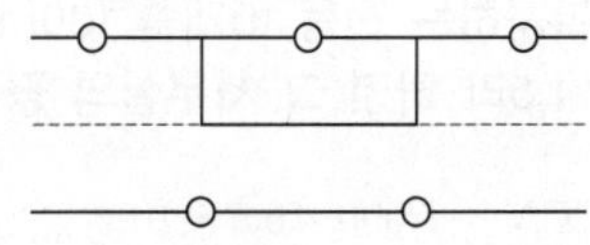

③ 도로 중앙배열

④ 도로 편측배열

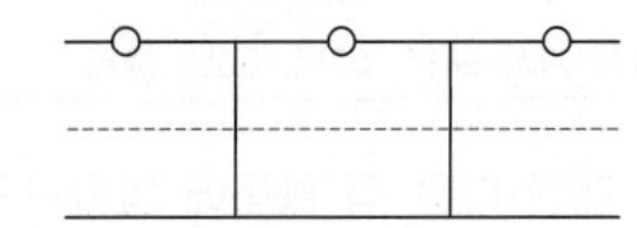

(2) 등당 조사면적 : A

① 대칭배열과 지그재그배열

$$A = \frac{B}{2} \cdot d\,[\mathrm{m}^2]$$

② 중앙배열과 편측배열

$$A = B \cdot d\,[\mathrm{m}^2]$$

여기서, B : 도로의 폭[m], d : 등의 간격[m]

(3) 광속의 결정 : F

$$F = \frac{EAD}{U}\,[\mathrm{lm}]$$

개념 문제 01 기사 15년, 21년 출제 | 배점 : 4점 |

다음 조명에 대한 각 물음에 답하시오.

(1) 어느 광원의 광색이 어느 온도의 흑체의 광색과 같을 때 그 흑체의 온도를 이 광원의 무엇이라 하는지 쓰시오.

(2) 빛의 분광 특성이 색의 보임에 미치는 효과를 말하며, 동일한 색을 가진 것이라도 조명하는 빛에 따라 다르게 보이는 특성을 무엇이라 하는지 쓰시오.

답안 (1) 색온도

(2) 연색성

개념 문제 02 기사 93년, 11년 출제

| 배점 : 5점 |

1,000[lm]을 복사하는 전등 10개를 100[m^2]의 사무실에 설치하고 있다. 그 조명률을 0.5라고 하고, 감광보상률을 1.5라 하면 그 사무실의 평균 조도는 몇 [lx]인가?

답안 $E = \dfrac{FUN}{AD} = \dfrac{1,000 \times 0.5 \times 10}{100 \times 1.5} = 33.33[\text{lx}]$

개념 문제 03 기사 94년, 03년, 06년 출제

| 배점 : 6점 |

HID Lamp에 대한 다음 각 물음에 답하시오.

(1) 이 램프는 어떠한 램프를 말하는가? (우리말 명칭 또는 이 램프의 의미에 대한 설명을 쓸 것)
(2) HID Lamp로서 가장 많이 사용되는 등기구의 종류를 3가지만 쓰시오.

답안 (1) 고휘도 방전램프
(2) 고압 수은등, 고압 나트륨등, 메탈핼라이드등

개념 문제 04 기사 98년 출제

| 배점 : 4점 |

그림과 같이 완전 확산형의 조명기구가 설치되어 있다. A점에서의 수평면 조도를 계산하시오. (단, 조명기구의 전광속은 15,000[lm]이다.)

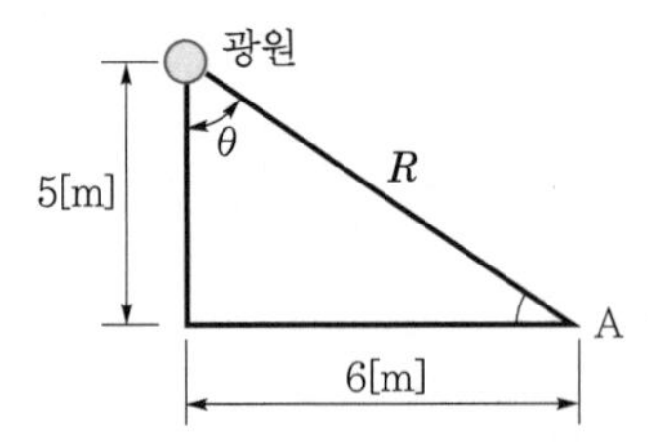

답안 12.53[lx]

해설 광원의 광도 : $I = \dfrac{F}{\omega} = \dfrac{F}{4\pi} = \dfrac{15,000}{4\pi} = 1,193.7[\text{cd}]$

∴ 수평면 조도 : $E_h = \dfrac{I}{R^2}\cos\theta = \dfrac{1,193.7}{5^2+6^2} \times \dfrac{5}{\sqrt{5^2+6^2}} = 12.53[\text{lx}]$

개념 문제 05 기사 97년, 00년, 02년 출제

| 배점 : 5점 |

면적 204[m^2]인 방에 평균 조도 200[lx]를 얻기 위해 300[W] 백열전등(전광속 5,500[lm], 램프전류 1.5[A] 또는 40[W]), 형광등(전광속 2,300[lm], 램프전류 0.435[A])을 시용할 경우, 각각의 소요전력은 몇 [VA]인가? (단, 조명률 55[%], 감광보상률 1.3, 공급전압은 220[V], 단상 2선식이다.)

(1) 백열전등인 경우
(2) 형광등인 경우

답안 (1) $N = \frac{EAD}{FU} = \frac{200 \times 204 \times 1.3}{5{,}500 \times 0.55} = 17.53$[등]

전등의 수는 18[등] 선정

소요전력 $P = VIN = 220 \times 1.5 \times 18 = 5{,}940$[VA]

(2) $N = \frac{EAD}{FU} = \frac{200 \times 204 \times 1.3}{2{,}300 \times 0.55} = 41.93$[등]

전등의 수는 42[등] 선정

소요전력 $P = VIN = 220 \times 0.435 \times 42 = 4{,}019.4$[VA]

개념 문제 06 기사 91년, 98년, 10년 출제

| 배점 : 5점 |

조명설비의 전력을 절약하는 효율적인 방법을 8가지만 쓰시오.

답안
- 고효율 등기구 사용
- 고역률 등기구 사용
- 적절한 조광제어장치 시설
- 재실감지기 및 카드키 사용
- 창측 조명기구 개별 점등
- 고조도 저휘도 반사갓 채택
- 슬림라인 형광등 및 안정기 내장형 램프 채택
- 전반조명과 국부조명(TAL 조명)을 적절히 병용하여 이용

개념 문제 07 기사 03년, 05년 출제

| 배점 : 6점 |

도로조명 설계에 관한 다음 각 물음에 답하시오.

(1) 도로조명 설계에 있어서 성능상 고려하여야 할 중요한 사항을 6가지만 설명하시오.

(2) 도로의 너비가 40[m]인 곳에 양쪽에 30[m]의 간격으로 지그재그식으로 등주를 배치하여 도로 위의 평균 조도를 5[lx]가 되도록 하고자 한다. 도로면의 광속이용률은 30[%], 유지율은 75[%]로 한다고 할 때 각 등주에 사용되는 수은등은 몇 [W]의 것을 사용하여야 하는가?

크기[W]	램프전류[A]	전광속[lm]
100	1.0	3,200 ~ 4,000
200	1.9	7,700 ~ 8,500
250	2.1	10,000 ~ 11,000
300	2.5	13,000 ~ 14,000
400	3.7	18,000 ~ 20,000

답안 (1)
- 노면 전체에 가능한 한 높은 평균 휘도로 조명할 수 있을 것
- 조명기구 등의 눈부심이 적을 것
- 조명의 광색, 연색성이 적절할 것
- 도로 양측의 보도, 건축물의 전면등이 높은 조도로 충분히 밝게 조명할 수 있을 것
- 휘도 차이에 따른 균제도(최소, 최대) 확보
- 주간에 도로의 풍경을 손상하지 않을 것

(2) $F = \dfrac{EBS}{UM} = \dfrac{5 \times \dfrac{40}{2} \times 30}{0.3 \times 0.75} = 13,333.33[\text{lm}]$

표에서 300[W] 선정

개념 문제 08 기사 96년, 98년 출제 | 배점 : 6점 |

지름 30[cm]인 완전확산성 반구형 전구를 사용하여 평균 휘도가 0.3[cd/cm²]인 천장등을 가설하려고 한다. 기구효율을 0.75라 하면, 이 전구의 광속은 몇 [lm] 정도이어야 하는가? (단, 광속발산도는 0.94[lm/cm²]라 한다.)

답안 1,771.85[lm]

해설
광속 $F = R \cdot S = R \times \dfrac{\pi D^2}{2} = 0.94 \times \dfrac{\pi \times 30^2}{2} = 1,328.89[\text{lm}]$

기구효율을 적용하면 $F_o = \dfrac{F}{\eta} = \dfrac{1,328.89}{0.75} = 1,771.85[\text{lm}]$

개념 문제 09 기사 99년, 05년, 13년 출제 | 배점 : 9점 |

다음 그림과 같은 어떤 사무실이 있다. 이 사무실의 평균 조도를 200[lx]로 하고자 할 때 주어진 [조건]을 이용하여 다음 각 물음에 답하시오.

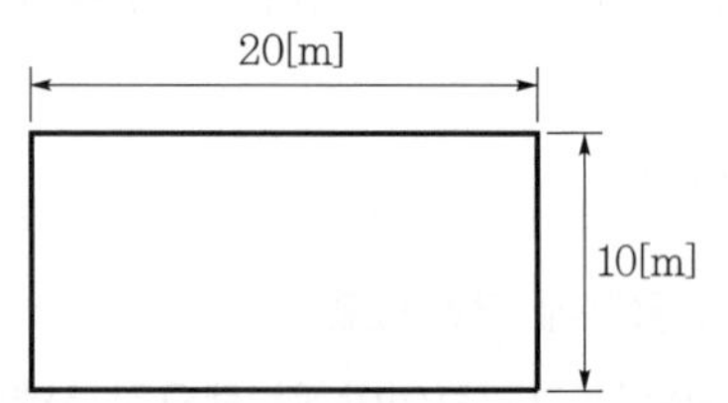

[조건]
- 형광등은 40[W]를 사용하며, 이 형광등의 광속은 2,500[lm]이다.
- 조명률은 0.6, 감광보상률은 1.2로 한다.
- 간격은 등기구 센터를 기준으로 한다.
- 등기구는 ○으로 표현하도록 한다.

(1) 이 사무실에 필요한 형광등의 수를 구하시오.
(2) 주어진 평면도에 등기구를 배치하시오.
(3) 등간의 간격과 최외각에 설치된 등기구와 사무실 벽간의 간격(아래 그림에서 A, B, C, D)은 각각 몇 [m]인가?

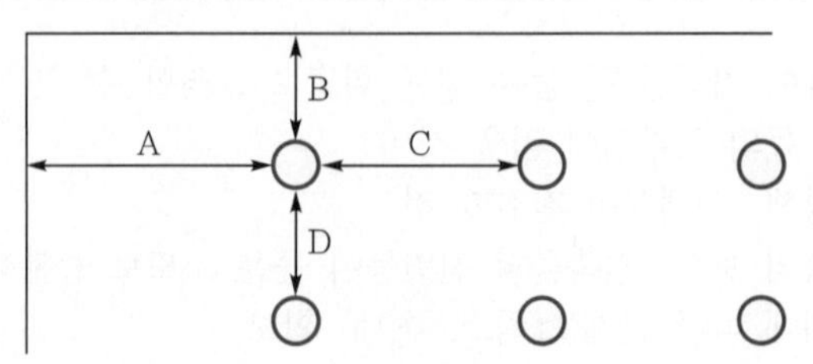

(4) 만일 주파수 60[Hz]에서 사용하는 형광방전등을 50[Hz]에서 사용한다면 광속과 점등시간은 어떻게 변화되는지를 설명하시오.

(5) 양호한 전반조명이라면 등 간격은 등 높이의 몇 배 이하로 해야 하는가?

답안

(1) $N = \dfrac{EAD}{FU} = \dfrac{200 \times 20 \times 10 \times 1.2}{2{,}500 \times 0.6} = 32$[등]

(2)

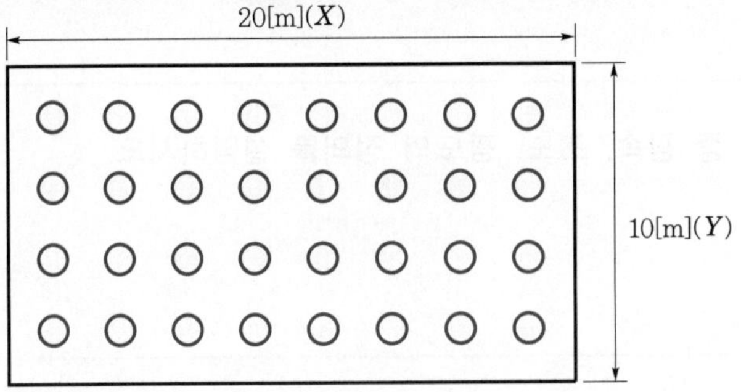

20[m](X)

10[m](Y)

(3) A : 1.25, B : 1.25, C : 2.5, D : 2.5

(4) 광속은 증가하고, 점등시간은 늦어진다.

(5) 1.5배

1990년~최근 출제된 기출문제

CHAPTER 04

조명설비

단원 빈출문제

문제 01 산업 19년 출제

배점 : 6점

조명에서 사용되는 용어 중 광속, 조도, 광도의 정의를 설명하시오.

(1) 광속
(2) 조도
(3) 광도

답안 (1) F[lm]
방사속(단위시간당 방사되는 에너지의 양) 중 빛으로 느끼는 부분
(2) E[lx]
어떤 면의 단위면적당의 입사광속
(3) I[cd]
광원에서 어떤 방향에 대한 단위입체각으로 발산되는 광속

문제 02 산업 22년 출제

배점 : 6점

다음 조명 용어에 대한 기호 및 단위를 쓰시오.

휘 도		광 도		조 도		광속발산도	
기호	단위	기호	단위	기호	단위	기호	단위

답안

휘 도		광 도		조 도		광속발산도	
기호	단위	기호	단위	기호	단위	기호	단위
B	[nt]	I	[cd]	E	[lx]	R	[rlx]

문제 03 산업 07년, 18년, 20년 출제 | 배점 : 5점 |

다음 ( )에 알맞은 내용을 쓰시오.

임의의 면에서 한 점의 조도는 광원의 광도 및 입사각 θ의 코사인에 비례하고 거리의 제곱에 반비례한다. 이와 같이 입사각의 코사인에 비례하는 것을 Lambert의 코사인 법칙이라 한다. 또 광선과 피조면의 위치에 따라 조도를 ( )조도, ( )조도, ( )조도 등으로 분류할 수 있다.

답안 법선, 수평면, 수직면

문제 04 산업 22년 출제 | 배점 : 5점 |

그림과 같이 완전 확산형 조명기구가 설치되어 있다. A점에서의 수평면 조도를 구하시오. (단, 각 조명기구의 광도는 1,000[cd]이다.)

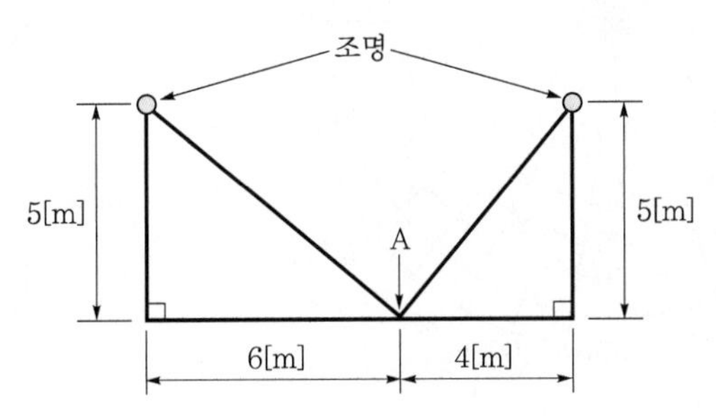

답안 29.54[lx]

해설

조도 $E = \dfrac{I}{r^2}\cos\theta$

$$E_h = E_A + E_B$$

$$= \frac{1,000}{5^2+6^2} \times \frac{5}{\sqrt{5^2+6^2}} + \frac{1,000}{5^2+4^2} \times \frac{5}{\sqrt{5^2+4^2}}$$

$$= 29.54[\text{lx}]$$

문제 05 산업 19년 출제

배점 : 5점

실내 바닥에서 3[m] 떨어진 곳에 300[cd]인 전등이 점등되어 있는데 이 전등 바로 아래에서 수평으로 4[m] 떨어진 곳의 수평면 조도는 몇 [lx]인지 구하시오.

답안 7.2[lx]

해설 수평면 조도 $E_h = \frac{I}{r^2}\cos\theta = \frac{300}{(\sqrt{3^2+4^2})^2} \times \frac{3}{\sqrt{3^2+4^2}} = 7.2[\text{lx}]$

문제 06 산업 14년 출제

배점 : 5점

다음 주어진 조건을 이용하여 A점에 대한 법선 조도와 수평면 조도를 계산하시오. (단, 전등의 전광속은 20,000[lm]이며, 광도의 θ는 그래프 상에서 값을 읽는다.)

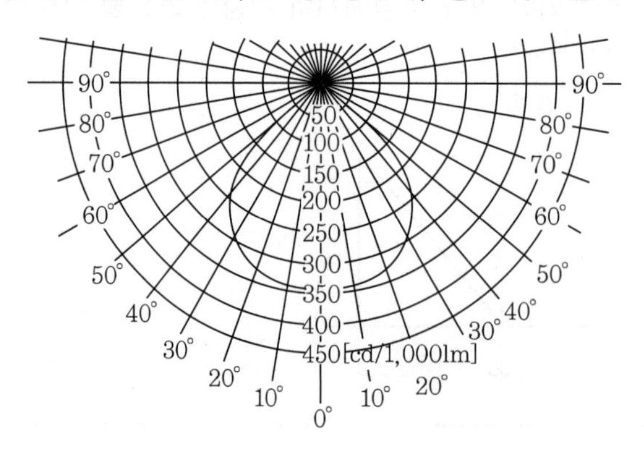

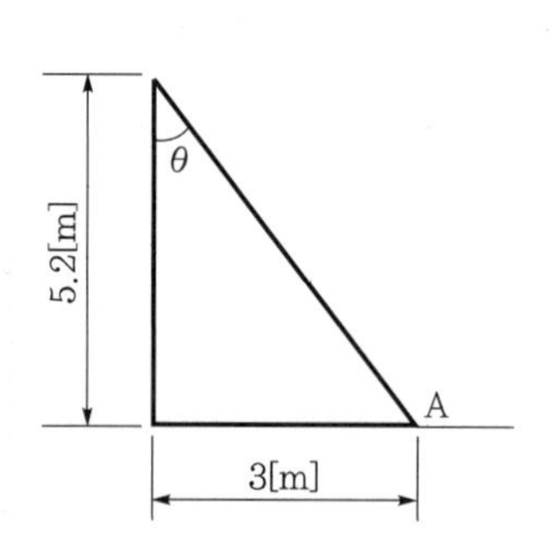

답안 • 법선 조도 : 166.48[lx]
• 수평면 조도 : 144.17[lx]

해설 $\cos\theta = \frac{h}{\sqrt{h^2+a^2}} = \frac{5.2}{\sqrt{5.2^2+3^2}} = 0.866$

$\therefore\ \theta = \cos^{-1}0.866 = 30°$

표에서 각도 30°에서의 광도값은 300[cd/1,000lm]이므로

전등의 광도 $I = 300 \times \frac{20{,}000}{1{,}000} = 6{,}000[\text{cd}]$이다

$\therefore$ 법선 조도 $E_n = \frac{I}{r^2} = \frac{6{,}000}{5.2^2+3^2} = 166.48[\text{lx}]$

수평면 조도 $E_h = \frac{I}{r^2}\cos\theta = \frac{6{,}000}{5.2^2+3^2} \times 0.866 = 144.17[\text{lx}]$

문제 07 산업 95년, 07년, 10년, 17년, 22년 출제

배점 : 5점

폭 5[m], 길이 7.5[m], 천장 높이 3.5[m]의 방에 형광등 40[W] 4등을 설치하니 평균 조도가 100[lx]가 되었다. 40[W] 형광등 1등의 광속이 3,000[lm], 조명률이 0.5일 때 감광보상률 D를 구하시오.

답안 1.6

해설 $D = \frac{FUN}{EA} = \frac{3{,}000 \times 0.5 \times 4}{100 \times 5 \times 7.5} = 1.6$

문제 08 산업 97년, 07년, 12년, 14년 출제

배점 : 5점

방의 넓이가 12[m^2]이고, 이 방의 천장 높이가 3[m]이다. 조명률 50[%], 감광보상률 1.3, 작업면의 평균 조도를 150[lx]로 할 때 소요 광속은 몇 [lm]이면 되는가?

답안 4,680[lm]

해설 $F = \frac{AED}{UN} = \frac{12 \times 150 \times 1.3}{0.5 \times 1} = 4{,}680\,[\mathrm{lm}]$

문제 09 산업 15년 출제

배점 : 5점

5,500[lm]의 광속을 발산하는 전등 20개를 가로 10[m]×세로 20[m]의 방에 설치하였다. 이 방의 평균 조도를 구하시오. (단, 조명률은 0.5, 감광보상률은 1.3이다.)

답안 211.54[lx]

해설 $E = \frac{5{,}500 \times 0.5 \times 20}{(10 \times 20) \times 1.3} = 211.54\,[\mathrm{lx}]$

문제 10

산업 97년, 07년, 11년 출제

배점 : 5점

방의 크기가 가로 12[m], 세로 24[m], 높이 4[m]이며, 6[m]마다 기둥이 있고, 기둥 사이에 보가 있으며, 이중천장으로 실내 마감되어 있다. 이 방의 평균 조도를 500[lx]가 되도록 매입개방형 형광등 조명을 하고자 할 때 다음 [조건]을 이용하여 이 방의 조명에 필요한 등수를 구하시오.

[조건]
- 천장반사율 : 75[%]
- 바닥반사율 : 30[%]
- 벽반사율 : 50[%]
- 창반사율 : 50[%]
- 조명률 : 70[%]
- 감광보상률 : 1.6
- 등의 보수상태 : 중간 정도
- 안정기손실 : 개당 20[W]
- 등의 광속 : 2,200[lm]

답안 150[등]

해설

$$N = \frac{500 \times 12 \times 24 \times 1.6}{2{,}200 \times 0.7} = 149.61[\text{등}]$$

문제 11

산업 90년, 94년, 02년, 05년, 16년, 18년 출제

배점 : 5점

바닥면적이 200[m^2]인 사무실의 조도를 150[lx]로 할 경우 광속 2,500[lm], 램프전류 0.4[A], 36[W]인 형광 램프를 사용할 경우 이 사무실에 대한 최소 전등수를 구하시오. (단, 감광보상률은 1.25, 조명률은 50[%]이다.)

답안 30[등]

해설

$$N = \frac{AED}{FU} = \frac{200 \times 150 \times 1.25}{2{,}500 \times 0.5} = 30[\text{등}]$$

문제 12 산업 99년, 08년 출제

배점 : 5점

길이 20[m], 폭 10[m], 천장높이 5[m], 조명률 50[%], 유지율 80[%]의 방에 있어서 책상면의 평균 조도를 120[lx]로 할 때 소요 광속[lm]을 계산하시오.

답안 60,000[lm]

해설

$$\text{전광속 } NF = \frac{EAD}{U} = \frac{120 \times 20 \times 10 \times \frac{1}{0.8}}{0.5} = 60{,}000[\text{lm}]$$

문제 13 산업 19년 출제

배점 : 4점

길이 24[m], 폭 12[m], 천장높이 5.5[m], 조명률 50[%]의 어떤 사무실에서 전광속 6,000[lm]의 32[W]×2등용 형광등을 사용하여 평균 조도가 300[lx] 되려면, 이 사무실에 필요한 형광등 수량을 구하시오. (단, 유지율은 80[%]로 계산한다.)

답안 36[등]

해설

$$N = \frac{EAD}{FU} = \frac{300 \times 24 \times 12 \times \frac{1}{0.8}}{6{,}000 \times 0.5} = 36[\text{등}]$$

문제 14 산업 17년 출제

배점 : 5점

사무실 크기가 12[m]×24[m]이다. 이 사무실의 평균 조도를 150[lx]로 하려면 150[W]의 LED 전구를 몇 개 시설하여야 하는지 계산하시오. (단, 감광보상률은 1.4, 조명률은 70[%]이며, LED 전구의 광속은 2,450[lm]이다.)

답안 36[개]

해설 $N = \frac{AED}{FU} = \frac{12 \times 24 \times 150 \times 1.4}{2{,}450 \times 0.7} = 35.27[\text{개}]$

문제 15 산업 13년 출제

배점 : 5점

방의 가로가 20[m], 방의 세로가 15[m], 작업면부터 광원까지의 높이가 3.5[m]일 때, 이 방의 실지수를 계산하시오.

답안 2.45

해설 $G = \dfrac{20 \times 15}{3.5 \times (20+15)} = 2.448 = 2.45$

문제 16 산업 96년, 13년 출제

배점 : 4점

가로가 12[m], 세로 18[m], 방바닥에서 천장까지의 높이가 3.8[m]인 방에서 조명기구를 천장에 직접 설치하고자 한다. 이 방의 실지수를 구하시오. (단, 작업이 책상 위에서 행하여지며, 작업면은 방바닥에서 0.85[m]이다.)

답안 2.44

해설 실지수$= \dfrac{X \cdot Y}{H(X+Y)} = \dfrac{12 \times 18}{(3.8-0.85)(12+18)} = 2.44$

문제 17 산업 21년 출제

배점 : 4점

방의 가로 길이가 8[m], 세로 길이가 6[m], 방바닥에서 천장까지의 높이가 4.1[m]인 방에 조명기구를 천장 직부형으로 시설하고자 한다. 다음의 각 경우로 조명기구를 배열할 때 벽과 조명기구 사이의 최대 이격거리[m]를 구하시오. (단, 작업하는 책상면의 높이는 방바닥에서 0.8[m]이다.)

(1) 벽면을 이용하지 않을 때
(2) 벽면을 이용할 때

답안 (1) 1.65[m]
(2) 1.1[m]

해설 (1) $H = 4.1 - 0.8 = 3.3$

벽면을 이용하지 않을 때 $S_0 \leq \dfrac{H}{2} = \dfrac{3.3}{2} = 1.65[\text{m}]$

(2) 벽면을 이용할 때 $S_0 \leq \dfrac{H}{3} = \dfrac{3.3}{3} = 1.1[\text{m}]$

문제 18

산업 13년 출제

배점 : 6점

간접 조명방식에서 천장 밑의 휘도를 균일하게 하기 위하여 등기구 사이의 간격과 천장과 등기구와의 거리는 얼마로 하는 게 적합한가? (단, 작업면에서 천장까지의 거리는 2.0[m]이다.)

(1) 등기구 사이의 간격
(2) 천정과 등기구와의 거리

답안 (1) 3[m]
(2) 0.6[m]

해설 (1) $S = 1.5 \times 2 = 3[\text{m}]$

(2) $H_1 = S \times \frac{1}{5} = 3 \times \frac{1}{5} = 0.6[\text{m}]$

문제 19

산업 95년 출제

배점 : 5점

16[mm] 영사기에 75[V], 750[W], 21,000[lm]의 전구를 사용했을 때 영사면의 조도분포 단위[lx]가 그림과 같다. 다음 각 물음에 답하시오.

	200	240	240	200
75[cm]	230	260	260	230
	200	240	240	200

1[m]

(1) 이 전구의 효율은 얼마인가?
(2) 이 전구의 광속의 몇 [%]가 영사면에 이용되고 있는가?

답안 (1) 28[lm/W]
(2) 0.815[%]

해설 (1) $\eta = \frac{F}{P} = \frac{21,000}{750} = 28[\text{lm/W}]$

(2) 총광속

$F = A \times E$

$= 0.25 \times 0.25 \times 200 \times 4 + 0.25 \times 0.25 \times 230 \times 2 + 0.25 \times 0.25 \times 240 \times 4 + 0.25 \times 0.25 \times 260 \times 2$

$= 171.25[\text{lm}]$

이용된 광속 $= \frac{171.25}{21,000} \times 100 = 0.815[\%]$

문제 20 산업 18년, 21년 출제

배점 : 5점

FL-40D 형광등의 전압이 220[V], 전류가 0.25[A], 안정기의 손실이 5[W]일 때 역률[%]은 얼마인지 구하시오.

답안 81.82[%]

해설 40[W] 형광등의 안정기 손실 5[W]이므로

전체 소비전력 $P=40+5=45$[W]이고, $V=220$[V], $I=0.25$[A]이다.

$$\therefore \cos\theta = \frac{P}{VI}\times 100 = \frac{45}{220\times 0.25}\times 100 = 81.82[\%]$$

문제 21 산업 19년 출제

배점 : 3점

형광 방전램프의 점등회로의 종류 3가지를 쓰시오.

답안 글로우스타트, 래피드스타트, 전자스타트

문제 22 산업 10년 출제

배점 : 6점

다음이 설명하고 있는 광원(램프)의 명칭을 쓰시오.

> 반도체의 P-N 접합구조를 이용하여 소수캐리어(전자 및 정공)를 만들어내고, 이들의 재결합에 의하여 발광시키는 원리를 이용한 광원(램프)으로 발광파장은 반도체에 첨가되는 불순물의 종류에 따라 다르다. 종래의 광원에 비해 소형이고 수명은 길며 전기에너지가 빛에너지로 직접 변환되기 때문에 전력소모가 적은 에너지 절감형 광원이다.

답안 LED 램프

문제 23 산업 14년 출제

배점 : 5점

기존 광원에 비하여 LED 램프의 특성 5가지만 쓰시오.

답안
- Lamp에서의 발열이 매우 적다.
- 수명이 길다.
- 전력소모가 적다.
- 높은 내구성으로 외부 충격에 강하다.
- 친환경적이다. (무수은, CO_2 저감)

문제 24 산업 16년 출제

배점 : 5점

조명설비의 광원으로 활용되는 할로겐 램프의 장점(3가지)과 용도(2가지)를 각각 쓰시오.

(1) 장점
(2) 용도

답안
(1) • 초소형, 경량의 전구
- 단위 광속이 크다.
- 흑화가 거의 발생하지 않는다.

(2) • 옥외의 투광 조명
- 고천장 조명

해설
(1) 할로겐전구의 조명
- 옥외의 투광 조명, 고천장 조명, 광학용, 비행장 활주로용, 자동차용, 복사기용, 히터용
- 백화점 상점의 스포트라이트, 후드 light
- 색온도를 중요시 하는 컬러 TV 스튜디오, back light에 사용

(2) 할로겐전구의 특징
- 초소형, 경량의 전구(백열전구의 1/10 이상 소형화 가능)
- 단위 광속이 크다.
- 수명이 백열전구에 비하여 2배로 길다.
- 별도의 점등장치가 필요하지 않다.
- 열충격에 강하다.
- 배광제어가 용이하다.
- 연색성이 좋다.
- 온도가 높다. (할로겐전구의 베이스로 세라믹 사용)
- 휘도가 높다.
- 흑화가 거의 발생하지 않는다.

문제 25 산업 18년, 21년 출제

배점 : 6점

FL-20D 형광등의 전압이 100[V], 전류가 0.35[A], 안정기의 손실이 5[W]일 때 역률[%]은 얼마인지 구하시오.

답안 71.43[%]

해설 20[W] 형광등의 안정기 손실이 5[W]이므로
전체 소비전력 $P = 20 + 5 = 25$[W]이고, $V = 100$[V], $I = 0.35$[A]이다.

$$\therefore \cos\theta = \frac{P}{VI} \times 100 = \frac{25}{100 \times 0.35} \times 100 = 71.43[\%]$$

문제 26 산업 09년, 13년 출제

배점 : 5점

공장 조명설계 시 에너지 절약대책을 4가지만 쓰시오.

답안
- 고효율 등기구 채용
- 고조도 저휘도 반사갓 채용
- 등기구의 격등 제어 및 적정한 회로 구성
- 전반조명과 국부조명(TAL 조명)을 적절히 병용하여 이용

문제 27 산업 02년 출제

배점 : 8점

저온저장 창고로서 천장이 4[m]이고 출입구가 양쪽에 있으며, 사용빈도가 시간별로 빈번하고 내부는 무창으로 습기가 많이 발생되는 곳에 대한 조명설계의 계획을 하고자 한다. 다음 각 물음에 답하시오.

(1) 이곳에 가장 적당한 조명기구를 한 가지 쓰시오.
(2) 전등을 가장 편리하게 점멸할 수 있는 방법에 대해서 설명하시오.
(3) 사용전압이 220[V]이고 용량은 3[kW] 이내일 때 여기에 적합한 배전용 차단기는 어떤 차단기인가?
(4) 조명 배치 시 참고해야 할 사항을 2가지만 쓰시오.

답안 (1) 방습형 조명기구
(2) 3로 스위치를 이용한 2개소 점멸
(3) 누전차단기
(4) • 균일한 조도 분포 확보
  • 글래어가 발생하지 않도록 주의

문제 28 산업 14년 출제

배점 : 4점

다음의 조명효율에 대해 설명하시오.

(1) 전등효율
(2) 발광효율

답안 (1) 전력소비 P에 대한 전발산광속 F의 비율을 전등효율 η라 한다.

$$\eta = \frac{F}{P}[\text{lm/W}]$$

(2) 방사속 ϕ에 대한 광속 F의 비율을 그 광원의 발광효율 ε이라 한다.

$$\varepsilon = \frac{F}{\phi}[\text{lm/W}]$$

문제 29 산업 20년 출제

배점 : 5점

조명기구 배치에 따른 조명방식의 종류를 3가지만 쓰시오.

답안
- 전반조명
- 국부조명
- TAL 조명

해설 (1) 전반조명
조명대상 실내 전체를 일정하게 조명하는 것으로 대표적인 조명방식이다. 전반조명은 계획과 설치가 용이하고, 책상의 배치나 작업대상물이 바뀌어도 대응이 용이한 방식이다.

(2) 국부조명
실내에서 각 구역별 필요 조도에 따라 부분적 또는 국소적으로 설치하는 방식이며, 이는 일반적으로 조명기구를 작업대에 직접 설치하거나 작업부의 천장에 매다는 형태이다.

(3) 전반국부 병용조명
넓은 실내공간에서 각 구역별 작업성이나 활동영역을 고려하여 일반적인 장소에는 평균조도로서 조명하고, 세밀한 작업을 하는 구역에는 고조도로 조명하는 방식이다.

(4) TAL 조명방식(Task & Ambient Lighting)
TAL 조명방식은 작업구역(Task)에는 전용의 국부조명방식으로 조명하고, 기타 주변(Ambient) 환경에 대하여는 간접조명과 같은 낮은 조도레벨로 조명하는 방식을 말한다. 여기서 주변조명은 직접 조명방식도 포함된다.

문제 30 산업 18년 출제 | 배점 : 6점

건축화 조명방식 중 천장에 매입하는 조명방식을 3가지만 쓰시오.

답안 매입 형광등 조명, 다운라이트 조명, 코퍼 조명

문제 31 산업 20년 출제 | 배점 : 4점

건축물의 천장이나 벽 등을 조명기구 겸용으로 마무리하는 건축화 조명이 최근 많이 시공되고 있다. 옥내조명설비(KDS 31 70 10 : 2019)에 따른 건축화 조명의 종류를 4가지만 쓰시오.

답안 라인라이트, 다운라이트, 핀홀라이트, 코퍼라이트

문제 32 산업 20년, 21년 출제 | 배점 : 6점

옥내조명설비(KDS 31 70 10 : 2019)에 따른 건축화 조명방식에서 다음 각 물음에 답하시오.

(1) 천장면 이용방식을 3가지만 쓰시오.
(2) 벽면 이용방식을 3가지만 쓰시오.

답안 (1) • 광천장 조명
• 루버천장 조명
• 코브 조명

(2) • 코너 조명
• 코니스 조명
• 밸런스 조명

해설 건축화 조명이란 건축물의 천장, 벽 등의 일부가 조명기구로 이용되거나 광원화되어 건축물의 마감재료의 일부로서 간주되는 조명설비이다. 이에 대한 종류는 천장면 이용방법과 벽면 이용방법으로 대별된다.

종 류	분 류	내 용
천장 매입방법	매입 형광등	하면 개방형, 하면 확산판 설치형, 반매입형 등이 있다.
	down light	천장에 작은 구멍을 뚫고 조명기구를 매입하여 빛의 범방향을 아래로 유효하게 조명하는 방식
	pin hole light	down-light의 일종으로 아래로 조사되는 구멍을 작게 하거나 렌즈를 달아 복도에 집중 조사되도록 하는 방식
	coffer light	대형의 down light라고도 볼 수 있으며 천정면을 둥글게 또는 사각으로 파내어 내부에 조명기구를 배치하여 조명하는 방식
	line light	매입 형광등방식의 일종으로 형광등을 연속으로 배치하는 조명방식
천장면 이용방법	광천장 조명	• 방의 천장 전체를 조명기구화 하는 방식 • 천장 조명 확산 판넬로서 유백색의 플라스틱판이 사용
	루버 조명	• 방의 천장면을 조명기구화 하는 방식 • 천장면 재료로 루버를 사용하여 보호각을 증가
	cove 조명	• 광원으로 천장이나 벽면 상부를 조명함으로서 천장면이나 벽에 반사되는 반사광을 이용하는 간접 조명방식 • 효율은 대단히 나쁘지만 부드럽고 안정된 조명을 시행할 수 있음
벽면 이용방법	coner 조명	천장과 벽면 사이에 조명기구를 배치하여 천장과 벽면에 동시에 조명하는 방법
	conice 조명	코너를 이용하여 코니스를 15~20[cm] 정도 내려서 아래쪽의 벽 또는 커튼을 조명하도록 하는 방법
	valance 조명	광원의 전면에 밸런스판을 설치하여 천장면이나 벽면으로 반사시켜 조명하는 방법
	광창 조명	인공창의 뒷면에 형광등을 배치하여 지하실이나 무(無)창실에 창문이 있는 효과를 내는 방법

문제 33 산업 10년, 16년, 20년 출제

배점 : 5점

폭 24[m]의 도로 양쪽에 30[m]의 간격으로 가로등을 지그재그식으로 배열하여 도로의 평균 조도를 5[lx]로 하려고 한다면 각 등주상의 광속 몇 [lm]의 전구가 필요한가? (단, 도로면에서 광속이용률은 35[%]이고, 감광보상률은 1.3이다.)

답안 6,685.71[lm]

해설

$$F = \frac{ESD}{U}$$

$$= \frac{5 \times \frac{24 \times 30}{2} \times 1.3}{0.35} = 6{,}685.71\,[\mathrm{lm}]$$

문제 34 산업 16년, 21년 출제

배점 : 5점

폭 8[m]의 2차선 도로에 가로등을 도로 한 쪽 배열로 50[m] 간격으로 설치하고자 한다. 도로면의 평균 조도를 5[lx]로 설계할 경우 가로등 1등당 필요한 광속을 구하시오. (단, 감광보상률은 1.5, 조명률은 0.43으로 한다.)

답안 6,976.74[lm]

해설 $F = \dfrac{AED}{UN} = \dfrac{8 \times 50 \times 5 \times 1.5}{0.43 \times 1} = 6{,}976.74[\text{lm}]$

문제 35 산업 08년, 21년 출제

배점 : 5점

폭 25[m]의 도로 양쪽에 30[m] 간격으로 가로등을 지그재그로 설치하여 도로 위의 평균 조도를 5[lx]로 하기 위한 수은등의 용량[W]을 선정하시오. (단, 조명률은 30[%], 보수율은 75[%]로 한다.)

| 수은등의 광속 |

용량[W]	전광속[m]
100	3,200~3,500
200	7,700~8,500
300	10,000~11,000
400	13,000~14,000
500	18,000~20,000

답안 200[W]

해설

$$F = \frac{S \times \dfrac{B}{2} \times E \times \dfrac{1}{M}}{U}$$

$$= \frac{30 \times \dfrac{25}{2} \times 5 \times \dfrac{1}{0.75}}{0.3}$$

$$= 8{,}333.33[\text{lm}]$$

표에서 광속이 7,700~8,500[lm]인 200[W] 선정

P·A·R·T

02

수변전설비

01 CHAPTER 수변전설비의 시설

기출개념 01 수변전설비의 개요

수변전설비란 전력회사로부터 고전압을 수전하여 전력 부하설비의 운전에 알맞은 저전압으로 변환하여 전기를 공급하기 위해 사용되는 전기설비의 총합체를 말하며, 고전압을 수전하여 저압으로 변환하는 설비를 고압 수전설비라 하고, 특고압을 수전하여 고압이나 저압으로 변환하는 설비를 특고압 수전설비라 한다.

현재 우리나라의 일반 배전전압은 22.9[kV-Y]의 특고압 수전설비이다.

1 수변전설비의 구비조건

수변전설비는 수용가의 전기에너지 수용방법, 업종, 시설규모 등 여러 가지 형태에 따라 다음과 같은 조건을 만족할 수 있어야 한다.

(1) 전력 부하설비에 대한 충분한 공급능력이 있을 것
(2) 신뢰성, 안전성, 경제성이 있을 것
(3) 운전조작 취급 및 점검이 용이하고 간단할 것
(4) 부하설비의 증설 또는 확장에 대처할 수 있을 것
(5) 방재 대처 및 환경 보존 능력이 있을 것
(6) 전압변동이 적고 운전 유지 경비가 저렴할 것

2 수변전설비의 기본 설계

수변전설비 기본 설계 시 검토해야 할 주요 사항은 다음과 같다.

(1) 필요한 전력설비 용량 추정
(2) 수전전압 및 수전 방식
(3) 주 회로의 결선 방식
(4) 감시 및 제어 방식
(5) 변전설비의 형식

기출개념 02 수변전설비용 기기의 명칭 및 역할

명 칭	약 호	심벌(단선도)	용도 및 역할
케이블 헤드	CH		케이블 종단과 가공전선 접속 처리재
단로기	DS		무부하전류 개폐, 회로의 접속 변경, 기기를 전로로부터 개방
피뢰기	LA	LA	이상전압 내습 시 대지로 방전하고 속류차단하여 기기 보호
전력퓨즈	PF		단락전류 차단하여 전로 및 기기 보호
전력수급용 계기용 변성기	MOF	MOF	전력량을 적산하기 위하여 고전압과 대전류를 저전압, 소전류로 변성
영상변류기	ZCT		지락전류의 검출
접지계전기	GR	GR	영상전류에 의해 동작하여, 차단기 트립 코일 여자
계기용 변압기	PT		고전압을 저전압으로 변성
컷 아웃 스위치	COS		고장전류 차단하여 기기 보호
교류차단기	CB		부하전류 개폐 및 고장전류 차단
유입개폐기	OS		부하전류 개폐
트립코일	TC		보호계전기 신호에 의해 여자하여 차단기 트립(개방)
계기용 변류기	CT		대전류를 소전류로 변성
과전류계전기	OCR	OCR	과전류에 의해 동작하며, 차단기 트립코일 여자
전력용 콘덴서	SC		부하의 역률 개선
방전코일	DC		잔류전하 방전
직렬 리액터	SR		제5고조파 제거
전압계용 전환개폐기	VS		1대 전압계로 3상 전압을 측정하기 위하여 사용하는 전환개폐기
전류계용 전환개폐기	AS		1대 전류계로 3상 전류를 측정하기 위하여 사용하는 전환개폐기
전압계	V	V	전압 측정
전류계	A	A	전류 측정

개념 문제 01 산업 93년, 99년 출제

| 배점 : 20점 |

도면은 고압 수전설비의 단선 결선도이다. 도면을 보고 다음 각 물음에 알맞은 답을 작성하시오. (단, 인입선은 케이블이다.)

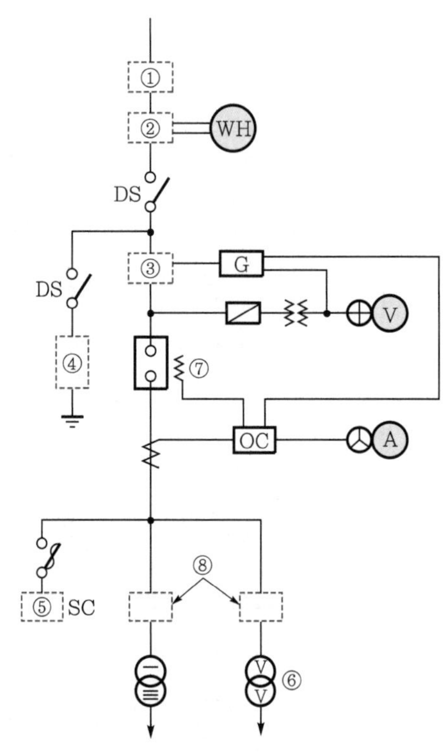

(1) ①~③까지의 도기호를 단선도로 그리고 그 도기호에 대한 우리말 명칭을 쓰시오.
(2) ④~⑥까지의 도기호를 복선도로 그리고 그 도기호에 대한 우리말 명칭을 쓰시오.
(3) 장치 ⑦의 약호와 이것을 설치하는 목적을 쓰시오.
(4) ⑧에 사용되는 보호장치로 가장 적당한 것을 쓰시오.

답안

(1) ① 케이블 헤드　② 계기용 변압 변류기　③ 영상변류기

(2) ④ 피뢰기　⑤ 전력용 콘덴서　⑥ V결선 변압기

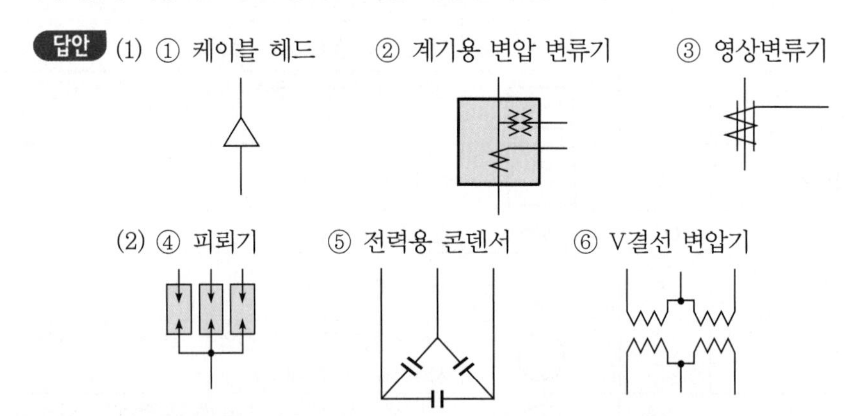

(3) • 약호 : TC
• 목적 : 과전류 및 지락사고 시 계전기의 신호에 의해 여자하여 차단기를 개방시킨다.

(4) COS(컷 아웃 스위치)

개념 문제 02 기사 94년 출제

배점 : 20점

3ϕ4W 22.9[kV] 수전설비 단선 결선도이다. ①~⑩번까지 표준 심벌을 사용하여 도면을 완성하고 ①~⑩번까지의 기능을 설명하시오.

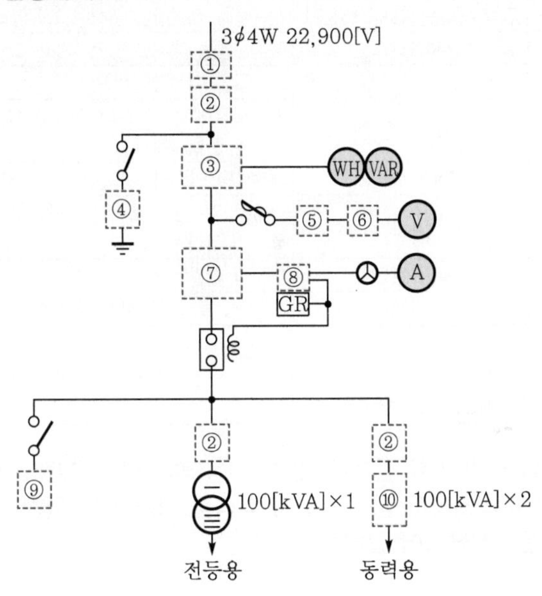

답안 (1) 표준 결선도

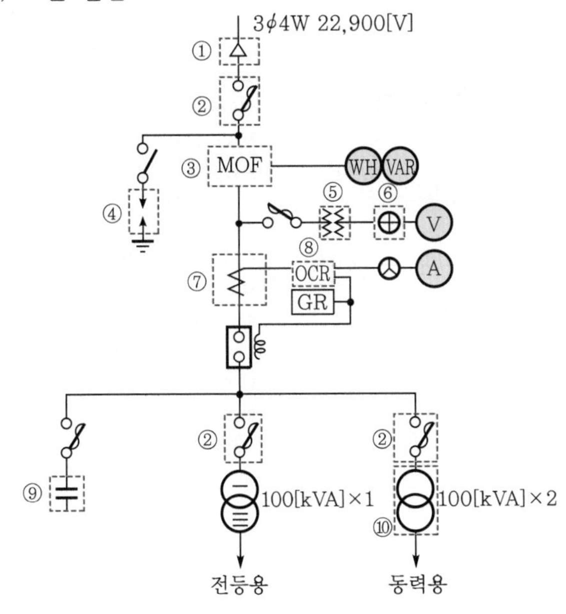

(2) 기능 설명

번 호	약 호	명 칭	용 도
①	CH	케이블 헤드(cable head)	케이블 종단과 가공전선 접속 처리재
②	PF	전력퓨즈	단락사고 시 회로 차단하여 선로 및 기기 보호
③	MOF	전력수급용 계기용 변성기	전력량을 적산하기 위하여 고전압과 대전류를 저전압 소전류로 변성
④	LA	피뢰기	이상전압을 대지로 방전시키고 그 속류를 차단
⑤	PT	계기용 변압기	고전압을 저전압으로 변성
⑥	VS	전압계용 전환개폐기	3상 회로에서 각 상의 전압을 1개의 전압계로 측정하기 위하여 사용하는 전환개폐기
⑦	CT	계기용 변류기	대전류를 안전하게 측정하기 위하여 소전류로 변환
⑧	OCR	과전류계전기	과부하 및 단락사고 시 차단기 트립코일에 전류를 공급하여 차단기를 개방시키는 계전기
⑨	SC	전력용 콘덴서	부하의 역률 개선
⑩	TR	변압기	고압 및 특고압으로부터 부하에 적합한 전압으로 변압시킴

개념 문제 03 기사 96년, 99년, 01년 출제

배점 : 14점

어느 공장에 예비전원을 얻기 위한 전기시동방식 수동제어장치의 디젤엔진 3상 교류발전기를 시설하게 되었다. 발전기는 사이리스터식 정지 자여자 방식을 채택하고 전압은 자동과 수동으로 조정 가능하게 하였을 경우, 다음 각 물음에 답하시오.

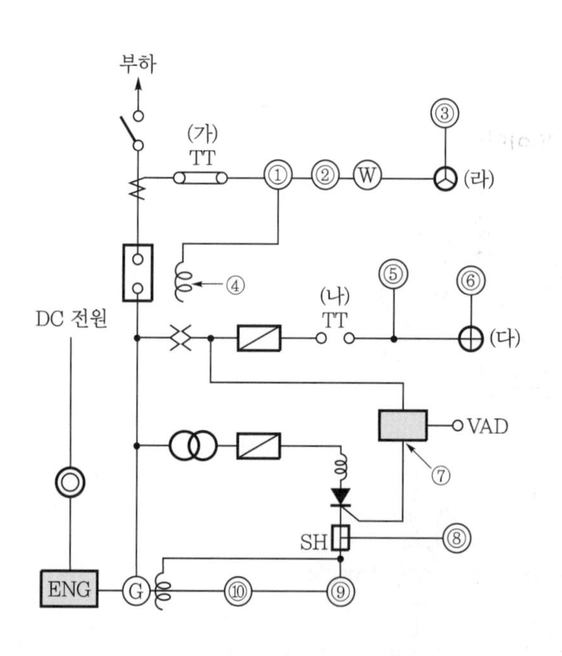

[약호]
ENG : 전기기동식 디젤엔진
G : 정지 여자식 교류발전기
TG : 타코 제너레이터
AVR : 자동전압조정기
VAD : 사이리스터 조정기
VA : 교류전압계
AA : 교류전류계
CT : 변류기
PT : 계기용 변압기
WH : 지시전력량계
Fuse : 퓨즈
F : 주파수계
TrE : 여자용 변압기
RPM : 회전수계
CB : 차단기
DA : 직류전류계
TC : 트립코일
OC : 과전류계전기
DS : 단로기
※ ◎ 엔진기동용 푸시버튼

(1) 도면에서 ①~⑩에 해당되는 부분의 명칭을 주어진 약호로 답하시오.
(2) 도면에서 (가)와 (나)는 무엇을 의미하는가?
(3) 도면에서 (다)와 (라)는 무엇을 의미하는가?

 (1) ① OC, ② WH, ③ AA, ④ TC, ⑤ F, ⑥ VA, ⑦ AVR, ⑧ DA, ⑨ RPM, ⑩ TG

(2) (가) 전류 시험단자

(나) 전압 시험단자

(3) (다) 전압계용 전환개폐기

(라) 전류계용 전환개폐기

기출개념 03 수변전설비 기기의 정격 및 특성

명 칭	정격전압 [kV]	정격전류 [A]	개요 및 특성	설치 장소	비 고
라인 스위치(LS) (Line Switch)	24 36 72	200~4,000 400~4,000 400~2,000	• 정격전압에서 전로의 충전전류 개폐 가능 • 3상을 동시 개폐 (원방 수동 및 동력 조작) • 부하전류를 개폐할 수 없다.	66[kV] 이상 수전실 구내 인입구	• 특고압에서 사용 • 국가 또는 제작자마다 명칭이 서로 다르게 사용하기도 한다. – Line Switch – Air Switch – Disconnecting Switch – Isolator • 종류는 단극단투와 3극단투가 있다. – 단극단투형 : 옥내용 – 3극단투형 : 옥내, 옥외용
단로기(DS) (Disconnector Switch)	〃	〃	• 차단기와 조합하여 사용하며 전류가 통하고 있지 않은 상태에서 개폐 가능 • 각 상별로 개폐 가능 • 부하전류를 개폐할 수 없다.	• 수전실 구내 인입구 • 수전실 내 LA 1차측	
전력퓨즈(PF) (Power Fuse)	25.8 72.5	100~200 200	• 차단기 대용으로 사용 • 전로의 단락보호용으로 사용 • 3상 회로에서 1선 용단 시 결상 운전	• 수전실 구내 인입구 • C.O.S 대용으로 각 기기 1차측	
컷 아웃 스위치 (COS) (Cut Out Switch)	25.8	30, 50, 100, 200	변압기 및 주요기 1차측에 시설하여 단락보호용으로 사용	변압기 등 기기 1차측	
		100	단상 분기선에 사용하여 과전류 보호	부하 적은 단상 분기선	
피뢰기(L.A) (Lightning Arresters) • Gap Type • Gapless Type	75(72) 24, 21 18	5,000 2,500	• 뇌 또는 회로의 개폐로 인한 과전압을 제한하여 전기설비의 절연을 보호하고 속류를 차단하는 보호장치로 사용 • 비 직선형 저항과 직렬 간극으로 구성된 Gap 타입과 산화아연(ZnO) 소자를 적용하여 직렬 간극을 사용하지 않는 Gapless 타입이 있다. • 80년 중반 이후부터 Gapless 타입이 확대 사용되고 있는 추세이다.	• 수전실 구내 인입구 • Cable 인입의 경우 전기사업자측 공급선로 분기점	• 자기제 18[kV] 2,500[A] • 폴리머 18[kV] 5,000[A]

명 칭	정격전압 [kV]	정격전류 [A]	개요 및 특성	설치 장소	비 고
부하개폐기 (LBS) (Load Break Switch)			• 부하전류는 개폐할 수 있으나 고장전류는 차단할 수 없다. • LBS(PF부)는 단로기(또는 개폐기) 기능과 차단기로의 PF성능을 만족시키는 국가공인기관의 시험 성적이 있는 경우에 한하여 사용 가능	수전실 구내 인입구	기능은 기중부하개폐기와 동일하다.
기중부하개폐기 (IS) (Interrupter Switch)	25.8	600	• 수동 조작 또는 전동 조작으로 부하전류는 개폐할 수 있으나 고장전류는 차단할 수 없다. • 염진해, 인화성, 폭발성, 부식성 가스와 진동이 심한 장소에 설치하여서는 안 된다.	• 수전실 구내 인입구 • 부하전류만의 개폐를 필요로 하는 장소(구내 선로 간선 및 분기선)	• 기능은 부하개폐기와 동일하다. • 고장이 쉽게 발생하므로 잘 사용이 안 되고 있다.
고장구간 자동개폐기 (A.S.S) (Automatic Section Switch)	25.8	200	• 22.9[kV-Y] 전기사업자 배전계통에서 부하용량 4,000[kVA](특수 부하 2,000[kVA] 이하의 분기점 또는 7,000[kVA] 이하의 수전실 인입구에 설치하여 과부하 또는 고장전류 발생 시 전기사업자측 공급선로의 타보호 기기(Recloser, CB 등)와 협조하여 고장구간을 자동 개방하여 파급사고 방지 • 전부하 상태에서 자동 또는 수동 투입 및 개방 가능 • 과부하 보호 기능 • 제작 회사마다 명칭과 특성이 조금씩 다름	• 전기사업자측 공급선로 분기점 • 수전실 구내 인입구 • 자가용 선로	고장구간자동개폐기는 제작 회사 및 특성에 따라 명칭이 서로 다르게 사용되고 있으며 아래와 같다. • A.S.S (Automatic Section Switch) • A.S.B.S (Automatic Section Breaking Switch) • A.S.B.R.S (Automatic Sectionalizing Breaking Reclosing Switch) • A.S.F.S (Automatic Sectionalizing Fault Switch) • G.A.S.S (Gas Auto Section Switch)
	25.8	400	• 22.9[kV-Y] 전기사업자 배전계통에서 부하용량 8,000[kVA](특수 부하 4,000[kVA] 이하의 분기점 또는 7,000[kVA] 이하의 수전실 인입구에 설치하여 과부하 또는 고장전류 발생 시 전기사업자측 공급선로의 타보호 기기(Recloser, CB 등)와 협조하여 고장 구간을 자동 개방하여 파급사고 방지 • 전부하 상태에서 자동 또는 수동 투입 및 개방 가능 • 과부하 보호 기능 • 낙뢰가 빈번한 지역, 공단 선로, 수용 가선로 등에 사용이 가능		

명 칭	정격전압 [kV]	정격전류 [A]	개요 및 특성	설치 장소	비 고
자동부하 전환개폐기 (A.L.T.S) (Automatic Load Transfer Switch)	25.8	600	• 이중 전원을 확보하여 주 전원 정전 시 또는 전압이 기준값 이하로 떨어질 경우 예비 전원으로 자동 절환되어 수용가가 계속 일정한 전원공급을 받을 수 있다. • 자동 또는 수동 전환이 가능하여 배전반 내에서 원방 조작 가능 • 3상 일괄 조작 방식으로 옥내의 설치 가능	중요 국가기관, 공공기관, 병원, 빌딩, 공장, 군사시설 등 정전 시 큰 피해를 입을 우려가 있는 장소의 선로 또는 수전실 구내	

개념 문제 01 기사 01년, 05년 출제 | 배점 : 8점 |

그림과 같은 간이 수전설비에 대한 결선도를 보고 다음 각 물음에 답하시오.

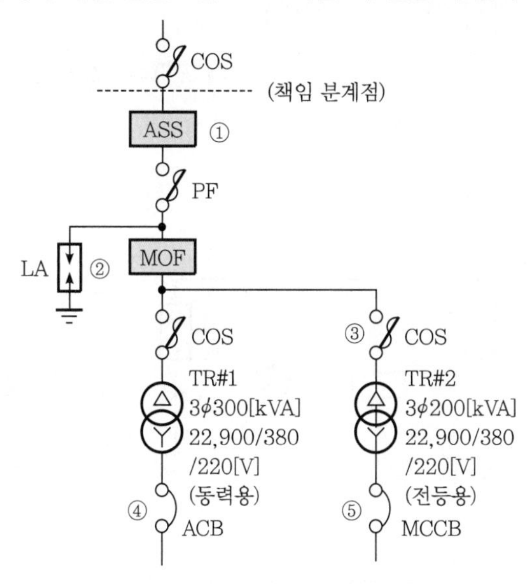

(1) 수전실의 형태를 Cubicle Type으로 할 경우 고압반(HV : High Voltage)과 저압반(LV : Low Voltage)은 몇 개의 면으로 구성되는지 구분하고, 수용되는 기기의 명칭을 쓰시오.
(2) ①, ②, ③ 기기의 정격을 쓰시오.
(3) ④, ⑤ 차단기의 용량(AF, AT)은 어느 것을 선정하면 되겠는가? (단, 역률은 100[%]로 계산한다.)

답안 (1) 고압반 : 4면(PF와 LA, MOF, COS와 TR#1, COS와 TR#2)
저압반 : 2면(ACB, MCCB)

(2) ① 자동고장구분개폐기 : 25.8[kV], 200[A]
② 피뢰기 : 18[kV], 2,500[A]
③ COS : 25.8[kV], 100[A]

(3) ④ AF : 630[A], AT : 600[A]
⑤ AF : 400[A], AT : 350[A]

해설

(3) ④ $I = \dfrac{300 \times 10^3}{\sqrt{3} \times 380} = 455.80[\text{A}]$

⑤ $I = \dfrac{200 \times 10^3}{\sqrt{3} \times 380} = 303.87[\text{A}]$

개념 문제 02 기사 88년, 95년, 03년 출제 | 배점 : 18점 |

아래 도면은 어느 수전설비의 단선 결선도이다. 물음에 답하시오.

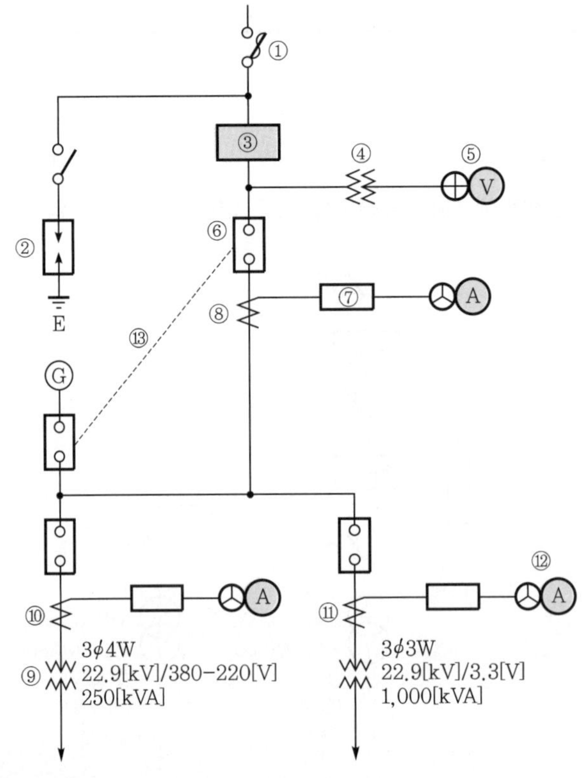

(1) ①~②, ③~⑧, ⑫에 해당되는 부분의 명칭과 용도를 쓰시오.
(2) ④의 1차, 2차 전압은?
(3) ⑨의 2차측 결선방법은?
(4) ⑩, ⑪의 1차, 2차 전류는? (단, CT 정격전류는 부하 정격전류의 1.5배로 한다.)
(5) ⑬의 장치는 무엇이며, 설치 목적을 설명하시오.

 (1)

번 호	명 칭	용 도
①	전력퓨즈	단락사고로부터 회로를 보호하기 위해 사용하는 과전류차단기
②	피뢰기	전로에 충격파 내습 시 대지로 방전하고, 속류는 차단하여 기기 보호
③	전력수급용 계기용 변성기	고전압 대전류를 저전압 소전류로 변성하여 전력량을 측정할 목적으로 사용
④	계기용 변압기	고전압을 저전압으로 변성하여 전압을 측정하거나 계전기의 전원에 사용하는 계기용 변성기
⑤	전압계용 전환개폐기	1대의 전압계로 3상 회로에서 전압을 측정하기 위하여 사용하는 전환개폐기
⑥	교류차단기	부하전류 개폐 및 고장전류 차단
⑦	과전류계전기	과부하 및 단락사고 시에 과전류로부터 차단기 트립코일을 여자시켜 차단기를 동작시키기 위한 장치
⑧	변류기	계통의 대전류를 소전류로 변성하는 계기용 변성기
⑫	전류계용 전환개폐기	1대의 전류계로 3상 회로에서 각 선의 전류를 측정하기 위하여 사용하는 전환개폐기

(2) 1차 전압 : $\frac{22,900}{\sqrt{3}}$[V]

2차 전압 : $\frac{190}{\sqrt{3}}$[V] 또는 110[V]

(3) Y결선

(4) ⑩ • 1차 전류 : 6.3[A]
• 2차 전류 : 3.15[A]

⑪ • 1차 전류 : 25.21[A]
• 2차 전류 : 3.15[A]

(5) • 장치 : 인터록 장치
• 설치 목적 : 상용전원과 예비전원 동시 투입 방지

해설

(4) ⑩ • 1차 전류 : $I_1 = \frac{250}{\sqrt{3} \times 22.9} = 6.3$[A]

• 변류비 : $6.3 \times 1.5 = 9.45$[A]

∴ CT비 10/5 적용

• 2차 전류 : $I_2 = 6.3 \times \frac{5}{10} = 3.15$[A]

⑪ • 1차 전류 : $I_1 = \frac{1,000}{\sqrt{3} \times 22.9} = 25.21$[A]

• 변류비 : $25.21 \times 1.5 = 37.815$[A]

∴ CT비 40/5 적용

• 2차 전류 : $I_2 = 25.21 \times \frac{5}{40} = 3.15$[A]

▌변류기 규격표▐

항 목	변류기
정격 1차 전류[A]	5, 10, 15, 20, 30, 40, 50, 75, 100, 150, 200, 300, 400, 500, 600, 750, 1,000, 1,500, 2,000, 2,500
정격 2차 전류[A]	5

기출개념 04 고압 수전설비의 시설

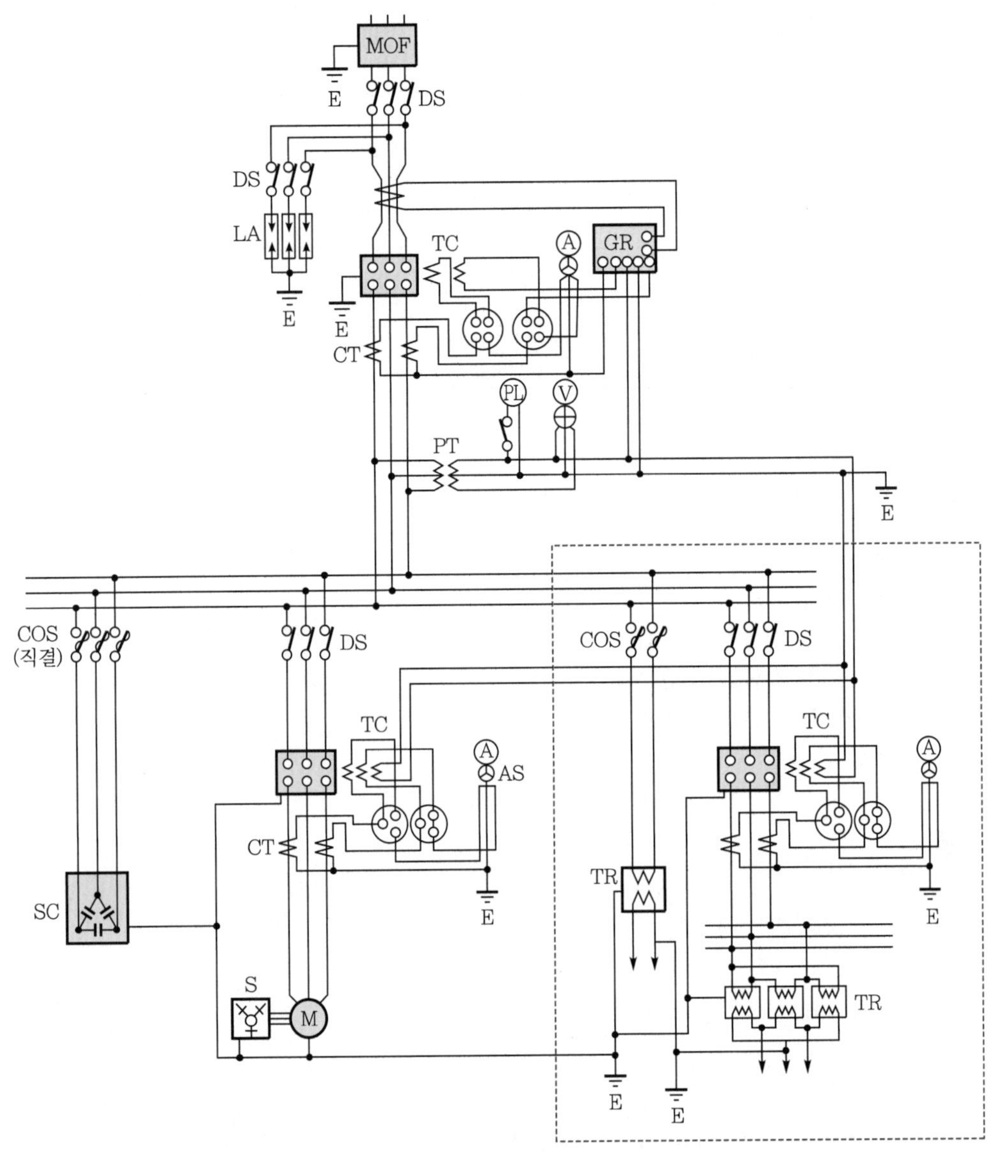

[주] 1. 고압 전동기의 조작용 배전반에는 과부족전압계전기 및 결상계전기(퓨즈를 사용한 것)를 장치하는 것이 바람직하다.
2. 2회선으로부터 절체 수전하는 경우는 전기사업자와 수전방식을 협의한다.
3. 계기용 변성기의 1차측에는 퓨즈를 넣지 않는 것을 원칙으로 한다. 다만, 보호장치를 필요로 하는 경우에는 전력퓨즈를 사용하는 것이 바람직하다.
4. 계기용 변성기는 몰드형의 것이 바람직하다.
5. 계전기용 변류기는 보호 범위를 넓히기 위하여 차단기의 전원측에 설치하는 것이 바람직하다.
6. 차단기의 트립방식은 DC 또는 CTD 방식도 가능하다.

7. 계기용 변압기는 주차단기의 부하측에 시설함을 표준으로 하고 지락보호계전기용 변성기, 주차단장치 개폐상태 표시용 변성기, 주차단장치 조작용 변성기, 전력수요 계기용 변성기의 경우에는 전원측에 시설할 수 있다.
8. LA용 DS는 생략할 수 있다.

개념 문제 01 기사 89년, 94년, 95년, 03년 출제 | 배점 : 10점 |

그림은 어떤 자가용 전기설비에 대한 고압 수전설비의 결선도이다. 이 결선도를 보고 다음 각 물음에 답하시오.

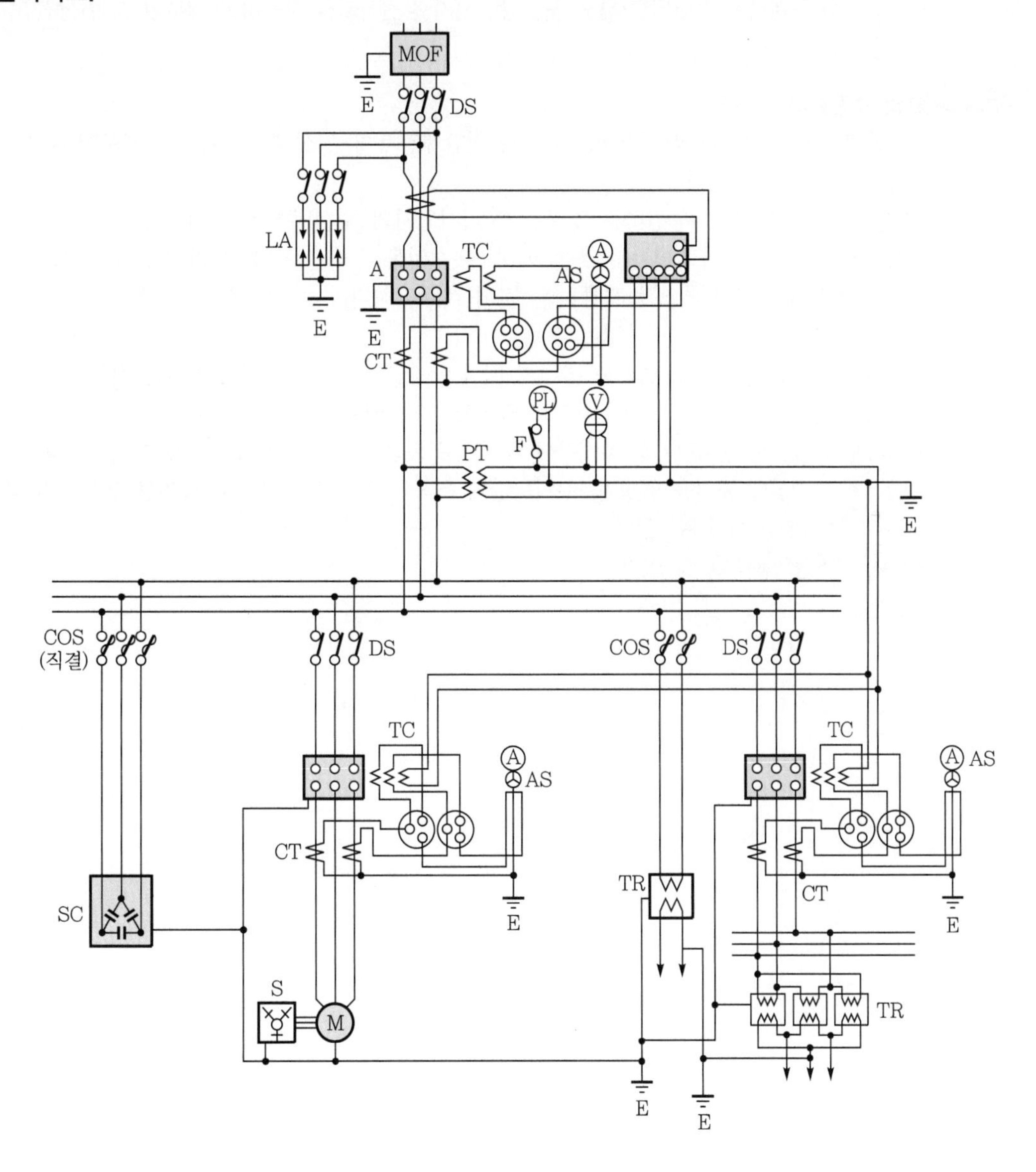

(1) 고압 전동기의 조작용 배전반에는 어떤 계전기를 장치하는 것이 바람직한가? (2가지를 쓰시오.)
(2) 계기용 변성기는 어떤 형의 것을 사용하는 것이 바람직한가?
(3) 본 도면에서 생략할 수 있는 부분은?
(4) 계전기용 변류기는 차단기의 전원측에 설치하는 것이 바람직하다. 무슨 이유인가?
(5) 진상용 콘덴서에 연결하는 방전코일은 어떤 목적으로 설치되는가?

답안 (1) 과부족 전압계전기 및 결상계전기
(2) 몰드형
(3) LA용 DS
(4) 보호 범위를 넓히기 위해
(5) 진상용 콘덴서에 충전된 잔류전하를 방전시켜 감전사고를 방지하고 재투입 시 이상전압 발생을 방지한다.

해설 **고압 수전설비의 결선**

- 고압 전동기의 조작용 배전반에는 과부족 전압계전기 및 결상계전기(퓨즈를 사용한 것)를 장치하는 것이 바람직하다.
- 2회선으로부터 절체 수전하는 경우는 전기사업자와 수전방식을 협의한다.
- 계기용 변성기의 1차측에는 퓨즈를 넣지 않는 것을 원칙으로 한다. 다만 보호장치를 필요로 하는 경우에는 전력퓨즈를 사용하는 것이 바람직하다.
- 계기용 변성기는 몰드형의 것이 바람직하다.
- 계전기용 변류기는 보호 범위를 넓히기 위하여 차단기의 전원측에 설치하는 것이 바람직하다.
- 차단기의 트립방식은 DC 또는 CTD 방식도 가능하다.
- 계기용 변압기는 주차단기의 부하측에 시설함을 표준으로 하고 지락보호계전기용 변성기, 주차단장치 개폐상태 표시용 변성기, 주차단장치 조작용 변성기, 전력수요 계기용 변성기의 경우에는 전원측에 시설할 수 있다.
- LA용 DS는 생략할 수 있다.

개념 문제 02 기사 93년 출제

배점 : 10점

그림과 같은 고압 수전설비의 단선 결선도에서 ①에서 ⑩까지의 심벌의 약호와 명칭을 번호별로 작성하시오.

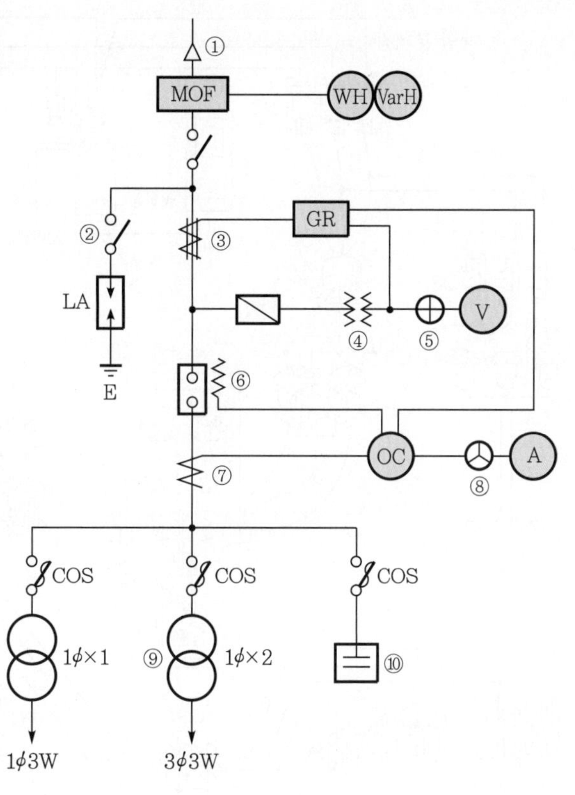

답안 ① CH : 케이블 헤드
② DS : 단로기
③ ZCT : 영상변류기
④ PT : 계기용 변압기
⑤ VS : 전압계용 전환개폐기
⑥ TC : 트립코일
⑦ CT : 변류기
⑧ AS : 전류계용 전환개폐기
⑨ TR : 전력용 변압기
⑩ SC : 전력용 콘덴서

개념 문제 03 기사 93년, 99년, 03년 출제

| 배점 : 12점 |

다음 그림은 수전용량의 크기가 큰 보통의 수변전소의 배치도를 나타낸 것이다. 이 그림을 보고 다음 각 물음에 답하시오.

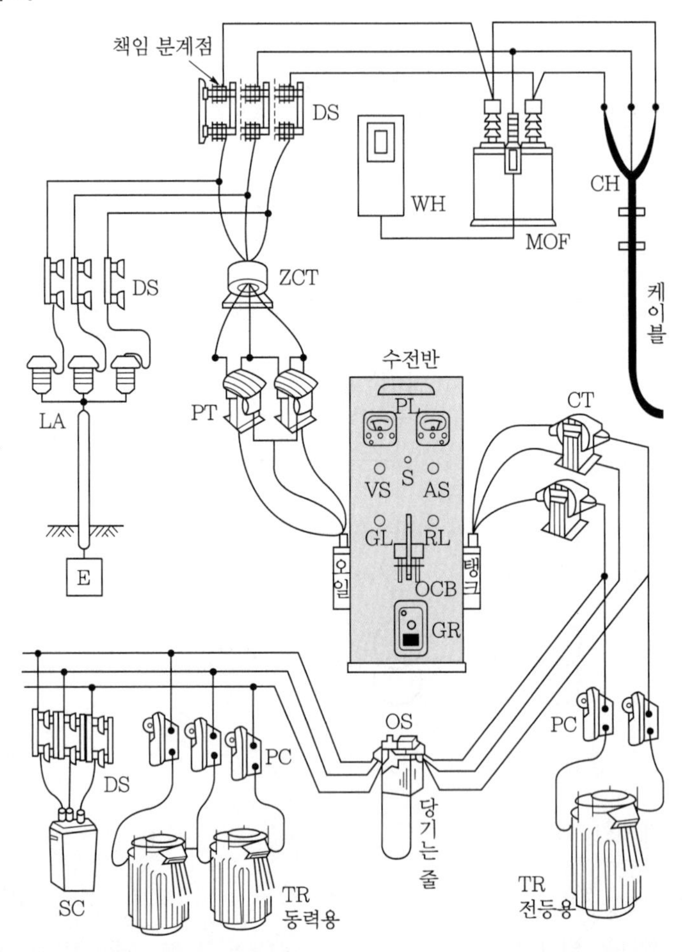

(1) 동력용 변압기는 단상 변압기 2대를 사용하였다. 어떤 결선 방법으로 사용하는 것이 가장 적합한가?

(2) 여기에 사용된 다음 기기의 우리말 명칭을 쓰시오.

① MOF

② DS

③ PT

④ LA

⑤ ZCT

⑥ CH

⑦ OS

⑧ SC

⑨ OCB

(3) 이 그림을 단선 계통도로 그리시오.

답안 (1) V결선

(2) ① 계기용 변성기함 또는 계기용 변압 변류기
② 단로기
③ 계기용 변압기
④ 피뢰기
⑤ 영상변류기
⑥ 케이블 헤드
⑦ 유입개폐기
⑧ 전력용 콘덴서
⑨ 유입차단기

(3)

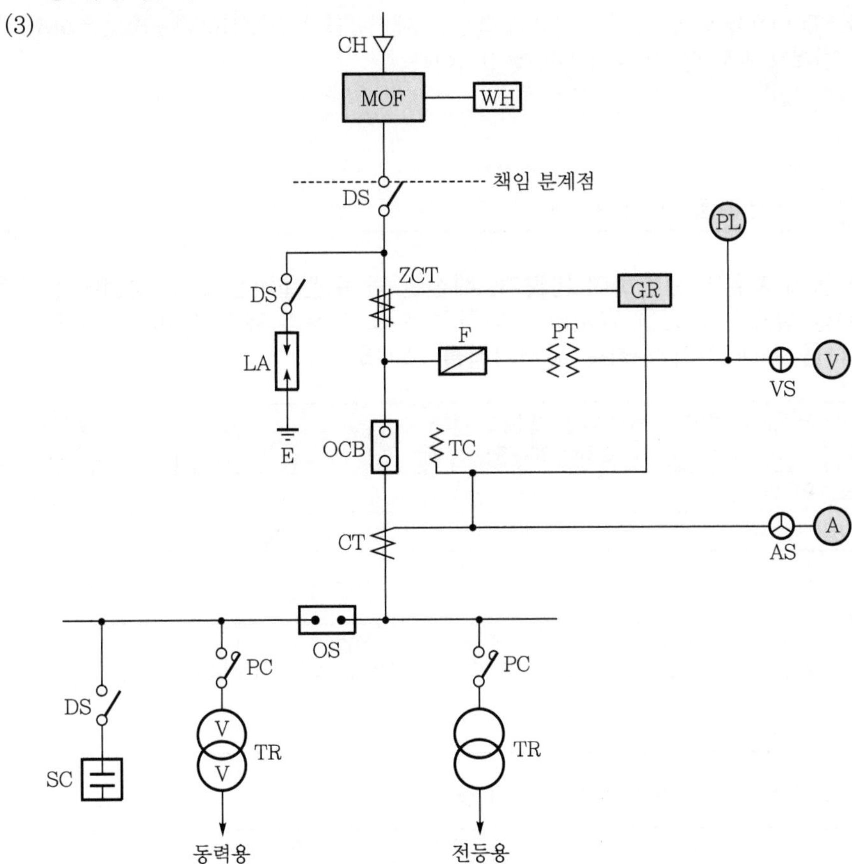

해설 (1) 동력용 변압기는 단상 변압기 2대로 3상 전력을 공급하여야 하므로 V결선으로 하여야 한다.

1990년~최근 출제된 기출문제

CHAPTER 01

수변전설비의 시설

단원 빈출문제

문제 01 산업 12년 출제

배점 : 5점

MOF에 대하여 간략히 설명하시오.

답안 PT와 CT를 한 함 내에 설치하고 고전압, 대전류를 저전압(110[V]), 소전류(5[A])로 변성시켜 전력량계에 공급하는 계기용 변성기이다.

문제 02 산업 08년, 14년, 18년 출제

배점 : 6점

수전실 등의 시설과 관련하여 변압기, 배전반 등 수전설비는 보수 점검에 필요한 공간 및 방화상 유효한 공간을 유지하기 위하여 주요 부분이 유지하여야 할 거리를 정하고 있다. 다음 표에 기기별 최소 유지거리를 쓰시오.

위치별 / 기기별	앞면 또는 조작·계측면	뒷면 또는 점검면	열상호간 (점검하는 면)
특별고압 배전반	[m]	[m]	[m]
저압 배전반	[m]	[m]	[m]

답안

위치별 / 기기별	앞면 또는 조작·계측면	뒷면 또는 점검면	열상호간 (점검하는 면)
특별고압 배전반	1.7[m]	0.8[m]	1.4[m]
저압 배전반	1.5[m]	0.6[m]	1.2[m]

해설 **수전설비의 배전반 등의 최소 유지거리**

(단위 : [m])

위치별 / 기기별	앞면 또는 조작·계측면	뒷면 또는 점검면	열상호간 (점검하는 면)	기타의 면
특별고압 배전반	1.7	0.8	1.4	–
고압 배전반	1.5	0.6	1.2	–
저압 배전반	1.5	0.6	1.2	–
변압기 등	0.6	0.6	1.2	0.3

[비고] 앞면 또는 조작·계측면은 배전반 앞에서 계측기를 판독할 수 있거나 필요조작을 할 수 있는 최소거리임

문제 03 산업 99년 출제

배점 : 5점

PT 2대와 CT 2대가 부속되는 고압계량기 설치도면을 완성하시오. 또한 접지가 필요하면 접지도 표현하여 그리도록 하시오.

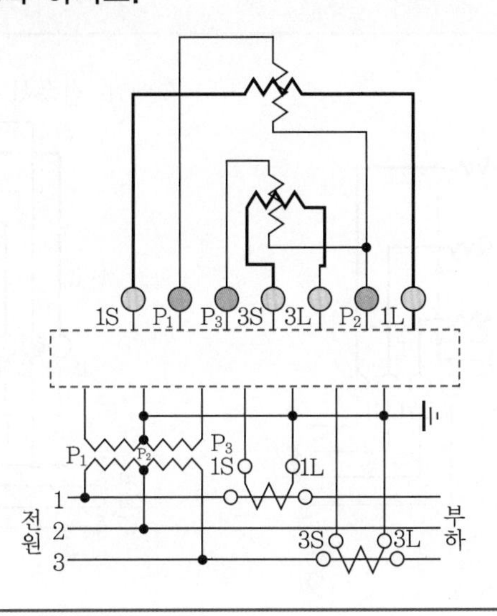

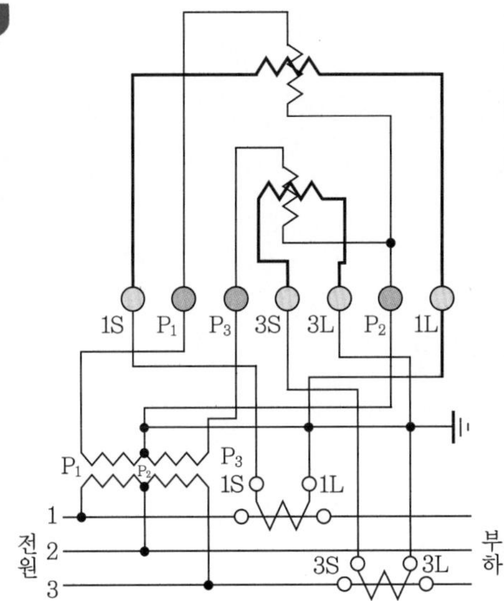

문제 04 산업 93년, 98년, 99년 출제

| 배점 : 9점 |

3상 4선식 전력량계의 결선도를 완성하시오. (단, 도면은 직결식, CT 접속식 및 CT 및 PT 접속식으로 각각 그리시오.)

답안 ① 직결식

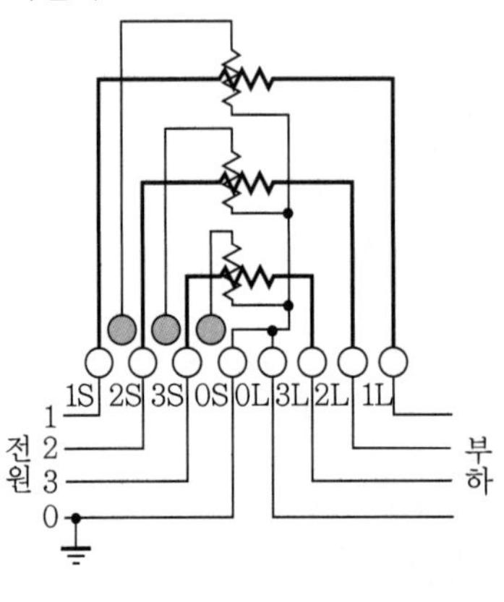

② CT 접속식

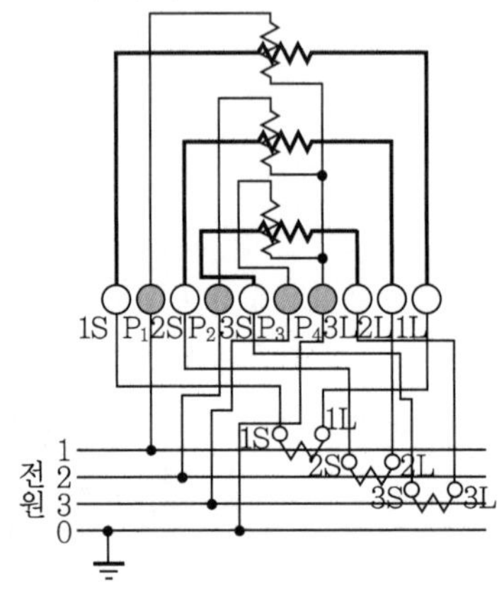

③ CT 및 PT 접속식

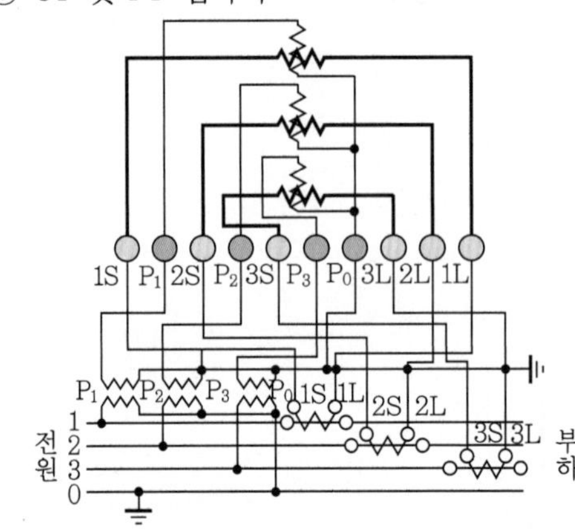

문제 05 산업 12년 출제 | 배점 : 5점 |

계기용 변압기(2개)와 변류기(2개)를 부속하는 3상 3선식 전력량계를 결선하시오. (단, 1, 2, 3은 상순을 표시하고 P1, P2, P3은 계기용 변압기에 1S, 1L, 3S, 3L은 변류기에 접속하는 단자이다.)

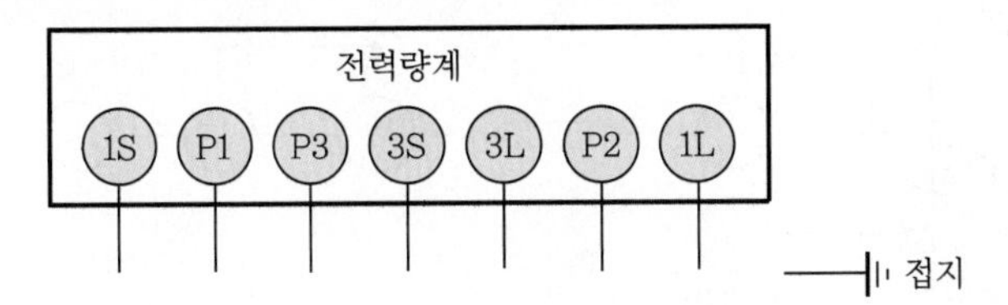

답안

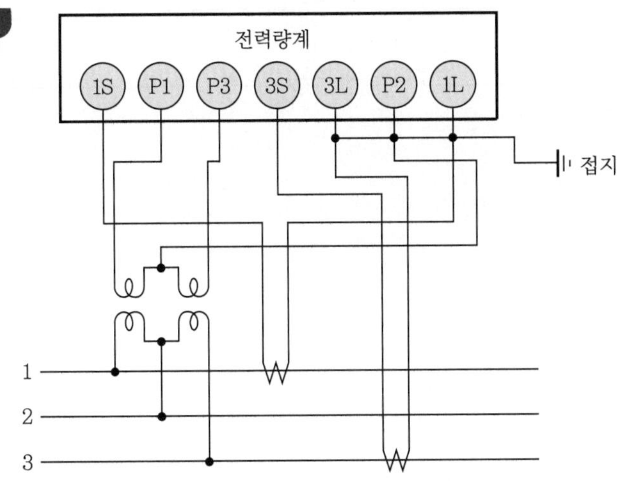

문제 06 산업 06년 출제

배점 : 5점

3상 회로에서 CT 3개를 이용한 영상회로를 구성시키면, 지락사고 발생 시에 지락 과전류 계전기(OCGR)를 이용하여 이를 검출할 수 있다. 다음의 단선 접속도를 복선 접속도로 나타내시오.

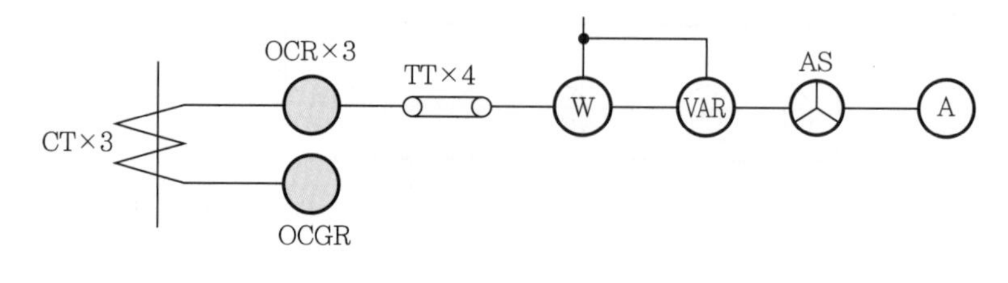

답안

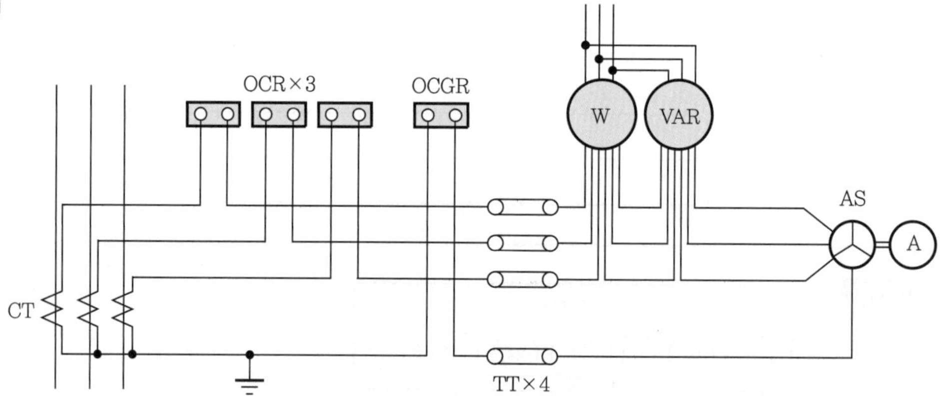

산업 99년, 21년 출제

배점 : 8점

답안지의 그림은 3ϕ4W식 선로에 전력량계를 접속하기 위한 미완성 결선도이다. 이 결선도를 이용하여 다음 각 물음에 답하시오.

(1) 전력량계가 정상적으로 동작이 가능하도록 PT와 CT를 추가하여 결선도를 완성하시오. (단, 결선과 함께 접지가 필요한 곳은 함께 표시하시오.)

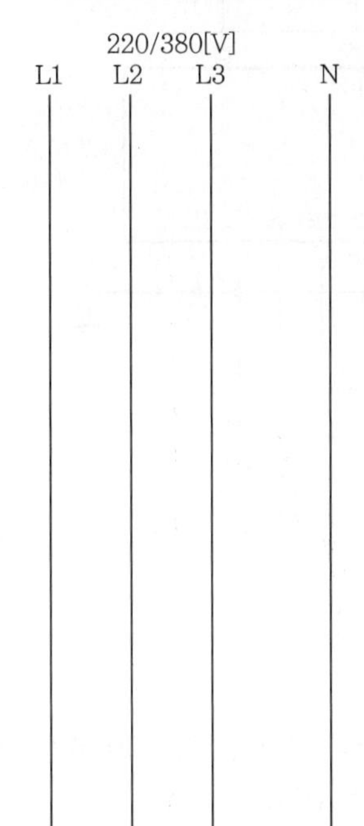

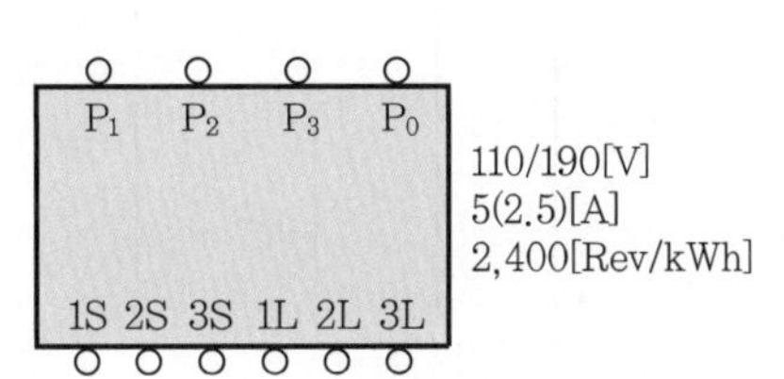

(2) 전력량계의 형식표기 중 5(2.5)[A]는 어떤 전류를 의미하는지 각 수치에 대하여 각각 상세히 설명하시오.
① 5[A]
② 2.5[A]

(3) PT비는 220/110[V], CT비는 300/5[A]라 한다. 전력량계의 승률은 얼마인지 구하시오.

(1)

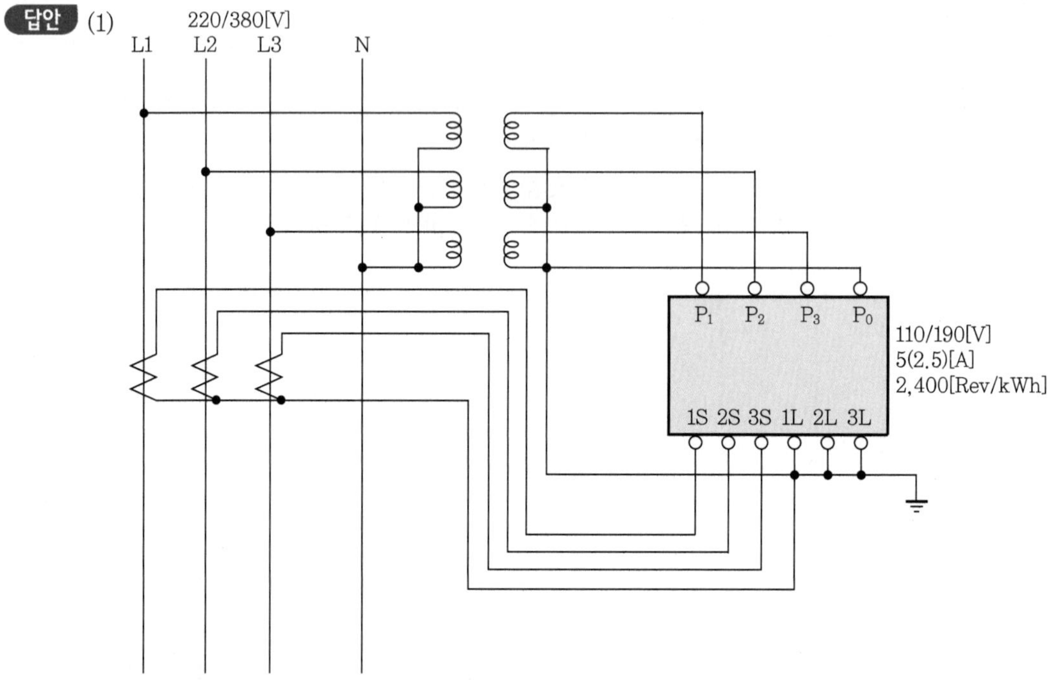

(2) ① 정격전류
② 기준전류

(3) 120[배]

해설 (2) • Ⅱ형 계기(정격전류가 기준전류의 2배) : 정격전류에서부터 정격전류의 1/20까지 계기가 갖고 있는 오차율(계기등급)을 보장한다는 의미를 나타낸다.

- Ⅲ형 계기(정격전류가 기준전류의 3배) : 정격전류에서부터 정격전류의 1/30까지 계기가 갖고 있는 오차율(계기등급)을 보장한다는 의미를 나타낸다.
- Ⅳ형 계기(정격전류가 기준전류의 4배) : 정격전류에서부터 정격전류의 1/40까지 계기가 갖고 있는 오차율(계기등급)을 보장한다는 의미를 나타낸다.
- 5(2.5)[A]는 Ⅱ형 계기(정격전류가 기준전류의 2배)로서 정격전류가 5[A]이므로 $0.25\left(=5[A]\times\frac{1}{20}\right)[A]\sim 5[A]$의 부하전류에서 허용오차 범위 내의 정밀도를 유지할 수 있다는 의미이다.

(3) 승률(M) = PT비×CT비 $=\frac{220}{110}\times\frac{300}{5}=120$[배]

문제 08 산업 21년 출제

배점 : 5점

계기정수 2,400[rev/kWh]인 적산전력량계를 500[W]의 부하에 접속하였다면 1분 동안에 원판은 몇 회전하는지 구하시오.

답안 20회전

해설
전력 $P=\dfrac{3{,}600 \cdot n}{t \cdot k}\times \text{CT비}\times \text{PT비}$에서

$$n=\frac{P \cdot t \cdot k}{3{,}600}=\frac{0.5\times 60\times 2{,}400}{3{,}600}=20\text{ 회전}$$

여기서, n : 회전수[회]
t : 시간[초]
k : 계기정수[rev/kWh]

문제 09 산업 07년 출제

배점 : 13점

다음은 정전 시 조치사항이다. 점검방법에 따른 알맞은 점검절차를 [보기]에서 찾아 빈칸을 채우시오.

[보기]
- 수전용 차단기 개방
- 단로기 또는 전력퓨즈의 개방
- 수전용 차단기의 투입
- 보호계전기 시험
- 검전의 실시
- 투입금지 표시찰 취부
- 고압개폐기 또는 교류부하개폐기의 개방
- 잔류전하의 방전
- 단락접지용구의 취부
- 보호계전기 및 시험회로의 결선
- 저압개폐기의 개방
- 안전표지류의 취부
- 구분 또는 분기개폐기의 개방

점검순서	점검절차	점검방법
①		• 개방하기 전에 연락책임자와 충분한 협의를 실시하고 정전에 의하여 관계되는 기기의 장애가 없다는 것을 확인한다. • 동력개폐기를 개방한다. • 전등개폐기를 개방한다.
②		수동(자동)조작으로 수전용 차단기를 개방한다.
③		고압고무장갑을 착용하고, 고압검전기로 수전용 차단기의 부하측 이후를 3상 모두 검전하고 무전압상태를 확인한다.

점검 순서	점검절차	점검방법
④		(책임분계점의 구분개폐기 개방의 경우) • 지락 계전기가 있는 경우는 차단기와 연동시험을 실시한다. • 지락 계전기가 없는 경우는 수동조작으로 확실히 개방한다. • 개방한 개폐기의 조작봉(끈)은 제3자가 조작하지 않도록 높은 장소에 확실히 매어(lock) 놓는다.
⑤		개방한 개폐기의 조작봉을 고정하는 위치에서 보이기 쉬운 개소에 취부한다.
⑥		원칙적으로 첫 번째 상부터 순서대로 확실하게 충분한 각도로 개방한다.
⑦		고압케이블 및 콘덴서 등의 측정 후 잔류전하를 확실히 방전한다.
⑧		• 단락접지용구를 취부할 경우는 우선 먼저 접지금구를 접지선에 취부한다. • 다음에 단락접지 용구의 훅크부를 개방한 DS 또는 LBS 전원측 각 상에 취부한다. • 안전표지판을 취부하여 안전작업이 이루어지도록 한다.
⑨		공중이 들어가지 못하도록 위험구역에 안전네트(망) 또는 구획로프 등을 설치하여 위험표시를 한다.
⑩		• 릴레이측과 CT측을 회로테스터 등으로 확인한다. • 시험회로의 결선을 실시한다.
⑪		시험전원용 변압기 이외의 변압기 및 콘덴서 등의 개폐기를 개방한다.
⑫		수동(자동)조작으로 수전용 차단기를 투입한다.
⑬		보호계전기 시험요령에 의해 실시한다.

답안 ① 저압개폐기의 개방
② 수전용 차단기 개방
③ 검전의 실시
④ 구분 또는 분기개폐기의 개방
⑤ 투입금지 표시찰 취부
⑥ 단로기 또는 전력퓨즈의 개방
⑦ 잔류전하의 방전
⑧ 단락접지용구의 취부
⑨ 안전표지류의 취부
⑩ 보호계전기 및 시험회로의 결선
⑪ 고압개폐기 또는 교류부하개폐기의 개방
⑫ 수전용 차단기의 투입
⑬ 보호계전기 시험

문제 10 산업 96년, 00년 출제

배점 : 10점

다음 그림은 어느 사업장의 고압 수전설비의 평면도(기기배치도)이다. 그림을 보고 다음 각 물음에 답하시오. (단, T_1과 T_2는 V결선되었다고 한다.)

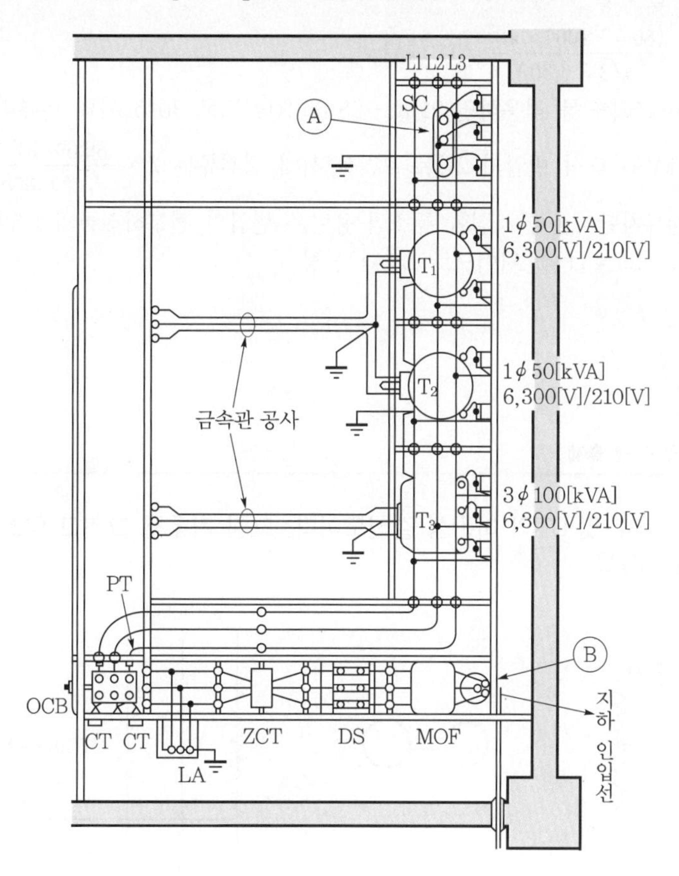

(1) ZCT의 설치 목적은 무엇인가?
(2) T_1과 T_2로 공급하는 3상 최대출력은 몇 [kVA]가 되는가?
(3) Ⓐ번 기기의 접지시스템의 종류는?
(4) Ⓑ번 부분에 사용되는 시설물의 명칭은?
(5) CT의 변류비로는 250/5, 200/5, 150/5, 100/5, 75/5, 50/5, 30/5 중 어느 것이 적당한가?
(6) T_1 변압기 전원측 고압 COS 퓨즈 링크의 정격전류는 몇 [A]가 적당한가?
(7) 본 평면도에는 결선이 잘못된 부분이 있다. 어느 곳인지를 지적하시오.

답안 (1) 지락전류 검출
(2) 86.6[kVA]
(3) 보호접지
(4) 케이블헤드(CH)
(5) 30/5

(6) 12[A]

(7) ① LA를 ZCT와 DS 사이로 옮길 것

② V결선이므로 T_2 변압기 고압측 T단자를 S선에 연결해야 한다.

해설 (2) V결선의 출력 $P_V = \sqrt{3} \times 50 = 86.6[kVA]$

(5) $I = \dfrac{(86.6+100) \times 10^3}{\sqrt{3} \times 6{,}300} = 17.1[A]$

125~150[%]를 적용하면 21.38~25.65[A]이므로 30/5[A]의 변류비 선정

(6) 50[kVA] 단상 변압기 2대로 V결선 시의 선전류는 $I = \dfrac{86.6 \times 10^3}{\sqrt{3} \times 6{,}300} = 7.94[A]$

과전류차단기로서 시설할 퓨즈의 용량은 변압기 전부하전류의 1.5배를 적용하면 $7.94 \times 1.5 = 11.91[A]$이므로 12[A] 선정

문제 11 산업 07년 출제 배점 : 7점

다음의 결선도는 PT 및 CT의 미완성 결선도이다. 그림 기호를 그리고 약호들을 사용하여 결선도를 완성하시오.

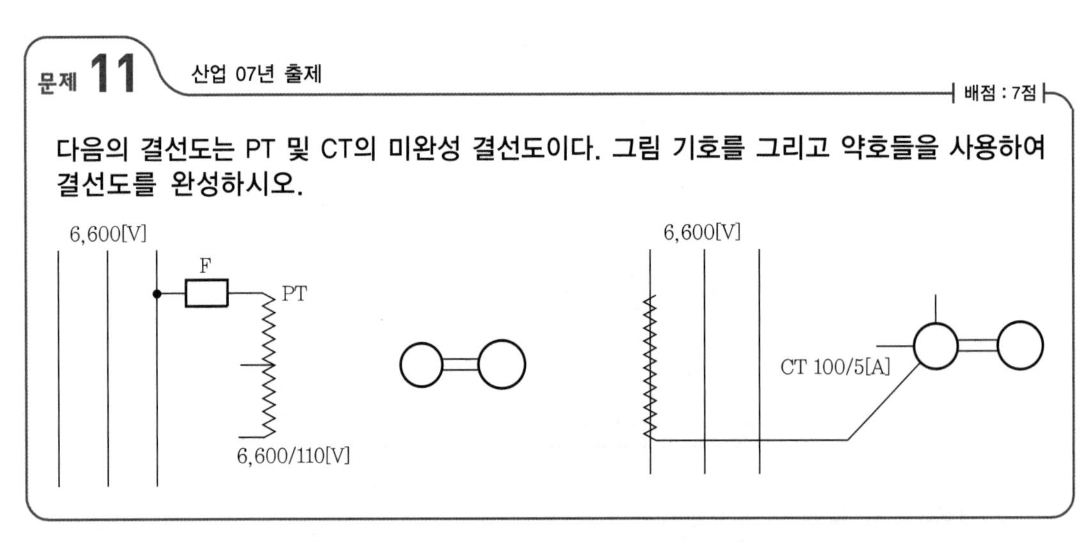

답안

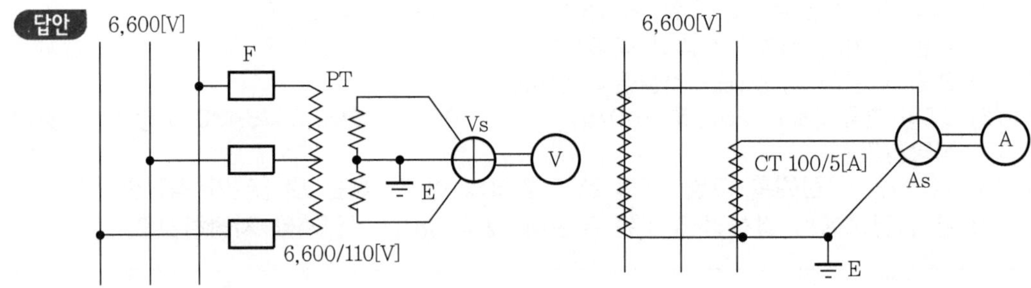

문제 **12** 산업 18년 출제

┤배점 : 12점├

다음 수전설비의 단선 결선도를 보고 다음 각 물음에 답하시오.

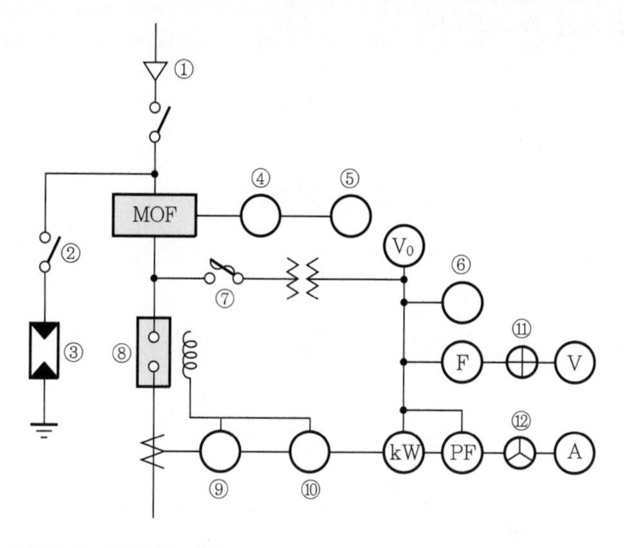

(1) ①의 용도를 간단히 설명하시오.
(2) ②로 표시된 전기기계 기구의 명칭과 용도를 간단히 설명하시오.
- **명칭**
- **용도**

(3) ③으로 표시된 전기기계 기구의 명칭과 용도를 간단히 설명하시오.
- **명칭**
- **용도**

(4) ④~⑫로 표시된 전기기계 기구의 명칭을 쓰시오.

답안 (1) 가공전선과 케이블 단말(종단) 접속에 사용

(2) • 명칭 : 단로기
• 용도 : 부하전류가 흐르지 않을 때 회로를 변경 또는 개폐

(3) • 명칭 : 피뢰기
• 용도 : 이상전압이 내습하면 이를 대지로 방전하고, 속류를 차단

(4) ④ 최대 수요전력량계
⑤ 무효전력량계
⑥ 지락 과전압계전기
⑦ 전력퓨즈(컷 아웃 스위치)
⑧ 차단기
⑨ 과전류계전기
⑩ 지락 과전류계전기
⑪ 전압계용 전환개폐기
⑫ 전류계용 전환개폐기

문제 13

산업 93년, 99년, 06년, 16년 출제

배점 : 9점

도면은 고압 수전설비의 단선 결선도이다. 도면을 보고 다음 각 물음에 알맞은 답을 작성하시오. (단, 인입선은 케이블이다.)

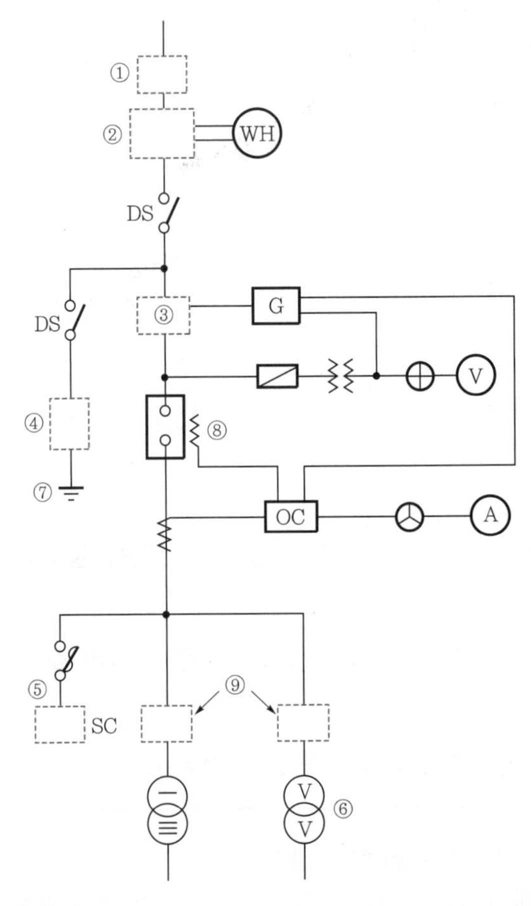

(1) ①~③까지의 도기호를 단선도로 그리고 그 도기호에 대한 우리말 명칭을 쓰시오.
(2) ④~⑥까지의 도기호를 복선도로 그리고 그 도기호에 대한 우리말 명칭을 쓰시오.
(3) ⑦에 해야 할 접지 구분은?
(4) 장치 ⑧의 약호와 이것을 설치하는 목적을 쓰시오.
(5) ⑨에 사용되는 보호장치로 가장 적당한 것을 쓰시오.

(1) ① 케이블 헤드 ② 전력수급용 계기용 변성기 ③ 영상변류기

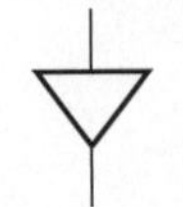

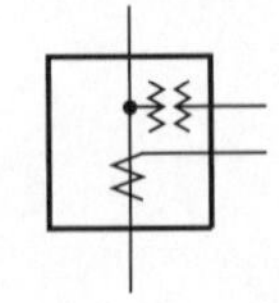

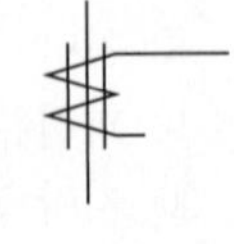

(2) ④ 피뢰기 ⑤ 전력용 콘덴서 ⑥ V결선 변압기

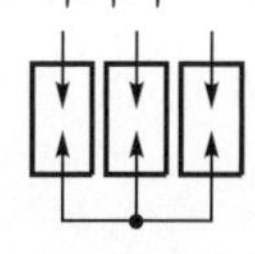

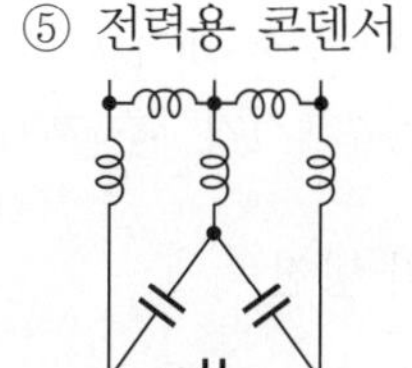

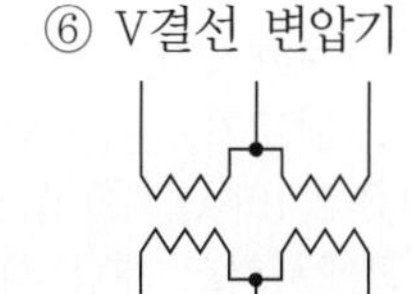

(3) 피뢰시스템 접지

(4) • 약호 : TC

• 목적 : 과부하 및 단락사고로 인한 과전류가 생긴 경우 과전류계전기의 신호에 의해 코일이 여자되어 차단기를 개방하는 것이다.

(5) COS(컷 아웃 스위치)

문제 14 산업 01년, 10년, 16년, 20년 출제

배점 : 10점

그림은 고압 수전설비 단선 결선도이다. 물음에 답하시오.

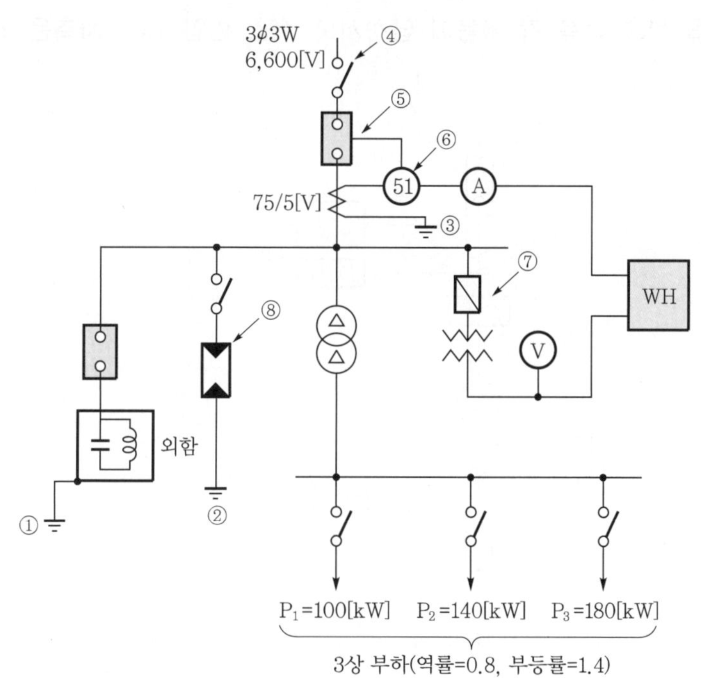

(1) 그림의 ①~③까지 해당되는 접지시스템의 종류는 무엇인가?

(2) 그림에서 ④~⑧의 명칭은 무엇인가?

(3) 각 부하의 최대전력이 그림과 같고 역률이 0.8, 부등률이 1.4일 때 변압기 1차 전류계 Ⓐ에 흐르는 전류의 최대치를 구하시오. 또 동일한 조건에서 합성 역률 0.92 이상으로 유지하기 위한 전력용 콘덴서의 최소용량은 몇 [kVA]인가?

① 전류

② 콘덴서 용량

(4) DC(방전코일)의 설치 목적을 설명하시오.

답안 (1) ① 보호접지, ② 피뢰시스템 접지, ③ 계기용 변성기 접지
(2) ④ 단로기, ⑤ 차단기, ⑥ 과전류계전기, ⑦ 계기용 변압기, ⑧ 피뢰기
(3) ① 2.19[A], ② 97.2[kVA]
(4) 콘덴서회로 개방 시 잔류전하의 방전

해설 (3) ① 합성 최대수용전력 $P=\dfrac{100+140+180}{1.4}=300[\mathrm{kW}]$

전류 $I=\dfrac{300\times10^3}{\sqrt{3}\times6{,}600\times0.8}\times\dfrac{5}{75}=2.19[\mathrm{A}]$

② 콘덴서 용량

$Q_C=300\times\left(\dfrac{0.6}{0.8}-\dfrac{\sqrt{1-0.92^2}}{0.92}\right)=97.2[\mathrm{kVA}]$

문제 15 산업 02년, 15년 출제 | 배점 : 11점

주어진 도면을 보고 다음 각 물음에 답하시오. (단, 변압기의 2차측은 고압이다.)

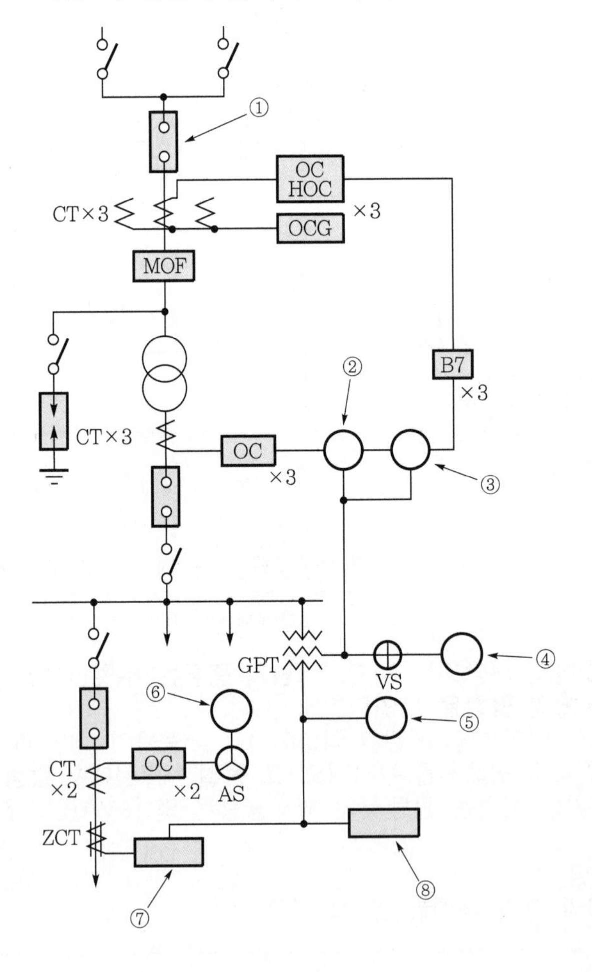

(1) 도면의 ①~⑧까지의 약호와 우리말 명칭을 쓰시오.

번 호	약 호	명 칭	번 호	약 호	명 칭
①			⑤		
②			⑥		
③			⑦		
④			⑧		

(2) 변압기 결선이 △-Y결선일 경우 비율 차동 계전기(87)의 결선을 완성하시오. (단, 위상 보정이 되지 않는 계전기이며, 변류기 결선에 의하여 위상을 보정한다.)

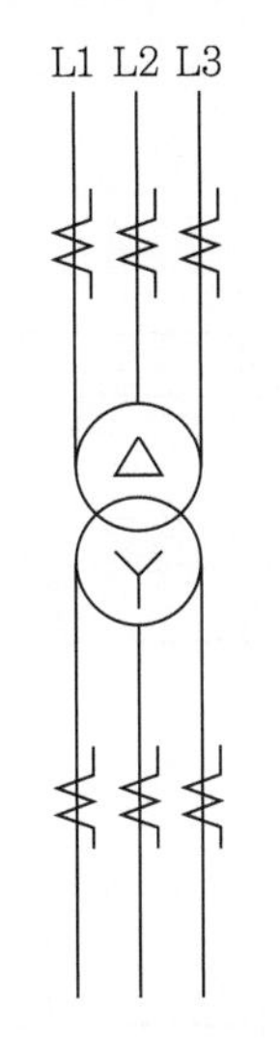

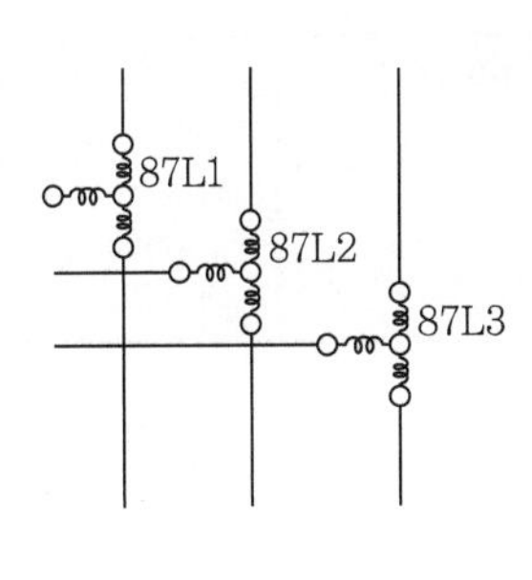

(3) 도면상의 약호 중 AS와 VS의 명칭 및 용도를 간단히 설명하시오.

약 호	명 칭	용 도
AS		
VS		

답안 (1)

번 호	약 호	명 칭	번 호	약 호	명 칭
①	CB	교류차단기	⑤	V_0	영상전압계
②	51V	전압 억제 과전류계전기	⑥	A	전류계
③	TLR(TC)	한시계전기	⑦	SG	선택 지락 계전기
④	V	전압계	⑧	OVGR	지락 과전압계전기

(2)

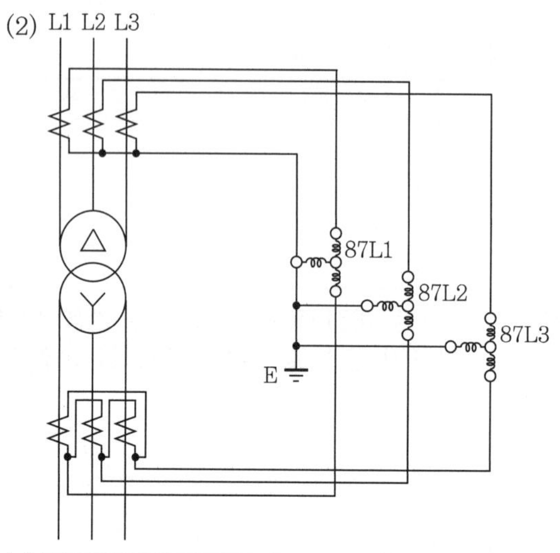

(3)

약 호	명 칭	용 도
AS	전류계용 전환개폐기	1대의 전류계로 3상 각 상의 전류를 측정하기 위한 전환 개폐기
VS	전압계용 전환개폐기	1대의 전압계로 3상 각 상의 전압을 측정하기 위한 전환 개폐기

문제 16 산업 12년, 19년 / 기사 90년, 98년 출제

배점 : 14점

회로도는 펌프용 3.3[kV] 모터 및 GPT 단선 결선도이다. 회로도를 보고 다음 물음에 답하시오.

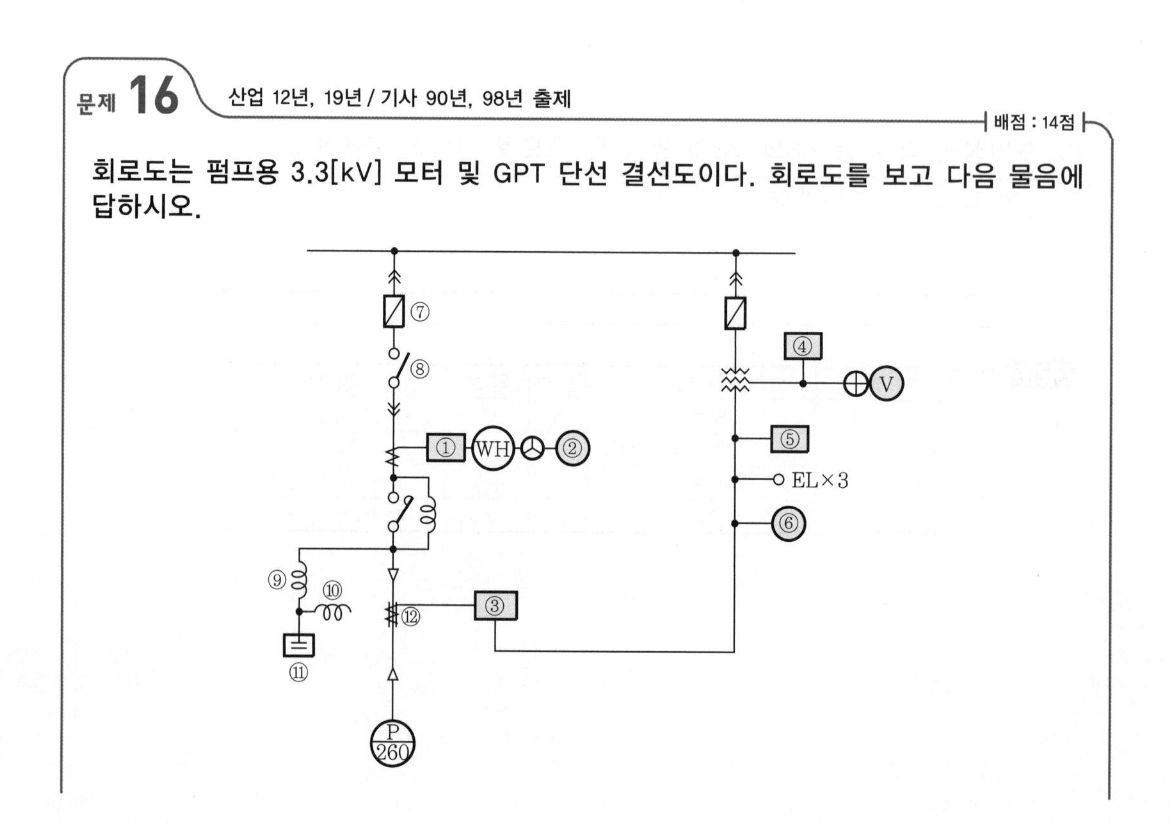

(1) ①~⑥으로 표시된 보호계전기 및 기기의 명칭을 쓰시오.
(2) ⑦~⑫로 표시된 전기기계 기구의 명칭과 용도를 간단히 기술하시오.

⑦ 명칭 : 용도 :
⑧ 명칭 : 용도 :
⑨ 명칭 : 용도 :
⑩ 명칭 : 용도 :
⑪ 명칭 : 용도 :
⑫ 명칭 : 용도 :

(3) 펌프용 모터의 출력이 260[kW], 뒤진 역률 85[%]인 부하를 95[%]로 개선하는 데 필요한 전력용 콘덴서의 용량을 계산하시오.

답안 (1) ① 과전류계전기
② 전류계
③ 지락 방향계전기
④ 부족전압계전기
⑤ 지락 과전압계전기
⑥ 영상전압계

(2) ⑦ 명칭 : 전력퓨즈
용도 : 단락사고 시 기기를 전로로부터 분리하여 사고확대 방지
⑧ 명칭 : 개폐기
용도 : 전동기의 기동 정지
⑨ 명칭 : 직렬 리액터
용도 : 제5고조파의 제거
⑩ 명칭 : 방전코일
용도 : 잔류전하의 방전
⑪ 명칭 : 전력용 콘덴서
용도 : 역률 개선
⑫ 명칭 : 영상변류기
용도 : 지락사고 시 지락전류를 검출

(3) 75.68[kVA]

해설 (3) $Q_c = P(\tan\theta_1 - \tan\theta_2)$

$$= 260\left(\frac{\sqrt{1-0.85^2}}{0.85} - \frac{\sqrt{1-0.95^2}}{0.95}\right)$$

$$= 75.68[\text{kVA}]$$

문제 17 산업 96년, 99년, 01년 출제

배점 : 9점

어느 공장에 예비전원을 얻기 위한 전기기동방식 수동제어장치의 디젤엔진 3상 교류발전기를 시설하게 되었다. 발전기는 사이리스터식 정지 자여자 방식을 채택하고 전압은 자동과 수동으로 조정 가능하게 하였을 경우, 다음 각 물음에 답하시오.

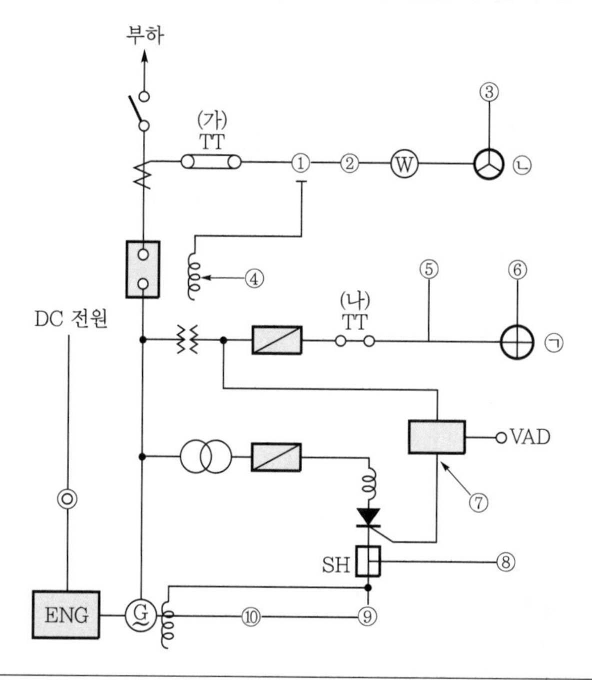

[약호]

- ENG : 전기기동식 디젤엔진
- TG : 타코 제너레이터
- VAD : 사이리스터 조정기
- AA : 교류전류계
- PT : 계기용 변압기
- Fuse : 퓨즈
- TrE : 여자용 변압기
- CB : 차단기
- TC : 트립코일
- DS : 단로기
- G : 정지 여자식 교류발전기
- AVR : 자동전압조정기
- VA : 교류전압계
- CT : 변류기
- W : 지시전력계
- F : 주파수계
- RPM : 회전수계
- DA : 직류전류계
- OC : 과전류계전기

※ ◎ 엔진기동용 푸시버튼

(1) 도면에서 ①~⑩에 해당되는 부분의 명칭을 주어진 약호로 답하시오.

(2) 도면에서 (가) —⊂TT⊃— 와 (나) —○TT○— 는 무엇을 의미하는가?

(3) 도면에서 ㉠과 ㉡은 무엇을 의미하는가?

(1) ① OC, ② WH, ③ AA, ④ TC, ⑤ F, ⑥ VA, ⑦ AVR, ⑧ DA, ⑨ RPM, ⑩ TG
(2) (가) 전류 시험단자
  (나) 전압 시험단자
(3) ㉠ 전압계용 전환개폐기
  ㉡ 전류계용 전환개폐기

문제 18 산업 97년, 04년 출제

배점 : 10점

미완성 복선 결선도를 보고 다음 각 물음에 답하시오.

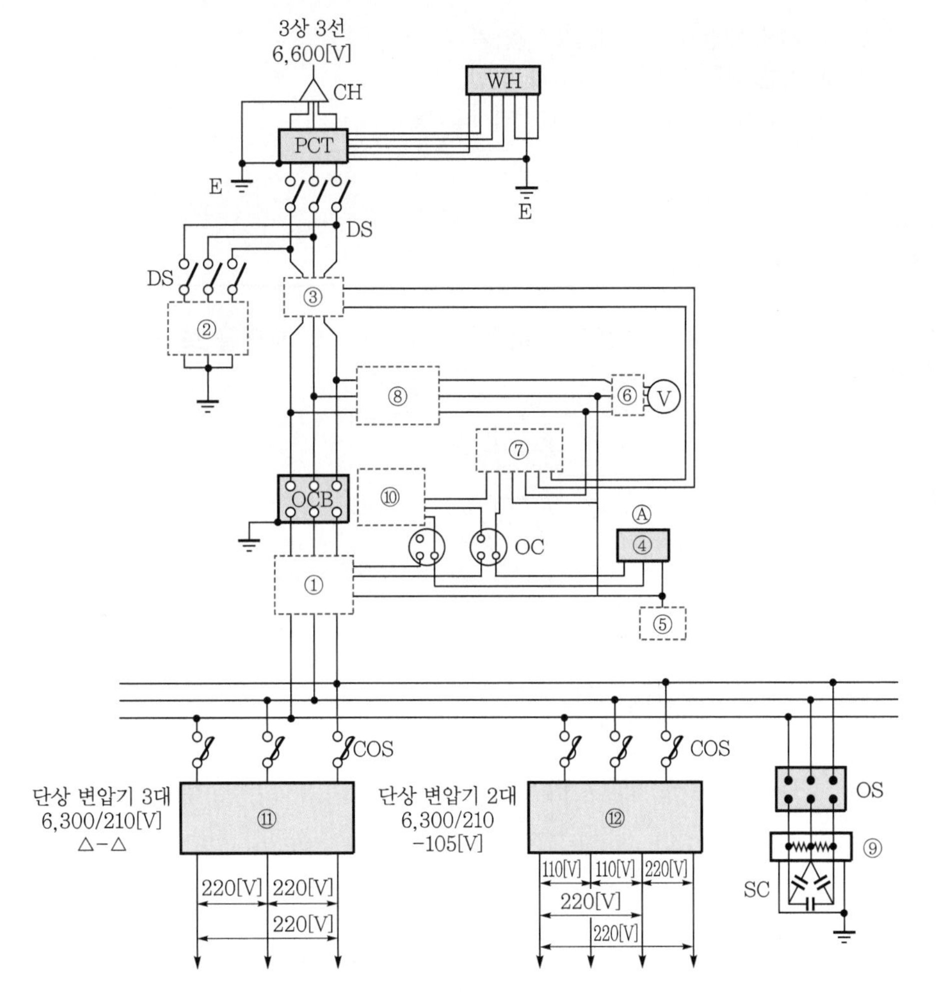

(1) ①~⑥ 부분에 해당되는 심벌을 그려넣고 그 옆에 제어 약호를 쓰도록 하시오.
(2) ⑪, ⑫의 변압기 결선을 완성하시오.
(3) ⑦, ⑧에 사용되는 기기의 명칭은 무엇인가?
(4) ⑨, ⑩ 부분을 사용하는 주된 목적을 설명하시오.

(1)

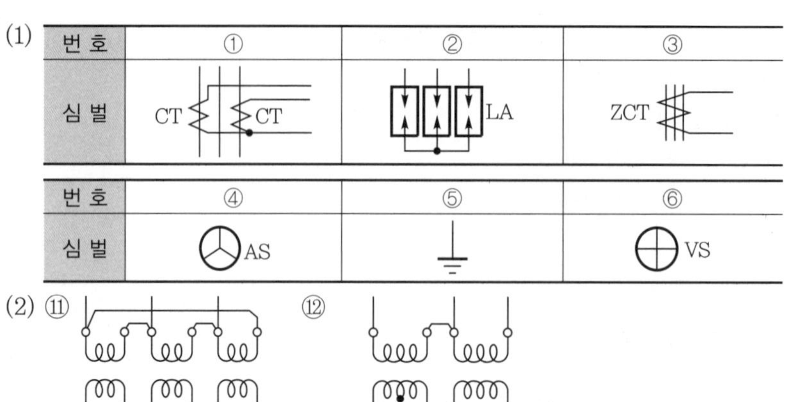

번 호	①	②	③
심 벌	CT CT	LA	ZCT

번 호	④	⑤	⑥
심 벌	AS		VS

(2) ⑪ ⑫

(3) ⑦ 지락 계전기, ⑧ 계기용 변압기

(4) ⑨ 콘덴서에 축적된 잔류전하 방전

⑩ 차단기를 트립시키기 위한 여자 코일

문제 19

산업 97년, 00년 출제

배점 : 6점

도면은 고압 수전설비 복선 결선도의 미완성 도면이다. 이 도면을 보고 다음 각 물음에 답하시오.

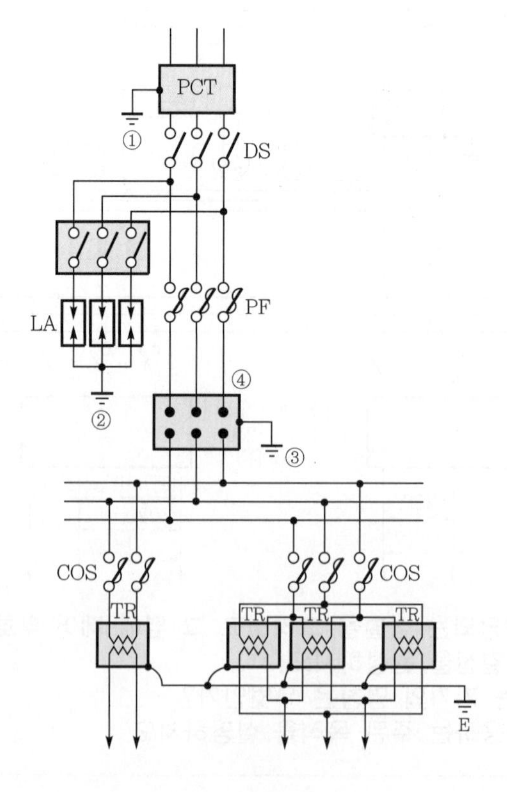

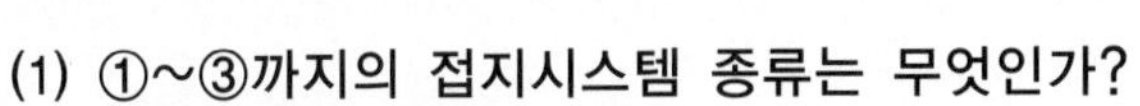

(1) ①~③까지의 접지시스템 종류는 무엇인가?
(2) ④의 명칭은 무엇인가?
(3) 미완성 부분인 단상 변압기 3대를 Δ-Δ, Δ-Y결선하시오.

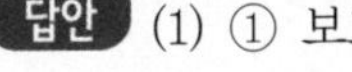

답안 (1) ① 보호접지, ② 피뢰시스템 접지, ③ 보호접지
(2) 유입개폐기
(3)

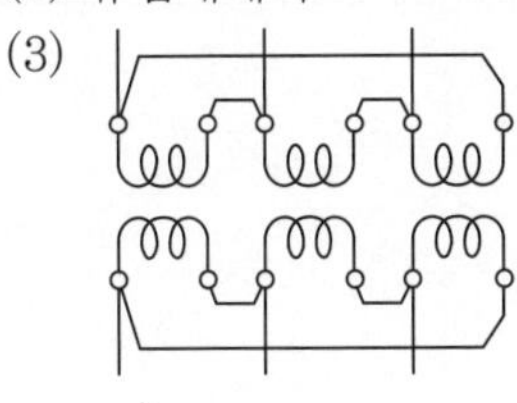

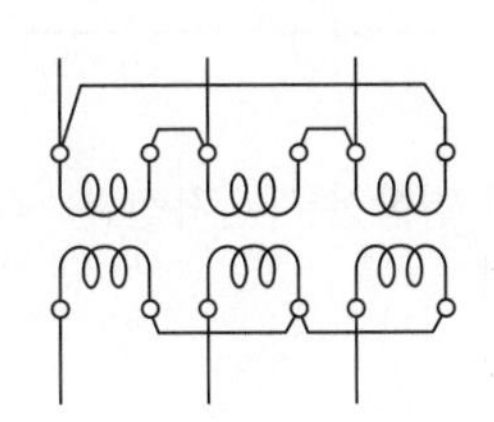

문제 20

산업 96년, 98년, 18년 출제

배점 : 12점

도면은 어느 수용가의 수전설비 결선도이다. 이 결선도를 보고 다음 각 물음에 답하시오.

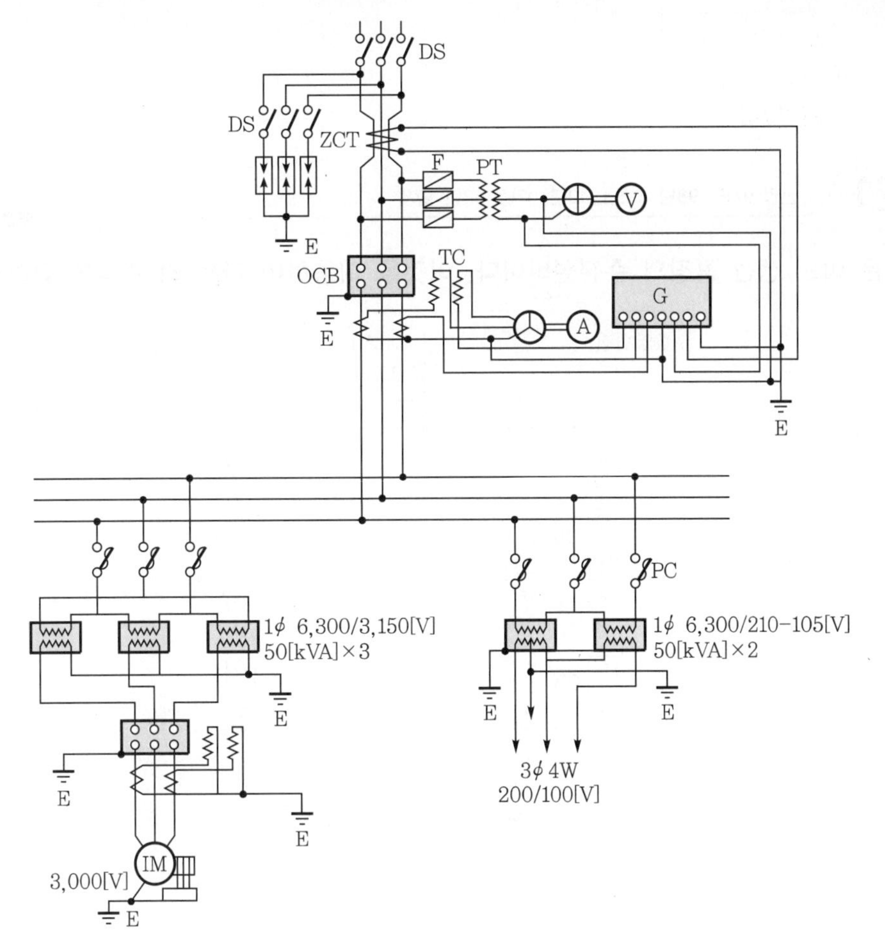

(1) ZCT의 명칭과 역할을 쓰시오.
(2) 도면에서 ⊕은 무엇을 나타내는지 쓰시오.
(3) 도면에서 ⊗은 무엇을 나타내는지 쓰시오.
(4) 6,300/3,150[V] 단상 변압기 3대의 2차측 결선이 잘못되어 있다. 이 부분을 올바르게 고쳐서 그리시오.
(5) 도면에서 TC는 무엇인지 나타내는지 쓰시오.

답안 (1) • 명칭 : 영상변류기
• 역할 : 지락사고 시 영상전류(지락전류) 검출
(2) 전압계용 전환개폐기
(3) 전류계용 전환개폐기
(4)

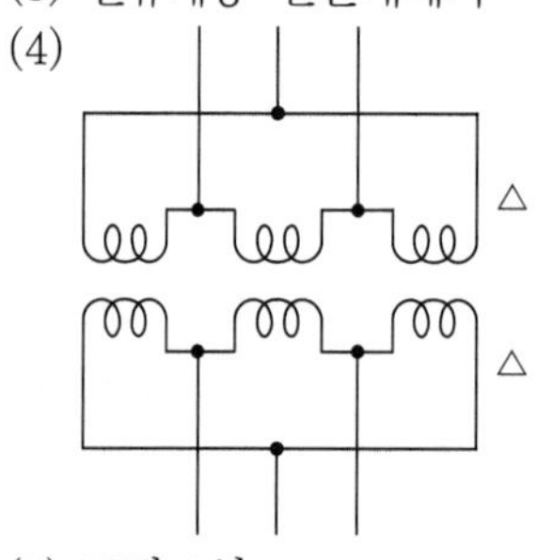

(5) 트립코일

문제 21 산업 97년, 98년, 02년, 13년, 17년, 18년 출제

배점 : 10점

다음은 어느 생산 공장의 수전설비이다. 이것을 이용하여 다음 각 물음에 답하시오.

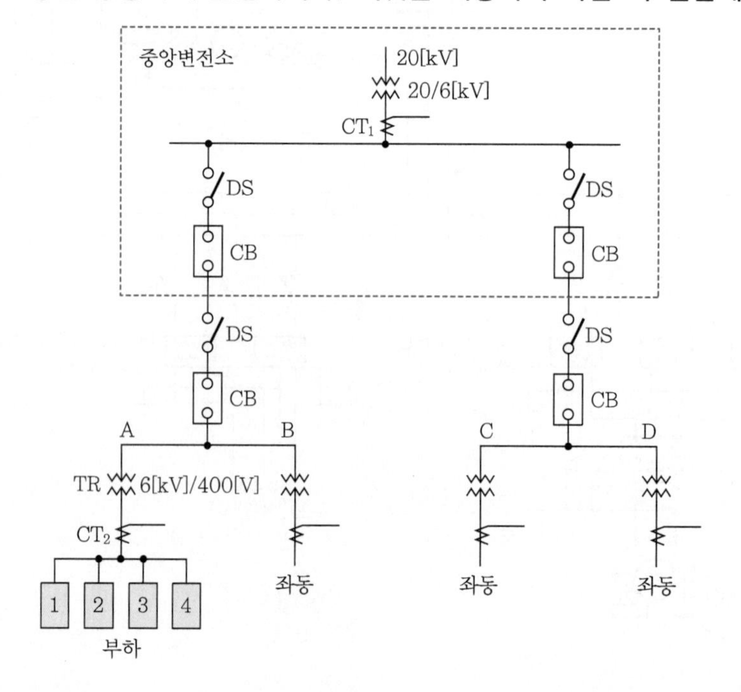

▌뱅크의 부하용량표▐

피 더	부하설비용량[kW]	수용률[%]
1	125	80
2	125	80
3	500	70
4	600	84

▌변류기 규격표▐

항 목	변류기
정격 1차 전류[A]	5, 10, 15, 20, 30, 40 50, 75, 100, 150, 200 300, 400, 500, 600, 750 1,000, 1,500, 2,000, 2,500
정격 2차 전류[A]	5

(1) 표와 같이 A, B, C, D 4개의 뱅크가 있으며, 각 뱅크는 부등률이 1.1이다. 이 때 중앙 변전소의 변압기 용량을 산정하시오. (단, 각 부하의 역률은 0.8이며, 변압기 용량은 표준규격으로 답하도록 한다.)

(2) 변류기 CT_1과 CT_2의 변류비를 산정하시오. (단, 변류비는 표준규격으로 답하도록 한다.)

답안 (1) 5,000[kVA]

(2) ① $CT_1 = 600/5$

② $CT_2 = 2,500/5$

해설 (1) A뱅크의 최대수요전력 $= \dfrac{125\times0.8+125\times0.8+500\times0.7+600\times0.84}{1.1\times0.8}$

$= 1,197.73$[A]

A, B, C, D 각 뱅크 간의 부등률은 없으므로

STR $= 1,197.73\times4$

$= 4,790.92$[kVA]

∴ 5,000[kVA]

(2) ① $I_1 = \dfrac{5,000}{\sqrt{3}\times6}\times1.25\sim1.5$

$= 601.4\sim721.7$[A]

∴ 600/5 선정

② $I_1 = \dfrac{1,197.73}{\sqrt{3}\times0.4}\times1.25\sim1.5$

$= 2,160.97\sim2,593.16$[A]

∴ 2,500/5 선정

1990년~최근 출제된 기출 이론 분석 및 유형별 문제

02 CHAPTER 특고압 수전설비의 시설

기출개념 01 특고압 수전설비 결선도

1 CB 1차측에 CT를, CB 2차측에 PT를 시설하는 경우

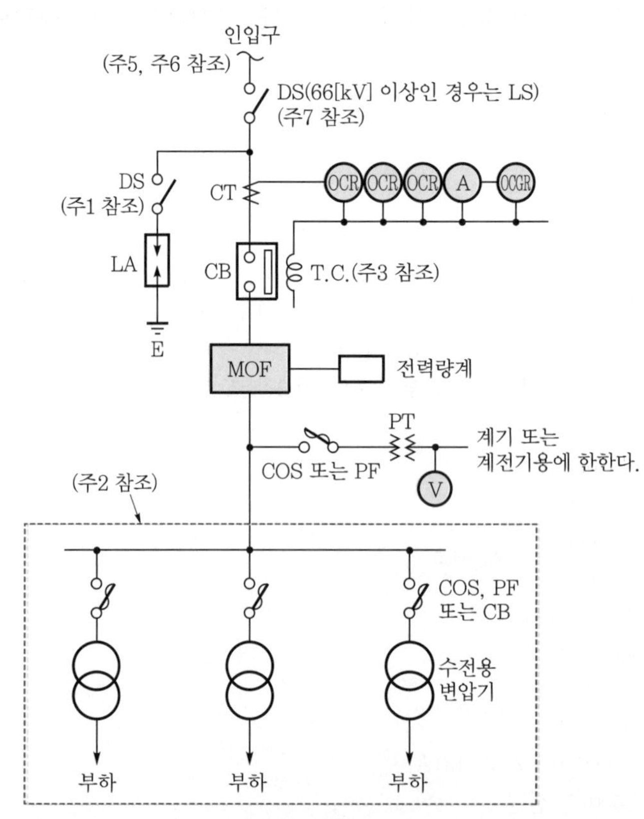

[주] 1. 22.9[kV-Y] 1,000[kVA] 이하인 경우에는 간이 수전결선도에 의할 수 있다.
2. 결선도 중 점선 내의 부분은 참고용 예시이다.
3. 차단기의 트립전원은 직류(DC) 또는 콘덴서방식(CTD)이 바람직하며 66[kV] 이상의 수전설비에는 직류(DC)이어야 한다.
4. LA용 DS는 생략할 수 있으며 22.9[kV-Y]용의 LA는 disconnector(또는 isolator) 붙임형을 사용하여야 한다
5. 인입선을 지중선으로 시설하는 경우에 공동주택 등 사고 시 정전피해가 큰 경우에는 예비 지중선 포함하여 2회선으로 시설하는 것이 바람직하다.

6. 지중 인입선의 경우에 22.9[kV-Y] 계통은 CNCV-W(수밀형) 케이블 또는 TR CNCV-W(트리억제형) 케이블을 사용하여야 한다. 다만 전력구·공동구·덕트·건물구내 등 화재의 우려가 있는 장소에는 FR CNCO-W(난연) 케이블을 사용하는 것이 바람직하다.
7. DS 대신 자동고장구분개폐기(7,000[kVA] 초과 시에는 sectionalizer)를 사용할 수 있으며 66[kV] 이상의 경우에는 LS를 사용하여야 한다.

개념 문제 기사 95년 출제 | 배점 : 10점 |

[보기]와 같은 특고압 기기류를 참고하여 다음 각 물음에 답하시오.

[보기]

명 칭	약 호	심 벌	단 위	수 량	비 고
단로기	①		조	1	
변류기	②	CT CT	대	3	
피뢰기	③	LA	조	1	
과전류계전기	OCR	OCR	대	3	
지락 과전류계전기	OCGR	OCGR	대	1	
트립코일	④		개소	1	
차단기	CB		대	1	
계기용 변압변류기	MOF	MOF	대	1	
수전변압기	TR		대	1	
접지공사	E	E	개소	3	
계기용 변압기	⑤		대	1	
컷 아웃 스위치	⑥		조	1	

(1) ①~⑥까지의 약호는?
(2) 심벌을 이용하여 22.9[kV-Y] 수전설비 단선 결선도를 완성하시오.
(3) 상기 결선의 변압기에 80[kW], 50[kW], 100[kW]의 부하가 접속되어 있다. 부하 간의 부등률은 1.2, 부하 역률은 90[%], 수용률은 80[kW], 부하는 50[kW]에서는 60[%], 100[kW]에서는 55[%]라면 변압기의 최대수용전력은 몇 [kVA]인가?
(4) 계기용 변압기 및 변류기의 2차측 정격전압 및 정격전류의 값은 얼마인가?

답안 (1) ① DS
② CT
③ LA
④ TC
⑤ PT
⑥ COS

(2)

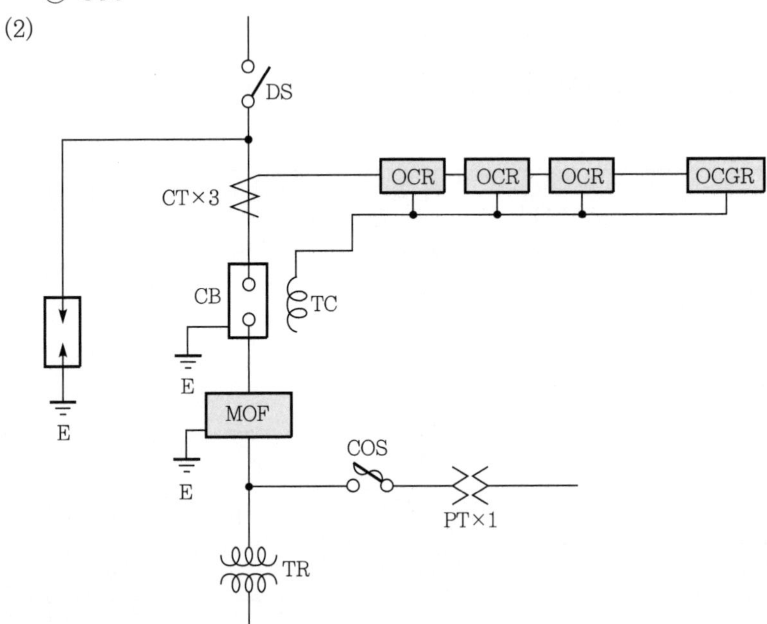

(3) 123.15[kVA]

(4) • 계기용 변압기의 2차측 정격전압 : 110[V]
• 계기용 변류기의 2차측 정격전류 : 5[A]

해설 (3) 최대수용전력 $= \dfrac{(80+50)\times 0.6 + 100\times 0.55}{1.2\times 0.9}$

$= 123.15[\text{kVA}]$

2 CB 1차측에 CT와 PT를 시설하는 경우

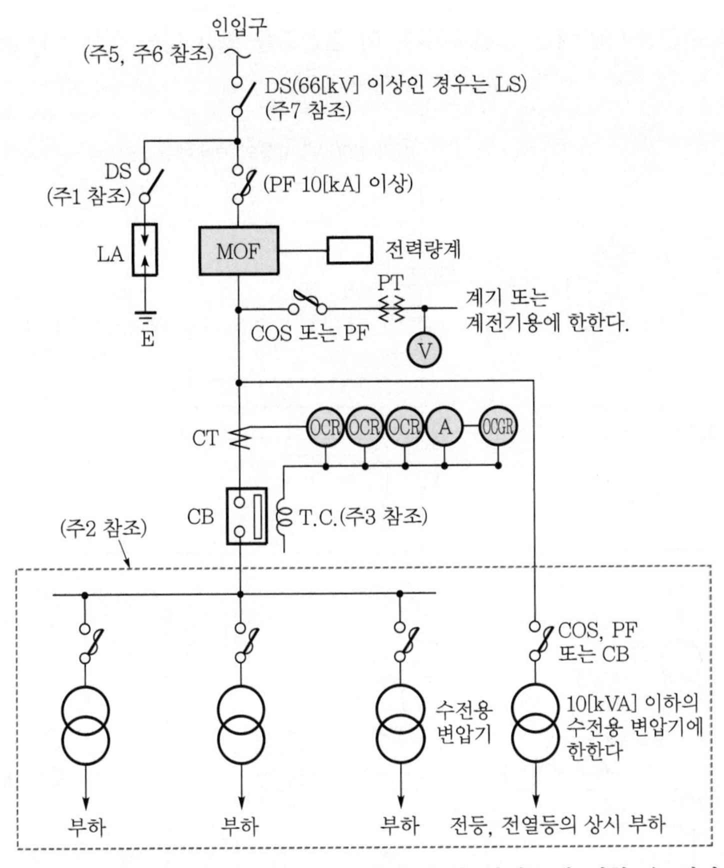

[주] 1. 22.9[kV-Y] 1,000[kVA] 이하인 경우에는 간이 수전 결선도에 의할 수 있다.

2. 결선도 중 점선 내의 부분은 참고용 예시이다.
3. 차단기의 트립전원은 직류(DC) 또는 콘덴서방식(CTD)이 바람직하며 66[kV] 이상의 수전설비에는 직류(DC)이어야 한다.
4. LA용 DS는 생략할 수 있으며 22.9[kV-Y]용의 LA는 disconnector(또는 isolator) 붙임형을 사용하여야 한다.
5. 인입선을 지중선으로 시설하는 경우에 공동주택 등 사고 시 정전피해가 큰 경우에는 예비 지중선 포함하여 2회선으로 시설하는 것이 바람직하다.
6. 지중 인입선의 경우에 22.9[kV-Y] 계통은 CNCV-W(수밀형) 케이블 또는 TR CNCV-W(트리억제형) 케이블을 사용하여야 한다. 다만 전력구・공동구・덕트・건물구내 등 화재의 우려가 있는 장소에는 FR CNCO-W(난연) 케이블을 사용하는 것이 바람직하다.
7. DS 대신 자동고장구분개폐기(7,000[kVA] 초과 시에는 sectionalizer)를 사용할 수 있으며 66[kV] 이상의 경우에는 LS를 사용하여야 한다.

개념 문제 01 기사 85년, 91년 출제

| 배점 : 10점 |

그림은 특고압 수전설비에 대한 결선도이다. 이 결선도를 보고 다음 물음 (1)~(2)에 답하시오.

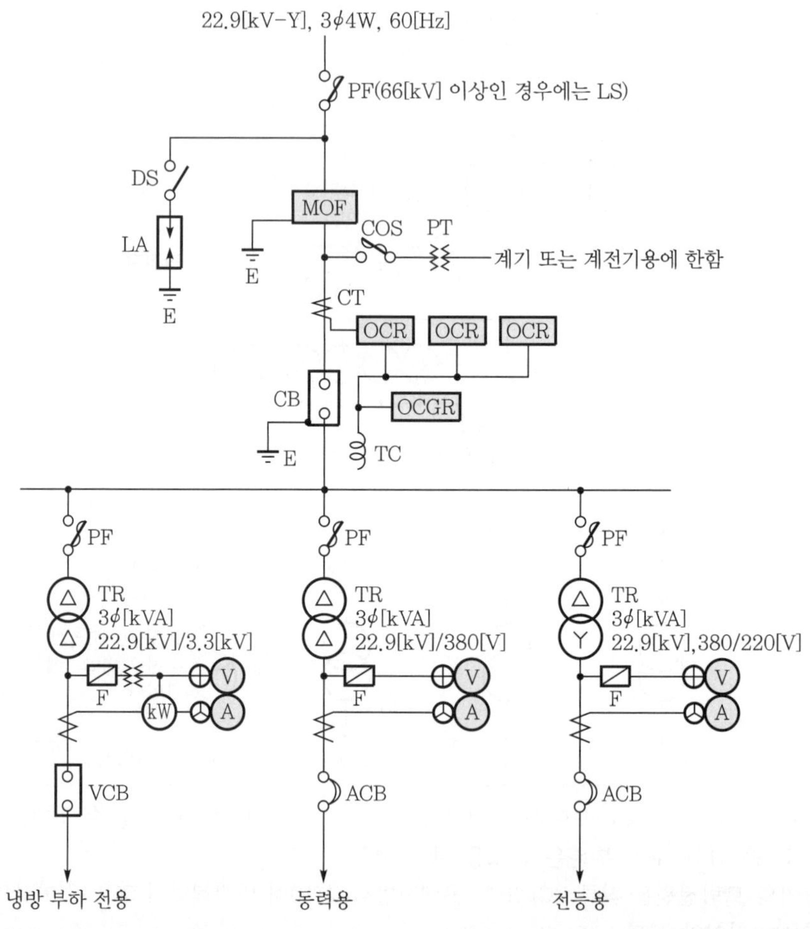

(1) 동력용 변압기에 연결된 동력부하 설비용량이 300[kW], 부하 역률은 80[%], 효율 85[%], 수용률은 50[%]라고 할 때, 동력용 3상 변압기의 용량[kVA]을 계산하고 변압기 표준정격용량표에서 변압기 용량을 선정하시오.

전력용 3상 변압기 표준용량[kVA]						
100	150	200	250	300	400	500

(2) 냉방부하용 터보 냉동기 1대를 설치하고자 한다. 냉방부하 전용 차단기로 VCB를 설치할 때 VCB 2차측 정격전류는 몇 [A]인가? (단, 전동기는 150[kW], 정격전압 3,300[V], 3상 농형 유도전동기로서 역률 80[%], 효율 85[%]이다.)

답안 (1) 250[kVA], (2) 38.6[A]

해설

(1) 변압기 용량 $= \dfrac{300}{0.8 \times 0.85} \times 0.5 = 220.59$[kVA]

따라서, 표준용량 250[kVA]를 선정한다.

(2) 부하전류 $I = \dfrac{150 \times 10^3}{\sqrt{3} \times 3{,}300 \times 0.8 \times 0.85} = 38.6$[A]

개념 문제 02 기사 99년 출제 | 배점 : 11점 |

특고압 가공전선로(22.9[kV-Y])로부터 수전하는 어느 수용가의 특고압 수전설비의 단선 결선도이다. 다음 각 물음에 답하시오.

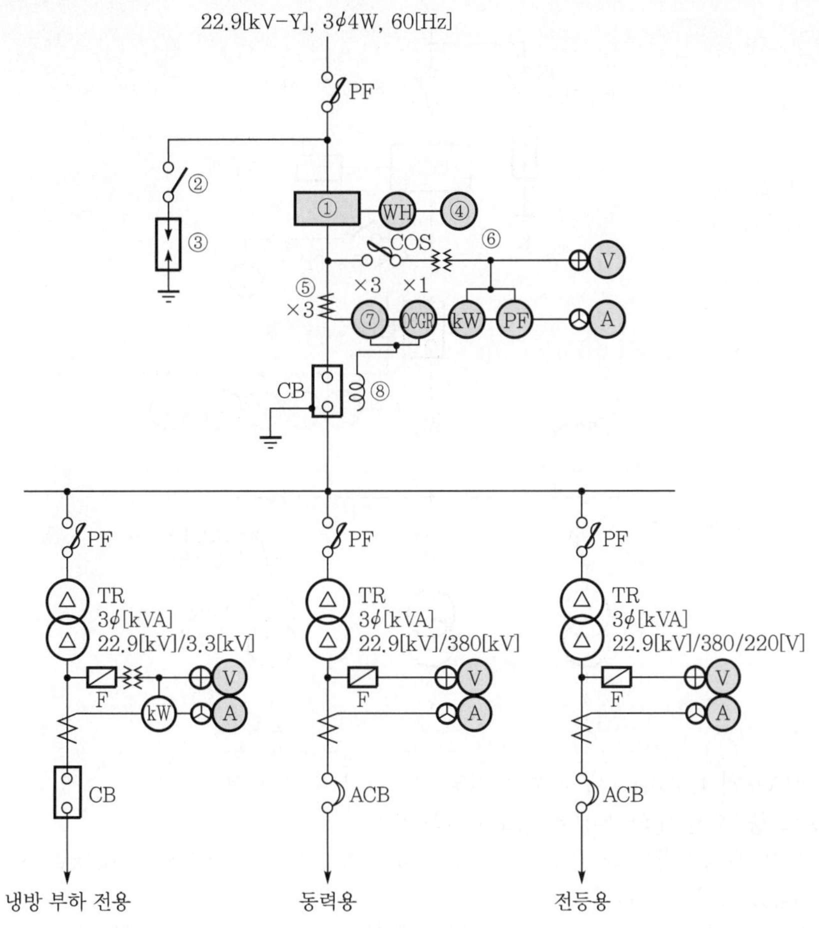

(1) ①~③, ⑦, ⑧에 해당되는 것의 명칭과 영문 약호를 쓰시오.
(2) ⑤에 해당되는 것의 명칭을 쓰고 2차 전류는 일반적인 경우 몇 [A]로 하는지를 쓰시오.
(3) ⑥에 해당되는 것의 명칭을 쓰고 2차 전압은 일반적인 경우 몇 [V]로 하는지를 쓰시오.
(4) ④에 해당되는 것은 무엇인가?

답안 (1)

번 호	명 칭	약 호	번 호	명 칭	약 호
①	계기용 변압변류기	MOF	②	단로기	DS
③	피뢰기	LA	⑦	과전류계전기	OCR
⑧	트립코일	TC			

(2) • 명칭 : 변류기
• 2차 전류 : 5[A]

(3) • 명칭 : 계기용 변압기
• 2차 전압 : 110[V]

(4) 무효전력량계

3 CB 1차측에 PT를, CB 2차측에 CT를 시설하는 경우

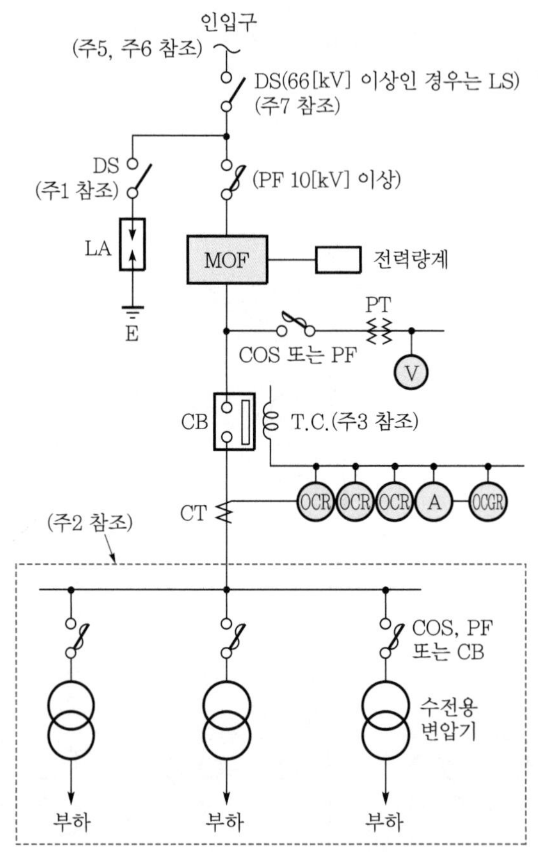

[주] 1. 22.9[kV-Y] 1,000[kVA] 이하인 경우에는 간이 수전 결선도에 의할 수 있다.
2. 결선도 중 점선 내의 부분은 참고용 예시이다.
3. 차단기의 트립전원은 직류(DC) 또는 콘덴서방식(CTD)이 바람직하며, 66[kV] 이상의 수전설비에는 직류(DC)이어야 한다.
4. LA용 DS는 생략할 수 있으며 22.9[kV-Y]용의 LA는 disconnector(또는 isolator) 붙임형을 사용하여야 한다.
5. 인입선을 지중선으로 시설하는 경우에 공동주택 등 사고 시 정전피해가 큰 경우에는 예비 지중선 포함하여 2회선으로 시설하는 것이 바람직하다.
6. 지중 인입선의 경우에 22.9[kV-Y] 계통은 CNCV-W(수밀형) 케이블 또는 TR CNCV-W(트리억제형) 케이블을 사용하여야 한다. 다만 전력구・공동구・덕트・건물구내 등 화재의 우려가 있는 장소에는 FR CNCO-W(난연) 케이블을 사용하는 것이 바람직하다.
7. DS 대신 자동고장구분개폐기(7,000[kVA] 초과 시에는 sectionalizer)를 사용할 수 있으며 66[kV] 이상의 경우에는 LS를 사용하여야 한다.

개념 문제 01 기사 95년, 04년 출제 | 배점 : 10점 |

3ϕ4W 22.9[kV] 수변전실 단선 결선도이다. 그림에서 표시된 ①~⑩까지의 명칭을 쓰시오.

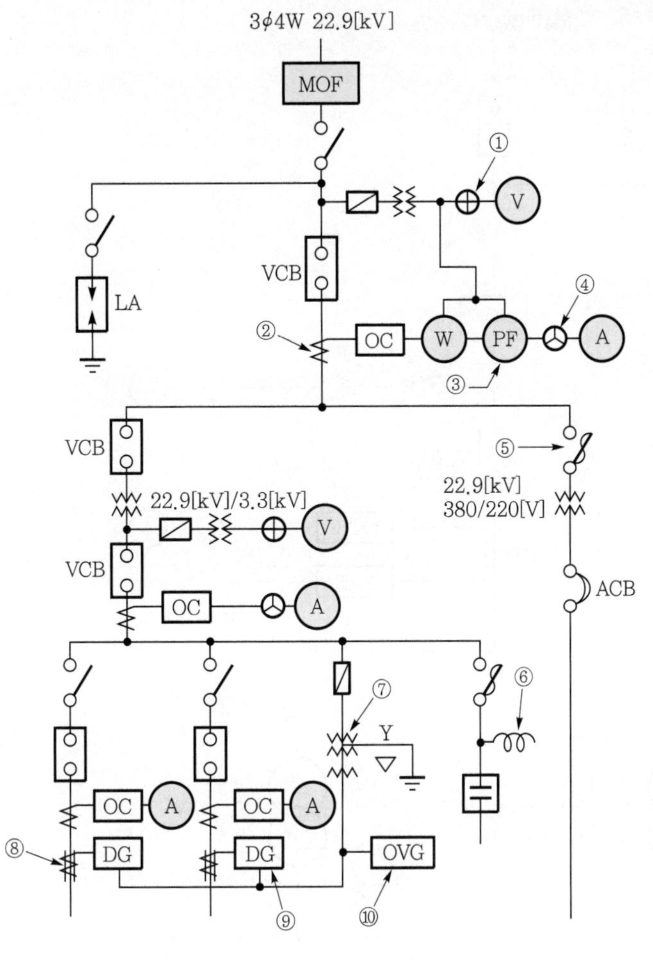

답안 ① 전압계용 전환개폐기
② 계기용 변류기
③ 역률계
④ 전류계용 전환개폐기
⑤ 전력퓨즈
⑥ 방전코일
⑦ 접지형 계기용 변압기
⑧ 영상변류기
⑨ 지락 방향계전기
⑩ 지락 과전압계전기

개념 문제 02 기사 15년, 16년, 18년, 21년 출제

| 배점 : 12점 |

다음은 3ϕ 4W 22.9[kV] 수전설비 단선 결선도이다. 다음 각 물음에 답하시오.

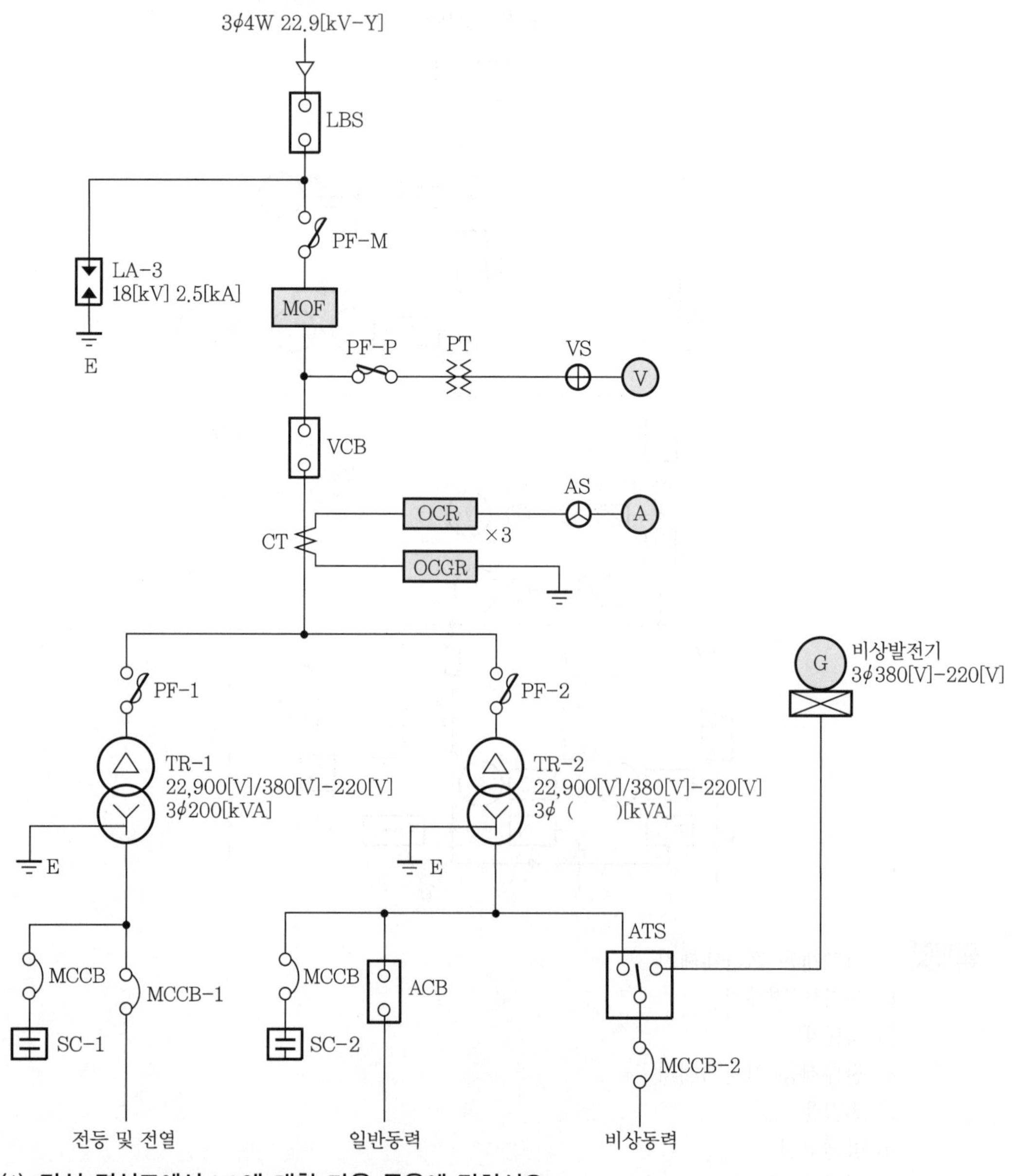

(1) 단선 결선도에서 LA에 대한 다음 물음에 답하시오.
① 우리말 명칭을 쓰시오.
② 기능과 역할에 대해 설명하시오.
③ 성능조건 4가지를 쓰시오.

(2) 수전설비 단선 결선도의 부하집계 및 입력환산표를 완성하시오. (단, 입력환산[kVA]의 계산값은 소수점 둘째자리에서 반올림한다.)

구 분	전등 및 전열	일반동력	비상동력
설비용량 및 효율	합계 350[kW] 100[%]	합계 635[kW] 85[%]	유도전동기 1 7.5[kW] 2대 85[%] 유도전동기 2 11[kW] 1대 85[%] 유도전동기 3 15[kW] 1대 85[%] 비상조명 8,000[W] 100[%]
평균(종합)역률	80[%]	90[%]	90[%]
수용률	60[%]	45[%]	100[%]

• **부하집계 및 입력환산표**

구 분		설비용량[kW]	효율[%]	역률[%]	입력환산[kVA]
전등 및 전열		350			
일반동력		635			
비상동력	유도전동기 1	7.5×2			
	유도전동기 2				
	유도전동기 3	15			
	비상조명				
	소계	–	–	–	

(3) TR-2의 적정용량은 몇 [kVA]인지 단선 결선도와 "(2)"의 부하집계표를 참고하여 구하시오.

[참고사항]

• 일반 동력군과 비상 동력군 간의 부등률은 1.3이다.
• 변압기 용량은 15[%] 정도의 여유를 갖는다.
• 변압기의 표준규격[kVA]은 200, 300, 400, 500, 600이다.

(4) 단선 결선도에서 TR-2의 2차측 중성점 접지공사의 접지도체의 굵기[mm^2]를 구하시오.

[참고사항]

• 접지도체는 GV전선을 사용하고 표준굵기[mm^2]는 6, 10, 16, 25, 35, 50, 70 중에서 선정한다.
• GV전선의 표준굵기[mm^2]의 선정은 전기기기의 선정 및 설치-접지설비 및 보호도체(KS C IEC 60364-5-54)에 따른다.
• 과전류차단기를 통해 흐를 수 있는 예상 고장전류는 변압기 2차 정격전류의 20배로 본다.
• 도체, 절연물, 그 밖의 부분의 재질 및 초기 온도와 최종 온도에 따라 정해지는 계수는 143(구리 도체)으로 한다.
• 변압기 2차의 과전류차단기는 고장전류에서 0.1초에 차단되는 것이다.

답안 (1) ① 피뢰기

② 이상전압 내습 시 대지로 방전하고 속류 차단하므로 기기를 보호한다.

③ • 상용주파방전 개시전압이 계통의 지속성 이상전압보다 높을 것
• 충격방전 개시전압이 기기의 절연레벨보다 낮을 것
• 방전내량이 크고, 제한전압이 낮을 것
• 속류차단능력이 클 것

(2) 입력환산 $= \dfrac{\text{설비용량[kW]}}{\text{역률} \times \text{효율}}$ [kVA]

구 분		설비용량[kW]	효율[%]	역률[%]	입력환산[kVA]
전등 및 전열		350	100	80	437.5
일반동력		635	85	90	830.1
비상동력	유도전동기 1	7.5×2	85	90	19.6
	유도전동기 2	11	85	90	14.4
	유도전동기 3	15	85	90	19.6
	비상조명	8	100	90	8.9
	소계	–	–	–	62.5

(3) 400[kVA]

(4) 35[mm^2]로 선정

해설 (3) TR−2 변압기는 일반동력과 비상동력설비를 수용하므로

$$TR-2=\frac{830.1\times0.45+62.5\times1}{1.3}\times(1+0.15)=385.73\,[kVA]$$

(4) • TR−2의 2차측 정격전류

$$I_2=\frac{P}{\sqrt{3}\,V}$$

$$=\frac{400\times10^3}{\sqrt{3}\times380}=607.74\,[A]$$

• 예상 고장전류(I)는 변압기 2차 정격전류의 20배로 본다고 하였으므로

$$I=20I_2=20\times607.74=12{,}154.8\,[A]$$

$$\therefore\ A=\frac{\sqrt{I^2t}}{k}$$

$$=\frac{\sqrt{12{,}154.8^2\times0.1}}{143}=26.88\,[mm^2]$$

※ **접지도체(보호도체)(KEC 142.3.2)**

보호도체의 단면적은 다음의 계산값 이상이어야 한다. (단, 차단시간 5초 이하인 경우)

$$A=\frac{\sqrt{I^2t}}{k}\,[mm^2]$$

여기서, A : 단면적[mm^2]

I : 보호장치를 통해 흐를 수 있는 예상 고장전류의 실효값[A]

t : 자동 차단을 위한 보호장치의 동작시간[s]

k : 보호도체, 절연, 기타 부위의 재질 및 초기 온도와 최종 온도에 따라 정해지는 상수

기출개념 02 특고압 간이 수전설비의 시설

1 22.9[kV-Y] 1,000[kVA] 이하를 시설하는 경우

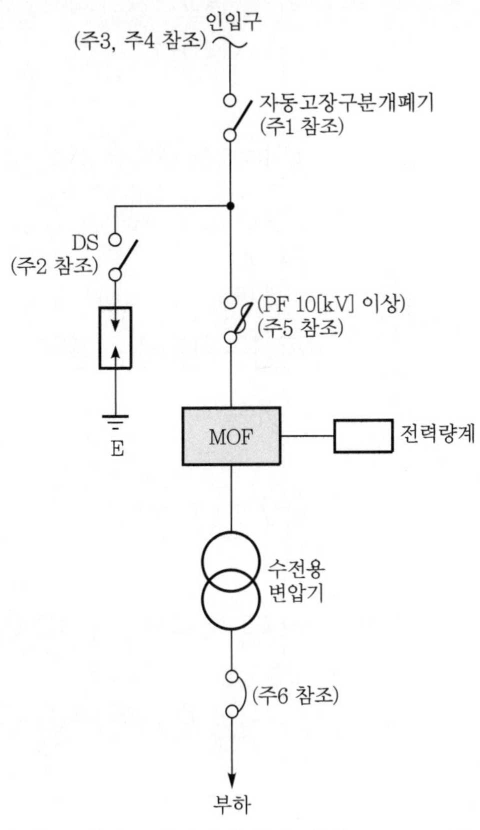

[주] 1. 300[kVA] 이하의 경우에는 자동고장구분개폐기 대신 INT.SW를 사용할 수 있다.

2. LA용 DS는 생략할 수 있으며 22.9[kV-Y]용의 LA는 disconnector(또는 isolator) 붙임형을 사용하여야 한다.
3. 인입선을 지중선으로 시설하는 경우에 공동주택 등 사고 시 정전피해가 큰 경우에는 예비 지중선 포함하여 2회선으로 시설하는 것이 바람직하다.
4. 지중 인입선의 경우에 22.9[kV-Y] 계통은 CNCV-W(수밀형) 케이블 또는 TR CNCV-W(트리억제형) 케이블을 사용하여야 한다. 다만, 전력구·공동구·덕트·건물구내 등 화재의 우려가 있는 장소에는 FR CNCO-W(난연) 케이블을 사용하는 것이 바람직하다.
5. 300[kVA] 이하인 경우 PF대신 COS(비대칭 차단전류 10[kA] 이상의 것)를 사용할 수 있다.
6. 특고압 간이 수전설비는 PF의 용단 등의 결상사고에 대한 대책이 없으므로 변압기 2차측에 설치되는 주차단기에는 결상계전기 등을 설치하여 결상사고에 대한 보호능력이 있도록 함이 바람직하다.

개념 문제 01 산업 02년, 08년 출제

배점 : 10점

옥외의 간이 수변전설비에 대한 단선 결선도이다. 이 그림을 보고 다음 각 물음에 답하시오.

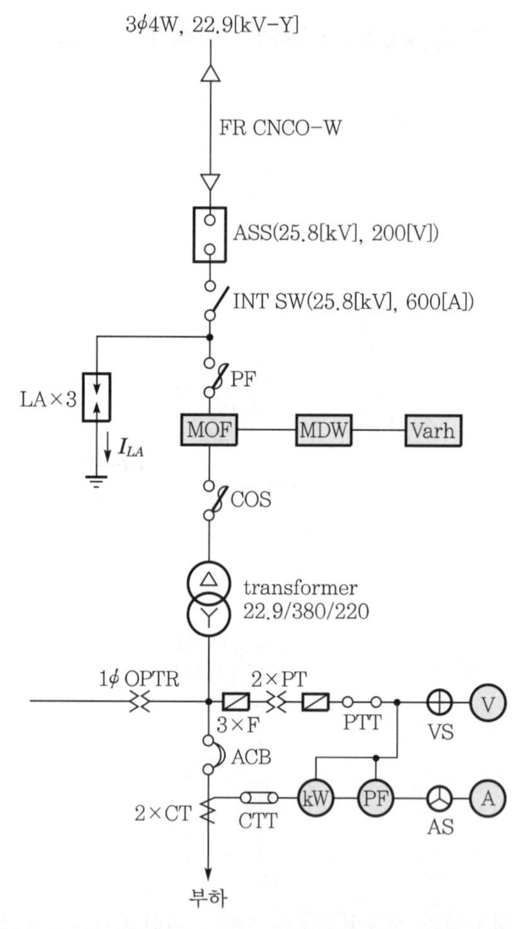

(1) 도면상의 ASS는 무엇인지 그 명칭을 쓰시오. (우리말 또는 영문 원어로 답하시오.)
(2) 도면상의 MDW의 명칭은 무엇인가? (우리말 또는 영문 원어로 답하시오.)
(3) 도면상의 전선 약호 FR CNCO-W의 정확한 명칭을 쓰시오.
(4) 22.9[kV-Y] 간이 수변전설비는 수전용량 몇 [kVA] 이하에 적용하는가?
(5) LA의 공칭방전전류는 몇 [A]를 적용하는가?
(6) 도면에서 PTT는 무엇인가? (우리말 또는 영문 원어로 답하시오.)
(7) 도면에서 CTT는 무엇인가? (우리말 또는 영문 원어로 답하시오.)
(8) 2차측 주개폐기로 380[V]/220[V]를 사용하는 경우 중성선측 개폐기의 표시는 어떤 색깔로 하여야 하는가?
(9) 도면상의 ⊕은 무엇인지 우리말로 답하시오.
(10) 도면상의 Ⓐ은 무엇인지 우리말로 답하시오.

답안 (1) 자동고장구분개폐기(Automatic Section Switch)
(2) 최대 수요전력량계(Maximum Demand Wattmeter)
(3) 동심 중성선 수밀형 저독성 난연 전력 케이블
(4) 1,000[kVA] 이하

(5) 2,500[A]
(6) 전압 시험단자
(7) 전류 시험단자
(8) 청색
(9) ⊕ : 전압계용 전환개폐기
(10) ⊗ : 전류계용 전환개폐기

개념 문제 02 기사 96년, 05년 출제

| 배점 : 11점 |

그림은 특고압 수전설비 표준 결선도의 미완성 도면이다. 이 도면에 대한 다음 각 물음에 답하시오.

(1) 미완성 부분(점선 내 부분)에 대한 결선도를 완성하시오. (단, 미완성 부분만 작성하도록 하되, 미완성 부분에는 CB, OCGR, OCR×3, MOF, CT, PF, COS, TC 등을 사용하도록 한다.)
(2) 사용전압이 22.9[kV]라고 할 때 차단기의 트립전원은 어떤 방식이 바람직한지 2가지를 쓰시오.
(3) 수전전압이 66[kV] 이상인 경우에는 DS 대신 어떤 것을 사용하여야 하는가?
(4) 22.9[kV-Y] 1,000[kVA] 이하인 경우에는 간이 수전 결선도에 의할 수 있다. 본 결선도에 대한 간이 수전 결선도를 그리시오.

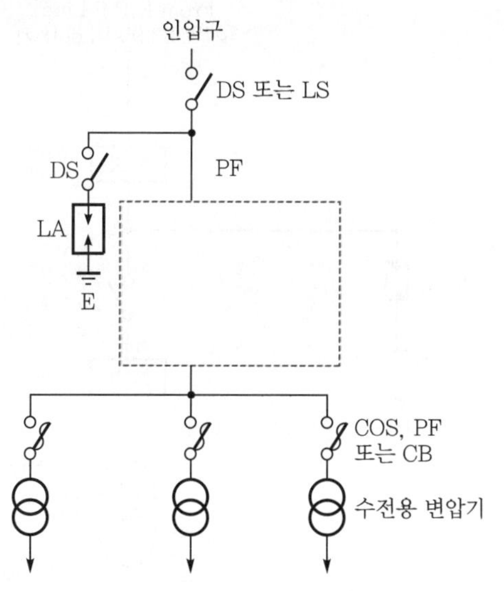

답안 (1)

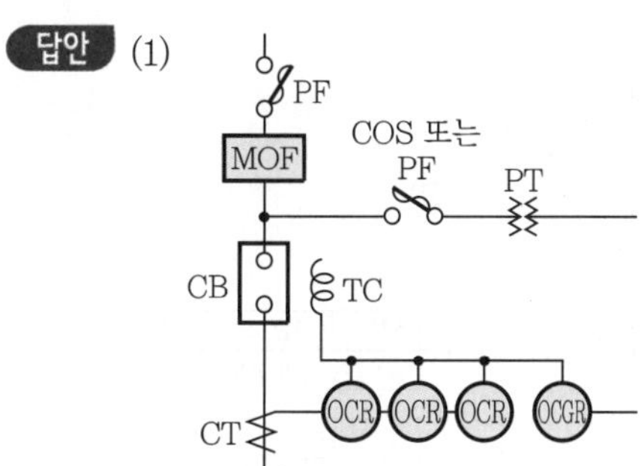

(2) • DC 방식
• CTD 방식

(3) LS

(4)

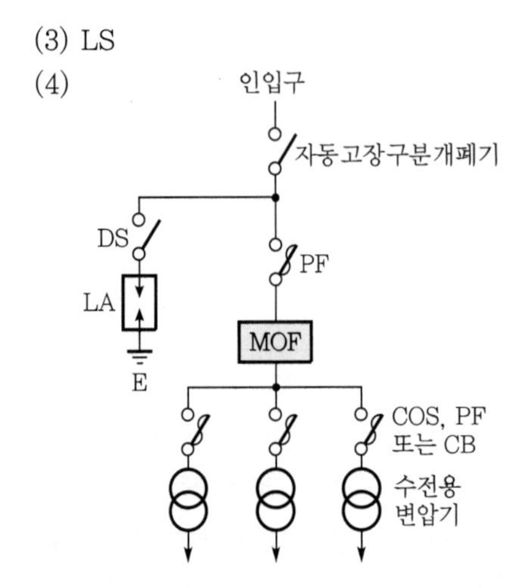

개념 문제 03 기사 16년, 20년 출제 | 배점 : 16점 |

다음 그림은 어느 수용가의 수전설비 계통도이다. 다음 각 물음에 답하시오.

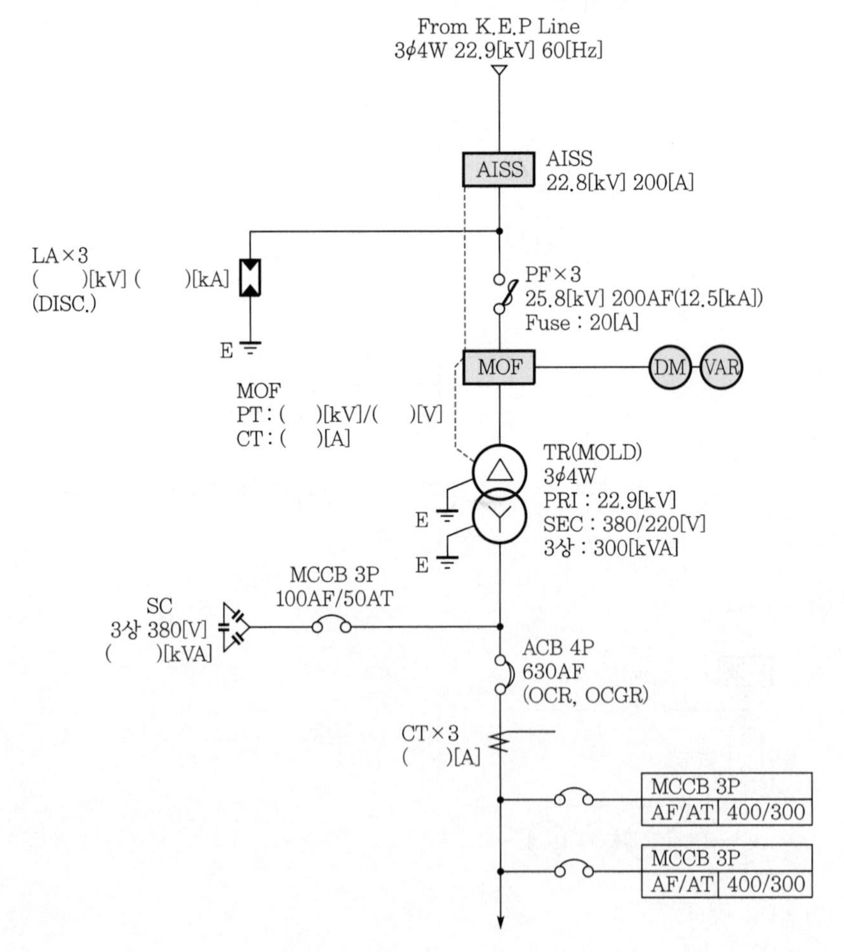

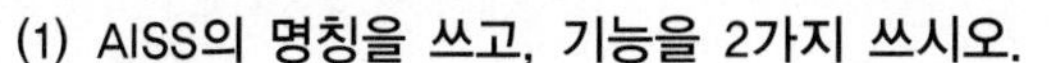

(1) AISS의 명칭을 쓰고, 기능을 2가지 쓰시오.
　① 명칭 :
　② 기능 :
(2) 피뢰기의 정격전압 및 공칭방전전류를 쓰고 그림에서의 DISC. 기능을 간단히 설명하시오.
　① 정격전압 :
　② 공칭방전전류 :
　③ DISC(Disconnector)의 기능 :
(3) MOF의 정격을 구하시오.
(4) MOLD TR의 장점 및 단점을 각각 2가지만 쓰시오.
(5) ACB의 명칭을 쓰시오.
(6) CT의 정격(변류비)를 구하시오.
　• 계산과정 :
　• 답 :

답안 (1) ① 기중형 고장구간자동개폐기
　② • 고장구간을 자동으로 개방하여 사고 확대를 방지
　　• 전부하 상태에서 자동(또는 수동)으로 개방하여 과부하 보호
(2) ① 18[kV]
　② 2.4[kA]
　③ 피뢰기 고장 시 개방되어 피뢰기를 대지로부터 분리
(3) 변류비 $\frac{10}{5}$
(4) ① 장점
　• 난연성과 내습성이 우수하다.
　• 전력손실이 적다.
　② 단점
　• 충격파 내전압이 낮다.
　• 수지층에 차폐물이 없으므로 운전 중 코일 표면과 접촉하면 위험하다.
(5) 기중차단기
(6) • 계산과정 : $I_1 = \frac{300 \times 10^3}{\sqrt{3} \times 380} \times 1.25 = 569.753[A]$
　• 답 : $\frac{600}{5}$

해설 (1) AISS(Air-Insulated Auto-Sectionalizing Switches) : 기중절연 자동고장구분개폐기로 22.9[kV-Y] 배전선로에서 부하용량 4,000[kVA] 이하인 수용가의 수전 인입점에 설치한다.
(2) DISC(disconnector) 기능
피뢰기의 고장 발생 시 DISC.가 개방됨으로써 대지로부터 피뢰기를 분리시키는 기능
(3) ① PT비 : $\frac{22,900}{\sqrt{3}}[kV] \Big/ \frac{190}{\sqrt{3}}[V]$
　② CT비 : $I_1 = \frac{300 \times 10^3}{\sqrt{3} \times 22.9 \times 10^3} = 7.56[A]$

(4) 몰드변압기의 장·단점

① 장점

- 난연성이 우수하다.
- 전력손실이 적다.
- 내습, 내진성이 우수하다.
- 소형 경량화 할 수 있다.
- 유지 보수가 용이하다
- 단시간 과부하 내량이 높다.

② 단점

- 가격이 고가이다.
- 충격파 내전압이 낮다.
- 수지층에 차폐물이 없으므로 운전 중 코일 표면과 접촉하면 위험하다.

단원 빈출문제

문제 01 산업 95년, 03년, 14년, 15년, 19년 출제

배점 : 15점

아래 도면은 어느 수전설비의 단선 결선도이다. 물음에 답하시오.

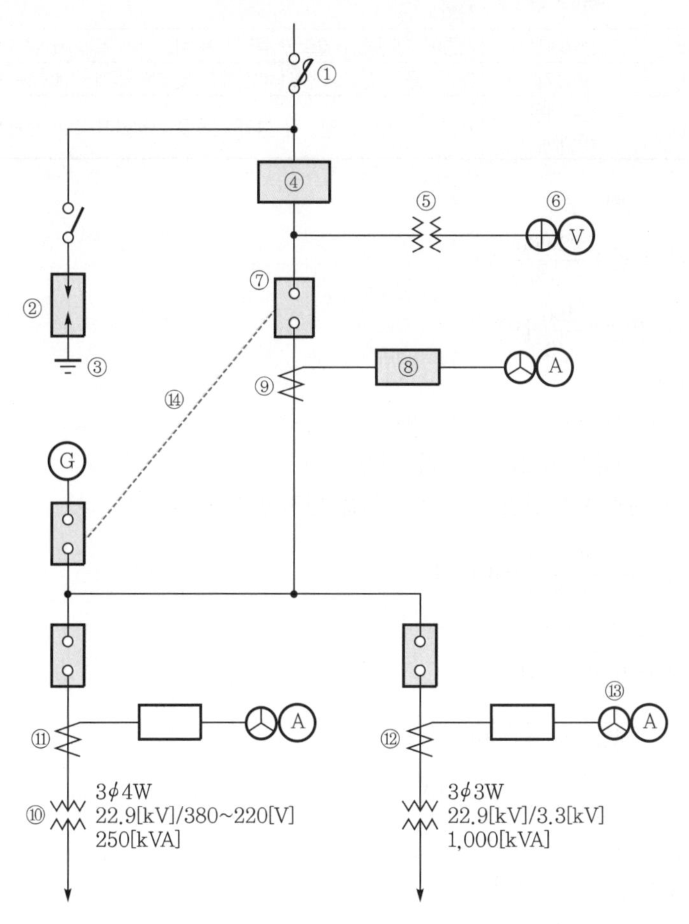

(1) ①~②, ④~⑨, ⑬에 해당되는 부분의 명칭과 용도를 쓰시오.
(2) ③의 접지시스템 종별은?
(3) ⑤의 1차, 2차 전압은?
(4) ⑩의 2차측 결선방법은?
(5) ⑪, ⑫의 1차, 2차 전류는? (단, CT 정격전류는 부하정격전류의 1.5배로 한다.)
(6) ⑭의 목적은?

답안 (1)

번 호	명 칭	용 도
①	전력퓨즈	일정값 이상의 과전류 및 단락전류를 차단하여 사고 확대를 방지
②	피뢰기	이상전압이 내습하면 이를 대지로 방전하고, 속류를 차단
④	전력수급용 계기용 변성기	전력량을 적산하기 위하여 고전압을 저전압으로, 대전류를 소전류로 변성시켜 전력량계에 공급
⑤	계기용 변압기	고전압을 저전압으로 변성시켜 계기 및 계전기 등의 전원으로 사용
⑥	전압계용 전환개폐기	1대의 전압계로 3상 각 상의 전압을 측정하기 위한 전환개폐기
⑦	교류차단기	단락사고, 과부하, 지락사고 등 사고전류와 부하전류를 차단하기 위한 장치
⑧	과전류계전기	계통에 과전류가 흐르면 동작하여 차단기의 트립코일을 여자
⑨	변류기	대전류를 소전류로 변성하여 계기 및 과전류계전기에 공급
⑬	전류계용 전환개폐기	1대의 전류계로 3상 각 상의 전류를 측정하기 위한 전환개폐기

(2) 피뢰시스템 접지

(3) • 1차 전압 : $\dfrac{22,900}{\sqrt{3}}$[V]

• 2차 전압 : $\dfrac{190}{\sqrt{3}}$[V]

(4) Y결선

(5) ⑪ 1차 전류 : 6.3[A], 2차 전류 : 3.15[A]

⑫ 1차 전류 : 25.21[A], 2차 전류 : 3.15[A]

(6) 상용전원과 예비전원의 동시 투입을 방지한다. (인터록)

해설 (5) ⑪ $I_1 = \dfrac{250}{\sqrt{3} \times 22.9} = 6.3$[A]

$6.3 \times 1.5 = 9.45$[A]이므로

변류비 10/5 선정

$I_2 = \dfrac{250}{\sqrt{3} \times 22.9} \times \dfrac{5}{10} = 3.15$[A]

⑫ $I_1 = \dfrac{1,000}{\sqrt{3} \times 22.9} = 25.21$[A]

$25.21 \times 1.5 = 37.82$[A]이므로

변류비 40/5 선정

$I_2 = \dfrac{1,000}{\sqrt{3} \times 22.9} \times \dfrac{5}{40} = 3.15$[A]

문제 02 산업 06년 출제

배점 : 8점

그림은 간이 수전설비에 대한 단선 결선도이다. 이 결선도를 보고 다음 각 물음에 대하여 답하시오.

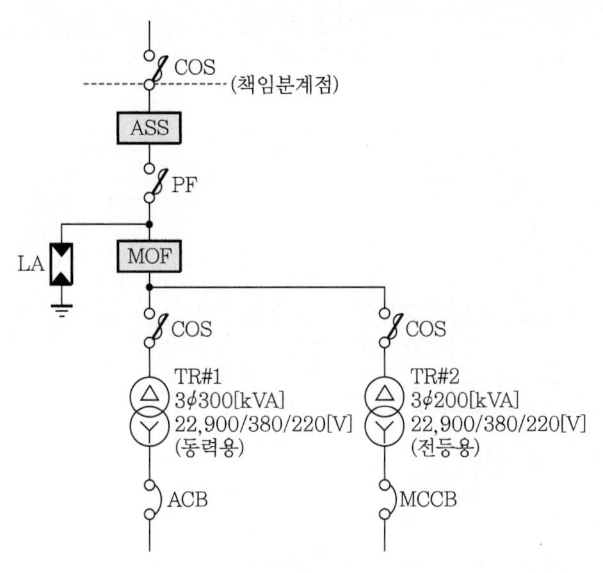

(1) 수전실의 형태를 Cubicle Type으로 할 경우 고압반(HV : High Voltage)과 저압반(LV : Low Voltage)은 몇 개의 면으로 구성되는지 구분하고, 각 큐비클에 수용되는 기기의 명칭을 쓰시오.
(2) 도면상의 피뢰기의 정격(전압과 전류)을 쓰시오.
(3) ACB의 용량(AF, AT)을 산정하시오. (단, 역률은 100[%]로 계산하시오.)
(4) 단상 변압기 3대를 Δ-Y결선하는 복선도를 작성하시오.

답안 (1) 고압반 : 4면(수용기기 : LA, MOF, TR#1, TR#2, COS, PF)
저압반 : 2면(수용기기 : ACB, MCCB)
(2) 정격전압 : 18[kV], 공칭방전전류 : 2,500[A]
(3) AF : 630[A], AT : 600[A]
(4)

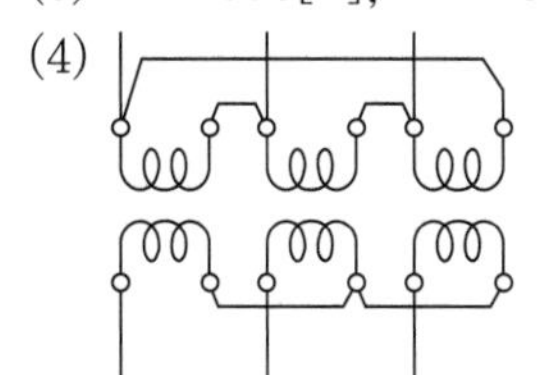

해설
(3) $I_1 = \dfrac{300 \times 10^3}{\sqrt{3} \times 380} = 455.8[\text{A}]$

※ ACB(기중차단기)
- 정격차단전류 : AT = 600[A]
- 정격개폐(Frame)전류 : AF = 630[A]

문제 03 산업 97년, 06년, 09년, 17년 출제

배점 : 8점

그림은 특고압 수변전설비 중 지락보호회로의 복선도의 일부분이다. ①~⑤까지에 해당되는 부분의 각 명칭을 쓰시오.

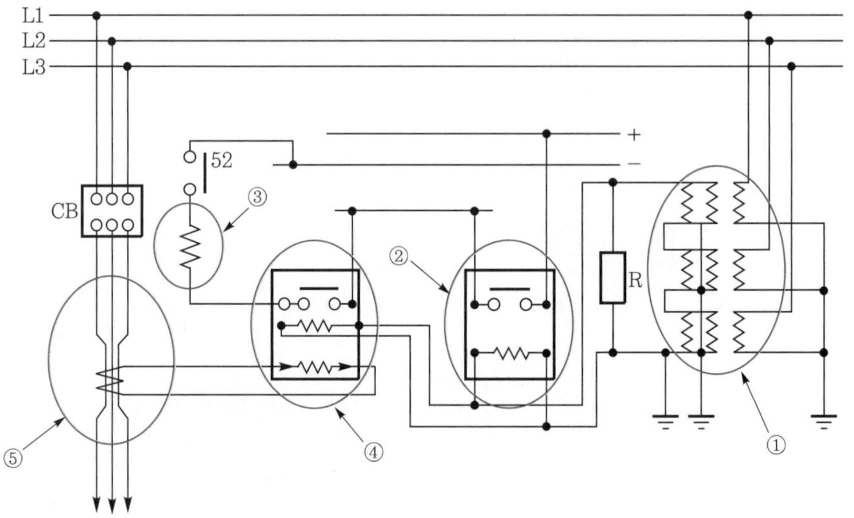

답안 ① 접지형 계기용 변압기(GPT)
② 지락 과전압계전기(OVGR)
③ 트립코일(TC)
④ 선택접지계전기(SGR)
⑤ 영상변류기(ZCT)

산업 01년, 18년, 20년 출제

배점 : 14점

그림은 인입변대에 22.9[kV] 수전설비를 설치하여 380/220[V]를 사용하고자 한다. 다음 각 물음에 답하시오.

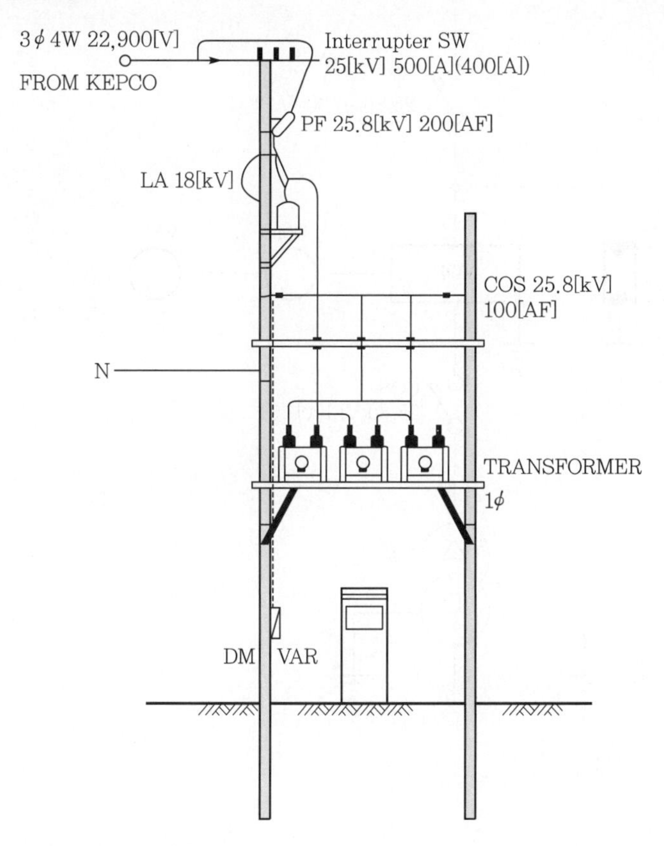

(1) DM 및 VAR의 명칭을 쓰시오.
(2) 도면에 사용된 LA의 수량은 몇 개이며 정격전압은 몇 [kV]인지 쓰시오.
(3) 22.9[kV-Y] 계통에 사용하는 것은 주로 어떤 케이블이 사용되는지 쓰시오.
(4) 주어진 도면을 단선도로 그리시오

답안 (1) • DM : 최대 수요전력량계
• VAR : 무효전력계

(2) • LA의 수량 : 3개
• 정격전압 : 18[kV]

(3) CNCV-W(수밀형) 또는 TR-CNCV-W(트리억제형) 케이블

(4)

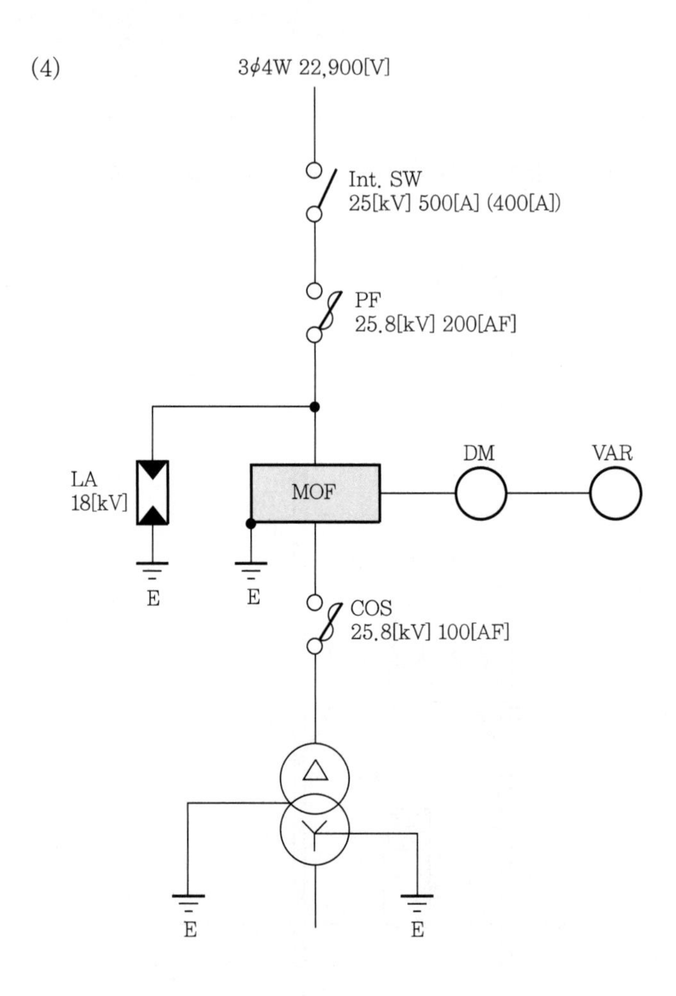
3ϕ4W 22,900[V]
Int. SW
25[kV] 500[A] (400[A])
PF
25.8[kV] 200[AF]
LA
18[kV]
MOF
DM
VAR
E
E
COS
25.8[kV] 100[AF]
E
E

문제 05 산업 13년 출제

| 배점 : 6점 |

도면은 어느 수용가의 옥외 간이 수전설비이다. 다음 물음에 답하시오.

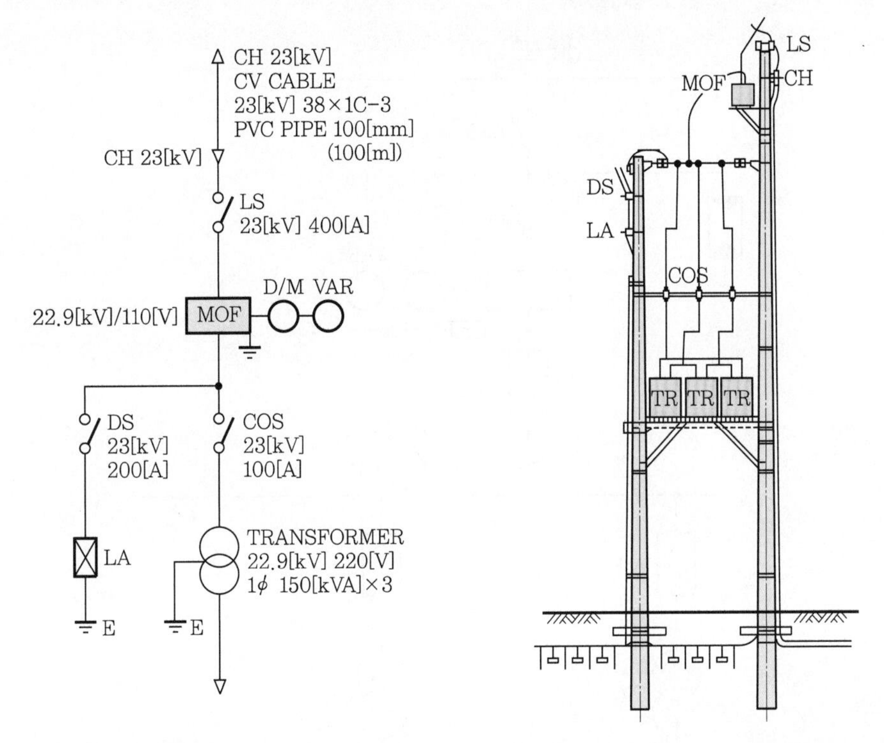

(1) MOF에서 부하용량에 적당한 CT비를 산출하시오. (단, CT 1차측 전류의 여유율은 1.25배로 한다.)
(2) LA의 정격전압은 얼마인가?
(3) 도면에서 D/M, VAR는 무엇인지 쓰시오.

답안 (1) 15/5
(2) 18[kV]
(3) • D/M : 최대 수요전력량계
• VAR : 무효전력량계

해설
(1) $I = \dfrac{150 \times 3 \times 10^3}{\sqrt{3} \times 22{,}900} = 11.35[\text{A}]$

여유율이 1.25이므로 $11.35 \times 1.25 = 14.19$, 즉 15[A]로 선정한다.

문제 06 산업 03년, 06년, 19년, 21년 출제

배점 : 11점

그림은 22.9[kV] 특고압 수전설비의 단선도이다. 이 도면을 보고 다음 각 물음에 답하시오.

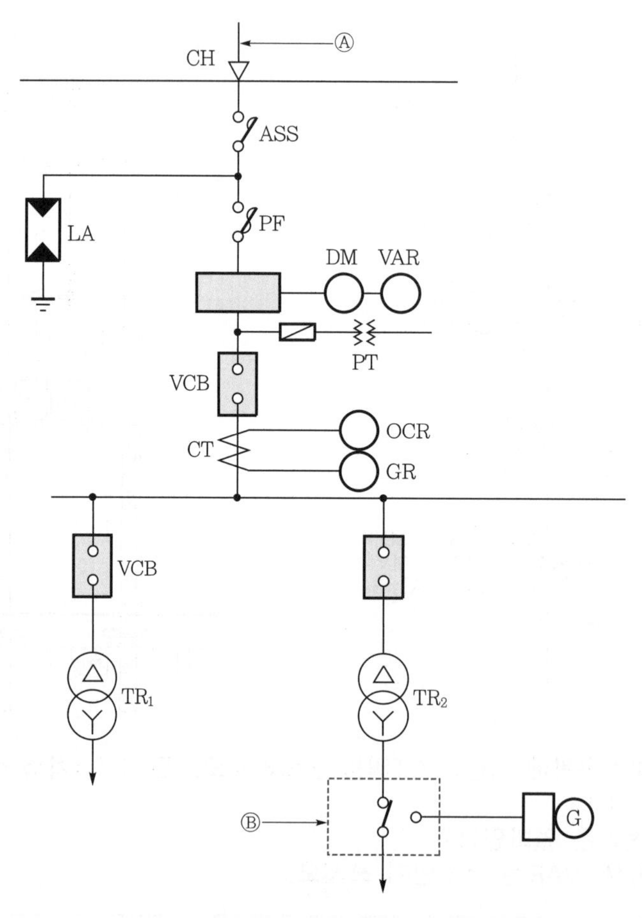

(1) 도면에 표시되어 있는 다음 약호의 명칭을 우리말로 쓰시오.
① ASS
② LA
③ VCB
④ DM

(2) TR_1 변압기의 부하설비용량의 합이 300[kW], 역률 및 효율이 각각 0.8, 수용률이 0.6일 때, TR_1 변압기의 표준용량[kVA]을 선정하시오. (단, 변압기의 표준용량[kVA]은 100, 150, 225, 300, 500이다.)

(3) Ⓐ에는 어떤 종류의 케이블이 사용되어야 하는지 쓰시오.

(4) Ⓑ에 해당하는 기구의 한글명칭을 쓰시오.

(5) 도면상의 TR_1 변압기 결선도를 복선도로 그리시오.

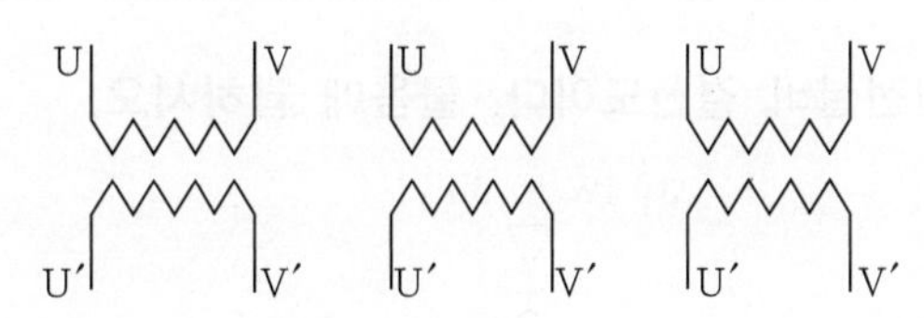

답안 (1) ① ASS : 자동고장구분개폐기

② LA : 피뢰기

③ VCB : 진공차단기

④ DM : 최대 수요전력량계

(2) 300[kVA] 선정

(3) CNCV-W(수밀형) 케이블

(4) 자동전환개폐기

(5)

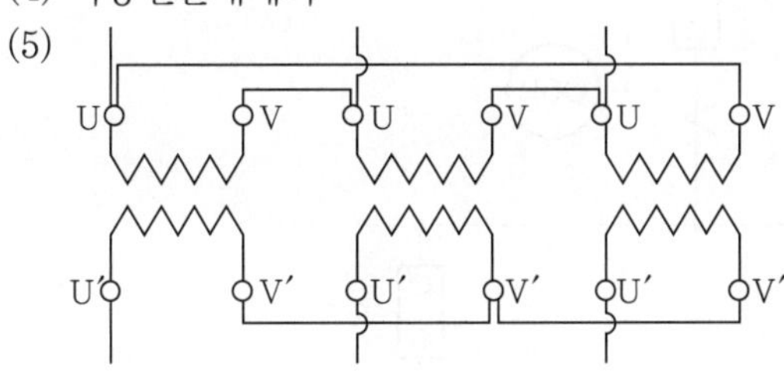

해설 (2) $TR_1 = \frac{300 \times 0.6}{0.8 \times 0.8}$

$= 281.25[\text{kVA}]$

∴ 300[kVA] 선정

문제 07 산업 14년 출제

배점 : 12점

다음은 22.9[kV] 수변전설비 결선도이다. 물음에 답하시오.

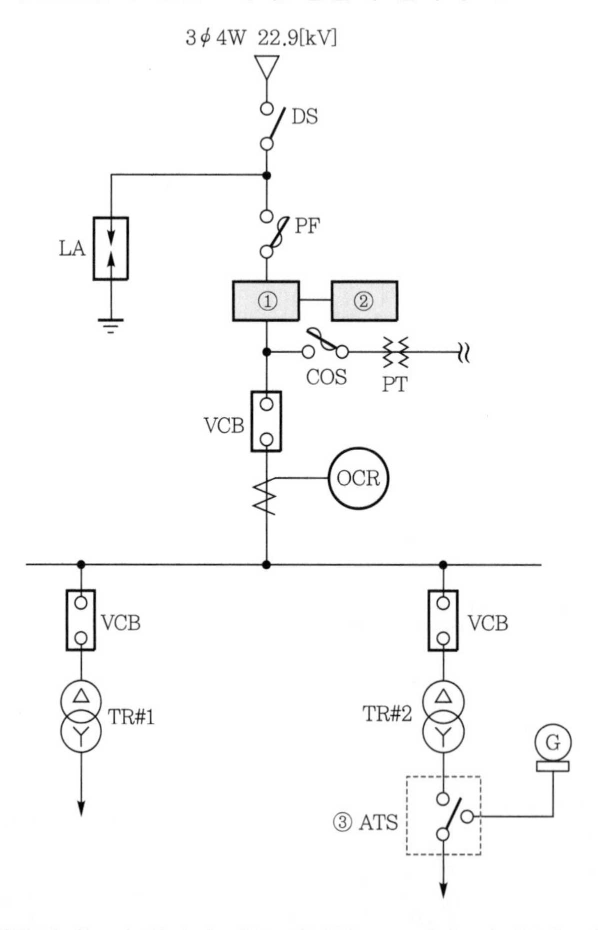

(1) 22.9[kV-Y] 계통에서는 수전설비 지중 인입선으로 어떤 케이블을 사용하여야 하는가?
(2) ①, ②의 약호는?
(3) ③의 ATS 기능은 무엇인가?
(4) Δ-Y 변압기의 결선도를 그리시오.
(5) DS 대신 사용할 수 있는 기기는?
(6) 전력용 퓨즈의 가장 큰 단점은 무엇인가?

답안 (1) CNCV-W(수밀형) 또는 TR-CNCV-W(트리억제형) 케이블

(2) ① MOF

② WH

(3) 주전원의 정전 또는 기준치 이하로 전압이 떨어질 경우 발전기 전원으로 자동 전환시킴으로써 부하에 전원을 공급

(4)

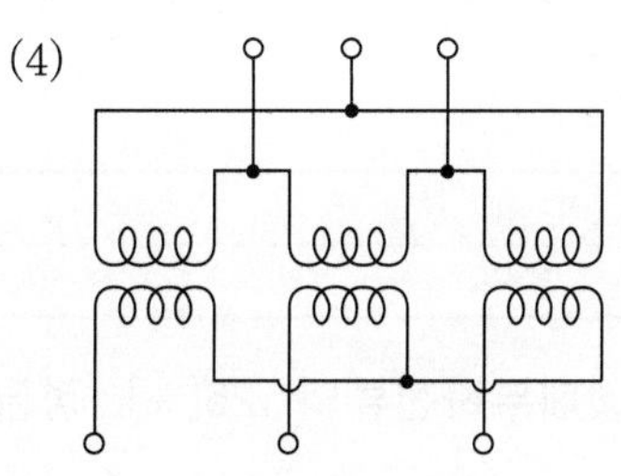

(5) 자동고장구분개폐기

(6) 동작 후 재투입이 불가능하다.

문제 08 산업 20년 출제

배점 : 10점

자가용 전기설비의 수변전설비 단선도 일부이다. 과전류계전기와 관련된 다음 각 물음에 답하시오.

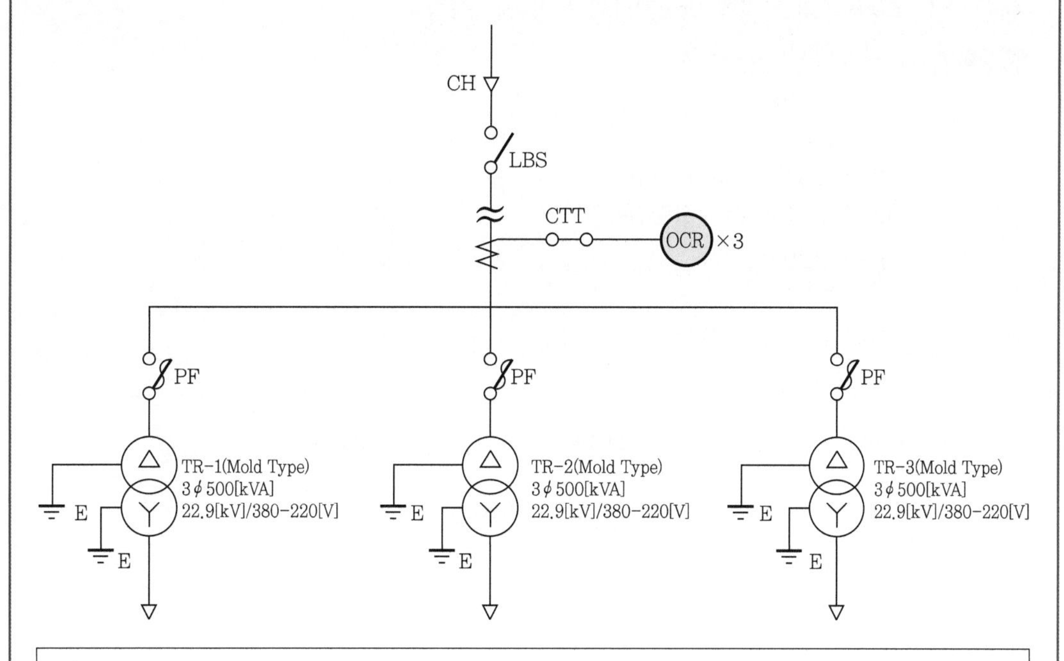

- 계전기 Type : 유도원판형
- 동작특성 : 반한시
- Tap Range : 한시 3~9[A](3, 4, 5, 6, 7, 8, 9)
- Lever : 1~10

┃계기용 변류기 정격┃

1차 정격전류[A]	20, 25, 30, 40, 50, 75
2차 정격전류[A]	5

(1) OCR의 한시 Tap을 선정하시오. (단, CT비는 최대부하전류의 125[%], 정정기준은 변압기 정격전류의 150[%]이다.)
(2) OCR의 순시 Tap을 선정하시오. (단, 정정기준은 변압기 1차측 단락사고에 동작하고, 변압기 2차측 단락사고 및 여자돌입전류에는 동작하지 않도록 변압기 2차 3상 단락전류의 150[%] Setting, 변압기 2차 3상 단락전류는 20,087[A]이다.)
(3) 유도원판형 계전기의 Lever는 무슨 의미인지 쓰시오.
(4) OCR의 동작특성 중 반한시 특성이란 무엇인지 쓰시오.

답안 (1) 6[A]
(2) 50[A]
(3) 과전류계전기의 동작시간
(4) 고장전류의 크기에 반비례하여 동작하는 특성

해설 (1) • CT 1차측 전류

$$I_1 = \frac{1,500}{\sqrt{3} \times 22.9} \times 1.25 = 47.27[\text{A}]$$

따라서, CT는 50/5 선정

• OCR의 한시 Tap 설정전류값

$$I_1 = \frac{500 \times 3}{\sqrt{3} \times 22.9} \times 1.5 = 56.73[\text{A}]$$

따라서, OCR 설정전류 $\text{Tap} = 56.73 \times \frac{5}{50} = 5.67[\text{A}]$

∴ 6[A] 선정

(2) • 변압기 1차측 단락전류 $= 20,087 \times 1.5 \times \frac{380}{22,900} = 499.98[\text{A}]$

• OCR의 순서 $\text{Tap} = 499.98 \times \frac{5}{50} = 50[\text{A}]$

∴ 50[A] 선정

문제 09 산업 22년 출제

배점 : 12점

다음은 22.9[kV-Y] 수변전설비의 단선도 일부이다. 다음 각 물음에 답하시오.

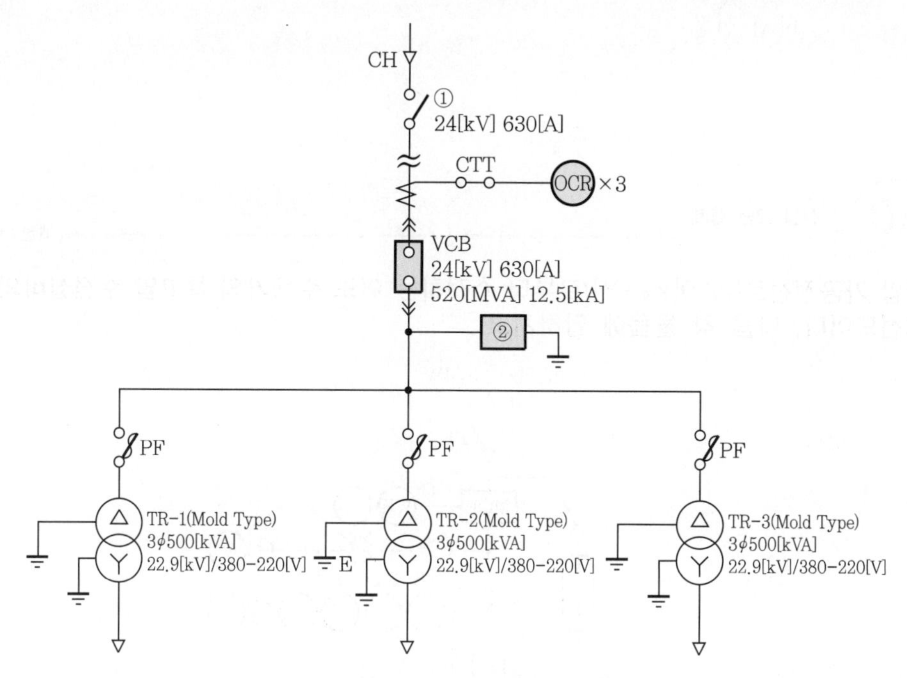

(1) ①은 수배전설비의 인입구 개폐기로 많이 사용되고 있으며, 부하개폐 및 단락보호(한류퓨즈 장착 시) 기능을 가진 기기이다. ①의 설비 명칭을 쓰시오.

(2) CT비를 선정하시오. (단, 최대부하전류의 125[%], 정격 2차 전류 5[A])

▌계기용 변류기 정격▐

1차 정격전류[A]	20	25	30	40	50	75
2차 정격전류[A]	5					

(3) OCR의 한시 탭값을 선정하시오. (단, 정정기준은 변압기 정격전류의 150[%], 계전기 Type은 유도원판형, Tap Range : 한시 4, 5, 6, 7, 8, 10)

(4) 선로에서 발생할 수 있는 개폐서지, 순간과도전압 등의 이상전압이 2차 기기에 미치는 악영향을 방지하기 위해 설치하는 ②의 설비 명칭을 쓰시오.

답안 (1) 부하개폐기

(2) 50/5

(3) 6[A]

(4) 서지흡수기

해설 (2) CT 1차측 전류 $I_1 = \dfrac{1,500}{\sqrt{3} \times 22.9} \times 1.25 = 47.27[A]$

따라서, CT비는 50/5 선정

(3) OCR의 한시 탭 설정전류값 $I_1 = \frac{500 \times 3}{\sqrt{3} \times 22.9} \times 1.5 = 56.73[A]$

OCR 설정전류 탭 $= 56.73 \times \frac{5}{50} = 5.67[A]$

∴ 6[A] 선정

문제 10 산업 12년 출제 배점 : 10점

특고압 가공전선로(22.9[kV-Y])로부터 수전하는 어느 수용가의 특고압 수전설비의 단선결선도이다. 다음 각 물음에 답하시오.

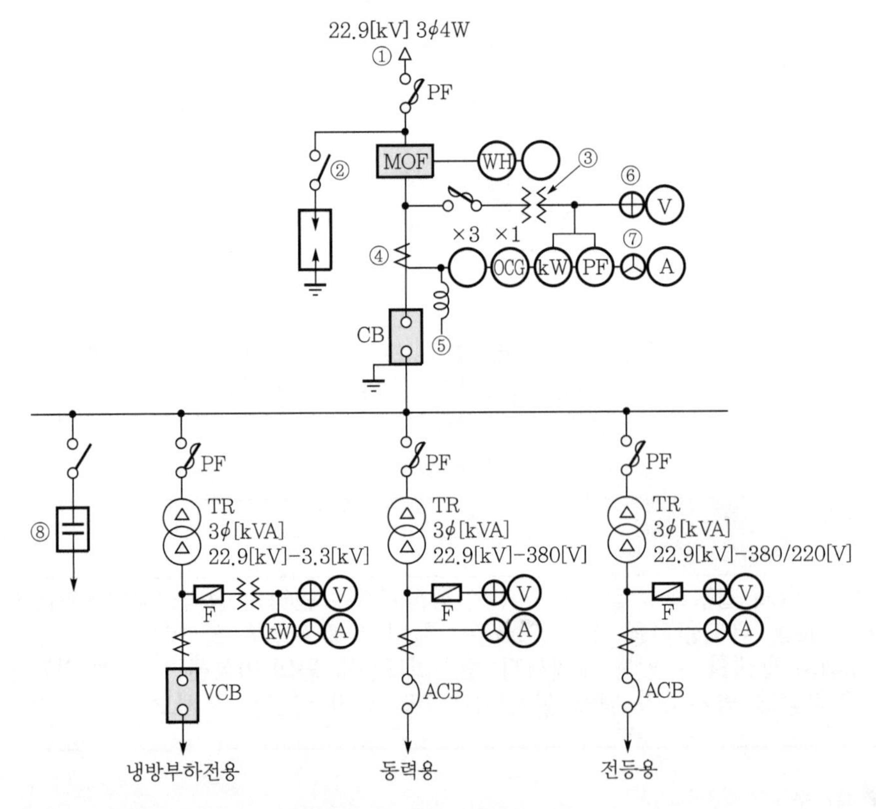

(1) ①~⑧에 해당되는 것의 명칭과 약호를 쓰시오.

번 호	약 호	명 칭	번 호	약 호	명 칭
①			②		
③			④		
⑤			⑥		
⑦			⑧		

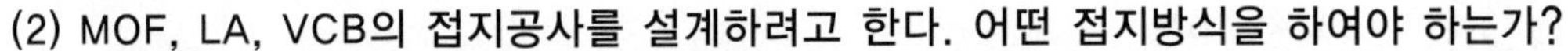

(2) MOF, LA, VCB의 접지공사를 설계하려고 한다. 어떤 접지방식을 하여야 하는가?
(3) 동력부하의 용량은 300[kW], 수용률은 0.6, 부하역률이 80[%], 효율이 85[%]일 때 이 동력용 3상 변압기의 용량은 몇 [kVA]인지를 계산하고, 주어진 변압기의 용량을 선정하시오.

▌변압기의 표준정격용량[kVA]▐

200	300	400	500

(4) 냉방부하용 터보 냉동기 1대를 설치하고자 한다. 냉동기에 설치된 전동기는 3상 농형 유도전동기로 정격전압 3.3[kV], 정격출력 200[kW], 전동기의 역률 85[%], 효율 90[%]일 때 정격운전 시 부하전류는 얼마인가?

답안 (1)

번 호	약 호	명 칭	번 호	약 호	명 칭
①	CH	케이블 헤드	②	DS	단로기
③	PT	계기용 변압기	④	CT	변류기
⑤	TC	트립코일	⑥	VS	전압계용 전환개폐기
⑦	AS	전류계용 전환개폐기	⑧	SC	전력용 콘덴서

(2) • LA : 피뢰시스템 접지
• MOF, VCB : 보호접지

(3) 300[kVA]

(4) 45.74[A]

해설 (3) $P = \dfrac{\text{설비용량} \times \text{수용률}}{\text{역률} \times \text{효율}}$

$= \dfrac{300 \times 0.6}{0.8 \times 0.85}$

$= 264.71\,[\text{kVA}]$

∴ 표에서 300[kVA] 선정

(4) 부하전류 $I = \dfrac{P}{\sqrt{3}\, V\cos\theta\eta}$

$= \dfrac{200}{\sqrt{3} \times 3.3 \times 0.85 \times 0.9}$

$= 45.74\,[\text{A}]$

문제 11 산업 21년 출제 | 배점 : 10점

다음은 3ϕ 4W 22.9[kV] 수전설비 단선 결선도의 일부분이다. 다음 각 물음에 답하시오.

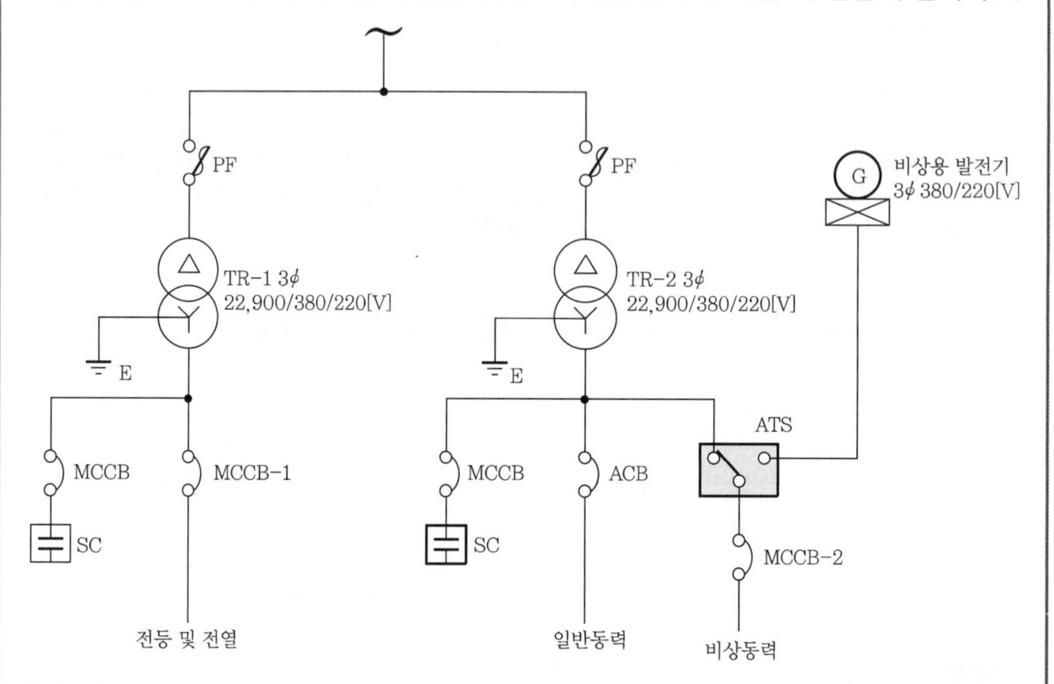

[참고사항]
- 변압기의 표준규격[kVA]은 200, 300, 400, 500, 600이다.
- TR-1 변압기 및 TR-2 변압기의 효율은 90[%]이다.
- TR-2 변압기 용량은 15[%] 여유를 갖는다.
- 전등 및 전열의 부하합계[kVA]에 역률과 수용률을 반영한 수용부하 합계가 390.42[kVA]이다.
- 일반동력의 부하합계[kVA]에 역률과 수용률을 반영한 수용부하 합계가 110.3[kVA]이고, 비상동력의 부하합계[kVA]에 역률과 수용률을 반영한 수용부하 합계가 75.5[kVA]이다.

(1) TR-1 변압기의 적정용량은 몇 [kVA]인지 선정하시오. (단, 조건에 제시되지 않은 것은 무시한다.)

(2) TR-2 변압기의 적정용량은 몇 [kVA]인지 선정하시오. (단, 조건에 제시되지 않은 것은 무시한다.)

(3) TR-1 변압기 2차측 정격전류[A]를 구하시오. (단, 조건에 제시되지 않은 것은 무시한다.)

(4) ATS의 사용목적을 쓰시오.

(5) 변압기 2차측 중성점에 실시하는 접지의 목적을 설명하시오.

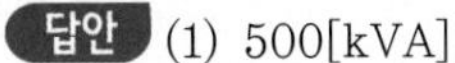

답안 (1) 500[kVA]

(2) 300[kVA]

(3) 759.67[kVA]

(4) 주전원의 정전 또는 기준치 이하로 전압이 떨어질 경우 비상용 발전기 전원으로 자동 전환시킴으로써 부하에 전원을 공급

(5) 고압 또는 특고압측 전로가 저압측 전로와 혼촉할 우려가 있는 경우에 저압전로의 보호를 위하여 변압기 2차측 중성점에 접지를 한다.

해설

(1) TR-1 변압기(전등 및 전열부하) $= \dfrac{390.42}{0.9} = 433.8[\text{kVA}]$

(2) 동력 부하 = (일반동력 + 비상동력) × 여유율

TRr-2 변압기(동력부하) $= \dfrac{110.3 + 75.5}{0.9} \times 1.15 = 237.41[\text{kVA}]$

(3) $I_2 = \dfrac{P_3}{\sqrt{3}\,V}$

$= \dfrac{500 \times 10^3}{\sqrt{3} \times 380}$

$= 759.67[\text{kVA}]$

(4) 비상용 예비전원의 시설(KEC 244.2.1)

상용전원의 정전으로 비상용 전원이 대체되는 경우에는 상용전원과 병렬운전이 되지 않도록 다음 중 하나 또는 그 이상의 조합으로 격리조치를 하여야 한다.

- 조작기구 또는 절환개폐장치의 제어회로 사이의 전기적, 기계적 또는 전기 기계 연동
- 단일 이동식 열쇠를 갖춘 잠금 계통
- 차단-중립-투입의 3단계 절환개폐장치
- 적절한 연동기능을 갖춘 자동절환개폐장치
- 동등한 동작을 보장하는 기타 수단

문제 12 산업 14년 출제 배점 : 14점

다음 도면은 어느 수변전설비의 미완성 단선 계통도이다. 도면을 읽고 물음에 답하시오.

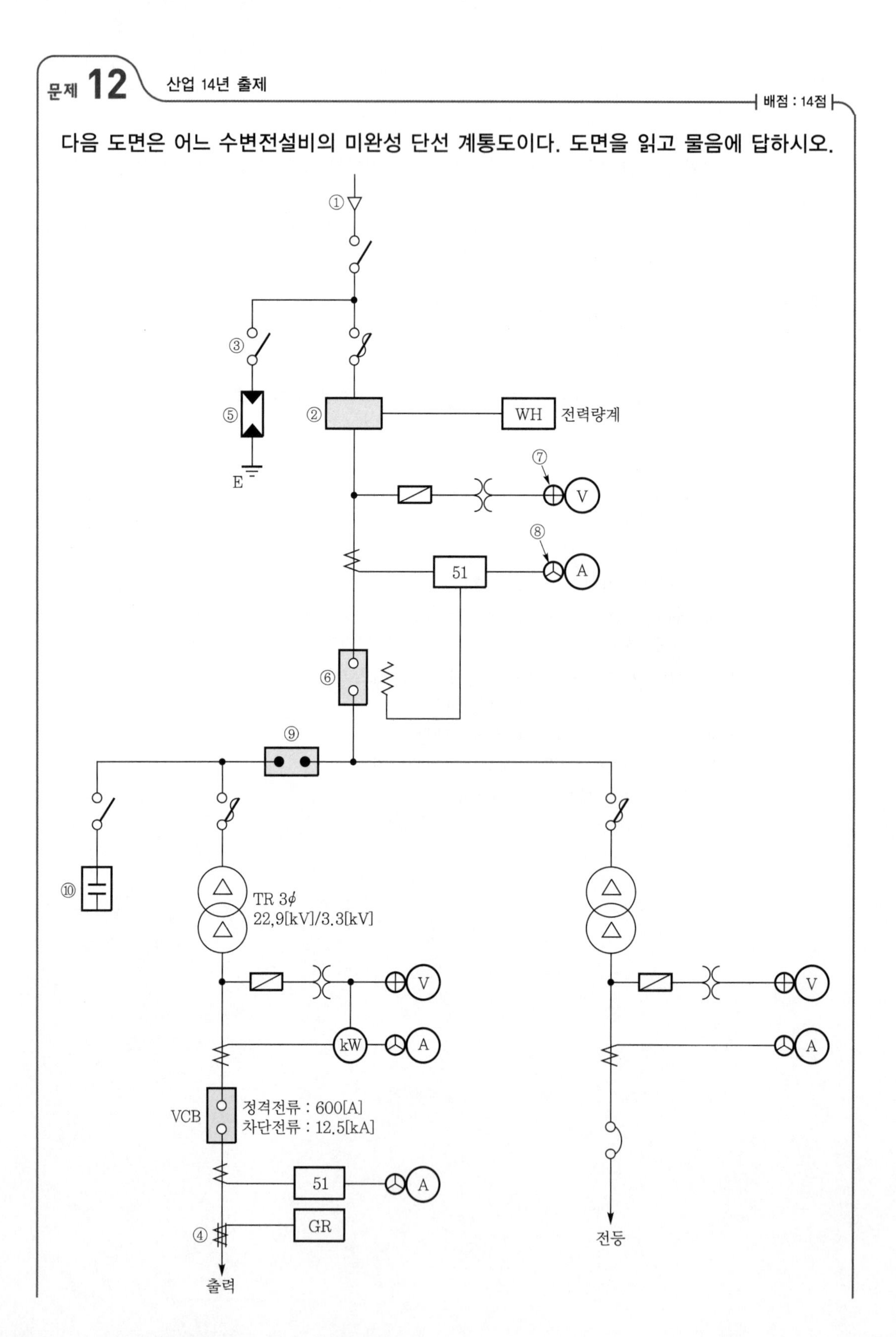

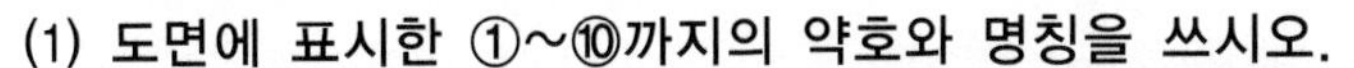

(1) 도면에 표시한 ①~⑩까지의 약호와 명칭을 쓰시오.

번 호	약 호	명 칭	번 호	약 호	명 칭
①			⑥		
②			⑦		
③			⑧		
④			⑨		
⑤			⑩		

(2) ⑩을 직렬리액터와 방전코일이 부착된 상태로 복선도를 그리시오.

(3) 동력용 Δ-Δ결선 변압기의 복선도를 그리시오.

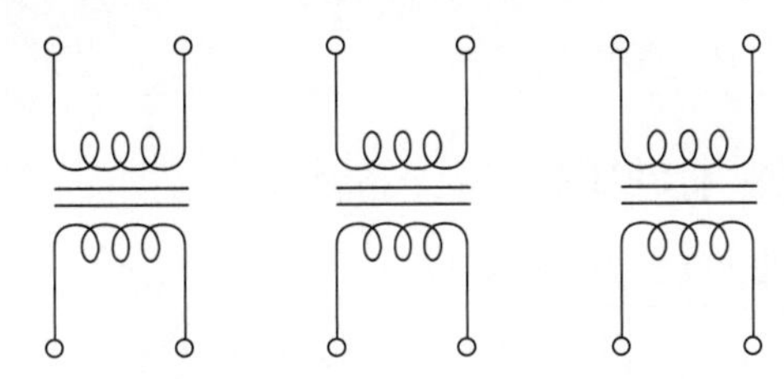

(4) 도면에서 접지 표시가 된 곳을 제외하고 보호접지공사를 하여야 할 부분을 4개소만 열거하시오.

(5) 동력부하로 3상 유도전동기 20[kW], 역률 60[%] (지상)부하가 연결되어 있다. 이 부하의 역률을 80[%]로 개선하는 데 필요한 전력용 콘덴서의 용량은 몇 [kVA]인가?

답안 (1)

번 호	약 호	명 칭	번 호	약 호	명 칭
①	CH	케이블 헤드	⑥	CB	차단기
②	MOF	전력수급용 계기용 변성기	⑦	VS	전압계용 전환개폐기
③	DS	단로기	⑧	AS	전류계용 전환개폐기
④	ZCT	영상변류기	⑨	OS	유입개폐기
⑤	LA	피뢰기	⑩	SC	전력용 콘덴서

(2)

(3)

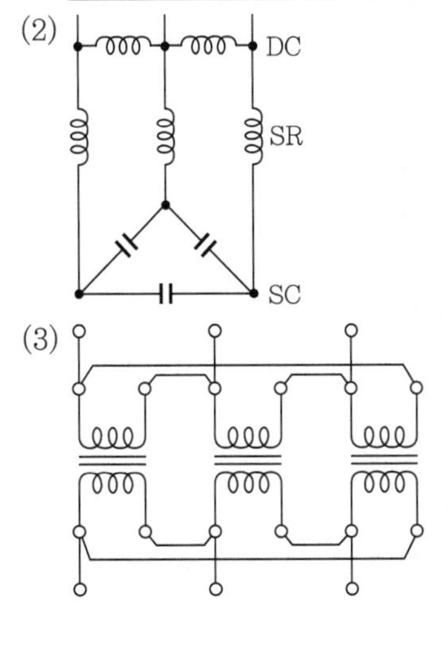

(4) • 차단기 외함
• 전력수급용 계기용 변성기 외함
• 변압기 외함
• 전력용 콘덴서 외함

(5) 11.67[kVA]

해설 (5) $Q_C = 20\left(\frac{0.8}{0.6} - \frac{0.6}{0.8}\right) = 11.67[\text{kVA}]$

문제 13 산업 97년, 07년, 17년 출제

배점 : 12점

다음 도면을 보고 물음에 답하시오.

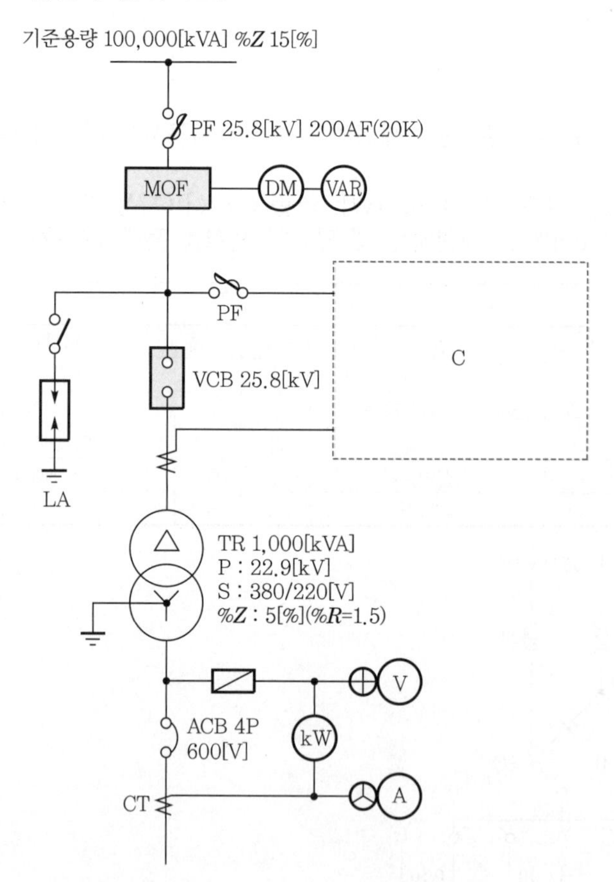

(1) LA의 명칭 및 기능은?
(2) VCB의 필요한 최소 차단용량은 몇 [MVA]인가?
(3) C부분의 계통도에 그려져야 할 것들 중에서 그 종류를 7가지만 쓰도록 하시오.
(4) ACB의 최소 차단전류는 몇 [kA]인가?
(5) 최대 부하 800[kVA], 역률 80[%]라 하면 변압기에 의한 전압변동률은 몇 [%]인가?

 (1) • 명칭 : 피뢰기

• 기능 : 이상전압이 내습하면 이를 대지로 방전시키고, 속류를 차단한다.

(2) 666.67[MVA]

(3) ① 계기용 변압기

② 전압계용 전환개폐기

③ 전압계

④ 과전류계전기

⑤ 전류계용 전환개폐기

⑥ 전류계

⑦ 역률계

(4) 29.5[kA]

(5) 3.25[%]

 (2) 전원측 %Z가 100[MVA]에 대하여 15[%]이므로

$P_s = \frac{100}{\%Z} \times P_n$[MVA]에서

$P_s = \frac{100}{15} \times 100 = 666.67$[MVA]

(4) 변압기 %Z를 100[MVA]로 환산하면

$\frac{100{,}000}{1{,}000} \times 5 = 500$[%]

합성 %$Z = 15 + 500 = 515$[%]

단락전류 $I_s = \frac{100}{\%Z} \times I_n$

$= \frac{100}{515} \times \frac{100 \times 10^6}{\sqrt{3} \times 380} \times 10^{-3}$

$= 29.5$[kA]

(5) %저항 강하 $p = 1.5 \times \frac{800}{1{,}000} = 1.2$[%]

%리액턴스 강하 $q = \sqrt{5^2 - 1.5^2} \times \frac{800}{1{,}000} = 3.82$[%]

전압변동률 $\varepsilon = p\cos\theta + q\sin\theta$

$= 1.2 \times 0.8 + 3.82 \times 0.6$

$= 3.25$[%]

문제 14 산업 90년, 98년, 04년, 20년 출제 배점 : 14점

주어진 도면은 어떤 수용가의 수전설비의 단선 결선도이다. 도면과 참고표를 이용하여 물음에 답하시오.

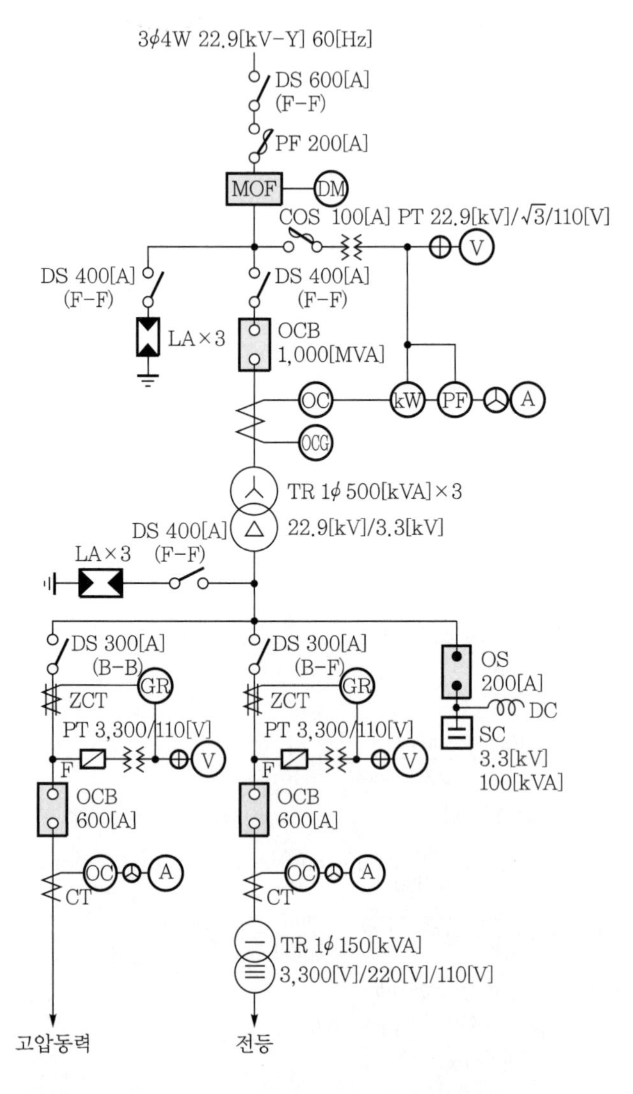

[참고표]

▍계기용 변성기 정격(일반 고압용)▍

종 별		정 격
PT	1차 정격전압[V]	3,300, 6,000
	2차 정격전압[V]	110
	정격부담[VA]	50, 100, 200, 400
CT	1차 정격전류[A]	10, 15, 20, 30, 40, 50, 75, 100, 150, 200, 300, 400, 500, 600
	2차 정격전류[A]	5
	정격부담[VA]	15, 40, 100(일반적으로 고압회로는 40[VA] 이하, 저압회로는 15[VA] 이상)

(1) 22.9[kV]측에 대하여 다음 각 물음에 답하시오.
① MOF에 연결되어 있는 (DM)은 무엇인가?
② DS의 정격전압은 몇 [kV]인가?
③ LA의 정격전압은 몇 [kV]인가?
④ OCB의 정격전압은 몇 [kV]인가?
⑤ OCB의 정격차단용량 선정은 무엇을 기준으로 하는가?
⑥ CT의 변류비는? (단, 1차 전류의 여유는 125[%]로 한다.)
⑦ DS에 표시된 F-F의 뜻은?
⑧ 변압기와 피뢰기의 최대 유효 이격거리는 몇 [m]인가?
⑨ 그림과 같은 결선에서 단상 변압기가 2부 상형 변압기이면 1차 중성점의 접지는 어떻게 해야 하는가? (단, "접지를 한다", "접지를 하지 않는다"로 답하되 접지를 하게 되면 접지방식을 쓰도록 하시오.)
⑩ OCB의 차단용량이 1,000[MVA]일 때 정격차단전류는 몇 [A]인가?

(2) 3.3[kV]측에 대하여 다음 각 물음에 답하시오.
① 옥내용 PT는 주로 어떤 형을 사용하는가?
② 고압 동력용 OCB에 표시된 600[A]는 무엇을 의미하는가?
③ 콘덴서에 내장된 DC의 역할은?
④ 전등부하의 수용률이 70[%]일 때 전등용 변압기에 걸 수 있는 부하용량은 몇 [kW]인가?

답안 (1) ① 최대 수요전력량계
② 25.8[kV]
③ 18[kV]
④ 25.8[kV]
⑤ 단락용량
⑥ 50/5
⑦ 접속단자의 접속방법이 표면접속이라는 것
⑧ 20[m]
⑨ 접지를 하지 않는다.
⑩ 22,377.92[A]

(2) ① 몰드형
② 정격전류
③ 콘덴서에 축적된 잔류전하 방전
④ 214.29[kW]

해설 (1) ⑥ $I_1 = \dfrac{500 \times 3}{\sqrt{3} \times 22.9} \times 1.25 = 47.27$[A]이므로 CT의 변류비는 50/5 선정

⑩ 정격차단용량 $= \sqrt{3} \times$ 정격전압 $\times$ 정격차단전류에서

$$I_s = \frac{P}{\sqrt{3}\,V} = \frac{1{,}000 \times 10^3}{\sqrt{3} \times 25.8} = 22{,}377.92[\mathrm{A}]$$

(2) ④ 부하용량 $= \dfrac{150}{0.7} = 214.29$[kW]

문제 **15** 산업 08년 출제

배점 : 6점

그림은 22.9[kV-Y] 1,000[kVA] 이하에 적용 가능한 특고압 간이 수전설비 표준 결선도이다. 이 결선도를 보고 다음 각 물음에 답하시오.

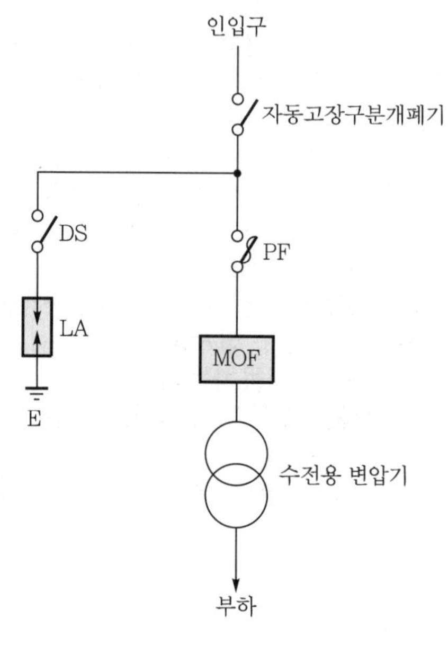

(1) 본 도면에서 생략할 수 있는 것은?
(2) 22.9[kV-Y]용의 LA는 (　　) 붙임형을 사용하여야 한다. (　　) 안에 알맞은 것은?
(3) 인입선을 지중선으로 시설하는 경우로서 공동주택 등 사고 시 정전피해가 큰 수전설비 인입선은 예비선을 포함하여 몇 회선으로 시설하는 것이 바람직한가?
(4) 22.9[kV-Y] 지중 인입선에는 어떤 케이블을 사용하여야 하는가?
(5) 22[kV-Δ] 계통에서는 어떤 케이블을 사용하여야 하는가?
(6) 300[kVA] 이하인 경우 PF 대신 COS를 사용하였다. 이것의 비대칭 차단전류용량은 몇 [kA] 이상의 것을 사용하여야 하는가?

답안 (1) LA용 DS
(2) Disconnector 또는 Isolator
(3) 2회선
(4) CNCV-W 케이블(수밀형) 또는 TR CNCV-W(트리억제형) 케이블
(5) CV 케이블
(6) 10[kA]

문제 16 산업 08년, 15년 출제

배점 : 5점

그림은 22.9[kV-y] 1,000[kVA] 이하를 시설하는 경우의 특고압 간이 수전설비 결선도이다. [주1]~[주5]의 (①~⑤)에 알맞은 내용을 쓰시오.

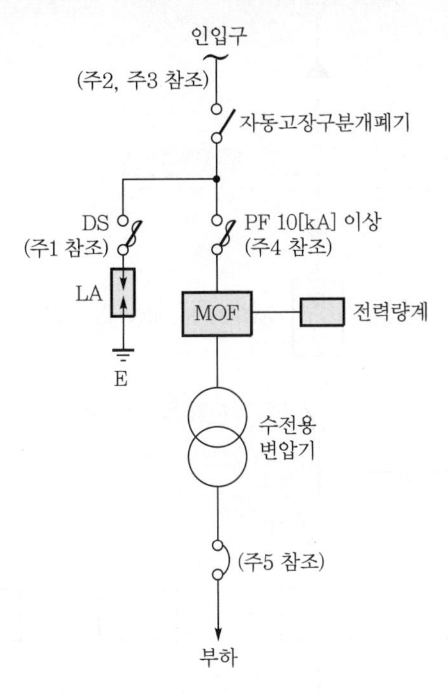

[주1] LA용 DS는 생략할 수 있으며 22.9[kV-y]용의 LA는 Disconnector(또는 Isolator) 붙임형을 사용하여야 한다.

[주2] 인입선을 지중선으로 시설하는 경우로 공동주택 등 고장 시 정전피해가 큰 경우는 예비 지중선을 포함하여 (①)으로 시설하는 것이 바람직하다.

[주3] 지중 인입선의 경우에는 22.9[kV-y] 계통은 CNCV-W 케이블(수밀형) 또는 (②)을 사용하여야 한다. 다만, 전력구 · 공동구 · 덕트 · 건물구내 등 화재의 우려가 있는 장소에서는 (③)을 사용하는 것이 바람직하다.

[주4] 300[kVA] 이하인 경우는 PF 대신 (④)을 사용할 수 있다

[주5] 특고압 간이 수전설비는 PF의 용단 등의 결상사고에 대한 대책이 없으므로 변압기 2차측에 설치되는 주차단기에는 (⑤) 등을 설치하여 결상사고에 대한 보호능력이 있도록 함이 바람직하다.

답안
① 2회선
② TR CNCV-W(트리억제형)
③ FR CNCO-W(난연)
④ COS(비대칭 차단전류 10[kA] 이상의 것)
⑤ 결상 계전기

문제 17 산업 02년, 08년 출제

배점 : 10점

옥외 간이 수변전설비에 대한 단선 결선도이다. 이 도면을 보고 다음 각 물음에 답하시오.

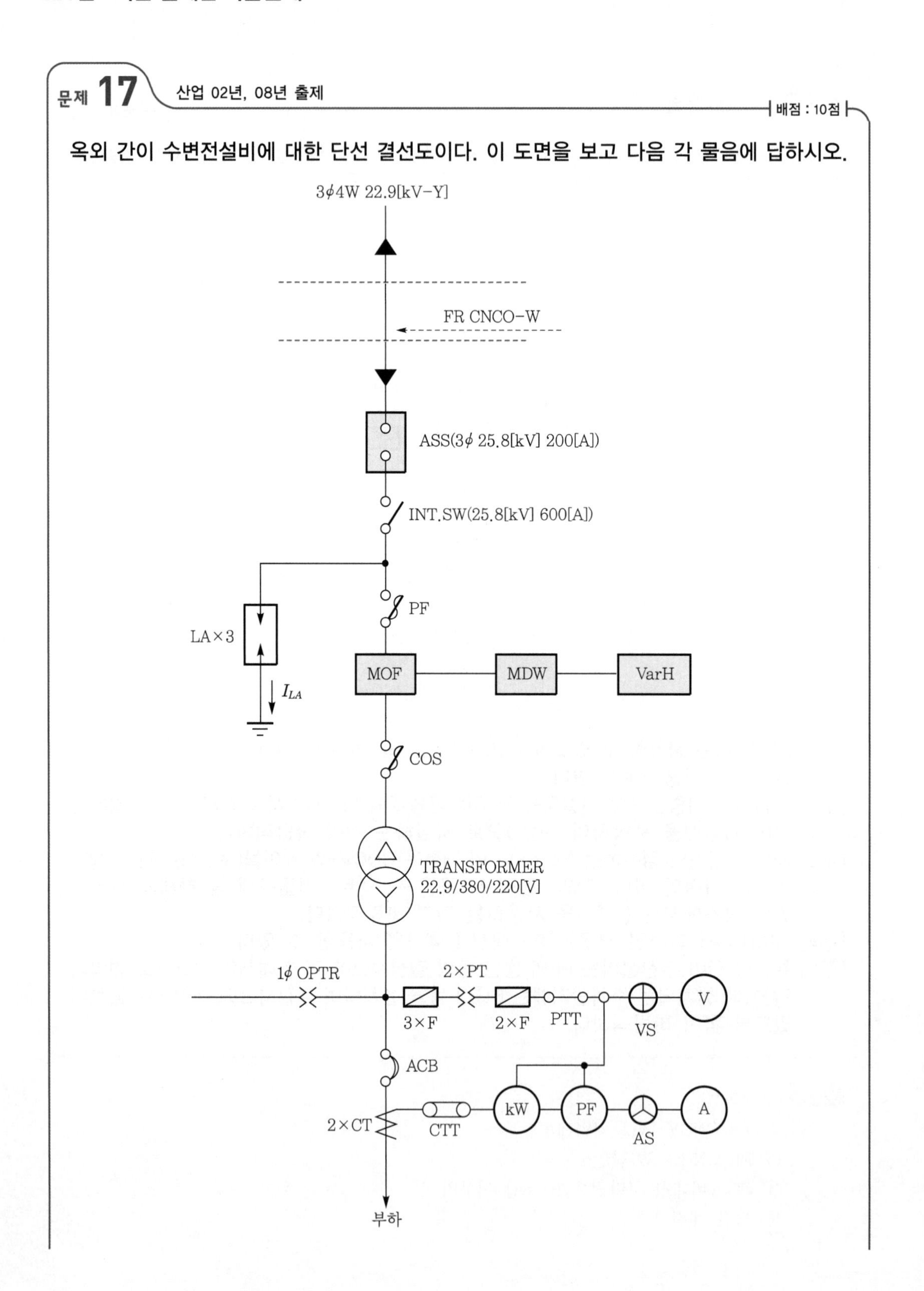

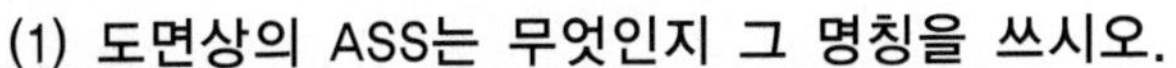

(1) 도면상의 ASS는 무엇인지 그 명칭을 쓰시오.
(2) 도면상의 MDW의 명칭은 무엇인가?
(3) 도면상의 전선 약호 FR CNCO-W의 품명을 쓰시오.
(4) 22.9[kV-Y], 간이 수변전설비는 수전용량 몇 [kVA] 이하에 적용하는가?
(5) LA의 공칭방전전류는 몇 [A]를 적용하는가?
(6) 도면에서 PTT는 무엇인가?
(7) 도면에서 CTT는 무엇인가?
(8) 2차측 주개폐기로 380/220[V]를 사용하는 경우 중성선측 개폐기의 표식은 어떤 색깔로 하여야 하는가?
(9) 도면상의 ⊕은 무엇인가?
(10) 도면상의 ☮은 무엇인가?

답안 (1) 자동고장구분개폐기
(2) 최대 수요전력량계
(3) 동심 중성선 수밀형 저독성 난연 전력 케이블
(4) 1,000[kVA]
(5) 2,500[A]
(6) 전압 시험단자
(7) 전류 시험단자
(8) 백색
(9) 전압계용 전환개폐기
(10) 전류계용 전환개폐기

문제 18 산업 19년 출제

배점 : 12점

다음은 간이 수변전설비의 단선도 일부이다. 각 물음에 답하시오.

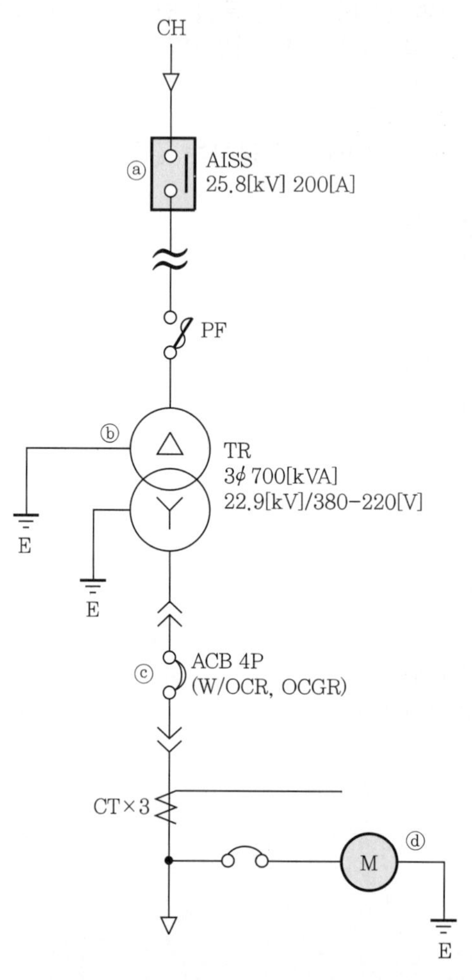

(1) 간이 수변전설비의 단선도에서 ⓐ는 인입구 개폐기인 자동고장구분개폐기이다. 다음 ( )에 들어갈 내용을 쓰시오.

> 22.9[kV-y] (①)[kVA] 이하에 적용이 가능하며, 300[kVA] 이하의 경우에는 자동고장구분개폐기 대신에 (②)를 사용할 수 있다.

(2) 간이 수변전설비의 단선도에서 ⓑ에 설치된 변압기에 대하여 ( )에 들어갈 내용을 쓰시오.

> 과전류강도는 최대부하전류의 (①)배 전류를 (②)초 동안 흘릴 수 있어야 한다.

(3) 간이 수변전설비의 단선도에서 ⓒ는 ACB이다. 보호요소를 3가지만 쓰시오.

(4) 간이 수변전설비의 단선도에서 ⓓ에 설치된 저압기기에 대하여 다음 ( )에 들어갈 내용을 쓰시오.

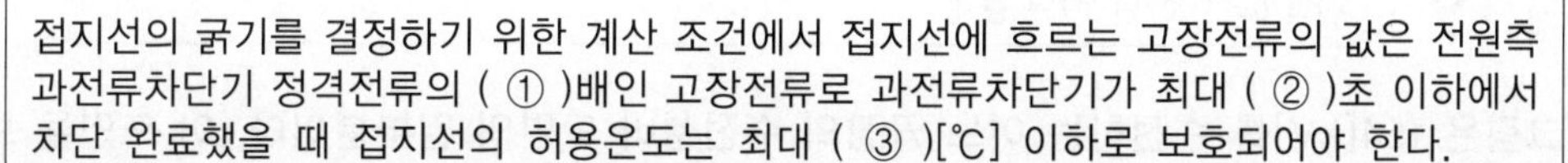
접지선의 굵기를 결정하기 위한 계산 조건에서 접지선에 흐르는 고장전류의 값은 전원측 과전류차단기 정격전류의 (①)배인 고장전류로 과전류차단기가 최대 (②)초 이하에서 차단 완료했을 때 접지선의 허용온도는 최대 (③)[℃] 이하로 보호되어야 한다.

(5) 간이 수변전설비의 단선도에서 변류기의 변류비를 선정하시오. (단, CT의 정격전류는 부하전류의 125[%]로 하며, 표준규격[A]은 1차 : 1,000, 1,200, 1,500, 2,000, 2차 : 5를 사용한다.)

답안 (1) ① 1,000
② 인터럽터 스위치
(2) ① 25
② 2
(3) ① 과전류
② 부족전압
③ 결상
(4) ① 20
② 0.1
③ 160
(5) 1,500/5

해설 (1) • 자동고장구분개폐기 : 공급변전소의 차단기의 배전선로에 설치된 리클로저와 협조하여 고장구간만을 신속, 정확하게 차단 혹은 개방하여 고장의 확대를 방지하고 피해를 최소화하기 위하여 300[kVA] 초과, 1,000[kVA] 이하의 약식 수전설비의 인입개폐기로 사용한다.
• 인터럽터 스위치 : 수동 조작만 가능하고, 과부하 시 자동으로 개폐할 수 없고, 돌입전류 억제기능을 가지고 있지 않으며, 용량 300[kVA] 이하에서 자동고장구분개폐기 대신에 주로 사용하고 있다.

(4) 접지선 굵기를 결정하기 위한 계산조건
• 접지선에 흐르는 고장전류의 값은 전원측 과전류차단기 정격전류의 20배로 한다.
• 과전류차단기는 정격전류의 20배의 전류에서는 0.1초 이하에서 끊어지는 것으로 한다.
• 고장전류가 흐르기 전의 접지선의 온도는 30[℃]로 한다.
• 고장전류가 흘렀을 때의 접지선의 온도는 160[℃]로 한다. (따라서, 허용온도상승은 130[℃]가 된다.)

(5) CT $I_1 = \frac{700 \times 10^3}{\sqrt{3} \times 380} \times 1.25$
$= 1{,}329.42[\text{A}]$
∴ 1,500/5 선정

문제 19 산업 04년, 07년, 17년 출제

배점 : 12점

그림은 154[kV]를 수전하는 어느 공장의 수전설비 도면의 일부분이다. 이 도면을 보고 다음 각 물음에 답하시오.

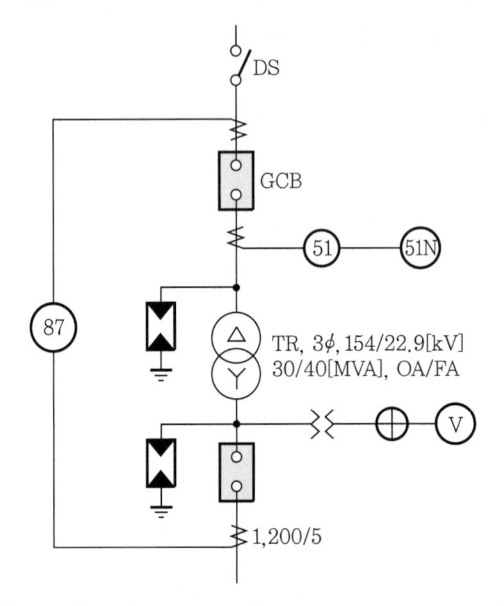

(1) 그림에서 87과 51N의 명칭은 무엇인가?
① 87 ② 51N

(2) 154/22.9[kV] 변압기에서 FA 용량기준으로 154[kV]측의 전류와 22.9[kV]측의 전류는 몇 [A]인가?
① 154[kV] ② 22.9[kV]

(3) GCB에는 주로 어떤 절연재료를 사용하는가?

(4) Δ-Y 변압기의 복선도를 그리시오.

답안 (1) ① 전류 차동계전기, ② 중성점 과전류계전기

(2) ① 149.96[A], ② 1,008.47[A]

(3) SF_6(육불화유황) 가스

(4)

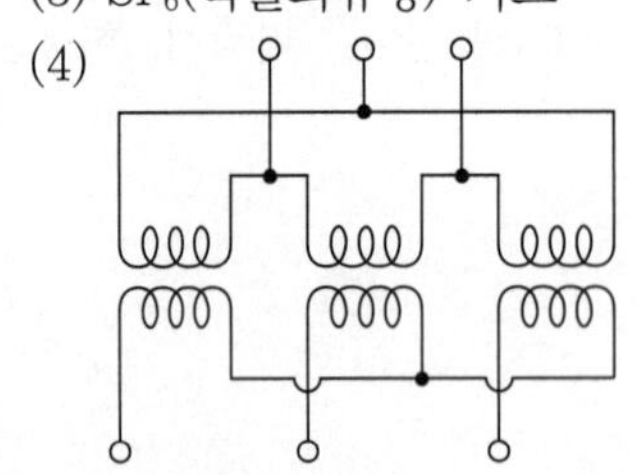

해설 (2) ① $I = \frac{40,000}{\sqrt{3} \times 154} = 149.96[A]$

② $I = \frac{40,000}{\sqrt{3} \times 22.9} = 1,008.47[A]$

P·A·R·T

03

시퀀스제어

1990년~최근 출제된 기출 이론 분석 및 유형별 문제

CHAPTER 01 접점의 종류 및 제어용 기구

일반적으로 자동제어는 피드백제어와 시퀀스제어로 나누며, 피드백제어는 원하는 시스템의 출력과 실제의 출력과의 차이에 의하여 시스템을 구동함으로써 자동적으로 원하는 바에 가까운 출력을 얻는 것이다.

시퀀스제어는 미리 정해놓은 순서에 따라 제어의 각 단계를 차례차례 행하는 제어를 말한다. 시퀀스제어(Sequence Control)의 제어명령은 "ON", "OFF", "H"(High Level), "L"(Low Level), "1", "0" 등 2진수로 이루어지는 정상적인 제어이다.

(1) 릴레이 시퀀스(Relay Sequence)

기계적인 접점을 가진 유접점 릴레이로 구성되는 시퀀스제어회로이다.

(2) 로직 시퀀스(Logic Sequence)

제어계에 사용되는 논리소자로서 반도체 소위칭소자를 사용하여 구성되는 무접점회로이다.

(3) PLC(Programmable Logic Controller) 시퀀스

제어반의 제어부를 마이컴 컴퓨터로 대체시키고 릴레이 시퀀스, 논리소자를 프로그램화하여 기억시킨 것으로, 무접점 시퀀스제어 기기의 일종이다.

기출개념 01 접점의 종류

접점의 종류에는 a접점, b접점, c접점이 있다.

1 a접점

a접점이란 상시 상태에서 개로된 접점을 말하며 Arbeit Contact란 첫 문자 A를 딴 것이며 반드시 소문자 "a"로 표시한다.

▌상시에는 개로, 동작 시 폐로되는 접점▌

2 b접점

상시 상태에서 폐로된 접점을 말하며, Break Contact란 첫 문자 B를 딴 것이며 반드시 소문자 "b"로 표시한다.

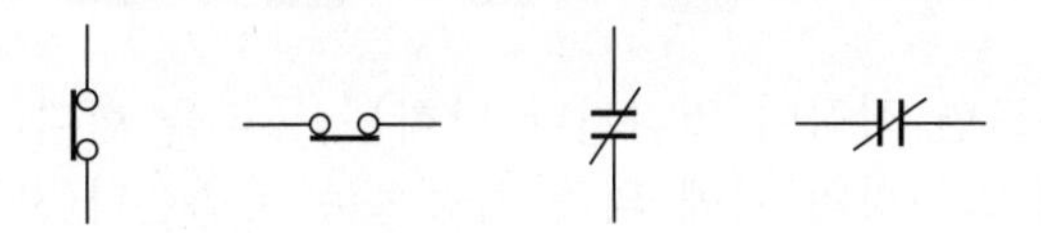

▌상시에는 폐로, 동작 시 개로되는 접점 ▌

3 c접점

a접점과 b접점이 동시에 동작(가동 접점부 공유)하는 것이며, 이것을 절체 접점(Change over Contact)이라고 한다. 첫 문자 C를 딴 것이며 소문자 "c"로 표시한다.

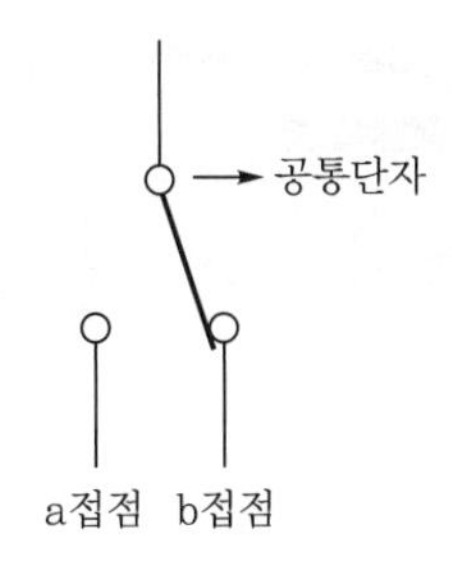

a접점과 b접점을 결합하여 3개의 단자로 a접점과 b접점을 사용할 수 있게 만든 접점이다.

기출개념 02 제어용 기구

1 조작용 스위치

(1) 복귀형 수동 스위치

조작하고 있는 동안에만 접점이 ON, OFF하고, 손을 떼면 조작 부분과 접점은 원래의 상태로 되돌아가는 것으로 푸시버튼 스위치(Push Button Switch)가 있다.

(2) 푸시버튼 스위치(Push Button Switch : PB 또는 PBS)

시퀀스제어에서 가장 기본적인 입력요소이다.

① 버튼을 누르면 접점이 열리거나 닫히는 동작을 한다(수동 조작).
② 손을 떼면 스프링의 힘에 의해 자동으로 복귀한다(자동 복귀).
③ 일반적으로 기동은 녹색, 정지는 적색을 사용한다.
④ 여러 개를 사용할 경우 숫자를 붙여서 사용한다(PB_0, PB_1, PB_2 …).

(3) 푸시버튼 스위치 a접점의 구조

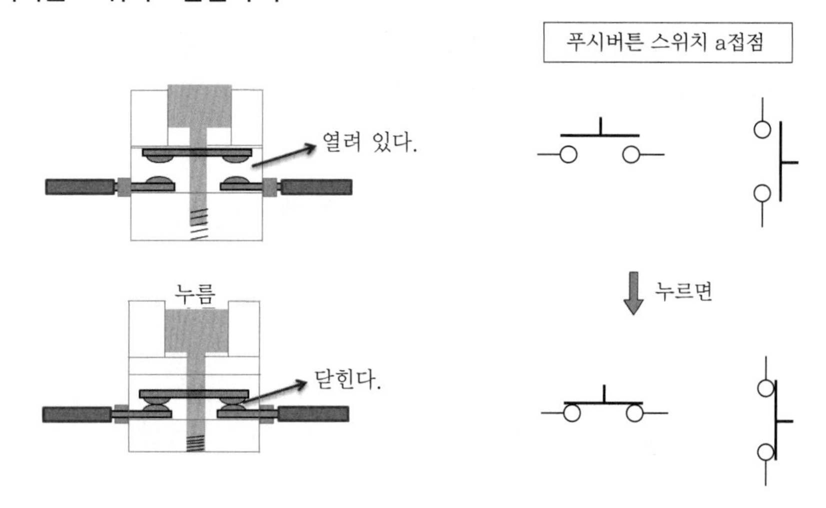

스위치를 조작하기 전에는 접점이 열려 있다가 스위치를 누르면 닫히는 접점이다.

(4) 푸시버튼 스위치 b접점의 구조

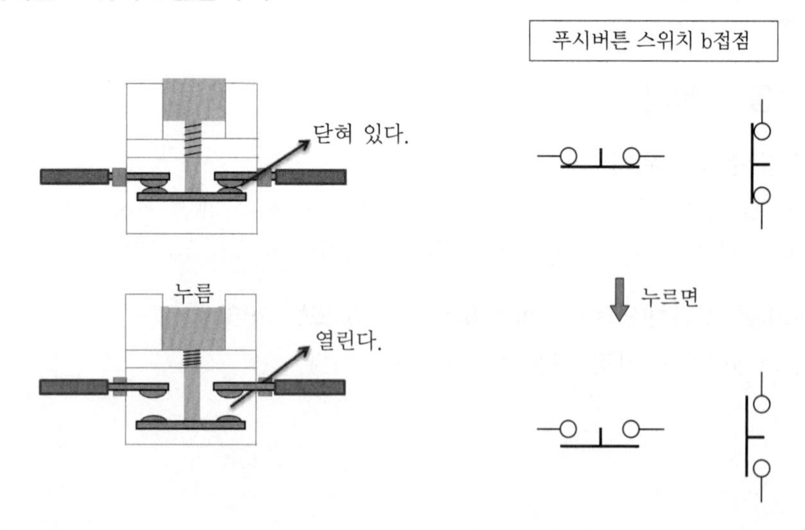

스위치를 조작하기 전에는 접점이 닫혀 있다가 스위치를 누르면 열리는 접점이다.

(5) 유지형 수동 스위치

조작 후 손을 떼어도 접점은 그대로의 상태를 계속 유지하나 조작 부분은 원래의 상태로 되돌아가는 접점이다.

(a) 외관도

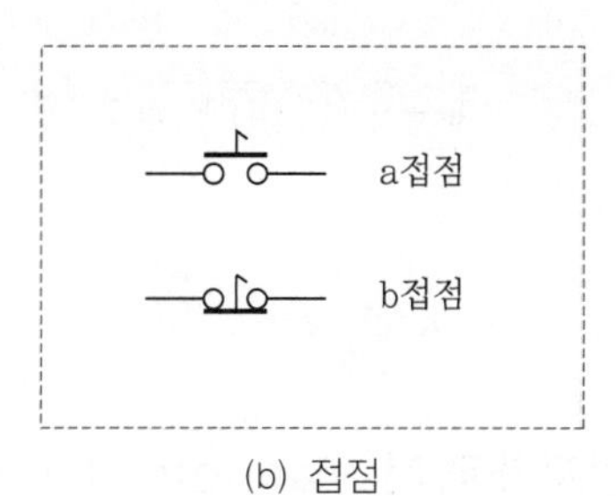

(b) 접점

전자계전기(Electro–magnetic Relay)

철심에 코일을 감고 전류를 흘리면 철심은 전자석이 되어 가동 철심을 흡인하는 전자력이 생기며, 이 전자력에 의하여 접점을 ON, OFF하는 것을 전자계전기 또는 Relay(유접점)라 한다.

이 전자계전기, 즉 전자석을 이용한 것으로는 보조 릴레이, 전자개폐기(MS : Magnetic Switch), 전자접촉기(MC : Magnetic Contact), 타이머 릴레이(Timer Relay), 솔레노이드(SOL : Solenoid) 등이 있다.

2 전자계전기(Relay : 릴레이)

(1) 릴레이의 개념

전자석의 힘을 이용하여 접점을 개폐하는 기능을 갖는 계전기이다.

① 여자 : 전자 코일에 전류를 흘려주어 전자석이 철편을 끌어당긴 상태이다.

② 소자 : 전자 코일에 전류가 끊겨 원래대로 되돌아간 상태이다.

(2) 8핀 릴레이

① 전원단자 2개, c접점 2개 등 모두 8개의 핀에 번호를 붙여 구성되어 있으며, 릴레이의 내부접속도는 여러 가지 방법으로 표시할 수 있지만 접점 해석은 모두 같다.

② AC 220[V]의 2–7번 단자는 전원단자이다.

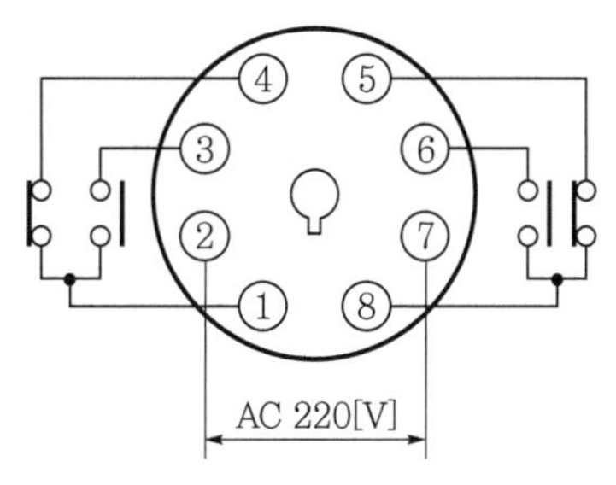

(a) 접점이 외부에 그려진 경우

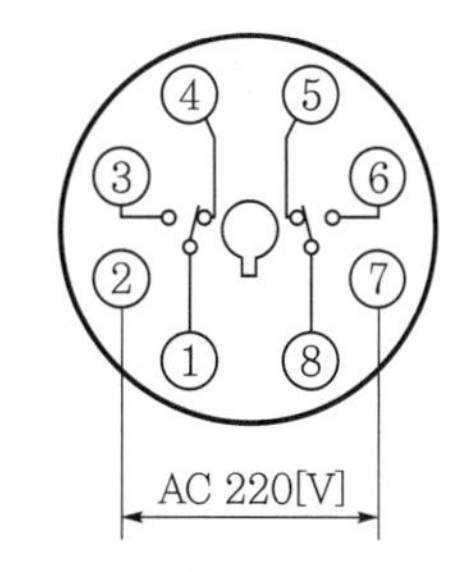

(b) 핀 번호가 시계방향

(3) 8핀 릴레이의 전원단자와 접점

8핀 릴레이는 c접점이 2세트 내장되어 있다.

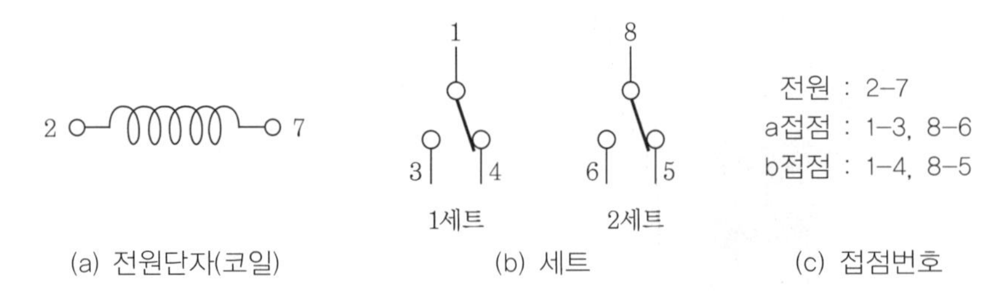

(a) 전원단자(코일) (b) 세트 (c) 접점번호

3 전자개폐기(Magnetic Switch)

전자개폐기는 전자접촉기(MC : Magnetic Contact)에 열동계전기(THR : Thermal Relay)를 접속시킨 것이며, 주회로의 개폐용으로 큰 접점용량이나 내압을 가진 릴레이이다.

그림에서 단자 b, c에 교류전압을 인가하면 MC 코일이 여자되어 주접점과 보조접점이 동시에 동작한다. 이와 같이 주회로는 각 선로에 전자접촉기의 접점을 넣어서 모든 선로를 개폐하며, 부하의 이상에 의한 과부하전류가 흐르면 이 전류로 열동계전기(THR)가 가열되어 바이메탈 접점이 전환되어 전자접촉기 MC는 소자되며 스프링(Spring)의 힘으로 복귀되어 주회로는 차단된다.

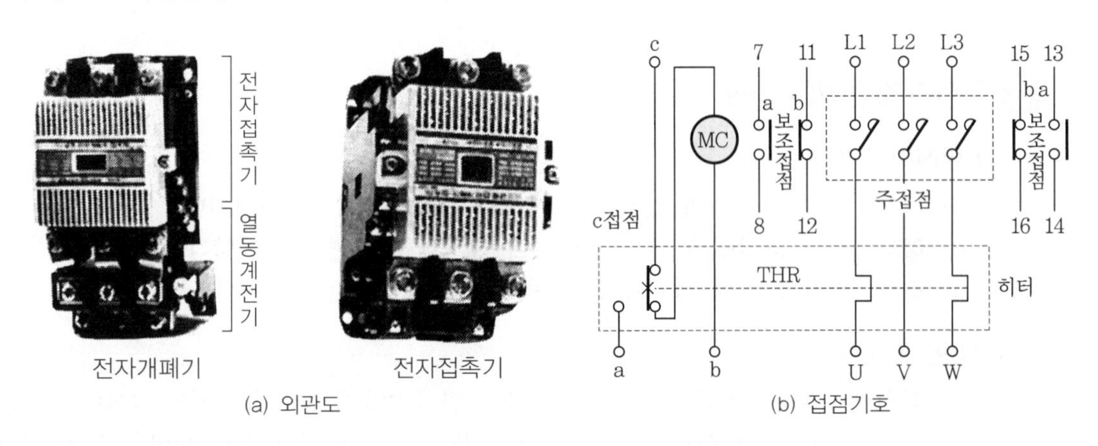

(a) 외관도 (b) 접점기호

4 전자접촉기(Magnetic Contactor)

(1) 전자접촉기의 개념

전자석의 흡인력을 이용하여 접점을 개폐하는 기능을 하는 계전기이다.

전자 코일에 전류가 흐를 때만 동작하고 전류를 끊으면 스프링의 힘에 의해 원래의 상태로 되돌아간다.

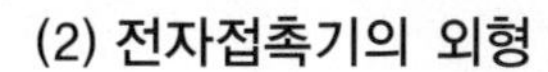

(2) 전자접촉기의 외형

(a) 외형

(b) 케이스 내부의 전자접촉기

(3) 전자접촉기의 기호와 접점

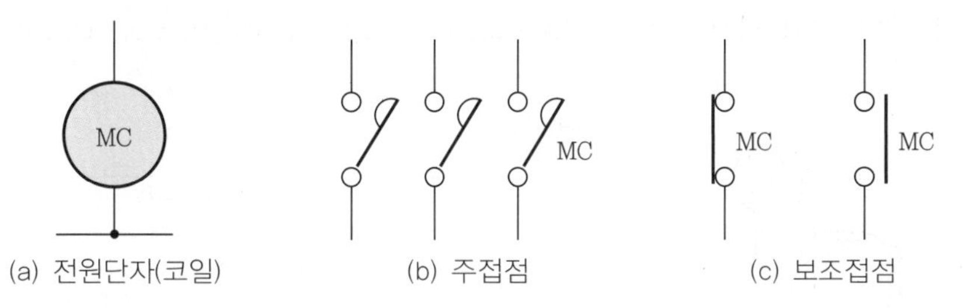

(a) 전원단자(코일)　　(b) 주접점　　(c) 보조접점

① 전자접촉기의 기호는 MC(Magnetic Contactor) 또는 PR(Power Relay)을 사용한다.
② 주접점은 전동기 등 큰 전류를 필요로 하는 주회로에 사용한다.
③ 보조접점은 작은 전류용량의 접점으로, 제어회로에 사용한다.

5 전자식 과전류계전기(EOCR)

(1) 전자식 과전류계전기의 개념

① 회로에 과전류가 흘렀을 때 접점을 동작시켜 회로를 보호하는 역할을 한다.
② 모터를 보호하기 위한 장치이며, 12핀 소켓에 꽂아 사용한다.

(a) 외형

(b) 케이스 내부의 과전류계전기

(2) EOCR의 기호와 접점

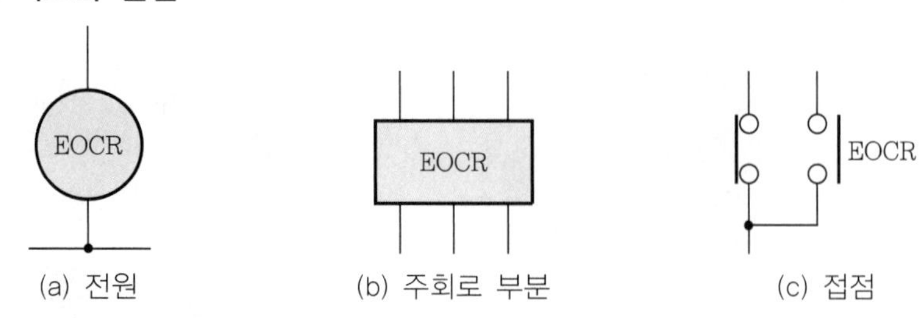

(a) 전원 (b) 주회로 부분 (c) 접점

6 기계적 접점

(1) 리밋 스위치(Limit Switch)

물체의 힘에 의하여 동작부(Actuator)가 눌려서 접점이 ON, OFF한다.

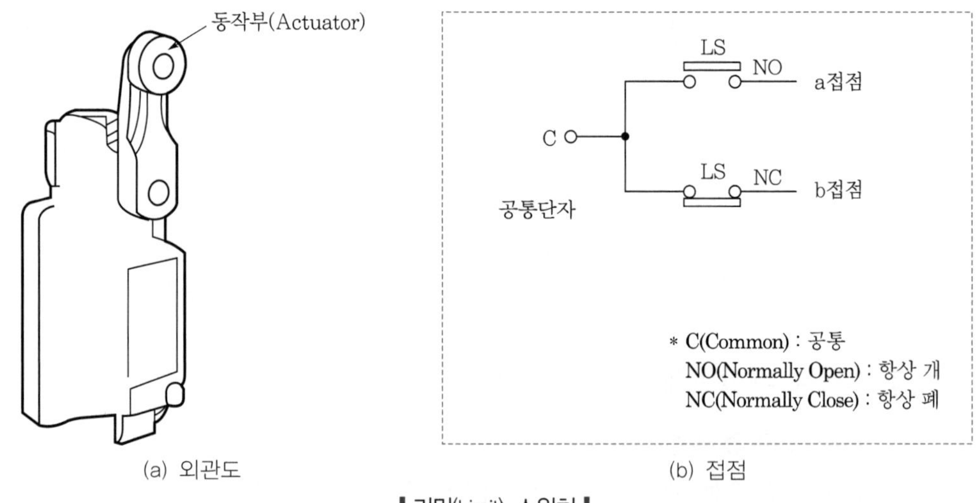

(a) 외관도 (b) 접점

▌리밋(Limit) 스위치▐

(2) 광전 스위치(PHS : Photoelectric Switch)

빛을 방사하는 투광기와 광량의 변화를 전기신호로 변환하는 수광기 등으로 구성되며 물체가 광로를 차단하는 것에 의하여 접점이 ON, OFF하며 물체에 접촉하지 않고 검지한다.

이 밖에도 압력 스위치(PRS : Pressure Switch), 온도 스위치(THS : Thermal Switch) 등이 있다.

이들 스위치는 a, b접점을 갖고 있으며 기계적인 동작에 의하여 a접점은 닫히며 b접점은 열리고 기계적인 동작에 의해 원상 복귀하는 스위치로 검출용 스위치이기 때문에 자동화 설비의 필수적인 스위치이다.

7 타이머(한시 계전기)

시간제어 기구인 타이머는 어떠한 시간차를 만들어서 접점이 개폐 동작을 할 수 있는 것으로 시한 소자(Time Limit Element)를 가진 계전기이다. 요즘에는 전자회로에 CR의 시정수를 이용하여 동작시간을 조정하는 전자식 타이머와 IC 타이머가 사용되고 있다.

타이머에는 동작 형식의 차이에서 동작시간이 늦은 한시동작 타이머(ON Delay Timer), 복귀시간이 늦은 한시복귀 타이머(OFF Delay Timer), 동작과 복귀가 모두 늦은 순한시 타이머(ON OFF Delay Timer) 등이 있다.

▌타이머의 외형▐

(1) 한시동작 타이머

전압을 인가하면 일정 시간이 경과하여 접점이 닫히고(또는 열리고), 전압이 제거되면 순시에 접점이 열리는(또는 닫히는) 것으로 온 딜레이 타이머(ON Delay Timer)이다.

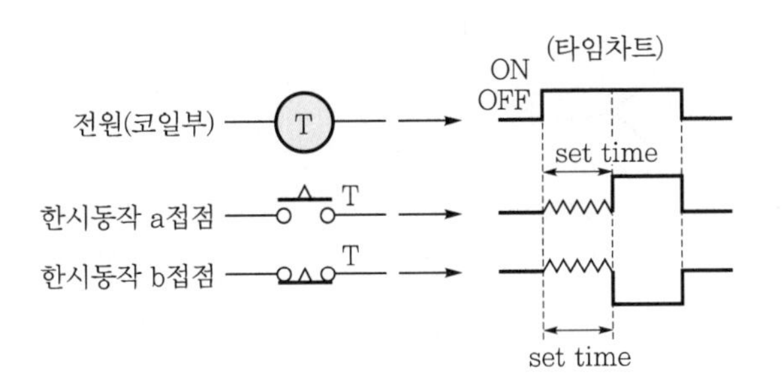

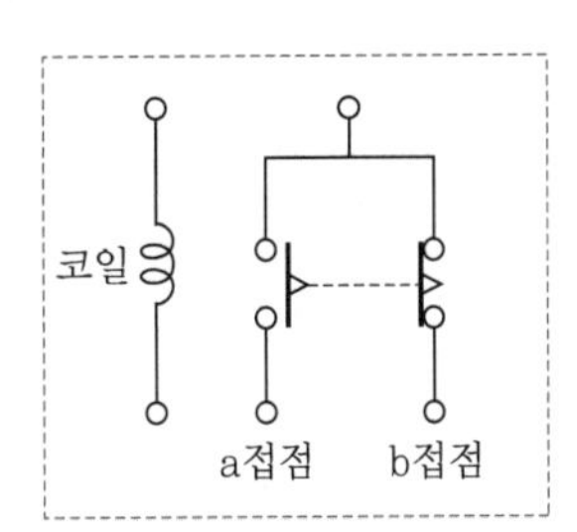

(2) 한시복귀 타이머

전압을 인가하면 순시에 접점이 닫히고(또는 열리고), 전압이 제거된 후 일정 시간이 경과하여 접점이 열리는(또는 닫히는) 것으로 오프 딜레이 타이머(OFF Delay Timer)이다.

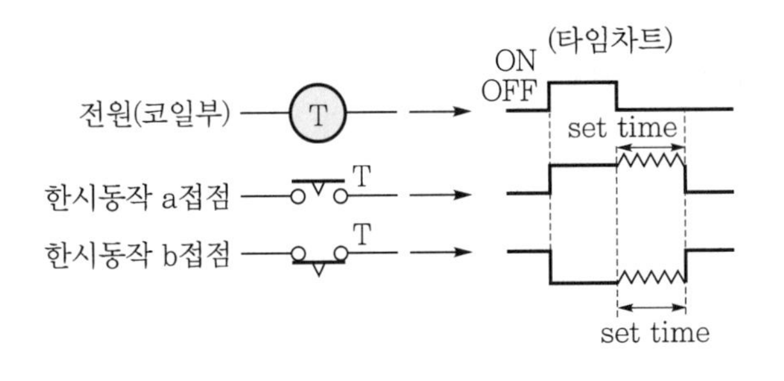

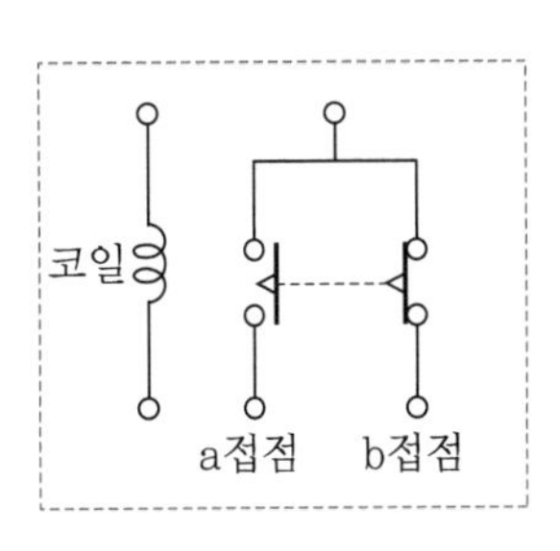

(3) 순한시 타이머(뒤진 회로)

전압을 인가하면 일정 시간이 경과하여 접점이 닫히고(또는 열리고), 전압이 제거되면 일정 시간이 경과하여 접점이 열리는(또는 닫히는) 것으로 온·오프 딜레이 타이머, 즉 뒤진 회로라 한다.

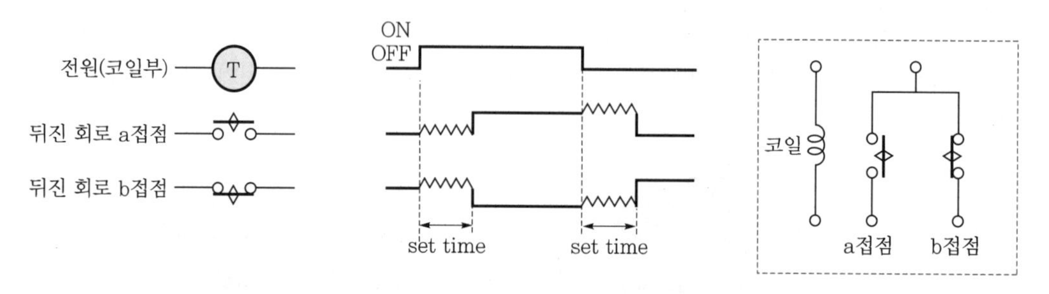

개념 문제 기사 00년, 07년 출제

| 배점 : 3점 |

그림은 타이머 내부 결선도이다. * 표의 점선 부분에 대한 접점의 동작 설명을 하시오.

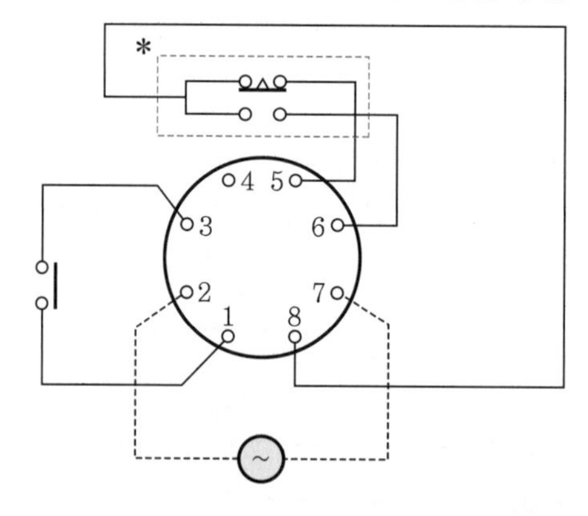

답안 한시동작 순시복귀 a, b접점으로 타이머가 여자되고 설정시간 후 a접점은 폐로, b접점은 개로되며 타이머가 소자되면 즉시 복귀된다.

8 플리커 릴레이(Flicker Relay : 점멸기)

(1) 플리커 릴레이의 용도

① 경보 및 신호용으로 사용한다.

② 전원 투입과 동시에 일정한 시간간격으로 점멸된다.

③ 점멸되는 시간을 조절할 수 있다.

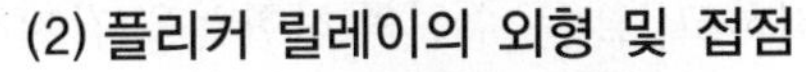

(2) 플리커 릴레이의 외형 및 접점

(a) 외형

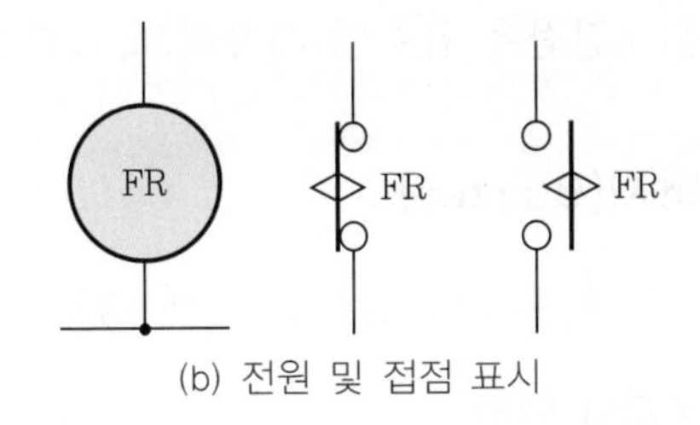

(b) 전원 및 접점 표시

9 파일럿 램프(Pilot Lamp : 표시등)

(1) 시퀀스제어에서 동작상태 및 고장 등을 구별하기 위해 사용한다.

(2) 표시등의 색상별 사용

① 전원표시등(WL : White Lamp – 백색) : 제어반 최상부의 중앙에 설치한다.
② 운전표시등(RL : Red Lamp – 적색) : 운전상태를 표시한다.
③ 정지표시등(GL : Green Lamp – 녹색) : 정지상태를 표시한다.
④ 경보표시등(OL : Orange Lamp – 오렌지색) : 경보를 표시하는 데 사용한다.
⑤ 고장표시등(YL : Yellow Lamp – 황색) : 시스템이 고장임을 나타낸다.

10 플로트레스 스위치(Floatless Switch)

급수나 배수 등 액면제어에 사용하는 계전기이다.

(a) 외형

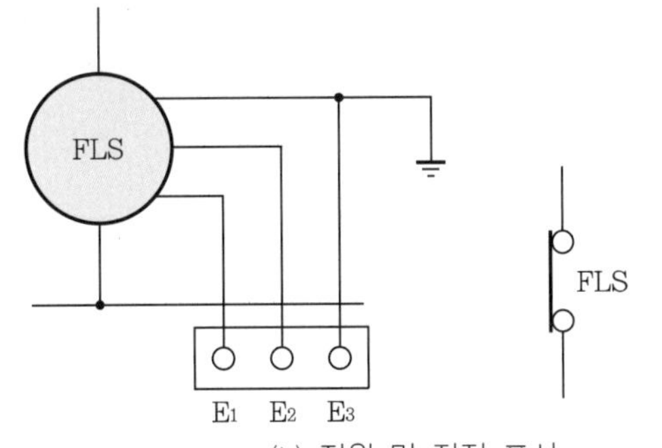

(b) 전원 및 접점 표시

① 수위를 감지하는 E_1은 수위의 상한선을 감지하고, E_2는 수위의 하한선을 감지하며, E_3는 물탱크의 맨 아래에 오도록 설치한다.
② E_3 단자는 반드시 접지를 해야 한다.
③ b접점은 급수에 사용하고, a접점은 배수에 사용한다.

11 버저(Buzzer)

(1) 회로에 이상이 발생했을 때 경보를 울리도록 설치하는 기구이다.

(2) 버저의 단자

(a) 버저의 외관

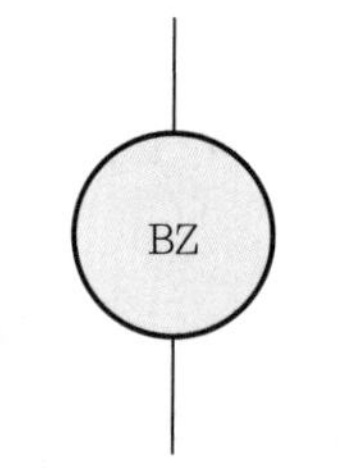

(b) 도면의 표시법

1990년~최근 출제된 기출문제

CHAPTER 01

접점의 종류 및 제어용 기구

단원 빈출문제

문제 01

기사 10년 출제

배점 : 7점

다음 릴레이 접점에 관한 다음 각 물음에 답하시오.

(1) 한시동작 순시복귀 a접점기호를 그리시오.
(2) 한시동작 순시복귀 a접점의 타임차트를 완성하시오.

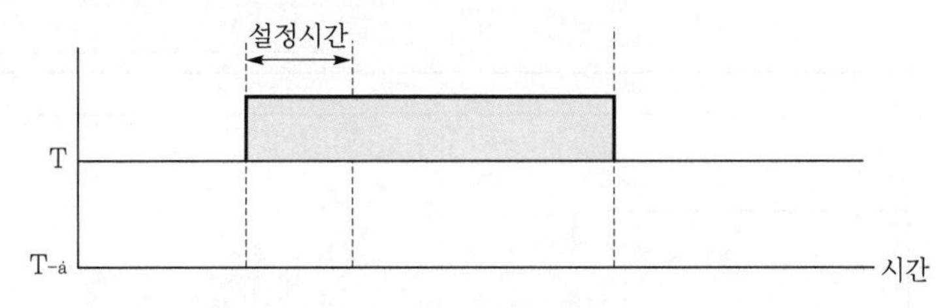

(3) 한시동작 순시복귀 a접점의 동작상황을 설명하시오.

답안 (1)

(2)

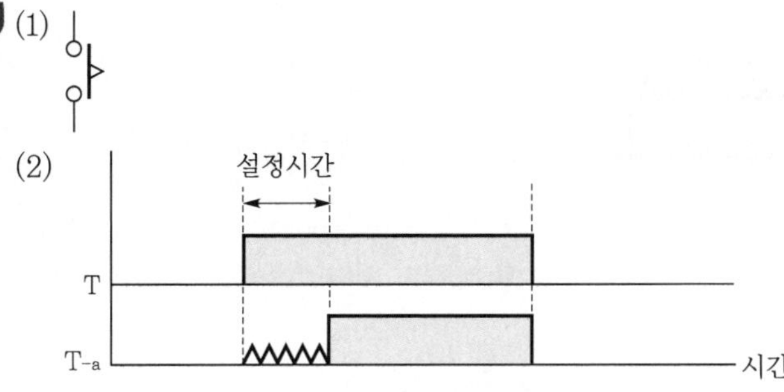

(3) 타이머가 여자되고 설정시간 후에 폐로되며 타이머가 소자되면 즉시 복귀된다.

문제 02 산업 10년 출제

배점 : 5점

각각의 타임차트를 완성하시오.

구 분	명령어	타임차트
(1) T-ON(ON-Delay)	Increment	S 출력
(2) T-OFF(OFF-Delay)	Decrement	S 출력

답안 (1)

(2)

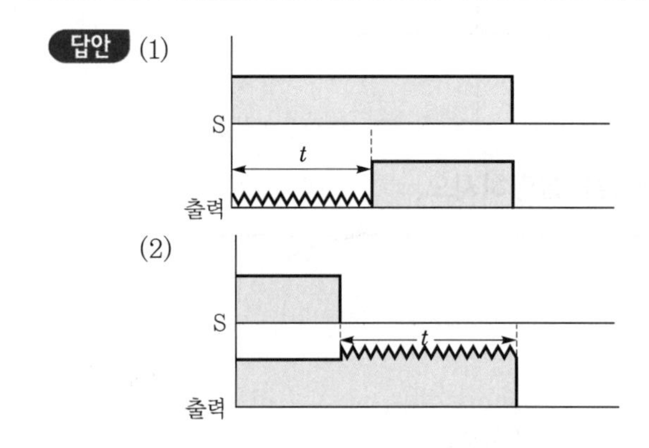

1990년~최근 출제된 기출 이론 분석 및 유형별 문제

02 CHAPTER 유접점 기본 회로

기출개념 01 자기유지회로

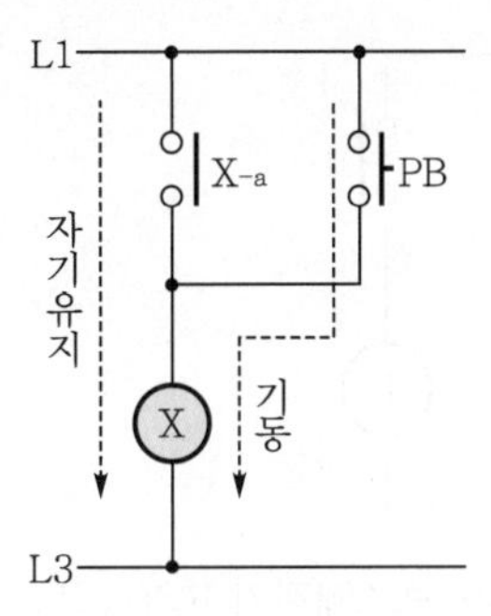

전원이 투입된 상태에서 PB를 누르면 릴레이 X가 여자되고 X_{-a}접점이 닫혀 PB에서 손을 떼어도 X의 여자 상태가 유지된다.

기출개념 02 정지우선회로

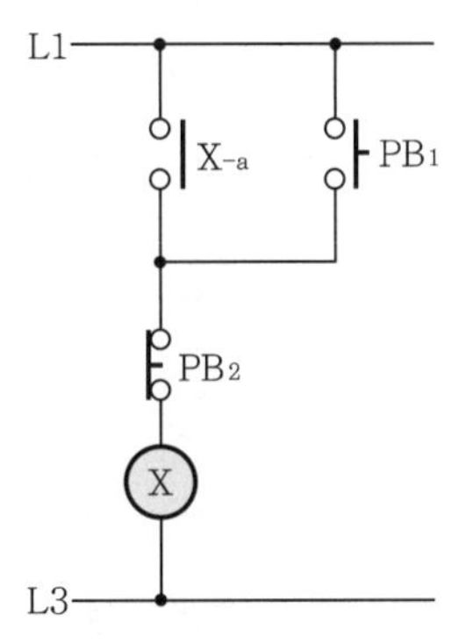

PB_1을 ON하면 릴레이 X가 여자되어 X의 a접점에 의해 자기유지된다.
PB_2를 누르면 X가 소자되어 자기유지접점 X_{-a}가 개로되어 X가 소자된다.
PB_1, PB_2를 동시에 누르면 릴레이 X는 여자될 수 없는 회로로 정지우선회로라 한다.

개념 문제 산업 90년, 94년 출제

| 배점 : 5점 |

다음에 제시하는 [조건]에 해당하는 제어회로의 Sequence를 그리시오.

[조건]
누름버튼 스위치 PB_2를 누르면 Lamp Ⓛ이 점등되고 손을 떼어도 점등이 계속된다. 그 다음에 PB_1을 누르면 Ⓛ이 소등되며 손을 떼어도 소등 상태는 지속된다.

[사용기구]
누름버튼 스위치×2개, 보조계전기×1개(보조접점 : a접점 2개), 램프×1개

답안

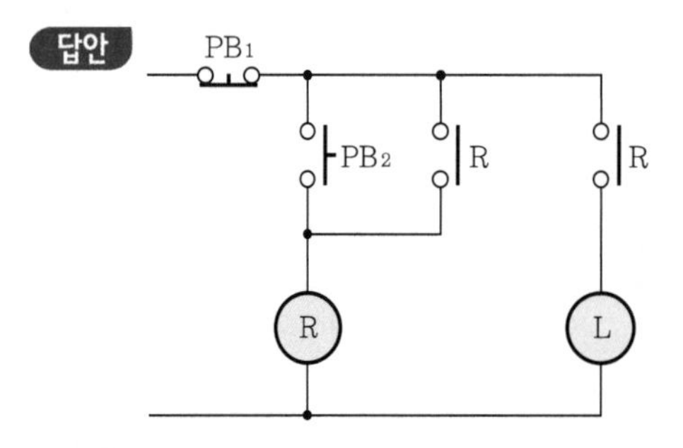

해설 자기유지회로 및 사용기구가 보조계전기 R의 a접점 2개를 사용해서 회로를 완성해야 함에 주의하여야 한다.

기출개념 03 기동우선회로

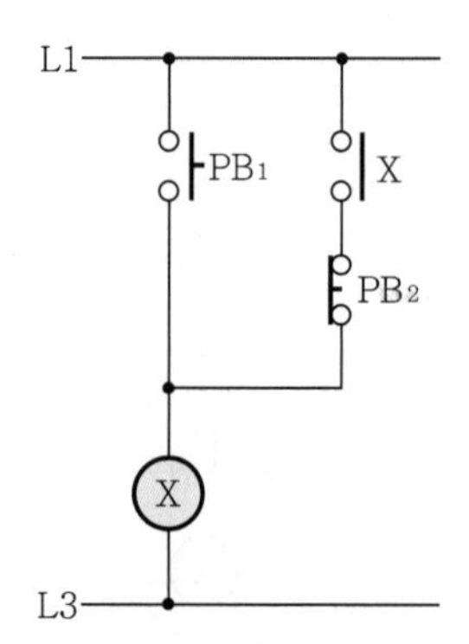

PB_1을 ON하면 릴레이 X가 여자되어 X의 a접점에 의해 자기유지된다.
PB_2를 누르면 X가 소자되어 자기유지접점 X_{-a}가 개로되어 X가 소자된다.
PB_1, PB_2를 동시에 누르면 릴레이 X는 여자되는 회로로 기동우선회로라 한다.

기출개념 04 인터록회로(병렬우선회로)

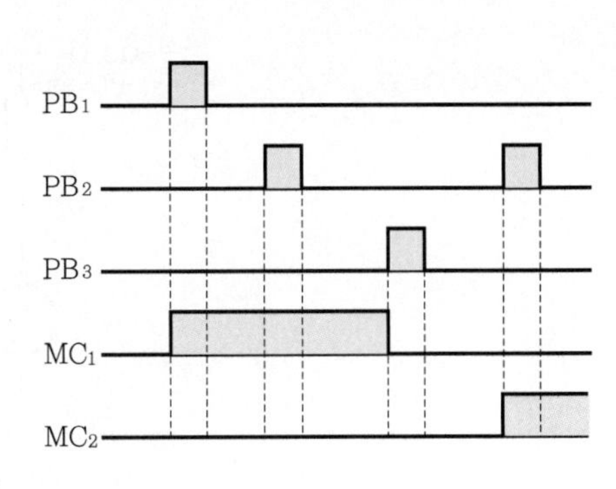

▎인터록회로▎

PB_1과 PB_2의 입력 중 PB_1을 먼저 ON하면 MC_1이 여자된다.

MC_1이 여자된 상태에서 PB_2를 ON하여도 MC_{1-b} 접점이 개로되어 있기 때문에 MC_2는 여자되지 않은 상태가 되며 또한 PB_2를 먼저 ON하면 MC_2가 여자된다. 이때 PB_1을 ON하여도 MC_{2-b} 접점이 개로되어 있기 때문에 MC_1은 여자되지 않는 회로를 인터록회로라 한다. 즉, 상대동작금지회로이다.

개념 문제 01 산업 88년, 06년 출제 | 배점 : 5점 |

다음 그림의 회로를 어느 것인가 먼저 ON 조작된 측의 램프만 점등하는 병렬우선회로(PB_1 ON 시 L_1이 점등된 상태에서 L_2가 점등되지 않고, PB_2 ON 시 L_2가 점등된 상태에서 L_1이 점등되지 않는 회로)로 변경하여 그리시오. (단, 계전기 R_1, R_2의 보조접점을 사용하되 최소 수를 사용하여 그리도록 한다.)

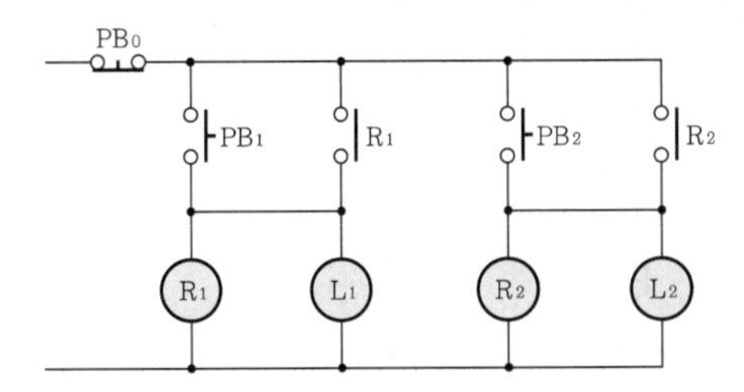

답안

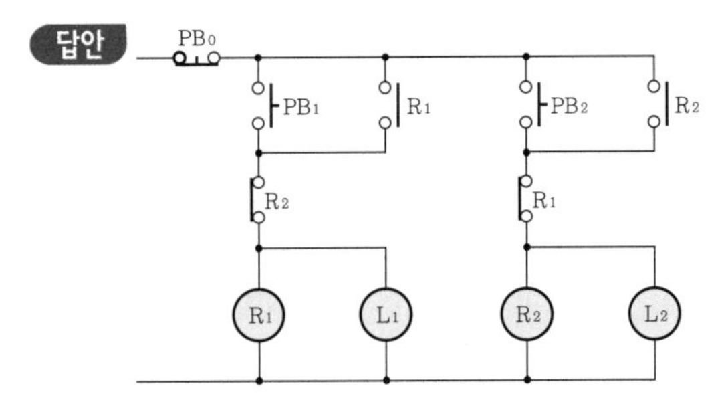

해설 인터록 접점의 기능은 동시 투입 방지로 먼저 ON 조작된 쪽이 먼저 동작하게 된다.

개념 문제 02 기사 92년, 98년, 02년, 17년 출제

| 배점 : 7점 |

그림의 회로는 푸시버튼 스위치 PB_1, PB_2, PB_3를 ON 조작하여 기계 A, B, C를 운전한다. 이 회로를 타임차트의 요구대로 병렬우선순위회로로 고쳐서 그리시오.

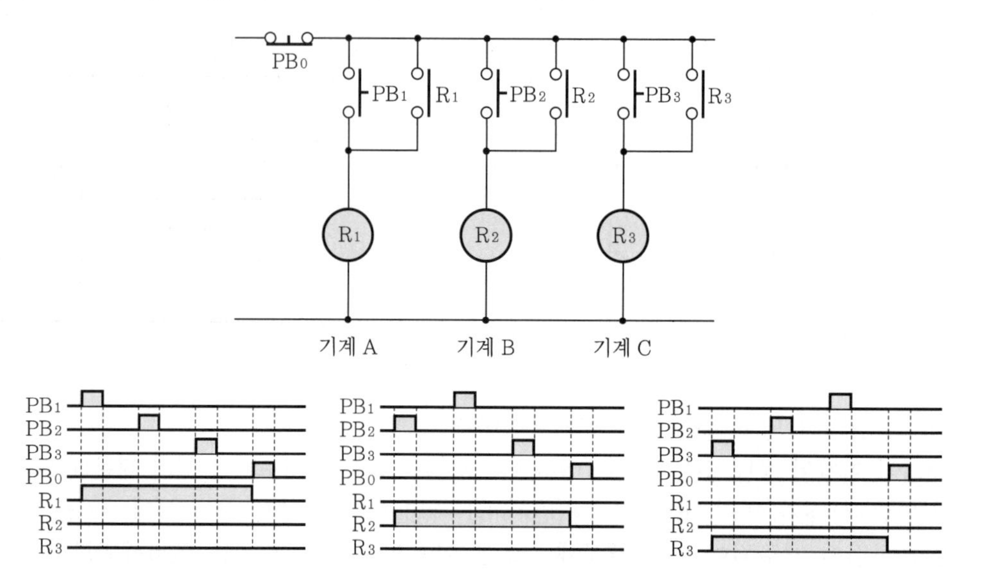

R_1, R_2, R_3는 계전기이며 이 계전기의 보조 a접점 또는 b접점을 추가 또는 삭제하여 작성하되 불필요한 접점을 사용하지 않도록 할 것이며 보조접점에는 접점의 명칭을 기입하도록 할 것

[예시]

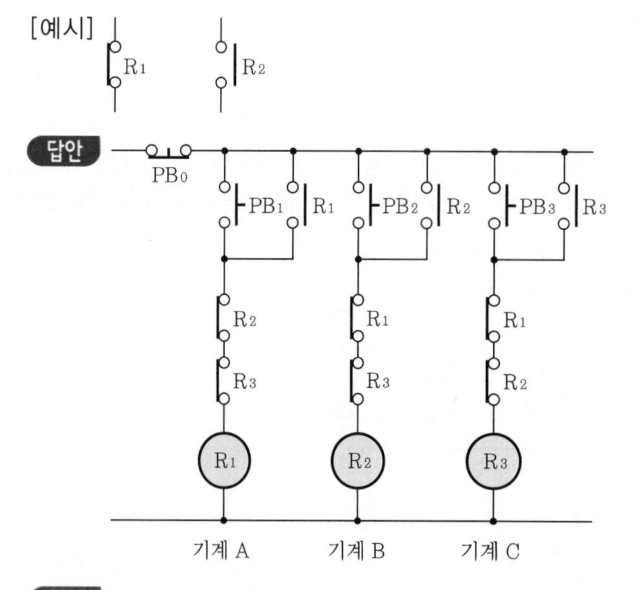

해설 먼저 ON 조작된 쪽이 먼저 동작되는 3입력 인터록회로를 구성하면 된다.

신(新)입력우선회로(선택동작회로)

항상 뒤에 주어진 입력(새로운 입력)이 우선되는 회로를 신입력우선회로라 한다.

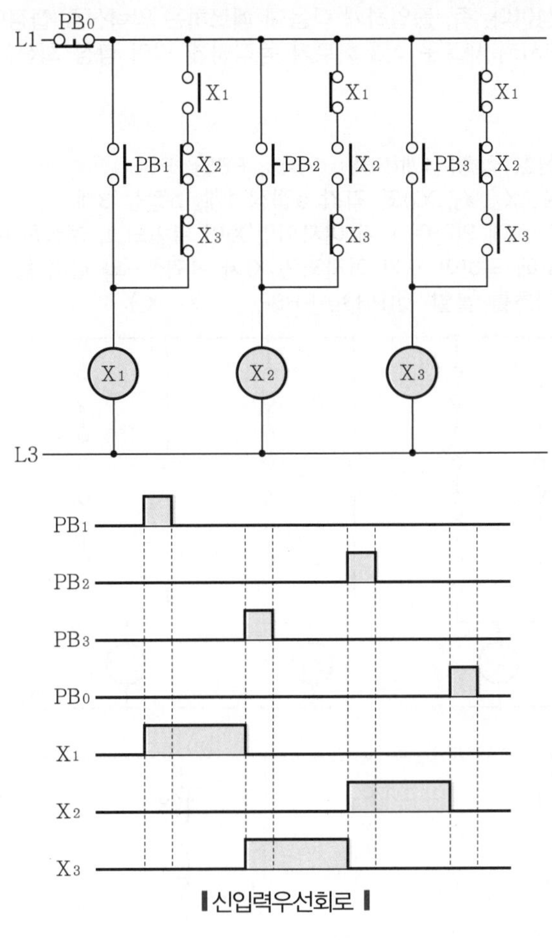

▌신입력우선회로 ▌

PB_1을 ON하면 X_1이 여자된 상태에서 PB_3를 ON하면 X_1이 소자되고 X_3가 여자되며, X_3가 여자된 상태에서 PB_2를 ON하면 X_3가 소자되고 X_2가 여자되는 최후의 입력이 항상 우선이 되는 회로이다.

개념 문제 기사 97년 출제

| 배점 : 7점 |

주어진 [조건]을 이용하여 선택동작회로의 시퀀스를 구성하시오.

[선택동작회로]
최종으로 수신한 신호회로만을 동작시키고 먼저 동작하고 있던 회로는 취소시켜 상태 변환된 것을 우선시키는 회로 구성이다. 즉, 동일하게 다음에 폐로하는 입력신호 접점이 발생하면 그때까지 동작하고 있던 회로를 복귀시켜 새로운 신호회로가 동작하게 되어 항상 최신의 신호회로가 선택되게 하는 회로를 말한다.

[조건]
- 푸시버튼 스위치(신호 접점) 4개(PBS_1, PBS_2, PBS_3, PBS_4)
- 보조 릴레이 4개(X_1, X_2, X_3, X_4)와 각각 a접점 1개, b접점 3개
- X_1이 동작하던 중 PBS_4에 의하여 X_4가 여자되면 X_1이 복귀되고, 계속하여 PBS_2에 의하여 X_2가 여자되면 X_4가 복귀, PBS_3에 의하여 X_3가 여자되면 X_2가 복귀, …와 같이 동작되도록 회로를 구성하되 각 기구에는 반드시 기호를 붙일 것(PBS_1, PBS_2, …, X_1, X_2)

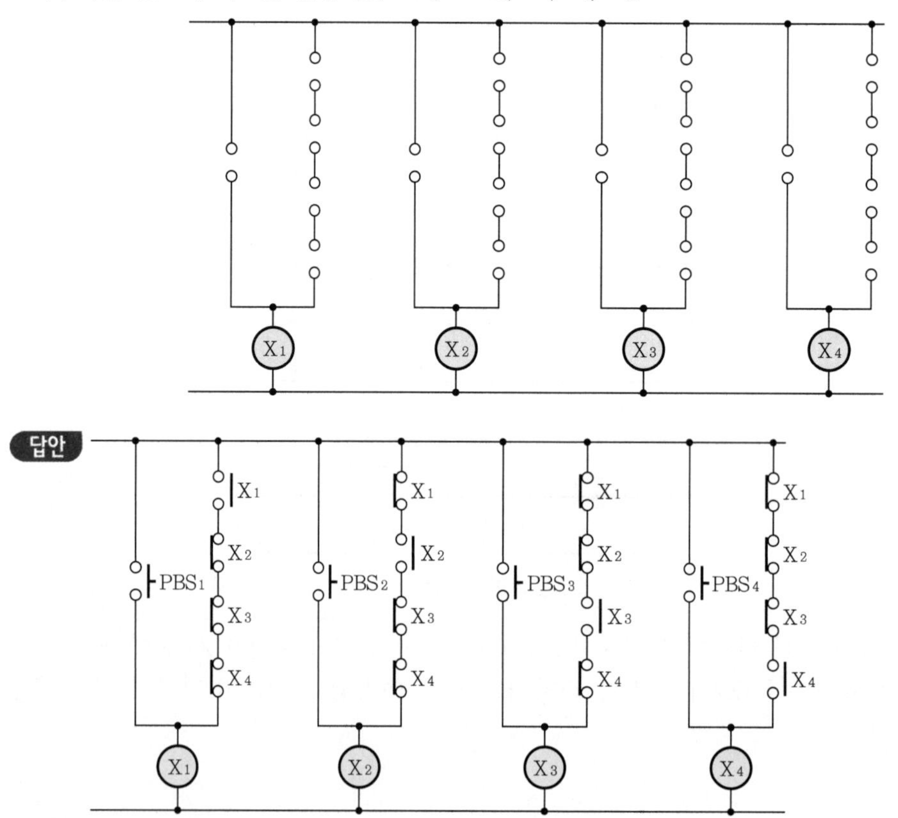

해설 선택동작회로는 새로운 입력이 우선되는 신입력우선회로를 말한다.

기출개념 06 순차동작회로(직렬우선회로)

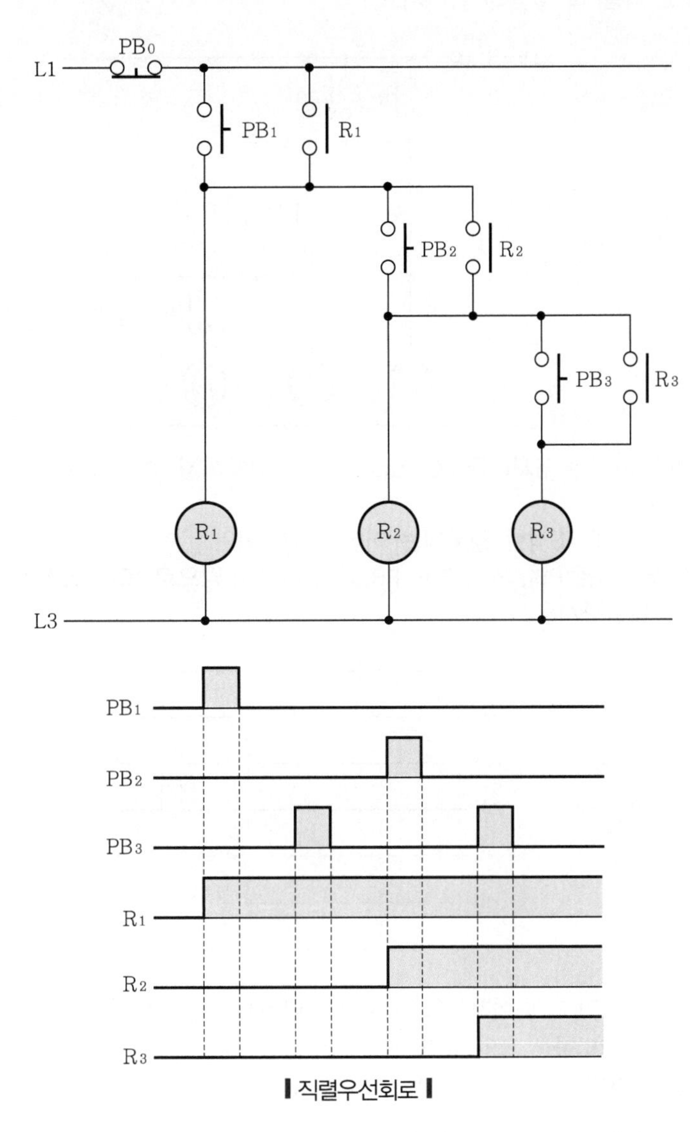

▌직렬우선회로▐

전원측에 가장 가까운 회로가 우선순위가 가장 높고 전원측의 스위치에서 순차 조작을 하지 않으면 동작을 하지 않는 회로이다.

우선적으로 PB_1을 ON하면 R_1이 여자된 상태에서 PB_2를 ON하면 R_2가 여자되고 R_1과 R_2가 여자된 상태에서 PB_3를 ON하면 R_3가 여자된다. 이 회로에서 R_1이 소자된 상태에서 PB_2와 PB_3를 ON하여도 R_2와 R_3는 여자되지 않는다.

개념 문제 산업 89년, 96년 출제

| 배점 : 12점 |

시퀀스도를 보고 다음 각 물음에 답하시오.

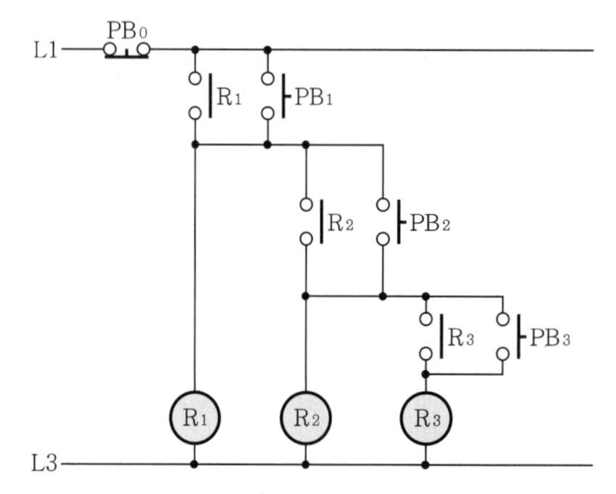

(1) 전원측에 가장 가까운 푸시버튼 PB_1으로부터 PB_3, PB_0까지 “ON” 조작할 경우의 동작사항을 간단히 설명하시오.

(2) 최초에 PB_2를 “ON” 조작한 경우에는 어떻게 되는가?

(3) 타임차트를 푸시버튼 PB_1, PB_2, PB_3, PB_0와 같이 타이밍으로 “ON” 조작하였을 때의 타임차트의 R_1, R_2, R_3를 완성하시오.

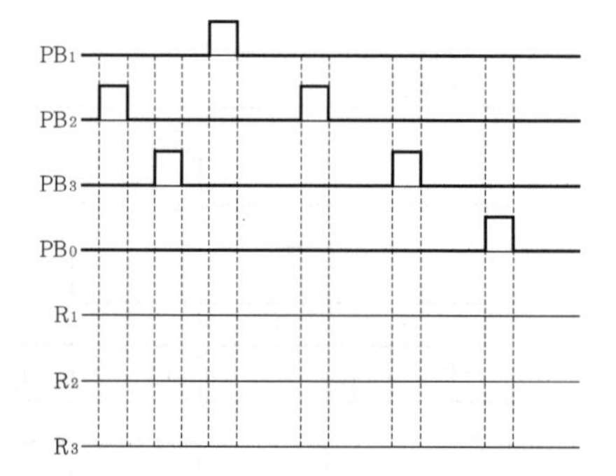

답안 (1) PB_1을 누르면 R_1이 여자되고 R_1 여자 상태에서 PB_2를 누르면 R_2가 여자되며 R_1, R_2가 여자 상태에서 PB_3를 누르면 R_3가 여자된다. 또한 PB_0를 누르면 R_1, R_2, R_3가 동시에 소자된다.

(2) R_2는 여자되지 않는다.(R_2 무여 상태 유지)

(3)

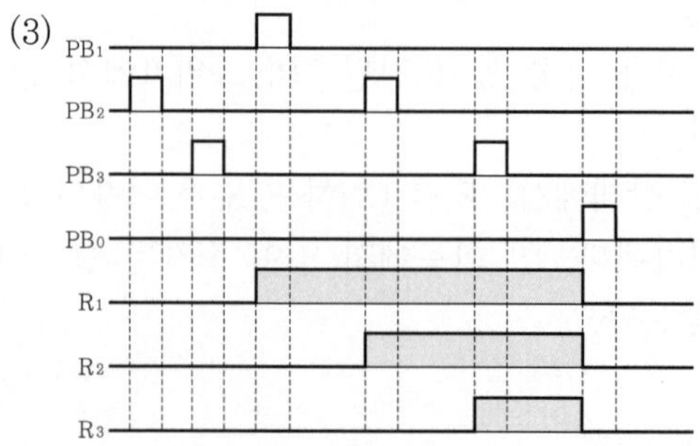

해설 순차동작회로(전원측 우선회로)로 전원측에 가까운 전자 릴레이부터 순차적으로 동작되어 나아가는 회로이다.

07 한시동작회로

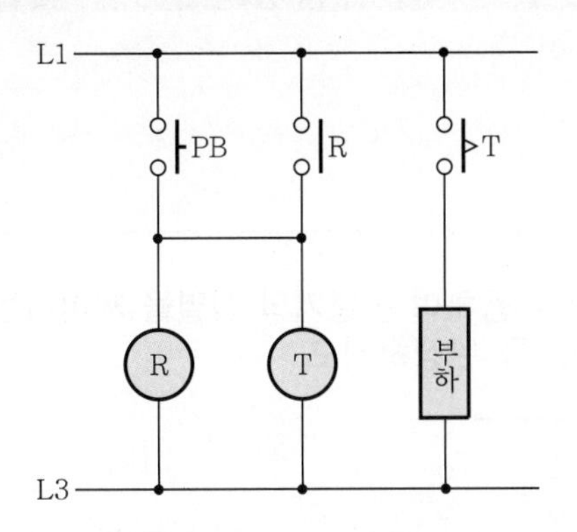

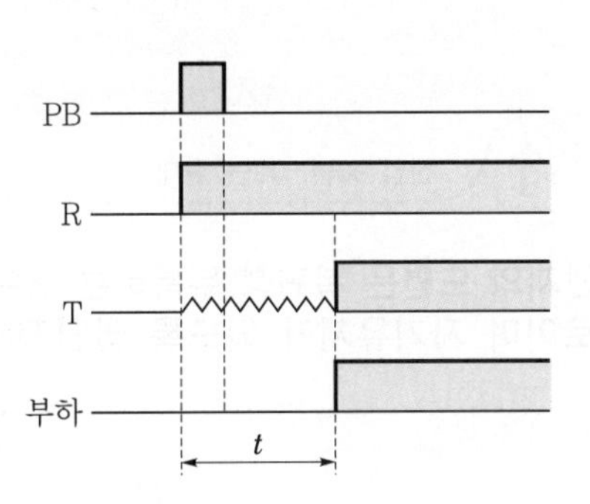

PB을 ON하면 릴레이 R이 여자되고, 시한 타이머 T에 전류가 흐르며 R_{-a} 접점에 의해 자기유지되며 타이머의 설정시간(t)이 경과되면 시한 동작 a접점이 ON되어 출력이 나온다.

개념 문제 산업 95년, 97년, 22년 출제 | 배점 : 5점 |

그림의 시퀀스회로에서 A접점이 닫혀서 폐회로가 될 때 신호등 PL은 어떻게 동작하는지 한 줄 이내로 답하시오.

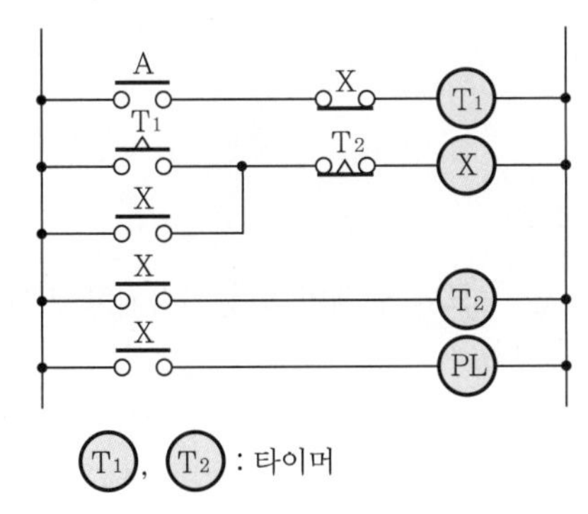

(T1), (T2) : 타이머

답안 PL은 T_1 설정시간 동안 소등하고, T_2 설정시간 동안 점등함을 A접점이 개로될 때까지 반복한다.

해설 **A접점이 폐로**

- 타이머 T_1이 통전되고 설정시간 후 T_1의 a접점이 닫혀 보조 릴레이 X가 여자되며 타이머 T_2 통전, 신호등 PL이 점등된다.
- 타이머 T_2는 설정시간이 지나면 T_2의 b접점이 열려 X소자, 신호등 PL은 소등되며 접점 A가 계속 닫혀 있으면 반복 동작을 한다.

단원 빈출문제

문제 01 산업 98년, 00년 출제

배점 : 3점

답안지의 도면은 복귀형 누름버튼 스위치를 이용하여 전열기의 점멸을 제어하는 미완성 회로이며 자기유지가 되도록 답안지의 회로를 완성하시오.

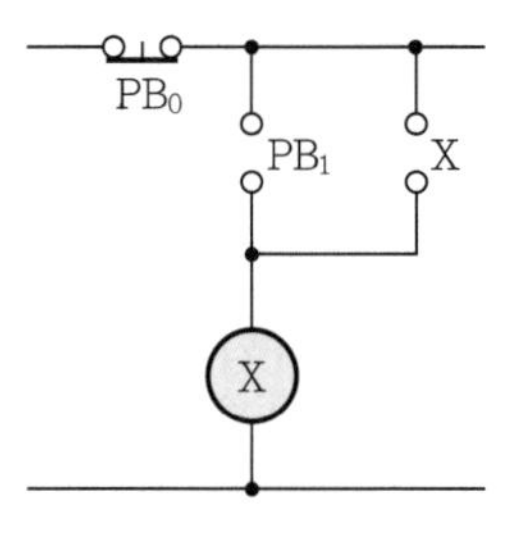

답안

PB0
PB1
X
X

해설 자기유지회로란 PB_1을 누르면 릴레이 X가 여자되고 손을 떼어도 릴레이 X가 여자 상태를 계속 유지하는 회로이다.

문제 02 산업 93년 출제

배점 : 6점

다음 문장의 ( ) 안에 적당한 말을 넣어 문장을 완성하시오.

그림 (1)의 회로는 스위치 PB_1을 ON 조작하면 그 후 손을 떼어도 램프는 (①)등이 계속된다. 이러한 회로를 (②)회로라 하고 PB_1이 일단 ON이 된 것을 기억하는 기능이라 한다. 스위치 PB_2를 OFF 조작하면 릴레이가 (③)자되어 (④)가 해제된다. 그림 (2)와 같은 타이밍으로 PB_1, PB_2를 ON, OFF 조작한 경우에 램프는 시간 (⑤)~(⑥) 동안만 점등한다.

(1)
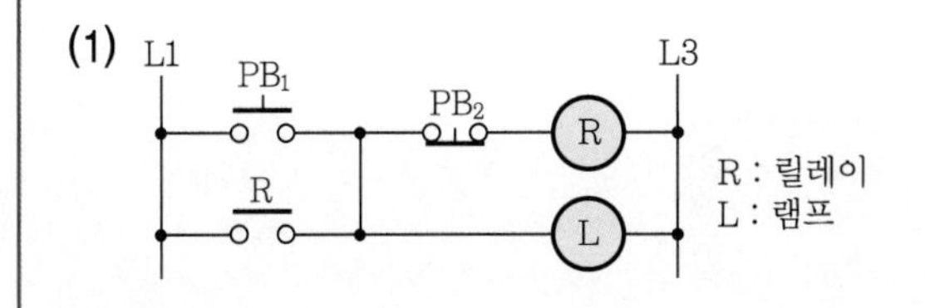

(2)
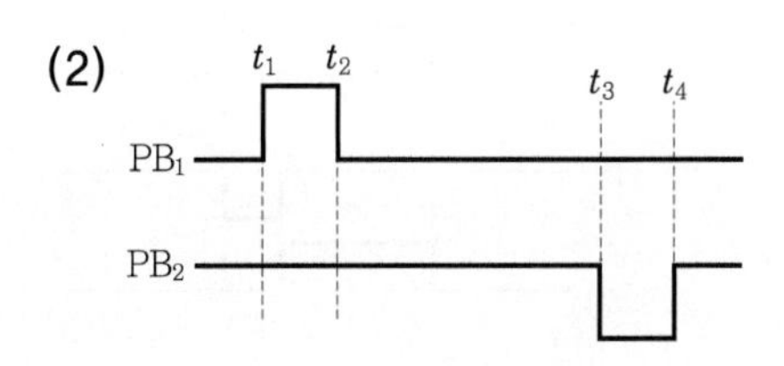

답안 ① 점
② 자기유지
③ 소
④ 자기유지
⑤ t_1
⑥ t_3

해설 램프의 점등·소등, 접점의 동작은 개로·폐로로 조작 설명되며 정지우선회로이다.

문제 03

산업 90년, 92년, 98년, 02년, 05년 출제

배점 : 4점

다음 그림과 같은 회로에서 램프 Ⓛ의 동작을 답란의 타임차트에 표시하시오. (단, 타임차트 상단에서 선의 상단의 표시는 a접점으로 ON 상태를 나타내며, 하단에 있는 것은 b접점으로 OFF를 나타낸다.)

(1)
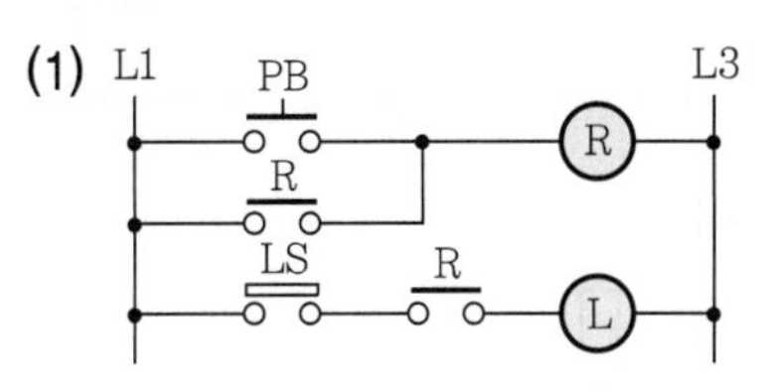

(2)
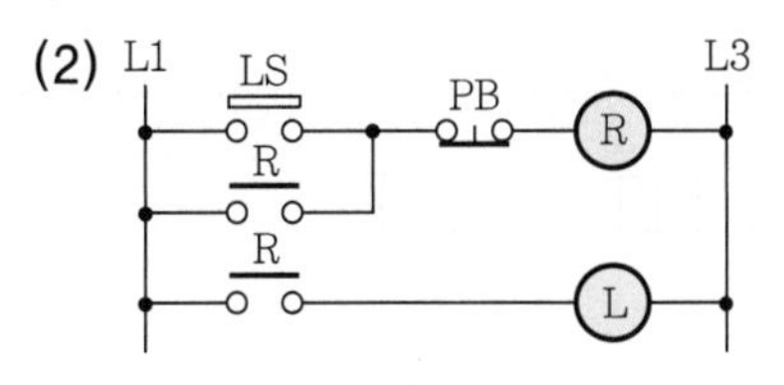

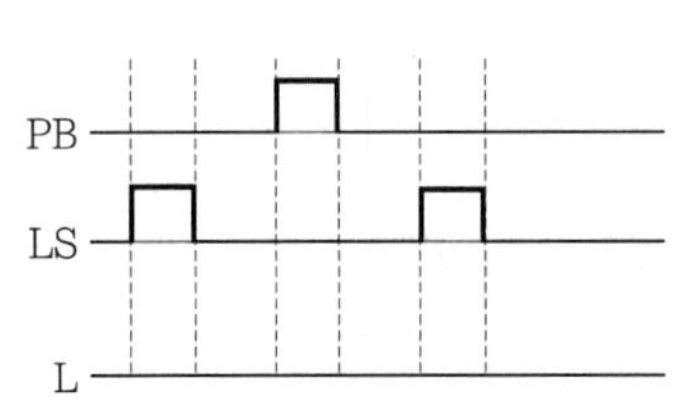

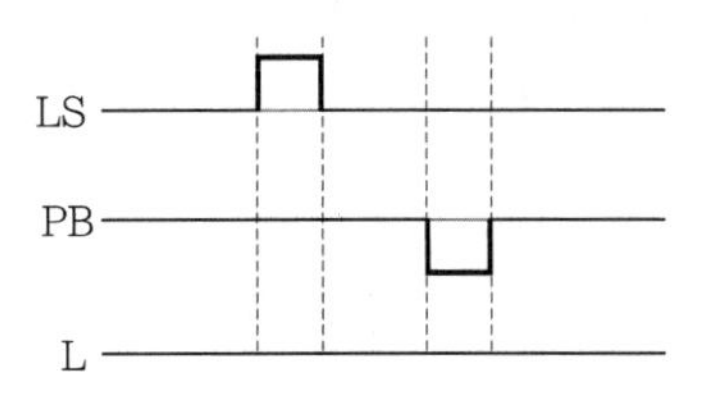

답안 (1)
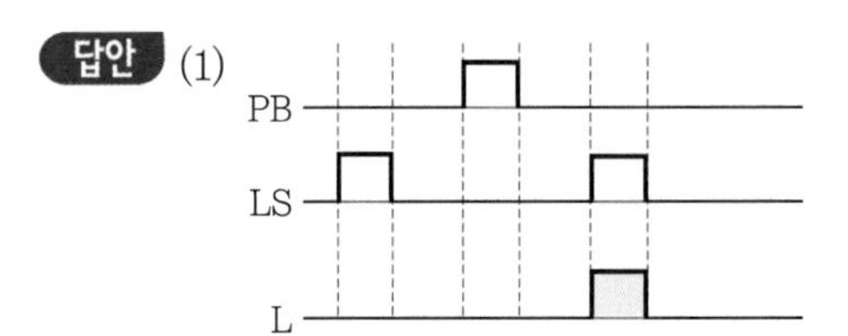

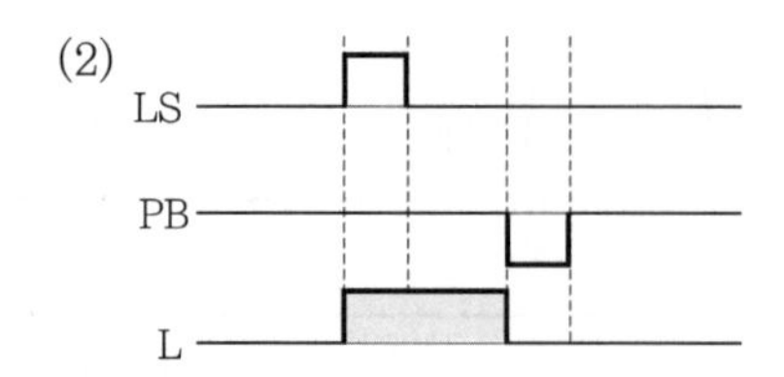

문제 04 산업 98년 출제 | 배점 : 8점

그림과 같은 회로의 램프 Ⓛ에 대한 동작을 타임차트로 표시하시오.

(1)

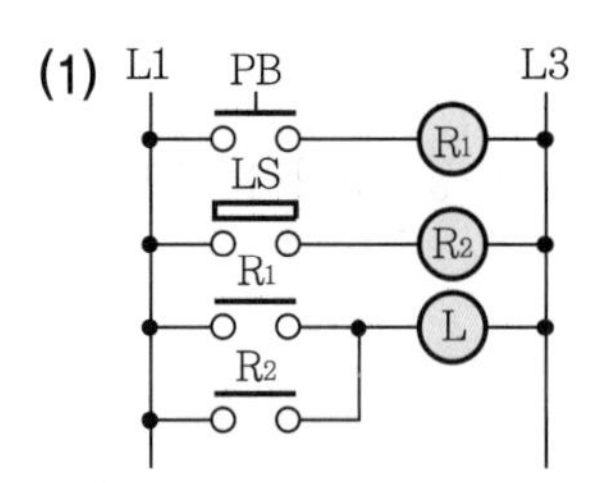

(2)

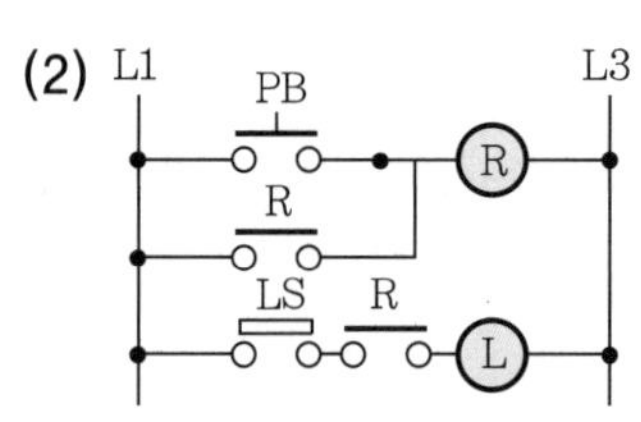

(3)

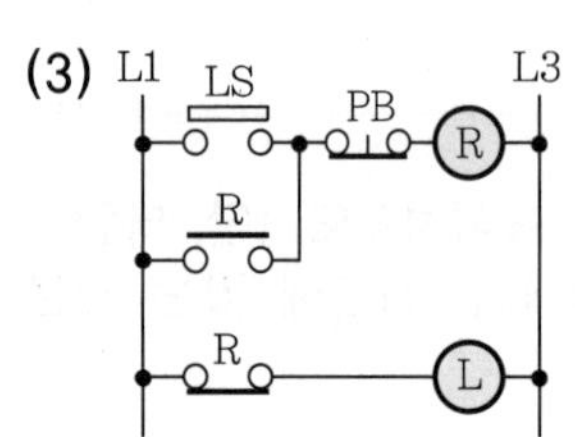

(4)

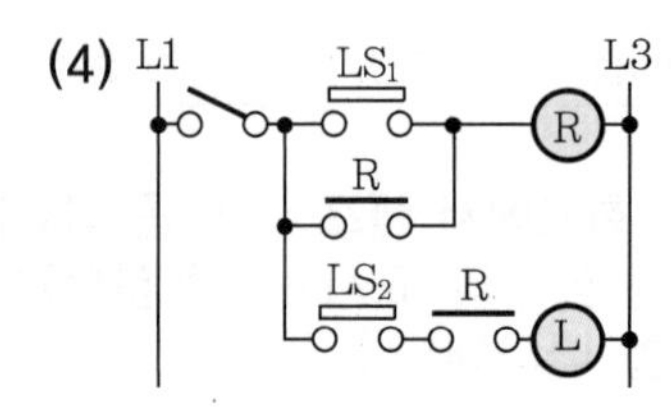

답안

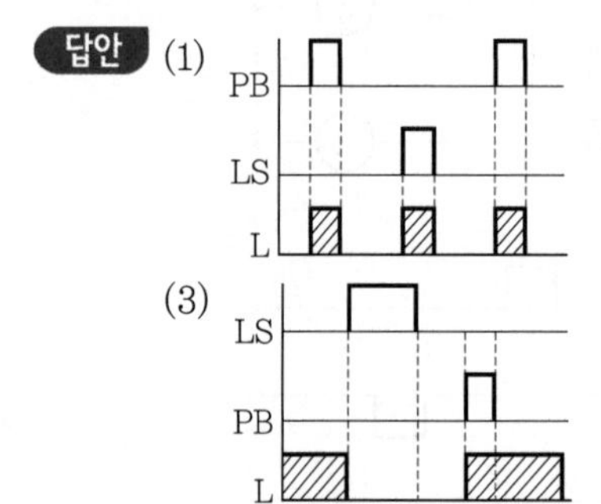

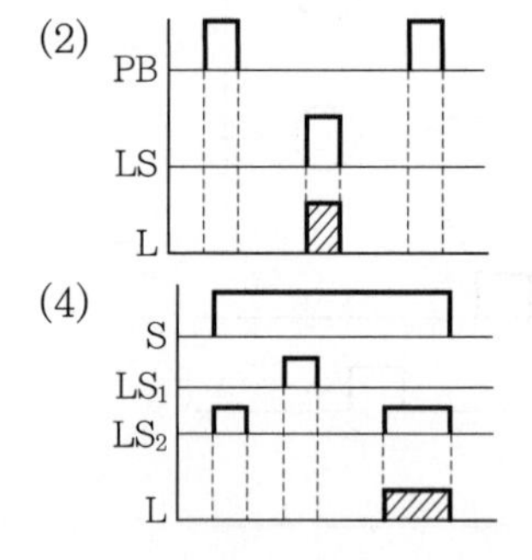

문제 05 산업 04년, 05년, 07년, 08년 출제 | 배점 : 7점 |

다음의 회로는 두 입력 중 먼저 동작한 쪽이 우선이고, 다른 쪽의 동작을 금지시키는 시퀀스회로이다. 이 회로를 보고 다음 각 물음에 답하시오. (단, A, B는 입력 스위치이고, X_1, X_2는 계전기이다.)

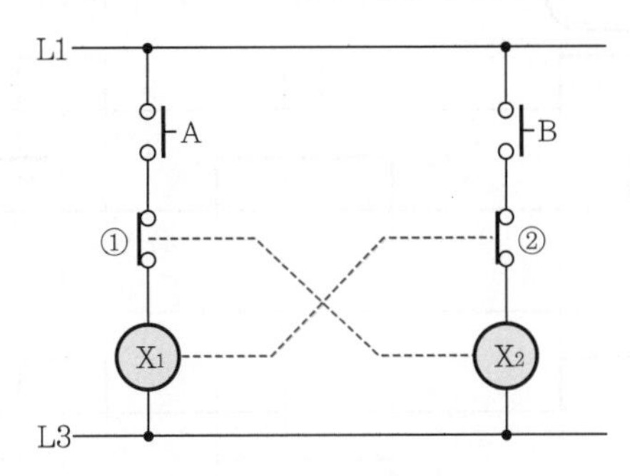

(1) ①, ②에 맞는 보조접점의 접점기호의 명칭을 쓰시오.
(2) 이 회로는 주로 기기의 보호와 조작자의 안전을 목적으로 하는 데 이와 같은 회로의 명칭을 무엇이라 하는가?
(3) 주어진 진리표를 완성하시오.

입 력		출 력	
A	B	X_1	X_2
0	0		
0	1		
1	0		

(4) 계전기 시퀀스회로를 논리회로로 변환하여 그리시오.
(5) 그림과 같은 타임차트를 완성하시오.

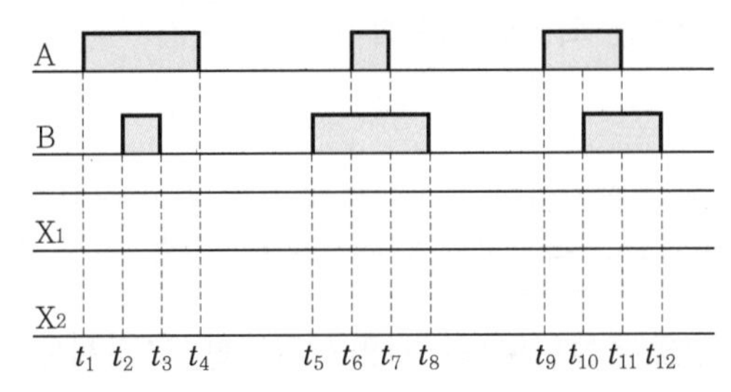

답안 (1) ① X_2 계전기 순시 b접점
② X_1 계전기 순시 b접점

(2) 인터록회로

(3)

입 력		출 력	
A	B	X_1	X_2
0	0	0	0
0	1	0	1
1	0	1	0

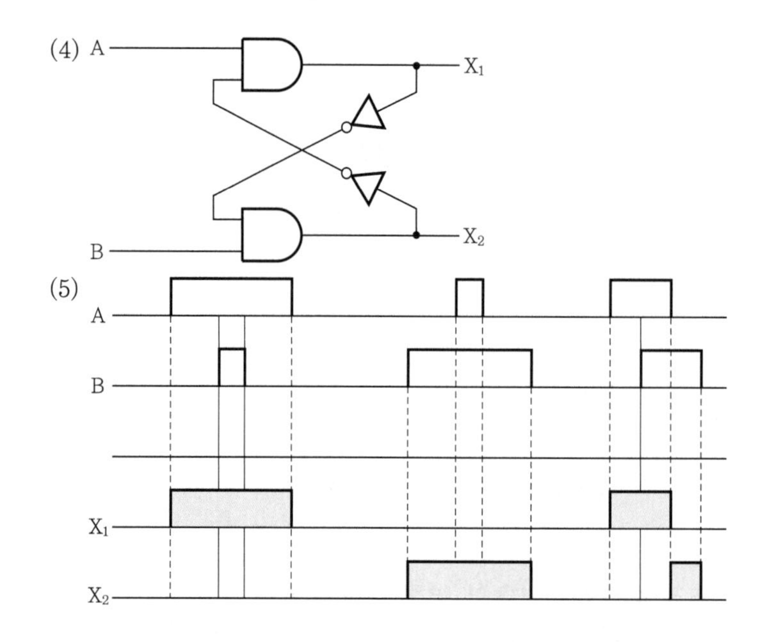

문제 06 산업 09년 출제

배점 : 6점

주어진 [조건]과 [동작 설명]을 이용하여 다음 각 물음에 답하시오.

[조건]
- 누름버튼 스위치는 3개(BS_1, BS_2, BS_3)를 사용한다.
- 보조 릴레이는 3개(X_1, X_2, X_3)를 사용한다.

※ 보조 릴레이 접점의 개수는 최소로 사용할 것

[동작 설명]
BS_1에 의하여 X_1이 여자되어 동작하던 중 BS_3를 누르면 X_3가 여자되어 동작하고 X_1은 복귀, 또 BS_2를 누르면 X_2가 여자되어 동작하고 X_3는 복귀한다. 즉, 항상 새로운 신호만 동작한다.

(1) 선택동작회로(신입신호우선회로)의 시퀀스회로를 그리시오.

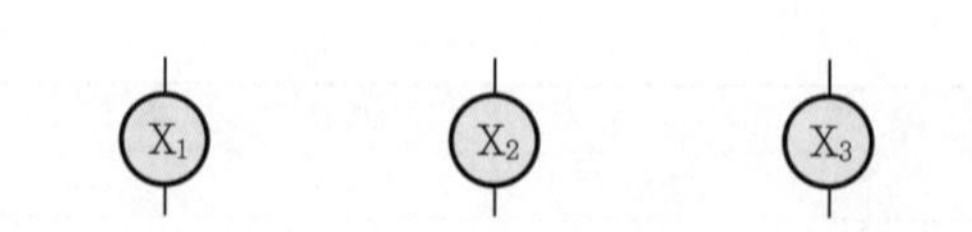

(2) 위 문항 "(1)"의 타임차트를 그리시오.

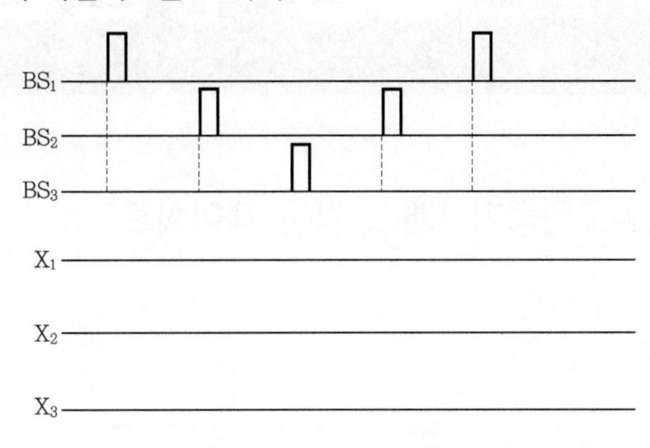

답안 (1)

BS_1, BS_2, BS_3, X_1, X_2, X_3

(2)

BS_1, BS_2, BS_3, X_1, X_2, X_3

1990년~최근 출제된 기출 이론 분석 및 유형별 문제

03 CHAPTER 전동기 운전회로

기출개념 01 3상 유도전동기 1개소 기동 제어회로

1 제어회로

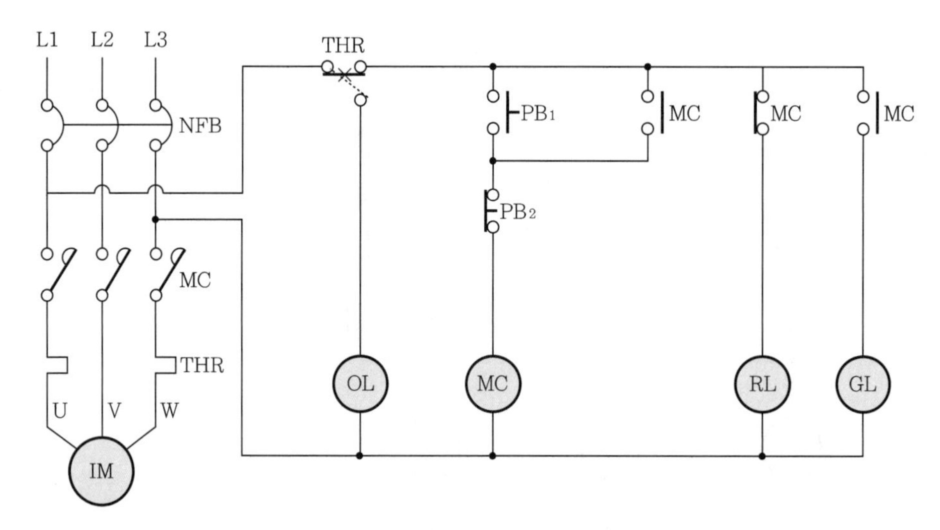

2 동작 설명

(1) 전원을 투입하면 MC_{-b}접점이 붙어 있으므로 정지표시등 RL이 점등된다.

(2) 누름버튼 스위치 PB_1을 누르면 전자접촉기 MC가 여자됨과 동시에

① 전자접촉기의 주접점 MC가 붙어 전동기는 기동되고 MC_{-a}접점이 폐로되어 GL은 점등되고 MC_{-b}접점은 개로되어 RL은 소등된다.

② 전자접촉기 MC_{-a}접점이 붙어 자기유지되어 계속 전동기는 운전된다.

(3) 누름버튼 스위치 PB_2를 누르면 회로가 차단되어 전동기가 정지되고, 운전표시등 GL이 소등되며 정지표시등 RL이 점등된다.

(4) 만약 운전 중에 과부하가 걸리면 과부하계전기 THR의 b접점이 떨어져 전원이 차단되어 전동기가 정지되고 과부하표시등 OL이 점등된다.

(5) 과부하계전기 THR의 접점은 반드시 수동으로 복귀시켜야만 원상태로 돌아오게 된다.

개념 문제 01 기사 90년, 00년, 04년, 06년, 10년 출제

배점 : 7점

그림은 전자개폐기 MC에 의한 시퀀스회로를 개략적으로 그린 것이다. 이 그림을 보고 다음 각 물음에 답하시오.

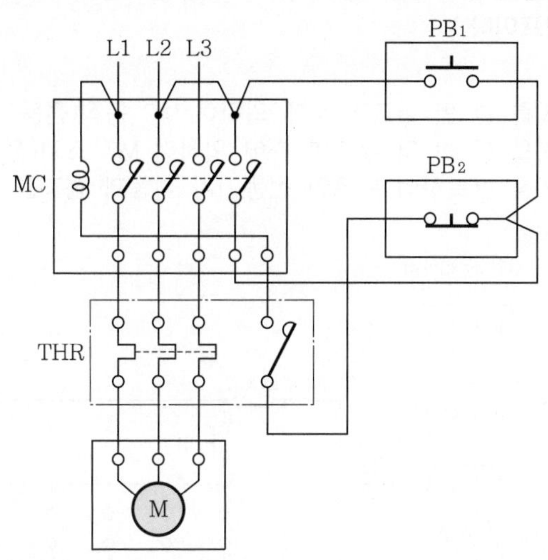

(1) 그림과 같은 회로용 전자개폐기 MC의 보조접점을 사용하여 자기유지가 될 수 있는 일반적인 시퀀스회로로 다시 작성하여 그리시오.

(2) 시간 t_3에 열동계전기가 작동하고, 시간 t_4에서 수동으로 복귀하였다. 이때의 동작을 타임차트로 표시하시오.

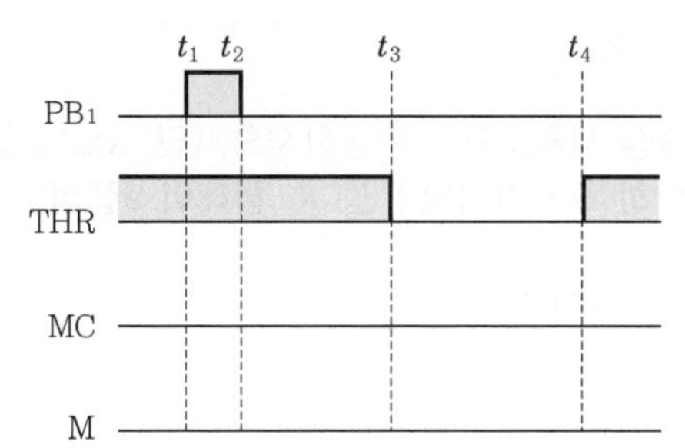

답안 (1)

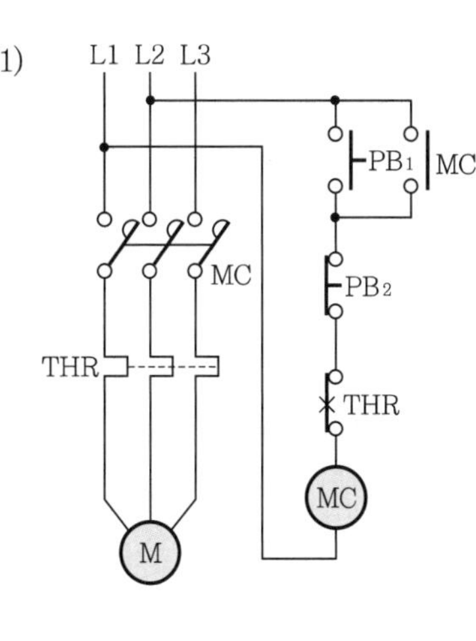

(2)

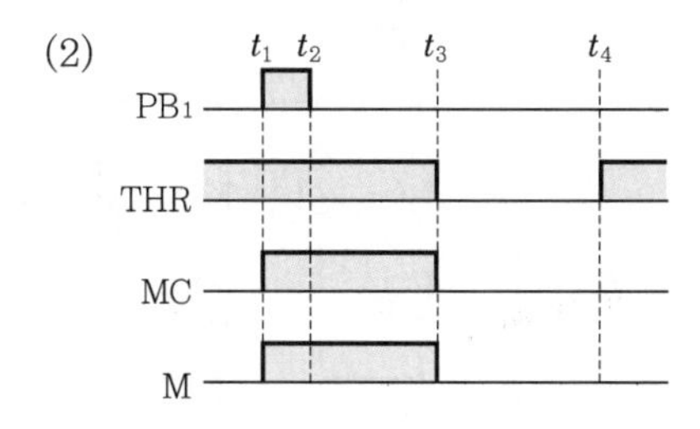

개념 문제 02 기사 15년 출제

| 배점 : 7점 |

다음 미완성 시퀀스도는 누름버튼 스위치 하나로 전동기를 기동, 정지를 제어하는 회로이다. 동작사항과 회로를 보고 각 물음에 답하시오. (단, X_1, X_2 : 8핀 릴레이, MC : 5a 2b 전자접촉기, PB : 누름버튼 스위치, RL : 적색램프이다.)

[동작사항]

① 누름버튼 스위치(PB)를 한 번 누르면 X_1에 의하여 MC 동작(전동기 운전), RL램프 점등
② 누름버튼 스위치(PB)를 한 번 더 누르면 X_2에 의하여 MC 소자(전동기 정지), RL램프 소등
③ 누름버튼 스위치(PB)를 반복하여 누르면 전동기가 기동과 정지를 반복하여 동작

[회로도]

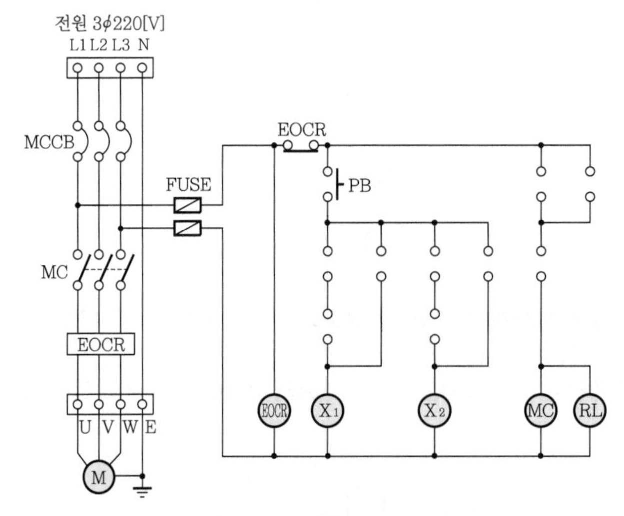

(1) 동작사항에 맞도록 미완성 시퀀스도를 완성하시오. (단, 회로도의 접점의 그림 기호를 직접 그리고, 접점의 명칭을 정확히 표시하시오.) 예 X_1 릴레이 a접점인 경우 : X_1

(2) MCCB의 명칭을 쓰시오.

(3) EOCR의 명칭 및 용도를 쓰시오.

답안 (1)

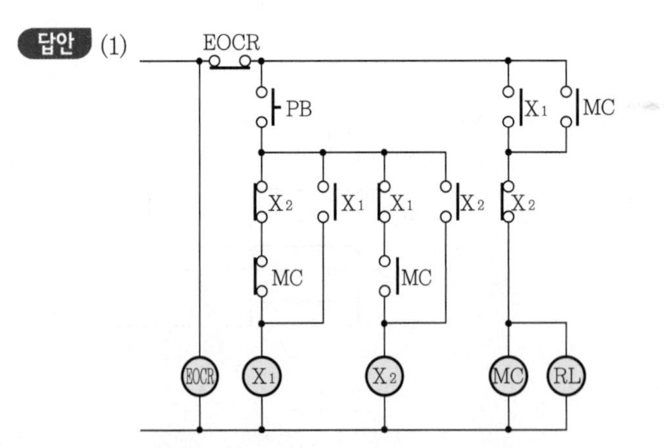

(2) 배선용 차단기

(3) • 명칭 : 전자식 과부하계전기

• 용도 : 전동기 과부하나 단락 등으로 인한 과전류 발생 시 MC를 소자시켜 전동기를 보호한다.

기출개념 02 3상 유도전동기 2개소 기동 제어회로

1 제어회로

제어하고자 하는 전동기가 있는 기관실 현장과 제어반이 집결되어 있는 기관통제실인 제어실 두 곳에서 전동기를 제어하고자 하는 제어시스템이다.

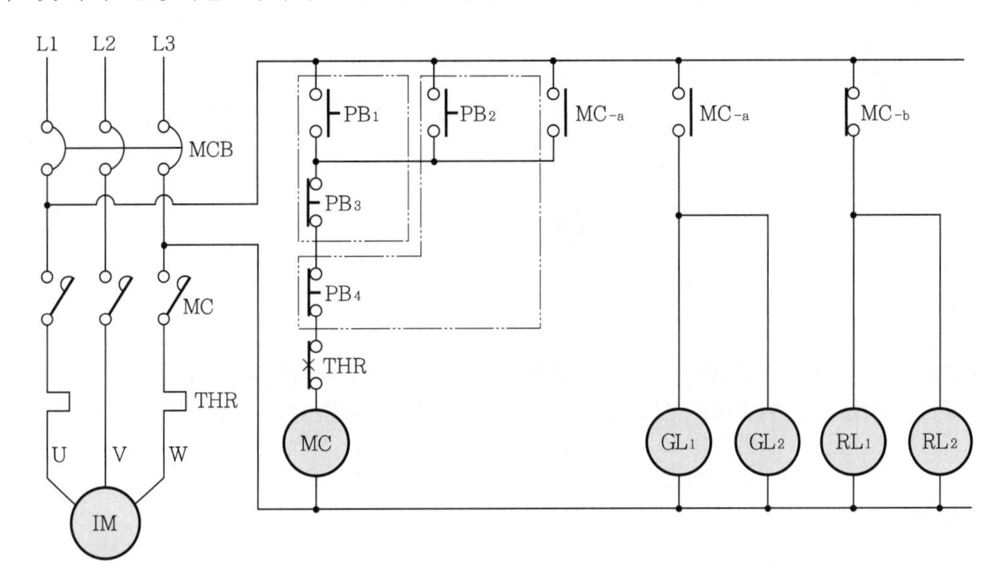

2 동작 설명

(1) 전원을 투입하면 전자개폐기 b접점이 붙어 있으므로 정지표시등 RL이 점등된다.

(2) 기관실 현장 제어반의 누름버튼 스위치 PB_2를 누르면 전자개폐기의 코일 MC가 여자됨과 동시에 다음과 같은 상태가 된다.
① 전자접촉기 주접점 MC가 붙어 전동기가 기동되고 MC_{-a}접점이 폐로되어 GL이 점등되고 MC_{-b}접점은 개로되어 RL은 소등된다.
② 전자접촉기 MC_{-a}접점이 폐로되어 자기유지되어 계속 전동기는 운전된다.

(3) 기관실 현장 제어반의 누름버튼 스위치 PB_4를 누르면 회로가 차단되어 전동기가 정지되고, 운전표시등 GL이 소등되며 정지표시등 RL이 점등된다.

(4) 제어실 제어반에서도 위와 똑같은 동작이 가능하게 된다.

(5) 또한 기관실 현장에서 기동을 시킨 후 제어실에서 정지가 가능하며, 이와 반대로 가능하게 된다.

(6) 회로 결선 시 정지 명령(PB_3, PB_4)은 직렬 연결, 기동 명령(PB_1, PB_2)은 병렬 연결임을 주의한다.

개념 문제 01 산업 93년, 94년, 95년 / 기사 96년 출제

배점 : 6점

그림과 같이 송풍기용 유도전동기의 운전을 현장인 전동기 옆에서도 할 수 있고, 멀리 떨어져 있는 제어실에서도 할 수 있는 시퀀스(Sequence) 제어회로도를 완성하시오.

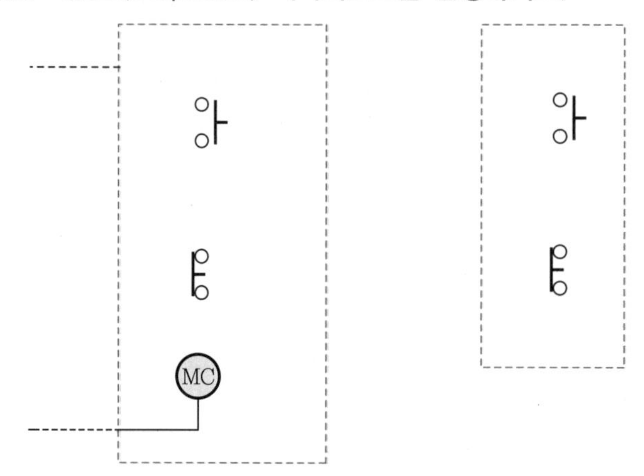

[조건]

- 그림에 있는 전자개폐기에는 주접점 외에 자기유지접점이 부착되어 있다.
- 도면에 사용되는 심벌에는 심벌의 약호를 반드시 기록하여야 한다. (예 PBS-ON, MC-a, PBS-OFF)
- 사용되는 기구는 누름버튼 스위치 2개, 전자코일 MC 1개, 자기유지접점(MC-a) 1개이다.
- 누름버튼 스위치는 기동용 접점과 정지용 접점이 있는 것으로 한다.

답안

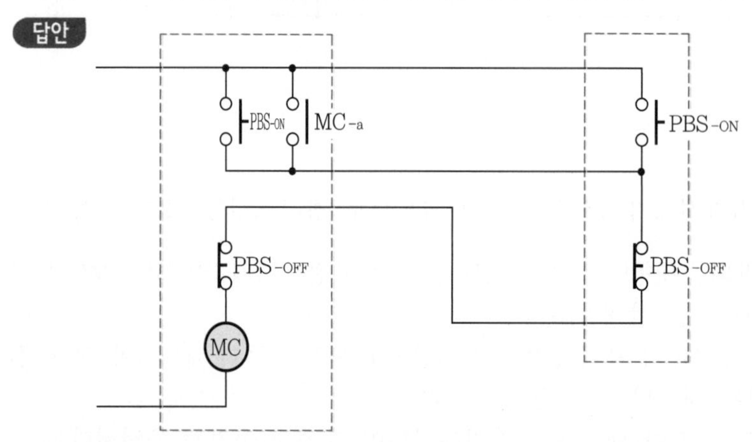

해설 기동 명령 PBS-ON은 병렬 연결, 정지 명령 PBS-OFF는 직렬 연결임에 주의한다.

개념 문제 02 기사 03년, 05년 출제 | 배점 : 8점 |

다음은 수중 펌프용 전동기의 MCC(Moter Control Center)반 미완성 회로도이다. 다음 각 물음에 답하시오.

(1) 펌프를 현장과 중앙감시반에서 조작하고자 한다. 다음 [조건]을 이용하여 미완성 회로도를 완성하시오.

[조건]
① 절체 스위치에 의하여 자동, 수동 운전이 가능하도록 작성
② 리밋 스위치 또는 플로트 스위치에 의하여 자동운전이 가능하도록 작성
③ 표시등은 현장과 중앙감시반에서 동시에 확인이 가능하도록 설치
④ 운전등은 Ⓡ등, 정지등은 Ⓖ등, 열동계전기 동작에 의한 등은 Ⓨ등으로 작성

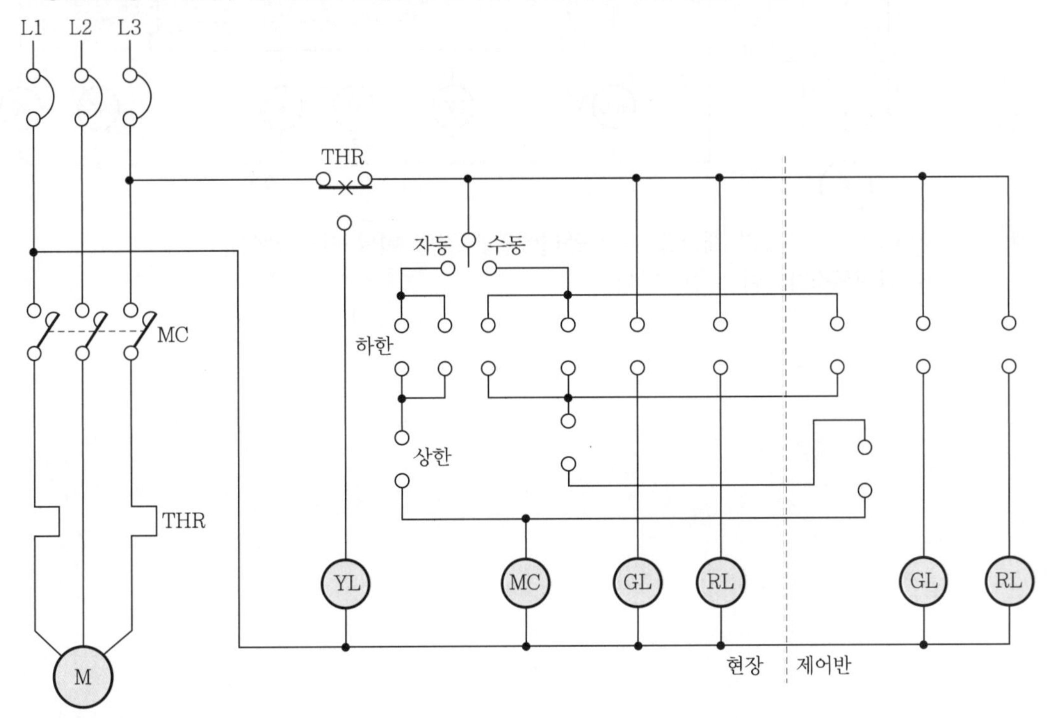

(2) 현장조작반에서 MCC반까지 전선은 어떤 종류의 케이블을 사용하는 것이 적합한지 그 케이블의 종류를 쓰시오.

(3) 차단기는 어떤 종류의 차단기를 사용하는 것이 가장 좋은지 그 차단기의 종류를 쓰시오.

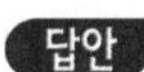
(1)

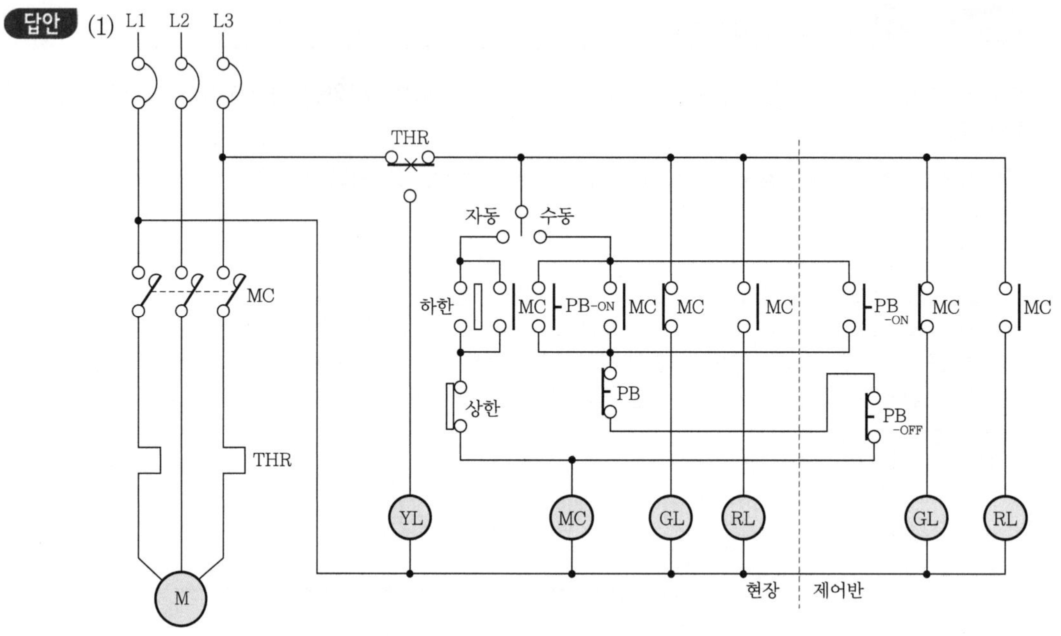

(2) CCV(0.6/1[kV] 제어용 가교 폴리에틸렌 절연 비닐 시스 케이블)

(3) 과전류소자붙이 누전차단기

기출개념 03 3상 유도전동기 촌동 운전 제어회로

1 제어회로

(1) 촌동(inching) 운전

기계의 짧은 시간 내에 미소운전을 하는 것을 말하며, 조작하고 있을 때만 전동기를 회전시키는 운전방법이다.

(2) 촌동 운전은 공작기계의 세부조정, 선반 등의 위치 맞추기, 전동기의 회전 방향 확인 등 정상운전에 앞서 기계를 조정할 때 이용된다.

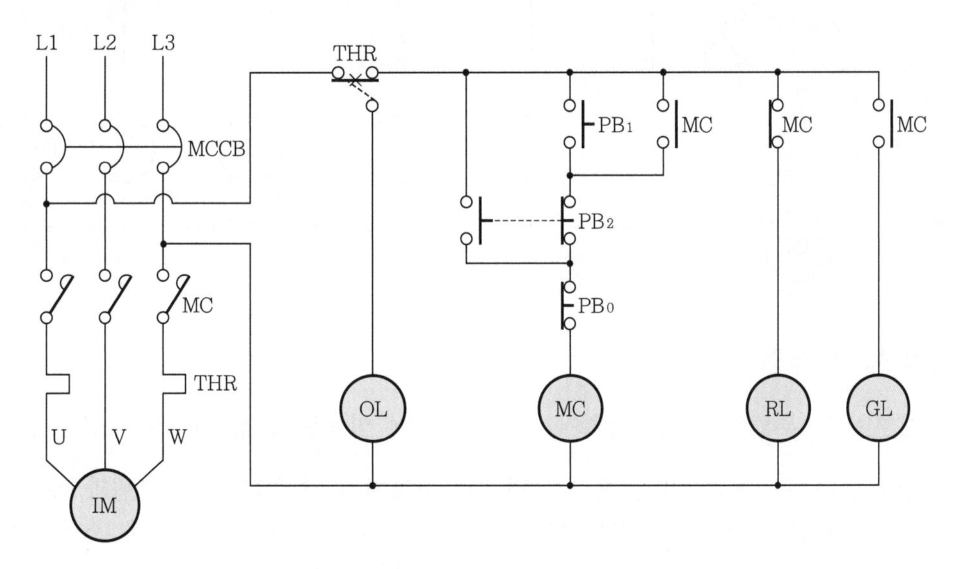

2 동작 설명

(1) 전원을 투입하면 전자개폐기 b접점이 붙어 있으므로 정지표시등 RL이 점등된다.

(2) 누름버튼 스위치 PB_1을 누르면 전자개폐기의 코일 MC가 여자됨과 동시에 전자접촉기 주접점 MC가 붙어 전동기가 기동되고 MC_{-a}접점이 폐로되어 운전표시등 GL이 점등되고 MC_{-b}접점은 개로되어 정지표시등 RL은 소등되며 자기유지된다.

(3) 누름버튼 스위치 PB_0를 누르면 회로가 차단되어 전동기가 정지되고, 운전표시등 GL이 소등되며 정지표시등 RL이 점등된다.

(4) 촌동용 누름버튼 스위치 PB_2를 누르면 PB_2의 a접점부를 통하여 전기가 유입되어 전자개폐기의 코일 MC가 여자됨과 동시에 주접점 MC가 붙어 전동기가 기동되고 GL은 점등, RL은 소등된다.
PB_2를 놓으면 접점이 모두 원위치되고 전동기는 정지한다.

기출개념 04 3상 유도전동기 한시 운전 제어회로

1 제어회로

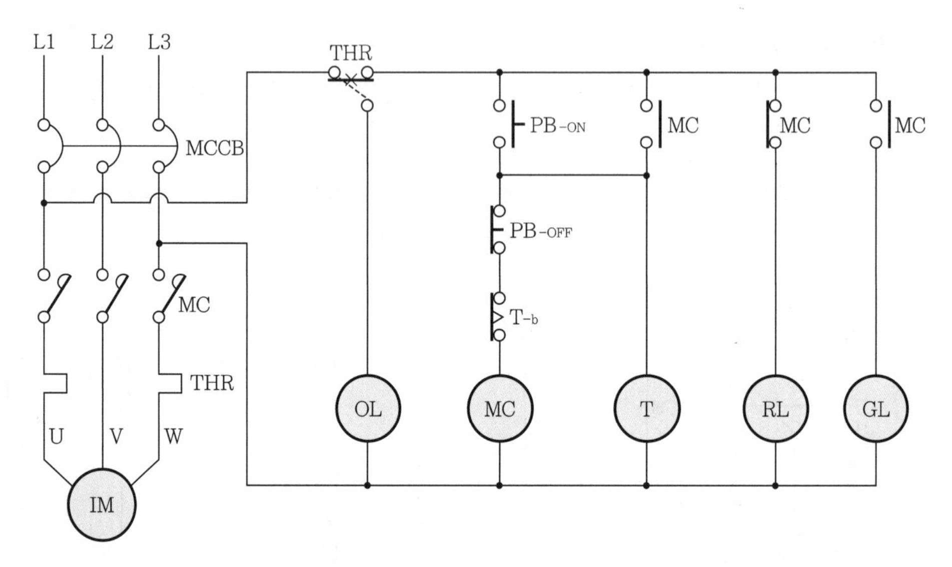

2 동작 설명

(1) 전원을 투입하면 전자접촉기 b접점이 붙어 있으므로 정지표시등 RL이 점등된다.

(2) 누름버튼 스위치 PB_{-ON}을 누르면 전자접촉기의 코일 MC가 여자됨과 동시에 주접점 MC가 붙어 전동기가 기동되고 운전표시등 GL이 점등되고, RL은 소등되며 MC_{-a}접점에 의해 자기유지되어 계속 전동기는 운전된다.

(3) 타이머 T의 동작코일이 여자되어 설정시간(Setting Time) t초 후에 T_{-b}가 떨어져 회로가 차단되어 전동기는 자동적으로 정지되고, 운전표시등 GL이 소등되며 정지표시등 RL이 점등된다.

(4) 운전 중에 누름버튼 스위치 OFF(정지 명령)를 누르면 타이머의 설정시간 이전에도 회로가 차단되어 전동기가 정지하게 된다.

(5) 만약, 운전 중에 과부하가 걸리면 과부하계전기 THR의 b접점이 떨어져 전원이 차단되어 전동기가 정지하고 과부하표시등 OL이 점등된다. 과부하계전기 속의 접점은 반드시 수동으로 복귀시켜야만 원상태로 돌아오게 된다.

개념 문제 01 산업 96년 / 기사 98년, 09년 출제 | 배점 : 7점 |

다음의 [요구사항]에 의하여 동작이 되도록 회로의 미완성 부분에 접점을 완성하시오.

[요구사항]

- 전원 스위치 KS를 넣으면 GL이 점등하도록 한다.
- 누름버튼 스위치(PB-ON 스위치)를 누르면 MC에 전류가 흐름과 동시에 MC의 보조접점에 의하여 GL이 소등되고 RL이 점등되도록 한다. 이때 전동기는 운전된다.
- 누름버튼 스위치(PB-ON 스위치) ON에서 손을 떼어도 MC는 계속 동작하여 전동기의 운전은 계속된다.
- 타이머 T에 설정된 일정 시간이 지나면 MC에 전류가 끊기고 전동기는 정지, RL은 소등, GL은 점등된다.
- T에 설정된 시간 전에도 누름버튼 스위치(PB-OFF 스위치)를 누르면 전동기는 정지되며, RL은 소등, GL은 점등된다.
- 전동기 운전 중 사고로 과전류가 흘러 열동계전기가 동작되면 모든 제어회로의 전원이 차단된다.

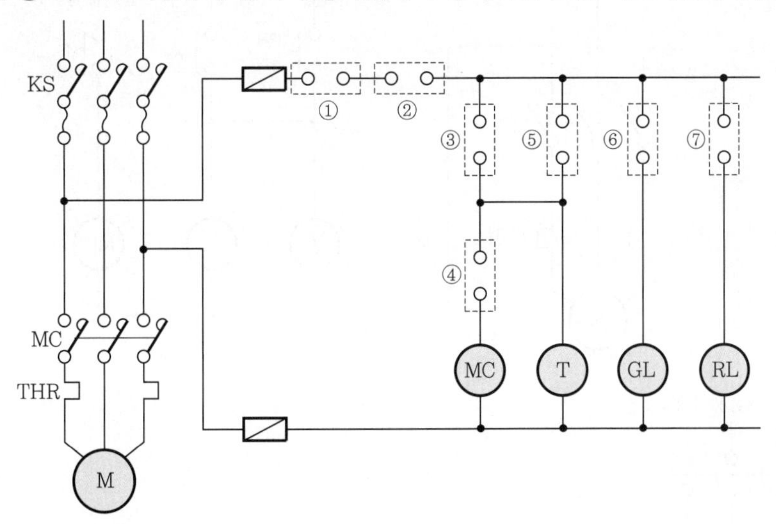

답안 ① THR ② PB-OFF

③ PB-ON ④ T-b

⑤ MC-a ⑥ MC-b

⑦ MC-a

개념 문제 02 산업 94년 / 기사 91년, 98년, 09년, 12년, 18년 출제

배점 : 7점

그림은 PB_{-ON} 스위치를 ON한 후 일정 시간이 지난 다음에 MC가 동작하여 전동기 M이 운전되는 회로이다. 여기에 사용한 타이머 Ⓣ는 입력신호를 소멸했을 때 열려서 이탈되는 형식인데 전동기가 회전하면 릴레이 Ⓧ가 복구되어 타이머에 입력신호가 소멸되고 전동기는 계속 회전할 수 있도록 할 때 이 회로는 어떻게 고쳐야 하는가? (단, 전자접촉기 MC의 보조 a, b접점 각각 1개씩만을 추가한다.)

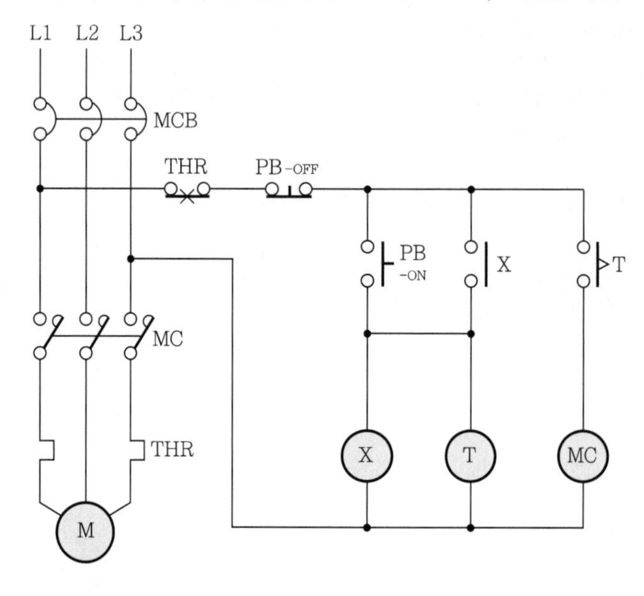

답안

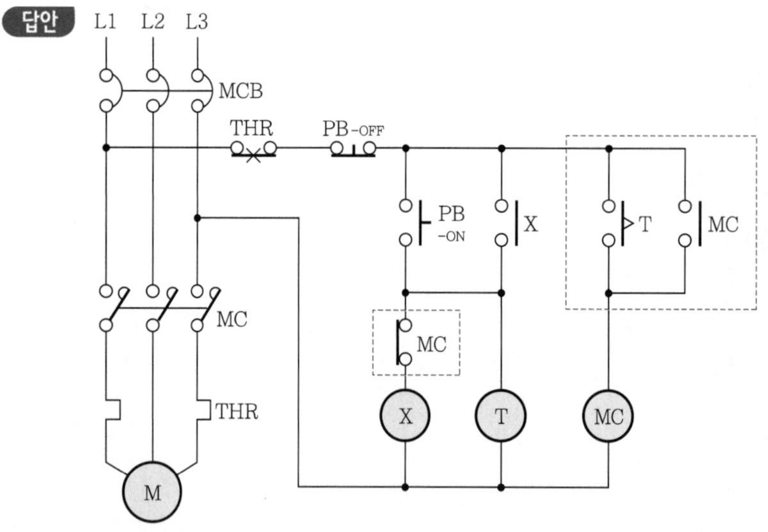

기출개념 05 3상 유도전동기 정 · 역전 운전 제어회로

3상 유도전동기 정 · 역전 운전 제어회로는 전동기의 회전 방향을 정방향 또는 역방향으로 운전하는 제어회로를 말한다.

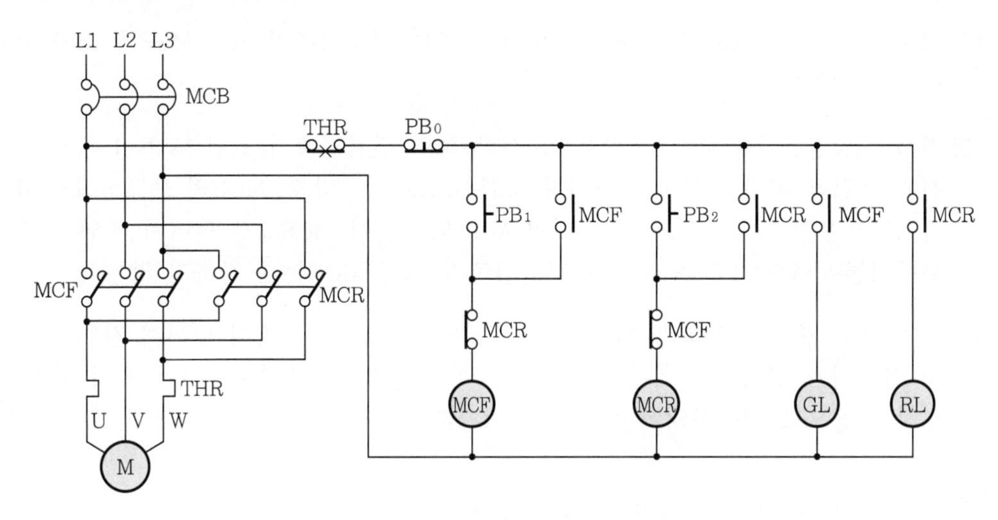

1 결선

전동기의 회전 방향을 정방향 또는 역방향으로 운전하는 제어회로로 3상 유도전동기 회전 방향을 바꾸려면 회전자계의 방향을 바꾸는 것으로 가능하므로 전자개폐기 2개를 사용전원 측 L1, L2, L3 3선 중 임의의 2선을 서로 바꾸게 되면 회전 방향이 반대가 된다.

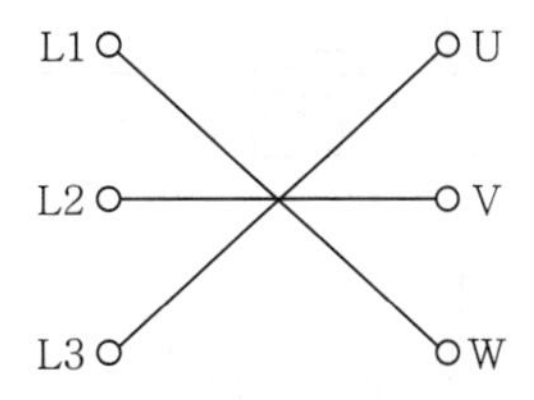

❙ 정 · 역 운전 주회로 결선 ❙

2 회로 구성 시 주의해야 할 점

전자개폐기 2개가 동시에 여자될 경우 전원회로에 단락사고가 일어나기 때문에 전자개폐기 MCF, MCR은 반드시 인터록회로로 구성되어야 한다.

3 동작 설명

(1) 정회전 방향용 누름버튼 스위치 PB_1을 누르면 전자접촉기 코일 MCF가 여자됨과 동시에 주접점 MCF가 붙어 전동기가 정회전으로 기동되고 MCF의 보조 a접점 MCF_{-a}가 붙어 운전표시등 GL이 점등되며 MCF의 b접점 MCF_{-b}가 떨어져 역회전 방향용 누름버튼 스위치 PB_2를 눌러도 전자접촉기 코일 MCR은 동작하지 않는다.

(2) 정회전 방향용 누름버튼 스위치 PB_0를 누르면 전자접촉기 코일 MCF가 소자되어 전동기가 정지된다.

(3) 역회전 방향용 누름버튼 스위치 PB_2를 누르면 전자접촉기 코일 MCR이 여자됨과 동시에 주접점 MCR이 붙어 전동기가 역회전으로 기동되고, MCR의 보조 a접점 MCR_{-a}가 붙어 운전표시등 RL이 점등되며 MCR의 b접점 MCR_{-b}가 떨어져 정회전 방향용 누름버튼 스위치 PB_1을 눌러도 전자접촉기 코일 MCF는 동작하지 않는다.

(4) 만약 운전 중에 과부하가 걸리면 과부하계전기 속의 b접점이 떨어져 전원이 차단되어 전동기가 정지하고 과부하표시등 OL이 점등된다. 과부하계전기 속의 접점은 반드시 수동으로 복귀시켜야만 원상 복귀된다.

개념 문제 산업 98년, 01년, 05년 / 기사 04년, 05년, 08년 출제 | 배점 : 7점 |

아래의 그림은 전동기의 정·역 운전 회로도의 일부분이다. [동작 설명]과 미완성 도면을 이용하여 다음 각 물음에 답하시오.

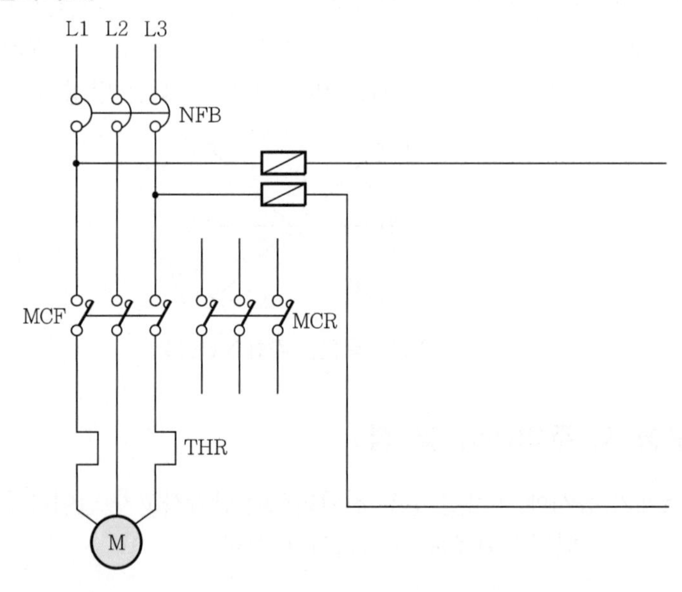

[동작 설명]
- NFB를 투입하여 전원을 인가하면 Ⓖ등이 점등되도록 한다.
- 누름버튼 스위치 PB_1(정)을 ON하면 MCF가 여자되며, 이때 Ⓖ등은 소등되고 Ⓡ등은 점등되도록 하며, 또한 정회전한다.
- 누름버튼 스위치 PB_0를 OFF하면 전동기는 정지한다.
- 누름버튼 스위치 PB_2(역)를 ON하면 MCR이 여자되며, 이때 Ⓨ등이 점등되게 된다.
- 과부하 시에는 열동계전기 THR이 동작되어 THR의 b접점이 개방되어 전동기는 정지된다.

  ※ 위와 같은 사항으로 동작되며, 특이한 사항은 MCF나 MCR 어느 하나가 여자되면 나머지 전동기는 정지 후 동작시켜야 동작이 가능하다.
  MCF, MCR의 보조접점으로는 각각 a접점 1개, b접점 2개를 사용한다.

(1) 주회로 부분을 완성하시오.

(2) 보조회로 부분을 완성하시오.

답안 (1)

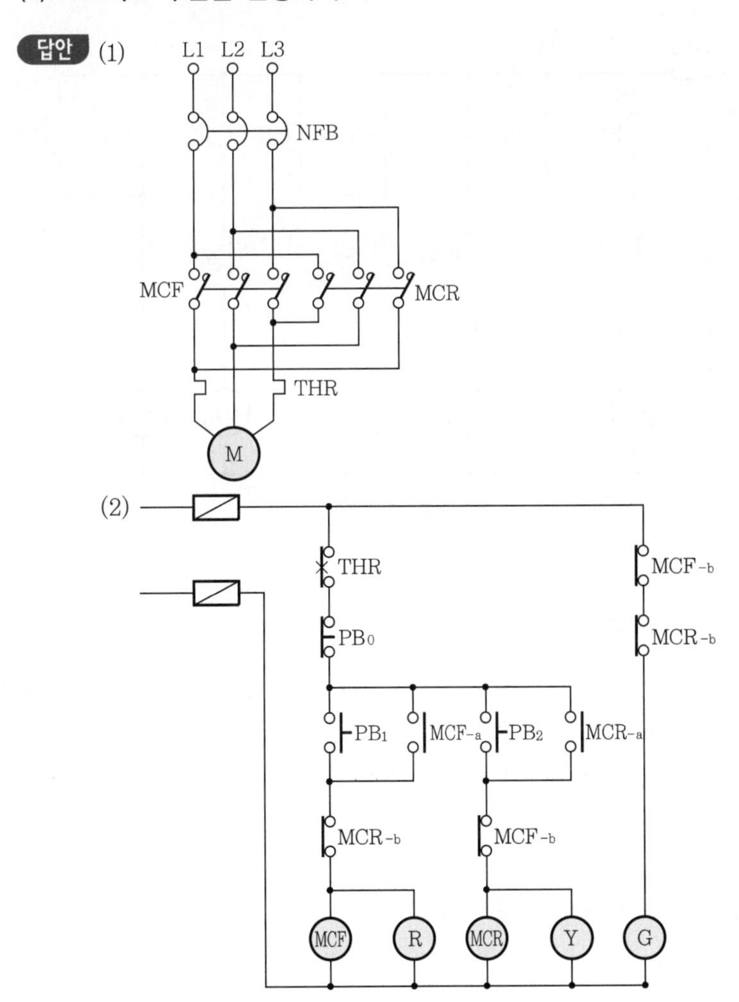

해설 3상 유도전동기 정·역회전 운전 제어회로는 정·역회전 동시 투입에 의한 단락사고 방지를 위해 인터록회로를 반드시 사용한다.

기출개념 06 역상제동 제어회로

1 제어회로

3상 유도전동기의 전동기 권선 3선 중 2선을 바꾸어 접속하면 역방향으로 회전한다. 따라서 정방향으로 회전하고 있는 전동기를 정지시키려면 정방향 운전 중의 전동기 스위치를 끊고 곧 역방향 스위치를 넣게 되면 역방향으로 회전하려는 토크를 발생시켜 전동기를 정지시킬 수 있는데 이를 역상제동(Plugging) 또는 역회전제동이라고 한다.

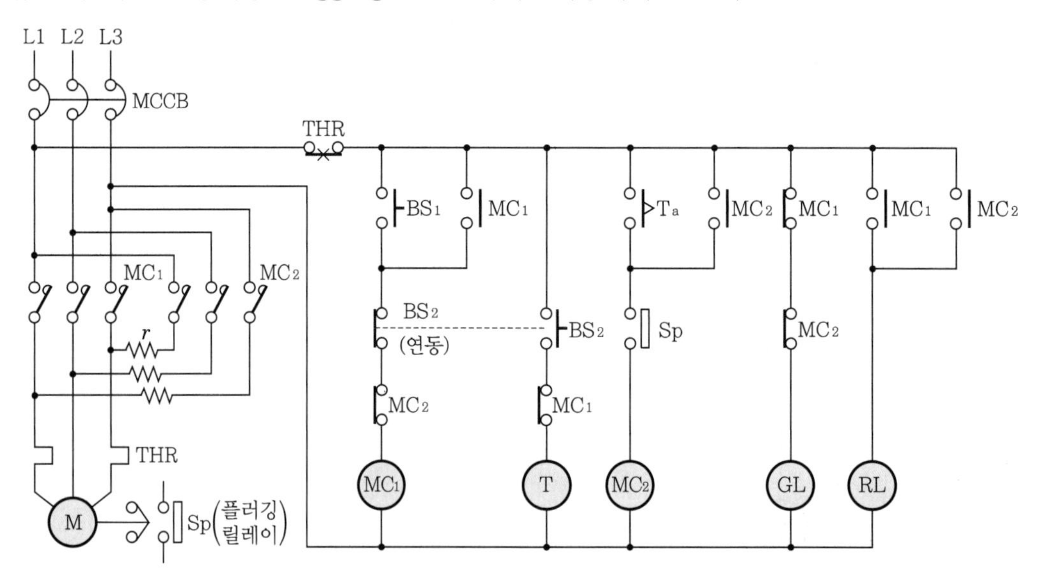

2 동작 설명

(1) 전원을 투입하면 정지표시등 GL이 점등된다.

(2) 누름버튼 스위치 BS_1을 누르면 전자접촉기 MC_1이 여자되어 주접점 MC가 붙어 전동기가 기동되고 MC_{1-a}접점이 폐로되어 운전표시등 RL은 점등되고 정지표시등 GL은 소등되며 전동기의 회전속도가 상승하면 플러깅 릴레이(Sp)는 화살표와 같이 접점이 닫힌다.

(3) 역상제동을 위하여 BS_2를 누르면 MC_1은 소자되고 타이머 T가 여자되며 시간 지연 후 T_{-a}가 폐로되고 MC_2가 여자되어 전동기는 역상제동용 전자접촉기 MC_2가 동작하여 역회전하므로 제동된다.

(4) 타이머 T는 한시동작하므로 전자접촉기 MC_1과 MC_2가 동시에 동작을 방지하고 제동 순간의 과전류를 방지하는 시간적 여유를 준다. 또한 저항 r은 전전압에 제동력이 클 경우 저항의 전압강하로 전압을 줄이고 제동력을 제한하는 역할을 한다. 여기서 플러깅 릴레이(Sp)는 전동기가 회전하면 접점이 닫히고 속도가 0에 가까워지면 열리도록 되어 있다.

개념 문제 01 산업 01년 / 기사 17년 출제 | 배점 : 8점 |

그림은 3상 유도전동기의 역상제동 시퀀스회로이다. 물음에 답하시오. (단, 플러깅 릴레이 Sp는 전동기가 회전하면 접점이 닫히고, 속도가 0에 가까우면 열리도록 되어 있다.)

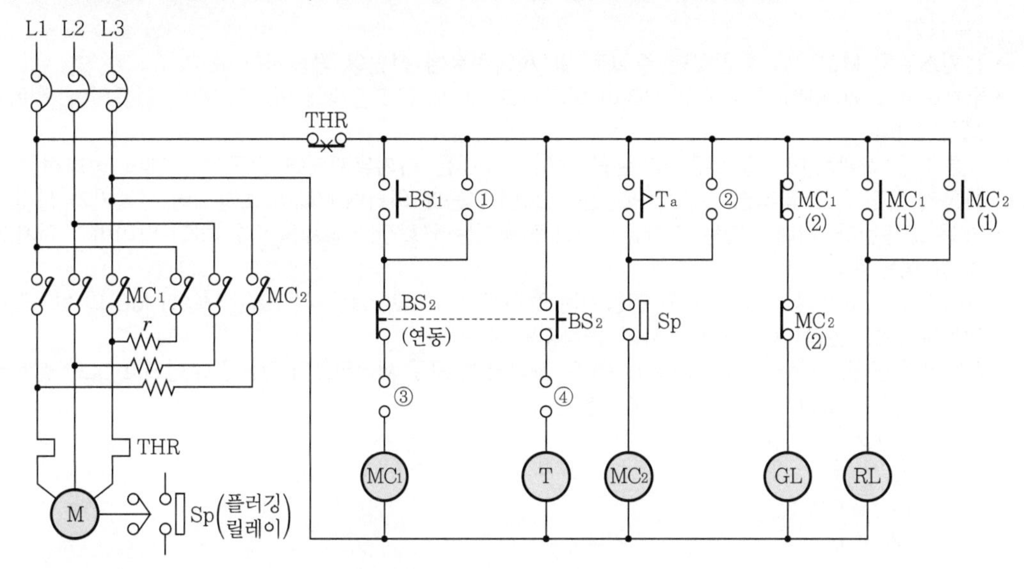

(1) 회로에서 ①~④에 접점과 기호를 넣고 MC_1, MC_2의 동작 과정을 간단히 설명하시오.
(2) 보조 릴레이 T와 저항 r에 대하여 그 용도 및 역할에 대하여 간단히 설명하시오.

답안 (1)

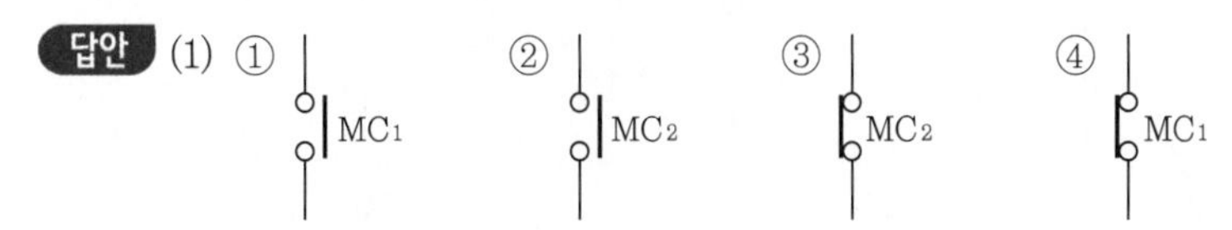

- 기동운전 : BS_1을 ON하면 MC_1이 여자되고 전동기는 정회전된다.
- 역상제동 : BS_2를 ON하면 MC_1이 소자되고, T가 여자되며 시간 지연 후 MC_2가 여자되어 전동기는 역상제동된다. 전동기 속도가 0에 가까우면 Sp가 개로되어 MC_2가 소자되고 전동기는 급정지한다.

(2)
- T : 시한 동작으로 제동 시 과전류에 의한 기계적 손상방지를 위한 시간적 여유를 주기 위한 역할
- r : 역상제동 시 저항의 전압강하로 전압을 낮추어 제동력을 제한하기 위한 역할

해설 플러깅 회로

전동기의 2선의 접속을 바꾸어 회전 방향을 반대로 하여 반대의 토크를 생기게 하여 전동기를 급제동시키는 방법이다.

개념 문제 02 기사 20년 출제

| 배점 : 5점 |

다음 요구사항을 만족하는 주회로 및 제어회로의 미완성 결선도를 직접 그려 완성하시오. (단, 접점기호와 명칭 등을 정확히 나타내시오.)

[요구사항]

- 전원스위치 MCCB를 투입하면 주회로 및 제어회로에 전원이 공급된다.
- 누름버튼 스위치(PB_1)를 누르면 MC_1이 여자되고 MC_1의 보조접점에 의하여 RL이 점등되며, 전동기는 정회전한다.
- 누름버튼 스위치(PB_1)를 누른 후 손을 떼어도 MC_1은 자기유지되어 전동기는 계속 정회전한다.
- 전동기 운전 중 누름버튼 스위치(PB_2)를 누르면 연동에 의하여 MC_1이 소자되어 전동기가 정지되고, RL은 소등된다. 이때 MC_2는 자기유지되어 전동기는 역회전(역상제동을 함)하고 타이머가 여자되며, GL이 점등된다.
- 타이머 설정시간 후 역회전 중인 전동기는 정지하고, GL도 소등된다. 또한 MC_1과 MC_2의 보조접점에 의하여 상호 인터록이 되어 동시에 동작되지 않는다.
- 전동기 운전 중 과전류가 감지되어 EOCR이 동작되면, 모든 제어회로의 전원은 차단되고 OL만 점등된다.
- EOCR을 리셋하면 초기 상태로 복귀한다.

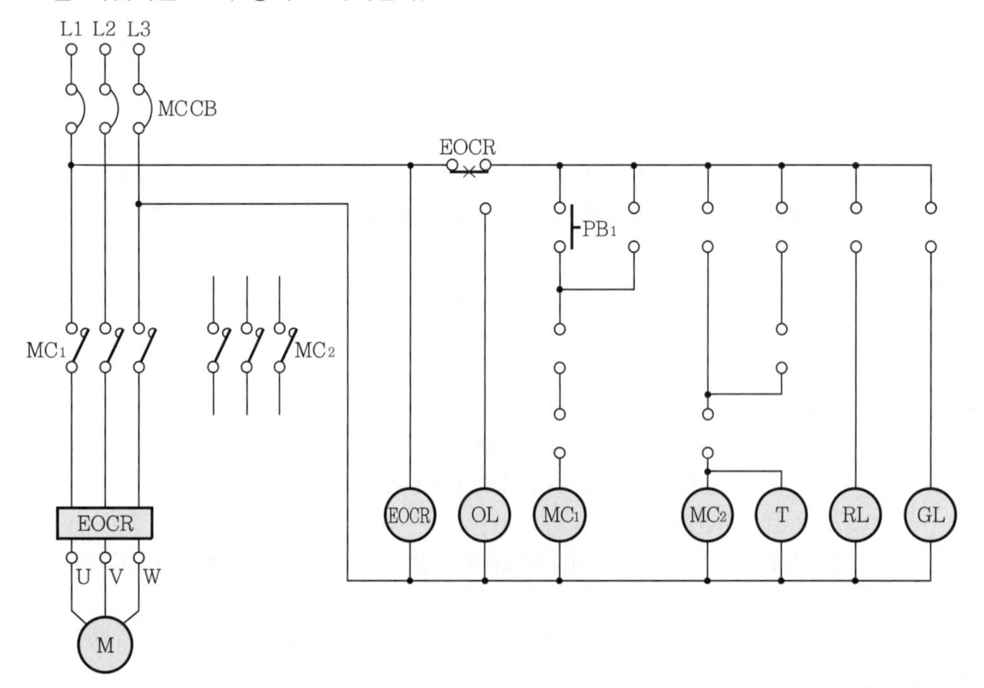

답안

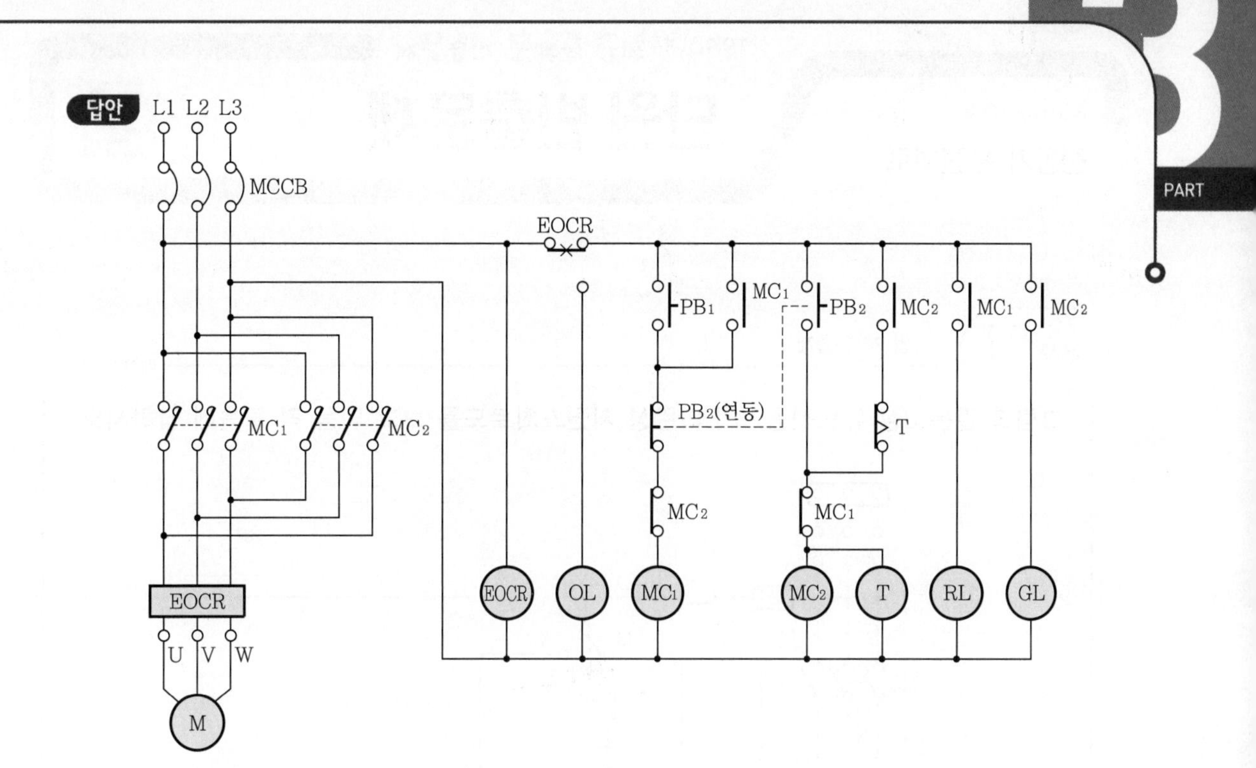
L1 L2 L3
MCCB
EOCR
PB1
MC1
PB2
MC2
MC1
MC2
PB2(연동)
T
MC1
MC2
MC2
MC1
EOCR
U V W
M
EOCR
OL
MC1
MC2
T
RL
GL

단원 빈출문제

문제 01 산업 20년 출제 배점 : 8점

그림과 같은 3상 유도전동기의 미완성 시퀀스회로도를 보고 다음 각 물음에 답하시오.

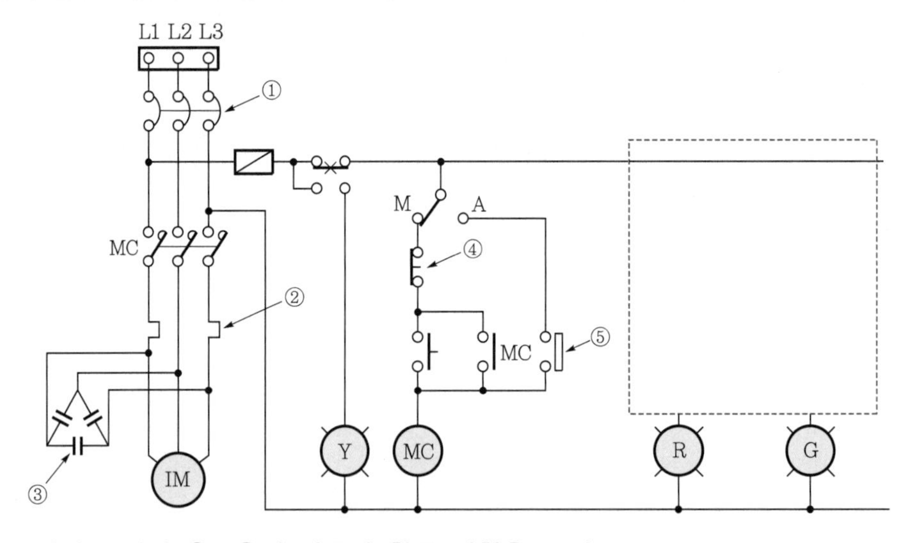

(1) 도면에 표시된 ①~⑤의 약호와 한글 명칭을 쓰시오.

구 분	①	②	③	④	⑤
약 호					
한글 명칭					

(2) 도면에 그려져 있는 황색램프 Ⓨ의 역할을 쓰시오.

(3) 전동기가 정지하고 있을 때는 녹색램프 Ⓖ가 점등되며, 전동기가 운전 중일 때는 녹색램프 Ⓖ가 소등되고 적색램프 Ⓡ이 점등되도록 회로도의 점선박스 안에 그려 완성하시오. (단, 전자접촉기 MC의 a, b접점을 이용하여 회로도를 완성하시오.)

답안 (1)

구 분	①	②	③	④	⑤
약 호	MCCB	THR	SC	PBS	LS
한글 명칭	배선용 차단기	열동계전기	전력용 콘덴서	푸시버튼 스위치	리밋 스위치

(2) 과부하 표시램프

(3)

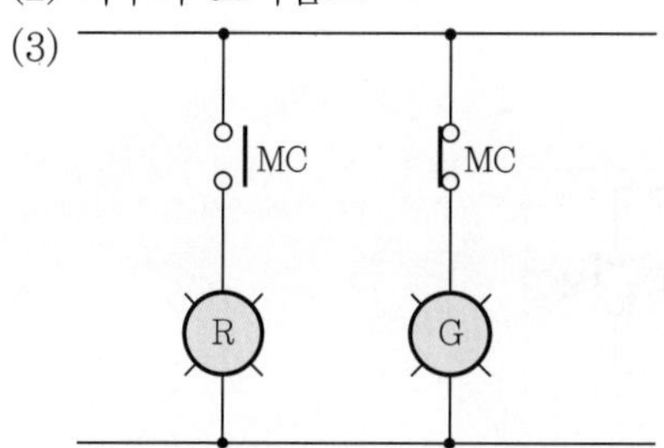

해설

- 배선용 차단기(Molded Case Circuit Breaker ; MCCB)
- 열동계전기(Thermal Relay ; THR)
- 전력용 콘덴서(진상용 콘덴서)[Static Condenser ; SC]
- 푸시버튼 스위치(Push Button Switch ; PBS)
- 리밋 스위치(Limit Switch ; LS)

문제 02 산업 94년 / 기사 91년, 98년 출제

배점 : 7점

그림은 PB-ON 스위치를 ON한 후 일정 시간이 지난 다음에 MC가 동작하여 전동기 M이 운전되는 회로이다. 여기에 사용한 타이머 Ⓣ는 입력신호를 소멸했을 때 열려서 이탈되는 형식인데 전동기가 회전하면 릴레이 Ⓧ가 복구되어 타이머에 입력신호가 소멸되고 전동기는 계속 회전할 수 있도록 할 때 이 회로는 어떻게 고쳐야 하는가?

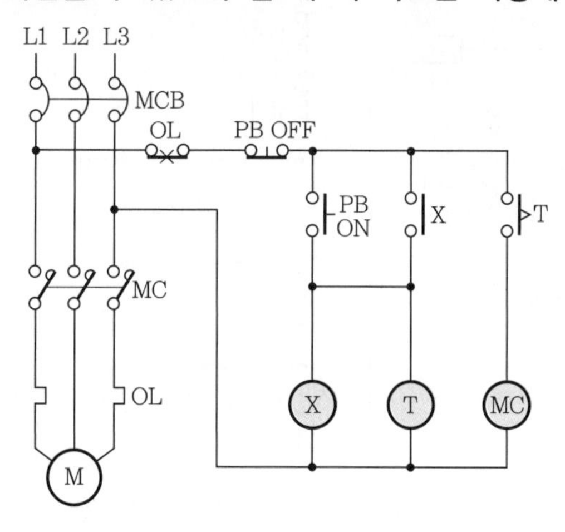

답안

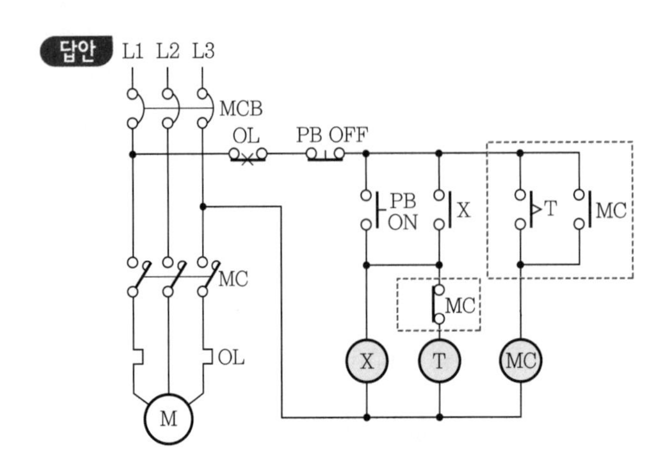

문제 03 산업 94년, 98년, 99년, 06년 출제 | 배점 : 11점

다음 그림은 전동기의 정 · 역회전 제어 회로도의 미완성 회로도이다. 다음 물음에 답하시오.

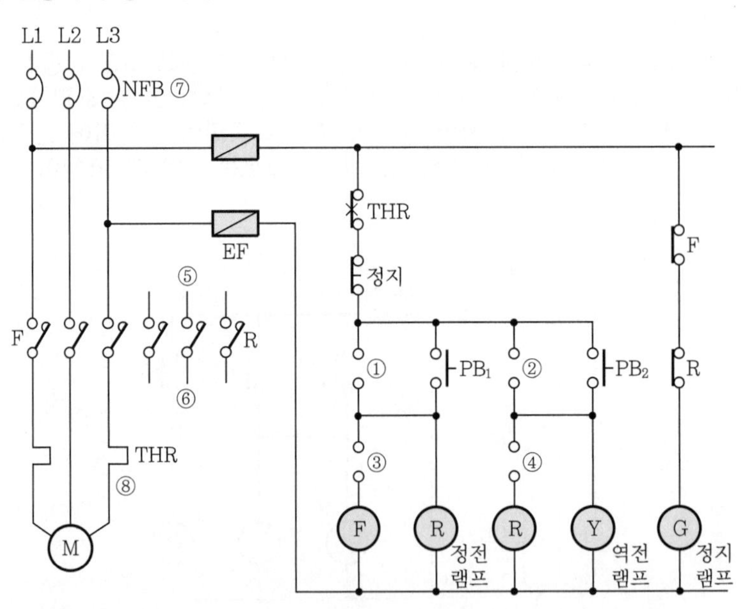

(1) 미완성 부분 ①~⑥을 완성하시오. 또 ⑦, ⑧의 명칭을 쓰시오.
(2) 자기유지 접점을 도면의 번호로 답하시오.
(3) 인터록 접점은 어느 것들인가, 도면의 번호를 답하고 인터록에 대하여 설명하시오.
(4) 전동기의 과부하 보호는 무엇이 하는가?
(5) PB_1을 ON하여 전동기가 정회전하고 있을 때 PB_2를 ON하면 전동기는 어떻게 되는가?

답안 (1) ① F_{-a}　② R_{-a}

③ R_{-b}　④ F_{-b}

⑤, ⑥

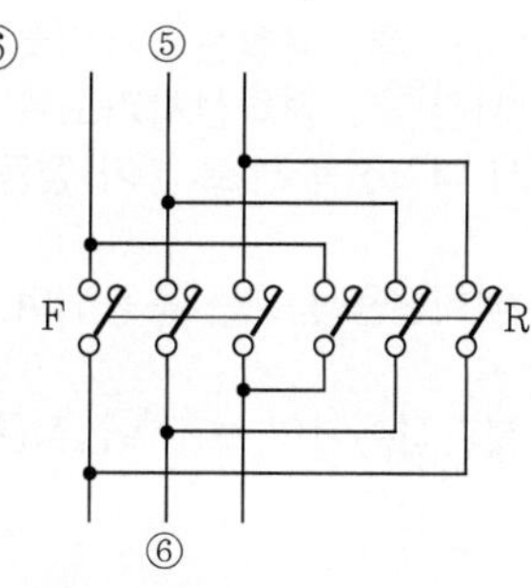

⑦ 배선용 차단기

⑧ 열동계전기

(2) ①, ②

(3) ③, ④

정 · 역회전 동시 투입에 의한 단락사고 방지

(4) 열동계전기(THR)

(5) ④의 F의 b접점이 개로되어 있어 R이 여자될 수 없으므로 전동기는 정회전을 계속한다.

해설 • 정 · 역회전 주회로 결선

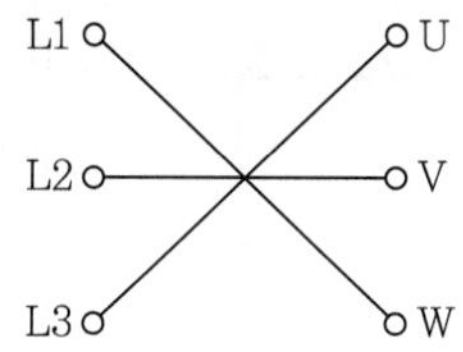

• 인터록회로 : 정 · 역회전 동시 투입에 의한 단락사고 방지

문제 04 산업 94년, 98년, 06년 / 기사 10년 출제

배점 : 7점

그림은 유도전동기의 정 · 역 운전의 미완성 회로이다. 주어진 조건을 이용하여 주회로 및 보조회로의 미완성 부분을 완성하시오. (단, 전자접촉기의 보조 a, b접점에는 전자접촉기의 기호도 함께 표시하도록 한다.)

[조건]

- Ⓕ는 정회전용, Ⓡ는 역회전용 전자접촉기이다.
- 정회전을 하다가 역회전을 하려면 전동기를 정지시킨 후, 역회전시키도록 한다.
- 역회전을 하다가 정회전을 하려면 전동기를 정지시킨 후, 정회전시키도록 한다.
- 정회전 시의 정회전용 램프 Ⓦ가 점등되고, 역회전 시 역회전용 램프 Ⓨ가 점등되며, 정지 시에는 정지용 램프 Ⓖ가 점등되도록 한다.
- 과부하 시에는 전동기가 정지되고 정회전용 램프와 역회전용 램프는 소등되며, 정지 시의 램프만 점등되도록 한다.
- 스위치는 누름버튼 스위치 ON용 2개를 사용하고, 전자접촉기의 보조 a접점은 F-a 1개, R-a 1개, b접점은 F-b 2개, R-b 2개를 사용하도록 한다.

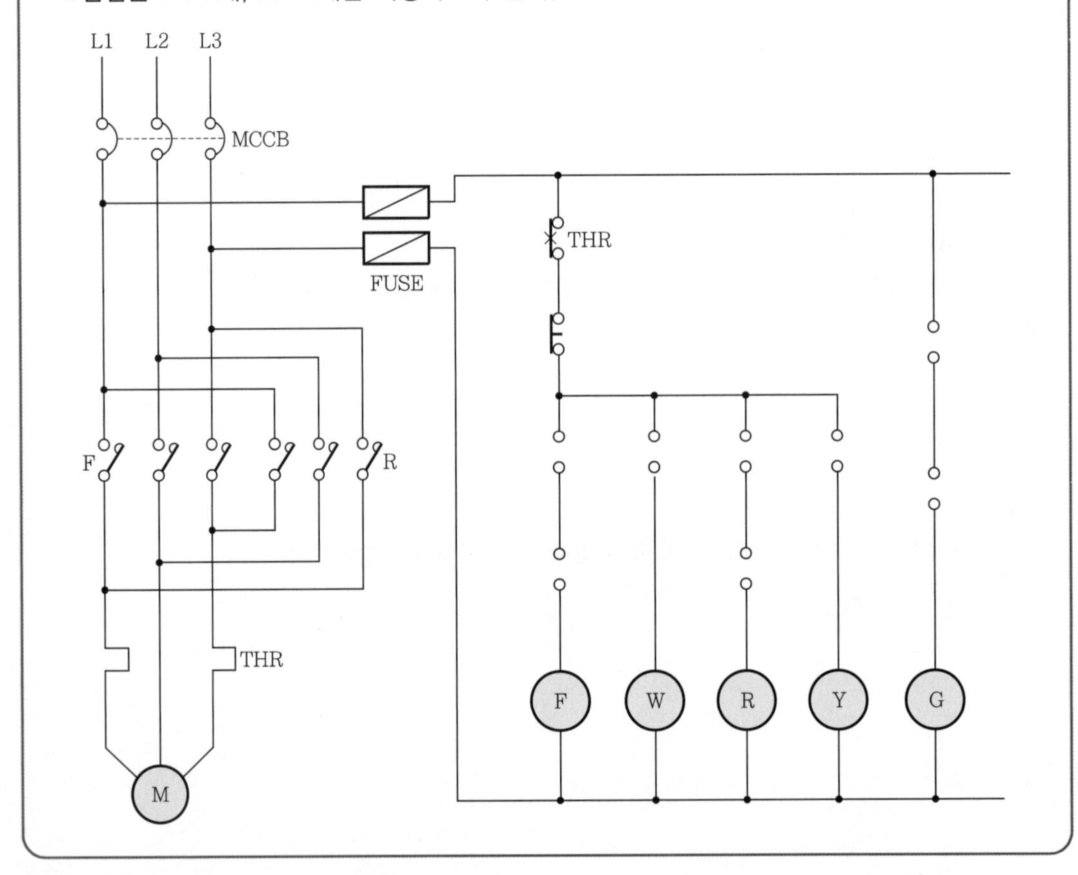

답안

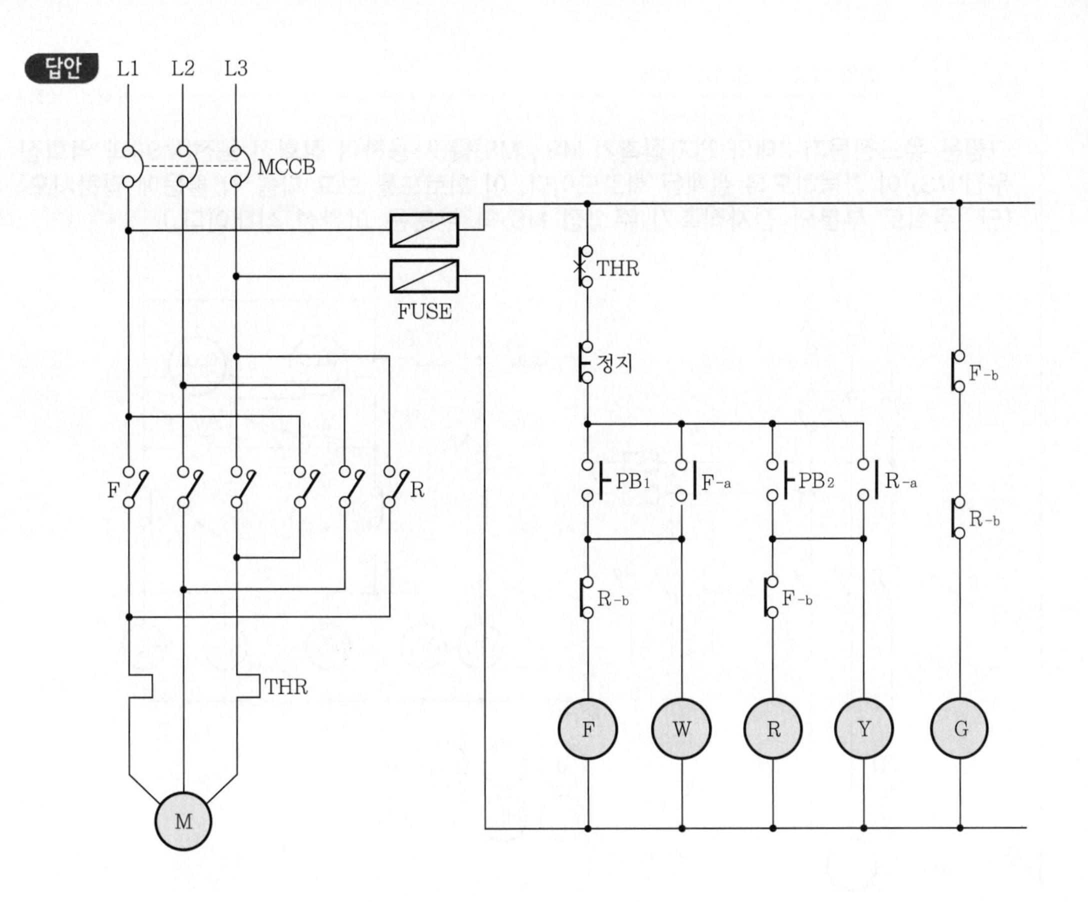

문제 05 산업 90년, 97년, 11년 출제

배점 : 10점

그림은 유도전동기 2대와 전자접촉기 MS_1, MS_2를 사용하여 정회전 운전(MS_1)과 역회전 운전(MS_2)이 가능하도록 설계된 회로도이다. 이 회로도를 보고 다음 각 물음에 답하시오. (단, 주회로 부분의 전자접촉기 주접점 MS_2의 부분은 미완성 상태이다.)

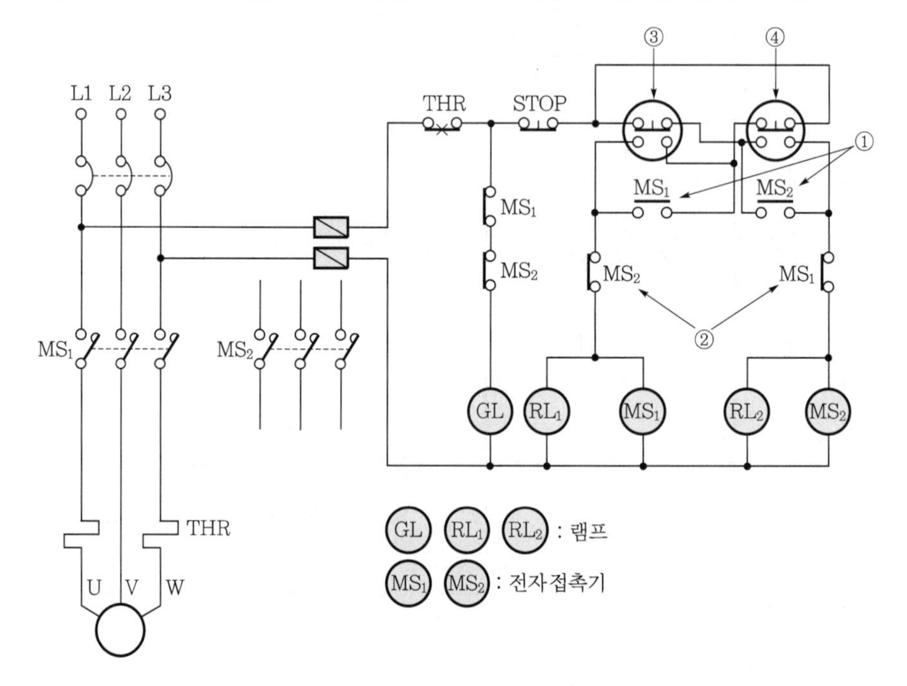

(1) 전동기 운전 중 누름버튼 스위치 STOP을 누르면 어떤 램프가 점등되는가?
(2) ①번 접점과 ②번 접점의 역할은 어떤 회로라 하는지 간단한 용어로 답하시오.
(3) 정회전을 하기 위한 누름버튼 스위치는 어느 것인가?
(4) 전자접촉기 MS_2의 주접점 회로를 완성하시오.
(5) THR의 명칭과 기능을 설명하시오.
- 명칭 :
- 기능 :

답안 (1) GL

(2) ① 자기유지
② 인터록

(3) ③

(4)

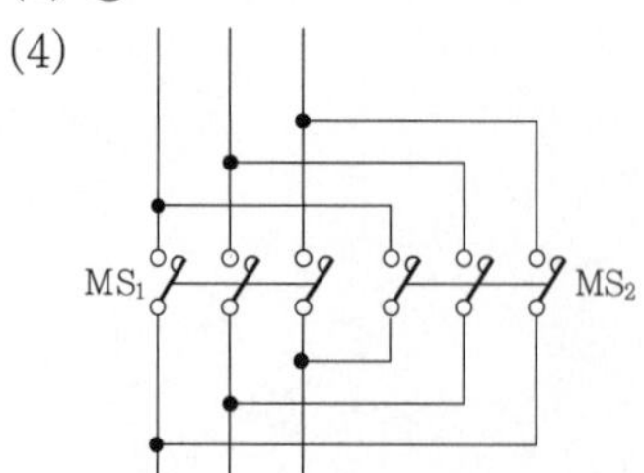

(5) • 명칭 : 열동계전기
• 기능 : 전동기 과부하 방지

문제 06 산업 96년, 13년 출제 | 배점 : 7점

3상 유도전동기의 정 · 역 회로도이다. 다음 물음에 답하시오.

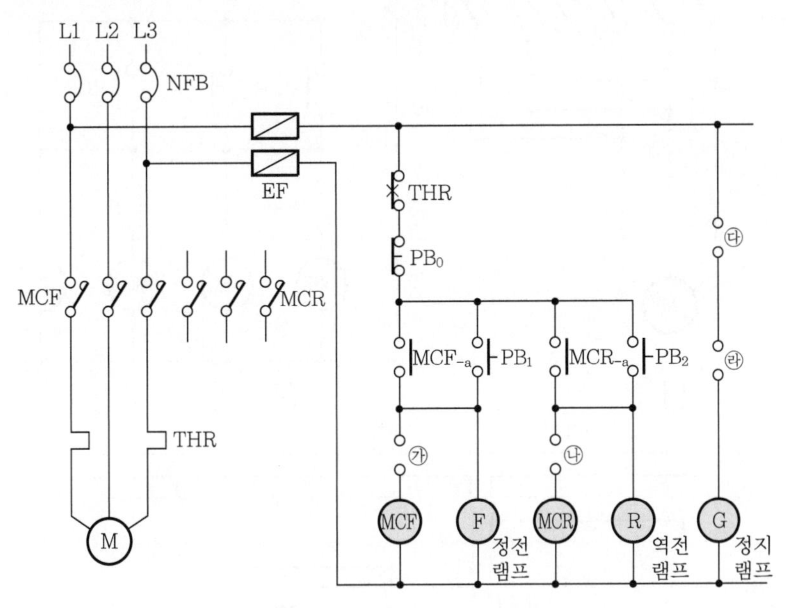

(1) 주회로 및 보조회로의 미완성 부분(㉮~㉱)을 완성하시오.
(2) 타임차트를 완성하시오.

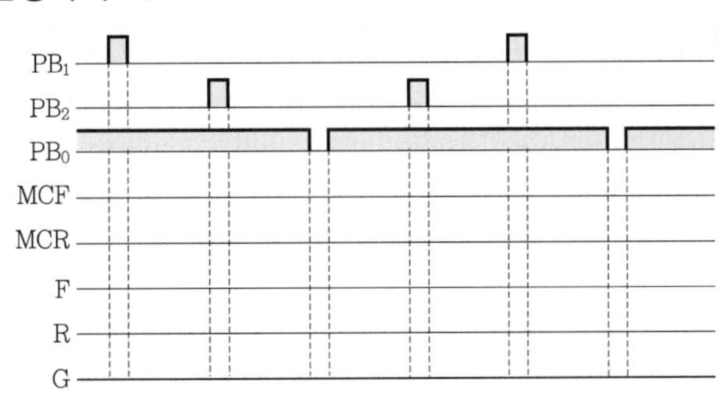

답안 (1)

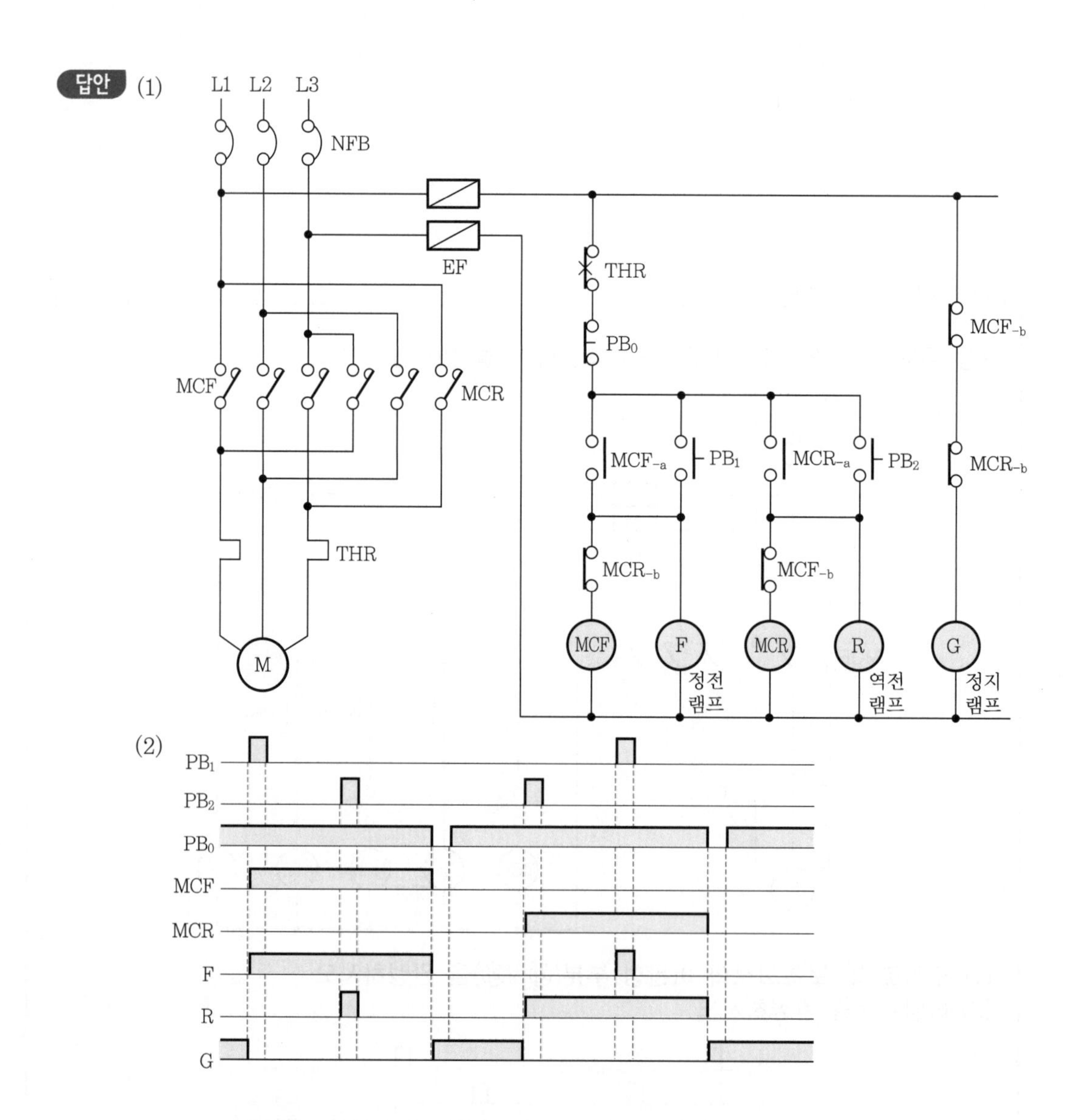
L1 L2 L3
NFB
EF
THR
MCF
MCR
THR
M
PB_0
MCF_{-a}
PB_1
MCR_{-a}
PB_2
MCR_{-b}
MCF_{-b}
MCF
F
MCR
R
G
정전 램프
역전 램프
정지 램프
(2)
PB_1
PB_2
PB_0
MCF
MCR
F
R
G

문제 07 산업 99년, 01년, 05년, 11년 출제

배점 : 6점

답안지의 도면은 유도전동기 M의 정 · 역회전 회로의 미완성 도면이다. 이 도면을 이용하여 다음 물음에 답하시오. (단, 주접점 및 보조 접점을 그릴 때에는 해당되는 접점의 명칭도 함께 쓰도록 한다.)

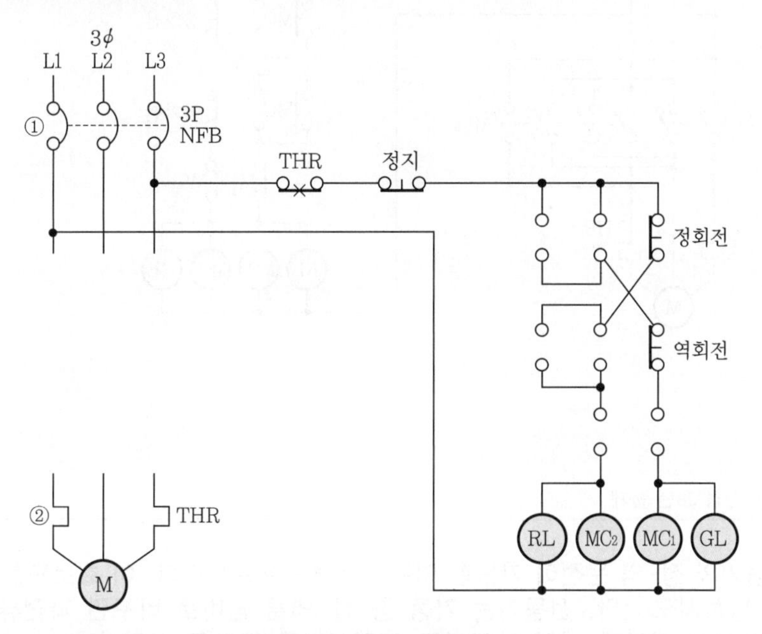

(1) 도면의 ①, ②에 대한 우리말 명칭은 무엇인가?

(2) 정회전과 역회전이 되도록 주회로의 미완성 부분을 완성하시오.

(3) 정회전과 역회전이 되도록 다음의 동작 조건을 이용하여 미완성된 보조회로를 완성하시오.

- NFB를 투입한 다음
- 정회전용 누름버튼 스위치를 누르면 전동기 M이 정회전하며, GL 램프가 점등된다.
- 정지용 누름버튼 스위치를 누르면 전동기 M은 정지한다.
- 역회전용 누름버튼 스위치를 누르면 전동기 M이 역회전하며, RL 램프가 점등된다.
- 과부하 시에는 —o×o— 접점이 떨어져서 전동기가 멈추게 된다.

※ 정회전 또는 역회전 중에 회전 방향을 바꾸려면 전동기를 정지시킨 다음 회전 방향을 바꾸어야 한다.
누름버튼 스위치를 누르는 것은 눌렀다가 즉시 손을 떼는 것을 의미한다.
정회전과 역회전의 방향은 임의로 결정하도록 한다.

답안 (1) ① 배선용 차단기
② 열동계전기

(2), (3)

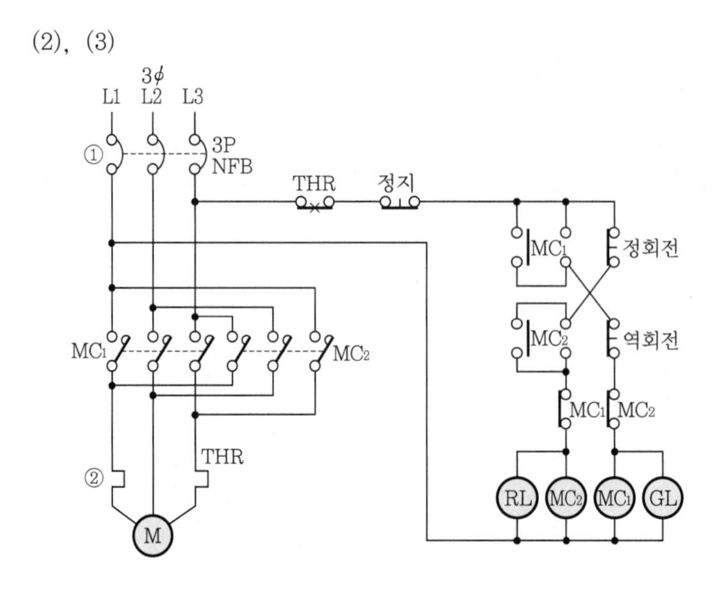

문제 08 산업 20년 출제

배점 : 6점

그림은 전동기의 정·역 운전이 가능한 미완성 시퀀스회로도이다. 이 회로도를 보고 다음 각 물음에 답하시오. (단, 전동기는 가동 중 정·역을 곧바로 바꾸면 과전류와 기계적 손상이 발생되기 때문에 지연 타이머로 지연시간을 주도록 하였다.)

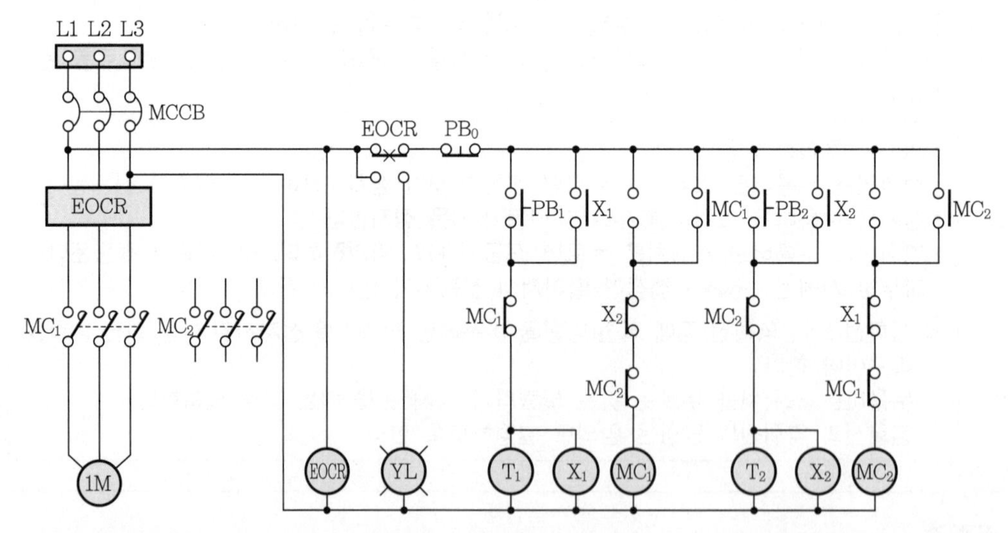

(1) 정·역 운전이 가능하도록 주어진 회로에서 주회로의 미완성 부분을 완성하시오.
(2) 정·역 운전이 가능하도록 주어진 회로에서 보조(제어)회로의 미완성 부분을 완성하시오. (단, 접점에는 접점 명칭을 반드시 기록하도록 하시오.)
(3) 주회로 도면에서 과부하 및 결상을 보호할 수 있는 계전기의 명칭을 쓰시오.

답안 (1)

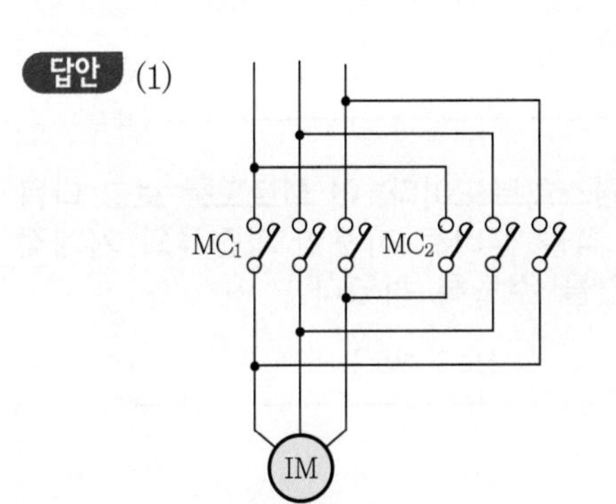

(2)

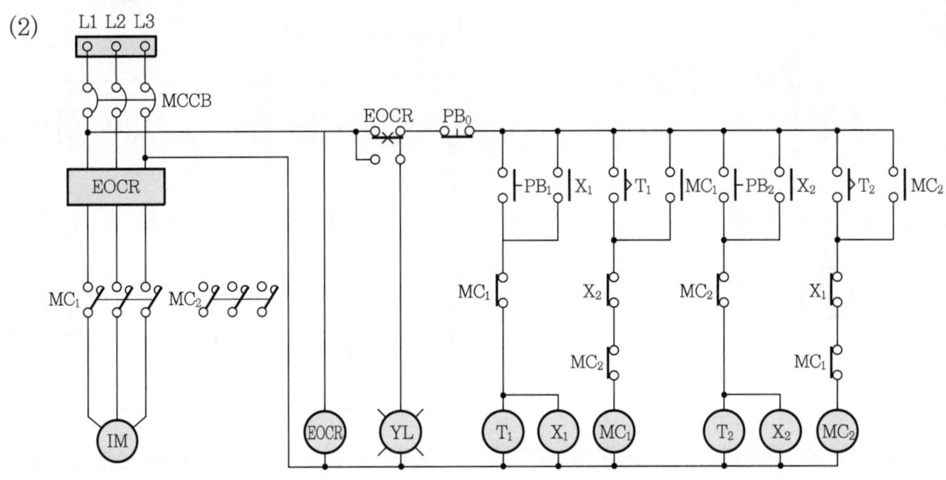

(3) 전자식 과전류계전기

해설 **3상 유도전동기 정 · 역전 운전 제어회로**

(1) 결선

전동기의 회전 방향을 정방향 또는 역방향으로 운전하는 제어회로로 3상 유도전동기 회전 방향을 바꾸려면 회전자계의 방향을 바꾸는 것으로 가능하므로 전자개폐기 2개를 사용 전원측 L1, L2, L3 3선 중 임의의 2선을 서로 바꾸게 되면 회전 방향이 반대가 된다.

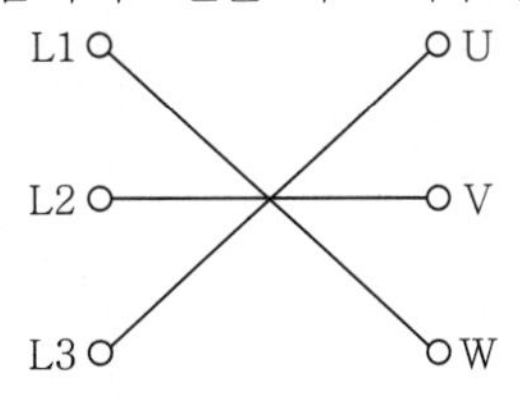

▍정 · 역 운전 주회로 결선▍

(2) 회로 구성 시 주의해야 할 점

전자개폐기 2개가 동시에 여자될 경우 전원회로에 단락사고가 일어나기 때문에 전자개폐기 MC_1, MC_2는 반드시 인터록회로로 구성되어야 한다.

문제 09 산업 01년, 05년, 08년 출제

배점 : 6점

그림은 전동기의 정 · 역 변환이 가능한 미완성 시퀀스회로도이다. 이 회로도를 보고 다음 각 물음에 답하시오. (단, 전동기는 가동 중 정 · 역을 곧바로 바꾸면 과전류와 기계적 손상이 발생되기 때문에 지연 타이머로 지연시간을 주도록 하였다.)

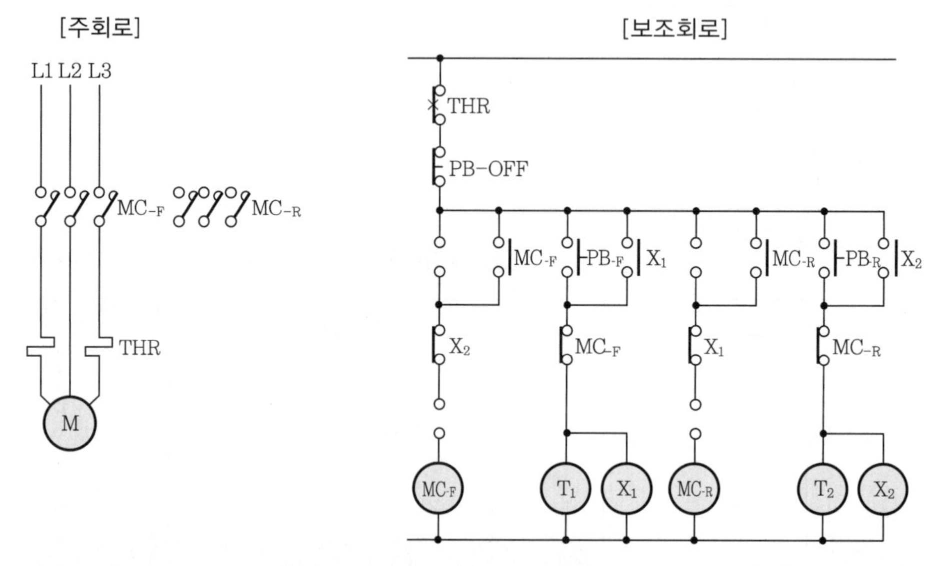

(1) 정 · 역 운전이 가능하도록 주어진 회로의 주회로의 미완성 부분을 완성하시오.
(2) 정 · 역 운전이 가능하도록 주어진 보조(제어)회로의 미완성 부분을 완성하시오. (단, 접점에는 접점 명칭을 반드시 기록하도록 하시오.)
(3) 주회로 도면에서 약호 THR은 무엇인가?

답안

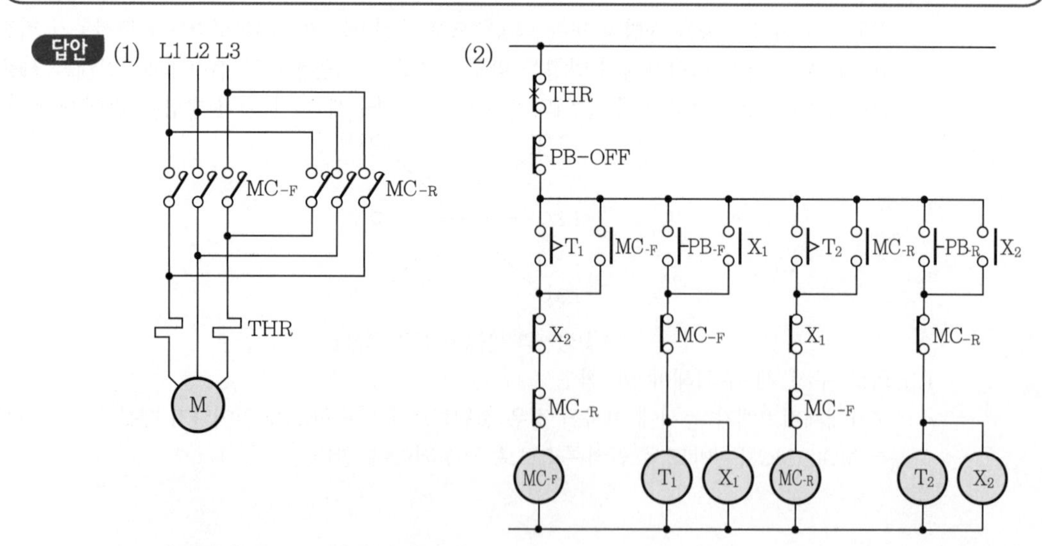

(3) 열동계전기(또는 과부하계전기)

문제 **10** 산업 17년 출제

배점 : 6점

다음 주어진 전동기 정 · 역 운전회로와 주회로에 알맞은 제어회로를 주어진 설명과 같은 시퀀스도로 완성하시오.

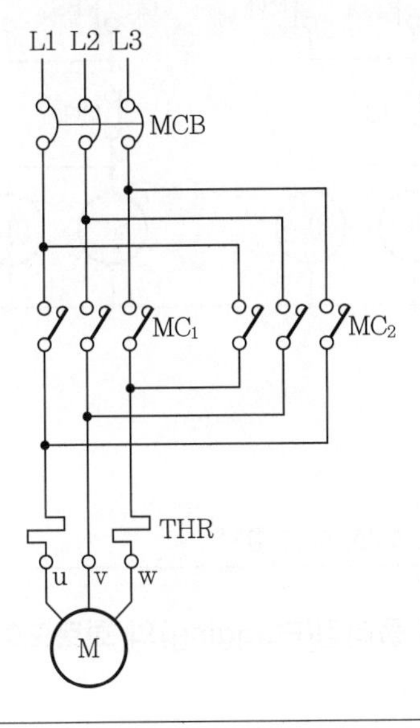

[제어회로 동작 설명]

- 제어회로에 전원이 인가되면 GL 램프가 점등된다.
- 푸시버튼(BS_1)을 누르면 MC_1이 여자되고 회로가 자기유지되며, RL_1 램프가 점등된다.
- MC_1의 동작에 따라 전동기는 정회전을 하고 GL 램프는 소등된다.
- 푸시버튼(BS_3)을 누르면 전동기가 정지하고 GL 램프가 점등된다.
- 푸시버튼(BS_2)을 누르면 MC_2가 여자되고 회로가 자기유지되며, RL_2 램프가 점등된다.
- MC_2의 동작에 따라 전동기는 역회전을 하고 GL 램프는 소등된다.
- 푸시버튼(BS_3)을 누르면 전동기가 정지하고 GL 램프가 점등된다.
- MC_1, MC_2는 동시 작동하지 않도록 MC b접점을 이용하여 상호 인터록회로로 구성되어 있다.
- 과전류가 흘러 열동형 계전기가 작동하면, 제어회로에 전원이 차단되고 OL 램프가 점등된다.

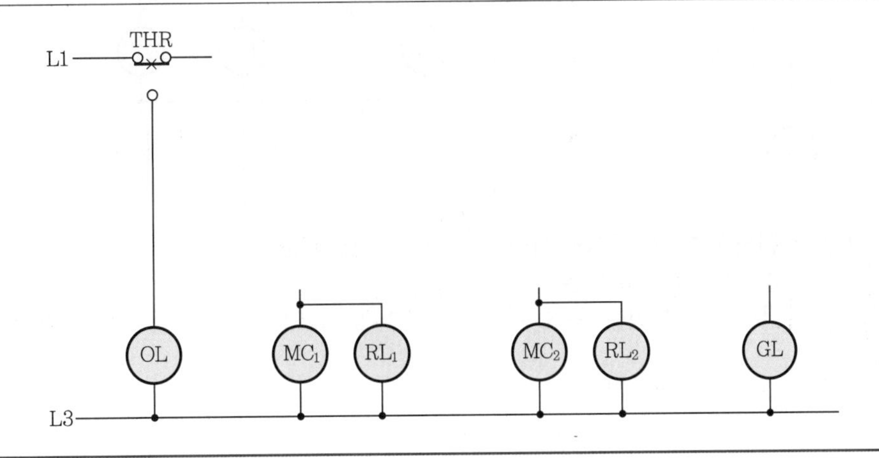

답안

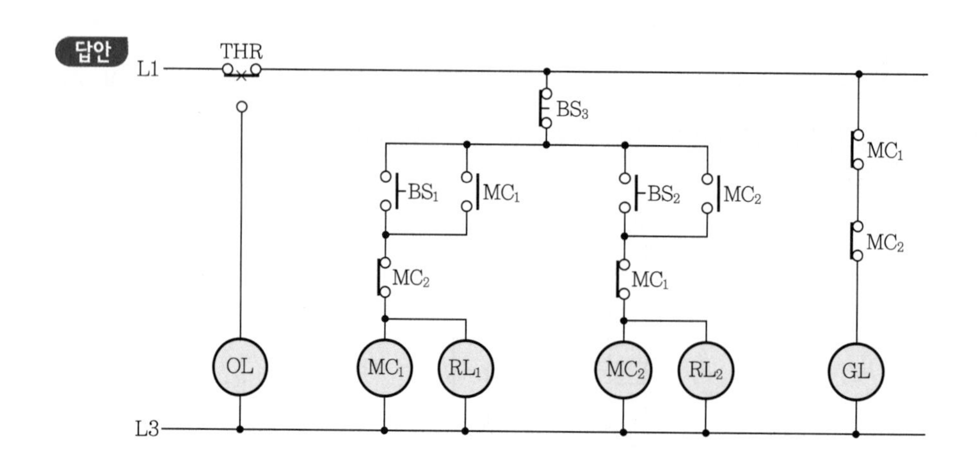

문제 11 산업 91년, 94년, 99년, 04년, 06년 출제

배점 : 10점

다음 그림은 3상 유도전동기의 플러깅(Plugging)의 회로도이다. 다음 각 물음에 답하시오.

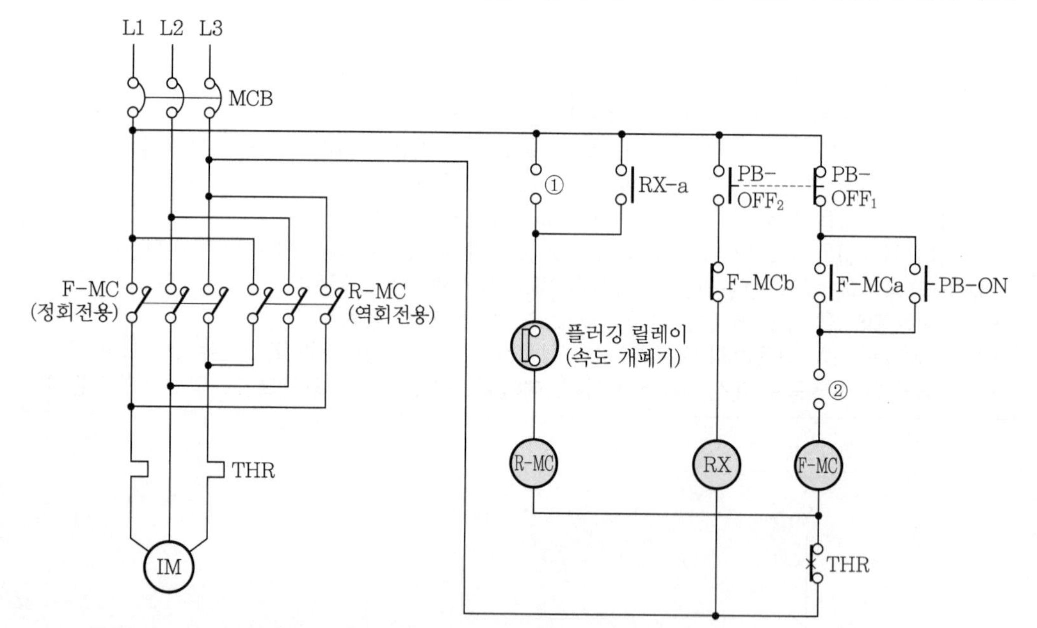

(1) 동작이 완전하도록 ①, ②에 적당한 접점을 넣으시오.
(2) ⓇⓍ계전기를 사용하는 이유는?
(3) 전동기가 정회전하고 있는 중에 PB-OFF를 누를 때의 동작과정을 상세하게 설명하시오.
(4) 플러깅을 간단히 설명하시오.

답안 (1) ① ②
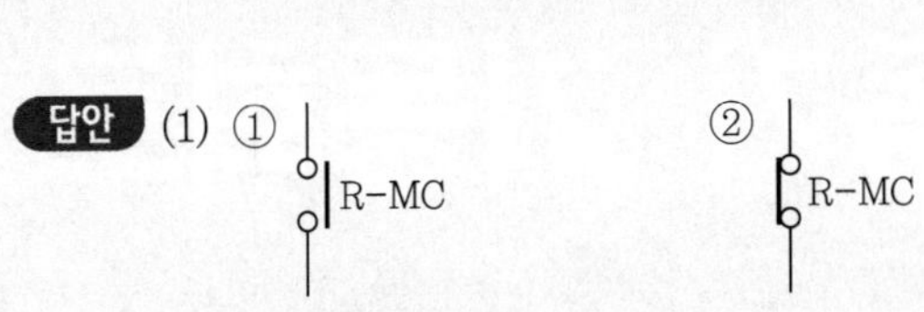

(2) 시한 동작으로 R-MC, F-MC의 동시 동작 방지 및 제동 순간 과전류에 의한 기계적 손상을 방지하는 시간 여유를 준다.

(3) RX가 여자되고 시간 지연 후 RX-a가 폐로되어 R-MC가 여자되고 R-MC의 주접점이 폐로되어 전동기가 역회전하려는 순간 플러깅 릴레이 접점이 개로되어 R-MC가 소자되어 전동기가 급정지된다.

(4) 전동기 2선의 접속을 바꾸어 회전 방향과 반대의 토크를 생기게 하여 전동기를 급제동시키는 방법이다.

1990년~최근 출제된 기출 이론 분석 및 유형별 문제

04 CHAPTER 전동기 기동회로

기출개념 01 농형 유도전동기 기동법

구조상 2차 권선에 저항기를 연결해서 기동전류를 제한하기가 불가능하므로 기동전류를 줄이기 위해서 전동기의 1차 전압을 줄인다.

1 전전압 기동법

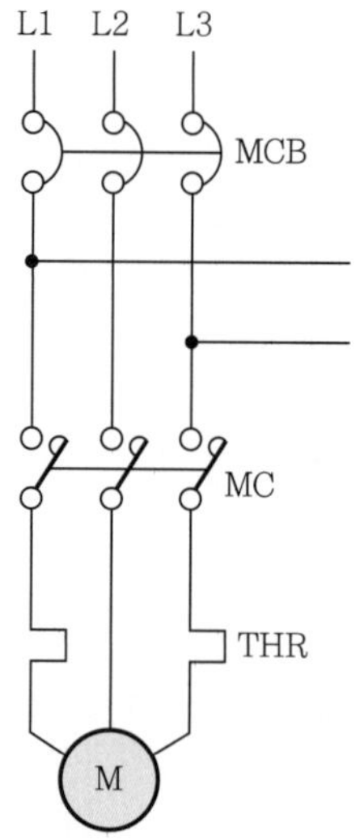

전동기에 정격전압을 직접 인가하여 기동시키는 방법으로 전동기를 기동시키는 데 일반적으로 사용되지만 기동전류가 정격전류의 5~7배 정도가 흘러 기동시간이 길어지면 코일이 과열되기 때문에 주의해야 한다. 따라서 이 방식은 5[kW] 이하의 소용량 전동기에 사용한다.

개념 문제 산업 95년 출제 | 배점 : 7점 |

다음 그림은 농형 유도전동기의 직입 기동회로이다. 그 중 미완성 부분인 ①~⑤까지를 완성하시오.

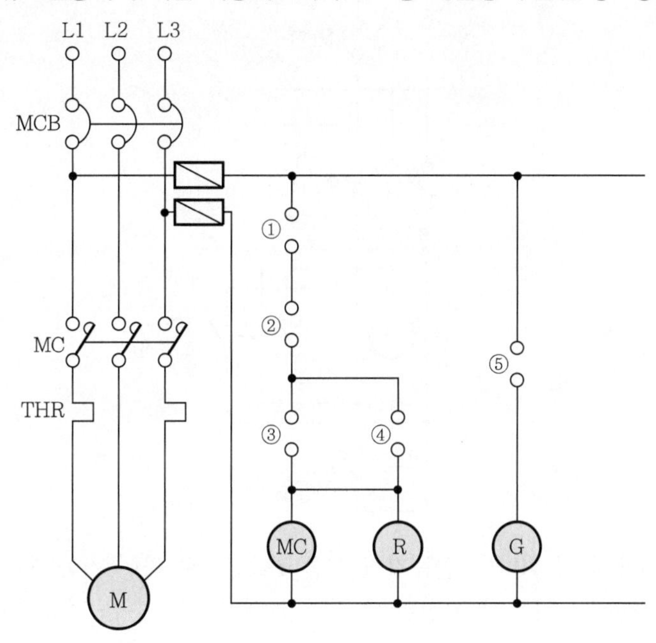

답안

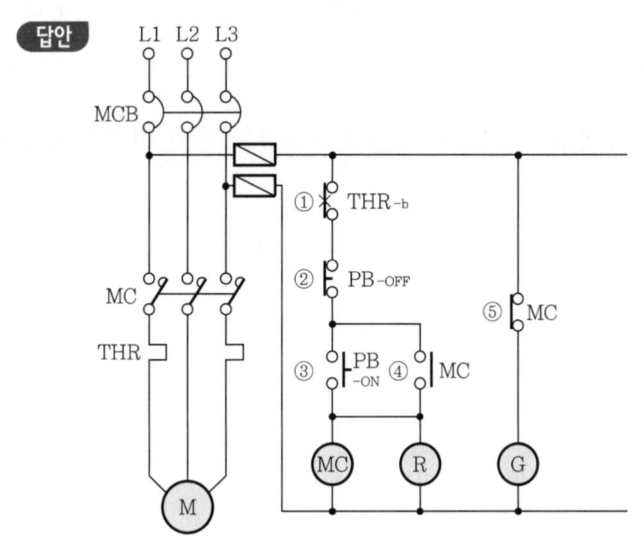

해설 열동계전기(THR)가 동작하면 모든 제어회로의 전원이 차단되므로 열동계전기(THR)가 정지용 버튼 스위치(OFF) 전원측에 위치한다.

2 Y-△ 기동법

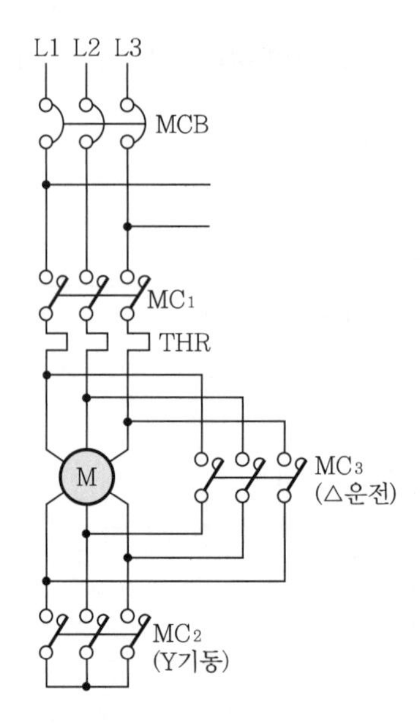

기동전류를 적게 하기 위하여 전동기 권선을 Y결선으로 하여 기동하고 수초 후에 △결선으로 변화하여 운전한다. 여기에는 전환 스위치를 사용하는 수동 기동법과 타이머 등의 시한 회로를 사용하는 자동 기동법이 있으며 이 방식은 5.5~15[kW] 정도의 전동기에 사용한다.

각 상에 흐르는 전류의 크기를 비교해 보면 Y결선일 때 임피던스가 △결선일 때의 $\frac{1}{3}$배이므로 각 상에 흐르는 기동전류도 $\frac{1}{3}$밖에 흐르지 않기 때문에 과전류에 의한 위험을 줄일 수 있게 되는 것이다.

또한 전동기의 회전력은 전압의 제곱에 비례하기 때문에 정상적인 속도에 진입하게 되면 △결선으로 전환하게 된다.

(1) 임피던스와 전류 비교

$$Z_{\triangle} = \frac{Z_Y}{3} \rightarrow I_Y = \frac{I_{\triangle}}{3}$$

(2) 회전력과 전압의 관계

$$T \propto V^2$$

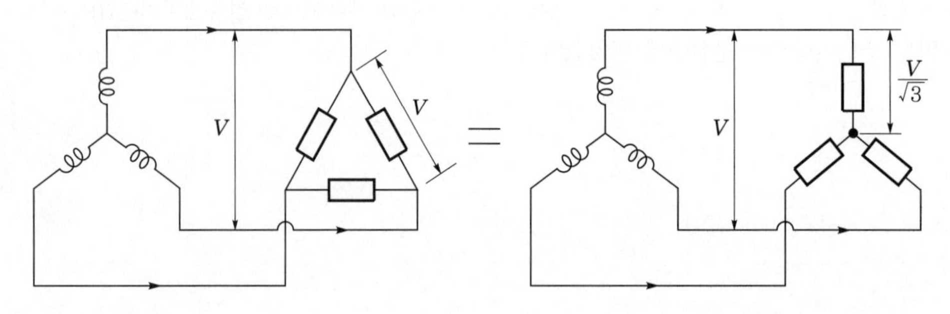

개념 문제 01 기사 96년, 04년, 06년, 15년, 17년 출제

| 배점 : 9점 |

그림의 회로는 Y-△ 기동방식의 주회로 부분이다. 도면을 보고 다음 각 물음에 답하시오.

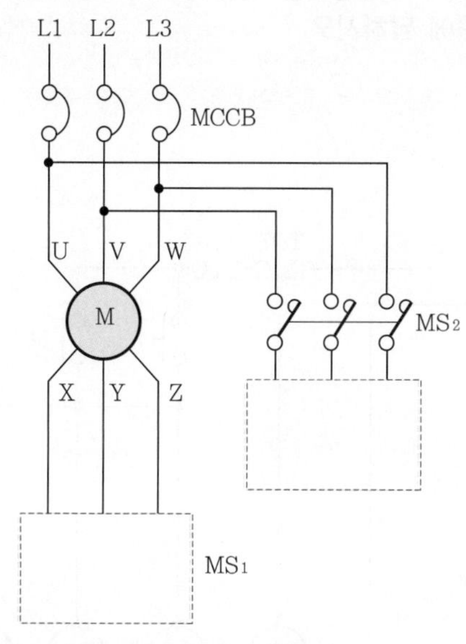

(1) 주회로 부분의 미완성 회로에 대한 결선을 완성하시오.
(2) Y-△ 기동 시와 전전압 기동 시의 기동전류를 비교 설명하시오.
(3) 전동기를 운전할 때 Y-△ 기동에 대한 기동 및 운전에 대한 조작 요령을 설명하시오.

답안 (1)

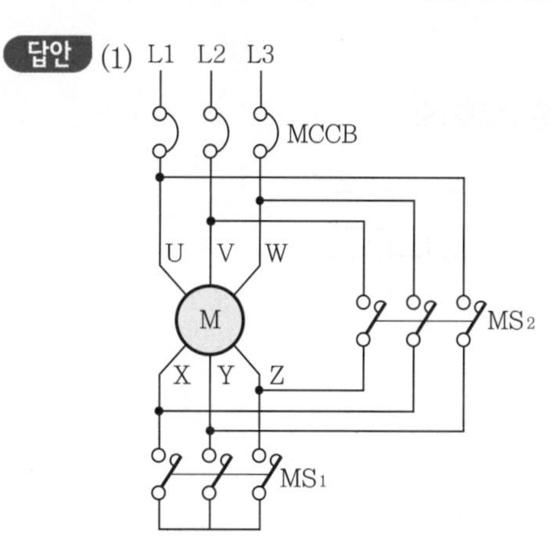

(2) Y-△ 기동 시 기동전류는 전전압 기동 시 기동전류의 $\frac{1}{3}$ 배이다.

(3) MS_1을 여자시켜 Y결선으로 기동하고 정격속도에 가까워지면 MS_2을 여자시켜 △결선으로 운전하게 한다. 이때 MS_1, MS_2가 동시 투입이 되어서는 안 된다.

해설 기동 시 기동전류를 적게 하기 위해 Y결선으로 기동하고 수초 후 △결선으로 변환하여 운전한다.

개념 문제 02 기사 94년, 01년 출제 | 배점 : 8점 |

그림은 3상 유도전동기의 Y-△ 기동장치를 자동적으로 하기 위한 시퀀스의 미완성 도면이다. 이 도면을 이용하여 다음 각 물음에 답하시오.

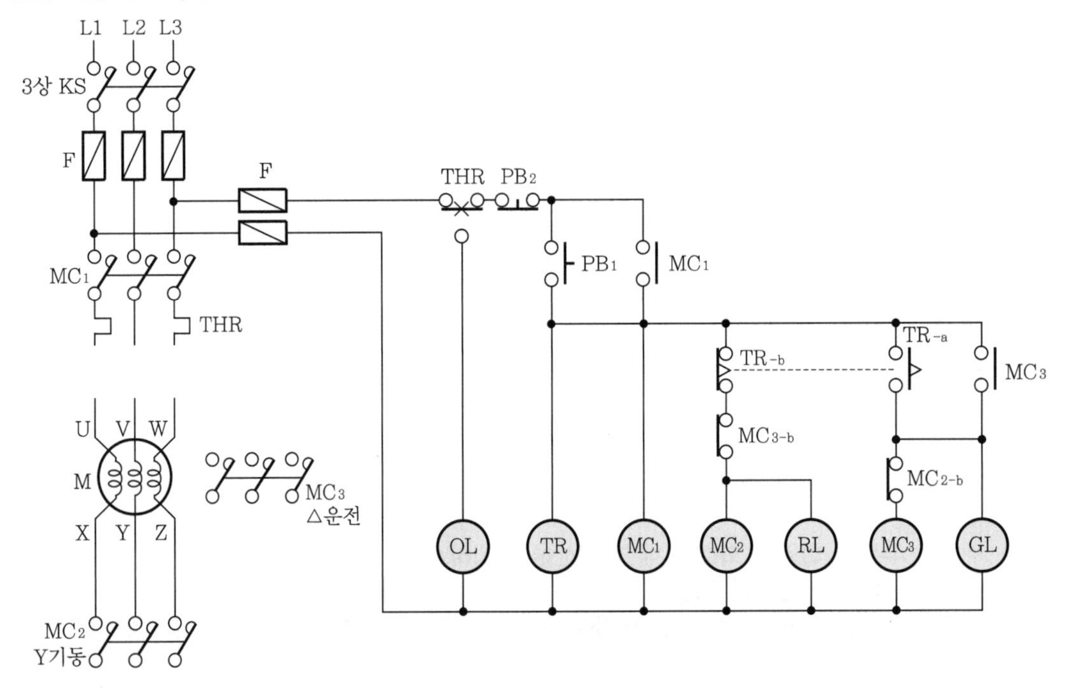

(1) 미완성 부분의 회로도를 완성하시오.

(2) 타이머의 설정시간을 t초로 할 경우 타임차트를 완성하시오.

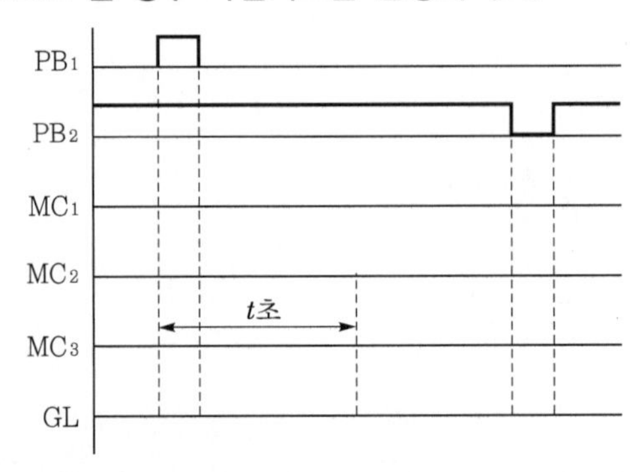

(3) Y-△ 기동에 대하여 설명하시오.

(4) PB_1을 ON하였을 경우 동작 과정을 각 기구와 접점을 이용하여 상세히 설명하시오.

① MC_1이 여자되므로 :

② 타이머가 여자되므로 :

답안 (1)

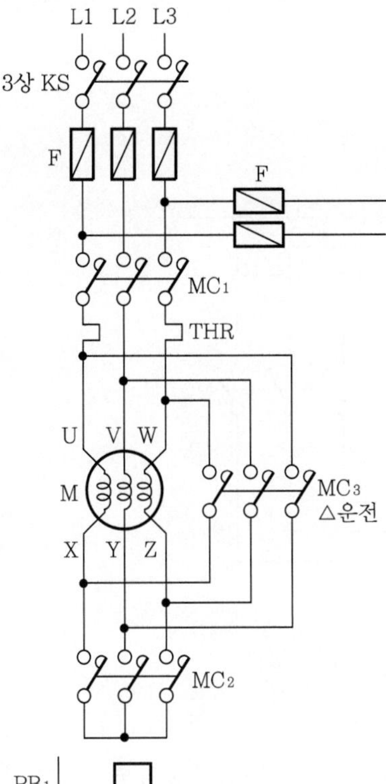

(2)

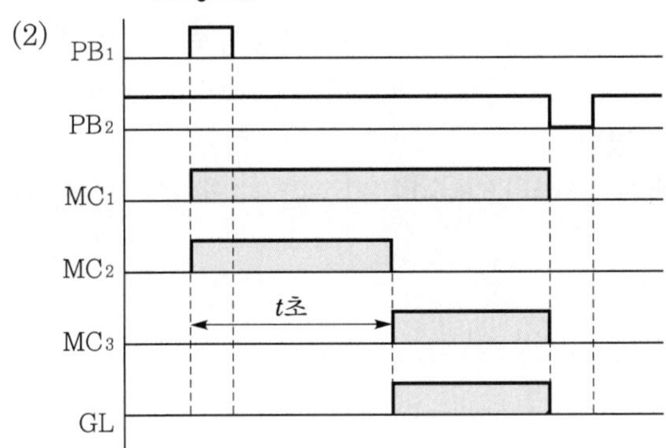

(3) 전전압 기동에 비해 기동 시 기동전류를 $\frac{1}{3}$로 감소시키는 기동법

(4) ① • TR이 여자되고 자기유지된다.
- MC_2가 여자되어 전동기는 Y기동되며 RL이 점등된다.

② • 타이머 설정시간 후 MC_2가 소자된다.
- MC_3가 여자되어 △운전되며 GL이 소등된다.

3 리액터 기동법

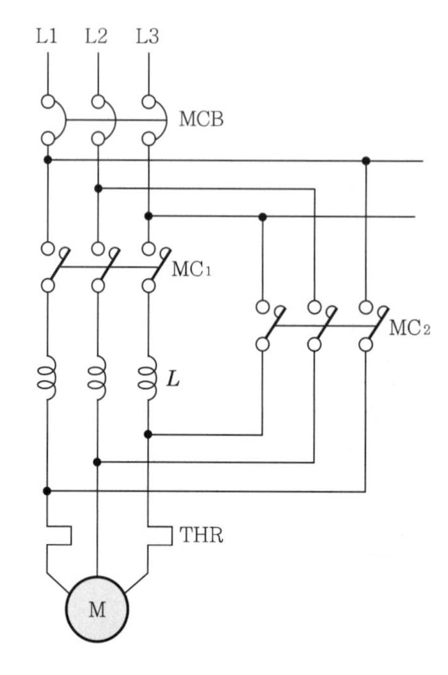

전동기 1차측에 직렬로 기동용 리액터를 접속하여 그 전압강하로 저전압으로 기동하고 운전 시에는 리액터를 단락 혹은 개방시키는 기동방식으로 기동보상기와 함께 광범위하게 농형 유도전동기의 기동에 사용되고 있다.

펌프, 팬 등 Y-△ 기동으로 가속이 곤란한 경우나 기동할 때의 충격을 방지할 필요가 있을 때에 적합하다.

개념 문제 기사 13년, 19년 출제

| 배점 : 12점 |

다음 그림은 리액터 기동정지 조작회로의 미완성 도면이다. 이 도면에 대하여 다음 물음에 답하시오.

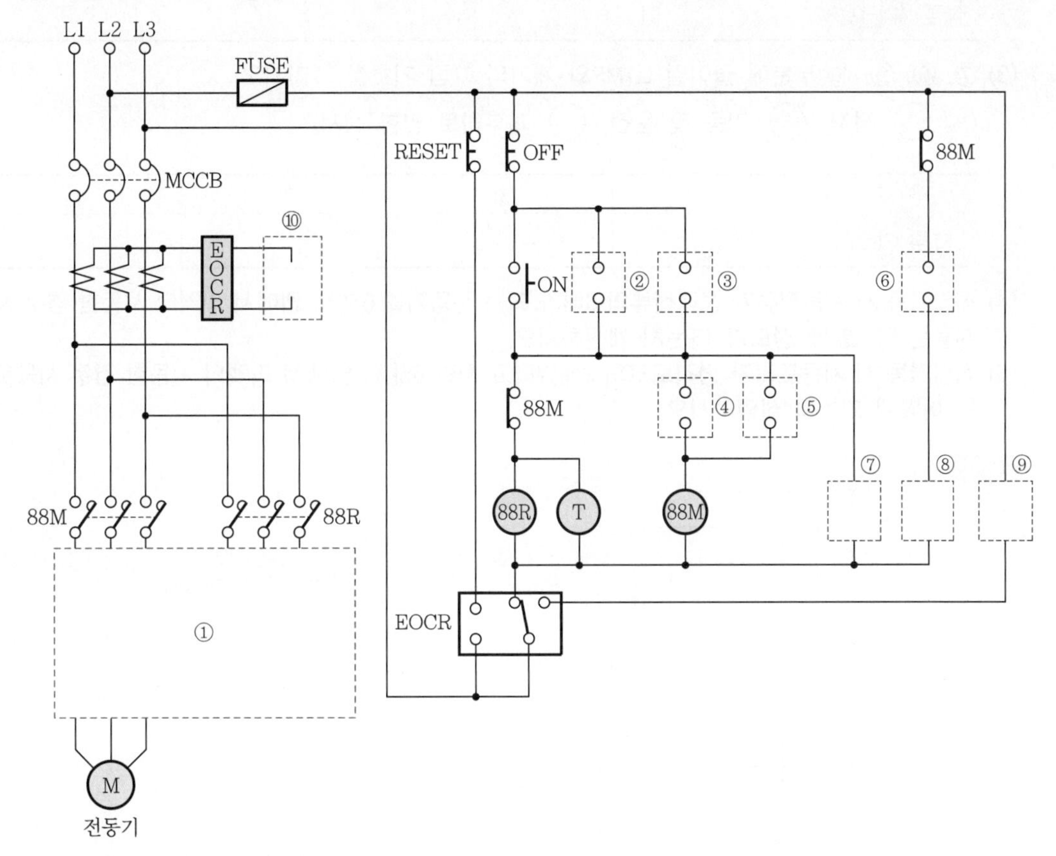

(1) ① 부분의 미완성 주회로를 회로도에 직접 그리시오.

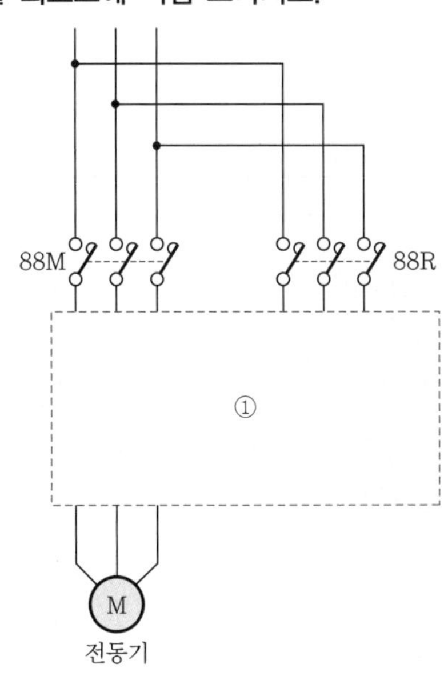

(2) 제어회로에서 ②, ③, ④, ⑤, ⑥ 부분의 접점을 완성하고 그 기호를 쓰시오.

구 분	②	③	④	⑤	⑥
접점 및 기호					

(3) ⑦, ⑧, ⑨, ⑩ 부분에 들어갈 LAMP와 계기의 그림 기호를 그리시오.
(예 G 정지, R 기동 및 운전, Y 과부하로 인한 정지)

구 분	⑦	⑧	⑨	⑩
그림 기호				

(4) 직입기동 시 시동전류가 정격전류의 6배가 되는 전동기를 65[%] 탭에서 리액터 시동한 경우 시동전류는 약 몇 배 정도가 되는지 계산하시오.

(5) 직입기동 시 시동토크가 정격토크의 2배였다고 하면 65[%] 탭에서 리액터 시동한 경우 시동토크는 어떻게 되는지 설명하시오.

답안 (1)

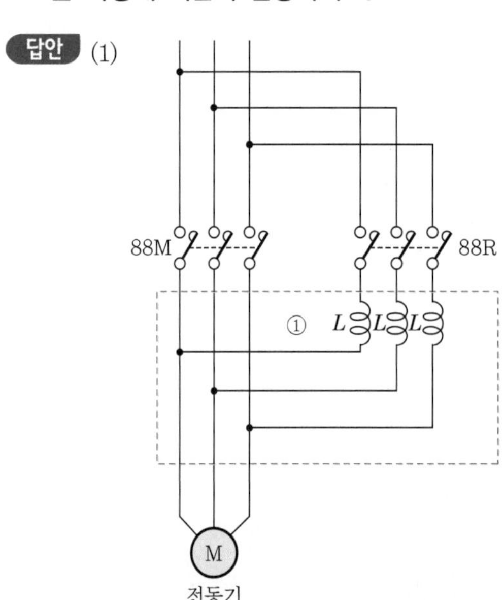

(2)

구 분	②	③	④	⑤	⑥
접점 및 기호	88R	88M	T-a	88M	88R

(3)

구 분	⑦	⑧	⑨	⑩
그림 기호	R	G	Y	A

(4) 계산 : 시동전류(I_s)$= 6I \times 0.65 = 3.9I$ 　　답 : 3.9배

(5) 계산 : 시동토크(T_s)$= 2T \times 0.65^2 = 0.845T ≒ 0.85T$ 　　답 : 약 0.85배

해설 시동전류(I_s)는 전압에 비례하고 시동토크(T_s)는 전압제곱에 비례한다.

4 기동보상기 기동법

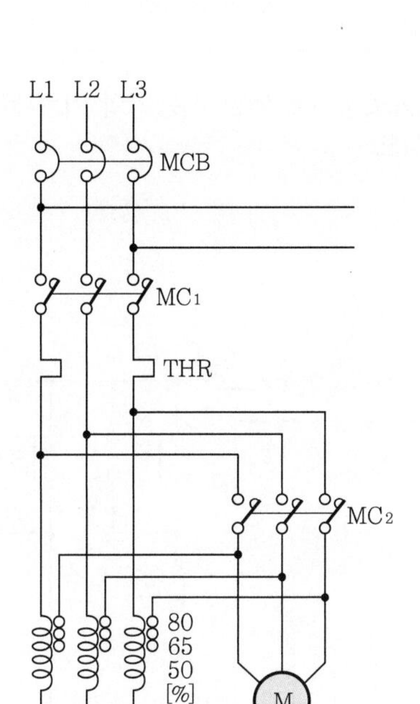

전원측에 3상 단권변압기를 시설하여 전압을 낮추고 가속 후에 전원전압을 인가해 주는 방식으로, 동일 기동입력에 대하여 기동 시의 손실이 적고 전압을 가감할 수 있는 이점을 갖는다.

기동보상기에 사용되는 탭 전압은 50, 65, 80[%]를 표준으로 하고 있다. 기동보상기의 1, 2차 전압비를 $\frac{1}{m}$이라 하면 기동전류와 기동토크는 $\frac{1}{m^2}$이 되며, 이 방식은 15[kW]를 초과하는 전동기에 주로 사용한다.

개념 문제 기사 03년, 14년 출제

| 배점 : 12점 |

도면과 같은 시퀀스도는 기동보상기에 의한 전동기의 기동제어회로의 미완성 도면이다. 이 도면을 보고 다음 각 물음에 답하시오.

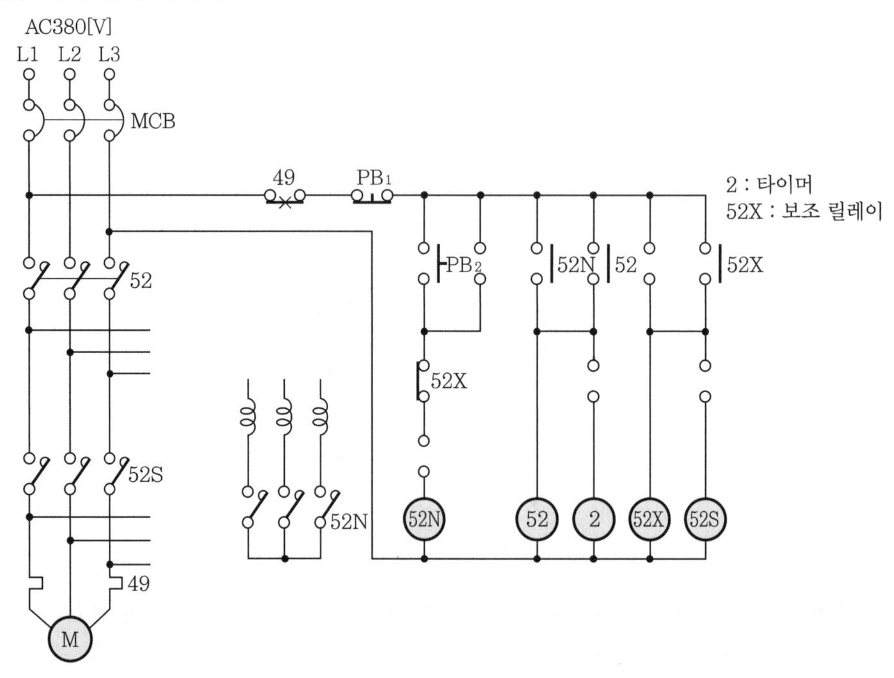

(1) 전동기의 기동보상기 기동제어는 어떤 기동 방법인지 그 방법을 상세히 설명하시오.

(2) 주회로에 대한 미완성 부분을 완성하시오.

(3) 보조회로의 미완성 접점을 그리고 그 접점 명칭을 표기하시오.

답안 (1) 기동 시 52N을 여자시켜 단권변압기를 이용, 감압전압으로 기동하고 정격속도에 가까워지면 52S을 여자시켜 전전압으로 운전하는 기동방식이다.

(2), (3)

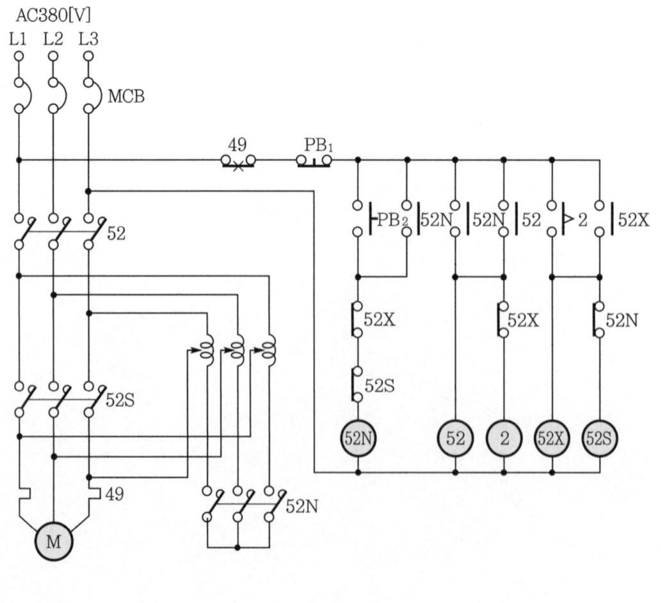

기출개념 02 권선형 유도전동기 2차 저항 기동법

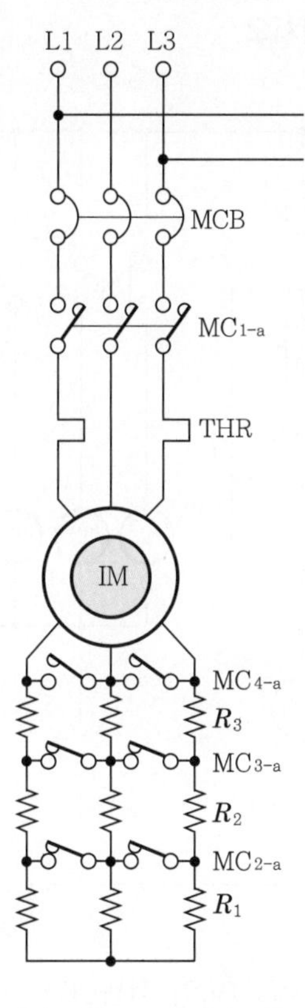

권선형 유도전동기의 2차측에 저항을 넣고 비례추이를 이용하여 기동, 혹은 속도제어를 행하는 방법이다.

개념 문제 산업 98년, 00년 출제

| 배점 : 14점 |

도면은 권선형 유도전동기 기동회로를 설명한 것이다. 도면에 ①~⑦번까지 b접점을 구분하여 회로를 완성할 수 있도록 접점을 그리시오.

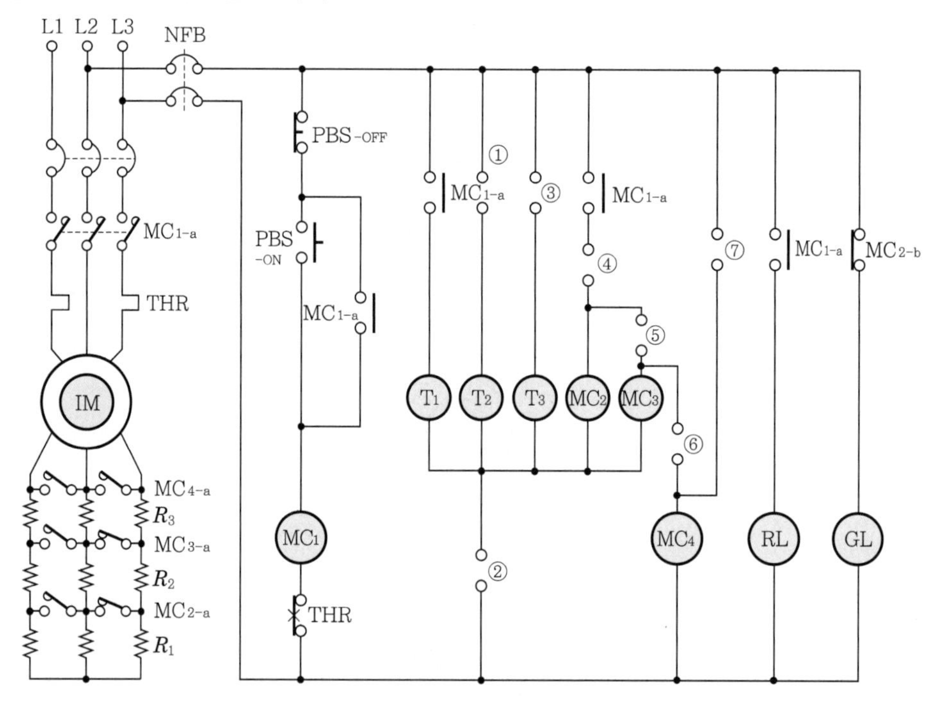

[동작 설명]

- 전원개폐기 NFB를 투입하면 표시등 GL이 점등된다.
- PBS-ON 누르면 MC_1 여자하고 1차 전원개폐기 MC_{1-a} 주접점이 투입되어 시동기 저항 R_1, R_2, R_3 전부 접속한 상태에서 기동하고 T_1, MC_{1-a} 접점이 ON되고 GL은 OFF, RL은 ON된다.
- T_1 Timer가 동작하면 MC_2가 ON되고 2차 저항은 MC_{2-a} 접점이 ON되어 저항 R_2, R_3만 접속되며 T_2에 전원이 투입된다.
- T_2 Timer가 동작하면 MC_3가 ON되고 2차 저항은 MC_{3-a} 접점이 ON되어 저항 R_3만 접속되어 운전되고 T_3에 전원이 투입된다.
- T_3 Timer가 동작되면 MC_4가 ON되고 2차 저항은 단락상태로 운전되고 운전에 불필요한 T_1, T_2, T_3, MC_2, MC_3를 OFF하고 MC_4의 자기유지회로를 만든다.
- PBS-OFF 누르면 운전이 정지되고 RL은 소등, GL은 점등된다.

답안

① MC_{2-a}　② MC_{4-b}　③ MC_{3-a}　④ T_{1-a}

⑤ T_{2-a}　⑥ T_{3-a}　⑦ MC_{4-a}

1990년~최근 출제된 기출문제

CHAPTER 04
전동기 기동회로

단원 빈출문제

문제 01 산업 88년, 97년, 00년 출제

배점 : 7점

다음 사항을 모두 이용하여 유도전동기의 직입기동 주회로 및 시퀀스 접속도를 그리시오. 또한 운전 중에는 녹색 표시등이 점등되고, 과부하에 의하여 열동계전기가 동작하는 경우 벨과 적색 표시등으로 경보하는 회로를 그리시오. 이때 각 심벌에는 해당되는 기호를 써 넣도록 하시오.

- M : 전동기
- MC : 전자개폐기(주접점과 보조 a접점 2개)
- NFB : 전원용 개폐기(배선용 차단기)
- PB_{-1} : 푸시버튼(전동기 정지용)
- PB_{-2} : 푸시버튼(전동기 기동용)
- PB_{-3} : 푸시버튼(경보벨 정지용)
- A : 경보계전기(a접점 2개, b접점 1개)
- B : 경보정지계전기(a접점 1개, b접점 1개)
- GL : 녹색 표시등
- RL : 적색 표시등
- THR : 열동계전기(보조 접점 1개)
- ▭○ : 경보벨

※ 회로 작성상 필요하다면 보조 접점의 수는 증감하여 회로를 작성하도록 한다.

답안

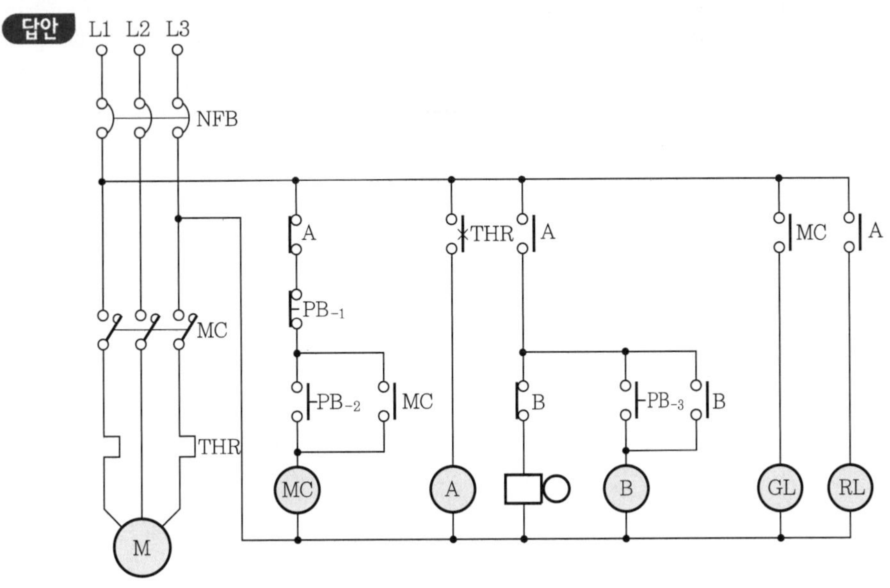

문제 02 산업 15년 출제

배점 : 6점

다음 그림은 3상 유도전동기의 직입기동 제어회로의 미완성 부분이다. 주어진 [동작 설명]과 [보기]의 명칭 및 접점수를 준수하여 회로를 완성하시오.

[동작 설명]

- PB_2(기동)를 누른 후 놓으면, MC는 자기유지되며, MC에 의하여 전동기가 운전된다.
- PB_1(정지)을 누르면, MC는 소자되며, 운전 중인 전동기는 정지된다.
- 과부하에 의하여 전자식 과전류계전기(EOCR)가 동작되면, 운전 중인 전동기는 동작을 멈추며, X_1 릴레이가 여자되고, X_1 릴레이 접점에 의하여 경보벨이 동작한다.
- 경보벨 동작 중 PB_3을 눌렀다 놓으면, X_2 릴레이가 여자되어 경보벨의 동작은 멈추지만 전동기는 기동되지 않는다.
- 전자식 과전류계전기(EOCR)가 복귀되면 X_1, X_2 릴레이가 소자된다.
- 전동기가 운전 중이면 RL(적색), 정지되면 GL(녹색) 램프가 점등된다.

[보기]

약 호	명 칭
MCCB	배선용 차단기(3P)
MC	전자개폐기(주접점 3a, 보조접점 2a1b)
EOCR	전자식 과전류계전기(보조접점 1a1b)
X_1	경보 릴레이(1a)
X_2	경보정지 릴레이(1a1b)
M	3상 유도전동기
PB_1	누름버튼 스위치(전동기 정지용, 1b)
PB_2	누름버튼 스위치(전동기 기동용, 1a)
PB_3	누름버튼 스위치(경보벨 정지용, 1a)
RL	적색 표시등
GL	녹색 표시등
B(□○)	경보벨

3
PART

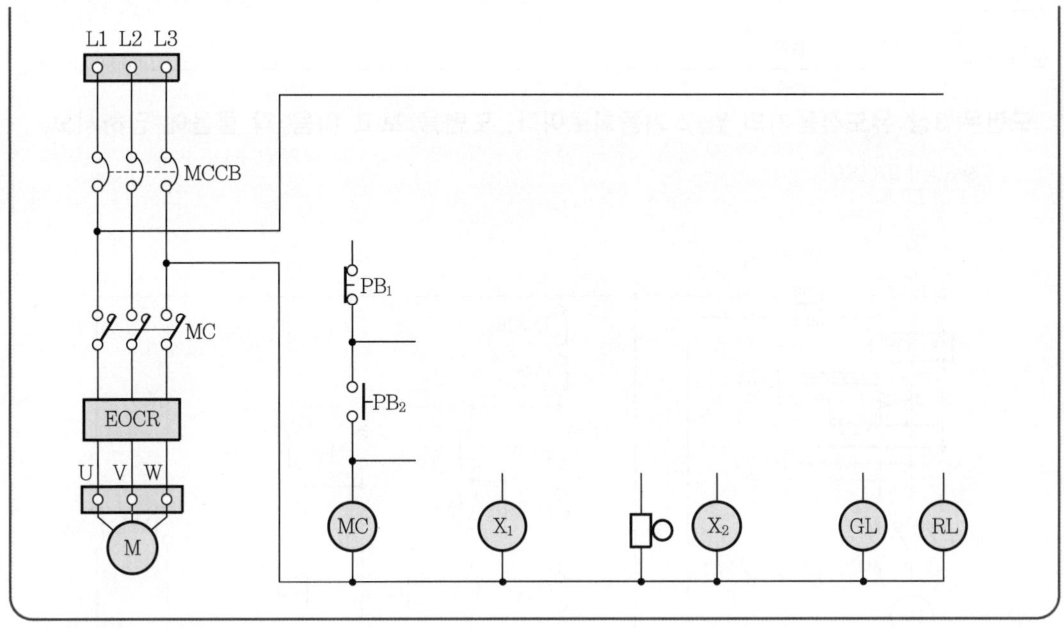
L1 L2 L3
MCCB
MC
EOCR
U V W
M
PB1
PB2
MC
X1
X2
GL
RL

답안

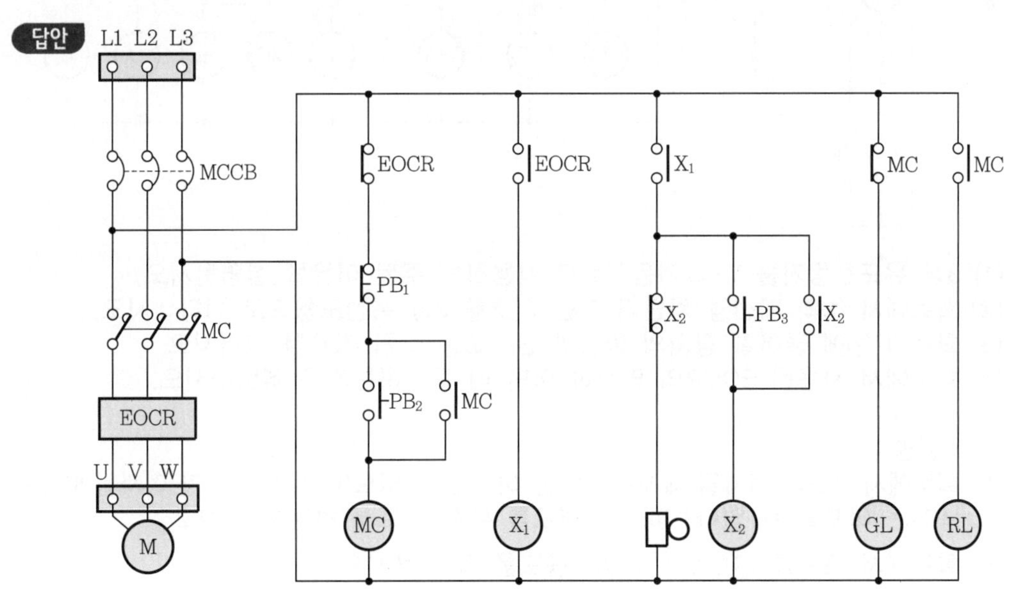
L1 L2 L3
MCCB
MC
EOCR
U V W
M
EOCR
EOCR
X1
MC
MC
PB1
X2
PB3
X2
PB2
MC
MC
X1
X2
GL
RL

문제 03 산업 16년 출제

배점 : 16점

도면은 3상 유도전동기의 Y-△기동회로이다. 도면을 보고 다음 각 물음에 답하시오.

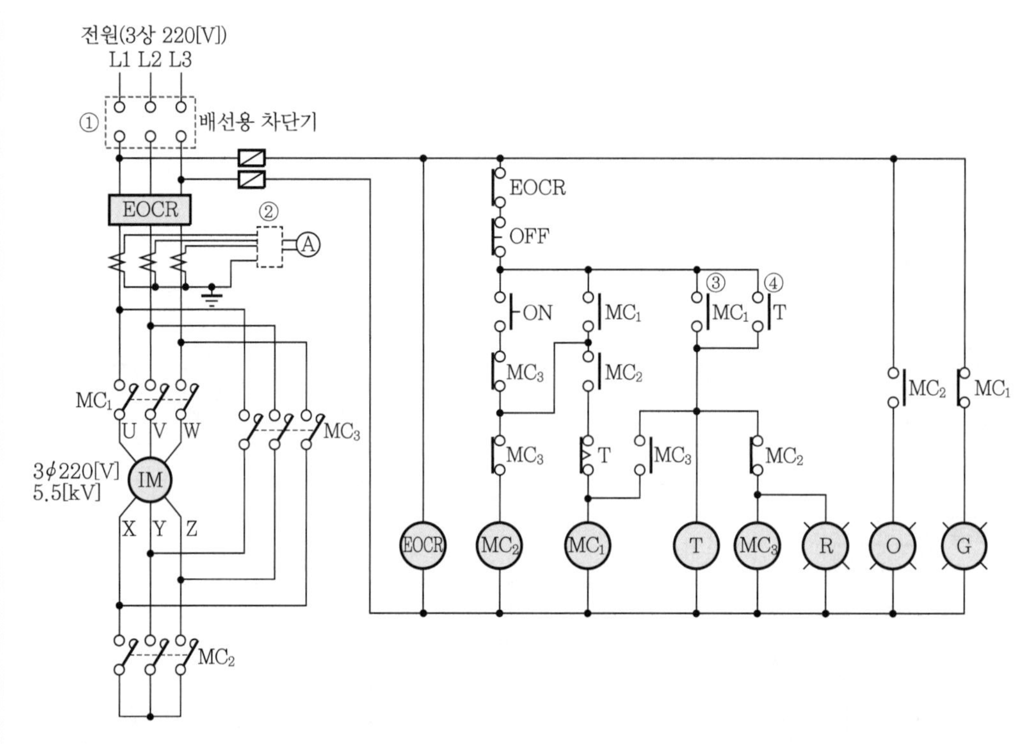

(1) 3상 유도전동기를 Y-△기동회로로 사용하는 주된 이유를 설명하시오.
(2) 회로에서 ①의 배선용 차단기 그림 기호를 3상 복선도용으로 나타내시오.
(3) 회로의 ②에 들어갈 장치의 명칭과 단선도용 그림 기호를 그리시오.
(4) 회로에서 사용된 EOCR의 명칭과 어떤 때 동작하는지를 설명하시오.
- 명칭 :
- 설명 :

(5) 회로에서 MC_2가 여자될 때에는 MC_3는 여자될 수 없으며, 또한 MC_3가 여자될 때에는 MC_2는 여자될 수 없다. 이러한 회로를 무슨 회로라 하는지 쓰시오.
(6) 회로에서 표시등 Ⓡ, Ⓞ, Ⓖ의 용도를 각각 쓰시오.

표시등 Ⓡ	표시등 Ⓞ	표시등 Ⓖ

(7) 회로에서 ③번 접점과 ④번 접점이 동작하여 이루는 회로를 자기유지회로라 한다. 다음의 유접점 자기유지회로를 무접점 자기유지회로로 바꾸어 그리시오. (단, OR, AND, NOT 게이트 각 1개씩만 사용한다.)

• 유접점회로

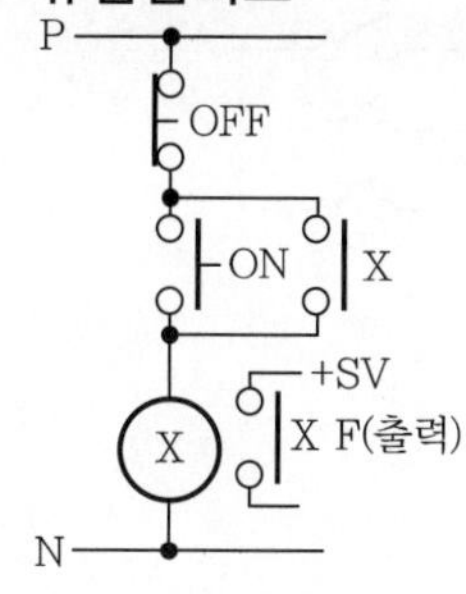

• 무접점회로

답안

(1) 전동기 기동 시 기동전류를 $\frac{1}{3}$배 감소시키기 위하여

(2)

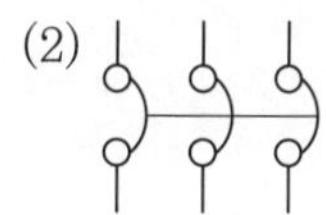

(3) • 명칭 : 전류계용 전환개폐기
  • 그림 기호 :

(4) • 명칭 : 전자식 과부하계전기
  • 설명 : 전동기에 과전류가 흐르면 동작하여 MC를 트립시켜 전동기를 보호한다.

(5) 인터록회로

(6)

표시등 Ⓡ	표시등 Ⓞ	표시등 Ⓖ
△운전 표시등	Y기동 표시등	정지 표시등

(7)

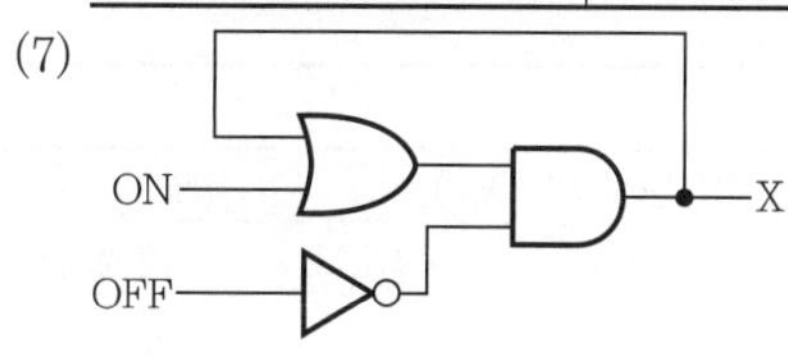

문제 04 산업 08년, 20년 출제

배점 : 7점

그림은 3상 유도전동기의 Y-Δ기동법을 나타내는 결선도이다. 다음 물음에 답하시오.

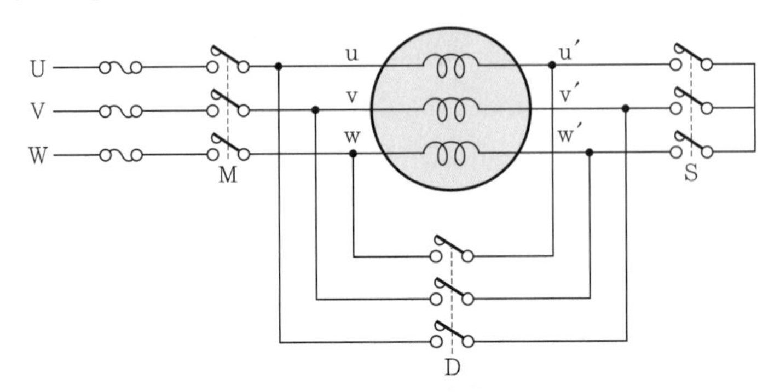

(1) 다음 표의 빈칸에 기동 시 및 운전 시의 전자개폐기 접점의 ON, OFF 상태 및 접속상태(Y결선, Δ결선)를 쓰시오.

구 분	전자개폐기 접점상태(ON, OFF)			접속상태
	S	D	M	
기동 시				
운전 시				

(2) 전전압 기동과 비교하여 Y-Δ기동법의 기동 시 기동전압, 기동전류 및 기동토크는 각각 어떻게 되는지 쓰시오. (단, 전전압 기동 시의 기동전압은 V_s, 기동전류는 I_s, 기동토크는 T_s이다.)

① 기동전압(선간전압) : (　　)× V_s

② 기동전류 : (　　)×I_s

③ 기동토크 : (　　)× T_s

답안 (1)

구 분	전자개폐기 접점상태(ON, OFF)			접속상태
	S	D	M	
기동 시	ON	OFF	ON	Y결선
운전 시	OFF	ON	ON	Δ결선

(2) ① $\dfrac{1}{\sqrt{3}}$

② $\dfrac{1}{3}$

③ $\dfrac{1}{3}$

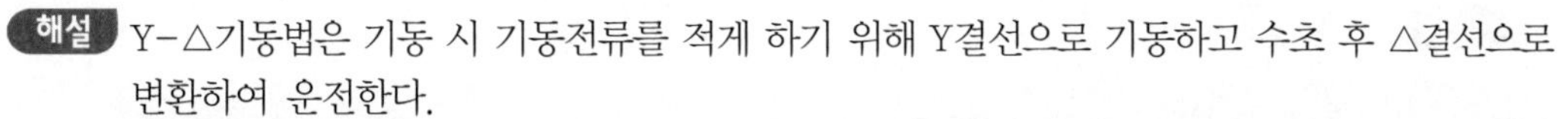

해설 Y-△기동법은 기동 시 기동전류를 적게 하기 위해 Y결선으로 기동하고 수초 후 △결선으로 변환하여 운전한다.
주회로에서 M은 주회로 개폐용 전자개폐기이고 S는 Y기동용 전자개폐기, D는 △운전용 전자개폐기이다.
각 상에 흐르는 전류의 크기는 Y결선일 때 임피던스가 △결선일 때의 $\frac{1}{3}$ 배이므로 각 상에 흐르는 기동전류도 $\frac{1}{3}$ 밖에 흐르지 않는다.
또한 전동기의 회전력은 전압의 제곱에 비례하기 때문에 정상속도에 진입하면 △결선으로 전환하게 된다.

문제 05 산업 98년, 07년 출제

배점 : 15점

답안지의 그림은 리액터 시동정지 시퀀스제어의 미완성회로 도면이다. 이 도면을 이용하여 다음 각 물음에 답하시오.

(1) 미완성 부분의 다음 회로를 완성하시오.
① 리액터 단락용 전자접촉기 MCD와 주회로를 완성하시오.
② PBS-ON 스위치를 투입하였을 때 자기유지가 될 수 있는 회로를 구성하시오.
③ 전동기 운전용 램프 RL과 정지용 램프 GL 회로를 구성하시오.

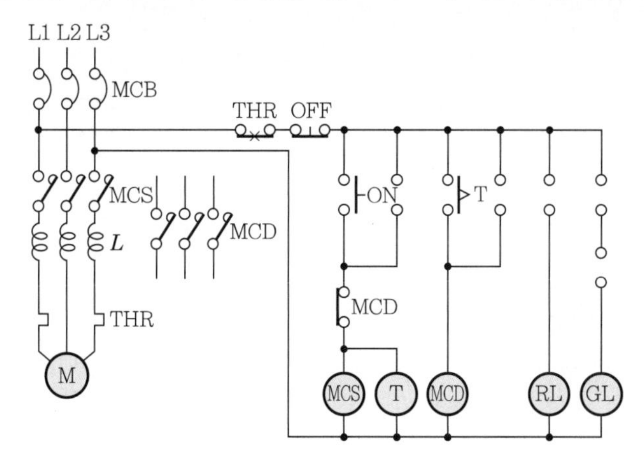

(2) 직입 시동 시의 시동전류가 정격전류의 6배가 흐르는 전동기를 80[%] 탭에서 리액터 시동한 경우의 시동전류는 약 몇 배 정도가 되는가?
(3) 직입 시동 시의 시동토크가 정격토크의 2배였다고 하면 80[%] 탭에서 리액터 시동한 경우의 시동토크는 약 몇 배로 되는가?

답안 (1)

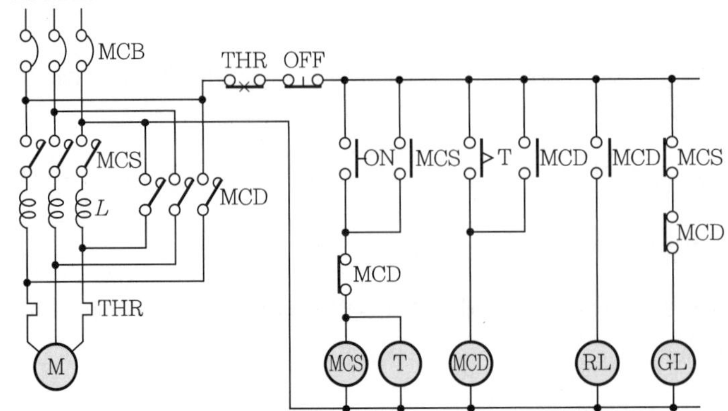

(2) 기동전류(I_S)는 전압(V)에 비례하고, 시동전류가 정격전류(I)의 6배이므로

$I_S = 6I \times 0.8 = 4.8I$

∴ 정격전류의 4.8배

(3) 시동토크(τ_S)는 전압(V) 제곱에 비례하고, 시동토크는 정격토크(τ)의 2배이므로

$\tau_S = 2\tau \times 0.8^2 = 1.28\tau$

∴ 정격토크의 1.28배

해설 **리액터 시동 정지 시퀀스회로**

전동기 1차측에 직렬로 기동용 리액터를 접속하여 저전압으로 기동하고 운전 시 리액터를 개방시켜 전전압으로 운전하는 기동방식

1990년~최근 출제된 기출 이론 분석 및 유형별 문제

05 CHAPTER 산업용 기기 시퀀스제어회로

기출개념 01 환기팬 자동운전회로

개념 문제 산업 12년 / 기사 87년, 93년, 10년 출제 | 배점 : 10점 |

다음 회로는 환기팬의 자동운전회로이다. 이 회로와 [동작 개요]를 보고 다음 각 물음에 답하시오.

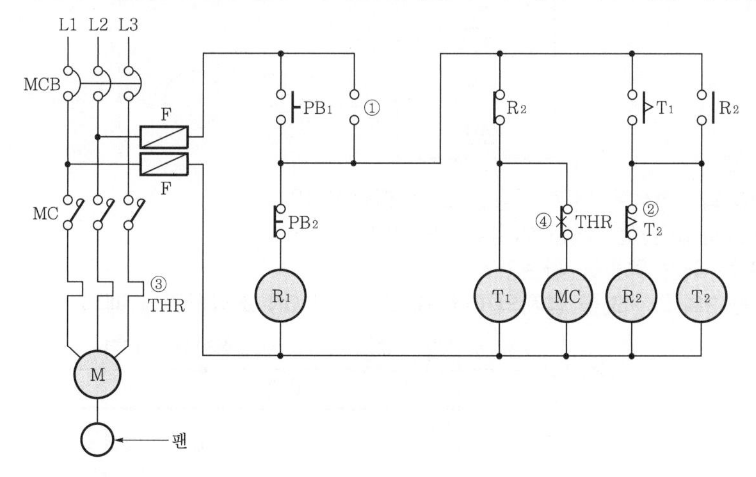

[동작 개요]

① 연속 운전을 할 필요가 없는 환기용 팬 등의 운전회로에서 기동버튼에 의하여 운전을 개시하면 그 다음에는 자동적으로 운전 정지를 반복하는 회로이다.

② 기동버튼 PB_1을 "ON" 조작하면 타이머 (T_1)의 설정시간만 환기팬이 운전하고 자동적으로 정지한다. 그리고 타이머 (T_2)의 설정시간에만 정지하고 재차 자동적으로 운전을 개시한다.

③ 운전 도중에 환기팬을 정지시키려고 할 경우에는 버튼 스위치 PB_2를 "ON" 조작하여 행한다.

(1) 위 시퀀스도에서 릴레이 (R_1)에 의하여 자기유지될 수 있도록 ①로 표시된 곳에 접점기호를 그려 넣으시오.

(2) ②로 표시된 접점기호의 명칭과 동작을 간단히 설명하시오.

(3) THR로 표시된 ③, ④의 명칭과 동작을 간단히 설명하시오.

답안 (1) R_1 (a접점 기호)

(2) • 명칭 : 한시동작 순시복귀 b접점
• 동작 : 타이머 T_2가 여자되면 일정 시간 후 개로되어 R_2를 소자시킨다.

(3) • 명칭 : ③ 열동계전기, ④ 순시동작 수동복귀 b접점
• 동작 : 전동기에 과전류가 흐르면 ③ 열동계전기가 동작하여 ④ 접점이 개로되어 전동기를 정지시키며 접점 복귀는 수동 조작에 의해 원상 복귀된다.

기출개념 02 차고문 자동개폐기 제어회로

개념 문제 산업 87년, 91년, 97년, 00년 / 기사 01년 출제

| 배점 : 9점 |

그림은 자동차 차고의 셔터회로이다. 셔터를 열 때 셔터에 빛이 비치면 PHS에 의해 자동으로 열리고, 또한 PB_1를 조작해도 열린다. 셔터를 닫을 때는 PB_2를 조작하면 된다. 리밋 스위치 LS_1은 셔터의 상한용이고, LS_2는 셔터의 하한용이다. 물음에 답하시오.

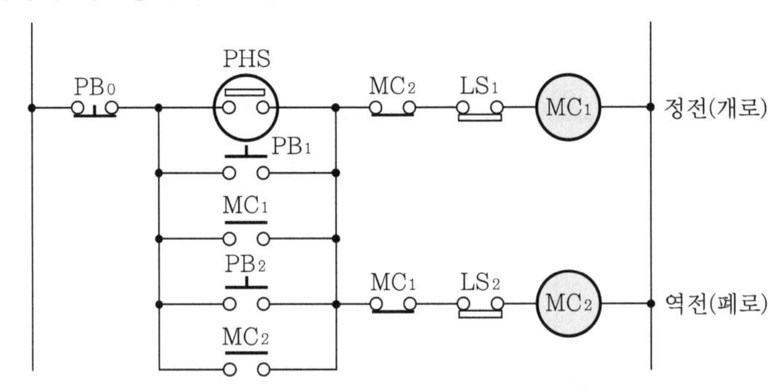

(1) MC_1, MC_2의 a접점은 어떤 역할을 하는 접점인가?
(2) MC_1, MC_2의 b접점은 어떤 역할을 하는가?
(3) LS_1, LS_2는 어떤 역할을 하는가?
(4) PHS(또는 PB_1)와 PB_2를 답지의 타임차트와 같이 ON 조작하였을 때의 타임차트를 완성하시오.

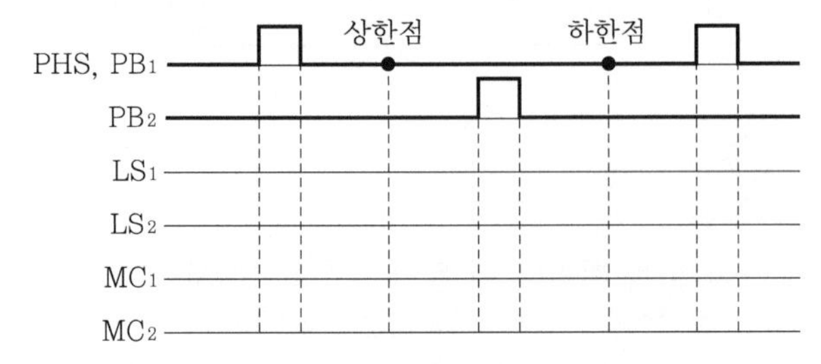

답안 (1) 자기유지
(2) 인터록회로로 동시 투입에 의한 단락사고 방지
(3) LS_1은 셔터의 상한을 검지하여 MC_1을 복구시켜 전동기 정회전을 정지시킨다.
LS_2는 셔터의 하한을 검지하여 MC_2를 복구시켜 전동기 역회전을 정지시킨다.
(4)

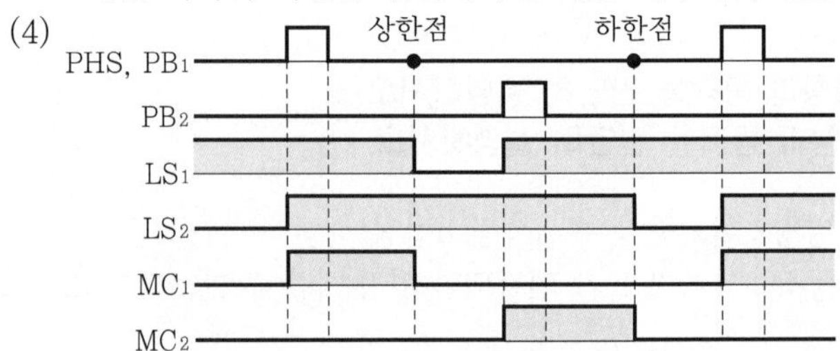

해설 셔터의 개폐는 전동기 정·역회전 응용회로이며 셔터의 상한점은 LS_1이, 셔터의 하한점은 LS_2가 검지하여 전동기를 정지시킨다.

기출개념 03 직류 제동 제어회로

개념 문제 산업 95년, 99년, 02년, 16년 / 기사 94년, 01년 출제 | 배점 : 8점 |

도면은 농형 유도전동기의 직류 여자 방식 제어기기의 접속도이다. 그림 및 [동작 설명]을 참고하여 다음 물음에 답하시오.

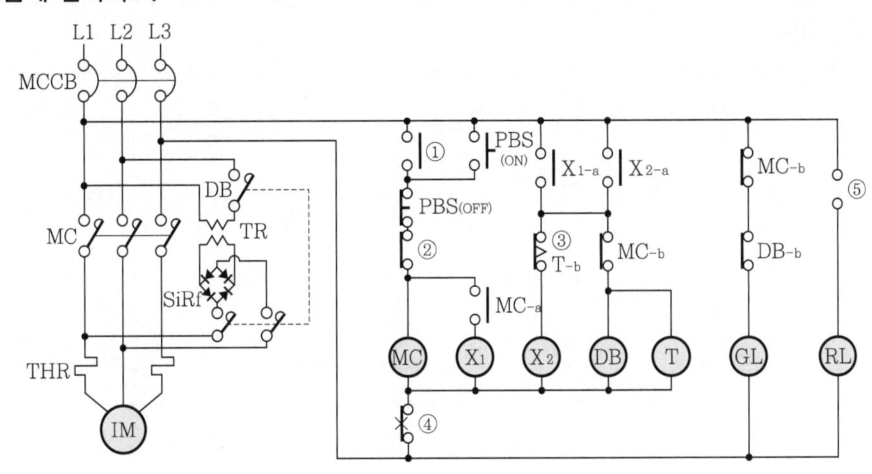

[범례]

- MCCB : 배선용 차단기
- THR : 열동형 과전류계전기
- MC : 전자접촉기
- TR : 정류전원 변압기
- SiRf : 실리콘정류기
- X_1, X_2 : 보조계전기
- T : 타이머
- DB : 제동용 전자접촉기
- $PBS_{(ON)}$: 운전용 푸시버튼
- $PBS_{(OFF)}$: 정지용 푸시버튼
- GL : 정지램프
- RL : 운전램프

[동작 설명]

운전용 푸시버튼 스위치 $PBS_{(ON)}$을 눌렀다 놓으면 각 접점이 동작하여 전자접촉기 MC가 투입되어 전동기는 기동하기 시작하며 운전을 계속한다. 운전을 마치기 위하여 정지용 푸시버튼 스위치 $PBS_{(OFF)}$를 누르면 각 접점이 동작하여 전자접촉기 MC에 전류가 끊어지고 직류 제동용 전자접촉기 DB가 투입되어 전동기에는 전류가 흐른다. 타이머 T에 세트한 시간만큼 직류 제동전류가 흐르고 직류가 차단되며, 각 접점은 운전 전의 상태로 복귀되고 전동기는 정지하게 된다.

(1) ①, ②, ④에 해당되는 접점의 기호를 쓰시오.

(2) ③에 대한 접점의 심벌 명칭은 무엇인가?

(3) 정지용 푸시버튼 $PBS_{(OFF)}$를 누르면 타이머 T에 통전하여 설정(set)한 시간만큼 타이머 T가 동작하여 직류 제어용 직류전원을 차단하게 된다. 타이머 T에 의해 조작받는 계전기나 전자접촉기는 어느 것인가? 조작받는 순서대로 2가지를 기호로 쓰시오.

(4) RL은 운전 중 점등되는 램프이다. 어느 보조계전기를 사용하는지 ⑤에 대한 접점의 심벌을 그리고 그 기호를 쓰시오.

답안

(1) ① MC_{-a}, ② DB_{-b}, ④ THR_{-b}

(2) 한시동작 순시복귀 b접점

(3)

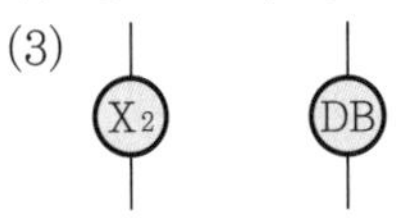

(4) X_{1-a}

기출 개념 04 전동기 순서 제어회로

개념 문제 기사 98년, 00년, 02년, 03년, 08년 출제

배점 : 8점

도면은 전동기 A, B, C 3대를 기동시키는 제어회로이다. 이 회로를 보고 다음 각 물음에 답하시오. (단, MA : 전동기 A의 기동정지 개폐기, MB : 전동기 B의 기동정지 개폐기, MC : 전동기 C의 기동정지 개폐기이다.)

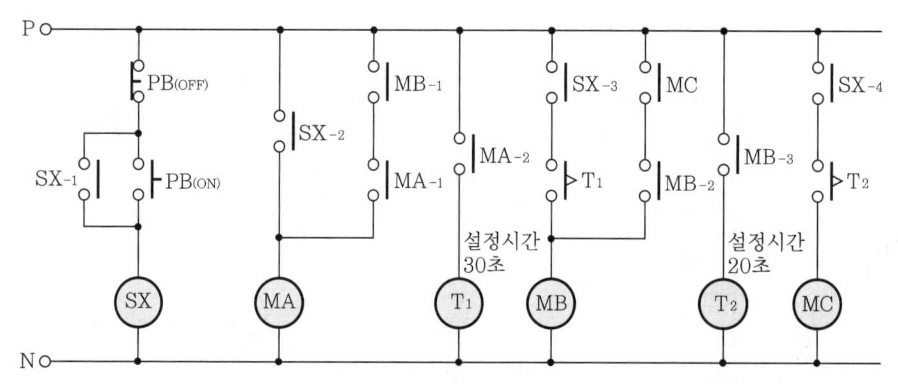

(1) 전동기를 기동시키기 위하여 $PB_{(ON)}$을 누르면 전동기는 어떻게 기동되는지 그 기동 과정을 상세히 설명하시오.

(2) SX_{-1}의 역할에 대한 접점 명칭은 무엇인가?

(3) 전동기를 정지시키고자 $PB_{(OFF)}$를 눌렀을 때, 전동기가 정지되는 순서는 어떻게 되는가?

답안 (1) SX가 여자되어 자기유지되며 SX_{-2} 접점이 폐로되어 MA가 여자되고 T_1이 여자되어 전동기 A가 기동하며, T_1 설정시간 30초 후 MB가 여자되고 T_2가 여자되어 전동기 B가 기동된다. T_2 설정시간 20초 후 MC가 여자되어 전동기 C가 기동하게 된다.

(2) 자기유지

(3) C 전동기 → B 전동기 → A 전동기 순으로 정지한다.

기출개념 05 플로트리스 액면 릴레이를 사용하는 급수제어회로

개념 문제 산업 13년 / 기사 02년 출제

배점 : 7점

그림은 플로트리스(플로트 스위치 없는) 액면 릴레이를 사용한 급수제어의 시퀀스도이다. 다음 각 물음에 답하시오.

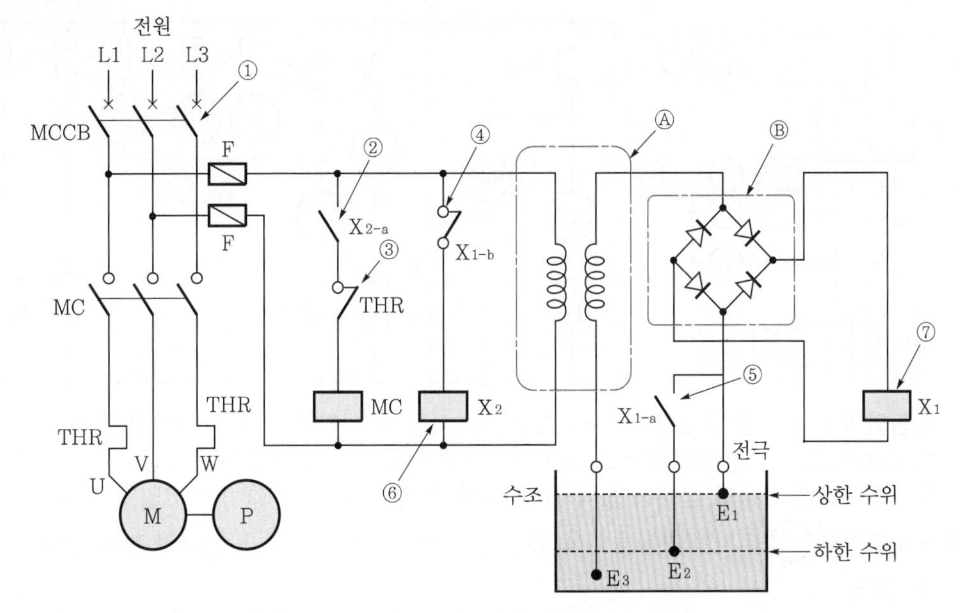

(1) 도면에서 기기 Ⓑ의 명칭을 쓰고 그 기능을 설명하시오.

(2) 전동펌프가 과전류가 되었을 때 최초에 동작하는 계전기의 접점을 도면에 표시되어 있는 번호로 지적하고 그 명칭은 무엇인지를 구체적으로(동작에 관련된 명칭)으로 쓰도록 하시오.

(3) 수조의 수위가 전극 E_1보다 올라갔을 때 전동펌프는 어떤 상태로 되는가?

(4) 수조의 수위가 전극 E_1보다 내려갔을 때 전동펌프는 어떤 상태로 되는가?

(5) 수조의 수위가 전극 E_2보다 내려갔을 때 전동펌프는 어떤 상태로 되는가?

답안 (1) • 명칭 : 브리지 전파 정류회로
• 기능 : 릴레이 X_1에 교류를 직류로 변환하여 공급

(2) ③ 순시동작 수동복귀 b접점

(3) 정지상태

(4) 정지상태

(5) 운전상태

기출개념 06 직류식 전자방식 차단기 제어동작회로

개념 문제 산업 94년, 01년, 11년 출제 | 배점 : 16점 |

그림은 직류 전자식 차단기의 제어회로를 나타내고 있다. 문제의 시퀀스도를 잘 숙지하고 각 물음의 (　) 안의 알맞은 말을 쓰시오.

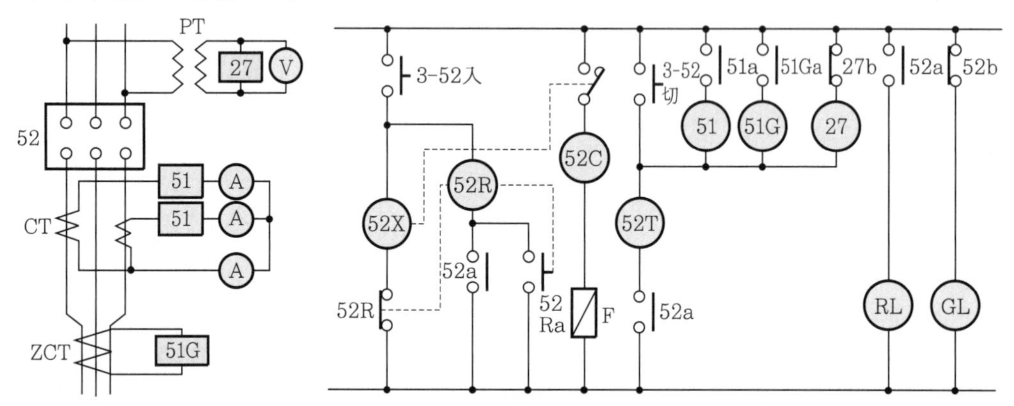

(1) 그림의 도면에서 알 수 있듯이 3-52入인 스위치를 ON시키면 (①)이(가) 동작하여 52X의 접점이 CLOSE되고 (②)의 투입 코일에 전류가 통전되어 52의 차단기를 투입시키게 된다. 차단기 투입과 동시에 52a의 접점이 동작하여 52R이 통전(ON)되고 (③)의 코일을 개방시키게 된다.

(2) 회로도에서 (27)의 기기 명칭을 (④), (51)의 기기 명칭을 (⑤), (51G)의 기기 명칭을 (⑥)라고 한다.

(3) 차단기의 개방 조작 및 트립 조작은 (⑦)의 코일이 통전됨으로써 가능하다.

(4) 지금 차단기가 개방되었다면 개방상태표시를 나타내는 표시램프는 (⑧)이다.

답안 (1) ① 52X, ② 52C, ③ 52X
(2) ④ 교류 부족전압계전기
⑤ 교류 과전류계전기
⑥ 교류 지락과전류계전기
(3) ⑦ 52T
(4) ⑧ GL

해설 3-52入(on)하면 52X(투입용 보조 릴레이)가 여자되어 $52X_{-a}$가 폐로되어 52C에 여자차단기 52가 투입된다. 차단기가 투입되면 52a가 폐로되어 52R이 여자되어 52X가 소자, 52C가 소자되어 투입이 완료된다.

CHAPTER 05

산업용 기기 시퀀스제어회로

단원 빈출문제

문제 01 산업 92년, 97년, 06년, 12년 출제

배점 : 7점

그림은 전동기 5대가 동작할 수 있는 제어회로 설계도이다. 회로를 완전히 숙지한 다음 (　) 안에 알맞은 말을 넣어 완성하시오.

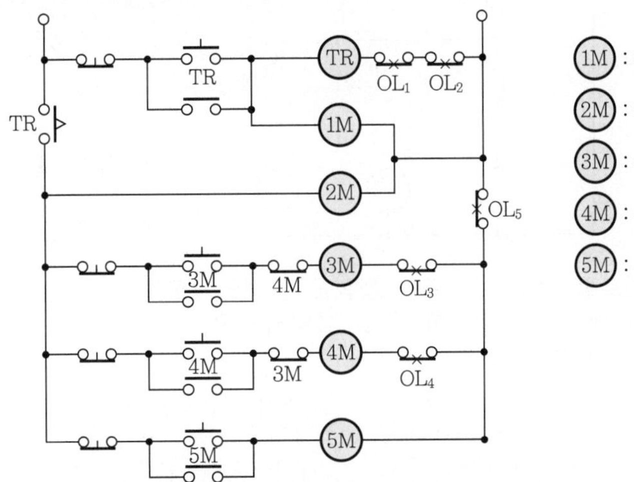

(1) #1 전동기가 기동하면 일정 시간 후에 (①) 전동기가 기동하고, #1 전동기가 운전 중에 있는 한 (②) 전동기도 운전된다.

(2) #1, #2 전동기가 운전 중이 아니면 (①) 전동기는 기동할 수 없다.

(3) #4 전동기가 운전 중일 때 (①) 전동기는 기동할 수 없으며 #3 전동기가 운전 중일 때 (②) 전동기는 기동할 수 없다.

(4) #1, #2, #3, #5 전동기의 운전 중에 OL_1, OL_2의 계전기가 트립(동작)하면 (①) 전동기가 정지한다.

(5) #1, #2, #4, #5 전동기의 운전 중에 OL_5의 계전기가 트립(동작)하면 (①) 전동기가 정지한다.

답안 (1) ① #2

② #2

(2) ① #3, #4, #5

(3) ① #3

② #4

(4) ① #1, #2, #3, #5

(5) ① #4, #5

문제 02 산업 04년 출제

배점 : 9점

코인(동전)을 2개 투입하면 1시간 동안 오락기계가 작동하는 회로이다. 다음의 물음에 답하시오. (단, 코인 1개에 LS_1이 동작하고, 2개에 LS_2가 동작하면 오락기계가 작동된다고 한다.)

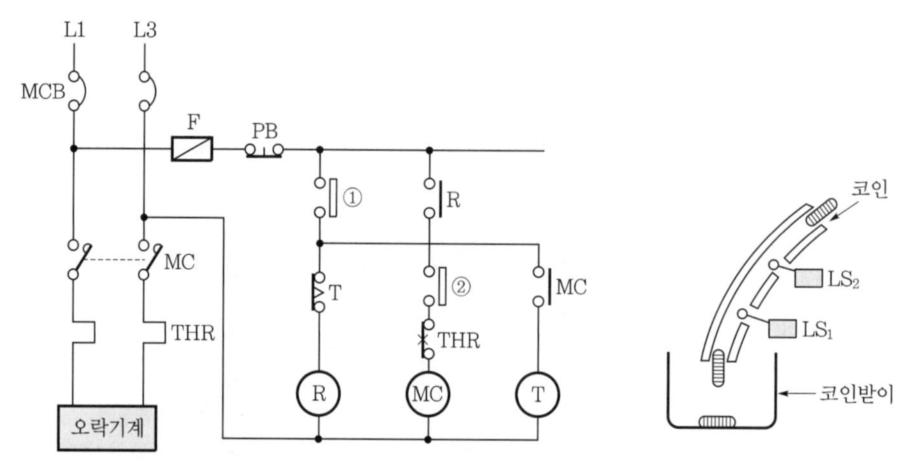

(1) 그림의 시퀀스회로를 보고 ①, ②의 접점을 완성하시오.
(2) 동작 정지를 순서대로 ①, ②, ③, ④로 설명하시오.
(3) 다음 타임차트를 완성하시오.

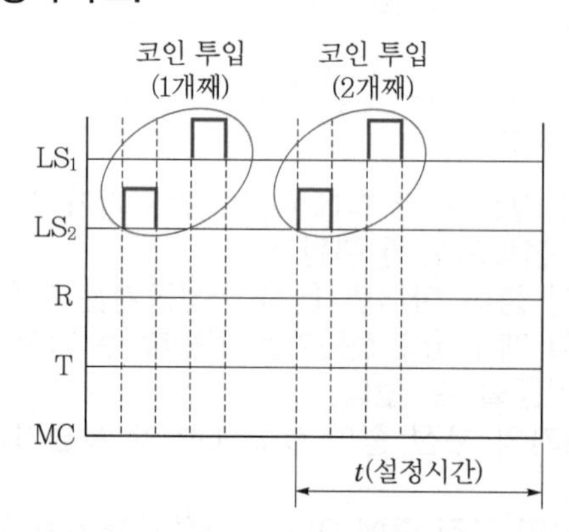

답안 (1)

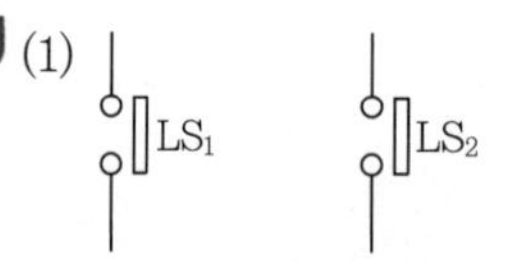

(2) ① 코인 한 개를 투입하면 LS_1이 폐로되어 R이 여자된다.
② 코인 두 개를 투입하면 LS_2가 폐로되어 MC와 T가 여자된다.
③ MC의 주접점이 폐로되어 오락기계가 작동하게 된다.
④ 타이머 설정시간 t초 후 R이 소자되어 오락기계가 정지된다.

(3)

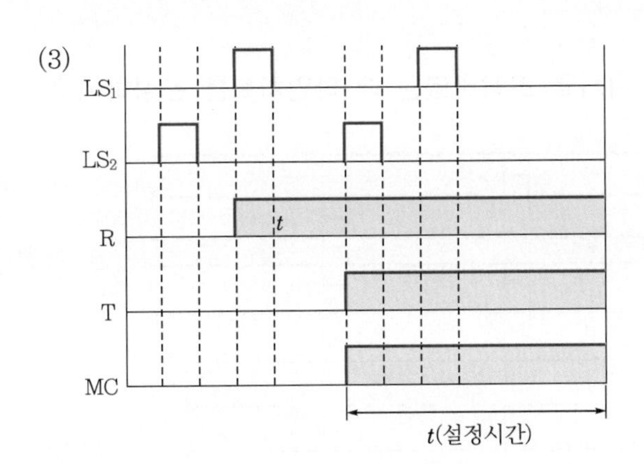

문제 03 산업 93년, 00년 출제

배점 : 16점

다음 회로는 온풍기의 운전회로도이다. 그림을 정확히 이해하고 다음 각 물음에 답하시오.

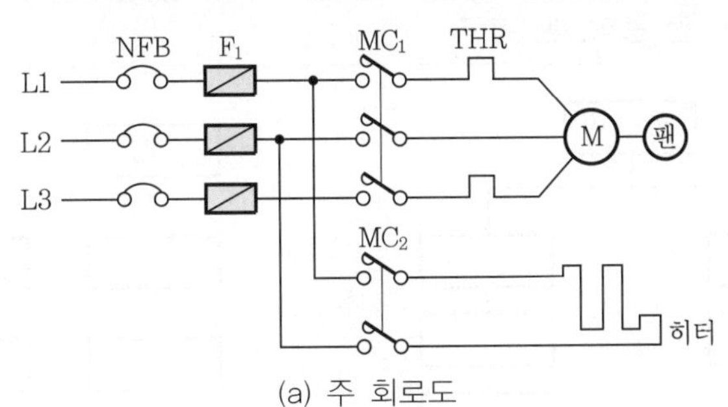

(a) 주 회로도

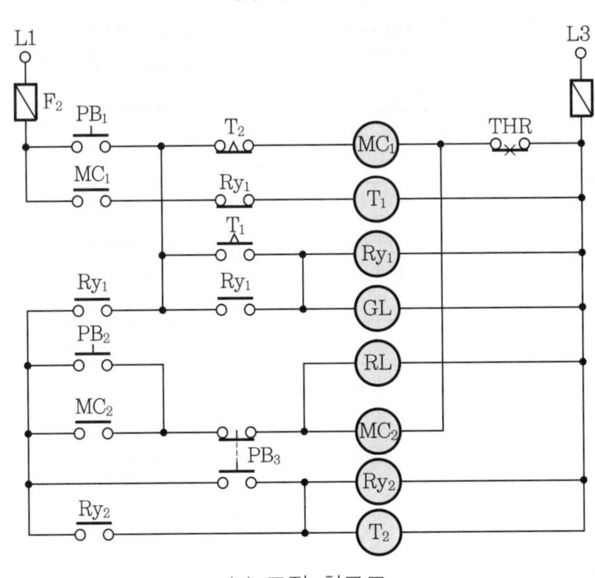

(b) 조작 회로도

(1) 답란에 타임차트와 같이 스위치를 조작하였을 때 타임차트를 완성하시오.

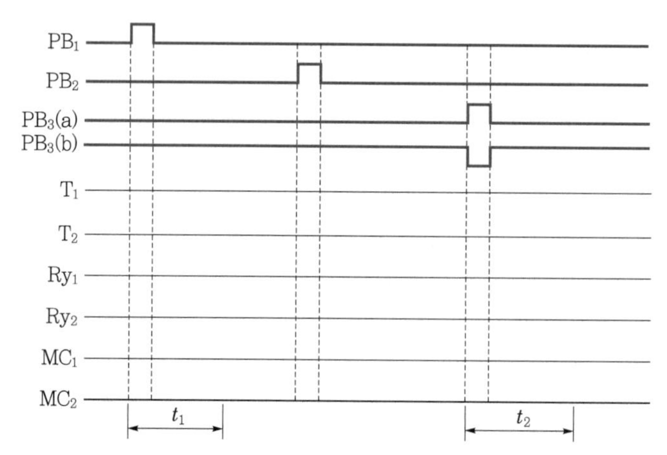

(2) [보기]에서 가장 적당한 것을 골라 동작시험에 대한 답란의 플로차트를 완성하시오.

[보기]
Ry_1 여자, Ry_2 여자, T_1 통전, T_2 통전, MC_1 동작, MC_2 동작, MC_1 복구, MC_2 복구, 히터 동작, 히터 복구, 팬 동작, 팬 복구

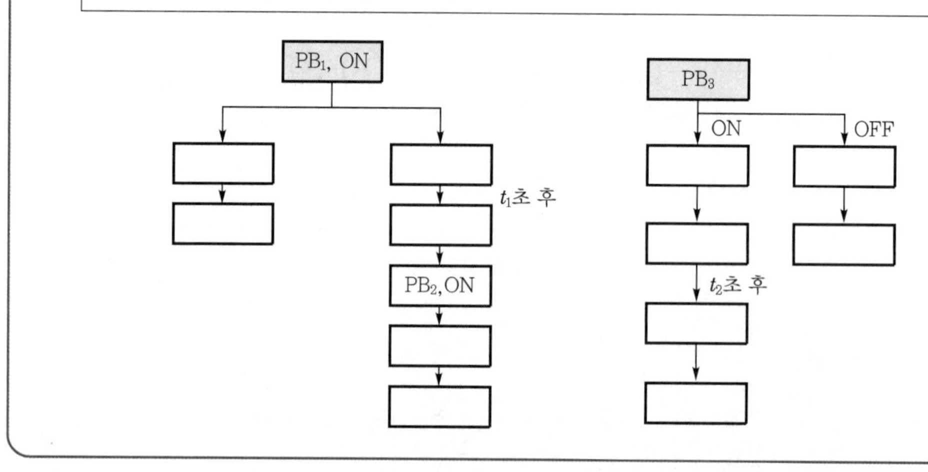

답안 (1)

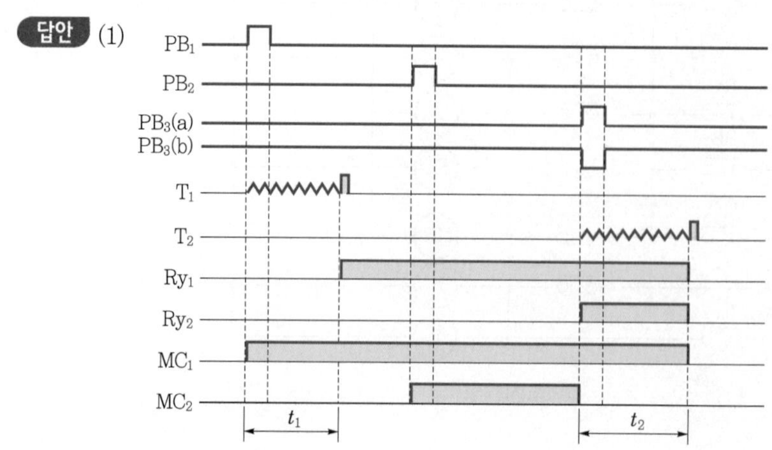

(2)

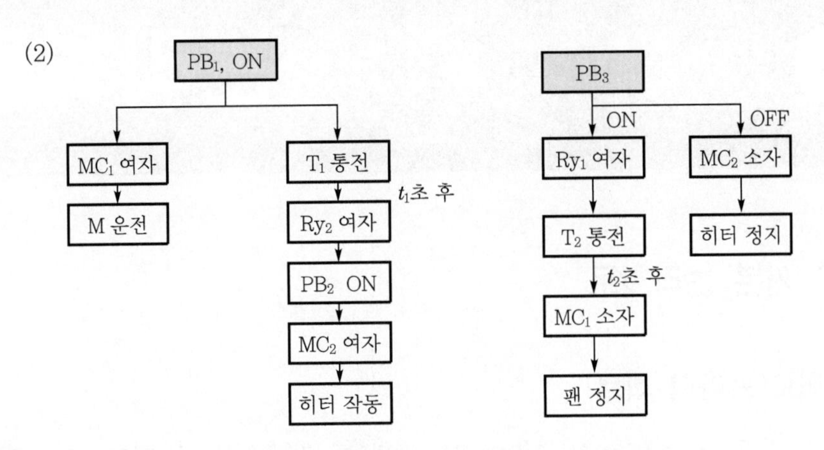

해설 온풍기는 기동 시 가열 방지를 위해 기동 시에는 팬이 작동한 후 히터가 가동되고, 정지 시에는 히터를 정지시키고 냉각시간이 지나면 팬을 정지시킨다.

1990년~최근 출제된 기출 이론 분석 및 유형별 문제

06 CHAPTER 논리회로

기출개념 01 기본 논리회로

1 AND회로(논리적 회로)

입력 A, B가 모두 ON(H)되어야 출력이 ON(H)되고, 그 중 어느 한 단자라도 OFF(L)되면 출력이 OFF(L)되는 회로이다.

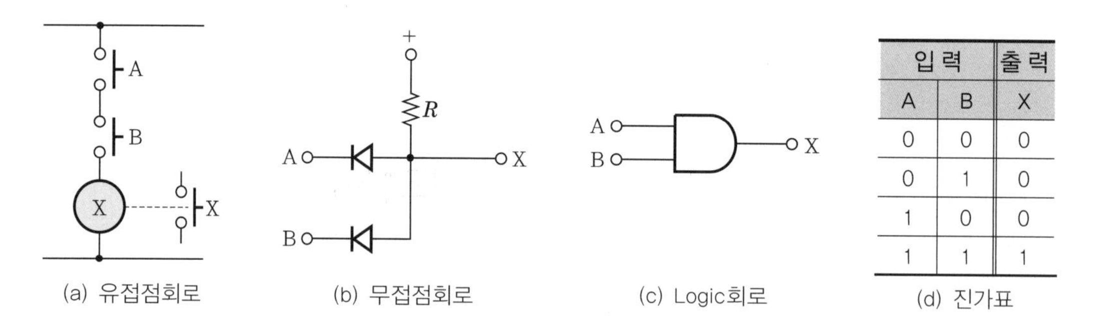

입력		출력
A	B	X
0	0	0
0	1	0
1	0	0
1	1	1

(a) 유접점회로 (b) 무접점회로 (c) Logic회로 (d) 진가표

2 OR회로(논리화 회로)

입력단자 A, B 중 어느 하나라도 ON(H)되면 출력이 ON(H)되고, A, B 모든 단자가 OFF(L)되어야 출력이 OFF(L)되는 회로이다.

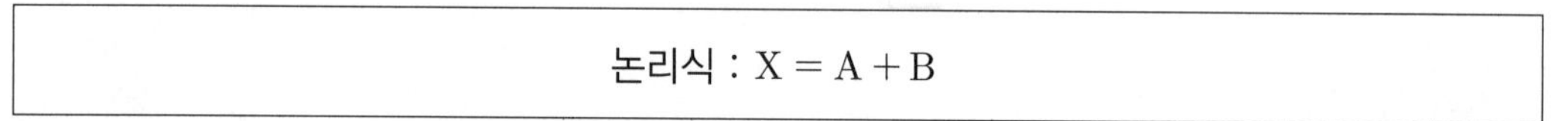

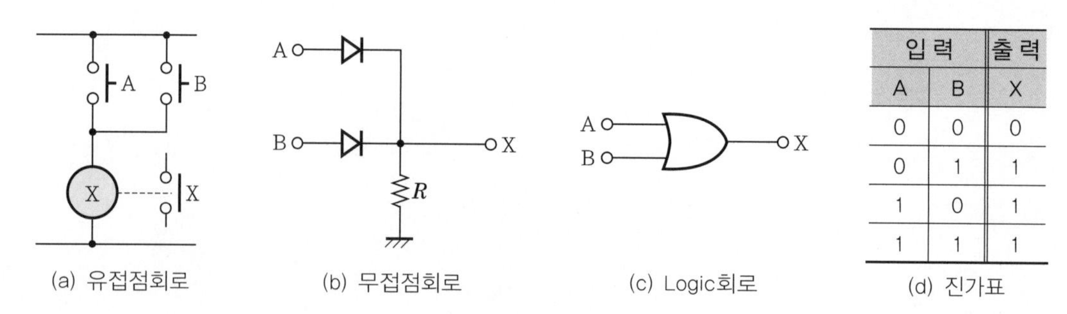

입력		출력
A	B	X
0	0	0
0	1	1
1	0	1
1	1	1

(a) 유접점회로 (b) 무접점회로 (c) Logic회로 (d) 진가표

3 NOT회로(부정회로)

입력이 ON되면 출력이 OFF되고, 입력이 OFF되면 출력이 ON되는 회로이다.

논리식 : $X = \overline{A}$

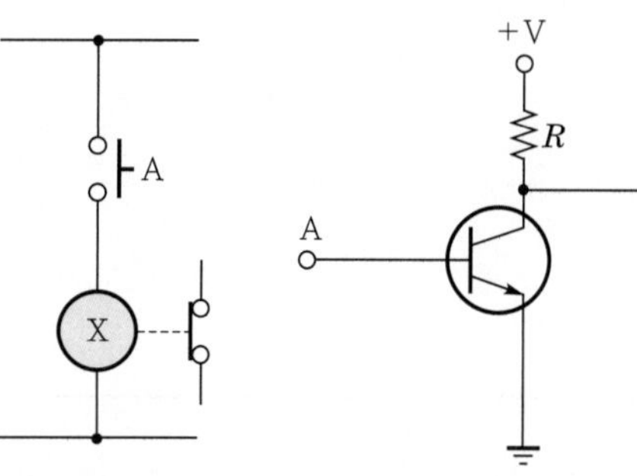

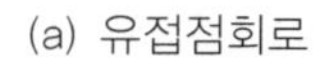

(a) 유접점회로

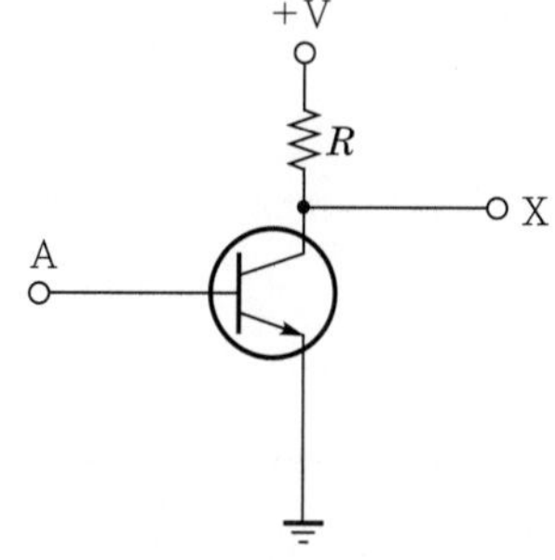

(b) 무접점회로

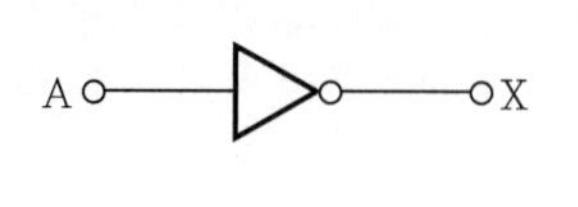

(c) Logic회로

입력	출력
A	X
0	1
1	0

(d) 진가표

4 De Morgan의 법칙

- $\overline{A+B} = \overline{A} \cdot \overline{B}$
- $\overline{A \cdot B} = \overline{A} + \overline{B}$
- $A+B = \overline{\overline{A} \cdot \overline{B}}$
- $A \cdot B = \overline{\overline{A} + \overline{B}}$
- $\overline{\overline{A}} = A$

개념 문제 01 기사 96년 출제

| 배점 : 6점 |

그림 (a)와 같은 논리기호의 PB_1, PB_2 타임차트가 그림 (b)와 같을 때 PL 램프의 타임차트를 그리시오. (단, H는 High로서 ON 상태이며, L은 Low로서 OFF 상태이다.)

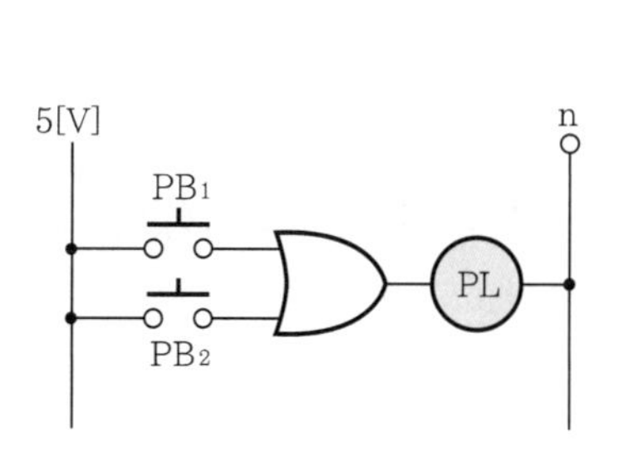

(a) 유접점회로

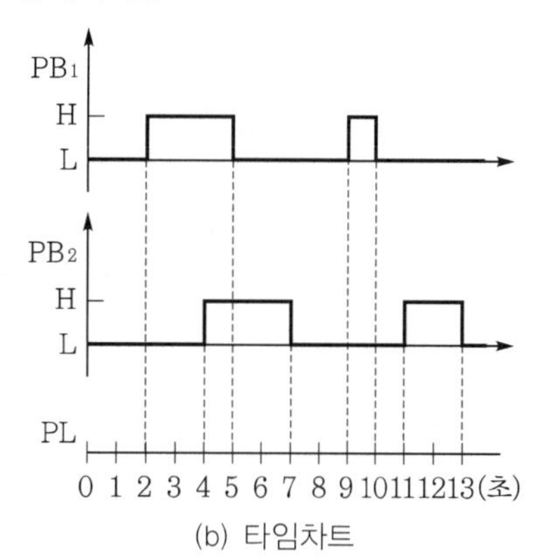

(b) 타임차트

답안

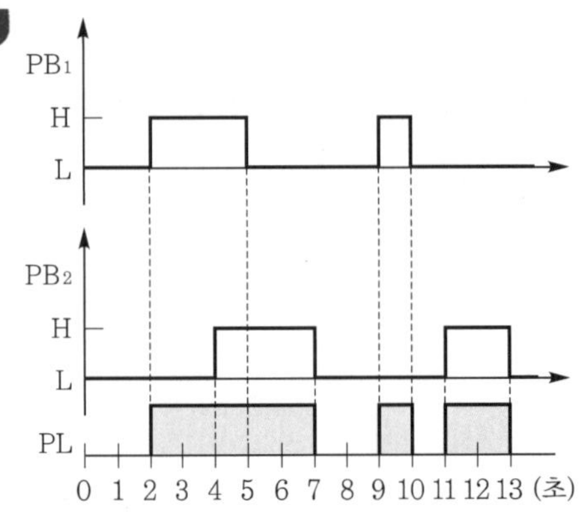

개념 문제 02 기사 05년, 14년 출제

배점 : 3점

다음 그림과 같은 무접점 논리회로에 대응하는 유접점 시퀀스를 그리고 논리식으로 표현하시오.

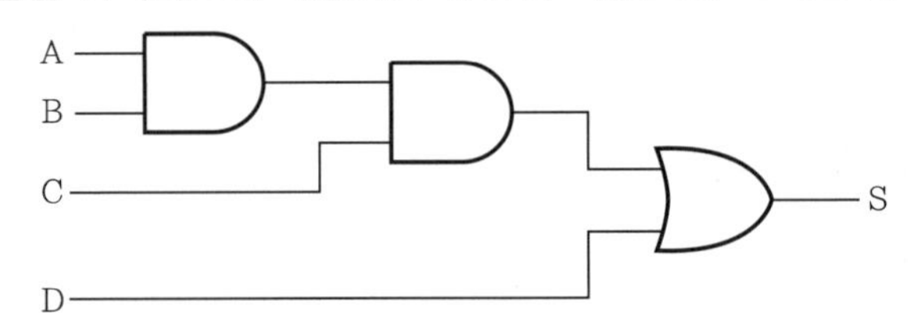

(1) 유접점 시퀀스
(2) 논리식

답안 (1)

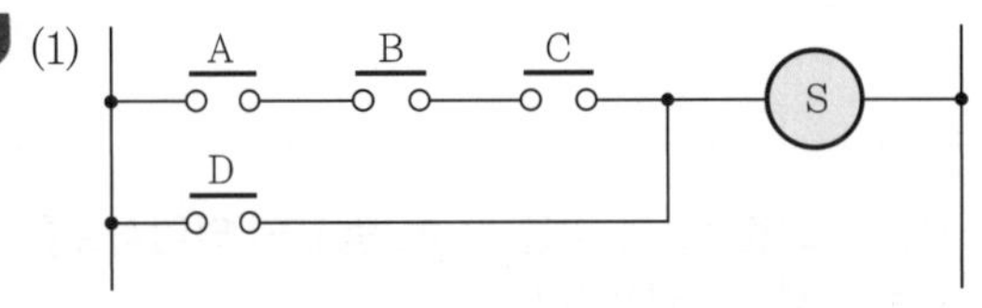

(2) $S = ABC + D$

개념 문제 03 기사 04년, 07년 출제

배점 : 6점

보조 릴레이 A, B, C의 계전기로 출력(H레벨)이 생기는 유접점회로와 무접점회로를 그리시오. (단, 보조 릴레이의 접점은 모두 a접점만을 사용하도록 한다.)

(1) A와 B를 같이 ON하거나 C를 ON할 때 X_1 출력
① 유접점회로
② 무접점회로

(2) A를 ON하고 B 또는 C를 ON할 때 X_2 출력
① 유접점회로
② 무접점회로

답안 (1) ① 유접점회로

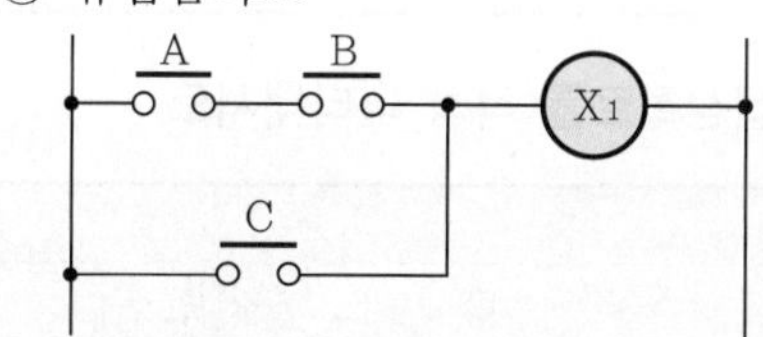

② 무접점회로

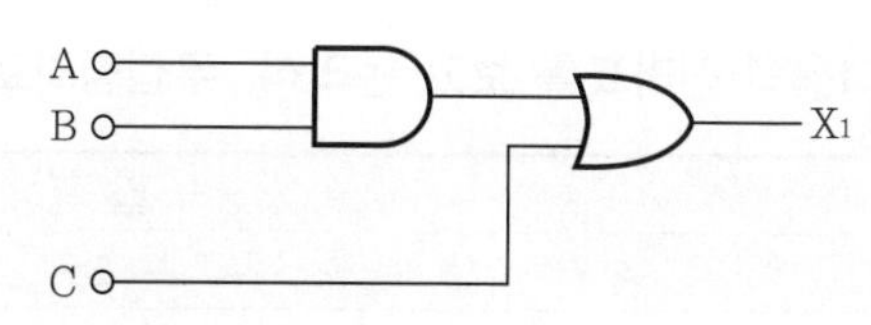

(2) ① 유접점회로

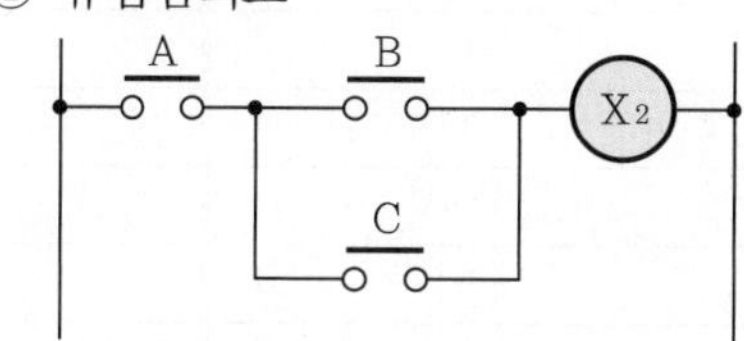

② 무접점회로

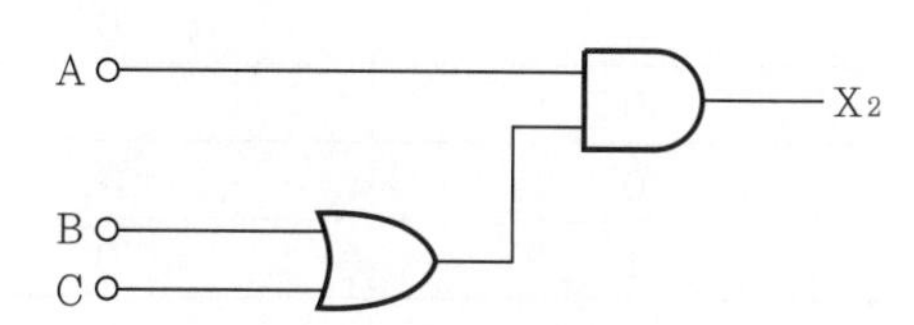

개념 문제 04 기사 13년 출제

| 배점 : 5점 |

다음 논리식을 유접점회로와 무접점회로로 나타내시오.

논리식 : $X = A \cdot \overline{B} + (\overline{A} + B) \cdot \overline{C}$

(1) 유접점회로
(2) 무접점회로

답안 (1)

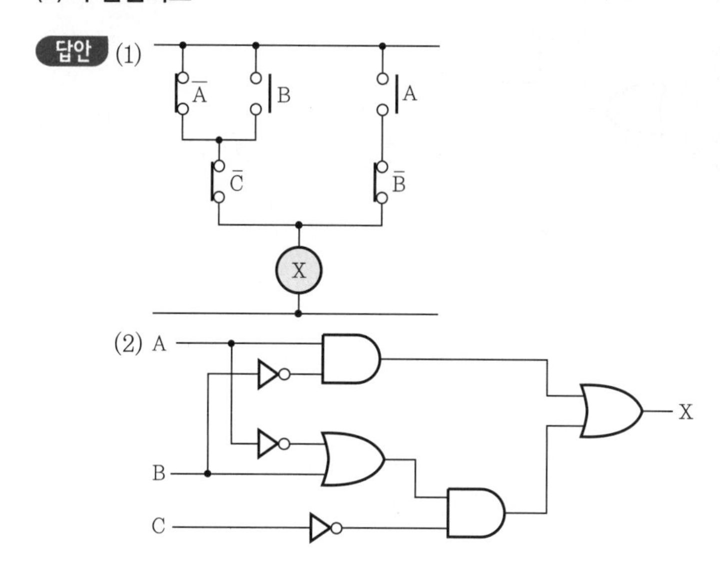

개념 문제 05 기사 12년 출제 | 배점 : 5점 |

다음의 진리표를 보고 논리식, 무접점회로와 유접점회로를 각각 나타내시오.

입 력			출 력
A	B	C	X
0	0	0	0
0	0	1	0
0	1	0	0
0	1	1	0
1	0	0	1
1	0	1	0
1	1	0	0
1	1	1	1

(1) 논리식을 간략화하여 나타내시오.
(2) 무접점회로
(3) 유접점회로

답안 (1) $X = A\overline{B}\,\overline{C} + ABC = A(\overline{B}\,\overline{C} + BC)$

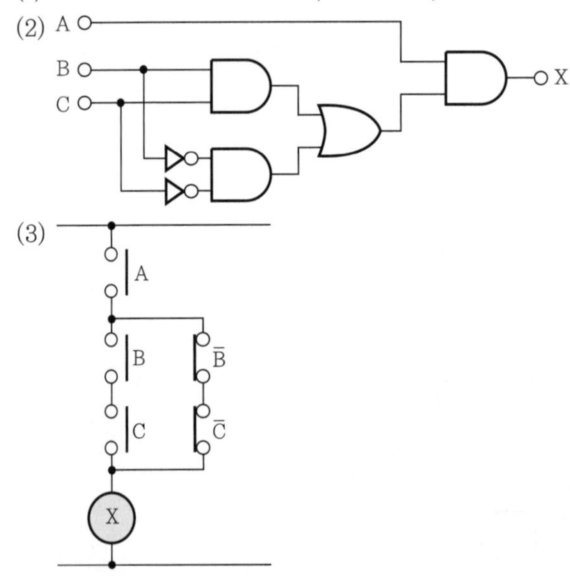

개념 문제 06 기사 06년, 17년 출제

배점 : 6점

그림과 같은 논리회로를 이용하여 다음 각 물음에 답하시오.

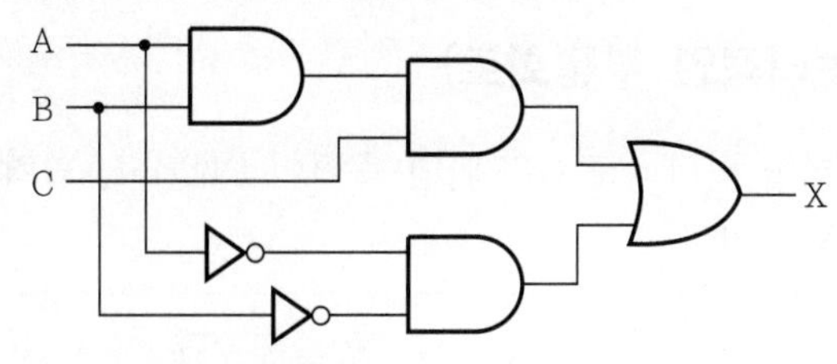

(1) 주어진 논리회로를 논리식으로 표현하시오.

(2) 논리회로의 동작 상태를 다음의 타임차트에 나타내시오.

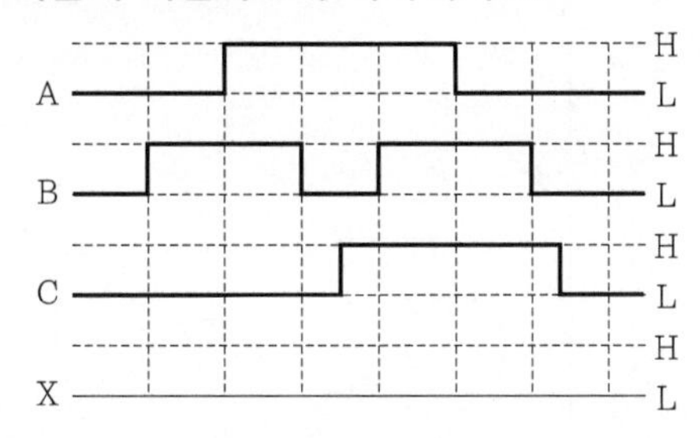

(3) 다음과 같은 진리표를 완성하시오. (단, L은 Low이고, H는 High이다.)

A	L	L	L	L	H	H	H	H
B	L	L	H	H	L	L	H	H
C	L	H	L	H	L	H	L	H
X								

답안 (1) $X = A \cdot B \cdot C + \overline{A} \cdot \overline{B}$

(2)

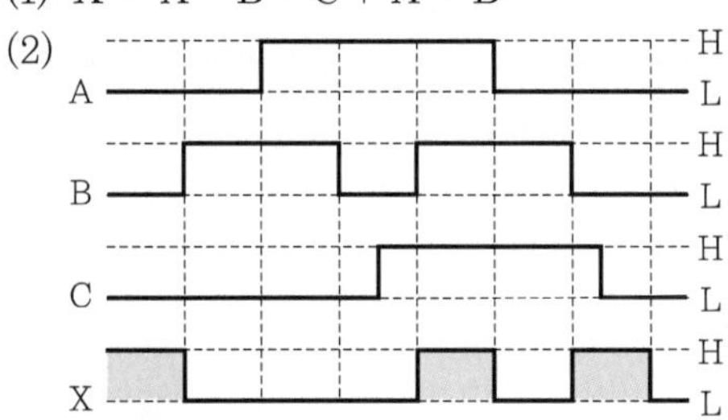

(3)

A	L	L	L	L	H	H	H	H
B	L	L	H	H	L	L	H	H
C	L	H	L	H	L	H	L	H
X	H	H	L	L	L	L	L	H

기출개념 02 조합 논리회로

1 NAND회로(논리적인 부정회로)

입력단자 A, B 중 어느 하나라도 OFF되면 출력이 ON되고, 입력단자 A, B 모두가 ON되어야 출력이 OFF되는 회로이다.

논리식 : $X = \overline{A \cdot B}$

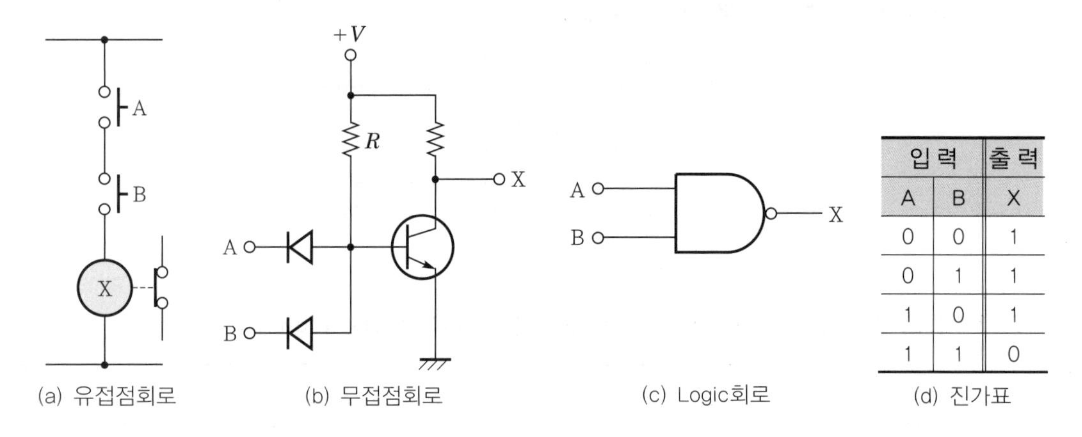

입력		출력
A	B	X
0	0	1
0	1	1
1	0	1
1	1	0

(a) 유접점회로 (b) 무접점회로 (c) Logic회로 (d) 진가표

2 NOR회로(논리화 부정회로)

입력 A, B 중 모두 OFF되어야 출력이 ON되고 그 중 어느 입력단자 하나라도 ON되면 출력이 OFF되는 회로이다.

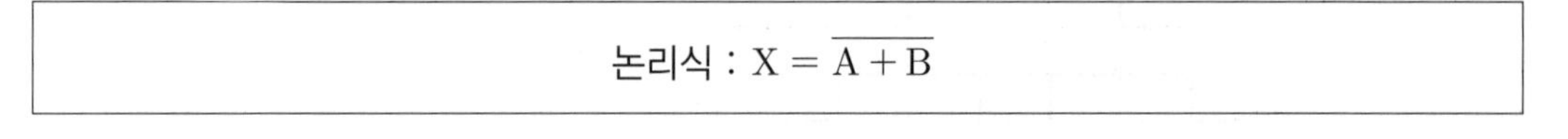

논리식 : $X = \overline{A + B}$

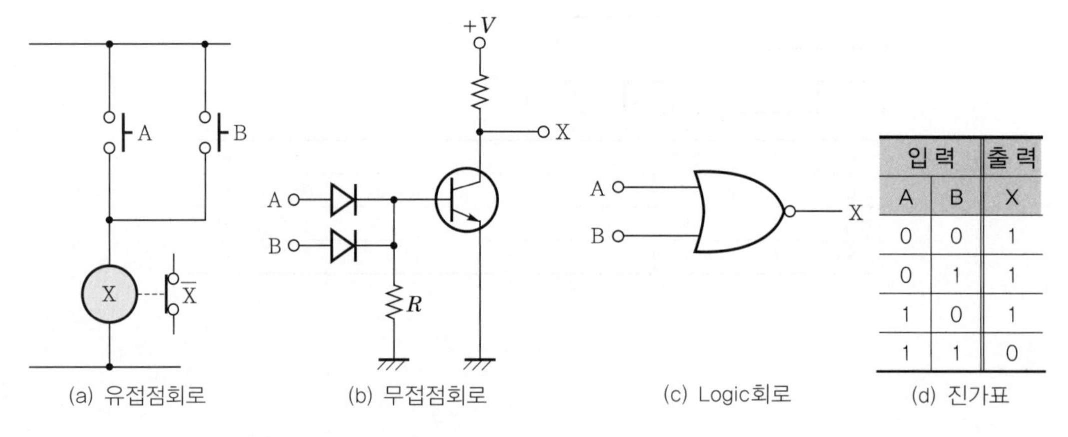

입력		출력
A	B	X
0	0	1
0	1	1
1	0	1
1	1	0

(a) 유접점회로 (b) 무접점회로 (c) Logic회로 (d) 진가표

개념 문제 01 기사 03년, 05년, 11년, 19년 출제

| 배점 : 5점 |

주어진 논리회로의 출력을 입력변수로 나타내고, 이 식을 AND, OR, NOT 소자만의 논리회로로 변환하여 논리식과 논리회로를 그리시오.

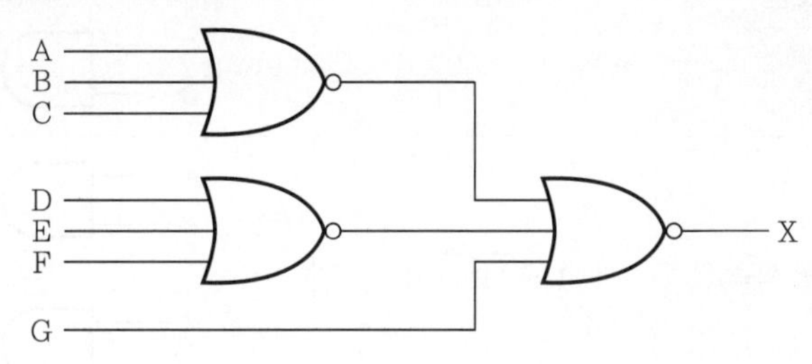

(1) 논리식
(2) 등가회로

답안

(1) $X = \overline{\overline{(A+B+C)} + \overline{(D+E+F)} + G}$

$= \overline{\overline{(A+B+C)}} \cdot \overline{\overline{(D+E+F)}} \cdot \overline{G}$

$= (A+B+C) \cdot (D+E+F) \cdot \overline{G}$

(2)

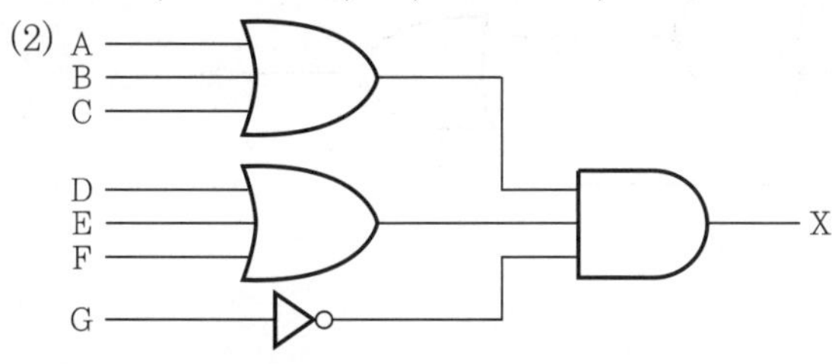

개념 문제 02 기사 03년, 09년, 10년, 11년, 15년 출제

| 배점 : 4점 |

그림과 같은 유접점회로를 무접점회로로 바꾸고, 이 논리회로를 NAND만의 회로로 변환하시오.

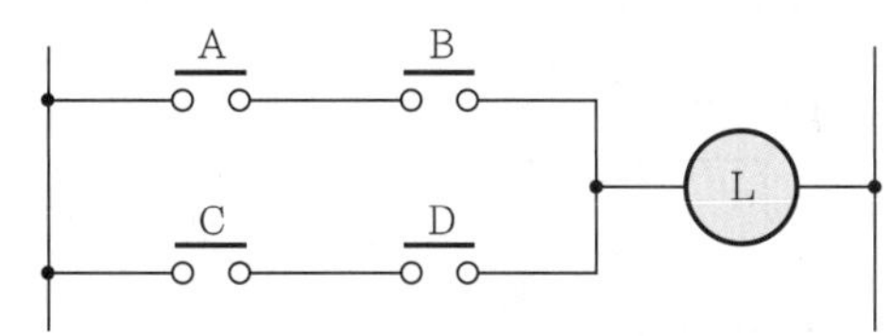

구 분	논리식	회로도
무접점회로		
NAND만의 회로		

답안

구 분	논리식	회로도
무접점회로	$L = AB + CD$	
NAND만의 회로	$L = \overline{\overline{AB} \cdot \overline{CD}}$	

개념 문제 03 기사 11년 출제 | 배점 : 5점 |

다음 논리회로에 대한 물음에 답하시오.

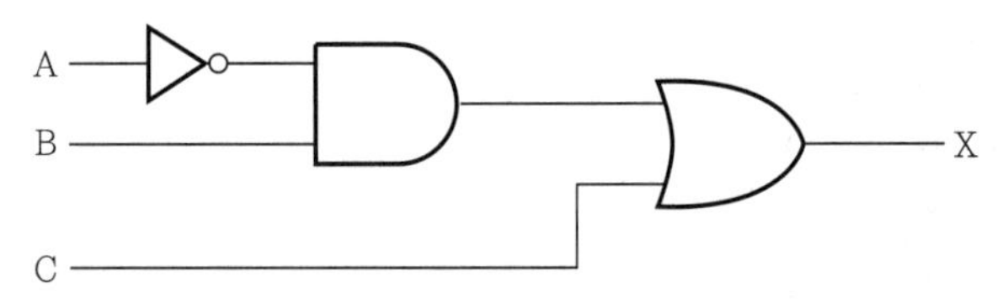

(1) NOR만의 회로를 그리시오.
(2) NAND만의 회로를 그리시오.

답안

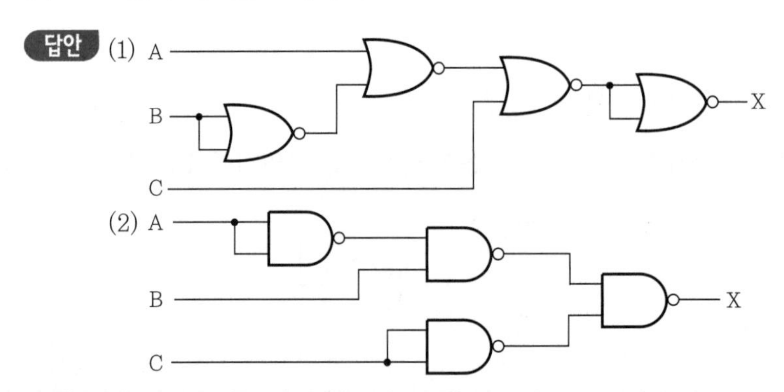

해설 논리식 : $X = \overline{A} \cdot B + C$

$= \overline{\overline{\overline{A} \cdot B + C}}$

$= \overline{\overline{\overline{A} \cdot B} \cdot \overline{C}}$ → NAND회로 논리식

$= \overline{A + \overline{B} \cdot \overline{C}}$

$= \overline{A + \overline{\overline{B} + C}}$

$= \overline{\overline{\overline{A + \overline{\overline{B} + C}}}}$ → NOR회로 논리식

개념 문제 04 기사 03년, 09년 출제 | 배점 : 7점 |

다음은 어느 계전기 회로의 논리식이다. 이 논리식을 이용하여 다음 각 물음에 답하시오. (단, 여기에서 A, B, C는 입력이고, X는 출력이다.)

논리식 : $X = (A+B)\cdot\overline{C}$

(1) 이 논리식을 로직을 이용한 시퀀스도(논리회로)로 나타내시오.
(2) (1)에서 로직 시퀀스도로 표현된 것을 2입력 NAND gate만으로 등가 변환하시오.
(3) (1)에서 로직 시퀀스도로 표현된 것을 2입력 NOR gate만으로 등가 변환하시오.

답안

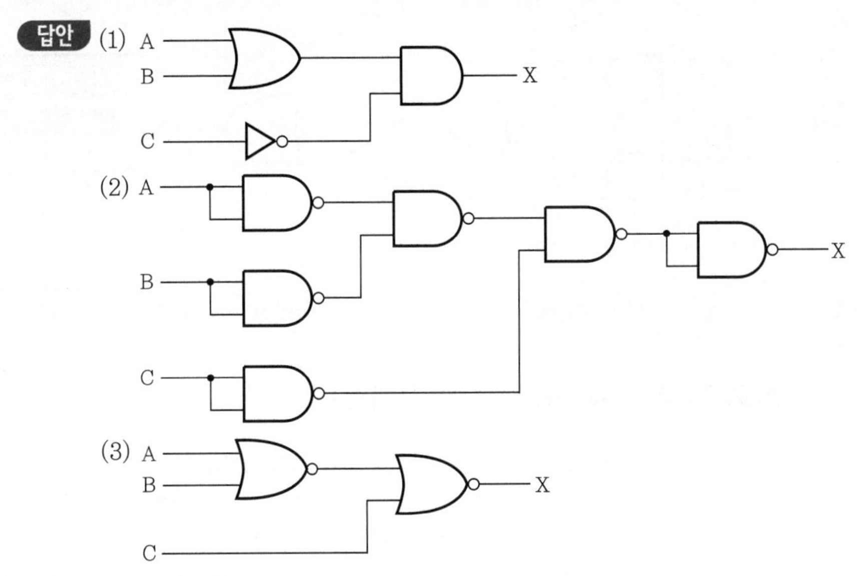

해설

(2) 논리식 :
$$\begin{aligned} X &= (A+B)\cdot\overline{C} \\ &= \overline{\overline{(A+B)\cdot\overline{C}}} \\ &= \overline{\overline{A+B}+C} \\ &= \overline{\overline{A}\cdot\overline{B}}\cdot\overline{C} \\ &= \overline{\overline{\overline{\overline{A}\cdot\overline{B}}\cdot\overline{C}}} \end{aligned}$$

(3) 논리식 :
$$\begin{aligned} X &= (A+B)\cdot\overline{C} \\ &= \overline{\overline{(A+B)\cdot\overline{C}}} \\ &= \overline{\overline{A+B}+C} \end{aligned}$$

3 Exclusive OR회로(배타 OR회로, 반일치회로)

A, B 두 개의 입력 중 어느 하나만 입력할 때 출력이 ON 상태가 나오는 회로를 Exclusive OR회로라 한다.

논리식 : $X = \overline{A}B + A\overline{B} = \overline{AB}(A+B)$

간이화된 논리식 : $X = A \oplus B$

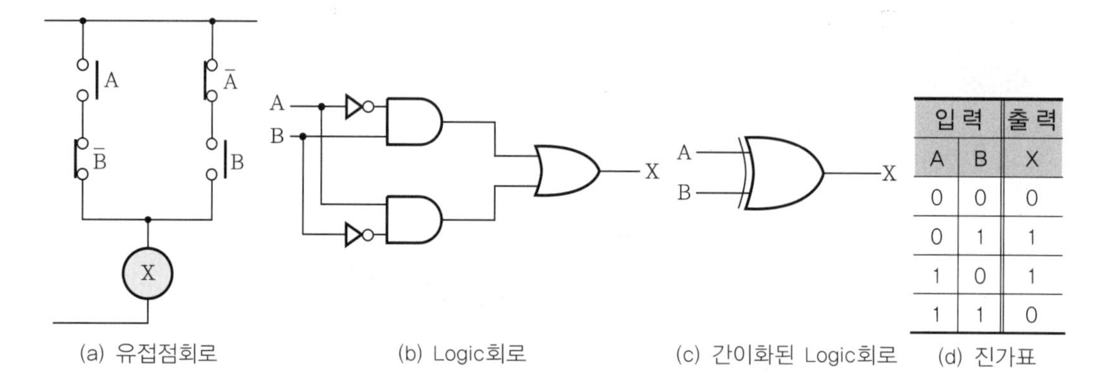

입력		출력
A	B	X
0	0	0
0	1	1
1	0	1
1	1	0

(a) 유접점회로 (b) Logic회로 (c) 간이화된 Logic회로 (d) 진가표

4 Exclusive NOR회로(배타 NOR회로, 일치회로)

입력 접점 A, B가 모두 ON되거나 모두 OFF될 때 출력이 ON 상태가 되는 회로

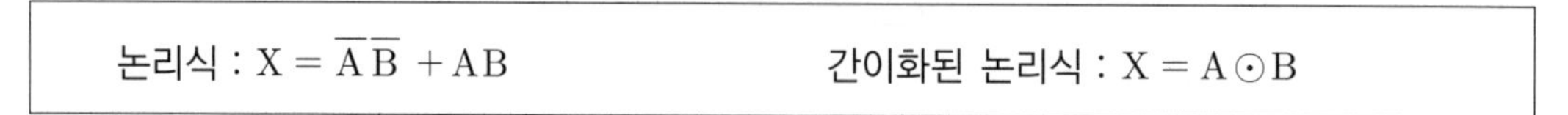

논리식 : $X = \overline{A}\,\overline{B} + AB$

간이화된 논리식 : $X = A \odot B$

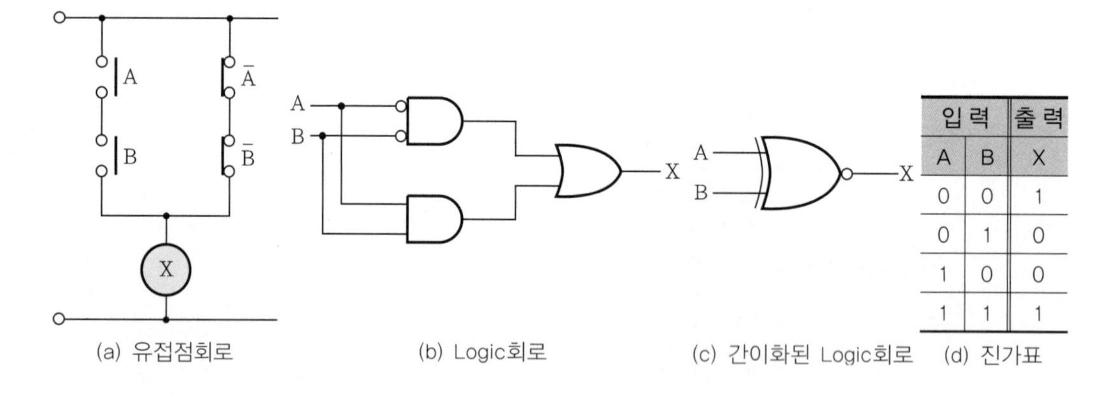

입력		출력
A	B	X
0	0	1
0	1	0
1	0	0
1	1	1

(a) 유접점회로 (b) Logic회로 (c) 간이화된 Logic회로 (d) 진가표

개념 문제 01 기사 02년, 04년, 13년, 14년, 15년 출제 | 배점 : 5점 |

다음 회로를 이용하여 각 물음에 답하시오.

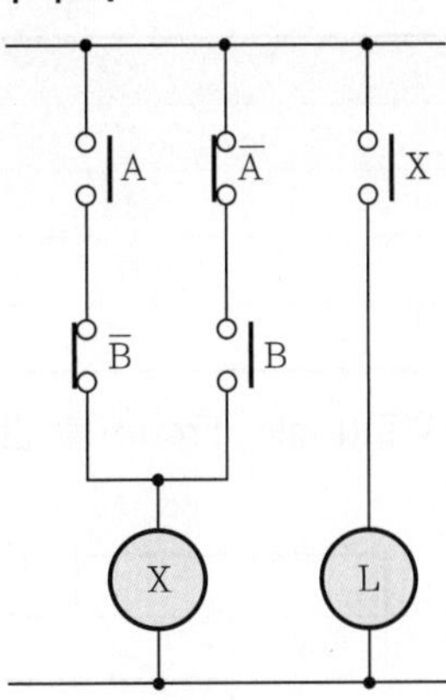

(1) 그림과 같은 회로의 명칭을 쓰시오.
(2) 논리식을 쓰시오.
(3) 무접점 논리회로를 그리시오.

답안 (1) Exclusive OR(반일치회로)

(2) $X = A\overline{B} + \overline{A}B$

$L = X$

(3)

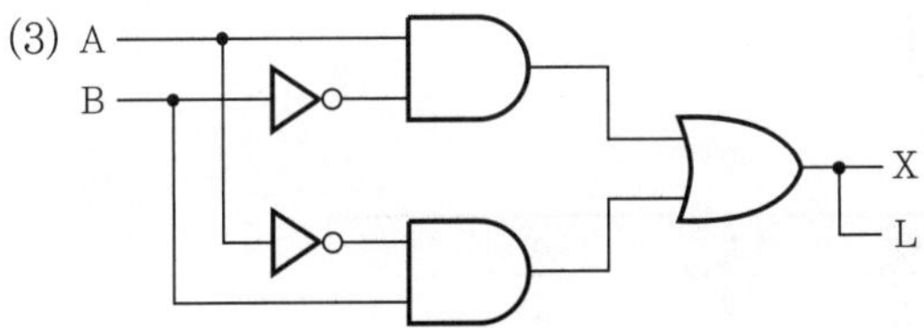

개념 문제 02 기사 04년, 07년, 08년 출제 | 배점 : 7점 |

그림과 같은 릴레이 시퀀스도를 이용하여 다음 각 물음에 답하시오.

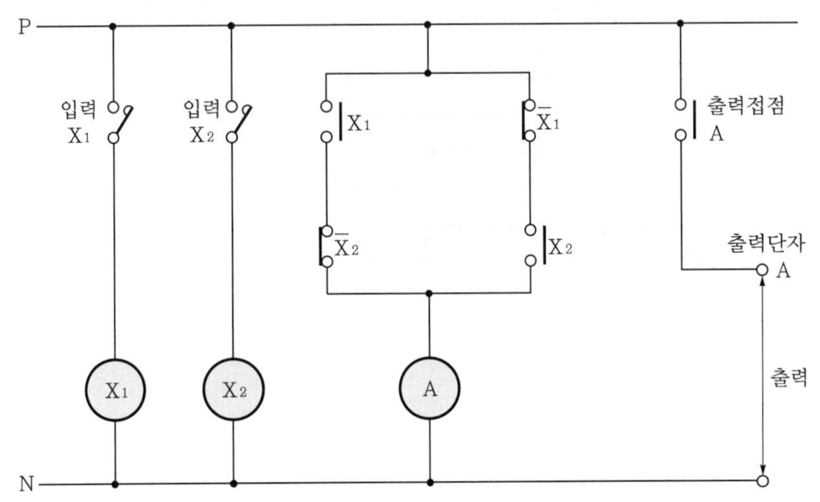

(1) AND, OR, NOT 등의 논리 심벌을 이용하여 주어진 릴레이 시퀀스도를 논리회로로 바꾸어 그리시오.
(2) (1)에서 작성된 회로에 대한 논리식을 쓰시오.
(3) 논리식에 대한 진가표를 완성하시오.

X_1	X_2	A
0	0	
0	1	
1	0	
1	1	

(4) 진가표를 만족할 수 있는 논리회로(logic circuit)를 간소화하여 그리시오.
(5) 주어진 타임차트를 완성하시오.

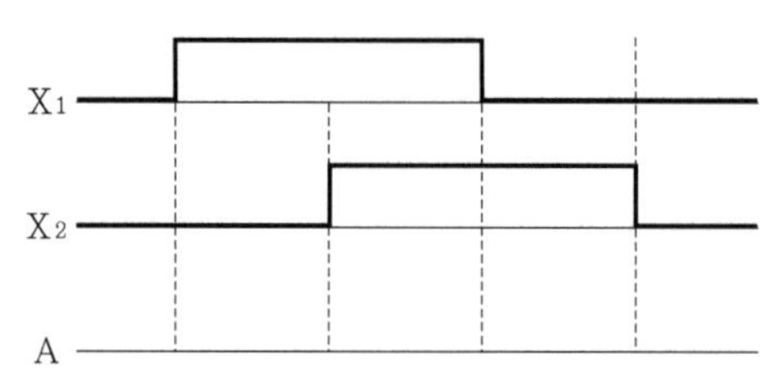

답안 (1)

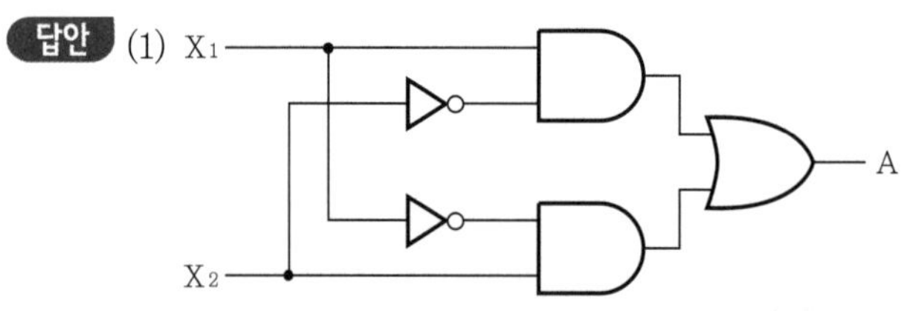

(2) $A = X_1\overline{X_2} + \overline{X_1}X_2$

(3)

X_1	X_2	A
0	0	0
0	1	1
1	0	1
1	1	0

(4)

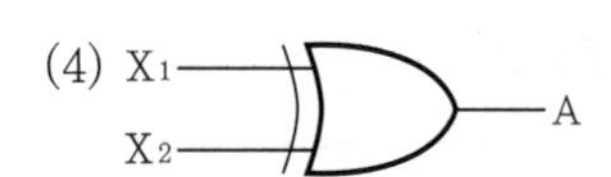

(5)

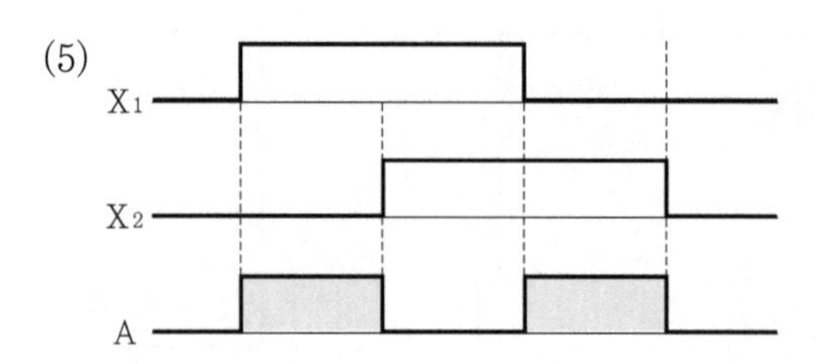

개념 문제 03 기사 20년 출제 | 배점 : 5점 |

그림과 같은 논리회로를 보고 다음 물음에 답하시오.

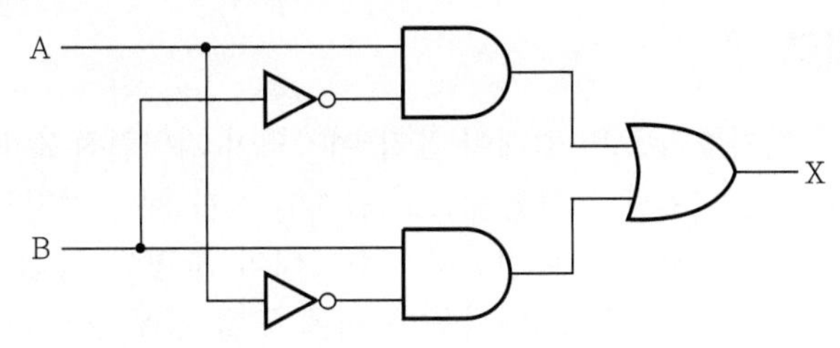

(1) 명칭을 쓰시오.
(2) 출력식을 쓰시오.
(3) 진리표를 완성하시오.

A	B	X
0	0	
0	1	
1	0	
1	1	

답안 (1) Exclusive OR(반일치회로)

(2) $X = A\overline{B} + \overline{A}B$

(3) 진리표

A	B	X
0	0	0
0	1	1
1	0	1
1	1	0

기출개념 03 여러 가지 논리회로

1 정지우선회로

① SET버튼 스위치를 누르면 릴레이 Ⓧ가 여자되어 기억접점 X와 출력접점 X가 ON된다.
② SET버튼이 복귀되어도 기억접점 X로 릴레이 Ⓧ를 계속 여자시키므로 출력이 나온다.
③ RESET버튼 스위치를 누르면 Ⓧ가 소자되어 출력이 끊긴다.
④ 만일 SET와 RESET버튼 스위치를 동시에 누를 경우 이 기억회로는 출력이 나오지 않는다. 따라서 이것을 정지우선회로 또는 RESET우선회로라고 한다.

논리식 : $X = (SET + X)\overline{RESET}$

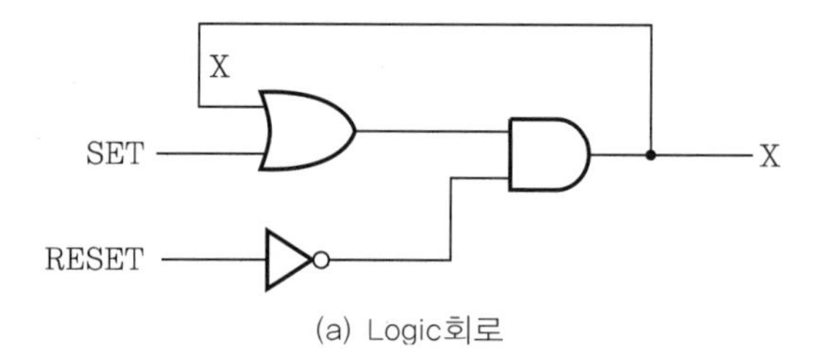

(a) Logic회로

(b) 유접점회로

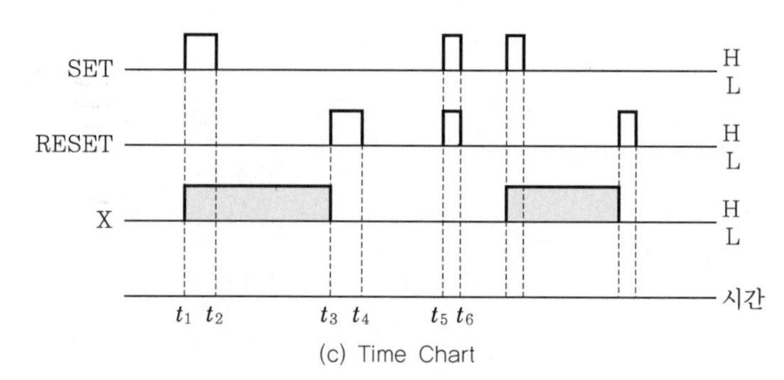

(c) Time Chart

2 기동우선회로

이 회로는 SET와 RESET버튼을 동시에 누르면 출력이 끊기지 않고 계속 나오는 기동우선 즉 SET우선이 된다. 이와 같은 회로는 정보회로에 사용된다.

논리식 : $X = SET + (X \cdot \overline{RESET})$

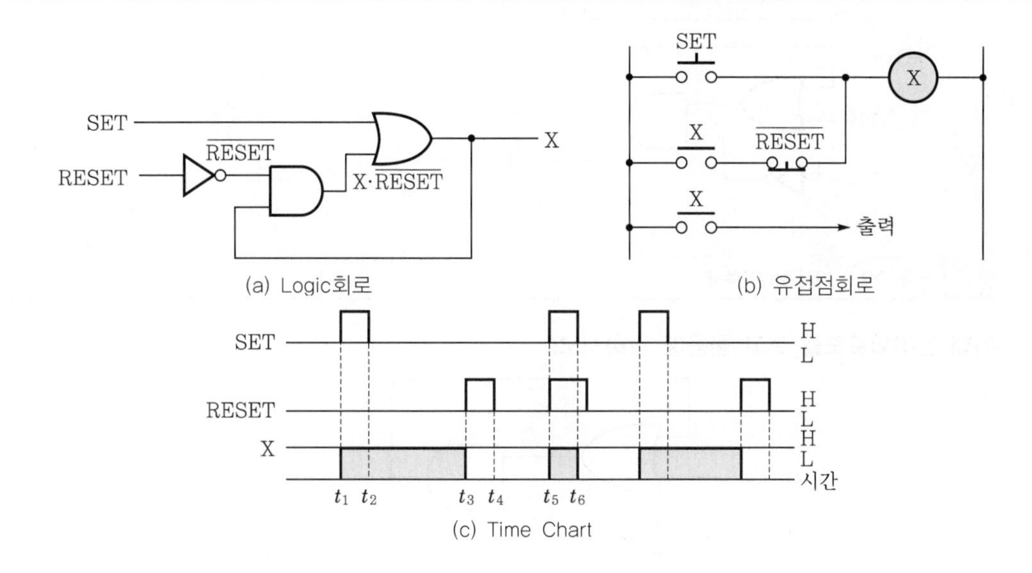

(a) Logic회로 (b) 유접점회로

(c) Time Chart

개념 문제 01 기사 94년 출제 | 배점 : 10점 |

다음 그림을 보고 각 물음에 답하시오.

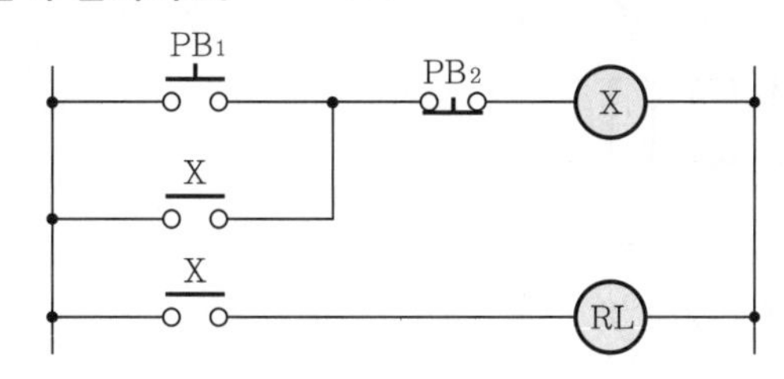

(1) 그림과 같은 회로를 무슨 회로라 하는가?

(2) 그림을 논리식으로 나타내고 또 타임차트를 완성하시오.

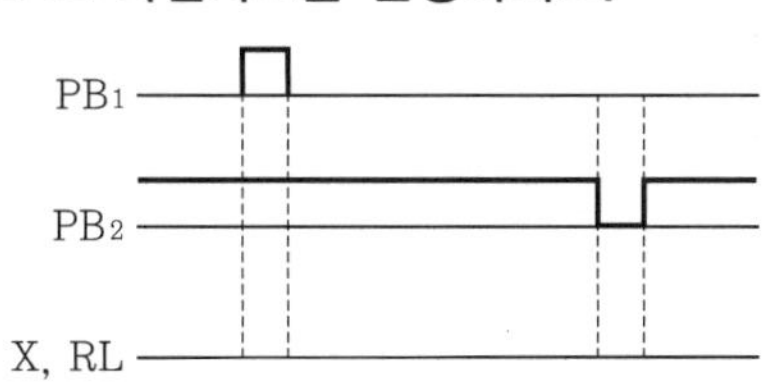

(3) AND, OR, NOT의 기본 논리회로를 이용하여 무접점 논리회로로 그리시오.

답안 (1) 정지우선회로

(2) $X = (PB_1 + X)\overline{PB_2}$, $RL = X$

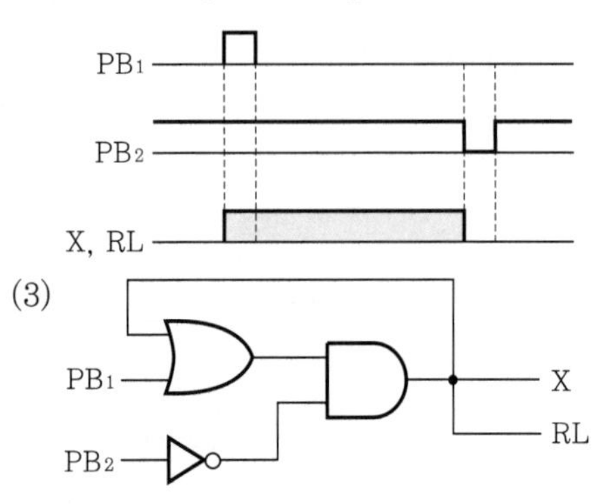

(3)

개념 문제 02 기사 19년 출제 | 배점 : 6점 |

아래 논리회로도를 보고 물음에 답하시오.

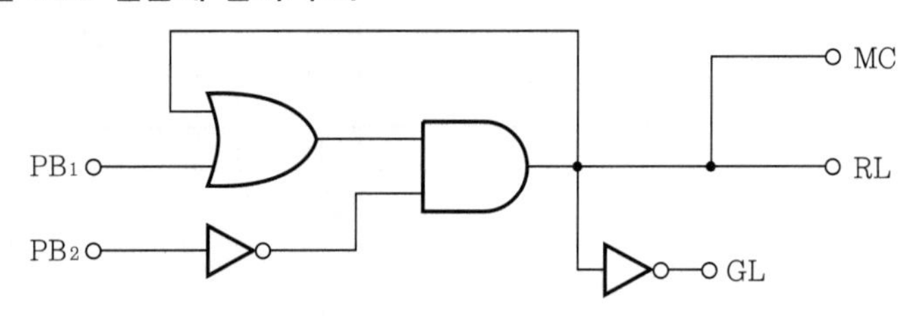

(1) 다음 시퀀스회로도를 완성하시오.

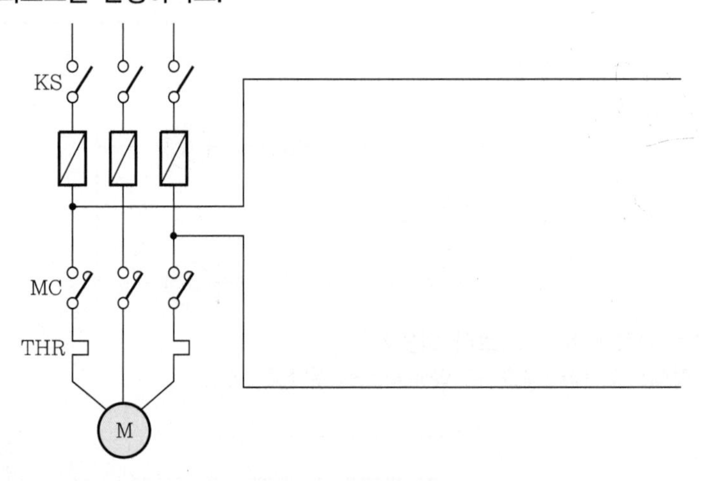

(2) 다음 논리식을 쓰시오.

- MC :
- RL :
- GL :

답안 (1)

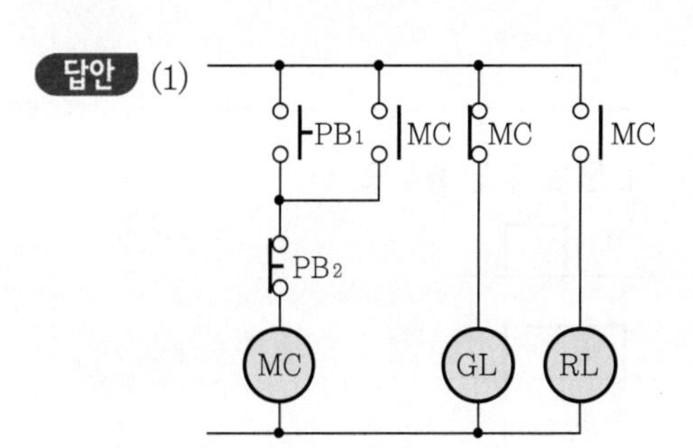

(2) • $MC = (PB_1 + MC)\overline{PB_2}$

• $RL = MC$

• $GL = \overline{MC}$

3 선입력우선회로(인터록회로)

이 회로는 먼저 들어간 것이 우선 동작하는 회로이다. 상대측의 NOT회로를 통하여 AND 입력에 접속된 것이며 주로 전동기의 정역운전회로에 잘 이용된다. 그림은 2입력 인터록회로를 나타낸 것으로 그 논리식은 다음과 같다.

$$논리식 : \begin{cases} X_A = A\overline{X_B} \\ X_B = B\overline{X_A} \end{cases}$$

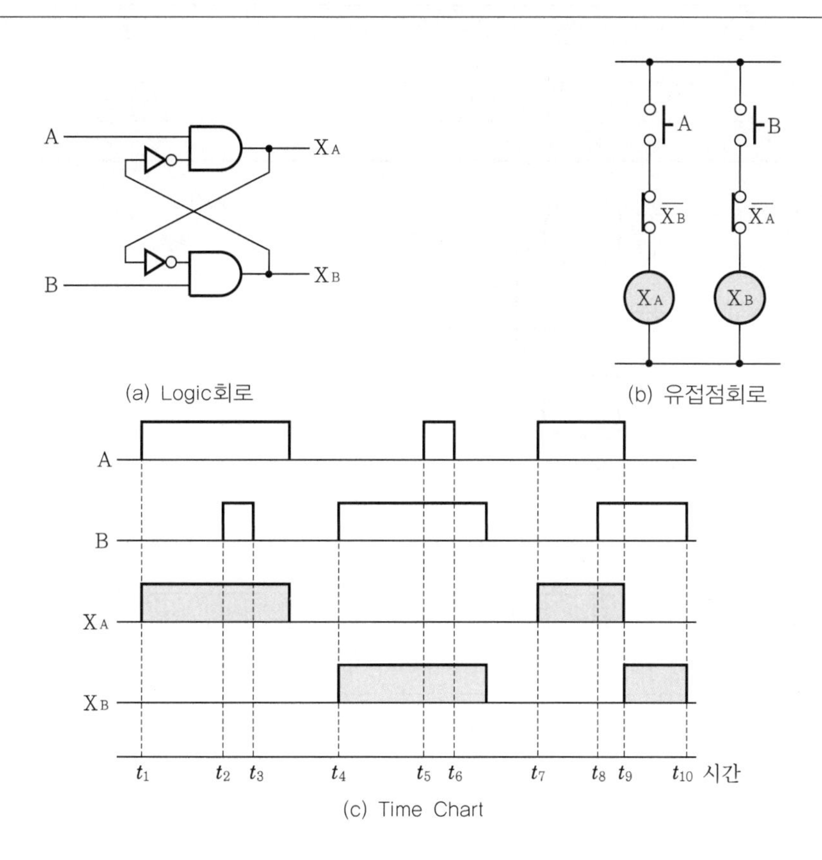

(a) Logic회로

(b) 유접점회로

(c) Time Chart

개념 문제 기사 17년 출제

배점 : 6점

그림은 릴레이 인터록회로이다. 이 그림을 보고 다음 각 물음에 답하시오.

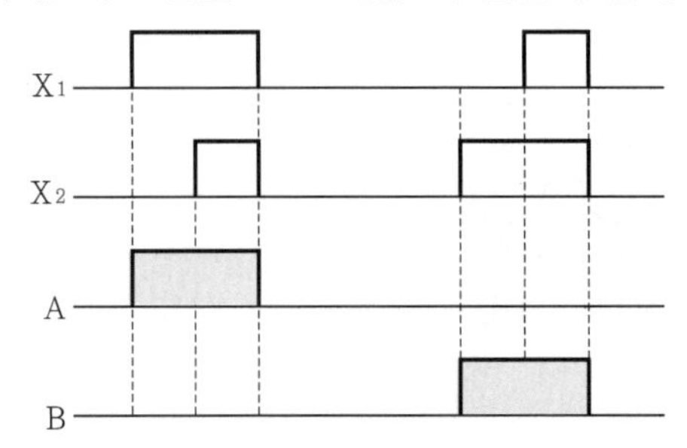

(1) 이 회로를 논리회로로 고쳐서 완성하시오.

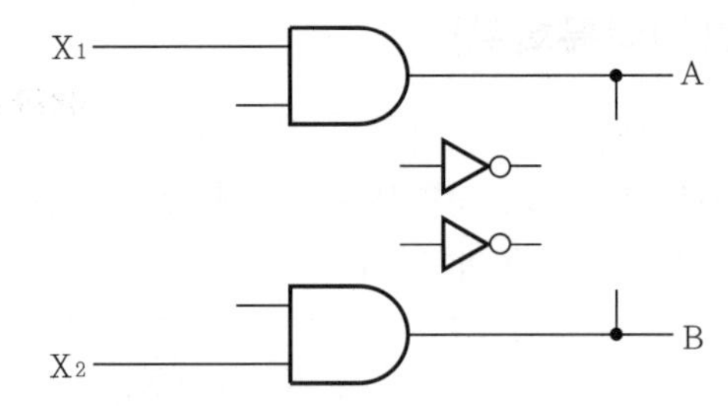

(2) 논리식을 쓰고 진리표를 완성하시오.

X_1	X_2	A	B
0	0		
0	1		
1	0		

답안 (1)

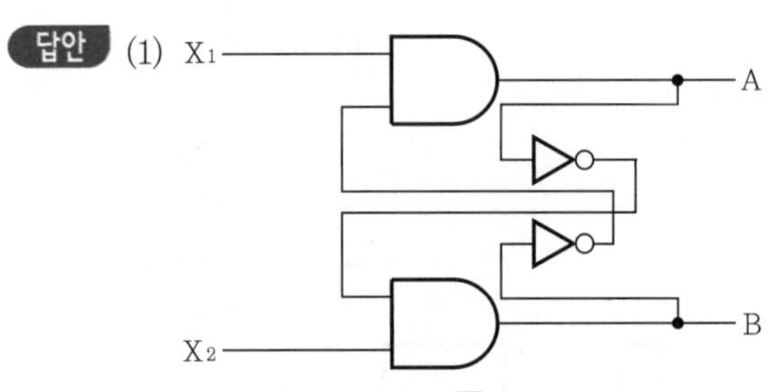

(2) • 논리식 : $A = X_1\overline{B}$

$B = X_2\overline{A}$

• 진리표

X_1	X_2	A	B
0	0	0	0
0	1	0	1
1	0	1	0

4 순차동작회로

순차동작회로란 기억회로를 포함하여 전원측으로부터 입력이 순차적으로 들어가야 순차적으로 출력이 나오게 되는 제어회로를 말한다.

> 논리식 : $X_A = \overline{STP} \cdot (A + X_A)$
> $X_B = \overline{STP} \cdot (A + X_A) \cdot (B + X_B) = X_A \cdot (B + X_B)$
> $X_C = \overline{STP} \cdot (A + X_A) \cdot (B + X_B) \cdot (C + X_C) = X_B \cdot (C + X_C)$

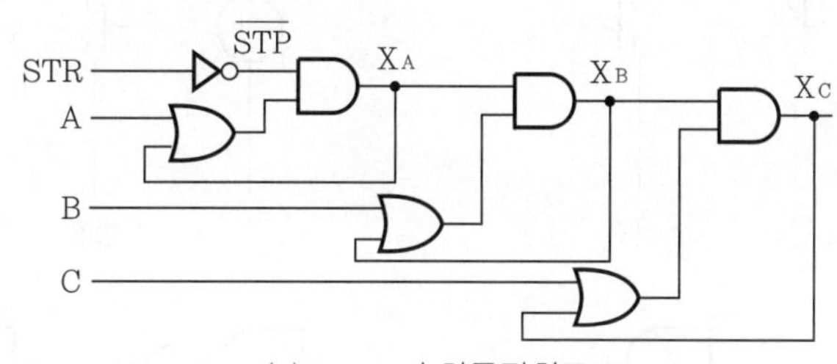

(a) Logic 순차동작회로

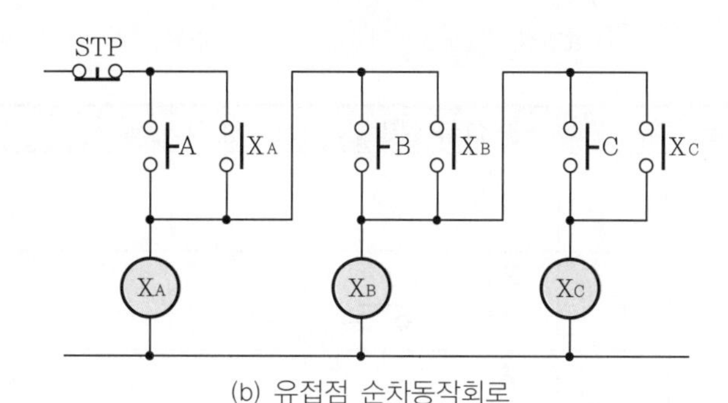

(b) 유접점 순차동작회로

개념 문제 산업 15년 출제 | 배점 : 5점 |

무접점 제어회로의 출력 Z에 대한 논리식을 입력요소가 모두 나타나도록 전개하시오. (단, A, B, C, D는 푸시버튼 스위치 입력이다.)

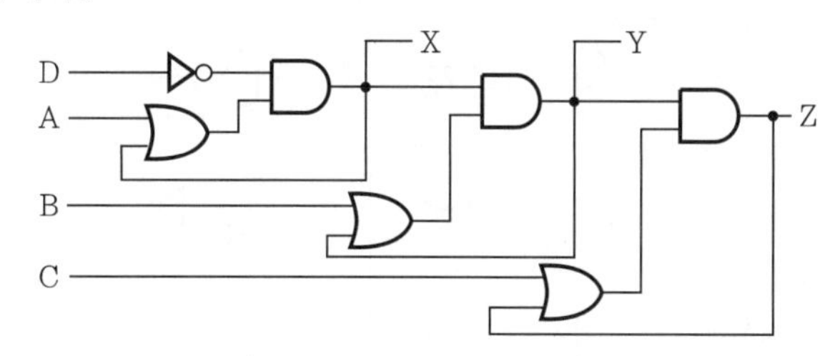

답안 $Z = \overline{D}(A + X)(B + Y)(C + Z)$

5 타이머 논리(logic)회로

입력신호의 변화시간보다 정해진 시간만큼 뒤져서 출력신호의 변화가 나타나는 회로를 한시회로라 하며 접점이 일정한 시간만큼 늦게 개폐되는데 여기서는 아래 표처럼 논리 심벌과 동작에 관하여 정리해 보았다.

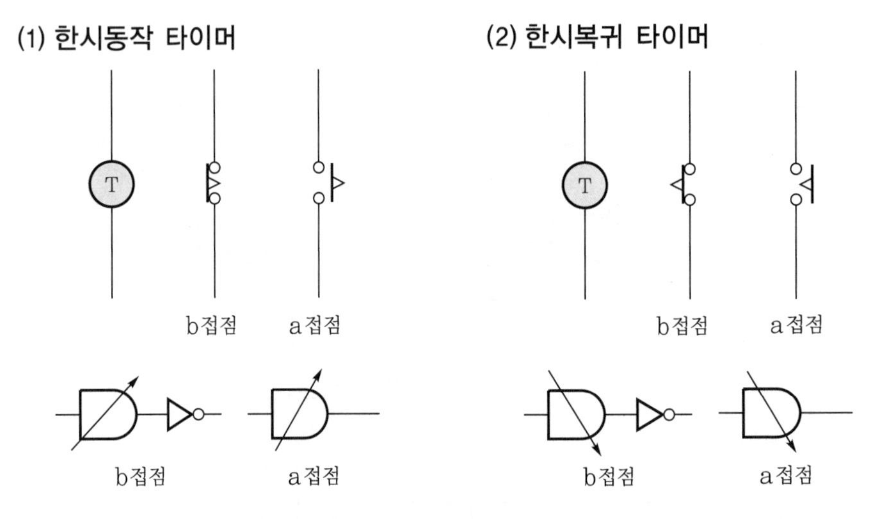

신 호			접점 심벌	논리 심벌	동 작
입력신호(코일)					여자 소자 여자
출력신호	보통 릴레이 순시동작 순시복귀	a접점			닫힘 열림 닫힘
		b접점			
	한시동작회로	a접점			t
		b접점			
	한시복귀회로	a접점			t
		b접점			
	뒤진 회로	a접점			t t
		b접점			

개념 문제 공사기사 97년, 03년 출제

| 배점 : 10점 |

그림은 신호회로를 조합한 시퀀스회로이다. 누름버튼 스위치(PB)는 20초 동안 누르고, 접점 F는 전원 투입 3초 후 동작하여 10초 동안 유지하며, 설정시간은 T_1은 7초, T_2은 5초이고, 기타의 시간 늦음은 없다. 다음 물음에 답하시오.

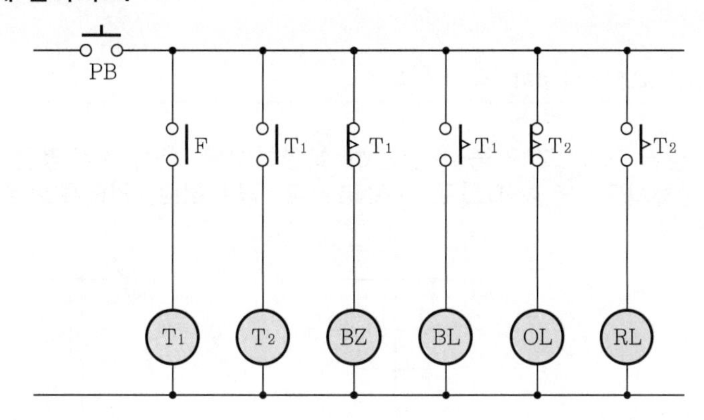

(1) 타임차트를 그리시오.

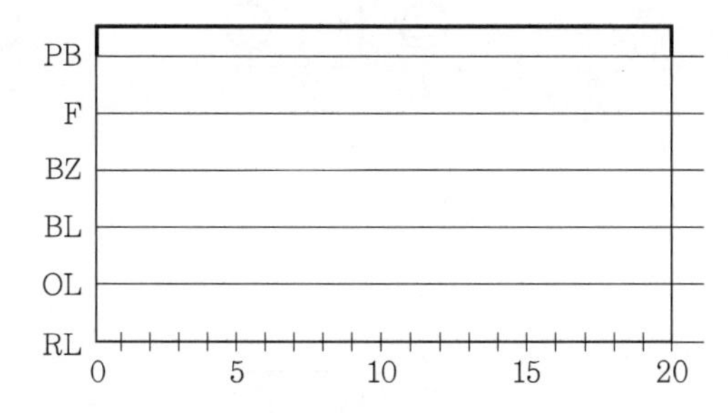

(2) Logic회로를 완성하시오.

답안

(1)

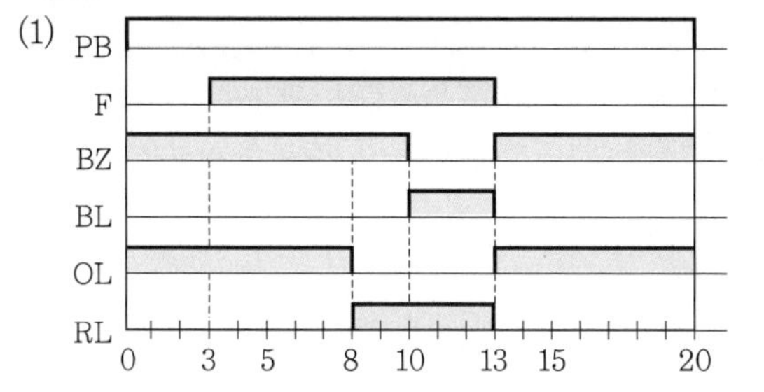

(2)

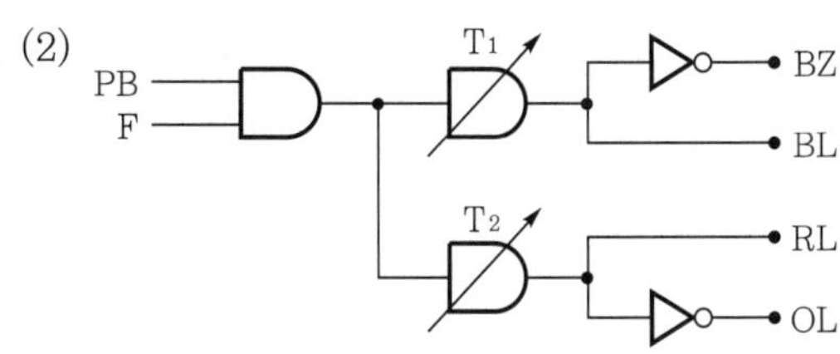

CHAPTER 06
논리회로

단원 빈출문제

문제 01 산업 92년, 97년 출제

배점 : 10점

각 회로의 명칭을 쓰고 그 기능을 간단히 설명하시오. (단, 회로명은 시퀀스제어회로 명칭으로 표현하시오. 예 AND회로, NAND회로, 금지회로, 인터록회로, 플립플롭회로, 자기유지회로)

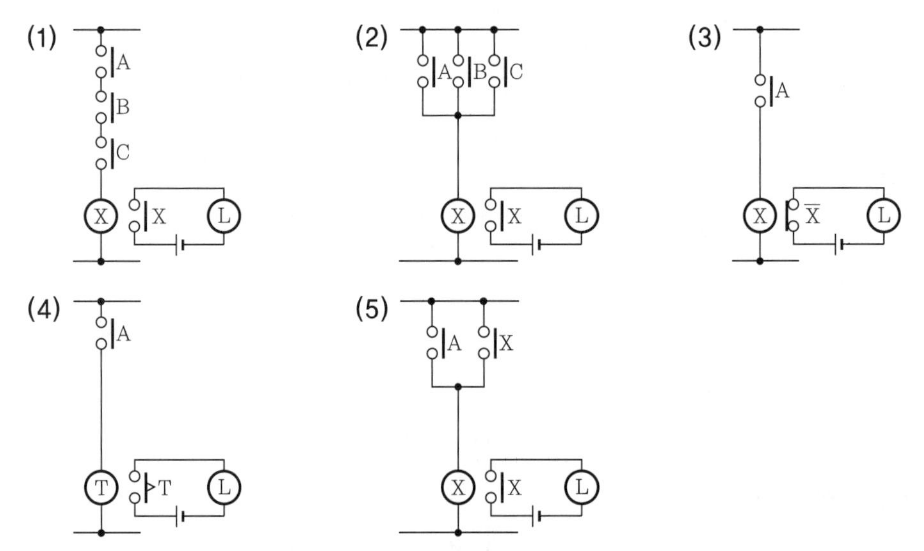

답안

번 호	명 칭	기 능
(1)	AND회로	입력 접점 A, B, C가 모두 폐로인 경우 출력 X가 폐로되어 램프 L이 점등되는 회로
(2)	OR회로	입력 접점 A, B, C 중 어느 하나라도 폐로되면 출력 X가 폐로되어 램프 L이 점등되는 회로
(3)	NOT회로	입력 접점 A가 폐로되면 램프 L이 소등되고 입력 접점 A가 개로되면 램프 L이 점등되는 회로
(4)	한시동작회로	입력이 폐로되고 일정 시간 후 출력 X가 폐로되어 램프 L이 점등되는 회로
(5)	자기유지회로	입력 접점 A가 폐로되면 램프 L이 점등되고 입력 접점 A가 개로되어도 램프 L이 점등 상태를 유지하는 회로

산업 16년 출제

배점 : 4점

다음 진리표(Truth Table)는 어떤 논리회로를 나타낸 것인지 명칭과 논리 기호로 나타내시오.

입 력		출 력
A	B	
0	0	0
0	1	0
1	0	0
1	1	1

(1) 명칭 :
(2) 기호 :

답안 (1) AND회로

(2) A, B → X

문제 03

산업 97년, 00년 출제

배점 : 4점

다음 그림과 같은 무접점 릴레이 출력을 쓰고 이것을 전자 릴레이회로로 그리시오.

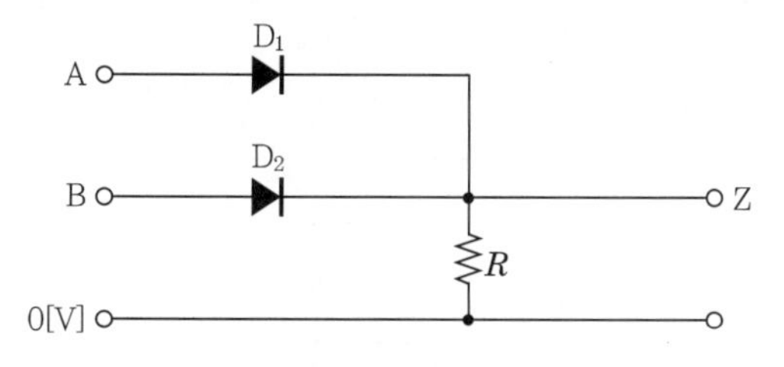

답안 • 출력식

$Z = A + B$

• 회로도

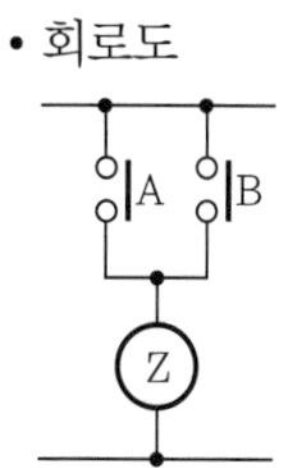

문제 04 산업 21년 출제

배점 : 5점

무접점 릴레이회로가 그림과 같을 때 다음 각 물음에 답하시오.

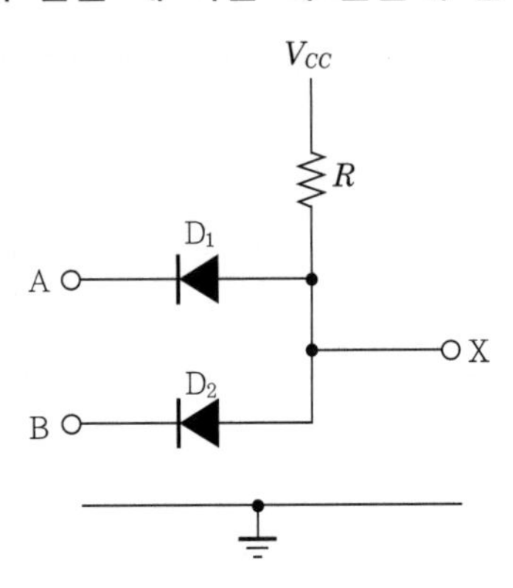

(1) 출력식 X를 쓰시오.

• X :

(2) 타임차트를 완성하시오.

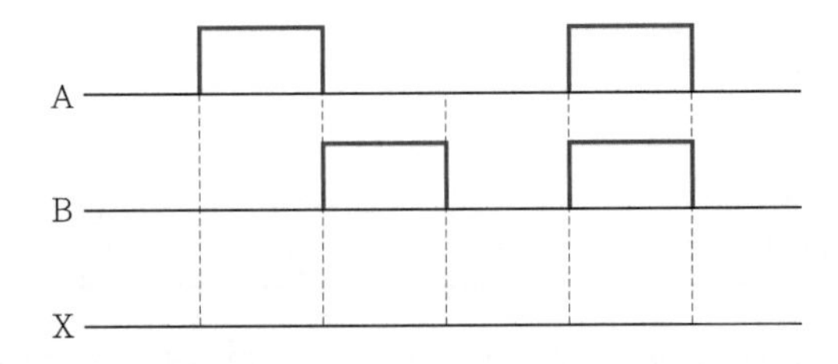

답안 (1) X = AB

(2)

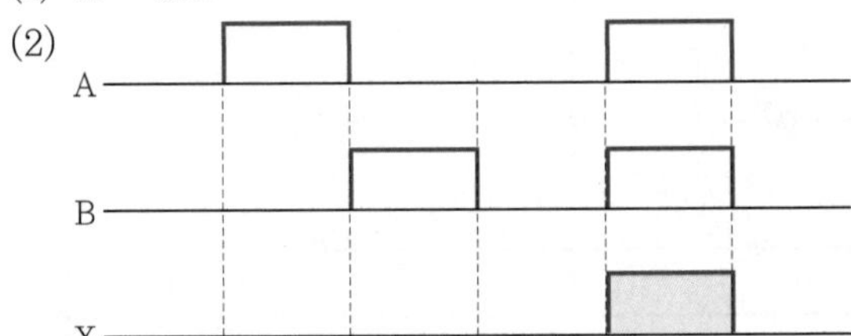

문제 **05** 산업 90년, 94년, 95년, 99년 출제

배점 : 6점

반도체의 스위칭 이론을 이용하여 표현된 무접점식인 논리 기호는 아래의 [예]와 같이 접점에 의하여 표시할 수 있다.

[예]

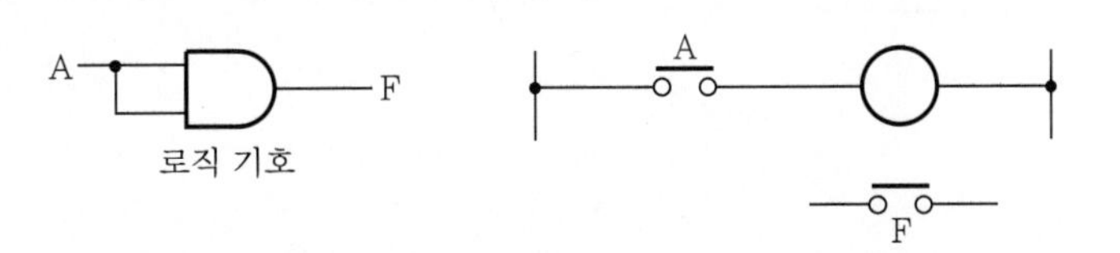

다음의 로직 기호를 앞의 [예]와 같이 유접점으로 표현하시오.

(1) 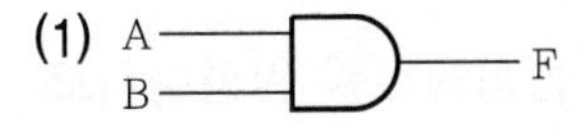

(2) 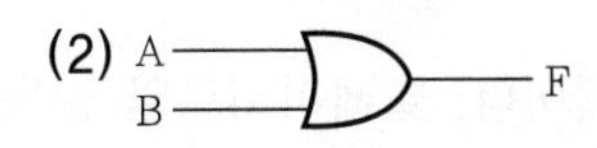

(3) 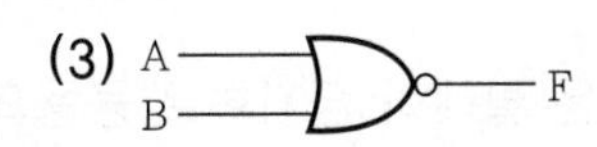

답안 (1)

(2)

(3)

문제 **06** 산업 95년 출제

배점 : 5점

다음의 유접점 시퀀스회로도의 논리식을 쓰고 무접점 논리회로도로 전환하시오.

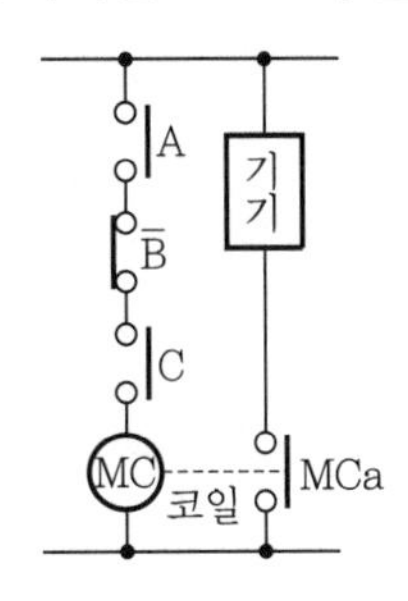

• 논리식 $MC = A \cdot \overline{B} \cdot C$, 기기 $= MC$

• 논리회로

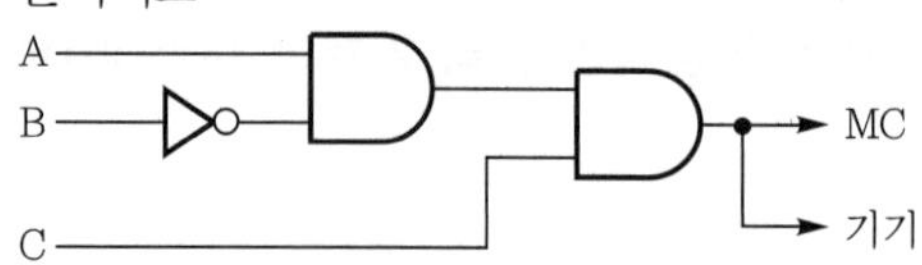

문제 07 산업 96년 출제

배점 : 5점

그림은 릴레이 금지회로 응용의 예이다. 릴레이회로와 같은 무접점회로를 완성하시오.

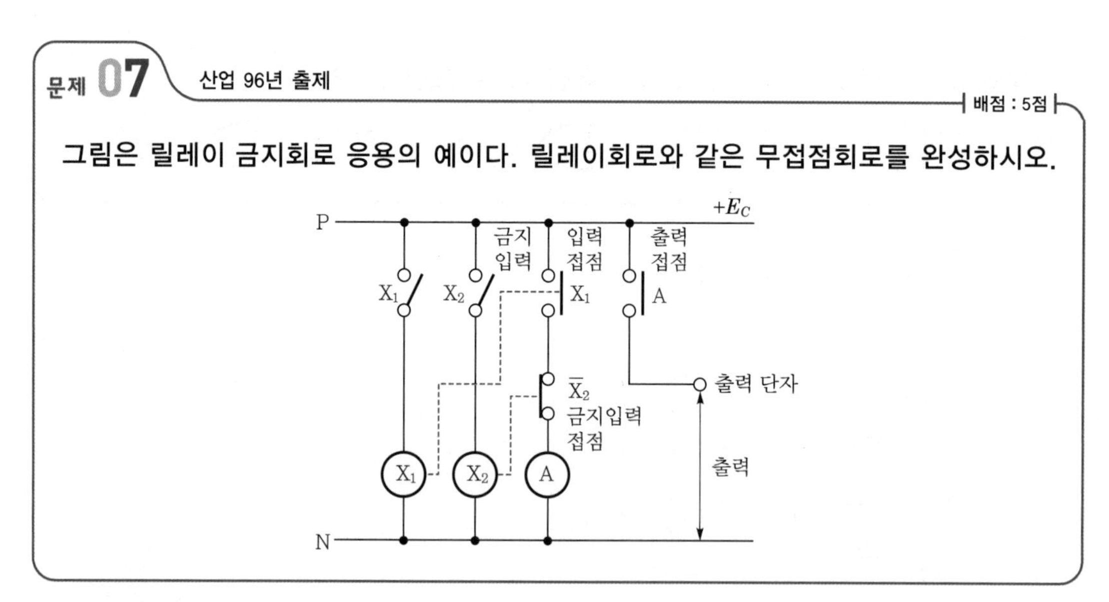

답안 논리식 $A = X_1 \cdot \overline{X_2}$

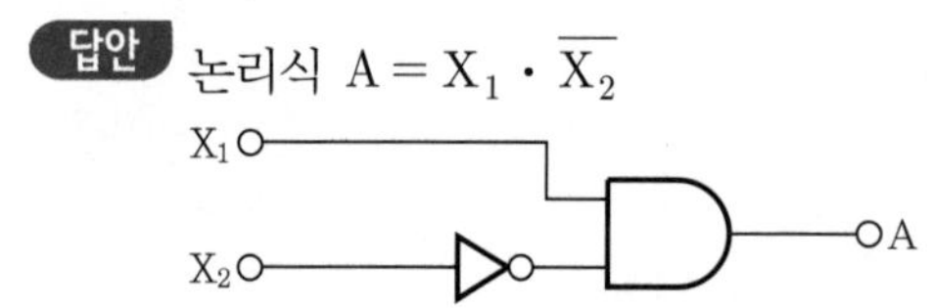

문제 08 산업 20년 출제

배점 : 4점

아래 그림과 같은 무접점 논리회로를 유접점 시퀀스회로로 바꾸어 그리시오.

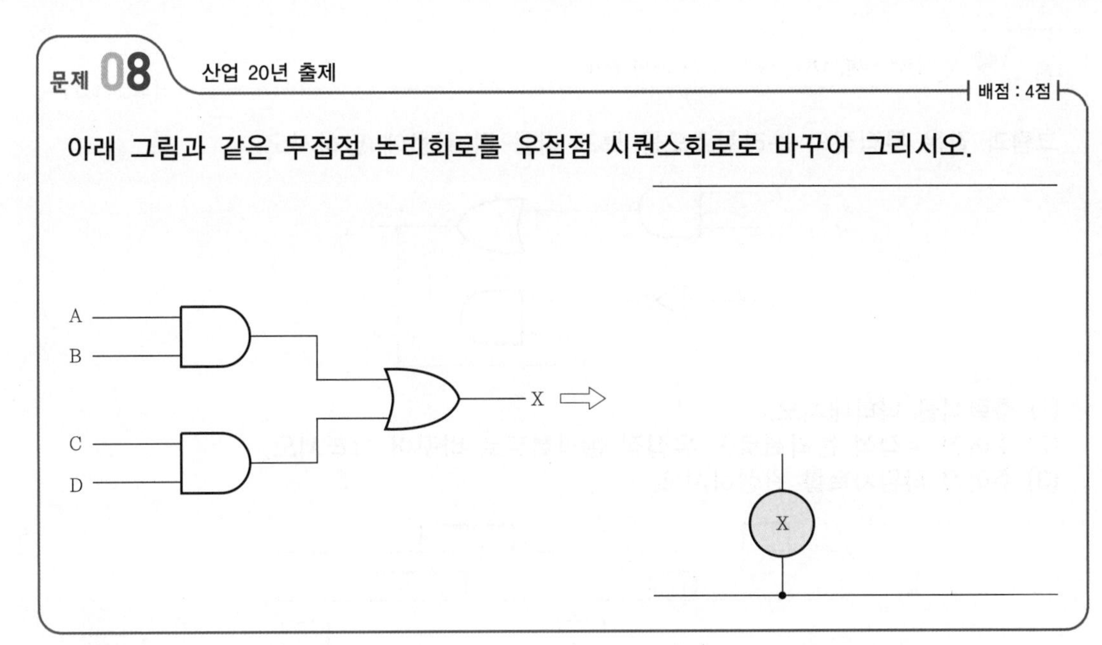

답안

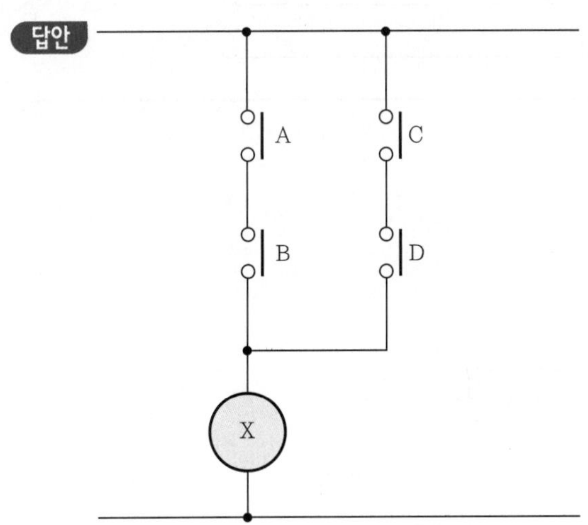

해설

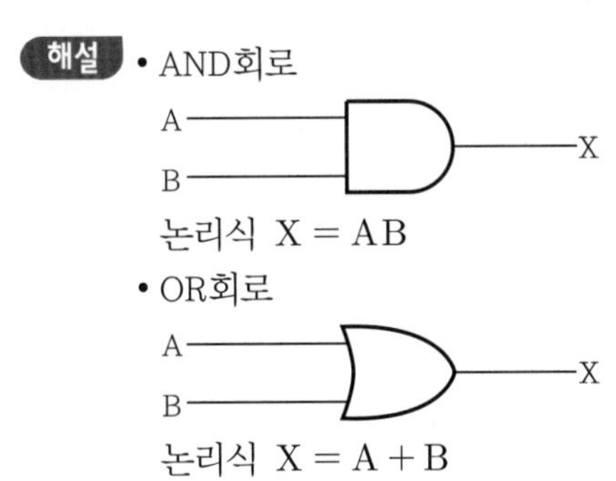

- AND회로

논리식 $X = AB$

- OR회로

논리식 $X = A + B$

문제 09 산업 11년, 17년, 19년 / 기사 05년 출제 배점 : 6점

그림과 같은 무접점의 논리회로도를 보고 다음 각 물음에 답하시오.

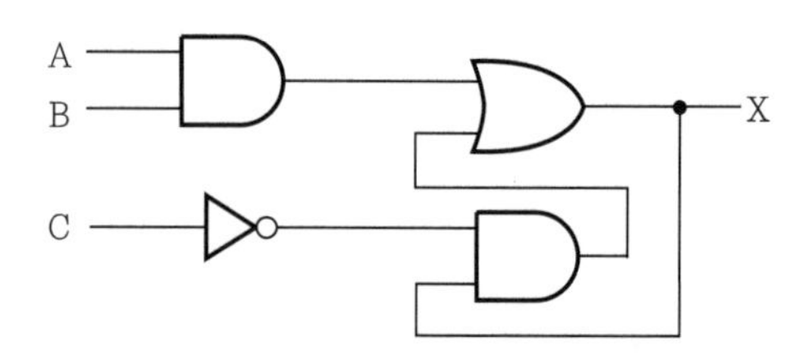

(1) 출력식을 나타내시오.
(2) 주어진 무접점 논리회로를 유접점 논리회로로 바꾸어 그리시오.
(3) 주어진 타임차트를 완성하시오.

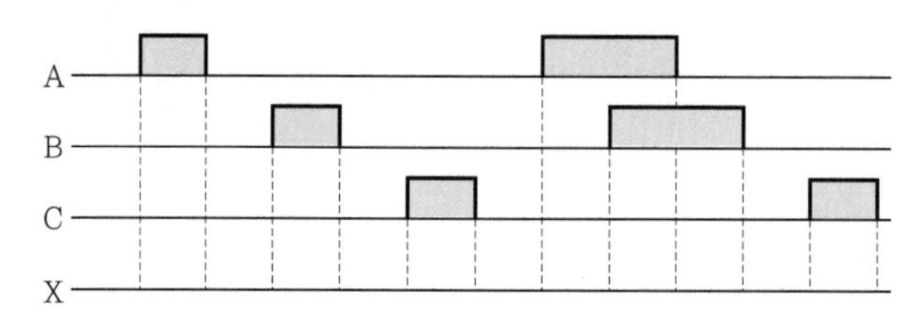

답안 (1) $X = AB + \overline{C}X$

(2)

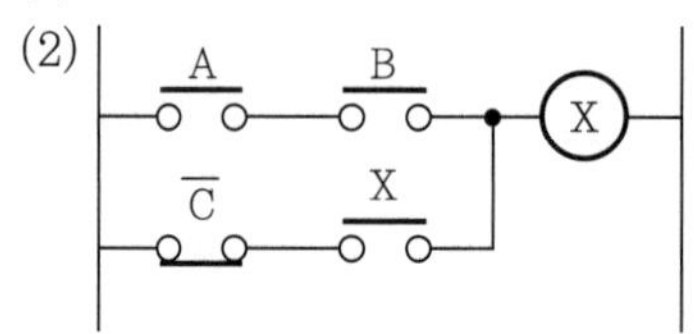

(3)

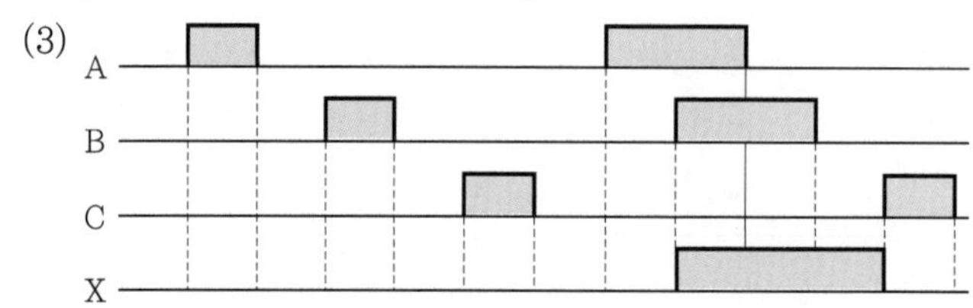

문제 10 산업 93년, 12년 출제

배점 : 4점

논리회로(a)를 보고 진리표(b)를 완성하시오.

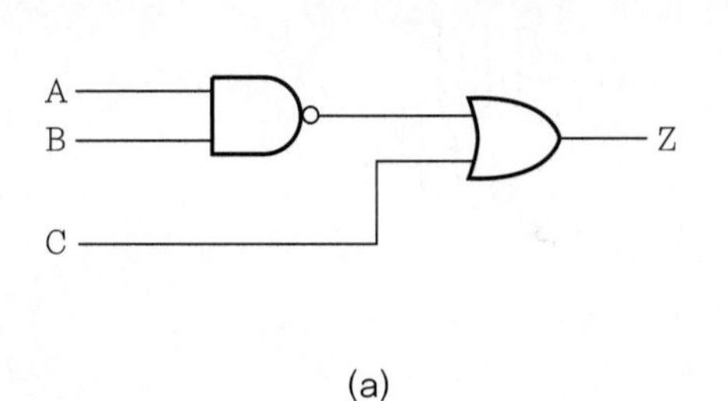

(a)

A	B	C	Z
0	0	0	
0	0	1	
0	1	1	
0	1	0	
1	1	1	

(b)

답안

A	B	C	Z
0	0	0	1
0	0	1	1
0	1	1	1
0	1	0	1
1	1	1	1

문제 11 산업 04년, 06년 출제

배점 : 9점

그림과 같은 로직 시퀀스회로를 보고 다음 각 물음에 답하시오.

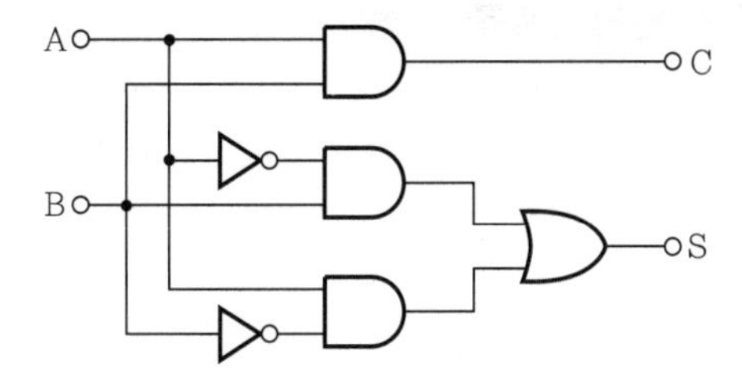

(1) 출력 S와 C의 논리식을 쓰시오.
 ① 출력 S에 대한 논리식 :
 ② 출력 C에 대한 논리식 :
(2) NAND gate와 NOT gate만 사용하여 로직 시퀀스회로를 바꾸어 그리시오.
(3) 2개의 논리 소자(Exclusive OR gate 및 AND gate)를 사용하여 등가 로직 시퀀스회로를 그리시오.

답안 (1) • $S = \overline{A}B + A\overline{B}$

• $C = AB$

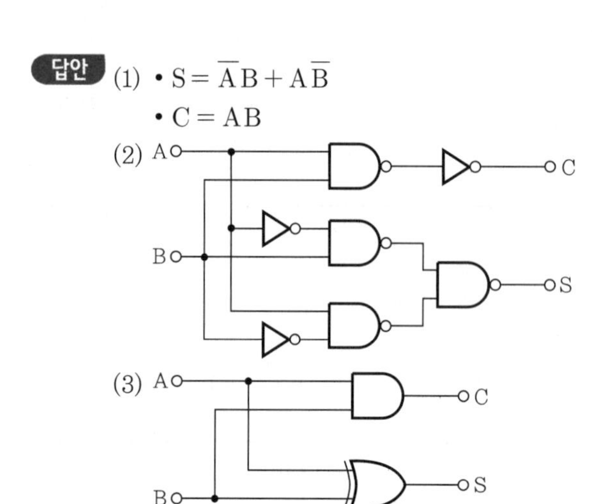

문제 12 산업 22년 출제

배점 : 5점

논리식 $X = (A + B) \cdot \overline{C}$에 대한 다음 각 물음에 답하시오. (단, A, B, C는 입력이고 X는 출력이다. 회로 작성 시 선의 접속 및 미접속에 대한 예시를 참고하여 작성하시오.)

▌선의 접속과 미접속에 대한 예시▐

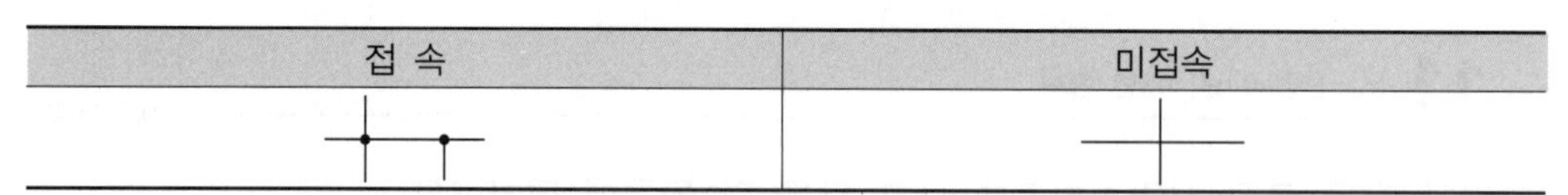

접 속	미접속

(1) 주어진 논리식에 대한 논리회로를 작성하시오.

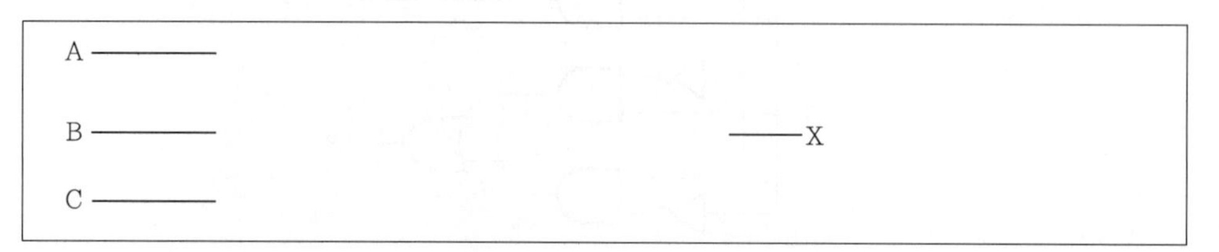

(2) "(1)"의 논리회로를 NOR 게이트만을 사용한 논리회로로 작성하시오. (단, 최소한의 NOR 게이트를 사용하고, NOR 게이트는 2입력을 사용한다.)

A ———

B ———　　　　　　　　———X

C ———

답안 (1)

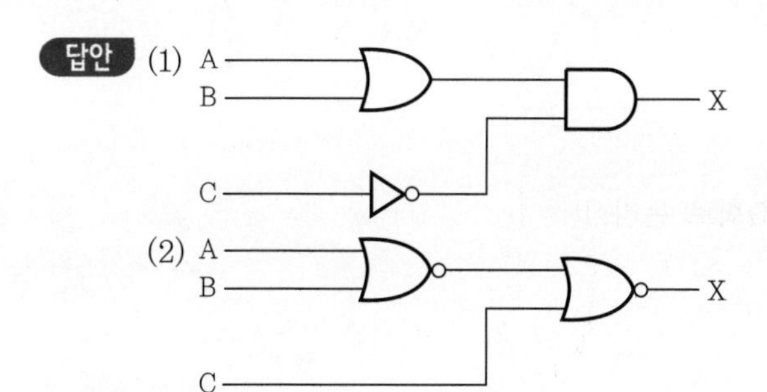

해설

$$X = (A+B)\overline{C}$$
$$= \overline{\overline{(A+B)\overline{C}}}$$
$$= \overline{\overline{(A+B)} + \overline{\overline{C}}}$$
$$= \overline{\overline{(A+B)} + C}$$

문제 13 산업 20년 출제

배점 : 5점

논리식 $X = \overline{A}B + C$에 대한 다음 각 물음에 답하시오. (단, A, B, C는 입력이고 X는 출력이다.)

(1) NOT, AND(2입력, 1출력), OR(2입력, 1출력) 게이트만 사용하여 논리회로로 표현하시오.
(2) "(1)"의 논리회로를 NAND(2입력, 1출력) 게이트만을 최소로 사용한 회로로 표현하시오.

답안 (1)

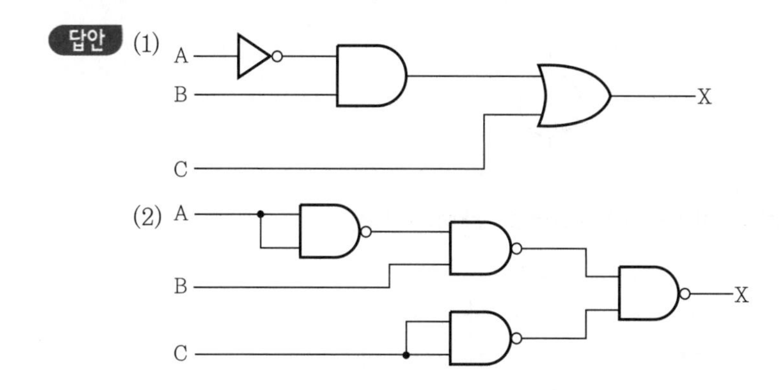

해설 논리식 : $X = \overline{A}B + C$

$$= \overline{\overline{\overline{A}B + C}}$$

$$= \overline{\overline{\overline{A}B}\,\overline{C}} \quad \rightarrow \text{NAND회로 논리식}$$

$$= \overline{(A + \overline{B})\overline{C}}$$

$$= \overline{A + \overline{B} + C}$$

$$= \overline{\overline{\overline{A + \overline{B}} + C}} \quad \rightarrow \text{NOR회로 논리식}$$

문제 14 산업 21년 출제

배점 : 6점

아래의 논리회로도를 참고하여 다음 각 물음에 답하시오.

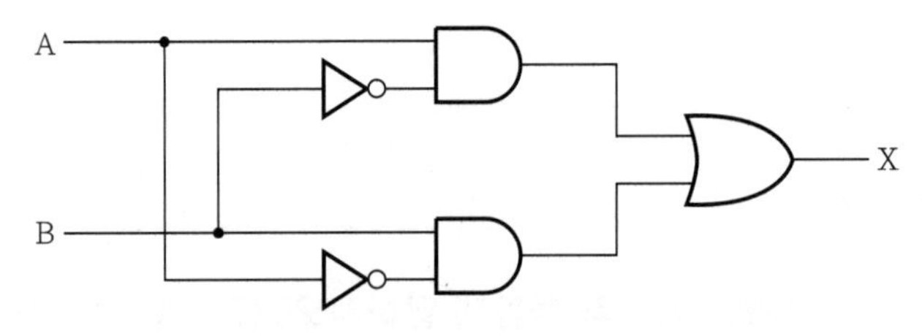

(1) 논리회로도를 참고하여 미완성 시퀀스회로를 완성하시오.

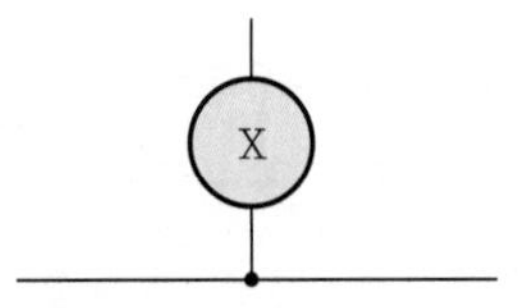

(2) 논리회로도를 참고하여 미완성 타임차트를 완성하시오.

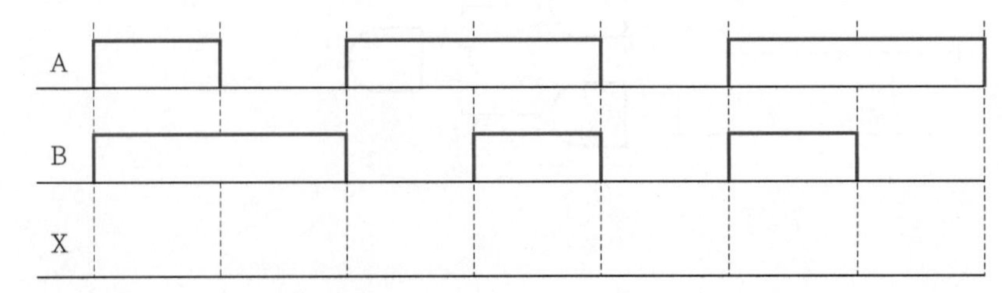

답안 (1)

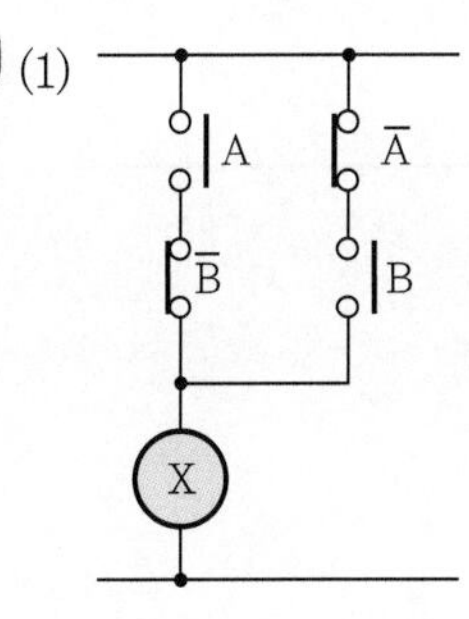

(2)

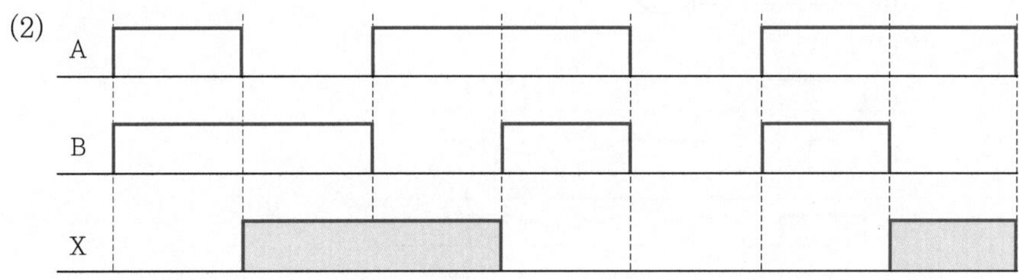

해설 Exclusive OR회로(배타 OR회로)

A, B 두 개의 입력 중 어느 하나만 입력할 때 출력이 ON 상태가 나오는 회로

논리식 $X = A\overline{B} + \overline{A}B = \overline{AB}(A+B)$

문제 15 산업 04년 출제 | 배점 : 5점 |

그림은 릴레이 인터록회로이다. 이 그림을 보고 다음 각 물음에 답하시오.

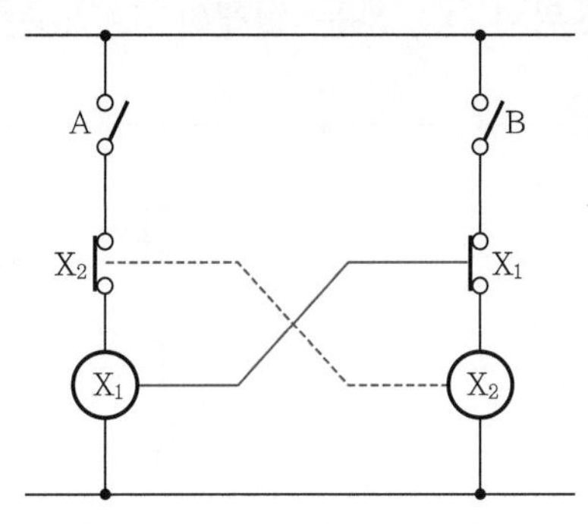

(1) 이 회로를 논리회로로 고쳐서 그리고, 주어진 타임차트를 완성하시오.

① 논리회로

② 타임차트

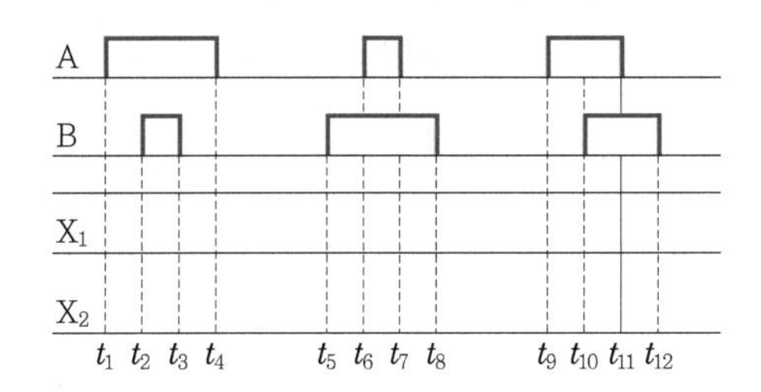

(2) 인터록회로는 어떤 회로인지 상세하게 설명하시오.

답안 (1) ① 논리회로

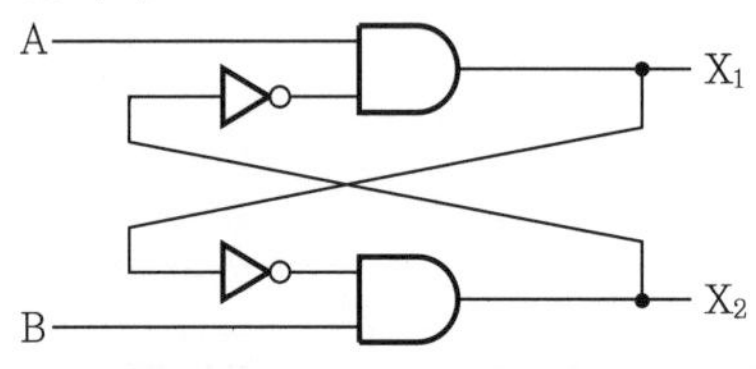

② 타임차트

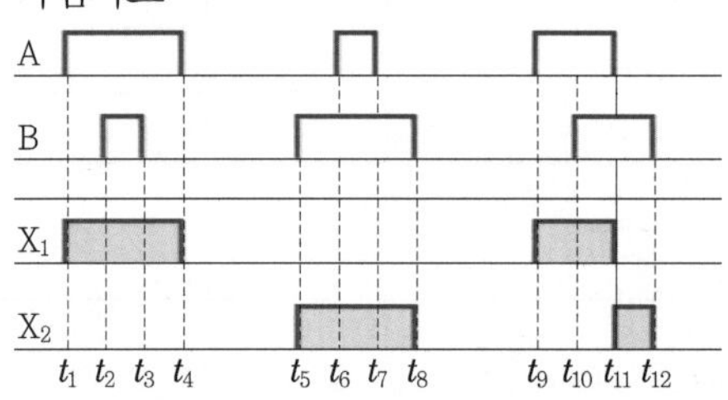

(2) 기기의 보호와 조작자의 안전을 목적으로 동시 동작을 금지시키는 회로

문제 16 산업 20년 출제

배점 : 7점

다음의 그림과 같은 시퀀스회로를 보고 논리회로 및 타임차트를 그리시오. (단, PBS_1, PBS_2, PBS_3는 푸시버튼 스위치, X_1, X_2는 릴레이, L_1, L_2는 출력 램프이다.)

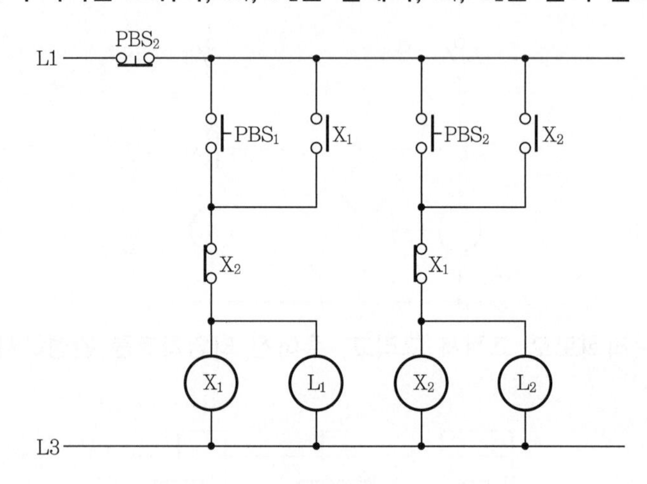

(1) 시퀀스회로를 논리회로로 표현하시오. [단, OR(2입력, 1출력), AND(3입력, 1출력), NOT 게이트만을 이용하여 표현하시오.]
(2) 시퀀스회로를 보고 타임차트를 완성하시오.

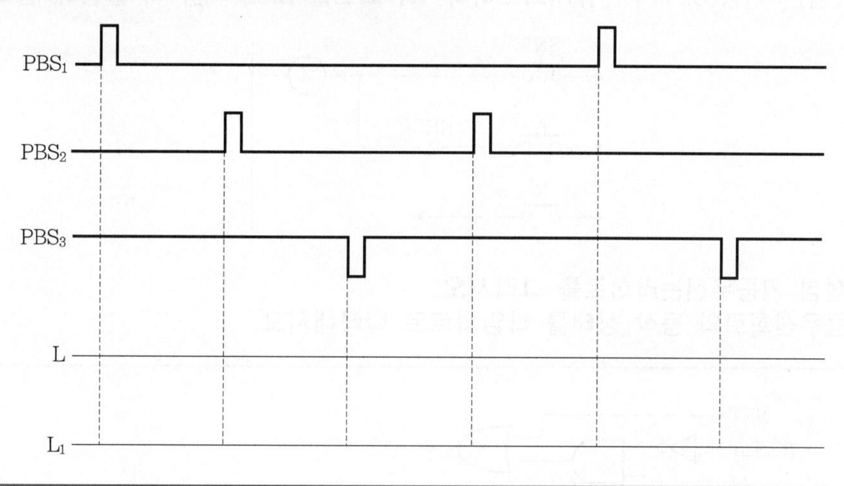

답안 (1)

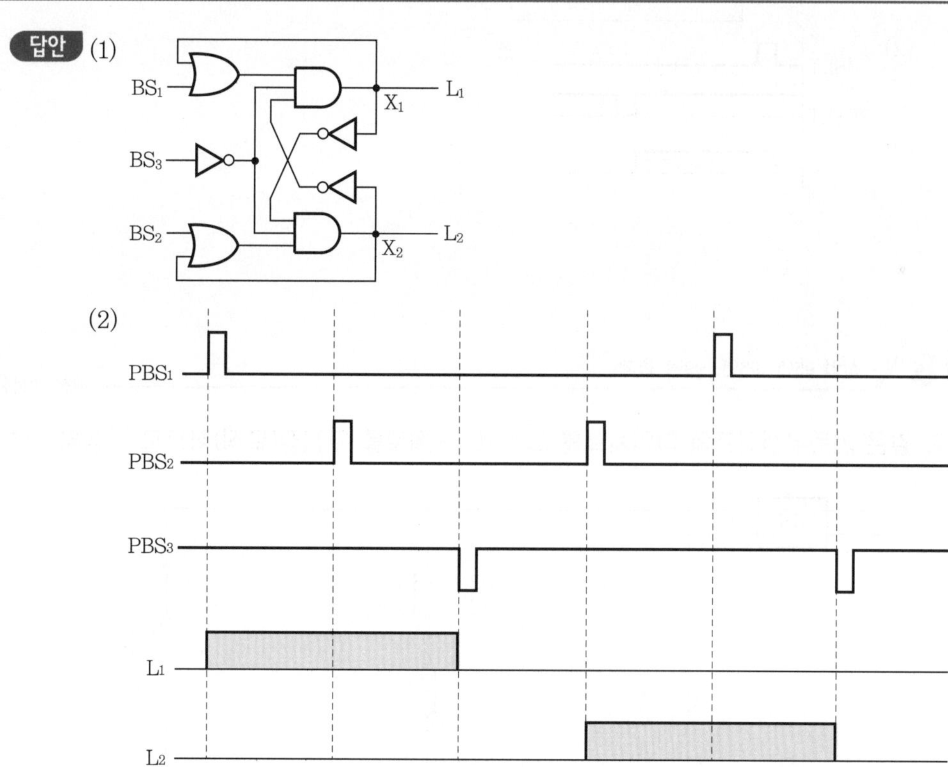

해설 **인터록회로(병렬우선회로)**

PBS_1과 PBS_2의 입력 중 PBS_1을 먼저 ON하면 X_1이 여자되어 L_1이 점등된다.
X_1이 여자된 상태에서 PBS_2를 ON하여도 X_{1-b}접점이 개로되어 있기 때문에 X_2는 여자되지 않는 회로를 인터록회로라 한다. 즉 상대동작금지회로이다.

문제 17

산업 88년, 95년, 96년, 99년, 01년 출제

배점 : 8점

다음 그림은 기동(SET)우선유지회로이다. 이 회로를 보고 다음 각 물음에 답하시오.

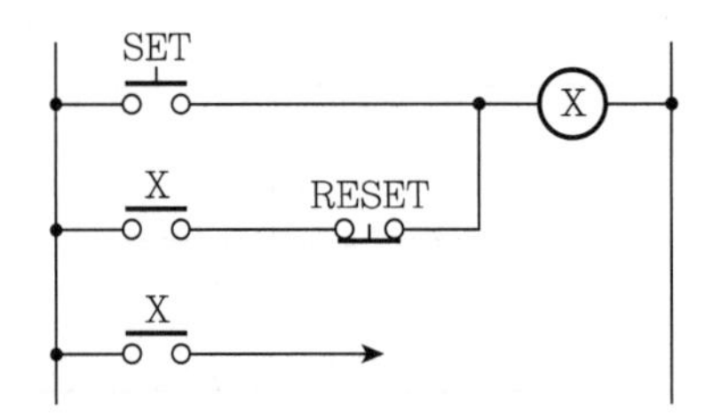

(1) 무접점 기동우선논리회로를 그리시오.
(2) 기동우선회로의 동작 상태를 타임차트로 나타내시오.

답안 (1)

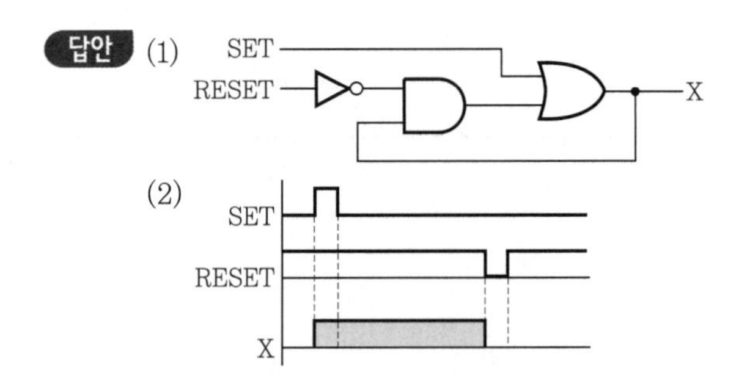

문제 18

산업 95년, 96년, 99년 출제

배점 : 8점

그림과 같은 기동우선회로의 타임차트를 그리고 이 회로를 무접점(로직)회로로 작성하시오.

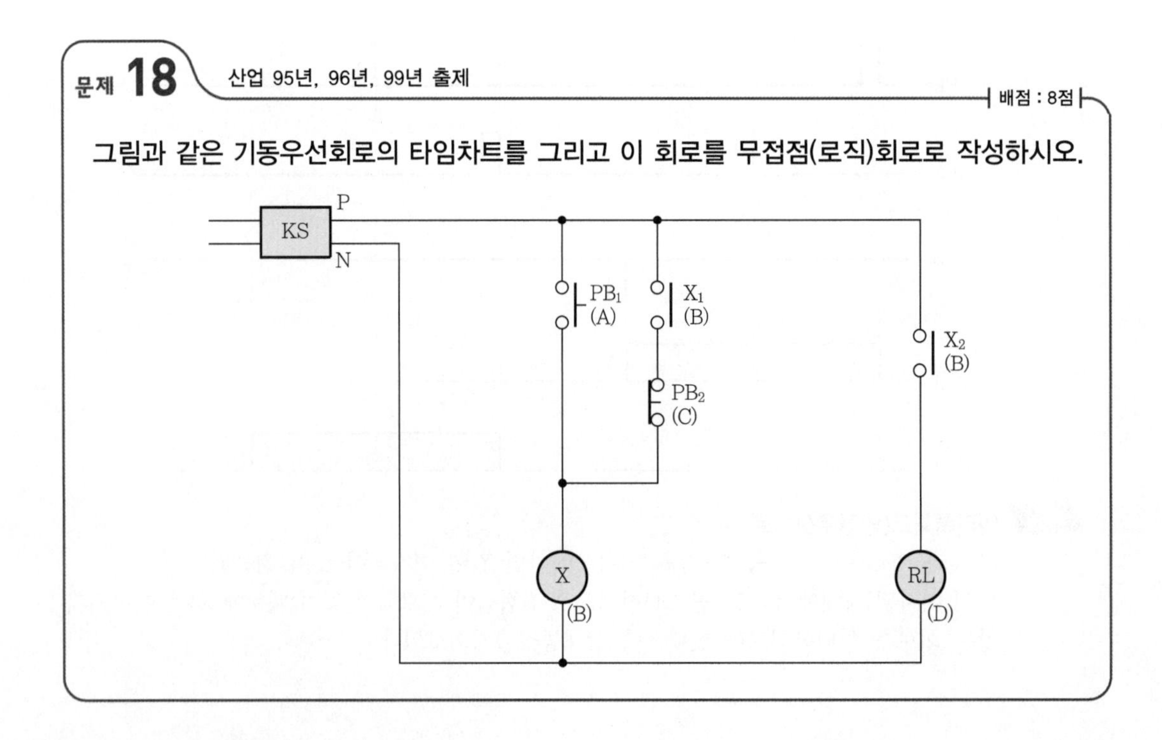

답안 • 무접점 논리회로

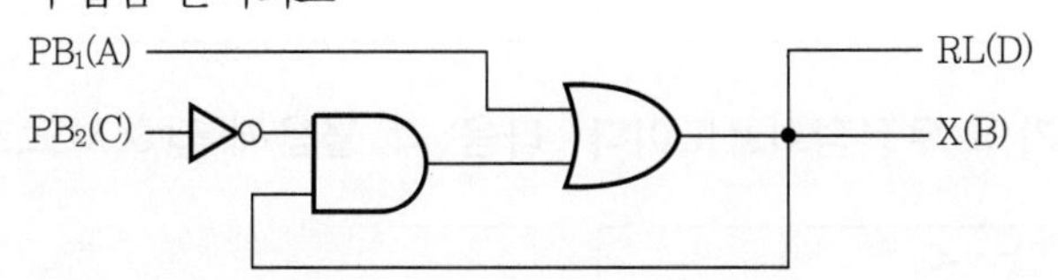

• 타임차트

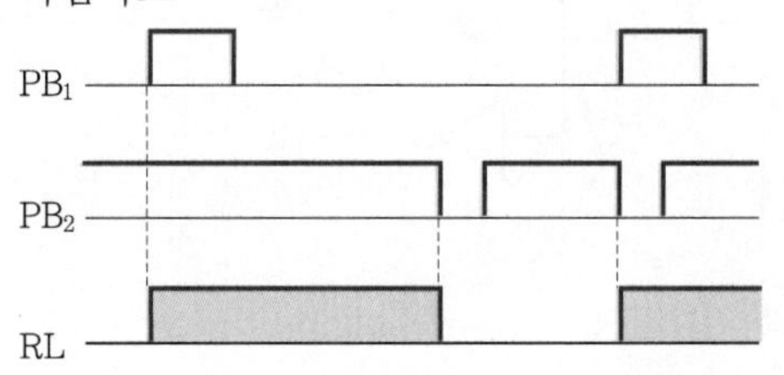

문제 19 산업 18년 출제

배점 : 5점

다음의 유접점회로도를 보고 MC, RL, GL의 논리식을 각각 쓰시오.

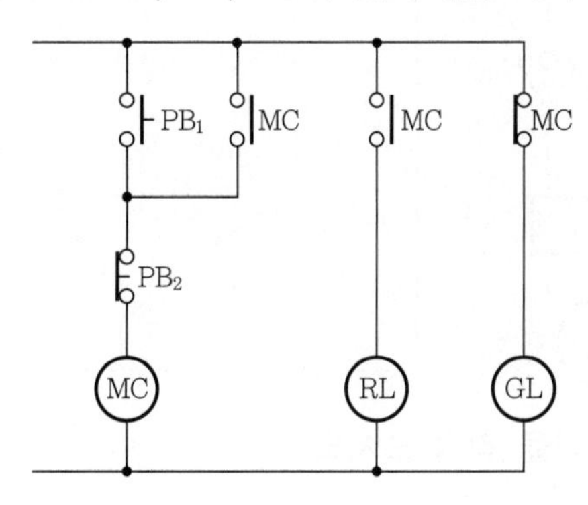

(1) MC =
(2) RL =
(3) GL =

답안 (1) $MC = (PB_1 + MC) \cdot \overline{PB_2}$

(2) $RL = MC$

(3) $GL = \overline{MC}$

문제 **20** 산업 13년, 15년 출제

배점 : 6점

다음 그림은 3상 유도전동기의 무접점회로도이다. 다음 각 물음에 답하시오.

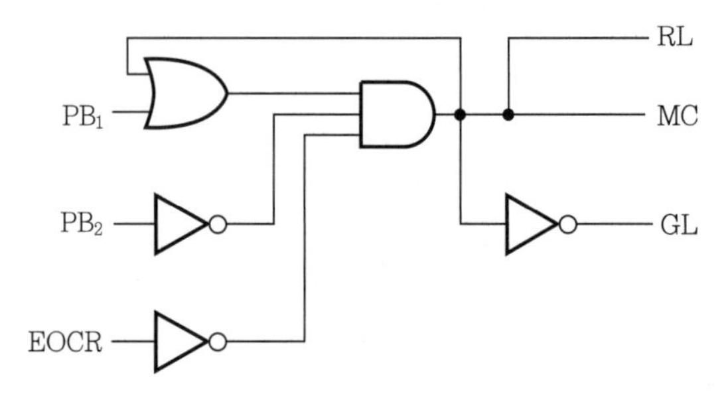

(1) 유접점회로를 완성하시오.

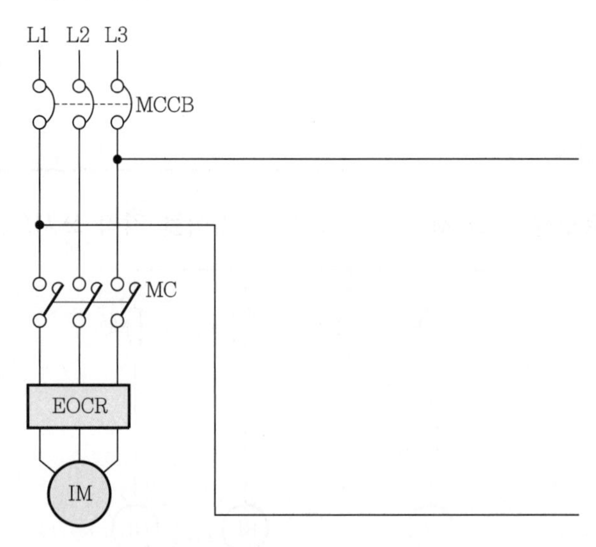

(2) MC, RL, GL의 논리식을 각각 쓰시오.

① MC =

② RL =

③ GL =

답안 (1)

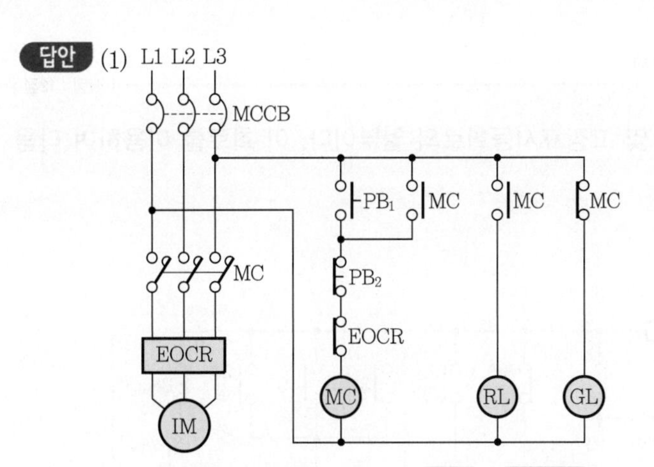

(2) ① $MC = (PB_1 + MC) \cdot \overline{PB_2} \cdot \overline{EOCR}$

② $RL = MC$

③ $GL = \overline{MC}$

문제 21 산업 89년, 00년 출제

배점 : 8점

다음 회로의 계전기 X, Y, Z에 대한 논리식을 나타내시오.

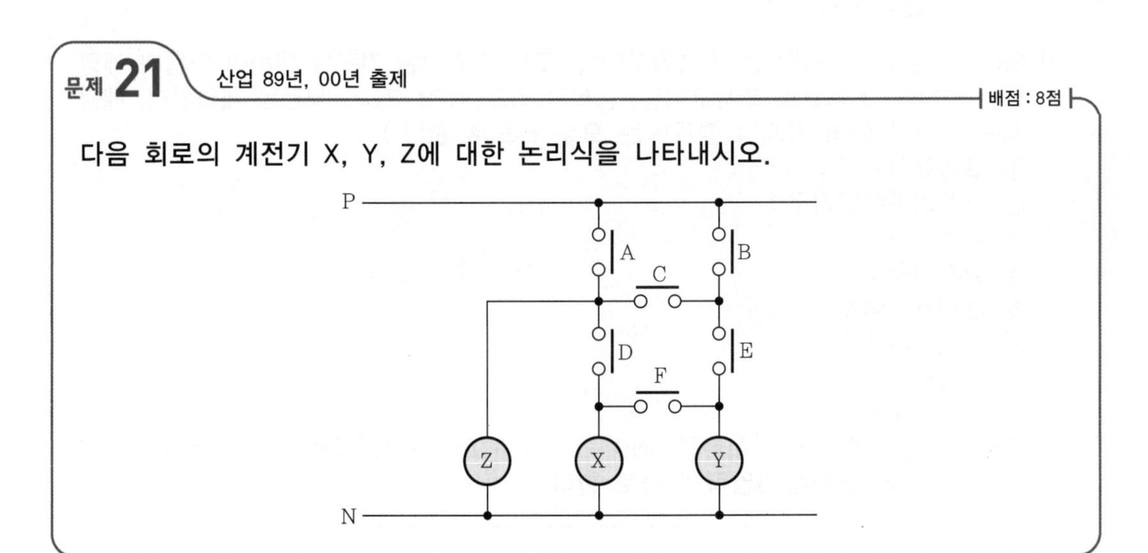

답안 $X = AD + BCD + BEF + ACEF$

$Y = BE + ACE + ADF + BCDF$

$Z = A + BC + BDEF$

문제 22 산업 04년, 10년, 19년 출제

배점 : 12점

그림은 중형 환기팬의 수동운전 및 고장표시등회로의 일부이다. 이 회로를 이용하여 다음 각 물음에 답하시오.

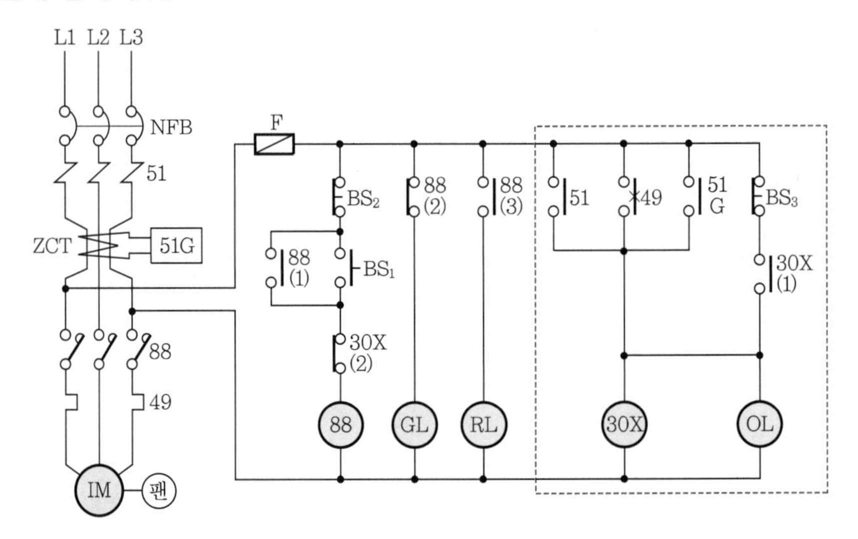

(1) 88은 MC로서 도면에서는 출력기구이다. 도면에 표시된 기구에 대하여 다음과 해당되는 명칭을 그 약호로 쓰시오. (단, 중복은 없고, NFB, ZCT, IM팬은 제외하며, 해당되는 기구가 여러 가지일 경우에는 모두 쓰도록 한다.)

① 고장표시기구 :
② 고장회복확인기구 :
③ 기동기구 :
④ 정지기구 :
⑤ 운전표시램프 :
⑥ 정지표시램프 :
⑦ 고장표시램프 :
⑧ 고장검출기구 :

(2) 그림의 점선으로 표시된 회로를 AND, OR, NOT 회로를 사용하여 로직회로를 그리시오. (단, 로직 소자는 3입력 이하로 한다.)

답안 (1) ① 30X
② BS_3
③ BS_1
④ BS_2
⑤ RL
⑥ GL
⑦ OL
⑧ 51, 51G, 49

(2) $30X = (51 + 49 + 51G) + \overline{BS_3} \cdot 30X$, $OL = 30X$

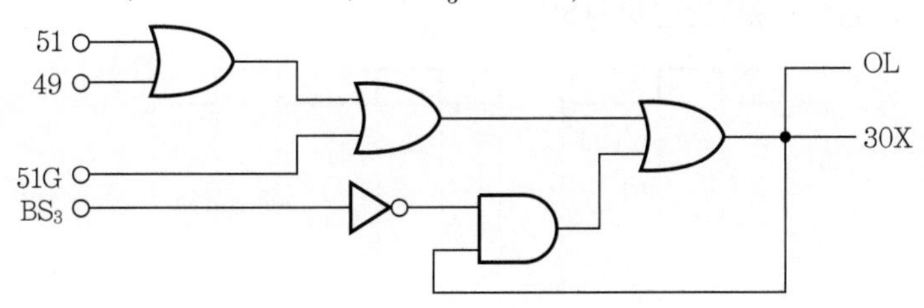

문제 23 산업 02년, 17년 출제

배점 : 10점

주어진 도면과 [동작 설명]을 보고 다음 각 물음에 답하시오.

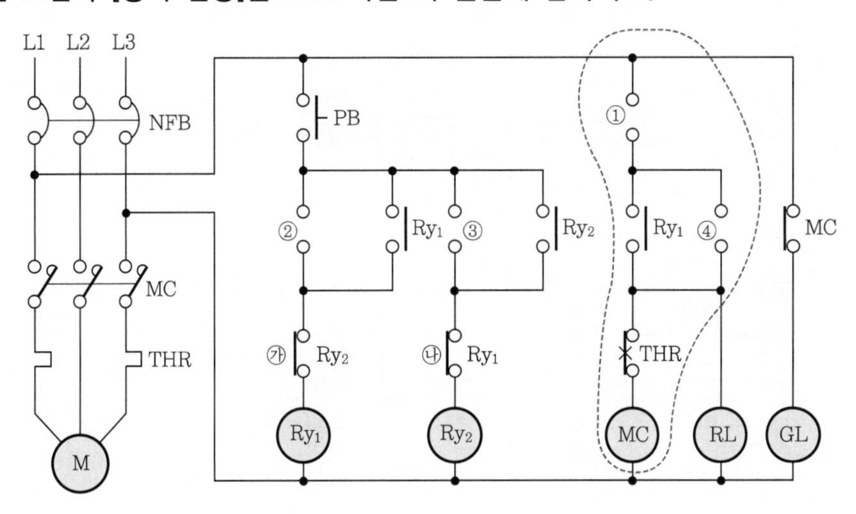

[동작 설명]

① 누름버튼 스위치 PB를 누르면 릴레이 Ry_1이 여자되어 MC를 여자시켜 전동기가 기동되며 PB에서 손을 떼어도 전동기는 계속 운전된다.

② 다시 PB를 누르면 릴레이 Ry_2가 여자되어 MC는 소자되며 전동기는 정지한다.

③ 다시 PB를 누름에 따라서 ①과 ②의 동작을 반복하게 된다.

(1) ㉮, ㉯의 릴레이 b접점이 서로 작용하는 역할에 대하여 이것을 무슨 접점이라 하는가?

(2) 운전 중에 과전류로 인하여 THR이 작동되면 점등되는 램프는 어떤 램프인가?

(3) 그림의 점선 부분을 논리식(출력식)과 무접점 논리회로로 표시하시오.

- **논리식**
- **논리회로**

(4) 동작에 관한 타임차트를 완성하시오.

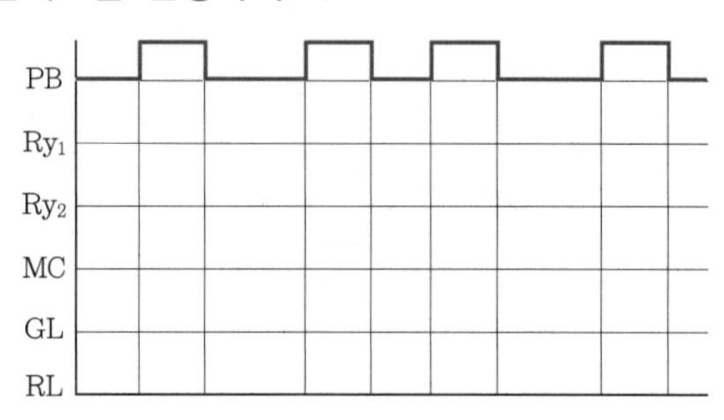

답안 (1) 인터록 접점

(2) GL 램프

(3) • 논리식 : $MC = \overline{Ry_2}(Ry_1 + MC) \cdot \overline{THR}$

• 논리회로

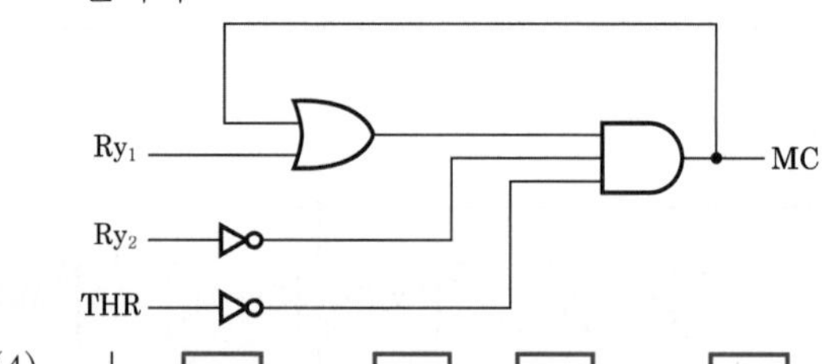

(4)

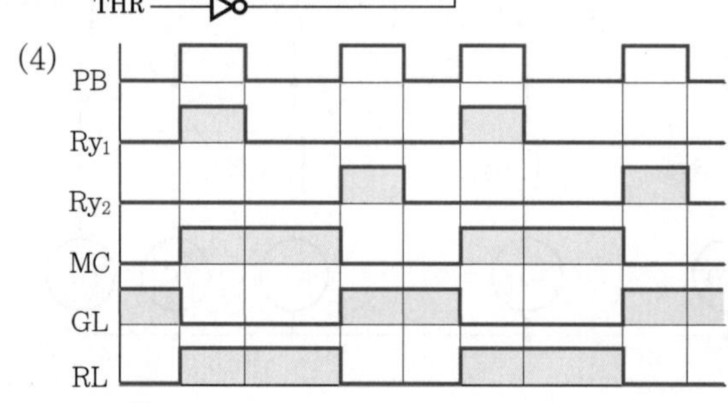

07 CHAPTER 논리연산

기출개념 01 불대수의 가설과 정리

(1) $A + A = A$

$A \cdot A = A$

(2) $A + 1 = 1$

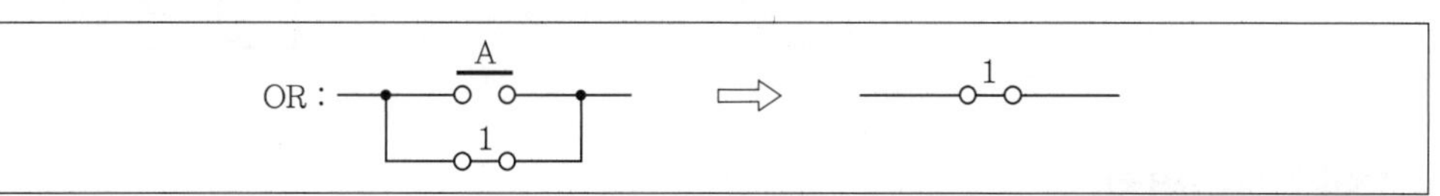

$A \cdot 1 = A$

(3) $A + 0 = A$

$A \cdot 0 = 0$

(4) $A + \overline{A} = 1$

$A \cdot \overline{A} = 0$

(5) 2중 NOT는 긍정이다.

- $\overline{\overline{A}} = A$
- $\overline{\overline{A \cdot B}} = A \cdot B$
- $\overline{\overline{A + B}} = A + B$
- $\overline{\overline{A} \cdot B} = \overline{A} \cdot B$

기출개념 02 교환, 결합, 분배법칙

1 교환법칙

(1) $A + B = B + A$

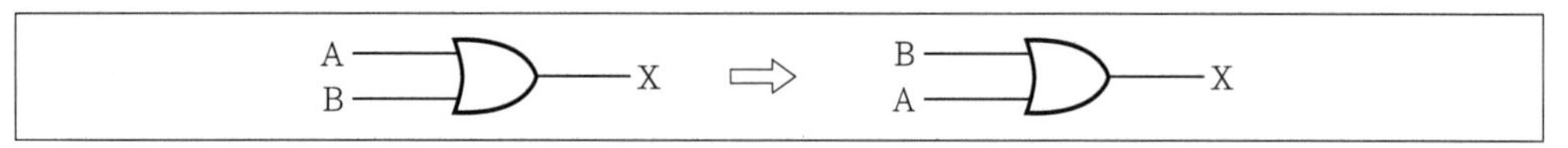

(2) $A \cdot B = B \cdot A$

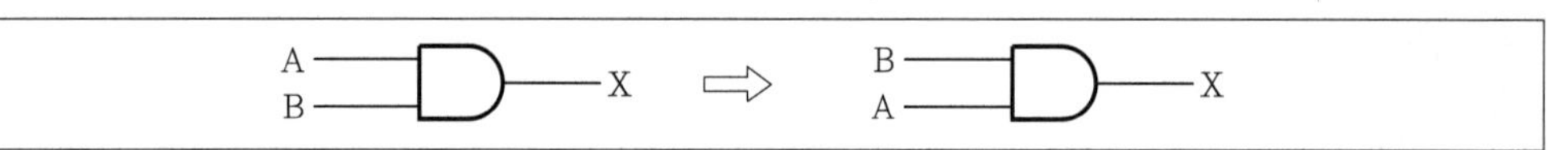

2 결합법칙

(1) $(A + B) + C = A + (B + C)$

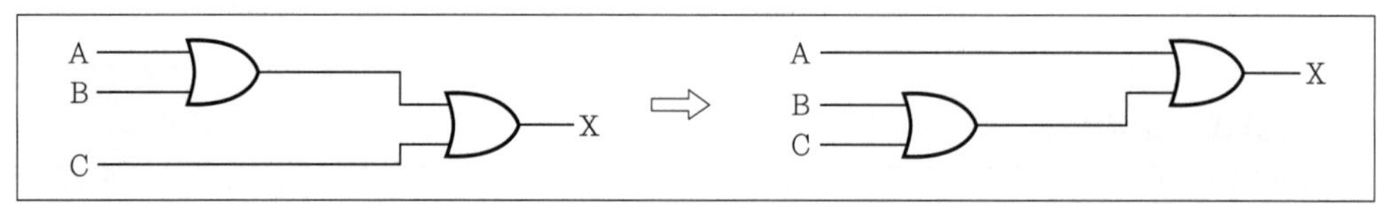

(2) $(A \cdot B) \cdot C = A \cdot (B \cdot C)$

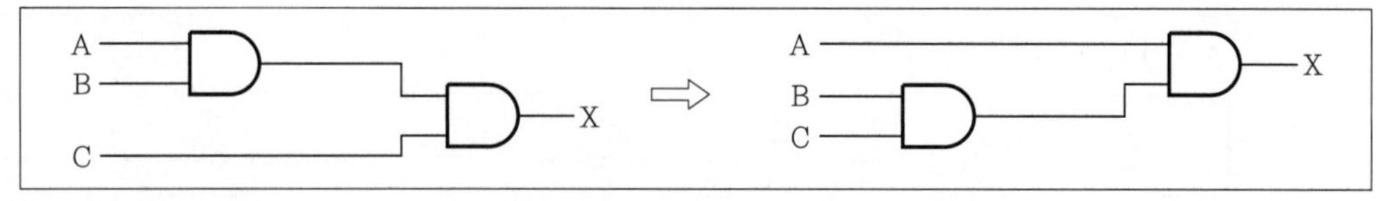

3 분배법칙

$A \cdot (B + C) = AB + AC$

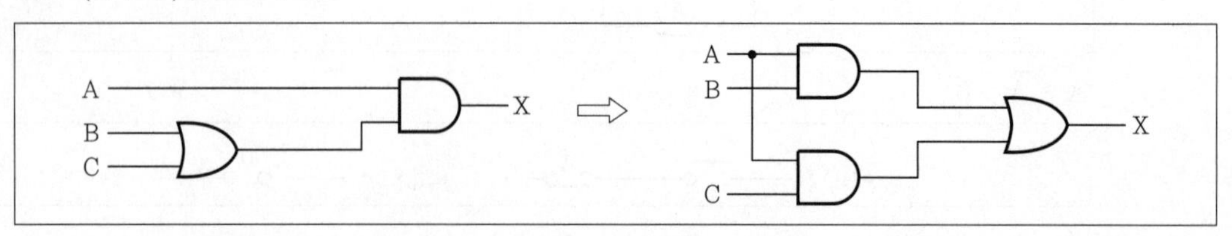

개념 문제 01 기사 94년, 14년, 18년 출제 | 배점 : 4점 |

다음 논리식을 간단히 하시오.

(1) $Z=(A+B+C)A$

(2) $Z=\overline{A}C+BC+AB+\overline{B}C$

답안 (1) $Z=AA+AB+AC$
$=A(1+B+C)$
$=A$

(2) $Z=\overline{A}C+AB+C(B+\overline{B})$
$=\overline{A}C+AB+C$
$=C(\overline{A}+1)+AB$
$=AB+C$

개념 문제 02 기사 96년, 99년, 01년 출제 | 배점 : 10점 |

논리식 $Z=(A+B+\overline{C})\cdot(A\overline{B}C+AB\overline{C})$를 가장 간단한 식으로 변형하고, 그 식에 따른 논리회로를 구성하시오.

답안 $Z=(A+B+\overline{C})\cdot(A\overline{B}C+AB\overline{C})$
$=AA\overline{B}C+AAB\overline{C}+AB\overline{B}C+ABB\overline{C}+A\overline{B}C\overline{C}+AB\overline{C}\,\overline{C}$
($B\overline{B}=0$, $C\overline{C}=0$이므로)
$=A\overline{B}C+AB\overline{C}+0+AB\overline{C}+0+AB\overline{C}$
$=A\overline{B}C+AB\overline{C}$

$\therefore Z=A(\overline{B}C+B\overline{C})$

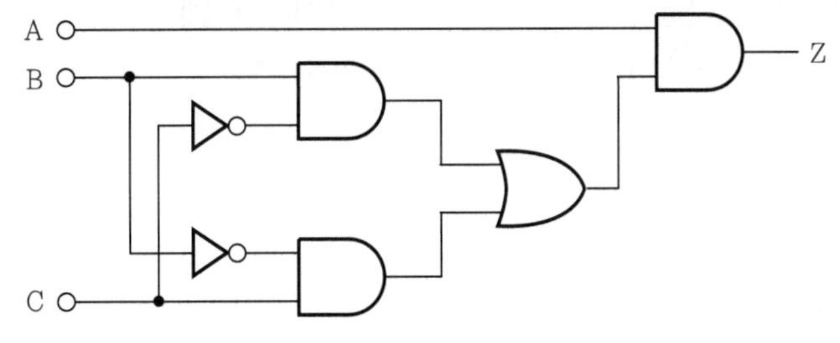

기출개념 03 카르노 맵(Karnaugh Map)

1 2변수 카르노맵 작성

변수가 2개일 경우, 즉 임의의 2변수 A, B가 있다고 하면 $2^2 = 4$가지의 상태가 되고 카르노맵의 작성방법은 다음과 같다.

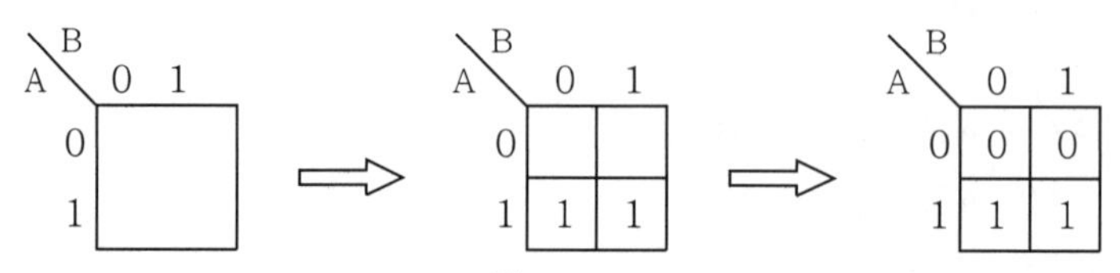

▌출력 $Y = A\overline{B} + AB$의 카르노맵▐

- 각 변수를 배열하며 A와 B의 위치는 바뀌어도 무관하다.
- A, B의 변수의 값을 써넣는다.
- 나머지 빈칸은 0으로 써넣는다.

2 3변수 카르노맵 작성

변수가 3개일 경우, 즉 임의의 3변수 A, B, C가 있다고 하면 $2^3 = 8$가지의 상태가 되고 카르노맵의 작성방법은 다음과 같다.

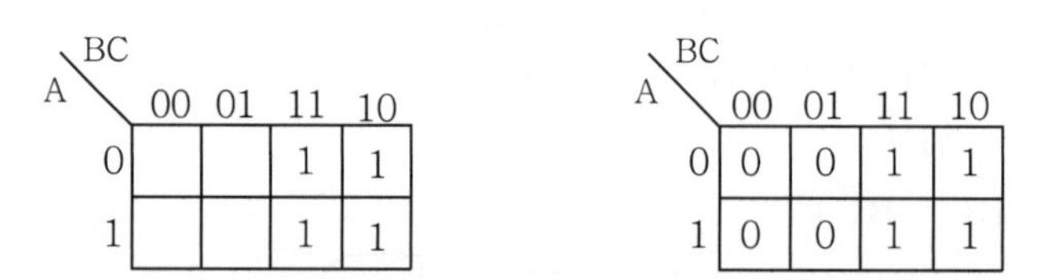

▌출력 $Y = \overline{A}B\overline{C} + \overline{A}BC + AB\overline{C} + ABC$의 카르노맵▐

- 출력 Y가 1이 되는 곳을 찾아 써넣는다.
- 나머지 빈칸은 모두 0으로 써넣는다.

3 4변수 카르노맵 작성

변수가 4개일 경우, 즉 임의의 4변수 A, B, C, D가 있다고 하면 $2^4=16$가지의 상태가 되고 카르노맵의 작성방법은 다음과 같다.

AB \ CD	00	01	11	10
00	$\overline{A}\,\overline{B}\,\overline{C}\,\overline{D}$	$\overline{A}\,\overline{B}\,\overline{C}\,D$	$\overline{A}\,\overline{B}\,C\,D$	$\overline{A}\,\overline{B}\,C\,\overline{D}$
01	$\overline{A}\,B\,\overline{C}\,\overline{D}$	$\overline{A}\,B\,\overline{C}\,D$	$\overline{A}\,B\,C\,D$	$\overline{A}\,B\,C\,\overline{D}$
11	$A\,B\,\overline{C}\,\overline{D}$	$A\,B\,\overline{C}\,D$	$A\,B\,C\,D$	$A\,B\,C\,\overline{D}$
10	$A\,\overline{B}\,\overline{C}\,\overline{D}$	$A\,\overline{B}\,\overline{C}\,D$	$A\,\overline{B}\,C\,D$	$A\,\overline{B}\,C\,\overline{D}$

4 카르노맵의 간이화

(1) 진리표의 변수의 개수에 따라 2변수, 3변수, 4변수의 카르노맵을 작성한다.

(2) 카르노맵에서 가능하면 옥텟 → 쿼드 → 페어의 순으로 큰 루프로 묶는다.

(3) 맵에서 1은 필요에 따라서 여러 번 사용해도 된다.

(4) 만약에 어떤 그룹의 1이 다른 그룹에도 해당될 때에는 그 그룹은 생략해도 된다.

(5) 각 그룹을 AND로, 전체를 OR로 결합하여 논리곱의 합 형식의 논리함수로 만든다. 단, 어떤 페어, 쿼드, 옥텟에도 해당되지 않는 1이 있을 때는 그 자신을 하나의 그룹으로 한다.

* 페어(pair), 쿼드(quad), 옥텟(octet)

① 페어

페어라 함은 1이 수직이나 수평으로 한 쌍으로 근접되어 있는 경우를 말한다. 이때 보수로 바뀌어지는 변수는 생략된다.

② 쿼드

쿼드라 함은 1이 수직이나 수평으로 4개가 근접되어 하나의 그룹을 이루고 있는 경우를 말한다.

③ 옥텟

옥텟이라 함은 1이 수직이나 수평으로 8개가 근접하여 하나의 그룹을 이루고 있는 경우를 말한다.

예 1. 다음 불함수를 간단히 하여라.

$X = \overline{A}BC + \overline{A}B\overline{C} + A\overline{B}\,\overline{C} + A\overline{B}C$

〈풀이〉

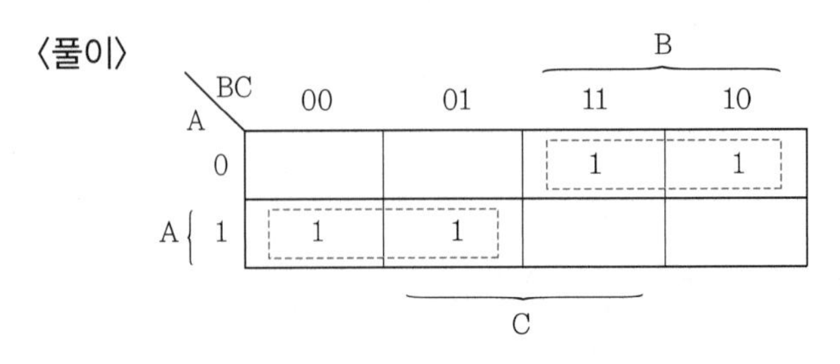

$\therefore$ 논리식 $X = \overline{A}B + A\overline{B}$

2.

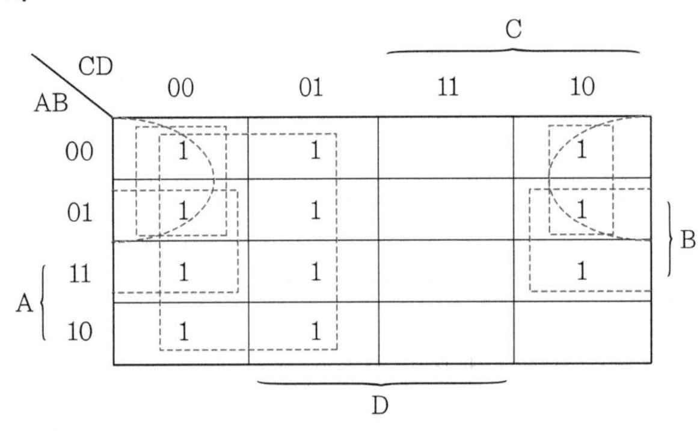

$\therefore$ 논리식 $X = \overline{C} + \overline{A}\,\overline{D} + B\overline{D}$

개념 문제 기사 12년 출제 | 배점 : 4점 |

카르노 도표에 나타낸 것과 같이 논리식과 무접점 논리회로를 나타내시오. (단, "0" : L(Low Level), "1" : H(High Level)이며, 입력은 A, B, C 출력은 X이다.)

A \ BC	0 0	0 1	1 1	1 0
0		1		1
1		1		1

(1) 논리식으로 나타낸 후 간략화 하시오.

(2) 무접점 논리회로

답안 (1) $X = \overline{A}\,\overline{B}C + \overline{A}B\overline{C} + A\overline{B}C + AB\overline{C}$

$= \overline{B}C(\overline{A} + A) + B\overline{C}(\overline{A} + A)$

$= \overline{B}C + B\overline{C}$

(2) B, C, X

단원 빈출문제

문제 01 산업 89년 출제

배점 : 4점

다음과 같은 접점회로의 논리식은 어떻게 나타나는가?

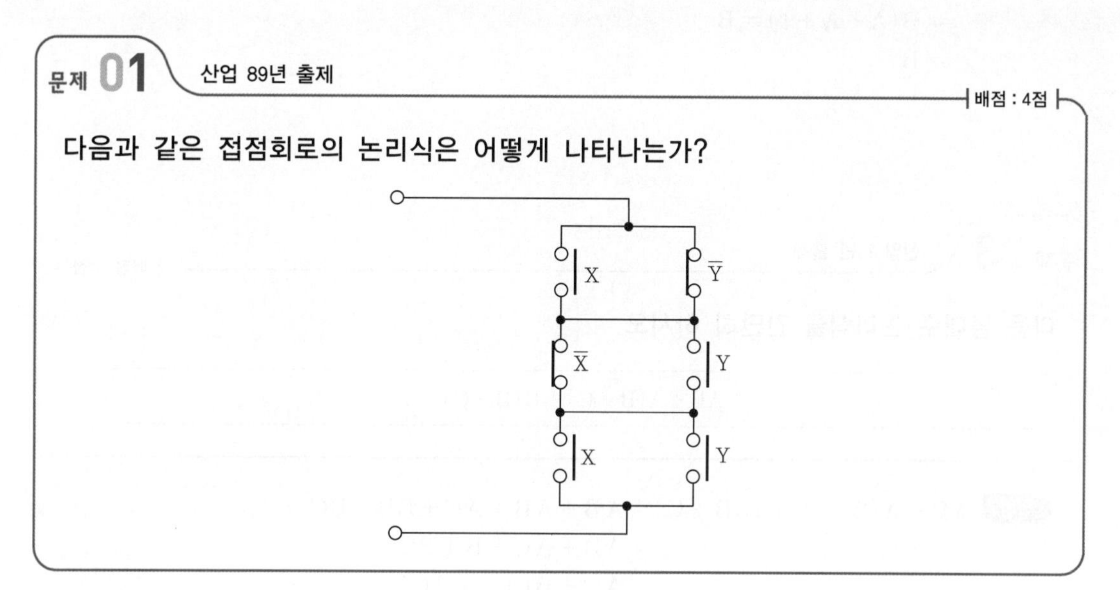

답안 $(X+\overline{Y})(\overline{X}+Y)(X+Y)=(X\overline{X}+XY+\overline{X}\,\overline{Y}+\overline{Y}\,Y)(X+Y)$

$(X\overline{X}=0,\ Y\overline{Y}=0$이므로)

$=(XY+\overline{X}\cdot\overline{Y})(X+Y)$

$=XXY+XYY+X\overline{X}\,\overline{Y}+\overline{X}\,\overline{Y}Y$

$(X\overline{X}=0,\ Y\overline{Y}=0$이므로)

$=XY+XY$

$=XY$

문제 02 산업 98년, 21년 출제

배점 : 4점

그림과 같은 논리회로의 출력을 가장 간단한 식으로 표현하시오.

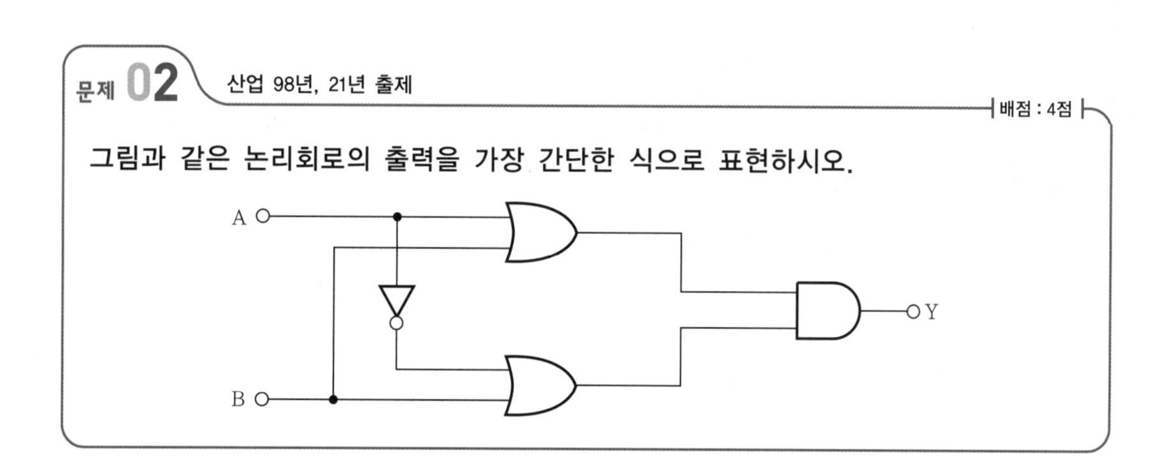

답안 $Y = (A+B)(\overline{A}+B)$
$= A\overline{A} + \overline{A}B + AB + BB$
$= \overline{A}B + AB + B$
$= B(\overline{A} + A + 1) = B$
$= B$

문제 03 산업 14년 출제 | 배점 : 4점

다음 불대수 논리식을 간단히 하시오.

$$AB + A(B+C) + B(B+C)$$

답안 $AB + A(B+C) + B(B+C) = AB + AB + AC + BB + BC$
$= AB + AC + B + BC$
$= AC + B(A + 1 + C)$
$= AC + B$

문제 04 산업 12년 출제 | 배점 : 4점

다음 논리회로의 출력을 논리식으로 나타내고 간략화 하시오.

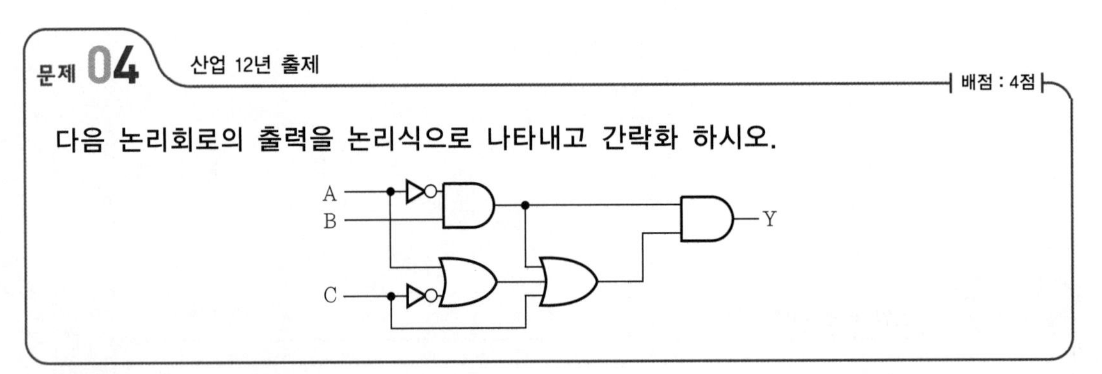

답안 $Y = (\overline{A}B)(\overline{A}B + A + \overline{C} + C)$
$= (\overline{A}B)(\overline{A}B + A + 1)$
$= \overline{A}B$

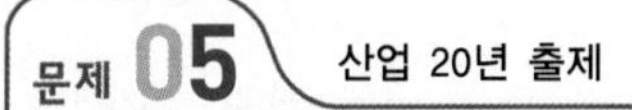

산업 20년 출제

| 배점 : 6점 |

아래의 논리회로를 참고하여 다음 각 물음에 답하시오.

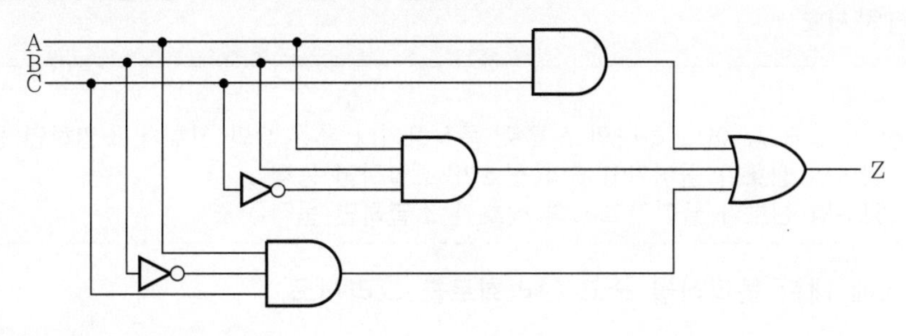

(1) 출력식 Z를 간소화하시오.
- 간소화 과정 :
- Z=

(2) "(1)"에서 간소화한 출력식 Z에 따른 시퀀스회로를 완성하시오.

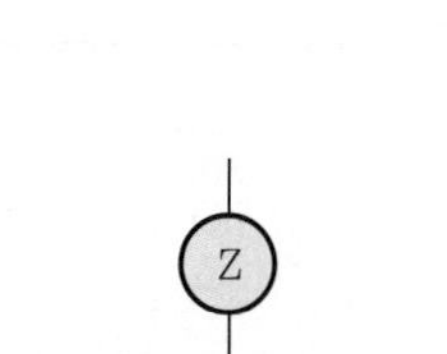

답안 (1) • 간소화 과정 : $Z = ABC + AB\overline{C} + A\overline{B}C$

$$= ABC + ABC + AB\overline{C} + A\overline{B}C$$
$$= AB(C + \overline{C}) + AC(B + \overline{B})$$
$$= AB + AC$$
$$= A(B + C)$$

• $Z = A(B + C)$

(2)

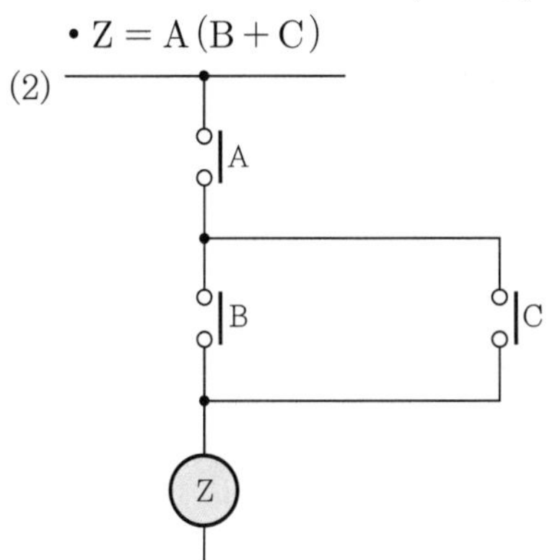

문제 06 산업 98년, 02년 출제 | 배점 : 12점 |

3개의 입력신호 A, B, C에 의한 [조건]이 ①~③일 때, 이 조건을 이용하여 다음 각 물음에 답하시오.

[조건]
① 입력신호 A, B 중 어느 하나의 신호로 동작하거나 혹은 C의 신호가 소멸하면 동작
② A, C 양쪽의 신호가 들어가고 B의 신호가 소멸하면 동작
③ A, B 양쪽의 신호가 들어가고 C의 신호가 소멸하면 동작

(1) ①~③에 대한 논리식을 쓰고 논리회로를 그리시오.
①
②
③

(2) ①의 조건과 ②, ③의 조건 중 하나를 만족하는 조건이 동시에 이루어졌을 때 출력이 나타나는 논리식을 쓰고 논리회로를 그리시오. [단, ①~③을 직접 합성하는 경우(즉, 간략화하는 경우)와 이것을 최소화한 논리 소자로 구성되는 경우로 답하도록 한다.]
- **간략화하지 않고 직접 합성하는 경우**
- **간략화(최소화)한 경우**

답안 (1) ① 논리식 $= A\overline{B} + \overline{A}B + \overline{C}$

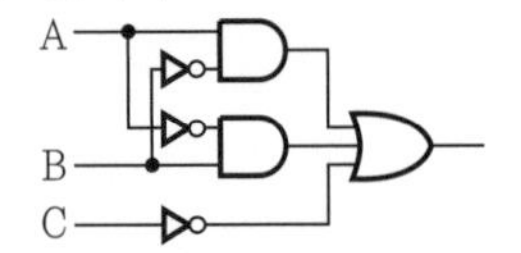

② 논리식 $= A\overline{B}C$

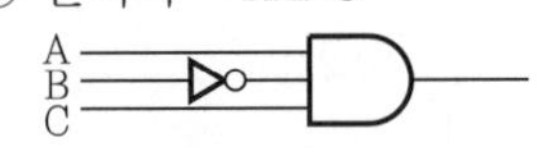

③ 논리식 $= AB\overline{C}$

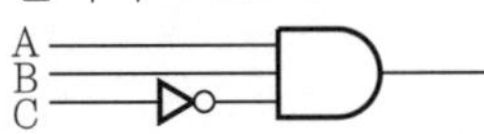

(2) • 간략화하지 않고 직접 합성하는 경우
- 논리식 $= (A\overline{B} + \overline{A}B + \overline{C})(A\overline{B}C + AB\overline{C})$
- 논리회로

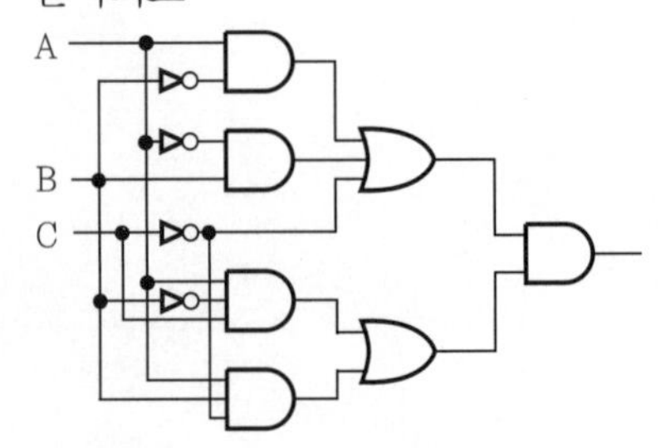

- 간략화(최소화)한 경우
  - 논리식 $= (A\overline{B}+\overline{A}B+\overline{C})(A\overline{B}C+AB\overline{C}) = A\overline{B}C+AB\overline{C}$
    $= A(\overline{B}C+B\overline{C}) = A(B \oplus C)$
  - 논리회로

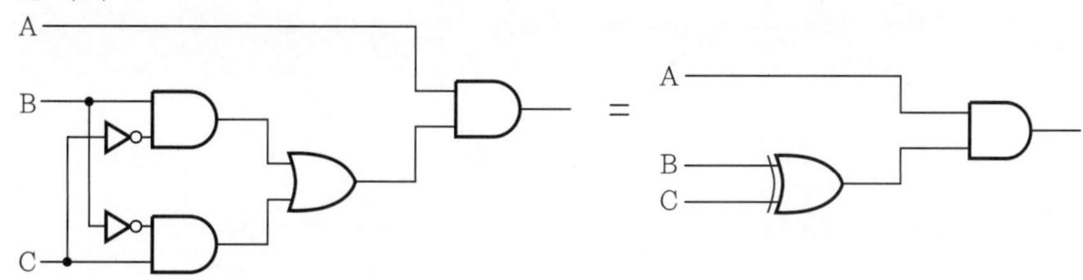

문제 07 산업 21년 출제

배점 : 6점

누름버튼 스위치 PB_1, PB_2, PB_3에 의해서만 직접 제어되는 계전기 X_1, X_2, X_3가 있다. 이 계전기 3개가 모두 소자(복귀)되어 있을 때만 출력 램프 L_1이 점등되고, 그 이외에는 출력 램프 L_2가 점등되도록 계전기를 사용한 시퀀스제어회로를 설계하려고 한다. 이때 다음 각 물음에 답하시오.

(1) 본문의 요구조건과 같은 진리표를 작성하시오.

입 력			출 력	
X_1	X_2	X_3	L_1	L_2
0	0	0		
0	0	1		
0	1	0		
0	1	1		
1	0	0		
1	0	1		
1	1	0		
1	1	1		

(2) 최소 접점수를 갖는 출력 램프 L_1, L_2의 논리식을 쓰시오.

- $L_1 =$
- $L_2 =$

(3) 논리식에 대응되는 시퀀스제어회로(유접점회로)를 그리시오. [단, 스위치 및 접점을 그릴 때는 해당하는 문자기호(예 PB_1, X_1 등)를 함께 쓰도록 한다.]

〈예시〉			
PB	PB	X	X

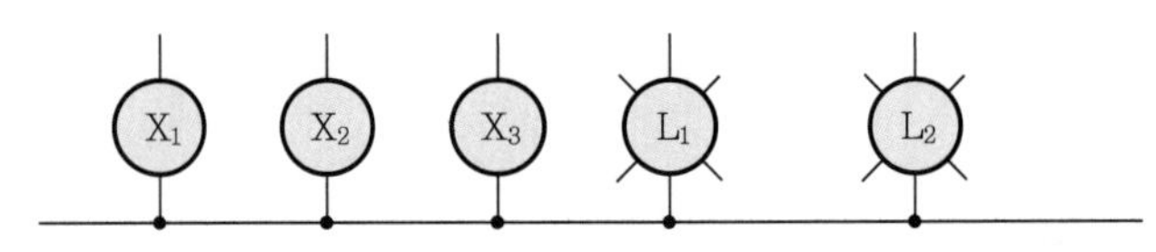

답안 (1)

입 력			출 력	
X_1	X_2	X_3	L_1	L_2
0	0	0	1	0
0	0	1	0	1
0	1	0	0	1
0	1	1	0	1
1	0	0	0	1
1	0	1	0	1
1	1	0	0	1
1	1	1	0	1

(2) • $L_1 = \overline{X}_1 \overline{X}_2 \overline{X}_3$

• $L_2 = X_1 + X_2 + X_3$

(3)

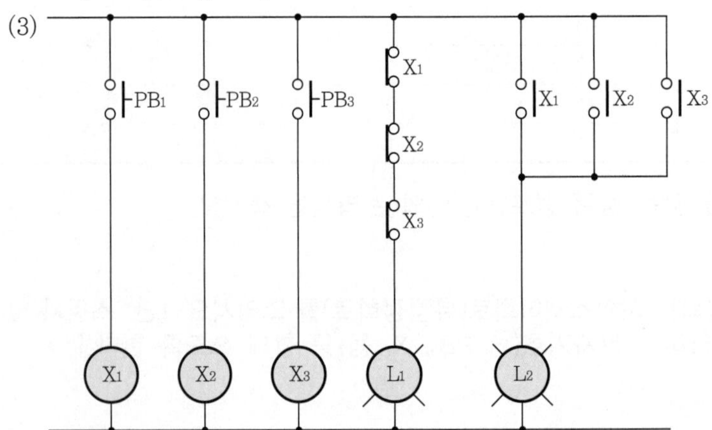

해설

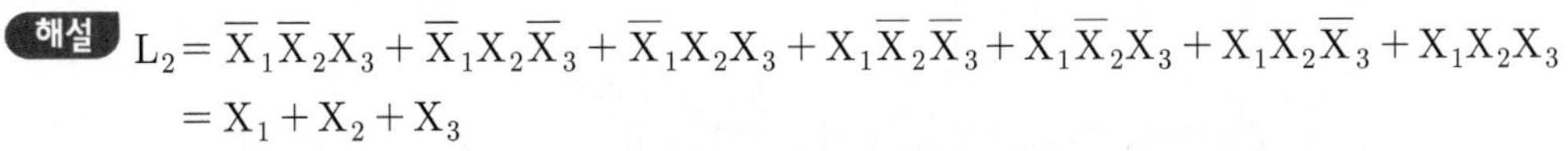

$L_2 = \overline{X}_1\overline{X}_2X_3 + \overline{X}_1X_2\overline{X}_3 + \overline{X}_1X_2X_3 + X_1\overline{X}_2\overline{X}_3 + X_1\overline{X}_2X_3 + X_1X_2\overline{X}_3 + X_1X_2X_3$

$= X_1 + X_2 + X_3$

X_1 \ X_2X_3	00	01	11	10
0	0	1	1	1
1	1	1	1	1

[쉬운 풀이]

$L_2 = \overline{L_1}$

$= \overline{\overline{X_1}\,\overline{X_2}\,\overline{X_3}}$

$= X_1 + X_2 + X_3$

문제 08 산업 12년 출제

배점 : 7점

주어진 진리표를 이용하여 다음 각 물음에 답하시오.

▌진리표▐

A	B	C	출 력
0	0	0	P_1
0	0	1	P_1
0	1	0	P_1
0	1	1	P_2
1	0	0	P_1
1	0	1	P_2
1	1	0	P_2

(1) P_1, P_2의 출력식을 각각 쓰시오.
(2) 무접점 회로도를 그리시오.

답안

(1) $P_1 = \overline{A}\,\overline{B} + (\overline{A} + \overline{B})\overline{C}$

$P_2 = \overline{A}BC + A(\overline{B}C + B\overline{C})$

(2)

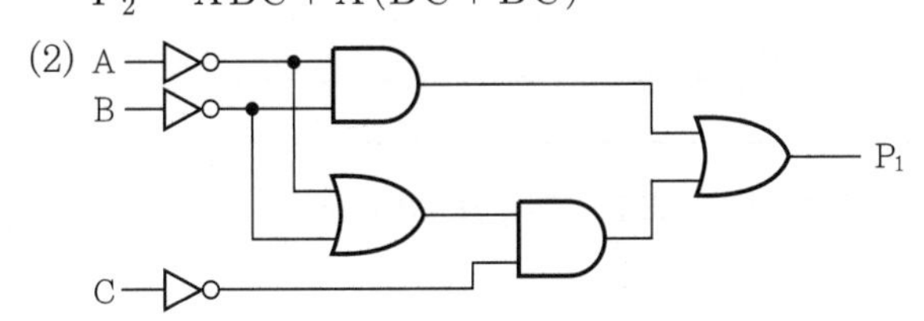

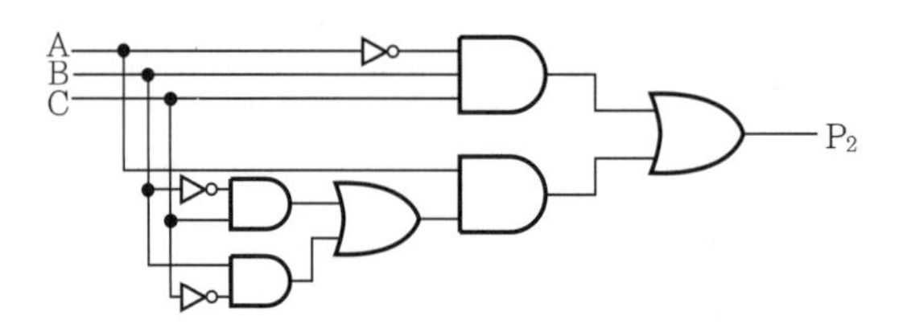

해설 (1) $P_1 = \overline{A}\,\overline{B}\,\overline{C} + \overline{A}\,\overline{B}C + \overline{A}B\overline{C} + A\overline{B}\,\overline{C}$

$= \overline{A}\,\overline{B}\,\overline{C} + \overline{A}\,\overline{B}C + \overline{A}B\overline{C} + A\overline{B}\,\overline{C} + \overline{A}\,\overline{B}\,\overline{C} + \overline{A}\,\overline{B}\,\overline{C}$

$= \overline{A}\,\overline{B}(C + \overline{C}) + \overline{A}\,\overline{C}(B + \overline{B}) + \overline{B}\,\overline{C}(A + \overline{A})$

$= \overline{A}\,\overline{B} + (\overline{A} + \overline{B})\overline{C}$

$P_2 = \overline{A}BC + A\overline{B}C + AB\overline{C}$

$= \overline{A}BC + A(\overline{B}C + B\overline{C})$

문제 09

산업 22년 출제 | 배점 : 7점

어느 회사에서 하나의 부지 내에 A, B, C 3개의 공장을 세워 3대의 급수펌프 P_1(소형), P_2(중형), P_3(대형)로 급수시설을 하여 다음 [급수계획]과 같이 급수하고자 한다. 이 계획에 대한 다음 각 물음에 답하시오.

[급수계획]
- 공장 A, B, C가 휴무일 때 또는 그 중 하나의 공장만 가동할 때에는 펌프 P_1만 가동한다.
- 공장 A, B, C 중 어느 것이나 두 개의 공장만 가동할 때에는 P_2만 가동한다.
- 공장 A, B, C가 모두 가동할 때에는 P_3만 가동한다.

(1) 급수계획에 따른 진리표를 완성하시오.

입 력			출 력		
A	B	C	P_1	P_2	P_3
0	0	0			
0	0	1			
0	1	0			
0	1	1			
1	0	0			
1	0	1			
1	1	0			
1	1	1			

(2) 급수펌프 P_1, P_2에 대한 출력식을 나타내고 간략화 하시오.

- $P_1 =$
- $P_2 =$

(3) 급수펌프 P_1, P_2에 대한 논리회로를 완성하시오. (단, 입력은 A, B, C이며, 출력은 P_1, P_2, P_3이다.)

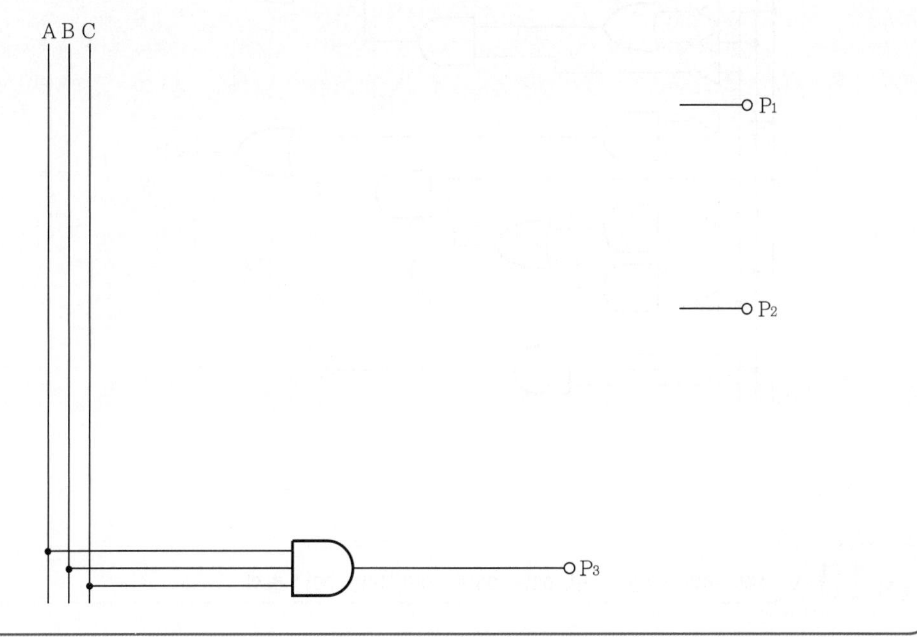

답안 (1)

입 력			출 력		
A	B	C	P_1	P_2	P_3
0	0	0	1	0	0
0	0	1	1	0	0
0	1	0	1	0	0
0	1	1	0	1	0
1	0	0	1	0	0
1	0	1	0	1	0
1	1	0	0	1	0
1	1	1	0	0	1

(2) • $P_1 = \overline{A}\,\overline{B}\,\overline{C} + \overline{A}\,\overline{B}C + \overline{A}B\overline{C} + A\overline{B}\,\overline{C}$

$= \overline{A}\,\overline{B}\,\overline{C} + \overline{A}\,\overline{B}\,\overline{C} + \overline{A}\,\overline{B}\,\overline{C} + \overline{A}\,\overline{B}C + \overline{A}B\overline{C} + A\overline{B}\,\overline{C}$

$= \overline{A}\,\overline{B}(\overline{C} + C) + \overline{A}\,\overline{C}(\overline{B} + B) + \overline{B}\,\overline{C}(\overline{A} + A)$

$= \overline{A}\,\overline{B} + \overline{A}\,\overline{C} + \overline{B}\,\overline{C}$

$= \overline{A}\,\overline{B} + (\overline{A} + \overline{B})\overline{C}$

• $P_2 = \overline{A}BC + A\overline{B}C + AB\overline{C}$

$= \overline{A}BC + A(\overline{B}C + B\overline{C})$

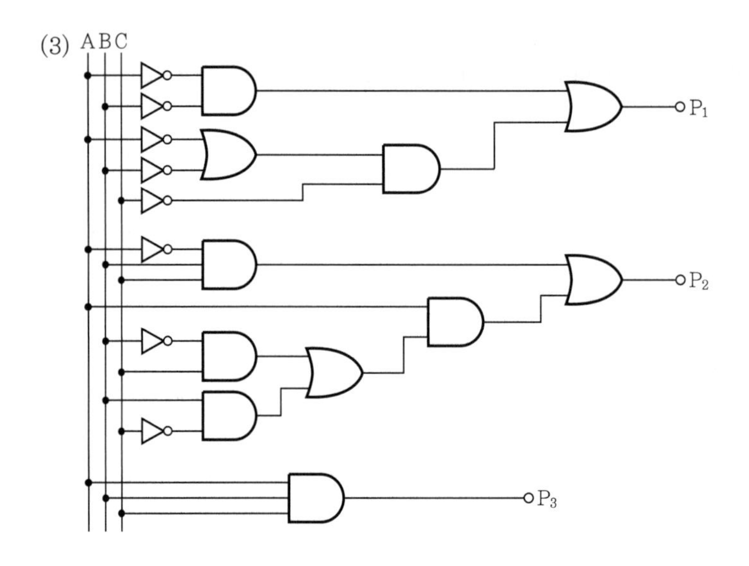

문제 10 산업 96년, 98년, 00년, 02년, 03년, 10년, 18년, 20년 출제

배점 : 12점

어느 회사에서 한 부지에 A, B, C의 세 공장을 세워 3대의 급수펌프 P_1(소형), P_2(중형), P_3(대형)로 다음 [조건]에 따라 급수계획을 세웠다. 조건과 미완성 시퀀스 도면을 보고 다음 각 물음에 답하시오.

[조건]

- 공장 A, B, C가 모두 휴무일 때 또는 그 중 한 공장만 가동할 때에는 펌프 P_1만 가동시킨다.
- 공장 A, B, C 중 어느 것이나 두 개의 공장만 가동할 때에는 P_2만 가동시킨다.
- 공장 A, B, C 모두를 가동할 때에는 P_3만 가동시킨다.

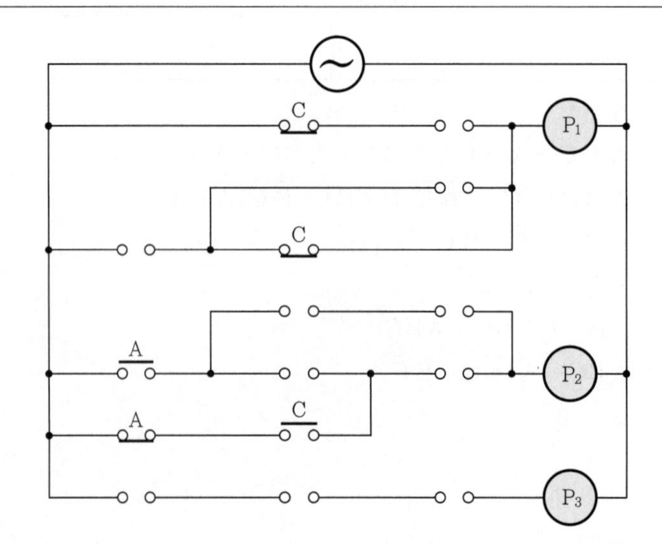

(1) 위의 조건에 대한 진리표를 작성하시오.

A	B	C	P_1	P_2	P_3
0	0	0			
1	0	0			
0	1	0			
0	0	1			
1	1	0			
1	0	1			
0	1	1			
1	1	1			

(2) 주어진 미완성 시퀀스 도면에 접점과 그 기호를 삽입하여 도면을 완성하시오.

(3) P_1, P_2, P_3의 출력식을 가장 간단한 식으로 표현하시오.

- P_1 :
- P_2 :
- P_3 :

답안 (1)

A	B	C	P_1	P_2	P_3
0	0	0	1	0	0
1	0	0	1	0	0
0	1	0	1	0	0
0	0	1	1	0	0
1	1	0	0	1	0
1	0	1	0	1	0
0	1	1	0	1	0
1	1	1	0	0	1

(2)

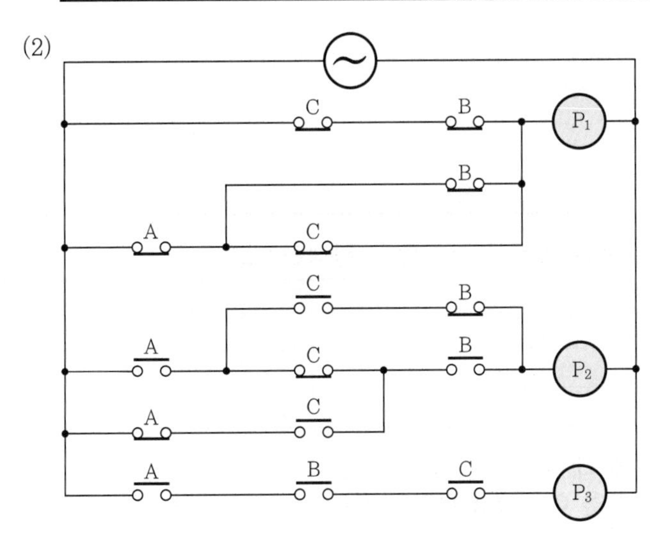

(3) • $P_1 = \overline{A}\,\overline{B}\,\overline{C} + A\,\overline{B}\,\overline{C} + \overline{A}\,B\,\overline{C} + \overline{A}\,\overline{B}C$

$= \overline{A}\,(\overline{B} + \overline{C}) + \overline{B}\,\overline{C}$

• $P_2 = \overline{A}\,BC + A\,\overline{B}\,C + A\,B\,\overline{C}$

$= \overline{A}\,BC + A(\overline{B}C + B\,\overline{C})$

• $P_3 = ABC$

해설 $P_1 = \overline{A}\,\overline{B}\,\overline{C} + A\overline{B}\,\overline{C} + \overline{A}B\overline{C} + \overline{A}\,\overline{B}C$의 논리식 간이화

karnaugh도 :

A \ BC	00	01	11	10
0	1	1		1
1	1			

$P_1 = \overline{A}\,\overline{B} + \overline{A}\,\overline{C} + \overline{B}\,\overline{C}$

$= \overline{A}(\overline{B} + \overline{C}) + \overline{B}\,\overline{C}$

문제 11

산업 03년, 06년, 10년, 18년, 21년 출제

배점 : 6점

주어진 진리표는 3개의 리밋 스위치 LS_1, LS_2, LS_3에 입력을 주었을 때 출력 X와의 관계표이다. 이 표를 이용하여 다음 각 물음에 답하시오.

| 진리표 |

LS_1	LS_2	LS_3	X
0	0	0	0
0	0	1	0
0	1	0	0
0	1	1	1
1	0	0	0
1	0	1	1
1	1	0	1
1	1	1	1

(1) 진리표를 이용하여 다음과 같은 카르노맵을 완성하시오.

LS_3 \ LS_1, LS_2	0 0	0 1	1 1	1 0
0				
1				

(2) "(1)"에서의 카르노맵에 대한 논리식을 쓰시오.

(3) 진리값과 "(2)"의 논리식을 이용하여 무접점 회로도를 그리시오. (단, OR, AND 게이트만을 이용하여 표현하시오.)

답안 (1)

LS_3 \ LS_1, LS_2	0 0	0 1	1 1	1 0
0	0	0	1	0
1	0	1	1	1

(2) $X = LS_1LS_2 + LS_1LS_3 + LS_2LS_3$

$= LS_1(LS_2 + LS_3) + LS_2LS_3$

(3)

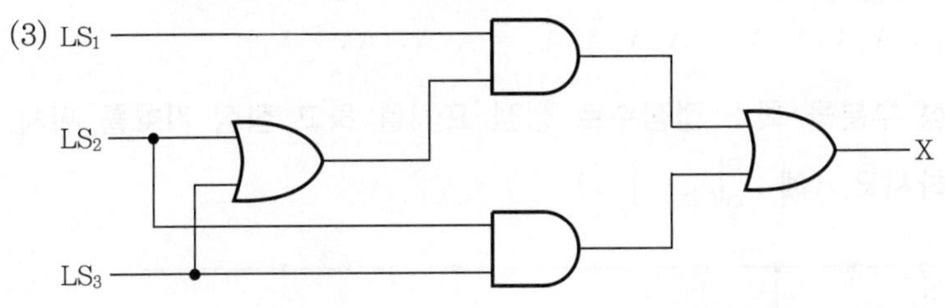

문제 12 산업 96년, 19년 출제

배점 : 13점

스위치 S_1, S_2, S_3, S_4에 의하여 직접 제어되는 계전기 A_1, A_2, A_3, A_4가 있다. 전등 X, Y, Z가 동작표와 같이 점등되었다고 할 때 다음 각 물음에 답하시오.

A_1	A_2	A_3	A_4	X	Y	Z
0	0	0	0	0	1	0
0	0	0	1	0	0	0
0	0	1	0	0	0	0
0	0	1	1	0	0	0
0	1	0	0	0	0	0
0	1	0	1	0	0	0
0	1	1	0	1	0	0
0	1	1	1	1	0	0
1	0	0	0	0	0	0
1	0	0	1	0	0	1
1	0	1	0	0	0	0
1	0	1	1	1	1	0
1	1	0	0	0	0	1
1	1	0	1	0	0	1
1	1	1	0	0	0	0
1	1	1	1	1	0	0

• 출력 램프 X에 대한 논리식

$X = \overline{A}_1 A_2 A_3 \overline{A}_4 + \overline{A}_1 A_2 A_3 A_4 + A_1 A_2 A_3 A_4 + A_1 \overline{A}_2 A_3 A_4$

$= A_3(\overline{A_1} A_2 + A_1 A_4)$

• 출력 램프 Y에 대한 논리식

$Y = \overline{A}_1 \overline{A}_2 \overline{A}_3 \overline{A}_4 + A_1 \overline{A}_2 A_3 A_4 = \overline{A}_2(\overline{A}_1 \overline{A}_3 \overline{A}_4 + A_1 A_3 A_4)$

• 출력 램프 Z에 대한 논리식

$Z = A_1 \overline{A}_2 \overline{A}_3 A_4 + A_1 A_2 \overline{A}_3 \overline{A}_4 + A_1 A_2 \overline{A}_3 A_4 = A_1 \overline{A}_3(A_2 + A_4)$

(1) 답란에 미완성 부분을 최소 접점수로 접점 표시를 하고 접점 기호를 써서 유접점 회로를 완성하시오. (예 : A_1 $\overline{A}_1$)

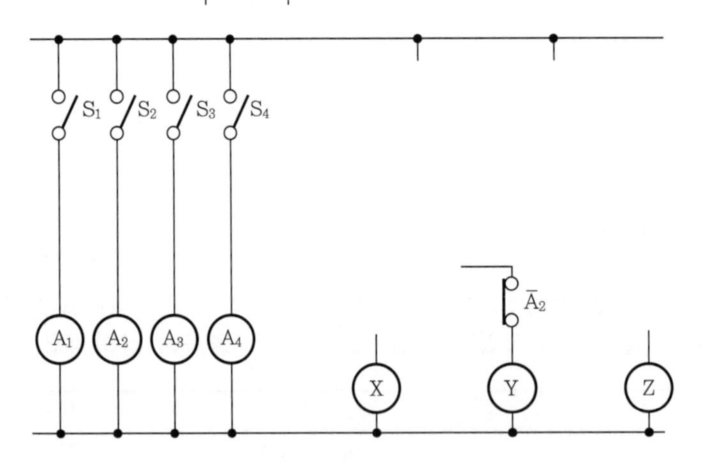

(2) 답란에 미완성 무접점회로도를 완성하시오.

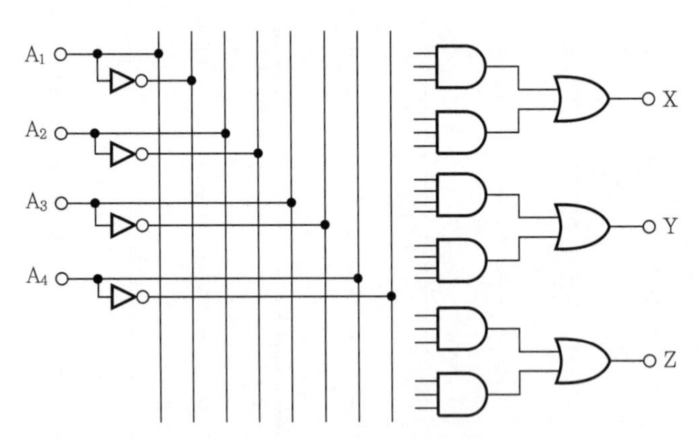

답안 (1)

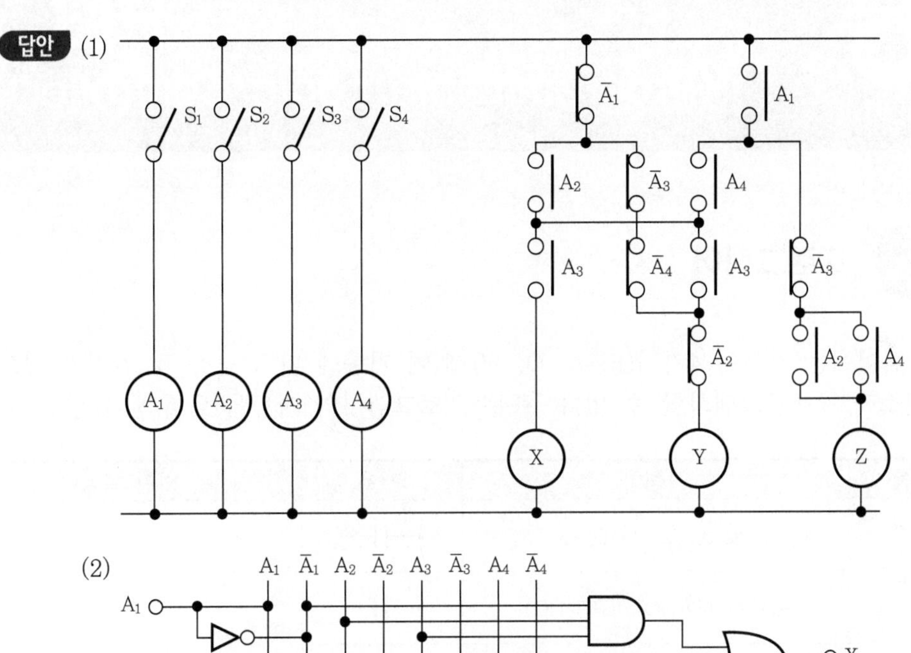

(2)

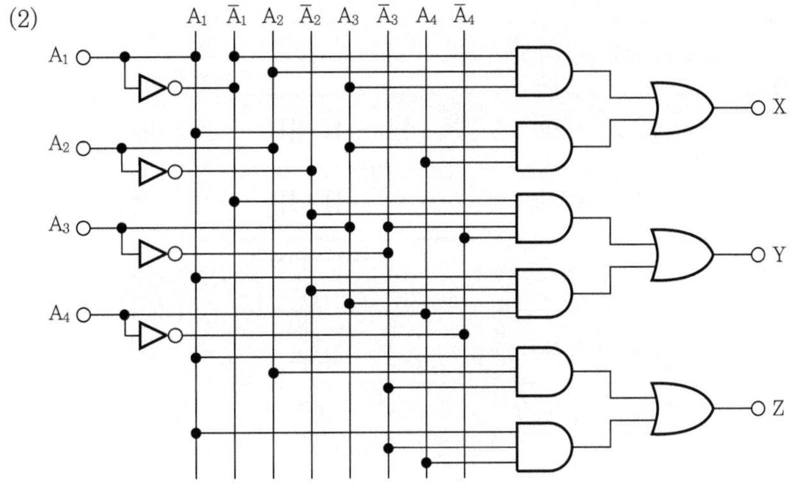

08 CHAPTER PLC (Programmable Logic Controller)

기출개념 01 프로그램어

프로그램어에는 기본어 4가지(R, A, O, W) 외에 기종에 따라 응용 몇 가지가 있으며, 어떤 시퀀스라도 프로그램화할 수 있다. 표는 프로그램어의 기능을 나타낸 것이다.

내 용	명령어	부 호	번지 설정
시작 입력	① R(read), ② LOAD, ③ STR		입력기구 ① 0.0~2.7 ② P000~P0007 ③ 0~17 출력기구 ① 3.0~4.7 ② P010~P017 ③ 20~37 보조기구(내부 출력) ① 8.0~ ② M000~ ③ 170~ 타이머 ① T40~(40.7~) ② T000~ ③ T600 카운터 ① C400~ ② C000 ③ C600~ 설정시간 ① DS ② 〈DATA〉
	RN, LOAD NOT, STR NOT		
직렬	A, AND		
	AN, AND NOT		
병렬	O, OR		
	ON, OR NOT		
출력	W(write), OUT		
직렬 묶음	A MRG, AND LOAD, AND STR	――	
병렬 묶음	O MRG, OR LOAD, OR STR	――	
공통 묶음	W(WN), NRG, MCS(MCR)	――	
타이머	T(DS), TMR〈DATA〉, TIM		
카운터	CNT		

기출개념 02 기본 프로그램 예

① 입출력

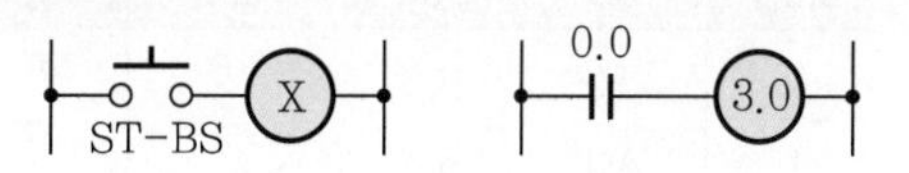

step	op	zadd
0	R	0.0
1	W	3.0

② 부정

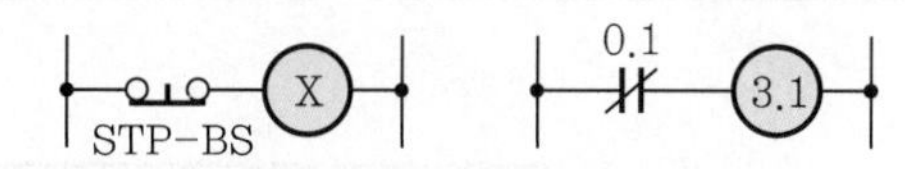

step	op	add
0	RN	0.1
1	W	3.1

RN : Read NOT(b접점)

③ 직렬

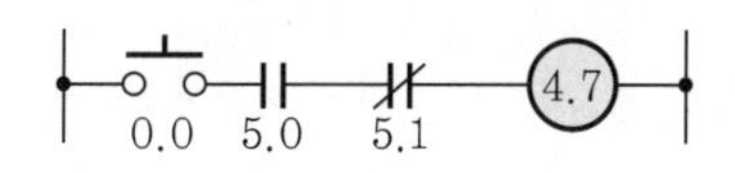

step	op	add
0	R	0.0
1	A	5.0
2	AN	5.1
3	W	4.7

AN : AND NOT(b접점)

④ 병렬

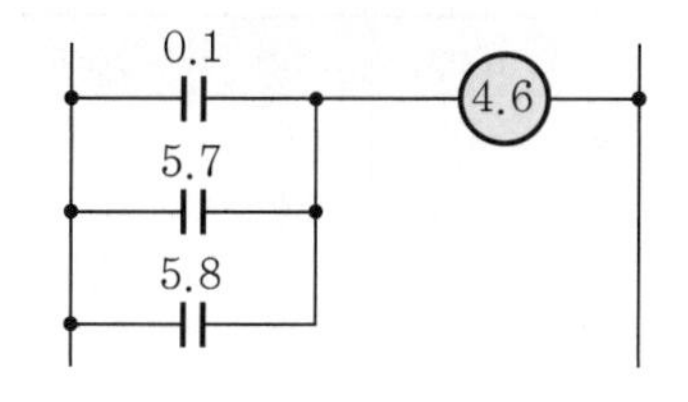

step	op	add
0	R	0.1
1	O	5.7
2	O	5.8
3	W	4.6

⑤ 직병렬(1)

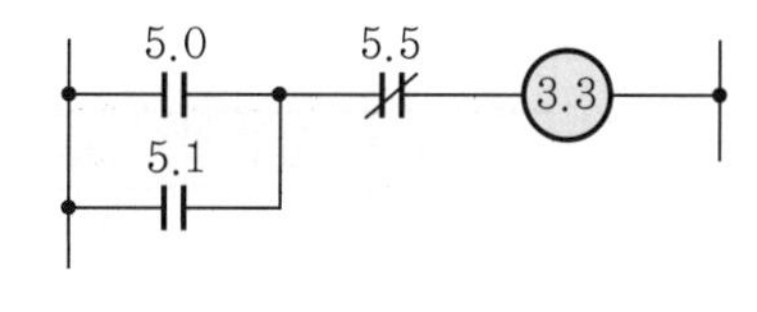

(a)

step	op	add
0	R	5.0
1	O	5.1
2	AN	5.5
3	W	3.3

5.5 5.0 3.3

★ 5.1

(b)

step	op	add
0	RN	5.5
1	R	5.0
2	O	5.1
3	A MRG	–
4	W	3.3

그림 (b)는 분기점 처리(MRG)를 해야 직병렬이 확실히 구분된다. 따라서 (a)보다 step 수가 증가한다. 보통 (a)로 바꾸어서 프로그램한다.

⑥ 직병렬(2)

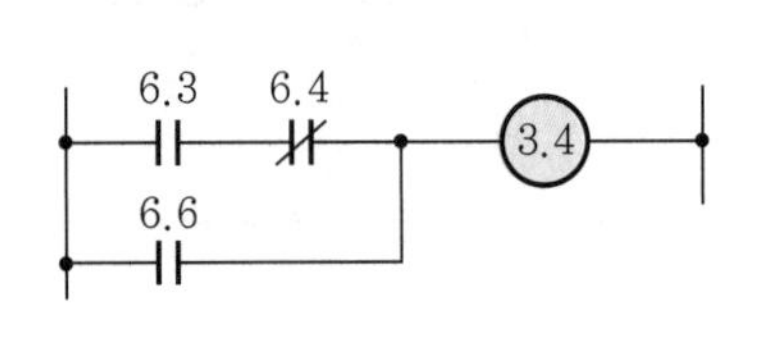

step	op	add
0	R	6.3
1	AN	6.4
2	O	6.6
3	W	3.4

step	op	add
0	R	6.6
1	R	6.3
2	AN	6.4
3	O MRG	–
4	W	3.4

⑦ 직병렬(3)

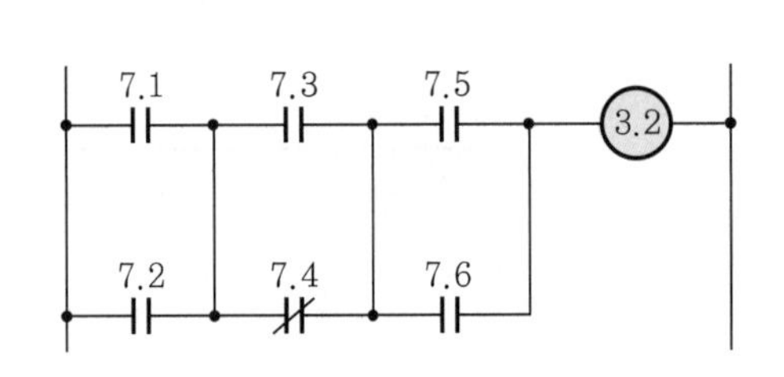

step	op	add
0	R	7.1
1	O	7.2
2	R	7.3
3	ON	7.4
4	A MRG	–
5	R	7.5
6	O	7.6
7	A MRG	–
8	W	3.4

⑧ 직병렬(4)

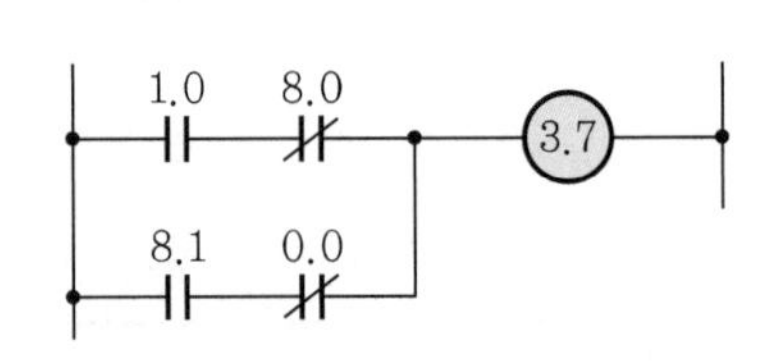

step	op	add
0	R	1.0
1	A	8.0
2	R	8.1
3	AN	0.0
4	O MRG	–
5	W	3.7

⑨ 타이머

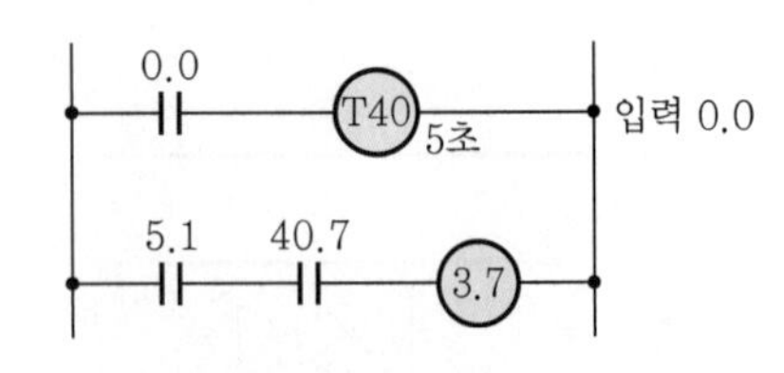

step	op	add
0	R	0.0
1	DS	50*
2	W	T40
3	R	5.0
4	A	40.7
5	W	3.7

* DS : 0.1초 단위
설정시간(DS), 번지(T40)의 순서가 역순인 기종도 있고 set, reset 2 입력인 경우도 있다.

개념 문제 01 기사 01년, 02년, 09년 출제

| 배점 : 6점 |

PLC 래더 다이어그램이 그림과 같을 때 표에 ①~⑥의 프로그램을 완성하시오. [단, 회로 시작(STR), 출력(OUT), AND, OR, NOT 등의 명령어를 사용한다.]

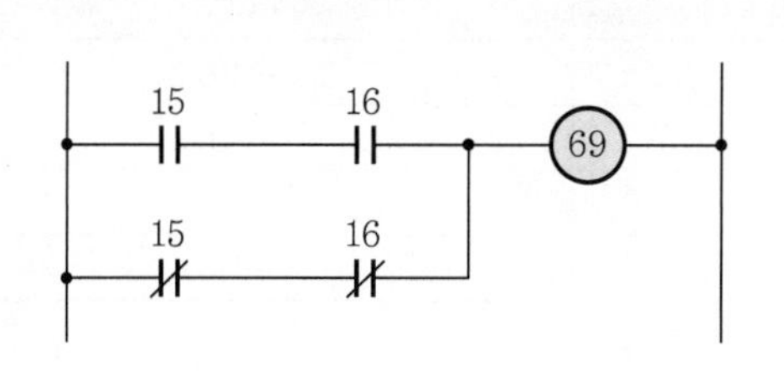

차 례	명 령	번 지
0	(①)	15
1	AND	16
2	(②)	(③)
3	(④)	16
4	OR STR	–
5	(⑤)	(⑥)

답안
① STR
② STR NOT
③ 15
④ AND NOT
⑤ OUT
⑥ 69

개념 문제 02 기사 12년 출제

| 배점 : 6점 |

표의 빈칸 ①~⑧에 알맞은 내용을 써서 그림 PLC 시퀀스의 프로그램을 완성하시오. [단, 사용 명령어는 회로 시작(R), 출력(W), AND(A), OR(O), NOT(N), 시간지연(DS)이고, 0.1초 단위이며, 부분점수는 없다.]

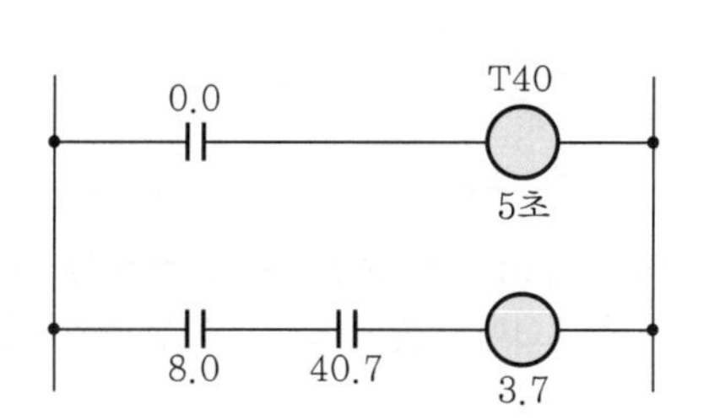

차 례	명 령	번 지
0	R	(①)
1	DS	(②)
2	W	(③)
3	(④)	8.0
4	(⑤)	(⑥)
5	(⑦)	(⑧)

답안
① 0.0
② 50
③ T40
④ R
⑤ A
⑥ 40.7
⑦ W
⑧ 3.7

개념 문제 03 기사 19년 출제 | 배점 : 6점 |

다음 PLC의 표를 보고 물음에 답하시오.

step	명령어	번 지
0	LOAD	P000
1	OR	P010
2	AND NOT	P001
3	AND NOT	P002
4	OUT	P010

(1) 래더 다이어그램을 그리시오.

(2) 논리회로를 그리시오.

답안 (1)

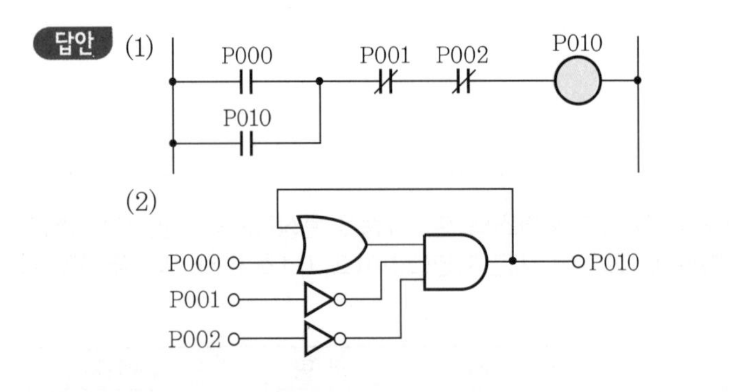

개념 문제 04 기사 09년, 16년 출제 | 배점 : 9점 |

다음 그림과 같은 유접점회로에 대한 주어진 미완성 PLC 래더 다이어그램을 완성하고, 표의 빈칸 ①~⑥에 해당하는 프로그램을 완성하시오. (단, 회로 시작 LOAD, 출력 OUT, 직렬 AND, 병렬 OR, b접점 NOT, 그룹간 묶음 AND LOAD이다.)

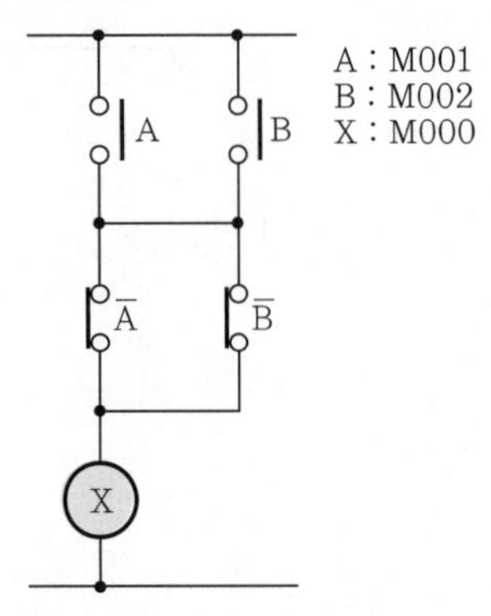

• **프로그램**

차 례	명 령	번 지
0	LOAD	M001
1	(①)	M002
2	(②)	(③)
3	(④)	(⑤)
4	(⑥)	–
5	OUT	M000

• **래더 다이어그램**

답안 • 프로그램

① OR, ② LOAD NOT, ③ M001, ④ OR NOT, ⑤ M002, ⑥ AND LOAD

• 래더 다이어그램

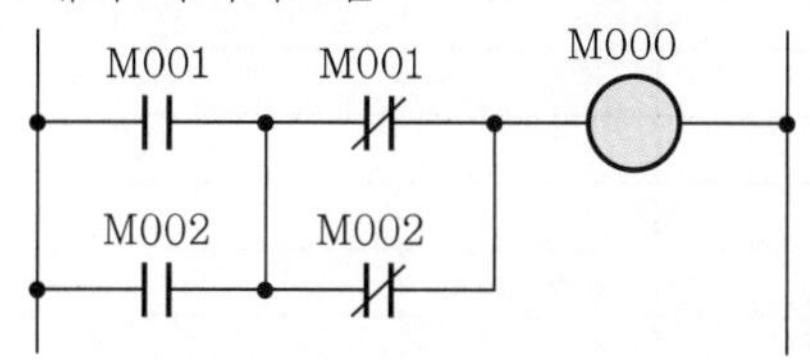

개념 문제 05 기사 10년 출제

| 배점 : 5점 |

그림과 같은 PLC 시퀀스의 프로그램을 표의 차례 1~9에 알맞은 명령어를 각각 쓰시오. [단, 시작(회로) 입력 STR, 출력 OUT, 직렬 AND, 병렬 OR, 부정 NOT, 그룹 직렬 AND STR, 그룹 병렬 OR STR의 명령을 사용한다.]

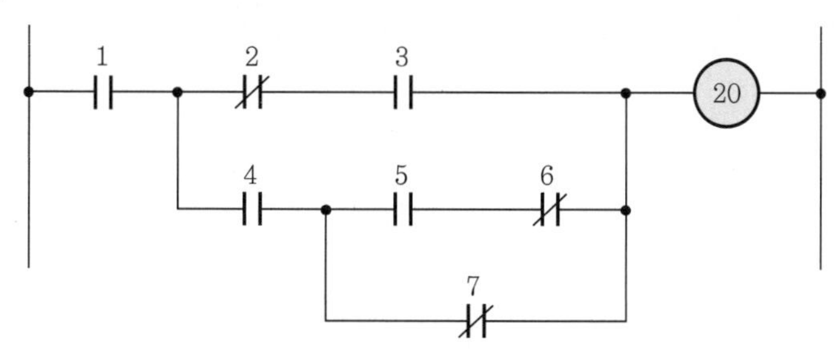

차 례	명 령	번 지
0	STR	1
1		2
2		3
3		4
4		5
5		6
6		7
7		–
8		–
9		–
10	OUT	20

답안

차 례	명 령	번 지
0	STR	1
1	STR NOT	2
2	AND	3
3	STR	4
4	STR	5
5	AND NOT	6
6	OR NOT	7
7	AND STR	–
8	OR STR	–
9	AND STR	–
10	OUT	20

CHAPTER 08
PLC

단원 빈출문제

문제 01 산업 18년 출제

배점 : 4점

다음 PLC에 대한 내용에 대하여 아래 그림의 기능을 쓰시오.

명령어	기 호	기 능
LOAD	─┤├─	
LOAD NOT	─┤/├─	

답안

명령어	기 호	기 능
LOAD	─┤├─	독립된 하나의 회로에서 a접점에 의한 논리회로의 시작 명령
LOAD NOT	─┤/├─	독립된 하나의 회로에서 b접점에 의한 논리회로의 시작 명령

문제 02 산업 10년 출제

배점 : 5점

다음과 같이 래더 다이어그램을 보고 PLC 프로그램을 완성하시오. (단, 타이머 설정시간 t는 0.1초 단위임)

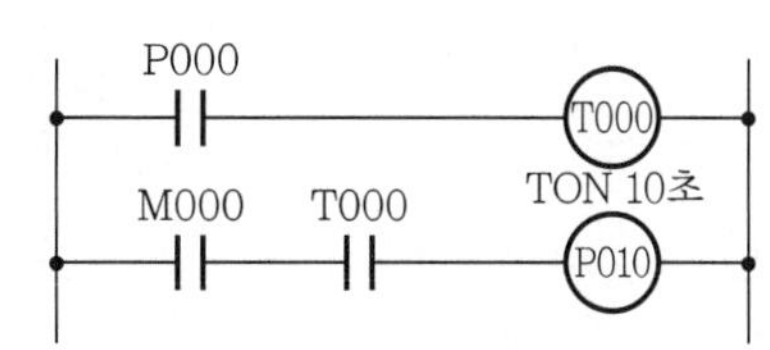

명령어	번 지
LOAD	P000
TMR	(①)
DATA	(②)
(③)	M000
AND	(④)
(⑤)	P010

답안 ① T000
② 100
③ LOAD
④ T000
⑤ OUT

문제 03 산업 04년, 05년, 09년 출제

배점 : 6점

그림과 같은 무접점 논리회로의 래더 다이어그램(ladder diagram)의 미완성 부분(점선 부분)을 완성하시오. (단, 입 · 출력 번지의 할당은 다음과 같으며, GL은 녹색램프, RL은 적색램프이다.)

- 입력 : Pb_1(01), Pb_2(02)
- 출력 : GL(30), RL(31)
- 릴레이 : X(40)

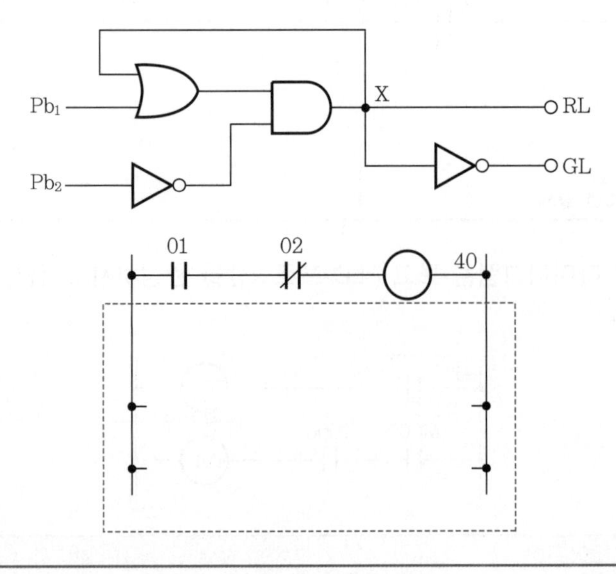

답안

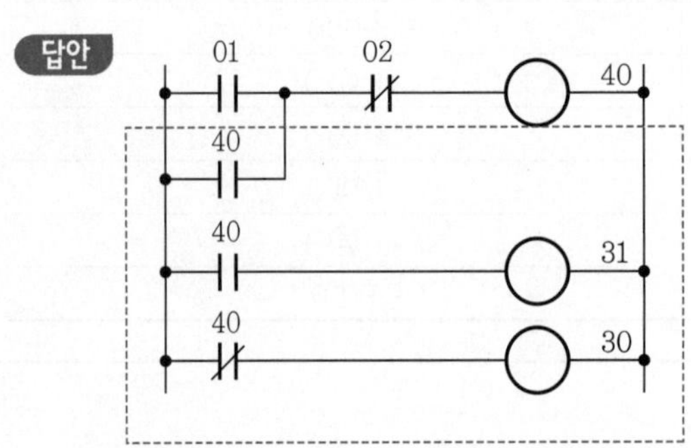

문제 04 산업 10년, 16년 출제

배점 : 5점

다음 도면을 보고 잘못된 부분을 수정하시오.

답안

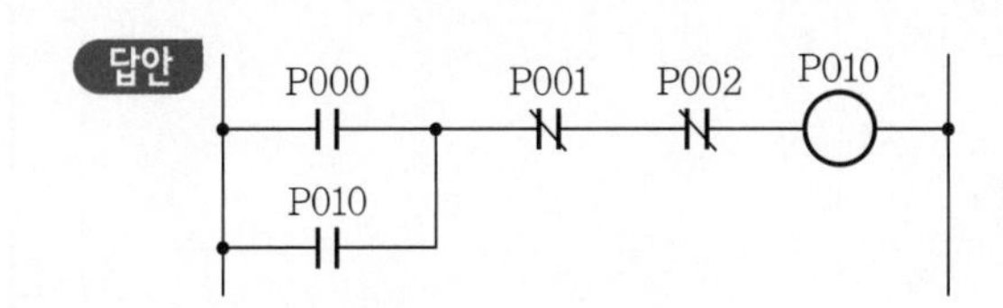

문제 05 산업 21년, 22년 출제

배점 : 6점

주어진 PLC 프로그램을 보고 래더도를 각각 작성하시오. (단, 시작입력 LOAD, 출력 OUT, 직렬 AND, 병렬 OR, 부정 NOT, 그룹 간 직렬접속 AND LOAD, 그룹 간 병렬접속 OR LOAD이다. 회로 작성 시 선의 접속 및 미접속에 대한 예시를 참고하여 작성하시오.)

▌선의 접속과 미접속에 대한 예시▐

접 속	미접속

(1)

step	명령어	변수/디바이스
0	LOAD	P001
1	OR	M001
2	LOAD NOT	P002
3	OR	M000
4	AND LOAD	–
5	OUT	P017

• **래더도**

(2)

step	명령어	변수/디바이스
0	LOAD	P001
1	AND	M001
2	LOAD NOT	P002
3	AND	M000
4	OR LOAD	–
5	OUT	P017

• 래더도

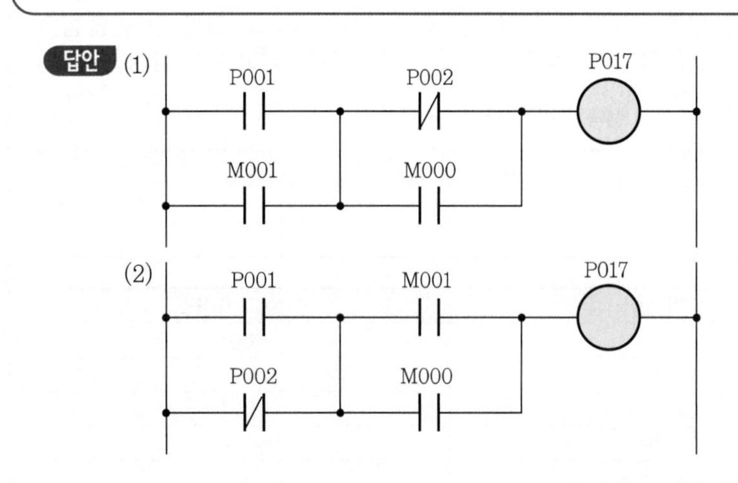

문제 06 산업 09년, 19년 출제

배점 : 6점

PLC 프로그램을 보고 프로그램에 맞도록 PLC 접점 회로도를 완성하시오.
[단, ① STR : 입력 A접점(신호) ② STRN : 입력 B접점(신호)
③ AND : AND A접점 ④ ANDN : AND B접점
⑤ OR : OR A접점 ⑥ ORN : OR B접점
⑦ OB : 병렬접속점 ⑧ OUT : 출력
⑨ END : 끝 ⑩ W : 각 번지 끝]

어드레스	명령어	데이터	비 고
01	STR	001	W
02	STR	003	W
03	ANDN	002	W
04	OB		W
05	OUT	100	W
06	STR	001	W
07	ANDN	002	W
08	STR	003	W
09	OB		W
10	OUT	200	W
11	END		W

• PLC 접점회로도

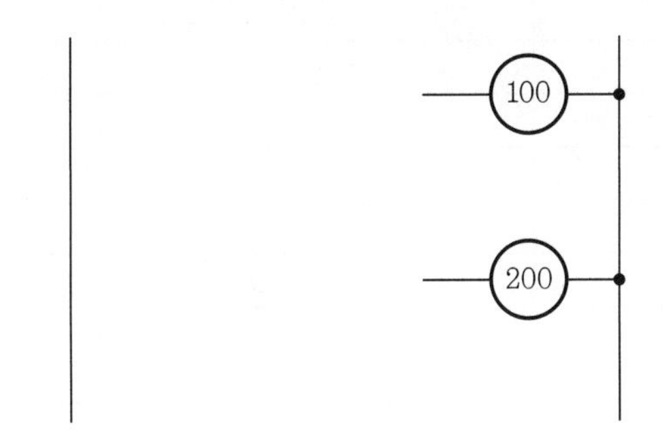

답안

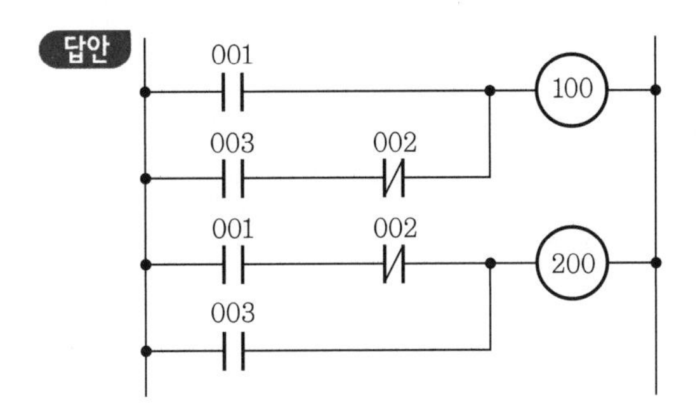

문제 07 산업 14년, 18년 / 기사 13년, 18년 출제

배점 : 7점

그림과 같은 PLC 시퀀스(래더 다이어그램)가 있다. 물음에 답하시오.

(1) PLC 프로그램에서의 신호 흐름은 단방향이므로 시퀀스를 수정해야 한다. 문제의 도면을 바르게 작성하시오.

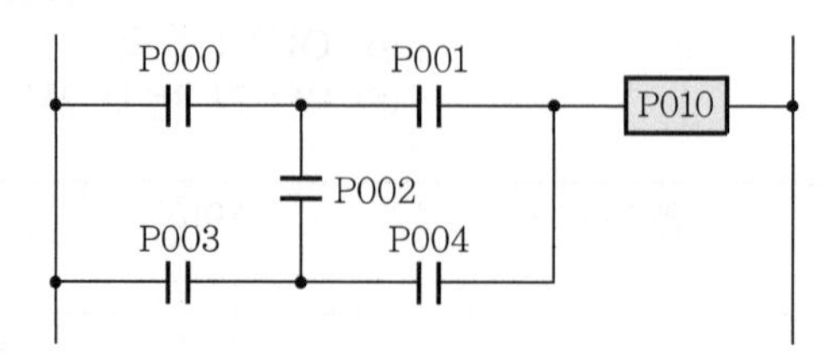

(2) PLC 프로그램을 보고 표의 ①~⑧을 완성하시오. (단, 명령어는 LOAD, AND, OR, NOT, OUT를 사용한다.)

차 례	명령어	번 지
0	LOAD	P000
1	AND	P001
2	(①)	(②)
3	AND	P002
4	AND	P004
5	OR LOAD	
6	(③)	(④)
7	AND	P002
8	(⑤)	(⑥)
9	OR LOAD	
10	(⑦)	(⑧)
11	AND	P004
12	OR LOAD	
13	OUT	P010

답안 (1)

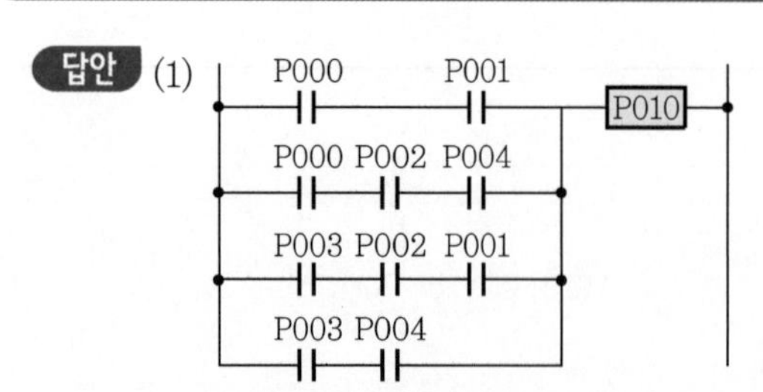

(2) ① LOAD, ② P000, ③ LOAD, ④ P003
⑤ AND, ⑥ P001, ⑦ LOAD, ⑧ P003

문제 08 산업 10년 출제

배점 : 5점

다음 그림은 PLC 프로그램 명령어 중 반전 명령어(*, NOT)를 이용한 도면이다. 반전 명령어를 사용하지 않을 때의 래더 다이어그램을 작성하시오.

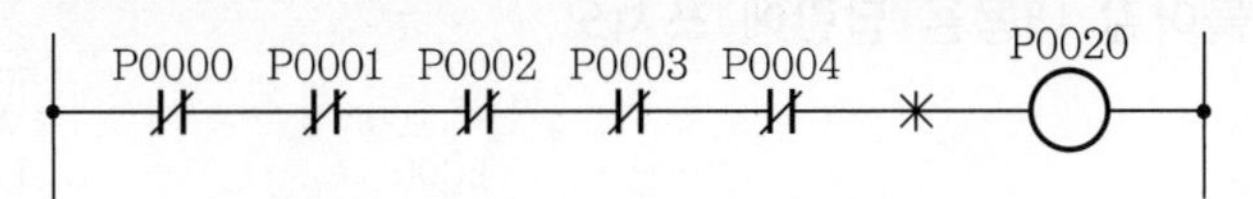

• 반전 명령어를 사용하지 않을 때의 래더 다이어그램

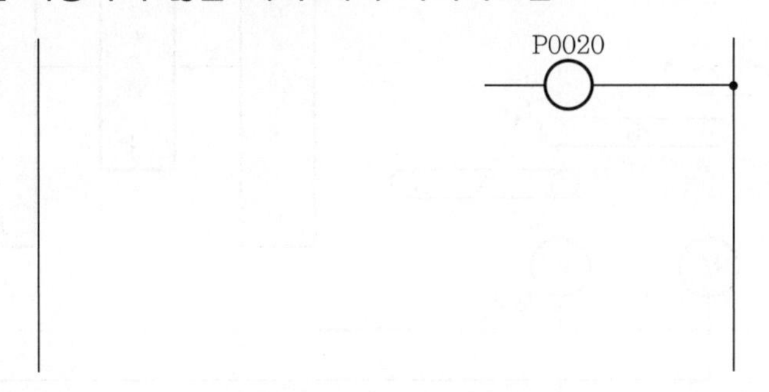

답안

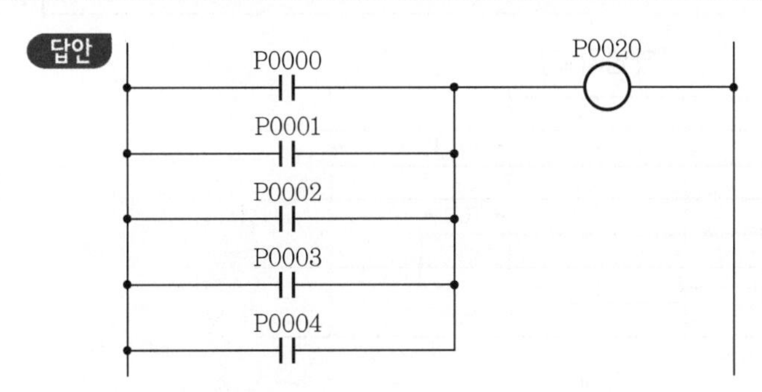

해설 드모르간의 법칙

$$\overline{\overline{P0000} \cdot \overline{P0001} \cdot \overline{P0002} \cdot \overline{P0003} \cdot \overline{P0004}}$$

$$= \overline{\overline{P0000}} + \overline{\overline{P0001}} + \overline{\overline{P0002}} + \overline{\overline{P0003}} + \overline{\overline{P0004}}$$

$$= P0000 + P0001 + P0002 + P0003 + P0004$$

문제 09 산업 21년 출제

배점 : 5점

다음은 컨베이어시스템 제어회로의 도면이다. A, B, C 3대의 컨베이어가 기동 시 A → B → C 순서로 동작하며, 정지 시 C → B → A 순서로 정지한다. 그림을 보고 [프로그램 입력] ①~⑤에 들어갈 내용을 답란에 쓰시오.

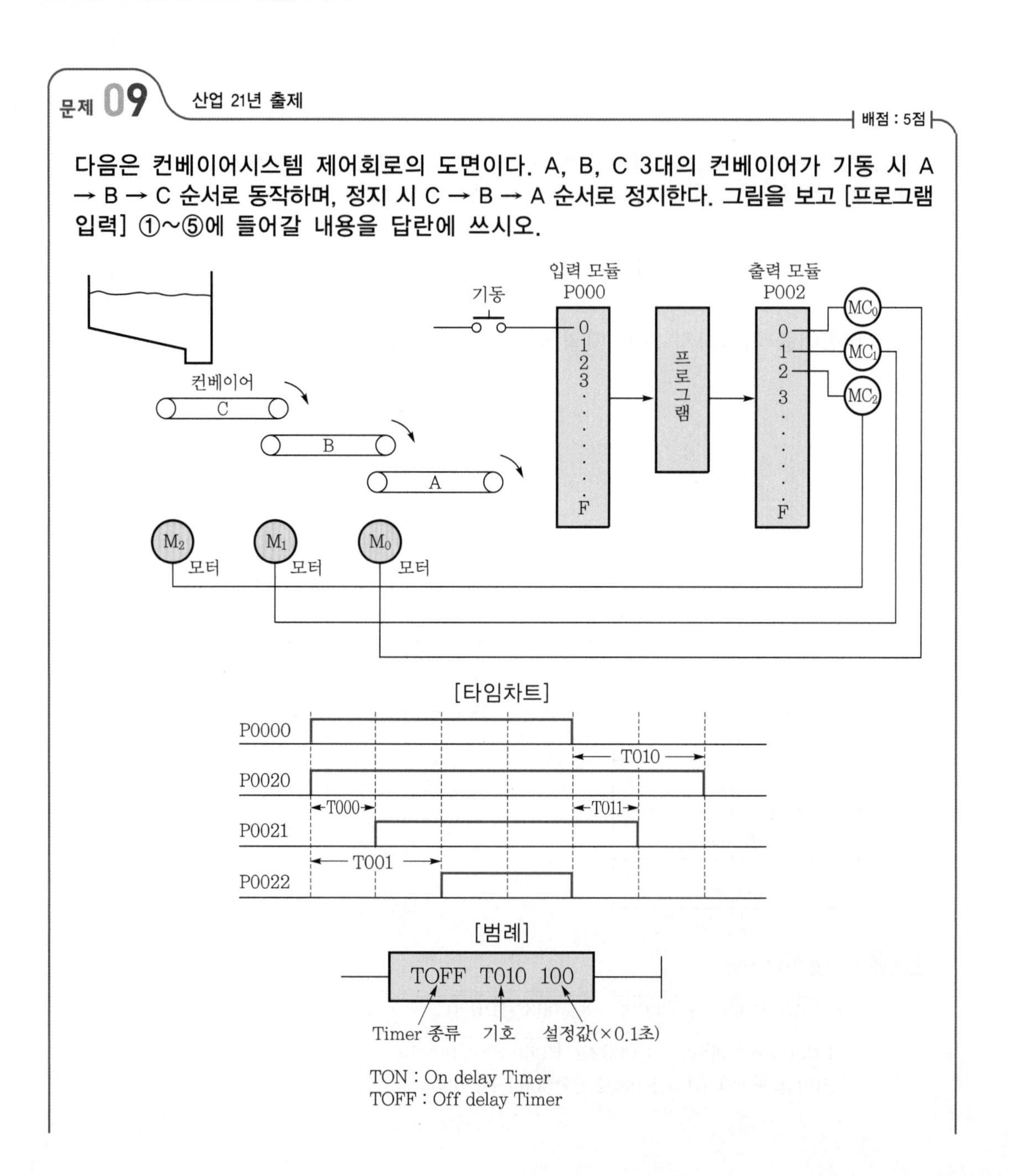

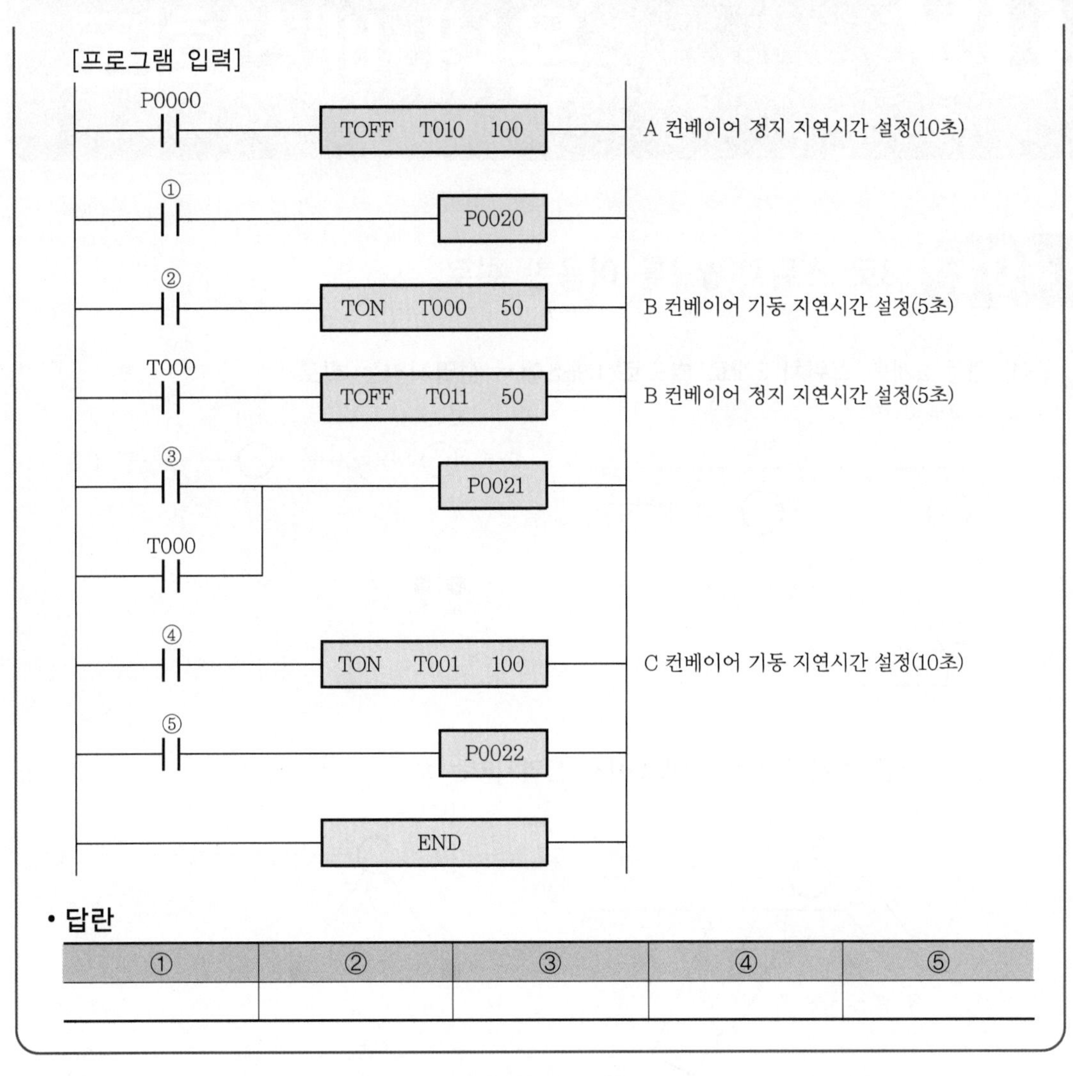

• 답란

①	②	③	④	⑤

답안

①	②	③	④	⑤
T010	P0000	T011	P0000	T001

09 CHAPTER 옥내 배선회로

기출개념 01 3로 스위치(●3)를 이용한 회로

(1) 전등 2개를 스위치 2개로 별도로 1개소에서 점멸시키는 회로

[실제 배선도]

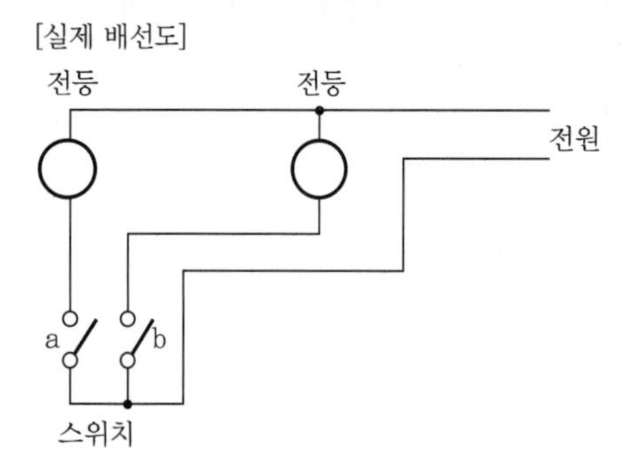

[단선도]

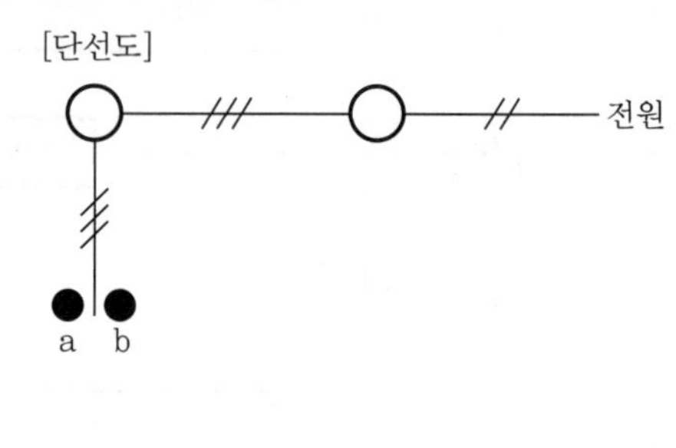

(2) 전등 1개를 스위치 2개로 2개소에서 점멸시키는 회로

[실제 배선도]

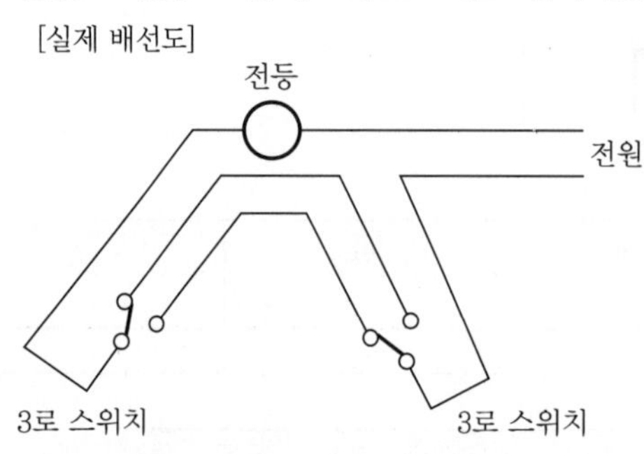

[단선도]

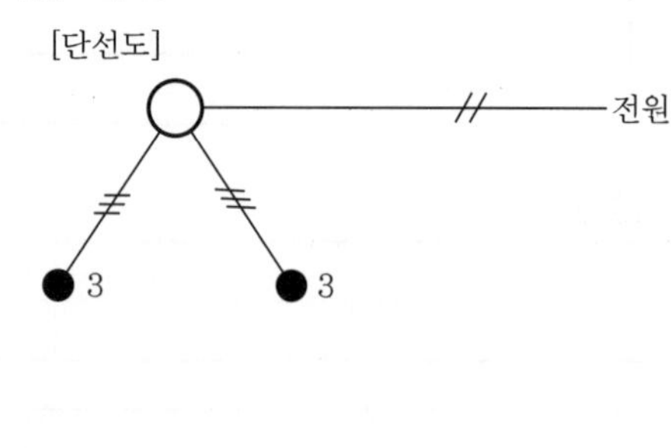

(3) 전등 2개를 동시에 2개소에서 점멸시키는 회로

[실제 배선도]

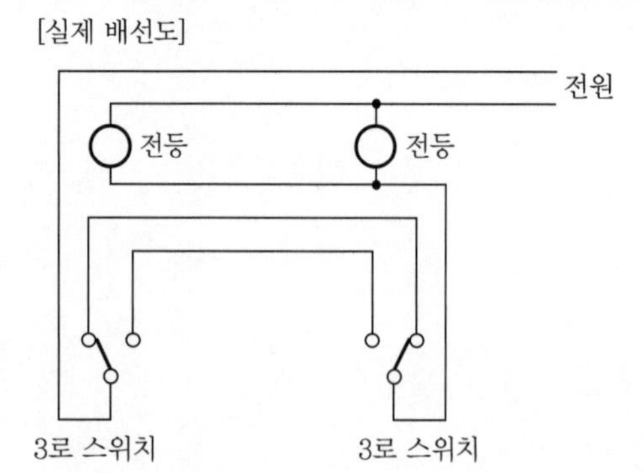

[단선도]

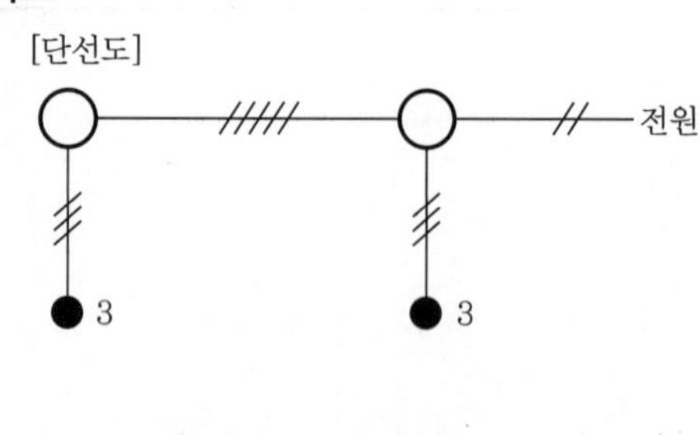

CHAPTER 09

옥내 배선회로

단원 빈출문제

문제 01 산업 10년 출제

배점 : 5점

CL램프와 PL램프를 스위치 하나로 동시에 점등시키고자 한다. 다음의 미완성 도면을 완성하시오.

접지

전원

CL

답안

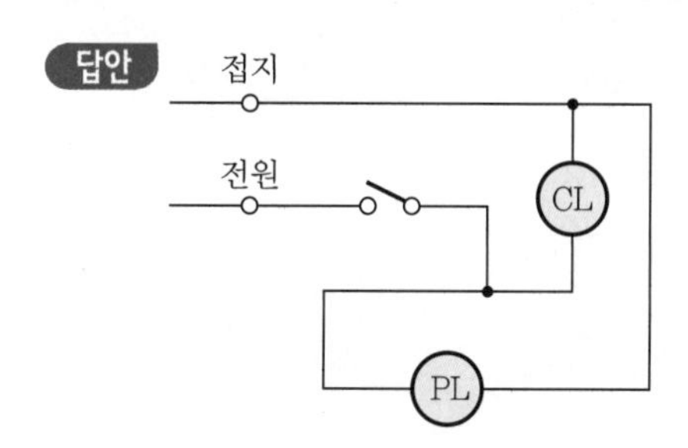

문제 02 산업 20년 출제

배점 : 5점

계단의 전등을 계단의 아래와 위의 두 곳에서 자유로이 점멸하도록 3로 스위치를 사용하려고 한다. 주어진 미완성 도면을 완성하시오.

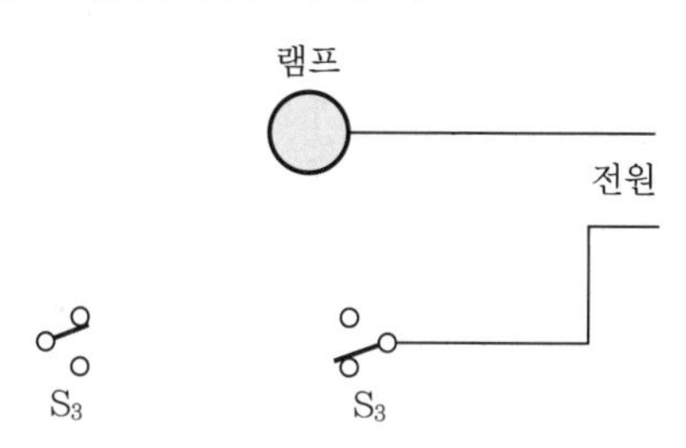

답안

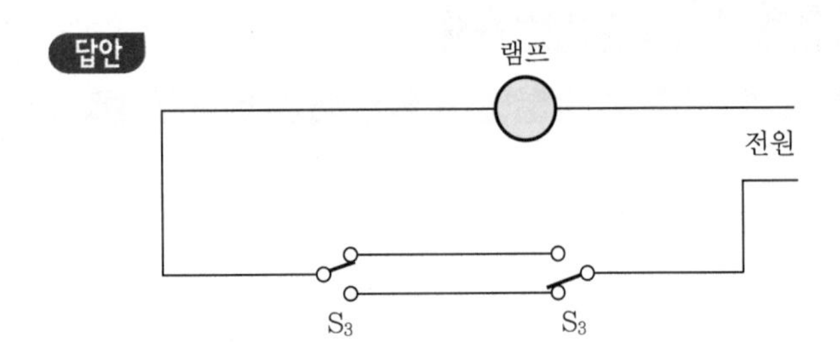

문제 03 산업 09년 출제 배점 : 6점

3로 스위치 4개를 사용한 3개소 점멸의 단선도를 참조하여 복선도를 완성하시오.

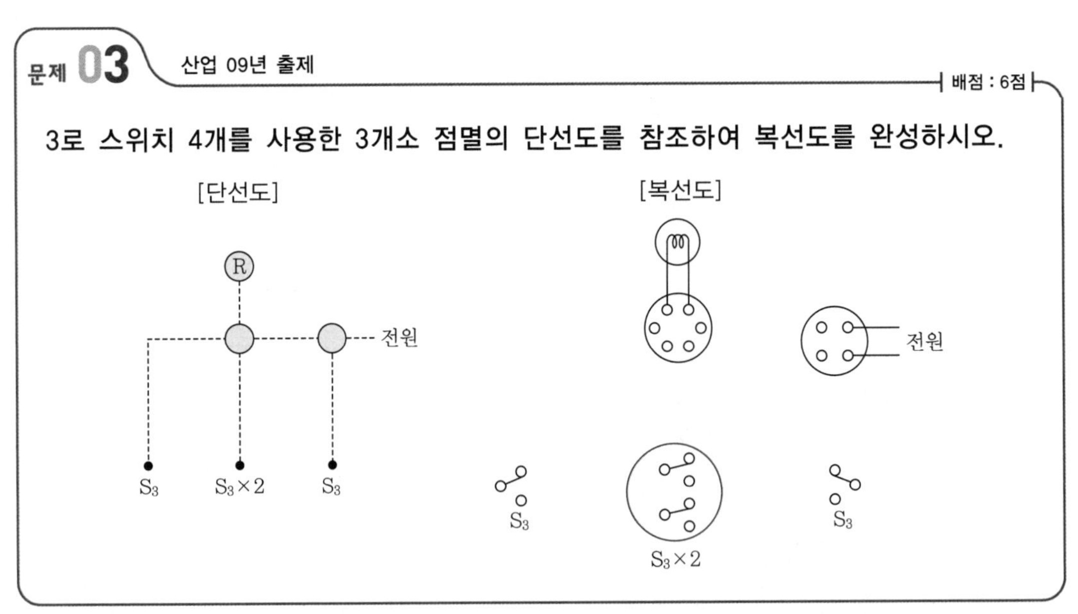

답안

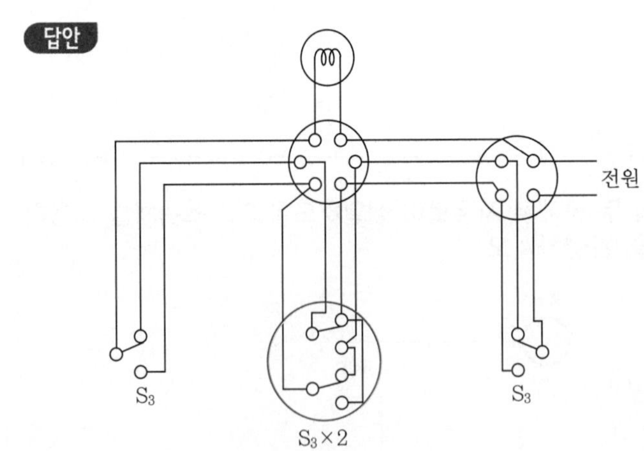

P·A·R·T

04

전기설비설계

1990년~최근 출제된 기출 이론 분석 및 유형별 문제

01 CHAPTER 상정 부하용량 및 분기회로

기출개념 01 건축물의 종류에 따른 표준 부하

▌표준 부하▌

건축물의 종류	표준 부하[VA/m²]
공장, 공회당, 사원, 교회, 극장, 영화관, 연회장 등	10
기숙사, 여관, 호텔, 병원, 학교, 음식점, 다방, 대중목욕탕	20
사무실, 은행, 상점, 이발소, 미장원	30
주택, 아파트	40

기출개념 02 건축물 중 별도 계산할 부분의 표준 부하(주택, 아파트는 제외)

▌부분적인 표준 부하▌

건축물의 부분	표준 부하[VA/m²]
복도, 계단, 세면장, 창고, 다락	5
강당, 관람석	10

기출개념 03 표준 부하에 따라 산출한 수치에 가산하여야 할 부하용량[VA]

(1) 주택, 아파트(1세대 마다)에 대하여는 500~1,000[VA]

(2) 상점의 진열장에 대하여는 진열장 폭 1[m]에 대하여 300[VA]

(3) 옥외의 광고등, 전광사인, 네온사인 등의 [VA] 수

기출 개념 04 상정 부하용량

$$\text{부하설비용량} = PA + QB + C$$

여기서, P : 건축물의 바닥면적[m^2](Q부분 면적 제외)

A : P부분의 표준 부하[VA/m^2]

Q : 별도 계산할 부분의 바닥면적[m^2]

B : Q부분의 표준 부하[VA/m^2]

C : 가산해야 할 부하[VA]

기출 개념 05 분기회로 수

$$\text{분기회로 수} = \frac{\text{표준 부하밀도}[VA/m^2] \times \text{바닥면적}[m^2]}{\text{전압}[V] \times \text{분기회로의 전류}[A]}$$

[주] 1. 계산결과에 소수가 발생하면 절상한다.
2. 대형 전기기계기구에 대하여는 별도로 전용 분기회로로 만들 것

개념 문제 01 기사 84년, 92년, 96년, 00년, 10년 출제 | 배점 : 6점 |

점포가 붙어 있는 주택이 그림과 같을 때 주어진 [참고자료]를 이용하여 예상되는 설비부하용량을 상정하고, 분기회로 수는 원칙적으로 몇 회로로 하여야 하는지를 산정하시오. (단, 사용전압은 220[V]라고 한다.)

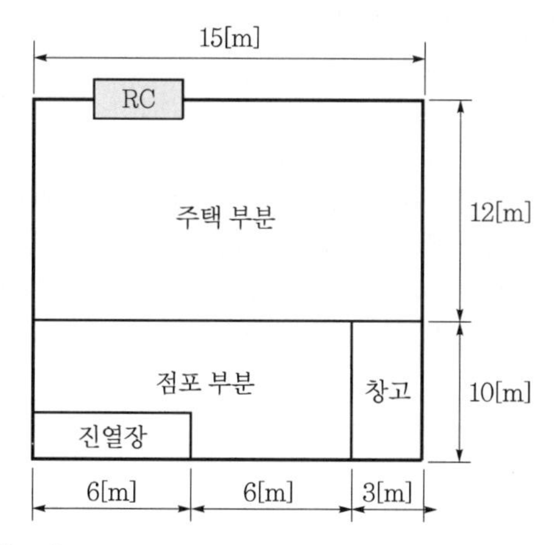

- RC는 룸 에어컨디셔너 1.1[kW]
- 주어진 참고자료의 수치 적용은 최대값을 적용하도록 한다.

[참고자료]

(1) 설비부하용량은 다만 "(1)" 및 "(2)"에 표시하는 종류 및 그 부분에 해당하는 표준 부하에 바닥 면적을 곱한 값에 "(3)"에 표시하는 건물 등에 대응하는 표준 부하[VA]를 가한 값으로 할 것

▌표준 부하▐

건축물의 종류	표준 부하[VA/m^2]
공장, 공회당, 사원, 교회, 극장, 영화관, 연회장 등	10
기숙사, 여관, 호텔, 병원, 학교, 음식점, 다방, 대중목욕탕	20
사무실, 은행, 상점, 이발소, 미장원	30
주택, 아파트	40

[비고] 1. 건물이 음식점과 주택 부분의 2종류로 될 때에는 각각 그에 따른 표준 부하를 사용한다.
2. 학교와 같이 건물의 일부분이 사용되는 경우에는 그 부분만을 적용한다.

(2) 건물(주택, 아파트 제외) 중 별도 계산할 부분의 표준 부하

▌부분적인 표준 부하▐

건축물의 부분	표준 부하[VA/m^2]
복도, 계단, 세면장, 창고, 다락	5
강당, 관람석	10

(3) 표준 부하에 따라 산출한 수치에 가산하여야 할 [VA] 수
① 주택, 아파트(1세대마다)에 대하여는 1,000~500[VA]
② 상점의 진열장에 대하여는 진열장 폭 1[m]에 대하여 300[VA]
③ 옥외의 광고등, 전광사인 등의 [VA] 수
④ 극장, 댄스홀 등의 무대 조명, 영화관 등의 특수 전등부하의 [VA] 수

답안 • 계산과정

$$\text{상정 부하용량} = 15\times12\times40+12\times10\times30+3\times10\times5+6\times300+1{,}000+1{,}100 = 14{,}850[\text{VA}]$$

$$\text{분기회로 수} = \frac{\text{상정 부하용량[VA]}}{\text{사용전압[V]}\times\text{분기회로 전류[A]}} = \frac{14{,}850}{220\times16} = 4.218\,\text{회로}$$

• 답 : 5회로

해설 • 단독(전용) 분기회로
사용전압 220[V], 소비전력 3[kW] 이상인 냉방기기, 취사용 기기
(사용전압 110[V], 소비전력 1.5[kW] 이상)
• 룸 에어컨디셔너 1.1[kW]이므로 일반 분기회로에 포함한다.
주택의 가산 부하는 최대값인 1,000[VA]를 적용하였다.

개념 문제 02 산업 99년, 01년 출제

배점 : 5점

평면도와 같은 건물에 대한 전기배선을 설계하기 위하여, 전등 및 소형 전기기계기구의 부하용량을 상정하여 분기회로 수를 결정하고자 한다. 주어진 평면도와 표준 부하를 이용하여 최대부하용량을 상정하고 최소 분기회로 수를 결정하시오. (단, 분기회로는 16[A] 분기회로이며, 배전전압은 220[V]를 기준하고, 적용 가능한 부하는 최대값으로 상정할 것)

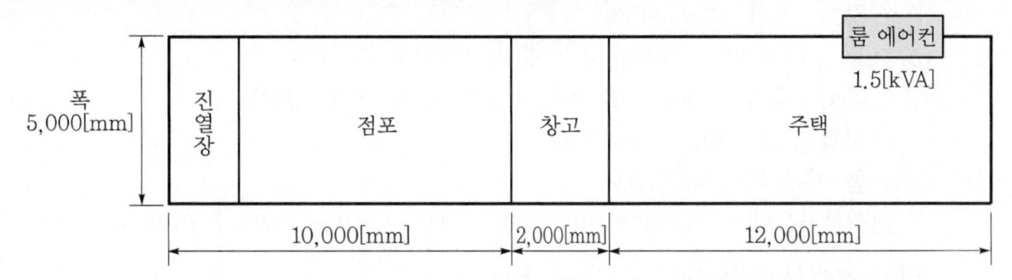

• 설비 부하용량은 (1) 및 (2)에 표시하는 건물의 종류 및 그 부분에 해당하는 표준 부하에 바닥면적을 곱한 값과 (3)에 표시하는 건물 등에 대응하는 표준 부하[VA]를 합한 값으로 할 것

(1) 건물의 종류에 대응한 표준 부하

▍표준 부하 ▍

건축물의 종류	표준 부하[VA/m^2]
공장, 공회당, 사원, 교회, 극장, 영화관, 연회장 등	10
기숙사, 여관, 호텔, 병원, 학교, 음식점, 다방, 대중목욕탕	20
사무실, 은행, 상점, 이발소, 미장원	30
주택, 아파트	40

[비고] 1. 건물이 음식점과 주택 부분의 2종류로 될 때에는 각각 그에 따른 표준 부하를 사용한다.
2. 학교와 같이 건물의 일부분이 사용되는 경우에는 그 부분만을 적용한다.

(2) 건물(주택, 아파트를 제외) 중 별도 계산할 부분의 표준 부하

▍부분적인 표준 부하 ▍

건축물의 부분	표준 부하[VA/m^2]
복도, 계단, 세면장, 창고, 다락	5
강당, 관람석	10

(3) 표준 부하에 따라 산출한 수치에 가산하여야 할 [VA] 수
- 주택, 아파트(1세대마다)에 대하여는 1,000~500[VA]
- 상점의 진열장에 대하여는 진열장 폭 1[m]에 대하여 300[VA]
- 옥외의 광고등, 전광사인, 네온사인 등의 [VA] 수
- 극장, 댄스홀 등의 무대조명, 영화관 등의 특수 전등부하의 [VA] 수

(4) 예상이 곤란한 콘센트, 틀어 끼우는 접속기, 소켓 등이 있을 경우에라도 이를 상정하지 않는다.

답안 • 계산과정

(1) 건물의 종류에 대응한 표준 부하

- 점포 : $10\times5\times30=1{,}500$[VA]
- 주택 : $12\times5\times40=2{,}400$[VA]

(2) 건물 중 별도 계산할 부분의 부하용량

- 창고 : $2\times5\times5=50$[VA]

(3) 표준 부하에 따라 산출한 수치에 가산하여야 할 [VA] 수

- 주택 1세대 : 1,000[VA](적용 가능한 최대부하로 상정)
- 진열장 : $5\times300=1{,}500$[VA]
- 룸 에어컨 : 1,500[VA]

∴ 최대부하용량 $p=1{,}500+2{,}400+50+1{,}000+1{,}500+1{,}500=7{,}950$[VA]

16[A] 분기회로 수 $N=\dfrac{7{,}950}{16\times220}=2.26$

• 답 : 최대부하용량 7,950[VA], 분기회로 수 : 16[A] 분기 3회로

해설 **분기회로 수**

220[V]에서 정격소비전력 3[kW](110[V] 때는 1.5[kW]) 이상인 냉방기기, 취사용 기기는 전용 분기회로로 하여야 한다. 그러나 룸 에어컨은 1.5[kVA]이므로 단독 분기회로로 할 필요 없음

CHAPTER 01

상정 부하용량 및 분기회로

단원 빈출문제

문제 01

산업 97년, 05년, 15년, 20년 출제

배점 : 5점

건축 연면적이 350[m^2]의 주택에 다음 [조건]과 같은 전기설비를 시설하고자 할 때 분전반에 사용할 20[A]와 30[A]의 분기회로 수는 각각 몇 회로로 하여야 하는지를 결정하시오. (단, 분전반의 인입 전압은 단상 220[V]이며, 전등 및 전열의 분기회로는 20[A], 에어컨은 30[A] 분기회로이다.)

[조건]
- 전등과 전열용 부하는 30[VA/m^2]
- 2,500[VA] 용량의 에어컨 2대
- 예비부하는 3,500[VA]

(1) 전등 및 전열용 분기회로
(2) 에어컨 부하 분기회로

답안 (1) 4회로
(2) 1회로

해설 (1) $P_a = 350[\text{m}^2] \times 30[\text{VA/m}^2] + 3{,}500[\text{VA}] = 14{,}000[\text{VA}]$

$$n = \frac{14{,}000}{220 \times 20} = 3.18\,\text{회로}$$

∴ 4회로

(2) $P_a = 2{,}500 \times 2 = 5{,}000[\text{VA}]$

$$n = \frac{5{,}000}{220 \times 30} = 0.75\,\text{회로}$$

∴ 1회로

문제 02

산업 05년 출제

배점 : 5점

어느 주택 시공에서 바닥면적 90[m^2]의 일반주택 배선설계에서 전등 수구 14개, 소형기기용 콘센트 8개 및 2[kW] 룸 에어컨 2대를 사용하는 경우 최소 분기회로 수는 몇 회선인가? [단, 전등 및 콘센트는 15[A]의 분기회로로 하고 바닥 1[m^2]당 전등(소형기기 포함)의 표준부하는 30[VA], 전체에 가산하는 VA수는 1,000[VA], 전압은 220[V]이다.]

답안 5[A] 분기 3회로

해설

$$분기회로\ 수 = \frac{상정\ 부하}{전압 \times 전류} = \frac{90 \times 30 + 2,000 \times 2 + 1,000}{220 \times 15} = 2.33회로 \rightarrow 3회로\ 선정$$

문제 03 산업 90년, 95년, 12년 출제 | 배점 : 5점 |

아래의 그림과 같은 평면의 건물에 대한 배선설계를 하기 위하여 주어진 조건을 이용하여 분기회로 수를 결정하시오.

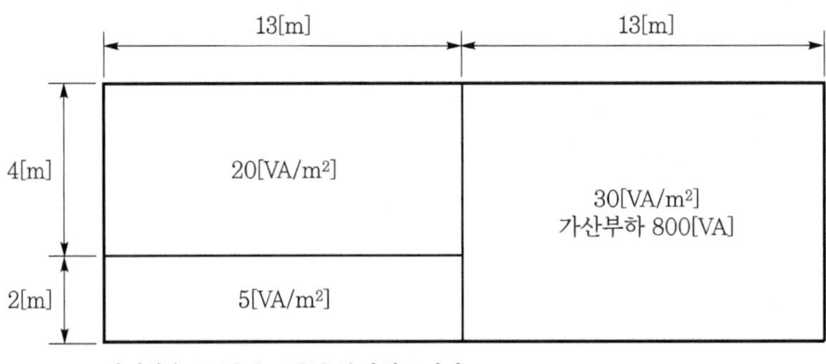

배전압은 220[V], 15[A] 분기회로이다.

답안 15[A] 분기 2회로

해설 $P = (13 \times 4 \times 20) + (13 \times 2 \times 5) + (13 \times 6 \times 30) + 800$

$= 4,310[VA]$

$$\therefore 분기회로\ 수\ N = \frac{4,310}{220 \times 15} = 1.31회로 \rightarrow 2회로\ 선정$$

문제 04 산업 97년, 02년, 13년, 22년 출제

배점 : 6점

그림과 같은 평면도의 2층 건물에 대한 배선설계를 하기 위하여 주어진 [조건]을 이용하여 1층 및 2층을 분리하여 분기회로 수를 결정하고자 한다. 다음 각 물음에 답하시오.

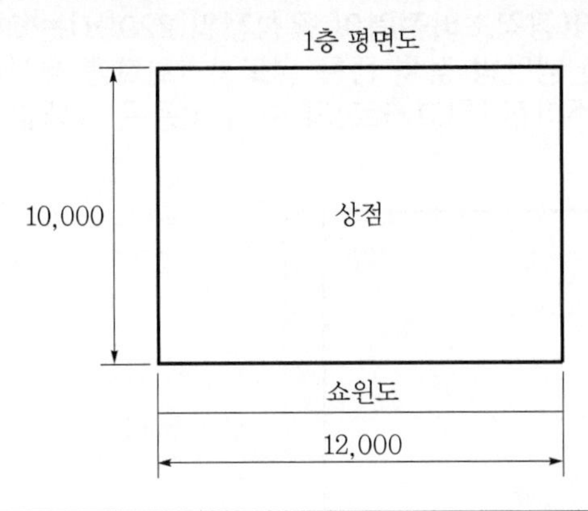

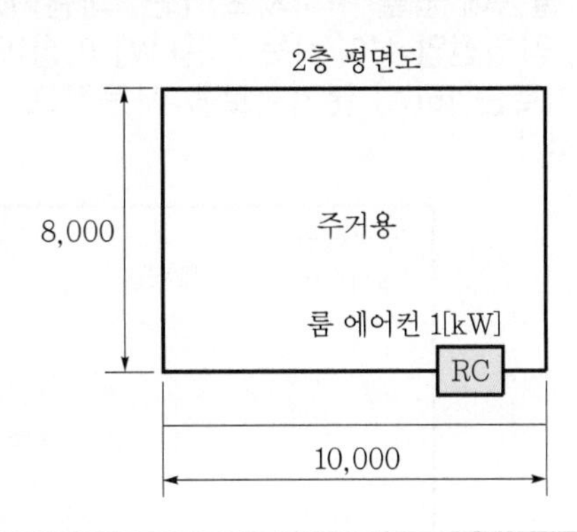

[조건]
- 분기회로는 15[A] 분기회로로 하고 80[%]의 정격이 되도록 한다.
- 배전전압은 200[V]를 기준으로 하여 적용 가능한 최대 부하를 상정한다.
- 주택 및 상점의 표준 부하는 30[VA/m^2]로 하되 1층, 2층 분리하여 분기회로 수를 결정하고 상점과 주거용에 각각 1,000[VA]를 가산하여 적용한다.
- 상점의 쇼윈도에 대해서는 길이 1[m]당 300[VA]를 적용한다.
- 옥외광고등 500[VA]짜리 1등이 상점에 있는 것으로 한다.
- 예상이 곤란한 콘센트, 틀어 끼우는 접속기, 소켓 등이 있을 경우에라도 이를 상정하지 않는다.
- RC는 전용분기회로로 한다.

(1) 1층의 분기회로 수는?
(2) 2층의 분기회로 수는?

답안 (1) 15[A] 분기 4회로
(2) 15[A] 분기 3회로

해설 (1) 최대 상정 부하 $P=(12\times10\times30)+12\times300+500+1{,}000=8{,}700$[VA]

분기회로 수 $N=\dfrac{8{,}700}{200\times15\times0.8}=3.63$회로

∴ 15[A] 분기 4회로 선정

(2) 최대 상정 부하 $P=10\times8\times30+1{,}000+1{,}000=4{,}400$[VA]

분기회로 수 $N=\dfrac{4{,}400}{200\times15\times0.8}=1.83$회로

∴ 15[A] 분기 3회로 선정(RC 1회로 포함)

문제 05 산업 20년 출제

배점 : 10점

배선을 설계하기 위한 전등 및 소형 전기기계기구의 부하용량을 상정하고 분기회로 수를 구하려고 한다. 상점이 있는 주택이 다음 그림과 같을 때, 주어진 [참고자료]를 이용하여 다음 물음에 답을 구하시오. [단, 대형기기(정격소비전력이 공칭전압 220[V]는 3[kW] 이상, 공칭전압 110[V]는 1.5[kW] 이상)인 냉난방 장치 등은 별도로 1회로를 추가하며, 분기회로는 16[A] 분기회로를 사용하고, 주어진 [참고자료]의 수치 적용은 최대값을 적용한다.]

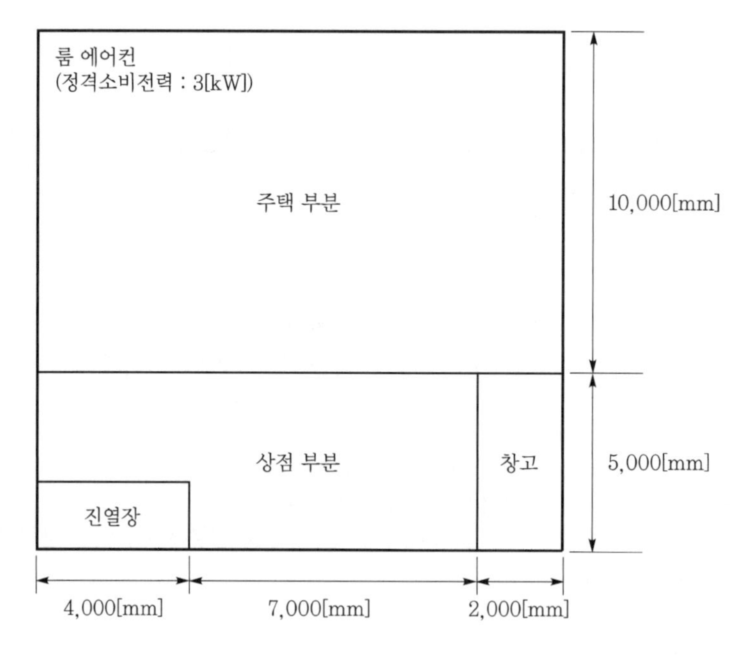

[참고자료]

• 건축물의 종류에 대응한 표준 부하

건축물의 종류	표준 부하[VA/m²]
공장, 공회당, 사원, 교회, 극장, 영화관, 연회장 등	10
기숙사, 여관, 호텔, 병원, 학교, 음식점, 다방, 대중 목욕탕	20
사무실, 은행, 상점, 이발소, 미장원	30
주택, 아파트	40

• 건축물(주택, 아파트를 제외) 중 별도 계산할 부분의 표준 부하

건축물의 부분	표준 부하[VA/m²]
복도, 계단, 세면장, 창고, 다락	5
강당, 관람석	10

• 표준 부하에 따라 산출한 값에 가산하여야 할 [VA] 수

- 주택, 아파트(1세대마다)에 대하여는 1,000~500[VA]
- 상점의 진열장에 대하여는 진열장 폭 1[m]에 대하여 300[VA]

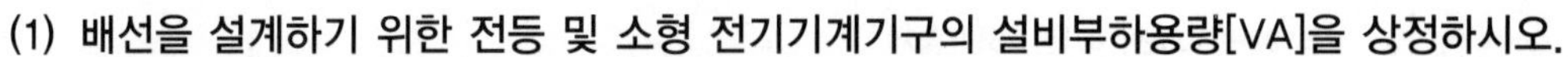

(1) 배선을 설계하기 위한 전등 및 소형 전기기계기구의 설비부하용량[VA]을 상정하시오.
(2) 규정에 따라 다음의 ( )에 들어갈 내용을 답란에 쓰시오.

사용전압 220[V]의 15[A] 분기회로 수는 부하의 상정에 따라 상정한 설비부하용량(전등 및 소형 전기기계기구에 한한다.)을 (①)[VA]로 나눈 값(사용전압이 110[V]인 경우에는 (②)[VA]로 나눈 값)을 원칙으로 한다.

(3) 사용전압이 220[V]인 경우 분기회로 수를 구하시오.
(4) 사용전압이 110[V]인 경우 분기회로 수를 구하시오. (단, 룸 에어컨은 포함하지 않는다.)
(5) 연속부하(상시 3시간 이상 연속사용)가 있는 분기회로의 부하용량은 그 분기회로를 보호하는 과전류차단기의 정격전류의 몇 [%]를 초과하지 않아야 하는지 값을 쓰시오.

답안 (1) 9,100[VA]
(2) ① 3,300
② 1,650
(3) 16[A] 분기 4회로(룸 에어컨 1회로 포함)
(4) 16[A] 분기 6회로
(5) 80[%]

해설 (1) 부하설비용량 = 바닥면적 × 표준 부하 + 가산 부하

$$P = (13 \times 10 \times 40) + (11 \times 5 \times 30) + (2 \times 5 \times 5) + (4 \times 300) + 1{,}000 = 9{,}100[\text{VA}]$$

(3) $$\text{분기회로 수} = \frac{\text{부하용량[VA]}}{\text{사용전압[V]} \times \text{분기회로전류[A]}} = \frac{9{,}100}{220 \times 16} = 2.59\text{회로}$$

룸 에어컨을 포함하여야 한다.

∴ 4회로

(4) $$\text{분기회로 수} = \frac{\text{부하용량[VA]}}{\text{사용전압[V]} \times \text{분기회로전류[A]}} = \frac{9{,}100}{110 \times 16} = 5.17\text{회로}$$

∴ 6회로

문제 06 산업 92년, 05년, 07년, 18년 출제

배점 : 14점

3층 사무실용 건물에 3상 3선식의 6,000[V]를 수전하여 200[V]로 체강하여 수전하는 설비를 하였다. 각종 부하설비가 표와 같을 때 주어진 [조건]을 이용하여 다음 각 물음에 답하시오.

▌동력 부하설비▌

사용 목적	용량 [kW]	대 수	상용동력 [kW]	하계동력 [kW]	동계동력 [kW]
난방관계					
• 보일러펌프	6.7	1			6.7
• 오일기어펌프	0.4	1			0.4
• 온수순환펌프	3.7	1			3.7
공기조화관계					
• 1, 2, 3층 패키지 콤프레셔	7.5	6		45.0	
• 콤프레셔 팬	5.5	3	16.5		
• 냉각수펌프	5.5	1		5.5	
• 쿨링타워	1.5	1		1.5	
급수·배수관계					
• 양수펌프	3.7	1	3.7		
기타					
• 소화펌프	5.5	1	5.5		
• 셔터	0.4	2	0.8		
합계			26.5	52.0	10.8

▌조명 및 콘센트 부하설비▌

사용 목적	와트수 [W]	설치 수량	환산용량 [VA]	총 용량 [VA]	비 고
전등관계					
• 수은등 A	200	2	260	520	200[V] 고역률
• 수은등 B	100	8	140	1,120	100[V] 고역률
• 형광등	40	820	55	45,100	200[V] 고역률
• 백열전등	60	20	60	1,200	
콘센트 관계					
• 일반 콘센트		70	150	10,500	2P 15[A]
• 환기팬용 콘센트		8	55	440	
• 히터용 콘센트	1,500	2		3,000	
• 복사기용 콘센트		4		3,600	
• 텔레타이프용 콘센트		2		2,400	
• 룸쿨러용 콘센트		6		7,200	
기타					
• 전화교환용 정류기		1		800	
계				75,880	

[조건]
1. 동력부하의 역률은 모두 70[%]이며, 기타는 100[%]로 간주한다.
2. 조명 및 콘센트 부하설비의 수용률은 다음과 같다.
   - 전등설비 : 60[%]
   - 콘센트설비 : 70[%]
   - 전화교환용 정류기 : 100[%]
3. 변압기 용량 산출 시 예비율(여유율)은 고려하지 않으며 용량은 표준규격으로 답하도록 한다.
4. 변압기 용량 산정 시 필요한 동력부하설비의 수용률은 전체 평균 65[%]로 한다.

(1) 동계난방 때 온수순환펌프는 상시 운전하고, 보일러용과 오일기어펌프의 수용률이 55[%]일 때 난방동력 수용부하는 몇 [kW]인가?
(2) 상용동력, 하계동력, 동계동력에 대한 피상전력은 몇 [kVA]가 되겠는가?
① 상용동력
② 하계동력
③ 동계동력
(3) 이 건물의 총 전기설비용량은 몇 [kVA]를 기준으로 하여야 하는가?
(4) 조명 및 콘센트 부하설비에 대한 단상 변압기의 용량은 최소 몇 [kVA]가 되어야 하는가?
(5) 동력부하용 3상 변압기의 용량은 몇 [kVA]가 되겠는가?
(6) 단상과 3상 변압기의 1차측의 전류계용으로 사용되는 변류기의 1차측 정격전류는 각각 몇 [A]인가?
① 단상
② 3상
(7) 역률 개선을 위하여 각 부하마다 전력용 콘덴서를 설치하려고 할 때 보일러펌프의 역률을 95[%]로 개선하려면 몇 [kVA]의 전력용 콘덴서가 필요한가?

답안 (1) 7.61[kW]
(2) ① 37.86[kVA]
② 74.29[kVA]
③ 15.43[kVA]
(3) 188.03[kVA]
(4) 50[kVA]
(5) 75[kVA]
(6) ① 10[A]
② 10[A]
(7) 4.63[kVA]

해설 (1) 수용부하 $= 3.7 + (6.7 + 0.4) \times 0.55 = 7.605 = 7.61$[kW]

(2) ① 상용동력의 피상전력 $= \dfrac{26.5}{0.7} = 37.86$[kVA]

② 하계동력의 피상전력 $= \dfrac{52.0}{0.7} = 74.29$[kVA]

③ 동계동력의 피상전력 $= \dfrac{10.8}{0.7} = 15.43$[kVA]

(3) $37.86+74.29+75.88=188.03[\mathrm{kVA}]$

(4) 전등관계 : $(520+1{,}120+45{,}100+1{,}200)\times 0.6\times 10^{-3}=28.76[\mathrm{kVA}]$

콘센트관계 : $(10{,}500+440+3{,}000+3{,}600+2{,}400+7{,}200)\times 0.7\times 10^{-3}=19[\mathrm{kVA}]$

기타 : $800\times 1\times 10^{-3}=0.8[\mathrm{kVA}]$

$28.76+19+0.8=48.56[\mathrm{kVA}]$이므로 단상 변압기 용량은 50[kVA]가 된다.

(5) 동계동력과 하계동력 중 큰 부하를 기준하고 상용동력과 합산하여 계산하면

$$\frac{(26.5+52.0)}{0.7}\times 0.65=72.89[\mathrm{kVA}]$$

∴ 75[kVA]

(6) ① 단상

$$I=\frac{50\times 10^3}{6\times 10^3}\times(1.25\sim 1.5)$$

$$=10.42\sim 12.5[\mathrm{A}]$$

∴ 10.42~12.5[A] 사이에 표준품이 없으므로 10[A] 선정

② 3상

$$I=\frac{75\times 10^3}{\sqrt{3}\times 6\times 10^3}\times(1.25\sim 1.5)$$

$$=9.02\sim 10.82[\mathrm{A}]$$

∴ 10[A] 선정

(7) $Q_c=P(\tan\theta_1-\tan\theta_2)$

$$=6.7\left(\frac{\sqrt{1-0.7^2}}{0.7}-\frac{\sqrt{1-0.95^2}}{0.95}\right)$$

$$=4.63[\mathrm{kVA}]$$

1990년~최근 출제된 기출 이론 분석 및 유형별 문제

02 CHAPTER 조명설계

기출개념 01 옥내조명설계

1 전등의 설치 높이와 간격

(1) 등간격

$$S \leqq 1.5H$$

(2) 등과 벽의 간격

$$S_o \leqq \frac{1}{2}H (\text{벽을 사용하지 않을 경우})$$

$$S_o \leqq \frac{1}{3}H (\text{벽을 사용하는 경우})$$

여기서, H는 피조면으로부터 천장까지의 높이

2 실지수(room index) : G

방의 크기와 모양에 따른 광속의 이용척도

$$G = \frac{XY}{H(X+Y)}$$

여기서, X : 방의 가로길이, Y : 방의 세로길이
H : 작업면으로부터 광원의 높이

기출개념 02 조도 : E

$$E = \frac{FUN}{DA}\ [\text{lx}]$$

여기서, F : 등당 광속[lm], U : 조명률[%]
N : 등수[등], D : 감광보상률
A : 방의 면적[m^2]

기출개념 03 조도의 분류

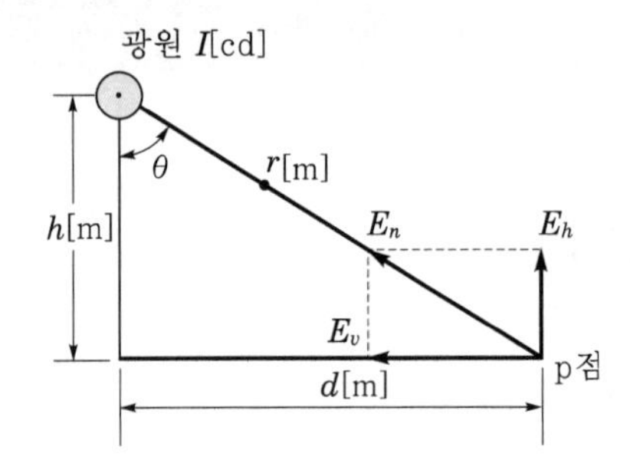

(1) 법선 조도

$$E_n = \frac{I}{r^2}\ [\mathrm{lx}]$$

(2) 수평면 조도

$$E_h = E_n \cos\theta = \frac{I}{r^2}\cos\theta = \frac{I}{h^2+d^2}\cos\theta\ [\mathrm{lx}]$$

(3) 수직면 조도

$$E_v = E_n \sin\theta = \frac{I}{r^2}\sin\theta = \frac{I}{h^2+d^2}\sin\theta\ [\mathrm{lx}]$$

개념 문제 기사 96년, 10년 출제

배점 : 6점

그림과 같이 높이 5[m]의 점에 있는 백열전등에서 광도 12,500[cd]의 빛이 수평거리 7.5[m]의 점 P에 주어지고 있다. 이때 주어진 표를 이용하여 다음 각 물음에 답하시오.

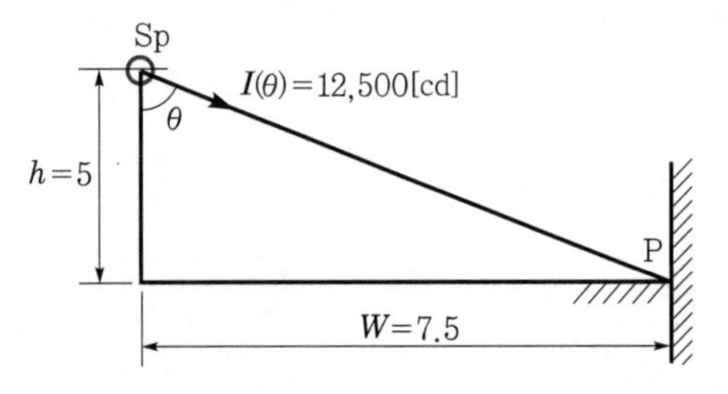

▌W/h에서 구한 $\cos^2\theta \times \sin\theta$의 값▐

W	$0.1h$	$0.2h$	$0.3h$	$0.4h$	$0.5h$	$0.6h$	$0.7h$	$0.8h$
$\cos^2\theta \times \sin\theta$	0.099	0.189	0.264	0.320	0.358	0.378	0.385	0.381
W	$0.9h$	$1.0h$	$1.5h$	$2.0h$	$3.0h$	$4.0h$	$5.0h$	−
$\cos^2\theta \times \sin\theta$	0.370	0.354	0.256	0.179	0.095	0.057	0.038	−

▌ W/h에서 구한 $\cos^3\theta$의 값 ▌

W	$0.1h$	$0.2h$	$0.3h$	$0.4h$	$0.5h$	$0.6h$	$0.7h$	$0.8h$
$\cos^3\theta$	0.985	0.945	0.879	0.800	0.716	0.631	0.550	0.476
W	$0.9h$	$1.0h$	$1.5h$	$2.0h$	$3.0h$	$4.0h$	$5.0h$	–
$\cos^3\theta$	0.411	0.354	0.171	0.089	0.032	0.014	0.008	–

(1) P점의 수평면 조도를 구하시오.

(2) P점의 수직면 조도를 구하시오.

답안 (1) 수평면 조도

그림에서 $\dfrac{W}{h}=\dfrac{7.5}{5}=1.5$이므로 $W=1.5h$이다.

두 번째 표에서 $1.5h$는 0.171이므로

$$E_h=\frac{I}{r^2}\cos\theta=\frac{I}{h^2}\cos^3\theta$$

$$=\frac{12{,}500}{5^2}\times 0.171=85.5[\text{lx}]$$

(2) 수직면 조도

그림에서 $\dfrac{W}{h}=\dfrac{7.5}{5}=1.5$이므로 $W=1.5h$이다.

첫 번째 표에서 $1.5h$는 0.256이므로

$$E_v=\frac{I}{r^2}\sin\theta=\frac{I}{h^2}\cos^2\theta\cdot\sin\theta$$

$$=\frac{12{,}500}{5^2}\times 0.256=128[\text{lx}]$$

단원 빈출문제

문제 01

산업 05년, 13년, 22년 출제

배점 : 6점

폭 12[m], 길이 18[m], 천장 높이 3.1[m], 작업면(책상 위) 높이 0.85[m]인 사무실이 있다. 이 사무실의 천장은 백색 텍스로, 벽면은 옅은 크림색으로 마감하였고, 실내조도는 500[lx], 조명기구는 40[W] 2등용[H형] 펜던트를 설치하고자 한다. 다음 [조건]을 이용하여 다음 각 물음에 답하시오.

[조건]
- 천장의 반사율은 50[%], 벽의 반사율은 30[%]로서 H형 펜던트의 기구를 사용할 때 조명률은 0.61로 한다.
- H형 펜던트 기구의 보수율은 0.75로 하도록 한다.
- H형 펜던트의 길이는 0.5[m]이다.
- 램프의 광속은 40[W] 1등당 3,300[lm]으로 한다.
- 조명기구의 배치는 5열로 배치하도록 하며 각 열당 등수는 동일하게 되도록 한다.

(1) 광원의 높이는 몇 [m]인가?
(2) 이 사무실의 실지수는 얼마인가?
(3) 이 사무실에 40[W] 2등용(H형) 펜던트의 조명기구를 몇 조를 시설하여야 하는가?

답안 (1) 1.75[m]
(2) 4.11
(3) 40조

해설 (1) $H = 3.1 - 0.85 - 0.5 = 1.75[\mathrm{m}]$

(2) $\text{실지수} = \dfrac{XY}{H(X+Y)} = \dfrac{12 \times 18}{1.75(12+18)} = 4.11$

(3) $N = \dfrac{EA}{FUM} = \dfrac{500 \times (12 \times 18)}{3{,}300 \times 2 \times 0.61 \times 0.75} = 35.77\,\text{조}$

PART 4

문제 02 산업 98년, 00년, 03년 출제

배점 : 6점

어떤 작업장의 실내에 조명설비를 하고자 한다. 조명설비의 설계에 필요한 다음 각 물음에 답하시오.

[조건]
- 방바닥에서 0.8[m]의 높이에 있는 작업대에서 모든 작업이 이루어진다고 한다.
- 작업장의 면적은 가로 15[m]×세로 20[m]이다.
- 방바닥에서 천장까지의 높이는 3.8[m]이다.
- 이 작업장의 평균 조도는 150[lx]가 되도록 한다.
- 등기구는 40[W] 형광등을 사용하며, 형광등 1개의 전광속은 3,000[lm]이다.
- 조명율은 0.7, 감광보상률은 1.4로 한다.

(1) 이 작업장의 실지수는 얼마인가?
(2) 이 작업장에 필요한 평균 조도를 얻으려면 형광등은 몇 등이 필요한가?

답안 (1) 2.86
(2) 30[등]

해설 (1) 실지수$(G) = \dfrac{X \cdot Y}{H(X+Y)}$

$$= \frac{15 \times 20}{(3.8-0.8) \times (15+20)} = 2.86$$

(2) 등수$(N) = \dfrac{EAD}{FU}$

$$= \frac{150 \times (15 \times 20) \times 1.4}{3{,}000 \times 0.7} = 30[\text{등}]$$

문제 03 산업 97년, 02년, 05년 출제

배점 : 9점

폭 10[m], 길이 20[m]인 사무실의 조명설계를 하려고 한다. 작업면에서 광원까지의 높이는 2.8[m], 실내 평균 조도는 120[lx], 조명률 0.5, 유지율이 0.72이며 40[W] 백색 형광등(광속 2,800[lm])을 사용한다고 할 때 다음 각 물음에 답하시오.

(1) 소요 등수를 계산하시오.
(2) F40×2를 사용한다고 할 때 F40×2의 KSC 심벌을 그리시오.
(3) F40×2를 사용한다고 할 때 적절한 배치도를 그리시오. (단, 위치에 대한 치수기입은 생략하고 F40×2의 심벌을 모를 경우 ☐◯☐로 배치하여 표시할 것)

답안 (1) 40[W] 24[등]

(2) F40×2

(3)

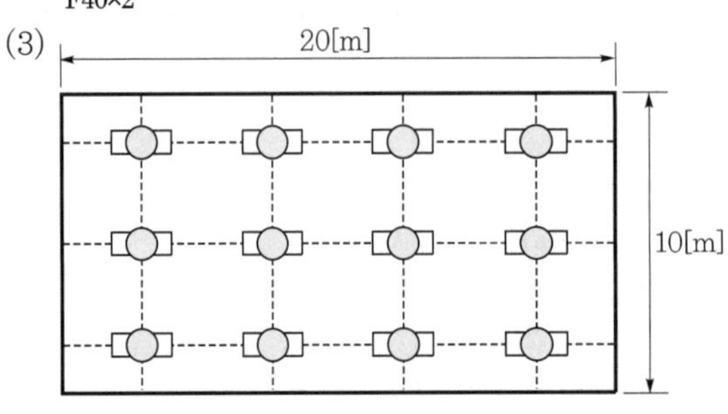

해설 (1) $N = \frac{EA}{FUM} = \frac{120 \times (10 \times 20)}{2{,}800 \times 0.5 \times 0.72} = 23.8[\text{등}]$

문제 04 산업 98년, 01년, 11년 출제

배점 : 6점

그림과 같은 사무실에 조명시설을 하려고 한다. 주어진 [조건]을 이용하여 다음 각 물음에 답하시오.

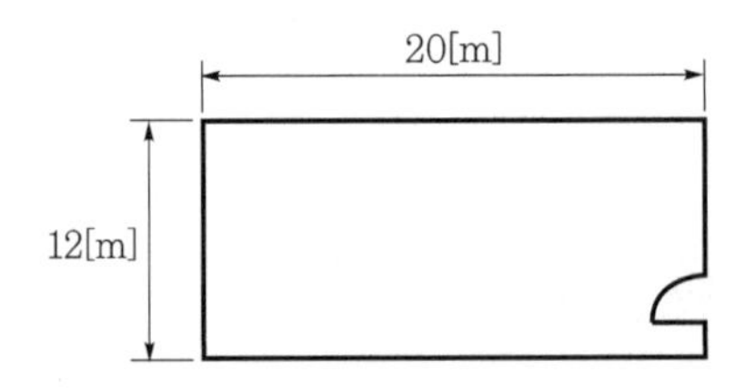

[조건]
- 천장높이는 3[m]이다.
- 조명률은 0.45, 보수율은 0.75이다.
- 조명기구는 FL 32[W]×2등용(이것을 1기구라 하고, 이것의 광속은 5,000[lm]이다.)을 사용한다.
- 분기 Breaker는 50[AF]/30[AT]이다.

(1) 조도를 500[lx]로 기준할 때 설치해야 할 기구 수는 몇 개인가? (단, 배치를 고려하여 산정해야 한다.)

(2) 분기 Breaker의 50[AF]/30[AT]에서 AF와 AT의 의미는 무엇인가?
① AF
② AT

(3) 일반적으로 15[A] 분기회로에 사용할 수 있는 전선의 최소 굵기는 몇 [mm^2]인가? (단, 220[V] 단상 2선식이며, 연동선을 사용할 경우)

답안 (1) 72[등]

(2) ① 차단기 프레임 전류

② 차단기 트립 전류

(3) 2.5[mm^2]

(1) $N = \dfrac{EAD}{FU}$

$$= \frac{500 \times 12 \times 20 \times \dfrac{1}{0.75}}{5{,}000 \times 0.45} = 71.11[\text{등}]$$

문제 05 산업 98년, 01년, 06년 출제

배점 : 13점

다음과 같은 철골 공장에 백열등 전반조명 시 작업면의 평균 조도로 200[lx]를 얻기 위한 광원의 소비전력[W]은 얼마이어야 하는가를 주어진 답안지의 순서에 의하여 계산하시오.

[조건]
- 천장, 벽면의 반사율은 30[%]이다.
- 조명기구는 금속 반사갓 직부형으로 한다.
- 광원은 천장면하 1[m]에 부착한다.
- 천장고는 9[m]이다.
- 감광보상률은 보수상태 양으로 적용한다.
- 배광은 직접조명으로 한다.

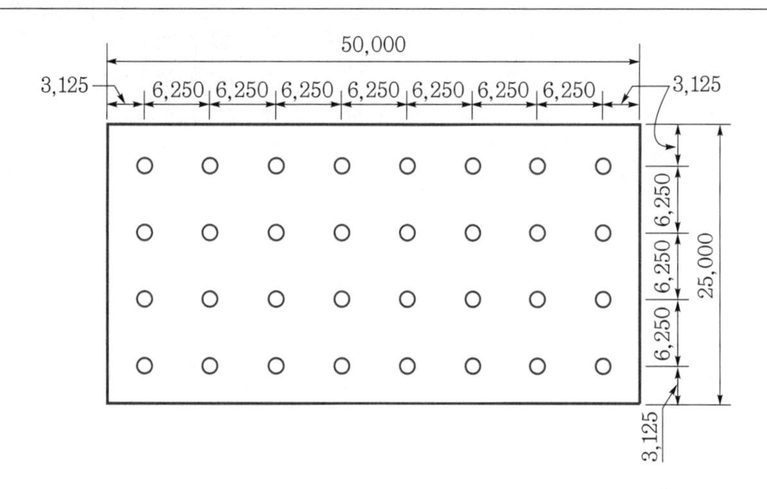

(1) 등고
(2) 실지수
(3) 조명률
(4) 감광보상률
(5) 총 소요광속
(6) 1등당 광속
(7) 백열전구의 크기 및 소비전력

[참고자료 1] 조명률, 감광보상률 및 설치 간격

번 호	배 광 / 설치간격	조명 기구	감광보상률(D) 보수상태 양	중	부	반사율 ρ 천장 / 벽 / 실지수	0.75 / 0.5	0.75 / 0.3	0.75 / 0.1	0.50 / 0.5	0.50 / 0.3	0.50 / 0.1	0.30 / 0.3	0.30 / 0.1
							조명율 U[%]							
(1)	간접		전구			J0.6	16	13	11	12	10	08	06	05
						I0.8	20	16	15	15	13	11	08	07
	0.80					H1.0	23	20	17	17	14	13	10	08
			1.5	1.7	2.0	G1.25	26	23	20	20	17	15	11	10
	0					F1.5	29	26	22	22	19	17	12	11
			형광등			E2.0	32	29	26	24	21	19	13	12
	$S \leqq 1.2H$					D2.5	36	32	30	26	24	22	15	14
						C3.0	38	35	32	28	25	24	16	15
			1.7	2.0	2.5	B4.0	42	39	36	30	29	27	18	17
						A5.0	44	41	39	33	30	29	19	18
(2)	반간접		전구			J0.6	18	14	12	14	11	09	08	07
						I0.8	22	19	17	17	15	13	10	09
	0.70					H1.0	26	22	19	20	17	15	12	10
			1.4	1.5	1.7	G1.25	29	25	22	22	19	17	14	12
	0.10					F1.5	32	28	25	24	21	19	15	14
			형광등			E2.0	35	32	29	27	24	21	17	15
	$S \leqq 1.2H$					D2.5	39	35	32	29	26	24	19	18
						C3.0	42	38	35	31	28	27	20	19
			1.7	2.0	2.5	B4.0	46	42	39	34	31	29	22	21
						A5.0	48	44	42	36	33	31	23	22
(3)	전반확산		전구			J0.6	24	19	16	22	18	15	16	14
						I0.8	29	25	22	27	23	20	21	19
	0.40					H1.0	33	28	26	30	26	24	24	21
			1.3	1.4	1.5	G1.25	37	32	29	33	29	26	26	24
	0.40					F1.5	40	36	31	36	32	29	29	26
			형광등			E2.0	45	40	36	40	36	33	32	29
	$S \leqq 1.2H$					D2.5	48	43	39	43	39	36	34	33
						C3.0	51	46	42	45	41	38	37	34
			1.4	1.7	2.0	B4.0	55	50	47	49	45	42	40	38
						A5.0	57	53	49	51	47	44	41	40
(4)	반직접		전구			J0.6	26	22	19	24	21	18	19	17
						I0.8	33	28	26	30	26	24	25	23
	0.25					H1.0	36	32	30	33	30	28	28	26
			1.3	1.4	1.5	G1.25	40	36	33	36	33	30	30	29
	0.55					F1.5	43	39	35	39	36	33	33	31
			형광등			E2.0	47	44	40	43	39	36	36	34
	$S \leqq H$					D2.5	51	47	43	46	42	40	39	37
						C3.0	54	49	45	48	44	42	42	38
			1.6	1.7	1.8	B4.0	57	53	50	51	47	45	43	41
						A5.0	59	55	52	53	49	47	47	43

번 호	배 광	조명 기구	감광보상률(D)			반사율 ρ / 천 장	0.75			0.50			0.30	
			보수상태			벽	0.5	0.3	0.1	0.5	0.3	0.1	0.3	0.1
	설치간격		양	중	부	실지수	조명율 U[%]							
(5)	직접		전구			J0.6	34	29	26	32	29	27	29	27
						I0.8	43	38	35	39	36	35	36	34
	0					H1.0	47	43	40	41	40	38	40	38
			1.3	1.4	1.5	G1.25	50	47	44	44	43	41	42	41
						F1.5	52	50	47	46	44	43	44	43
			형광등			E2.0	58	55	52	49	48	46	47	46
	0.75					D2.5	62	58	56	52	51	49	50	49
	$S \leq 1.3H$					C3.0	64	61	58	54	52	51	51	50
			1.4	1.7	2.0	B4.0	67	64	62	55	53	52	52	52
						A5.0	68	66	64	56	54	53	54	52

[참고자료 2] 전등의 특성 – 백열등

형 식	종 별	유리구의 지름 (표준치) [mm]	길이 [mm]	베이스	초기 특성			50[%] 수명에서의 효율 [lm/W]	수명 [h]
					소비 전력 [W]	광속 [lm]	효율 [lm/W]		
L100[V] 10[W]	진공 단코일	55	101 이하	E26/25	10±0.5	76±8	7.6±0.6	6.5 이상	1,500
L100[V] 20[W]	진공 단코일	55	101 이하	E26/25	20±1.0	175±20	8.7±0.7	7.3 이상	1,500
L100[V] 30[W]	가스입단코일	55	108 이하	E26/25	30±1.5	290±30	9.7±0.8	8.8 이상	1,000
L100[V] 40[W]	가스입단코일	55	108 이하	E26/25	40±2.0	440±45	11.0±0.9	10.0 이상	1,000
L100[V] 60[W]	가스입단코일	70	114 이하	E26/25	60±3.0	760±75	12.6±1.0	11.5 이상	1,000
L100[V] 100[W]	가스입단코일	70	140 이하	E26/25	100±5.0	1,500±150	15.0±1.2	13.5 이상	1,000
L100[V] 150[W]	가스입단코일	80	170 이하	E26/25	150±7.5	2,450±250	16.4±1.3	14.8 이상	1,000
L150[V] 200[W]	가스입단코일	80	180 이하	E26/25	200±10	3,450±350	17.3±1.4	15.3 이상	1,000
L100[V] 300[W]	가스입단코일	95	220 이하	E39/41	300±15	5,550±550	18.3±1.5	15.8 이상	1,000
L100[V] 500[W]	가스입단코일	110	240 이하	E39/41	500±25	9,900±990	19.7±1.6	16.9 이상	1,000
L100[V] 1,000[W]	가스입단코일	165	332 이하	E39/41	1,000±50	21,000±2,100	21.0±1.7	17.4 이상	1,000
L100[V] 30[W]	가스입이중코일	55	108 이하	E26/25	30±1.5	330±35	11.1±0.9	10.1 이상	1,000
L100[V] 40[W]	가스입이중코일	55	108 이하	E26/25	40±2.0	500±50	12.4±1.0	11.3 이상	1,000
L100[V] 50[W]	가스입이중코일	60	114 이하	E26/25	50±2.5	660±65	13.2±1.1	12.0 이상	1,000
L100[V] 60[W]	가스입이중코일	60	114 이하	E26/25	60±3.0	830±85	13.0±1.1	12.7 이상	1,000
L100[V] 75[W]	가스입이중코일	60	117 이하	E26/25	75±4.0	1,100±110	14.7±1.2	13.2 이상	1,000
L100[V] 100[W]	가스입이중코일	65 또는 67	128 이하	E26/25	100±5.0	1,570±160	15.7±1.3	14.1 이상	1,000

[참고자료 3] 실지수 기호

기 호	A	B	C	D	E	F	G	H	I	J
실지수	5.0	4.0	3.0	2.5	2.0	1.5	1.25	1.0	0.8	0.6
범 위	4.5 이상	4.5 ~3.5	3.5 ~2.75	2.75 ~2.25	2.25 ~1.75	1.75 ~1.38	1.38 ~1.12	1.12 ~0.9	0.9 ~0.7	0.7 이하

답안
(1) 8[m]
(2) E
(3) 47[%] 선정
(4) 1.3
(5) 691,489.36[lm]
(6) 21,609.04[lm]
(7) 2,000[W]

해설
(1) 등고 : $H = 9 - 1 = 8$[m]

(2) 실지수 : $\dfrac{XY}{H(X+Y)}$

$$= \frac{50 \times 25}{8(50+25)} = 2.08$$

따라서, [참고자료 3]에서 실지수 기호는 E

(3) 조명률 : 문제 조건에서 천장, 벽 반사율 30[%], 실지수 E, 직접 조명이므로 [참고자료 1]에서 조명률은 47[%] 선정

(4) 감광보상률 : 문제 조건에서 보수상태 양이므로 [참고자료 1]에서 직접 조명, 전구란에서 1.3 선택

(5) 총 소요광속 : $NF = \dfrac{EAD}{U}$

$$= \frac{200 \times (50 \times 25) \times 1.3}{0.47} = 691,489.36\,[\text{lm}]$$

(6) 1등당 광속 : 등수가 32개이므로

$$F = \frac{691,489.36}{32} = 21,609.04\,[\text{lm}]$$

(7) [참고자료 2]의 전등의 특성표에서 $21,000 \pm 2,100$[lm]인 1,000[W] 선정
소비전력 $1,000 \times 32 = 32,000$[W]

1990년~최근 출제된 기출 이론 분석 및 유형별 문제

03 CHAPTER 자가발전기 용량 산정

기출개념 01 자가발전설비 용량 산출

1 전동기 기동에 필요한 용량

자가발전기의 용량

$$P=\left(\frac{1}{\Delta E}-1\right)\cdot X_d\cdot Q_S[\text{kVA}]$$

여기서, ΔE : 허용전압강하[%]

X_d : 발전기의 과도 리액턴스[%]

Q_S : 기동용량[kVA]

2 자가발전설비의 출력 결정

단순 부하의 경우(전부하 정상운전 시의 소요 입력에 의한 용량)

$$\text{발전기의 출력 } P=\frac{\sum W_L\times L}{\cos\theta}[\text{kVA}]$$

여기서, $\sum W_L$: 부하 입력 총계

L : 부하 수용률(비상용일 경우 1.0)

$\cos\theta$: 발전기의 역률(통상 0.8)

기출개념 02 교류발전기의 병렬운전조건

(1) 기전력의 크기가 같을 것

(2) 기전력의 위상이 같을 것

(3) 기전력의 주파수가 같을 것

(4) 기전력의 파형이 같을 것

(5) 기전력의 상회전 방향이 같을 것

개념 문제 01 기사 00년, 02년, 06년 출제

| 배점 : 6점 |

자가용 전기설비에 대한 다음 각 물음에 답하시오.

(1) 자가용 전기설비의 중요 검사(시험) 사항을 3가지만 쓰시오.

(2) 예비용 자가발전설비를 시설하고자 한다. 다음 [조건]에서 발전기의 정격용량은 최소 몇 [kVA]를 초과하여야 하는가?

[조건]
- 부하 : 유도전동기 부하로서 기동용량은 1,500[kVA]
- 기동 시의 전압강하 : 25[%]
- 발전기의 과도 리액턴스 : 30[%]

답안 (1) • 절연저항시험
• 접지저항시험
• 계전기 동작시험

(2) 1,350[kVA]

해설 (2) $발전기\ 용량[kVA] \geq \left(\frac{1}{허용전압강하}-1\right) \times 과도\ 리액턴스 \times 기동용량[kVA]$

$$P \geq \left(\frac{1}{0.25}-1\right) \times 0.3 \times 1{,}500 = 1{,}350[kVA]$$

개념 문제 02 기사 04년, 06년, 16년 출제

| 배점 : 4점 |

비상용 자가발전기를 구입하고자 한다. 부하는 단일 부하로서 유도전동기이며, 기동용량이 1,800[kVA]이고, 기동 시 전압강하는 20[%]까지 허용하며, 발전기의 과도 리액턴스가 26[%]로 본다면 자가발전기의 용량은 이론(계산)상 몇 [kVA] 이상의 것을 선정하여야 하는가?

답안 1,872[kVA]

해설
$$P_g = \left(\frac{1}{e}-1\right) \times x_d \times 기동용량$$
$$= \left(\frac{1}{0.2}-1\right) \times 0.26 \times 1{,}800$$
$$= 1{,}872[kVA]$$

개념 문제 03 기사 05년, 10년 출제

| 배점 : 6점 |

어떤 공장에 예비전원설비로 발전기를 설계하고자 한다. 이 공장의 [조건]을 이용하여 다음 각 물음에 답하시오.

[조건]

- 부하는 전동기 부하 150[kW] 2대, 100[kW] 3대, 50[kW] 2대이며, 전등부하는 40[kW]이다.
- 전동기 부하의 역률은 모두 0.9이고, 전등부하의 역률은 1이다.
- 동력부하의 수용률은 용량이 최대인 전동기 1대는 100[%], 나머지 전동기는 그 용량의 합계로 80[%]로 계산하며, 전등부하는 100[%]로 계산한다.
- 발전기 용량의 여유율은 10[%]를 주도록 한다.
- 발전기의 과도 리액턴스는 25[%]를 적용한다.
- 허용전압강하는 20[%]를 적용한다.
- 시동용량은 750[kVA]를 적용한다.
- 기타 주어지지 않은 조건은 무시하고 계산하도록 한다.

(1) 발전기에 걸리는 부하의 합계로부터 발전기 용량을 구하시오.

(2) 부하 중 가장 큰 전동기 시동 시의 용량으로부터 발전기의 용량을 구하시오.

(3) (1)과 (2)에서 계산된 값 중 어느 쪽 값을 기준하여 발전기 용량을 정하는지 그 값을 쓰고 실제 필요한 발전기 용량을 정하시오.

답안 (1) 765.11[kVA]

(2) 825[kVA]

(3) 발전기 용량은 825[kVA]를 기준으로 정하며 표준용량 1,000[kVA]를 적용한다.

해설 (1) 발전기의 출력 $P=\dfrac{\sum W_L \times L}{\cos\theta}$[kVA]

$$P=\left\{\frac{150+(150+100\times 3+50\times 2)\times 0.8}{0.9}+\frac{40}{1}\right\}\times 1.1=765.11[\text{kVA}]$$

(2) 발전기 용량[kVA] $\geq \left(\dfrac{1}{\text{허용전압강하}}-1\right)\times$ 과도 리액턴스 $\times$ 기동용량[kVA]

$$P \geq \left(\frac{1}{0.2}-1\right)\times 0.25\times 750\times 1.1=825[\text{kVA}]$$

단원 빈출문제

문제 01 산업 04년, 06년 출제

배점 : 5점

어느 건물의 수용가가 자가용 디젤 발전기 설비를 설계하려고 한다. 발전기 용량을 산출하기 위하여 필요한 부하의 종류와 여러 가지 특성이 다음의 부하 및 특성표와 같을 때 전부하를 운전하는 데 필요한 수치값들을 주어진 표를 활용하여 수치표의 빈칸에 기록하면서 발전기의 [kVA] 용량을 산정하시오. (단, 전동기 기동 시에 필요한 용량은 무시하고, 수용률의 적용은 최대 입력 전동기 한 대에 대하여 100[%], 기타의 전동기는 80[%]로 한다. 또한 전등 및 기타의 효율 및 역률은 100[%]로 한다.)

▍부하 및 특성표▍

부하의 종류	출력[kW]	극수[극]	대수[대]	적용 부하	기동 방법
전동기	30	8	1	소화전 펌프	리액터 기동
	11	6	3	배풍기	Y-△기동
전등 및 기타	60			비상조명	

▍표 1▍전동기

정격출력[kW]	극 수	동기속도[rpm]	전부하 특성		기동전류 I_{st} 각 상의 평균값[A]	비 고		
			효율 η [%]	역률 pf [%]		무부하 전류 I_0 각 상의 전류값[A]	전부하 전류 I 각 상의 평균값[A]	전부하 슬립 S[%]
5.5	4	1,800	82.5 이상	79.5 이상	150 이하	12	23	5.5
7.5			83.5 이상	80.5 이상	190 이하	15	31	5.5
11			84.5 이상	81.5 이상	280 이하	22	44	5.5
15			85.5 이상	82.0 이상	370 이하	28	59	5.0
(19)			86.0 이상	82.5 이상	455 이하	33	76	5.0
22			86.5 이상	83.0 이상	540 이하	38	84	5.0
30			87.0 이상	83.5 이상	710 이하	49	113	5.0
37			87.5 이상	84.0 이상	875 이하	59	138	5.0
5.5	6	1,200	82.0 이상	74.5 이상	150 이하	15	25	5.5
7.5			83.0 이상	75.5 이상	185 이하	19	33	5.5
11			84.0 이상	77.0 이상	290 이하	25	47	5.5
15			85.0 이상	78.0 이상	380 이하	32	62	5.5
(19)			85.5 이상	78.5 이상	470 이하	37	78	5.0
22			86.0 이상	79.0 이상	555 이하	43	89	5.0
30			86.5 이상	80.0 이상	730 이하	54	119	5.0
37			87.0 이상	80.0 이상	900 이하	65	145	5.0

정격 출력 [kW]	극 수	동기 속도 [rpm]	전부하 특성		기동전류 I_{st} 각 상의 평균값 [A]	비 고		
			효율 η [%]	역률 pf [%]		무부하 전류 I_0 각 상의 전류값 [A]	전부하 전류 I 각 상의 평균값 [A]	전부하 슬립 S[%]
5.5	8	900	81.0 이상	72.0 이상	160 이하	16	26	6.0
7.5			82.0 이상	74.0 이상	210 이하	20	34	5.5
11			83.5 이상	75.5 이상	300 이하	26	48	5.5
15			84.0 이상	76.5 이상	405 이하	33	64	5.5
(19)			85.0 이상	77.0 이상	485 이하	39	80	5.5
22			85.5 이상	77.5 이상	575 이하	49	91	5.0
30			86.0 이상	78.5 이상	760 이하	56	121	5.0
37			87.5 이상	79.0 이상	940 이하	68	148	5.0

▍표 2▍자가용 디젤 발전기의 표준 출력

50	100	150	200	300	400

▍수치표▍

부 하	출력[kW]	효율[%]	역률[%]	입력[kVA]	수용률[%]	수용률 적용값[kVA]
전동기						
전등 및 기타						
계						
필요한 발전기 용량[kVA]						

※ 수치표의 빈칸을 채울 때, 계산이 필요한 것은 계산식을 반드시 기록하고 그 결과값을 표시하도록 한다.

답안

부 하	출력 [kW]	효율 [%]	역률 [%]	입력[kVA]	수용률 [%]	수용률 적용값 [kVA]
전동기	30×1	86	78.5	$\frac{30}{0.86\times0.785}=44.44$	100	44.44
	11×3	84	77	$\frac{11\times3}{0.84\times0.77}=51.02$	80	40.82
전등 및 기타	60	100	100	60	100	60
계						145.26
필요한 발전기 용량[kVA]						150

문제 02 산업 96년, 99년 출제

배점 : 10점

어떤 건물의 지하실에 기기를 배치하여 동력설비를 평면도와 같이 하고 전동기 제어 캐비넷(MCC)에서 일괄 제어하고자 한다. 주어진 [도면]과 [조건] 및 [참고자료]를 이용하여 다음 각 물음에 답하시오.

(1) 급수펌프 전동기의 역률을 제어반(MCC)에서 90[%]로 개선할 전력용 콘덴서의 용량은 몇 [μF]인가?
(2) 모든 전동기는 3상 380[V]로 운전하는 것으로 하여 최대사용전류를 계산하고 변류기의 변류비, 전압계의 눈금범위, 전류계의 눈금범위를 정하시오. (단, 모든 전동기의 역률은 90[%]로 개선시켰다고 가정한다.)
(3) 기기 배치 평면도와 MCC 전면도를 참고하여 이 방의 인입선으로부터 전동기까지의 단선 결선도를 작성하시오. (단, 답안지의 점선 내부에만 그리되 규격, 용량 등은 표시하지 않아도 됨. 또한 진상용 콘덴서도 포함시켜 그릴 것)

[도면]

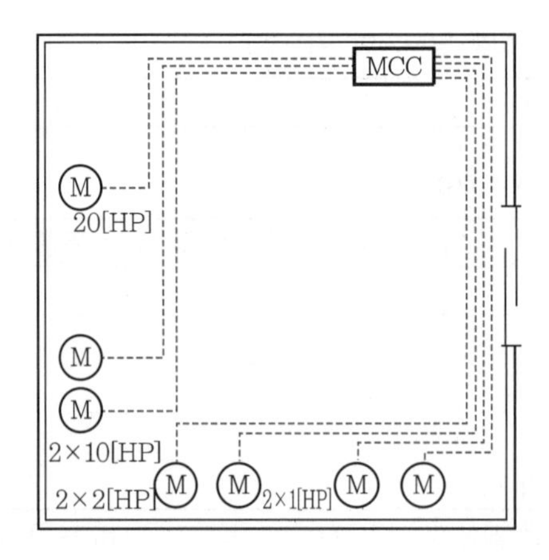

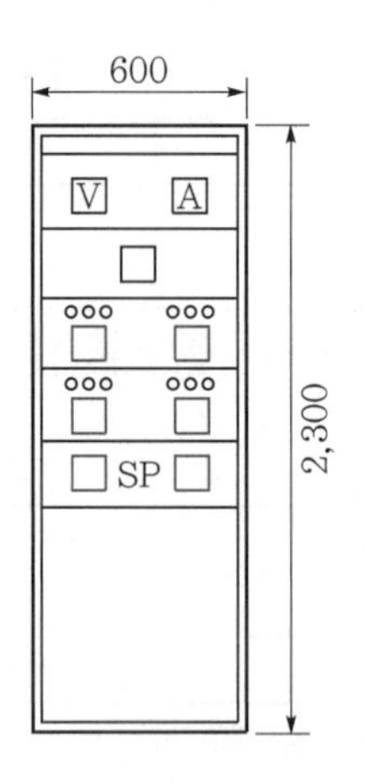

[조건]

• 각 전동기에 대한 내역은 다음 표와 같다.

▌동력설비표▐

분기회로 NO	기기명	전동기[HP]	상용대수	예비대수	전동기의 역률
1	소방가압펌프	20	1		80[%]
2	급수펌프	10	1	1	75[%]
3	순환펌프	2	1	1	75[%]
4	급유펌프	1	1	1	60[%]
5	예비				2회로 증설 예정
합계		33	4	3	

• 모든 전동기는 전자개폐기에 의하여 운전, 정지하며 예비 전동기와 상시 전동기는 3극 쌍투개폐기(DTS)에 의하여 필요한 경우에 제어반에서 전환하기로 한다.
• 인입 개폐기와 분기 개폐기는 모두 배선용 차단기(NFB)를 사용하기로 한다.
• 수전은 3상 4선식 220/380[V]임
• $C[\mu\text{F}] = \dfrac{P_c}{2\pi f V^2} \times 10^9$ (단, V는 정격전압, f는 정격주파수)

[참고자료]

▌표 1▐ 부하에 대한 콘덴서 용량 산출표[%]

개선 전 역률 \ 개선 후 역률	1.0	0.99	0.98	0.97	0.96	0.95	0.94	0.93	0.92	0.91	0.9	0.875	0.85	0.825	0.8	0.775	0.75	0.725	0.7
0.4	230	216	210	205	201	197	194	190	187	184	181	175	168	161	155	149	142	136	128
0.425	213	198	192	188	184	180	176	173	180	167	164	157	151	144	138	131	124	118	111
0.45	198	183	177	173	168	165	161	158	155	152	149	142	136	129	123	116	110	103	96
0.475	185	171	165	161	156	153	149	146	143	140	137	130	123	116	110	104	98	91	84
0.5	173	159	153	148	144	140	137	134	130	128	125	118	112	104	98	98	85	87	71
0.525	162	148	142	137	133	129	126	122	119	117	114	107	100	93	87	81	74	67	60
0.55	152	138	132	127	123	119	116	112	109	106	104	97	90	87	77	71	64	57	50
0.575	142	128	122	117	114	110	106	103	99	96	94	87	80	74	67	60	54	47	40
0.6	133	119	113	108	104	101	97	94	91	88	85	78	71	65	58	52	46	39	32
0.625	125	111	105	100	96	92	89	85	82	79	77	70	63	56	50	44	37	30	23
0.65	117	103	97	92	88	84	81	77	74	71	69	62	55	48	42	36	29	22	15
0.675	109	95	89	84	80	76	73	70	66	64	61	54	47	40	34	28	21	14	7
0.7	102	88	81	77	73	69	66	62	59	56	54	46	40	33	27	20	14	7	
0.725	95	81	75	70	66	62	59	55	52	49	46	39	33	26	20	13	7		
0.75	88	74	67	63	58	55	52	49	45	43	40	33	26	19	13	6.5			
0.775	81	67	61	57	52	49	45	42	39	36	33	26	19	12	6.5				
0.8	75	61	54	50	46	42	39	35	32	29	27	19	13	6					
0.825	69	54	48	44	40	36	33	29	26	23	21	14	7						
0.85	62	48	42	37	33	29	26	22	19	16	14	7							
0.875	55	41	35	30	26	23	19	16	13	10	7								
0.9	48	34	28	23	19	16	12	9	6	2.8									
0.91	45	31	25	21	16	13	9	6	2.8										
0.92	43	28	22	18	13	10	6	3.1											
0.93	40	25	19	15	10	7	3.3												
0.94	36	22	16	11	7	3.6													
0.95	33	18	12	8	3.5														
0.96	29	15	9	4															
0.97	25	11	5																
0.98	20	6																	
0.99	14																		

[용례] (1) 부하 500[kW]

개선 전의 역률 $\cos\theta = 0.6$을 $\cos\theta = 0.95$로 개선하는 데에는 $k_\theta = 101[\%]$

콘덴서 $500 \times 1.01 = 505$[kVA]

(2) [kVA] 부하의 경우

[kW] = [kVA] × $\cos\theta$로부터 [kW]를 산출하여 용례 (1)에 따른다.

‖ 표 2 ‖ [kVA]당 MFD

전압[V]	220	380	400	440	3,300	6,600
용량[MFD]	54.8	18.4	16.6	13.7	0.24357	0.06089

답안 (1) 18.4[μF]

(2) ① 75/5, ② 600[V], ③ 0~75[A]

(3)

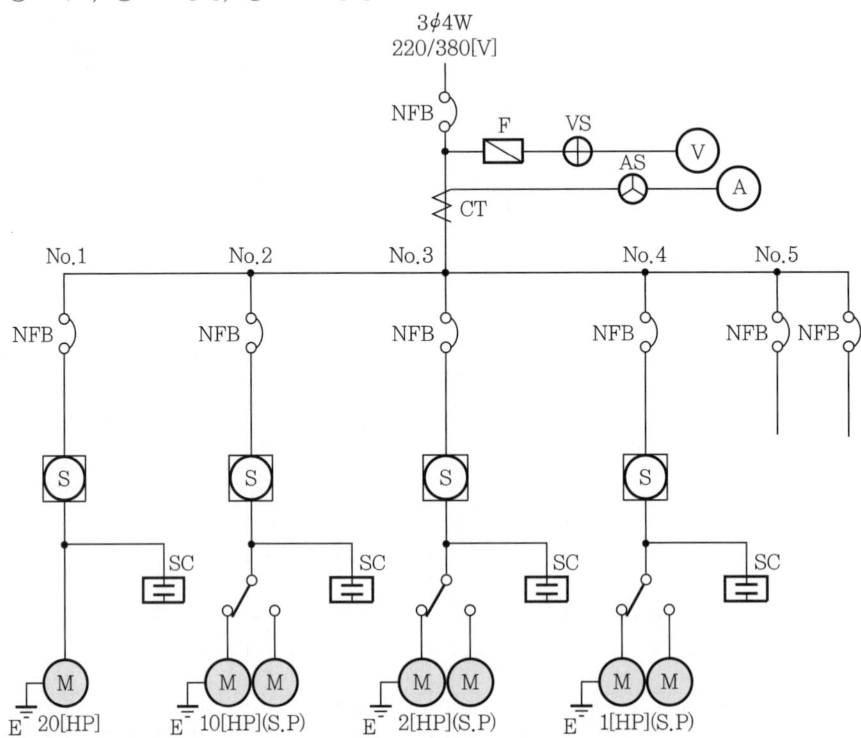

해설 (1) 역률 0.75를 0.9로 개선하기 위한 k_θ는 [표 1]에서 $k_\theta = 0.4$이므로

$P = 10 \times 0.746 = 7.46$[kW]

$Q_C = 7.46 \times 0.4 = 2.984$[kVA]

[표 2]에서 380[V]에서 1[kVA]의 C는 18.4[μF]

(2) 정격전류 $I = \dfrac{33 \times 746}{\sqrt{3} \times 380 \times 0.9} = 41.56$[A]

① 변류비

변류비는 최대부하전류의 150~200[%]의 것을 택하므로

$I = 41.56 \times (1.5 \sim 2) = 62.34 \sim 83.12$이므로 CT비는 75/5를 선정

② 전압계의 눈금범위

전압계의 최대눈금은 정격전압의 150[%]가 되도록 선정하므로

$380 \times 1.5 = 570$[V]이므로 600[V] 선정

③ 전류계의 눈금범위

CT비를 75/5로 정하면 전류계의 눈금은 0~75[A]

1990년~최근 출제된 기출 이론 분석 및 유형별 문제

04 CHAPTER 전동기 보호장치 및 전선의 굵기

기출 개념 01 전압강하 및 전선 단면적

전기 방식	전압강하		전선 단면적
단상 3선식, 3상 4선식	$e_1 = IR$	$e_1 = \frac{17.8LI}{1,000A}$	$A = \frac{17.8LI}{1,000e_1}$
단상 2선식 및 직류 2선식	$e_2 = 2IR = 2e_1$	$e_2 = \frac{35.6LI}{1,000A}$	$A = \frac{35.6LI}{1,000e_2}$
3상 3선식	$e_3 = \sqrt{3}\,IR = \sqrt{3}\,e_1$	$e_3 = \frac{30.8LI}{1,000A}$	$A = \frac{30.8LI}{1,000e_3}$

여기서, A : 전선의 단면적[mm^2]
e_1 : 외측선 또는 각 상의 1선과 중성선 사이의 전압강하[V]
e_2, e_3 : 각 선간의 전압강하[V]
L : 전선 1본의 길이[m]

기출 개념 02 전선의 규격

▌KS C IEC 전선규격[mm^2]▐

1.5	2.5	4
6	10	16
25	35	50
70	95	120
150	185	240
300	400	500

개념 문제 01 기사 12년 출제

| 배점 : 16점 |

3층 사무실용 건물에 3상 3선식의 6,000[V]를 200[V]로 강압하여 수전하는 설비이다. 각종 부하설비가 표와 같을 때 [참고자료]를 이용하여 다음 물음에 답하시오.

| 표 1 | 전선 최대 길이(3상 3선식 380[V]·전압강하 3.8[V])

동력부하설비					
사용 목적	용량 [kW]	대 수	상용동력 [kW]	하계동력 [kW]	동계동력 [kW]
난방관계					
• 보일러펌프	6.0	1			6.0
• 오일기어펌프	0.4	1			0.4
• 온수순환펌프	3.0	1			3.0
공기조화관계					
• 1, 2, 3층 패키지 콤프레셔	7.5	6		45.0	
• 콤프레셔 팬	5.5	3	16.5		
• 냉각수펌프	5.5	1		5.5	
• 쿨링타워	1.5	1		1.5	
급수·배수관계					
• 양수펌프	3.0	1	3.0		
기타					
• 소화펌프	5.5	1	5.5		
• 셔터	0.4	2	0.8		
합계			25.8	52.0	9.4

| 표 2 |

조명 및 콘센트 부하설비					
사용 목적	와트수 [W]	설치 수량	환산용량 [VA]	총 용량 [VA]	비 고
전등관계					
• 수은등 A	200	4	260	1,040	200[V] 고역률
• 수은등 B	100	8	140	1,120	200[V] 고역률
• 형광등	40	820	55	45,100	200[V] 고역률
• 백열전등	60	10	60	600	
콘센트관계					
• 일반 콘센트		80	150	12,000	
• 환기팬용 콘센트		8	55	440	
• 히터용 콘센트	1,500	2		3,000	2P 15[A]
• 복사기용 콘센트		4		3,600	
• 텔레타이프용 콘센트		2		2,400	
• 룸쿨러용 콘센트		6		7,200	
기타					
• 전화교환용 정류기		1		800	
계				77,300	

[참고자료 1] 변압기 보호용 전력퓨즈의 정격전류

상 수	단 상				3 상			
공칭전압	3.3[kV]		6.6[kV]		3.3[kV]		6.6[kV]	
변압기 용량 [kVA]	변압기 정격전류 [A]	정격전류 [A]	변압기 정격전류 [A]	정격전류 [A]	변압기 정격전류 [A]	정격전류 [A]	변압기 정격전류 [A]	정격전류 [A]
5	1.52	3	0.76	1.5	0.88	1.5	–	–
10	3.03	7.5	1.52	3	1.75	3	0.88	1.5
15	4.55	7.5	2.28	3	2.63	3	1.3	1.5
20	6.06	7.5	3.03	7.5	–	–	–	–
30	9.10	15	4.56	7.5	5.26	7.5	2.63	3
50	15.2	20	7.60	15	8.45	15	4.38	7.5
75	22.7	30	11.4	15	13.1	15	6.55	7.5
100	30.3	50	15.2	20	17.5	20	8.75	15
150	45.5	50	22.7	30	26.3	30	13.1	15
200	60.7	75	30.3	50	35.0	50	17.5	20
300	91.0	100	45.5	50	52.0	75	26.3	30
400	121.4	150	60.7	75	70.0	75	35.0	50
500	152.0	200	75.8	100	87.5	100	43.8	50

[참고자료 2] 배전용 변압기의 정격

<table>
<tr><th colspan="3" rowspan="2">항 목</th><th colspan="9">소형 6[kV] 유입변압기</th><th colspan="5">중형 6[kV] 유입변압기</th></tr>
<tr><th>3</th><th>5</th><th>7.5</th><th>10</th><th>15</th><th>20</th><th>30</th><th>50</th><th>75</th><th>100</th><th>150</th><th>200</th><th>300</th><th>500</th></tr>
<tr><td rowspan="3">정격 2차 전류 [A]</td><td rowspan="2">단상</td><td>105[V]</td><td>28.6</td><td>47.6</td><td>71.4</td><td>95.2</td><td>143</td><td>190</td><td>286</td><td>476</td><td>714</td><td>852</td><td>1,430</td><td>1,904</td><td>2,857</td><td>4,762</td></tr>
<tr><td>210[V]</td><td>14.3</td><td>23.8</td><td>35.7</td><td>47.6</td><td>71.4</td><td>95.2</td><td>143</td><td>238</td><td>357</td><td>476</td><td>714</td><td>952</td><td>1,429</td><td>2,381</td></tr>
<tr><td>3상</td><td>210[V]</td><td>8</td><td>13.7</td><td>20.6</td><td>27.5</td><td>41.2</td><td>55</td><td>82.5</td><td>137</td><td>206</td><td>275</td><td>412</td><td>550</td><td>825</td><td>1,376</td></tr>
<tr><td rowspan="3">정격 전압</td><td colspan="2">정격 2차 전압</td><td colspan="9">6,300[V]
6/3[kV] 공용 : 6,300[V]/3,150[V]</td><td colspan="5">6,300[V]
6/3[kV] 공용 : 6,300[V]/3,150[V]</td></tr>
<tr><td rowspan="2">정격 2차 전압</td><td>단상</td><td colspan="9">210[V] 및 105[V]</td><td colspan="5">200[kVA] 이하의 것 : 210[V] 및 105[V]
200[kVA] 이하의 것 : 210[V]</td></tr>
<tr><td>3상</td><td colspan="9">210[V]</td><td colspan="5">210[V]</td></tr>
<tr><td rowspan="4">탭 전 압</td><td rowspan="2">전용량 탭전압</td><td>단상</td><td colspan="9">6,900[V], 6,600[V]
6/3[kV] 공용 : 6,300[V]/3,150[V],
6,600[V]/3,300[V]</td><td colspan="5">6,900[V], 6,600[V]</td></tr>
<tr><td>3상</td><td colspan="9">6,600[V]
6/3[kV] 공용 : 6,600[V]/3,300[V]</td><td colspan="5">6/3[kV] 공용 : 6,300[V]/3,150[V],
6,600[V]/3,300[V]</td></tr>
<tr><td rowspan="2">저감용량 탭전압</td><td>단상</td><td colspan="9">6,000[V], 5,700[V]
6/3[kV] 공용 : 6,000[V]/3,000[V],
5,700[V]/2,850[V]</td><td colspan="5">6,000[V], 5,700[V]</td></tr>
<tr><td>3상</td><td colspan="9">6,600[V]
6/3[kV] 공용 : 6,000[V]/3,300[V]</td><td colspan="5">6/3[kV] 공용 : 6,000[V]/3,000[V],
5,700[V]/2,850[V]</td></tr>
<tr><td colspan="2" rowspan="2">변압기의 결선</td><td>단상</td><td colspan="9">2차 권선 : 분할 결선</td><td rowspan="2">3상</td><td colspan="4" rowspan="2">1차 권선 : 성형 권선
2차 권선 : 삼각 권선</td></tr>
<tr><td>3상</td><td colspan="9">1차 권선 : 성형 권선
2차 권선 : 성형 권선</td></tr>
</table>

[참고자료 3] 역률개선용 콘덴서의 용량 계산표[%]

구 분		개선 후의 역률																	
		1.00	0.99	0.98	0.97	0.96	0.95	0.94	0.93	0.92	0.91	0.90	0.89	0.88	0.87	0.86	0.85	0.83	0.80
개선 전의 역률	0.50	173	159	153	148	144	140	137	134	131	128	125	122	119	117	114	111	106	98
	0.55	152	138	132	127	123	119	116	112	108	106	103	101	98	95	92	90	85	77
	0.60	133	119	113	108	104	100	97	94	91	88	85	82	79	77	74	71	66	58
	0.62	127	112	106	102	97	94	90	87	84	81	78	75	73	70	67	65	59	52
	0.64	120	106	100	95	91	87	84	81	78	75	72	69	66	63	61	58	53	45
	0.66	114	100	94	89	85	81	78	74	71	68	65	63	60	57	55	52	47	39
	0.68	108	94	88	83	79	75	72	68	65	62	59	57	54	51	49	46	41	33
	0.70	102	88	82	77	73	69	66	63	59	56	54	51	48	45	43	40	35	27
	0.72	96	82	76	71	67	64	60	57	54	51	48	45	42	40	37	34	29	21
	0.74	91	77	71	68	62	58	55	51	48	45	43	40	37	34	32	29	24	16
	0.76	86	71	65	60	58	53	49	46	43	40	37	34	32	29	26	24	18	11
	0.78	80	66	60	55	51	47	44	41	38	35	32	29	26	24	21	18	13	5
	0.79	78	63	57	53	48	45	41	38	35	32	29	26	24	21	18	16	10	2.6
	0.80	75	61	55	50	46	42	39	36	32	29	27	24	21	18	16	13	8	
	0.81	72	58	52	47	43	40	36	33	30	27	24	21	18	16	13	10	5	
	0.82	70	56	50	45	41	37	34	30	27	24	21	18	16	13	10	8	2.6	
	0.83	67	53	47	42	38	34	31	28	25	22	19	16	13	11	8	5		
	0.84	65	50	44	40	35	32	28	25	22	19	16	13	11	8	5	2.6		
	0.85	62	48	42	37	33	29	25	23	19	16	14	11	8	5	2.7			
	0.86	59	45	39	34	30	28	23	20	17	14	11	8	5	2.6				
	0.87	57	42	36	32	28	24	20	17	14	11	8	6	2.7					
	0.88	54	40	34	29	25	21	18	15	11	8	6	2.8						
	0.89	51	37	31	26	22	18	15	12	9	6	2.8							
	0.90	48	34	28	23	19	16	12	9	6	2.8								
	0.91	46	31	25	21	16	13	9	8	3									
	0.92	43	28	22	18	13	10	8	3.1										
	0.93	40	24	19	14	10	7	3.2											
	0.94	36	22	16	11	7	3.4												
	0.95	33	19	13	8	3.7													
	0.96	29	15	9	4.1														
	0.97	25	11	4.8															
	0.98	20	8																
	0.99	14																	

(1) 동계난방 때 온수순환펌프는 상시 운전하고, 보일러용과 오일기어펌프의 수용률이 60[%]일 때 난방동력 수용부하는 몇 [kW]인가?
- 계산과정 :
- 답 :

(2) 동력부하의 역률이 전부 80[%]라고 한다면 피상전력은 각각 몇 [kVA]인가? (단, 상용동력, 하계동력, 동계동력별로 각각 계산하시오.)

구 분	계산과정	답
상용동력		
하계동력		
동계동력		

(3) 총 전기설비용량은 몇 [kVA]를 기준으로 하여야 하는가?
- 계산과정 :
- 답 :

(4) 전등의 수용률은 70[%], 콘센트설비의 수용률은 50[%]라고 한다면 몇 [kVA]의 단상 변압기에 연결하여야 하는가? (단, 전화교환용 정류기는 100[%] 수용률로서 계산한 결과에 포함시키며 변압기 예비율은 무시한다.)
- 계산과정 :
- 답 :

(5) 동력설비 부하의 수용률이 모두 60[%]라면 동력부하용 3상 변압기의 용량은 몇 [kVA]인가? (단, 동력부하의 역률은 80[%]로 하며 변압기의 예비율은 무시한다.)
- 계산과정 :
- 답 :

(6) 상기 건물에 시설된 변압기 총 용량은 몇 [kVA]인가?
- 계산과정 :
- 답 :

(7) 단상 변압기와 3상 변압기의 1차측의 전력퓨즈의 정격전류는 각각 몇 [A]의 것을 선택하여야 하는가?
- 단상 변압기 :
- 3상 변압기 :

(8) 선정된 동력용 변압기 용량에서 역률을 95[%]로 개선하려면 콘덴서 용량은 몇 [kVA]인가?
- 계산과정 :
- 답 :

답안 (1) • 계산과정 : $3.0+(6.0+0.4)\times 0.6=6.84$[kW]
- 답 : 6.84[kW]

(2)

구 분	계산과정	답
상용동력	$\frac{25.8}{0.8}=32.25$	32.25[kVA]
하계동력	$\frac{52.0}{0.8}=65$	65[kVA]
동계동력	$\frac{9.4}{0.8}=11.75$	11.75[kVA]

(3) • 계산과정 : $32.25+65+77.3=174.55$[kVA]
- 답 : 174.55[kVA]

(4) • 계산과정

– 전등 관계 : $(1,040+1,120+45,100+600)\times 0.7\times 10^{-3}=33.5$[kVA]

– 콘센트 관계 : $(12,000+440+3,000+3,600+2,400+7,200)\times 0.5\times 10^{-3}=14.32$[kVA]

– 기타 : $800\times 1\times 10^{-3}=0.8$[kVA]

따라서, $33.5+14.32+0.8=48.62$[kVA]이므로 3상 변압기 용량은 50[kVA]가 된다.

• 답 : 50[kVA]

(5) • 계산과정 : 동계동력과 하계동력 중 큰 부하를 기준하고 상용동력과 합산하여 계산하면

$\dfrac{(25.8+52.0)}{0.8}\times 0.6=58.35$[kVA]이므로 3상 변압기 용량은 75[kVA]가 된다.

• 답 : 75[kVA]

(6) • 계산과정 : 단상 변압기 용량 + 3상 변압기 용량 $=50+75=125$[kVA]

• 답 : 125[kVA]

(7) • 단상 변압기 : 15[A]

• 3상 변압기 : 7.5[A]

(8) • 계산과정 : [참고자료 3]에서 역률 80[%]를 95[%]로 개선하기 위한

콘덴서 용량 $k_\theta=0.42$이므로

콘덴서 소요용량[kVA] = [kW] 부하 $\times k_\theta=75\times 0.8\times 0.42=25.2$[kVA]

• 답 : 25.2[kVA]

개념 문제 02 기사 97년 출제 | 배점 : 5점 |

6[mm²] 전선 3본과 16[mm²] 전선 2본을 동일 전선관 내에 넣는 경우로 설계할 때 주어진 표를 이용하여 이것을 후강전선관에 넣을 경우와 박강전선관에 넣을 경우로 구분하여 관의 최소 굵기를 구하시오.

‖ 표 1 ‖ 전선(피복 절연물을 포함)의 단면적

도체 단면적[mm²]	절연체 두께[mm]	평균 완성 바깥지름[mm]	전선의 단면적[mm²]
1.5	0.7	3.3	9
2.5	0.8	4.0	13
4	0.8	4.6	17
6	0.8	5.2	21
10	1.0	6.7	35
16	1.0	7.8	48
25	1.2	9.7	74
35	1.2	10.9	93
50	1.4	12.8	128
70	1.4	14.6	167
95	1.6	17.1	230
120	1.6	18.8	277
150	1.8	20.9	343
185	2.0	23.3	426
240	2.2	26.6	555
300	2.4	29.6	688
400	2.6	33.2	865

[비고] 1. 전선의 단면적은 평균 완성 바깥지름의 상한값을 환산한 값이다.
2. KS C IEC 60227-3의 450/750[V] 일반용 단심 비닐 절연전선(연선)을 기준한 것이다.

▌표 2▌절연전선을 금속관 내에 넣을 경우의 보정계수

도체 단면적[mm²]	보정계수
2.5, 4	2.0
6, 10	1.2
16 이상	1.0

▌표 3▌후강전선관의 내 단면적의 32[%] 및 48[%]

관의 호칭	내 단면적의 32[%] [mm²]	내 단면적의 48[%] [mm²]
16	67	101
22	120	180
28	201	301
36	342	513
42	460	690
54	732	1,098
70	1,216	1,825
82	1,701	2,552
92	2,205	3,308
100	2,843	4,265

▌표 4▌박강전선관의 내 단면적의 32[%] 및 48[%]

관의 호칭	내 단면적의 32[%] [mm²]	내 단면적의 48[%] [mm²]
19	63	95
25	123	185
31	205	308
39	305	458
51	569	853
63	889	1,333
75	1,309	1,964

답안 보정계수를 고려한 전선의 단면적의 합계

$A = 21 \times 3 \times 1.2 + 48 \times 2 \times 1.0$

$= 171.6[\text{mm}^2]$

∴ 후강전선관의 굵기는 [표 3] 내단면적 32[%], 201[mm²]에 해당하므로 28[호]

박강전선관의 굵기는 [표 4] 내단면적 32[%], 205[mm²]에 해당하므로 31[호]

개념 문제 03 기사 15년 출제

배점 : 5점

3상 농형 유도전동기 부하가 다음 표와 같을 때 간선의 굵기를 구하려고 한다. 주어진 참고표의 해당 부분을 적용시켜 간선의 최소 전선 굵기를 구하시오. (단, 전선은 PVC 절연전선을 사용하며, 공사방법은 B1에 의하여 시공한다.)

▌부하내역▐

상 수	전 압	용 량	대 수	기동방법
3상	200[V]	22[kW]	1대	기동기 사용
		7.5[kW]	1대	직입 기동
		5.5[kW]	1대	직입 기동
		1.5[kW]	1대	직입 기동
		0.75[kW]	1대	직입 기동

▌200[V] 3상 유도전동기의 간선의 굵기 및 기구의 용량▐

(B종 퓨즈의 경우) (동선)

전동기 [kW] 수의 총계 [kW] 이하	최대 사용 전류 [A] 이하	배선종류에 의한 간선의 최소 굵기[mm^2]						직입 기동 전동기 중 최대 용량의 것											
		공사방법 A1		공사방법 B1		공사방법 C		0.75 이하	1.5	2.2	3.7	5.5	7.5	11	15	18.5	22	30	37~55
		3개선		3개선		3개선		기동기 사용 전동기 중 최대 용량의 것											
								–	–	–	5.5	7.5	11 15	18.5 22	–	30 37	–	45	55
		PVC	XLPE, EPR	PVC	XLPE, EPR	PVC	XLPE, EPR	과전기 차단기[A]………(칸 위 숫자) 개폐기 용량[A]………(칸 아래 숫자)											
3	15	2.5	2.5	2.5	2.5	2.5	2.5	15 30	20 30	30 30	–	–	–	–	–	–	–	–	–
4.5	20	4	2.5	2.5	2.5	2.5	2.5	20 30	20 30	30 30	50 60	–	–	–	–	–	–	–	–
6.3	30	6	4	6	4	4	2.5	30 30	30 30	50 60	50 60	75 100	–	–	–	–	–	–	–
8.2	40	10	6	10	6	6	4	50 60	50 60	50 60	75 100	75 100	100 100	–	–	–	–	–	–
12	50	16	10	10	10	10	6	50 60	50 60	50 60	75 100	75 100	100 100	150 200	–	–	–	–	–
15.7	75	35	25	25	16	16	16	75 100	75 100	75 100	75 100	100 100	100 100	150 200	150 200	–	–	–	–
19.5	90	50	25	35	25	25	16	100 100	100 100	100 100	100 100	100 100	150 200	150 200	200 200	200 200	–	–	–

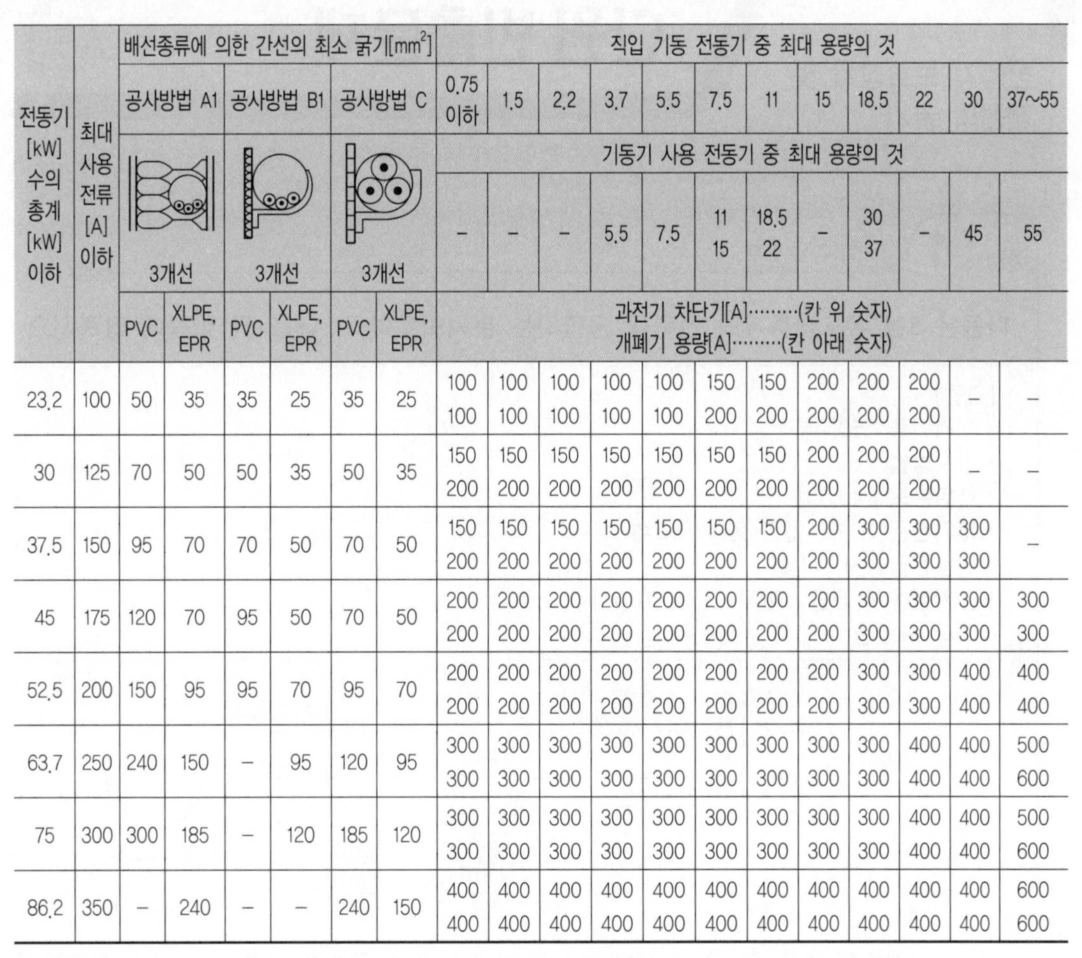

전동기 [kW] 수의 총계 [kW] 이하	최대 사용 전류 [A] 이하	배선종류에 의한 간선의 최소 굵기[mm^2]						직입 기동 전동기 중 최대 용량의 것											
		공사방법 A1		공사방법 B1		공사방법 C		0.75 이하	1.5	2.2	3.7	5.5	7.5	11	15	18.5	22	30	37~55
		3개선		3개선		3개선		기동기 사용 전동기 중 최대 용량의 것											
								–	–	–	5.5	7.5	11 15	18.5 22	–	30 37	–	45	55
		PVC	XLPE, EPR	PVC	XLPE, EPR	PVC	XLPE, EPR	과전기 차단기[A]·········(칸 위 숫자) 개폐기 용량[A]·········(칸 아래 숫자)											
23.2	100	50	35	35	25	35	25	100 100	100 100	100 100	100 100	100 100	150 200	150 200	200 200	200 200	200 200	–	–
30	125	70	50	50	35	50	35	150 200	150 200	150 200	150 200	150 200	150 200	150 200	200 200	200 200	200 200	–	–
37.5	150	95	70	70	50	70	50	150 200	150 200	150 200	150 200	150 200	150 200	150 200	200 200	300 300	300 300	300 300	–
45	175	120	70	95	50	70	50	200 200	200 200	200 200	200 200	200 200	200 200	200 200	200 200	300 300	300 300	300 300	300 300
52.5	200	150	95	95	70	95	70	200 200	200 200	200 200	200 200	200 200	200 200	200 200	200 200	300 300	300 300	400 400	400 400
63.7	250	240	150	–	95	120	95	300 300	300 300	300 300	300 300	300 300	300 300	300 300	300 300	300 300	400 400	400 400	500 600
75	300	300	185	–	120	185	120	300 300	300 300	300 300	300 300	300 300	300 300	300 300	300 300	300 300	400 400	400 400	500 600
86.2	350	–	240	–	–	240	150	400 400	400 400	400 400	400 400	400 400	400 400	400 400	400 400	400 400	400 400	400 400	600 600

- **계산과정 :**
- **답 :**

답안
- 계산과정 : 전동기 [kW]수의 총계 $\Sigma P = 22 + 7.5 + 5.5 + 1.5 + 0.75 = 37.25$[kW]
  표에서 37.5[kW] 공사방법 B1 PVC란에서 70[mm^2]
- 답 : $A = 70$[mm^2]

CHAPTER 04
전동기 보호장치 및 전선의 굵기

단원 빈출문제

문제 01 산업 22년 출제 ┫배점 : 6점┣

다음은 3상 유도전동기에 전력을 공급하는 분기회로이다. 다음 각 물음에 답하시오.

[조건]
- 정격전류 : 50[A]
- 공사방법 : B2
- 주위온도 : 40[℃]
- 분기선은 XLPE 절연 동(Cu)도체
- 허용전압강하 : 2[%]
- 분기점에서 전동기까지 거리 : 70[m]
- 기타 사항은 고려하지 않는다.

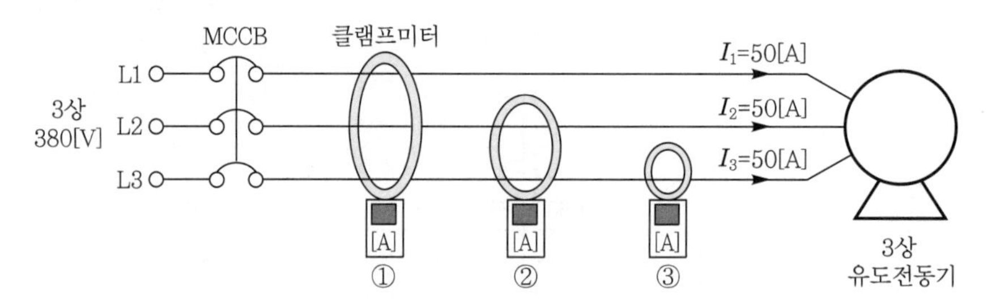

(1) 공사방법 및 주위온도를 고려한 분기선 도체의 최소 굵기를 표를 참고하여 선정하시오. (단, 허용전압강하는 고려하지 않는다.)
(2) 허용전압강하를 고려한 분기선 도체의 굵기를 계산하고, 상기 조건을 모두 만족하는 최소 굵기를 표에서 최종 선정하시오.
(3) 3상 유도전동기는 고장 없이 정상운전 중이고, 각 상은 평형전류 50[A]이다. 유지관리를 위해 클램프미터로 그림과 같이 3회 전류측정을 하였다. 클램프미터 ①, ②, ③의 측정값을 쓰시오.

①	②	③

┃표 1┃표준 공사방법의 허용전류[A]

– XLPE 또는 EPR 절연, 구리 또는 알루미늄 도체, 도체온도 : 90[℃]

– 주위온도 : 기중 30[℃], 지중 20[℃]

구리 도체의 공칭 단면적 [mm^2]	공사 방법											
	A1 단열벽인 전선관의 절연전선		A2 단열벽인 전선관의 다심케이블		B1 석재벽면/안 전선관의 절연전선		B2 석재벽면/안 전선관의 다심케이블		C 벽면에 공사한 단심/다심 케이블		D 지중덕트 안의 단심/다심 케이블	
	단상	3상	단상	3상	단상	3상	단상	3상	단상	3상	단상	3상
1.5	19	17	18.5	16.5	23	20	22	19.5	24	22	26	22
2.5	26	23	25	22	31	28	30	26	33	30	34	29
4	35	31	33	30	42	37	40	35	45	40	44	37
6	45	40	42	38	54	48	51	44	58	52	56	46
10	61	54	57	51	75	66	69	60	80	71	73	61
16	81	73	776	68	100	88	91	80	107	96	95	79
25	106	95	99	89	133	117	119	105	138	119	121	101
35	131	117	121	109	164	144	146	128	171	147	146	122
50	158	141	145	130	198	175	175	154	209	179	173	144
70	200	179	183	164	253	222	221	194	269	229	213	178
95	241	216	220	197	306	269	265	233	328	278	252	211
120	278	249	253	227	354	312	305	268	382	322	287	240
150	318	285	290	259	–	–	–	–	441	371	324	271
185	362	324	329	295	–	–	–	–	506	424	363	304
240	424	380	386	346	–	–	–	–	599	500	419	351
300	486	435	442	396	–	–	–	–	693	576	474	396

┃표 2┃기중케이블의 허용전류에 적용하는 대기 주위온도가 30[℃] 이외의 경우 보정계수

주위온도[℃]	절연체	
	PVC	XLPE 또는 EPR
10	1.23	1.15
15	1.17	1.12
20	1.12	1.08
25	1.06	1.04
30	1.00	1.00
35	0.94	0.96
40	0.87	0.91
45	0.79	0.87
50	0.71	0.82
55	0.61	0.76
60	0.5	0.71

답안 (1) 10[mm^2]

(2) 16[mm^2]을 선정

(3)

①	②	③
0[A]	50[A]	50[A]

해설 (1) • 주위온도는 40[℃], XLPE 절연이므로
[표 2]에서 보정계수 0.91을 선정

∴ 허용전류 $I = \frac{50}{0.91} = 54.95$[A]

• 공사방법은 B2, 3상이므로
[표 1]에서 허용전류가 60[A]인 공칭단면적 10[mm^2]을 선정

(2) • 전선의 굵기 $A = \frac{30.8LI}{1{,}000e}$

$= \frac{30.8 \times 70 \times 50}{1{,}000 \times 380 \times 0.02}$

$= 14.18[\text{mm}^2]$

• 공칭단면적 16[mm^2]을 선정

• (1)과 (2)의 전선 중 더 굵은 것을 선정하여야 하므로 16[mm^2]을 최종 선정

(3) ① $I = I_a + I_b + I_c$

$= 50 + 50\left(-\frac{1}{2} - j\frac{\sqrt{3}}{2}\right) + 50\left(-\frac{1}{2} + j\frac{\sqrt{3}}{2}\right)$

$= 50 - 25 - j25\sqrt{3} - 25 + j25\sqrt{3}$

$= 0$

② $I = |I_b + I_c|$

$= \left|50\left(-\frac{1}{2} - j\frac{\sqrt{3}}{2}\right) + 50\left(-\frac{1}{2} + j\frac{\sqrt{3}}{2}\right)\right|$

$= |-25 - j25\sqrt{3} - 25 + j25\sqrt{3}|$

$= 50$[A]

③ $I = |\dot{I}_c|$

$= \left|50\left(-\frac{1}{2} + j\frac{\sqrt{3}}{2}\right)\right|$

$= 50$[A]

문제 02 산업 98년, 00년 출제

배점 : 12점

다음 그림은 3ϕ3W, 60[Hz], 200[V], 7.5[kW](10[HP]) 직입 기동 3상 유도전동기 1대에 대한 배선 설계도이다. [참고자료]를 이용하여 다음 각 물음에 답하시오. (단, 후강금속관 공사로 하며, 전선은 PVC 절연전선으로서 공사방법은 B1으로 한다.)

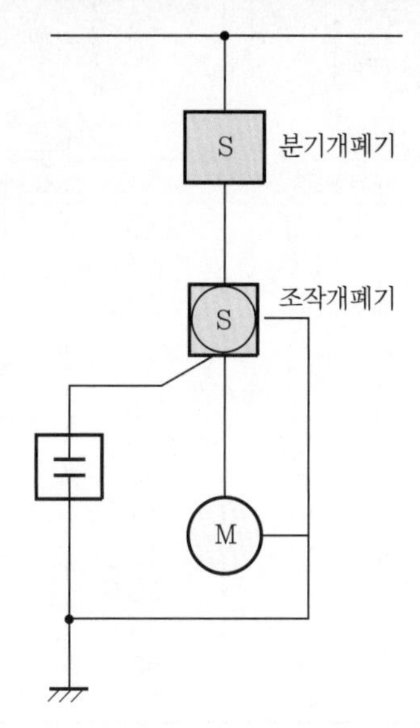

(1) 분기선 최소 굵기[mm^2] 및 금속관의 최소 굵기[호]는?
 ① 분기선의 최소 굵기
 ② 금속관의 최소 굵기
(2) 분기개폐기 용량[A] 및 과전류보호기 용량[A]은?
 ① 분기개폐기 용량
 ② 과전류보호기 용량
(3) 조작개폐기 용량[A] 및 과전류보호기 용량[A]은?
 ① 조작개폐기 용량
 ② 과전류보호기 용량
(4) 접지선의 굵기[mm^2] 및 금속관의 최소 굵기[호]는?
 ① 접지선의 굵기
 ② 금속관의 굵기
(5) 콘덴서의 [kVA]용량 및 [μF]용량은?
 ① [kVA]
 ② [μF]
(6) 초과눈금 전류계[A] 눈금은?

[참고자료]

▌표 1▌200[V] 3상 유도전동기 1대인 경우의 분기회로(B종 퓨즈의 경우)

정격 출력 [kW]	전부하 전류 [A]	배선종류에 의한 간선의 최소 굵기[mm^2]					
		공사방법 A1		공사방법 B1		공사방법 C	
		3개선		3개선		3개선	
		PVC	XLPE, EPR	PVC	XLPE, EPR	PVC	XLPE, EPR
0.2	1.8	2.5	2.5	2.5	2.5	2.5	2.5
0.4	3.2	2.5	2.5	2.5	2.5	2.5	2.5
0.75	4.8	2.5	2.5	2.5	2.5	2.5	2.5
1.5	8	2.5	2.5	2.5	2.5	2.5	2.5
2.2	11.1	2.5	2.5	2.5	2.5	2.5	2.5
3.7	17.4	2.5	2.5	2.5	2.5	2.5	2.5
5.5	26	6	4	4	2.5	4	2.5
7.5	34	10	6	6	4	6	4
11	48	16	10	10	6	10	6
15	65	25	16	16	10	16	10
18.5	79	35	25	25	16	25	16
22	93	50	25	35	25	25	16
30	124	70	50	50	35	50	35
37	152	95	70	70	50	70	50

정격 출력 [kW]	전부하 전류 [A]	개폐기 용량[A]				과전류차단기 (B종 퓨즈) [A]				전동기용 초과눈금 전류계의 정격전류 [A]	접지선의 최소 굵기 [mm^2]
		직입 기동		기동기 사용		직입 기동		기동기 사용			
		현장 조작	분기	현장 조작	분기	현장 조작	분기	현장 조작	분기		
0.2	1.8	15	15			15	15			3	2.5
0.4	3.2	15	15			15	15			5	2.5
0.75	4.8	15	15			15	15			5	2.5
1.5	8	15	30			15	20			10	4
2.2	11.1	30	30			20	30			15	4
3.7	17.4	30	60			30	50			20	6
5.5	26	60	60	30	60	50	60	30	50	30	6
7.5	34	100	100	60	100	75	100	50	75	30	10
11	48	100	200	100	100	100	150	75	100	60	16
15	65	100	200	100	100	100	150	100	100	60	16
18.5	79	200	200	100	200	150	200	100	150	100	16
22	93	200	200	100	200	150	200	100	150	100	16
30	124	200	400	200	200	200	300	150	200	150	25
37	152	200	400	200	200	200	300	150	200	200	25

▌표 2▐ 후강전선관 굵기의 선정

도체 단면적 [mm²]	전선 본수									
	1	2	3	4	5	6	7	8	9	10
	전선관의 최소 굵기[호]									
2.5	16	16	16	16	22	22	22	28	28	28
4	16	16	16	22	22	22	28	28	28	28
6	16	16	22	22	22	28	28	28	36	36
10	16	22	22	28	28	36	36	36	36	36
16	16	22	28	28	36	36	36	42	42	42
25	22	28	28	36	36	42	54	54	54	54
35	22	28	36	42	54	54	54	70	70	70
50	22	36	54	54	70	70	70	82	82	82
70	28	42	54	54	70	70	70	82	82	82
95	28	54	54	70	70	82	82	92	92	104
120	36	54	54	70	70	82	82	92		
150	36	70	70	82	92	92	104	104		
185	36	70	70	82	92	104				
240	42	82	82	92	104					

▌표 3▐ 역률 개선용 콘덴서(200[V] 3상 유도전동기의 경우)

출력 [kW]	설비용량 기준[μF]				출력 [kW]	설비용량 기준[μF]			
	50[Hz]		60[Hz]			50[Hz]		60[Hz]	
	[μF]	[kVA]	[μF]	[kVA]		[μF]	[kVA]	[μF]	[kVA]
0.2 이하	15	0.19	10	0.15	11	200	2.51	150	2.26
0.4	20	0.25	15	0.23	15	250	3.14	200	3.02
0.75	30	0.38	20	0.30	19	300	3.77	250	3.77
1	30	0.38	20	0.30	20	400	3.77	250	3.77
1.1	30	0.38	20	0.30	22	400	5.03	300	4.52
1.5	40	0.58	30	0.45	25	400	5.03	300	4.52
2	50	0.68	40	0.60	30	500	5.28	400	6.03
2.2	50	0.68	40	0.60	37	600	7.54	500	7.54
3	50	0.68	40	0.60	40	600	7.54	500	7.54
3.7	75	0.98	50	0.75	45	750	9.42	600	9.04
4	75	0.91	50	0.75	50	900	11.30	750	11.30
5	100	1.26	75	1.13	55	900	11.30	750	11.30
5.5	100	1.26	75	1.13					
7.5	150	1.28	100	1.51					
10	200	2.51	150	2.26					

답안 (1) ① 6[mm²]

② 22[호]

(2) ① 100[A]

② 100[A]

(3) ① 100[A]
② 75[A]
(4) ① 10[mm^2]
② 16[호]
(5) ① 1.51[kVA]
② 100[μF]
(6) 30[A]

문제 03 산업 90년, 99년, 13년 출제 배점 : 14점

전동기 M_1 ~M_2의 사양이 주어진 조건과 같고 이것을 그림과 같이 배치하여 금속관공사로 시설하고자 한다. 간선 및 분기회로의 설계에 필요한 자료를 주어진 표를 이용하여 각 물음에 답하시오. (단, 공사방법은 B1, XLPE 절연전선을 사용한다.)

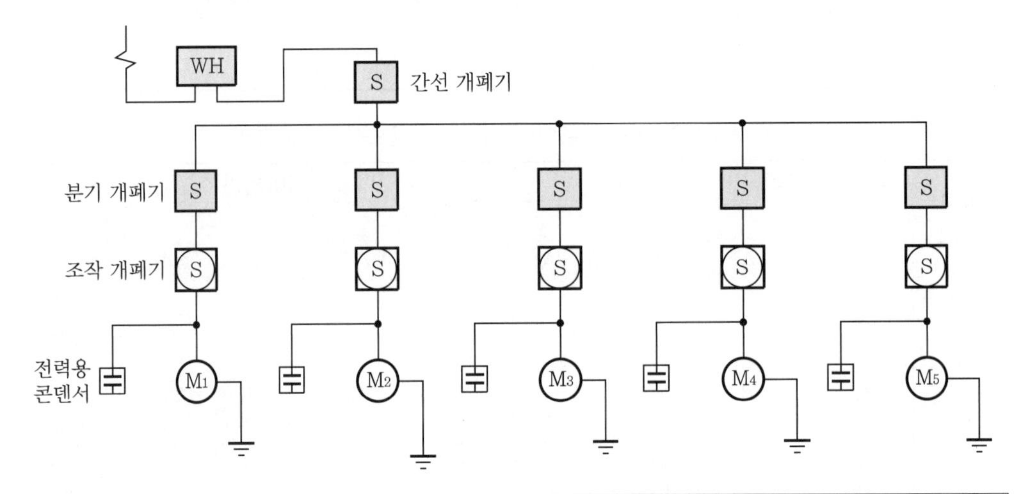

[조건]
- M_1 : 3상 200[V] 0.75[kW] 농형 유도전동기 (직입 기동)
- M_2 : 3상 200[V] 3.7[kW] 농형 유도전동기 (직입 기동)
- M_3 : 3상 200[V] 5.5[kW] 농형 유도전동기 (직입 기동)
- M_4 : 3상 200[V] 15[kW] 농형 유도전동기 (Y-△ 기동)
- M_5 : 3상 200[V] 30[kW] 농형 유도전동기 (기동보상기 기동)

(1) 각 전동기 분기회로의 설계에 필요한 자료를 답란에 기입하시오.

구 분		M_1	M_2	M_3	M_4	M_5
규약전류[A]						
전선	최소 굵기[mm^2]					
개폐기 용량[A]	분기					
	현장조작					
과전류보호기[A]	분기					
	현장조작					
초과눈금 전류계[A]						
접지선의 굵기[mm^2]						
금속관의 굵기[mm]						
콘덴서 용량[μF]						

(2) 간선의 설계에 필요한 자료를 답란에 기입하시오.

전선 최소 굵기 [mm^2]	개폐기 용량 [A]	과전류보호기 용량 [A]	금속관의 굵기 [mm]

▌표 1 ▌후강전선관 굵기의 선정

도체 단면적 [mm^2]	전선 본수									
	1	2	3	4	5	6	7	8	9	10
	전선관의 최소 굵기[mm]									
2.5	16	16	16	16	22	22	22	28	28	28
4	16	16	16	22	22	22	28	28	28	28
6	16	16	22	22	22	28	28	28	36	36
10	16	22	22	28	28	36	36	36	36	36
16	16	22	28	28	36	36	36	42	42	42
25	22	28	28	36	36	42	54	54	54	54
35	22	28	36	42	54	54	54	70	70	70
50	22	36	54	54	70	70	70	82	82	82
70	28	42	54	54	70	70	70	82	82	82
95	28	54	54	70	70	82	82	92	92	104
120	36	54	54	70	70	82	82	92		
150	36	70	70	82	92	92	104	104		
185	36	70	70	82	92	104				
240	42	82	82	92	104					

[비고] 1. 전선 1본수는 접지선 및 직류회로의 전선에도 적용한다.
2. 이 표는 실험 결과와 경험을 기초로 하여 결정한 것이다.
3. 이 표는 KS C IEC 60227-3의 450/750[V] 일반용 단심 비닐 절연전선을 기준한 것이다.

‖ 표 2 ‖ 콘덴서 설치용량 기준표(200[V], 380[V], 3상 유도전동기)

정격출력 [kW]	설치하는 콘덴서 용량(90[%]까지)					
	200[V]		380[V]		440[V]	
	[μF]	[kVA]	[μF]	[kVA]	[μF]	[kVA]
0.2	15	0.2262	–	–		
0.4	20	0.3016	–	–		
0.75	30	0.4524	–	–		
1.5	50	0.754	10	0.544	10	0.729
2.2	75	1.131	15	0.816	15	1.095
3.7	100	1.508	20	1.088	20	1.459
5.5	175	2.639	50	2.720	40	2.919
7.5	200	3.016	75	4.080	40	2.919
11	300	4.524	100	5.441	75	5.474
15	400	6.032	100	5.441	75	5.474
22	500	7.54	150	8.161	100	7.299
30	800	12.064	200	10.882	175	12.744
37	900	13.572	250	13.602	200	14.598

[비고] 1. 200[V]용과 380[V]용은 전기공급약관 시행세칙에 의함
2. 440[V]용은 계산하여 제시한 값으로 참고용임
3. 콘덴서가 일부 설치되어 있는 경우는 무효전력(kVar) 또는 용량([kVA] 또는 [μF])의 합계를 뺀 값을 설치하면 된다.

‖ 표 3 ‖ 200[V] 3상 유도전동기의 간선의 전선 굵기 및 기구의 용량(B종 퓨즈의 경우)

전동기 [kW] 수의 총계 [kW] 이하	최대 사용 전류 [A] 이하	배선종류에 의한 간선의 최소 굵기[mm²]						직입 기동 전동기 중 최대 용량의 것									
		공사방법 A1		공사방법 B1		공사방법 C		0.75 이하	1.5	2.2	3.7	5.5	7.5	11	15	18.5	22
		3개선		3개선		3개선		기동기 사용 전동기 중 최대 용량의 것									
								–	–	–	5.5	7.5	11 15	18.5 22	–	30 37	–
		PVC	XLPE, EPR	PVC	XLPE, EPR	PVC	XLPE, EPR	과전기 차단기[A]·········(칸 위 숫자) 개폐기 용량[A]·········(칸 아래 숫자)									
3	15	2.5	2.5	2.5	2.5	2.5	2.5	15 30	20 30	30 30	–	–	–	–	–	–	–
4.5	20	4	2.5	2.5	2.5	2.5	2.5	20 30	20 30	30 30	50 60	–	–	–	–	–	–
6.3	30	6	4	6	4	4	2.5	30 30	30 30	50 60	50 60	75 100	–	–	–	–	–
8.2	40	10	6	10	6	6	4	50 60	50 60	50 60	75 100	75 100	100 100	–	–	–	–
12	50	16	10	10	10	10	6	50 60	50 60	50 60	75 100	75 100	100 100	150 200	–	–	–

전동기 [kW] 수의 총계 [kW] 이하	최대 사용 전류 [A] 이하	배선종류에 의한 간선의 최소 굵기[mm^2]						직입 기동 전동기 중 최대 용량의 것									
		공사방법 A1		공사방법 B1		공사방법 C		0.75 이하	1.5	2.2	3.7	5.5	7.5	11	15	18.5	22
		3개선		3개선		3개선		기동기 사용 전동기 중 최대 용량의 것									
								–	–	–	5.5	7.5	11 15	18.5 22	–	30 37	–
		PVC	XLPE, EPR	PVC	XLPE, EPR	PVC	XLPE, EPR	과전기 차단기[A]·········(칸 위 숫자) 개폐기 용량[A]·········(칸 아래 숫자)									
15.7	75	35	25	25	16	16	16	75 100	75 100	75 100	75 100	100 100	100 100	150 200	150 200	–	–
19.5	90	50	25	35	25	25	16	100 100	100 100	100 100	100 100	100 100	150 200	150 200	200 200	200 200	–
23.2	100	50	35	35	25	35	25	100 100	100 100	100 100	100 100	100 100	150 200	150 200	200 200	200 200	200 200
30	125	70	50	50	35	50	35	150 200	150 200	150 200	150 200	150 200	150 200	150 200	200 200	200 200	200 200
37.5	150	95	70	70	50	70	50	150 200	150 200	150 200	150 200	150 200	150 200	150 200	200 200	300 300	300 300
45	175	120	70	95	50	70	50	200 200	200 200	200 200	200 200	200 200	200 200	200 200	200 200	300 300	300 300
52.5	200	150	95	95	70	95	70	200 200	200 200	200 200	200 200	200 200	200 200	200 200	200 200	300 300	300 300
63.7	250	240	150	–	95	120	95	300 300	300 300	300 300	300 300	300 300	300 300	300 300	300 300	300 300	400 400
75	300	300	185	–	120	185	120	300 300	300 300	300 300	300 300	300 300	300 300	300 300	300 300	300 300	400 400
86.2	350	–	240	–	–	240	150	400 400	400 400	400 400	400 400	400 400	400 400	400 400	400 400	400 400	400 400

[비고] 1. 최소 전선 굵기는 1회선에 대한 것임
2. 공사방법 A1은 벽 내의 전선관에 공사한 절연전선 또는 단심케이블, B1은 벽면의 전선관에 공사한 절연전선 또는 단심케이블, 공사방법 C는 벽면에 공사한 단심 또는 다심케이블을 시설하는 경우의 전선 굵기를 표시하였다.
3. 「전동기 중 최대의 것」에는 동시 기동하는 경우를 포함함
4. 과전류차단기의 용량은 해당 조항에 규정되어 있는 범위에서 실용상 거의 최대값을 표시함
5. 과전류차단기의 선정은 최대용량의 정격전류의 3배에 다른 전동기의 정격전류의 합계를 가산한 값 이하를 표시함
6. 고리퓨즈는 300[A] 이하에서 사용하여야 한다.

❙ 표 4 ❙ 200[V] 3상 유도전동기 1대인 경우의 분기회로(B종 퓨즈의 경우)

정격출력 [kW]	전부하전류 [A]	배선종류에 의한 간선의 최소 굵기[mm^2]					
		공사방법 A1		공사방법 B1		공사방법 C	
		3개선		3개선		3개선	
		PVC	XLPE, EPR	PVC	XLPE, EPR	PVC	XLPE, EPR
0.2	1.8	2.5	2.5	2.5	2.5	2.5	2.5
0.4	3.2	2.5	2.5	2.5	2.5	2.5	2.5
0.75	4.8	2.5	2.5	2.5	2.5	2.5	2.5
1.5	8	2.5	2.5	2.5	2.5	2.5	2.5
2.2	11.1	2.5	2.5	2.5	2.5	2.5	2.5
3.7	17.4	2.5	2.5	2.5	2.5	2.5	2.5
5.5	26	6	4	4	2.5	4	2.5
7.5	34	10	6	6	4	6	4
11	48	16	10	10	6	10	6
15	65	25	16	16	10	16	10
18.5	79	35	25	25	16	25	16
22	93	50	25	35	25	25	16
30	124	70	50	50	35	50	35
37	152	95	70	70	50	70	50

정격출력 [kW]	전부하전류 [A]	개폐기 용량[A]				과전류차단기 (B종 퓨즈)[A]				전동기용 초과눈금 전류계의 정격전류 [A]	접지선의 최소 굵기 [mm^2]
		직입 기동		기동기 사용		직입 기동		기동기 사용			
		현장조작	분기	현장조작	분기	현장조작	분기	현장조작	분기		
0.2	1.8	15	15			15	15			3	2.5
0.4	3.2	15	15			15	15			5	2.5
0.75	4.8	15	15			15	15			5	2.5
1.5	8	15	30			15	20			10	4
2.2	11.1	30	30			20	30			15	4
3.7	17.4	30	60			30	50			20	6
5.5	26	60	60	30	60	50	60	30	50	30	6
7.5	34	100	100	60	100	75	100	50	75	30	10
11	48	100	200	100	100	100	150	75	100	60	16
15	65	100	200	100	100	100	150	100	100	60	16
18.5	79	200	200	100	200	150	200	100	150	100	16
22	93	200	200	100	200	150	200	100	150	100	16
30	124	200	400	200	200	200	300	150	200	150	25
37	152	200	400	200	200	200	300	150	200	200	25

[비고] 1. 최소 전선 굵기는 1회선에 대한 것이며, 2회선 이상일 경우는 복수회로 보정계수를 적용하여야 한다.
2. 공사방법 A1은 벽 내의 전선관에 공사한 절연전선 또는 단심케이블, B1은 벽면의 전선관에 공사한 절연전선 또는 단심케이블, C는 벽면에 공사한 단심 또는 다심케이블을 시설하는 경우의 전선 굵기를 표시하였다.
3. 전동기 2대 이상을 동일 회로로 할 경우는 간선의 표를 적용할 것
4. 전동기용 퓨즈 또는 모터브레이커를 사용하는 경우는 전동기의 정격출력에 적합한 것을 사용할 것
5. 과전류차단기의 용량은 해당 조항에 규정되어 있는 범위에서 실용상 거의 최대값을 표시한다.
6. 개폐기 용량이 [kW]로 표시된 것은 이것을 초과하는 정격출력의 전동기에는 사용하지 말 것

답안 (1)

구 분		M_1	M_2	M_3	M_4	M_5
규약전류[A]		4.8	17.4	26	65	124
전선	최소 굵기[mm²]	2.5	2.5	2.5	10	35
개폐기 용량[A]	분기	15	60	60	100	200
	현장조작	15	30	60	100	200
과전류보호기[A]	분기	15	50	60	100	200
	현장조작	15	30	50	100	150
초과눈금 전류계[A]		5	20	30	60	150
접지선의 굵기[mm²]		2.5	6	6	16	25
금속관의 굵기[mm]		16	16	16	36	36
콘덴서 용량[μF]		30	100	175	400	800

(2)

구 분	전선 최소 굵기 [mm²]	개폐기 용량 [A]	과전류보호기 용량[A]	금속관의 굵기 [mm]
간선	95	300	300	54

해설 (2) 전동기 수의 총계 $=0.75+3.7+5.5+15+30$
$=54.95[\text{kW}]$

전류 총계 $=4.8+17.4+26+65+124$
$=237.2[\text{A}]$

따라서, [표 3]에서 전동기[kW]수의 총계 63.7[kW], 250[A]란에서 선정한다.

문제 04 산업 97년 출제

배점 : 6점

3상 200[V] 전동기 부하를 금속관공사로 하여 전동기회로의 간이 설계로 시설코자 한다. 주어진 표를 이용하여 다음을 구하시오. (단, PVC 절연전선을 사용하며 공사방법 B1에 의한다.)

[부하]
- 1.5[kW] 직입 기동 : 8.0[A]
- 3.7[kW] 직입 기동 : 17.4[A]
- 7.5[kW] 기동기 사용 : 34.0[A]
- 3.7[kW] 직입 기동 : 17.4[A]

(1) 간선의 굵기
(2) 과전류차단기 용량
(3) 개폐기 용량

▌표 1▌200[V] 3상 유도전동기의 간선의 굵기 및 기구의 용량

전동기 [kW] 수의 총계 [kW] 이하	최대 사용 전류 [A] 이하	배선종류에 의한 간선의 최소 굵기[mm^2]						직입 기동 전동기 중 최대 용량의 것											
		공사방법 A1		공사방법 B1		공사방법 C		0.75 이하	1.5	2.2	3.7	5.5	7.5	11	15	18.5	22	30	37~55
		3개선		3개선		3개선		기동기 사용 전동기 중 최대 용량의 것											
								-	-	-	5.5	7.5	11 15	18.5 22	-	30 37	-	45	55
		PVC	XLPE, EPR	PVC	XLPE, EPR	PVC	XLPE, EPR	과전기 차단기[A]………(칸 위 숫자) 개폐기 용량[A]………(칸 아래 숫자)											
3	15	2.5	2.5	2.5	2.5	2.5	2.5	15 30	20 30	30 30	-	-	-	-	-	-	-	-	-
4.5	20	4	2.5	2.5	2.5	2.5	2.5	20 30	20 30	30 30	50 60	-	-	-	-	-	-	-	-
6.3	30	6	4	6	4	4	2.5	30 30	30 30	50 60	50 60	75 100	-	-	-	-	-	-	-
8.2	40	10	6	10	6	6	4	50 60	50 60	50 60	75 100	75 100	100 100	-	-	-	-	-	-
12	50	16	10	10	10	10	6	50 60	50 60	50 60	75 100	75 100	100 100	150 200	-	-	-	-	-
15.7	75	35	25	25	16	16	16	75 100	75 100	75 100	75 100	100 100	100 100	150 200	150 200	-	-	-	-
19.5	90	50	25	35	25	25	16	100 100	100 100	100 100	100 100	100 100	150 200	150 200	200 200	200 200	-	-	-
23.2	100	50	35	35	25	35	25	100 100	100 100	100 100	100 100	100 100	150 200	150 200	200 200	200 200	200 200	-	-
30	125	70	50	50	35	50	35	150 200	150 200	150 200	150 200	150 200	150 200	150 200	200 200	200 200	200 200	300 300	-

전동기[kW]수의 총계[kW] 이하	최대 사용 전류[A] 이하	배선종류에 의한 간선의 최소 굵기[mm²]						직입 기동 전동기 중 최대 용량의 것											
		공사방법 A1		공사방법 B1		공사방법 C		0.75 이하	1.5	2.2	3.7	5.5	7.5	11	15	18.5	22	30	37~55
		3개선		3개선		3개선		기동기 사용 전동기 중 최대 용량의 것											
								–	–	–	5.5	7.5	11 15	18.5 22	–	30 37	–	45	55
		PVC	XLPE, EPR	PVC	XLPE, EPR	PVC	XLPE, EPR	과전기 차단기[A]………(칸 위 숫자) 개폐기 용량[A]………(칸 아래 숫자)											
37.5	150	95	70	70	50	70	50	150 200	150 200	150 200	150 200	150 200	150 200	150 200	200 200	300 300	300 300	300 300	300 300
45	175	120	70	95	50	70	50	200 200	200 200	200 200	200 200	200 200	200 200	200 200	200 200	300 300	300 300	400 400	400 400
52.5	200	150	95	95	70	95	70	200 200	200 200	200 200	200 200	200 200	200 200	200 200	200 200	300 300	300 300	400 400	500 600
63.7	250	240	150	–	95	120	95	300 300	300 300	300 300	300 300	300 300	300 300	300 300	300 300	300 300	400 400	400 400	500 600
75	300	300	185	–	120	185	120	300 300	300 300	300 300	300 300	300 300	300 300	300 300	300 300	300 300	400 400	400 400	500 600
86.2	350	–	240	–	–	240	150	400 400	400 400	400 400	400 400	400 400	400 400	400 400	400 400	400 400	400 400	400 400	600 600

▌표 2▌각종 전등의 특성

(A) 백열등

형 식	종 별	유리구의 지름 (표준치) [mm]	길이 [mm]	베이스	초기 특성			50[%] 수명에서의 효율 [lm/W]	수명 [h]
					소비 전력 [W]	광속 [lm]	효율 [lm/W]		
L100[V] 10[W]	진공 단코일	55	101 이하	E26/25	10±0.5	76±8	7.6±0.6	6.5 이상	1,500
L100[V] 20[W]	진공 단코일	55	101 〃	E26/25	20±1.0	175±20	8.7±0.7	7.3 〃	1,500
L100[V] 30[W]	가스입단코일	55	108 〃	E26/25	30±1.5	290±30	9.7±0.8	8.8 〃	1,000
L100[V] 40[W]	가스입단코일	55	108 〃	E26/25	40±2.0	440±45	11.0±0.9	10.0 〃	1,000
L100[V] 60[W]	가스입단코일	50	114 〃	E26/25	60±3.0	760±75	12.6±1.0	11.5 〃	1,000
L100[V] 100[W]	가스입단코일	70	140 〃	E26/25	100±5.0	1,500±150	15.0±1.2	13.5 〃	1,000
L100[V] 150[W]	가스입단코일	80	170 〃	E26/25	150±7.5	2,450±250	16.4±1.3	14.8 〃	1,000
L150[V] 200[W]	가스입단코일	80	180 〃	E26/25	200±10	3,450±350	17.3±1.4	15.3 〃	1,000
L100[V] 300[W]	가스입단코일	95	220 〃	E39/41	300±15	5,550±550	18.3±1.5	15.8 〃	1,000
L100[V] 500[W]	가스입단코일	110	240 〃	E39/41	500±25	9,900±990	19.7±1.6	16.9 〃	1,000
L100[V] 1,000[W]	가스입단코일	165	332 〃	E39/41	1,000±50	21,000±2,100	21.0±1.7	17.4 〃	1,000
Ld100[V] 30[W]	가스입이중코일	55	108 〃	E26/25	30±1.5	330±35	11.1±0.9	10.1 〃	1,000
Ld100[V] 40[W]	가스입이중코일	55	108 〃	E26/25	40±2.0	500±50	12.4±1.0	11.3 〃	1,000
Ld100[V] 50[W]	가스입이중코일	60	114 〃	E26/25	50±2.5	660±65	13.2±1.1	12.0 〃	1,000
Ld100[V] 60[W]	가스입이중코일	60	114 〃	E26/25	60±3.0	830±85	13.0±1.1	12.7 〃	1,000
Ld100[V] 75[W]	가스입이중코일	60	117 〃	E26/25	75±4.0	1,100±110	14.7±1.2	13.2 〃	1,000
Ld100[V] 100[W]	가스입이중코일	65 또는 67	128 〃	E26/25	100±5.0	1,570±160	15.7±1.3	14.1 〃	1,000

답안 (1) 35[mm^2]

(2) 100[A]

(3) 100[A]

해설 전동기 [kW] 수의 총계 = 1.5 + 3.7 + 7.5 + 3.7 = 16.4[kW]이므로 19.5[kW]란에서 찾는다.

(2) 기동기 사용 전동기 중 최대 용량의 것 7.5[kW]란과 교차하는 곳에서 100[A] 선정

(3) 기동기 사용 전동기 중 최대 용량의 것 7.5[kW]란과 교차하는 곳에서 100[A] 선정

문제 05 산업 86년, 95년, 14년 출제

배점 : 12점

다음 그림은 농형 유도전동기를 공사방법 B1, XLPE 절연전선을 사용하여 시설한 것이다. 도면을 충분히 이해한 다음 [참고자료]를 이용하여 다음 각 물음에 답하시오. (단, 전동기 4대의 용량은 다음과 같다.)

- 3상 200[V] 7.5[kW] – 직접 기동
- 3상 200[V] 15[kW] – 기동기 사용
- 3상 200[V] 0.75[kW] – 직접 기동
- 3상 200[V] 3.7[kW] – 직접 기동

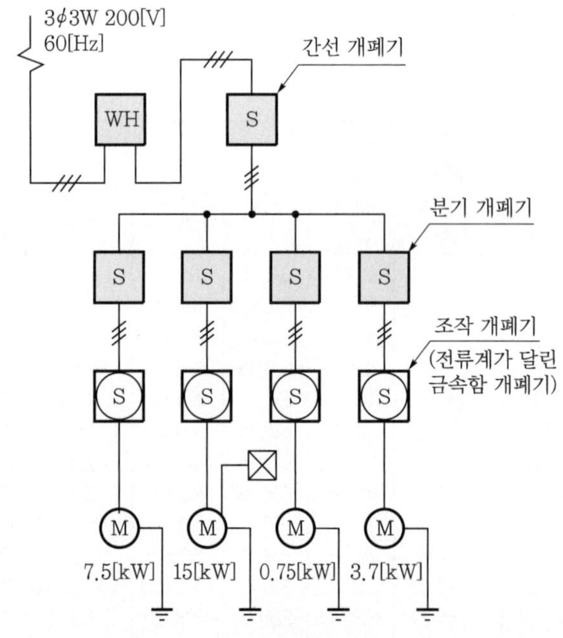

(1) 간선의 최소 굵기[mm^2] 및 간선 금속관의 최소 굵기[호]는?

(2) 간선의 과전류차단기 용량[A] 및 간선의 개폐기 용량[A]은?

(3) 7.5[kW] 전동기의 분기회로에 대한 다음을 구하시오.

① 개폐기 용량

- 분기[A]
- 조작[A]

② 과전류차단기 용량
- 분기[A]
- 조작[A]

③ 접지선 굵기[mm^2]
④ 초과눈금 전류계[A]
⑤ 금속관의 최소 굵기[호]

[참고자료]

▌표 1▌3상 유도전동기의 규약 전류값

출 력		전류[A]		출 력		전류[A]	
[kW]	환산[HP]	200[V]용	400[V]용	[kW]	환산[HP]	200[V]용	400[V]용
0.2	1/4	1.8	0.9	18.5	25	79	39
0.4	1/2	3.2	1.6	22	30	93	46
0.75	1	4.8	4.0	30	40	124	62
1.5	2	8.0	4.0	37	50	151	75
2.2	3	11.1	5.5	45	60	180	90
3.7	5	17.4	8.7	55	75	225	112
5.5	7.5	26	13	75	100	300	150
7.5	10	34	17	110	150	435	220
11	15	48	24	150	200	570	285
15	20	65	32				

[주] 사용하는 회로의 표준전압이 220[V]나 440[V]이면 200[V] 또는 400[V]일 때의 각각 0.9배로 한다.

▌표 2▌200[V] 3상 유도전동기 1대인 경우의 분기회로(B종 퓨즈의 경우)

정격 출력 [kW]	전부하 전류 [A]	배선종류에 의한 간선의 최소 굵기[mm^2]					
		공사방법 A1		공사방법 B1		공사방법 C	
		3개선		3개선		3개선	
		PVC	XLPE, EPR	PVC	XLPE, EPR	PVC	XLPE, EPR
0.2	1.8	2.5	2.5	2.5	2.5	2.5	2.5
0.4	3.2	2.5	2.5	2.5	2.5	2.5	2.5
0.75	4.8	2.5	2.5	2.5	2.5	2.5	2.5
1.5	8	2.5	2.5	2.5	2.5	2.5	2.5
2.2	11.1	2.5	2.5	2.5	2.5	2.5	2.5
3.7	17.4	2.5	2.5	2.5	2.5	2.5	2.5
5.5	26	6	4	4	2.5	4	2.5
7.5	34	10	6	6	4	6	4
11	48	16	10	10	6	10	6
15	65	25	16	16	10	16	10
18.5	79	35	25	25	16	25	16
22	93	50	25	35	25	25	16
30	124	70	50	50	35	50	35
37	152	95	70	70	50	70	50

정격 출력 [kW]	전부하 전류 [A]	개폐기 용량[A]				과전류차단기 (B종 퓨즈)[A]				전동기용 초과눈금 전류계의 정격전류 [A]	접지선의 최소 굵기 [mm²]
		직입 기동		기동기 사용		직입 기동		기동기 사용			
		현장 조작	분기	현장 조작	분기	현장 조작	분기	현장 조작	분기		
0.2	1.8	15	15			15	15			3	2.5
0.4	3.2	15	15			15	15			5	2.5
0.75	4.8	15	15			15	15			5	2.5
1.5	8	15	30			15	20			10	4
2.2	11.1	30	30			20	30			15	4
3.7	17.4	30	60			30	50			20	6
5.5	26	60	60	30	60	50	60	30	50	30	6
7.5	34	100	100	60	100	75	100	50	75	30	10
11	48	100	200	100	100	100	150	75	100	60	16
15	65	100	200	100	100	100	150	100	100	60	16
18.5	79	200	200	100	200	150	200	100	150	100	16
22	93	200	200	100	200	150	200	100	150	100	16
30	124	200	400	200	200	200	300	150	200	150	25
37	152	200	400	200	200	200	300	150	200	200	25

▎표 3▎후강전선관 굵기의 선정

도체 단면적 [mm²]	전선 본수									
	1	2	3	4	5	6	7	8	9	10
	전선관의 최소 굵기[호]									
2.5	16	16	16	16	22	22	22	28	28	28
4	16	16	16	22	22	22	28	28	28	28
6	16	16	22	22	22	28	28	28	36	36
10	16	22	22	28	28	36	36	36	36	36
16	16	22	28	28	36	36	36	42	42	42
25	22	28	28	36	36	42	54	54	54	54
35	22	28	36	42	54	54	54	70	70	70
50	22	36	54	54	70	70	70	82	82	82
70	28	42	54	54	70	70	70	82	82	82
95	28	54	54	70	70	82	82	92	92	104
120	36	54	54	70	70	82	82	92		
150	36	70	70	82	92	92	104	104		
185	36	70	70	82	92	104				
240	42	82	82	92	104					

답안 (1) • 간선의 최소 굵기 : 35[mm²]
• 간선 금속관의 최소 굵기 : 36[호]

(2) • 간선의 과전류차단기 용량 : 150[A]
• 간선의 개폐기 용량 : 200[A]

(3) ① 개폐기 용량
• 분기 : 100[A]
• 조작 : 100[A]

② 과전류차단기 용량
- 분기 : 100[A]
- 조작 : 75[A]

③ $10[mm^2]$

④ 30[A]

⑤ 16[호]

문제 06 산업 97년, 00년 출제

배점 : 12점

그림의 적산 전력계에서 간선 개폐기까지의 거리는 10[m]이고, 간선 개폐기에서 전동기, 전열기, 전등까지의 분기회로의 거리를 각각 20[m]라 한다. 간선과 분기선의 전압강하를 각각 2[V]로 할 때 부하전류를 계산하고, 표를 이용하여 전선의 굵기를 구하시오. (단, 모든 역률은 1로 가정한다.)

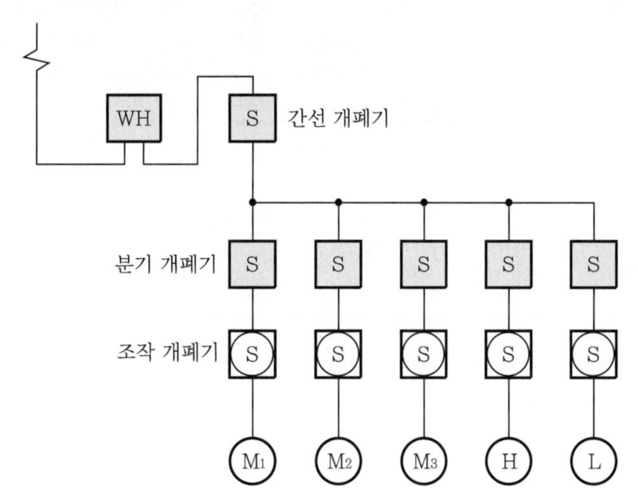

[조건]
- M_1 : 380[V] 3상 전동기 10[kW]
- M_2 : 380[V] 3상 전동기 15[kW]
- M_3 : 380[V] 3상 전동기 20[kW]
- H : 220[V] 단상 전열기 3[kW]
- L : 220[V] 형광등 40[W]×2등용, 10개

| 표 | 전선 최대 길이(3상 4선식, 전압강하 3.8[V])

전류 [A]	전선의 굵기[mm^2]												
	2.5	4	6	10	16	25	35	50	95	150	185	240	300
	전선 최대 길이[m]												
1	534	854	1,281	2,135	3,416	5,337	7,472	10,674	20,281	32,022	39,494	51,236	64,045
2	267	427	640	1,067	1,708	2,669	3,736	5,337	10,140	16,011	19,747	25,618	32,022
3	178	285	427	712	1,139	1,779	2,491	3,558	6,760	10,674	13,165	17,079	21,348
4	133	213	320	534	854	1,334	1,868	2,669	5,070	8,006	9,874	12,809	16,011
5	107	171	256	427	683	1,067	1,494	2,135	4,056	6,404	7,899	10,247	12,809
6	89	142	213	356	569	890	1,245	1,779	3,380	5,337	6,582	8,539	10,674
7	76	122	183	305	488	762	1,067	1,525	2,897	4,575	5,642	7,319	9,149
8	67	107	160	267	427	667	934	1,335	2,535	4,003	4,937	6,404	8,006
9	59	95	142	237	380	593	830	1,186	2,253	3,558	4,388	5,693	7,116
12	44	71	107	178	285	445	623	890	1,690	2,669	3,291	4,270	5,337
14	38	61	91	152	244	381	534	762	1,449	2,287	2,821	3,660	4,575
15	36	57	85	142	228	356	498	712	1,352	2,135	2,633	3,416	4,270
16	33	53	80	133	213	334	467	667	1,268	2,001	2,468	3,202	4,003
18	30	47	71	119	190	297	415	593	1,127	1,779	2,194	2,846	3,558
25	21	34	51	85	137	213	299	427	811	1,281	1,580	2,049	2,562
35	15	24	37	61	98	152	213	305	579	915	1,128	1,464	1,830
45	12	19	28	47	76	119	166	237	451	712	878	1,139	1,423

[비고] 1. 전압강하가 2[%] 또는 3[%]의 경우, 전선길이는 각각 이 표의 2배 또는 3배가 된다. 다른 경우에도 이 예에 따른다.
2. 전류가 20[A] 또는 200[A] 경우의 전선길이는 각각 이 표 전류 2[A] 경우의 1/10 또는 1/100이 된다.
3. 이 표는 평형부하의 경우에 대한 것이다.
4. 이 표는 역률 1로 하여 계산한 것이다.

답안 (1) 각 부하전류를 구하면 다음과 같다.

$$I_{M1} = \frac{10}{\sqrt{3} \times 0.38} = 15.19[A]$$

$$I_{M2} = \frac{15}{\sqrt{3} \times 0.38} = 22.79[A]$$

$$I_{M3} = \frac{20}{\sqrt{3} \times 0.38} = 30.39[A]$$

$$I_H = \frac{3,000}{220} = 13.64[A]$$

$$I_L = \frac{(40 \times 2) \times 10}{220} = 3.64[A]$$

간선에 흐르는 전류는 $15.19 + 22.79 + 30.39 + 13.64 + 3.64 = 85.65[A]$

따라서, 전선의 최대 긍장

$$L = \frac{\text{배선설계의 긍장} \times \dfrac{\text{부하의 최대사용전류}}{\text{표의 전류}}}{\dfrac{\text{배선설계의 전압강하}}{\text{표의 전압강하}}} = \frac{10 \times \dfrac{85.65}{1}}{\dfrac{2}{3.8}} = 1,627.35[m]$$

간선의 굵기는 [표]에 의해서 전류 1[A]에서 1,627.35[m]를 초과하는 10[mm^2]가 된다.

(2) 분기회로의 전선 굵기

$$L_{M1} = \frac{20 \times \frac{15.19}{1}}{\frac{2}{3.8}} = 577.22[\text{m}] \rightarrow 4[\text{mm}^2]$$

$$L_{M2} = \frac{20 \times \frac{22.79}{1}}{\frac{2}{3.8}} = 866.02[\text{m}] \rightarrow 6[\text{mm}^2]$$

$$L_{M3} = \frac{20 \times \frac{30.39}{1}}{\frac{2}{3.8}} = 1,154.82[\text{m}] \rightarrow 6[\text{mm}^2]$$

$$L_{H} = \frac{20 \times \frac{13.64}{1}}{\frac{2}{3.8}} = 518.32[\text{m}] \rightarrow 2.5[\text{mm}^2]$$

$$L_{L} = \frac{20 \times \frac{3.64}{1}}{\frac{2}{3.8}} = 138.32[\text{m}] \rightarrow 2.5[\text{mm}^2]$$

문제 07

산업 94년, 99년, 04년 출제

배점 : 12점

200[V] 3상 유도전동기 부하에 전력을 공급하는 저압간선의 최소 굵기를 구하고자 한다. 전동기의 종류가 다음과 같을 때 200[V] 3상 유도전동기 간선의 굵기 및 기구의 용량표를 이용하여 각 물음에 답하시오. (단, 전선은 PVC 절연전선으로서 공사방법은 B1에 준한다.)

[부하]
- 0.75[kW]×1대 직입 기동 전동기
- 1.5[kW]×1대 직입 기동 전동기
- 3.7[kW]×1대 직입 기동 전동기
- 3.7[kW]×1대 직입 기동 전동기

(1) 간선배선을 금속관 배선으로 할 때 간선의 최소 굵기는 구리도체 전선 사용의 경우 얼마인가?
(2) 과전류차단기의 용량은 몇 [A]를 사용하는가?
(3) 주개폐기 용량은 몇 [A]를 사용하는가?

▌표 1▌200[V] 3상 유도전동기의 간선의 굵기 및 기구의 용량

전동기 [kW] 수의 총계 [kW] 이하	최대 사용 전류 [A] 이하	배선종류에 의한 간선의 최소 굵기[mm²]						직입 기동 전동기 중 최대 용량의 것											
		공사방법 A1		공사방법 B1		공사방법 C		0.75 이하	1.5	2.2	3.7	5.5	7.5	11	15	18.5	22	30	37~55
		3개선		3개선		3개선		기동기 사용 전동기 중 최대 용량의 것											
								–	–	–	5.5	7.5	11 15	18.5 22	–	30 37	–	45	55
		PVC	XLPE, EPR	PVC	XLPE, EPR	PVC	XLPE, EPR	과전기 차단기[A]·········(칸 위 숫자) 개폐기 용량[A]·········(칸 아래 숫자)											
3	15	2.5	2.5	2.5	2.5	2.5	2.5	15 30	20 30	30 30	–	–	–	–	–	–	–	–	–
4.5	20	4	2.5	2.5	2.5	2.5	2.5	20 30	20 30	30 30	50 60	–	–	–	–	–	–	–	–
6.3	30	6	4	6	4	4	2.5	30 30	30 30	50 60	50 60	75 100	–	–	–	–	–	–	–
8.2	40	10	6	10	6	6	4	50 60	50 60	50 60	75 100	75 100	100 100	–	–	–	–	–	–
12	50	16	10	10	10	10	6	50 60	50 60	50 60	75 100	75 100	100 100	150 200	–	–	–	–	–
15.7	75	35	25	25	16	16	16	75 100	75 100	75 100	75 100	100 100	100 100	150 200	150 200	–	–	–	–
19.5	90	50	25	35	25	25	16	100 100	100 100	100 100	100 100	100 100	150 200	150 200	200 200	200 200	–	–	–
23.2	100	50	35	35	25	35	25	100 100	100 100	100 100	100 100	100 100	150 200	150 200	200 200	200 200	200 200	–	–
30	125	70	50	50	35	50	35	150 200	150 200	150 200	150 200	150 200	150 200	150 200	200 200	200 200	200 200	300 300	–
37.5	150	95	70	70	50	70	50	150 200	150 200	150 200	150 200	150 200	150 200	150 200	200 200	300 300	300 300	300 300	300 300
45	175	120	70	95	50	70	50	200 200	200 200	200 200	200 200	200 200	200 200	200 200	200 200	300 300	300 300	400 400	400 400
52.5	200	150	95	95	70	95	70	200 200	200 200	200 200	200 200	200 200	200 200	200 200	200 200	300 300	300 300	400 400	500 600
63.7	250	240	150	–	95	120	95	300 300	300 300	300 300	300 300	300 300	300 300	300 300	300 300	300 300	400 400	400 400	500 600
75	300	300	185	–	120	185	120	300 300	300 300	300 300	300 300	300 300	300 300	300 300	300 300	300 300	400 400	400 400	500 600
86.2	350	–	240	–	–	240	150	400 400	400 400	400 400	400 400	400 400	400 400	400 400	400 400	400 400	400 400	400 400	600 600

답안 (1) 10[mm^2]

(2) 75[A]

(3) 100[A]

해설 전동기 [kW] 수의 총계

$P = 0.75 + 1.5 + 3.7 + 3.7$

$= 9.65[kW]$

표의 12[kW]란에서 직입 기동 전동기 중 최대 용량의 것을 3.7[kW]란에서 찾으면 된다.

문제 08 산업 93년, 01년 출제

배점 : 5점

다음과 같은 단상 2선식 회로의 전선(동선)의 굵기를 표를 이용하여 구하시오. (단, 배선설계의 길이는 50[m], 부하의 최대 사용전류는 200[A], 배선설계의 전압강하는 6[V]로 한다.)

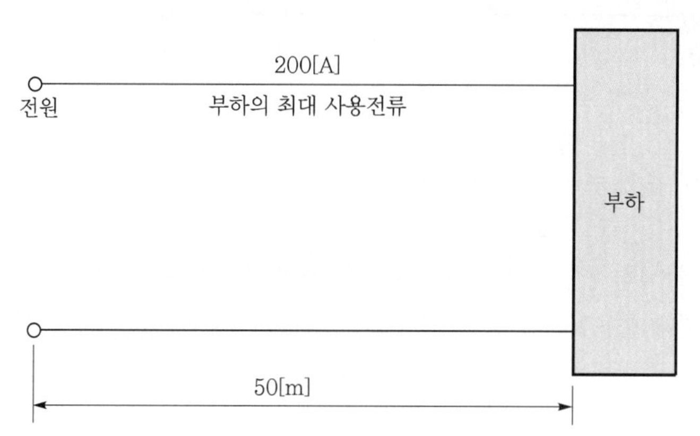

[참고자료]

▌전선 최대 긍장(단상 2선식 전압강하 2.2[V]) ▌

전류[A]	전선의 굵기[mm^2]												
	2.5	4	6	10	16	25	35	50	95	150	185	240	300
	전선 최대 길이[m]												
1	154	247	371	618	989	1,545	2,163	3,090	5,871	9,270	11,433	14,831	18,539
2	77	124	185	309	494	772	1,081	1,545	2,935	4,635	5,716	7,416	9,270
3	51	82	124	206	330	515	721	1,030	1,957	3,090	3,811	4,944	6,180
4	39	62	93	154	247	386	541	772	1,468	2,317	2,858	3,708	4,635
5	31	49	74	124	198	309	433	618	1,174	1,854	2,287	2,966	3,708
6	26	41	62	103	165	257	360	515	978	1,545	1,905	2,472	3,090
7	22	35	53	88	141	221	309	441	839	1,324	1,633	2,119	2,648
8	19	31	46	77	124	193	270	386	734	1,159	1,429	1,854	2,317

전류[A]	전선의 굵기[mm²]												
	2.5	4	6	10	16	25	35	50	95	150	185	240	300
	전선 최대 길이[m]												
9	17	27	41	69	110	172	240	343	652	1,030	1,270	1,648	2,060
12	13	21	31	51	82	129	180	257	489	772	953	1,236	1,545
14	11	18	26	44	71	110	154	221	419	662	817	1,059	1,324
15	10	16	25	41	66	103	144	206	391	618	762	989	1,236
16	9.7	15	23	39	62	97	135	193	367	579	715	927	1,159
18	8.6	14	21	34	55	86	120	172	326	515	635	824	1,030
25	6.2	10	15	25	40	62	87	124	235	371	457	593	742
35	4.4	7.1	11	18	28	44	62	88	168	265	327	424	530
45	3.4	5.5	8.2	14	22	34	48	69	130	187	254	330	412

[비고] 1. 전압강하가 2[%] 또는 3[%]의 경우, 전선 길이는 각각 이 표의 2배 또는 3배가 된다. 다른 경우에도 이 예에 따른다.
2. 전류가 20[A] 또는 200[A] 경우의 전선 길이는 각각 이 표의 전류 2[A] 경우의 1/10 또는 1/100이 된다.
3. 이 표는 역률 1로 하여 계산한 것이다.

답안 $95[\text{mm}^2]$

해설

$$\text{전선 최대 길이} = \frac{50 \times \frac{200}{2}}{\frac{6}{2.2}} = 1,833.33[\text{m}]$$

따라서, 2[A]란에서 전선의 최대 길이가 1,833.33[m]를 초과하는 $95[\text{mm}^2]$ 전선 선정

부하의 최대 사용전류가 200[A]이므로 표의 전류에서는 $\frac{1}{100}$배 하여 2[A]란에서 찾아야 한다. (표의 전류 1[A]로 하면 $L = 3,666.67[\text{m}]$ → 상위 5,871[m] → $95[\text{mm}^2]$)

문제 09 산업 99년 출제

배점 : 7점

$290[\text{m}^2]$의 건평을 가지는 주택이 있다. 주어진 표를 이용하여 다음 각 물음에 답하시오.

(1) 이 주택에 전력을 공급할 간선의 최대 사용전류를 계산하시오. (단, 전등 및 소형기계기구의 사용전압은 200[V]라고 가정한다.)
(2) 이 주택에 전력을 공급할 간선의 굵기를 계산하시오. (단, 간선의 선로길이는 40[m]이고, 전압강하는 2[V]로 한다.)

▌표 1▐ 전등 및 소형 전기기구의 설비와 수용률

건물종별	[W/m²]	수용률을 적용할 부하[W]	수용률[%]
일반 창고	2.5	12,500[W] 이하 12,500[W] 초과	100 50
상업용 창고	5	총 와트수	100
교회, 공회당, 병기고	10	총 와트수	100
여관	15	총 와트수	100
호텔	20	20,000[W] 이하 20,001~100,000[W] 이하 100,000[W] 초과	50 40 30
병원	20	50,000[W] 이하 50,000[W] 초과	40 20
식당, 은행, 회의소, 법원, 공장	20	총 와트수	100
학교, 이발관, 미용원, 상점	30	총 와트수	100
주택, 아파트	30	3,000[W] 이하 3,001~120,000[W] 이하 120,000[W] 초과	100 35 25
사무소	50	총 와트수	100
주택, 아파트를 제외한 건물의 집회실, 관람석 현관, 낭하, 변소 작은 창고	 10 2 2.5	각 그 건물의 수용률을 적용한다.	

[주] 1. 단위면적당 부하와 수용은 최소 부하 상태에서 역률 100[%]인 경우의 값이다.
2. 방전등 회로의 시설은 고역률형을 쓰거나 전선 굵기를 증가할 것
3. 주택과 아파트는 각 세대별로 식당, 부엌, 세탁실의 전기기구용으로 3,000[W]를 가산하여 동일 수용률을 적용할 것
4. 병원의 수술실, 호텔의 무용실, 식당 등과 같이 전 전등을 동시에 사용하는 곳은 간선설계에 있어서 수용률 100[%]를 적용한다.
5. 쇼윈도가 있는 상점은 쇼윈도 1[m]당 600[W]씩 가산한다.

▌표 2▐ 전선 최대 길이(단상 2선식 전압강하 2.2[V])

전류[A]	전선의 굵기[mm²]												
	2.5	4	6	10	16	25	35	50	95	150	185	240	300
	전선 최대 길이[m]												
1	154	247	371	618	989	1,545	2,163	3,090	5,871	9,270	11,433	14,831	18,539
2	77	124	185	309	494	772	1,081	1,545	2,935	4,635	5,716	7,416	9,270
3	51	82	124	206	330	515	721	1,030	1,957	3,090	3,811	4,944	6,180
4	39	62	93	154	247	386	541	772	1,468	2,317	2,858	3,708	4,635

전류 [A]	전선의 굵기[mm^2]												
	2.5	4	6	10	16	25	35	50	95	150	185	240	300
	전선 최대 길이[m]												
5	31	49	74	124	198	309	433	618	1,174	1,854	2,287	2,966	3,708
6	26	41	62	103	165	257	360	515	978	1,545	1,905	2,472	3,090
7	22	35	53	88	141	221	309	441	839	1,324	1,633	2,119	2,648
8	19	31	46	77	124	193	270	386	734	1,159	1,429	1,854	2,317
9	17	27	41	69	110	172	240	343	652	1,030	1,270	1,648	2,060
12	13	21	31	51	82	129	180	257	489	772	953	1,236	1,545
14	11	18	26	44	71	110	154	221	419	662	817	1,059	1,324
15	10	16	25	41	66	103	144	206	391	618	762	989	1,236
16	9.7	15	23	39	62	97	135	193	367	579	715	927	1,159
18	8.6	14	21	34	55	86	120	172	326	515	635	824	1,030
25	6.2	10	15	25	40	62	87	124	235	371	457	593	742
35	4.4	7.1	11	18	28	44	62	88	168	265	327	424	530
45	3.4	5.5	8.2	14	22	34	48	69	130	187	254	330	412

[비고] 1. 전압강하가 2[%] 또는 3[%]의 경우, 전선 길이는 각각 이 표의 2배 또는 3배가 된다. 다른 경우에도 이 예에 따른다.
2. 전류가 20[A] 또는 200[A] 경우의 전선 길이는 각각 이 표의 전류 2[A] 경우의 1/10 또는 1/100이 된다.
3. 이 표는 역률 1로 하여 계산한 것이다.

답안 (1) 30.23[A]
(2) 25[mm^2]

해설 (1) $P=290\times 30+3{,}000=11{,}700$[W]
수용률을 적용하면
$3{,}000+(11{,}700-3{,}000)\times 0.35=6{,}045$[W]

$$I=\frac{6{,}045}{200}=30.23\text{[A]}$$

(2) $$L=\frac{40\times\dfrac{30.23}{1}}{\dfrac{2}{2.2}}$$

$=1{,}330.12$[m]

[표 2]의 1[A]란에서 전선 최대 길이가 1,330.12[m]를 초과하는 1,545[m]란의 25[mm^2]를 선정한다.

문제 10 산업 92년, 00년, 03년 출제

배점 : 10점

어떤 수원지의 가압 펌프 모터에 전기를 공급하는 3상 380[V] 용량 50[HP]의 전동기가 있다. 주어진 [조건]과 참고표를 이용하여 다음 각 물음에 답하시오.

[조건]
- 전선은 450/750[V] 일반용 단심 비닐 절연전선을 사용하고, 공사방법은 B1으로 한다.
- 전선을 시설하는 장소의 주위 온도는 55[℃]이다.
- 전동기의 효율은 100[%]라고 가정하며 전압강하는 없는 것으로 본다.
- 전동기의 역률은 0.8이며 전부하전류는 전선허용전류의 80[%]를 초과하지 않는다고 한다.
- 전동기의 기동방식은 직입 기동방식이다.
- 접지선은 동일 전선관에 넣지 않는 것으로 본다.

(1) 이 전동기의 전부하전류는 얼마인가?
- **계산과정 :**
- **답 :**

(2) 사용되는 전선의 온도감소계수는 얼마인가?

(3) 이 전선은 최대 허용전류가 몇 [A]인 것을 사용하여야 하는가?
- **계산과정 :**
- **답 :**

(4) 이 전선의 최소 굵기는 몇 [mm²]인가?

(5) 금속관공사에 의하여 설비한다고 할 때 사용되는 후강전선관의 최소 굵기는 몇 [mm] 인가?

▌표 1 ▌후강전선관 굵기의 선정

도체 단면적 [mm²]	전선 본수									
	1	2	3	4	5	6	7	8	9	10
	전선관의 최소 굵기[호]									
2.5	16	16	16	16	22	22	22	28	28	28
4	16	16	16	22	22	22	28	28	28	28
6	16	16	22	22	22	28	28	28	36	36
10	16	22	22	28	28	36	36	36	36	36
16	16	22	28	28	36	36	36	42	42	42
25	22	28	28	36	36	42	54	54	54	54
35	22	28	36	42	54	54	54	70	70	70
50	22	36	54	54	70	70	70	82	82	82
70	28	42	54	54	70	70	70	82	82	82
95	28	54	54	70	70	82	82	92	92	104
120	36	54	54	70	70	82	82	92		
150	36	70	70	82	92	92	104	104		
185	36	70	70	82	92	104				
240	42	82	82	92	104					

[비고] 1. 전선 1본수는 접지선 및 직류회로의 전선에도 적용한다.
2. 이 표는 실험결과와 경험을 기초로 하여 결정한 것이다.
3. 이 표는 KS C IEC 60227-3의 450/750[V] 일반용 단심 비닐 절연전선을 기준한 것이다.

▎표 2▎공사방법의 허용전류[A]

- PVC 절연
- 3개 부하전선
- 동 또는 알루미늄
- 전선온도 : 70[℃]
- 주위온도
  - 기중 30[℃]
  - 지중 20[℃]

전선의 공칭단면적 [mm²]	공사방법					
	A1	A2	B1	B2	C	D
1	2	3	4	5	6	7
동						
1.5	13.5	13	15.5	15	17.5	18
2.5	18	17.5	21	20	24	24
4	24	23	28	27	32	31
6	31	29	36	34	41	39
10	42	39	50	46	57	52
16	56	52	68	62	76	67
25	73	68	89	80	96	86
35	89	83	110	99	119	103
50	108	99	134	118	144	122
70	136	125	171	149	184	151
95	164	150	207	179	223	179
120	188	172	239	206	259	203
150	216	196	-	-	299	230
185	245	223	-	-	341	258
240	286	261	-	-	403	297
300	328	298	-	-	464	336

▌표 3▐ 주위의 대기온도가 30[℃] 이외인 경우 보정계수

기중 케이블의 허용전류에 적용한다.

주위온도 [℃]	절연체			
	PVC	XLPE 또는 EPR	무기	
			PVC 피복 또는 노출로 접촉할 우려가 있는 것(70[℃])	노출로 접촉할 우려가 없는 것(105[℃])
10	1.22	1.15	1.26	1.14
15	1.17	1.12	1.20	1.11
20	1.12	1.08	1.14	1.07
25	1.06	1.04	1.07	1.04
35	0.94	0.96	0.85	0.96
40	0.87	0.91	0.87	0.92
45	0.79	0.87	0.67	0.88
50	0.71	0.82	0.57	0.84
55	0.61	0.76	0.45	0.80
60	0.50	0.71	–	0.75
65	–	0.65	–	0.70
70	–	0.58	–	0.65
75	–	0.50	–	0.60
80	–	0.41	–	0.54
85	–	–	–	0.47
90	–	–	–	0.40
95	–	–	–	0.32

답안 (1) • 계산과정 : $I = \dfrac{P}{\sqrt{3}\,V\cos\theta}$ 에서

$$I = \frac{50 \times 746}{\sqrt{3} \times 380 \times 0.8} = 70.84[\text{A}]$$

• 답 : 70.84[A]

(2) 0.61

(3) • 계산과정 : $I = \dfrac{70.84 \times 1.1}{0.61 \times 0.8} = 159.68[\text{A}]$

• 답 : 159.68[A]

(4) 70[mm^2]

(5) 54[호]

해설 (2) [표 3]에서 PVC 절연전선의 경우 주위 온도 55[℃]에서의 전류감소계수는 0.61이다.

(4) [표 2]에서 공사방법 B1에서 전선의 허용전류가 159.68[A]를 초과하는 171[A]인 70[mm^2]를 선정한다.

(5) [표 1]에서 70[mm^2] 3가닥을 넣을 경우 전선관의 최소 굵기는 54[호]를 선정한다.

문제 11 산업 96년, 04년 출제

배점 : 8점

전선의 굵기가 다른 NR 4[mm^2] 4본과 6[mm^2] 3본을 동일 전선관에 배선하고자 한다. 이 때 다음 물음에 답하시오.

전선의 굵기	단면적 [mm^2]	보정계수
4[mm^2]	17	2.0
6[mm^2]	21	1.2
10[mm^2]	35	1.2

전선관의 굵기	내 단면적의 32[%]	내 단면적의 48[%]
16	67	101
22	120	180
28	201	301
36	342	513
42	460	690

(1) 전선관의 최소 규격을 구하시오.
(2) 금속관을 구부릴 때 곡률 반지름은 관 안지름의 몇 배 이상이어야 하는가?

답안 (1) 36[호]

(2) 6배

해설 (1) 보정계수를 고려한 총 단면적 $A = 17 \times 4 \times 2 + 21 \times 3 \times 1.2 = 211.6$[mm^2]

표에서 내 단면적의 32[%]란에서 내 단면적이 211.6[mm^2]를 초과하는 342[mm^2]인 36[호]를 선정

문제 12 산업 89년, 95년, 97년, 00년, 03년 출제

배점 : 5점

굵기가 4[mm^2]인 전선 3본과 10[mm^2]인 전선 3본을 동일 전선관 내에 넣을 수 있는 후강전선관의 굵기를 주어진 표를 이용하여 구하시오. (단, 전선관은 내 단면적의 32[%] 이하가 되도록 한다.)

▌표 1 ▌전선(피복 절연물을 포함)의 단면적

도체 단면적[mm^2]	절연체 두께[mm]	평균 완성 바깥지름[mm]	전선의 단면적[mm^2]
1.5	0.7	3.3	9
2.5	0.8	4.0	13
4	0.8	4.6	17
6	0.8	5.2	21
10	1.0	6.7	35
16	1.0	7.8	48
25	1.2	9.7	74
35	1.2	10.9	93
50	1.4	12.8	128

도체 단면적[mm^2]	절연체 두께[mm]	평균 완성 바깥지름[mm]	전선의 단면적[mm^2]
70	1.4	14.6	167
95	1.6	17.1	230
120	1.6	18.8	277
150	1.8	20.9	343
185	2.0	23.3	426
240	2.2	26.6	555
300	2.4	29.6	688
400	2.6	33.2	865

[비고] 1. 전선의 단면적은 평균 완성 바깥지름의 상한값을 환산한 값이다.
2. KS C IEC 60227-3의 450/750[V] 일반용 단심 비닐 절연전선(연선)을 기준한 것이다.

▌표 2▐ 절연전선을 금속관 내에 넣을 경우의 보정계수

도체 단면적[mm^2]	보정계수
2.5, 4	2.0
6, 10	1.2
16 이상	1.0

▌표 3▐ 후강전선관의 내 단면적의 32[%] 및 48[%]

관의 호칭	내 단면적의 32[%][mm^2]	내 단면적의 48[%][mm^2]
16	67	101
22	120	180
28	201	301
36	342	513
42	460	690
54	732	1,098
70	1,216	1,825
82	1,701	2,552
92	2,205	3,308
104	2,843	4,265

답안 [표 1]에서 전선의 단면적

- $4[mm^2]$ 3가닥 : $17 \times 3 = 51[mm^2]$
- $10[mm^2]$ 3가닥 : $35 \times 3 = 105[mm^2]$

[표 2]에서 보정계수를 적용하면

$51 \times 2.0 + 105 \times 1.2 = 228[mm^2]$

[표 3]에서 내 단면적의 32[%]란에서 $228[mm^2]$을 초과하는 $342[mm^2]$란의 36[호]로 선정한다.

문제 13 산업 08년 출제

배점 : 5점

공동주택에 전력량계 1ϕ2W용 35개를 신설, 3ϕ4W용 7개를 사용이 종료되어 신품으로 교체하였다. 소요되는 공구손료 등을 제외한 직접 노무비를 계산하시오. (단, 인공 계산은 소수 셋째자리까지 구하며, 내선전공의 노임은 95,000원이다.)

▌전력량계 및 부속장치 설치▐

(단위 : 대)

종 별	내선전공
전력량계 1ϕ2W용	0.14
전력량계 1ϕ3W용 및 3ϕ3W용	0.21
전력량계 3ϕ4W용	0.32
CT(저고압)	0.40
PT(저고압)	0.40
ZCT(영상변류기)	0.40
현수용 MOF(고압·특고압)	3.00
거치용 MOF(고압·특고압)	2.00
계기함	0.30
특수계기함	0.45
변성기함(저압·고압)	0.60

[해설] 1. 방폭 200[%]
2. 아파트 등 공동주택 및 기타 이와 유사한 동일 장소 내에서 10대를 초과하는 전력량계 설치 시 추가 1대당 해당품의 70[%]
3. 특수계기함은 3종 계기함, 농사용 계기함, 집합 계기함 및 저압 변류기용 계기함 등임
4. 고압변성기함, 현수용 MOF 및 거치용 MOF(설치대 조립품 포함)를 주상설치 시 배전전공 적용
5. 철거 30[%], 재사용 철거 50[%]

답안 642,390[원]

해설 내선전공 : $10\times0.14+(35-10)\times0.14\times0.7+7\times0.32(1+0.3)=6.762$[인]

직접 노무비 : $6.762\times95{,}000=642{,}390$[원]

문제 14 산업 96년, 00년 / 기사 13년 출제

배점 : 7점

어느 빌딩 수용가가 자가용 디젤 발전기 설비를 계획하고 있다. 발전기 용량 산출에 필요한 부하의 종류 및 특성이 다음과 같을 때 주어진 [조건]과 참고자료를 이용하여 전부하를 운전하는 데 필요한 발전기 용량[kVA]을 답안지의 빈칸을 채우면서 선정하시오.

[조건]
- 전동기 기동 시에 필요한 용량은 무시한다.
- 수용률 적용(동력) : 최대 입력 전동기 1대에 대하여 100[%], 2대는 80[%], 전등, 기타는 100[%]를 적용한다.
- 전등, 기타의 역률은 100[%]를 적용한다.

부하의 종류	출력[kW]	극수(극)	대수(대)	적용 부하	기동방법
전동기	37	8	1	소화전펌프	리액터 기동
	22	6	2	급수펌프	〃
	11	6	2	배풍기	Y-△ 기동
	5.5	4	1	배수펌프	직입 기동
전등, 기타	50	-	-	비상조명	-

▌표 1▌저압 특수 농형 2종 전동기(KSC 4202) [개방형 · 반밀폐형]

정격 출력 [kW]	극 수	동기 속도 [rpm]	전부하 특성		기동전류 I_{st} 각 상의 평균값 [A]	비 고		
			효율 η [%]	역률 pf [%]		무부하 전류 I_0 각 상의 전류값 [A]	전부하 전류 I 각 상의 평균값 [A]	전부하 슬립 S[%]
5.5	4	1,800	82.5 이상	79.5 이상	150 이하	12	23	5.5
7.5			83.5 이상	80.5 이상	190 이하	15	31	5.5
11			84.5 이상	81.5 이상	280 이하	22	44	5.5
15			85.5 이상	82.0 이상	370 이하	28	59	5.0
(19)			86.0 이상	82.5 이상	455 이하	33	74	5.0
22			86.5 이상	83.0 이상	540 이하	38	84	5.0
30			87.0 이상	83.5 이상	710 이하	49	113	5.0
37			87.5 이상	84.0 이상	875 이하	59	138	5.0
5.5	6	1,200	82.0 이상	74.5 이상	150 이하	15	25	5.5
7.5			83.0 이상	75.5 이상	185 이하	19	33	5.5
11			84.0 이상	77.0 이상	290 이하	25	47	5.5
15			85.0 이상	78.0 이상	380 이하	32	62	5.5
(19)			85.5 이상	78.5 이상	470 이하	37	78	5.0
22			86.0 이상	79.0 이상	555 이하	43	89	5.0
30			86.5 이상	80.0 이상	730 이하	54	119	5.0
37			87.0 이상	80.0 이상	900 이하	65	145	5.0

정격 출력 [kW]	극 수	동기 속도 [rpm]	전부하 특성		기동전류 I_{st} 각 상의 평균값 [A]	비 고		
			효율 η [%]	역률 pf [%]		무부하 전류 I_0 각 상의 전류값 [A]	전부하 전류 I 각 상의 평균값 [A]	전부하 슬립 S[%]
5.5	8	900	81.0 이상	72.0 이상	160 이하	16	26	6.0
7.5			82.0 이상	74.0 이상	210 이하	20	34	5.5
11			83.5 이상	75.5 이상	300 이하	26	48	5.5
15			84.0 이상	76.5 이상	405 이하	33	64	5.5
(19)			85.0 이상	77.0 이상	485 이하	39	80	5.5
22			85.5 이상	77.5 이상	575 이하	47	91	5.0
30			86.5 이상	78.5 이상	760 이하	56	121	5.0
37			87.0 이상	79.0 이상	940 이하	68	148	5.0

▌표 2▐ 자가용 디젤 표준 출력[kVA]

50	100	150	200	300	400

	효율[%]	역률[%]	입력[kVA]	수용률[%]	수용률 적용값[kVA]
37×1					
22×2					
11×2					
5.5×1					
50					
계					

발전기 용량 :　　　　[kVA]

답안

	효율[%]	역률[%]	입력[kVA]	수용률[%]	수용률 적용값[kVA]
37×1	87	79	$\frac{37}{0.87\times0.79}=53.83$	100	53.83
22×2	86	79	$\frac{22\times2}{0.86\times0.79}=64.76$	80	51.81
11×2	84	77	$\frac{11\times2}{0.84\times0.77}=34.01$	80	27.21
5.5×1	82.5	79.5	$\frac{5.5}{0.825\times0.795}=8.39$	100	8.39
50	100	100	50	100	50
계	–	–	211[kVA]	–	191.24[kVA]

발전기 용량 : 200[kVA]

문제 15 산업 97년, 00년, 04년, 13년 출제

배점 : 12점

도면은 어느 건물의 구내 간선 계통도이다. 주어진 [조건]과 [참고자료]를 이용하여 다음 각 물음에 답하시오.

(1) P_1의 전부하 시 전류를 구하고, 여기에 사용될 배선용 차단기(MCCB)의 규격을 선정하시오.
(2) P_1에 사용될 케이블의 굵기는 몇 [mm^2]인가?
(3) 배전반에 설치된 ACB의 최소 규격을 산정하시오.
(4) 0.6/1[kV] 가교 폴리에틸렌 절연 비닐 시스 케이블의 영문 약호는?

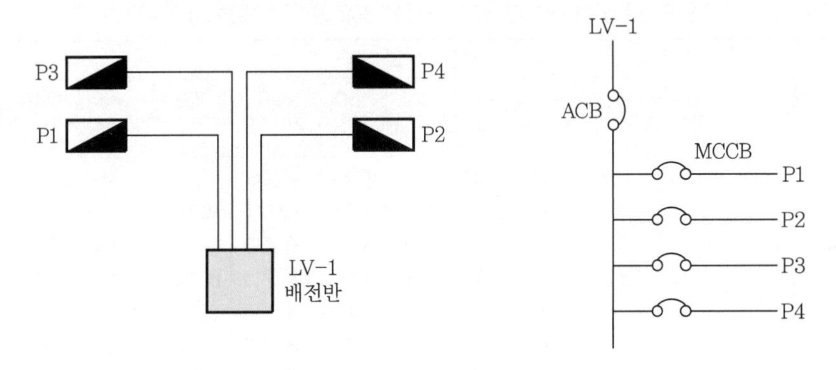

[조건]
- 전압은 380[V]/220[V]이며, 3ϕ4W이다.
- CABLE은 TRAY 배선으로 한다.(공중, 암거 포설)
- 전선은 가교 폴리에틸렌 절연 비닐 외장 케이블이다.
- 허용전압강하는 2[%]이다.
- 분전반 간 부등률은 1.1이다.
- 주어진 조건이나 참고자료의 범위 내에서 가장 적절한 부분을 적용시키도록 한다.
- CABLE 배선거리 및 부하용량은 표와 같다.

분전반	거리[m]	연결 부하[kVA]	수용률[%]
P_1	50	240	65
P_2	80	320	65
P_3	210	180	70
P_4	150	60	70

[참고자료]

▌표 1▌ 배선용 차단기(MCCB)

Frame	100			225			400		
기본 형식	A11	A12	A13	A21	A22	A23	A31	A32	A33
극수	2	3	4	2	3	4	2	3	4
정격전류[A]	60, 75, 100			125, 150, 175, 200, 225			250, 300, 350, 400		

▌표 2▐ 기중 차단기(ACB)

TYPE	G1	G2	G3	G4
정격전류[A]	600	800	1,000	1,250
정격절연전압[V]	1,000	1,000	1,000	1,000
정격사용전압[V]	660	660	660	660
극수	3, 4	3, 4	3, 4	3, 4
과전류 Trip 장치의 정격전류	200, 400, 630	400, 630, 800	630, 800, 1,000	800, 1,000, 1,250

▌표 3▐ 전선 최대길이(3상 3선식 380[V]・전압강하 3.8[V])

전류 [A]	전선의 굵기[mm^2]												
	2.5	4	6	10	16	25	35	50	95	150	185	240	300
	전선 최대 길이[m]												
1	534	854	1,281	2,135	3,416	5,337	7,472	10,674	20,281	32,022	39,494	51,236	64,045
2	267	427	640	1,067	1,708	2,669	3,736	5,337	10,140	16,011	19,747	25,618	32,022
3	178	285	427	712	1,139	1,779	2,491	3,558	6,760	10,674	13,165	17,079	21,348
4	133	213	320	534	854	1,334	1,868	2,669	5,070	8,006	9,874	12,809	16,011
5	107	171	256	427	683	1,067	1,494	2,135	4,056	6,404	7,899	10,247	12,809
6	89	142	213	356	569	890	1,245	1,779	3,380	5,337	6,582	8,539	10,674
7	76	122	183	305	488	762	1,067	1,525	2,897	4,575	5,642	7,319	9,149
8	67	107	160	267	427	667	934	1,334	2,535	4,003	4,937	6,404	8,006
9	59	95	142	237	380	593	830	1,186	2,253	3,558	4,388	5,693	7,116
12	44	71	107	178	285	445	623	890	1,690	2,669	3,291	4,270	5,337
14	38	61	91	152	244	381	534	762	1,449	2,287	2,821	3,660	4,575
15	36	57	85	142	228	356	498	712	1,352	2,135	2,633	3,416	4,270
16	33	53	80	133	213	334	467	667	1,268	2,001	2,468	3,202	4,003
18	30	47	71	119	190	297	415	593	1,127	1,779	2,194	2,846	3,558
25	21	34	51	85	137	213	299	427	811	1,281	1,580	2,049	2,562
35	15	24	37	61	98	152	213	305	579	915	1,128	1,464	1,830
45	12	19	28	47	76	119	166	237	451	712	878	1,139	1,423

[비고] 1. 전압강하가 2[%] 또는 3[%]의 경우, 전선길이는 각각 이 표의 2배 또는 3배가 된다. 다른 경우에도 이 예에 따른다.
2. 전류가 20[A] 또는 200[A] 경우의 전선길이는 각각 이 표 전류 2[A] 경우의 1/10 또는 1/100이 된다.
3. 이 표는 평형부하의 경우에 대한 것이다.
4. 이 표는 역률 1로 하여 계산한 것이다.

답안 (1) • 전부하전류 : 237.02[A]
• 배선용 차단기 규격 : 400[AF]/250[AT]

(2) 35[mm^2]

(3) G2 type 800[A]

(4) CV1

해설

(1) $전부하전류 = \frac{설비용량 \times 수용률}{\sqrt{3} \times 전압} = \frac{(240 \times 10^3) \times 0.65}{\sqrt{3} \times 380} = 237.02[A]$

따라서, MCCB 규격은 [표 1]에 의해서 표준용량을 선정하면 400[AF]의 정격전류 250[A] MCCB를 선정한다.

(2) $배전선\ 긍장 = \frac{50 \times \frac{237.02}{25}}{\frac{380 \times 0.02}{3.8}} = 237.02[m]$

[표 3] 전류 25[A]란에서 전선 최대 길이가 237.02[m]를 초과하는 299[m]란의 전선 35[mm²]를 선정한다.

(3) $I = \frac{(240 \times 0.65 + 320 \times 0.65 + 180 \times 0.7 + 60 \times 0.7)}{\sqrt{3} \times 380 \times 1.1} \times 10^3 = 734.81[A]$

이므로 [표 2]에서 G2 Type의 정격전류 800[A]를 선정한다.

문제 16 산업 16년 출제

배점 : 10점

어떤 인텔리전트 빌딩에 대한 등급별 추정 전원 용량에 대한 다음 표를 이용하여 각 물음에 답하시오.

▌등급별 추정 전원 용량[VA/m²]▐

내용 \ 등급별	0등급	1등급	2등급	3등급
조명	22	22	22	30
콘센트	5	13	5	5
사무자동화(OA)기기	–	2	34	36
일반동력	38	45	45	45
냉방동력	40	43	43	43
사무자동화(OA)동력	–	2	8	8
합계	105	127	157	167

(1) 연면적 10,000[m²]인 인텔리전트 빌딩 2등급인 사무실 빌딩의 전력설비 부하용량을 다음 표에 의하여 구하시오.

부하내용	면적을 적용한 부하용량[kVA]	
	계산과정	부하용량[kVA]
조명		
콘센트		
OA기기		
일반동력		
냉방동력		
OA동력		
합계		

(2) "(1)"에서 조명, 콘센트, 사무자동화기기의 적정 수용률은 0.77, 일반동력 및 사무자동화동력의 적정 수용률은 0.5, 냉방동력의 적정 수용률은 0.9이고, 주변압기 용량의 부등률은 1.3으로 적용한다. 이때 전압방식을 2단 강압방식으로 채택할 경우 변압기의 용량에 따른 변전설비 용량을 산출하시오. (단, 조명, 콘센트, 사무자동화기기를 3상 변압기 1대로, 일반동력 및 사무자동화동력을 3상 변압기 1대로, 냉방동력을 3상 변압기 1대로 구성하고, 상기 부하에 대한 주변압기 1대를 사용하도록 하며, 변압기 용량은 아래 표의 표준용량을 활용하여 선정한다.)

변압기 표준용량[kVA]
10, 15, 20, 30, 50, 75, 100, 150, 200, 300, 500, 750, 1,000

① 조명, 콘센트, 사무자동화기기에 필요한 변압기 용량[kVA] 산정
② 일반동력, 사무자동화동력에 필요한 변압기 용량[kVA] 산정
③ 냉방동력에 필요한 변압기 용량[kVA] 산정
④ 주변압기 용량[kVA] 산정

(3) 주변압기에서부터 각 부하에 이르는 변전설비의 단선 계통도를 간략하게 그리시오.

답안 (1)

부하내용	면적을 적용한 부하용량[kVA]	
	계산과정	부하용량[kVA]
조명	$22\times10{,}000\times10^{-3}=220$[kVA]	220
콘센트	$5\times10{,}000\times10^{-3}=50$[kVA]	50
OA기기	$34\times10{,}000\times10^{-3}=340$[kVA]	340
일반동력	$45\times10{,}000\times10^{-3}=450$[kVA]	450
냉방동력	$43\times10{,}000\times10^{-3}=430$[kVA]	430
OA동력	$8\times10{,}000\times10^{-3}=80$[kVA]	80
합계	$157\times10{,}000\times10^{-3}=1{,}570$[kVA]	1,570

(2) ① 500[kVA]
② 300[kVA]
③ 500[kVA]
④ 1,000[kVA]

(3)

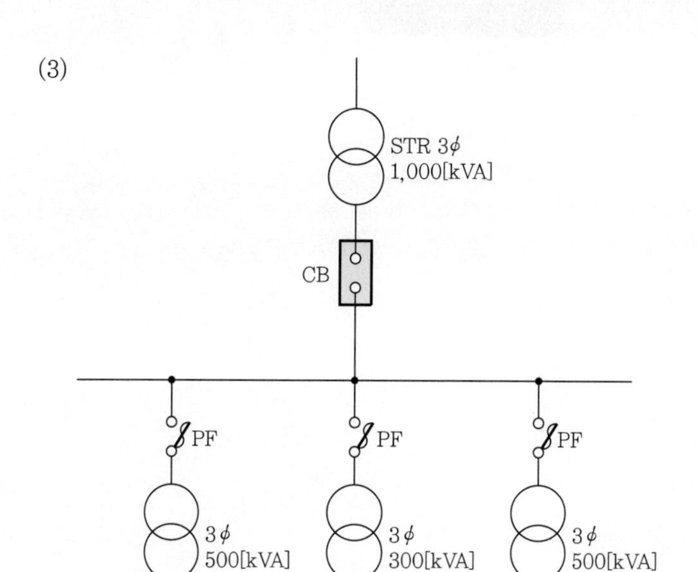

해설 (2) ① 조명, 콘센트, 사무자동화기기에 필요한 변압기 용량[kVA] 산정

$TR_1 = (220+50+340) \times 0.77 = 469.7\,[\text{kVA}]$

∴ 500[kVA] 산정

② 일반동력, 사무자동화동력에 필요한 변압기 용량[kVA] 산정

$TR_2 = (450+80) \times 0.5 = 265\,[\text{kVA}]$

∴ 300[kVA] 산정

③ 냉방동력에 필요한 변압기 용량[kVA] 산정

$TR_3 = 430 \times 0.9 = 387\,[\text{kVA}]$

∴ 500[kVA] 산정

④ 주변압기 용량[kVA] 산정

$$TR = \frac{469.7+265+387}{1.3} = 862.85\,[\text{kVA}]$$

∴ 1,000[kVA] 산정

MEMO

부록

최근 과년도 출제문제

"할 수 있다고 믿는 사람은 그렇게 되고,
할 수 없다고 믿는 사람 역시 그렇게 된다."

– 샤를 드골 –

2020년도 산업기사 제1회 필답형 실기시험

종　목	시험시간	배 점	문제수	형 별
전 기 산 업 기 사	2시간	100	16	A

문제 01

배점 : 14점

도면은 어떤 수용가의 수전설비 단선 결선도이다. 도면과 참고표를 이용하여 다음 각 물음에 답하시오.

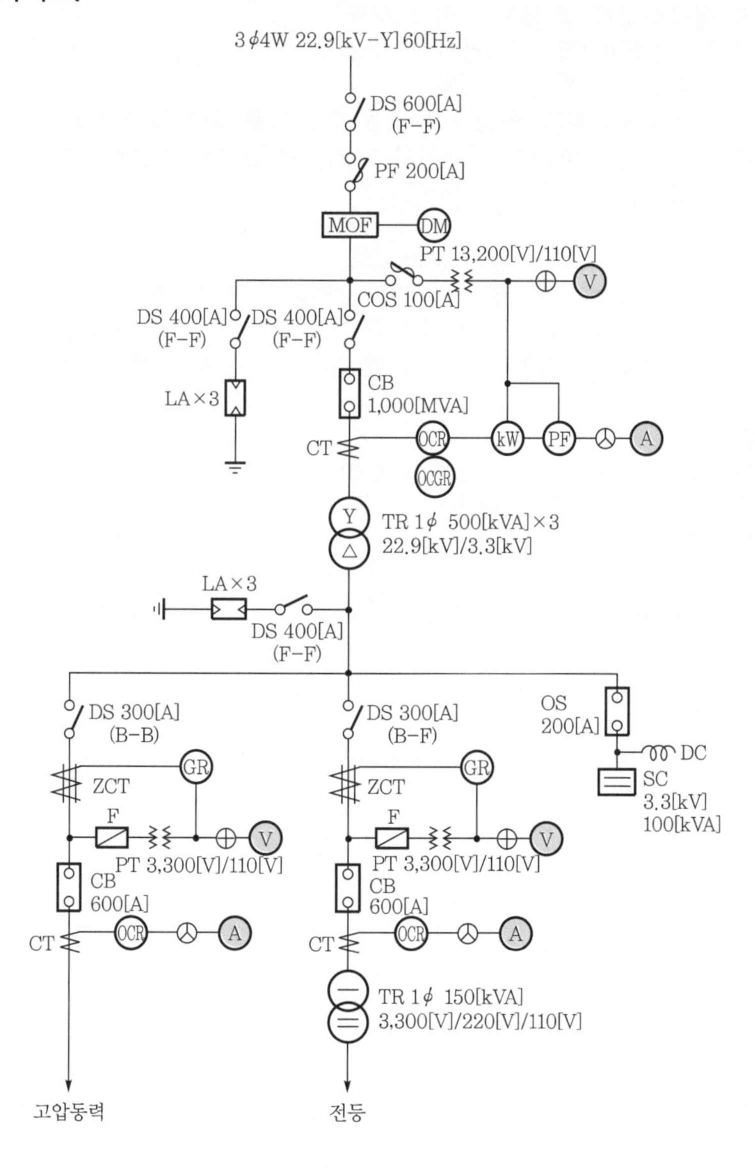

[참고 표]

계기용 변성기(일반 고압용)		정 격
계기용 변압기 (PT)	1차 정격전압[V]	3,300, 6,600
	2차 정격전압[V]	110
	2차 정격부담[VA]	50, 100, 200, 400
계기용 변류기 (CT)	1차 정격전류[A]	10, 15, 20, 30, 40, 50, 75, 100, 150, 200, 300, 400, 500, 600
	2차 정격전류[A]	5
	2차 정격부담[VA]	15, 40, 100, 일반적으로 고압회로는 40[VA] 이하, 저압회로는 15[VA] 이상

(1) 22.9[kV]측에 대하여 다음 각 물음에 답하시오.
① MOF에 연결되어 있는 DM은 무엇인지 쓰시오.
② DS의 정격전압은 몇 [kV]인지 쓰시오.
③ LA의 정격전압은 몇 [kV]인지 쓰시오.
④ CB의 정격전압은 몇 [kV]인지 쓰시오.
⑤ CB의 정격차단용량의 선정은 무엇을 기준으로 하는지 쓰시오.
⑥ CT의 변류비는 얼마인지 구하시오. (단, 1차 전류의 여유율은 125[%]로 한다.)
• 계산과정 :
• 답 :
⑦ DS에 표시된 F-F의 뜻을 설명하시오.
⑧ 그림과 같은 결선에서 단상 변압기가 2부싱형 변압기라고 할 때, 1차 중성점의 접지 여부를 밝히고, 만약 접지를 하여야 한다면 그 접지 종별도 쓰시오.
⑨ CB의 차단용량이 1,000[MVA]일 때 정격차단전류는 몇 [A]인지 구하시오.
• 계산과정 :
• 답 :

(2) 3.3[kV]측에 대하여 다음 각 물음에 답하시오.
① 옥내용 PT는 주로 어떤 종류의 PT를 사용하는지 쓰시오.
② 고압동력용 CB에 표시된 600[A]는 무엇을 의미하는지 쓰시오.
③ 진상용 커패시터에 내장된 DC의 역할을 쓰시오.
④ 전등부하의 수용률이 70[%]일 때 전등용 변압기에 걸 수 있는 부하설비의 최대용량은 몇 [kW]인지 구하시오.
• 계산과정 :
• 답 :

답안 (1) ① 최대 수요전력량계
② 25.8[kV]
③ 18[kV]
④ 25.8[kV]
⑤ 단락용량
⑥ • 계산과정 : $I_1 = \dfrac{500 \times 3}{\sqrt{3} \times 22.9} \times 1.25 = 47.27$이므로 50/5을 선정한다.
• 답 : 50/5
⑦ 접속방법이 표면접속이라는 것을 의미한다.

⑧ 접지하지 않는다.

⑨ • 계산과정 : $I_s = \dfrac{P_s}{\sqrt{3}\,V} = \dfrac{1,000 \times 10^3}{\sqrt{3} \times 25.8} = 22,377.92[A]$

• 답 : 22,377.92[A]

(2) ① 몰드형

② 정격전류

③ 콘덴서에 축적된 잔류전하를 방전한다.

④ • 계산과정 : $P_L = \dfrac{150}{0.7} = 214.29[kW]$

• 답 : 214.29[kW]

문제 02

배점 : 5점

조명기구 배치에 따른 조명방식의 종류를 3가지만 쓰시오.

답안
- 전반조명
- 국부조명
- 전반국부 병용조명

해설 (1) **전반조명**

조명대상 실내 전체를 일정하게 조명하는 것으로 대표적인 조명방식이다. 전반조명은 계획과 설치가 용이하고, 책상의 배치나 작업대상물이 바뀌어도 대응이 용이한 방식이다.

(2) **국부조명**

실내에서 각 구역별 필요 조도에 따라 부분적 또는 국소적으로 설치하는 방식이며, 이는 일반적으로 조명기구를 작업대에 직접 설치하거나 작업부의 천장에 매다는 형태이다.

(3) **전반국부 병용조명**

넓은 실내공간에서 각 구역별 작업성이나 활동영역을 고려하여 일반적인 장소에는 평균 조도로서 조명하고, 세밀한 작업을 하는 구역에는 고조도로 조명하는 방식이므로 이를 고려한다.

(4) **TAL 조명방식(Task & Ambient Lighting)**

TAL 조명방식은 작업구역(Task)에는 전용의 국부조명방식으로 조명하고, 기타 주변(Ambient) 환경에 대하여는 간접조명과 같은 낮은 조도레벨로 조명하는 방식을 말한다. 여기서 주변조명은 직접 조명방식도 포함한다.

문제 03

배점 : 10점

도면은 사무실 일부의 조명 및 전열도면이다. 주어진 조건을 이용하여 다음 각 물음에 답하시오.

[조건]
- 층고 : 3.6[m], 2중 천장
- 2중 천장과 천장 사이 : 1[m]
- 조명기구 : FL 32×2 매입형
- 전선관 : 금속전선관
- 콘크리트 슬라브 및 미장 마감

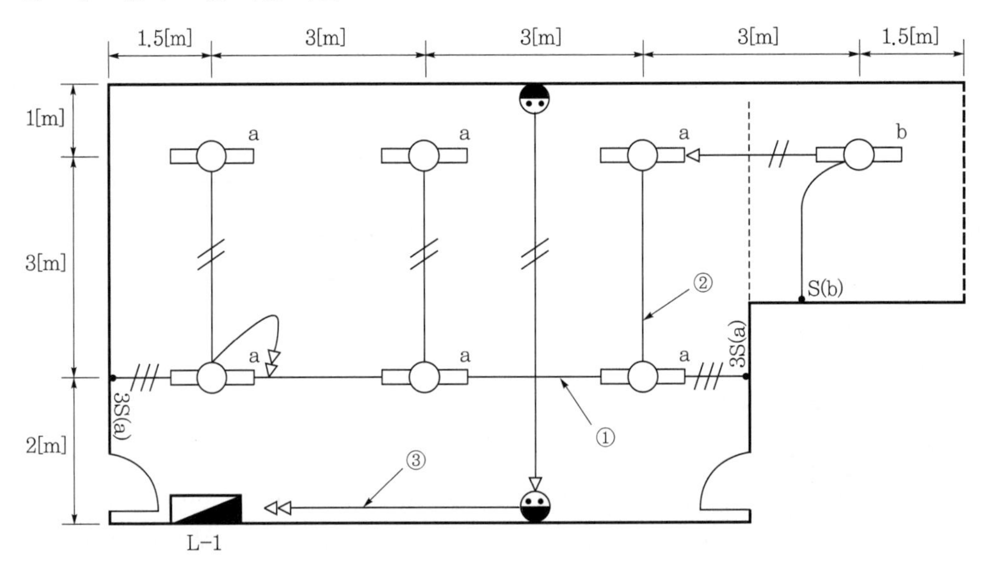

(1) 전등과 전열에 사용할 수 있는 전선의 최소 굵기는 얼마인지 쓰시오. (단, 접지선은 제외한다.)
- 전등 : [mm^2]
- 전열 : [mm^2]

(2) ①과 ②에 배선되는 전선 수는 최소 몇 가닥이 필요한지 쓰시오. (단, 접지선은 제외한다.)
①:
②:

(3) ③에 사용될 전선의 종류와 전선의 최소 굵기 및 최소 가닥수를 쓰시오. (단, 접지선은 제외한다.)
- 전선의 종류 :
- 전선의 최소 굵기 : [mm^2]
- 전선의 최소 가닥수 :

(4) 도면에서 박스(4각 박스 + 8각 박스 + 스위치 박스)는 몇 개가 필요한지 쓰시오. (단, 분전반 제외한다.)

(5) 30AF/20AT에서 AF와 AT의 의미는 무엇인지 쓰시오.
- AF :
- AT :

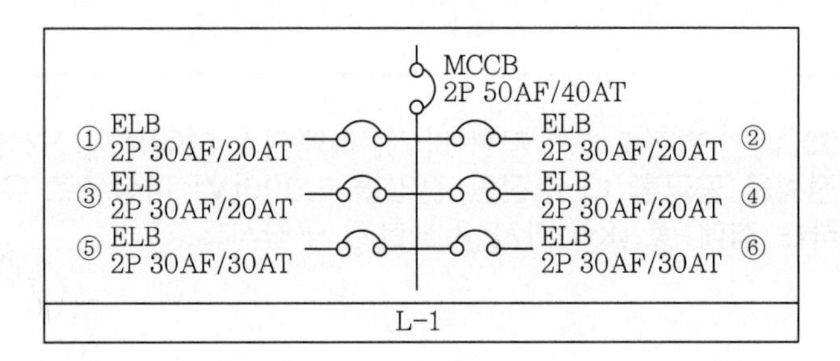

답안 (1) • 전등 : 2.5[mm^2]
• 전열 : 2.5[mm^2]

(2) ① : 6가닥
② : 4가닥

(3) • 전선의 종류 : 450/750[V] 일반용 단심 비닐절연전선(NR)
• 전선의 최소 굵기 : 2.5[mm^2]
• 전선의 최소 가닥수 : 4가닥

(4) 12개

(5) • AF : 프레임전류
• AT : 차단전류(트립전류)

문제 04

배점 : 5점

단상 유도전동기의 기동방식을 3가지만 쓰시오.

답안
• 반발 기동형
• 콘덴서 기동형
• 분상 기동형

해설 **단상 유도전동기 기동방식**
• 반발 기동형
• 반발 유도형
• 콘덴서 기동형
• 분상 기동형
• 셰이딩코일형
• 모노사이클릭형

문제 05

배점 : 5점

3상 3선식 6,600[V]인 변전소에서 저항 6[Ω], 리액턴스 8[Ω]의 송전선을 통하여 역률 0.8의 부하에 전력을 공급할 때 수전단 전압을 6,000[V] 이상으로 유지하기 위해서 걸 수 있는 부하는 최대 몇 [kW]까지 가능한지 구하시오.

- 계산과정 :
- 답 :

답안

- 계산과정 : $e = \dfrac{P}{V}(R + X \cdot \tan\theta)$ 에서

$$\text{전력 } P = \frac{e \cdot V}{R + X \cdot \tan\theta} = \frac{(6{,}600 - 6{,}000) \times 6{,}000}{6 + 8 \times \dfrac{0.6}{0.8}} \times 10^{-3} = 300[\text{kW}]$$

- 답 : 300[kW]

문제 06

배점 : 6점

경간 200[m]인 가공 송전선로가 있다. 전선 1[m]당 무게는 2.0[kg]이고 풍압하중은 없다고 한다. 인장강도 4,000[kg]의 전선을 사용할 때 이도(dip)[m]와 전선의 실제 길이[m]를 구하시오. (단, 전선의 안전율은 2.2로 한다.)

(1) 이도(dip)
- 계산과정 :
- 답 :

(2) 전선의 실제 길이
- 계산과정 :
- 답 :

답안

(1) • 계산과정 : $D = \dfrac{WS^2}{8T_o} = \dfrac{2 \times 200^2}{8 \times \dfrac{4{,}000}{2.2}} = 5.5[\text{m}]$

- 답 : 5.5[m]

(2) • 계산과정 : $L = S + \dfrac{8D^2}{3S} = 200 + \dfrac{8 \times 5.5^2}{3 \times 200} = 200.4[\text{m}]$

- 답 : 200.4[m]

문제 07

배점 : 5점

건축 연면적이 350[m²]의 주택에 다음 조건과 같은 전기설비를 시설하고자 할 때 분전반에 사용할 20[A]와 30[A]의 분기회로 수를 총 몇 회로로 하여야 하는지 구하시오. (단, 분전반의 인입 전압은 220[V]이며, 전등 및 전열의 분기회로는 20[A], 에어컨은 30[A] 분기회로이다.)

[조건]
- 전등과 전열용 부하는 25[VA/m²]
- 2,500[VA]의 에어컨 2대
- 예비부하는 3,500[VA]

- **계산과정 :**
- **답 :**

답안
- 계산과정
  - 전등과 전열용 분기회로 $= \dfrac{350\times25+3,500}{220\times20} = 2.78$ 회로 $\therefore$ 3회로
  - 에어컨 부하 분기회로 $= \dfrac{2,500\times2}{220\times30} = 0.76$ 회로 $\therefore$ 1회로
- 답 : 20[A] 분기 3회로
  30[A] 분기 1회로

문제 08

배점 : 4점

다음 표에 우리나라에서 통용되고 있는 계통의 공칭전압에 따른 정격전압을 쓰시오.

계통의 공칭전압[kV]	정격전압[kV]
22.9	
154	
345	
765	

답안

계통의 공칭전압[kV]	정격전압[kV]
22.9	25.8
154	170
345	362
765	800

문제 09

배점 : 7점

그림은 3상 유도전동기의 Y-△기동법을 나타내는 결선도이다. 다음 물음에 답하시오.

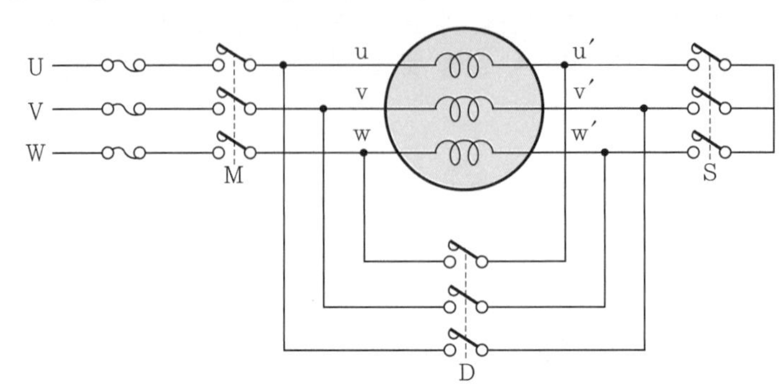

(1) 다음 표의 빈칸에 기동 시 및 운전 시의 전자개폐기 접점의 ON, OFF 상태 및 접속상태(Y결선, △결선)를 쓰시오.

구 분	전자개폐기 접점상태(ON, OFF)			접속상태
	S	D	M	
기동 시				
운전 시				

(2) 전전압 기동과 비교하여 Y-△기동법의 기동 시 기동전압, 기동전류 및 기동토크는 각각 어떻게 되는지 쓰시오. (단, 전전압 기동 시의 기동전압은 V_s, 기동전류는 I_s, 기동토크는 T_s이다.)

① 기동전압(선간전압) : (　　)× V_s

② 기동전류 : (　　)× I_s

③ 기동토크 : (　　)× T_s

답안 (1)

구 분	전자개폐기 접점상태(ON, OFF)			접속상태
	S	D	M	
기동 시	ON	OFF	ON	Y결선
운전 시	OFF	ON	ON	△결선

(2) ① $\dfrac{1}{\sqrt{3}}$

② $\dfrac{1}{3}$

③ $\dfrac{1}{3}$

해설 Y-△기동법은 기동 시 기동전류를 적게 하기 위해 Y결선으로 기동하고 수 초 후 △결선으로 변환하여 운전한다.

주회로에서 M은 주회로 개폐용 전자개폐기이고 S는 Y기동용 전자개폐기, D는 △운전용 전자개폐기이다.

각 상에 흐르는 전류의 크기는 Y결선일 때 임피던스가 △결선일 때의 $\frac{1}{3}$ 배이므로 각 상에 흐르는 기동전류도 $\frac{1}{3}$ 밖에 흐르지 않는다.

또한 전동기의 회전력은 전압의 제곱에 비례하기 때문에 정상속도에 진입하면 △결선으로 전환하게 된다.

문제 10

배점 : 5점

전력기술관리법에 따른 종합설계업의 기술인력 등록 기준을 3가지 쓰시오.

답안
- 전기분야 기술사 2명
- 설계사 2명
- 설계보조자 2명

문제 11

배점 : 6점

200[V], 15[kVA]인 3상 유도전동기를 부하로 사용하는 공장이 있다. 이 공장의 어느 날 1일 사용 전력량이 90[kWh]이고, 1일 최대전력이 10[kW]일 경우, 다음 각 물음에 답하시오. (단, 최대전력일 때의 전류값은 43.3[A]라고 한다.)

(1) 일 부하율은 몇 [%]인지 구하시오.
- **계산과정 :**
- **답 :**

(2) 최대전력일 때의 역률은 몇 [%]인지 구하시오.
- **계산과정 :**
- **답 :**

답안

(1) • 계산과정 : $\frac{90/24}{10} \times 100 = 37.5[\%]$

• 답 : 37.5[%]

(2) • 계산과정 : $\cos\theta = \frac{10 \times 10^3}{\sqrt{3} \times 200 \times 43.3} \times 100 = 66.67[\%]$

• 답 : 66.67[%]

문제 12

배점 : 5점

전등 수용가의 최대전력이 각각 200[W], 300[W], 800[W], 1,200[W], 2,500[W]이면 주상변압기의 용량은 몇 [kVA]인지 선정하시오. (단, 역률은 1, 부등률은 1.14이며, 변압기의 표준용량[kVA]은 5, 7.5, 10, 15, 20으로 한다.)

- 계산과정 :
- 답 :

답안

- 계산과정 : $P_t = \dfrac{200+300+800+1,200+2,500}{1.14 \times 1} \times 10^{-3} = 4.39[\text{kVA}]$

  $\therefore\ 5[\text{kVA}]$
- 답 : 5[kVA]

문제 13

배점 : 6점

예비전원으로 사용되는 축전지설비의 방전특성이 아래와 같을 때 물음에 답하시오.

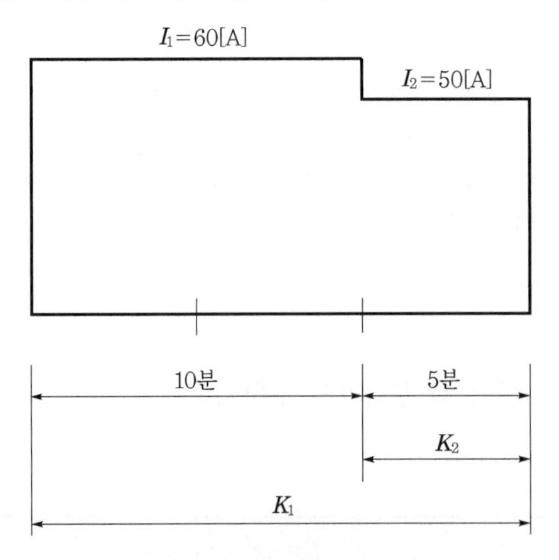

(1) 축전지 온도 5[℃], 허용최저전압 90[V]일 때의 축전지 용량[Ah]을 구하시오. (단, K_1=1.15, K_2=0.91, 셀당 전압은 1.06[V/Cell], 보수율은 0.8이다.)
- 계산과정 :
- 답 :

(2) 납축전지와 알칼리 축전지의 공칭전압은 각각 몇 [V/Cell]인지 쓰시오.
① 납축전지 :
② 알칼리 축전지 :

답안 (1) • 계산과정 : $C=\frac{1}{L}[K_1I_1+K_2(I_2-I_1)]=\frac{1}{0.8}[1.15\times 60+0.91(50-60)]$

$=74.88[\text{Ah}]$

• 답 : 74.88[Ah]

(2) ① 2[V/Cell]

② 1.2[V/Cell]

문제 14

배점 : 7점

배전용 변전소에 있어서 접지 목적 2가지와 접지가 필요한 곳을 3개소만 쓰시오.

(1) 접지 목적
(2) 접지가 필요한 곳

답안 (1) • 인축에 대한 감전사고 방지
• 기기의 손상 방지

(2) • 기기의 외함 접지
• 제어반의 외함 접지
• 피뢰기 및 피뢰침 접지
• 그 외 접지가 필요한 곳
 – 옥외 철구 및 경계책 접지
 – 케이블 실드선 접지

문제 15

배점 : 5점

주변압기가 3상 △결선(6.6[kV] 계통)일 때 지락사고 시 지락보호에 대하여 각 물음에 답하시오.

(1) 지락보호에 사용하는 변성기 및 계전기의 명칭을 각각 1가지만 쓰시오.
① 변성기 :
② 계전기 :
(2) 영상전압을 얻기 위하여 단상 PT 3대를 사용하는 경우 접속방법을 간단히 설명하시오.

답안 (1) ① 영상변류기, 접지형 계기용 변압기
② 지락방향계전기

(2) 단상 PT 3대의 1차측을 Y결선하여 중성점을 접지하고, 2차측은 개방 △결선을 한다.

문제 **16**

배점 : 5점

관등회로를 배선할 때 전압별 전선과 조영재의 이격거리를 쓰시오. (단, 노출장소이며, 관련 규정은 내선규정을 따른다.)

전압 구분	이격거리
6,000[V] 이하	(　　)[cm] 이상
6,000[V] 초과 9,000[V] 이하	(　　)[cm] 이상
9,000[V] 초과	(　　)[cm] 이상

답안

전압 구분	이격거리
6,000[V] 이하	2[cm] 이상
6,000[V] 초과 9,000[V] 이하	3[cm] 이상
9,000[V] 초과	4[cm] 이상

2020년도 산업기사 제2회 필답형 실기시험

종 목	시험시간	배 점	문제수	형 별
전 기 산 업 기 사	2시간	100	16	A

문제 01

배점 : 10점

배선을 설계하기 위한 전등 및 소형 전기기계기구의 부하용량을 상정하고 분기회로 수를 구하려고 한다. 상점이 있는 주택이 다음 그림과 같을 때, 주어진 참고자료를 이용하여 다음 물음에 답을 구하시오. [단, 대형기기(정격소비전력이 공칭전압 220[V]는 3[kW] 이상, 공칭전압 110[V]는 1.5[kW] 이상)인 냉난방 장치 등은 별도로 1회로를 추가하며, 분기회로는 15[A] 분기회로를 사용하고, 주어진 참고자료의 수치 적용은 최대값을 적용한다.]

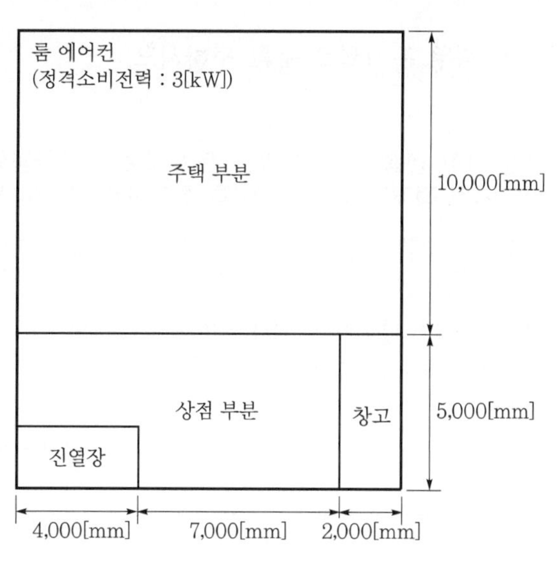

[참고자료]

Ⅰ. 건축물의 종류에 대응한 표준 부하

건축물의 종류	표준 부하[VA/m²]
공장, 사원, 교회, 극장, 영화관 등	10
기숙사, 여관, 호텔, 병원, 학교 등	20
주택, 아파트, 사무실, 상점, 이발소 등	30

Ⅱ. 건축물(주택, 아파트는 제외) 중 별도 계산할 부분의 표준 부하

건축물의 종류	표준 부하[VA/m²]
복도, 계단, 세면장, 창고, 다락	5
강당, 관람석	10

Ⅲ. 표준 부하에 따라 산출한 값에 가산하여야 할 [VA] 수
- 주택, 아파트(1세대마다)에 대하여서는 500~1,000[VA]
- 상점의 진열장에 대하여는 진열장 폭 1[m]에 대하여 300[VA]

(1) 배선을 설계하기 위한 전등 및 소형 전기기계기구의 설비부하용량[VA]을 상정하시오.
- **계산과정 :**
- **답 :**

(2) 내선규정에 따라 다음의 (　　)에 들어갈 내용을 답란에 쓰시오.

사용전압 220[V]의 15[A] 분기회로 수는 부하의 상정에 따라 상정한 설비부하용량(전등 및 소형 전기기계기구에 한한다.)을 (①)[VA]로 나눈 값[사용전압이 110[V]인 경우에는 (②)[VA]로 나눈 값]을 원칙으로 한다.

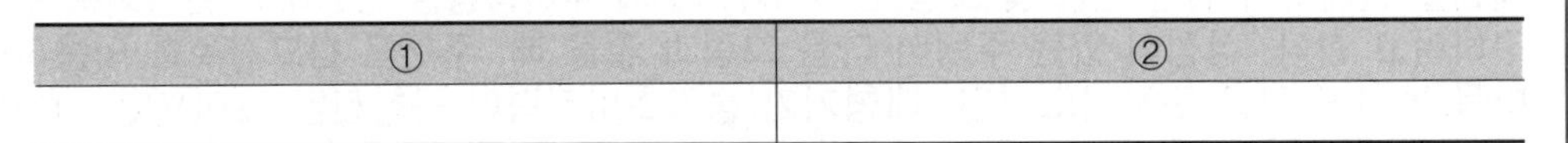

①	②

(3) 사용전압이 220[V]인 경우 분기회로 수를 구하시오.
- **계산과정 :**
- **답 :**

(4) 사용전압이 110[V]인 경우 분기회로 수를 구하시오.
- **계산과정 :**
- **답 :**

(5) 연속부하(상시 3시간 이상 연속사용)가 있는 분기회로의 부하용량은 그 분기회로를 보호하는 과전류 차단기의 정격전류의 몇 [%]를 초과하지 않아야 하는지 값을 쓰시오.

답안 (1) • 계산과정
- 주택면적 : $(4+7+2)\times 10 = 130[\text{m}^2]$
- 점포면적 : $(4+7)\times 5 = 55[\text{m}^2]$
- 창고면적 : $2\times 5 = 10[\text{m}^2]$

$\therefore\ P = 130\times 40 + 55\times 30 + 10\times 5 + 4\times 300 + 1,000 = 9,100[\text{VA}]$

• 답 : 9,100[VA]

(2)

①	②
3,300	1,650

(3) • 계산과정 : $\dfrac{9,100}{220\times 15} = 2.76$에 룸에어컨 1회로 포함하므로 4회로

• 답 : 15[A] 분기 4회로

(4) • 계산과정 : $\dfrac{9,100}{110\times 15} = 5.52$이므로 6회로

• 답 : 15[A] 분기 6회로

(5) 80[%]

문제 02

배점 : 4점

아래 그림과 같은 무접점 논리회로를 유접점 시퀀스회로로 바꾸어 그리시오.

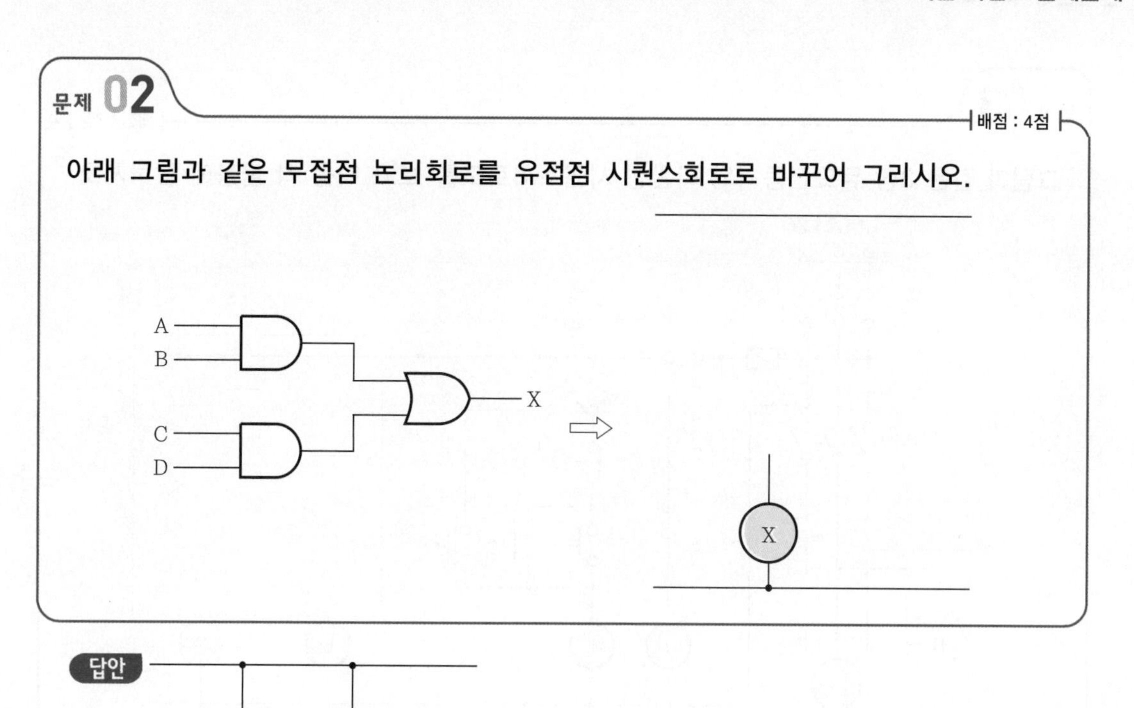

답안

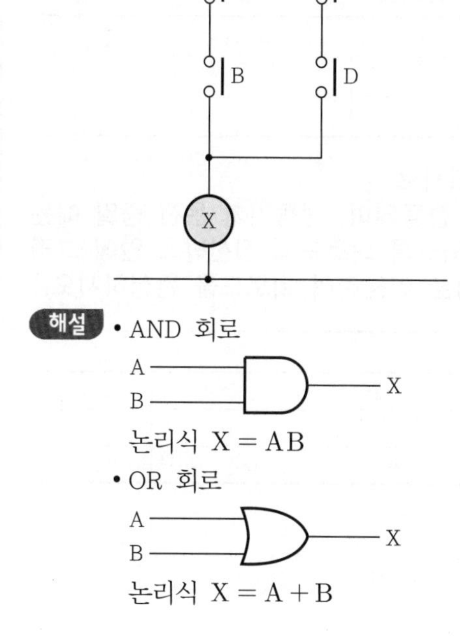

해설

• AND 회로

A
B
X

논리식 $X = AB$

• OR 회로

A
B
X

논리식 $X = A + B$

문제 03 | 배점 : 8점 |

그림과 같은 3상 유도전동기의 미완성 시퀀스회로도를 보고 다음 각 물음에 답하시오.

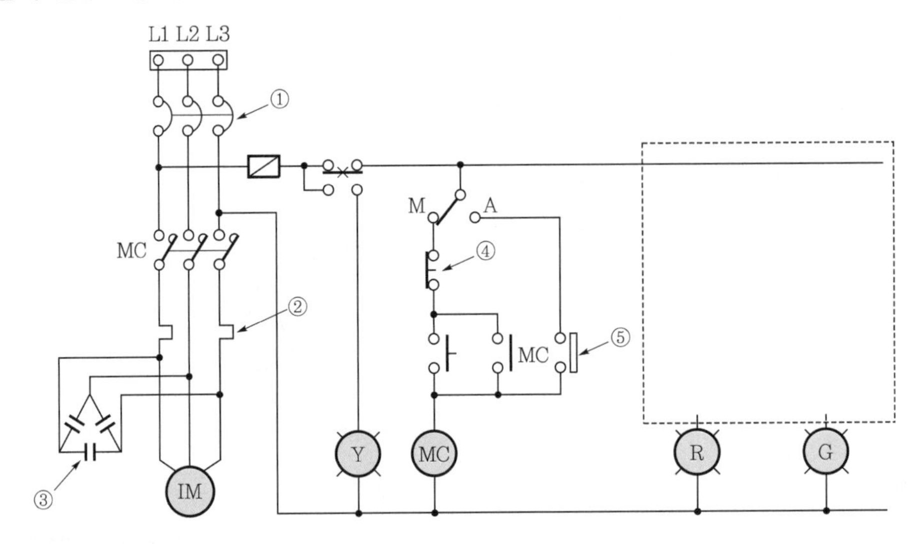

(1) 도면에 표시된 ①~⑤의 약호와 한글 명칭을 쓰시오.

구 분	①	②	③	④	⑤
약 호					
한글 명칭					

(2) 도면에 그려져 있는 황색램프 Ⓨ의 역할을 쓰시오.

(3) 전동기가 정지하고 있을 때는 녹색램프 Ⓖ가 점등되며, 전동기가 운전 중일 때는 녹색램프 Ⓖ가 소등되고 적색램프 Ⓡ이 점등되도록 회로도의 점선박스 안에 그려 완성하시오. (단, 전자접촉기 MC의 a, b접점을 이용하여 회로도를 완성하시오.)

답안 (1)

구 분	①	②	③	④	⑤
약 호	MCCB	THR	SC	PBS	LS
한글 명칭	배선용 차단기	열동 계전기	전력용 콘덴서	푸시버튼 스위치	리밋 스위치

(2) 과부하 표시램프

(3)

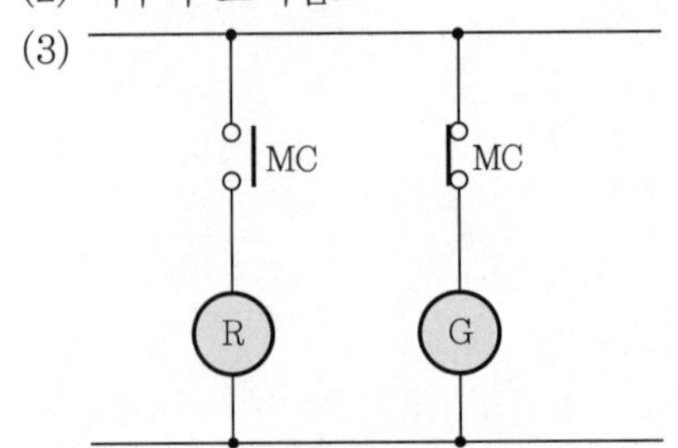

해설 • 배선용 차단기(Molded Case Circuit Breaker ; MCCB)

• 열동 계전기(THermal Relay ; THR)

- 전력용 콘덴서(진상용 콘덴서)[Static Condenser ; SC]
- 푸시버튼 스위치(Push Button Switch ; PBS)
- 리밋 스위치(Llmit Switch ; LS)

문제 04

배점 : 10점

어떤 변전실에서 그림과 같은 일부하곡선 A, B, C인 부하에 전기를 공급하고 있다. 이 변전실의 총 부하에 대한 다음 각 물음에 답하시오. (단, A, B, C의 역률은 시간에 관계없이 각각 80[%], 100[%] 및 60[%]이며, 그림에서 부하전력은 부하곡선의 수치에 10^3을 곱한다는 것으로서 수직축의 5는 5×10^3[kW]를 의미한다.)

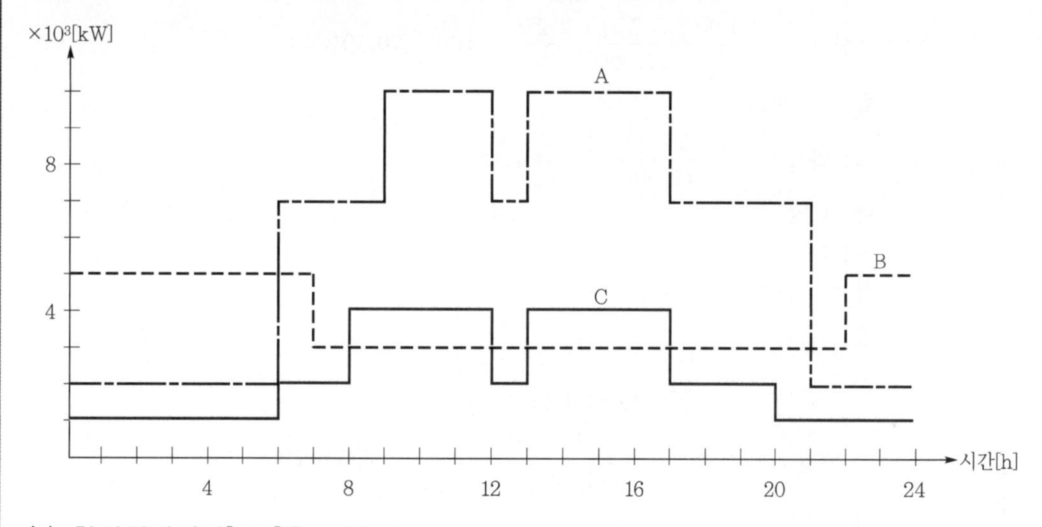

(1) 합성최대전력[kW]을 구하시오.
- 계산과정 :
- 답 :

(2) A, B, C 각 부하에 대한 평균전력[kW]을 구하시오.
- 계산과정 :
- A :　　• B :　　• C :

(3) 총 부하율[%]을 구하시오.
- 계산과정 :
- 답 :

(4) 부등률을 구하시오.
- 계산과정 :
- 답 :

(5) 최대부하일 때의 총 합성 역률[%]을 구하시오.
- 계산과정 :
- 답 :

답안 (1) • 계산과정 : $P_m = (10+4+3)\times 10^3 = 17,000[\text{kW}]$

• 답 : 17,000[kW]

(2) • 계산과정

$$P_A = (2\times 6+7\times 3+10\times 3+7\times 1+10\times 4+7\times 4+2\times 3)\times 10^3 \times \frac{1}{24}$$

$$= 6,000[\text{kW}]$$

$$P_B = (5\times 7+3\times 15+5\times 2)\times 10^3 \times \frac{1}{24} = 3,750[\text{kW}]$$

$$P_C = (1\times 6+2\times 2+4\times 4+2\times 1+4\times 4+2\times 3+1\times 4)\times 10^3 \times \frac{1}{24}$$

$$= 2,250[\text{kW}]$$

• A : 6,000[kW] • B : 3,750[kW] • C : 2,250[kW]

(3) • 계산과정 : $\dfrac{6,000+3,750+2,250}{17,000}\times 100 = 70.59[\%]$

• 답 : 70.59[%]

(4) • 계산과정 : $\dfrac{(10+5+4)\times 10^3}{17,000} = 1.12$

• 답 : 1.12

(5) • 계산과정

합성 유효전력 : 17,000[kW]

합성 무효전력 : $Q_c = 10\times 10^3 \times \dfrac{0.6}{0.8} + 3\times 10^3 \times \dfrac{0}{1} + 4\times 10^3 \times \dfrac{0.8}{0.6}$

$= 12,833.33[\text{kVar}]$

$\therefore$ 역률 : $\cos\theta = \dfrac{17,000}{\sqrt{17,000^2+12,833.33^2}}\times 100 = 79.81[\%]$

• 답 : 79.81[%]

문제 05 배점 : 5점

역률 개선용 커패시터와 직렬로 연결하여 사용하는 직렬 리액터의 사용 목적을 3가지만 쓰시오.

답안 • 콘덴서 사용 시 고조파를 제거하여 파형을 개선한다.

• 콘덴서 투입 시 돌입전류를 억제한다.

• 콘덴서 개방 시 재점호에 의한 모선의 과전압을 억제한다.

문제 06

배점 : 10점

그림은 고압 수전설비의 단선 결선도이다. 다음 각 물음에 답하시오.

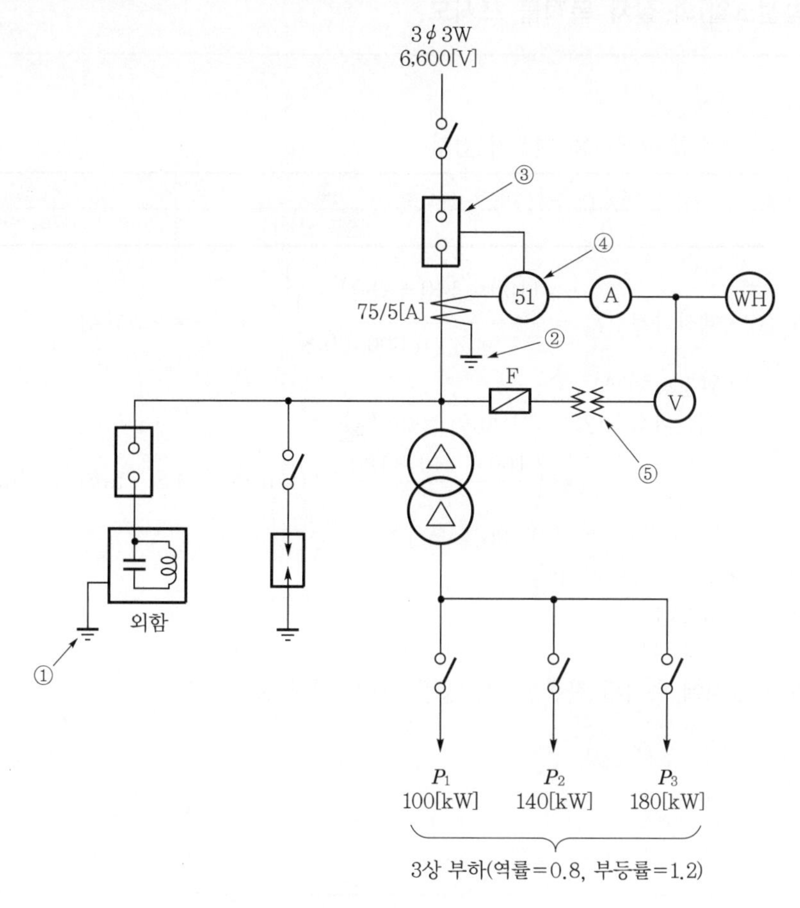

(1) 그림의 ①~②에 해당되는 접지시스템의 종류를 쓰시오.

① :

② :

(2) 그림에서 ③~⑤의 명칭을 한글로 쓰시오.

③	④	⑤

(3) 각 부하의 최대전력이 그림과 같고, 역률 0.8, 부등률 1.2일 때, 다음 각 물음에 답하시오.

① 변압기 1차측의 전류계 Ⓐ에 흐르는 전류의 최대값[A]을 구하시오.

- 계산과정 :
- 답 :

② 동일한 조건에서 합성 역률을 0.9 이상으로 유지하기 위한 전력용 커패시터의 최소용량[kVar]을 구하시오.

- 계산과정 :
- 답 :

(4) 단선도상의 피뢰기 정격전압과 방전전류는 얼마인지 쓰시오.
① 피뢰기 정격전압 :
② 방전전류 :
(5) DC(방전코일)의 설치 목적을 쓰시오.

답안 (1) ① 보호접지
② 계통접지(계기용 변성기 접지)

(2)

③	④	⑤
차단기	과전류계전기	계기용 변압기

(3) ① • 계산과정 : $I_A = \dfrac{(100+140+180)\times\dfrac{1}{1.2}}{\sqrt{3}\times 6{,}600\times 0.8}\times\dfrac{5}{75} = 2.55[\mathrm{A}]$

• 답 : 2.55[A]

② • 계산과정 : $Q_c = P(\tan\theta_1 - \tan\theta_2)$

$$= \left(\frac{100+140+180}{1.2}\right)\times(\tan\cos^{-1}0.8 - \tan\cos^{-1}0.9)$$

$$= 92.99[\mathrm{kVar}]$$

• 답 : 92.99[kVar]

(4) ① 7.5[kV]
② 2,500[A]

(5) 콘덴서에 축적된 잔류전하를 방전시키기 위해 설치한다.

문제 07

배점 : 4점

건축물의 천장이나 벽 등을 조명기구 겸용으로 마무리하는 건축화 조명이 최근 많이 시공되고 있다. 옥내조명설비(KDS 31 70 10 : 2019)에 따른 건축화 조명의 종류를 4가지만 쓰시오.

답안
• 라인라이트
• 다운라이트
• 코너조명
• 코니스조명

해설
• **천장면 이용방식**
라인라이트, 다운라이트, 핀홀라이트, 코퍼라이트, 광천장조명, 루버천장조명, 코브조명 등
• **벽면 이용방식**
코너조명, 코니스조명, 밸런스조명, 광창조명 등

문제 08

배점 : 5점

차단기의 종류를 5가지만 쓰고 각 차단기에 매칭되는 소호매체(매질)를 쓰시오.

	차단기 종류	매체(매질)
①	(　　　　　) 차단기	(　　　　　)
②	(　　　　　) 차단기	(　　　　　)
③	(　　　　　) 차단기	(　　　　　)
④	(　　　　　) 차단기	(　　　　　)
⑤	(　　　　　) 차단기	(　　　　　)

답안

	차단기 종류	매체(매질)
①	유입 차단기	절연유
②	진공 차단기	고진공
③	자기 차단기	전자력
④	공기 차단기	압축공기
⑤	가스 차단기	SF_6 가스

문제 09

배점 : 5점

다음과 같은 값을 측정하려면 어떤 측정기기를 사용하는 것이 적합한지 쓰시오.

(1) 단선인 전선의 굵기 :
(2) 옥내 전등선의 절연저항 :
(3) 접지저항 :

답안 (1) 와이어 게이지
(2) 메거(절연저항계)
(3) 접지저항계(어스테스터)

문제 10

배점 : 7점

차단기 명판에 BIL 150[kV], 정격차단전류 20[kA], 차단시간 5[Hz] 솔레노이드형이라고 기재되어 있다. 이것을 보고 다음 각 물음에 답하시오.

(1) BIL이란 무엇을 뜻하는지 그 명칭을 쓰시오.
(2) 이 차단기의 정격전압이 25.8[kV]라면 정격용량은 몇 [MVA]가 필요한지 구하시오.
- 계산과정 :
- 답 :

(3) 차단기를 트립(Trip)시키는 방식을 3가지만 쓰시오.

답안 (1) 기준 충격 절연강도

(2) • 계산과정 : $P_s = \sqrt{3} \times 25.8 \times 20 = 893.74$[MVA]

• 답 : 893.74[MVA]

(3) • 직류전압 트립방식
• 과전류 트립방식
• 콘덴서 트립방식

문제 11

배점 : 4점

그림과 같은 변전설비에서 무정전 상태로 차단기를 점검하기 위한 조작순서를 기구기호를 이용하여 설명하시오. (단, S_1, R_1은 단로기, T_1은 By-pass 단로기, TR은 변압기이며, T_1은 평상시에 개방되어 있는 상태이다.)

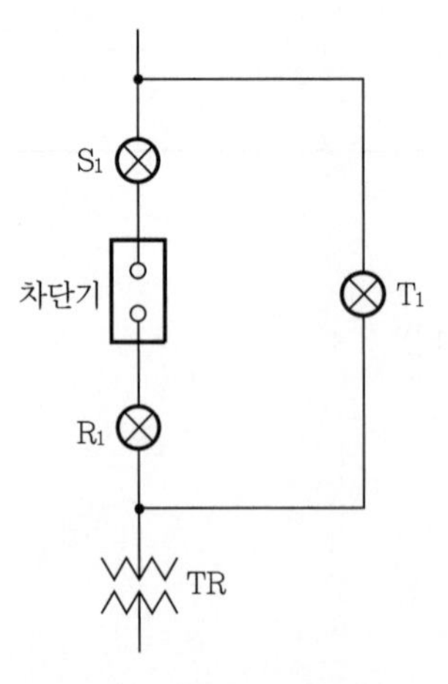

답안 T_1(ON) → 차단기(OFF) → R_1(OFF) → S_1(OFF)

문제 12

배점 : 5점

그림과 같은 직렬 커패시터를 연결한 교류 배전선에서 부하전류가 15[A], 부하역률이 0.6(뒤짐), 선로저항 $R=3[\Omega]$, 용량 리액턴스 $X_C=4[\Omega]$인 경우, 부하의 단자전압을 220[V]로 하기 위해 전원단 ab에 가해지는 전압 E_S는 몇 [V]인지 구하시오. (단, 선로의 유도 리액턴스는 무시한다.)

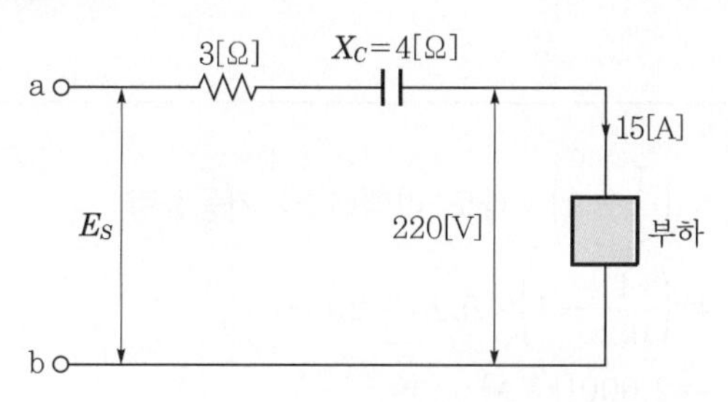

- 계산과정 :
- 답 :

답안
- 계산과정 : $E_S=E_R+2I(R\cos\theta-X\sin\theta)$

$$=220+2\times15\times(3\times0.6-4\times0.8)=178[\text{V}]$$

- 답 : 178[V]

문제 13

배점 : 4점

단상 변압기 29,000/380[V], 500[kVA] 3대를 Y-Y결선으로 하여 사용하고자 하는 경우, 2차측에 설치해야 할 차단기 용량은 몇 [MVA]로 하면 되는지 구하시오. (단, 변압기의 $\%Z$는 3[%]로 계산하며, 그 외 임피던스는 고려하지 않는다.)

- 계산과정 :
- 답 :

답안
- 계산과정 : $P_s=\dfrac{100}{\%Z}\cdot P_n$

$$=\frac{100}{3}\times500\times3\times10^{-3}$$

$$=50[\text{MVA}]$$

- 답 : 50[MVA]

문제 14

배점 : 5점

기동용량이 2,000[kVA]인 3상 유도전동기를 기동할 때 허용 전압강하는 20[%]이다. 발전기의 과도 리액턴스가 25[%]이면, 이 전동기를 운전할 수 있는 발전기의 용량은 몇 [kVA] 이상인지 구하시오.

- 계산과정 :
- 답 :

답안

- 계산과정 : $P_G = \left(\dfrac{1}{e} - 1\right) \times$ 과도 리액턴스 $\times$ 기동용량

$$= \left(\frac{1}{0.2} - 1\right) \times 0.25 \times 2{,}000$$

$$= 2{,}000[\text{kVA}]$$

- 답 : 2,000[kVA]

문제 15

배점 : 5점

대형 건축물 내에 설치된 여러 전기를 사용하는 설비의 접지를 공통으로 묶어서 사용하는 공통접지의 특징 중 장점을 5가지만 쓰시오.

답안

- 합성접지저항의 저감 효과
- 접지극의 신뢰도 향상
- 접지극의 수량 감소
- 계통접지의 단순화
- 철근구조물 등을 연접하면 접지전극의 효과 극대화

해설 **통합접지의 단점**

- 계통의 이상전압 발생 시 유기전압 상승
- 다른 기기 및 계통으로 사고 파급
- 피뢰시스템과 공용하므로 뇌서지 영향 파급

문제 16

배점 : 9점

가정용 110[V] 전압을 220[V]로 승압할 경우 저압 간선에 나타나는 효과로서 다음 각 물음에 답하시오. (단, 부하가 일정한 경우이다.)

(1) 공급 능력 증대는 몇 배인지 구하시오. (단, 선로의 손실은 무시한다.)
- 계산과정 :
- 답 :

(2) 손실전력의 감소는 몇 [%]인지 구하시오.
- 계산과정 :
- 답 :

(3) 전압강하율의 감소는 몇 [%]인지 구하시오.
- 계산과정 :
- 답 :

답안 (1) • 계산과정 : 공급능력 $P \propto V$

$$\therefore \frac{220}{110} = 2\text{배}$$

• 답 : 2배

(2) • 계산과정 : $P_l \propto \frac{1}{V^2}$

$$\therefore \left(1 - \frac{1}{\left(\frac{220}{110}\right)^2}\right) \times 100 = 75[\%]$$

• 답 : 75[%]

(3) • 계산과정 : $\varepsilon \propto \frac{1}{V^2}$

$$\therefore \left(1 - \frac{1}{\left(\frac{220}{110}\right)^2}\right) \times 100 = 75[\%]$$

• 답 : 75[%]

2020년도 산업기사 제3회 필답형 실기시험

종 목	시험시간	배 점	문제수	형 별
전 기 산 업 기 사	2시간	100	17	A

문제 01

배점 : 5점

100[kVA]의 단상 변압기 3대를 Y-Δ로 접속하고 2차 Δ의 1상에만 전등부하를 접속하여 사용할 때 몇 [kVA]까지 부하를 걸 수 있는지 구하시오.

- 계산과정 :
- 답 :

답안

- 계산과정 : $P_m = \frac{3}{2} \cdot P_1 = \frac{3}{2} \times 100 = 150[\text{kVA}]$
- 답 : 150[kVA]

문제 02

배점 : 5점

200[V], 10[kVA]인 3상 유도전동기를 부하설비로 사용하는 곳이 있다. 이곳의 어느 날 부하 실적이 1일 사용전력량 60[kWh], 1일 최대사용전력 8[kW], 최대전류일 때의 전류값이 30[A]이었을 경우, 다음 각 물음에 답하시오.

(1) 1일의 부하율[%]을 구하시오.
- 계산과정 :
- 답 :

(2) 최대사용전력일 때의 역률[%]을 구하시오.
- 계산과정 :
- 답 :

답안

(1) • 계산과정 : $\text{부하율} = \frac{60 \times \frac{1}{24}}{8} \times 100 = 31.25[\%]$

• 답 : 31.25[%]

(2) • 계산과정 : $\cos\theta = \frac{P}{\sqrt{3}\,VI} = \frac{8 \times 10^3}{\sqrt{3} \times 200 \times 30} \times 100 = 76.98[\%]$

• 답 : 76.98[%]

문제 03

배점 : 5점

다음과 같은 특성의 축전지 용량[Ah]을 구하시오. (단, 축전지 사용 시의 보수율은 0.8, 축전지 온도 5[℃], 허용최저전압은 90[V], 셀당 전압 1.06[V/cell], K_1 =1.15, K_2 = 0.92이다.)

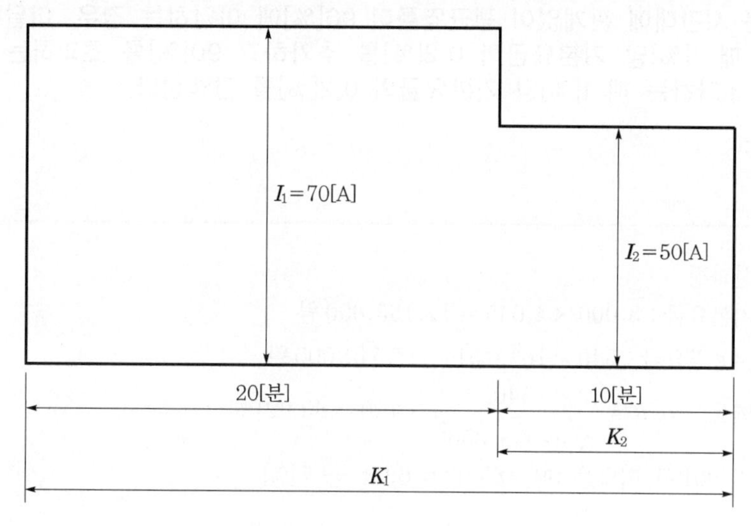

- 계산과정 :
- 답 :

답안

- 계산과정 : $C = \frac{1}{L}[(K_1 I_1 + K_2(I_2 - I_1)]$

$$= \frac{1}{0.8} \times [1.15 \times 70 + 0.92(50 - 70)] = 77.63[\text{Ah}]$$

- 답 : 77.63[Ah]

문제 04

배점 : 5점

폭 24[m]의 도로 양쪽에 30[m]의 간격으로 지그재그식으로 가로등을 배열하여 도로의 평균조도를 5[lx]로 하고자 한다. 각 가로등의 광속[lm]을 구하시오. (단, 가로 면에서의 조명률은 35[%]이고, 감광보상률은 1.3이다.)

- 계산과정 :
- 답 :

답안

- 계산과정 : 광속 $F = \frac{ESD}{U} = \frac{5 \times 24 \times 30 \times \frac{1}{2} \times 1.3}{0.35} = 6{,}685.71[\text{lm}]$
- 답 : 6,685.71[lm]

문제 **05** ┤ 배점 : 5점 ├

계약전력 3,000[kW]인 자가용 설비 수용가가 있다. 1개월간 사용전력량이 540[MWh], 1개월간 무효전력량이 350[Mvarh]이다. 기본요금이 4,045[원/kW], 전력량 요금이 51[원/kWh]라 할 때 1개월 간의 사용 전기요금을 구하시오. (단, 역률에 따른 요금의 추가 또는 감액은 시간대에 관계없이 평균역률이 90[%]에 미달하는 경우, 미달하는 역률 60[%]까지 매 1[%]당 기본요금의 0.2[%]를 추가하고 90[%]를 초과하는 경우에는 95[%]까지 초과하는 매 1[%]당 기본요금의 0.2[%]를 감액한다.)

- **계산과정 :**
- **답 :**

답안
- 계산과정
  - 기본요금 : $3,000 \times 4,045 = 12,135,000$ 원
  - 사용량요금 : $540 \times 10^3 \times 51 = 27,540,000$ 원
  - 역률 : $\cos\theta = \dfrac{540}{\sqrt{540^2 + 350^2}} \times 100 = 83.92[\%]$

    ∴ 90[%] 미달은 $90 - 83.92 = 6.08 \rightarrow 7[\%]$
  - 추가요금 : $7 \times \dfrac{0.2}{100} \times 12,135,000 = 169,890$ 원

    ∴ 전기사용요금은 $12,135,000 + 27,540,000 + 169,890 = 39,844,890$ 원
- 답 : 39,844,890원

문제 **06** ┤ 배점 : 4점 ├

단상 변압기의 병렬운전 조건을 4가지만 쓰시오.

답안
- 극성이 일치한 것
- 정격전압(권수비)이 같을 것
- %임피던스 강하(임피던스 전압)가 같을 것
- 내부 저항과 누설 리액턴스의 비가 같을 것

문제 07

배점 : 5점

절연저항 측정에 대하여 다음 각 물음에 답하시오.

(1) 사용전압이 저압인 전로에서 정전이 어려운 경우 등 절연저항 측정이 곤란한 경우에는 누설전류를 몇 [mA] 이하로 유지하여야 하는지 쓰시오.

(2) 저압전로의 절연저항값을 기록하시오.

전로의 사용전압[V]	DC시험전압[V]	절연저항[MΩ]
SELV 및 PELV	250	(①)
FELV, 500[V] 이하	500	(②)
500[V] 초과	1,000	(③)

[주] 특별저압(extra low voltage : 2차 전압이 AC 50[V], DC 120[V] 이하)으로 SELV(비접지회로 구성) 및 PELV(접지회로 구성)은 1차와 2차가 전기적으로 절연된 회로, FELV는 1차와 2차가 전기적으로 절연되지 않은 회로

답안 (1) 1[mA]

(2) ① 0.5

② 1.0

③ 1.0

문제 08

배점 : 5점

서지보호장치(SPD : Surge Protective Device)에 대하여 기능에 따른 분류 3가지와 구조에 따른 분류 2가지를 쓰시오.

(1) 기능에 따른 분류

(2) 구조에 따른 분류

답안 (1) • 전압 스위치형 SPD

• 전압 제한형 SPD

• 복합형 SPD

(2) • 1포트 SPD

• 2포트 SPD

문제 09

배점 : 14점

그림과 같은 인입 변대에 22.9[kV] 수전설비를 설치하여 380/220[V]를 사용하고자 한다. 다음 각 물음에 답하시오.

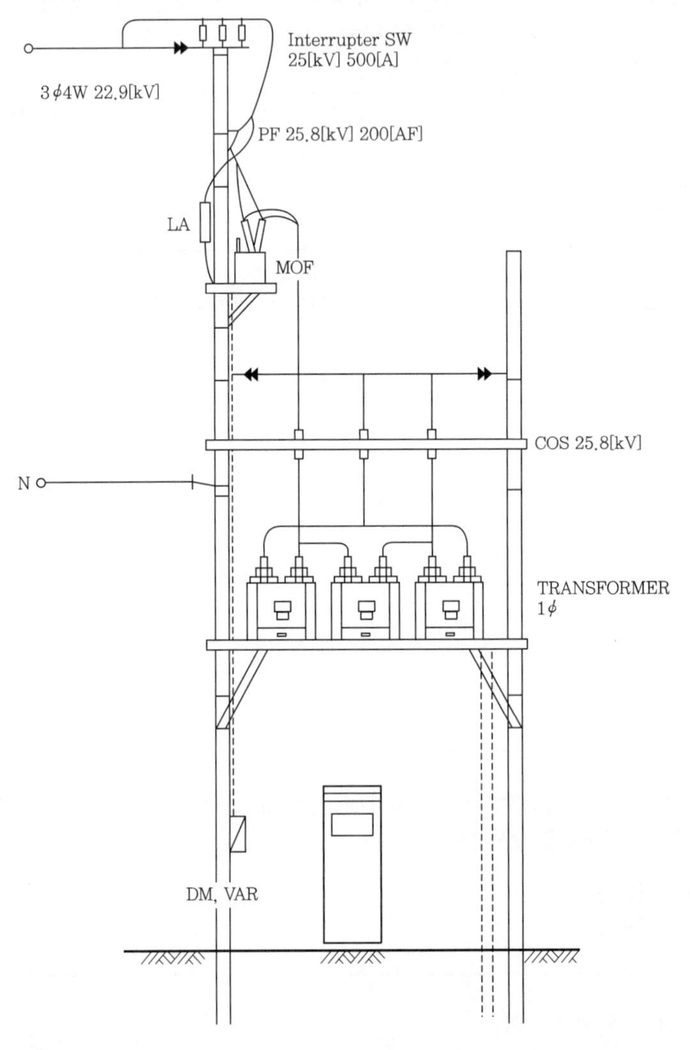

(1) DM 및 VAR의 명칭을 쓰시오.
① DM
② VAR

(2) 그림에 사용된 LA의 수량은 몇 개이며, 정격전압은 몇 [kV]인지 쓰시오.
① LA의 수량 :
② 정격전압 :

(3) 22.9[kV-Y] 계통에 사용하는 것은 주로 어떤 케이블이 사용되는지 쓰시오.

(4) 주어진 인입 변대 그림을 단선도로 그리시오.

답안 (1) ① 최대 수요 전력량계
② 무효 전력계
(2) ① 3개
② 18[kV]
(3) CNCV-W(수밀형) 또는 TR CNCV-W(트리억제형) 케이블
(4)

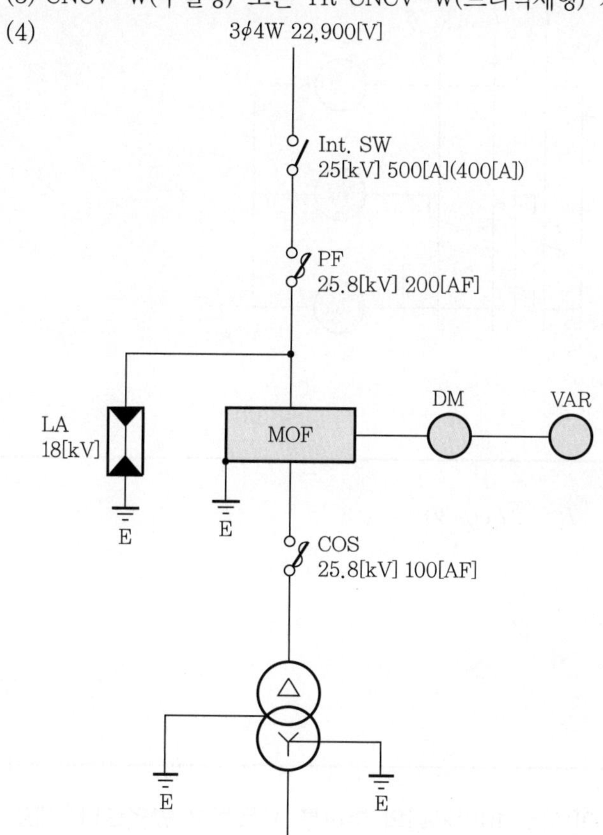

문제 10

배점 : 5점

그림과 같이 CT가 결선되어 있을 때 전류계 A_3의 지시는 얼마인지 구하시오. (단, 부하전류 $I_1 = I_2 = I_3 = I$로 한다.)

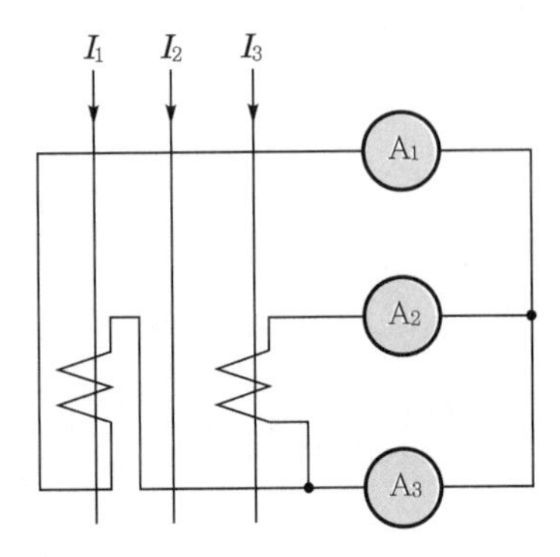

- 계산과정 :
- 답 :

답안
- 계산과정 : $A_3 = \dot{I}_1 - \dot{I}_3 = 2I_1 \cos 30° = \sqrt{3}\, I$
- 답 : $\sqrt{3}\, I$

문제 11

배점 : 5점

수용가가 당초 역률(지상) 80[%]로 100[kW]의 부하를 사용하고 있었으나, 새로 역률(지상) 60[%], 70[kW]의 부하를 추가하여 사용하게 되었다. 이때 커패시터로 합성 역률을 90[%]로 개선하는 데 필요한 용량[kVA]을 구하시오.

- 계산과정 :
- 답 :

답안
- 계산과정 : 유효전력 $P = 100 + 70 = 170\,[\text{kW}]$

무효전력 $Q = 100 \times \dfrac{0.6}{0.8} + 70 \times \dfrac{0.8}{0.6} = 168.33\,[\text{kVar}]$

여기서, 합성 역률 $\cos\theta = \dfrac{170}{\sqrt{170^2 + 168.33^2}} = 0.71$

$\therefore\ Q_c = P(\tan\theta_1 - \tan\theta_2)$

$= 170 \times \left(\dfrac{\sqrt{1-0.71^2}}{0.71} - \dfrac{\sqrt{1-0.9^2}}{0.9} \right) = 86.28\,[\text{kVA}]$

- 답 : 86.28[kVA]

문제 12

배점 : 5점

논리식 $X = \overline{A}B + C$ 에 대한 다음 각 물음에 답하시오. (단, A, B, C는 입력이고 X는 출력이다.)

(1) NOT, AND(2입력, 1출력), OR(2입력, 1출력) 게이트만 사용하여 논리회로로 표현하시오.
(2) "(1)"항의 논리회로를 NAND(2입력, 1출력) 게이트만을 최소로 사용한 회로로 표현하시오.

답안 (1)

(2)

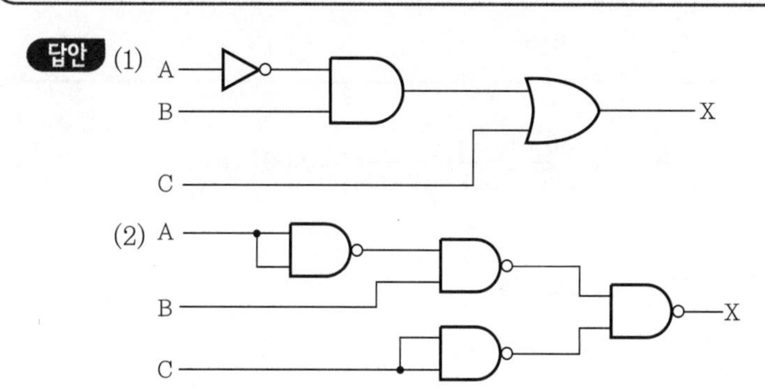

해설 논리식 : $X = \overline{A}B + C$

$= \overline{\overline{\overline{A}B + C}}$

$= \overline{\overline{\overline{A}B}\;\overline{C}}$ → NAND회로 논리식

$= \overline{(A + \overline{B})\overline{C}}$

$= \overline{A + \overline{B}} + C$

$= \overline{\overline{\overline{A + \overline{B}} + C}}$ → NOR회로 논리식

문제 13

배점 : 5점

지상 10[m]에 있는 300[m^3]의 저수조에 양수하는데 45[kW]의 전동기를 사용할 경우 저수조에 물을 가득 채우는 데 소요되는 시간(분)을 구하시오. (단, 펌프의 효율은 85[%], K=1.2이다.)

- 계산과정 :
- 답 :

답안

- 계산과정 : $P = \dfrac{H \cdot \dfrac{Q}{t} \cdot K}{6.12\eta}$ 에서 $t = \dfrac{10 \times 300 \times 1.2}{45 \times 6.12 \times 0.85} = 15.38$[분]
- 답 : 15.38[분]

문제 14

배점 : 5점

22,900/380-220[V], 30[kVA] 변압기에서 공급되는 전선로가 있다. 다음 각 물음에 답하시오.

(1) 허용 누설전류의 최대값[A]을 구하시오.
- 계산과정 :
- 답 :

(2) 이때의 절연저항의 최소값[Ω]을 구하시오.
- 계산과정 :
- 답 :

답안

(1) • 계산과정 : $I_g = I_m \times \dfrac{1}{2,000} = \dfrac{30 \times 10^3}{\sqrt{3} \times 380} \times \dfrac{1}{2,000} = 0.02[\text{A}]$

• 답 : 0.02[A]

(2) • 계산과정 : $R = \dfrac{V}{I_g} = \dfrac{380}{0.02} = 19,000[\Omega]$

• 답 : 19,000[Ω]

문제 15

배점 : 7점

다음의 그림과 같은 시퀀스회로를 보고 논리회로 및 타임차트를 그리시오. (단, PBS_1, PBS_2, PBS_3는 푸시버튼스위치, X_1, X_2는 릴레이, L_1, L_2는 출력 램프이다.)

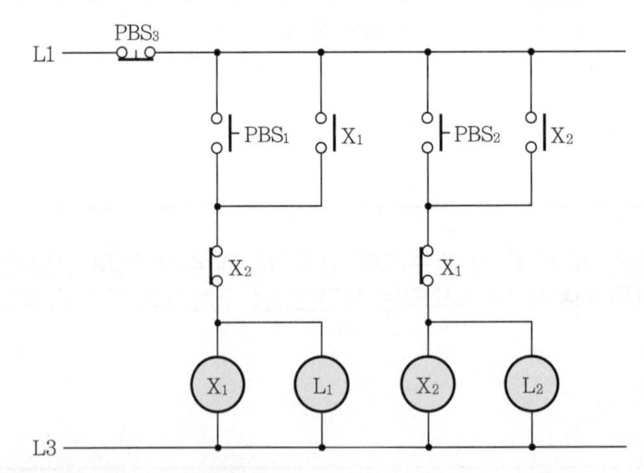

(1) 시퀀스회로를 논리회로로 표현하시오. [단, OR(2입력, 1출력), AND(3입력, 1출력), NOT 게이트만을 이용하여 표현하시오.]

(2) 시퀀스회로를 보고 타임차트를 완성하시오.

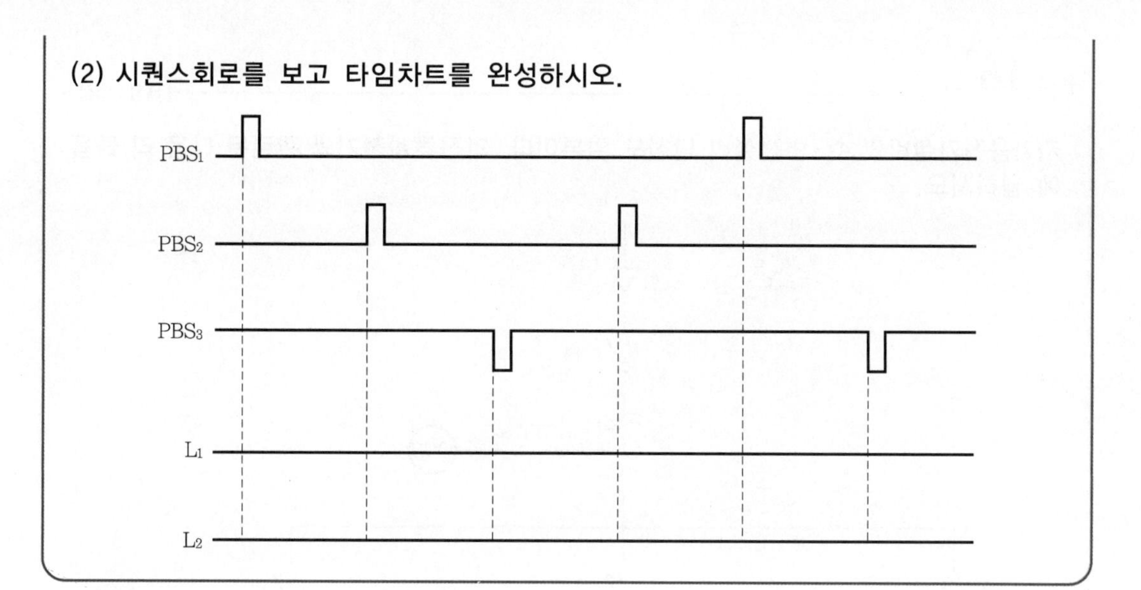

답안 (1)

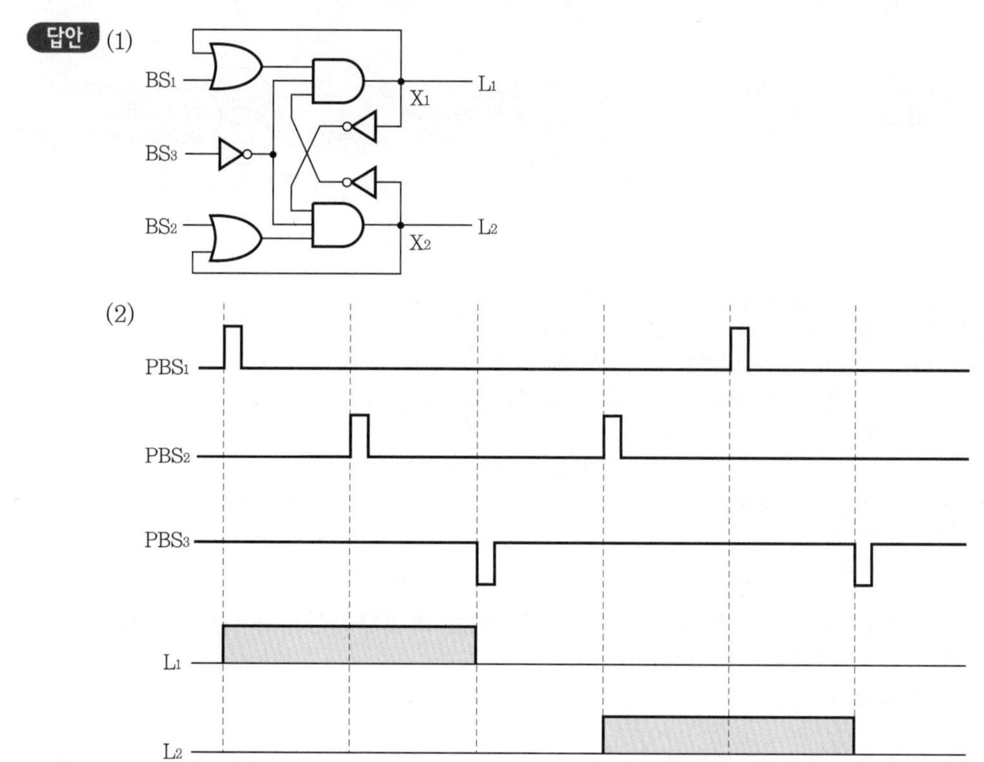

해설 **인터록회로(병렬우선회로)**

PBS_1과 PBS_2의 입력 중 PBS_1을 먼저 ON하면 X_1이 여자되어 L_1이 점등된다.
X_1이 여자된 상태에서 PBS_2를 ON하여도 X_{1-b}접점이 개로되어 있기 때문에 X_2는 여자되지 않는 회로를 인터록회로라 한다. 즉 상대 동작 금지 회로이다.

문제 16

배점 : 10점

자가용전기설비의 수·변전설비 단선도 일부이다. 과전류계전기와 관련된 다음 각 물음에 답하시오.

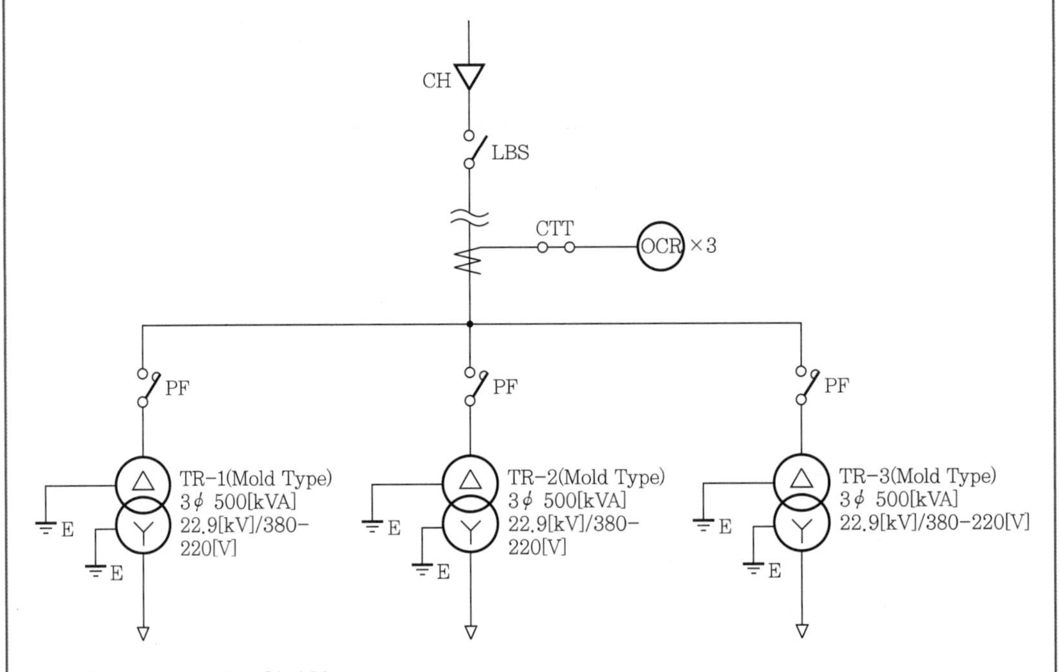

- 계전기 Type : 유도원판형
- 동작특성 : 반한시
- Tap Range : 한시 3~9[A](3, 4, 5, 6, 7, 8, 9)
  순시 20~80[A](20, 30, 40, 50, 60, 70, 80)
- Lever : 1~10

▌계기용 변류기 정격▐

1차 정격전류[A]	20, 25, 30, 40, 50, 75
2차 정격전류[A]	5

(1) OCR의 한시 Tap을 선정하시오. (단, CT비는 최대부하전류의 125[%], 정정기준은 변압기 정격전류의 150[%]이다.)
- 계산과정 :
- 답 :

(2) OCR의 순시 Tap을 선정하시오. (단, 정정기준은 변압기 1차측 단락사고에 동작하고, 변압기 2차측 단락사고 및 여자돌입전류에는 동작하지 않도록 변압기 2차 3상 단락전류의 150[%] Setting, 변압기 2차 3상 단락전류는 20,087[A]이다.)
- 계산과정 :
- 답 :

(3) 유도원판형 계전기의 Lever는 무슨 의미인지 쓰시오.

(4) OCR의 동작특성 중 반한시 특성이란 무엇인지 쓰시오.

답안

(1) • 계산과정 : 변류비 $= \dfrac{\dfrac{500 \times 3}{\sqrt{3} \times 22.9} \times 1.25}{5} = \dfrac{47.27}{5}$ ∴ 50/5 선정

$I_t = \dfrac{500 \times 3}{\sqrt{3} \times 22.9} \times 1.5 \times \dfrac{5}{50} = 5.67[A]$ ∴ 6[A]

• 답 : 6[A] 탭 선정

(2) • 계산과정 : 변압기 1차 단락전류 $I_{s1} = 20,087 \times 1.5 \times \dfrac{380}{22,900} = 499.98[A]$

∴ OCR Tap 전류 $I_t = 499.98 \times \dfrac{5}{50} = 50[A]$

• 답 : 50[A]

(3) 과전류계전기의 동작시간

(4) 고장전류의 크기와 동작시한이 반비례하여 동작하는 특성

문제 17

배점 : 5점

단상 변압기의 2차측 탭 전압 105[V] 단자에 1[Ω]의 저항을 접속하고 1차측에 1[A]의 전류를 흘렸을 때 1차측의 단자전압이 900[V]이었다면 다음 각 물음에 답하시오.

(1) 1차측 탭 전압 V_1을 구하시오.
- **계산과정 :**
- **답 :**

(2) 2차 전류 I_2를 구하시오.
- **계산과정 :**
- **답 :**

답안

(1) • 계산과정 : 1차 전류 $I_1 = \dfrac{V_1}{R_1}$

여기서, $R_1 = \dfrac{V_1}{I_1} = \dfrac{900}{1} = 900[\Omega]$

그리고, $R_1 = a^2 R_2$

따라서, 권수비 $a = \sqrt{\dfrac{R_1}{R_2}} = \sqrt{\dfrac{900}{1}} = 30$

∴ 1차측 탭 전압 $E_1 = aE_2 = 30 \times 105 = 3,150[V]$

• 답 : 3,150[V]

(2) • 계산과정 : 2차 전류 $I_2 = aI_1 = 30 \times 1 = 30[A]$

• 답 : 30[A]

2020년도 산업기사 제4회 필답형 실기시험

종　목	시험시간	배 점	문제수	형 별
전 기 산 업 기 사	2시간	100	17	A

문제 01

배점 : 6점

그림은 전동기의 정·역 운전이 가능한 미완성 시퀀스회로도이다. 이 회로도를 보고 다음 각 물음에 답하시오. (단, 전동기는 가동 중 정·역을 곧바로 바꾸면 과전류와 기계적 손상이 발생되기 때문에 지연 타이머로 지연시간을 주도록 하였다.)

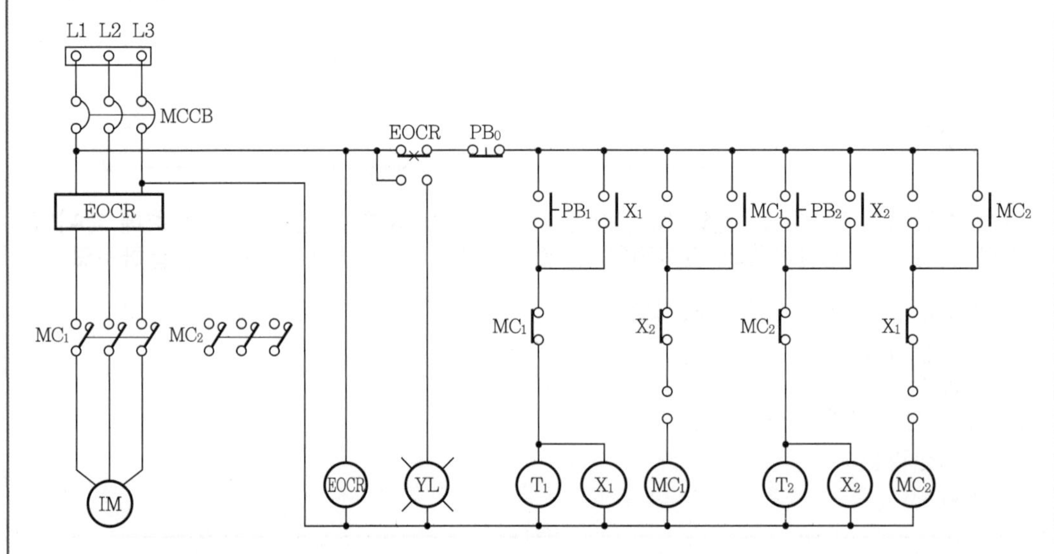

(1) 정·역 운전이 가능하도록 주어진 회로에서 주회로의 미완성 부분을 완성하시오.

(2) 정·역 운전이 가능하도록 주어진 회로에서 보조(제어)회로의 미완성 부분을 완성하시오. (단, 접점에는 접점 명칭을 반드시 기록하도록 하시오.)

(3) 주회로 도면에서 과부하 및 결상을 보호할 수 있는 계전기의 명칭을 쓰시오.

답안 (1)

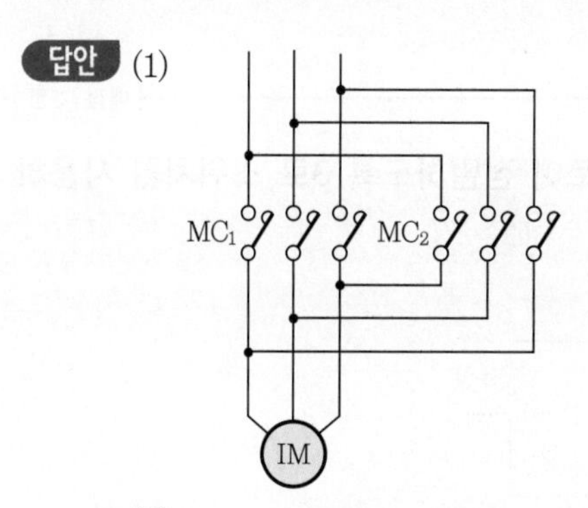

(2)

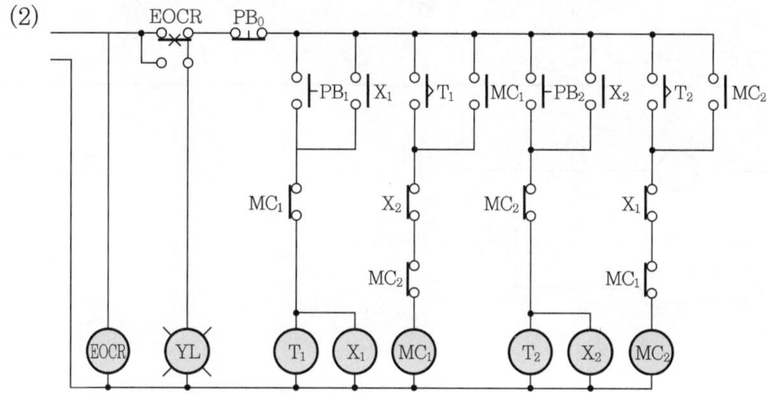

(3) 전자식 과전류계전기

해설 **3상 유도전동기 정·역전 운전 제어회로**

(1) 결선

전동기의 회전 방향을 정방향 또는 역방향으로 운전하는 제어회로로 3상 유도전동기 회전 방향을 바꾸려면 회전자계의 방향을 바꾸는 것으로 가능하므로 전자개폐기 2개를 사용 전원측 L1, L2, L3 3선 중 임의의 2선을 서로 바꾸게 되면 회전 방향이 반대가 된다.

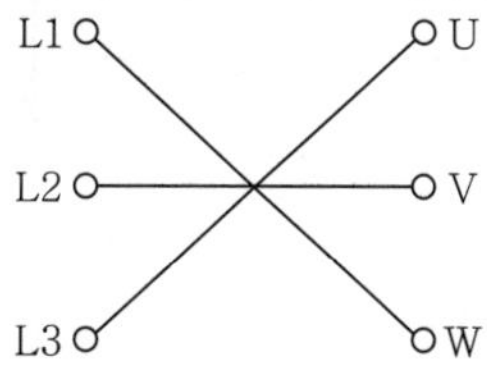

▌정·역 운전 주회로 결선▐

(2) 회로 구성 시 주의해야 할 점

전자개폐기 2개가 동시에 여자될 경우 전원회로에 단락사고가 일어나기 때문에 전자개폐기 MC_1, MC_2는 반드시 인터록회로로 구성되어야 한다.

문제 02

배점 : 5점

계단의 전등을 계단의 아래와 위의 두 곳에서 자유로이 점멸하도록 3로 스위치를 사용하려고 한다. 주어진 미완성 도면을 완성하시오.

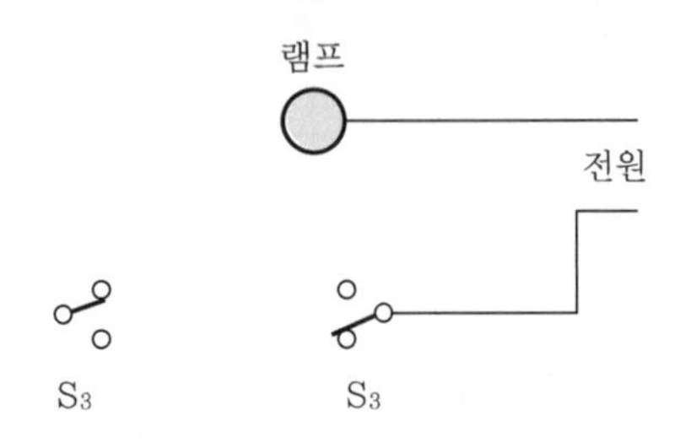

답안

램프

전원

문제 03

배점 : 5점

아래 그림과 같은 전선로의 단락용량[MVA]을 구하시오. (단, 그림의 $\%Z$는 10[MVA]를 기준으로 한 것이다.)

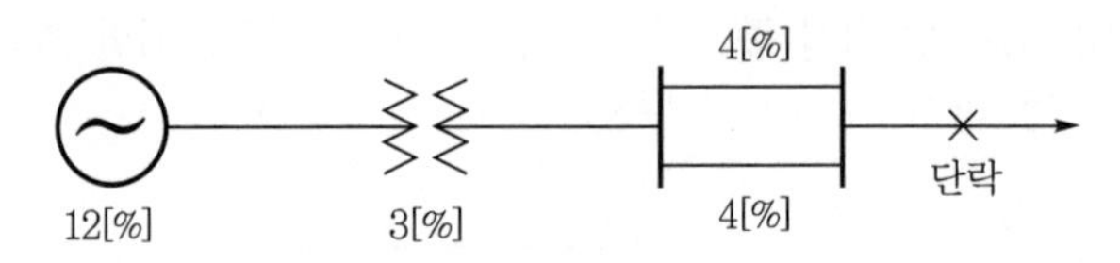

- **계산과정 :**
- **답 :**

답안

- 계산과정

$$P_s = \frac{100}{\%Z} \cdot P_n = \frac{100}{12+3+\frac{4}{2}} \times 10 = 58.82[\text{MVA}]$$

- 답 : 58.82[MVA]

문제 04

배점 : 5점

양수량 18[m^3/min], 전양정 20[m]의 펌프를 구동하는 전동기의 소요출력[kW]을 구하시오. (단, 펌프의 효율은 70[%]이고, 여유는 10[%]를 준다고 한다.)

- 계산과정 :
- 답 :

답안

- 계산과정 : $P = \dfrac{HQK}{6.12\eta} = \dfrac{20 \times 18 \times 1.1}{6.12 \times 0.7} = 92.44[\mathrm{kW}]$
- 답 : 92.44[kW]

문제 05

배점 : 12점

어느 회사에서 한 부지에 A, B, C의 세 공장을 세워 3대의 급수펌프 P_1(소형), P_2(중형), P_3(대형)로 다음 조건에 따라 급수계획을 세웠다. 조건과 미완성 시퀀스 도면을 보고 다음 각 물음에 답하시오.

[조건]

- 공장 A, B, C가 모두 휴무일 때 또는 그 중 한 공장만 가동할 때에는 펌프 P_1만 가동시킨다.
- 공장 A, B, C 중 어느 것이나 두 개의 공장만 가동할 때에는 P_2만 가동시킨다.
- 공장 A, B, C 모두를 가동할 때에는 P_3만 가동시킨다.

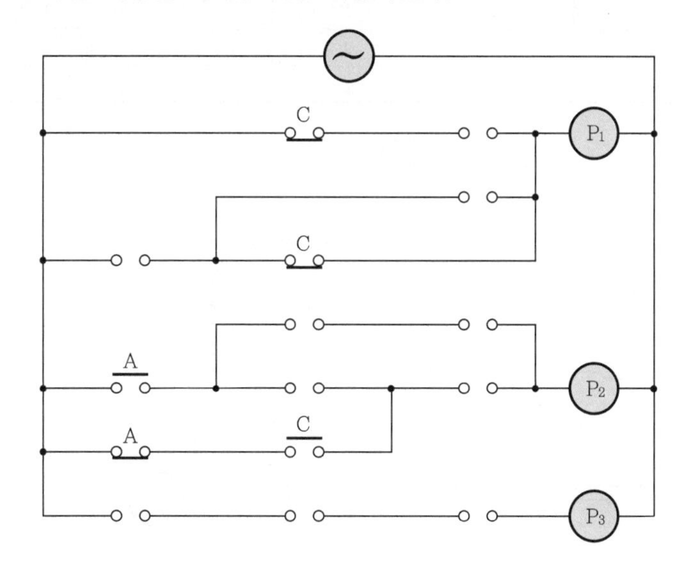

(1) 위의 조건에 대한 진리표를 작성하시오.

A	B	C	P_1	P_2	P_3
0	0	0			
1	0	0			
0	1	0			
0	0	1			
1	1	0			
1	0	1			
0	1	1			
1	1	1			

(2) 주어진 미완성 시퀀스 도면에 접점과 그 기호를 삽입하여 도면을 완성하시오.

(3) P_1, P_2, P_3의 출력식을 가장 간단한 식으로 표현하시오.

- P_1 :
- P_2 :
- P_3 :

답안 (1)

A	B	C	P_1	P_2	P_3
0	0	0	1	0	0
1	0	0	1	0	0
0	1	0	1	0	0
0	0	1	1	0	0
1	1	0	0	1	0
1	0	1	0	1	0
0	1	1	0	1	0
1	1	1	0	0	1

(2)

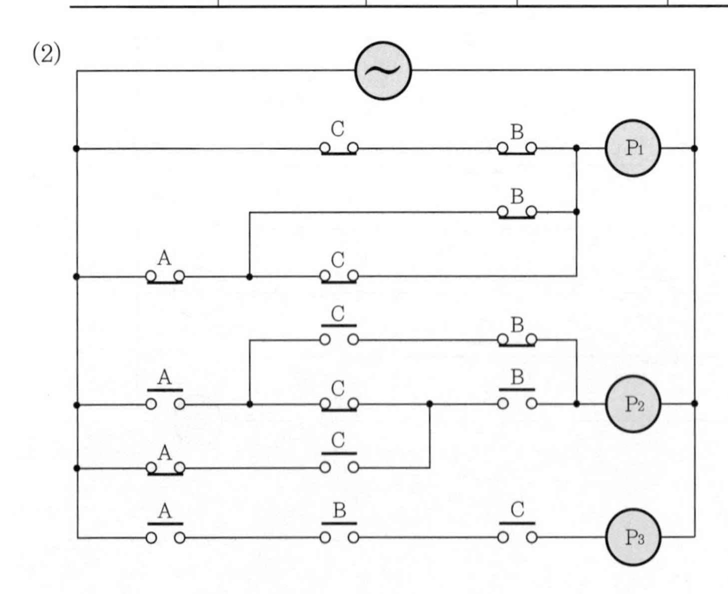

(3) • $P_1 = \overline{A}\,\overline{B}\,\overline{C} + A\,\overline{B}\,\overline{C} + \overline{A}\,B\,\overline{C} + \overline{A}\,\overline{B}C$

$= \overline{A}\,(\overline{B} + \overline{C}) + \overline{B}\,\overline{C}$

• $P_2 = \overline{A}\,B\,C + A\,\overline{B}\,C + A\,B\,\overline{C}$

$= \overline{A}\,B\,C + A(\overline{B}C + B\overline{C})$

• $P_3 = A\,B\,C$

해설 $P_1 = \overline{A}\,\overline{B}\,\overline{C} + A\overline{B}\,\overline{C} + \overline{A}\,B\overline{C} + \overline{A}\,\overline{B}C$**의 논리식 간이화**

karnaugh도 :

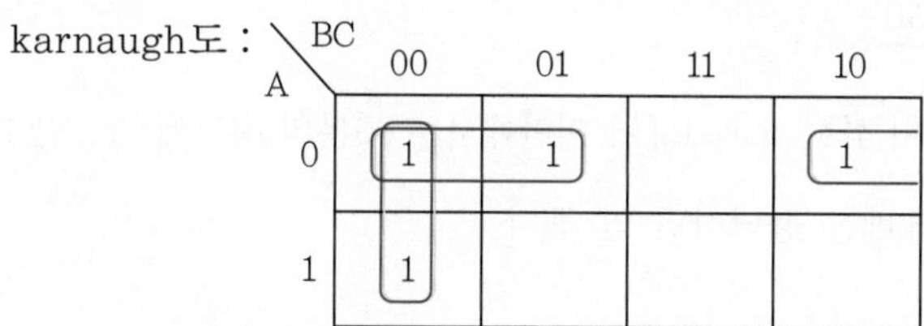

$= \overline{A}\,\overline{B} + \overline{A}\,\overline{C} + \overline{B}\,\overline{C}$

$= \overline{A}\,(\overline{B} + \overline{C}) + \overline{B}\,\overline{C}$

문제 06

배점 : 5점

정전기 대전의 종류 3가지와 정전기 방지 대책 2가지를 쓰시오.

(1) 정전기 대전의 종류 3가지
(2) 정전기 방지 대책 2가지

답안 (1) • 마찰대전
• 충돌대전
• 유동대전

(2) • 대전되는 물체 접지
• 제전기 사용

해설 **정전기 대전의 종류**
• 마찰대전
• 박리대전
• 유동대전
• 분출대전
• 충돌대전
• 파괴대전

문제 07

| 배점 : 5점 |

전원전압이 100[V]인 회로에 600[W]의 전기솥 1대, 350[W]의 전기다리미 1대, 150[W]의 텔레비전 1대를 사용하며, 사용되는 모든 부하의 역률이 1이라고 할 때, 이 회로에 연결된 10[A]의 고리퓨즈는 어떻게 되겠는지 이유를 설명하시오.

답안

전류 $I = \dfrac{600+350+150}{100} = 11\,[\mathrm{A}]$

∴ 범용퓨즈의 용단특성에서 4[A] 초과 16[A] 미만에서는 60분의 시간에 불용단 1.5배, 용단 2.1배이므로 $\dfrac{11}{10} = 1.1$ 배는 용단하면 안 된다.

문제 08

| 배점 : 4점 |

전력시설물 공사감리업무 수행지침에 따른 검사절차에 대한 내용이다. 다음 (　　) 안에 들어갈 내용을 답란에 쓰시오. (단, 반드시 전력시설물 공사감리업무 수행지침에 표현된 문구를 활용하여 쓰시오.)

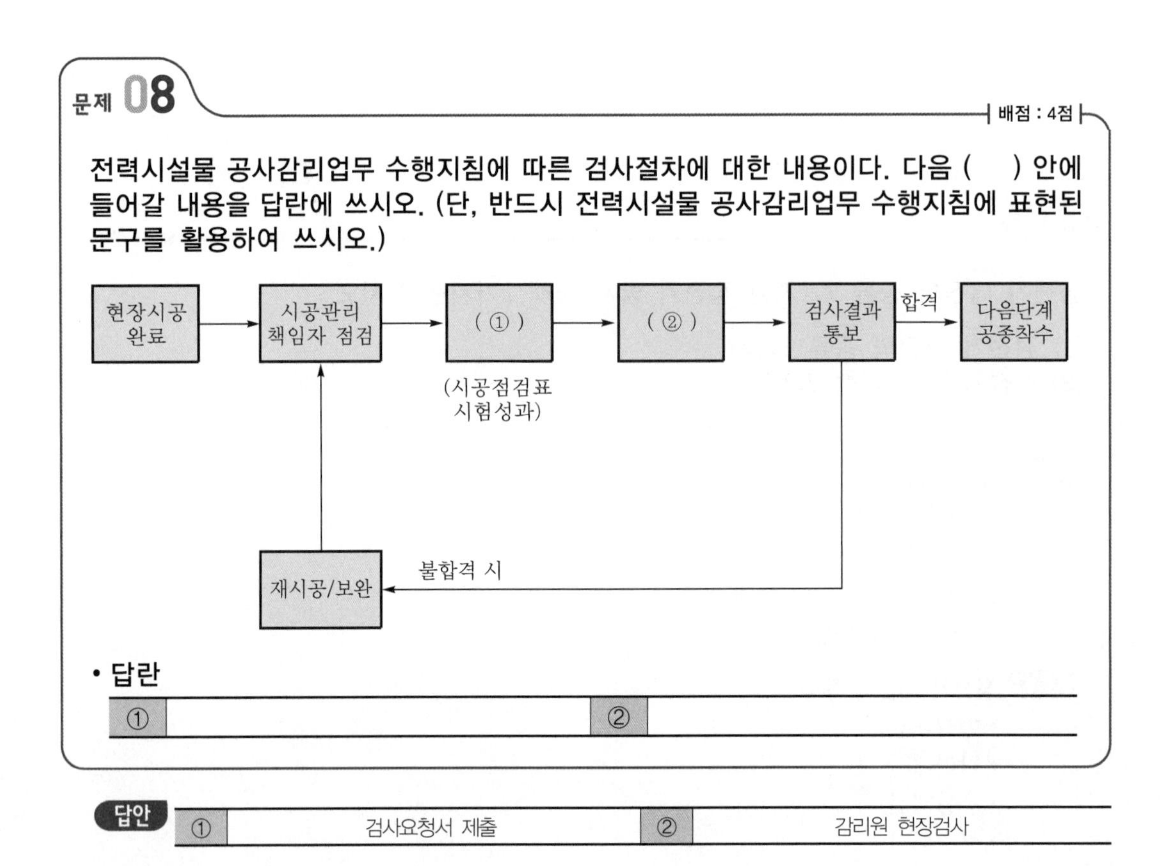

• 답란

①		②	

답안

①	검사요청서 제출	②	감리원 현장검사

문제 09

배점 : 5점

380[V], 10[kW](3상 4선식)의 3상 전열기가 수·변전실 배전반에서 50[m] 떨어져 설치되어 있다. 이 경우 배전용 케이블의 최소 규격을 선정하시오.

케이블 규격[mm²]							
1.5	2.5	4	6	10	16	25	35

- 계산과정 :
- 답 :

답안
- 계산과정

  수용가 설비의 전압강하는 A유형의 기타(%)를 적용하면 5[%]이다.

  $\therefore$ 전선의 굵기 $A = \dfrac{17.8LI}{1{,}000e} = \dfrac{17.8 \times 50}{1{,}000 \times 220 \times 0.05} \times \dfrac{10 \times 10^3}{\sqrt{3} \times 380} = 1.23[\text{mm}^2]$

  $\therefore$ 1.5[mm²] 선정
- 답 : 1.5[mm²]

문제 10

배점 : 6점

아래의 논리회로를 참고하여 다음 각 물음에 답하시오.

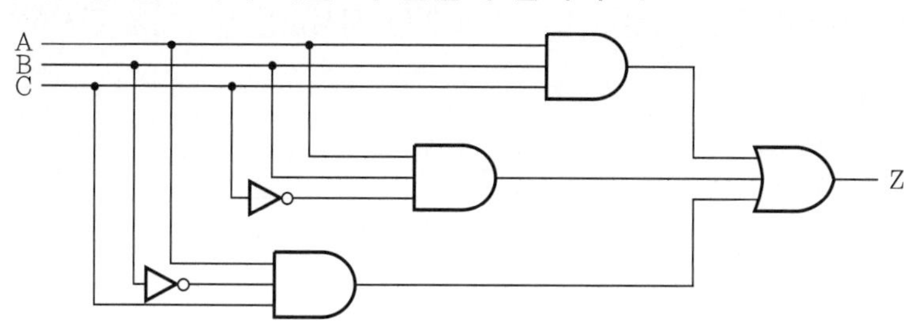

(1) 출력식 Z를 간소화하시오.
- 간소화 과정 :
- Z=

(2) "(1)"항에서 간소화한 출력식 Z에 따른 시퀀스회로를 완성하시오.

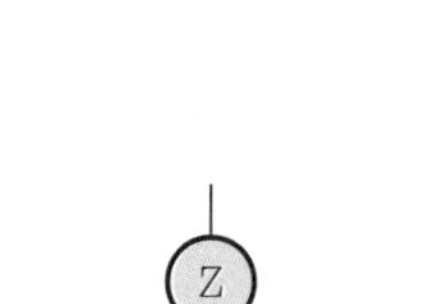

답안 (1) • 간소화 과정 : $Z = ABC + AB\overline{C} + A\overline{B}C$

$= ABC + ABC + AB\overline{C} + A\overline{B}C$

$= AB(C + \overline{C}) + AC(B + \overline{B})$

$= AB + AC$

$= A(B + C)$

• $Z = A(B + C)$

(2)

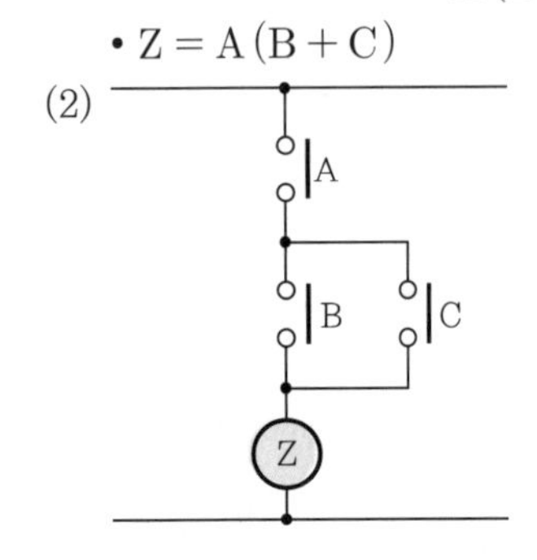

문제 11

배점 : 5점

저압 케이블회로의 누전점을 HOOK-ON 미터로 탐지하려고 한다. 다음 각 물음에 답하시오.

(1) 저압 3상 4선식 선로의 합성전류를 HOOK-ON 미터로 아래 그림과 같이 측정하였다. 부하측에서 누전이 없는 경우 HOOK-ON 미터 지시값은 몇 [A]를 지시하는지 쓰시오.

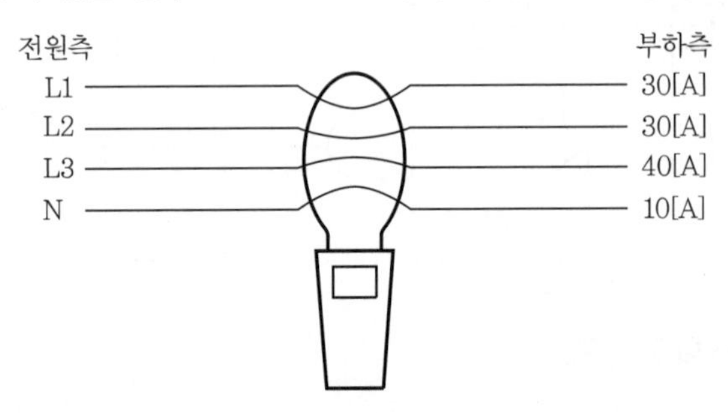

(2) 다른 곳에는 누전이 없고, "G"지점에서 3[A]가 누전되면 "S"지점에서 HOOK-ON 미터 검출전류는 몇 [A]가 검출되고, "K"지점에서 HOOK-ON 미터 검출전류는 몇 [A]가 검출되는지 쓰시오.

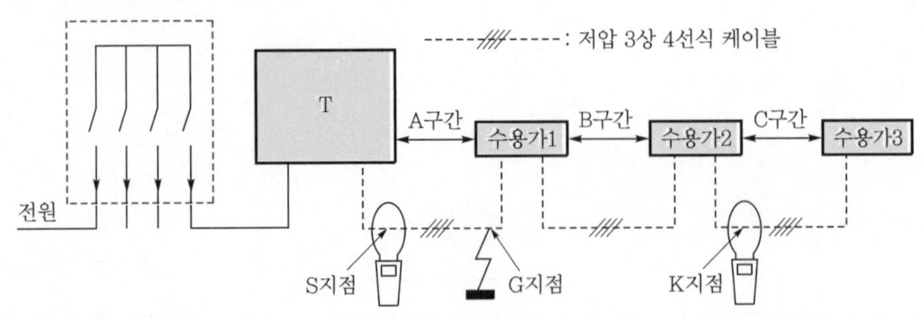

① "S"지점에서의 검출전류 : [A]
② "K"지점에서의 검출전류 : [A]

답안 (1) 0[A]
(2) ① 3[A]
② 0[A]

문제 **12** 배점 : 5점

단상 커패시터 3개를 선간전압 3,300[V], 주파수 60[Hz]의 선로에 △로 접속하여 60[kVA]가 되도록 하려면 커패시터 1개의 정전용량[μF]은 얼마로 하면 되는지 구하시오.

- **계산과정 :**
- **답 :**

답안 • 계산과정 : $Q = 3 \times 2\pi f C V^2$

$$\therefore \text{ 정전용량 } C = \frac{Q}{3 \times 2\pi f V^2} = \frac{60 \times 10^3}{3 \times 2\pi \times 60 \times 3,300^2} \times 10^6 = 4.87[\mu\text{F}]$$

• 답 : 4.87[μF]

문제 **13** 배점 : 6점

50[Hz]로 설계된 3상 유도전동기를 동일 전압으로 60[Hz]에 사용할 경우 다음 항목이 어떻게 변화하는지를 수치로 제시하여 쓰시오.

(1) 무부하전류
(2) 온도 상승
(3) 속도

답안 (1) $\frac{5}{6}$로 감소

(2) $\frac{5}{6}$로 감소

(3) $\frac{6}{5}$으로 증가

문제 14

배점 : 5점

송전용량 5,000[kVA]인 설비가 있을 때 공급 가능한 용량은 부하역률 80[%]에서 4,000[kW]까지이다. 여기서, 부하역률을 95[%]로 개선하는 경우 역률개선 전(80[%])에 비하여 추가 공급 가능한 용량[kW]을 구하시오.

- 계산과정 :
- 답 :

답안
- 계산과정 : $\Delta P = P_a(\cos\theta_2 - \cos\theta_1) = 5{,}000(0.95 - 0.8) = 750[\mathrm{kW}]$
- 답 : 750[kW]

문제 15

배점 : 10점

그림과 같은 철골 공장에 백열등의 전반조명을 할 때 작업면의 평균조도로 200[lx]를 얻기 위한 광원의 소비전력을 구하려고 한다. 주어진 조건과 참고자료를 이용하여 다음 각 물음에 답하면서 순차적으로 구하도록 하시오.

[조건]
- 천장, 벽면의 반사율은 30[%]이다.
- 광원은 천장면하 1[m]에 부착한다.
- 천장의 높이는 9[m]이다.
- 감광보상률은 보수상태를 "양"으로 하여 적용한다.
- 배광은 직접조명으로 한다.
- 조명기구는 금속 반사갓 직부형이다.

[도면]

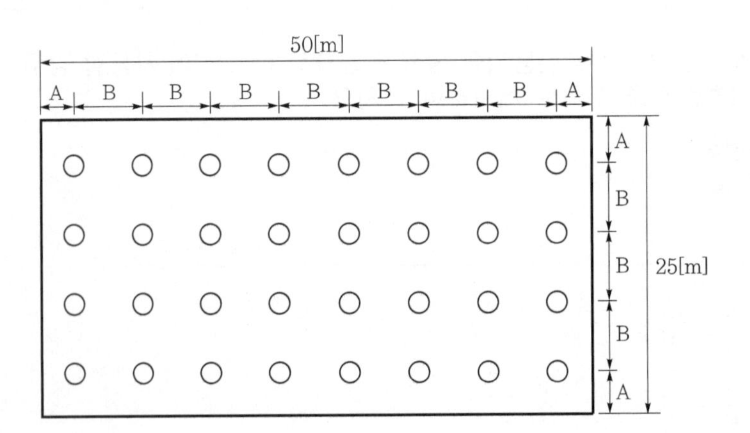

[참고자료 1] 실지수 분류기호

기 호	A	B	C	D	E	F	G	H	I	J
실지수	5.0	4.0	3.0	2.5	2.0	1.5	1.25	1.0	0.8	0.6
범 위	4.5 이상	4.5 ~3.5	3.5 ~2.75	2.75 ~2.25	2.25 ~1.75	1.75 ~1.38	1.38 ~1.12	1.12 ~0.9	0.9 ~0.7	0.7 이하

[참고자료 2] 실지수 도표

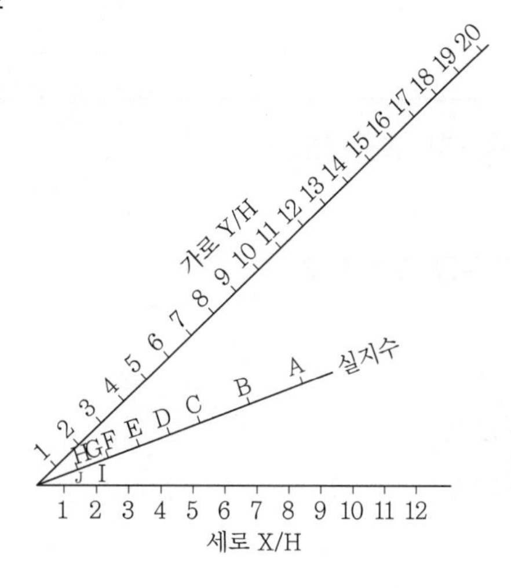

[참고자료 3] 조명률 표

배 광 / 설치간격	조명기구	감광보상률(D) 보수상태 양	중	부	반사율 ρ (천장 / 벽)	0.75 / 0.5	0.75 / 0.3	0.75 / 0.1	0.50 / 0.5	0.50 / 0.3	0.50 / 0.1	0.30 / 0.3	0.30 / 0.1
					실지수	조명률 U[%]							
간접 0.80 0 $S \leq 1.2H$		전구			J0.6	16	13	11	12	10	08	06	05
					I0.8	20	16	15	15	13	11	08	07
					H1.0	23	20	17	17	14	13	10	08
		1.5	1.7	2.0	G1.25	26	23	20	20	17	15	11	10
					F1.5	29	26	22	22	19	17	12	11
					E2.0	32	29	26	24	21	19	13	12
		형광등			D2.5	36	32	30	26	24	22	15	14
					C3.0	38	35	32	28	25	24	16	15
		1.7	2.0	2.5	B4.0	42	39	36	30	29	27	18	17
					A5.0	44	41	39	33	30	29	19	18
직접 0 0.75 $S \leq 1.3H$		전구			J0.6	34	29	26	32	29	27	29	27
					I0.8	43	38	35	39	36	35	36	34
					H1.0	47	43	40	41	40	38	40	38
		1.3	1.4	1.5	G1.25	50	47	44	44	43	41	42	41
					F1.5	52	50	47	46	44	43	44	43
					E2.0	58	55	52	49	48	46	47	46
		형광등			D2.5	62	58	56	52	51	49	50	49
					C3.0	64	61	58	54	52	51	51	50
		1.4	1.7	2.0	B4.0	67	64	62	55	53	52	52	52
					A5.0	68	66	64	56	54	53	54	52

[참고자료 4] 전등의 용량에 따른 광속

용량[W]	광속[lm]
100	3,200~3,500
200	7,700~8,500
300	10,000~11,000
400	13,000~14,000
500	18,000~20,000
1,000	21,000~23,000

(1) 광원의 높이는 몇 [m]인지 구하시오.
- **계산과정 :**
- **답 :**

(2) 실지수의 기호와 실지수를 구하시오.
- **계산과정 :**
- **답 :**

(3) 조명률을 선정하시오.
(4) 감광보상률을 선정하시오.
(5) 전 광속[lm]을 구하시오.
- **계산과정 :**
- **답 :**

(6) 전등 한 등의 광속[lm]을 구하시오.
- **계산과정 :**
- **답 :**

(7) 전등 한 등의 용량[W]을 선정하시오.

답안 (1) • 계산과정 : 등고 $H = 9 - 1 = 8$[m]
• 답 : 8[m]

(2) • 계산과정 : 실지수$(RI) = \dfrac{XY}{H(X+Y)} = \dfrac{50 \times 25}{8 \times (50+25)} = 2.08$

따라서, [참고자료 1]에서 실지수 기호는 E

• 답 : 실지수 기호는 E, 실지수 2.0

(3) 문제 조건에서 천장, 벽 반사율 30[%], 실지수 E, 직접 조명이므로 [참고자료 3]에서 조명률 47[%]를 선정

(4) 문제 조건에서 보수 상태 양이므로 [참고자료 3]에서 직접 조명, 전구란에서 1.3을 선택

(5) • 계산과정 : 전 광속 $NF = \dfrac{EAD}{U} = \dfrac{200 \times (50 \times 25) \times 1.3}{0.47} = 691,489.36$[lm]

• 답 : 691,489.36[lm]

(6) • 계산과정 : 1등당 광속 $F = \dfrac{691,489.36}{32} = 21,609.04$[lm]

• 답 : 21,609.04[lm]

(7) [참고자료 4]에서 21,000~23,000[lm]인 1,000[W] 선정

문제 16

배점 : 5점

다음 ( )에 알맞은 내용을 쓰시오.

임의의 면에서 한 점의 조도는 광원의 광도 및 입사각 θ의 코사인에 비례하고 거리의 제곱에 반비례한다. 이와 같이 입사각의 코사인에 비례하는 것을 Lambert의 코사인법칙이라 한다. 또 광선과 피조면의 위치에 따라 조도를 ( )조도, ( )조도, ( )조도 등으로 분류할 수 있다.

답안
- 법선
- 수평면
- 수직면

문제 17

배점 : 6점

500[kVA]의 변압기가 그림과 같은 부하로 운전되고 있다. 오전에는 역률을 85[%]로, 오후에는 100[%]로 운전된다고 할 때 전일효율[%]을 구하시오. (단, 이 변압기의 철손은 6[kW], 전부하의 동손은 10[kW]라고 한다.)

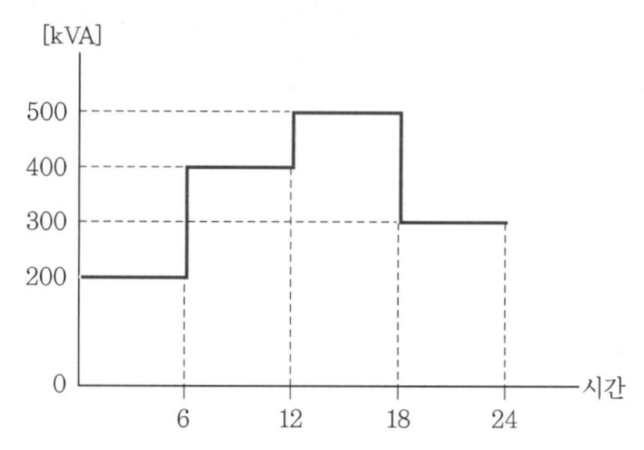

- **계산과정 :**
- **답 :**

답안
- 계산과정

출력 $P = (200 \times 6 \times 0.85) + (400 \times 6 \times 0.85) + (500 \times 6 \times 1) + (300 \times 6 \times 1)$

$= 7,860[\text{kWh}]$

철손 $P_t = 6 \times 24 = 144[\text{kWh}]$

동손 $P_c = 10 \times \left\{ \left(\frac{200}{500} \right)^2 \times 6 + \left(\frac{400}{500} \right)^2 \times 6 + \left(\frac{500}{500} \right)^2 \times 6 + \left(\frac{300}{500} \right)^2 \times 6 \right\}$

$= 129.6[\text{kWh}]$

$\therefore$ 전일효율 $\eta = \frac{7,860}{7,860 + 144 + 129.6} \times 100 = 96.64[\%]$

• 답 : 96.64[%]

2021년도 산업기사 제1회 필답형 실기시험

종 목	시험시간	배 점	문제수	형 별
전 기 산 업 기 사	2시간	100	18	A

문제 01

배점 : 5점

전열기를 사용하여 5[℃]의 순수한 물 15[l]를 60[℃]로 상승시키는 데 1시간이 소요되었다. 이때 필요한 전열기의 용량[kW]을 구하시오. (단, 전열기의 효율은 76[%]로 한다.)

- 계산과정 :
- 답 :

답안 • 계산과정

전열기 효율 $\eta = \dfrac{Cm\theta}{860P \cdot T} \times 100[\%]$

$\therefore$ 전열기 용량 $P = \dfrac{1 \times 15 \times (60-5)}{860 \times 1 \times 0.76} = 1.26[\text{kW}]$

- 답 : 1.26[kW]

문제 02

배점 : 14점

3층 사무실용 건물에 3상 3선식의 6,000[V]를 수전하여 200[V]로 강압하는 수전설비를 하였다. 각종 부하설비가 표와 같을 때 주어진 조건을 이용하여 다음 각 물음에 답하시오.

▌동력부하설비 ▌

사용 목적	용량[kW]	대 수	상용동력[kW]	하계동력[kW]	동계동력[kW]
난방관계					
• 보일러펌프	6.7	1			6.7
• 오일기어펌프	0.4	1			0.4
• 온수순환펌프	3.7	1			3.7
공기조화관계					
• 1, 2, 3층 패키지 콤프레셔	7.5	6		45.0	
• 콤프레셔 팬	5.5	3	16.5		
• 냉각수펌프	5.5	1		5.5	
• 쿨링타워	1.5	1		1.5	

사용 목적	용량[kW]	대 수	상용동력[kW]	하계동력[kW]	동계동력[kW]
급수, 배수관계					
• 양수펌프	3.7	1	3.7		
기타					
• 소화펌프	5.5	1	5.5		
• 셔터	0.4	2	0.8		
합계			26.5	52.0	10.8

▌조명 및 콘센트 부하설비▐

사용 목적	와트수[W]	설치 수량	환산 용량[VA]	총 용량[VA]	비 고
전등관계					
• 수은등 A	200	2	260	520	200[V] 고역률
• 수은등 B	100	8	140	1,120	100[V] 고역률
• 형광등	40	820	55	45,100	200[V] 고역률
• 백열전등	60	20	60	1,200	
콘센트관계					
• 일반 콘센트		70	150	10,500	2P 15[A]
• 환기팬용 콘센트		8	55	440	
• 히터용 콘센트	1,500	2		3,000	
• 복사기용 콘센트		4		3,600	
• 텔레타이프용 콘센트		2		2,400	
• 룸쿨러용 콘센트		6		7,200	
기타					
• 전화교환용 정류기		1		800	
계				75,880	

[조건]
- 동력부하의 역률은 모두 70[%]이며, 기타는 100[%]로 간주한다.
- 조명 및 콘센트 부하설비의 수용률은 다음과 같다.
  - 전등설비 : 60[%]
  - 콘센트설비 : 70[%]
  - 전화교환용 정류기 : 100[%]
- 변압기 용량 산출 시 예비율(여유율)은 고려하지 않으며 용량은 표준규격으로 답하도록 한다.
- 변압기 용량 산정 시 필요한 동력부하설비의 수용률은 전체 평균 65[%]로 한다.

(1) 동계난방 때 온수순환펌프는 상시 운전하고 보일러펌프와 오일기어펌프의 수용률이 55[%]일 때 난방동력에 대한 수용부하는 몇 [kW]인지 구하시오.
- **계산과정 :**
- **답 :**

(2) 상용동력, 하계동력, 동계동력에 대한 피상전력은 몇 [kVA]가 되는지 구하시오.

① 상용동력
- **계산과정 :**
- **답 :**

② 하계동력
- **계산과정 :**
- **답 :**

③ 동계동력
- 계산과정 :
- 답 :

(3) 이 건물의 총 전기설비 용량은 몇 [kVA]를 기준으로 하여야 하는지 구하시오.
- 계산과정 :
- 답 :

(4) 조명 및 콘센트 부하설비에 대한 단상 변압기의 표준용량[kVA]을 선정하시오. (단, 단상 변압기의 표준용량[kVA]은 50, 75, 100, 150, 200, 300, 400, 500에서 선정한다.)
- 계산과정 :
- 답 :

(5) 동력부하용 3상 변압기의 표준용량[kVA]을 선정하시오. (단, 3상 변압기의 표준용량[kVA]은 50, 75, 100, 150, 200, 300, 400, 500에서 선정한다.)
- 계산과정 :
- 답 :

(6) 단상과 3상 변압기의 각 2차측에 전류계용으로 사용되는 변류기가 설치되어 있다. 각 변류기의 1차측 정격전류[A]를 구하시오.

① 단상
- 계산과정 :
- 답 :

② 3상
- 계산과정 :
- 답 :

(7) 역률개선을 위하여 각 부하마다 전력용 커패시터를 설치하려고 할 때에 보일러펌프의 역률을 95[%]로 개선하려면 몇 [kVA]의 전력용 커패시터가 필요한지 구하시오.
- 계산과정 :
- 답 :

답안 (1) • 계산과정 : $3.7+(6.7+0.4)\times 0.55=7.61$[kW]
- 답 : 7.61[kW]

(2) ① • 계산과정 : $\frac{26.5}{0.7}=37.86$[kVA]
- 답 : 37.86[kVA]

② • 계산과정 : $\frac{52.0}{0.7}=74.29$[kVA]
- 답 : 74.29[kVA]

③ • 계산과정 : $\frac{10.8}{0.7}=15.43$[kVA]
- 답 : 15.43[kVA]

(3) • 계산과정 : $37.86+74.29+75.88=188.03$[kVA]
- 답 : 188.03[kVA]

(4) • 계산과정

– 전등 : $(520+1,120+45,100+1,200)\times 0.6\times 10^{-3}=28.76[\text{kVA}]$

– 콘센트 : $(10,500+440+3,000+3,600+2,400+7,200)\times 0.7\times 10^{-3}=19[\text{kVA}]$

– 기타 : $800\times 1\times 10^{-3}=0.8[\text{kVA}]$

$28.76+19+0.8=48.56[\text{kVA}]$

∴ 50[kVA]

• 답 : 50[kVA]

(5) • 계산과정 : $(26.5+52.0)\times 0.65\times \dfrac{1}{0.7}=72.89[\text{kVA}]$

∴ 75[kVA]

• 답 : 75[kVA]

(6) ① • 계산과정 : $I_1=\dfrac{50\times 10^3}{200}\times(1.25\sim 1.5)=312.5\sim 375[\text{A}]$

∴ 300/5 선정

• 답 : 300/5

② • 계산과정 : $I_1=\dfrac{75\times 10^3}{\sqrt{3}\times 200}\times(1.25\sim 1.5)=270.63\sim 324.76[\text{A}]$

∴ 300/5 선정

• 답 : 300/5

(7) • 계산과정 : $Q_c=6.7(\tan\cos^{-1}0.7-\tan\cos^{-1}0.95)=4.63[\text{kVA}]$

• 답 : 4.63[kVA]

문제 03

배점 : 4점

전력시설물 공사감리업무 수행지침에 따른 부진공정 만회대책에 대한 내용이다. 다음 ( )에 들어갈 내용을 답란에 쓰시오.

> 감리원은 공사 진도율이 계획공정 대비 월간 공정실적이 (①)[%] 이상 지연되거나, 누계공정 실적이 (②)[%] 이상 지연될 때에는 공사업자에게 부진사유 분석, 만회대책 및 만회공정표를 수립하여 제출하도록 지시하여야 한다.

• 답란

①	②

답안

①	②
10	5

문제 04

배점 : 8점

예비전원설비에 이용되는 연축전지와 알칼리 축전지에 대하여 다음 각 물음에 답하시오.

(1) 연축전지와 비교할 때 알칼리 축전지의 장점과 단점을 1가지씩만 쓰시오.
① 장점 :
② 단점 :

(2) 연축전지와 알칼리 축전지의 공칭전압은 각각 몇 [V/cell]인지 쓰시오.
① 연축전지 :
② 알칼리 축전지 :

(3) 축전지의 일반적인 충전방식 중 부동충전방식에 대하여 설명하시오.

(4) 연축전지의 정격용량이 200[Ah]이고, 상시부하가 10[kW]이며, 표준전압이 100[V]인 부동충전방식 충전기의 2차 전류[A]를 구하시오. (단, 상시부하의 역률은 1로 간주한다.)
• 계산과정 :
• 답 :

답안 (1) ① 수명이 길다.
② 공칭전압이 낮다.

(2) ① 2.0[V/cell]
② 1.2[V/cell]

(3) 충전기에 축전지와 부하를 병렬로 접속하여 사용하는 방식으로 축전지 자기방전을 보충함과 동시에 통상적인 부하전류는 충전기가 공급하되, 일시적인 대전류부하는 축전지가 공급하는 방식

(4) • 계산과정 : $I = \dfrac{200}{10} + \dfrac{10 \times 10^3}{100} = 120[\text{A}]$

• 답 : 120[A]

해설 (1) **알칼리 축전지**
① 장점
• 수명이 길다.(연축전지의 3~4배)
• 진동과 충격에 강하다.
• 충·방전 특성이 양호하다.
• 방전 시 전압 변동이 작다.
• 사용 온도 범위가 넓다.
② 단점
• 연축전지보다 공칭전압이 낮다.
• 가격이 비싸다.

(4) • 충전기 2차 전류[A] $= \dfrac{\text{축전지 용량[Ah]}}{\text{정격방전율[h]}} + \dfrac{\text{상시 부하용량[VA]}}{\text{표준전압[V]}}$

• 연축전지의 정격방전율 : 10[h]

문제 05

배점 : 5점

무접점 릴레이 회로가 그림과 같을 때 다음 각 물음에 답하시오.

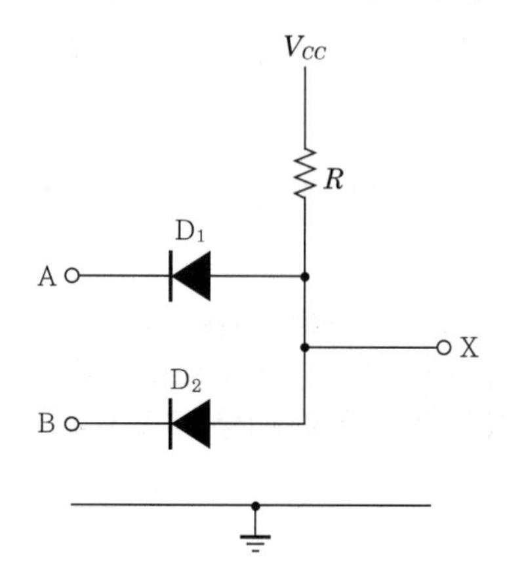

(1) 출력식 X를 쓰시오.
 • X :

(2) 타임차트를 완성하시오.

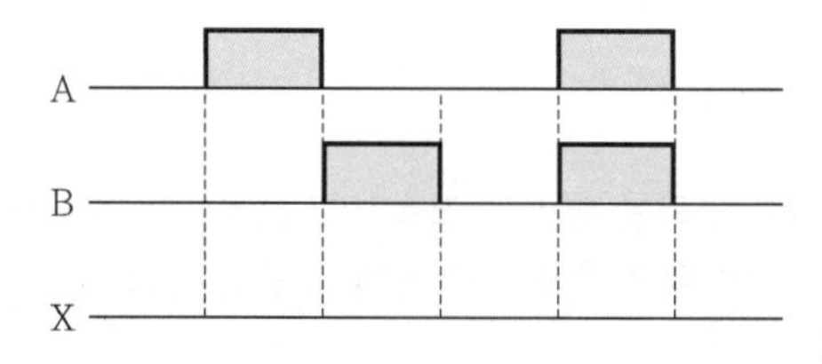

답안 (1) $X = AB$

(2)

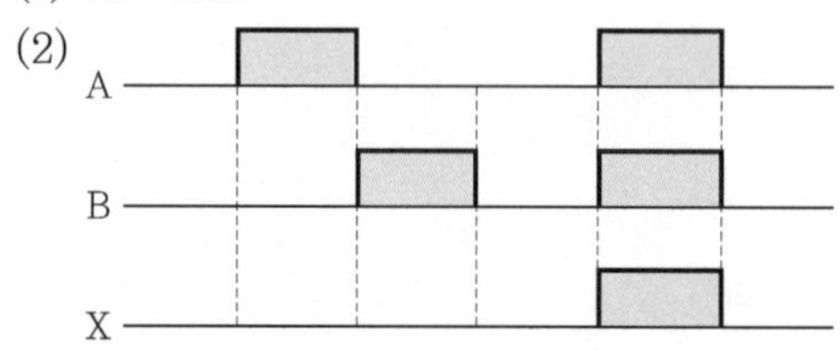

문제 06

배점 : 5점

합성수지관공사 시설 장소에 대한 표이다. 다음 표에 시설가능 여부를 "O", "×"를 사용하여 완성하시오.

▎합성수지관공사 시설 장소▎

옥 내						옥측/옥외	
노출장소		은폐 장소					
		점검 가능		점검 불가능			
건조한 장소	습기가 많은 장소 또는 물기가 있는 장소	건조한 장소	습기가 많은 장소 또는 물기가 있는 장소	건조한 장소	습기가 많은 장소 또는 물기가 있는 장소	우선 내	우선 외
O		O				O	

O : 시설할 수 있다.
× : 시설할 수 없다.
[비고] 1. 점검 가능 장소(예시 : 건물의 빈 공간 등)
2. 점검 불가능 장소(예시 : 구조체 매입, 케이블채널, 지중 매설, 창틀 및 처마도리 등)

답안

옥 내						옥측/옥외	
노출장소		은폐 장소					
		점검 가능		점검 불가능			
건조한 장소	습기가 많은 장소 또는 물기가 있는 장소	건조한 장소	습기가 많은 장소 또는 물기가 있는 장소	건조한 장소	습기가 많은 장소 또는 물기가 있는 장소	우선 내	우선 외
O	O	O	O	O	O	O	O

문제 07

배점 : 5점

수용가 인입구의 전압이 22.9[kV], 주차단기의 차단용량이 200[MVA]이다. 10[MVA], 22.9[kV]/3.3[kV] 변압기의 임피던스가 4.5[%]일 때 변압기 2차측에 필요한 차단기 정격차단용량을 다음 표에서 선정하시오.

차단기 정격차단용량[MVA]							
100	160	250	310	410	520	600	750

- **계산과정 :**
- **답 :**

답안 • 계산과정 : 10[MVA]를 기준용량으로 하여 전원측 $\%Z$을 구하면

$$\%Z_s = \frac{P_n}{P_s} \times 100 = \frac{10}{200} \times 100 = 5[\%]$$

$$\therefore \text{ 2차측 단락용량 } P_s = \frac{100}{\%Z} \cdot P_n = \frac{100}{5+4.5} \times 10 = 105.26[\text{MVA}]$$

따라서 차단기 용량은 160[MVA]를 선정한다.

• 답 : 160[MVA]

문제 08 | 배점 : 5점 |

공동주택에 전력량계 1ϕ 2W용 35개를 신설하고, 3ϕ 4W용 7개는 사용이 종료되어 신품으로 교체하였다. 소요되는 공구손료 등을 제외한 직접 노무비를 구하시오. (단, 인공계산은 소수 셋째 자리까지 구하며, 내선전공의 노임은 95,000원이다.)

▌전력량계 및 부속장치 설치▐

(단위 : 대)

종 별	내선전공
전력량계 1ϕ 2W용	0.14
전력량계 1ϕ 3W용 및 3ϕ 3W용	0.21
전력량계 3ϕ 4W용	0.32
전류변성기(CT) (저압·고압)	0.40
전압변성기(PT) (저압·고압)	0.40
영상전류변류기(ZCT)	0.40
현수용 전압전류변성기(MOF) (고압·특고압)	3.00
설치용	2.00
계기함	0.30
특수계기함	0.45
변성기함 (저압·고압)	0.60

[해설]
① 방폭 200[%]
② 아파트 등 공동주택 및 기타 이와 유사한 동일 장소 내에서 10대를 초과하는 전력량계 설치 시 추가 1대당 해당품의 70[%]
③ 특수계기함은 3종 계기함, 농사용 계기함, 집합 계기함 및 저압전류변성기용 계기함 등임
④ 고압변성기함, 현수용 전압전류변성기(MOF) 및 설치용 전압전류변성기(MOF)(설치대 조립품 포함)를 주상설치 시 배전전공 적용
⑤ 철거 30[%], 재사용 철거 50[%]

• **계산과정 :**
• **답 :**

답안 • 계산과정

1ϕ 2W용 인공 : $0.14\times10+0.14\times0.7\times(35-10)=3.85$ 인

3ϕ 4W용 인공 : $0.32\times(1+0.3)\times7=2.912$ 인

인공계 : 6.762[인]

∴ 직접 노무비 : $6.762\times95{,}000=642{,}390$ 원

• 답 : 642,390원

문제 09 배점 : 6점

그림과 같이 V결선과 Y결선된 변압기 한 상의 중심에서 110[V]를 인출하여 사용하고자 한다. 다음 각 물음에 답하시오.

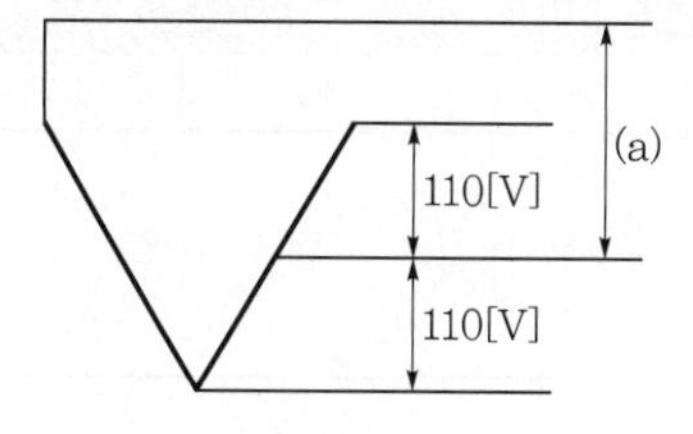

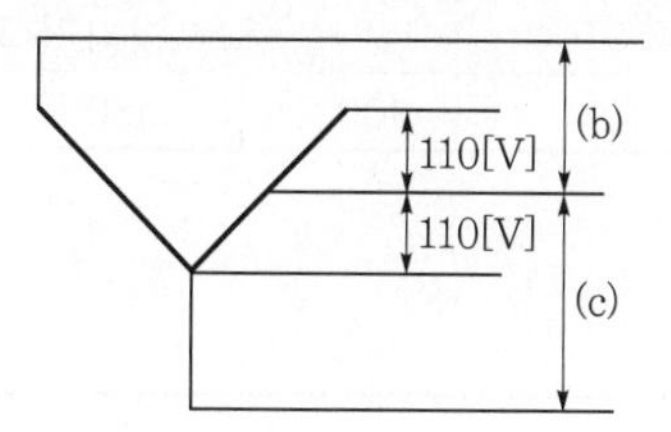

(1) 위 그림에서 (a)의 전압을 구하시오.
- **계산과정 :**
- **답 :**

(2) 위 그림에서 (b)의 전압을 구하시오.
- **계산과정 :**
- **답 :**

(3) 위 그림에서 (c)의 전압을 구하시오.
- **계산과정 :**
- **답 :**

답안

(1) • 계산과정 : $V_a=220\angle 0°+110\angle -120°=220+110\left(-\dfrac{1}{2}-j\dfrac{\sqrt{3}}{2}\right)$

$$=165-j55\sqrt{3}=\sqrt{165^2+(55\sqrt{3})^2}=190.53[\text{V}]$$

• 답 : 190.53[V]

(2) • 계산과정 : $V_b=110\angle 120°-220\angle 0°=110\left(-\dfrac{1}{2}+j\dfrac{\sqrt{3}}{2}\right)-220$

$$=-275+j55\sqrt{3}=\sqrt{275^2+(55\sqrt{3})^2}=291.03[\text{V}]$$

• 답 : 291.03[V]

(3) • 계산과정 : $V_c = 110\angle 120° - 220\angle -120°$

$$= 110\left(-\frac{1}{2} + j\frac{\sqrt{3}}{2}\right) - 220\left(-\frac{1}{2} - j\frac{\sqrt{3}}{2}\right)$$

$$= 55 + j165\sqrt{3} = \sqrt{55^2 + (165\sqrt{3})^2} = 291.03[\text{V}]$$

• 답 : 291.03[V]

문제 10

배점 : 5점

부하집계 결과 A상 부하 25[kVA], B상 부하 33[kVA], C상 부하 19[kVA]로 나타났다. 여기에 3상 부하 20[kVA]를 연결하여 사용할 경우, 3상 변압기 표준용량을 선정하시오.

3상 변압기 표준용량[kVA]							
50	75	100	150	200	300	400	500

• 계산과정 :
• 답 :

답안 • 계산과정 : $P_3 = $1상당 최대용량$\times 3$

$$= \left(33 + \frac{20}{3}\right) \times 3 = 119[\text{kVA}]$$

∴ 150[kVA] 선정

• 답 : 150[kVA]

문제 11

배점 : 4점

한국전기설비규정에 따라 지중전선로를 시설할 때 다음 각 항의 매설 깊이[m]에 대하여 쓰시오.

(1) 관로식에 의하여 시설하는 경우 최소 매설 깊이(중량물의 압력을 받을 우려가 있는 장소)

(2) 직접 매설식에 의하여 시설하는 경우 최소 매설 깊이(중량물의 압력을 받을 우려가 있는 장소)

답안 (1) 1[m]

(2) 1[m]

문제 12

배점 : 3점

그림과 같은 수전설비에서 변압기의 내부 고장이 발생하였을 때 가장 먼저 개방되어야 하는 기기의 명칭을 쓰시오.

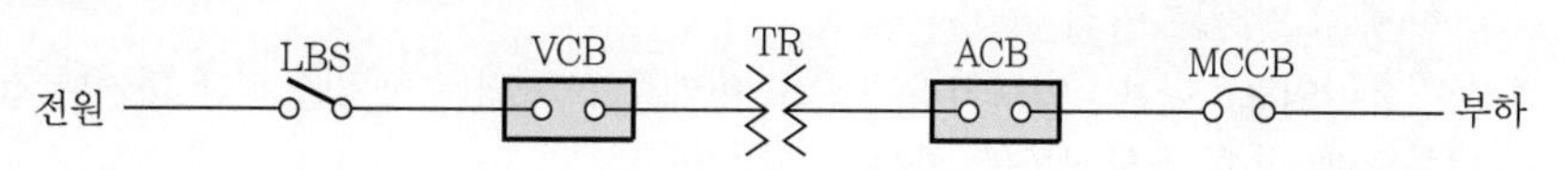

답안 VCB(진공차단기)

문제 13

배점 : 5점

평탄지에서 전선의 지지점의 높이를 같도록 가선한 경간이 100[m]인 가공전선로가 있다. 사용전선으로 인장하중이 1,480[kg], 중량 0.334[kg/m]인 7/2.6[mm](38[mm^2])의 경동선을 사용하고, 수평 풍압하중이 0.608[kg/m], 전선의 안전율이 2.2인 경우 이도(Dip)를 구하시오.

- 계산과정 :
- 답 :

답안
- 계산과정 : 합성하중 $W = \sqrt{0.334^2 + 0.608^2} = 0.69$[kg/m]

  따라서, 이도 $D = \dfrac{WS^2}{8T} = \dfrac{0.69 \times 100^2}{8 \times \left(\dfrac{1,480}{2.2}\right)} = 1.28$[m]

- 답 : 1.28[m]

문제 14

배점 : 6점

옥내조명설비(KDS 31 70 10 : 2019)에 따른 건축화 조명방식이다. 다음 각 물음에 답하시오.

(1) 천장면 이용방식을 3가지만 쓰시오.
(2) 벽면 이용방식을 3가지만 쓰시오.

답안 (1) 광천장조명, 루버천장조명, 코브조명
(2) 코너조명, 코니스조명, 밸런스조명

해설 **옥내조명설비(KDS 31 70 10 : 2019)**

(1) 천장면 이용방식
- 라인라이트 : 매입 형광등방식의 일종으로 형광등을 연속으로 배치하는 조명방식
- 다운라이트 : 천정에 작은 구멍을 뚫고 조명기구를 매입하여 빛의 빔방향을 아래로 유효하게 조명하는 방식
- 핀홀라이트 : 다운라이트의 일종으로 아래로 조사되는 구멍을 적게 하거나 렌즈를 달아 복도에 집중 조사되도록 하는 방식
- 코퍼라이트 : 대형의 다운라이트라고도 볼 수 있으며 천정면을 둥글게 또는 사각으로 파내어 내부에 조명기구를 배치하여 조명하는 방식
- 광천장조명 : 방의 천장 전체를 조명기구화 하는 방식으로, 천장조명 확산 판넬로서 유백색의 플라스틱판이 사용
- 루버천장조명 : 방의 천장면을 조명기구화 하는 방식으로, 천장면 재료로 루버를 사용하여 보호각을 증가
- 코브조명 : 광원으로 천장이나 벽면 상부를 조명함으로서 천장면이나 벽에서 반사되는 반사광을 이용하는 간접 조명방식으로, 효율은 대단히 나쁘지만 부드럽고 안정된 조명의 시행 가능

(2) 벽면 이용방식
- 코너조명 : 천장과 벽면 사이에 조명기구를 배치하여 천장과 벽면을 동시에 조명하는 방식
- 코니스조명 : 코너를 이용하여 코니스를 15~20[cm] 정도 내려서 아래쪽의 벽 또는 커튼을 조명하도록 하는 방식
- 밸런스조명 : 광원의 전면에 밸런스판을 설치하여 천장면이나 벽면으로 반사시켜 조명하는 방식
- 광창조명 : 인공창의 뒷면에 형광등을 배치하여 지하실이나 무창실에 창문이 있는 효과를 내는 방식

문제 15 배점 : 4점

3상 변압기 1차 전압 22,900[V], 2차 전압이 380[V]/220[V]일 때 2차 전압이 370[V]로 측정되어 전압을 높이고자 할 때 탭을 22,900[V]에서 21,900[V]로 변경하면 2차 전압은 몇 [V]인지 구하시오.

- **계산과정 :**
- **답 :**

답안

- 계산과정 : $V_2{}' = \dfrac{N_1}{N_1{}'} V_2 = \dfrac{22,900}{21,900} \times 370 = 386.89[\text{V}]$
- 답 : 386.89[V]

문제 16

배점 : 6점

주어진 진리표는 3개의 리밋 스위치 LS_1, LS_2, LS_3에 입력을 주었을 때 출력 X와의 관계표이다. 이 표를 이용하여 다음 각 물음에 답하시오.

▌진리표▐

LS_1	LS_2	LS_3	X
0	0	0	0
0	0	1	0
0	1	0	0
0	1	1	1
1	0	0	0
1	0	1	1
1	1	0	1
1	1	1	1

(1) 진리표를 이용하여 다음과 같은 카르노맵을 완성하시오.

LS_3 \ LS_1, LS_2	0 0	0 1	1 1	1 0
0				
1				

(2) 물음 "(1)"에서의 카르노맵에 대한 논리식을 쓰시오.

(3) 진리값과 물음 "(2)"의 논리식을 이용하여 무접점 회로도를 그리시오. (단, OR, AND 게이트만을 이용하여 표현하시오.)

답안 (1)

LS_3 \ LS_1, LS_2	0 0	0 1	1 1	1 0
0	0	0	1	0
1	0	1	1	1

(2) $X = LS_1LS_2 + LS_1LS_3 + LS_2LS_3$

$= LS_1(LS_2 + LS_3) + LS_2LS_3$

(3)

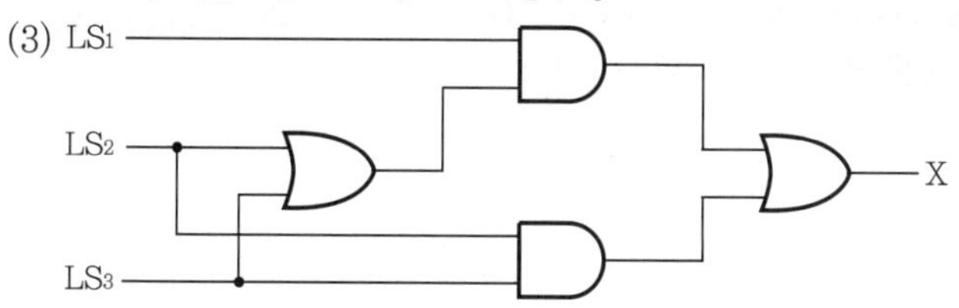

문제 17

배점 : 5점

다음 그림은 TN계통의 TN-C방식 저압배전선로 접지계통이다. 중성선(N), 보호선(PE) 등의 기호설명을 활용하여 노출도전성 부분의 접지계통 결선도를 완성하시오.

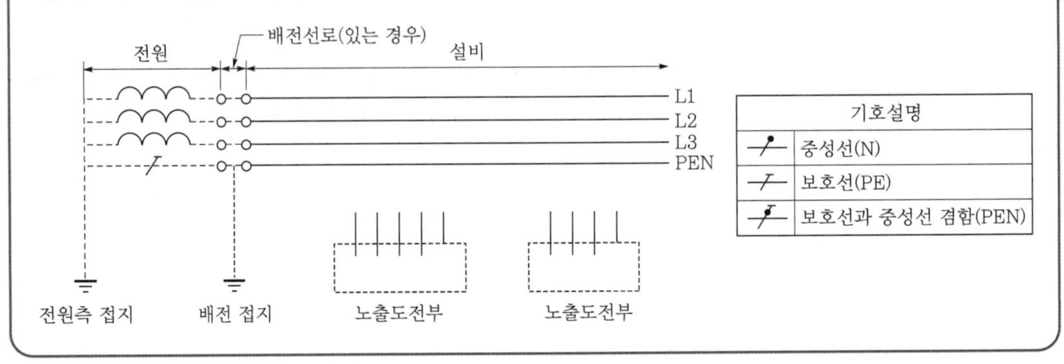

기호설명	
(기호)	중성선(N)
(기호)	보호선(PE)
(기호)	보호선과 중성선 겸함(PEN)

답안

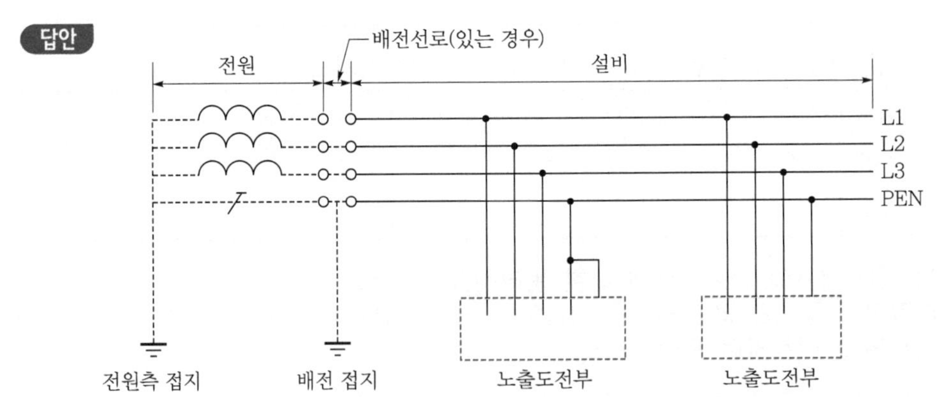

문제 18

배점 : 5점

단상 2선식 220[V]의 옥내배선에서 소비전력 40[W], 역률 85[%]의 LED 형광등 85등을 설치할 때 16[A]의 최소 분기회로 수를 구하시오. (단, 한 회선의 부하전류는 분기회로 용량의 80[%]로 하고 수용률은 100[%]로 한다.)

- 계산과정 :
- 답 :

답안

- 계산과정 : $N = \dfrac{\dfrac{40}{0.85} \times 85}{220 \times 16 \times 0.8} = 1.42$ 회로
- 답 : 16[A]분기 2회로

2021년도 산업기사 제2회 필답형 실기시험

종 목	시험시간	배 점	문제수	형 별
전 기 산 업 기 사	2시간	100	17	A

문제 01

배점 : 10점

다음은 $3\phi4W$ 22.9[kV] 수전설비 단선 결선도의 일부분이다. 다음 각 물음에 답하시오.

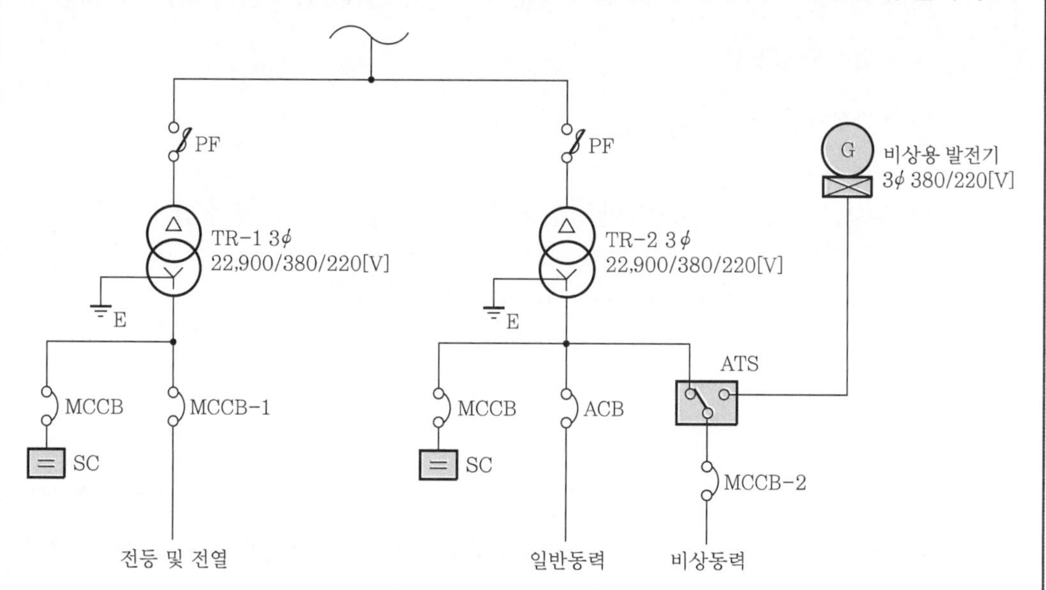

[조건]

- 변압기의 표준규격[kVA]은 200, 300, 400, 500, 600이다.
- TR-1 변압기 및 TR-2 변압기의 효율은 90[%]이다.
- TR-2 변압기 용량은 15[%] 여유를 갖는다.
- 전등 및 전열의 부하합계[kVA]에 역률과 수용률을 반영한 수용부하 합계가 390.42[kVA]이다.
- 일반동력의 부하합계[kVA]에 역률과 수용률을 반영한 수용부하 합계가 110.3[kVA]이고, 비상동력의 부하합계[kVA]에 역률과 수용률을 반영한 수용부하 합계가 75.5[kVA]이다.

(1) TR-1 변압기의 적정용량은 몇 [kVA]인지 선정하시오. (단, 조건에 제시되지 않은 것은 무시한다.)
- 계산과정 :
- 답 :

(2) TR-2 변압기의 적정용량은 몇 [kVA]인지 선정하시오. (단, 조건에 제시되지 않은 것은 무시한다.)
- 계산과정 :
- 답 :

(3) TR-1 변압기 2차측 정격전류[A]를 구하시오. (단, 조건에 제시되지 않은 것은 무시한다.)
- 계산과정 :
- 답 :

(4) ATS의 사용목적을 쓰시오.
(5) 변압기 2차측 중성점에 실시하는 접지의 목적을 설명하시오.

답안

(1) • 계산과정 : $\frac{390.42}{0.9} = 433.8[\text{kVA}]$ ∴ 500[kVA] 선정

• 답 : 500[kVA]

(2) • 계산과정 : $\frac{110.3 + 75.5}{0.9} \times (1 + 0.15) = 237.41[\text{kVA}]$ ∴ 300[kVA] 선정

• 답 : 300[kVA]

(3) • 계산과정 : $I = \frac{500 \times 10^3}{\sqrt{3} \times 380} = 759.67[\text{A}]$

• 답 : 759.67[A]

(4) 주 전원의 정전 또는 전압이 기준치 이하로 저하될 경우 비상용 발전기 전원으로 자동 전환시킨다.

(5) 변압기의 고·저압 혼촉으로 인한 저압전로를 보호한다.

문제 02

배점 : 5점

FL-40D 형광등의 전압이 220[V], 전류가 0.25[A], 안정기의 손실이 5[W]일 때 역률은 몇 [%]인지 구하시오.

- 계산과정 :
- 답 :

답안

• 계산과정 : $\cos\theta = \frac{40 + 5}{220 \times 0.25} \times 100 = 81.82[\%]$

• 답 : 81.82[%]

문제 03

배점 : 5점

폭 8[m]의 2차선 도로에 가로등을 도로 한 쪽 배열로 50[m] 간격으로 설치하고자 한다. 도로면의 평균조도를 5[lx]로 설계할 경우 가로등 1등당 필요한 광속[lm]을 구하시오. (단, 감광보상률은 1.5, 조명률은 0.43으로 한다.)

- 계산과정 :
- 답 :

답안

- 계산과정 : $F = \frac{ESD}{u} = \frac{5 \times 8 \times 50 \times 1.5}{0.43} = 6{,}976.74[\text{lm}]$
- 답 : 6,976.74[lm]

문제 04

배점 : 5점

다음은 컨베이어시스템 제어회로의 도면이다. A, B, C 3대의 컨베이어가 기동 시 A → B → C 순서로 동작하며, 정지 시 C → B → A 순서로 정지한다. 그림을 보고 [프로그램 입력] ①~⑤에 들어갈 내용을 답란에 쓰시오.

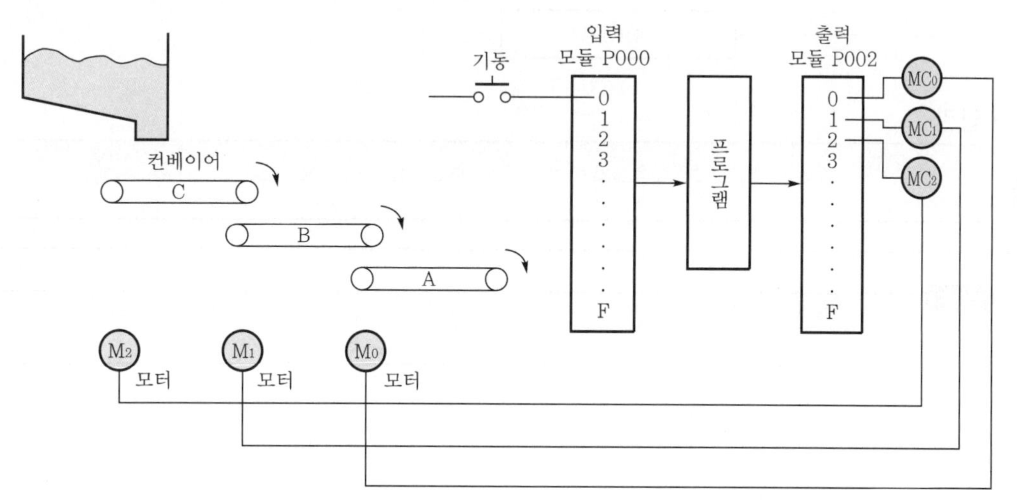

[타임차트]

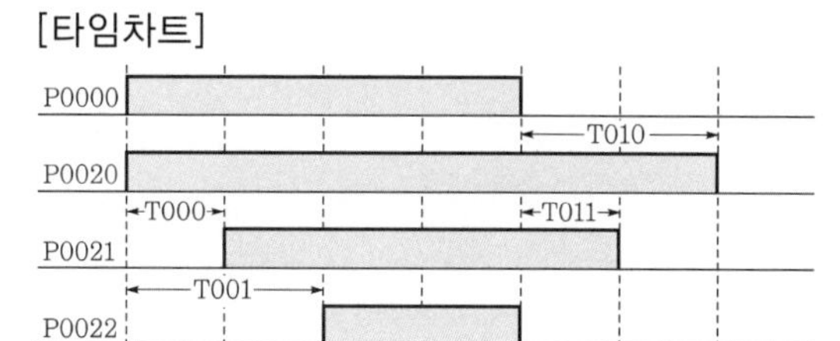

[범례]

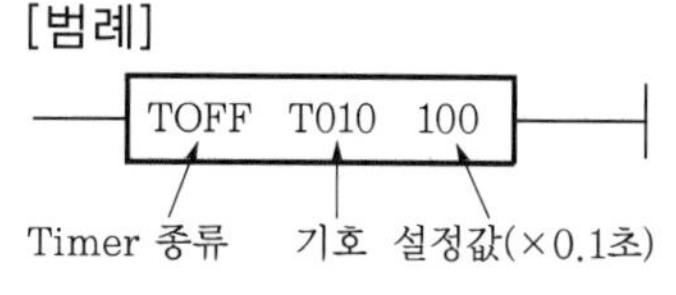

TON : On delay Timer
TOFF : Off delay Timer

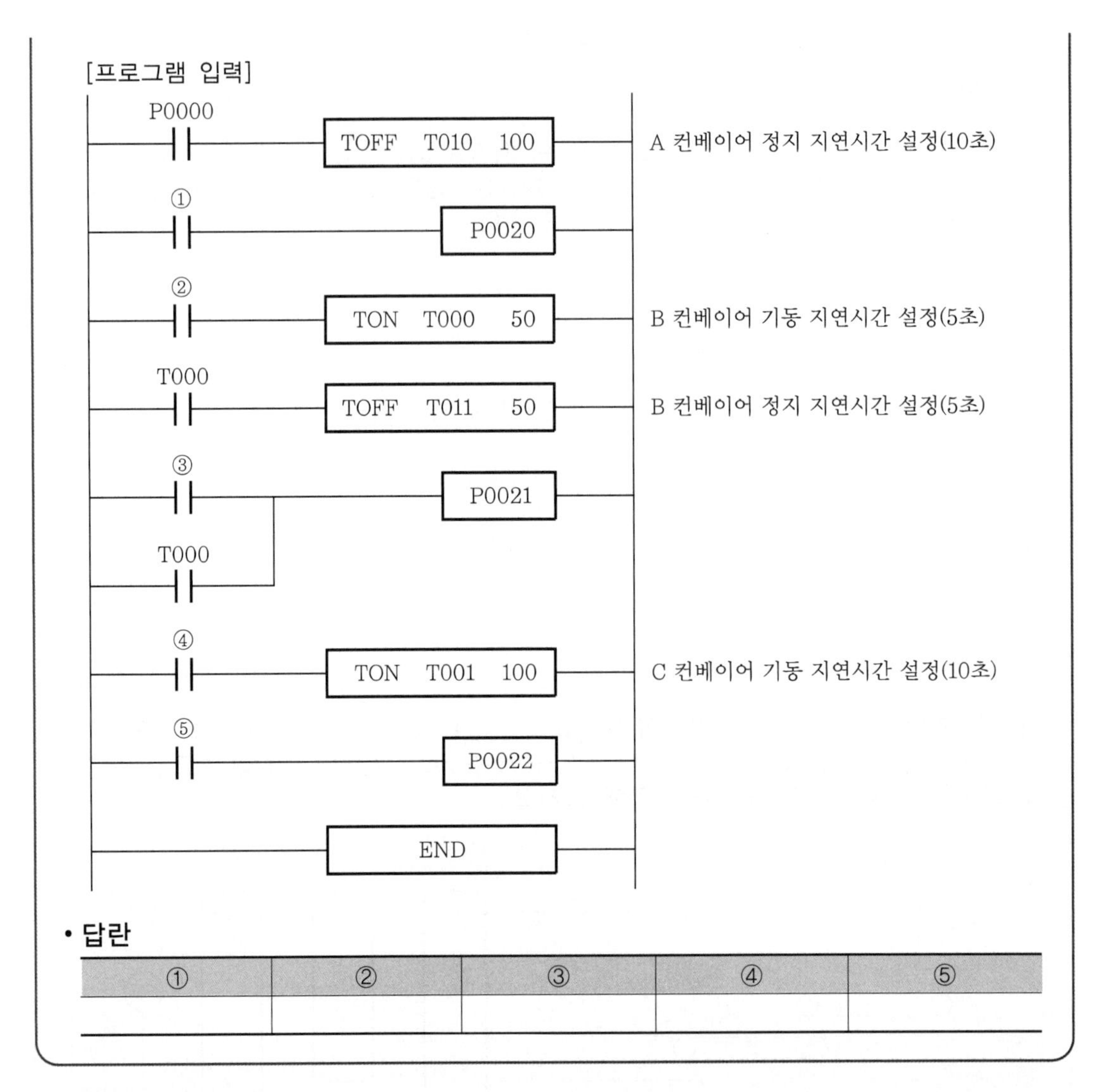

• 답란

①	②	③	④	⑤

답안

①	②	③	④	⑤
T010	P0000	T011	P0000	T001

문제 05

배점 : 8점

도면은 CT 2대를 V결선하고, OCR 3대를 연결한 도면이다. 이 도면을 보고 다음 각 물음에 답하시오.

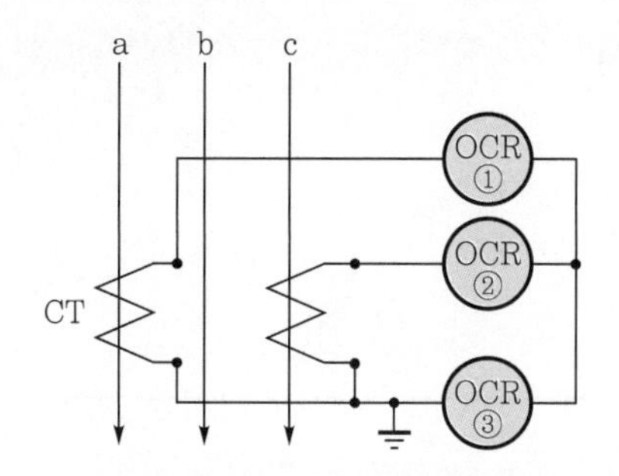

(1) 국내에서 사용되는 CT는 일반적으로 어떤 극성을 사용하는지 쓰시오.
(2) 도면에서 사용된 CT의 변류비가 40/5이고 변류기 2차측 전류를 측정하니 3[A]의 전류가 흘렀다면 수전전력[kW]을 구하시오. (단, 수전전압은 22,900[V]이고, 역률은 90[%]이다.)
   • 계산과정 :
   • 답 :
(3) OCR 중에서 ③번 OCR에 흐르는 전류는 어떤 상의 전류와 크기가 같은지 쓰시오.
(4) OCR은 주로 어떤 원인에 의하여 동작하는지 쓰시오.
(5) 통전 중에 있는 변류기 2차측 기기를 교체하고자 할 때 가장 먼저 취하여야 할 조치는 무엇인지를 설명하시오.

답안 (1) 감극성

(2) • 계산과정

$$P = \sqrt{3} \times 22{,}900 \times 3 \times \frac{40}{5} \times 0.9 \times 10^{-3}$$

$$= 856.74[\text{kW}]$$

• 답 : 856.74[kW]

(3) b상

(4) 단락사고

(5) 변류기 2차측 단자를 단락시킨다.

문제 06

배점 : 6점

40[kVA], 3상 380[V], 60[Hz]인 전력용 커패시터의 내부 결선방식에 따른 상당 커패시터의 정전용량[μF]을 구하시오.

(1) △결선인 경우 $C_1[\mu\text{F}]$
- 계산과정 :
- 답 :

(2) Y결선인 경우 $C_2[\mu\text{F}]$
- 계산과정 :
- 답 :

답안 (1) • 계산과정

$$C_1 = \frac{Q_\triangle}{3\omega V^2}$$

$$= \frac{40\times10^3}{3\times2\pi\times60\times380^2}\times10^6$$

$$= 244.93[\mu\text{F}]$$

• 답 : 244.93[μF]

(2) • 계산과정

$$C_2 = \frac{Q_\text{Y}}{\omega V^2}$$

$$= \frac{40\times10^3}{2\pi\times60\times380^2}\times10^6$$

$$= 734.79[\mu\text{F}]$$

• 답 : 734.79[μF]

문제 07

배점 : 8점

소문항 "(1)"의 그림은 3상 4선식 선로에 전력량계를 접속하기 위한 미완성 결선도이다. 이 결선도를 이용하여 다음 각 물음에 답하시오.

(1) 전력량계가 정상적으로 동작이 가능하도록 PT와 CT를 추가하여 미완성 결선도를 완성하시오. (단, 결선과 함께 접지가 필요한 곳은 함께 표시하시오.)

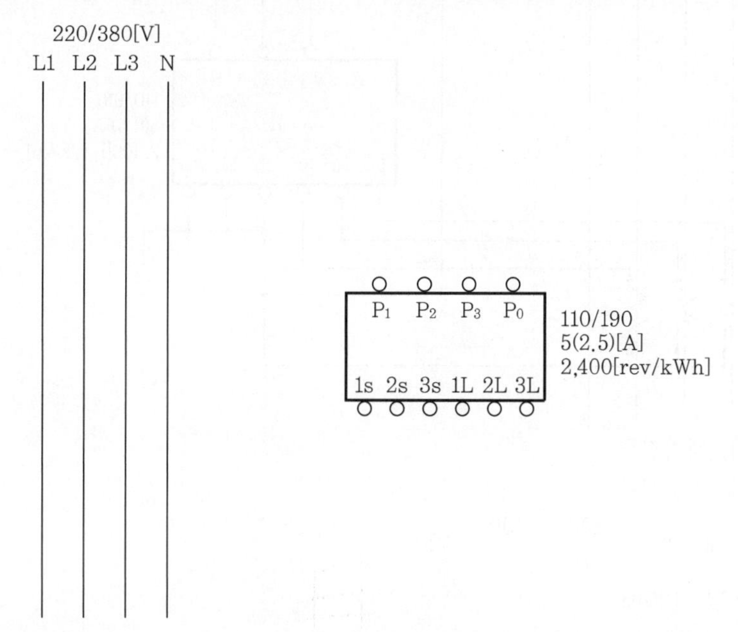

(2) 전력량계의 형식표기 중 5(2.5)[A]는 어떤 전류를 의미하는지 각 수치에 대하여 각각 상세히 설명하시오.

① 5[A] :

② 2.5[A] :

(3) PT비는 220/110[V], CT비는 300/5[A]라 한다. 전력량계의 승률은 얼마인지 구하시오.

- 계산과정 :
- 답 :

답안 (1)

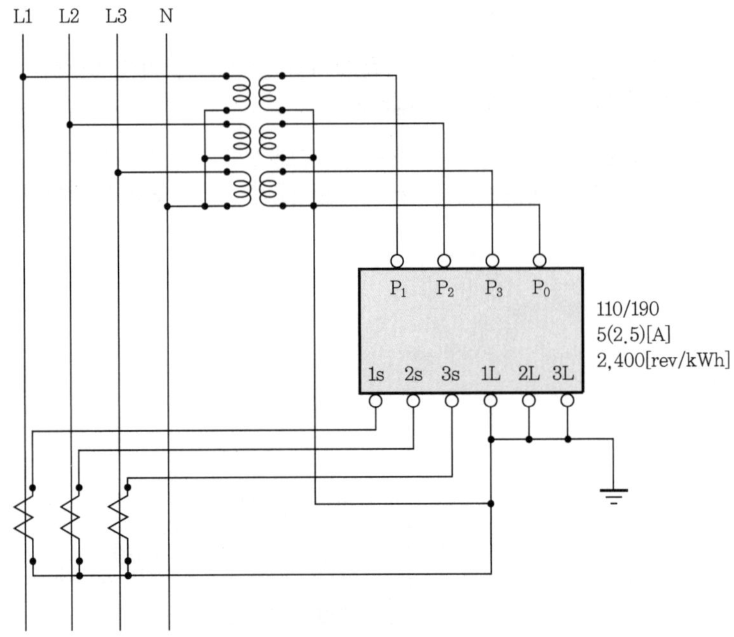

(2) ① 정격전류
② 기준전류

(3) • 계산과정 : $\dfrac{220}{110} \times \dfrac{300}{5} = 120$

• 답 : 120배

해설 (2) • Ⅱ형 계기(정격전류가 기준전류의 2배) : 정격전류에서부터 정격전류의 1/20까지 계기가 갖고 있는 오차율(계기등급)을 보장한다는 의미를 나타낸다.

• Ⅲ형 계기(정격전류가 기준전류의 3배) : 정격전류에서부터 정격전류의 1/30까지 계기가 갖고 있는 오차율(계기등급)을 보장한다는 의미를 나타낸다.

• Ⅳ형 계기(정격전류가 기준전류의 4배) : 정격전류에서부터 정격전류의 1/40까지 계기가 갖고 있는 오차율(계기등급)을 보장한다는 의미를 나타낸다.

• 5(2.5)[A] Ⅱ형 계기(정격전류가 기준전류의 2배)로서 정격전류가 5[A]이므로 $0.25\left(=5[A]\times\dfrac{1}{20}\right)$[A]~5[A]의 부하전류에서 허용오차 범위 내의 정밀도를 유지할 수 있다는 의미이다.

문제 08

배점 : 6점

아래의 논리회로도를 참고하여 다음 각 물음에 답하시오.

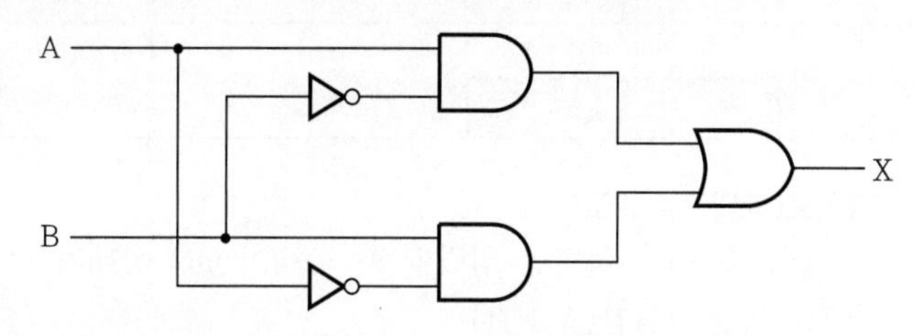

(1) 논리회로도를 참고하여 미완성 시퀀스회로를 완성하시오.

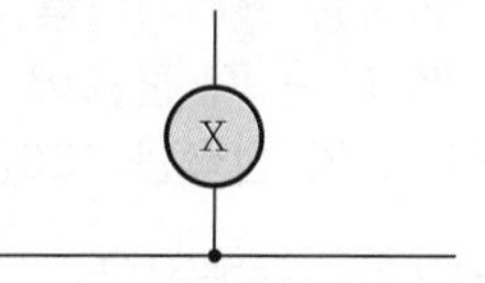

(2) 논리회로도를 참고하여 미완성 타임차트를 완성하시오.

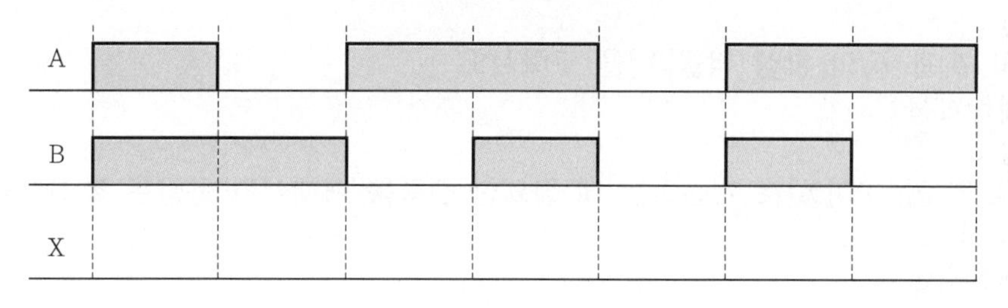

답안 (1)

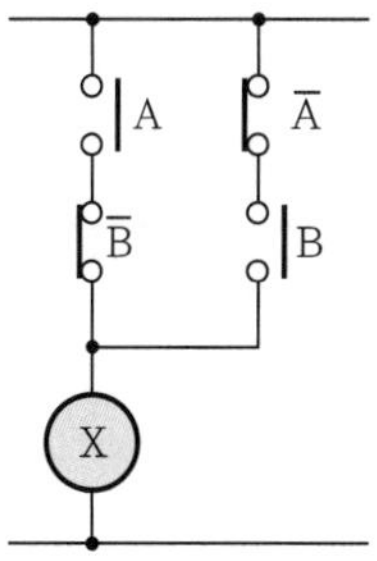

(2)

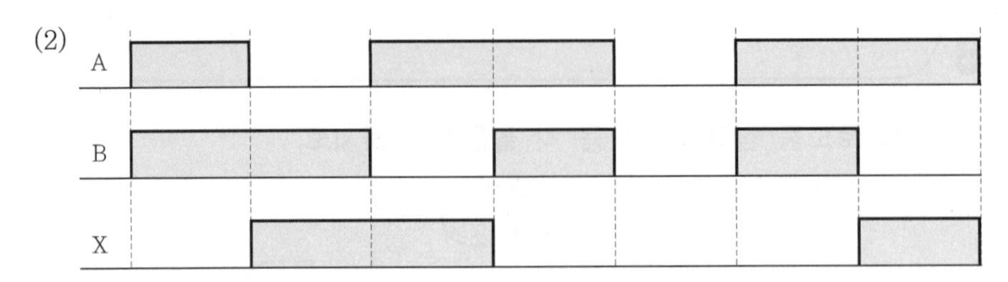

해설 Exclusive OR회로(배타 OR회로)

A, B 두 개의 입력 중 어느 하나만 입력할 때 출력이 ON 상태가 나오는 회로

논리식 $X = A\overline{B} + \overline{A}B = \overline{AB}(A+B)$

문제 09

배점 : 8점

정격용량 500[kVA]의 변압기에서 배전선로의 전력손실을 40[kW]로 유지하면서 부하 L_1, L_2에 전력을 공급하고 있다. 전력용 커패시터를 기존 부하와 병렬로 연결하여 합성 역률을 90[%]로 개선하려고 할 때 다음 각 물음에 답하시오. (단, 여기서 부하 L_1은 역률 60[%], 180[kW]이고, 부하 L_2의 전력은 120[kW], 160[kvar]이다.)

(1) 부하 L_1과 L_2의 합성용량[kVA]을 구하시오.
- 계산과정 :
- 답 :

(2) 부하 L_1과 L_2의 합성 역률[%]을 구하시오.
- 계산과정 :
- 답 :

(3) 합성 역률을 90[%]로 개선하는 데 필요한 전력용 커패시터 용량은 몇 [kVA]인지 구하시오.
- 계산과정 :
- 답 :

(4) 역률개선 시 배전선로의 전력손실[kW]을 구하시오.
- 계산과정 :
- 답 :

답안 (1) • 계산과정

합성 유효전력 : $180 + 120 = 300[\text{kW}]$

합성 무효전력 : $180 \times \dfrac{0.8}{0.6} + 160 = 400[\text{kVar}]$

$\therefore$ 합성용량 $\sqrt{300^2 + 400^2} = 500[\text{kVA}]$

• 답 : 500[kVA]

(2) • 계산과정

$$\cos\theta = \frac{300}{500} \times 100 = 60[\%]$$

• 답 : 60[%]

(3) • 계산과정

$$Q_c = 300\left(\frac{0.8}{0.6} - \frac{\sqrt{1-0.9^2}}{0.9}\right)$$
$$= 254.7[\text{kVA}]$$

• 답 : 254.7[kVA]

(4) • 계산과정

$$P_c' = \left(\frac{0.6}{0.9}\right)^2 \times 40$$
$$= 17.78[\text{kW}]$$

• 답 : 17.78[kW]

문제 10

배점 : 5점

전기안전관리자의 직무에 관한 고시에 따라 전기안전관리자는 전기설비의 유지·운용 업무를 위해 국가표준기본법 제14조 및 교정대상 및 주기설정을 위한 지침 제4조에 따라 다음의 계측장비를 주기적으로 교정하여야 한다. 다음 계측장비의 권장 교정 주기를 답란에 쓰시오.

구 분		권장 교정 주기(년)
계측장비 교정	절연저항 측정기(1,000[V], 2,000[MΩ])	(①)
	접지저항 측정기	(②)
	클램프미터	(③)
	회로시험기	(④)
	계전기 시험기	(⑤)

• 답란

①	②	③	④	⑤

답안

①	②	③	④	⑤
1	1	1	1	1

문제 11

배점 : 5점

어느 발전소의 발전기 단자전압이 13.2[kV], 용량이 93,000[kVA]이고, %동기 임피던스(%Z_s)는 95[%]이다. 이 발전기의 Z_s는 몇 [Ω]인지 구하시오.

- 계산과정 :
- 답 :

답안

- 계산과정

$$\%Z = \frac{PZ}{10V^2}\,[\%]\text{에서}$$

$$Z = \frac{\%Z \cdot 10V^2}{P}$$

$$= \frac{95 \times 10 \times 13.2^2}{93{,}000} = 1.78\,[\Omega]$$

- 답 : 1.78[Ω]

문제 12

배점 : 5점

표와 같은 수용가 A, B, C, D에 공급하는 배전선로의 최대전력이 700[kW]이다. 수용가 사이의 부등률을 구하시오.

수용가	설비용량[kW]	수용률[%]
A	300	70
B	300	50
C	400	60
D	500	80

- 계산과정 :
- 답 :

답안

- 계산과정 : $\dfrac{300 \times 0.7 + 300 \times 0.5 + 400 \times 0.6 + 500 \times 0.8}{700} = 1.43$
- 답 : 1.43

문제 13

배점 : 4점

그림과 같은 회로에서 단자전압이 V_0일 때 전압계의 눈금 V로 측정하기 위한 배율기의 저항 R_m을 구하는 관계식의 유도과정과 관계식을 쓰시오. (단, 전압계의 내부저항은 R_v로 한다.)

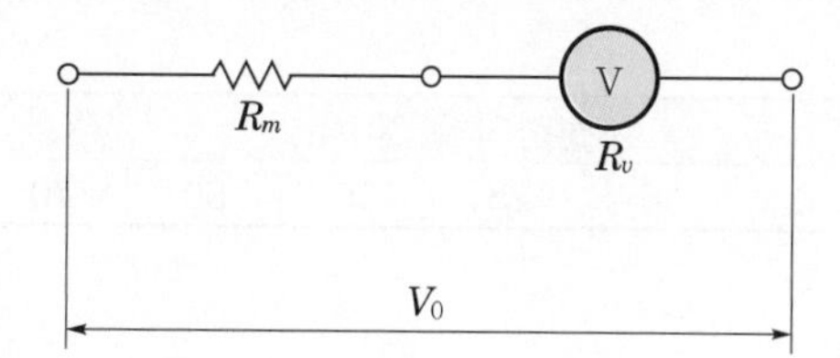

(1) 관계식의 유도과정
(2) 관계식

답안

(1) 전압계 전압 $V = \dfrac{R_v}{R_m + R_v} \cdot V_0$

$\therefore \dfrac{V_0}{V} = \dfrac{R_m + R_v}{R_v}$ 에서

$\dfrac{V_0}{V} - 1 = \dfrac{R_m}{R_v} \quad \therefore R_m = \left(\dfrac{V_0}{V} - 1\right) \cdot R_v$

여기서 $\dfrac{V_0}{V}$를 배율 m이라 하면 $R_m = (m-1) \cdot R_v$

(2) $R_m = (m-1) \cdot R_v$

문제 14

배점 : 5점

대지저항률 500[Ω·m], 반경 0.01[m], 길이 2[m]인 접지봉을 전부 매입하는 경우 접지 저항값[Ω]을 구하시오. (단, Tagg식으로 구한다.)

- 계산과정 :
- 답 :

답안

- 계산과정 : $R = \dfrac{\rho}{2\pi l} \cdot \ln\dfrac{2l}{r} = \dfrac{500}{2\pi \times 2} \times \ln\dfrac{2\times 2}{0.01} = 238.39[\Omega]$
- 답 : 238.39[Ω]

문제 15

배점 : 5점

어느 수용가의 3상 3선식 저압전로에 10[kW], 380[V]인 전열기를 부하로 사용하고 있다. 이때 수용가 설비의 인입구로부터 분전반까지 전압강하가 3[%]이고, 분전반에서 전열기까지 거리가 10[m]인 경우 분전반에서 전열기까지의 전선의 최소 단면적은 몇 [mm^2]인지 선정하시오.

전선의 굵기[mm^2]											
2.5	4	6	10	16	25	35	50	70	95	120	150

- **계산과정 :**
- **답 :**

답안

- 계산과정 : $A = \frac{30.8LI}{1,000e} = \frac{30.8 \times 10}{1,000 \times 380 \times 0.02} \times \frac{10 \times 10^3}{\sqrt{3} \times 380} = 0.62[\text{mm}^2]$

  $\therefore\ 2.5[\text{mm}^2]$
- 답 : 2.5[mm^2]

해설 저압수전하는 경우 인입구에서 기기까지 전압강하율은 조명 3[%], 기타 부하 5[%]이므로 분전반에서 전열기까지 전압강하율은 $5 - 3 = 2$[%]이어야 한다.

문제 16

배점 : 5점

계기정수 2,400[rev/kWh]인 적산전력량계를 500[W]의 부하에 접속하였다면 1분 동안에 원판은 몇 회전하는지 구하시오.

- **계산과정 :**
- **답 :**

답안

- 계산과정 : $P = \frac{3,600 \cdot n}{t \cdot k}$

  $\therefore\ n = \frac{0.5 \times 60 \times 2,400}{3,600} = 20$회전
- 답 : 20회전

문제 **17**

배점 : 5점

통신선과 평행된 주파수 60[Hz]의 3상 1회전 송전선이 있다. 1선 지락 때문에 영상전류 50[A]가 흐르고 있을 때 통신선에 유기되는 전자유도전압[V]의 크기를 구하시오. (단, 영상전류는 각 상에 걸쳐 있으며, 송전선과 통신선과의 상호 인덕턴스는 0.06[mH/km], 그 평행길이는 30[km]이다.)

- **계산과정 :**
- **답 :**

답안
- 계산과정 : $E_m = -j\omega Ml \cdot 3I_0$
  $= 2\pi \times 60 \times 0.06 \times 10^{-3} \times 30 \times 3 \times 50$
  $= 101.79[V]$
- 답 : 101.79[V]

2021년도 산업기사 제3회 필답형 실기시험

종 목	시험시간	배 점	문제수	형 별
전 기 산 업 기 사	2시간	100	18	A

문제 01

배점 : 5점

폭 25[m]의 도로 양쪽에 30[m] 간격으로 가로등을 지그재그로 설치하여 도로 위 평균조도를 5[lx]로 하기 위한 수은등의 용량[W]을 선정하시오. (단, 조명률은 30[%], 보수율은 75[%]로 한다.)

▌수은등의 광속▐

용량[W]	전광속[lm]
100	3,200~3,500
200	7,700~8,500
300	10,000~11,000
400	13,000~14,000
500	18,000~20,000

• 계산과정 :
• 답 :

답안

• 계산과정 : 광속 $F = \frac{ESD}{u} = \frac{5 \times 25 \times 30 \times \frac{1}{2} \times \frac{1}{0.75}}{0.3} = 8,333.33[\text{lm}]$

$\therefore$ 수은등 용량은 200[W] 선정

• 답 : 200[W]

문제 02

배점 : 5점

3상 3선식 배전선로의 저항이 2.5[Ω]이고, 리액턴스가 5[Ω]일 때 전압강하율을 10[%]로 유지하기 위해서 배전선로 말단에 접속할 수 있는 최대 3상 평형부하[kW]를 구하시오. (단, 수전단 전압은 3,000[V]이고, 부하 역률은 0.8(지상)로 한다.)

• 계산과정 :
• 답 :

답안 • 계산과정

$$P=\frac{e\cdot V}{R+X\tan\theta}=\frac{3{,}000\times 0.1\times 3{,}000}{2.5+5\times\frac{0.6}{0.8}}\times 10^{-3}=144[\text{kW}]$$

• 답 : 144[kW]

문제 03

배점 : 5점

가동 코일형의 밀리볼트계가 있다. 이것에 45[mV]의 전압을 가할 때 30[mA]가 흘러 최대값을 지시했다. 다음 각 물음에 답하시오.

(1) 밀리볼트계의 내부저항[Ω]을 구하시오.
- **계산과정 :**
- **답 :**

(2) 이것을 100[V]의 전압계로 만들려면 몇 [Ω]의 배율기를 써야 하는지 구하시오.
- **계산과정 :**
- **답 :**

답안

(1) • 계산과정 : $r_V=\frac{45}{30}=1.5[\Omega]$

• 답 : 1.5[Ω]

(2) • 계산과정 : $R_m=(m-1)\cdot r_V=\left(\frac{100}{45\times 10^{-3}}-1\right)\times 1.5=3{,}331.83[\Omega]$

• 답 : 3,331.83[Ω]

문제 04

배점 : 5점

선간전압 22.9[kV], 작용 정전용량 0.03[μF/km], 주파수 60[Hz], 유전체 역률 0.003인 3심 케이블의 유전체 손실[W/km]을 구하시오.

- **계산과정 :**
- **답 :**

답안 • 계산과정 : $P_d=\omega CV^2\tan\delta=2\pi\times 60\times 0.03\times 22.9^2\times 0.003=17.79[\text{W/km}]$

• 답 : 17.79[W/km]

문제 05

배점 : 5점

특고압용 변압기의 내부고장 검출방법을 3가지만 쓰시오.

답안
- 비율 차동 계전기
- 부흐홀츠 계전기
- 충격 압력 계전기

문제 06

배점 : 6점

다음 [조건]의 차단기에 대한 각 물음에 답하시오. (단, 한국전기설비규정에 따른다.)

[조건]
- 전압 : 3상 380[V]
- 부하의 종류 : 전동기(효율과 역률은 고려하지 않는다.)
- 부하용량 : 30[kW]
- 전동기 기동시간에 따른 차단기의 규약동작배율 : 5
- 전동기 기동전류 : 8배
- 전동기 기동방법 : 직입기동

[차단기 정격전류[A]]
32, 40, 50, 63, 80, 100, 125, 150, 175, 200, 225, 250, 300, 400

(1) 부하의 정격전류[A]를 구하시오.
- **계산과정 :**
- **답 :**

(2) 차단기의 정격전류[A]를 선정하시오.
- **계산과정 :**
- **답 :**

답안

(1) • 계산과정 : $I_n = \dfrac{P}{\sqrt{3}\,V} = \dfrac{30\times10^3}{\sqrt{3}\times380} = 45.58[A]$

• 답 : 45.58[A]

(2) • 계산과정 : $I_n = \dfrac{I_n \cdot \beta}{\delta} = \dfrac{45.58\times8}{5} = 72.93[A]$

$\therefore$ 80[A] 선정

• 답 : 80[A]

문제 07

배점 : 6점

제5고조파 전류의 확대 방지 및 스위치 투입 시 돌입전류 억제를 목적으로 3상 전력용 커패시터에 3상 직렬 리액터를 설치하고자 한다. 3상 전력용 커패시터의 용량이 500 [kVA]라고 할 때 다음 각 물음에 답하시오.

(1) 이론상 필요한 3상 직렬 리액터의 용량[kVA]을 구하시오.
- 계산과정 :
- 답 :

(2) 고압 및 특고압 진상 커패시터용 직렬 리액터(KS C 4806 : 1975)에 따라 실제적으로 설치해야 하는 3상 직렬 리액터의 용량[kVA] 및 그 사유를 쓰시오.
- 리액터의 용량 :
- 사유 :

답안 (1) • 계산과정 : $500 \times 0.04 = 20$[kVA]
- 답 : 20[kVA]

(2) • 리액터의 용량 : $500 \times 0.06 = 30$[kVA]
- 사유 : 주파수 변동 및 잔류 고조파 등을 고려한다.

문제 08

배점 : 6점

피뢰시스템의 수뢰부시스템에 대한 다음 각 물음에 답하시오.

(1) 수뢰부시스템의 구성 요소 3가지를 쓰시오.
(2) 수뢰부시스템의 배치 방법 3가지를 쓰시오.

답안 (1) • 돌침
- 수평도체
- 메시도체

(2) • 보호각법
- 회전구체법
- 메시법

문제 09

배점 : 11점

그림은 22.9[kV] 특고압 수전설비의 단선도이다. 이 도면을 보고 다음 각 물음에 답하시오.

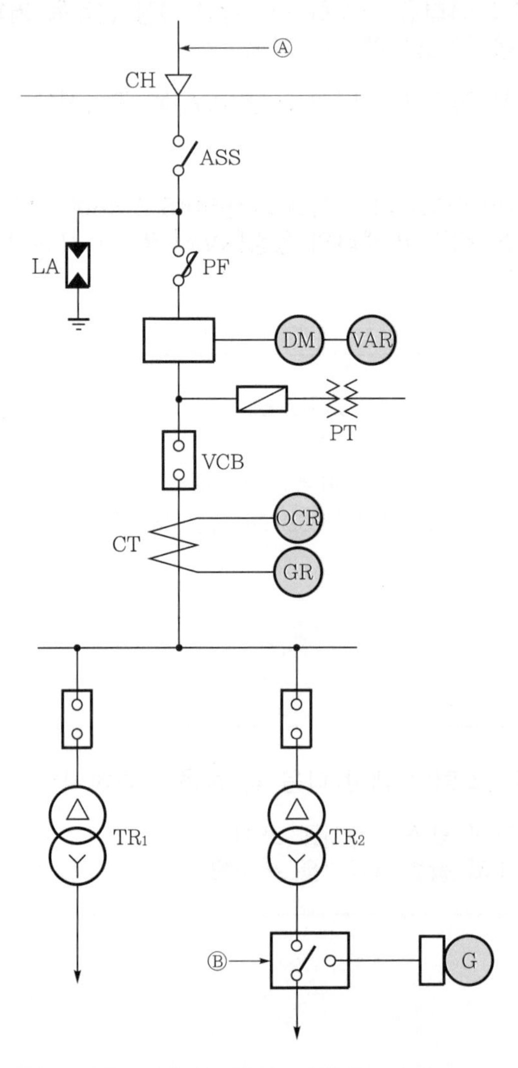

(1) 도면에 표시되어 있는 다음 약호의 한글 명칭을 쓰시오.
- ASS :
- LA :
- VCB :
- PF :

(2) TR_1 변압기의 부하설비 용량의 합이 300[kW], 역률 및 효율이 각각 0.8, 수용률이 0.6일 때, TR_2 변압기의 표준용량[kVA]을 선정하시오. (단, 변압기의 표준용량[kVA]은 100, 150, 225, 300, 500이다.)
- 계산과정 :
- 답 :

(3) Ⓐ에는 어떤 종류의 케이블이 사용되어야 하는지 쓰시오.

(4) Ⓑ에 해당하는 기구의 한글 명칭을 쓰시오.
(5) 도면상의 TR_1 변압기 결선도를 복선도로 그리시오.

U V U V U V

U′ V′ U′ V′ U′ V′

답안 (1) • ASS : 자동 고장 구분 개폐기
• LA : 피뢰기
• VCB : 진공차단기
• PF : 전력 퓨즈

(2) • 계산과정 : $TR_1 = \dfrac{300 \times 0.6}{0.8} \times \dfrac{1}{0.8} = 281.25[\text{kVA}]$

$\therefore$ 300[kVA]

• 답 : 300[kVA]

(3) CNCV-W 케이블(수밀형)

(4) 자동 전환 개폐기

(5)

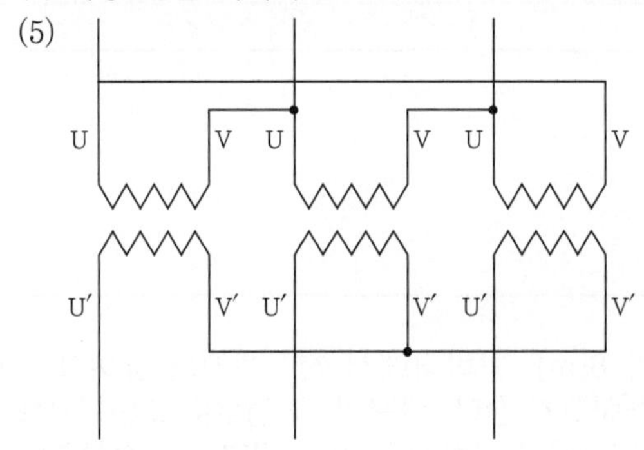

문제 10

배점 : 5점

거리계전기의 설치점에서 고장점까지의 임피던스가 70[Ω]일 때 계전기측에서 본 임피던스[Ω]를 구하시오. (단, PT의 변압비는 154,000/110, CT의 변류비는 500/5이다.)

• 계산과정 :
• 답 :

답안 • 계산과정 : 거리계전기 임피던스 $= Z_1 \cdot \dfrac{\text{CT 비}}{\text{PT 비}} = 70 \times \dfrac{500/5}{154{,}000/110} = 5[\Omega]$

• 답 : 5[Ω]

문제 11

배점 : 4점

한국전기설비규정에 따라 수용가 설비의 인입구로부터 기기까지의 전압강하는 다음 표의 값 이하이어야 한다. 다음 (   )에 들어갈 내용을 답란에 쓰시오. (단, 한국전기설비규정에 따른 다른 조건을 고려하지 않는 경우이다.)

설비의 유형	조명[%]	기타[%]
A-저압으로 수전하는 경우	(①)	(②)
B-고압 이상으로 수전하는 경우*	(③)	(④)

* 가능한 한 최종 회로 내의 전압강하가 A 유형의 값을 넘지 않도록 하는 것이 바람직하다.
사용자의 배선설비가 100[m]를 넘는 부분의 전압강하는 미터당 0.005[%] 증가할 수 있으나 이러한 증가분은 0.5[%]를 넘지 않아야 한다.

• 답란

①	②	③	④

답안

①	②	③	④
3	5	6	8

문제 12

배점 : 4점

방의 가로 길이가 8[m], 세로 길이가 6[m], 방바닥에서 천장까지의 높이가 4.1[m]인 방에 조명기구를 천장 직부형으로 시설하고자 한다. 다음의 각 경우로 조명기구를 배열할 때 벽과 조명기구 사이의 최대 이격거리[m]를 구하시오. (단, 작업하는 책상면의 높이는 방바닥에서 0.8[m]이다.)

(1) 벽면 이용하지 않을 때
  • 계산과정 :
  • 답 :
(2) 벽면 이용할 때
  • 계산과정 :
  • 답 :

답안

(1) • 계산과정 : $S_o \leq \frac{H}{2} = \frac{4.1-0.8}{2} = 1.65[\text{m}]$

  • 답 : 1.65[m]

(2) • 계산과정 : $S_o \leq \frac{H}{3} = \frac{4.1-0.8}{3} = 1.1[\text{m}]$

  • 답 : 1.1[m]

문제 13

배점 : 8점

송전계통의 변압기 중성점 접지방식에 대한 다음 각 물음에 답하시오.

(1) 중성점 접지방식의 종류를 4가지만 쓰시오.
(2) 우리나라의 154[kV], 345[kV] 송전계통에 적용하는 중성점 접지방식을 쓰시오.
(3) 유효 접지란 1선 지락 고장 시 건전상 전압이 상규 대지전압의 몇 배를 넘지 않도록 중성점 임피던스를 조절해서 접지해야 하는지 쓰시오.

답안 (1) • 비접지방식
• 직접 접지방식
• 저항 접지방식
• 소호리액터 접지방식

(2) 직접 접지방식

(3) 1.3배

문제 14

배점 : 5점

그림과 같은 교류 100[V] 단상 2선식 분기회로에서 전선의 부하중심까지 거리[m]를 구하시오.

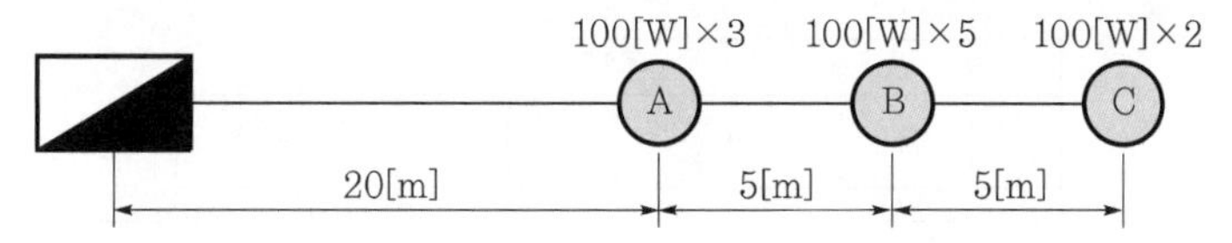

• 계산과정 :
• 답 :

답안
• 계산과정 : $l_o = \dfrac{300 \times 20 + 500 \times 25 + 200 \times 30}{300 + 500 + 200} = 24.5[\text{m}]$

• 답 : 24.5[m]

문제 15

배점 : 6점

누름버튼스위치 PB_1, PB_2, PB_3에 의해서만 직접 제어되는 계전기 X_1, X_2, X_3가 있다. 이 계전기 3개가 모두 소자(복귀)되어 있을 때만 출력 램프 L_1이 점등되고, 그 이외에는 출력 램프 L_2가 점등되도록 계전기를 사용한 시퀀스 제어회로를 설계하려고 한다. 이때 다음 각 물음에 답하시오.

(1) 본문의 요구조건과 같은 진리표를 작성하시오.

입 력			출 력	
X_1	X_2	X_3	L_1	L_2
0	0	0		
0	0	1		
0	1	0		
0	1	1		
1	0	0		
1	0	1		
1	1	0		
1	1	1		

(2) 최소 접점수를 갖는 출력 램프 L_1, L_2의 논리식을 쓰시오.

- $L_1 =$
- $L_2 =$

(3) 논리식에 대응되는 시퀀스 제어회로(유접점회로)를 그리시오. [단, 스위치 및 접점을 그릴 때는 해당하는 문자기호(예 PB_1, X_1 등)를 함께 쓰도록 한다.]

〈예시〉			
PB (a접점)	PB (b접점)	X (a접점)	X (b접점)

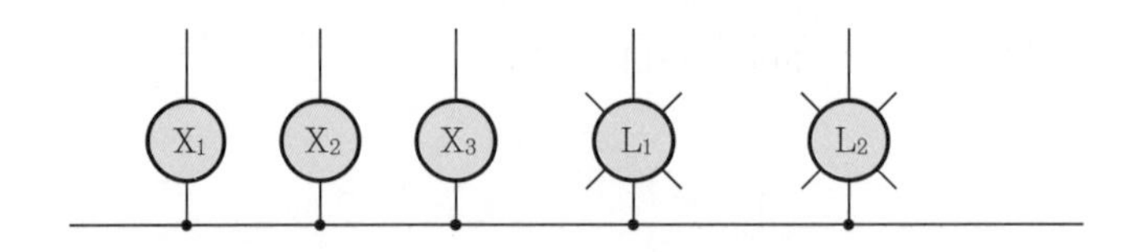

답안 (1)

입 력			출 력	
X_1	X_2	X_3	L_1	L_2
0	0	0	1	0
0	0	1	0	1
0	1	0	0	1
0	1	1	0	1
1	0	0	0	1
1	0	1	0	1
1	1	0	0	1
1	1	1	0	1

(2) • $L_1 = \overline{X}_1 \overline{X}_2 \overline{X}_3$

• $L_2 = X_1 + X_2 + X_3$

(3)

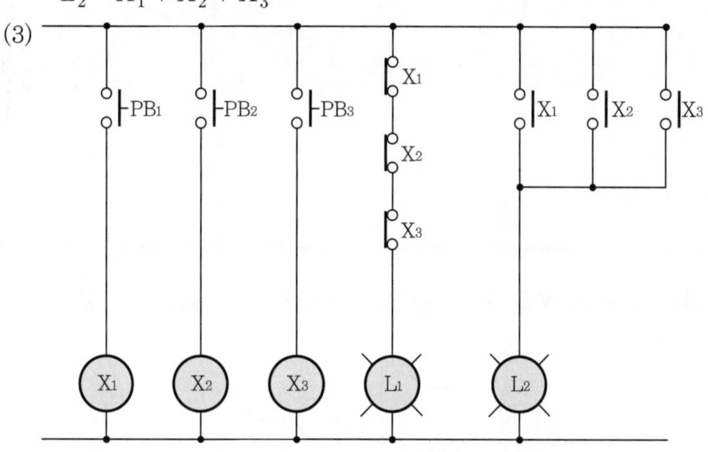

해설 (2) $L_2 = \overline{X}_1\overline{X}_2X_3 + \overline{X}_1X_2\overline{X}_3 + \overline{X}_1X_2X_3 + X_1\overline{X}_2\overline{X}_3 + X_1\overline{X}_2X_3 + X_1X_2\overline{X}_3 + X_1X_2X_3$

$= X_1 + X_2 + X_3$

X_1 \ X_2X_3	00	01	11	10
0	0	1	1	1
1	1	1	1	1

[쉬운 풀이]

$L_2 = \overline{L_1}$

$= \overline{\overline{X}_1 \cdot \overline{X}_2 \cdot \overline{X}_3}$

$= X_1 + X_2 + X_3$

문제 16

배점 : 5점

10[m] 높이에 있는 수조에 초당 1[m^3]의 물을 양수하는 데 사용하는 펌프용 전동기의 펌프 효율이 70[%]이고, 펌프 축동력에 25[%]의 여유를 줄 경우 펌프용 전동기의 용량[kW]을 구하시오. (단, 펌프용 3상 농형 유도전동기의 역률을 100[%]로 한다.)

- 계산과정 :
- 답 :

답안
- 계산과정

$$P = \frac{9.8HQK}{\eta} = \frac{9.8 \times 10 \times 1 \times 1.25}{0.7} = 175[\text{kW}]$$

- 답 : 175[kW]

문제 17

배점 : 4점

그림과 같은 논리회로의 출력 Y를 가장 간단한 논리식으로 표현하시오.

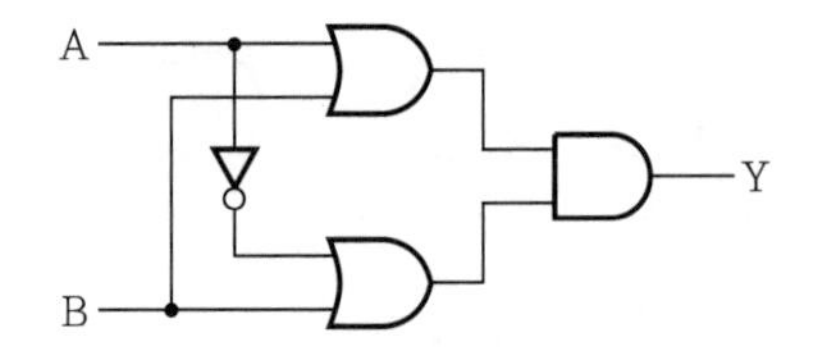

- 간소화 과정 :
- Y=

답안
- 간소화 과정

$$\begin{aligned} Y &= (A+B)(\overline{A}+B) \\ &= A\overline{A} + AB + \overline{A}B + BB \\ &= AB + \overline{A}B + B \\ &= B + (A + \overline{A} + 1) \\ &= B \end{aligned}$$

- $Y = B$

문제 **18**

배점 : 5점

단상 2선식 220[V] 배전선로에 소비전력 40[W], 역률 80[%]인 형광등 180개를 16[A] 분기회로로 설치했을 때 최소 분기회로의 회선수를 구하시오. (단, 한 회로의 부하전류는 분기회로의 80[%]로 한다.)

- **계산과정 :**
- **답 :**

답안
- 계산과정

$$N=\frac{\frac{40}{0.8}\times 180}{220\times 16\times 0.8}=3.19 ≒ 3.2$$

$\therefore$ 4회로

- 답 : 4회로

MEMO

2022년도 산업기사 제1회 필답형 실기시험

종 목	시험시간	배 점	문제수	형 별
전 기 산 업 기 사	2시간	100	19	A

문제 01

배점 : 5점

공칭 변류비가 150/5인 변류기(CT)의 1차에 400[A]가 흘렀을 때 2차 전류가 10[A]이었다면, 이때의 비오차[%]를 구하시오.

- 계산과정 :
- 답 :

답안
- 계산과정

$$\text{비오차} = \frac{\text{공칭 변류비} - \text{측정 변류비}}{\text{측정 변류비}} \times 100[\%]$$

$$= \frac{150/5 - 400/10}{400/10} \times 100 = -25[\%]$$

- 답 : −25[%]

문제 02

배점 : 4점

지름 30[cm]인 완전 확산성 반구형 전구를 사용하여 평균 휘도 0.3[cd/cm²]인 천장등을 가설하려고 한다. 기구효율을 0.75라 하면, 이 전구의 광속[lm]을 구하시오. (단, 광속 발산도는 0.95[lm/cm²]라 한다.)

- 계산과정 :
- 답 :

답안
- 계산과정 : 광속발산도 $R = \frac{F}{S}$

$$\therefore \text{광속 } F = R \cdot S = R \cdot \frac{4\pi r^2}{2}$$

$$F = 0.95 \times \frac{1}{2} \times 4\pi \times 15^2 = 1{,}343.03[\text{lm}]$$

$$\therefore F_o = \frac{F}{\mu} = \frac{1{,}343.03}{0.75} = 1{,}790.71[\text{lm}]$$

- 답 : 1,790.71[lm]

문제 03 배점 : 12점

다음은 22.9[kV-Y] 수변전설비의 단선도 일부이다. 다음 각 물음에 답하시오.

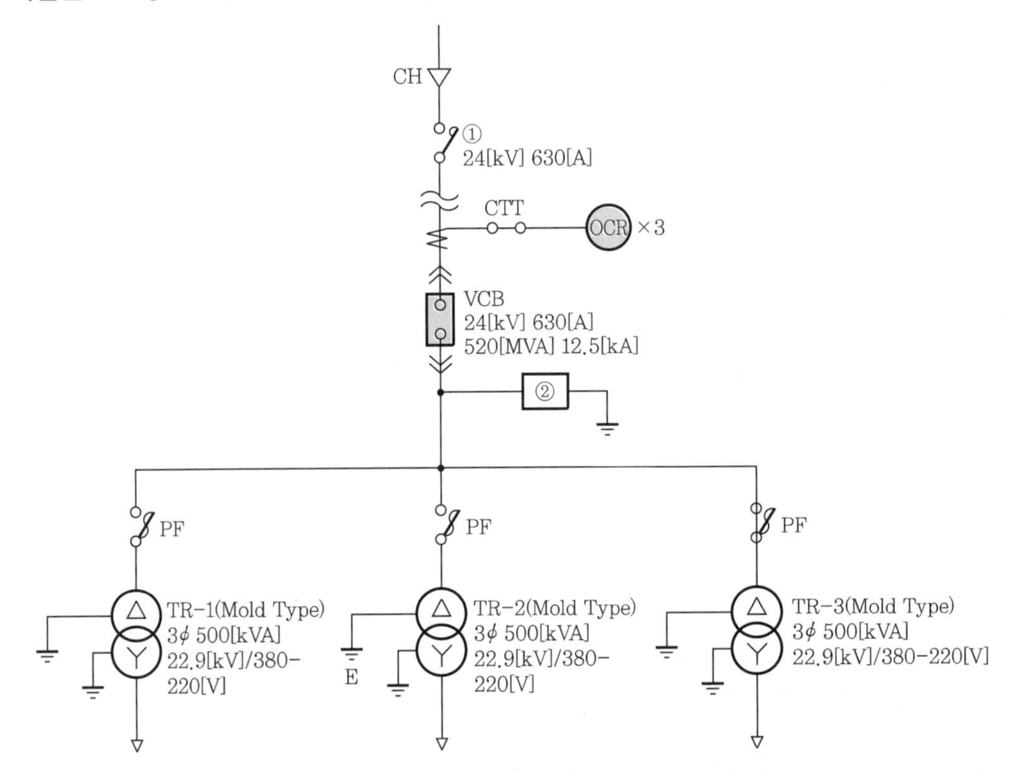

(1) ①은 수배전설비의 인입구 개폐기로 많이 사용되고 있으며, 부하개폐 및 단락보호(한류퓨즈 장착 시) 기능을 가진 기기이다. ①의 설비 명칭을 쓰시오.

(2) CT비를 선정하시오. (단, 최대부하전류의 125[%], 정격 2차 전류 5[A])

▌계기용 변류기 정격▐

정격 1차 전류[A]	20	25	30	40	50	75
정격 2차 전류[A]	5					

- 계산과정 :
- 답 :

(3) OCR의 한시 탭값을 선정하시오. (단, 정정기준은 변압기 정격전류의 150[%], 계전기 Type은 유도원판형, Tap Range : 한시 4, 5, 6, 7, 8, 10)
- 계산과정 :
- 답 :

(4) 선로에서 발생할 수 있는 개폐서지, 순간과도전압 등의 이상전압이 2차 기기에 미치는 악영향을 방지하기 위해 설치하는 ②의 설비 명칭을 쓰시오.

답안 (1) 부하개폐기(LBS)

(2) • 계산과정 : $I_1 = \dfrac{500 \times 3}{\sqrt{3} \times 22.9} \times 1.25 = 47.27[A]$ $\quad\therefore$ 50/5 선정

• 답 : 50/5

(3) • 계산과정 : $I_t = \dfrac{500 \times 3}{\sqrt{3} \times 22.9} \times \dfrac{5}{50} \times 1.5 = 5.67[A]$ $\quad\therefore$ 6[A]

• 답 : 6[A]

(4) 서지흡수기(SA)

문제 04

배점 : 6점

주어진 PLC 프로그램을 보고 래더도를 각각 작성하시오. (단, 시작입력 LOAD, 출력 OUT, 직렬 AND, 병렬 OR, 부정 NOT, 그룹 간 직렬접속 AND LOAD, 그룹 간 병렬접속 OR LOAD이다. 회로 작성 시 선의 접속 및 미접속에 대한 예시를 참고하여 작성하시오.)

▌선의 접속과 미접속에 대한 예시▐

접 속	미접속
┼━┬	┼

(1)

step	명령어	변수/디바이스
0	LOAD	P001
1	OR	M001
2	LOAD NOT	P002
3	OR	M000
4	AND LOAD	–
5	OUT	P017

• **래더도**

(2)

step	명령어	변수/디바이스
0	LOAD	P001
1	AND	M001
2	LOAD NOT	P002
3	AND	M000
4	OR LOAD	–
5	OUT	P017

• 래더도

답안

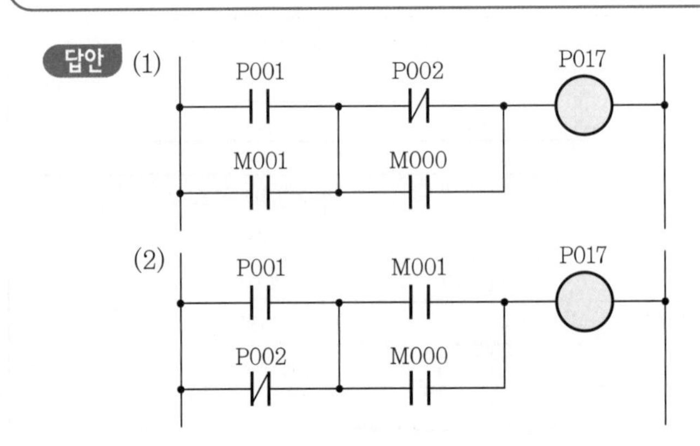

문제 05

배점 : 5점

연(납)축전지의 정격용량 100[Ah], 직류 상시 최대부하전류 80[A]인 부동충전방식 정류기의 직류 정격출력전류[A]값을 구하시오.

• 계산과정 :
• 답 :

답안

• 계산과정 : $I = \dfrac{100}{10} + 80 = 90[\mathrm{A}]$

• 답 : 90[A]

문제 06

배점 : 5점

논리식 $X = (A + B) \cdot \overline{C}$에 대한 다음 각 물음에 답하시오. (단, A, B, C는 입력이고 X는 출력이다. 회로 작성 시 선의 접속 및 미접속에 대한 예시를 참고하여 작성하시오.)

▌선의 접속과 미접속에 대한 예시▐

접 속	미접속

(1) 주어진 논리식에 대한 논리회로를 작성하시오.

A ——

B —— ——X

C ——

(2) "(1)"항의 논리회로를 NOR 게이트만을 사용한 논리회로로 작성하시오. (단, 최소한의 NOR 게이트를 사용하고, NOR 게이트는 2입력을 사용한다.)

A ——

B —— ——X

C ——

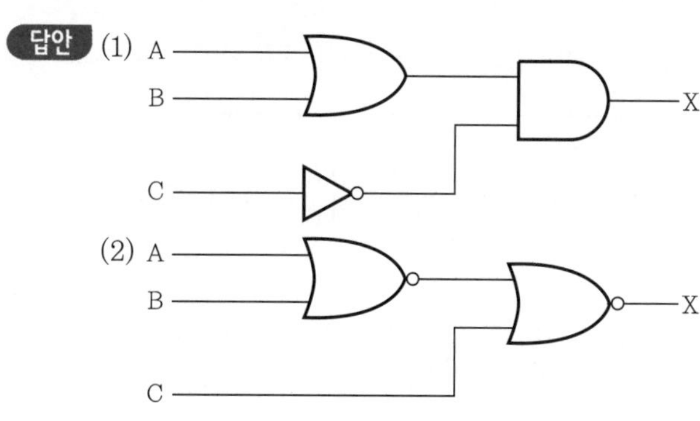

해설

$$X = (A + B)\overline{C}$$

$$= \overline{\overline{(A + B)\overline{C}}}$$

$$= \overline{\overline{(A + B)} + C}$$

문제 07

배점 : 4점

500[kVA] 단상 변압기 3대를 Δ-Δ결선의 1뱅크로 하여 사용하고 있는 변전소가 있다. 부하의 증가로 1대의 단상 변압기를 추가하여 2뱅크로 하였을 때, 최대 3상 부하용량[kVA]을 구하시오.

- 계산과정 :
- 답 :

답안

- 계산과정 : $P_m = 2P_V = 2 \times \sqrt{3} \times 500 = 1{,}732.05[\text{kVA}]$
- 답 : 1,732.05[kVA]

문제 08

배점 : 5점

어떤 공장의 3상 부하가 20[kW], 역률이 60[%](지상)라고 한다. 역률 80[%]로 개선하기 위한 전력용 커패시터의 용량[kVA]을 구하시오. 또한 이를 위해 단상 커패시터 3대를 Δ결선한 경우에 필요한 커패시터의 정전용량[μF]을 구하시오. (단, 전력용 커패시터의 정격전압은 200[V], 주파수는 60[Hz]이다.)

(1) 전력용 커패시터의 용량[kVA]
- 계산과정 :
- 답 :

(2) 전력용 커패시터의 정전용량[μF]
- 계산과정 :
- 답 :

답안

(1) • 계산과정 : $Q_c = P(\tan\theta_1 - \tan\theta_2) = 20 \cdot \left(\frac{0.8}{0.6} - \frac{0.6}{0.8}\right) = 11.67[\text{kVA}]$
- 답 : 11.67[kVA]

(2) • 계산과정 : $Q_\triangle = 3\omega CV^2$

$$\therefore\ C = \frac{Q_\triangle}{3\omega V^2} = \frac{11.67 \times 10^3}{3 \times 2\pi \times 60 \times 200^2} \times 10^6 = 257.96[\mu\text{F}]$$

- 답 : 257.96[μF]

문제 09

배점 : 5점

책임 설계감리원이 설계감리의 기성 및 준공을 처리한 때에 발주자에게 제출하는 준공서류 중 감리기록서류 5가지를 쓰시오. (단, 설계감리업무 수행지침을 따른다.)

답안
- 설계감리 일지
- 설계감리 지시부
- 설계감리 기록부
- 설계감리 요청서
- 설계자와 협의사항 기록부

문제 10

배점 : 4점

다음 (   )에 가장 알맞은 내용을 답란에 쓰시오.

교류변전소용 자동제어기구 번호에서 52C는 (①)이고, 52T는 (②)이다.

• 답란

①		②	

답안

①	교류차단기용 투입코일	②	교류차단기용 트립코일

해설 **교류변전소용 자동제어기구 번호**

기본 기구 번호	기구 번호	기구 명칭	비 고
52	52	교류차단기	
	52C	교류차단기용 투입코일	closing coil
	52T	교류차단기용 트립코일	trip coil
	52H	소내용 교류차단기	
	52P	주변압기 1차용 교류차단기	primary
	52S	주변압기 2차용 교류차단기	secondary
	52K	주변압기 3차용 교류차단기	tertiary
	52N	중성점용 교류차단기	neutral
	52NR	중성점저항기용 교류차단기	neutral resistance
	52PC	소호리액터용 교류차단기	petersen coil

문제 11

배점 : 4점

다음 약호에 대한 전선 종류의 명칭을 정확히 쓰시오.

(1) 450/750[V] HFIO

(2) 0.6/1[kV] PNCT

답안 (1) 450/750[V] 저독성 난연 폴리올레핀 절연전선

(2) 0.6/1[kV] EP 고무절연 클로로프렌 캡타이어 케이블

문제 12

배점 : 5점

점광원으로부터 원추의 밑면까지의 거리가 8[m], 밑면의 지름이 12[m]인 원형면에 입사되는 광속이 1,570[lm]이라고 할 때, 이 점광원의 평균광도[cd]를 구하시오. (단, π는 3.14로 계산한다.)

- 계산과정 :
- 답 :

답안

- 계산과정 : $I=\dfrac{F}{W}=\dfrac{F}{2\pi(1-\cos\theta)}=\dfrac{1{,}570}{2\pi\left(1-\dfrac{8}{\sqrt{6^2+8^2}}\right)}=1{,}250[\text{cd}]$
- 답 : 1,250[cd]

문제 13

배점 : 5점

3상 송전선의 각 선의 전류가 $I_a=220+j50$[A], $I_b=-150-j300$[A], $I_c=-50+j150$[A]일 때, 이것과 병행으로 가설된 통신선에 유도되는 전자유도전압의 크기는 몇 [V]인지 계산하시오. (단, 송전선과 통신선 사이의 상호 임피던스는 15[Ω]이다.)

- 계산과정 :
- 답 :

답안

- 계산과정 : 전자유도전압 $E_m=-j\omega Ml\cdot(I_a+I_b+I_c)$

$$=15\cdot\{(220+j50)+(-150-j300)+(-50+j150)\}$$

$$=15\times(20-j100)=15\times\sqrt{20^2+100^2}=1{,}529.7[\text{V}]$$

- 답 : 1,529.7[V]

문제 14

배점 : 5점

22.9[kV-Y] 수전설비의 부하전류가 40[A]일 때, 변류기(CT)는 60/5[A]의 2차측에 과전류 계전기를 시설하여 120[%]의 과부하에서 부하를 차단시키고자 한다. 과전류 계전기의 전류 탭 설정값[A]을 구하시오.

- 계산과정 :
- 답 :

답안 • 계산과정

$$I_t = 40 \times \frac{5}{60} \times 1.2 = 4[\text{A}]$$

- 답 : 4[A]

문제 15

배점 : 6점

접지저항을 측정하기 위하여 보조접지극 A, B와 접지극 E 상호 간에 접지저항을 측정한 결과 그림과 같은 저항값을 얻었다. E의 접지저항은 몇 [Ω]인지 구하시오.

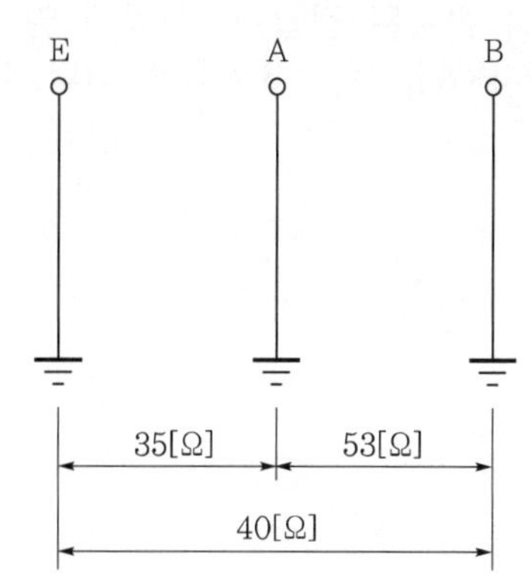

- 계산과정 :
- 답 :

답안 • 계산과정

$$R = \frac{1}{2}(35 + 40 - 53) = 11[\Omega]$$

- 답 : 11[Ω]

문제 16

배점 : 4점

한국전기설비규정에 따라 사용자재에 의한 공사방법을 배선시스템에 따른 배선공사방법으로 분류한 표이다. 빈칸에 알맞은 내용을 쓰시오.

종 류	공사방법
전선관시스템	합성수지관공사, 금속관공사, 휨(가요)전선관공사
케이블트렁킹시스템	(①), (②), 금속트렁킹공사
케이블덕팅시스템	플로어덕트공사, 셀룰러덕트공사, 금속덕트공사

• 답란

①		②	

답안

①	합성수지몰드공사	②	금속몰드공사

문제 17

배점 : 6점

어떤 3상 부하에 그림과 같이 접속된 전압계, 전류계 및 전력계의 지시가 각각 $V=200$[V], $I=34$[A], $W_1=6.24$[kW], $W_2=3.77$[kW]이다. 이 부하에 대한 다음 각 물음에 답하시오.

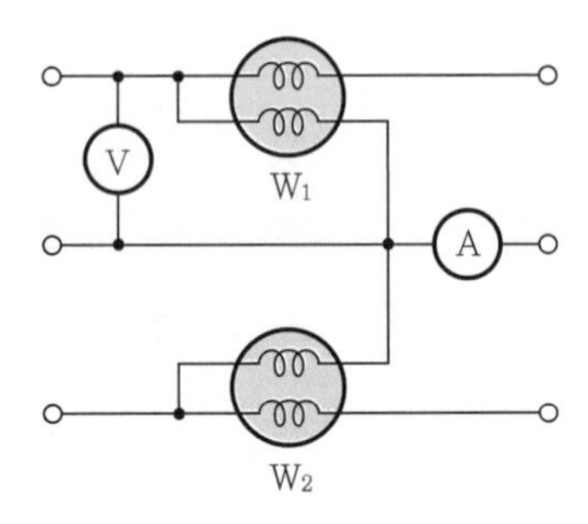

(1) 소비전력[kW]을 구하시오.
- 계산과정 :
- 답 :

(2) 피상전력[kVA]을 구하시오.
- 계산과정 :
- 답 :

(3) 부하 역률[%]을 구하시오.
- 계산과정 :
- 답 :

답안 (1) • 계산과정 : $P = W_1 + W_2 = 6.24 + 3.77 = 10.01$[kW]

• 답 : 10.01[kW]

(2) • 계산과정[kVA] : $P_a = \sqrt{3}\,VI = \sqrt{3} \times 200 \times 34 = 11.78$[kVA]

• 답 : 11.78[kVA]

(3) • 계산과정 : $\cos\theta = \dfrac{P}{P_a} = \dfrac{10.01}{11.78} = 84.97$[%]

• 답 : 84.97[%]

문제 18

| 배점 : 5점 |

다음 각 항목을 측정하는 데 가장 알맞은 계측기 또는 측정방법을 쓰시오.

(1) 변압기의 절연저항
(2) 검류계의 내부저항
(3) 전해액의 저항
(4) 배전선의 전류
(5) 접지극 접지저항

답안 (1) 절연저항계(메거)

(2) 휘트스톤 브리지

(3) 코올라우시 브리지

(4) 후크온 메타

(5) 접지저항계

문제 19

| 배점 : 5점 |

150[kVA], 22.9[kV]/380-220[V] 변압기의 %저항이 3[%]이고 %리액턴스가 4[%]이다. 정격전압에서 단락전류는 정격전류의 몇 배인지를 계산하시오. (단, 여기서 변압기의 전원측 임피던스는 무시한다.)

• 계산과정 :
• 답 :

답안 • 계산과정 : $I_s = \dfrac{100}{\%Z} \cdot I_n$

$$\therefore \frac{I_s}{I_n} = \frac{100}{\%Z} = \frac{100}{\sqrt{(\%R)^2 + (\%X)^2}} = \frac{100}{\sqrt{3^2 + 4^2}} = 20\text{배}$$

• 답 : 20배

2022년도 산업기사 제2회 필답형 실기시험

종 목	시험시간	배 점	문제수	형 별
전 기 산 업 기 사	2시간	100	19	A

문제 01

배점 : 5점

주어진 조건에 의하여 1년 이내 최대 전력 3,000[kW], 월 기본요금 6,490[원/kW], 월간 평균 역률이 95[%]일 때, 1개월의 기본요금을 구하시오. 또한 1개월의 사용 전력량이 54만[kWh], 전력량 요금 89[원/kWh]라 할 때 1개월의 총 전력요금은 얼마인지를 계산하시오.

[조건]
역률의 값에 따라 전력요금은 할인 또는 할증되며, 역률 90[%]를 기준으로 하여 역률이 1[%] 늘 때마다 기본요금 또는 수요전력요금이 1[%] 할인되며, 1[%] 나빠질 때마다 1[%]의 할증요금을 지불해야 한다.

(1) 기본요금을 구하시오.
- 계산과정 :
- 답 :

(2) 1개월의 총 전력요금을 구하시오.
- 계산과정 :
- 답 :

답안 (1) • 계산과정 : $3,000 \times 6,490 \times (1-0.05) = 18,496,500$원
• 답 : 18,496,500원

(2) • 계산과정 : $18,496,500 + 54 \times 10^4 \times 89 = 66,556,500$원
• 답 : 66,556,500원

문제 02

배점 : 4점

다음 조명 용어에 대한 기호 및 단위를 쓰시오.

휘 도		광 도		조 도		광속발산도	
기호	단위	기호	단위	기호	단위	기호	단위

답안

휘 도		광 도		조 도		광속발산도	
기호	단위	기호	단위	기호	단위	기호	단위
B	cd/m^2	I	cd	E	lx	R	rlx

문제 03

배점 : 5점

평형 3상 회로에서 운전하는 유도전동기가 있다. 이 회로에 그림과 같이 2개의 전력계 W_1 및 W_2, 전압계 V, 전류계 A를 접속하니 각 계기의 지시가 $W_1 = 5.96$[kW], $W_2 = 2.36$[kW], V = 200[V], A = 30[A]와 같을 때 유도전동기의 역률[%]을 구하시오.

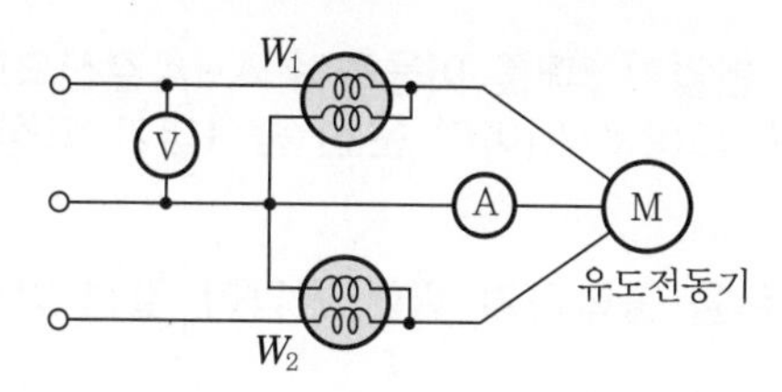

- **계산과정 :**
- **답 :**

답안

- 계산과정 : $\cos\theta = \dfrac{P}{P_a} = \dfrac{W_1 + W_2}{\sqrt{3}VI} = \dfrac{(5.96 + 2.36) \times 10^3}{\sqrt{3} \times 200 \times 30} \times 100 = 80.06[\%]$
- 답 : 80.06[%]

문제 04

배점 : 5점

다음 조건에 맞는 콘센트의 그림기호를 그리시오.

벽붙이용	천장에 부착하는 경우	바닥에 부착하는 경우
방수형	2구용	

답안

벽붙이용	천장에 부착하는 경우	바닥에 부착하는 경우
◐(:)	(··)	(··) 바닥 기호
방수형	2구용	
◐ WP	◐ 2	

문제 05

배점 : 5점

어느 3상 동력부하를 단상 변압기 3대를 이용하여 Δ−Δ결선으로 전원을 공급하고 있다. 단상 변압기 1대의 용량은 150[kVA]이며 운전 중 1대가 고장이 발생하였다. 다음 각 물음에 답하시오.

(1) 변압기 2대로 3상 전력을 공급하기 위한 변압기 결선 방법을 쓰시오.
- 답 :

(2) 변압기 2대로 3상 전력을 공급할 때 변압기의 이용률[%]을 구하시오.
- 계산과정 :
- 답 :

(3) 변압기 2대를 이용한 3상 출력을 Δ−Δ결선한 변압기 3대의 3상 출력과 비교할 때 출력비[%]를 구하시오.
- 계산과정 :
- 답 :

답안 (1) • 답 : V−V 결선

(2) • 계산과정

$$\frac{P_V}{2P_1} = \frac{\sqrt{3} \cdot P_1}{2 \cdot P_1} \times 100 = 86.6[\%]$$

• 답 : 86.6[%]

(3) • 계산과정

$$\frac{P_V}{P_\triangle} = \frac{\sqrt{3} \cdot P_1}{3 \cdot P_1} \times 100 = 57.7[\%]$$

• 답 : 57.7[%]

문제 06

배점 : 5점

송전거리 40[km], 송전전력 10,000[kW]일 때의 경제적 송전전압[kV]을 구하시오. (단, still 식에 의거 구하시오.)

- 계산과정 :
- 답 :

답안 • 계산과정

$$V = 5.5\sqrt{0.6l + \frac{P}{100}}$$

$$= 5.5\sqrt{0.6 \times 40 + \frac{10,000}{100}}$$

$$= 61.25[\text{kV}]$$

• 답 : 61.25[kV]

문제 07

배점 : 5점

콜라우시 브리지에 의해 접지저항을 측정했을 때, 접지판 상호 간의 저항이 그림과 같다면 G3의 접지저항값[Ω]을 구하시오.

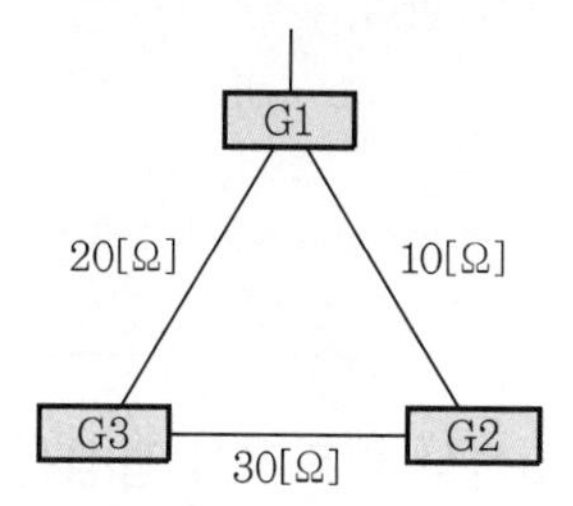

- 계산과정 :
- 답 :

답안 • 계산과정

$$R_3 = \frac{1}{2}(20 + 30 - 10) = 20[\Omega]$$

• 답 : 20[Ω]

문제 08

배점 : 5점

그림과 같은 시퀀스회로에 접점 "A"가 닫혀서 폐회로가 되었을 때 표시등 PL의 동작사항을 설명하시오. (단, X는 보조릴레이, T_1, T_2는 타이머(On delay)이며 설정시간은 1초이다.)

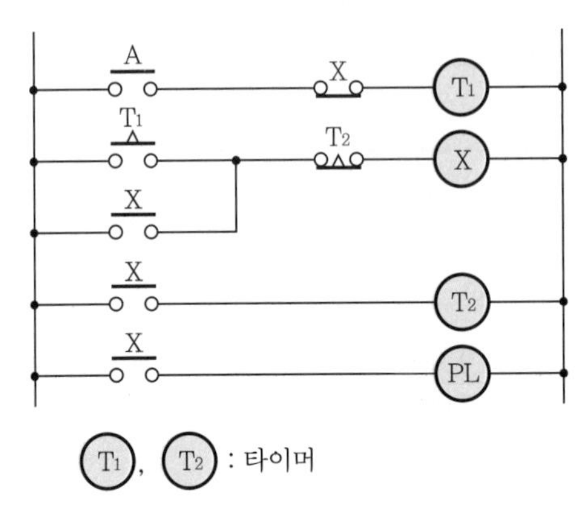

답안 PL은 T_1 설정시간 동안 소등하고 T_2 설정시간 동안 점등함을 A접점이 개로될 때까지 반복한다.

해설 **A접점이 폐로되었을 때의 동작사항**

타이머 T_1이 통전되고 설정시간 후 T_1의 a접점이 닫혀 보조릴레이 X가 여자되며 타이머 T_2 통전, 신호등 PL이 점등된다.

타이머 T_2는 설정시간이 지나면 T_2의 b접점이 열려 X소자, 신호등 PL은 소등되며 접점 A가 계속 닫혀 있으면 반복 동작을 한다.

문제 09

배점 : 6점

그림과 같은 100/200[V] 단상 3선식 회로에서 중성선이 P점에서 단선되었다면 부하 A와 부하 B의 단자전압은 약 몇 [V]인지 구하시오.

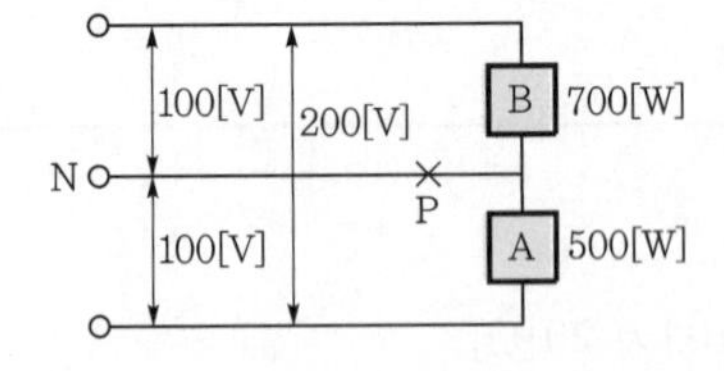

(1) 부하 A의 단자전압
 • 계산과정 :
 • 답 :

(2) 부하 B의 단자전압
 • 계산과정 :
 • 답 :

답안

(1) • 계산과정 : $V_A = \frac{P_B}{P_A + P_B} \cdot V = \frac{500}{700+500} \times 200 = 83.33[V]$

• 답 : 83.33[V]

(2) • 계산과정 : $V_B = \frac{P_A}{P_A + P_B} \cdot V = \frac{700}{700+500} \times 200 = 116.67[V]$

• 답 : 116.67[V]

문제 10

배점 : 5점

역률(지상)이 0.8인 유도부하 30[kW]와 역률이 1인 전열기 부하 25[kW]가 있다. 이들 부하에 사용할 변압기의 표준용량[kVA]을 구하시오. (단, 변압기의 표준용량[kVA]은 5, 10, 15, 20, 25, 50, 75, 100이다.)

• 계산과정 :
• 답 :

답안 • 계산과정

유효전력 : $30 + 25 = 55[kW]$

무효전력 : $30 \times \frac{0.6}{0.8} = 22.5[kVar]$

∴ 변압기 용량(피상전력) $P_t = \sqrt{55^2 + 22.5^2} = 59.42[kVA]$

• 답 : 75[kVA]

문제 11

배점 : 5점

전기사업자는 그가 공급하는 전기의 품질(표준전압, 표준주파수)을 허용오차 범위 안에서 유지하도록 전기사업법에 표준전압 · 표준주파수 및 허용오차를 규정하고 있다. 다음 표의 번호 안에 표준전압 또는 표준주파수에 대한 허용오차를 쓰시오.

표준전압 또는 표준주파수	허용오차
110볼트	110볼트의 상하로 (①)볼트 이내
220볼트	220볼트의 상하로 (②)볼트 이내
380볼트	380볼트의 상하로 (③)볼트 이내
60헤르츠	60헤르츠 상하로 (④)헤르츠 이내

답안

표준전압 또는 표준주파수	허용오차
110볼트	110볼트의 상하로 (6)볼트 이내
220볼트	220볼트의 상하로 (13)볼트 이내
380볼트	380볼트의 상하로 (38)볼트 이내
60헤르츠	60헤르츠 상하로 (0.2)헤르츠 이내

문제 12

배점 : 6점

전동기를 제작하는 어떤 공장에 700[kVA]의 변압기가 설치되어 있다. 이 변압기에 역률(지상) 65[%]의 부하 700[kVA]가 접속되어 있다고 할 때, 이 부하와 병렬로 전력용 커패시터를 접속하여 합성역률을 90[%]로 유지하려고 한다. 다음 각 물음에 답하시오.

(1) 전력용 커패시터의 용량[kVA]을 구하시오.
- 계산과정 :
- 답 :

(2) 역률개선 후 이 변압기에 역률(지상) 90[%]의 부하를 몇 [kW] 더 증가시켜 접속할 수 있는지 구하시오.
- 계산과정 :
- 답 :

답안 (1) • 계산과정

$$Q_c = 700 \times 0.65(\tan\cos^{-1}0.65 - \tan\cos^{-1}0.9)$$
$$= 311.59[\text{kVA}]$$

• 답 : 311.59[kVA]

(2) • 계산과정

$$\triangle P = P_a(\cos\theta_2 - \cos\theta_1)$$
$$= 700(0.9 - 0.65)$$
$$= 175[\text{kW}]$$

• 답 : 175[kW]

문제 13

배점 : 11점

다음은 3상 유도전동기에 전력을 공급하는 분기회로이다. 다음 각 물음에 답하시오.

[조건]

- 정격전류 : 50[A], 공사방법 : B2, 주위온도 : 40[℃], 분기선은 XLPE절연 동(Cu)도체, 허용전압강하 : 2[%]
- 분기점에서 전동기까지 거리 : 70[m], 기타 사항은 고려하지 않는다.

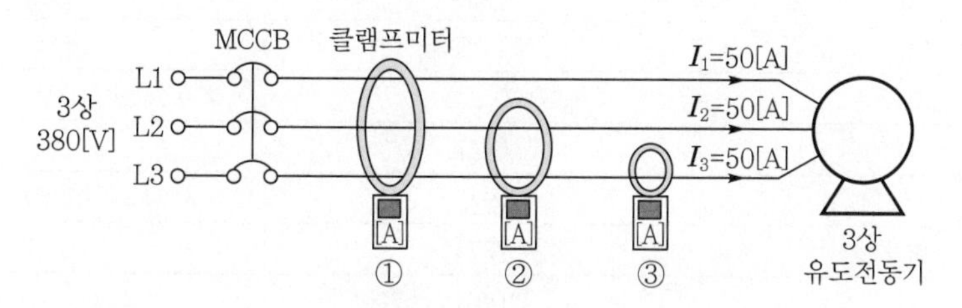

▎표 1 ▎표준 공사방법의 허용전류[A]

– XLPE 또는 EPR 절연, 구리 또는 알루미늄 도체, 도체온도 : 90[℃]
– 주위온도 : 기중 30[℃], 지중 20[℃]

구리 도체의 공칭 단면적 [mm^2]	공사 방법											
	A1 단열벽인 전선관의 절연전선		A2 단열벽인 전선관의 다심케이블		B1 석재벽면/안 전선관의 절연전선		B2 석재벽면/안 전선관의 다심케이블		C 벽면에 공사한 단심/다심 케이블		D 지중덕트 안의 단심/다심 케이블	
	단상	3상	단상	3상	단상	3상	단상	3상	단상	3상	단상	3상
1.5	19	17	18.5	16.5	23	20	22	19.5	24	22	26	22
2.5	26	23	25	22	31	28	30	26	33	30	34	29
4	35	31	33	30	42	37	40	35	45	40	44	37
6	45	40	42	38	54	48	51	44	58	52	56	46
10	61	54	57	51	75	66	69	60	80	71	73	61
16	81	73	776	68	100	88	91	80	107	96	95	79
25	106	95	99	89	133	117	119	105	138	119	121	101
35	131	117	121	109	164	144	146	128	171	147	146	122
50	158	141	145	130	198	175	175	154	209	179	173	144
70	200	179	183	164	253	222	221	194	269	229	213	178
95	241	216	220	197	306	269	265	233	328	278	252	211
120	278	249	253	227	354	312	305	268	382	322	287	240
150	318	285	290	259	–	–	–	–	441	371	324	271
185	362	324	329	295	–	–	–	–	506	424	363	304
240	424	380	386	346	–	–	–	–	599	500	419	351
300	486	435	442	396	–	–	–	–	693	576	474	396

┃표 2┃ 기중케이블의 허용전류에 적용하는 대기 주위온도가 30[℃] 이외의 경우 보정계수

주위온도[℃]	절연체	
	PVC	XLPE 또는 EPR
10	1.23	1.15
15	1.17	1.12
20	1.12	1.08
25	1.06	1.04
30	1.00	1.00
35	0.94	0.96
40	0.87	0.91
45	0.79	0.87
50	0.71	0.82
55	0.61	0.76
60	0.5	0.71

(1) 공사방법 및 주위온도를 고려한 분기선 도체의 최소 굵기를 표를 참고하여 선정하시오. (단, 허용 전압강하는 고려하지 않는다.)

• 답 :

(2) 허용 전압강하를 고려한 분기선 도체의 굵기를 계산하고, 상기 조건을 모두 만족하는 최소 굵기를 표에서 최종 선정하시오.

• 계산과정 :

• 답 :

(3) 3상 유도전동기는 고장 없이 정상운전 중이고, 각 상은 평형전류 50[A]이다. 유지관리를 위해 클램프미터로 그림과 같이 3회 전류측정을 하였다. 클램프미터 ①, ②, ③의 측정값을 쓰시오.

• 답란

①	②	③

답안 (1) • 계산과정

– 주위온도는 40[℃], XLPE절연이므로 [표 2]에서 보정계수 0.91을 선정

$$\therefore \text{ 허용전류 } I = \frac{50}{0.91} = 54.95[\text{A}]$$

– 공사방법은 B2, 3상이므로 [표 1]에서 허용전류가 60[A]인 공칭단면적 10[mm^2]을 선정

• 답 : 10[mm^2]

(2) • 계산과정

– 전선의 굵기 $A = \dfrac{30.8LI}{1{,}000e} = \dfrac{30.8 \times 70 \times 50}{1{,}000 \times 380 \times 0.02} = 14.18[\text{mm}^2]$

– 공칭단면적 16[mm^2]을 선정

– (1)과 (2)의 전선 중 더 굵은 것을 선정하여야 하므로 16[mm^2]을 최종 선정

• 답 : 16[mm^2]을 선정

(3)

①	②	③
0[A]	50[A]	50[A]

• ①의 경우 : $I = I_a + I_b + I_c$

$$= 50 + 50\left(-\frac{1}{2} - j\frac{\sqrt{3}}{2}\right) + 50\left(-\frac{1}{2} + j\frac{\sqrt{3}}{2}\right)$$

$$= 50 - 25 - j25\sqrt{3} - 25 + j25\sqrt{3}$$

$$= 0[\text{A}]$$

• ②의 경우 : $I = |I_b + I_c|$

$$= \left|50\left(-\frac{1}{2} - j\frac{\sqrt{3}}{2}\right) + 50\left(-\frac{1}{2} + j\frac{\sqrt{3}}{2}\right)\right|$$

$$= |-25 - j25\sqrt{3} - 25 + j25\sqrt{3}|$$

$$= 50[\text{A}]$$

문제 14 배점 : 5점

어느 건물의 부하는 하루에 240[kW]로 5시간, 100[kW]로 8시간, 75[kW]로 나머지 시간을 사용한다. 이에 따른 수전설비를 450[kW]로 하였을 때, 이 건물의 일부하율[%]을 구하시오.

- **계산과정 :**
- **답 :**

답안 • 계산과정

$$부하율 = \frac{(240 \times 5 + 100 \times 8 + 75 \times 11) \times \frac{1}{24}}{240} \times 100 = 49.05[\%]$$

• 답 : 49.05[%]

문제 **15**

배점 : 4점

그림은 어느 수용가의 배전계통도이다. 각 변압기 상호 간의 부등률을 1.2라고 할 때 다음 각 물음에 답하시오.

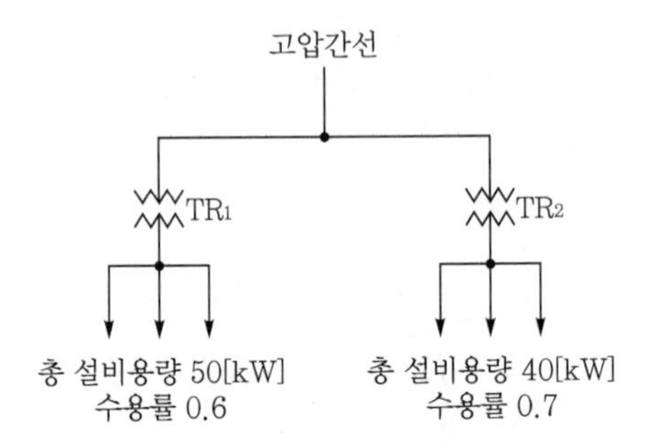

(1) TR_1 변압기의 최대부하는 몇 [kW]인지 구하시오.
- 계산과정 :
- 답 :

(2) TR_2 변압기의 최대부하는 몇 [kW]인지 구하시오.
- 계산과정 :
- 답 :

(3) 고압간선의 합성최대수용전력은 몇 [kW]인지 구하시오.
- 계산과정 :
- 답 :

답안 (1) • 계산과정

$$P_1 = 50 \times 0.6 = 30\,[\text{kW}]$$

• 답 : 30[kW]

(2) • 계산과정

$$P_2 = 40 \times 0.7 = 28\,[\text{kW}]$$

• 답 : 28[kW]

(3) • 계산과정

$$P_m = \frac{30+28}{1.2} = 48.33\,[\text{kW}]$$

• 답 : 48.33[kW]

문제 16

배점 : 6점

한국전기설비규정에 따른 저압전로 중의 전동기 보호용 과전류보호장치의 시설에 관한 설명 중 일부이다. 빈칸에 알맞은 내용을 쓰시오.

옥내에 시설하는 전동기(정격출력이 0.2[kW] 이하인 것을 제외한다. 이하 여기에서 같다)에는 전동기가 손상될 우려가 있는 과전류가 생겼을 때에 자동적으로 이를 저지하거나 이를 경보하는 장치를 하여야 한다.
다만, 다음의 어느 하나에 해당하는 경우에는 그러하지 아니하다.
가. 전동기를 운전 중 상시 취급자가 감시할 수 있는 위치에 시설하는 경우
나. 전동기의 구조나 부하의 성질로 보아 전동기가 손상될 수 있는 과전류가 생길 우려가 없는 경우
다. 단상전동기[KS C 4204(2013)의 표준정격의 것을 말한다]로써 그 전원측 전로에 시설하는 과전류 차단기의 정격전류가 (①)[A](배선차단기는 (②)[A]) 이하인 경우

• **답란**

①		②	

답안

①	16	②	20

문제 17

배점 : 4점

3상 농형 유도전동기의 기동방법 중 기동전류가 가장 큰 기동방법과 기동토크가 가장 큰 기동방법을 다음 [보기]에서 골라 쓰시오.

[보기]
직입기동, Y-△기동, 리액터기동, 콘돌퍼기동

(1) 기동전류가 가장 큰 기동방법
  • **답 :**
(2) 기동토크가 가장 큰 기동방법
  • **답 :**

답안 (1) 직입기동
(2) 직입기동

해설 **농형 유도전동기의 기동법**

농형 유도전동기의 단자전압을 감소시키면 전류는 감소하고 기동토크도 감소하게 된다.
($\because\ \tau \propto V^2$)

(1) 직입기동법(전전압기동법)
전동기에 별도의 기동장치를 사용하지 않고 직접 정격전압을 인가하여 기동하는 방법

(2) Y-△기동방법
기동 시 고정자 권선을 Y로 접속하여 기동함으로써 기동전류를 감소시키고 운전속도에 가까워지면 권선을 △로 변경하여 운전하는 방식(△기동 시에 비해 기동전류는 1/3, 기동토크도 1/3로 감소한다.)

(3) 리액터기동방법
전동기의 1차측에 직렬로 철심이 든 리액터를 설치하고 그 리액턴스의 값을 조정하여 전동기에 인가되는 전압을 제어함으로써 기동전류 및 토크를 제어하는 방식

(4) 기동보상기법
3상 단권변압기를 이용하여 전동기에 인가되는 기동전압을 감소시킴으로써 기동전류를 감소시키고 기동완료 시 기동보상기가 회로에서 분리되어 전전압 운전하는 방식[3개의 탭(50, 65, 80[%])을 용도에 따라 선택한다.]

(5) 콘돌퍼기동법
기동보상기법과 리액터기동방법을 혼합한 방식으로 기동 시에는 단권변압기를 이용하여 기동한 후 단권변압기의 감전압탭으로부터 전원으로 접속을 바꿀 때 큰 과도전류가 생기는 경우가 있는데 이 전류를 억제하기 위하여 기동된 후에 리액터를 통하여 운전한 후 일정한 시간 후 리액터를 단락하여 전원으로 접속을 바꾸는 기동방식으로 원활한 기동이 가능하지만 가격이 비싸다는 단점이 있다.

문제 18

배점 : 5점

폭 5[m], 길이 7.5[m], 천장높이 3.5[m]의 방에 형광등 40[W] 4등을 설치하니 평균조도가 100[lx]가 되었다. 40[W] 형광등 1등의 광속이 3,000[lm], 조명률이 0.5일 때 감광보상률을 구하시오.

답안
- 계산과정

조명률 $U=\dfrac{EAD}{FN}$에서 $D=\dfrac{FNU}{EA}=\dfrac{3,000\times4\times0.5}{100\times5\times7.5}=1.6$

- 답 : 1.6

문제 19

배점 : 4점

피뢰기의 종류를 구조에 따라 분류할 때 종류 4가지를 쓰시오.

답안
- 갭 저항형 피뢰기
- 밸브 저항형 피뢰기
- 밸브형 피뢰기
- 갭 레스형 피뢰기

2022년도 산업기사 제3회 필답형 실기시험

종 목	시험시간	배 점	문제수	형 별
전 기 산 업 기 사	2시간	100	18	A

문제 01

배점 : 7점

어느 회사에서 하나의 부지 내에 A, B, C 3개의 공장을 세워 3대의 급수펌프 P_1(소형), P_2(중형), P_3(대형)로 급수시설을 하여 다음 급수계획과 같이 급수하고자 한다. 이 계획에 대한 다음 각 물음에 답하시오.

[급수계획]
- 공장 A, B, C가 휴무일 때 또는 그 중 하나의 공장만 가동할 때에는 펌프 P_1만 가동한다.
- 공장 A, B, C 중 어느 것이나 두 개의 공장만 가동할 때에는 P_2만 가동한다.
- 공장 A, B, C가 모두 가동할 때에는 P_3만 가동한다.

(1) 급수계획에 따른 진리표를 완성하시오.

입 력			출 력		
A	B	C	P_1	P_2	P_3
0	0	0			
0	0	1			
0	1	0			
0	1	1			
1	0	0			
1	0	1			
1	1	0			
1	1	1			

(2) 급수펌프 P_1, P_2에 대한 출력식을 나타내고 간략화 하시오.
- $P_1 =$
- $P_2 =$

(3) 급수펌프 P_1, P_2에 대한 논리회로를 완성하시오. (단, 입력은 A, B, C이며, 출력은 P_1, P_2, P_3이다.)

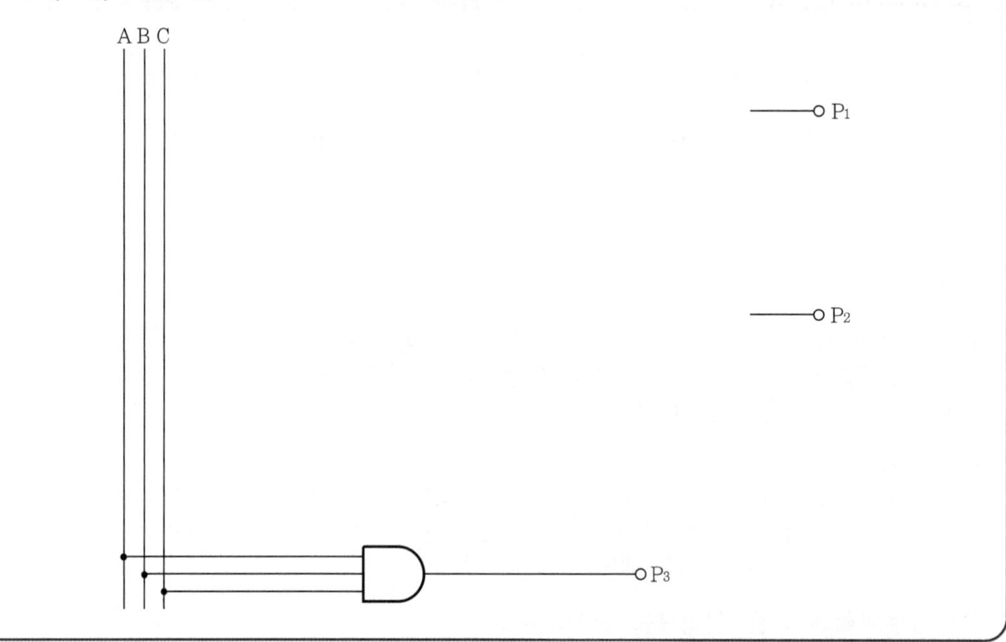

답안 (1)

입 력			출 력		
A	B	C	P_1	P_2	P_3
0	0	0	1	0	0
0	0	1	1	0	0
0	1	0	1	0	0
0	1	1	0	1	0
1	0	0	1	0	0
1	0	1	0	1	0
1	1	0	0	1	0
1	1	1	0	0	1

(2) • $P_1 = \overline{A}\,\overline{B}\,\overline{C} + \overline{A}\,\overline{B}C + \overline{A}B\overline{C} + A\overline{B}\,\overline{C}$

$= \overline{A}\,\overline{B}\,\overline{C} + \overline{A}\,\overline{B}\,\overline{C} + \overline{A}\,\overline{B}\,\overline{C} + \overline{A}\,\overline{B}C + \overline{A}B\overline{C} + A\overline{B}\,\overline{C}$

$= \overline{A}\,\overline{B}(\overline{C} + C) + \overline{A}\,\overline{C}(\overline{B} + B) + \overline{B}\,\overline{C}(\overline{A} + A)$

$= \overline{A}\,\overline{B} + \overline{A}\,\overline{C} + \overline{B}\,\overline{C}$

$= \overline{A}\,\overline{B} + (\overline{A} + \overline{B})\overline{C}$

• $P_2 = \overline{A}BC + A\overline{B}C + AB\overline{C}$

$= \overline{A}BC + A(\overline{B}C + B\overline{C})$

(3)

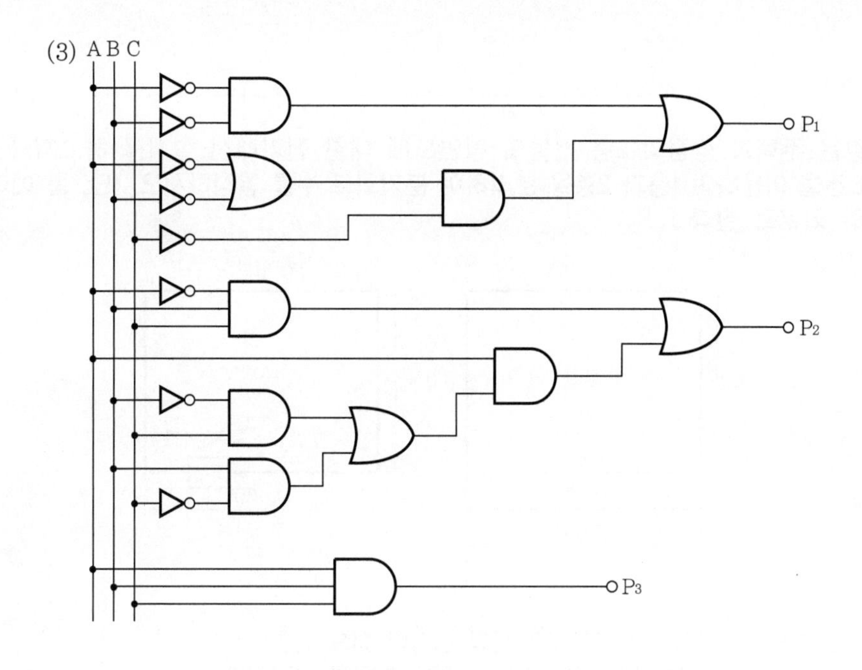

문제 02

배점 : 4점

다음 논리회로의 출력을 논리식으로 나타내고 간략화 하시오.

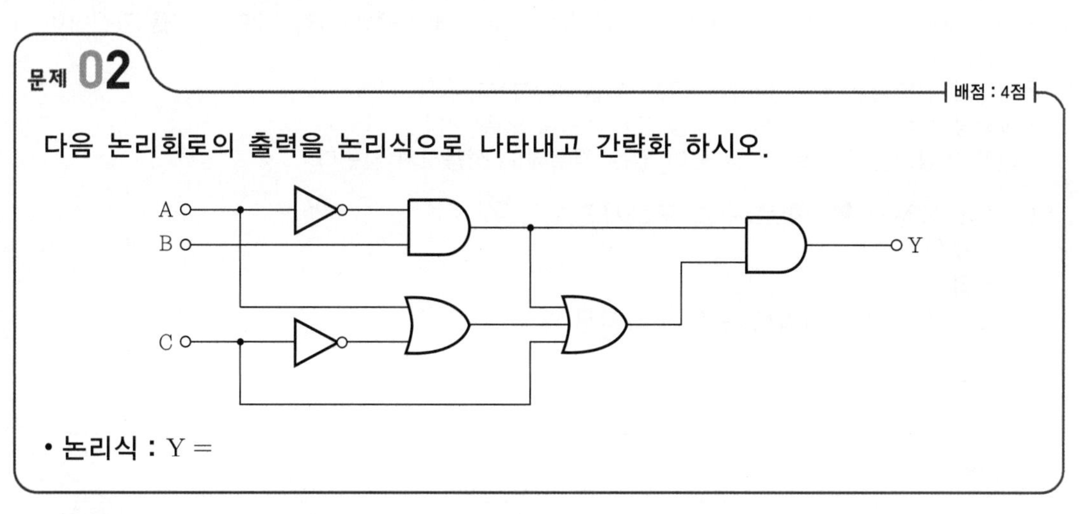

• **논리식 :** Y =

답안 • 논리식 : $Y = \overline{A}B(\overline{A}B + A + \overline{C} + C)$

$= \overline{A}B(\overline{A}B + A + 1)$

$= \overline{A}B$

문제 03 배점 : 6점

그림과 같은 주택과 상점의 2층 건물의 평면도에 대한 전기배선 설계를 하고자 한다. 주어진 조건을 이용하여 1층과 2층을 분리하여 분기회로 수를 결정하시오. (단, 룸 에어컨은 별도의 회로로 한다.)

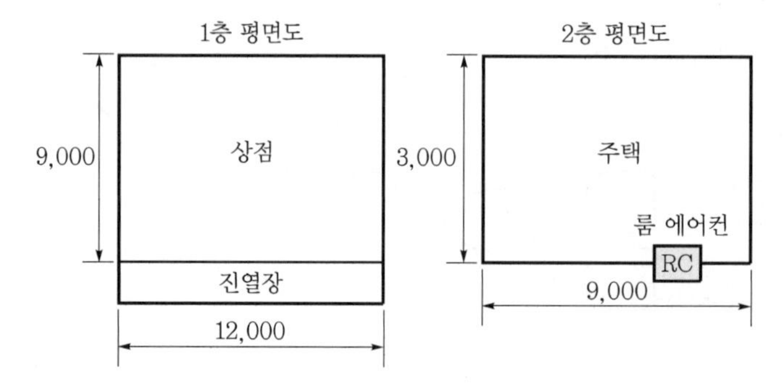

[조건]

- 분기회로는 15[A] 분기회로로 하고 80[%]의 정격이 되도록 한다.
- 배전전압은 220[V]를 기준하여 적용 가능한 최대 부하를 상정한다.
- 주택의 표준부하는 40[VA/m^2], 상점의 표준부하는 30[VA/m^2]로 한다.
- 1층과 2층은 분리하여 분기회로 수를 결정하고, 상점과 주택에 각각 1,000[VA]를 가산하여 적용한다.
- 상점의 진열장은 길이 1[m]당 300[VA]를 적용한다.
- 옥외광고등 500[VA], 1등이 상점에만 있는 것으로 한다.
- 기타 예상되는 콘센트, 소켓 등이 있는 경우에도 적용하지 않는다.

(1) 1층 상점의 분기회로 수를 구하시오.
- **계산과정 :**
- **답 :**

(2) 2층 주택의 분기회로 수를 구하시오.
- **계산과정 :**
- **답 :**

답안

(1) • 계산과정 : $N = \dfrac{(12 \times 10 \times 30) + 12 \times 300 + 500 + 1,000}{200 \times 15 \times 0.8} = 3.63$

$\therefore$ 4회로

• 답 : 15[A] 분기 4회로

(2) • 계산과정 : $N = \dfrac{(10 \times 8 \times 40) + 1,000}{200 \times 15 \times 0.8} = 1.75 = 2$회로

$\therefore$ RC 1회로 포함하면 3회로

• 답 : 15[A] 분기 3회로

문제 **04** 배점 : 5점

그림과 같은 계통에서 단락점에 흐르는 단락전류를 구하시오. (단, 선로의 전압은 154[kV], 기준용량은 10[MVA]으로 한다.)

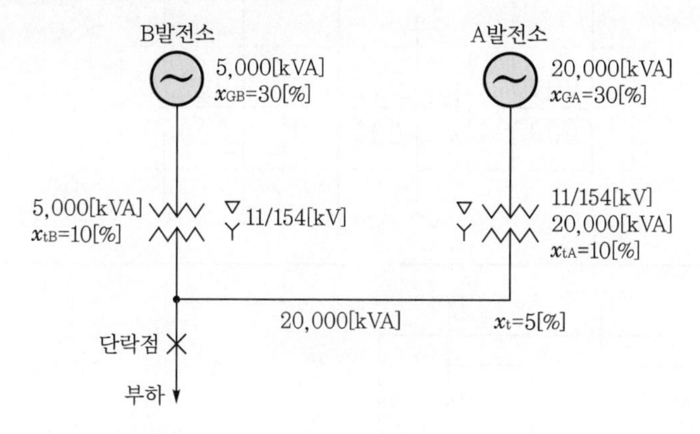

• **계산과정 :**

• **답 :**

답안 • 계산과정 : 10[MVA] 기준으로 $\%X$를 구하면

$$- X_{GA} = \frac{10}{20} \times 30 = 15[\%]$$

$$- X_{GB} = \frac{10}{5} \times 30 = 60[\%]$$

$$- X_t = \frac{10}{20} \times 5 = 2.5[\%]$$

$$- X_{tA} = \frac{10}{20} \times 10 = 5[\%]$$

$$- X_{tB} = \frac{10}{5} \times 10 = 20[\%]$$

$$\therefore \text{ 합성 } \%X = \frac{(X_{GB} + X_{tB}) \times (X_{GA} + X_{tA} + X_t)}{(X_{GB} + X_{tB}) + (X_{GA} + X_{tA} + X_t)}$$

$$= \frac{(60+20) \times (15+5+2.5)}{(60+20) + (15+5+2.5)}$$

$$= 17.56[\%]$$

$$- \text{단락전류 } I_s = \frac{100}{\%Z} \cdot I_n = \frac{100}{17.56} \times \frac{10 \times 10^6}{\sqrt{3} \times 154 \times 10^3} = 213.5[A]$$

• 답 : 213.5[A]

문제 **05** | 배점 : 4점

단상 변압기 3대를 Δ-Y결선하려고 한다. 미완성된 부분을 그리시오.

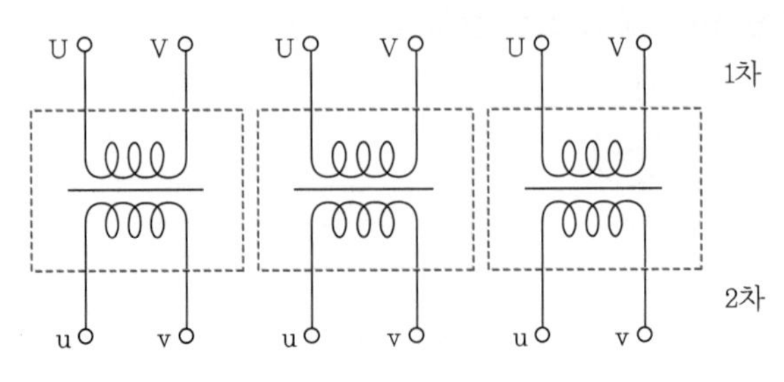

답안

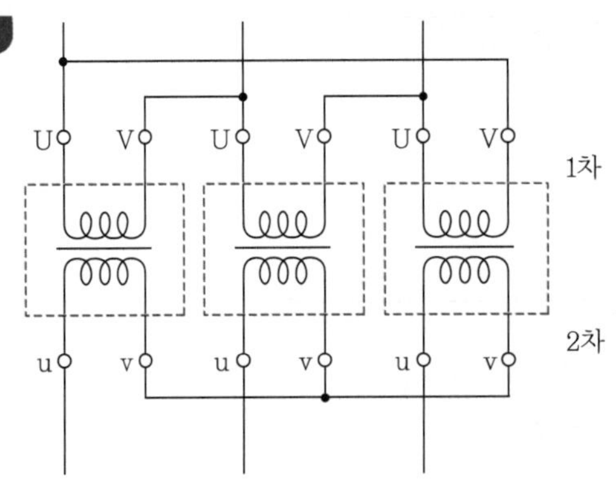

문제 **06** | 배점 : 5점

30[kW], 20[kW], 25[kW]의 수용설비용량으로 각각 60[%], 50[%], 65[%]의 수용률을 갖는 부하가 있다. 이것에 공급할 변압기의 용량을 구하고 표에서 선정하시오. (단, 부등률은 1.1, 종합부하 역률은 85[%]로 한다.)

변압기 용량[kVA]					
25	30	50	75	100	150

- 계산과정 :
- 답 :

답안

- 계산과정 : $P_t = \dfrac{30\times0.6+20\times0.5+25\times0.65}{1.1\times0.85} = 47.33[\text{kVA}]$

  $\therefore$ 50[kVA]
- 답 : 50[kVA]

문제 07

배점 : 5점

그림과 같은 교류 3상 3선식 전로에 연결된 3상 평형 부하가 있다. 이때 c상의 P점이 단선된 경우, 이 부하의 소비전력은 단선 전 소비전력에 비하여 어떻게 되는지 계산식을 이용하여 설명하시오. (단, 선간전압은 E[V]이며, 부하의 저항은 R[Ω]이다.)

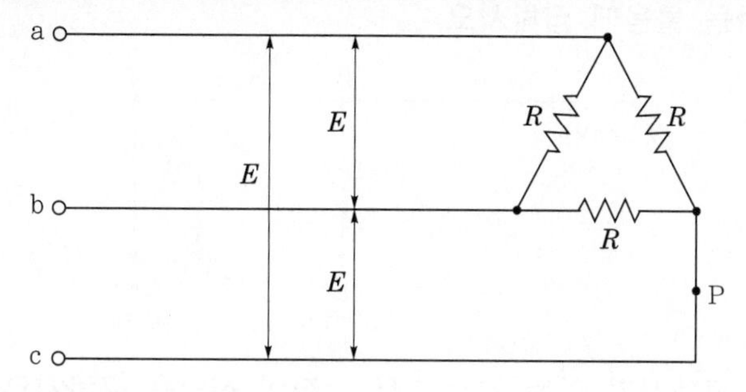

• 계산과정 :
• 답 :

답안

• 계산과정 : 단선 전 전력 $P_3 = \dfrac{E^3}{R} \times 3$

단선 후 전력 $P_1 = \dfrac{E^2}{\dfrac{R \times 2R}{R+2R}} = \dfrac{E^2}{\dfrac{2R}{3}} = \dfrac{E^2}{R} \times \dfrac{3}{2}$

$$\therefore \frac{P_1}{P_3} = \frac{\dfrac{E^2}{R} \times \dfrac{3}{2}}{\dfrac{E^2}{R} \times 3} = \frac{1}{2} \text{배}$$

• 답 : $\dfrac{1}{2}$배

문제 08

배점 : 5점

연축전지의 정격용량 200[Ah], 상시부하 22[kW], 표준전압 220[V]인 부동충전방식 충전기의 2차 전류(충전전류)값을 구하시오. (단, 연축전지의 정격 방전율은 10[Ah]이며, 상시 부하의 역률은 100[%]로 한다.)

• 계산과정 :
• 답 :

답안

• 계산과정 : $I_s = \dfrac{200}{10} + \dfrac{22 \times 10^3}{220} = 120$[A]

• 답 : 120[A]

문제 09

| 배점 : 12점 |

그림과 같은 3상 배전선이 있다. 변전선(A점)의 전압은 3,300[V], 중간(B점)지점의 부하는 60[A], 역률 0.8(지상), 말단(C점)의 부하는 40[A], 역률 0.8이다. AB 사이의 길이는 3[km], BC 사이의 길이는 2[km]이고, 선로의 [km]당 임피던스는 저항 0.9[Ω], 리액턴스 0.4[Ω]이다. 다음 물음에 답하시오.

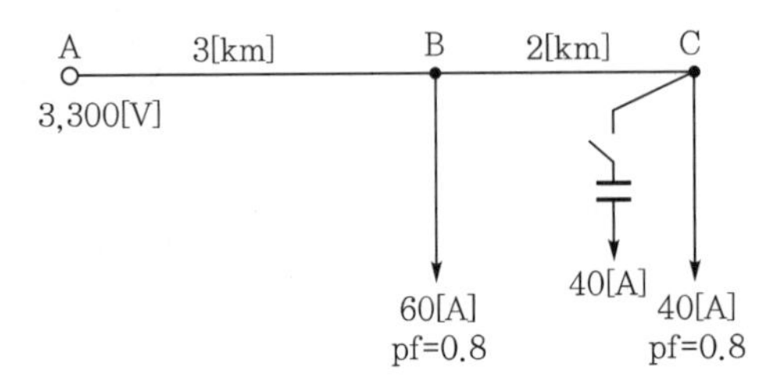

(1) C점에 전력용 콘덴서가 없는 경우 B점, C점의 전압을 구하시오.
① B점의 전압
• 계산과정 :
• 답 :
② C점의 전압
• 계산과정 :
• 답 :

(2) C점에 전력용 콘덴서를 설치하여 진상전류 40[A]를 흘릴 때 B점, C점의 전압을 구하시오.
① B점의 전압
• 계산과정 :
• 답 :
② C점의 전압
• 계산과정 :
• 답 :

답안 (1) ① • 계산과정

$$e = \sqrt{3}\,I(R\cos\theta + X\sin\theta) = \sqrt{3}\,(R \cdot I\cos\theta + X \cdot I\sin\theta)$$

$$V_B = V_A - e_{AB}$$

$$= 3{,}300 - \sqrt{3}\,\{3\times0.9\times(60+40)\times0.8 + 3\times0.4\times(60+40)\times0.6\}$$

$$= 2{,}801.17[\text{V}]$$

• 답 : 2,801.17[V]

② • 계산과정

$$V_C = V_B - e_{BC}$$

$$= 2{,}801.17 - \sqrt{3}\,(2\times0.9\times40\times0.8 + 2\times0.4\times40\times0.6)$$

$$= 2{,}668.15[\text{V}]$$

• 답 : 2,668.15[V]

(2) ① • 계산과정

전압강하 $e = \sqrt{3}\{RI\cos\theta + X(I\sin\theta - I_C)\}$

$V_B = V_A - e_{AB}$

$= 3{,}300 - \sqrt{3}\{3 \times 0.9 \times 100 \times 0.8 + 3 \times 0.4 \times (100 \times 0.6 - 40)\}$

$= 2{,}884.31[V]$

• 답 : 2,884.31[V]

② • 계산과정

$V_C = V_B - e_{BC}$

$= 2{,}884.31 - \sqrt{3}\{2 \times 0.9 \times 40 \times 0.8 + 2 \times 0.4 \times (40 \times 0.6 - 40)\}$

$= 2{,}806.71[V]$

• 답 : 2,806.71[V]

문제 10

배점 : 5점

그림과 같이 완전 확산형 조명기구가 설치되어 있다. A점에서의 수평면 조도를 구하시오. (단, 각 조명기구의 광도는 1,000[cd]이다.)

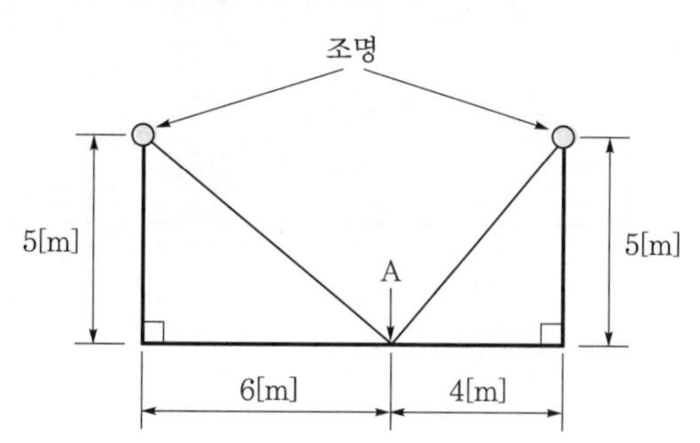

• 계산과정 :

• 답 :

답안 • 계산과정

조도 $E = \frac{I}{r^2}\cos\theta$

$E_h = E_A + E_B$

$= \frac{1{,}000}{5^2 + 6^2} \times \frac{5}{\sqrt{5^2 + 6^2}} + \frac{1{,}000}{5^2 + 4^2} \times \frac{5}{\sqrt{5^2 + 4^2}}$

$= 29.54[lx]$

• 답 : 29.54[lx]

문제 11

배점 : 5점

계기용 변류기(CT, Current Transformer)를 사용하는 목적과 정격부담에 대하여 설명하시오.

(1) 계기용 변류기의 사용 목적
(2) 정격부담

답안 (1) 대전류를 소전류로 변성하여 계기나 계전기에 공급하기 위해 사용한다.
(2) 변류기의 2차측 단자 간에 접속된 부하용량의 한도로 [VA]로 표시한다.

문제 12

배점 : 6점

다음은 절연내력시험의 예이다. 각 물음에 답하시오.

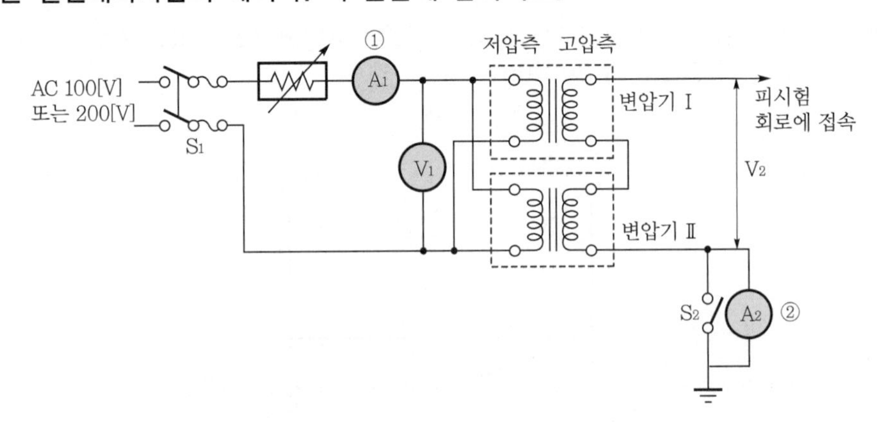

(1) ①의 전류계는 어떤 전류를 측정하는지 쓰시오.
- 답 :

(2) ②의 전류계는 어떤 전류를 측정하는지 쓰시오.
- 답 :

(3) 최대사용전압 6[kV]용 피시험기를 절연내력시험을 하고자 할 때 시험전압을 구하시오.
- 계산과정 :
- 답 :

답안 (1) • 답 : 변압기 여자전류
(2) • 답 : 피시험기기의 누설전류
(3) • 계산과정 : $6,000 \times 1.5 = 9,000$[V]
• 답 : 9,000[V]

문제 **13**

배점 : 6점

폭 12[m], 길이 18[m], 천장 높이 3.1[m], 작업면(책상 위) 높이 0.85[m]인 사무실이 있다. 이 사무실의 천장은 백색 텍스로, 벽면은 옅은 크림색으로 마감하였고, 실내 조도는 500[lx], 조명기구는 40[W] 2등용(H형) 펜던트를 설치하고자 한다. 다음 조건을 이용하여 각 물음에 답하시오.

[조건]
- 천장의 반사율은 50[%], 벽의 반사율은 30[%]로서 H형 펜던트의 기구를 사용할 때 조명률은 0.61로 한다.
- H형 펜던트 기구의 보수율은 0.75로 하도록 한다.
- H형 펜던트의 길이는 0.5[m]이다.
- 램프의 광속은 40[W] 1등당 3,300[lm]으로 한다.
- 조명기구의 배치는 5열로 배치하도록 하며, 1열당 등수는 동일하게 한다.

(1) 작업면으로부터 광원의 높이[m]를 구하시오.
- **계산과정 :**
- **답 :**

(2) 이 사무실의 실지수를 구하시오.
- **계산과정 :**
- **답 :**

(3) 이 사무실에는 40[W] 2등용(H형) 펜던트의 조명기구를 몇 개 설치하여야 하는지 구하시오.
- **계산과정 :**
- **답 :**

답안 (1) • 계산과정

$$H = 3.1 - 0.85 - 0.5 = 1.75[\text{m}]$$

• 답 : 1.75[m]

(2) • 계산과정

$$\frac{X \cdot Y}{H \cdot (X + Y)} = \frac{12 \times 18}{1.75(12 + 18)} = 4.11$$

• 답 : 4.11

(3) • 계산과정

$$N = \frac{EAD}{FU} = \frac{EA}{FUM} = \frac{500 \times 12 \times 18}{3{,}300 \times 2 \times 0.61 \times 0.75} = 35.77\text{개}$$

• 답 : 36개

문제 14

배점 : 6점

공급전압을 220[V]에서 380[V]로 승압할 경우 저압간선에 나타나는 효과로서 다음 각 물음에 답하시오.

(1) 전력에 대한 공급 능력의 증대는 몇 배인지 구하시오.
- 계산과정 :
- 답 :

(2) 전력손실은 승압 전에 비해 몇 [%] 감소하는지 구하시오.
- 계산과정 :
- 답 :

답안 (1) • 계산과정

공급능력은 전압에 비례하므로 $\dfrac{380}{220} = 1.73$배로 증대된다.

• 답 : 1.73배

(2) • 계산과정

손실 $P_l \propto \dfrac{1}{V^2}$ 이므로 $\left(1 - \dfrac{1}{\left(\dfrac{380}{220}\right)^2}\right) \times 100 = 66.48[\%]$

• 답 : 66.48[%]

문제 15

배점 : 5점

다음의 전기 배선용 도식 기호에 대한 명칭을 쓰시오.

● WP	● T	◐ 2	◐ 3P	◐ E
①	②	③	④	⑤

①:
②:
③:
④:
⑤:

답안 ① : 방수형 점멸기
② : 타이머붙이 점멸기
③ : 2구 콘센트
④ : 3극 콘센트
⑤ : 접지극붙이 콘센트

문제 16

배점 : 5점

천장 크레인의 권상용 전동기에 의하여 권상 중량 90톤을 권상 속도 3[m/min]로 권상하려고 한다. 권상용 전동기의 소요 출력[kW]을 구하시오. (단, 권상기의 기계효율은 70[%]이다.)

- 계산과정 :
- 답 :

답안

- 계산과정 : $P = \dfrac{W \cdot V}{6.12\eta} = \dfrac{90 \times 3}{6.12 \times 0.7} = 63.03[\text{kW}]$
- 답 : 63.03[kW]

문제 17

배점 : 4점

부하율을 식으로 표현하고 부하율이 높다는 의미에 대해 설명하시오.

(1) 부하율
(2) 부하율이 높다는 의미

답안

(1) $\dfrac{\text{평균수용전력}}{\text{최대수용전력}} \times 100[\%]$

(2) 변압기 등 공급설비의 이용률이 크고, 전력 변동이 줄어든다.

문제 18

배점 : 5점

22.9[kV]/380[V], 500[kVA] 규격의 배전용 변압기가 있다. 이 변압기의 %저항이 1.05, %리액턴스는 4.92일 때 2차측 회로의 최대 단락전류는 정격전류의 몇 배가 되는지 구하시오. (단, 전원 및 선로의 임피던스는 무시한다.)

- 계산과정 :
- 답 :

답안

- 계산과정 : $I_s = \dfrac{100}{\%Z} \cdot I_n$

$$\therefore \ \frac{I_s}{I_n} = \frac{100}{\%Z} = \frac{100}{\sqrt{1.05^2 + 4.92^2}} = 19.88\text{배}$$

- 답 : 19.88배

MEMO

2023년도 산업기사 제1회 필답형 실기시험

종 목	시험시간	배 점	문제수	형 별
전 기 산 업 기 사	2시간	100	18	A

문제 01

| 배점 : 12점 |

그림은 중형 환기팬의 수동운전 및 고장 표시등회로의 일부이다. 이 회로를 이용하여 다음 각 물음에 답하시오.

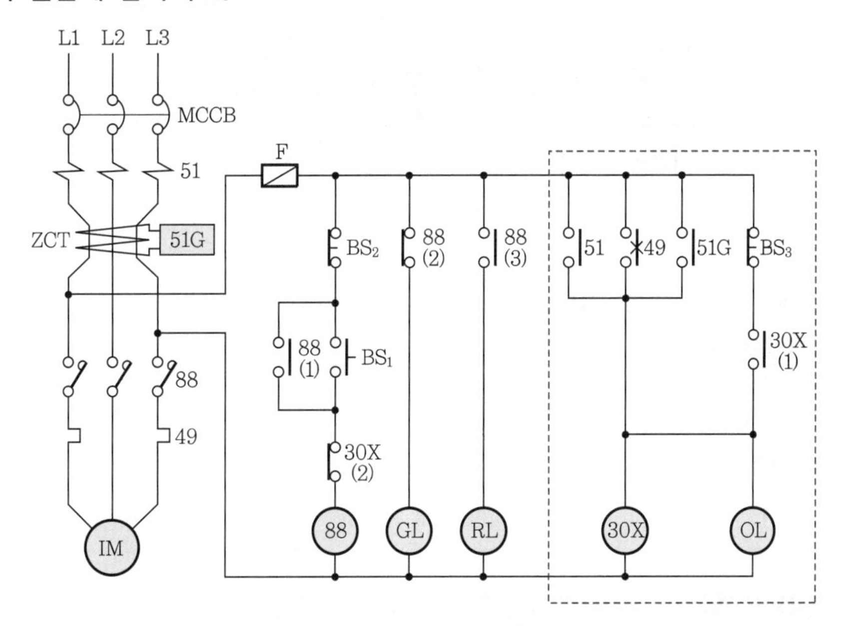

(1) 88은 MC로서 도면에서는 출력기구이다. 도면에 표시된 기구(버튼) 및 램프에 대하여 다음에 해당되는 명칭을 그 약호로 쓰시오. [단, 기구(버튼) 및 램프에 대한 약호의 중복은 없고 MCCB, ZCT, IM은 제외하며, 해당되는 기구가 여러 가지일 경우에는 모두 쓰도록 한다.]

① 고장표시기구 :
② 고장 회복확인기구(버튼) :
③ 기동기구(버튼) :
④ 정지기구(버튼) :
⑤ 운전표시램프 :
⑥ 정지표시램프 :
⑦ 고장표시램프 :
⑧ 고장검출기구 :

(2) 그림의 점선으로 표시된 회로를 AND, OR, NOT 게이트를 사용하여 논리회로를 그리시오. (단, 논리회로 소자는 3입력 이하로 한다.)
- 논리회로

답안 (1) ① 30X
② BS_3
③ BS_1
④ BS_2
⑤ RL
⑥ GL
⑦ OL
⑧ 51, 49, 51G

(2) • 논리회로

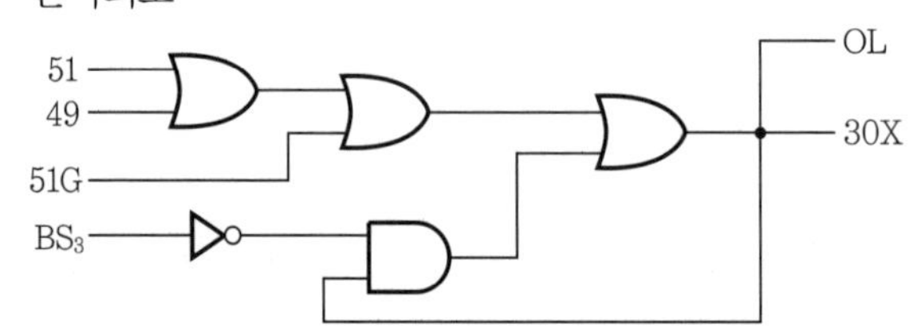

해설 (2) 논리식

$$30X = (51 + 49 + 51G) + \overline{BS_3} \cdot 30X$$

$$OL = 30X$$

문제 02

배점 : 4점

그림은 154[kV] 계통의 절연협조를 위한 각 기기의 절연강도 비교표이다. 변압기, 선로애자, 개폐기의 지지애자, 피뢰기의 제한전압이 속해 있는 부분은 어느 곳인지 답란에 쓰시오.

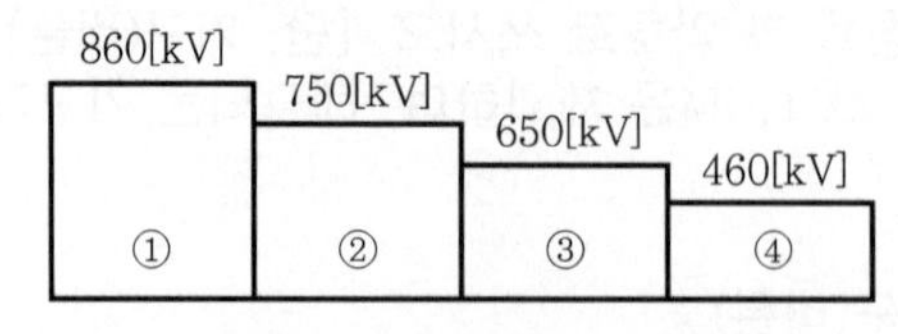

▌절연강도 비교표(BIL 650)▐

- 답란

①		②	
③		④	

답안

①	선로애자	②	개폐기의 지지애자
③	변압기	④	피뢰기의 제한전압

문제 03 배점 : 7점

그림과 같은 방전특성을 갖는 부하에 대하여 다음 각 물음에 답하시오. (단, 방전전류 $I_1 = 500$[A], $I_2 = 300$[A], $I_3 = 80$[A], $I_4 = 180$[A]이고, 방전시간 $T_1 = 120$분, $T_2 = 119$분, $T_3 = 50$분, $T_4 = 1$분이며, 용량환산시간 $K_1 = 2.49$, $K_2 = 2.49$, $K_3 = 1.46$, $K_4 = 0.57$이다. 또한 보수율은 0.8을 적용한다.)

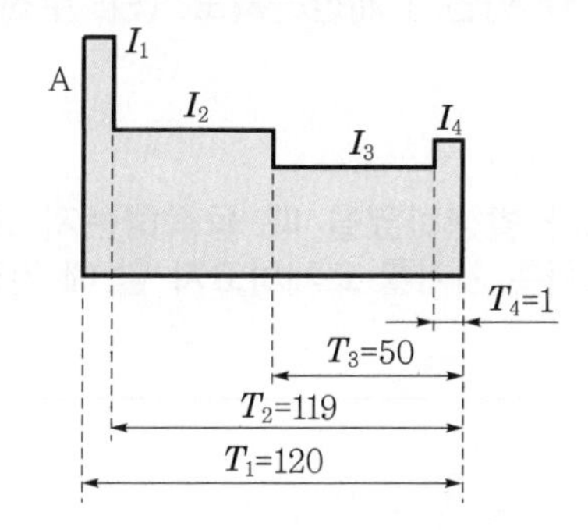

(1) 이와 같은 방전특성을 갖는 축전지의 용량은 몇 [Ah]인지 구하시오.
- 계산과정 :
- 답 :

(2) 납축전지의 정격방전율은 몇 시간인지 쓰시오.

(3) 납축전지에서 축전지의 공칭전압은 셀당 몇 [V]인지 쓰시오.

(4) 예비전원으로 시설되는 축전지로부터 부하에 이르는 전로에는 개폐기와 또 무엇을 설치하는지 쓰시오.

답안

(1) • 계산과정 : $C = \frac{1}{L}[K_1 I_1 + K_2(I_2 - I_1) + K_3(I_3 - I_2) + K_4(I_4 - I_3)]$

$$= \frac{1}{0.8} \times [2.49 \times 500 + 2.49(300 - 500) + 1.46(80 - 300) + 0.57(180 - 80)]$$

$$= 603.5[\text{Ah}]$$

• 답 : 603.5[Ah]

(2) 10[h]

(3) 2.0[V/cell]

(4) 과전류차단기

문제 04

배점 : 6점

다음은 CT 2대를 V결선하고, OCR 3대를 그림과 같이 연결하였다. 그림을 보고 다음 각 물음에 답하시오.

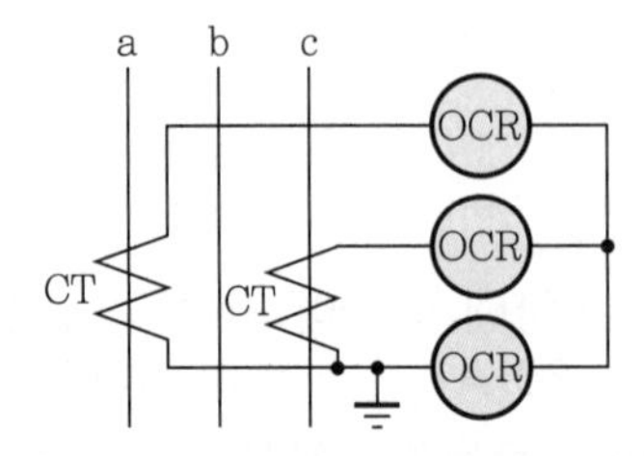

(1) 그림에서 CT의 변류비가 30/5이고 변류기 2차측 전류를 측정하니 3[A]의 전류가 흘렀다면 수전전력은 몇 [kW]인지 계산하시오. (단, 수전전압은 22,900[V], 역률은 90[%]이다.)
- 계산과정 :
- 답 :

(2) OCR는 주로 어떤 사고가 발생하였을 때 동작하는지 쓰시오.

(3) 통전 중에 있는 변류기 2차측 기기를 교체하고자 할 때 가장 먼저 취하여야 할 조치는 무엇인지 쓰시오.

답안

(1) • 계산과정 : CT비 $\frac{I_1}{I_2} = \frac{30}{5}$

$$I_1 = \frac{30}{5} \times 3 = 18[\text{A}]$$

$$P = \sqrt{3}\, V_1 I \cos\theta = \sqrt{3} \times 22{,}900 \times 18 \times 0.9 \times 10^{-3} = 642.556[\text{kW}]$$

• 답 : 642.56[kW]

(2) 단락사고

(3) 변류기 2차측을 단락할 것

문제 05

배점 : 3점

변압기 또는 선로 사고에 의하여, 뱅킹 내의 건전한 변압기의 일부 또는 전부가 연쇄적으로 회로로부터 차단되는 현상을 뜻하는 용어를 쓰시오.

답안 캐스케이딩 현상

문제 06

배점 : 5점

부하설비 합계 용량이 1,000[kW], 부하 역률이 85[%], 수용률이 70[%]인 공장의 수전설비 용량은 몇 [kVA]인지 구하시오.

- 계산과정 :
- 답 :

답안

- 계산과정 : $P = \dfrac{\text{부하설비용량} \times \text{수용률}}{\text{부등률} \times \text{역률}}$

$$= \frac{1{,}000 \times 0.7}{1 \times 0.85}$$

$$= 823.529[\text{kVA}]$$

- 답 : 823.53[kVA]

문제 07

배점 : 6점

"전력보안통신설비"란 전력의 수급에 필요한 급전 · 운전 · 보수 등의 업무에 사용되는 전화나 원격지에 있는 설비의 감시 · 제어 · 계측 · 계통보호를 위해 전기적 · 광학적으로 신호를 송 · 수신하는 제 장치 · 전송로설비 및 전원설비 등을 말한다. 전력보안통신설비의 시설장소를 3곳만 쓰시오.

답안

- 송전선로
- 배전선로
- 발전소, 변전소 및 변환소

해설 전력보안통신설비의 시설장소

- 송전선로
- 배전선로
- 발전소, 변전소 및 변환소
- 배전자동화 주장치가 있는 배전센터, 전력수급조절을 총괄하는 중앙급전사령실
- 전력보안통신 데이터를 중계하거나, 교환장치가 설치된 정보통신실

문제 08

배점 : 6점

조명에서 사용되는 용어 중 광속, 조도, 광도의 정의를 설명하시오.

(1) 광속
(2) 조도
(3) 광도

답안 (1) 복사속 중에서 눈으로 보아 빛으로 느껴지는 정도로 빛의 양이다.
(2) 어떤 면의 단위면적당 입사광속으로 피조면의 밝기이다.
(3) 광원에서 어떤 방향에 대한 단위입체각당 발산광속으로 빛의 세기이다.

문제 09

배점 : 5점

서지흡수기(Surge Absorber)의 주요 기능과 일반적인 설치 위치에 대하여 쓰시오.

(1) 주요 기능
(2) 설치 위치

답안 (1) 구내에서 발생하는 개폐서지 등 이상전압으로부터 기기보호
(2) 개폐서지를 발생하는 차단기 후단과 보호해야 할 기기 전단에 설치한다.

문제 10

배점 : 4점

수용률(Demand Factor)을 식으로 나타내고 그 의미를 설명하시오.

(1) 식
(2) 의미

답안
(1) $\dfrac{\text{최대수용전력}}{\text{수용설비용량}} \times 100[\%]$
(2) 같은 시간 대에 사용하지 않는 부하설비가 있는 경우 사용가능한 최대전력의 비율을 의미하고, 변압기 용량을 결정하는 데 이용된다.

문제 11

배점 : 4점

22.9[kV] 배전선로에 A, B, C의 수용가가 접속되어 있다. 이 배전선로의 최대전력이 9,300[kW]로 기록되었을 때 이 선로의 부등률을 구하시오.

- A 수용가 : 설비용량 4,500[kW], 수용률 80[%]
- B 수용가 : 설비용량 5,000[kW], 수용률 60[%]
- C 수용가 : 설비용량 7,000[kW], 수용률 50[%]

답안

- 계산과정 : 부등률 $= \dfrac{\text{개개의 최대수용전력의 합}}{\text{합성 최대수용전력}}$

$$= \frac{4,500\times0.8+5,000\times0.6+7,000\times0.5}{9,300} = 1.086 = 1.09$$

- 답 : 1.09

문제 12

배점 : 5점

6극, 50[Hz]의 3상 권선형 유도전동기의 전부하 회전수가 950[rpm], 회전자 1상의 저항이 r[Ω]일 때, 1차측 단자를 전환해서 공급전압의 상회전을 반대로 바꾸어 전기제동을 하는 경우, 이 제동토크를 전부하토크와 같게 하기 위한 회전자의 삽입저항 R은 회전자 1상의 저항 r의 몇 배인지 구하시오.

- **계산과정 :**
- **답 :**

답안

- 계산과정 : 동기속도 $N_s = \dfrac{120f}{p} = \dfrac{120\times50}{6} = 1,000[\text{rpm}]$

슬립 $s = \dfrac{N_s - N}{N_s} = \dfrac{1,000-950}{1,000} = 0.05$

역회전 시 슬립 $s' = \dfrac{N_s-(-N)}{N_s} = \dfrac{1,000+950}{1,000} = 1.95$

동일 토크의 조건 $\dfrac{r_2}{s} = \dfrac{r_2+R}{s'}$ 에서

$$\frac{r_2}{0.05} = \frac{r_2+R}{1.95}$$

$R = \dfrac{r_2}{0.05}\times1.95 - r_2 = 38r_2[\Omega]$

- 답 : 38[배]

문제 13

배점 : 5점

어떤 공장에서 300[kVA]의 변압기에 역률 70[%]의 부하 300[kVA]가 접속되어 있다. 지금 합성 역률을 95[%]로 개선하기 위하여 전력용 콘덴서를 접속하면 부하는 몇 [kW] 증가시킬 수 있는지 구하시오.

• 계산과정 :
• 답 :

답안 • 계산과정 : 증가전력 $P = P_a(\cos\theta_2 - \cos\theta_1) = 300(0.95 - 0.7) = 75[\text{kW}]$
• 답 : 75[kW]

문제 14

배점 : 5점

수전설비의 주요 기기인 변압기가 특고압용 변압기(뱅크용량 5,000[kVA] 이상)일 경우, 변압기의 내부고장을 조기에 검출하여 2차적 재해를 방지하고 있다. 내부고장을 검출하는 수단으로 전기적 검출방식과 기계적 검출방식이 있는 데 이들 방식에 사용되는 기기를 쓰시오.

(1) 전기적 검출방식(1가지)
(2) 기계적 검출방식(2가지)

답안 (1) 비율 차동 계전기
(2) • 부흐홀츠 계전기
• 충격 압력 계전기

문제 15

배점 : 6점

그림과 같은 회로에서 중성선이 ×점에서 단선되었다면 부하 A와 부하 B의 단자전압은 몇 [V]인지 구하시오.

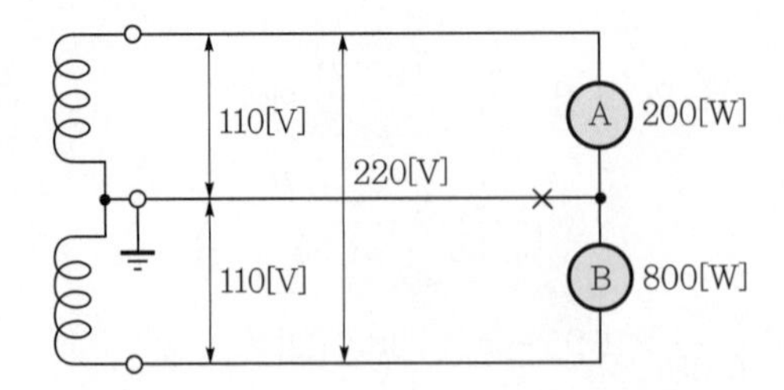

• 계산과정 :
• 답 :

답안 • 계산과정 : A, B 부하의 저항 R_a, R_b는

$$P_A = \frac{V^2}{R_a} \quad R_a = \frac{V^2}{P_A} = \frac{110^2}{200} = 60.5[\Omega]$$

$$P_B = \frac{V^2}{R_b} \quad R_b = \frac{V^2}{P_B} = \frac{110^2}{800} = 15.125[\Omega]$$

단선되었을 때 A, B 부하의 단자전압

$$V_A = \frac{60.5}{60.5+15.125} \times 220 = 176[\mathrm{V}]$$

$$V_B = \frac{15.125}{60.5+15.125} \times 220 = 44[\mathrm{V}]$$

• 답 : $V_A = 176[\mathrm{V}]$, $V_B = 44[\mathrm{V}]$

문제 16

배점 : 5점

소비전력이 400[kW]이고 무효전력이 300[kVar]인 부하에 대한 역률은 몇 [%]인지 구하시오.

• 계산과정 :
• 답 :

답안 • 계산과정 : 역률 $\cos\theta = \frac{P}{P_a}$

$$= \frac{P}{\sqrt{P^2 + {P_r}^2}}$$

$$= \frac{400}{\sqrt{400^2 + 300^2}} = 0.8$$

$$= 80[\%]$$

• 답 : 80[%]

문제 17

배점 : 6점

역률 개선에 대한 효과를 3가지만 쓰시오.

답안 • 전력손실 감소
• 전압강하 감소
• 설비용량의 여유 증가

문제 18

배점 : 6점

답안지의 그림은 3상 유도전동기의 운전에 필요한 미완성 회로 도면이다. 다음 [조건]을 모두 만족하도록 회로를 완성하시오.

[조건]
(1) 운전용 푸시버튼(PB_1)을 누르면 MC코일이 여자되어 전동기가 운전되고, RL이 점등된다.
(2) 정지용 푸시버튼(PB_2)을 누르면 MC코일이 소자되어 전동기가 정지되고, GL이 소등된다.
(3) 전원 표시가 가능하도록 전원표시용 파일럿 램프(PL) 1개를 도면에 설치하시오.

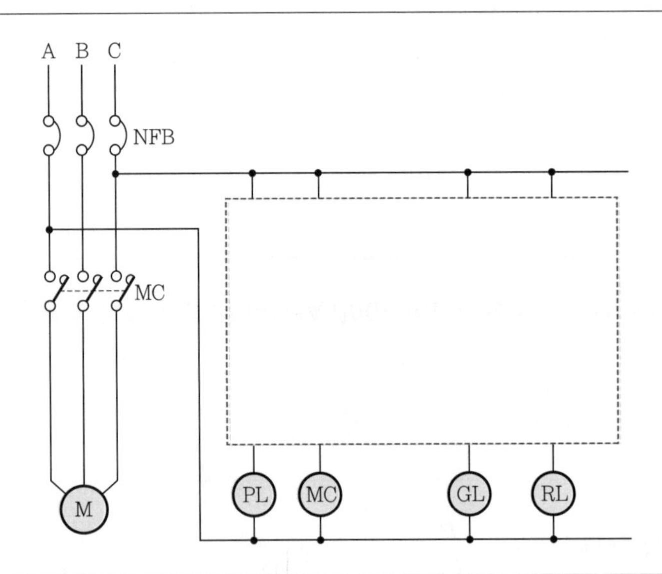

답안

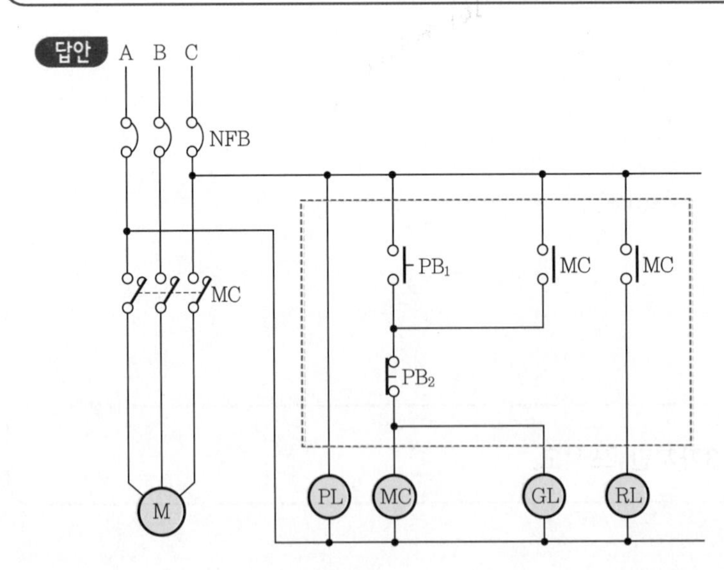

2023년도 산업기사 제2회 필답형 실기시험

종 목	시험시간	배 점	문제수	형 별
전 기 산 업 기 사	2시간	100	18	A

문제 01

배점 : 5점

분전반에서 25[m]의 거리에 4[kW]의 교류 단상 2선식 200[V] 전열기를 설치하였다. 배선방법을 금속관공사로 하고 전압강하를 1[%] 이하로 하기 위해서 전선의 공칭단면적 [mm^2]을 선정하시오.

- 계산과정 :
- 답 :

답안

- 계산과정 : 부하전류 $I = \dfrac{4,000}{200} = 20[\text{A}]$

  전압강하 $e = 200 \times 0.01 = 2[\text{V}]$

  $\therefore$ 전선의 굵기 $A = \dfrac{35.6LI}{1,000 \cdot e} = \dfrac{35.6 \times 25 \times 20}{1,000 \times 2} = 8.9[\text{mm}^2]$
- 답 : 10[mm^2]

문제 02

배점 : 4점

가로 10[m], 세로 20[m]인 사무실에 평균조도 250[lx]를 얻기 위하여 40[W] 전광속 2,400[lm]인 형광등을 사용한다면 여기에 필요한 등수(개)를 구하시오. (단, 조명률은 0.5, 감광보상률은 1.2이다.)

- 계산과정 :
- 답 :

답안

- 계산과정 : 조도 $E = \dfrac{FUN}{AD}$ 에서

  등수 $N = \dfrac{EAD}{FU} = \dfrac{250 \times 10 \times 20 \times 1.2}{2,400 \times 0.5} = 50$[등]
- 답 : 50[등]

문제 **03** 배점 : 5점

천장 크레인의 권상용 전동기에 의하여 권상중량 60톤을 권상속도 3[m/min]로 권상하려고 한다. 권상용 전동기의 소요출력[kW]을 구하시오. (단, 권상기의 기계효율은 80[%]이다.)

- 계산과정 :
- 답 :

답안

- 계산과정 : 출력 $P = \dfrac{WV}{6.12\eta} = \dfrac{60 \times 3}{6.12 \times 0.8} = 36.764[\text{kW}]$
- 답 : 36.76[kW]

문제 **04** 배점 : 6점

그림과 같은 저압 배선방식의 명칭과 특징을 4가지만 쓰시오.

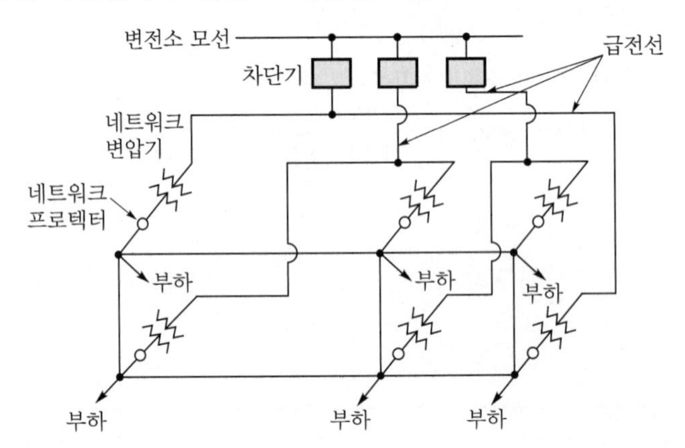

(1) 명칭
(2) 특징(4가지)

답안 (1) 저압 네트워크 방식
(2) • 무정전 공급이 가능하고, 공급신뢰도가 높다.
• 전압변동률 및 플리커 현상이 적다.
• 부하 증가에 대한 적응성이 높다.
• 기기 이용률이 높고, 변전소 수를 줄일 수 있다.

문제 05

배점 : 6점

그림과 같이 V결선과 Y결선된 변압기 한 상의 중심에서 110[V]를 인출하여 사용하고자 한다. 다음 각 물음에 답하시오. (단, 3상 평형조건이고, 상순은 a－b－c이다.)

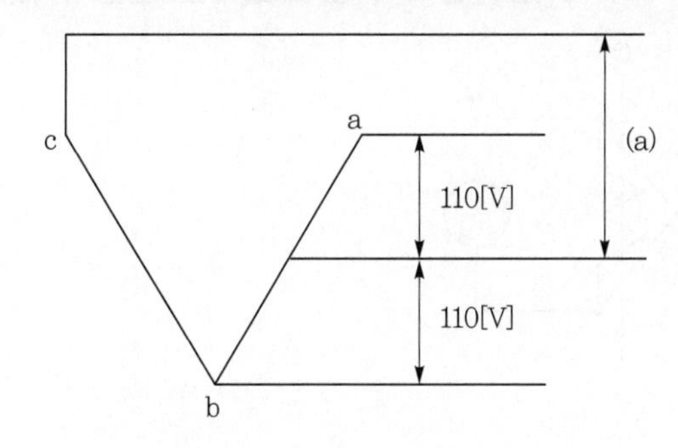

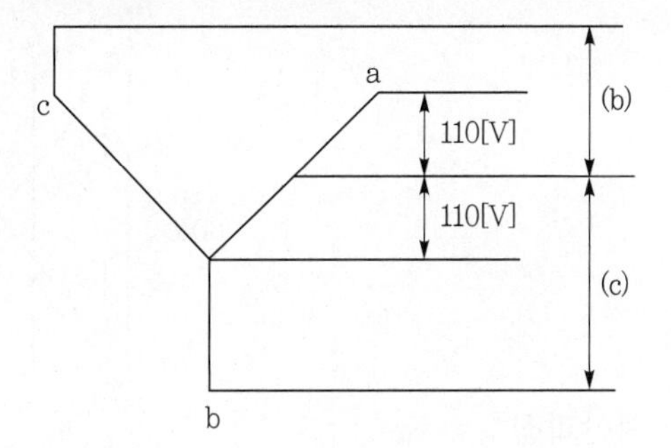

(1) 위 그림에서 (a)의 전압을 구하시오.
- 계산과정 :
- 답 :

(2) 위 그림에서 (b)의 전압을 구하시오.
- 계산과정 :
- 답 :

(3) 위 그림에서 (c)의 전압을 구하시오.
- 계산과정 :
- 답 :

답안 (1) • 계산과정 : $V_{(a)} = 110\angle 0° + 220\angle 120°$

$= 110 + (-110 - j110\sqrt{3})$

$= 190.53[V]$

• 답 : 190.53[V]

(2) • 계산과정 : $V_{(b)} = \dot{V}_c - V_0 = 220\angle 120° + (-110\angle 0°)$

$= -110 + j110\sqrt{3} + (-110)$

$= 291.03[V]$

• 답 : 291.03[V]

(3) • 계산과정 : $V_{(c)} = \dot{V}_0 - \dot{V}_b = 110\angle 0° - 220\angle -120°$

$= 110 - (-110 - j110\sqrt{3})$

$= 291.03[V]$

• 답 : 291.03[V]

문제 06

배점 : 4점

변류비 60/5[A]인 CT 2개를 그림과 같이 접속하였을 때 전류계에 3[A]가 흐른다고 하면, CT 1차측에 흐르는 전류는 몇 [A]인지 구하시오. (단, 선로의 전류는 3상 평형이다.)

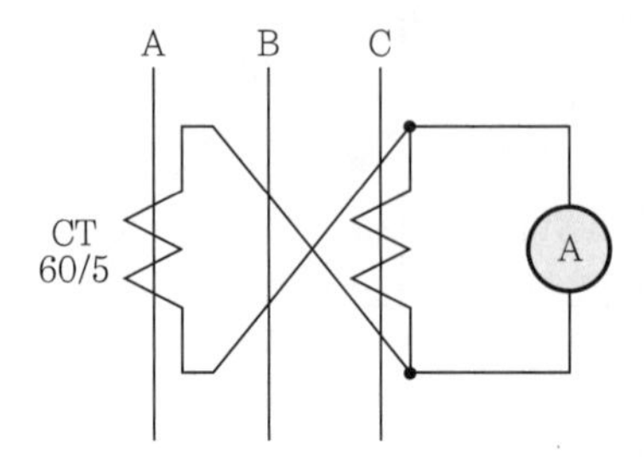

- **계산과정 :**
- **답 :**

답안

- 계산과정 : CT의 접속이 차동 결선이므로 전류계의 지시값 $I_A = \sqrt{3}\, I_2$

  1차 전류 $I_1 = \text{CT비} \times I_2$

  $$= \frac{60}{5} \times \frac{3}{\sqrt{3}} = 20.78[\text{A}]$$

- 답 : 20.78[A]

문제 07

배점 : 5점

비상용 조명부하 110[V]용 100[W] 58등, 60[W] 50등이 있다. 방전시간 30분 축전지 HS형 54[cell], 허용 최저전압 100[V], 최저 축전지 온도 5[℃]일 때 축전지 용량은 몇 [Ah]인지 구하시오. (단, 경년용량 저하율 0.8, 용량환산시간 $K=1.2$이다.)

- **계산과정 :**
- **답 :**

답안

- 계산과정 : 방전전류 $I = \dfrac{100 \times 58 + 60 \times 50}{110} = 80[\text{A}]$

  축전지 용량 $C = \dfrac{1}{L} KI$

  $$= \frac{1}{0.8} \times 1.2 \times 80 = 120[\text{Ah}]$$

- 답 : 120[Ah]

문제 08

배점 : 4점

3상 4선식 송전선에 1선의 저항이 10[Ω], 리액턴스가 20[Ω]이고, 송전단 전압이 6,600[V], 수전단 전압이 6,200[V]이었다. 수전단의 부하를 끊은 경우 수전단 전압이 6,300[V], 부하 역률이 0.8일 때 다음 물음에 답하시오.

(1) 전압강하율[%]을 구하시오.
- 계산과정 :
- 답 :

(2) 전압변동률[%]을 구하시오.
- 계산과정 :
- 답 :

답안

(1) • 계산과정 : 전압강하율 $\varepsilon = \dfrac{V_s - V_r}{V_r} \times 100$

$$= \frac{6,600 - 6,200}{6,200} \times 100 = 6.45 = 6.5[\%]$$

• 답 : 6.5[%]

(2) • 계산과정 : 전압변동률 $\varepsilon = \dfrac{V_{r0} - V_r}{V_r} \times 100$

$$= \frac{6,300 - 6,200}{6,200} \times 100 = 1.612 = 1.6[\%]$$

• 답 : 1.6[%]

문제 09

배점 : 8점

10[kVar]의 전력용 콘덴서를 설치하고자 할 때 필요한 콘덴서의 정전용량[μF]을 각각 구하시오. (단, 사용전압은 380[V]이고, 주파수는 60[Hz]이다.)

(1) 단상 콘덴서 3대를 Y결선할 때 콘덴서의 정전용량[μF]
- 계산과정 :
- 답 :

(2) 단상 콘덴서 3대를 △결선할 때 콘덴서의 정전용량[μF]
- 계산과정 :
- 답 :

(3) 콘덴서는 어떤 결선으로 하는 것이 유리한지 쓰시오.

답안 (1) • 계산과정 : $Q_c = 3\omega CE^2$

$$= 3\times 2\pi f C\left(\frac{V}{\sqrt{3}}\right)^2$$

$$C = \frac{Q_c}{3\times 2\pi f\left(\frac{V}{\sqrt{3}}\right)^2}$$

$$= \frac{10\times 10^3}{3\times 2\pi \times 60\times\left(\frac{380}{\sqrt{3}}\right)^2}\times 10^6$$

$$= 183.696[\mu\text{F}]$$

• 답 : 183.7[μF]

(2) • 계산과정 : $Q_c = 3\omega CE^2$

$$= 3\times 2\pi f CV^2$$

$$C = \frac{10\times 10^3}{3\times 2\pi\times 60\times 380^2}\times 10^6$$

$$= 61.232[\mu\text{F}]$$

• 답 : 61.23[μF]

(3) △ 결선

문제 10

배점 : 5점

그림과 같이 직류 2선식 배전선로에 있어서 부하점 B, C 및 D의 전압을 구하시오. (단, 배전선의 굵기는 전부 동일한 전선으로 하고 A는 급전점, 급전점의 전압은 105[V]이며 이 전선의 1,000[m]당 저항은 0.25[Ω]이다.)

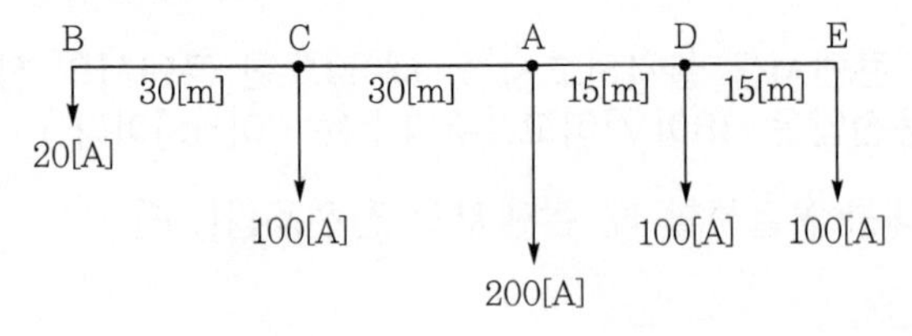

• 계산과정 :
• 답 :

답안

• 계산과정 : $V_B = V_A - e_c - e_b = 105 - \left(120 \times \frac{30}{1,000} \times 0.25 + 20 \times \frac{30}{1,000} \times 0.25\right)$

$= 103.95[V]$

$V_C = V_A - e_c = 105 - 120 \times \frac{30}{1,000} \times 0.25 = 104.1[V]$

$V_D = V_A - e_d = 105 - 120 \times \frac{15}{1,000} \times 0.25 = 104.55[V]$

• 답 : $V_B = 103.95[V]$

$V_C = 104.1[V]$

$V_D = 104.55[V]$

문제 11

배점 : 5점

다음 회로에서 전원전압이 공급될 때 최대 전류계의 측정범위가 500[A]인 전류계로 전 전류값이 2,000[A]인 전류를 측정하려고 한다. 전류계와 병렬로 몇 [Ω]의 저항을 연결하면 측정이 가능한지 구하시오. (단, 전류계의 내부저항은 90[Ω]이다.)

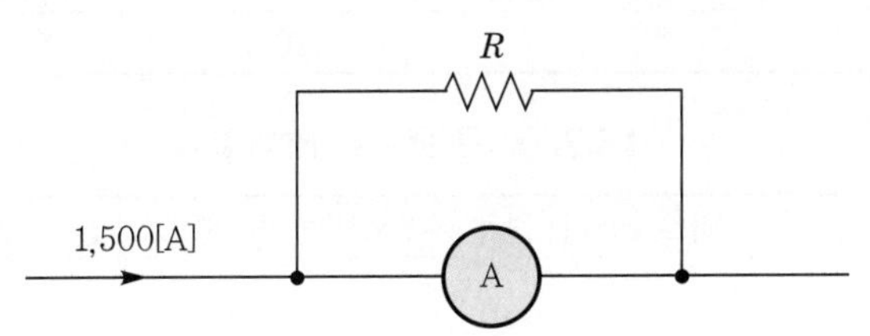

• 계산과정 :

• 답 :

답안

• 계산과정 : 전류계의 최대 눈금 $I_A = \frac{R}{r+R} I$

분포저항 $R = \frac{I_A \cdot r}{I - I_A}$

$= \frac{500 \times 90}{2,000 - 500}$

$= 30[\Omega]$

• 답 : 30[Ω]

문제 12

배점 : 14점

3층 사무실용 건물에 3상 3선식의 6,000[V]를 수전하여 200[V]로 강압하는 수전설비를 하였다. 각종 부하설비가 표와 같을 때 주어진 [조건]을 이용하여 다음 각 물음에 답하시오.

동력부하설비

사용 목적	용량[kW]	대 수	상용동력[kW]	하계동력[kW]	동계동력[kW]
난방관계					
• 보일러펌프	6.7	1			6.7
• 오일기어펌프	0.4	1			0.4
• 온수순환펌프	3.7	1			3.7
공기조화관계					
• 1, 2, 3층 패키지 콤프레셔	7.5	6		45.0	
• 콤프레셔 팬	5.5	3	16.5		
• 냉각수펌프	5.5	1		5.5	
• 쿨링타워	1.5	1		1.5	
급수, 배수관계					
• 양수펌프	3.7	1	3.7		
기타					
• 소화펌프	5.5	1	5.5		
• 셔터	0.4	2	0.8		
합계			26.5	52.0	10.8

조명 및 콘센트 부하설비

사용 목적	와트수[W]	설치 수량	환산 용량[VA]	총 용량[VA]	비 고
전등관계					
• 수은등 A	200	2	260	520	200[V] 고역률
• 수은등 B	100	8	140	1,120	100[V] 고역률
• 형광등	40	820	55	45,100	200[V] 고역률
• 백열전등	60	20	60	1,200	
콘센트관계					
• 일반 콘센트		70	150	10,500	2P 15A
• 환기팬용 콘센트		8	55	440	
• 히터용 콘센트	1,500	2		3,000	
• 복사기용 콘센트		4		2,600	
• 텔레타이프용 콘센트		2		2,400	
• 룸쿨러용 콘센트		6		7,200	
기타					
• 전화교환용 정류기		1		800	
계				75,880	

[조건]

- 동력부하의 역률은 모두 70[%]이며, 기타는 100[%]로 간주한다.
- 조명 및 콘센트 부하설비의 수용률은 다음과 같다.
  – 전등설비 : 60[%]   – 콘센트설비 : 70[%]   – 전화교환용 정류기 : 100[%]

• 변압기 용량 산출 시 예비율(여유율)은 고려하지 않으며, 용량은 표준규격으로 답하도록 한다.
• 변압기 용량 산정 시 필요한 동력부하설비의 수용률은 전체 평균 65[%]로 한다.

(1) 동계난방 때 온수순환펌프는 상시 운전하고 보일러펌프와 오일기어펌프의 수용률이 55[%]일 때 난방동력에 대한 수용부하는 몇 [kW]인지 구하시오.
• 계산과정 :
• 답 :

(2) 상용동력, 하계동력, 동계동력에 대한 피상전력은 몇 [kVA]가 되는지 구하시오.
① 상용동력
• 계산과정 :
• 답 :
② 하계동력
• 계산과정 :
• 답 :
③ 동계동력
• 계산과정 :
• 답 :

(3) 이 건물의 총 전기설비용량은 몇 [kVA]를 기준으로 하여야 하는지 구하시오.
• 계산과정 :
• 답 :

(4) 조명 및 콘센트 부하설비에 대한 단상 변압기의 표준용량[kVA]을 선정하시오. (단, 단상 변압기의 표준용량[kVA]은 50, 75, 100, 150, 200, 300, 400, 500에서 선정한다.)
• 계산과정 :
• 답 :

(5) 동력부하용 3상 변압기의 표준용량[kVA]을 선정하시오. (단, 3상 변압기의 표준용량[kVA]은 50, 75, 100, 150, 200, 300, 400, 500에서 선정한다.)
• 계산과정 :
• 답 :

(6) 단상과 3상 변압기의 각 2차측에 전류계용으로 사용되는 변류기가 설치되어 있다. 각 변류기의 1차측 정격전류[A]를 구하시오.
① 단상
• 계산과정 :
• 답 :
② 3상
• 계산과정 :
• 답 :

(7) 역률 개선을 위하여 각 부하마다 전력용 커패시터를 설치하려고 할 때에 보일러펌프의 역률을 95[%]로 개선하려면 몇 [kVA]의 전력용 커패시터가 필요한지 구하시오.
• 계산과정 :
• 답 :

답안 (1) • 계산과정 : 수용부하 $= 3.7 + (6.7 + 0.4) \times 0.55 = 7.605$[kW]

• 답 : 7.61[kW]

(2) ① • 계산과정 : 상용동력 $= \dfrac{26.5}{0.7} = 37.86$[kVA]

• 답 : 37.86[kVA]

② • 계산과정 : 하계동력 $= \dfrac{52.0}{0.7} = 74.29$[kVA]

• 답 : 74.29[kVA]

③ • 계산과정 : 동계동력 $= \dfrac{10.8}{0.7} = 15.43$[kVA]

• 답 : 15.43[kVA]

(3) • 계산과정 : 총 설비용량 $= 37.86 + 74.29 + 75.88 = 188.03$[kVA]

• 답 : 188.03[kVA]

(4) • 계산과정 : – 전등 : $(0.52 + 1.12 + 45.1 + 1.2) \times 0.6 = 28.76$[kVA]

– 콘센트 : $(10.5 + 0.44 + 3 + 3.6 + 2.4 + 7.2) \times 0.7 = 19$[kVA]

– 기타 : 0.8[kVA]

$28.76 + 19 + 0.8 = 48.56$[kVA]

• 답 : 50[kVA]

(5) • 계산과정 : 동력부하용량 $= (37.86 + 74.29) \times 0.65 = 72.897$[kVA]

• 답 : 75[kVA]

(6) ① • 계산과정 : $I_1 = \dfrac{50 \times 10^3}{200} \times 1.25 = 312.5$[A]

• 답 : 400[A]

② • 계산과정 : $I_1 = \dfrac{75 \times 10^3}{\sqrt{3} \times 200} \times 1.25 = 270.63$[A]

• 답 : 300[A]

(7) • 계산과정 : $Q_c = P(\tan\theta_1 - \tan\theta_2)$

$$= 6.7 \times \left(\frac{\sqrt{1 - 0.7^2}}{0.7} - \frac{\sqrt{1 - 0.95^2}}{0.95} \right) = 4.63 \text{[kVA]}$$

• 답 : 4.63[kVA]

문제 13

배점 : 4점

계전기에 최소 동작값을 넘는 전류를 인가하였을 때부터 그 접점을 닫을 때까지 요하는 시간, 즉 동작시간을 한시 또는 시한이라고 한다. 다음 그림은 계전기를 한시 특성으로 분류하여 그린 것이다. 특성에 맞는 곡선에 해당하는 계전기의 명칭을 쓰시오.

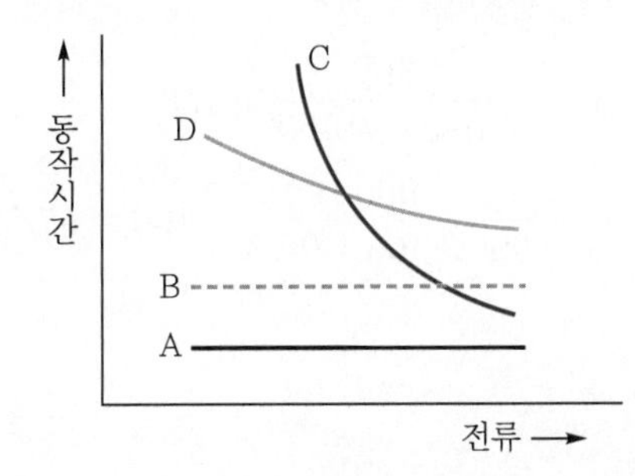

특성곡선	계전기 명칭
A	
B	
C	
D	

답안

특성곡선	계전기 명칭
A	순한시 계전기
B	정한시 계전기
C	반한시 계전기
D	반한시성 · 정한시 계전기

문제 14

배점 : 4점

용량 100[kVA] 변압기의 철손이 400[W], 동손이 1,300[W]이다. 하루 중 절반은 무부하로, 나머지의 절반은 50[%] 부하로 운전하고 나머지 시간은 전부하 운전을 할 때의 전일 효율을 구하시오.

- 계산과정 :
- 답 :

답안

- 계산과정 : 전력량 $W = \frac{1}{m} Ph\cos\theta$ (역률 $\cos\theta = 1$ 주어지지 않은 경우)

$$= \frac{1}{2} \times 100 \times 6 + 1 \times 100 \times 6 = 900[\text{kWh}]$$

철손량 $W_i = P_i h$

$= 400 \times 24 \times 10^{-3} = 9.6[\text{kWh}]$

동손량 $W_c = \left(\frac{1}{m}\right)^2 P_c h$

$= \left(\frac{1}{2}\right)^2 \times 1.3 \times 6 + 1^2 \times 1.3 \times 6 = 9.75[\text{kWh}]$

전일효율 $\eta = \frac{\text{전력량}}{\text{전력량} + \text{손실량}} \times 100$

$= \frac{900}{900 + 9.6 + 9.75} \times 100 = 97.895[\%]$

• 답 : 97.90[%]

문제 15

배점 : 5점

무접점 제어회로를 입력요소가 모두 나타나도록 하여 출력 Z에 대한 논리식으로 쓰시오. (단, A, B, C, D는 푸시버튼 스위치 입력이다.)

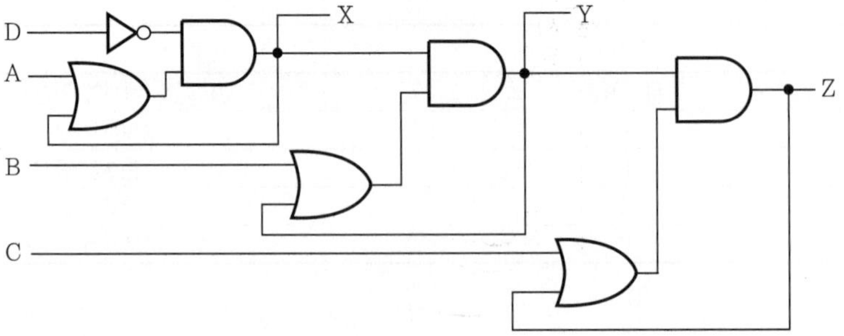

D, A, B, C, X, Y, Z

• Z =

답안 • $Z = \overline{D}(A+X)(B+Y)(C+Z)$

해설 • $X = \overline{D}(A+X)$
• $Y = \overline{D}(A+X)(B+Y)$
• $Z = \overline{D}(A+X)(B+Y)(C+Z)$

문제 16

배점 : 5점

그림과 같이 고저차가 없는 같은 경간에 전선이 가설되어 있다. 가운데 지지점 B에서 전선이 지지점으로부터 떨어졌다고 하면 전선의 딥(Dip)은 전선이 떨어지기 전의 몇 배로 되는지 구하시오.

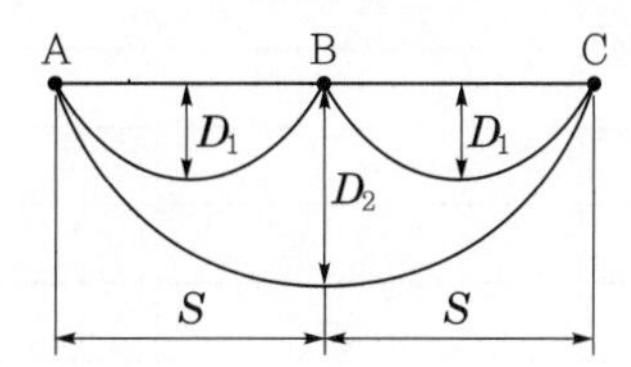

• 계산과정 :
• 답 :

답안

• 계산과정 : 전선 실제길이는 불변이므로 $\left(S+\dfrac{8{D_1}^2}{3S}\right)\times 2=2S+\dfrac{8{D_2}^2}{3\times 2S}$을 정리하면 $D_2=2D_1$이 된다.

• 답 : 2배

문제 17

배점 : 7점

다음 회로는 인터록회로이다. 물음에 답하시오.

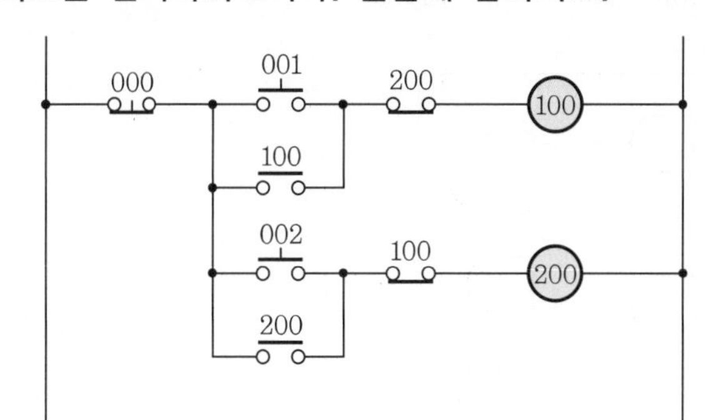

1. STR : 입력 A접점(신호)
2. STRN : 입력 B접점(신호)
3. AND : AND A접점
4. ANDN : AND B접점
5. OR : OR A접점
6. ORN : OR B접점
7. OB : 병렬 접속점
8. W : 각 번지 끝
9. OUT : 출력
10. END : 끝

(1) 무접점회로를 그리시오. (단, 입력은 000, 001, 002이며, 회로 작성 시 선의 접속 및 미접속에 대한 예시를 참고하여 작성하시오.)

▌선의 접속과 미접속에 대한 예시▐

접 속	미접속
┼•┬ (접속 표시)	┼

(2) 답안지의 PC 프로그램을 완성하시오.

프로그램번지(어드레스)	명령어	데이터	비 고
00	STRN	000	W
01	AND	001	W
02			W
03			W
04			W
05			W
06			W
07			W
08			W
09			W
10			W
11			W
12			W
13			W
14	OB		W
15	OUT	200	W
16	END		W

답안 (1) • 논리식 : $100 = \overline{000}(001 + 100) \cdot \overline{200}$

$200 = \overline{000}(002 + 200) \cdot \overline{100}$

• 무접점회로

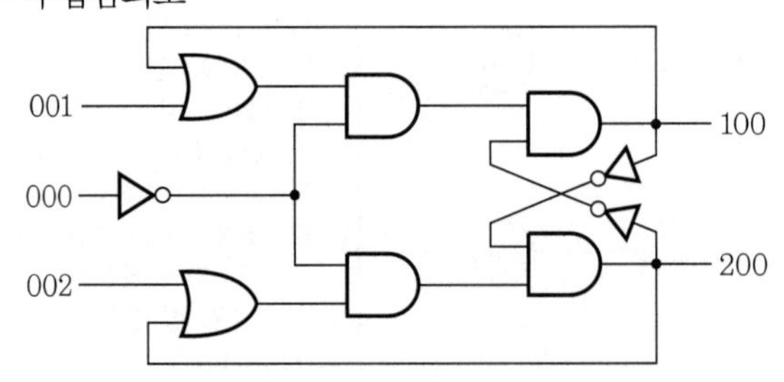

(2)

프로그램번지(어드레스)	명령어	데이터	비 고
00	STRN	000	W
01	AND	001	W
02	ANDN	200	W
03	STRN	000	W
04	AND	100	W
05	ANDN	200	W
06	OB		W
07	OUT	100	W
08	STRN	000	W
09	AND	002	W
10	ANDN	100	W
11	STRN	000	W
12	AND	200	W
13	ANDN	100	W
14	OB		W
15	OUT	200	W
16	END		W

해설 래더 다이어그램

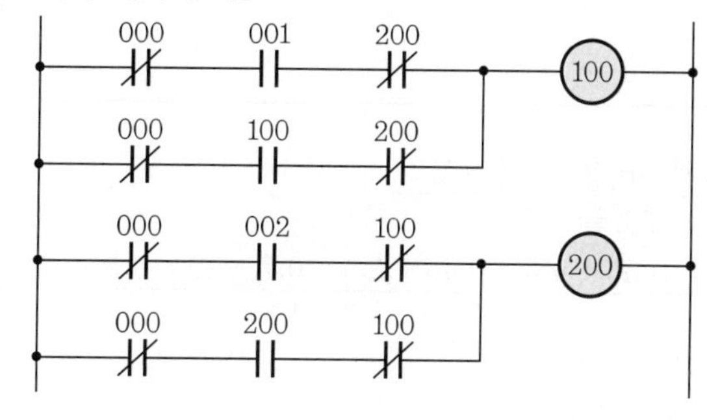

문제 18

배점 : 4점

그림과 같은 부하에 대한 수용률을 갖는 전등 수용가군에 공급할 변압기의 용량[kVA]을 구하시오. (단, 수용가 상호 간의 부등률은 1.3으로 한다.)

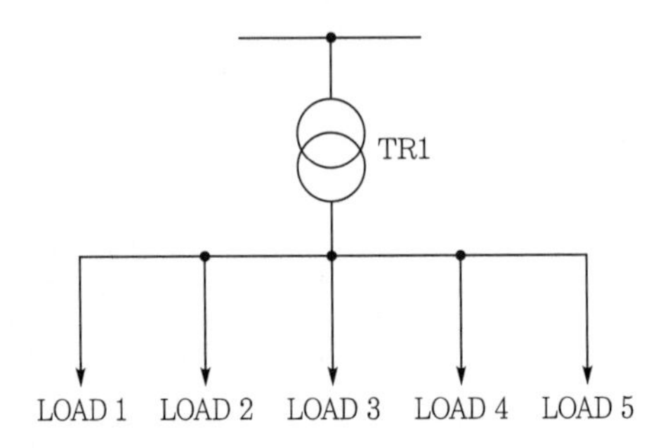

	LOAD 1	LOAD 2	LOAD 3	LOAD 4	LOAD 5
부하[kW]	3	4.5	5.5	12	17
수용률[%]	65	45	70	50	50

- **계산과정 :**
- **답 :**

답안

- 계산과정 : 변압기 용량 $= \dfrac{\text{부하설비용량} \times \text{수용률}}{\text{부등률} \times \text{역률}}$

$$= \frac{3 \times 0.65 + 4.5 \times 0.45 + 5.5 \times 0.7 + 12 \times 0.5 + 17 \times 0.5}{1.3 \times 1}$$

$$= 17.17[\text{kVA}]$$

- 답 : 17.17[kVA] (표준용량 : 20[kVA]

2023년도 산업기사 제3회 필답형 실기시험

종 목	시험시간	배 점	문제수	형 별
전 기 산 업 기 사	2시간	100	18	A

문제 01

배점 : 5점

피뢰기의 구비조건 3가지만 쓰시오.

답안
- 상용주파방전 개시전압이 높을 것
- 충격방전개시전압이 낮을 것
- 제한전압이 낮을 것

문제 02

배점 : 6점

어느 수용가가 당초 역률 80[%](지상)로 60[kW]의 부하를 사용하고 있었는데, 역률 60[%](지상)인 40[kW]의 부하를 추가해서 사용하게 되었다. 이때 콘덴서로 합성된 유효전력 및 무효전력을 구하시오.

(1) 유효전력
  - 계산과정 :
  - 답 :

(2) 무효전력
  - 계산과정 :
  - 답 :

답안 (1) • 계산과정 : 유효전력 $P = 60 + 40 = 100[\text{kW}]$
• 답 : 100[kW]

(2) • 계산과정 : 무효전력 $P_r = \dfrac{P}{\cos\theta} \cdot \sin\theta$

$$= \frac{60}{0.8} \times 0.6 + \frac{40}{0.6} \times 0.8 = 98.33[\text{kVar}]$$

• 답 : 98.33[kVar]

문제 03

배점 : 5점

정격출력 37[kW], 역률 0.8, 효율 0.82로 운전되는 3상 유도전동기가 있다. 여기에 V결선의 변압기로 전원을 공급하고자 할 때, 변압기 1대의 용량[kVA]을 구하고, 변압기 표준용량을 참고하여 선정하시오.

변압기 표준용량[kVA]						
10	15	20	30	50	75	100

- **계산과정 :**
- **선정된 변압기 표준용량 :**

답안

- 계산과정 : $P_V = \sqrt{3}\,P_1 = \dfrac{P}{\cos\theta \cdot \eta}$

  변압기 용량 $P_1 = \dfrac{P}{\sqrt{3} \cdot \cos\theta \cdot \eta} = \dfrac{37}{\sqrt{3} \times 0.8 \times 0.82} = 32.563[\text{kVA}]$
- 선정된 변압기 표준용량 : 50[kVA]

문제 04

배점 : 5점

그림과 같은 단상 3선식 110/220[V] 부하계통에 전력을 공급 시의 설비 불평형률을 구하시오. (단, 주어진 조건 이외에는 고려하지 않는다.)

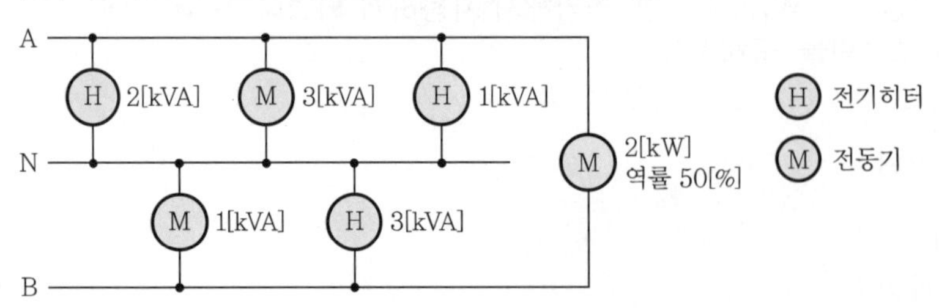

- **계산과정 :**
- **답 :**

답안

- 계산과정 : $P_{AN} = 2 + 3 + 1 = 6[\text{kVA}]$

  $P_{BN} = 1 + 3 = 4[\text{kVA}]$

  $P_{AB} = \dfrac{2}{0.5} = 4[\text{kVA}]$

  $\therefore$ 불평형률$= \dfrac{6-4}{\frac{1}{2}(6+4+4)} \times 100 = 28.57[\%]$
- 답 : 28.57[%]

문제 05

배점 : 5점

다음은 유도장해의 구분 및 종류에 대한 내용이다. 다음 (　　)에 들어갈 내용을 쓰시오.

- (①)은/는 전력선과 통신선과의 상호 인덕턴스에 의해 발생하는 것
- (②)은/는 전력선과 통신선과의 상호 정전용량에 의해 발생하는 것
- (③)은/는 양자의 영향에 의하지만 상용 주파수보다 고조파의 유도에 의한 잡음장해로 되는 것

• 답란

①		②		③	

답안

①	전자유도장해	②	정전유도장해	③	고조파유도장해

문제 06

배점 : 5점

그림과 같이 지선을 가설하여 전주에 가해진 수평장력 800[kg]을 지지하고자 한다. 지선으로 4[mm] 철선을 사용한다고 하면 몇 가닥을 사용해야 하는지 구하시오. (단, 4[mm] 철선 1가닥의 인장하중은 440[kg]으로 하고 안전율은 2.5이다.)

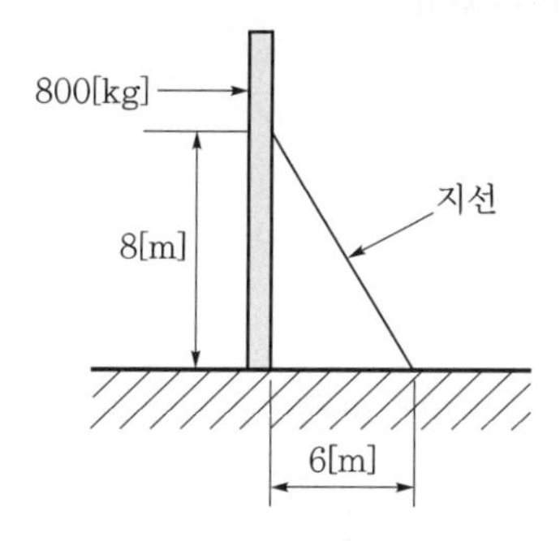

• 계산과정 :

• 답 :

답안

- 계산과정 : 지선의 장력 $T_o = \dfrac{T}{\cos\theta} = \dfrac{nt}{k}$ 이므로

$$\text{소선수 } n = \frac{k \cdot T}{t \cdot \cos\theta} = \frac{2.5 \times 800}{440 \times \dfrac{6}{\sqrt{8^2+6^2}}} = 7.57 \qquad \therefore \text{ 8가닥}$$

- 답 : 8가닥

문제 07

배점 : 5점

다음 그림과 같은 단상 회로에서 점 A, B, C, D 중 한 점에 전원을 접속하려고 한다. AB, BC, CD의 각 구간, 부하까지의 길이가 동일할 때, 전력손실을 최소로 할 수 있는 지점을 구하시오. (단, $R=1$로 가정하고, 주어진 저항 이외에는 고려하지 않는다.)

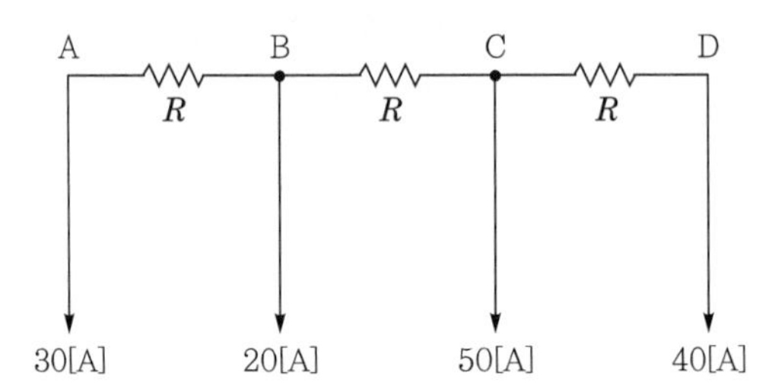

- 계산과정 :
- 최소로 할 수 있는 지점 :

답안

- 계산과정 : 손실 $P_l = I^2R[\text{W}]$

  A점 : $P_A = (110^2 + 90^2 + 40^2) \times 1 = 21,800[\text{W}]$

  B점 : $P_B = (30^2 + 90^2 + 40^2) \times 1 = 10,600[\text{W}]$

  C점 : $P_C = (50^2 + 30^2 + 40^2) \times 1 = 5,000[\text{W}]$

  D점 : $P_D = (100^2 + 50^2 + 30^2) \times 1 = 13,400[\text{W}]$

- 최소로 할 수 있는 지점 : C점

문제 08

배점 : 5점

다음은 전압의 구분 및 종류에 대한 내용이다. 다음 (　　)에 들어갈 내용을 쓰시오.

- (①)은/는 전선로를 대표하는 선간전압을 말하고, 이 전압으로 그 계통의 송전전압을 나타낸다.
- (②)은/는 그 전선로에 통상 발생하는 최고의 선간전압으로서 염해 대책, 1선 지락고장 시 등 내부 이상전압, 코로나 장해, 정전유도 등을 고려할 때의 표준이 되는 전압이다.

- 답란

①		②	

답안

①	공칭전압	②	최고전압

문제 09

배점 : 5점

다음 내용을 보고 빈칸에 들어갈 내용의 용어와 단위를 쓰시오.

> • (　　) : 조명설비에서 복사에너지를 눈으로 보아 빛으로 느끼는 크기를 나타낸 것으로, 광원으로부터 발산되는 빛의 양

(1) 용어
(2) 단위

답안 (1) 광속
(2) [lm]

문제 10

배점 : 5점

어느 고압 수용가의 전원측 %임피던스가 10[MVA]를 기준으로 할 때 25[%]라고 한다면, 이 고압 수용가의 수전점 단락용량[MVA]을 구하시오.

• 계산과정 :
• 답 :

답안
• 계산과정 : 퍼센트 임피던스 $\%Z = \dfrac{P_n}{P_s} \times 100[\%]$

단락용량 $P_s = \dfrac{100}{\%Z} P_n = \dfrac{100}{25} \times 10 = 40[\text{MVA}]$

• 답 : 40[MVA]

문제 11

배점 : 4점

다음 저압 가공인입선의 전선 높이를 쓰시오.

(1) 도로를 횡단하는 경우에는 노면상 몇 [m] 이상인지 쓰시오. (단, 기술상 부득이한 경우에 교통에 지장이 없을 때는 제외한다.)
(2) 철도 또는 궤도를 횡단하는 경우에는 레일면상 몇 [m] 이상인지 쓰시오.

답안 (1) 5[m]
(2) 6.5[m]

문제 12

배점 : 6점

그림과 같은 분기회로의 전선 굵기를 표준 공칭단면적[mm^2]으로 선정하시오. (단, 전압강하는 2[V]이고, 배선방식은 교류 220[V], 단상 2선식이며, 후강전선관공사로 한다.)

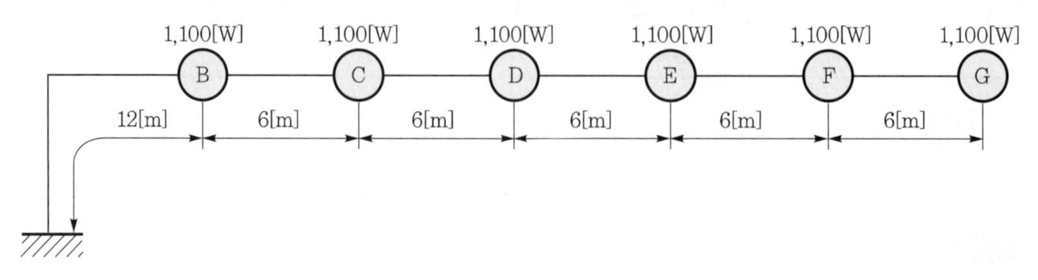

전선의 공칭단면적[mm^2]										
1.5	2.5	4	6	10	16	25	35	50	70	95

- **계산과정 :**
- **답 :**

답안

- 계산과정 : 전류 $i = \dfrac{1,100}{220} = 5[\text{A}]$

  부하 중심까지의 거리

  $$L = \frac{\sum l \times i}{\sum i}$$
  $$= \frac{5\times12+5\times18+5\times24+5\times30+5\times36+5\times42}{5+5+5+5+5+5}$$
  $$= 27[\text{m}]$$

  부하전류 $I = \dfrac{1,100\times6}{220} = 30[\text{A}]$

  전선의 굵기 $A = \dfrac{35.6LI}{1,000e}$

  $$= \frac{35.6\times27\times30}{1,000\times2} = 14.42[\text{mm}^2]$$

- 답 : 16[mm^2]

문제 13

배점 : 14점

그림은 22.9[kV-Y] 1,000[kVA] 이하에 적용 가능한 특고압 간이 수전설비 표준 결선도이다. 이 결선도를 보고 다음 각 물음에 답하시오.

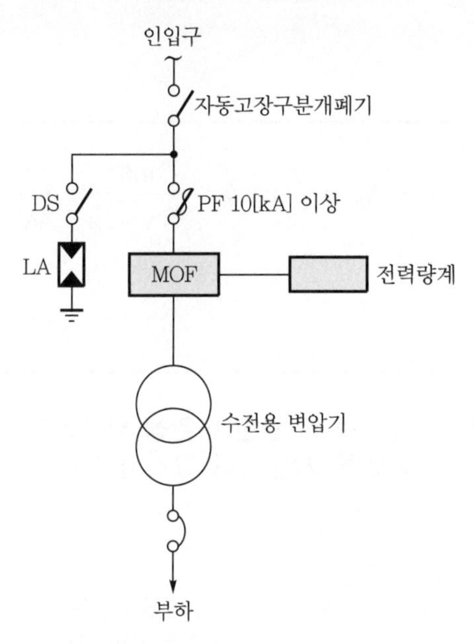

(1) 자동고장구분개폐기의 약호를 쓰시오.
(2) 결선도에서 생략할 수 있는 것을 쓰시오.
(3) 22.9[kV-Y]용의 LA는 (　) 붙임형을 사용하여야 한다. 다음 (　) 안에 알맞은 내용을 쓰시오.
(4) 인입선을 지중선으로 시설하는 경우로서 공동주택 등 사고 시 정전피해가 큰 수전설비 인입선은 예비선을 포함하여 몇 회선으로 시설하는 것이 바람직한지 쓰시오.
(5) 지중인입선의 경우 22.9[kV-Y] 계통에서는 어떤 케이블을 사용하는지 쓰시오.
(6) 전력구, 공동구, 덕트, 건물구내 등 화재의 우려가 있는 장소에는 어떤 케이블을 사용하는지 쓰시오.
(7) 300[kVA] 이하의 경우 PF 대신 COS를 사용하였다. 이것의 비대칭 차단전류용량은 몇 [kA] 이상의 것을 사용하여야 하는지 쓰시오.

답안
(1) ASS
(2) LA용 DS
(3) Disconnector (또는 Isolator)
(4) 2회선
(5) CNCV-W(수밀형)
(6) FR CNCO-W(난연)
(7) 10[kA]

문제 14

배점 : 5점

모든 방향에서 광도가 400[cd]인 전등을 지름 4[m]의 책상 중심 바로 위 2[m] 되는 곳에 놓았을 때, 책상 위의 수평면 조도 E_h[lx]를 구하시오.

- **계산과정 :**
- **답 :**

답안

- 계산과정 : 수평면 조도 $E_h = \dfrac{I}{r_2}\cos\theta = \dfrac{400}{(2\sqrt{2})^2} \times \dfrac{2}{2\sqrt{2}} = 35.355[\text{lx}]$
- 답 : 35.36[lx]

문제 15

배점 : 5점

그림은 농형 유도전동기의 직입기동에 관한 미완성 회로이다. 미완성 부분을 완성하시오. (단, [보기]의 주어진 기호만을 사용하여 그리시오.)

[조건]
- 전원이 인가되면 GL램프가 점등된다.
- 푸시버튼 ON을 누르면 전자접촉기(MC)가 여자되어 유도전동기가 기동되고, MC접점이 자기유지되어 동작이 지속된다. 그리고, RL램프가 점등되며, GL램프가 소등된다.
- 열동계전기(THR)이 동작하면 유도전동기가 정지되고, RL램프가 소등된다.
- 푸시버튼 OFF를 누르면 전자접촉기(MC)가 소자되어, 유도전동기가 정지되고, RL램프가 소등되며, GL램프가 점등된다.

[보기]

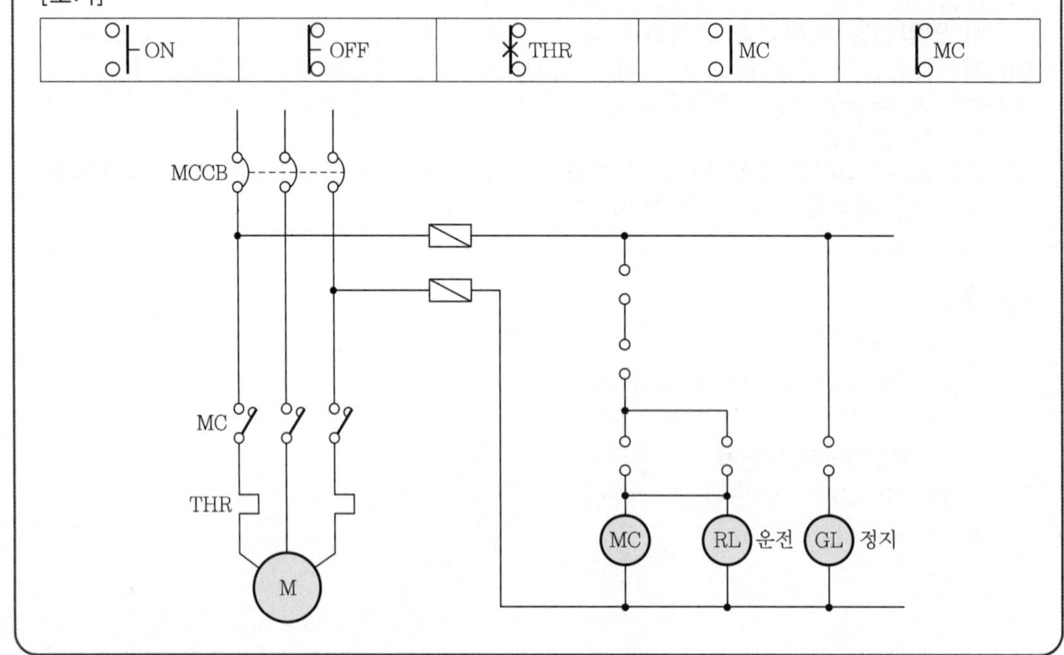

답안

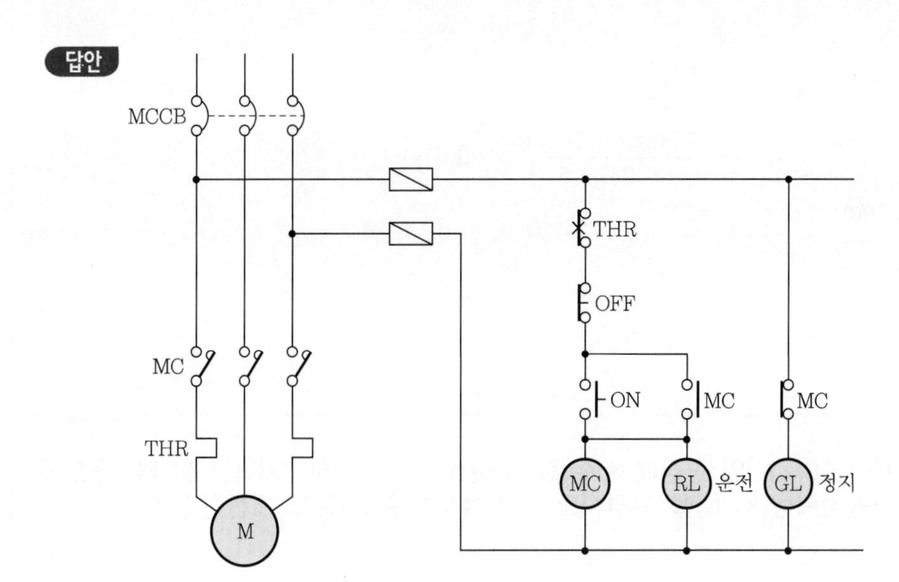

문제 16

배점 : 5점

단상 콘덴서 3개를 선간전압 3,300[V], 주파수 60[Hz]의 선로에 △로 접속하여 콘덴서 용량 60[kVA]가 되도록 하려면 커패시터 1개의 정전용량[μF]은 얼마로 하면 되는지 구하시오.

• 계산과정 :
• 답 :

답안

• 계산과정 : $Q_c = 3\omega CE^2 \times 10^{-3}$[kVA]

$$\text{정전용량 } C = \frac{Q_c}{3 \cdot \omega \cdot E^2} = \frac{60 \times 10^3}{3 \times 2\pi \times 60 \times (3{,}300)^2} \times 10^6 = 4.871[\mu\text{F}]$$

• 답 : 4.87[μF]

문제 17

배점 : 5점

2,000[lm]을 복사하는 전등 30개를 100[m^2]의 사무실에 설치하려고 한다. 조명률 0.5, 감광보상률 1.5(보수율 0.667)인 경우 이 사무실의 평균조도[lx]를 구하시오.

• 계산과정 :
• 답 :

답안
• 계산과정 : 조도 $E = \frac{FUN}{AD}$

$$= \frac{2,000 \times 0.5 \times 30}{100 \times 1.5} = 200[\text{lx}]$$

• 답 : 200[lx]

문제 18

배점 : 5점

부하설비용량이 100[kW]인 공장에서 수용률 80[%], 부하율 60[%]라고 할 때, 공장의 1개월 간의 사용전력량[kWh]을 구하시오. (단, 1개월은 30일로 계산한다.)

• 계산과정 :
• 답 :

답안
• 계산과정 : 전력량 $W = P \times \text{수용률} \times \text{부하율} \times \text{시간}$

$$= 100 \times 0.8 \times 0.6 \times 24 \times 30$$

$$= 34,560[\text{kWh}]$$

• 답 : 34,560[kWh]

실기

합격대답 전기산업기사 출제유형별 기출문제집

2024. 2. 6. 초 판 1쇄 인쇄
2024. 2. 13. 초 판 1쇄 발행

검인

지은이 | 전수기, 임한규, 정종연
펴낸이 | 이종춘
펴낸곳 | BM ㈜도서출판 성안당
주소 | 04032 서울시 마포구 양화로 127 첨단빌딩 3층(출판기획 R&D 센터)
| 10881 경기도 파주시 문발로 112 파주 출판 문화도시(제작 및 물류)
전화 | 02) 3142-0036
| 031) 950-6300
팩스 | 031) 955-0510
등록 | 1973. 2. 1. 제406-2005-000046호
출판사 홈페이지 | **www.cyber.co.kr**
ISBN | 978-89-315-2809-1(13560)
정가 | 42,000원

이 책을 만든 사람들
기획 | 최옥현
진행 | 박경희
교정·교열 | 김원갑
전산편집 | 유해영
표지 디자인 | 박현정
홍보 | 김계향, 유미나, 정단비, 김주승
국제부 | 이선민, 조혜란
마케팅 | 구본철, 차정욱, 오영일, 나진호, 강호묵
마케팅 지원 | 장상범
제작 | 김유석